Ausgeschieden
von den
Büchereien Wien

Botanik

**Unser Online-Tipp
für noch mehr Wissen ...**

... aktuelles Fachwissen rund um die Uhr – zum Probelesen, Downloaden oder auch auf Papier.

www.InformIT.de

bio biologie

Murray W. Nabors

Botanik

Aus dem Amerikanischen von Micaela Krieger-Hauwede und Karen Lippert

Deutsche Bearbeitung von Renate Scheibe

Mit über 390 Abbildungen

PEARSON Studium

ein Imprint von Pearson Education
München • Boston • San Francisco • Harlow, England
Don Mills, Ontario • Sydney • Mexico City
Madrid • Amsterdam

Bibliografische Information Der Deutschen Bibliothek
Die Deutsche Bibliothek verzeichnet diese Publikation in der Deutschen Nationalbibliografie; detaillierte bibliografische
Daten sind im Internet über http://dnb.ddb.de abrufbar.

Die Informationen in diesem Produkt werden ohne Rücksicht auf einen eventuellen Patentschutz veröffentlicht.
Warennamen werden ohne Gewährleistung der freien Verwendbarkeit benutzt. Bei der Zusammenstellung von Texten und
Abbildungen wurde mit größter Sorgfalt vorgegangen. Trotzdem können Fehler nicht vollständig ausgeschlossen werden.
Verlag, Herausgeber und Autoren können für fehlerhafte Angaben und deren Folgen weder eine juristische Verantwortung
noch irgendeine Haftung übernehmen. Für Verbesserungsvorschläge und Hinweise auf Fehler sind Verlag und Herausgeber
dankbar.

Alle Rechte vorbehalten, auch die der fotomechanischen Wiedergabe und der Speicherung in elektronischen
Medien. Die gewerbliche Nutzung der in diesem Produkt gezeigten Modelle und Arbeiten ist nicht zulässig. Fast alle
Produktbezeichnungen und weitere Stichworte und sonstige Angaben, die in diesem Buch verwendet werden, sind als
eingetragene Marken geschützt. Da es nicht möglich ist, in allen Fällen zeitnah zu ermitteln, ob ein Markenschutz besteht,
wird das ®-Symbol in diesem Buch nicht verwendet.

Authorized translation from the English language edition, entitled INTRODUCTION TO BOTANY, 1st Edition by NABORS,
MURRAY, published by Pearson Education, Inc, publishing as Benjamin Cummings, Copyright © 2004 by Pearson
Education, Inc.

All rights reserved. No part of this book may be reproduced or transmitted in any form or by any means, electronic or
mechanical, including photocopying, recording or by any information storage retrieval system, without permission from
Pearson Education, Inc.

GERMAN language edition published by PEARSON EDUCATION DEUTSCHLAND GMBH, Copyright © 2007.

Umwelthinweis:
Dieses Buch wurde auf chlorfrei gebleichtem Papier gedruckt.

10   9   8   7   6   5   4   3   2   1
09   08   07

ISBN 978-3-8273-7231-4

© 2007 by Pearson Studium,
ein Imprint der Pearson Education Deutschland GmbH,
Martin-Kollar-Straße 10-12, D-81829 München
Alle Rechte vorbehalten
www.pearson-studium.de

Übersetzung: Micaela Krieger-Hauwede und Dr. Karen Lippert, Leipzig
Lektorat: Dr. Stephan Dietrich, sdietrich@pearson.de
Fachlektorat: Prof. Dr. Renate Scheibe, Universität Osnabrück (Kapitel 19: PD Dr. Dominik Begerow, MPI Marburg)
Korrektorat: Dunja Reulein, München
Herstellung: Martha Kürzl-Harrison, mkuerzl@pearson.de
Satz: mit LaTeX, PTP-Berlin, Protago TeX-Production GmbH, Germany (www.ptp-berlin.eu)
Einbandgestaltung: Thomas Arlt, tarlt@adesso21.net
Druck und Verarbeitung: Print Consult GmbH

Printed in the Slovak Republic

Inhaltsübersicht

Vorwort XI

Kapitel 1 Die Pflanzenwelt 1

TEIL I Strukturen   27

Kapitel 2 Zellstruktur und Zellzyklus 29
Kapitel 3 Einführung in die Pflanzenstruktur 57
Kapitel 4 Wurzeln, Sprosse und Blätter: Der primäre Pflanzenkörper .. 83
Kapitel 5 Sekundäres Wachstum 117
Kapitel 6 Lebenszyklen und Fortpflanzungsstrukturen 143

TEIL II Funktionen   175

Kapitel 7 Grundlagen der Pflanzenbiochemie 177
Kapitel 8 Photosynthese 207
Kapitel 9 Zellatmung 231
Kapitel 10 Transportprozesse 251
Kapitel 11 Interne und externe Reize 277

TEIL III Genetik   305

Kapitel 12 Molekulare Grundlagen der Vererbung 307
Kapitel 13 Regulation der Genexpression 327
Kapitel 14 Molekularbiologie 353

TEIL IV Das Pflanzenreich   379

Kapitel 15 Evolution 381
Kapitel 16 Klassifikation 411
Kapitel 17 Viren und Prokaryoten 439
Kapitel 18 Algen 455
Kapitel 19 Pilze (*Fungi*) 479
Kapitel 20 Moose (Bryophyten) 505
Kapitel 21 Samenlose Gefäßpflanzen (Farnpflanzen) 525
Kapitel 22 Nacktsamer (*Gymnospermae*) 549
Kapitel 23 Bedecktsamer (*Angiospermae*) 573

TEIL V Ökologie   601

Kapitel 24 Biogeografie 603
Kapitel 25 Ökosysteme 625

Anhang 657

Inhaltsverzeichnis

Vorwort XI

Kapitel 1   Die Pflanzenwelt 1

    1.1   Die Bedeutung der Pflanzen 3
    1.2   Merkmale von Pflanzen und Pflanzendiversität 11
    1.3   Botanik und wissenschaftliche Methodik 16

TEIL I   Strukturen 27

Kapitel 2   Zellstruktur und Zellzyklus 29

    2.1   Ein Überblick über Zellen 31
    2.2   Wichtige Zellorganellen 35
    2.3   Das Cytoskelett 41
    2.4   Membranen und Zellwände 43
    2.5   Zellzyklus und Zellteilung 46

Kapitel 3   Einführung in die Pflanzenstruktur 57

    3.1   Haupttypen von Pflanzenzellen 59
    3.2   Die Gewebe von Gefäßpflanzen 62
    3.3   Überblick über die Organe von Gefäßpflanzen 70
    3.4   Überblick über das Wachstum und die Entwicklung von Pflanzen .. 72

Kapitel 4   Wurzeln, Sprosse und Blätter: Der primäre Pflanzenkörper 83

    4.1   Wurzeln 85
    4.2   Sprossachsen 94
    4.3   Blätter 101

Kapitel 5   Sekundäres Wachstum 117

    5.1   Sekundäres Wachstum: Ein Überblick 119
    5.2   Wachstumsmuster von Holz und Rinde 126
    5.3   Wirtschaftliche Nutzung von Holz und Rinde 131

Kapitel 6   Lebenszyklen und Fortpflanzungsstrukturen 143

    6.1   Fortpflanzung und Vermehrung bei Pflanzen: Ein Überblick 145
    6.2   Meiose und Generationswechsel 147
    6.3   Zapfen und Blüten 153
    6.4   Samenstrukturen 158
    6.5   Früchte 161

TEIL II   Funktionen 175

Kapitel 7   Grundlagen der Pflanzenbiochemie 177

    7.1   Die molekularen Komponenten lebender Organismen 179
    7.2   Energie und chemische Reaktionen 191
    7.3   Chemische Reaktionen und Enzyme 197

Inhaltsverzeichnis

Kapitel 8   Photosynthese 207
   8.1   Ein Überblick über die Photosynthese 209
   8.2   Die Umwandlung der Lichtenergie in chemische Energie: Die Lichtreaktionen 212
   8.3   Die Umwandlung von CO_2 in Zucker: Der Calvin-Zyklus 218

Kapitel 9   Zellatmung 231
   9.1   Ein Überblick über die Ernährung 233
   9.2   Zellatmung 237
   9.3   Gärung 245

Kapitel 10   Transportprozesse 251
   10.1   Molekularer Membrantransport 253
   10.2   Aufnahme und Transport von Wasser und gelösten Stoffen 259
   10.3   Boden, Mineralstoffe und Pflanzenernährung 266

Kapitel 11   Interne und externe Reize 277
   11.1   Die Wirkung von Phytohormonen 279
   11.2   Reaktionen auf Licht 288
   11.3   Reaktionen auf andere Umgebungsreize 294

TEIL III   Genetik   305

Kapitel 12   Molekulare Grundlagen der Vererbung 307
   12.1   Die Mendel'schen Vererbungsversuche 309
   12.2   Die Genetik nach Mendel 316

Kapitel 13   Regulation der Genexpression 327
   13.1   Genexpression 329
   13.2   Differenzielle Genexpression 339
   13.3   Die Identifizierung von Genen, die für die Entwicklung maßgeblich sind 343

Kapitel 14   Molekularbiologie 353
   14.1   Die Methoden der Pflanzenbiotechnologie 355
   14.2   Leistungen und Möglichkeiten der Pflanzenbiotechnologie 362

TEIL IV   Das Pflanzenreich   379

Kapitel 15   Evolution 381
   15.1   Die Geschichte der Evolution auf der Erde 383
   15.2   Die Mechanismen der Evolution 392
   15.3   Der Ursprung der Arten 401

Kapitel 16   Klassifikation 411
   16.1   Klassifikation vor Darwin 413
   16.2   Klassifikation und Evolution 416
   16.3   Hauptkategorien der Organismen 426
   16.4   Die Zukunft der Klassifikation 430

Kapitel 17 Viren und Prokaryoten 439

    17.1   Viren und die Pflanzenwelt 441
    17.2   Prokaryoten und die Welt der Pflanzen 446

Kapitel 18 Algen 455

    18.1   Merkmale und Evolution der Algen 457
    18.2   Einzellige und Kolonien bildende Algen 460
    18.3   Mehrzellige Algen 467

Kapitel 19 Pilze (*Fungi*) 479

    19.1   Merkmale und Evolutionsgeschichte der Pilze 481
    19.2   Die Vielfalt der Pilze 483
    19.3   Interaktionen von Pilzen mit anderen Organismen 497

Kapitel 20 Moose (Bryophyten) 505

    20.1   Ein Überblick über die Bryophyten 507
    20.2   Lebermoose: Der Stamm der *Hepatophyta* 512
    20.3   Hornmoose: Der Stamm der *Anthocerophyta* 515
    20.4   Laubmoose: Der Stamm der *Bryophyta* 517

Kapitel 21 Samenlose Gefäßpflanzen (Farnpflanzen) 525

    21.1   Die Evolution der samenlosen Gefäßpflanzen 526
    21.2   Rezente samenlose Gefäßpflanzen 534

Kapitel 22 Nacktsamer (*Gymnospermae*) 549

    22.1   Ein Überblick über Nacktsamer 551
    22.2   Die heute lebenden Nacktsamer 558

Kapitel 23 Bedecktsamer (*Angiospermae*) 573

    23.1   Sexuelle Fortpflanzung bei Blütenpflanzen 575
    23.2   Die Evolution von Blüten und Früchten 580
    23.3   Die Diversität der Bedecktsamer 591

TEIL V   Ökologie   601

Kapitel 24 Biogeografie 603

    24.1   Abiotische Faktoren in der Ökologie 605
    24.2   Ökosysteme 611

Kapitel 25 Ökosysteme 625

    25.1   Populationen 626
    25.2   Interaktionen zwischen Organismen in Ökosystemen 631
    25.3   Gesellschaften und Ökosysteme 635
    25.4   Biodiversität und Artenschutz 645

Anhang 657

    A   Grundlagen der Chemie 658
    B   Glossar 665
    C   Index 685

Vorwort zur amerikanischen Ausgabe

Sich mit Pflanzen zu beschäftigen, lohnt sich aus vielerlei Gründen. Pflanzen sind verblüffende und faszinierende Lebensformen, die unser eigenes Leben sowohl in ästhetischer als auch in praktischer Hinsicht verändern und bereichern. Die Schönheit von Blumensträußen und die Wärme von Lagerfeuern sind nur zwei Beispiele für die Bedeutung und die Nützlichkeit von Pflanzen für uns. Tatsächlich sind Pflanzen an allen Aspekten der menschlichen Zivilisation beteiligt. Sämtliche fossilen Brennstoffe sind Überreste von frühen Photosynthese betreibenden Organismen. Pflanzen liefern Nährstoffe und medizinische Wirkstoffe, Fasern für unsere Kleidung sowie Holz als Heiz- und Baumaterial. Pflanzen sind in mehrfachem Sinne die Grundlage für das Leben auf der Erde. Zusammen mit anderen Photosynthese betreibenden Organismen machen sie die in der Strahlung der Sonne enthaltene Energie für das Leben auf der Erde nutzbar. Durch Photosynthese produzieren sie Sauerstoff und Nahrung. Sie synthetisieren organische Moleküle, die über die Nahrungsketten von den übrigen Lebewesen, die keine Photosynthese betreiben, modifiziert und recycelt werden.

Grundkonzept

Das vorliegende Buch basiert auf meinen Erfahrungen, die ich in den letzten 31 Jahren als Dozent für Botanik und Biologie erworben habe. Während dieser Zeit ist der Umfang grundlegender Erkentnisse der Pflanzenwissenschaft enorm angewachsen. Einige Lehrbücher der Botanik und Biologie versuchen mit dieser Entwicklung Schritt zu halten und nehmen dabei den Umfang von Enzyklopädien an. Andere wiederum beschränken sich auf kurze, vereinfachte Darstellungen ausgewählter Teilgebiete der Botanik. Ich habe versucht, einen Text von moderater Länge zu schreiben und dabei einerseits alle zentralen Themen der Botanik gleichermaßen zu berücksichtigen, andererseits wichtige Schnittstellen zu anderen Fachgebieten zu betonen. In meiner Darstellung habe ich besonderen Wert darauf gelegt, die Bedeutung der Erkenntnisgewinnung und der wissenschaftlichen Methodik deutlich zu machen.

Ziele des Buches

Das generelle Ziel dieses Buches ist es, wichtige, aktuelle und grundlegende Informationen über Pflanzen und die moderne Pflanzenbiologie in interessanter und gut lesbarer Form zusammenzustellen. Ich werde aufzeigen, was Pflanzen mit anderen Lebewesen gemeinsam haben, und hoffe, dabei gleichzeitig schlüssig darzulegen, dass Pflanzen und andere Photosynthese betreibenden Organismen durch ihre einzigartigen Merkmale für das Überleben aller Lebensformen einschließlich des Menschen notwendig sind.

Immer wieder komme ich in diesem Buch auf vier besonders wichtige Themen zurück: **Evolution, Biotechnologie, Biodiversitätsforschung** und **Pflanzen und Menschen.** Die durch natürliche Auslese vorangetriebene *Evolution* ist das wichtigste Paradigma der modernen Botanik. Die anatomischen und biochemischen Merkmale von Pflanzen sowie ihre Wechselwirkungen in Populationen und Ökosystemen werden im Rahmen der Darwin'schen Theorie verständlich. Das zentrale Dogma der Molekularbiologie, wonach der Informationsfluss von den Genen zu den Enzymen, Strukturen und Funktionen erfolgt, ist ein zweites wichtiges Paradigma der Botanik. Pflanzenbiotechnologie und Gentechnik demonstrieren eindrucksvoll, welche Chancen und Probleme aus dem immer besseren Verständnis der Molekularbiologie der Pflanzen erwachsen können. Themen aus der Pflanzenbiotechnologie und den mit ihr verwandten Gebieten der Genomik und Proteomik werden immer öfter von den Massenmedien aufgegriffen. Ein grundlegendes Verständnis der Pflanzenbiotechnologie ist für Studenten von großer Bedeutung, um den künftigen Anforderungen ihrer Berufsfelder gerecht werden zu können. Angesichts der weiterhin wachsenden Weltbevölkerung bei gleichzeitig schwindenden Ressourcen und zunehmender Umweltzerstörung ist das Wissen um die Rolle der Pflanzen innerhalb der Biosphäre von großer Bedeutung. Die *Biodiversitätsforschung* ist ein sich rasch entwickelndes Gebiet der Forschung und des konkreten Handelns. Sie basiert auf Erkenntnissen verschiedenster Teilgebiete der Biologie und auf dem Wissen um die Bedeutung von Pflanzen in natürlichen Ökosystemen wie auch in Ökosystemen, die durch menschliche Aktivitäten entstanden sind. Ein grundlegendes Verständnis der Welt der Pflanzen ist auch für Nichtbotaniker unabdingbar, um die oft kontrovers geführten Debatten über Themen der Pflanzenbiotechnologie und der Erhaltung der Biodiversität richtig einschätzen zu können. Der Mensch ist in vielfältiger Weise von Pflanzen abhängig. Diese Beziehungen und Abhängigkeiten werden in mehreren Kästen unter der Überschrift *Pflanzen und Menschen* näher beleuchtet.

Aufbau des Buches

Die Kapitel des Buches decken alle klassischen Themen ab, die üblicherweise in einem Botaniklehrbuch zu finden sind. Jedes Kapitel enthält mindestens einen Kasten zu einem der vier zentralen Themen des Buches (**Evolution, Biotechnologie, Biodiversitätsforschung** und **Pflanzen und Menschen**) sowie einen weiteren Infokasten mit dem Titel **Die wunderbare Welt der Pflanzen**, der die Studenten motivieren soll, mehr über Botanik zu lernen. Die vier zentralen Themen werden auch im Haupttext immer wieder aufgegriffen.

Das einführende Kapitel ist dazu gedacht, seines Inhalts wegen gelesen zu werden, und dient nicht als Zusammenfassung des Buches. Es behandelt die grundlegenden Unterscheidungsmerkmale von Pflanzen gegenüber anderen Lebensformen sowie die Bedeutung der Pflanzen für das Leben auf der Erde. Die wissenschaftliche Methodik wird anhand eines konkreten Beispiels – der Entdeckung des Phototropismus durch Charles Darwin – verdeutlicht. Der erste Teil (Kapitel 2 bis 6) trägt den Titel **Strukturen** und befasst sich mit der Anatomie von Zellen und Pflanzen. Die in diesem Teil vermittelten grundlegenden Kenntnisse über Pflanzenstrukturen sind für alle anderen Teilgebiete der Botanik von Bedeutung, doch je nach Vorgehensweise seines Dozenten kann der Leser diese Kapitel auch zunächst überspringen und erst später durcharbeiten. Innerhalb der Kapitel zur Anatomie wird in Kapitel 4 das primäre Wachstum von Sprossachsen und Wurzeln behandelt und in Kapitel 5 deren sekundäres Dickenwachstum. Durch diese Organisation lassen sich Dopplungen vermeiden, die entstehen würden, wenn man Sprossachsen und Wurzeln in separaten Kapiteln, jeweils mit Abschnitten über primäres und sekundäres Wachstum behandeln würde. Innerhalb der Kapitel werden Sprossachsen und Wurzeln jedoch separat behandelt, so dass auch Studenten, deren Dozenten diese Herangehenssweise vorziehen, keine Probleme haben werden. Die grundlegenden Aspekte der Reproduktion von Pflanzen wie Lebenszyklen, Strukturen von Zapfen, Blüten, Früchten und Samen werden in Kapitel 6 behandelt. Die Studenten werden also vertrauten Boden betreten, wenn sie später in den Kapiteln über Pflanzendiversität den verschiedenen Lebenszyklen begegnen.

Der zweite Teil des Buches, betitelt mit **Funktionen**, umfasst Kapitel über Biochemie, Photosynthese, Atmung und den Transport von Wasser und Nährstoffen innerhalb der Pflanze. Die Biochemie wird als Erstes behandelt (Kapitel 7), da das Wissen über die Moleküle von Pflanzen hilfreich für das Verständnis der Kapitel über Energetik und Physiologie ist.

Genetik, der dritte Teil des Buches, umfasst Kapitel über Genetik und Genexpression sowie ein Kapitel über Molekularbiologie (Kapitel 14). Die Molekularbiologie wird als eines der vier zentralen Themen des Buches auch in vielen anderen Kapiteln des Buches aufgegriffen, wobei die komplizierteren Sachverhalte nach Kapitel 14 eingeführt werden.

Der vierte Teil des Buches, **Das Pflanzenreich**, beinhaltet Kapitel über die Evolution und die Klassifikation sowie sieben Kapitel über Photosynthese betreibende Lebewesen und andere Organismen wie Pilze, die üblicherweise in Büchern über Botanik behandelt werden. Da die Prinzipien der Evolution fundamental für eine phylogenetische Betrachtungsweise von Lebewesen sind, werden diese vor den Kapiteln zur Diversität besprochen. Während Viren und Prokaryoten in einem gemeinsamen Kapitel behandelt werden, ist den Algen sowie jeder Gruppe der Landpflanzen ein separates Kapitel gewidmet, das jeweils die Unterscheidungsmerkmale der Gruppe besonders hervorhebt. Der letzte Teil beschäftigt sich mit **Ökologie**, wobei zunächst die Biosphäre als Ganzes und dann Ökosysteme betrachtet werden.

Didaktik

Jedes Kapitel beginnt mit einer einführenden Geschichte, die mit den im Kapitel behandelten Themen im Zusammenhang steht. In diesen einführenden Geschichten werden keine neuen Begriffe eingeführt; sie dienen lediglich dazu, das Interesse an den behandelten Themen zu wecken.

Die Schlüsselaussagen jedes Kapitels werden durch Grafiken und Fotos illustriert. Erläuternder Text ist, wann immer möglich, in den Grafiken selbst anstatt in der Bildunterschrift enthalten. Die Gestaltung des Hintergrunds wurde zugunsten eines Stils minimiert, der die eigentlichen Kernelemente der Grafik betont. Dieses gestalterische Prinzip wird durch die freundliche, ansprechende Farbwahl unterstützt. Bei der Auswahl der Fotos wurden vor allem solche Themen berücksichtigt, von denen anzunehmen ist, dass sie für Studenten neu sind, oder die aus irgendeinem Grund besonders betont werden sollten.

An jedem Kapitelende finden sich eine **Zusammenfassung**, **Verständnisfragen** und **Diskussionsfragen** sowie Literaturhinweise. In einer speziellen Fragestellung unter der Überschrift **Zur Evolution** wird das zentrale Thema der Evolution aufgegriffen. Diese Fragen sollen Studenten dazu anregen, pflanzliches Leben unter dem Gesichtspunkt der Evolution zu betrachten. Die letzte Wiederholungsfrage jedes Kapitels erfordert von den Studenten jeweils eine zeichnerische Lösung und damit aktives Nachdenken über die Strukturen, die sie sehen.

Gutachter und Testleser

Ohne Rezensenten würde kein Manuskript in Form eines gedruckten Textes zur Reife gelangen. Ich bin außerordentlich dankbar für die klugen und wertvollen Kommentare meiner Kollegen, die an den verschiedensten Orten des Landes Botanik unterrichten. Außerdem danke ich den Studenten und Dozenten, die sich die Mühe gemacht haben, einige Kapitel des Buches hinsichtlich ihrer Eignung als studienbegleitender Text zu testen; ihre Rückmeldungen haben wesentlich zur Gestaltung des vorliegenden Materials beigetragen.

Gutachter

David Aborne, *University of Tennessee-Chattanooga*;
Richard Allison, *Michigan State University*;
Bonnie Amos, *Angelo State University*;
Martha Apple, *Northern Illinois University*;
Kathleen Archer, *Trinity College*;
Robert M. Arnold, *Colgate University*;
Ellen Baker, *Santa Monica College*;
Susan C. Barber, *Oklahoma City University*;
T. Wayne Barger, *Tennessee Tech University*;
Marilyn Barker, *University of Alaska, Anchorage*;
Linda Barnes, *Marshalltown Community College*;
Paul Barnes, *Texas State University San Marcos*;
Susan R. Barnum, *Miami University*;
Terese Barta, *University of Wisconsin-Stevens Point*;
Hans Beck, *Northern Illinois University*;
Donna Becker, *Northern Michigan University*;
Maria Begonia, *Jackson State University*;
Jerry Beilby, *Northwestern College*;
Tania Beliz, *College of San Mateo*;
Andrea Bixler, *Clarke College*;
Allan W. Bjorkman, *North Park University*;
Catherine Black, *Idaho State University*;
J. R. Blair, *San Francisco State University*;
Allan J. Bornstein, *Southeast Missouri State University*;
Paul J. Bottino, *University of Maryland College Park*;
Jim Brenneman, *University of Evansville*;
Michelle A. Briggs, *Lycoming College*;
Beverly J. Brown, *University of Arizona*;
Judith K. Brown, *Nazareth College of Rochester*;
Patrick J. P. Brown, *University of South Carolina*;
Beth Burch, *Huntington College*;
Marilyn Cannon, *Sonoma State University*;
Shanna Carney, *Colorado State University*;
Gerald D. Carr, *University of Hawaii*;
J. Richard Carter, *Valdosta State University*;
Youngkoo Cho, *Eastern New Mexico*;
Jung Choi, *Georgia Tech*;
Thomas Chubb, *Villanova University*;
Ross Clark, *Eastern Kentucky University*;
W. Dennis Clark, *Arizona State University*;
John Clausz, *Carroll College*;
Keith Clay, *Indiana University*;
Liane Cochran-Stafira, *Saint Xavier College*;
Deborah Cook, *Clark Atlanta University*;
Anne Fernald Cross, *Oklahoma Chapter Trustee*;
Billy G. Cumbie, *University of Missouri-Columbia*;
Roy Curtiss, *Washington University*;
Paul Davison, *University of North Alabama*;
James Dawson, *Pittsburg State University*;
John V. Dean, *DePaul University*;
Evan DeLucia, *University of Illinois at Urbana-Champaign*;
Roger del Moral, *University of Washington*;
Ben L. Dolbeare, *Lincoln Land Community College*;
Valerie Dolja, *Oregon State University*;
Tom Dudley, *Angelina College*;
Arri Eisen, *Emory University*;
Brad Elder, *University of Oklahoma*;
Inge Eley, *Hudson Valley Community College*;
Sherine Elsawa, *Mayo Clinic*;
Gary N. Ervin, *Mississippi State University*;
Elizabeth J. Esselman, *Southern Illinois University, Edwardsville*;

VORWORT

Frederick Essig, *University of South Florida*;
Richard Falk, *University of California, Davis*;
Diane M. Ferguson, *Louisiana State University*;
Jorge F.S. Ferreira, *Southern Illinois University-Carbondale*;
Lloyd Fitzpatrick, *University of North Texas*;
Richard Fralick, *Plymouth State College*;
Jonathan Frye, *McPherson College*;
Stephen W. Fuller, *Mary Washington College*;
Stanley Gemborys, *Hampden-Sydney College*;
Patricia Gensel, *University of North Carolina*;
Daniel K. Gladish, *Miami University*;
David Gorchov, *Miami University*;
Govindjee, *University of Illinois at Urbana-Champaign*;
Mary Louise Greeley, *Salve Regina University*;
Sue Habeck, *Tacoma Community College*;
Kim Hakala, *St. John's River CC*;
Michael Hansen, *Bellevue CC*;
Laszlo Hanzely, *Northern Illinois University*;
Suzanne Harley, *Weber State University*;
Neil A. Harriman, *University of Wisconsin, Oshkosh*;
Jill Haukos, *South Plains College*;
Jeffrey Hill, *Idaho State University*;
Jason Hoeksema, *University of Wisconsin, Oshkosh*;
Scott Holaday, *Texas Tech University*;
J. Kenneth Hoober, *Arizona State University*;
Patricia Hurley, *Salish Kootenai College*;
Stephen Johnson, *William Penn University*;
Elaine Joyal, *Arizona State University*;
Grace Ju, *Gordon College*;
Walter Judd, *University of Florida*;
Sterling C. Keeley, *University of Hawaii*;
Gregory Kerr, *Bluefield College*;
John Z. Kiss, *Miami University*;
Kaoru Kitajima, *University of Florida*;
Kimberley Kolb, *California State University, Bakersfield*;
Ross Koning, *Eastern Connecticut State University*;
Robert Korn, *Bellarmine College*;
David W. Kramer, *Ohio State University*;
Vic Landrum, *Washburn University*;
Deborah Langsam, *University of North Carolina*;
A. Joshua Leffler, *Utah State University*;
David E. Lemke, *Texas State University-San Marcos*;
Manuel Lerdau, *State University of New York*;
Alicia Lesnikowska, *Georgia Southwestern State University*;
Gary Lindquester, *Rhodes College*;
John F. Logue, *University of South Carolina, Sumter*;
Marshall Logvin, *South Mountain Community College*;
A. Christina W. Longbrake, *Washington & Jefferson*;
Steven Lynch, *Louisiana State University, Shrevport*;
Linda Lyon, *Frostburg State University*;
Carol C.Mapes, *Kutztown University of Pennsylvania*;
Michael Marcovitz, *Midland Lutheran College*;
Bernard A. Marcus, *Genesee Community College*;
Diane Marshall, *University of New Mexico*;
Tonya McKinley, *Concord College*;
Laurence Meissner, *Concordia University at Austin*;
Elliot Meyerowitz, *California Institute of Technology*;
Mike Millay, *Ohio University*;
David Mirman, *Mt. San Antonio College*;
John Mitchell, *Ohio University*;
L. Maynard Moe, *California State University, Bakersfield*;
Clifford W.Morden, *University of Hawaii at Manoa*;
Beth Morgan, *University of Illinois at Urbana-Champaign*;
Dawn Neuman, *University of Las Vegas*;
Richard Niesenbaum, *Muhlenberg College*;
Gisele Miller-Parker, *Western Washington University*;
Carla Murray, *Carl Sandburg College*;
Terry O'Brien, *Rowan University*;
Jeanette Oliver, *Flathead Valley Community College*;
Clark L. Ovrebo, *University of Cental Oklahoma*;
Fatima Pale, *Thiel College*;
Lou Pech, *Carroll College*;
Charles L. Pederson, *Eastern Illinois University*;
Carolyn Peters, *Spoon River College*;
Ioana Popescu, *Drury University*;
Calvin Porter, *Texas Tech University*;
David Porter, *University of Georgia*;
Daniel Potter, *University of California, Davis*;
Mike Powell, *Sul Ross State University*;
Elena Pravosudova, *Sierra College*;
Barbara Rafaill, *Georgetown College*;
V. Raghavan, *Ohio State University*;
Brett Reeves, *Colorado State University*;
Bruce Reid, *Kean University*;
Eric Ribbens, *Western Illinois University*;
Stanley Rice, *Southeastern Oklahoma State University*;
Steve Rice, *Union College*;
Todd Rimkus, *Marymount University*;
Michael O. Rischbieter, *Presbyterian College*;
Matt Ritter, *Cal Poly San Luis Obispo*;

Laurie Robbins, *Emporia State University*;
Wayne C. Rosing, *Middle Tennessee State University*;
Rowan F. Sage, *University of Toronto*;
Thomas Sarro, *Mount Saint Mary College*;
Neil Schanker, *College of the Siskiyous*;
Rodney J. Scott, *Wheaton College*;
Bruce Serlin, *Depauw University*;
Harry Shealy, *University of South Carolina*;
J. Kenneth Shull, *Appalachain State*;
Susan Singer, *Carleton College*;
Don W. Smith, *University of North Texas*;
James Smith, *Boise State University*;
Steven Smith, *University of Arizona*;
Nancy Smith-Huerta, *Miami University*;
Teresa Snyder-Leiby, *SUNY New Paltz*;
Frederick Spiegel, *University of Arkansas*;
Amy Sprinkle, *Jefferson Community College Southwest*;
William Stein, *Binghamton University*;
Chuck Stinemetz, *Rhodes College*;
Steve Stocking, *San Joaquin Delta College*;
Fengjie Sun, *University of Illinois at Urbana-Champaign*;
Marshall D. Sundberg, *Emporia State University*;
Walter Sundberg, *Southern Illinois University-Carbondale*;
Andrew Swanson, *University of Arkansas*;
Daniel Taub, *Southwestern University*;
David Winship Taylor, *Indiana University Southeast*;
Josephine Taylor, *Stephen F. Austin State University*;
David J. Thomas, *Lyon College*;
Stephen Timme, *Pittsburg State University*;
Leslie Towill, *Arizona State University*;
Gary Upchurch, *Southwest Texas University*;
Staria S.Vanderpool, *Arkansas State University*;
C. Gerald Van Dyke, *North Carolina State University*;
Susan Verhoek, *Lebanon Valley College*;
Beth K. Vlad, *Elmhurst College*;
Tracy Wacker, *University of Michigan Flint*;
Charles Wade, *C. S. Mott Community College*;
D. Alexander Wait, *Southwest Missouri State University*;
Tom Walk, *Pennsylvania State University*;
Patrick Webber, *Michigan State University*;
Richard Whitkus, *Sonoma State University*;
Donald Williams, *Park University*;
Paula Williamson, *Southwest Texas University*;
Dwina Willis, *Freed-Hardeman University*;
MaryJo A. Witz, *Monroe Community College*;
Jenny Xiang, *North Carolina State University*;
Rebecca Zamora, *South Plains College*.

Testleser

David Aborne, *James Madison University*;
Ellen Baker, *Santa Monica College*;
Susan Barnum, *Miami University*;
Dr. Tania Beliz, *San Mateo College*;
Catherine Black, *Idaho State University*;
Jorge Ferreira, *Southern Illinois University*;
Patricia Gensel, *University of North Carolina*;
Dr. Michael Hanson, *Bellevue Community College*;
Kim Hakala, *St. John's River Community College*;
Davide Lemke, *Southwest Texas State University*;
Brett Reeves, *Colorado State University*;
Michael Rischbieter, *Presbyterian College*;
Pat Webber, *Michigan State University*;
Gerald Van Dayke, *North Carolina State University*;
Rebecca Zammoraege, *South Plains College*.

Danksagung

Danken möchte ich Elizabeth Fogarty für die Inspiration und Unterstützung bei der grundsätzlichen Konzeption dieses Buches. Den Lektoren und Herstellern bei Benjamin Cummings gilt meine Hochachtung für ihre Fähigkeiten und ihre Professionalität. Ganz besonders möchte ich den Lektoren danken, die mich beim Schreiben dieses Buches unterstützt haben. Die Manuskriptlektoren John Burner und Matt Lee bewiesen ihr hervorragendes Talent als Wortkünstler und kreative Berater. Beide besitzen die seltene Gabe, komplizierte Konzepte in eine verständliche Sprache zu überführen. Die Grafikerin Carla Simmons entwickelte nicht nur mit dem Text gut abgestimmte Grafiken in hoher Qualität, sondern steuerte auch exzellente Ideen bei, wie Grafiken eingesetzt werden können, um die Lehrinhalte der Botanik verständlicher und interessanter zu machen. Travis Amos danke ich für seine rastlosen Bemühungen, die besten Fotos zu finden, sowie für die Bereitstellung schöner und einzigartiger Fotos aus seinem unerschöplichen Vorrat an Möglichkeiten. Chalon Bridges half dem Buch auf vielfältige Weise, zuletzt im Bereich Akquise. Susan Minarcin verdient als verantwortliche Lektorin tiefen Dank für den oft so undankbaren Job, unser Tun immer wieder auf die Vision eines fertigen Buches zu fokussieren, dabei auch noch den Terminplan einzuhalten und die vielen, miteinander in Beziehung stehenden Facetten eines Buchprojekts im Blick zu behalten. Kay Ueno hielt das gesamte Projekt als Leiterin der Buchentwicklung auf dem richtigen Kurs zwischen Idealismus und Realismus.

Die Assistentinnen Alexandra Fellowes und Alissa Anderson lieferten wertvolle Hilfe, oft in Form kurzer Anmerkungen, um das Projekt am Laufen zu halten. Ebenfalls danken möchte ich der Cheflektorin Erin Gregg und der Herstellungsleiterin Corinne Benson, der Grafikleiterin Donna Kalal und dem Marketingleiter Josh Frost für ihre harte Arbeit und ihre zahlreichen Beiträge. Mark Ong bin ich für das elegante, von ihm entworfene Design dankbar. Frau Professor Victoria E. McMillan und Herrn Professor Robert M. Arnold gilt mein Dank für die Beisteuerung der grafisch zu lösenden Aufgabenstellungen und der Fragen zur Evolution; ihre Aufmerksamkeit für Details habe ich sehr geschätzt. Danken möchte ich auch den Autoren der exzellenten Ergänzungsmaterialien zu diesem Buch; ihre harte Arbeit hat in starkem Maße dazu beigetragen, dass dieses Buch zu einem brauchbaren Unterrichtswerkzeug geworden ist. Lazlo Hanzley von der Northern Illinois University und Deborah Cook von der Clark Atlanta University danke ich für ihre exzellente Arbeit am Leitfaden für Dozenten. Robert Arnold und Victoria McMillan gilt mein Dank für ihre Arbeit an der Klausurensammlung.

Mehrere Angehörige der Fakultät haben mir auf meinem Weg mit Ratschlägen, Fotos und schnellen Antworten auf meine unablässigen Fragen beigestanden. Zu diesen Menschen gehören insbesondere Dr. Jennifer Clevinger, Mr. Curtis Clevinger von der James Madison University, Dr. Paul Kugrens, Paul Lee und Brett Reeves von der Colorado State University sowie Dr. Conley McMullen.

Besonders danken möchte ich Sarah Javaid, Rianna Barnes und Pauline Adams, seit Kurzem Absolventen der James Madison University, für ihre über mehrere Jahre andauernde Hilfe. An der James Madison University danke ich außerdem Molly Brett Hunter sowie Jacqueline Brunetti, Melissa Spitler, David Evans und Sarah Jones. An der Colorado State University danke ich Heather Stevinson, Callae Frazer, Hillary Ball, Tiffany Sarrafian und Nicola Bulled für ihre unermessliche und wertvolle Unterstützung. An beiden Universitäten trugen Studenten meiner Kurse durch zahlreiche Anregungen und Ratschläge für den Entwurf mehrerer Kapitel zum Gelingen des Buches bei, weshalb ich auch ihnen an dieser Stelle meinen Dank aussprechen will.

Über den Autor

Murray W. Nabors lehrt seit über 30 Jahren Botanik. Er begann seine Dozentenlaufbahn an der University of Oregon und wechselte dann an die University of Santa Clara. 1972 ging er an die Colorado State University, wo er 27 Jahre lehrte, das Graduiertenprogramm leitete und stellvertretender Vorsitzender des Departments für Biologie war. Anschließend leitete Narbors vier Jahre lang das Department für Biologie an der James Madison University. Gegenwärtig leitet er das Department für Biologie an der University of Mississippi in Oxford.

Die Forschungsinteressen von Nabors gelten vor allem dem Einsatz der Biotechnologie zur Verbesserung der Toleranzeigenschaften von Nutzpflanzen. Unter seiner Leitung wurde sein Labor das führende in den USA, in dem Pflanzen mit erhöhter Salztoleranz aus Gewebekulturen gezogen werden. Seine gegenwärtige Forschung konzentriert sich auf die Isolierung von Genen, die die Fähigkeit von Zellkulturen erhöhen, sich zu vollständigen Pflanzen zu entwickeln.

Sein Engagement für seine Studenten und seine langjährige Erfahrung als Lehrender haben die Entstehung dieses Buches geprägt. Nabors hat mehr als 50 begutachtete wissenschaftliche Artikel veröffentlicht und zahlreiche Reports und Abstracts verfasst. Sein großes Interesse an der Schriftstellerei im Allgemeinen zeigt sich auch in der Veröffentlichung von Short Stories und einem Buch mit Weihnachtsgeschichten.

Vorwort zur deutschen Ausgabe

Das vorliegende Lehrbuch ist die deutsche Übersetzung des Buches *Introduction to Botany* von Murray W. Nabors. Die Entscheidung, es in deutscher Sprache herauszubringen, fiel vor allem aufgrund seines klaren und kompakten Aufbaus und der anschaulichen Darstellung aller wesentlichen botanischen Lehrinhalte des ersten Studienabschnitts. Der Aufbau folgt den gängigen Strukturen botanischer Lehrbücher: Nach einem allgemeinen Überblick werden in jeweils fünf Kapiteln die wichtigsten Pflanzenstrukturen und ihre Funktionen umfassend behandelt (Teile I und II). In Teil III werden sodann die genetischen und molekularen Grundlagen der Botanik gelegt, bevor im ausführlichen IV. Teil ein Durchgang durch alle wichtigen Teilbereiche der Pflanzenwelt erfolgt. Teil V schließt das Buch mit einem Blick auf biogeografische und ökologische Aspekte der Botanik ab. Besonderen Wert wird auf die molekularen Grundlagen der Pflanzenbiologie sowie auf die Anschaulichkeit der Darstellungen gelegt – ihr dienen nicht nur die zahlreichen farbigen, ästhetisch wie didaktisch ansprechenden Grafiken und Fotos, sondern auch die Akzentuierung besonders wichtiger Anwendungen botanischer Inhalte in besonderen „Feature"-Kästen zu den Themen *Biotechnologie, Biodiversitätsforschung, Evolution, Pflanzen und Menschen* sowie *Die wunderbare Welt der Pflanzen*. Jedes Kapitel wird zudem durch einen motivierenden Einleitungstext eröffnet; am Kapitelende finden sich eine Zusammenfassung, Übungsaufgaben in unterschiedlichen Schwierigkeitsgraden sowie eine Liste mit Hinweisen zur weiterführenden Lektüre.

Bei der deutschen Bearbeitung konnten gegenüber dem Original einige Kürzungen vorgenommen werden. Diese betrafen vor allem Stellen mit spezifisch US-amerikanischen Inhalten (häufig ökologischer Natur), die in der Lehre im deutschsprachigen Raum kaum eine Rolle spielen. Viele Beispiele aus der Originalausgabe wurden für die deutsche Fassung durch solche ersetzt, die den hiesigen Lesern aus der europäischen Pflanzenwelt vertrauter sein mögen; die Originalbeispiele wurden hingegen dort belassen, wo sie didaktisch besonders wertvoll bzw. von ausgezeichneter illustrativer Qualität sind. Die Literaturhinweise wurden ebenfalls in diesem Sinne einer moderaten Anpassung an das deutsche Lesepublikum überarbeitet: Wertvolle Verweise auf englischsprachige Literatur wurden belassen, Entlegenes gestrichen, Hinweise auf einschlägige deutschsprachige Literatur wurde ergänzt. Auf diese Weise ist ein Buch entstanden, das seine Herkunft vom US-amerikanischen Buchmarkt weder verleugnen will noch kann, das gleichwohl aber gut auf die Erfordernisse des Lehrbetriebs im Fach Biologie im deutschsprachigen Raum abgestimmt ist.

Die nachfolgend genannten Kolleginnen und Kollegen waren bei der Erarbeitung der deutschsprachigen Ausgabe besonders hilfreich – ihnen sei an dieser Stelle ausdrücklich für ihre Mitarbeit gedankt: Dominik Begerow (Max-Planck-Institut für Terrestrische Mikrobiologie, Marburg) hat das Fachlektorat von Kapitel 19 (Pilze) übernommen und wesentliche Verbesserungsvorschläge eingebracht. Mein Kollege Anselm Kratochwil (Osnabrück) hat mich bei der Ausgestaltung des ökologischen Teils für die Übersetzung beraten. Christoph Neinhuis (Technische Universität Dresden), Hermann Bothe (Universität Köln), Hansjörg Groenert (Universität Koblenz), Nikolai Friesen (Universität Osnabrück), Matthias Görtz (Erlangen) und Andreas Held (Eberbach) haben Fotos und Grafiken zur Verfügung gestellt.

Dieses Buch verfügt über eine Companion Website mit zusätzlichen Materialien in elektronischer Form. Unter http://www.pearson-studium.de finden Dozenten alle Abbildungen aus dem Buch elektronisch zum Download. Studierenden werden hier das Glossar, Lösungen zu den Übungsaufgaben, weitere Aufgaben und Links angeboten.

Verlag und Bearbeiterin der Übersetzung freuen sich über Anregungen, kritische Verbesserungsvorschläge oder auch Lob von Lesern.

Osnabrück   Renate Scheibe

VORWORT

Über die Bearbeiterin der deutschen Ausgabe

Renate Scheibe studierte Pharmazie in München und erhielt 1973 die Approbation als Apothekerin. Im Anschluss daran fertigte sie eine Dissertation im Bereich Pflanzenphysiologie an den Universitäten München und Bayreuth an. In Bayreuth habilitierte sie sich dann am Lehrstuhl von Prof. Dr. Erwin Beck und erhielt die Lehrbefugnis für das Fach Botanik. Ihrem breiten Interesse an der Welt der Pflanzen kam entgegen, dass sie an zahlreichen Exkursionen in viele Länder des Mittelmeerraums, nach Australien und mehrfach auch an Expeditionen nach Ostafrika teilnahm, wo sie sich auch intensiv an den ökophysiologischen Forschungsarbeiten und an den Kartierungen der Vegetation der hochalpinen Regionen von Mt. Kenya, Kilimandjaro und anderer Vulkane beteiligte. In ihren eigenen Arbeiten beschäftigt sie sich seit Beginn ihrer Promotion mit den Mechanismen der Regulation des Chloroplasten-Stoffwechsels, insbesondere mit Redox-Prozessen in der belichteten Zelle, was bis heute ihre wissenschaftlichen Arbeiten prägt. Bei einem einjährigen Aufenthalt als Postdoc an der University of Illinois in Chicago verstärkte sich ihr Interesse an der Licht-/Dunkelregulation von Enzymen. Es sind insbesondere die Anpassungsfähigkeit des pflanzlichen Grundstoffwechsels und die dabei eingesetzten Regulationsprinzipien, die sie bis heute faszinieren. Seit 1990 hat sie die Professur für Pflanzenphysiologie am Fachbereich Biologie/Chemie an der Universität Osnabrück inne, wo sie die Arbeitsgruppe Pflanzenphysiologie leitet und die Pflanzenphysiologie in der Lehre vertritt. Außerdem übernahm sie Aufgaben der Selbstverwaltung als Dekan des Fachbereichs und als Direktorin des Botanischen Gartens der Universität sowie in zahlreichen inner- und außeruniversitären Fachgremien.

Die Pflanzenwelt

1.1	Die Bedeutung der Pflanzen	3
1.2	Merkmale von Pflanzen und Pflanzendiversität	11
1.3	Botanik und wissenschaftliche Methodik	16
Zusammenfassung		21
Verständnisfragen		23
Diskussionsfragen		24
Zur Evolution		24
Weiterführendes		25

1

ÜBERBLICK

1 DIE PFLANZENWELT

❝ In Seattle schlürft ein Börsenmakler eine Tasse Kaffee. In Tulsa trägt sich ein Raucher mit dem Gedanken, künftig die Finger von Zigaretten zu lassen. In einem Café in Denver erfreuen sich Studenten an Chips und Chilisauce. Im indonesischen Hochland schlucken Menschen Chinintabletten gegen Malaria, die in diesem Gebiet verbreitet ist. In einem Krankenhaus in Washington D.C. erhält ein Patient Vinblastin, ein starkes Medikament gegen Krebs. In New York City nimmt ein Allergiker ein Antihistamin, während ein paar Straßenzüge weiter die gleiche chemische Verbindung verwendet wird, um daraus Methamphetamin, eine gefährliche Straßendroge, herzustellen.

All diese Szenen haben eines gemeinsam: pflanzliche Verbindungen, die als Alkaloide bezeichnet werden. Es wurden über 12000 Alkaloide identifiziert, darunter so bekannte Substanzen wie Koffein, Nikotin, Kokain, Morphin, Strychnin, Chinin und Ephedrin. Alkaloide schrecken Fressfeinde der Pflanze ab, denn sie schmecken bitter oder sind giftig. In geringen Dosen wirken viele Alkaloide anregend auf das Nervensystem. Koffein zum Beispiel (dessen molekulare Struktur unten in der Grafik gezeigt wird) bewirkt, dass bestimmte Nervenimpulse andauern, die andernfalls inaktiv wären. Aber auch in diesem Fall macht die Dosis den Unterschied zwischen einem milden Stimulans und einem Gift. Beispielsweise können Insekten mit einer reichlichen Mahlzeit Kaffeeblätter eine letale Dosis Koffein aufnehmen. Ganz ähnlich kann eine kleine Menge Koffein eine wohltuende Wirkung auf einen Menschen haben, aber zu viel davon kann schädlich oder sogar tödlich sein.

Selbstverständlich sind Koffein und andere Alkaloide nur ein paar wenige Beispiele dafür, wie Pflanzen unser tägliches Leben beeinflussen. Koffein dient lediglich als Stimulans, doch wir alle sind in wirklich fundamentaler Weise von Pflanzen abhängig – ohne sie könnten wir nicht überleben. Wenn alle Pflanzen auf der Erde plötzlich sterben würden, dann würden ihnen sehr bald alle Tiere einschließlich des Menschen folgen. Würden dagegen alle Tiere aussterben, dann wären die Pflanzen ohne Weiteres überlebensfähig. Warum sind Menschen und Tiere derart abhängig von Pflanzen und warum ist dies umgekehrt nicht der Fall? Dieses Kapitel wird hierauf eine Antwort geben. Es bietet außerdem einen Überblick über die Vielfalt pflanzlichen Lebens und die Bedeutung der Botanik. ❞

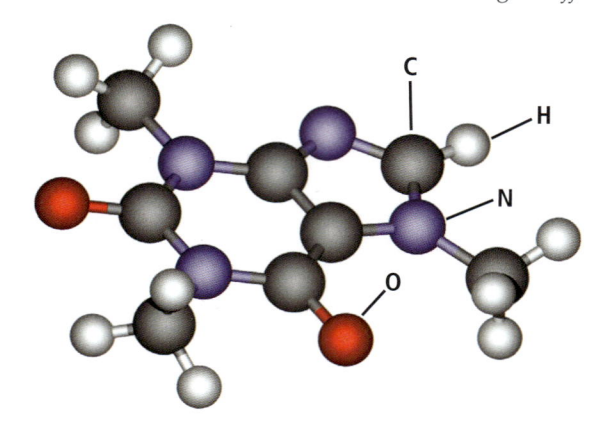

Die Bedeutung der Pflanzen 1.1

Das Wort *Botanik* kommt von dem griechischen Wort für „Pflanze". Woran denken Sie, wenn Sie das Wort *Pflanze* hören – vielleicht an Bäume, den Wald, Blätter, Blumen, Obst, Gemüse und Getreide? Wenn man Sie bitten würde zu definieren, was eine Pflanze ist, dann würden Sie vielleicht sagen, dass sie ein Lebewesen ist, das gewöhnlich grün aussieht, sich typischerweise nicht von anderen Lebewesen ernährt und zwar wächst, sich aber nicht von einem Ort zum anderen bewegt. Wie Sie sich denken können – und wie Sie in diesem Kapitel noch sehen werden – ist eine wissenschaftliche Definition formaler und nicht ganz so einfach. Dennoch können die genannten Merkmale als eine sehr allgemeine, grobe Definition des Begriffs der Pflanze dienen, sei es ein Strauch, Baum, Weinstock, Farn, Kaktus oder irgendeine andere Pflanze.

Weil Pflanzen ein sehr vertrauter Teil unserer Umgebung sind, denken wir nicht weiter darüber nach, was Pflanzen einzigartig macht oder warum sie von so vitaler Bedeutung für das menschliche Leben sind. Warum brauchen wir die Pflanzen, um zu überleben, und warum kommen sie ohne uns aus? Der Grund ist die Photosynthese. Die **Photosynthese** ist jener Prozess, bei dem Pflanzen und bestimmte andere Lebewesen die Energie der Sonne nutzen, um ihre eigene Nahrung herzustellen, indem sie Kohlendioxid und Wasser in Kohlenhydrate umwandeln, welche die Lichtenergie als chemische Energie speichern. Tiere und andere Lebewesen, die nicht in der Lage sind, ihre eigene Nahrung herzustellen, können nur existieren, weil Pflanzen ihnen direkt oder indirekt Nahrung liefern. Kapitel 8 behandelt die Photosynthese und beantwortet dabei auch die Frage, warum Pflanzen im Allgemeinen grün aussehen.

Die Bedeutung der Photosynthese für das Leben auf der Erde

Fast das gesamte Leben auf der Erde hängt vom Wasser und der Sonnenenergie ab. Allerdings können nur Pflanzen, Algen und bestimmte Bakterien diese Quellen unmittelbar für ihr Überleben nutzen. Aus Sonnenlicht, Kohlendioxid, Wasser und einigen wenigen Mineralien kann eine Pflanze selbst ihre Nahrung produzieren, aber kein Tier kann von diesen Stoffen leben. Selbst mit einem unbegrenzten Vorrat an Wasser könnte ein Mensch nur ein paar Wochen überleben. Dagegen macht die Photosynthese Pflanzen und andere Photosynthese betreibende Organismen zu solargetriebenen Lebensmittelfabriken. Fast ein Viertel der rund 1,5 Millionen bekannten existierenden Arten führt Photosynthese durch. Die meisten davon sind Pflanzen, Algen und Bakterien, weshalb diese Organismen eine zentrale Rolle in der **Biosphäre** spielen, jener dünnen Schicht aus Luft, Land und Wasser, die von Lebewesen besiedelt ist. Pflanzen sind die wichtigsten Photosynthese betreibenden Landlebewesen. Algen, deren Vielfalt von mikroskopisch kleinen Lebewesen bis zu Seetang reicht, tragen zur Photosynthese im Wasser bei; daneben führen auch einige Bakterien Photosynthese durch.

Die Photosynthese hat für das Leben auf der Erde in dreierlei Hinsicht Bedeutung:

1. Wissenschaftler glauben heute, dass die Photosynthese fast den gesamten Sauerstoff der Erde produziert. Bei der Photosynthese spalten Pflanzen Wassermoleküle (H_2O) und erzeugen Sauerstoff (O_2). Die meisten Lebewesen einschließlich Pflanzen und Tieren benötigen Sauerstoff, um sich die in der Nahrung gespeicherte Energie verfügbar zu machen.

2. Fast alle Lebewesen erhalten ihre Energie direkt oder indirekt aus der Photosynthese. Tiere und die meisten anderen Lebewesen, die keine Photosynthese durchführen, erhalten ihre Energie, indem sie entweder Pflanzen oder andere Tiere fressen, die ihrerseits Pflanzen fressen. Daher ist eine Pflanze oder ein anderes Photosynthese betreibendes Lebewesen der Ausgangspunkt jeder **Nahrungskette**, d. h. jeder Folge von Nahrungstransporten von einem Lebewesen zu einem anderen, ausgehend von einem Lebewesen, das Nahrung produziert (▶ Abbildung 1.1). Ein Beispiel für eine Nahrungskette ist ein Puma, der ein Reh frisst, das seinerseits Gras gefressen hat. Als Organismen, die ihre eigene Nahrung produzieren, werden Pflanzen und andere Photosynthese betreibende Lebewesen als **Primärproduzenten** bezeichnet. Als direkte oder indirekte Grundlage auf allen Verbraucherebenen bilden Primärproduzenten die Ausgangsbasis jeder Nahrungskette. Auf dem Land sind Pflanzen die Primärproduzenten, im Wasser Algen und Photosynthese betreibende Bakterien.

3. Die durch die Photosynthese hergestellten Kohlenhydrate sind die Bausteine des Lebens. Pflanzen produzieren durch Photosynthese Zucker und ver-

1 DIE PFLANZENWELT

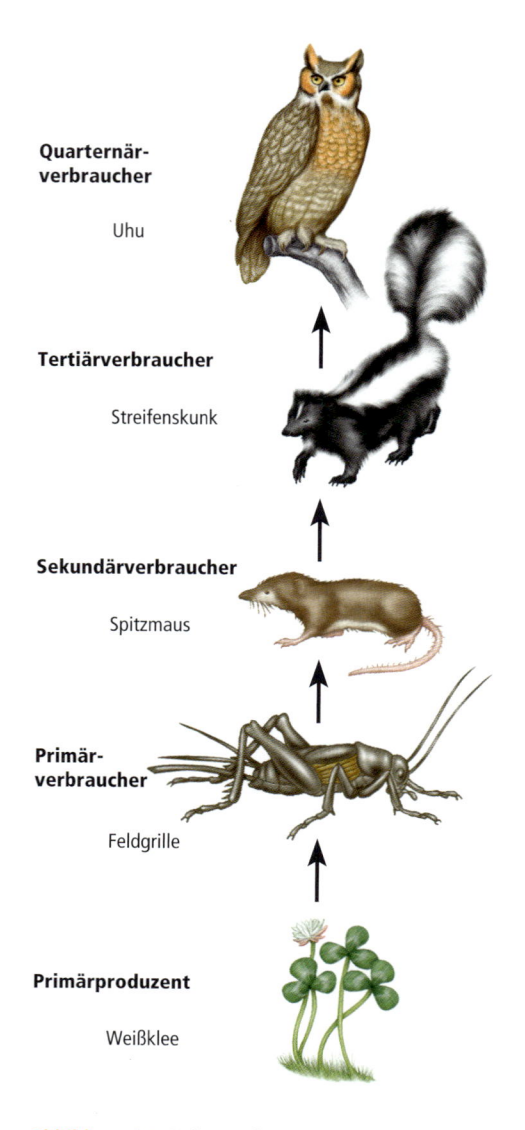

Abbildung 1.1: Nahrungskette. Dieses Beispiel einer Nahrungskette in einem terrestrischen Ökosystem umfasst vier Ebenen. Manche Nahrungsketten besitzen weniger Verbraucherebenen, doch in jedem Fall bilden Pflanzen das Fundament.

Quarternärverbraucher — Uhu
Tertiärverbraucher — Streifenskunk
Sekundärverbraucher — Spitzmaus
Primärverbraucher — Feldgrille
Primärproduzent — Weißklee

aus denen wir bestehen, kann man sagen, dass wir alle solargetriebene Lebewesen sind. Ohne Photosynthese wäre Leben auf der Erde nur sehr eingeschränkt möglich, wenn nicht gar unmöglich.

Pflanzen als Nahrungsquelle

Die Menschen waren ursprünglich umherziehende Jäger und Sammler, die dem mit den Jahreszeiten wechselnden Angebot an Nahrung folgten. Sie aßen fast alles, was sie finden, aufspüren, ausgraben, pflücken oder töten konnten. Von diesem Erbe zeugt unser Gebiss mit seinen großen Backenzähnen zum Zermahlen und Kauen sowie den schärferen Eckzähnen zum Beißen und Abreißen. Vor ca. 14.000 bis 12.000 Jahren gingen einige Gruppen von Menschen dazu über, das ganze Jahr über am gleichen Ort zu leben, Getreide zu kultivieren und Tiere als Nahrungslieferanten zu halten, so dass sie nicht mehr allein vom wechselnden Angebot der Natur abhängig waren. Die Domestizierung von Pflanzen und Tieren geschah an vielen verschiedenen Orten und auf unterschiedliche Weise. Als in diesen Gebieten Städte entstanden, die von der Landwirtschaft abhängig waren, wurde diese zu einer Grundlage der menschlichen Zivilisation und ermöglichte die Entwicklung von Kultur, Kunst und staatlichen Organisationen (▶ Abbildung 1.2).

Frühe Bauern stellten fest, dass sich manche Nahrungspflanzen mit größerem Erfolg kultivieren ließen als andere. Durch Versuch und Irrtum lernten sie, wie man die Samen ernten und fürs nächste Jahr aufbewahren konnte, wann die beste Zeit zum Pflanzen war und wie die Pflanzen für eine möglichst gute Ernte gepflegt werden mussten. Sie beobachteten, dass bestimmte Individuen einer Pflanzenart besser wuchsen als andere. Im Lauf der Zeit gingen sie dazu über, die Samen dieser Pflanzen aufzubewahren und auszusäen, und wurden so zu den ersten Pflanzenzüchtern.

Die Pflanzenzüchtung ist heute ein anerkanntes Studienfach und Regierungen fördern Forschungsarbeiten zur Erhöhung von Ernteerträgen (▶ Abbildung 1.3). Pflanzenzüchter konzentrieren sich in der Regel darauf, eine bestimmte Nutzpflanze für ihre Region besser geeignet zu machen. Beispielsweise suchen Weizenzüchter aus den nördlichen Regionen nach Pflanzen, die möglichst schnell wachsen, da dort die Vegetationsperiode kurz ist. Außerdem sind sie an Pflanzen interessiert, die resistent sind gegen starke Winde, Trockenheit und häufig vorkommende Krankheiten.

wandte Moleküle. Außer dem Kohlenstoff aus der Luft werden in diesen Prozessen auch Stickstoff und Schwefel sowie die anderen Bodenmineralien in eine Vielzahl von organischen Verbindungen eingebaut. Die Pflanze verwendet diese Verbindungen für ihren Aufbau und die in ihr ablaufenden physiologischen Vorgänge. Durch das Fressen von Pflanzen (oder Tieren, die Pflanzen fressen) führen sich Tiere jene Verbindungen zu, die ursprünglich durch Photosynthese erzeugt wurden, und verwenden sie für ihren eigenen Aufbau.

Da die Photosynthese den Sauerstoff liefert, den wir atmen, die Nahrung, die wir essen, und all die Moleküle,

Abbildung 1.2: Frühe Landwirtschaft. Dieses Wandgemälde aus einem ägyptischen Grab (ca. 1500 v. Chr.) zeigt Bauern, die Sicheln benutzen, um Getreide zu schneiden.

Abbildung 1.3: Moderne Pflanzenzucht. Reis ist eine besonders wichtige Nahrungsquelle. Deshalb wird intensiv daran geforscht, die Erträge, die Qualität der Nährstoffe und die Widerstandsfähigkeit gegen Krankheiten zu erhöhen.

Obwohl viele Wildpflanzen kultiviert wurden, stammt der größte Teil der menschlichen Nahrung von einigen wenigen Anbaufrüchten – vor allem Mais, Reis und Weizen. Mais, der vermutlich ursprünglich in Mexiko beheimatet war, wurde die wichtigste Nutzpflanze in Nord- und Südamerika, während Reis aus Asien stammt und dort die vorherrschende Nutzpflanze ist. Weizen wurde zuerst in Zentralasien kultiviert und ist die wichtigste Nutzpflanze in Europa, Zentralasien, Teilen Nordamerikas und in Afrika. Die Körner von Mais, Reis und Weizen sind reich an Nährstoffen und in trockener Umgebung gut zu lagern. Insgesamt werden 80 Prozent der menschlichen Kalorienaufnahme durch nur sechs Nutzpflanzen abgedeckt: Weizen, Reis, Mais, Kartoffeln, Maniok und Süßkartoffeln. Weitere acht Nutzpflanzen tragen einen erheblichen Teil zu den verbleibenden 20 Prozent bei: Bananen, Bohnen, Sojabohnen, Hirse, Gerste, Kokosnüsse, Zuckerrohr und Zuckerrüben.

Pflanzen sind nicht nur unsere Hauptnahrungsquelle, sondern auch die Grundlage für viele Getränke. Alkoholische Getränke wie Wein und Bier werden aus zuckerhaltigen Pflanzenteilen hergestellt, Kaffee aus Kaffeebohnen, den Steinfrüchten der Kaffeepflanze (*Coffea arabica*), und Tee aus den Blättern der Teepflanze (siehe den Kasten *Pflanzen und Menschen* auf Seite 6). Aus Mais und anderen Pflanzen gewonnener Sirup mit hohem Fruchtzuckergehalt dient als Süßungsmittel für alkoholfreie Getränke.

Getrocknete Kräuter und Gewürze werden bei der Zubereitung von Speisen und als Arzneimittel verwendet. Der Begriff *Gewürz* bezieht sich meist auf getrocknete Teile tropischer oder subtropischer Pflanzen, z. B. Zimt, Nelken, Ingwer und Schwarzer Pfeffer (siehe den Kasten *Die wunderbare Welt der Pflanzen* auf

1 DIE PFLANZENWELT

PFLANZEN UND MENSCHEN
Ein Schlückchen Teegeschichte

Tee ist reich an Koffein und macht in geringem Maße süchtig. Er ist das beliebteste Getränk der Welt. Er stammt ursprünglich aus China, wo er bereits vor 5000 Jahren getrunken wurde. Der Legende nach beobachtete der Kaiser Shennong, wie Teeblätter zufällig in kochendes Wasser fielen. Neugierig bat er darum, kosten zu dürfen – und der Tee war geboren.

Nachdem er in den 1580er-Jahren in Europa eingeführt worden war, wurde der Tee bald enorm populär. Mitte des 17. Jahrhunderts beherrschte Großbritannien, das damals eine überlegene Kriegsflotte besaß, den europäischen Teemarkt. Anfang des 19. Jahrhunderts war Tee so beliebt geworden, dass die Briten begannen, aus Indien Opium einzuführen, um es nach China zu verkaufen und dafür dort Tee und andere beliebte chinesische Produkte wie Seide und Porzellan einzukaufen.

Auch in den amerikanischen Kolonien war Tee sehr beliebt. Die Amerikaner umgingen das britische Monopol, indem sie in China Tee gegen Opium aus dem Osmanischen Reich tauschten. Mitte des 18. Jahrhunderts florierte wegen der britischen Importsteuern der Teeschmuggel in den Kolonien. Um die Schmuggler zu demotivieren, senkte Großbritannien die Steuern. Allerdings behielten die Briten eine niedrige Steuer bei, um ihr Recht zu unterstreichen, dass sie von den Kolonisten Steuern erheben durften. Diese Entscheidung löste 1773 die als „Boston Tea Party" in die Geschichte eingegangenen Proteste aus, eines der Ereignisse, die zum amerikanischen Unabhängigkeitskrieg führten. Britischer Tee wurde boykottiert, und schließlich wurde Kaffee zum beliebtesten Getränk der Amerikaner.

Jahrhundertelang gedieh die Teepflanze nur in China und wurde von den Chinesen sorgsam behütet. Dann aber, in den 1840er-Jahren, schmuggelte der schottische Botaniker Robert Fortune Samen der Teepflanze aus China heraus. Die Teepflanze (*Camellia sinensis*, oben im Bild), die nun in 25 Ländern wächst, benötigt ein feuchtwarmes Klima und sauren Boden, der reich an organischen Stoffen ist. Da die Blätter von Hand gepflückt werden, ist die Ernte sehr arbeitsaufwändig.

Im frühen 20. Jahrhundert gab es zwei Neuheiten, was den Teekonsum anbelangt. Auf der Weltausstellung 1904 in St. Louis kam ein Teeplantagenbesitzer auf die Idee, Eis in seine Kostproben zu werfen, was angesichts des außergewöhnlich heißen Sommers sehr großen Anklang fand. Damit war der Eistee erfunden. Im Jahr 1908 wurden erstmals Teebeutel verwendet.

Heute ist der größte Teil des in der westlichen Welt verkauften Tees Schwarzer Tee, also Tee, bei dem die Blätter vor dem Rösten fermentiert werden. Beim Rösten wird der Feuchtigkeitsgehalt der Blätter von 45 auf 5 Prozent reduziert. Grüner Tee wird eher im asiatischen Raum bevorzugt, hält aber auch im Westen Einzug. Beim Grünen Tee werden die Blätter nicht fermentiert. Außerdem gibt es Kräuter- und Früchtetees, die aus Blüten, Beeren, Wurzeln, Samen oder Blättern anderer Pflanzen hergestellt werden. Diese Tees sind in der Regel koffeinfrei und weisen eine überraschende Vielfalt von Geschmacksrichtungen auf.

Seite 8). Zu den häufig verwendeten Kräutern gehören Majoran, Minze, Petersilie, Rosmarin, Salbei und Thymian.

Pflanzliche Arzneimittel

Schon im Altertum bemerkten die Menschen, dass Pflanzen die Symptome vieler Krankheiten lindern können. Beispielsweise kann ein Aufguss aus der Rinde der Weide gegen Kopfschmerzen helfen. Wie wir heute wissen, enthält Weidenrinde Salicylsäure. Diese ist in ihrer chemischen Struktur der Acetylsalicylsäure – besser bekannt unter dem Markennamen Aspirin – sehr ähnlich. Über Jahrhunderte wurde Wissen dieser Art mündlich überliefert und von Naturforschern zusammengetragen, die Pflanzen sammelten. Im 16. Jahrhundert entstanden die ersten *Kräuterbücher*, in denen die Verwendungszwecke von Pflanzen aufgelistet waren und die den Versuch unternahmen, Pflanzen zu klassifizieren und wissenschaftlich zu benennen. Dies war ein nütz-

1.1 Die Bedeutung der Pflanzen

Menschen zum Opfer, die meisten davon Kinder. Ein weiteres häufig verwendetes Alkaloid ist Ephedrin. Es wird aus den Sträuchern der Gattung *Ephedra* gewonnen und ist ein starkes Antihistamin. Alkaloide können auch die Physiologie von Tieren beeinflussen, indem sie die Zellteilung stören. Wissenschaftlern ist es gelungen, mithilfe zweier Alkaloide des Madagaskar-Immergrüns (*Catharantus roseus*), Vinblastin und Vincristin, die Teilung von Tumorzellen zu stören und Zellen abzutöten. Tausende weitere Pflanzenprodukte sind für die Humanmedizin von Bedeutung. In den USA enthalten etwa 25 Prozent aller ausgestellten Rezepte mindestens ein Produkt, das von Pflanzen stammt.

Pflanzen – Brennstoff, Baumaterial und Rohstoff für Papiererzeugnisse

Bei manchen mehrjährigen Pflanzen entwickeln sich die Stängel zu holzigen Stämmen, die viele Meter hoch werden können. Das, was wir als Holz bezeichnen, sind im Wesentlichen tote Zellen, die dafür sorgen, dass die Stämme bestimmter holziger Pflanzen sehr dick und hoch werden können.

Holz ist nach wie vor der wichtigste Brennstoff zum Kochen und Heizen, da ein großer Teil der Weltbevölkerung kaum mit Elektrizität und fossilen Brennstoffen wie Petroleum, Kohle und Erdgas versorgt ist. Fossile Brennstoffe sind selbst Pflanzenprodukte, die über Hunderte Millionen von Jahren aus fossilen Pflanzenüberresten gebildet wurden.

Holz ist auch noch immer das wichtigste Baumaterial; es wird u. a. bei den meisten Wohnhäusern und vielen anderen Gebäuden für den Dachstuhl verwendet. Selbst Stahlkonstruktionen beruhen indirekt auf Pflanzen, denn die Schmelzöfen, in denen aus Eisen Stahl hergestellt wird, werden vor allem mit fossilen Brennstoffen betrieben.

Ein weiteres wichtiges Pflanzenprodukt, das aus einer Reihe von Pflanzen hergestellt werden kann, ist Papier. Das meiste Papier, das wir verwenden, wird aus Zellstoff hergestellt, der aus holzigen Pflanzen wie Fichten und Kiefern gewonnen wird.

Dies sind nur einige wenige Beispiele für nützliche Pflanzenprodukte, abgesehen davon natürlich, dass sie unsere grundlegende Nahrungs- und Sauerstoffquelle sind. Überall in diesem Buch, im Haupttext sowie in den Kästen *Pflanzen und Menschen*, werden uns weitere Beispiele dafür begegnen, wie Pflanzen das Leben der Menschen beeinflussen.

Abbildung 1.4: Der Chinarindenbaum und das Chinin. Chinarinde wurde von den Ureinwohnern der Anden gegen eine ganze Reihe von Krankheiten verwendet. Die spanischen Eroberer beobachteten dies, was zur Entdeckung des Chinins als Mittel gegen die Malaria führte.

liches Unterfangen, denn eine bestimmte Pflanze kann viele Trivialnamen haben.

Als sich im 18. und 19. Jahrhundert die moderne Chemie entwickelte, wurden Pflanzenextrakte, die Alkaloide und andere nützliche Verbindungen enthalten, leichter verfügbar. Eine besonders wichtige Rolle in der Geschichte der Menschheit spielte das Alkaloid Chinin. Im späten 17. Jahrhundert erkannten Ärzte, dass die Chinarinde und das aus ihr extrahierte weiße Chininpulver zur Behandlung von Malaria verwendet werden kann (▶ Abbildung 1.4). Trotz des weit verbreiteten Einsatzes von Chinin und verwandten Medikamenten gehört die Malaria auch heute noch zu den weltweit verheerendsten Krankheiten. In tropischen Ländern fallen ihr jedes Jahr zwischen einer und drei Millionen

1 DIE PFLANZENWELT

DIE WUNDERBARE WELT DER PFLANZEN
■ Schwarzer Pfeffer: Die Rettung für verderbliches Fleisch

Es mag Sie überraschen zu hören, dass die Besiedlung Amerikas durch die Europäer ihre Ursache nicht zuletzt in der Suche nach Schwarzem Pfeffer und anderen Gewürzen hatte. Schwarzer Pfeffer entsteht aus den getrockneten Früchten des Strauches *Piper nigrum*, der an der Malabarküste im Südwesten Indiens heimisch ist. Die Früchte sind grün und im Inneren weiß. Der schwarze Belag der schwarzen Pfefferkörner wird durch Pilze bewirkt.

Warum war Pfeffer für die Europäer so wichtig? Als es noch keine Kühlschränke gab, wurde Salz zum Konservieren von Fleisch verwendet. Es hielt Bakterien und Pilze fern, doch leider machte es das Fleisch auch ziemlich ungenießbar. Das Hinzufügen von Gewürzen wie Schwarzem Pfeffer machte gesalzenes Fleisch schmackhaft, weshalb Seeleute oft ein kleines Säckchen mit Pfefferkörnern bei sich trugen.

Im Mittelalter brachten Kaufleute über die Handelsrouten Mittelasiens Gewürze aus Asien nach Europa. 1000 Jahre lang begaben sich Kamelkarawanen, beladen mit Schwarzem Pfeffer, Nelken, Zimt, Muskat, Ingwer und anderen Gewürzen, auf diese Reise. Seit dem Jahr 1470 jedoch blockierten die Türken die Handelswege auf dem Land, weshalb die Europäer auf See nach einer alternativen Route suchten, über die sie Asien erreichen könnten. Christoph Kolumbus gelang es, am spanischen Hof finanzielle Unterstützung für die Suche nach einer neuen Route nach China und Indien zu bekommen. Als er die Karibik erreichte, war er der Meinung, dass es sich um Inseln vor der Küste Indiens handelte, und bezeichnete die Einwohner deshalb als „Indianer". Zwar fand er keinen Schwarzen Pfeffer, dafür aber scharf schmeckende Früchte, die später „Spanischer Pfeffer" oder Paprika genannt wurden. Die Pflanze ist allerdings nicht mit dem Schwarzen Pfeffer verwandt, sondern gehört zur Gattung *Capsicum*.

Biodiversitätsforschung

Weil Pflanzen so vieles von dem liefern, was wir brauchen, müssen wir sicherstellen, dass es ausreichend viele von ihnen gibt und für uns wertvolle Pflanzen nicht aussterben. Wir sind die Pfleger und Verwalter der Ressourcen der Erde. Die **Biodiversitätsforschung** ist ein wichtiges interdisziplinäres Forschungsgebiet, das sich mit den Möglichkeiten befasst, der Auslöschung von Arten und dem Verlust von gefährdeten Lebensräumen entgegenzutreten. Sie untersucht den Einfluss menschlicher Aktivitäten auf alle Aspekte der Umwelt und sucht nach weniger umweltzerstörenden Alternativen für das Roden von Bäumen, den Bau von Städten und allgemein für den Umgang mit den biologischen Ressourcen der Biosphäre wie den Wäldern. Die große und immer schneller wachsende Weltbevölkerung hat wesentlich schneller Holz verbraucht, als nachwachsen kann. Es kommt daher nicht überraschend, dass Holz immer teurer wird, je mehr es dahinschwindet. In den USA wird etwa die Hälfte der jährlichen Holzernte für die Herstellung von Papier verwendet, das größtenteils nicht wiederverwendet wird.

Es existieren nur noch wenige Urwälder, die meisten davon in Nationalparks und privaten Naturparks. Weltweit ist etwa die Hälfte der ursprünglichen Wälder verschwunden; an ihrer Stelle befinden sich Städte, landwirtschaftliche Nutzflächen oder andere Objekte für die Aktivitäten der Menschen. Große Teile des Regenwaldes werden durch Brandrodungen vernichtet. Der Wald wird abgeholzt, um das Land für ein paar Jahre als Anbaufläche zu nutzen, bis die Nährstoffe erschöpft sind. Dann wird das Land wieder aufgegeben. In Anbetracht der Bedeutung der Pflanzen für den Menschen ist es erschreckend, dass menschliche Aktivitäten, ganz besonders die Zerstörung der tropischen Regenwälder, das Aussterben einer großen Anzahl von Pflanzen- und Tierarten verursachen. Die Schätzungen des Ausmaßes des Artensterbens weisen eine erhebliche Schwankungsbreite auf. In seinem Buch *The Diversity of Life* (auf Deutsch erschienen unter dem Titel *Der Wert der Vielfalt*) gibt der Biologe Edward O. Wilson die konservative Schätzung von 2700 aussterbenden Arten pro Jahr an. Andere Wissenschaftler schätzen, dass zwischen 1990 und 2020 fünf bis 40 Prozent aller existierenden Arten aussterben, darunter auch viele Pflanzen, die für Arzneimittel wichtige Verbindungen von unschätzbarem Wert enthalten. 20 Prozent aller tropischen und subtropischen Pflanzenarten sind möglicherweise schon zwischen 1952 und 1992 ausgestorben. Das Thema Biodiversitätsforschung wird uns in diesem

1.1 Die Bedeutung der Pflanzen

Buch oft begegnen; ihm sind mehrere Kästen sowie der Abschnitt 25.4 gewidmet.

Grüne Biotechnologie

Bereits in vorgeschichtlicher Zeit haben Menschen nach besseren Pflanzen gesucht, um ihre Bedürfnisse besser befriedigen zu können. Die Botanik als Wissenschaft hat sich aus der grundlegenden Wissbegierde in Bezug auf jene Lebewesen entwickelt, die für unser Überleben so notwendig sind. In der **Pflanzenbiotechnologie** bemühen sich Forscher, mithilfe molekularbiologischer Methoden verbesserte Pflanzen und Pflanzenprodukte zu erhalten. In einem weiter gefassten Sinne haben derartige Bestrebungen eine lange Geschichte. Sie reicht zurück bis zu den ersten Bauern, die mit verschiedenen Samen experimentierten. Die moderne Biotechnologie ist ein interdisziplinäres Gebiet, das auf der Chemie und der Biologie fußt (siehe den Kasten *Biotechnologie* auf Seite 10).

Wie alle Lebewesen enthalten Pflanzen Erbinformationen in Form von **DNA (Desoxyribonucleinsäure)**. Spezifische DNA-Abschnitte, die Erbinformation tragen, werden als **Gene** bezeichnet. Die Gene bestimmen die körperlichen Merkmale eines Organismus. In den letzten Jahren ist es Wissenschaftlern gelungen, Gene zu übertragen und so zu verändern, dass Pflanzen mit erwünschten Eigenschaften entstehen. Diese relativ neue Methode der Biotechnologie heißt **Gentechnik**. Die Entwicklung gentechnisch veränderter Pflanzen ist einerseits revolutionär, andererseits hat sie heftige kontroverse Diskussionen ausgelöst, weshalb heute viele Menschen bei dem Begriff Biotechnologie ausschließlich an die Gentechnik denken. Im Folgenden werden einige Beispiele gentechnisch veränderter Pflanzen vorgestellt.

„Goldener Reis"

Wie andere bedeutende Nutzpflanzen enthält Reis bestimmte Nährstoffe nicht in ausreichenden Mengen, insbesondere ist er arm an Vitamin A. In Regionen, in denen Reis das Hauptnahrungsmittel ist, führt Vitamin-A-Mangel dazu, dass jedes Jahr fast eine halbe Million Kinder erblinden und zwischen einer und zwei Millionen Schwangere und Menschen mit geschwächtem Immunsystem sterben. Pflanzengenetiker aus der Schweiz haben sich dieses Problems angenommen und zwei

Abbildung 1.5: „Goldener Reis". Ingo Potrykus von der Eidgenössischen Technischen Hochschule in Zürich hatte die Vision einer gentechnisch veränderten Reissorte, die dabei helfen könnte, Mangelernährungen von Kindern in Entwicklungsländern zu bekämpfen. Durch Transformation von Reisembryonen mit Genen der Narzisse und des Bakteriums *Erwinia uredovora* gelang es Potrykus, den „Goldenen Reis" zu entwickeln, der in der Lage ist, β-Carotin, eine Vorstufe des Vitamins A, zu bilden.

Gene der Narzisse sowie ein Bakteriengen zum Reisgenom hinzugefügt. Die neue Reisart, „Goldener Reis" genannt, kann mithilfe dieser zusätzlichen Gene goldfarbenes β-Carotin herstellen, eine Vorstufe des Vitamins A (▶ Abbildung 1.5).

Schädlingsresistente Pflanzen

Das Hinzufügen des Bakteriengens *Bt* zum Genom von Nutzpflanzen bewirkt, dass diese resistent gegen bestimmte Insekten werden. Dadurch können Landwirte den Einsatz von Pestiziden vermeiden.

Essbare Impfstoffe

Menschen und andere Säugetiere töten eindringende Krankheitserreger, indem sie so genannte Antikörper produzieren, Moleküle, die das Immunsystem mobilisieren. Wenn ein Gen eines krankmachenden Organismus zum Genom einer Pflanze hinzugefügt wird, dann können Menschen, die diese Pflanze essen, Antikörper gegen die entsprechende Krankheit produzieren. Beispielsweise verursacht ein spezieller Stamm des Bakteriums *Escherichia coli* Durchfall, an dem jedes Jahr zwei Millionen Kinder sterben. Kartoffeln, die ein Gen dieses Bakteriums enthalten, haben eine Immunantwort ausgelöst, die die betreffenden Menschen resistent gegen die Krankheit gemacht hat. Das Gen könnte in Bananen oder andere Nutzpflanzen eingebaut werden, die in Entwicklungsländern verbreitete Grundnahrungsmittel sind.

DIE PFLANZENWELT

BIOTECHNOLOGIE
■ Der Einsatz von Pflanzen im Kampf gegen Bakterien

Malen Sie sich diesen Albtraum aus: Bakterien haben eine vollständige Resistenz gegen Antibiotika entwickelt, die diese Bakterien früher mit Leichtigkeit besiegt haben. Krankheiten wie Tuberkulose, die einst mit Antibiotika behandelt wurden, erreichen fast epidemische Ausmaße. Erscheint Ihnen dieses Szenario unglaubwürdig? Nun, was wie Science-Fiction klingt, könnte schnell zur unangenehmen Realität werden.

Als Antibiotika in den 1940er-Jahren allgemein verfügbar wurden, hielt man sie für Wunderdrogen mit geringen oder ganz ohne negative Nebenwirkungen für die infizierte Person. Doch Bakterien sind mehr und mehr resistent gegen Antibiotika geworden, oft eliminieren sie das Antibiotikum, noch bevor es die Bakterienzelle schädigen kann. Stämme von *Staphylokokken* und andere Bakterienarten, die lebensbedrohliche Krankheiten verursachen, sind bereits gegen mehr als 100 Antibiotika resistent.

Was können wir angesichts dieser Besorgnis erregenden Lage tun? Zu den Forschern, die nach Lösungen suchen, gehören Frank Stermitz von der Colorado State University und Kim Lewis von der Tufts University. Sie studieren die Chemie von Pflanzen, insbesondere medizinisch relevante Eigenschaften von Alkaloiden wie Berberin. Berberin wurde seit Langem von den amerikanischen Ureinwohnern als Medizin genutzt und wird heute als Mittel gegen Arthritis, Durchfall, Fieber, Hepatitis und Rheuma verkauft. Stermitz und Lewis fanden Berberin in den Blättern und im Saft verschiedener Varietäten einer Mahonie, die in den USA unter dem Namen *Oregon Grape* bekannt ist, zur Gattung der *Berberitzen* gehört und bei uns auch in Anlagen und Gärten anzutreffen ist. Erste Versuche im Reagenzglas verliefen enttäuschend; es zeigte sich nur eine schwache antibiotische Aktivität, wenn man den reinen Extrakt verwendete. Doch in Kombination mit anderen Verbindungen der Pflanze stieg die antibiotische Aktivität enorm und war vergleichbar mit der der stärksten verfügbaren Antibiotika gegen Staphylokokken. Was genau macht Berberin so wirksam? Stermitz und Lewis stellten fest, dass *Oregon Grape* eine weitere Verbindung produziert, nämlich 5'-Methoxyhydnocarpin. Diese Verbindung verhindert, dass die Bakterien das Berberin eliminieren, so dass das Antibiotikum die Bakterien töten kann. Die Forscher untersuchen nun, ob diese Kombination auch bei lebenden Tieren wirkt. Eines Tages könnten Impfstoffe und neue Antibiotika, vielleicht abgeleitet aus Pflanzen, diese gefährlichen Bakterien unter Kontrolle bringen.

Giftresistente Pflanzen

Mehr als 40 Prozent der landwirtschaftlich genutzten Böden enthalten freie toxische Ionen, welche die Erzeugung von Nutzpflanzen beeinträchtigen oder sogar unmöglich machen. Durch das Hinzufügen bestimmter Bakteriengene können Pflanzen resistent gegen toxische Ionen, wie z. B. Quecksilberverbindungen, Aluminiumsalze und Natriumchlorid, gemacht werden. In manchen Fällen ist es möglich, kontaminierte Böden zu reinigen, indem man Pflanzen wachsen lässt, die bestimmte toxische Ionen speichern, und sie dann entfernt (Phytoremediation).

Herbizidresistente Pflanzen

Unkräuter mindern die Erträge der Pflanzenproduktion, da sie mit den Nutzpflanzen um Licht, Nährstoffe, Wasser und Platz zum Wachsen konkurrieren. Wissenschaftler haben Gene zu den Genomen von Nutzpflanzen hinzugefügt, die diese resistent gegen Herbizide (Chemikalien zur Bekämpfung von Unkräutern) machen. Auf diese Weise können die Herbizide zum Vernichten der Unkräuter verwendet werden, ohne den Nutzpflanzen zu schaden. Viele dieser Herbizide haben keine bekannten Wirkungen auf Tiere oder Menschen und können daher gefahrlos auf Nutzpflanzen angewendet werden.

In einigen Fällen spielen Pflanzen eine ungewöhnliche Rolle bei gentechnischen Experimenten mit Tieren. Bei Forschungen zum Schmerzempfinden beispielsweise haben Wissenschaftler mit der Reaktion von Mäusen auf Capsaicin experimentiert. (Capsaicin ist das Alkaloid, das für den scharfen Geschmack von Paprika verantwortlich ist.) Die Gene der untersuchten Mäuse wurden so modifiziert, dass die Mäuse scharfen Paprika nicht mehr mieden, sondern ihn freiwillig fraßen (▶ Abbildung 1.6). Mäuse so zu verändern, dass sie scharfe Chilisauce fressen, mag vielleicht nicht nach einem wissenschaftlichen Durchbruch aussehen. Entscheidend ist aber, dass die Zellrezeptoren, die Menschen für scharfen Paprika sensibilisieren, auch auf Hitze und andere schmerzauslösende Reize reagieren. Weitere Untersuchungen dieser Mäuse und ihrer verän-

Abbildung 1.6: Einsatz von Pflanzen zur Veränderung der Reaktion von Tieren. Diese Maus wurde genetisch so verändert, dass der Rezeptor für Capsaicin blockiert ist, jenes Alkaloid, das für den scharfen Geschmack von Chilischoten verantwortlich ist. Die Maus frisst scharfe Chilis und zeigt außerdem eine verminderte Sensitivität für Saures und Heißes. Die Erforschung der hohen Toleranz dieser Tiere gegenüber Chilis könnte Erkenntnisse liefern, die dabei helfen, das menschliche Schmerzempfinden zu beeinflussen.

derten Reaktion auf Capsaicin könnten Hinweise darauf liefern, wie bestimmte Arten von Schmerz wahrgenommen werden.

Während sich die Gentechnik rasant entwickelt, sind ihre gesellschaftlichen Implikationen noch immer unklar. Gentechnisch veränderte Pflanzen müssen getestet werden, es muss sichergestellt sein, dass sie für den menschlichen Verzehr unbedenklich sind und weder für Tiere noch für ihre Umgebung eine Gefahr darstellen. Es könnte z. B. sein, dass bestimmte Menschen allergisch gegen Genprodukte sind, die aus anderen Organismen stammen und auf Nutzpflanzen übertragen wurden. Herbizidresistenz hervorrufende Gene könnten auf andere Pflanzen übergehen, wodurch so genannte Superunkräuter entstehen könnten. Pollen von insektenresistenten Nutzpflanzen könnten von harmlosen oder nützlichen Insekten gefressen werden und so ganze Insektenpopulationen töten.

In der Debatte über den Einsatz gentechnisch veränderter Pflanzen ist es wichtig zu verstehen, wie diese hergestellt werden und was sie leisten können. Berechtigte Bedenken sind zu unterscheiden von diffusen Ängsten, dass gentechnisch veränderte Pflanzen die botanische Variante von Frankensteins Monster seien.

Pflanzenzüchter stellen seit Jahrhunderten mit traditionellen Methoden genetisch veränderte Nutzpflanzen her. Die Gentechnik beschleunigt diesen Prozess und gestattet zudem, dass auf Pflanzen Gene übertragen werden, die von den unterschiedlichsten, nicht mit Pflanzen verwandten Organismen stammen. Kapitel 14 behandelt die Biotechnologie im Allgemeinen und die Gentechnik im Besonderen. Außerdem wird uns die Biotechnologie an vielen Stellen im Haupttext des Buches und in mehreren Kästen begegnen.

WIEDERHOLUNGSFRAGEN

1. In welcher Weise unterstützt die Photosynthese das Leben auf der Erde?
2. Inwiefern befriedigen Pflanzen menschliche Grundbedürfnisse?
3. Was sind die wichtigsten Herausforderungen für die Biodiversitätsforschung?
4. Welche möglichen Vorteile bieten gentechnisch veränderte Pflanzen? Welche Probleme bringen sie mit sich?

1.2 Merkmale von Pflanzen und Pflanzendiversität

Von der griechischen Antike bis zur Mitte des 19. Jahrhunderts wurden Lebewesen in Pflanzen und Tiere unterteilt. Ein Lebewesen wurde als Pflanze angesehen, wenn es sich nicht bewegte, grün aussah und sich nicht von anderen Lebewesen ernährte. Lebewesen, die sich bewegten und andere Organismen fraßen, wurden *Tiere* genannt. Gemäß diesen Kriterien umfasste die Kategorie *Pflanzen* nicht nur Lebewesen wie Moose, Farne, Nadelbäume und Blütenpflanzen, sondern auch Algen und Pilze. Algen wurden vor allem deshalb dazugezählt, weil sie grün sind, und Pilze vor allem, weil sie sich nicht bewegen. Heute jedoch betrachten Botaniker Pflanzen als grundlegend verschieden von Pilzen; außerdem werden Pflanzen und Algen gewöhnlich getrennt betrachtet.

Bei der Unterscheidung der Pflanzen von anderen Lebewesen stützen sich Wissenschaftler auf die **Evolution**, also all jene Veränderungen, die das Leben von den ersten Anfängen bis zur heutigen Vielfalt der Lebe-

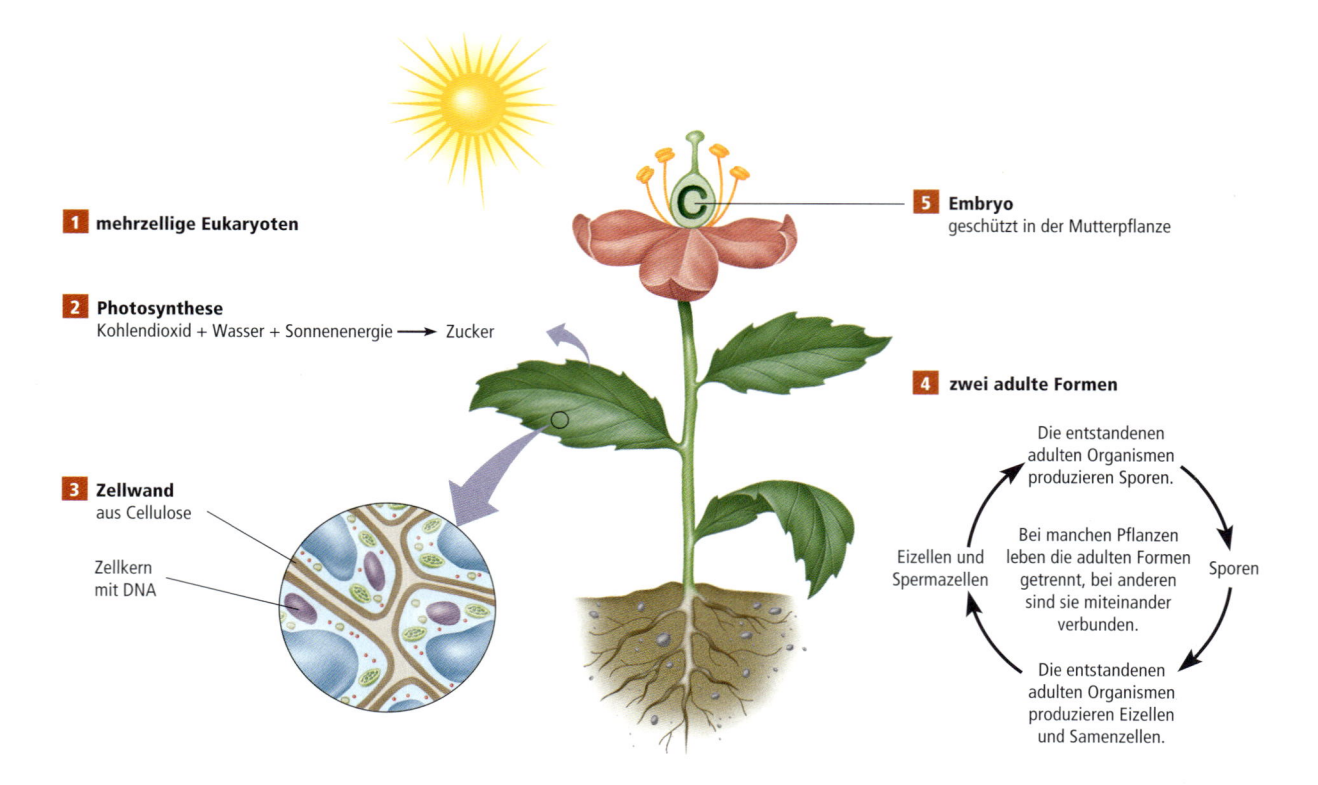

Abbildung 1.7: Merkmale einer typischen Pflanze. Die Ziffern beziehen sich auf die Erläuterungen im Text.

wesen durchlaufen hat. Im Verlauf der Evolution sind in den Genen der Lebewesen Unterschiede entstanden, die sich oft in körperlichen Merkmalen niedergeschlagen haben. Doch alle Versuche, Lebewesen anhand ihrer körperlichen Merkmale und ihres Verhaltens zu klassifizieren, verlieren sich in irgendwelchen Ausnahmen. Wir werden uns zunächst damit befassen, wie die meisten Botaniker Pflanzen definieren, und uns dann einige Beispiele für die Diversität der Pflanzen ansehen.

Die Merkmale der Pflanzen

Die folgenden fünf Merkmale, die in ▶ Abbildung 1.7 zusammengefasst sind, werden üblicherweise benutzt, um Pflanzen zu definieren und sie von anderen Lebewesen zu unterscheiden:

1 Pflanzen sind mehrzellige Eukaryoten. In der modernen Systematik wird die grundlegendste Unterscheidung zwischen Lebewesen auf der Ebene der Zelle getroffen – zwischen Eukaryoten und Prokaryoten. Pflanzen gehören zu den **Eukaryoten**, Lebewesen, deren Zellen einen **Zellkern** haben. Der Zellkern ist eine abgeschlossene Struktur, welche die DNA der Zelle enthält. Auch Tiere, Pilze und Protisten wie die Algen gehören zu den Eukaryoten.

Prokaryoten besitzen keinen abgeschlossenen Zellkern; zu ihnen gehören die Bakterien. Weiter hinten in diesem Buch werden Sie mehr über Prokaryoten, Protisten und Pilze finden.

2 Fast alle Pflanzen sind zur Photosynthese in der Lage. Da Pflanzen durch Photosynthese ihre eigene Nahrung herstellen können, werden sie als **autotroph** bezeichnet. Im Gegensatz dazu sind Tiere und Pilze **heterotroph**, was bedeutet, dass sie ihre Nahrung von anderen Lebewesen erhalten. Tiere fressen ihre Nahrung, während Pilze sie absorbieren.

3 Pflanzen besitzen Zellwände, die hauptsächlich aus Cellulose bestehen. **Cellulose** ist eine Kette aus Glucose-Molekülen. Cellulosehaltige Zellwände sind ein gutes Kriterium, um Pflanzen von anderen Eukaryoten zu unterscheiden, denn die Zellwände von Algen und Pilzen bestehen vorwiegend aus anderen Substanzen, während tierische Zellen überhaupt keine Zellwände haben.

4 Pflanzen haben zwei adulte Formen, die wechselseitig auseinander hervorgehen. Eine der beiden adulten Formen bildet **Sporen**, Fortpflanzungszellen, die sich zu adulten Organismen entwickeln können, ohne mit einer anderen Fortpflanzungszelle zu verschmelzen. Die andere adulte Form bildet ent-

1.2 Merkmale von Pflanzen und Pflanzendiversität

	Bakterien 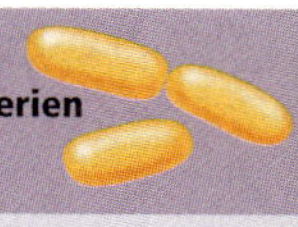	**Algen** 	**Pflanzen** 	**Pilze** 	**Tiere** 
Zelltyp	prokaryotisch; einzellig, kann aber Kolonien bilden	eukaryotisch; ein- oder mehrzellig	eukaryotisch; mehrzellig	eukaryotisch; mehrzellig	eukaryotisch; mehrzellig
Zellwand	Zellwände enthalten keine Cellulose	Zellwände einiger Arten enthalten Cellulose	Zellwände bestehen hauptsächlich aus Cellulose	Zellwände bestehen hauptsächlich aus Chitin	keine Zellwände
Ernährungsweise	unterschiedlich; einige Arten sind autotroph (Photosynthese)	autotroph (Photosynthese)	autotroph (Photosynthese)	heterotroph, absorbieren ihre Nahrung	heterotroph, fressen ihre Nahrung
Fortpflanzung	größtenteils asexuell	sexuell und asexuell; einige Arten besitzen zwei adulte Formen: eine, die Sporen produziert, und eine, die Eizellen und Samenzellen produziert	sexuell und asexuell; zwei adulte Formen: eine, die Sporen produziert, und eine, die Eizellen und Samenzellen produziert; der Embryo ist im Mutterorganismus geschützt	sexuell und asexuell	größtenteils sexuell, einige Arten auch asexuell; der Embryo ist bei einigen Arten (darunter fast alle Säugetiere) im Mutterorganismus geschützt
Wachstum	unbegrenzt	unbegrenzt oder begrenzt	unbegrenzt oder begrenzt	unbegrenzt oder begrenzt	begrenzt

Abbildung 1.8: Vergleich von Pflanzen mit anderen Lebewesen. Wie Sie sehen, teilen Pflanzen mit jedem der anderen Typen von Lebewesen (Bakterien, Algen, Pilze, Tiere) mindestens ein Merkmal. Andererseits unterscheiden sie sich von diesen auch jeweils mindestens in einem Aspekt (Zellstruktur, Ernährung, Fortpflanzung, Wachstum).

weder **Spermazellen** (männliche Fortpflanzungszellen) oder **Eizellen** (weibliche Fortpflanzungszellen). Eine Spermazelle befruchtet eine Eizelle, wodurch ein **Embryo** entsteht, der sich zu einem adulten Organismus entwickelt. In Kapitel 6 werden Sie sehen, wie die beiden adulten pflanzlichen Lebensformen abwechselnd auseinander hervorgehen. An dieser Stelle sei lediglich erwähnt, dass Pflanzen ein faszinierendes Sexualleben haben.

5 Pflanzen haben mehrzellige Embryonen, die geschützt in den weiblichen Eltern liegen. Geschützte Embryonen entstanden im Lauf der Evolution als Anpassung an das Leben an Land, denn es musste verhindert werden, dass der Embryo austrocknet. Dieses Merkmal unterscheidet Pflanzen von Algen.

Jedes einzelne dieser Merkmale trifft nicht ausschließlich für Pflanzen zu, doch in ihrer Gesamtheit sind sie geeignet, um Pflanzen von allen anderen Lebewesen zu unterscheiden. Zwei weitere Merkmale unterscheiden Pflanzen speziell von den meisten Tieren. Im Gegensatz zu den meisten Tieren können sich Pflanzen auf zwei verschiedene Weisen fortpflanzen. Einmal geschlechtsreif, können sich die meisten Tiere nur **sexuell fortpflanzen**, d. h. eine Eizelle wird durch eine Spermazelle befruchtet, wodurch ein Nachkomme entsteht, der von beiden Eltern genetisch verschieden ist. Pflanzen dagegen können sich sowohl sexuell als auch **asexuell fortpflanzen**. Asexuelle Fortpflanzung bedeutet, dass ein einzelner Elter Nachkommen erzeugt, die mit ihm genetisch identisch sind. Neben der Fortpflanzung ist auch das Wachstum der Pflanzen völlig anders als das der Tiere. Pflanzen sind in der Lage, während ihres gesamten Lebens weiterzuwachsen. Dieses Wachstum wird als **unbeschränkt** bezeichnet. Dagegen endet das Wachstum bei Tieren nach dem Erreichen der Geschlechtsreife, ein Wachstumsmuster, das als **beschränktes Wachstum** bezeichnet wird. ▶ Abbildung 1.8 stellt wesentliche Merkmale von Pflanzen, Tieren, Pilzen, Algen und Bakterien gegenüber.

Nachdem wir uns die allgemeinen Merkmale von Pflanzen angesehen haben, wollen wir eine kurze Reise durch die Evolution pflanzlichen Lebens unternehmen. Wenn die Geschichte der Erde zu einem Tag zusammengestaucht werden könnte, dann würden Pflanzen seit den letzten zweieinhalb Stunden existieren. Im Vergleich zum Menschen jedoch sind sie schon sehr alt, denn diese würden erst seit den letzten anderthalb Minuten existieren. Die meisten Menschen assoziieren Pflanzen sofort mit Blumen, doch Blütenpflanzen tra-

1 DIE PFLANZENWELT

(a) Dieses Torfmoos (Sphagnum) produziert braune Sporangien, in denen die Sporen enthalten sind.

(b) Farne bilden die größte Gruppe unter den Gefäßsporenpflanzen.

(c) Koniferen bilden die größte Gruppe der Nacktsamer. Ihre Samen werden in Zapfen produziert. Nadelwälder sind vor allem in kühlen Klimazonen und in Berg-regionen verbreitet.

(d) Blütenpflanzen (*Angiospermae/Magnoliophyta*) sind die bei weitem größte Gruppe der heutigen Pflanzen.

Abbildung 1.9: Die Diversität der Pflanzen. Diese Bilder zeigen Vertreter der vier Pflanzenabteilungen: Moose, Gefäßsporenpflanzen, Nacktsamer und Bedecktsamer.

ten erst relativ spät in der Evolution auf. Dies zeigt der folgende Überblick über die wichtigsten Pflanzenabteilungen: Moose, Farne, Nacktsamer, zu denen die Koniferen (Pflanzen mit Zapfen) gehören, und Bedecktsamer, die auch die Blütenpflanzen umfassen (▶ Abbildung 1.9).

Moose

Moose gehörten zu den ersten Pflanzen, die sich vor 450 bis 700 Millionen Jahren aus algenähnlichen Vorfahren entwickelten. Moose oder **Bryophyta** (von griech. *bryon* und *phyton*, „Pflanze") sind kleine, nichtblühende Pflanzen, deren Struktur einfacher als die anderer Pflanzen ist. Sicher sind Ihnen die Moose vertraut, die auf Steinen wachsen, oder solche, die weiche Teppiche auf dem Waldboden bilden. Sie werden nie größer als ein paar Zentimeter, weil sie keinen effizienten Mechanismus besitzen, mit dem sie Wasser innerhalb der Pflanze nach oben transportieren könnten. Auch können sie sich noch nicht vor Wasserverlust schützen und sind auf feuchte Lebensräume angewiesen.

Torfmoose, die in Sümpfen und Mooren wachsen, sind in vielen Regionen der Erde von wirtschaftlicher Bedeutung (▶ Abbildung 1.9a). Wenn sie sich zersetzen, entsteht Torf, der als Brennstoff, aber auch als Dünger verwendet werden kann. Außerdem absorbieren Torfmoose beträchtliche Mengen an Kohlendioxid, das sonst in der Atmosphäre verbleiben und so zur globalen Erwärmung beitragen würde. Kapitel 20 befasst sich mit der Evolution und den Merkmalen von Moosen.

Farne und andere Gefäßsporenpflanzen

Die überwältigende Mehrheit der Pflanzen gehört zu den **Gefäßpflanzen**, die sich etwa zur selben Zeit wie die Moose aus algenähnlichen Vorfahren entwickelt haben. Gefäßpflanzen besitzen ein hochorganisiertes und effizientes **Gefäßgewebe**, in dem Wasser und Nährstoffe über Leitungsbahnen durch die Pflanze transportiert werden. Da Gefäßpflanzen im Allgemeinen größer sind als Moose, fallen sie eher auf als diese; allerdings variiert ihre Größe von winzig bis turmhoch. Die einfachsten Gefäßpflanzen sind die **Gefäßsporenpflanzen**. Ihre Entwicklung begann vor etwa 450 bis 700 Millionen Jahren.

Wenn Sie 350 Millionen Jahre in die Vergangenheit reisen könnten, würden Sie eine einzige Landmasse vorfinden, die sich entlang des Äquators erstreckt und alle heute existierenden Kontinente vereinigt. Amphibien, einige davon riesengroß, würden das Tierreich beherrschen; es gäbe keine Reptilien, Vögel oder Säugetiere. Auch würden Sie keine Pflanzen mit Zapfen, Blüten oder Früchten vorfinden. Stattdessen würden Gefäßsporenpflanzen in großer Vielfalt die Landschaft dominieren, von denen einige unseren heutigen Farnen sehr ähnlich sähen. Es gäbe aber auch riesige Bäume, deren Äste an Farne erinnern und die keiner der uns vertrauten Pflanzen ähneln.

Die meisten der heute lebenden Gefäßsporenpflanzen sind Farne, die in feuchten Regionen leben. Ihre Spermazellen haben mikroskopisch kleine schwanzähnliche Strukturen, die durch eine Schicht Wasser zu den Eizellen schwimmen müssen (▶ Abbildung 1.9b). Kapitel 21 befasst sich mit der Evolution und den Merkmalen von Gefäßpflanzen.

Nacktsamer: Nichtblühende Samenpflanzen

Bei den meisten Gefäßpflanzen ist der Embryo in eine **Samenanlage** eingeschlossen, eine Struktur, die neben dem Embryo einen Nahrungsvorrat enthält. Je nachdem, ob die Samen offen auf dem Fruchtblatt liegen oder davon eingeschlossen sind, werden die Samenpflanzen in Nacktsamer und Bedecktsamer unterteilt.

Nacktsamer oder **Gymnospermae** (von griech. *gymnos*, nackt und *sperma*, Same) traten erstmals vor etwa 365 Millionen Jahren auf. Ihre engsten heute lebenden Verwandten sind die Koniferen (nach lat. *conifer*, „Zapfen tragend"), deren Samen sich auf Zapfen entwickeln. Die Samen sind nur insofern „nackt", als sie nicht vollständig in einer Schutzhülle verschlossen sind. Typische Koniferen wie Kiefern, Fichten und Mammutbäume sind immergrüne Bäume mit nadelförmigen Blättern (▶ Abbildung 1.9c). Mammutbäume sind mit bis zu 90 Metern Höhe die höchsten Pflanzen der Erde.

Im Mesozoikum (vor 245 bis 65 Millionen Jahren), als die Reptilien die dominierenden Tiere waren, waren Nacktsamer die vorherrschenden Pflanzen; sie umfassten damals Tausende von Arten. Heute dagegen besteht die Pflanzengruppe im Wesentlichen aus ein paar Hundert Arten von Koniferen, die vor allem in kälteren Regionen nahe den Polen und im Gebirge heimisch sind. Kapitel 22 behandelt die Evolution und die Merkmale von Nacktsamern.

Bedecktsamer: Blühende Samenpflanzen

Samenpflanzen, die Blüten ausbilden, werden als **Bedecktsamer** oder **Angiospermae** (nach griech. *angion*, „Behälter", und *sperma*, „Same") bezeichnet (▶ Abbildung 1.9d). Im Gegensatz zu den Samen der Nacktsamer sind die Samen der Bedecktsamer in Fruchtknoten eingeschlossen, die, wenn sie reifen, als **Früchte** bezeichnet werden. Obwohl Bedecktsamer erst vor 145 Millionen Jahren entstanden und damit entwicklungsgeschichtlich noch relativ jung sind, stellen sie die meisten der heute lebenden Pflanzenarten. Es gibt sogar etwa 20 Mal so viele Arten von Bedecktsamern wie Farne und Nacktsamer. Ein Grund, warum sich Bedecktsamer erfolgreicher an viele Lebensräume angepasst haben, besteht darin, dass sie ein effizienteres System zum Transport von Wasser besitzen (siehe Kapitel 3). Ein weiterer Grund, warum sie so weit verbreitet sind, ist der, dass ihre Samen in Früchten eingeschlossen sind, die einen zusätzlichen Schutz darstellen und zudem bei der Verbreitung der Samen hilfreich sind. Mehr über Bedecktsamer erfahren Sie in Kapitel 23.

Moose, Gefäßsporenpflanzen, Nacktsamer und Bedecktsamer spiegeln vier wichtige evolutionäre Entwicklungen wider: die Abstammung der Landpflanzen von den Algen, die Entstehung des Gefäßgewebes, die Entstehung der Samen und die Entstehung von Blüten und Früchten. Immer wieder werden wir uns im Haupttext des Buches sowie in den Kästen zur Evolution damit befassen, wie sich die Merkmale der verschiedenen Pflanzengruppen entwickelt haben.

1 DIE PFLANZENWELT

> **WIEDERHOLUNGSFRAGEN**
>
> **1** Beschreiben Sie die allgemeinen Merkmale einer Pflanze.
> **2** Beschreiben Sie die wichtigsten Pflanzengruppen.

Botanik und wissenschaftliche Methodik 1.3

Im 17. Jahrhundert begannen Forscher mit Experimenten, mit denen sie herausfinden wollten, wie Pflanzen wachsen. Sie stellten beispielsweise fest, dass eine Topfpflanze mit der Zeit erheblich an Gewicht gewinnt, obwohl die Menge an Erde, die sich im Topf befindet, etwa gleich bleibt. Sie folgerten daraus, dass Wasser in starkem Maße zum Wachstum der Pflanze beitragen musste. Das Studium von Pflanzen beinhaltet wie in anderen Wissenschaften immer die Beobachtung, das Formulieren von Fragen zum Beobachteten, das Ableiten möglicher Antworten und schließlich die Überprüfung, wie gut diese Antworten durch die Fakten gestützt werden. Dieses Vorgehen wird allgemein als **wissenschaftliche Methodik** bezeichnet, wobei es keine formale Prozedur gibt, der jeder Wissenschaftler in jedem Fall folgt.

Überprüfen von Hypothesen

Wissen im Sinne der Wissenschaft unterscheidet sich von anderen Formen des Wissens, insbesondere von Wissen auf der Basis des Glaubens. Wissenschaft ist das Streben nach Erkenntnis auf der Basis von direkten Beobachtungen der Natur und Experimenten zum Testen der aus ihnen gezogenen Schlussfolgerungen. Jede Schlussfolgerung, die aus der Beobachtung natürlicher Erscheinungen gezogen werden kann, gehört in den Bereich der Wissenschaft. Die Behauptung zum Beispiel, dass aus Eicheln Petunien wachsen, lässt sich dadurch überprüfen, dass man Eicheln in die Erde steckt und beobachtet, wie daraus Eichen wachsen. Aussagen dagegen, die sich nicht überprüfen lassen, liegen außerhalb des Bereichs der Wissenschaft. Ein Beispiel hierfür ist die Aussage, dass die Welt durch einen göttlichen Schöpfungsprozess entstanden ist, denn es ist nicht möglich, ein Experiment zu ersinnen, mit dem diese Aussage überprüft werden könnte. Beachten Sie jedoch,

Abbildung 1.10: Sir Francis Bacon. Bacon glaubte fest an die Kraft von Experimenten und die wissenschaftliche Methodik beim Aufdecken der Wahrheit.

dass die Wissenschaft selbst auf bestimmten nicht überprüfbaren Annahmen basiert, zum Beispiel auf der Annahme, dass die Gesetze von Physik, Chemie und Biologie morgen noch die gleichen sind wie heute.

Betrachten wir ein Beispiel für die experimentelle Vorgehensweise. Wenn Sie wissen wollten, ob Sonnenlicht Gras zum Wachsen bringt, könnten Sie ein Stück Rasen mit einer Kiste abdecken, die das gesamte Sonnenlicht abblockt. Unter der Annahme, dass Sonnenlicht Gras zum Wachsen bringt, sagen Sie vorher, dass das Gras unter der Kiste weniger stark wachsen wird als der übrige Rasen. Nach einer Woche nehmen Sie die Kiste weg und stellen fest, dass das darunter liegende Gras stärker gewachsen ist als der Rest. Unter den gegebenen Umständen wächst das Gras anscheinend besser ohne Sonnenlicht. (Wir werden dieses überraschende Ergebnis in diesem Kapitel noch diskutieren.)

Ein früher Verfechter der experimentellen Vorgehensweise war Sir Francis Bacon (1561–1626, ▶ Abbildung 1.10). Er war der Meinung, dass sich die Forscher seiner Zeit zu sehr auf die Arbeiten des griechischen Philosophen Aristoteles (384–322 v. Chr.) stützten. Obwohl Aristoteles viel forschte und mehrere Abhandlungen zur Naturwissenschaft, insbesondere zur Zoologie

1.3 Botanik und wissenschaftliche Methodik

Abbildung 1.11: Der Versuch von Charles Darwin mit einem Spross, der Licht wahrnimmt. Außer seinen Arbeiten zur Evolution veröffentlichte Charles Darwin Ergebnisse verschiedener wissenschaftlicher Untersuchungen. Durch Experimente fand er heraus, dass die Sprossspitze für die Wahrnehmung des Lichts verantwortlich ist. (a) Wenn die Sprossspitze abgedeckt ist, wächst der Spross nicht zum Licht. (b) Die unbedeckte Sprossspitze biegt sich in die Richtung, aus der das Licht kommt.

schrieb, war er nicht immer ein sorgfältiger Beobachter und führte nur selten Experimente durch, um seine Schlussfolgerungen zu überprüfen. Beispielsweise vertrat er die Ansicht, dass sich Pflanzen nicht sexuell fortpflanzen.

Viele Zeitgenossen Bacons akzeptierten die Schlussfolgerungen des Aristoteles, ohne sie zu überprüfen, und wendeten diese allgemeinen Schlussfolgerungen auf spezielle Fakten an. Das logische Schließen vom Allgemeinen auf das Spezielle wird als **Deduktion** bezeichnet. Ein Beispiel für die deduktive Schlussweise ist das folgende: Angenommen, Aristoteles hat eine Verallgemeinerung (auch *erste Prämisse* genannt) entwickelt, die besagt, dass sich Pflanzen nicht sexuell fortpflanzen. Dann identifiziert er ein bestimmtes Lebewesen als Pflanze (eine solche Aussage wird als *zweite Prämisse* bezeichnet). Ohne gründliche Beobachtung der Pflanze schließt er dann, dass sich diese Pflanze nicht sexuell fortpflanzt, da es sich um eine Pflanze handelt. Dies ist eine Schlussfolgerung durch Deduktion, nicht durch Beobachtung.

Bacon war der Meinung, dass es unsinnig ist, Daten zu sammeln und dann diese Daten nicht dazu zu benutzen, um aus ihnen Schlussfolgerungen zu ziehen. Noch weniger hielt er von Leuten, die Schlussfolgerungen zogen, ohne sich damit aufzuhalten, sie durch Daten zu stützen. Er bezeichnete solche Leute als Spinnen, die ihre Netze weben; sie zögen Schlussfolgerungen, die nur in ihrem Geiste existierten, „Spinnengewebe der Weisheit, vortrefflich geeignet, um Gedanken auszuspinnen, aber ohne Inhalt oder Nutzen". Stattdessen bewunderte Bacon Menschen, die Daten sammelten und analysierten, um Aussagen abzuleiten, die sie dann anwendeten. Er verglich sie mit Bienen, die viele Blüten besuchten und dann das, was sie gesammelt hatten, verwendeten, um etwas Nützliches daraus zu machen, nämlich Honig.

Bacon vertrat die Ansicht, dass Wissenschaftler bei ihrer Arbeit mit speziellen Beobachtungen beginnen und aus diesen Beobachtungen allgemeine Schlussfolgerungen ziehen sollten. Diese Vorgehensweise wird als **Induktion** bezeichnet. Betrachten wir zum Beispiel die Beobachtung, dass viele Pflanzen Pollen produzieren, den Bienen von den Blüten einer Pflanze zu den Blüten einer anderen Pflanze transportieren. Spätere Beobachtungen zeigen, dass sich ein Teil der bestäubten Blüte zu einer Frucht entwickelt, die Samen enthält. Aus diesen Samen entstehen die Pflanzen der nächsten Generation, unbefruchtete Blüten dagegen entwickeln weder Früchte noch Samen. Ein nahe liegender Schluss aus diesen Informationen ist, dass sich Pflanzen sexuell fortpflanzen.

Betrachten wir noch ein weiteres Beispiel aus der Botanik, das die induktive Vorgehensweise illustriert. Angenommen, wir beobachten, dass Blütenpflanzen zum Licht wachsen, und fragen uns, ob es vielleicht die Blätter sind, die das Licht wahrnehmen (▶ Abbildung 1.11).

Um dies zu überprüfen, bedecken wir die Blätter, so dass das Licht sie nicht erreicht. Wir stellen fest, dass die Pflanze trotzdem zum Licht wächst. Wir versuchen es nun damit, die Blüten abzudecken. Das Ergebnis bleibt das gleiche. Wenn wir jedoch die Sprossspitze bedecken, beobachten wir, dass die Pflanze tatsächlich nicht mehr zum Licht wächst. Aus diesen Beobachtungen schließen wir, dass die Sprossspitze für die Wahrnehmung des Lichts verantwortlich ist. In Wirklichkeit war es der berühmte britische Naturforscher Charles Darwin, der diese Entdeckung machte. Er veröffentlichte sie 1880 in dem Buch *The Power of Movement in Plants* (auf Deutsch erschienen unter dem Titel *Das Bewegungsvermögen der Pflanzen*). Später zeigte sich, dass die Sprossspitze spezifisch auf blaues Licht reagiert.

Auch wenn Wissenschaftler nicht ausnahmslos nach einer strengen Folge von Schritten vorgehen, beschreiben die nachfolgend aufgezählten Tätigkeiten das allgemeine Prinzip, nach dem wissenschaftliche Erkenntnisse gewonnen werden (▶ Abbildung 1.12):

1 Beobachtung und Sammlung von Daten. Wissenschaftler sammeln oft Informationen, ohne zunächst zu versuchen, sie zu erklären. Beispielsweise scheinen viele Arten von Pflanzen an unterschiedlichsten Standorten zum Licht zu wachsen. In Bezug auf unser Beispiel heißt das: Das Licht scheint auf viele Teile der Pflanze, mindestens einer davon muss also Licht wahrnehmen. Wir könnten nun verschiedene Teile der Pflanze beschatten, um zu sehen, ob die Pflanze immer noch zum Licht wächst.

Beobachtungen können jedoch ungenau sein, etwa weil sich die Umgebung ändert oder aus Gründen, die beim Beobachter oder im Versuchsaufbau liegen. Wie Sie wissen, handelt es sich bei einem See, den Sie in der Wüste in weiter Entfernung sehen, meist um eine optische Illusion, die als *Fata Morgana* bezeichnet wird. Es kommt auch vor, dass verschiedene Beobachter signifikant verschiedene Beschreibungen des gleichen Ereignisses abgeben.

2 Formulierung kritischer Fragen. Wissenschaftler stellen kritische Fragen, sowohl bevor als auch nachdem sie ihre Beobachtungen gemacht haben. In unserem Beispiel wäre eine kritische Frage die folgende: „Welcher Teil der Pflanze nimmt Licht wahr?"

3 Aufstellen einer Hypothese. Eine **Hypothese** ist eine vorläufige Antwort auf eine Frage; sie versucht, Daten in eine Ursache-Wirkung-Beziehung zu bringen. Man könnte auch sagen, dass eine Hypothese eine fundierte, überprüfbare Vermutung ist. In unserem Beispiel war die erste Hypothese, dass die Blätter Licht wahrnehmen und dafür verantwortlich sind, dass die Pflanze zum Licht wächst.

Wenn ein Ereignis auf ein anderes folgt, weist dies nicht zwangsläufig auf eine Ursache-Wirkung-Beziehung hin. Angenommen, die Turmglocke schlägt jeden Morgen genau dann, wenn Sie aus dem Haus gehen – dies bedeutet nicht, dass Sie der Grund dafür sind, dass die Glocke schlägt. Ebenso wenig sind Hähne dafür verantwortlich, dass die Sonne aufgeht, auch wenn sie das vielleicht denken. Eine echte Ursache-Wirkung-Beziehung besteht dagegen zwischen dem Besuch einer Blüte durch eine Biene und dem Ausbilden von Samen. Bienen tragen Pollen von einer Pflanze zu einer anderen, was zur Befruchtung der Blüte und in der Folge zur Entwicklung eines Embryos führen kann. Doch auch um diese Ursache-Wirkung-Beziehung zu stützen bedurfte es einer Reihe von sorgfältigen Beobachtungen.

4 Überprüfung der Hypothese. Jede Hypothese wird kritischen Tests unterzogen, die die Hypothese stützen oder auch nicht. Außerdem muss die Hypothese zumindest prinzipiell falsifizierbar sein. Die Aussage „Blätter befähigen Pflanzen, Licht wahrzunehmen" ist eine Hypothese, da sie überprüft werden kann. Um zu sehen, ob sie zutrifft, könnten wir zum Beispiel die Blätter entfernen oder sie mit Folie abdecken und beobachten, ob die Pflanze noch immer zum Licht wächst.

5 Akzeptieren, Modifizieren oder Verwerfen der Hypothese. Um herauszufinden, welcher Teil einer Pflanze Licht wahrnimmt, müssen wir möglicherweise mehrmals den Prozess des Aufstellens, Überprüfens und Verwerfens von Hypothesen durchlaufen. Beispielsweise zeigte sich, dass weder Blätter noch Sprosse diejenigen Teile der Pflanze sind, die Licht wahrnehmen. Erst als Darwin die Sprossspitze abdeckte, hörte die Pflanze auf, nach dem Licht zu wachsen.

Oft muss eine Hypothese unter unterschiedlichen Bedingungen oder über eine längere Zeit getestet werden. Ein Beispiel ist das Experiment, das scheinbar darauf hindeutete, dass Gras bei Dunkelheit schneller wächst als bei Licht. In Wirklichkeit gilt dies nämlich nur auf kurze Sicht. Wenn wir eine Kiste auf ein Stück Rasen stellen, so dass alles Licht abgeblockt wird, dann wächst das darunter befindliche Gras für ein paar Tage schneller. Als Reaktion auf den Lichtmangel streckt sich das Gras dem Licht entgegen, doch nach ein paar Tagen stirbt es ab. Gras braucht Licht, um durch Photosynthese Nahrung für das längerfristige Wachstum zu produzieren, auch wenn das kurzfristige Wachstum im Licht langsamer ist als im Dunkeln.

Eine experimentell gestützte Hypothese kann neue Fragen aufwerfen, in unserem Beispiel etwa die folgenden: Wie bewirkt das Wahrnehmen von blauem Licht durch die Sprossspitze, dass eine Blütenpflanze nach dem Licht wächst? Welches ist der Rezeptor für blaues Licht in Blütenpflanzen und warum erkennt die Pflanze blaues Licht, aber kein grünes? Nehmen alle Pflanzen Licht auf die gleiche Weise wahr?

Wenn eine Hypothese alle Zweifel übersteht, dann ist sie möglicherweise die richtige Erklärung des betrachteten Phänomens, doch vielleicht ist ihre Anwendbarkeit begrenzt. Immerhin werden Hypothesen auf der Grundlage spezieller Experimente gebildet. Wenn zum Beispiel Experimente zur Lichtwahrnehmung mit bestimmten Blütenpflanzen durchgeführt werden, kann man dann schließen, dass die Ergebnisse für alle Pflanzen gelten? Wenn eine auf kleiner Skala (im Beispiel für Blütenpflanzen) gestützte Hypothese später auch auf einer breiteren Skala (im Beispiel für alle Pflanzen) gestützt wird, dann wird sie zu einer **Theorie**. Eine Theorie hat also einen wesentlich größeren Anwendungsbereich als eine fundierte Hypothese. Beispielsweise wird die Evolution als eine Theorie betrachtet, weil sie durch viele wiederholte Beobachtungen und Experimente gestützt wird, die sich auf viele verschiedene Typen von Lebewesen beziehen. Im wissenschaftstheoretischen Sinne ist eine Theorie demnach durch Indizien gut gestützt. Umgangssprachlich wird der Begriff Theorie dagegen oft benutzt, um anzudeuten, dass es sich um eine Annahme handelt, für die es keine Beweise gibt.

Die meisten wissenschaftlichen Hypothesen haben sicher eine kurze Lebenserwartung, weil sie ständig verfeinert und vielleicht irgendwann aufgrund eines Experiments verworfen werden. Obwohl Wissenschaftler idealerweise objektiv sein sollten, urteilen sie manchmal subjektiv, zum Beispiel indem sie zögern, eine favorisierte Hypothese aufzugeben, einfach weil sie selbst davon überzeugt sind, dass sie zutreffend ist. Gute wissenschaftliche Arbeit lässt sich oft mit dem Lösen eines Rätsels oder mit der Arbeit eines Detektivs vergleichen. Sie wissen nicht unbedingt, was am Ende herauskommt, aber wenn Sie logisch und sorgfältig vorgehen, werden Sie eine Menge lernen und Spaß dabei haben.

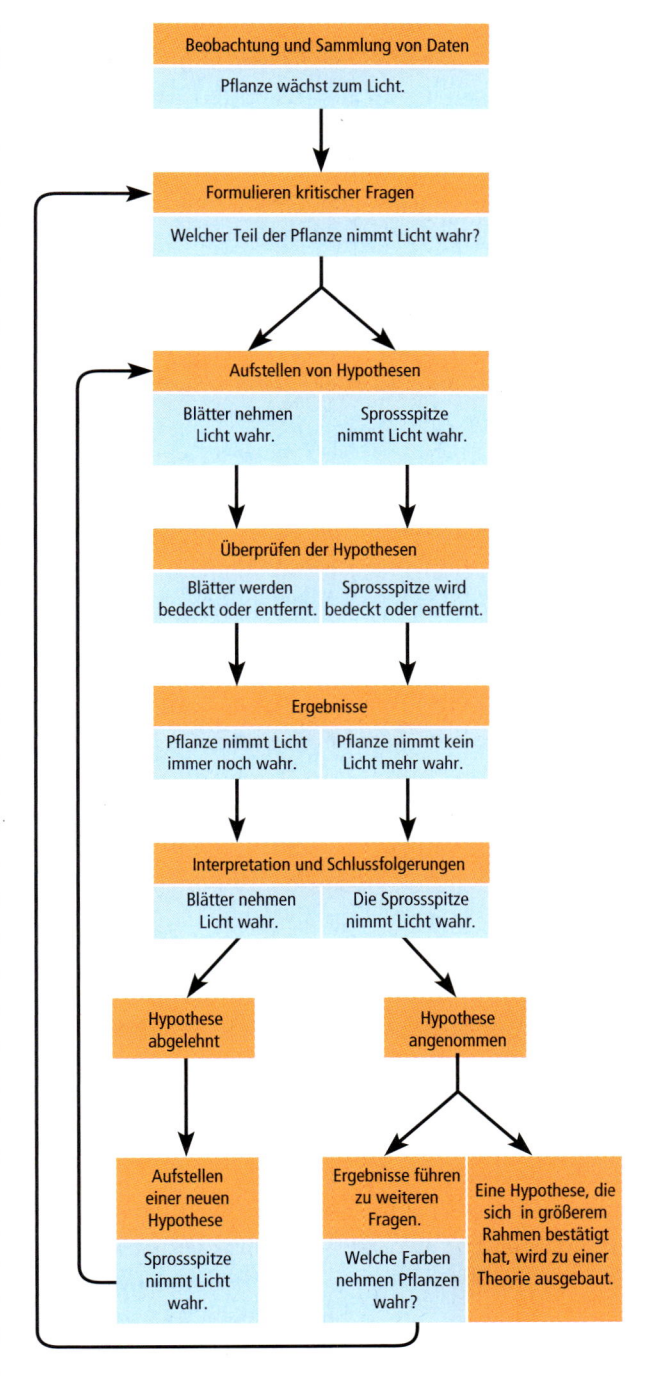

Abbildung 1.12: Aufstellen und Überprüfen von Hypothesen. Die wissenschaftliche Methode besteht in Beobachtungen, aus denen Fragen abgeleitet werden. Eine oder mehrere Hypothesen beantworten die Frage versuchsweise. Anschließend wird jede Hypothese durch Experimente überprüft, was die Hypothese entweder stützt oder nicht. Auf der Basis der Experimente wird die Hypothese entweder akzeptiert oder verworfen.

Teildisziplinen der Botanik

Heute beschäftigen sich Botaniker mit vielen Aspekten von Pflanzen (▶ Abbildung 1.13):

- **Pflanzensystematiker** untersuchen die Entstehungsgeschichte der Pflanzen. Sie geben neu entdeckten Pflanzen wissenschaftliche Namen und beteiligen sich an der Forschung zum Identifizieren und Erhalten gefährdeter und vom Aussterben bedrohter Arten.
- **Pflanzenphysiologen** untersuchen, wie Pflanzen funktionieren, wobei sie sich besonders auf Aspekte wie die Photosynthese, das Blühen oder die Wirkung von Phytohormonen konzentrieren. Physiologen interessieren sich für die Funktion von Genprodukten sowie für Methoden zu ihrer Isolierung und Charakterisierung.
- **Pflanzenanatomen** analysieren, in welcher Beziehung die Struktur von Pflanzen zu ihrer Funktion steht. Paläobotaniker studieren die Anatomie fossiler Pflanzen, um ihre Verwandtschaftsbeziehungen mit lebenden Pflanzen zu klären. Einige Anatomen suchen nach Genen, welche die Entwicklung bestimmter Strukturen und Zelltypen steuern.
- **Pflanzenmorphologen** interessieren sich für die Lebenszyklen von Pflanzen, insbesondere für ihre Fortpflanzung. Außerdem untersuchen sie die Evolution der Pflanzen und wie sich ihre Lebenszyklen und Anatomie im Lauf der Zeit verändert haben.
- **Pflanzenökologen** beschäftigen sich mit den Beziehungen zwischen Pflanzen und anderen Organismen aus ihrer Umgebung. Sie untersuchen, wie Pflanzen unter schwankenden Umweltparametern wie Temperatur und Niederschlagsmenge ihre Bedürfnisse befriedigen. Ökologen untersuchen auch die Auswirkungen menschlicher Aktivitäten auf die Umwelt, insbesondere den Beitrag des Menschen zur erhöhten Aussterberate von Pflanzenarten.
- **Pflanzengenetiker** erforschen die Übertragung der Erbinformation von einer Generation zur nächsten. Wie Sie gelesen haben, können Pflanzenbiotechnologie und Gentechnik zur Erhöhung landwirtschaftlicher Erträge beitragen.

In den letzten Jahren haben sich zwischen diesen klassischen Teilgebieten der Botanik Wechselbeziehungen ergeben. Wenn z.B. ein Pflanzenökologe ein Gen untersucht, das ein Alkaloid produziert, welches räuberische Insekten abschreckt, dann berühren seine Experimente auch die Physiologie und die Genetik. Ein Morphologe benutzt unter Umständen physiologische und biochemische Techniken, um ein Enzym zu untersuchen, das die Entwicklung von Spermazellen aus den Pollen einer Blütenpflanze reguliert. Ein Anatom, ein Physiologe und ein Genetiker arbeiten vielleicht zusammen, um zu verstehen, wie eine Mutation die effiziente Wasseraufnahme durch eine Pflanze unterdrückt. Entdeckungen in einem Teilgebiet der Botanik haben oft Auswirkungen auf andere Teilgebiete.

Abbildung 1.13: Ein Botaniker bei der Arbeit. Dieser Botaniker untersucht den Einfluss von Verbindungen, die das Wachstum und die Entwicklung von Pflanzen regulieren.

Algen, Pilze und krankheitserregende Mikroorganismen

Außer mit dem Reich der Pflanzen beschäftigen sich Botaniker auch mit anderen Photosynthese betreibenden Organismen wie Algen (Kapitel 18) und Photosynthese betreibenden Bakterien. Die Untersuchung von Algen liefert Erkenntnisse über die Entwicklung der ersten Pflanzen aus algenähnlichen Vorfahren. Auch die Erforschung anderer Photosynthese betreibender Lebewesen führt zu einem besseren Verständnis der Mechanismen und der Bedeutung der Photosynthese. Immerhin sind Algen und Photosynthese betreibende Bakterien für ungefähr die Hälfte des weltweiten Gesamtumsatzes der Photosynthese verantwortlich.

Pilze führen keine Photosynthese durch und unterscheiden sich auf vielfältige Weise von Pflanzen (siehe Kapitel 19). Tatsächlich vertreten einige Wissenschaftler auf der Basis von DNA-Analysen die Ansicht, dass Pilze enger mit den Tieren als mit den Pflanzen verwandt sind. Trotzdem befassen sich Botaniker häufig auch mit Pilzen, da sie Ähnlichkeiten mit Pflanzen haben und außerdem Pflanzen und Menschen beeinflussen können. Manche Pilze helfen den Wurzeln dabei, Mineralien zu absorbieren. Andere haben für den Menschen Bedeutung bei der Nahrungsmittelproduktion sowie für Antibiotika. Botaniker untersuchen auch, wie Pilze Pflanzen- und Tierkrankheiten verursachen. Außerdem erforschen sie, wie Bakterien und andere Mikroorganismen Pflanzenkrankheiten hervorrufen, und auch, wie Viren Pflanzen befallen und wie diese Resistenzen dagegen entwickeln (Kapitel 17).

Botaniker arbeiten in einer Vielzahl von Tätigkeitsfeldern. Im akademischen Bereich sind sie als Lehrer, Professoren und Forscher an Hochschulen beschäftigt. Sie arbeiten auch als Förster, Umweltberater und im Naturschutz. Gentechnik- und Pharmaunternehmen stellen Botaniker ein, um nützliche Pflanzen und Medikamente zu entwickeln. Botaniker arbeiten als Landwirte, Landschaftsarchitekten oder Gartenbautechniker, wobei sie sich auf Obst, Gemüse oder Zierpflanzen spezialisieren können. Manchmal sind sie auf bestimmte Typen von Pflanzen spezialisiert, z. B. Kräuter, Wein, Schnittblumen, einheimische Gräser oder trockenheitstolerante Pflanzen für Rasenflächen und Gärten.

Wie Sie gesehen haben, befassen sich Botaniker mit vielen Gebieten der Forschung über eine erstaunliche Vielfalt von Pflanzen und ihnen nahe stehenden Organismen, die unser Leben auf vielfältige Weise berühren. Pflanzen sind für sich betrachtet faszinierende Lebensformen, doch man kann die Sache auch so sehen, dass wir Pflanzen studieren, weil unser Leben von ihnen abhängt.

WIEDERHOLUNGSFRAGEN

1. Was ist der Unterschied zwischen deduktiver und induktiver Schlussweise?
2. Beschreiben Sie allgemein, wie wissenschaftliche Erkenntnisse gewonnen werden.
3. Was ist der Unterschied zwischen einer stichhaltigen Hypothese und einer Theorie?
4. Nennen Sie einige Gebiete, auf denen Botaniker forschen.

ZUSAMMENFASSUNG

1.1 Die Bedeutung der Pflanzen

Photosynthese und das Leben auf der Erde

Die Photosynthese sichert das Leben auf der Erde auf drei Wegen: (1) Sie produziert Sauerstoff, den die meisten Lebewesen brauchen, um die in der Nahrung enthaltene Energie freizusetzen und zu nutzen; (2) sie liefert den Pflanzen direkt Energie und damit indirekt auch allen anderen Lebewesen innerhalb einer Nahrungskette; (3) sie produziert Zucker und andere Moleküle, welche die Grundbausteine des Lebens sind.

Pflanzen als Nahrungsquelle

Der Ackerbau ermöglichte es unseren Vorfahren, sesshaft zu werden. Frühe Bauern verbesserten Nutzpflanzen durch Züchtung. Moderne Pflanzenzüchter verbessern landwirtschaftliche Erträge, indem sie schneller wachsende oder krankheitsresistente Pflanzen entwickeln. Etwa 80 Prozent der Welternährung basieren auf Weizen, Reis, Mais, Kartoffeln, Süßkartoffeln und Maniok. Pflanzen sind auch die Basis von Getränken wie Kaffee, Tee und Limonade; sie bereichern unser Essen in Form von getrockneten Kräutern und Gewürzen.

Pflanzliche Arzneimittel

Pflanzen werden seit Jahrhunderten zur Behandlung von Krankheiten verwendet. Durch die moderne Chemie sind mehr Pflanzenextrakte verfügbar geworden, die Alkaloide und andere hochwirksame Verbindungen enthalten. Viele Arzneimittel enthalten Pflanzenprodukte.

Pflanzen – Brennstoff, Baumaterial und Rohstoff für Papiererzeugnisse

Holz, das hauptsächlich aus toten Zellen der Baumstämme besteht, ist weltweit der wichtigste Brennstoff zum Kochen und Heizen. Fossile Brennstoffe bestehen im Wesentlichen aus fossilierten Pflanzenüberresten. Holz ist ein wichtiges Baumaterial und dient als Rohstoff zur Papierherstellung.

Biodiversitätsforschung

Die Biodiversitätsforschung sucht nach Möglichkeiten, wie die biologischen Ressourcen erhalten werden können. Weltweit existiert bereits etwa die Hälfte aller ursprünglichen Wälder nicht mehr. Die gegenwärtige Zerstörung der Regenwälder könnte zum Aussterben Tausender nützlicher Arten führen, die zum Teil noch nicht einmal bekannt sind.

Grüne Biotechnologie

Bemühungen, Pflanzen und Pflanzenprodukte zu verbessern, sind Gegenstand der Pflanzenbiotechnologie. Diese umfasst auch die Gentechnik, d. h. Verfahren zur Verbesserung von Pflanzen durch Übertragen und Verändern bestimmter Gene. Gentechnisch veränderte Pflanzen sind eine potenzielle Quelle für die Ernährung sowie für Impfstoffe. Sie können resistent gegen Pflanzenschädlinge, giftige Bodenminerale oder Herbizide sein. Berechtigte Bedenken bezüglich gentechnisch veränderten Pflanzen sind abzugrenzen von unbegründeten Ängsten.

1.2 Merkmale von Pflanzen und Pflanzendiversität

Die Merkmale der Pflanzen

Pflanzen sind mehrzellige Eukaryoten; sie besitzen Zellwände, die hauptsächlich aus Cellulose bestehen; fast alle Pflanzen führen Photosynthese durch; sie besitzen eine adulte Form, die Sporen produziert und eine weitere adulte Form, die Eizellen und Samenzellen produziert; sie haben einen mehrzelligen Embryo, der im weiblichen Elter geschützt liegt. In ihrer Gesamtheit sind diese Merkmale geeignet, Pflanzen von Tieren, Pilzen, Algen und Bakterien zu unterscheiden.

Moose

Bryophyten, d. h. Moose und verwandte kleine, nicht blühende Pflanzen, gehörten zu den ersten Landpflanzen.

Farne und andere Gefäßsporenpflanzen

Die meisten Pflanzen sind Gefäßpflanzen, d. h. sie besitzen ein Gefäßgewebe – aus Zellen bestehende Röhren, in denen Wasser und Nährstoffe transportiert werden. Farne sind die häufigsten Gefäßsporenpflanzen.

Nacktsamer: Nichtblühende Samenpflanzen

Die meisten Gefäßpflanzen besitzen Samen, Strukturen, die einen Embryo und einen Nahrungsvorrat enthalten. Nacktsamer (oder Gymnospermae) wie die Kiefern sind nichtblühende Gefäßpflanzen. Die Bezeichnung Nacktsamer rührt daher, dass die Samen nicht vollständig von Fruchtblatt eingeschlossen werden.

Bedecktsamer: Blühende Samenpflanzen

Blütenpflanzen, wissenschaftlich als *Bedecktsamer* (oder Angiospermae) bezeichnet, sind der häufigste Pflanzentyp. Bedecktsamer sind besser als andere Pflanzen in der Lage, sich an neue Umgebungen anzupassen, weil sie ein effizienteres System für den Wassertransport haben und weil ihre Samenanlagen in Früchten geschützt sind. In der Evolution des Pflanzenreichs gab es vier wichtige Entwicklungen: die Eroberung des Landes als Lebensraum, die Entstehung des Gefäßsystems, die Entstehung von Samen und die Entstehung von Blüten und Früchten.

1.3 Botanik und Wissenschaftsmethodik

Überprüfen von Hypothesen

Wissenschaftliche Erkenntnisse leiten sich aus der direkten Beobachtung und aus Experimenten ab, wobei Hypothesen überprüft werden. Das Vorgehen umfasst (1) die Beobachtung und die Sammlung von Daten, (2) die kritische Formulierung von Fragen, (3) das Aufstellen einer Hypothese, (4) das Überprüfen der Hypothese und (5) das Akzeptieren, Modifizieren oder Verwerfen der Hypothese. Eine Hypothese, die durch Beobachtungen oder Experimente gestützt wird, kann für einen breiteren Anwendungsbereich überprüft werden und wird dann gegebenenfalls zu einer Theorie.

ZUSAMMENFASSUNG

Teildisziplinen der Botanik

Botaniker untersuchen viele Aspekte der Pflanzen, z. B. Evolution, Funktionen, Struktur, Lebenszyklen und Fortpflanzung, Ökologie und Genetik. Für Botaniker bietet sich ein vielfältiges Betätigungsgebiet, z. B. in der Lehre, im Management von Wäldern und Naturschutzgebieten, in der Ökologie, in der Pharmaindustrie, im Pflanzenschutz, in Landwirtschaft, Landschaftsgestaltung und im Gartenbau.

Algen, Pilze und krankheitserregende Mikroorganismen

Die Erforschung von Algen und anderen Photosynthese betreibende Organismen hilft den Botanikern beim Verständnis der Photosynthese. Botaniker untersuchen, wodurch Pilze für Pflanzen und Menschen nützlich oder schädlich sind und wie Mikroorganismen und Viren bei Pflanzen Krankheiten verursachen.

Verständnisfragen

1. Wie ermöglicht die Photosynthese das Leben auf der Erde?

2. Inwiefern ist die Landwirtschaft eine Grundlage der menschlichen Zivilisation?

3. Nennen Sie einige Beispiele, wie Pflanzen in der Medizin genutzt werden.

4. Erklären Sie, warum Pflanzen – direkt oder indirekt – die Quelle des größten Teils der Energie der Erde sind.

5. Woraus besteht Holz? Wofür werden Holz und Holzprodukte verwendet?

6. In welcher Beziehung stehen Pflanzen zur Biodiversitätsforschung?

7. Ist Biotechnologie das Gleiche wie Gentechnik? Erläutern Sie Ihre Antwort.

8. Warum entwickeln Botaniker gentechnisch veränderte Pflanzen? Welche potenziellen Probleme entstehen durch solche Pflanzen?

9. Anhand welcher fünf Merkmale werden Pflanzen gewöhnlich definiert?

10. Was waren die wichtigsten evolutionären Veränderungen in der stammesgeschichtlichen Entwicklung der Pflanzen?

11. Geben Sie jeweils eine kurze Beschreibung der folgenden vier Pflanzentypen: Bryophyten, Gefäßsporenpflanzen, Nacktsamer und Bedecktsamer.

12. Was ist die Basis wissenschaftlicher Erkenntnisse?

13. Welche Rolle spielt die induktive Schlussweise in der Wissenschaftsmethodik?

14. Nennen Sie einige Teilgebiete der Botanik.

1 DIE PFLANZENWELT

Diskussionsfragen

1. Was ist Ihrer Meinung nach der Grund dafür, dass viele Menschen Pflanzen als selbstverständlich hinnehmen? Was würden Sie ihnen entgegenhalten?

2. Erläutern Sie die Aussage „Pflanzen brauchen uns nicht, aber wir brauchen die Pflanzen".

3. In welchem Sinne könnte man sagen, dass Pflanzen uns brauchen?

4. Wählen Sie eine der in diesem Kapitel genannten gentechnisch veränderten Pflanzen und diskutieren Sie mögliche Vorteile und Probleme, die berücksichtigt werden müssen, wenn darüber entschieden wird, ob und wie diese Pflanze genutzt wird.

5. Manche Leute fordern, dass alle Nahrungsmittel dahingehend gekennzeichnet werden sollten, ob sie genetisch veränderte Zutaten enthalten. Stimmen Sie mit dieser Forderung überein? Erläutern Sie Ihre Antwort.

6. Warum muss eine Hypothese falsifizierbar sein?

7. Ist die Aussage „Ein Junggeselle ist ein unverheirateter Mann" eine Hypothese? Erläutern Sie Ihre Antwort.

8. Gehen Sie noch einmal die Schritte durch, nach denen wissenschaftliche Erkenntnisse gewonnen werden. Was glauben Sie ist der Grund, warum Wissenschaftler nicht immer streng nach diesen Schritten vorgehen? Geben Sie einige Beispiele an.

9. Formulieren Sie eine Frage über Pflanzen und beschreiben Sie einen wissenschaftlichen Zugang zur Beantwortung dieser Frage. Eine geeignete Frage wäre z.B.: „Wie wirkt sich das Verschneiden von Ästen auf das Wachstum von Bäumen aus?"

10. Inwiefern illustriert die Aussage „Die Evolution ist nur eine Theorie" ein grundlegendes Missverständnis bezüglich der wissenschaftlichen Bedeutung des Begriffs *Theorie*?

11. Skizzieren Sie eine aus Wasserlebewesen bestehende Nahrungskette, die mit einem Primärproduzenten beginnt und mindestens vier weitere Stufen hat (siehe Abbildung 1.1 als Beispiel).

Zur Evolution

Betrachten Sie folgende vier Pflanzentypen: Moose, Farne, Koniferen, Blütenpflanzen. Listen Sie, beginnend mit den Farnen und dann übergehend zu den Koniferen bzw. Blütenpflanzen, charakteristische Merkmale jeder Gruppe auf, die in der jeweils vorhergehenden Gruppe fehlen. Welche dieser Merkmale repräsentieren evolutionäre Trends innerhalb des Pflanzenreichs?

Weiterführendes

Weitere Informationen zu diesem Buchkapitel finden Sie auf der Companion Website unter http://www.pearson-studium.de.

Angel, Heather. Die Grüne Arche. Die einzigartige Welt der Pflanzen im Botanischen Garten Kew. Hildesheim: Gerstenberg Verlag, 1994.

Bacon, Francis und Peter Ubach. Novum Organum: With Other Parts of the Great Instauration. Chicago: Open Court, 1994. *Eine neue Studienausgabe von Bacons berühmter Arbeit aus dem Jahr 1620, in der er fordert, dass Wissenschaftler detaillierte Beobachtungen machen müssen, anstatt sich auf die Tradition zu verlassen.*

Balick, Michael J. und Paul Alan Cox. Drogen, Kräuter und Kulturen. Pflanzen und die Geschichte des Menschen. Heidelberg: Spektrum Akad. Verlag, 1996. *Ein Plädoyer für die Erhaltung der genetischen Vielfalt der Pflanzen und des Wissens vieler Völker über ihre Fähigkeiten.*

Brücher, Heinz. Die sieben Säulen der Welternährung. Senckenberg-Buch 59. Frankfurt am Main: Kramer, 1982. *Stellt die kritische Frage, ob angesichts der wachsenden Weltbevölkerung die Nutzung nur weniger Hochertragssorten der Grundnahrungsmittel nicht ein Risiko darstellt. Der Autor gibt spannende Einblicke in die Entstehung der heutigen Nutzpflanzen aus Wildformen und frühen Landsorten.*

Hobhouse, Henry. Fünf Pflanzen verändern die Welt. München: DTV, 1996. *Enthält faszinierende Details und Geschichten, die erzählen, wie Pflanzen die Geschichte und Belange der Menschheit beeinflusst haben.*

Huxley, Anthony. Green Inheritance. The World Wildlife Fund Book of Plants. Mit einem Vorwort von David Attenborough. London: Harvill, 1984.

Simpson, B. B. und M. Conner-Ogorzaly. Economic Botany: Plants in Our World, 2nd ed. New York: McGraw-Hill, 1995. *Enthält viele Beispiele für Pflanzen, die in der einen oder anderen Weise für den Menschen wichtig sind.*

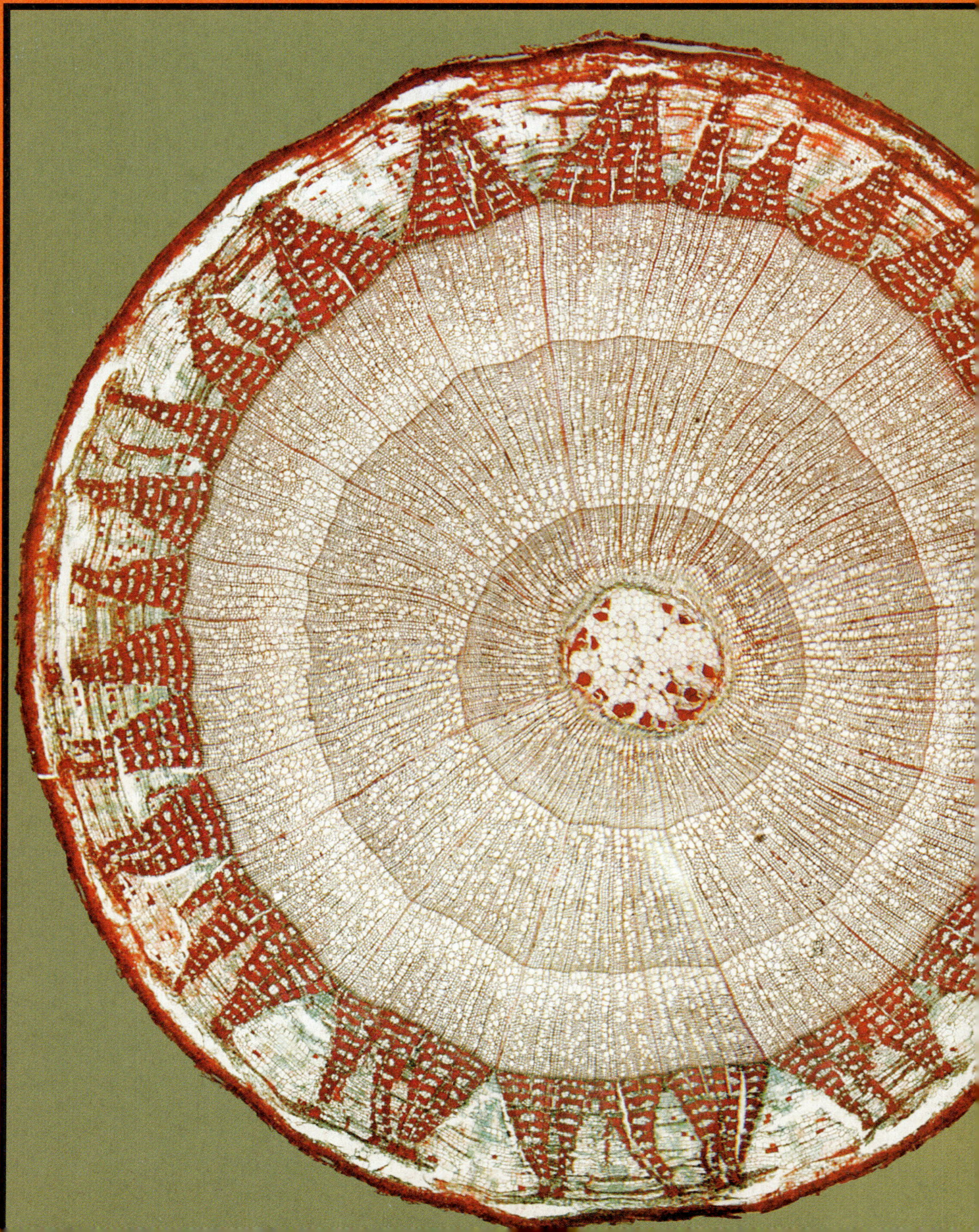

TEIL I

Strukturen

2	Zellstruktur und Zellzyklus	29
3	Einführung in die Pflanzenstruktur	57
4	Wurzeln, Sprosse und Blätter: Der primäre Pflanzenkörper	83
5	Sekundäres Wachstum	117
6	Lebenszyklen und Fortpflanzungsstrukturen	143

Zellstruktur und Zellzyklus

2.1	Ein Überblick über Zellen	31
2.2	Wichtige Zellorganellen	35
2.3	Das Cytoskelett	41
2.4	Membranen und Zellwände	43
2.5	Zellzyklus und Zellteilung	46
	Zusammenfassung	51
	Verständnisfragen	54
	Diskussionsfragen	55
	Zur Evolution	55
	Weiterführendes	56

2 ZELLSTRUKTUR UND ZELLZYKLUS

Vor dem 17. Jahrhundert wusste niemand, dass große Organismen aus vielen kleinen lebendigen Einheiten bestehen, die wir als Zellen bezeichnen. Da die meisten Zellen mikroskopisch klein sind, können wir sie mit bloßem Auge nicht erkennen. Zellen haben typischerweise Durchmesser zwischen 1 und 300 Mikrometern (µm). Ein Mikrometer ist ein Millionstel eines Meters. Um die Relationen zu verdeutlichen: Ein Durchmesser von 300 µm ist nur etwa ein Drittel eines Millimeters. Die Erfindung des ersten Mikroskops am Ende des 16. Jahrhunderts eröffnete der Wissenschaft daher neue Möglichkeiten.

Der englische Wissenschaftler Robert Hooke (1635–1703) war der Erste, der eine Zelle beobachtete (siehe den Kasten Pflanzen und Menschen *auf Seite 32). Im Jahr 1665 beobachtet er mithilfe eines selbst entwickelten und konstruierten mehrlinsigen Mikroskops Pflanzenzellen in einem Rindenschnitt einer Eiche. In diesem Jahr veröffentlichte er* Micrographia *(„Kleine Zeichnungen") – ein Buch, das seine Illustrationen seiner mikroskopischen Entdeckungen enthielt. Hooke benutzte den Begriff* Zelle *für die winzigen Abteile innerhalb der Eichenrinde, weil sie ihn an Mönchszellen erinnerten. Das Wort* Zelle *an sich stammt aus dem Lateinischen (*cella*) und bedeutet „kleiner Raum".*

Über die Jahre hinweg haben neue Entdeckungen das Interesse von Wissenschaftlern und Laien gleichermaßen erregt. Es ist wirklich wunderbar und spannend, Zellen zu beobachten, wie etwa die hier abgebildete Darstellung von Kork, wie man ihn durch ein modernes Lichtmikroskop wahrnimmt. In diesem Kapitel werden wir die Welt der Zellen im Hinblick darauf behandeln, wie sie die Grundlage der lebenden Organismen bilden, wie sie organisiert sind und wie sie durch Teilung Wachstum und Fortpflanzung ermöglichen.

Ein Überblick über Zellen 2.1

Alle lebenden Organismen bestehen aus einer oder mehreren Zellen. Die meisten Zellen sind mikroskopisch klein und mit bloßem Auge entweder kaum oder gar nicht sichtbar. Warum sind Zellen so klein? Das hat wesentlich mit dem Verhältnis des Oberflächeninhalts der Zelle zu ihrem Volumen zu tun. Wenn Zellen größer werden, dann wachsen mit dem Radius (r) auch das Volumen und der Oberflächeninhalt. Doch wächst ihr Volumen (r^3) stärker als ihre Oberfläche (r^2), ein Verhältnis, das unabhängig von der Zellform gilt. Eine Zelle muss relativ klein bleiben, damit durch ihre Oberfläche, die den Eintritt von Sauerstoff, Wasser und Nährstoffen reguliert, der Bedarf im Zellinneren gedeckt werden kann. Wenn eine Zelle zu groß wird, kann ihr genetisches Material Informationen nicht mehr hinreichend schnell transportieren, um den Bedürfnissen der Zelle gerecht zu werden.

Trotz ihrer geringen Größe sind Zellen alles andere als einfach. Sie führen eine große Vielfalt von Funktionen aus, die das Leben von Organismen aufrechterhalten. Zum Verständnis der Welt der Pflanzen, oder jedes anderen Organismus, gehört zunächst die Untersuchung der Struktur und der Funktion von Zellen.

Mikroskopie

Mikroskope dienen uns als Fenster in die Zelle. Das Auflösungsvermögen von Lichtmikroskopen hat sich über die Jahre hinweg beachtlich verbessert, doch das grundlegende Prinzip ist dasselbe geblieben. Alle **Mikroskope** lenken die Strahlen des sichtbaren Lichts mit Glaslinsen ab, wodurch ein vergrößertes Bild erzeugt wird (▶ Abbildung 2.1). Ein modernes **Lichtmikroskop** kann Objekte auflösen, die nur 200 Nanometer (nm) voneinander entfernt sind. Anders ausgedrückt: Ihr Auflösungsvermögen ist 1000 Mal besser als das des menschlichen Auges.

Die Entwicklung des **Elektronenmikroskops** im Jahr 1939, bei dem Elektronen durch magnetische statt durch optische Linsen fokussiert werden, ermöglichte eine Fülle von Entdeckungen in Zellen. Das **Transmissionselektronenmikroskop (TEM)** enthüllt Zellstrukturen, indem Elektronen einen dünnen Gewebequerschnitt vollständig durchdringen (▶ Abbildung 2.1b). Ein TEM kann Objekte bis zu 100.000-fach vergrößern, wodurch Wissenschaftler Zellstrukturen in der Größenordnung von 2 nm betrachten können. Das ist gegenüber dem Lichtmikroskop ein großer Fortschritt. Bei einer zweiten Art Elektronenmikroskop, dem **Rasterelektronenmikroskop (REM)**, lässt man Elektronen an einer Probe abprallen, um die Oberflächenstruktur zu erfassen. Häufig ergibt sich dadurch eine detaillierte dreidimensionale Sicht (▶ Abbildung 2.1c). Ein REM kann Objekte bis zu 20.000-fach vergrößern, wobei man detaillierte Ansichten von Zellen, Zellgruppen und kleinen Organismen oder Organismenteilen erhält.

Insgesamt gesehen sind Lichtmikroskope und Rasterelektronenmikroskope äußerst nützlich, um Strukturen zu betrachten, die sich unterhalb des Auflösungsvermögens des menschlichen Auges befinden. Transmissi-

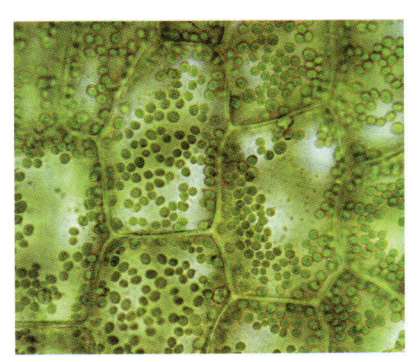

(a) Lichtmikroskopaufnahme von Zellen mit Chloroplasten.

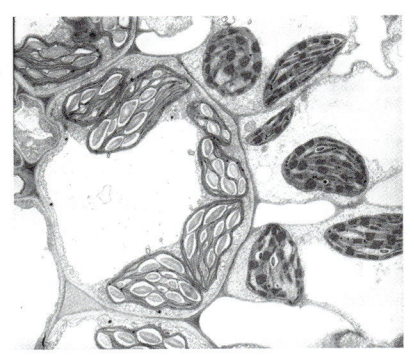

(b) Transmissionselektronenmikroskopaufnahme von Zellen mit Chloroplasten.

(c) Eingefärbte Rasterelektronenmikroskopaufnahme von Pollen.

Abbildung 2.1: **Verschiedene Mikroskopieverfahren und ihre Vergößerungsbereiche.** (a) Diese Aufnahme stammt von einem modernen Lichtmikroskop, in dem zunächst eine Linse das Objekt vergrößert, das durch die Okularlinse wiederum vergrößert und umgekehrt wird. (b) Diese Aufnahme stammt von einem Transmissionselektronenmikroskop, das denselben Grundaufbau wie das Lichtmikroskop hat. Die Glaslinsen sind jedoch durch magnetische Linsen ersetzt. (c) Diese Aufnahme stammt von einem Rasterelektronenmikroskop, bei dem Elektronen an der Oberfläche des Objekts abprallen. Ein Computer erstellt aus den Trajektorien der Elektronen ein Bild.

2 ZELLSTRUKTUR UND ZELLZYKLUS

PFLANZEN UND MENSCHEN
■ Pioniere der Mikroskopie

Robert Hooke war ein wissenschaftlicher Virtuose, der Entdeckungen auf so verschiedenartigen Gebieten wie der Biologie, der Physik und der Astronomie machte. Laut einer Biographie aus dem Jahre 1705 war Hooke „ein aktiver, ruheloser, unermüdlicher Genius …, der bis zu seinem Tode wenig schlief und selten vor zwei, drei oder vier Uhr morgens zu Bett ging."

Hooke unterhielt eine Verbindung zu dem niederländischen Amateurforscher Antonie van Leeuwenhoek (1632–1723). Van Leeuwenhoek baute Hunderte winzige, einlinsige Mikroskope, die nur einige Zentimeter lang waren. Aus heutiger Sicht ähneln sie eher Miniaturausgaben von Violinen als Mikroskopen (im Bild links). Doch lieferten sie eine bis zu 500-fache Vergrößerung mit minimaler Verzerrung. Diese Mikroskope unterschieden sich grundlegend von den damals üblichen Instrumenten, bei denen es sich um bis zu einen Meter lange Röhren handelte (im Bild rechts). Solche Röhren enthielten mindestens zwei Linsen, die gewöhnlich hergestellt wurden, indem man Glas zunächst in verschiedene Formen blies und es dann mutwillig in der Hoffnung zerschlug, dadurch Bruchstücke mit linsenartigen optischen Eigenschaften zu erhalten. Diese Linsen hatten tatsächlich einen Vergrößerungseffekt, sie führten aber auch zu Verzerrungen. Durch Hinzunahme einer zweiten Linse wurde die Verzerrung einfach nur verstärkt. In Anbetracht dessen wurde van Leeuwenhoek eine bedeutende Persönlichkeit in der Mikroskopie, dem Einsatzgebiet von Mikroskopen, weil er der Erste war, der einlinsige Mikroskope baute, die den Beobachtungsgegenstand nicht verzerrten.

Van Leeuwenhoek fand Mikroben nahezu überall, wo er hinsah. „Es gibt", sagte er, „mehr Tierchen, die im Belag auf den Zähnen im Mund eines Mannes leben, als Männer im ganzen Königreich." Im November 1677 bestätigte Hooke van Leeuwenhoeks aufsehenerregende Behauptung, dass viele winzige Tierchen in einem Teichwassertropfen lebten. Van Leeuwenhoek war nicht überrascht, dass viele Leute seine Beobachtungen anzweifelten. „Ich kann mich darüber nicht wundern", schrieb er, „weil es schwierig ist, solche Dinge nachzuvollziehen, ohne es selbst gesehen zu haben." In seiner Bestätigung schrieb Hooke, dass die Tierchen „perfekt gestaltet" seien und „so seltsame Bewegungsorgane" hätten, „durch die sie sich flink bewegen konnten, um nach Belieben zu wenden, stehen zu bleiben, zu beschleunigen und abzubremsen". Van Leeuwenhoeks und Hookes Beiträge zur Mikroskopie eröffneten tatsächlich eine neue Dimension der Wissenschaft.

onselektronenmikroskope sind am besten geeignet, um sehr hohe Vergrößerungen von Strukturen innerhalb einer Zelle zu erhalten. In diesem Buch wird neben jeder Mikroskopaufnahme eine Skala zum Größenvergleich angegeben sein. Die Legende wird das Foto als Lichtmikroskopaufnahme (LM), Transmissionselektronenmikroskopaufnahme (TEM) oder als Rasterelektronenmikroskopaufnahme (REM) kennzeichnen und darauf hinweisen, ob es sich um eine eingefärbte Aufnahme handelt, da bei REM und TEM eigentlich keine Farben sichtbar werden. ▶ Abbildung 2.2 liefert eine Übersicht, welche Objekte mit welchem Mikroskop beobachtet werden können.

Zelltheorie

Zwischen dem 17. und 18. Jahrhundert, als Wissenschaftler die Details von Organismen mit Lichtmikroskopen beobachteten, entwickelten sich die Vorstellungen von der Zelle weiter. Aber erst Mitte des 19. Jahrhunderts bildete sich eine Theorie über die Natur und die Bedeutung von Zellen heraus. Im Jahr 1838 zog der deutsche Botaniker Matthias Schleiden aus mikroskopischen Beobachtungen der Pflanzenstruktur den Schluss, dass alle Pflanzenteile aus Zellen bestehen. Tatsächlich machen die Zellwände die Grenzen zwischen Zellen leicht sichtbar, selbst bei Beobachtung

2.1 Ein Überblick über Zellen

aus Zellen bestehen. Im Jahr 1855 kam ein anderer deutscher Biologe, Rudolf Virchow, zu einem weiteren Schluss – dass sich Zellen nämlich nur aus bereits existierenden Zellen bilden können. Insgesamt wurden diese Beobachtungen unter dem Namen **Zelltheorie** bekannt, die in Form von drei wesentlichen Aussagen zusammengefasst werden kann:

1. Alle Organismen bestehen aus einer oder mehreren Zellen.
2. Die Zelle ist der Grundbaustein aller Organismen.
3. Alle Zellen stammen von bereits existierenden Zellen ab.

Kurz, die Zelltheorie besagt, dass die Zelle die Grundlage für die Struktur und die Fortpflanzung eines Organismus ist. Nehmen Sie sich einen Moment Zeit, um die erstaunlichen Folgerungen aus dieser einfachen Theorie zu betrachten. Mikroskopisch kleine Zellen bilden Organismen, deren Größe von der einer einzelligen Alge bis hin zu hoch aufragenden Mammutbäumen reicht. Durch den Prozess der Zellteilung kann sich eine einzelne Zelle zu einem mehrzelligen Organismus mit Billionen von Zellen entwickeln. Die Zelltheorie revolutionierte unser Wissen über Lebewesen.

Prokaryotische und eukaryotische Zellen

Wie Sie aus Kapitel 1 wissen, lassen sich alle Organismen in Abhängigkeit von ihrem Zelltyp in prokaryotische und eukaryotische unterteilen. Prokaryoten waren die ersten Lebensformen auf der Erde, die es bereits vor mindestens 3,5 Milliarden Jahren gab. Etwa 1,4 Milliarden Jahre lang existierten keine anderen Organismen, bis sich die Eukaryoten aus den Prokaryoten entwickelten. Eukaryotische Zellen sind komplexer und im Allgemeinen größer als prokaryotische Zellen. Anders als bei prokaryotischen Zellen befindet sich außerdem die DNA in einer eukaryotischen Zelle in einem abgeschlossenen Kern. Die Begriffe *prokaryotisch* (von griechisch *pro karyon*, „vor dem Kern") und *eukaryotisch* (von griechisch *eu karyon*, „guter Kern") spiegeln die evolutionäre Veränderung wider. Darüber hinaus hat eine eukaryotische Zelle mindestens 1000 Mal so viel DNA wie eine typische prokaryotische Zelle. In einem Prokaryoten ist die DNA als ein ringförmiges Chromosom angeordnet, während die DNA in einem Eukaryoten in Form eines oder mehrerer linearer Chromosomen erscheint.

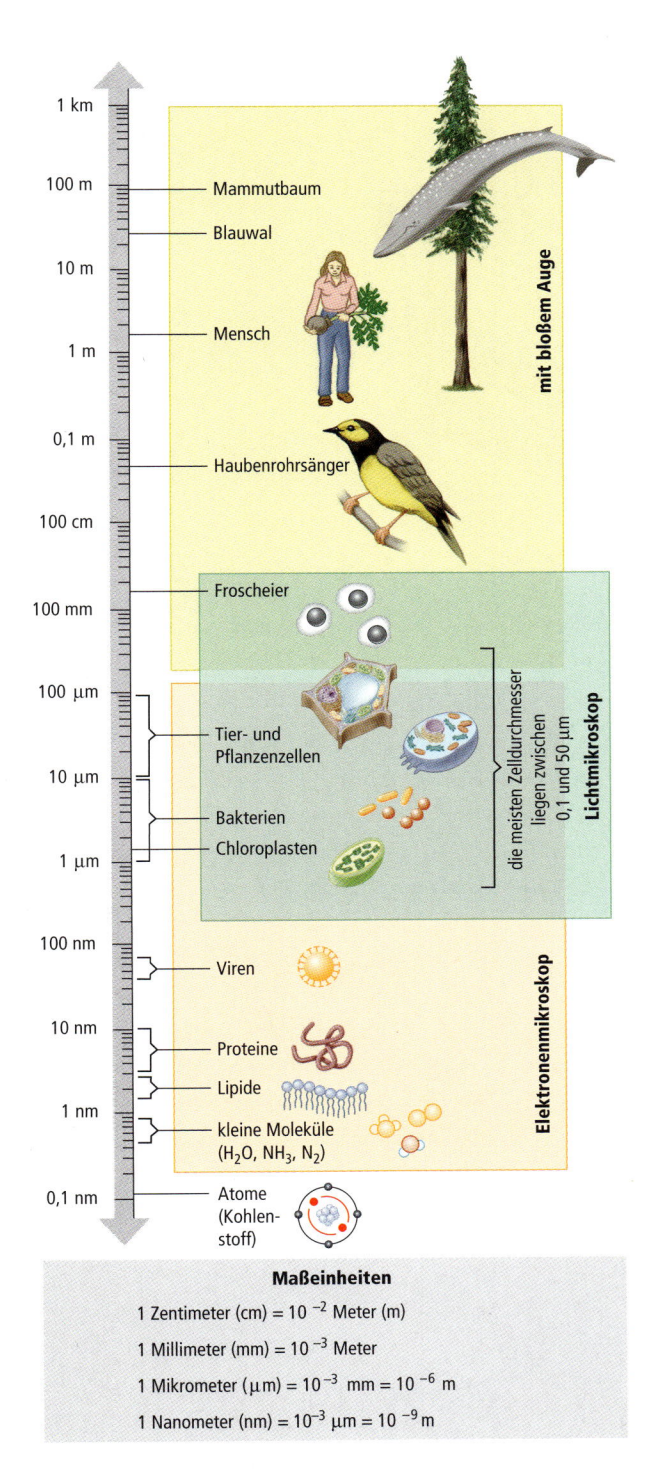

Abbildung 2.2: Mikroskopaufnahmen. Dieses Diagramm zeigt einige typische Objekte, mit bloßem Auge oder mithilfe eines Licht- oder Elektronenmikroskops betrachtet. Die angegebene Skala ist exponentiell. Jede Einheit ist also 10 Mal größer als die vorhergehende.

Maßeinheiten
- 1 Zentimeter (cm) = 10^{-2} Meter (m)
- 1 Millimeter (mm) = 10^{-3} Meter
- 1 Mikrometer (µm) = 10^{-3} mm = 10^{-6} m
- 1 Nanometer (nm) = 10^{-3} µm = 10^{-9} m

durch einfache Lichtmikroskope. Tierzellen, die keine Zellwände besitzen, konnten nicht so genau unterschieden werden. Dennoch bestätigte der deutsche Biologe Theodor Schwann im Jahr 1839, dass Tiere ebenfalls

2 ZELLSTRUKTUR UND ZELLZYKLUS

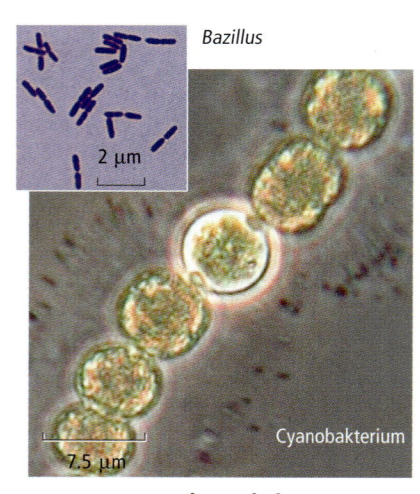

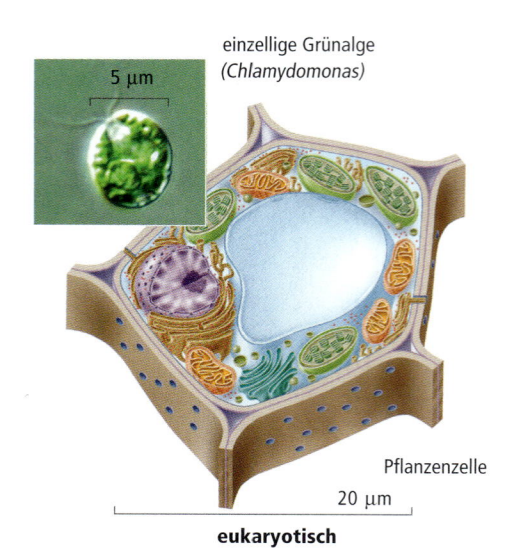

Abbildung 2.3: Vergleich zwischen prokaryotischen und eukaryotischen Zellen. Obwohl sich die Größenbereiche prokaryotischer und eukaryotischer Zellen überlappen, sind eukaryotische Zellen gewöhnlich größer.

Eukaryotische Zellen sind mit einem Durchmesser zwischen 5 und 300 µm im Allgemeinen größer als prokaryotische Zellen. Der Durchmesser einer typischen prokaryotischen Zelle liegt gewöhnlich zwischen 1 und 10 µm (▶ Abbildung 2.3). Man müsste 1000 der kleinsten prokaryotischen Zellen aneinander legen, um die Länge von einem Millimeter zu erreichen. Die bekanntesten Prokaryoten sind einzellige Organismen, die man als *Bakterien* bezeichnet. Bei einem Bakterium oder einem einzelligen Eukaryoten *ist* die Zelle bereits der Organismus, wobei aber viele Eukaryoten mehrzellig sind.

Ein wichtiger, grundlegender Unterschied zwischen Prokaryoten und Eukaryoten besteht in ihrem Umgang mit den vielen Funktionen, die zur Lebenserhaltung der Zelle notwendig sind. Alle Zellen sind von einer flexiblen, schützenden Hülle umgeben, die als **Plasmamembran** oder **Zellmembran** (von lateinisch *membrana*, „Haut") bezeichnet wird, mitunter auch **Plasmalemma** (von griechisch *lemma*, „Hülle") genannt. Die Plasmamembran steuert die Bewegung von Wasser, Gasen und Molekülen in die Zelle hinein und aus der Zelle heraus. Bei Prokaryoten übernehmen die Plasmamembran oder Erweiterungen der Plasmamembran die grundlegenden Zellfunktionen. Bei Eukaryoten wird dieser Prozess jedoch durch **Organellen** („kleine Organe") bewältigt, bei denen es sich um separate Zellstrukturen handelt, die fast immer selbst ein oder zwei Membranen haben.

Wie bildeten sich die Organellen heraus, als eukaryotische Zellen aus prokaryotischen Zellen entstanden?

In den 1970er-Jahren entwickelte die amerikanische Wissenschaftlerin Lynn Margulis ein starkes Argument für die **Endosymbiontentheorie**. Nach der ursprünglich von einem russischen Wissenschaftler Anfang des 20. Jahrhunderts vorgeschlagenen Theorie entwickelten sich die Vorläufer der Organellen dadurch, dass prokaryotische Zellen andere prokaryotische Zellen aufnahmen. Vor etwa zwei Milliarden Jahren blieben offenbar einige dieser aufgenommenen Zellen erhalten, weil dies beiden Zellen beim Überleben half (▶ Abbildung 2.4). Wenn beispielsweise ein Bakterium, das effizient und schnell Energie erzeugte, von einer Zelle aufgenommen wurde, die sich durch Zellteilung effizient und schnell fortpflanzte, dann war die Verbindung bei-

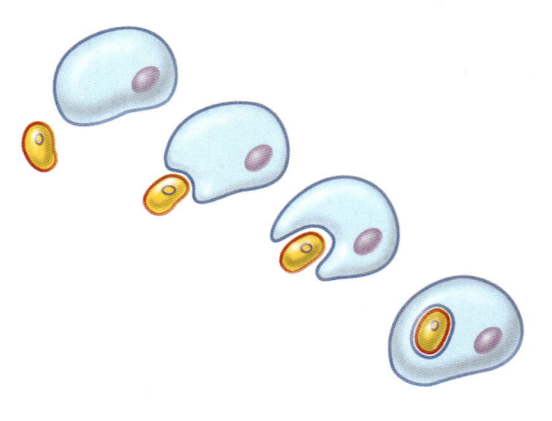

Abbildung 2.4: Endosymbiose. Organellen, wie Mitochondrien und Chloroplasten, haben vermutlich Doppelmembranen, weil sie sich aus Prokaryoten entwickelten, die in eine andere Zelle eindrangen. Neueste Forschungen weisen darauf hin, dass auch der Kern durch Endosymbiose entstand.

der Zellen erfolgreicher als jede Zelle für sich. Der Begriff *Endosymbiose* bedeutet wörtlich „ineinander zusammenlebend".

Die Endosymbiontentheorie erklärt, warum einige Organellen, über die Sie bald etwas lesen werden, wie Mitochondrien und Chloroplasten, zwei Membranen haben, ein Merkmal, das Wissenschaftler lange verwundert hat. Die innere Membran könnte die ursprüngliche Membran des aufgenommenen Bakteriums sein, während die äußere Membran durch das Wirtsbakterium gebildet wurde, als es das andere Bakterium verschlang. Die Theorie erklärt auch, warum einige Organellen Chromosomen besitzen, die der gewundenen DNA in Bakterien ähneln und nicht der linearen DNA im Kern, und die Ribosomen in Organellen denen von Bakterien näher stehen als denen im Cytosol derselben Zelle.

Zellprodukte

Trotz der Unterschiede in Größe und Struktur ähneln sich prokaryotische und eukaryotische Zellen in ihrem grundlegenden **Stoffwechsel** oder in ihren dabei ablaufenden chemischen Reaktionen. Beide Zelltypen produzieren vier Arten von **Makromolekülen** (große Moleküle, die sich aus kleineren Molekülen zusammensetzen), die Organismen zum Überleben brauchen: Nucleinsäuren, Proteine, Kohlenhydrate und Lipide. Doch nur Zellen autotropher Organismen („Selbsternährer"), wie Pflanzen oder andere Photosynthese betreibende Organismen, können diese Makromoleküle ohne die Nährstoffzufuhr durch andere Organismen synthetisieren. Die Zellen heterotropher Organismen, wie die von Tieren und Pilzen, müssen die Bausteine direkt oder indirekt aus Pflanzen aufnehmen. In Kapitel 7 werden die chemischen Reaktionen in Zellen detaillierter diskutiert. Im Moment werden wir nur kurz die Strukturen und Funktionen von Nucleinsäuren, Proteinen, Kohlenhydraten und Lipiden betrachten.

Nucleinsäuren beinhalten die genetische Information der Zelle. Wie Sie aus Kapitel 1 wissen, speichert die **DNA (Desoxyribonucleinsäure)** Sequenzen der genetischen Information, die man als *Gene* bezeichnet. Die andere Art der Nucleinsäure ist **RNA (Ribonucleinsäure)**, die von der DNA kopiert und zur Steuerung der Zellfunktionen benutzt wird. In Kapitel 13 wird verdeutlicht, wie die genetische Information gespeichert und benutzt wird.

Die genetische Information in Form von RNA steuert die Synthese von **Proteinen**, die aus Aminosäureketten bestehen. Es gibt 20 verschiedene Aminosäuren, und man kann daraus unzählige Proteine bauen. Im menschlichen Körper gibt es beispielsweise Zehntausende verschiedene Proteine, die jeweils aus einer einzigartigen Sequenz von Aminosäuren bestehen. Einige Proteine sind strukturelle Bausteine, während andere, als **Enzyme** bezeichnet, beim Ablauf chemischer Reaktionen helfen, indem sie als Katalysatoren wirken. Außerdem speichern Proteine Aminosäuren, sie reagieren auf Signale, transportieren Substanzen, schützen vor Krankheiten und führen zahlreiche weitere Funktionen aus. Die Proteine eines Organismus definieren auch seine physischen Merkmale. Schon die Bezeichnung *Protein*, vom griechischen Wort *proteios*, „den ersten Platz einnehmend", spiegelt die Schlüsselrolle dieser Makromoleküle wider.

Kohlenhydrate, wie Zucker und Stärke, sind Makromoleküle, die sich aus Kohlenstoff, Wasserstoff und Sauerstoff zusammensetzen. Kohlenhydrate liefern und speichern Energie, beispielsweise als Stärke, und können als Bausteine von Molekülen dienen, wie beispielsweise von Cellulose in der Zellwand einer Pflanzenzelle.

Lipide (von griechisch *lipos*, „Fett") sind wasserunlösliche Makromoleküle, wie beispielsweise Fette. Neutralfette speichern hauptsächlich Energie, während Phospholipide wichtige Bausteine von Membranen sind.

WIEDERHOLUNGSFRAGEN

1. Welche Haupttypen von Mikroskopen gibt es, und worin unterscheiden sie sich?
2. Worin unterscheiden sich eukaryotische Zellen von prokaryotischen Zellen?
3. Beschreiben Sie die grundlegenden Funktionen von Nucleinsäuren, Proteinen, Kohlenhydraten und Lipiden.

Wichtige Zellorganellen 2.2

Fast alle Organellen einer typischen Pflanzenzelle finden sich auch in den Zellen anderer Eukaryoten. Die Ausnahmen bilden Chloroplasten und eine große zentrale Vakuole, die man gewöhnlich bei prokaryotischen

2 ZELLSTRUKTUR UND ZELLZYKLUS

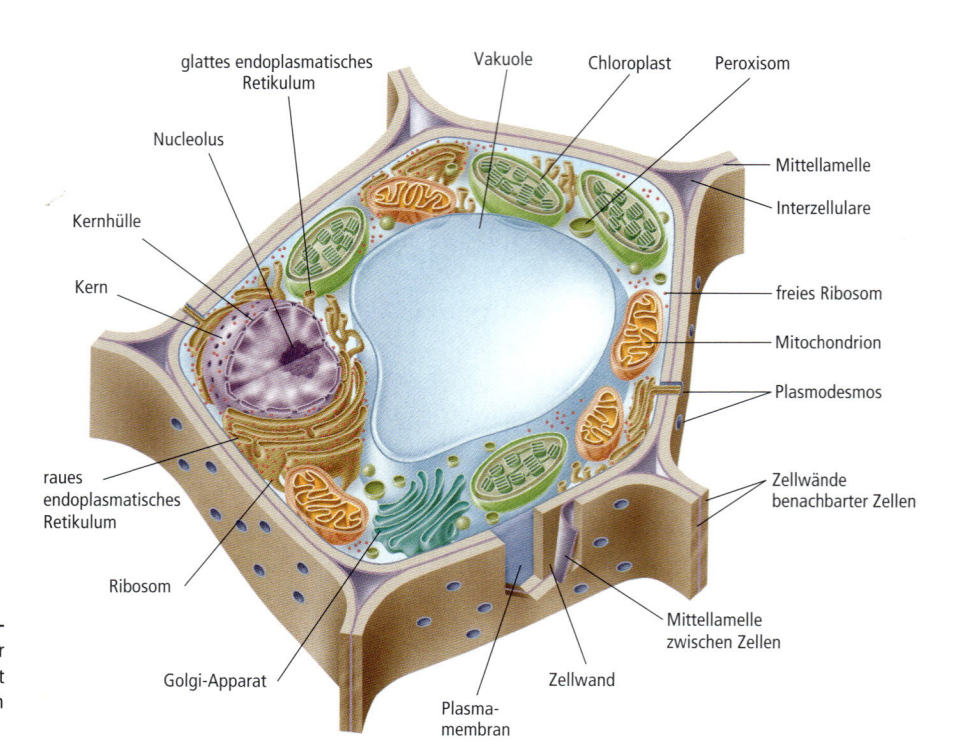

Abbildung 2.5: Struktur einer typischen Pflanzenzelle. Dieses Bild einer verallgemeinerten Pflanzenzelle zeigt die für Eukaryoten charakteristischen Merkmale (nicht maßstabsgetreu).

Photosynthese betreibenden Organismen, bei Pilzen oder bei Tieren, nicht findet.

Das Innere einer Pflanzenzelle – also alles außer der Zellwand – bezeichnet man als **Protoplast**. Der Protoplast besteht aus dem Kern und dem **Cytoplasma** – allen Zellbestandteilen innerhalb der Plasmamembran außer dem Kern. (*Cyto* bezieht sich auf die Zelle und *plasma* bedeutet „gebildetes Material".) Zur Visualisierung der Organellen einer Pflanzenzelle und ihrer Funktionen stellen Sie sich am besten das Innere als eine Miniaturfabrik vor, wobei der Kern als „Oberaufsicht" die Arbeit koordiniert, die im Cytoplasma vor sich geht. ▶ Abbildung 2.5 gibt einen Überblick über eine typische Pflanzenzelle.

Zellkern

Wie bei anderen eukaryotischen Zellen ist die DNA bei Pflanzenzellen im Kern in komplexe, fadenförmige Strukturen untergliedert, die man als **Chromosomen** bezeichnet. Jedes Chromosom besteht aus vielen Genen, wobei jedes Gen der „Bauplan" zur Synthese eines speziellen Proteins ist. Sie heißen *Chromosomen* (von griechisch *chroma*, „Farbe", und *soma*, „Körper"), weil sie eingefärbt werden können, um später mit einem Lichtmikroskop zu beobachten, wie sie sich vor der Zellteilung verkürzen und verdicken. Eine Vielzahl von Proteinen, die an die DNA in den Chromosomen gekoppelt sind, spielt eine Rolle, wenn es um die Entscheidung geht, ob ein bestimmtes Gen in einer speziellen Zelle aktiv oder inaktiv ist.

Der Kern enthält auch **Nucleoli** (Singular: Nucleolus), die als runde Strukturen erscheinen, die an Chromosomen gekoppelt sind. Der typische Kern besitzt ein oder zwei Nucleoli. Sie synthetisieren die Untereinheiten, aus denen sich dann im Cytoplasma Ribosomen bilden. Die Rolle von Ribosomen wird in Kürze beschrieben.

Der Kern wird von Membranen umgeben, die insgesamt als **Kernhülle** bezeichnet werden (▶ Abbildung 2.6). Die Poren in der Kernhülle steuern den Transport von Substanzen in den Kern hinein und aus ihm heraus. Viele Jahre haben Wissenschaftler über den Ursprung des Kerns diskutiert. Vor Kurzem haben Wissenschaftler, die sich mit der Struktur der DNA befassen, die These aufgestellt, dass der Kern aus der Endosymbiose zweier verschiedener Arten von Prokaryoten entstand. Obwohl die Details dieses Vorgangs noch untersucht werden müssen, scheint es so, als seien zwei Bakterienarten in eine andere Zelle eingedrungen, und ihr genetisches Material wurde im Kern vereint. Wie bei allen endosymbiontischen Vorgängen entwickelte sich die innere Kernmembran aus der Membran der aufgenommenen Zelle, während sich die äußere Membran

2.2 Wichtige Zellorganellen

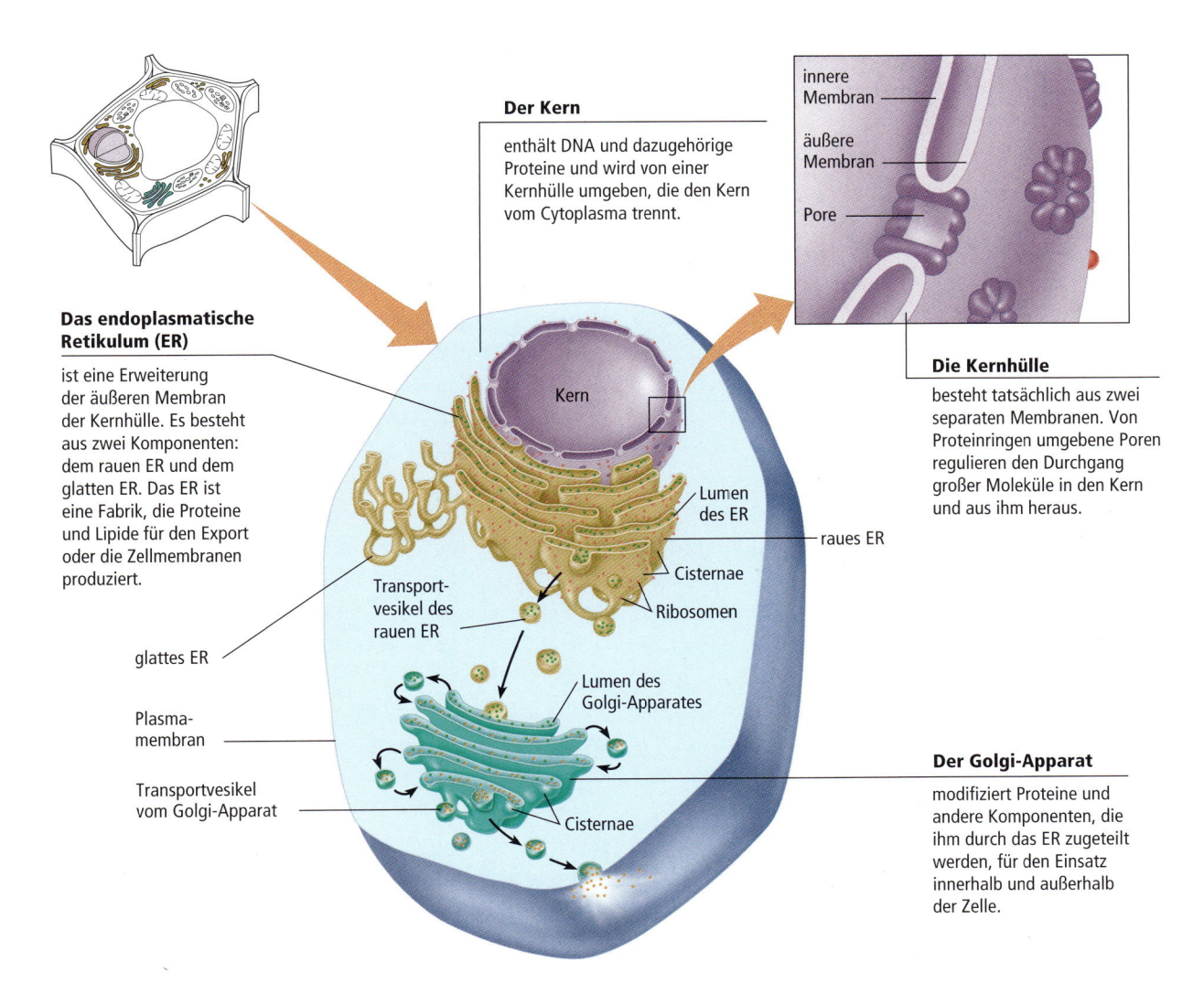

Das endoplasmatische Retikulum (ER) ist eine Erweiterung der äußeren Membran der Kernhülle. Es besteht aus zwei Komponenten: dem rauen ER und dem glatten ER. Das ER ist eine Fabrik, die Proteine und Lipide für den Export oder die Zellmembranen produziert.

Der Kern enthält DNA und dazugehörige Proteine und wird von einer Kernhülle umgeben, die den Kern vom Cytoplasma trennt.

Die Kernhülle besteht tatsächlich aus zwei separaten Membranen. Von Proteinringen umgebene Poren regulieren den Durchgang großer Moleküle in den Kern und aus ihm heraus.

Der Golgi-Apparat modifiziert Proteine und andere Komponenten, die ihm durch das ER zugeteilt werden, für den Einsatz innerhalb und außerhalb der Zelle.

Abbildung 2.6: Der Kern, das endoplasmatische Retikulum und der Golgi-Apparat. Wie Sie auf diesem Querschnitt erkennen können, ist der Kern mit dem endoplasmatischen Retikulum (ER) verbunden, und das glatte ER setzt sich aus dem rauen ER fort. Die genetischen „Baupläne" der Zelle befinden sich in der DNA des Kerns. Ribosomen, die mit dem rauen ER verbunden sind, benutzen die kopierte genetische Information der Boten-RNA (mRNA von englisch *messenger*, „Bote") zur Steuerung der Proteinsynthese. Transportvesikel bringen dann Proteine, Lipide und andere Produkte (grüne Punkte) vom ER zum Golgi-Apparat, von wo aus sie zugeschnitten und versandt werden. Anders als die Cisternae des rauen ER sind die Cisternae des Golgi-Apparates nicht verbunden. Transportvesikel bewegen Produkte von einer Cisternae des Golgi-Apparates zur nächsten und schließlich in Vesikeln zur Plasmamembran, um sie aus der Zelle zu exportieren. Die Farb- und Größenveränderungen der Punkte kennzeichnen, dass die Produkte im Golgi-Apparat modifiziert werden.

wahrscheinlich aus der Plasmamembran des umgebenden Wirts entwickelte.

Ribosomen

Ribosomen sind Organellen, die im Cytoplasma gebildet werden und die Proteinsynthese steuern, indem sie auf genetische Anweisungen in Form von Boten-RNA (Ribonucleinsäure, daher die Bezeichnung *Ribosomen*) zurückgreifen. Einige Wissenschaftler ziehen es vor, Ribosomen nicht als Zellorganellen zu bezeichnen, weil sie viel kleiner als andere Organellen sind, keine Membranen haben und auch in prokaryotischen Zellen vorkommen. Jedoch unterscheiden sich eukaryotische Ribosomen merklich von prokaryotischen Ribosomen, weil sie im Allgemeinen größer sind und verschiedene Arten von RNA haben. In Kapitel 13 werden Sie mehr darüber lesen, wie Ribosomen Proteine bilden.

Endoplasmatisches Retikulum

Innerhalb des gesamten Cytoplasmas gibt es ein Netzwerk von verbundenen Membranen, das als **endoplasmatisches Retikulum (ER)** bezeichnet wird (▶ Abbildung 2.6). Die Bezeichnung ist ein kleiner Zungenbrecher, lässt sich aber leicht erklären: Das Wort *endoplasmatisch* bezieht sich auf den Ort der Organelle („innerhalb des Plasmas") und *reticulum* ist das lateinische Wort für „kleines Netzwerk". Das ER, das aus der äußeren Kernhülle gebildet wird und sich aus dieser fortsetzt, ist ein Ort, an dem Proteine, Lipide und andere Moleküle synthetisiert werden, die entweder aus der Zelle exportiert oder zum Aufbau der Zellmembran benutzt werden. Zellen, die Substanzen für den Export in andere Zellen produzieren, haben wesentlich mehr ER als nicht exportierende Zellen.

Das ER besteht aus zwei Teilen, einem glatten ER und einem rauen ER, die ihre Bezeichnungen dadurch erhalten haben, wie sie unter dem Mikroskop erscheinen. Das **glatte ER**, das von der Form her im Wesentlichen flach ist, produziert Lipide und modifiziert die Struktur einiger Kohlenhydrate. Die Oberfläche des **rauen ER** ist mit Proteinsynthese betreibenden Ribosomen übersät, was zu dem rauen Erscheinungsbild seines Äußeren führt. Es besteht typischerweise aus abgeflachten, verbundenen Säcken, die als **Cisternae** bezeichnet werden (Singular: Cisterna). Der Raum innerhalb der Cisternae und Röhren des ER wird als Lumen bezeichnet.

Golgi-Apparat

Die im ER gebildeten Lipide, Proteine und anderen Substanzen werden in membranumgebene Strukturen gepackt, die man als **Transportvesikel** bezeichnet. Die Transportvesikel lösen sich anschließend vom ER und bewegen sich zum **Golgi-Apparat**, der auch als **Golgi-Komplex** bezeichnet wird (benannt nach seinem Entdecker, dem italienischen Wissenschaftler Camillo Golgi). Der Golgi-Apparat besteht aus etlichen separaten Membranstapeln, den Golgi-Stapeln, die aus den im ER erzeugten Membranen stammen (siehe Abbildung 2.6). Der Golgi-Apparat einer Zelle kann einige wenige bis Hunderte solcher Golgi-Stapel enthalten. Anders als die Cisternae des ER sind die Cisternae der Golgi-Stapel nicht miteinander verbunden. Die Seite eines Golgi-Stapels, die sich zum ER hin befindet, nimmt Transportvesikel vom ER auf. An der gegenüberliegenden Seite eines Golgi-Stapels werden neue Transportvesikel gebildet. Diese Transportvesikel bewegen sich zur Zellmembran, verschmelzen mit ihr und geben ihren Inhalt an das Äußere der Zelle oder zum Einbau in die Zellmembran, beispielsweise in den Zellwandraum, ab. Bei Pflanzenzellen werden die Golgi-Stapel auch als Dictyosomen bezeichnet (von griechisch *diktyon*, „werfen"), eine Bezeichnung, die ihre Rolle bei der Bewegung von Zellprodukten widerspiegelt.

Sie können sich die Stapel der Golgi-Apparate als Orte vorstellen, die mit gefertigten Waren beliefert werden, die sie speichern, modifizieren, packen und an das Zelläußere oder an verschiedene Orte in Membranen verschicken. Die Arten der am Golgi-Apparat eingehenden und von ihm freigesetzten Waren hängen von der einzelnen Zelle ab. Beispielsweise können die Waren bei einigen Zellen Komponenten der Zellwand sein, bei anderen sind es vielleicht Proteine.

Chloroplasten

Die so genannten **Chloroplasten** enthalten grüne Chlorophyllpigmente. Diese Organellen sind der Ort, an dem in Pflanzenzellen die Photosynthese stattfindet (▶ Abbildung 2.7). Der Begriff selbst stammt von dem griechischen Wort *chloros*, was so viel bedeutet wie „grünlich gelb". Aber nicht alle Pflanzenzellen betreiben Photosynthese. Die Chloroplasten findet man in den Zellen der grünen Pflanzenteile, wie in den grünen Sprossachsen und insbesondere in den Laubblättern. Chloroplasten haben einen Durchmesser von etwa 5 µm und können kugelförmig oder recht langgestreckt sein. Einige Photosynthese betreibende Zellen haben nur einen Chloroplasten, während andere Dutzende davon haben.

Mit der Endosymbiontentheorie kann man den Ursprung der Chloroplasten erklären, die zwei äußere Membranen und ein kleines ringförmiges Chromosom besitzen. Bakterien, die Sonnenenergie einfangen, könnten eine nützliche endosymbiontische Verbindung mit Zellen eingegangen sein, denen die Photosynthese fehlte. Schließlich entwickelten sich über Millionen Jahre aus einem solchen Ereignis die Chloroplasten. Die Struktur der Chloroplasten spiegelt ihre Funktion wider, das Einfangen von Sonnenenergie. Neben den beiden äußeren (nichtgrünen) Membranen haben Chloroplasten eine Reihe von Membraneinstülpungen, die man als **Thylakoide** bezeichnet. Thylakoidstapel werden als **Grana** (Singular: Granum) bezeichnet. Der Teil der Photosynthese, bei dem Sonnenenergie in chemische Energie umgewandelt wird, findet in den Membranen der Thylakoide statt. Das Fluid um die Thylakoide, das so genannte **Stroma**, ist der Ort, an dem Zucker gebildet und als Stärke zwischengelagert wird.

Chloroplasten sind spezielle **Plastiden**. Das ist die allgemeine Bezeichnung für Pflanzenorganellen, die

2.2 Wichtige Zellorganellen

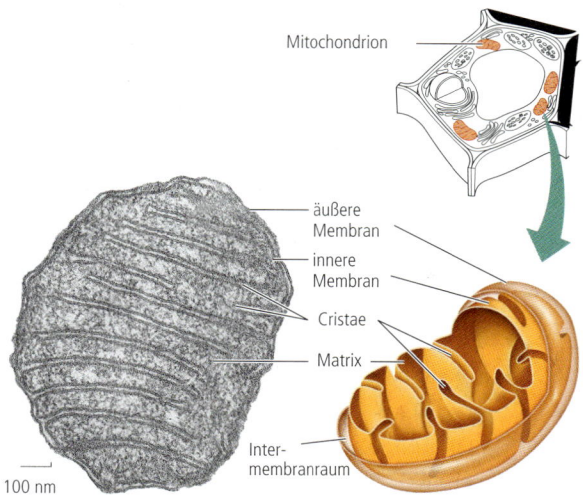

Abbildung 2.8: Mitochondrien. Mitochondrien sind die Organellen, in denen die in Form von Zucker gespeicherte Energie schließlich zur Produktion von ATP benutzt wird. Eukaryoten produzieren den für viele energieabhängige Prozesse benötigten Energieträger ATP in ihren Mitochondrien. Mitochondrien haben zwei Membranen, wobei die innere Membran Cristae genannte Einstülpungen besitzt, die Enzyme der Atmungskette enthalten.

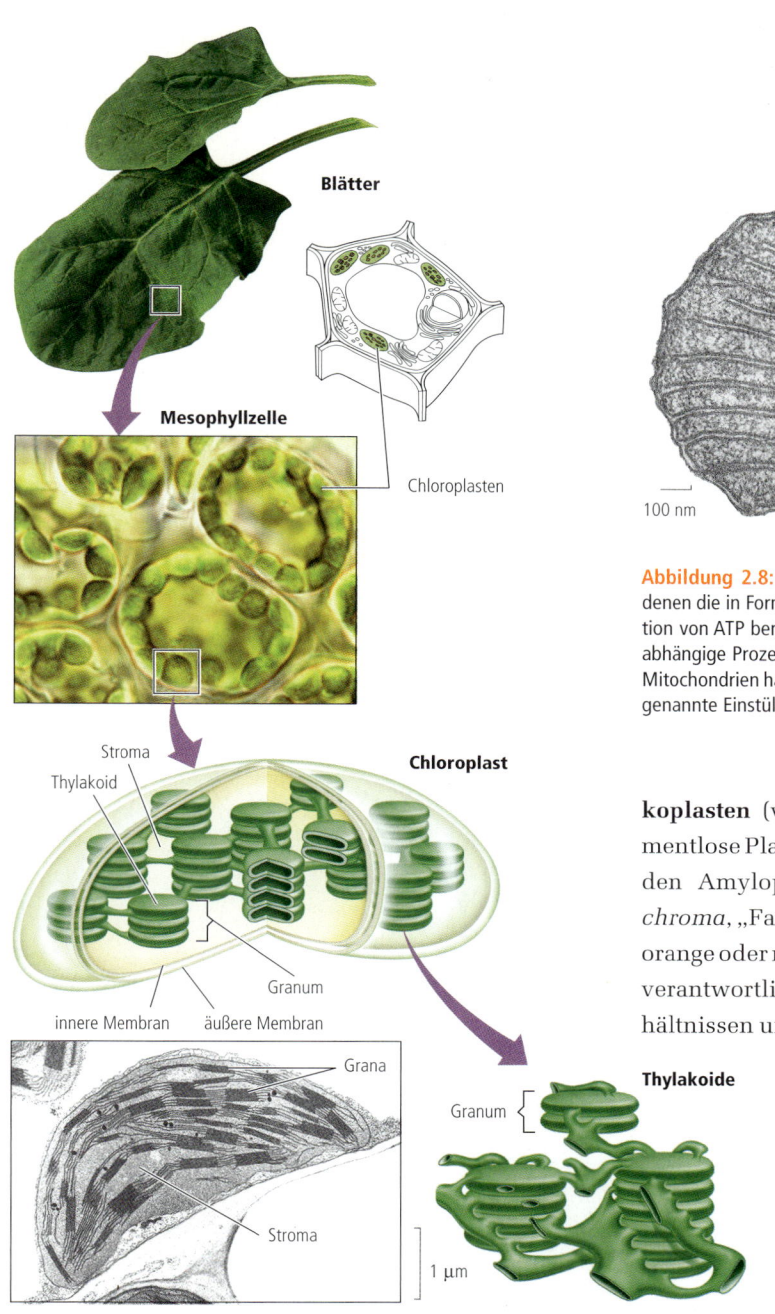

Abbildung 2.7: Chloroplasten. Chloroplasten sind die Organellen, die Photosynthese betreiben. Bei Mesophyllzellen finden sich die für die Photosynthese verantwortlichen Chlorophyllpigmente in den Membranstrukturen, den *Thylakoiden*, die wie Münzen übereinandergestapelt sind. Diese als *Grana* bezeichneten Stapel sind der einzige grüne Teil der Pflanzenzelle. Im Fluid um die Thylakoide, dem *Stroma*, wird der Zucker gebildet und als transitorische Stärke zwischengelagert. Das Organell wird von zwei Hüllmembranen umgeben.

entweder an der Produktion oder der Speicherung von Nahrung oder Pigmenten beteiligt sind. Außer den Chloroplasten gibt es noch zwei weitere Haupttypen von Plastiden: Leukoplasten und Chromoplasten. **Leu-koplasten** (von griechisch *leukos*, „weiß") sind pigmentlose Plastiden. Dazu gehören die Stärke speichernden Amyloplasten. **Chromoplasten** (von griechisch *chroma*, „Farbe") enthalten Pigmente, die für die gelbe, orange oder rote Farbe vieler Blätter, Blüten und Früchte verantwortlich sind. In Abhängigkeit von den Lichtverhältnissen und den Bedürfnissen der Pflanze kann sich jeder Plastidentyp in einen der beiden anderen Typen umwandeln.

Mitochondrien

Nachdem Chloroplasten die Sonnenenergie in chemisch gespeicherte Energie umgewandelt haben, muss die Pflanzenzelle die gespeicherte Energie in eine Energieform umwandeln, die ihre eigenen Aktivitäten außerhalb der Chloroplasten antreibt. Diese Rolle wird von den „Kraftwerken" der Zellfabrik übernommen – den **Mitochondrien** (Singular: Mitochondrion, ▶ Abbildung 2.8). Eine Pflanzenzelle kann ein einziges Mitochondrion enthalten oder tausende, typischerweise sind es jedoch um die hundert. Die Mitochondrien bauen Zucker ab, um dessen chemische Energie in **ATP** (**Adenosintriphosphat**) umzuwandeln, ein organisches Molekül, das die Hauptenergiequelle von Zellen ist. Mehr über ATP erfahren Sie in Kapitel 9.

Abgesehen von einigen Protisten haben fast alle Eukaryoten Mitochondrien, die zwei Membranen und ein kleines ringförmiges Chromosom besitzen, was auf ihren endosymbiontischen Ursprung hinweist. Ein typisches Mitochondrion ist mit etwa 1 bis 5 µm Länge und etwa 0,1 bis 1 µm Durchmesser kleiner als ein Chloroplast. Mitochondrien enthalten ihre eigenen Ribosomen, die einige der Mitochondrienproteine selbst bilden. Die Einstülpung eines Teils der inneren Mitochondrienmembran, als **Crista** (Plural: Cristae) bezeichnet, vergrößert die Oberfläche der inneren Membran erheblich, was den Enzymen der Atmungskette viel Platz bietet. Die innere Membran und der davon umschlossene Raum, die **Matrix**, enthalten die eigentliche Stoffwechselmaschinerie, welche die im Zucker enthaltene Energie zu ATP weiterverarbeitet.

Microbodies

Microbodies sind kleine, kugelförmige Zellkompartimente mit etwa 1 µm Durchmesser, die Enzyme enthalten und von einer Membran umgeben sind. Sie wurden so benannt, weil ihre Funktion zunächst unbekannt war. Später entdeckten Wissenschaftler, dass bestimmte Microbodies Wasserstoffperoxid (H_2O_2) erzeugen und anschließend abbauen konnten. H_2O_2 wird gebildet, wenn Wasserstoff auf Sauerstoff übertragen wird. Da Wasserstoffperoxid für andere Zellteile potenziell giftig ist, wird der Rest der Zelle geschützt, wenn diese chemischen Reaktionen auf abgegrenzte Orte beschränkt sind. Dementsprechend wurden diese Microbodies **Peroxisomen** getauft („Peroxidkörperchen"), eine Bezeichnung, die manche Wissenschaftler für alle Microbodies benutzen.

Ein anderer Microbodytyp, als **Glyoxisomen** bezeichnet, enthält Enzyme, welche die Umwandlung gespeicherter Fette in Zucker unterstützen. Diese Reaktionen, die bei Tieren nicht auftreten, sind besonders wichtig in Samen, die Fette als Nahrungsgrundlage speichern, während der Keimung aber Zucker benötigen.

Microbodies haben nur eine Membranhülle und entstanden daher nicht durch Endosymbiose. Ursprünglich könnten sie aus den Membranen des endoplasmatischen Retikulums stammen. Sie replizieren sich, verfügen jedoch nicht über Chromosomen und stellen auch keine eigenen Proteine her.

Vakuolen

Bei vielen ausdifferenzierten Pflanzenzellen werden bis zu 90 Prozent des Volumens von einer großen **Zentralvakuole** eingenommen. Die Bezeichnung stammt vom lateinischen Wort *vacuum* ab, was so viel bedeutet wie „leer", weil Vakuolen unter dem Mikroskop leer erscheinen (▶ Abbildung 2.9). In Wirklichkeit ist die Zentralvakuole mit Wasser und gelösten Stoffen gefüllt und übernimmt viele wichtige Rollen, von denen einige mit dem Zellstoffwechsel zu tun haben. Zum Beispiel entfernt sie Salz aus dem Cytoplasma und reguliert den Wasserhaushalt der Zelle. Sie dient auch als Entgiftungsstation für schädliche Substanzen, wirkt beim Aufbrechen großer Makromoleküle mit und hilft bei der Regulation der Salzkonzentrationen. Die Vakuole kann auch giftige Ionen und solche Ionen aufnehmen, die nur zu bestimmten Zeiten für spezielle chemische Reaktionen benötigt werden. Außerdem hilft sie bei der Erhaltung der Zellform, indem sie das Cytoplasma gegen die Zellwand drückt.

Tierzellen enthalten zwar kleine Vakuolen, doch die große Zentralvakuole ist ein unverwechselbares Charakteristikum erwachsener Pflanzenzellen. Sie entwi-

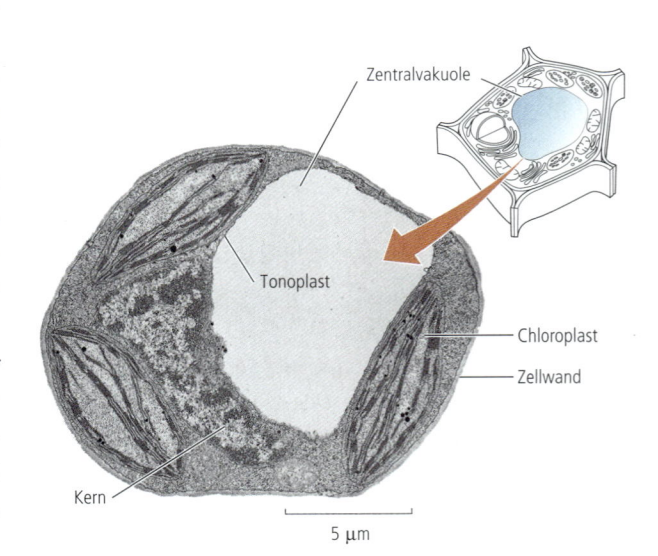

Abbildung 2.9: Vakuolen. Besonders große Vakuolen, die bis zu 90 Prozent des Volumens einer Pflanzenzelle einnehmen, finden sich in ausdifferenzierten Pflanzenzellen. Vakuolen dienen als Lagerungsstätten für unerwünschte Moleküle und Zellteile, sie regulieren den Wasserhaushalt und die Salzbalance in der Zelle und enthalten mitunter Pigmente, die zur roten und blauen Färbung von Früchten und Blüten beitragen. Diejenige Membran, welche die Vakuole einer Pflanzenzelle umgibt, heißt *Tonoplast*.

ckelt sich aus kleinen Vakuolen, die vom ER mit Proteinen aus dem Golgi-Apparat gebildet werden. Diese kleinen Vakuolen verschmelzen allmählich zu einer größeren Vakuole, die von einer Membran, dem **Tonoplasten**, umgeben ist.

WIEDERHOLUNGSFRAGEN

1. Welche Rolle spielt der Kern?
2. Welche Organellen sind an der Proteinsynthese beteiligt und in welcher Form?
3. Worin besteht die Hauptfunktion des Golgi-Apparates?
4. Warum sind bei einer Pflanzenzelle sowohl Chloroplasten als auch Mitochondrien für die Energiebereitstellung wesentlich?
5. Welchen Funktionen dient die große Zentralvakuole?

Das Cytoskelett 2.3

Wie Sie aus dem Überblick über die Zellorganellen entnehmen konnten, sind Zellen dynamische Gebilde. Ein Großteil des Zellinhalts ist ununterbrochen in Bewegung, wenn zum Beispiel Proteine und andere Moleküle vom ER zum Golgi-Apparat transportiert werden. Eine Hauptstruktur der Zelle, das **Cytoskelett** („Zellskelett"), unterstützt die dynamischen Aktivitäten und die Form der Zelle. Jahrhundertelang konnten Wissenschaftler die Komponenten des Cytoskeletts nicht identifizieren, weil die Präparationsmethoden zur Betrachtung der Zelle diese im Allgemeinen zerstörten und den Mikroskopen eine ausreichende Vergrößerung fehlte. Die Einführung der Elektronenmikroskope und die Entwicklung neuer Präparationsmethoden halfen den Wissenschaftlern, die Struktur des Cytoskeletts aufzudecken.

Das Cytoskelett besteht aus drei Arten von fadenförmigen Proteinen: Mikrotubuli, Mikrofilamenten und Intermediärfilamenten. Diese Proteine erstrecken sich durch das gesamte **Cytosol**, den flüssigen Teil des Cytoplasmas, wo sie als Strukturbausteine dienen, welche die Form der Zelle und ihrer Komponenten aufrechterhalten. Sie können sich die Proteine als Schienen angeordnet vorstellen, welche die Bewegung der verschiedenen Zellkomponenten zu ihrem Zielort leiten, während sie die Form der Zelle kontrollieren. Sie helfen bei der Verankerung vieler Zellorganellen, so dass viele Organellen nicht völlig frei durch das Cytoplasma treiben.

Mikrotubuli

Mikrotubuli sind lange, röhrenförmige Filamente im Cytoskelett, die Zellkomponenten wie Moleküle, Organellen und Chromosomen gleich einem zellulären Postdienst von einem Ort zum anderen bewegen. Sie bewegen auch Zellen und mitunter sogar mehrzellige Organismen durchs Wasser.

Mikrotubuli sind Röhren mit einem Durchmesser von etwa 25 nm, deren Länge in Abhängigkeit von ihrer Funktion zwischen etwa 200 bis 150.000 nm variiert. Jeder Faden besteht aus kugelförmigen Proteinen, als α- und β-**Tubulin** bezeichnet, die in 13 Reihen spiralförmig um die hohle Mitte angeordnet sind. Wie ▶ Abbildung 2.10 zeigt, sieht die Struktur eines Mikrotubulus weniger kompliziert aus, als es sich anhört. Individuelle Mikrotubuli dienen häufig als Schienen, um die Bewegung innerhalb der Zelle zu steuern.

Bei einigen Zellen sind Mikrotubuli nicht nur ein Teil des Cytoskeletts, sondern können auch einen Teil der externen Antriebsfortsätze bilden, die man als **Flimmerhärchen** und **Geißeln** bezeichnet. Sowohl Flimmerhärchen als auch Geißeln bestehen aus neun Mikrotubulipaaren, die kreisförmig um zwei Mikrotubuli im Zentrum angeordnet sind. Dieses so genannte 9 + 2-Muster kommt bei allen Eukaryoten vor. Flimmerhärchen und Geißeln haben dieselbe Grundstruktur, abgesehen davon, dass Flimmerhärchen kurz und Geißeln lang sind (siehe Abbildung 2.10). Flimmerhärchen bewegen sich wie Ruder vor und zurück, während sich Geißeln in einer schlangenartigen Bewegung winden. Obwohl Flimmerhärchen und Geißeln bei Protisten und Tierzellen häufiger vorkommen als bei Pflanzenzellen, findet man sie doch bei einigen beweglichen pflanzlichen Fortpflanzungszellen, wie beispielsweise den Spermatozoiden von Moosen und Farnen.

Neben der Bewegungssteuerung von Organellen und anderen Strukturen innerhalb von Zellen helfen Mikrotubuli auch bei der Aufrechterhaltung der Zellform. In einer typischen Pflanzenzelle bewegen sich beispielsweise die Enzyme, die in den Zellwandbereich hinein Cellulose produzieren, in der Plasmamembran entlang der Mikrotubulistränge, sehr ähnlich wie bei einer Einschienenbahn (siehe Abbildung 2.11). An allen Be-

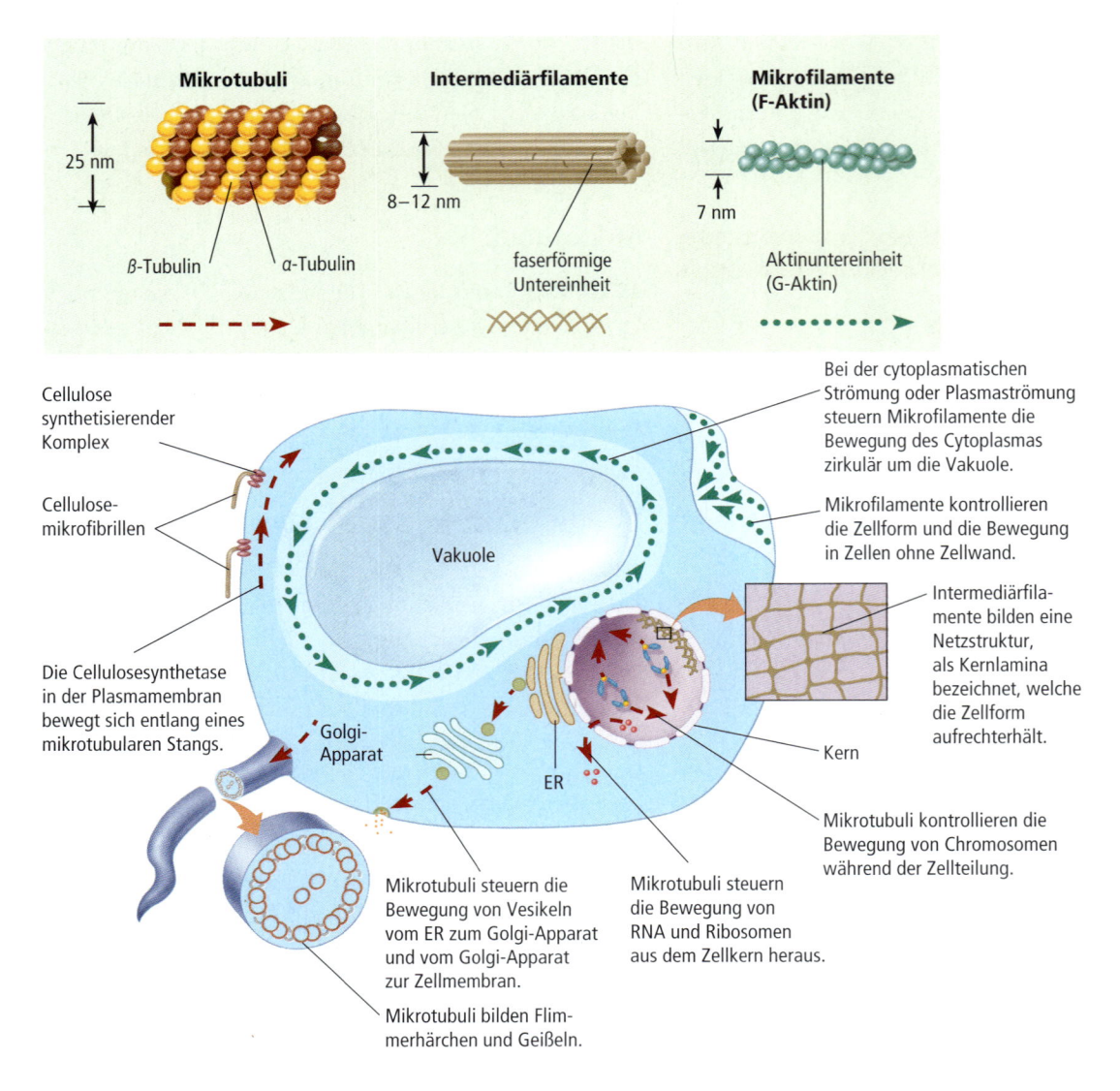

Abbildung 2.10: Das Cytoskelett. Diese Skizze zeigt verschiedene Aspekte des Cytoskeletts in einer typischen Pflanzenzelle. Das Cytoskelett, das sich aus Mikrotubuli, Mikrofilamenten und Intermediärfilamenten zusammensetzt, reguliert die Zellform bei Zellen ohne Zellwand, die Zellbewegung bei frei beweglichen Zellen und die Bewegung des Zellinhalts in allen Zellen. Mikrofilamente bestehen aus Aktin, Mikrotubuli bestehen aus Tubulin und Intermediärfilamente bestehen aus verschiedenen faserförmigen Proteinen.

wegungen, die durch Mikrotubuli kontrolliert werden, sind „laufende Moleküle" beteiligt, mit denen wir uns später in diesem Kapitel befassen werden.

Mikrofilamente

Mikrofilamente sind eine weitere Gruppe langer Filamente im Cytoskelett, die Zellen oder Zellinhalte bewegen und bei der Bestimmung der Zellform helfen. Mikrofilamente sind aus globulären Proteinen, den **Aktinen**, aufgebaut, die in zwei spiralförmigen, sich umeinander windenden Ketten angeordnet sind (siehe Abbildung 2.10). Mikrofilamente sind mit ihrem Durchmesser von etwa 7 nm viel dünner als Mikrotubuli. Viele Biologiestudenten sind mit Mikrofilamenten vertraut, weil sie einen Teil der Muskelstruktur von Wirbeltieren bilden. Aktin bewirkt Bewegung oder Änderungen der Zellform, indem es andere Moleküle anlagert, die auf ihm entlanglaufen, wie wir später näher erläutern werden. Bei Pflanzenzellen bestimmen die Muster für die Zellstreckung und für die Bildung der Zellwand die Zellform. Bei Pflanzen helfen auch Mikrofilamente beim Transport von Zellinhalten um die Zentralvakuole herum in einer zirkularen Bewegung, die man als **Plasmaströmung** bezeichnet.

Motorproteine

Mikrotubuli und Mikrofilamente erreichen eine Bewegung, indem sie verschiedene Arten von **Motorproteinen** anlagern, die auch als „laufende Moleküle" bezeichnet werden (▶ Abbildung 2.11). Diese Proteine brauchen Energie in Form von ATP, um sich von einer Stelle zur nächsten und wieder zurück zu bewegen. Die Art, wie sie das tun, erinnert an laufende Beine. Im Allgemeinen bilden Mikrotubuli und Mikrofilamente Schienen, die Motorproteine zu speziellen Zielorten leiten. Die Motorproteine heften sich an die zu bewegenden Moleküle, wenn beispielsweise ein Transportvesikel vom ER zum Golgi-Apparat bewegt wird. Ein Motorprotein kann sich auch an zwei Mikrotubuli anheften und einen Mikrotubulus gegen den anderen bewegen.

Motorproteine sind an vielen Bewegungsarten in Zellen beteiligt. Dazu gehören: (1) die Bewegung von Vesikeln vom ER zum Golgi-Apparat entlang von Mikrotubulisträngen; (2) die Bewegung von Chloroplasten entlang von Mikrotubuli vom Inneren an den Rand der Zelle; (3) die Plasmaströmung, bei der sich Myosin entlang von Mikrofilamenten bewegt und so eine Strömung im Cytoplasma erzeugt; und (4) die Zellwandsynthese, bei der ein Enzymkomplex, der Cellulose-Mikrofibrillen erzeugt, entlang eines Mikrotubulus läuft. Alle Motorproteine greifen zur Bewegung auf Energie aus ATP zurück.

Intermediärfilamente

Intermediärfilamente, die dritte Komponente des Cytoskeletts, tragen ihren Namen, weil sie mit ihren rund 10 nm Durchmesser dicker als Mikrofilamente, aber dünner als Mikrotubuli sind (siehe Abbildung 2.10). Etliche Arten von linearen Proteinen bilden Intermediärfilamente. Bei Tieren bilden Intermediärfilamente Haare, Nägel, Federn und Schuppen und kommen auch bei Muskeln und Neuronen vor. Wenig ist über ihre Rolle in Pflanzenzellen bekannt, wo sie an der Aufrechterhaltung einer festeren, permanenten Art innerer Zellstruktur beteiligt zu sein scheinen. Beispielsweise sind sie mit dafür verantwortlich, den Kern an seiner permanenten Position in der Zelle zu halten und die Form des Kerns an sich zu regulieren.

WIEDERHOLUNGSFRAGEN

1. Wozu dient das Cytoskelett?
2. Welche Rollen spielen Mikrotubuli und Mikrofilamente?
3. Was sind Intermediärfilamente?

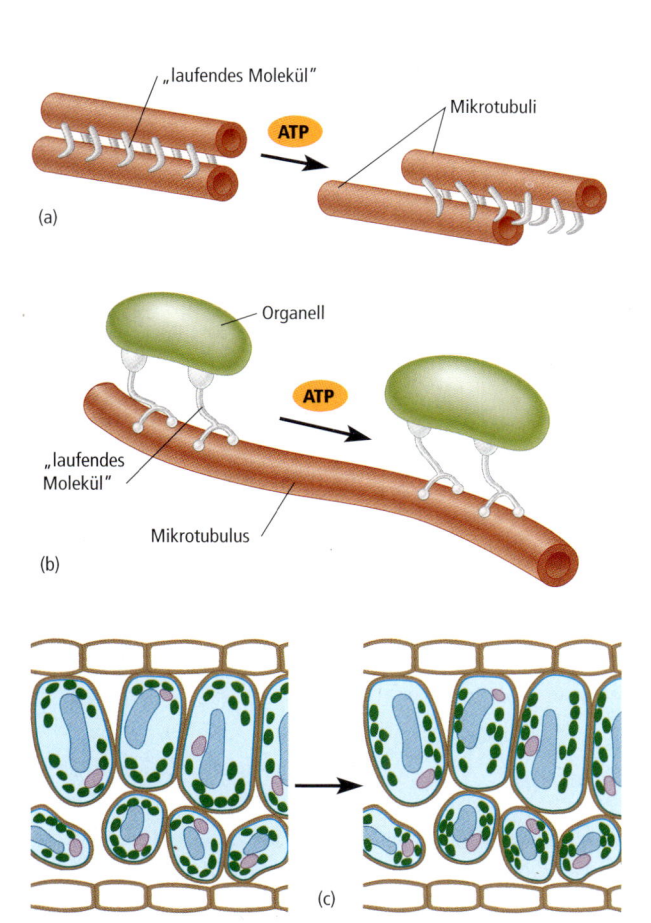

Abbildung 2.11: Motorproteine („laufende Moleküle"). (a) „Laufende Moleküle" bewegen einen Mikrotubulus nach dem anderen, um die Bewegung von Geißeln oder Flimmerhärchen auszulösen. (b) „Laufende Moleküle" bewegen sich mit einem Organell entlang eines Mikrotubulus. (c) Als Reaktion auf helles Licht bewegen „laufende Moleküle" Chloroplasten in einen Zellbereich, an dem sie weniger Licht empfangen.

Membranen und Zellwände 2.4

Sie haben die Funktionen der Organellen innerhalb der Zelle kennengelernt und die Art, wie sie durch das Cytoskelett miteinander verbunden sind. An dieser Stelle werden wir die Rolle der Plasmamembran und der die Organellen umgebenden Membranen untersuchen. Danach werden wir uns die Struktur und die Funktion der

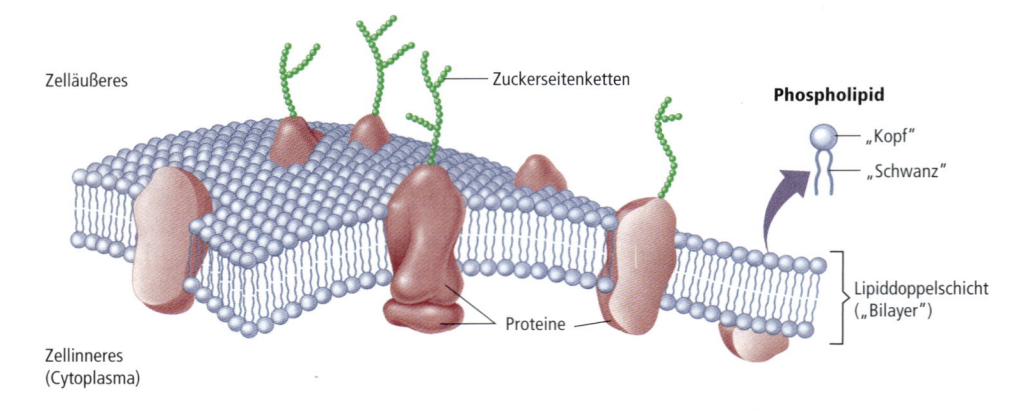

Abbildung 2.12: Membranstruktur. Zellmembranen bestehen in erster Linie aus Phospholipiden, die so ausgerichtet sind, dass ihre wasserabstoßenden Fettsäureschwänze zueinander zeigen und ihre wasserliebenden Phosphatköpfe an den beiden Membranoberflächen liegen. Proteine sind an verschiedenen Stellen eingebettet.

Zellwände von Pflanzenzellen ansehen, welche die Zellen voneinander und von der Außenwelt trennen.

Membranen

Membranen sind Barrieren, die kontrollieren, was in die Zelle gelangt und diese wieder verlässt. Biologen haben ein Modell der Membranstruktur entwickelt, das als **Flüssig-Mosaik-Modell** bezeichnet wird (▶ Abbildung 2.12). Nach dem Modell ist es eine Doppelschicht aus Membranlipiden, unter anderem *Phospholipiden*, welche die Grundstruktur der Plasmamembran und der die Organellen umgebenden Membranen bildet. Die Membranstruktur ist insofern flüssig, als die Phospholipidmoleküle recht beweglich und biegsam sind. Ein Phospholipid hat einen wasserliebenden (hydrophilen) und einen wasserabstoßenden (hydrophoben) Teil. Der hydrophile Teil, als „Kopf" bezeichnet, enthält eine Phosphatgruppe, die mit weiteren hydrophilen Molekülen verknüpft ist. Der hydrophobe Teil besteht aus zwei Fettsäuren, die als „Schwänze" bezeichnet werden. Illustrationen stellen ein Phospholipidmolekül typischerweise als ein rundes Kügelchen dar (den Phosphatkopf), an dem zwei lange Schwänze hängen. Bei einer Biomembran bilden die hydrophilen Phosphatköpfe die an wässrige Kompartimente grenzenden Oberflächen der Membran, während die hydrophoben Schwänze in das Innere der Biomembran ragen.

Viele Proteine lagern sich an eine Biomembran an oder dringen in diese unterschiedlich weit ein und ordnen sich patchwork- oder mosaikartig an. Einige Proteine reichen nicht durch die gesamte Membranschicht, häufig binden sie Moleküle, die an der Membran ankommen. Andere Proteine oder Proteinkomplexe reichen durch die gesamte Membranschicht hindurch. Sie führen Funktionen aus wie:

- Bereitstellung von Kanälen, durch die verschiedene Moleküle in die Zelle gelangen oder diese verlassen können;
- Kontrolle des Transports von Wasser und anderen Substanzen durch die Membran;
- Rezeptorfunktion für Moleküle, die transportiert werden, oder sogar für andere Zellen;
- Identifikation von anderen Zellen und sogar von Krankheitserregern; und
- Bereitstellung von Andockstellen für Moleküle, welche die Struktur und die Funktion der Zelle steuern.

Durch die Proteine und die Phospholipiddoppelschicht wird die Membran **selektiv permeabel** oder halbdurchlässig. Dies bedeutet, dass diese Strukturen einige Moleküle durch die Plasmamembran transportieren, andere Moleküle dagegen nicht. Kapitel 10 diskutiert die Mechanismen, durch die Moleküle selektiv durch Membranen transportiert werden.

Zellwände

Anders als Tierzellen haben Pflanzenzellen eine Zellwand, welche außerhalb des Protoplasten liegt und verhindert, dass zu viel Wasser in die Zelle eindringt. Wasser durchdringt die Plasmamembran in einem Prozess, den man als *Osmose* bezeichnet. Damit befassen wir uns in Kapitel 10. Verfügt eine Pflanzenzelle über ausreichend Wasser, dann umgibt sie die Zellwand wie eine eng anliegende Hülle. Diese Hülle besteht aus ein oder

2.4 Membranen und Zellwände

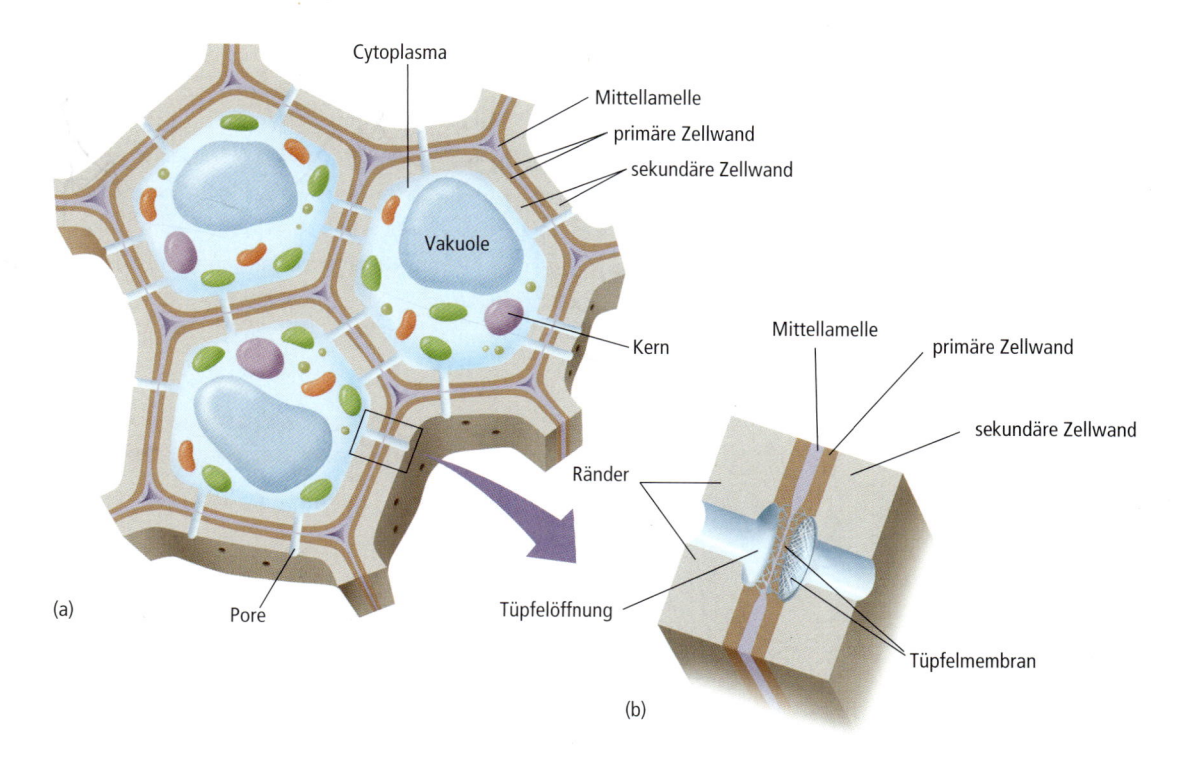

Abbildung 2.13: Primäre und sekundäre Zellwände. (a) Pflanzenzellen bilden außerhalb der Plasmamembran eine primäre Zellwand aus. Später bilden viele Zellen eine sekundäre Zellwand zwischen der primären Zellwand und der Plasmamembran. (b) Häufig sind die sekundären Zellwände im Vergleich zu den primären Zellwänden recht dick. In den sekundären Wänden gibt es Bereiche, die Tüpfel, in denen die sekundäre Wand dünn ist oder fehlt. Diese beschleunigen den Transfer von Wasser und gelösten Stoffen von einer Zelle zur anderen. Die Zellwände bestehen in erster Linie aus Cellulose, wobei viele Cellulosemoleküle eine Mikrofibrille und viele Mikrofibrillen eine Makrofibrille bilden. Andere Bestandteile wie Pektine, Hemicellulosen und Proteine verbinden die Makrofibrillen miteinander. Verholzende Zellen lagern schließlich noch Lignin ein.

zwei Komponenten. Pflanzenzellen produzieren eine **primäre Zellwand**, die dicker als die Plasmamembran ist und außerhalb dieser liegt (▶ Abbildung 2.13). Viele ausdifferenzierte Pflanzenzellen, insbesondere die von holzigen Pflanzen, bilden eine dickere **sekundäre Zellwand** zwischen der primären Wand und der Plasmamembran. An einigen Stellen ist die sekundäre Zellwand dünner oder fehlt, so dass sich Poren (so genannte Tüpfel) bilden, die den schnellen Transfer von Wasser und Mineralien von Zelle zu Zelle ermöglichen. Die sekundären Wände machen den Großteil des Strukturgerüsts von holzigen Pflanzen aus. Sie tragen zu 90 Prozent zum Gewicht großer Bäume bei.

Pflanzenzellwände bestehen hauptsächlich aus Cellulose, einem Kohlenhydrat, das aus vielen kettenförmig miteinander verknüpften Glucosemolekülen besteht. Viele lange Cellulosemoleküle liegen nebeneinander und bilden zylindrische **Mikrofibrillen** (Durchmesser von 10 bis 20 nm). Die Cellulosemoleküle in Mikrofibrillen sind an einigen Stellen als kristalline Strukturen organisiert, die man als **Mizellen** bezeichnet. Diese Verbindung kommt durch saure Kohlenhydrate, geleeartige Substanzen, die **Pektine**, und leim- oder gummiartige Kohlenhydrate, die **Hemicellulosen**, zustande. Die Mikrofibrillen werden dann zu Makrofibrillen zusammengedreht, die einen Durchmesser von bis zu 0,5 nm und eine Länge von 4 µm erreichen können. Sie können sich Mikrofibrillen als kleinere Fasern vorstellen, die ineinander verdreht sind, um größere Fasern, die Makrofibrillen, zu bilden. Andere Fasern von Pektinen und Hemicellulosen durchdringen die Makrofibrillen, wodurch schließlich Zellwandgewebe entsteht, das an bestimmten Stellen durch Proteine verstärkt wird. Mehr über die Cellulosestruktur finden Sie in Kapitel 7.

Bei Gefäßpflanzen werden die Zellwände durch starre Moleküle, die **Lignine**, verstärkt, die Wasser ersetzen und die Cellulose überkrusten, ähnlich wie Teer. Die anderen Pflanzen, wie beispielsweise Moose, haben kein Lignin.

Die Zellwände von Algen und Pilzen unterscheiden sich gewöhnlich strukturell von denen der Pflanzen. Die Zellwände der meisten Algen enthalten Cellulose, aber auch viele verschiedene Arten zusätzlicher Kom-

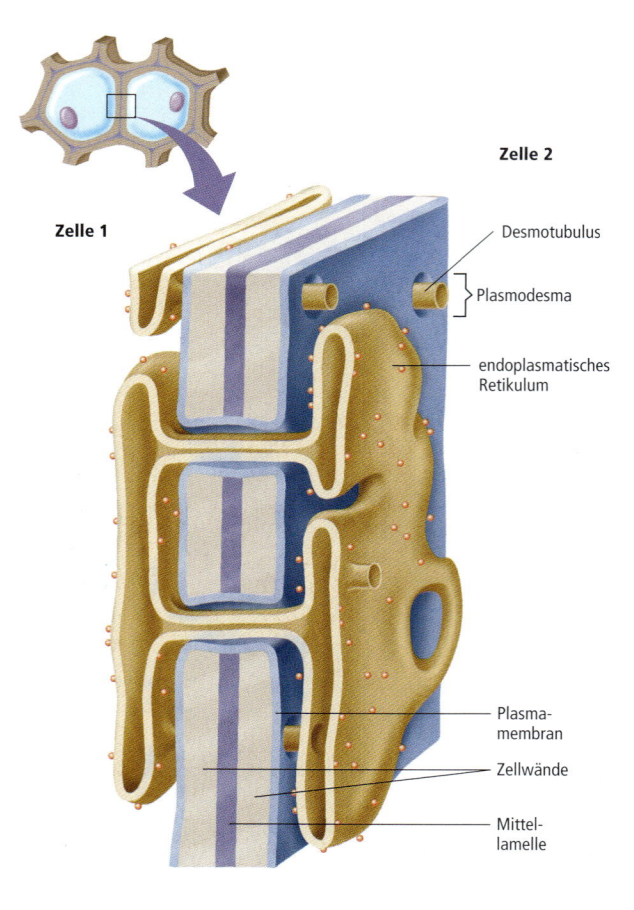

Abbildung 2.14: Plasmodesmen. In dieser schematischen Darstellung von Plasmodesmen erkennt man die Verbindung des endoplasmatischen Retikulums zwischen zwei Zellen durch Desmotubuli.

Kanäle, die **Plasmodesmen** (Singular: Plasmodesma oder Plasmodesmos, von griechisch *desmos*, „Band"), den direkten Kontakt zwischen Zellen aufrecht (▶ Abbildung 2.14). Dünne Zellinhaltstränge fließen durch diese Plasmodesmen. Jedes Plasmodesma ist von einer Plasmamembran umgeben und enthält gewöhnlich eine Verbindung, den **Desmotubulus**, zwischen den Zellen. Plasmodesmen ermöglichen den Austausch von kleinen Molekülen und sogar Makromolekülen zwischen den Zellen.

WIEDERHOLUNGSFRAGEN

1. Erläutern Sie, wodurch die Plasmamembran selektiv permeabel wird.
2. Warum ist es für eine Pflanzenzelle wichtig, eine Zellwand zu haben?
3. Beschreiben Sie die grundlegende Struktur von Pflanzenzellwänden.
4. Wie sind Pflanzenzellen miteinander verbunden?

ponenten, die in der Pflanzenzellwand nicht vorkommen. Einige Algen haben auch glasähnliche Zellwände, bei denen Silikat die Hauptkomponente ist. Die Zellwände von Pilzen bestehen hauptsächlich aus **Chitin**, einem Kohlenhydrat (aus Aminozucker aufgebaut), das von seiner Struktur her Cellulose ähnelt.

Zwischen den primären Zellwänden benachbarter Zellen befindet sich eine dünne Schicht, die **Mittellamelle** (von lateinisch *lamina*, „dünne Platte"). Die Mittellamelle besteht hauptsächlich aus Pektinen, wodurch die Zellen zusammengehalten werden. Pektine werden beim Kochen zum Andicken von Gelee und Marmelade verwendet.

Plasmodesmen

Pflanzenzellwände stellen Grenzen zwischen Zellen dar, zur Bildung eines mehrzelligen Organismus sind jedoch Verbindungen zwischen den Protoplasten benachbarter Zellen notwendig. Deshalb halten zahlreiche

2.5 Zellzyklus und Zellteilung

Bisher haben wir uns in diesem Kapitel die Struktur einer typischen Pflanzenzelle in ihrer Hauptlebensphase angesehen. Wie alle Organismen haben Zellen einen Lebenszyklus, zu dem die Jugend, die Reife und das Alter gehören. Am Ende ihres Lebenszyklus können sich Zellen entweder teilen oder absterben. Bei Pflanzenzellen bedeutet der Tod nicht unbedingt das Ende ihrer Nützlichkeit, weil die Zellwände abgestorbener Zellen zu festen Bestandteilen des Pflanzenkörpers werden. Bei großen Bäumen sind beispielsweise mehr als 99 Prozent der Zellen im Stamm abgestorben. Diese Zellen dienen etlichen nützlichen Funktionen, darunter die Weiterleitung von Wasser und die Bereitstellung der Struktur, die gebraucht wird, um die Blätterkrone in das Sonnenlicht zu heben.

Obwohl tote Zellen wichtige Rollen übernehmen können, hängt das Wachstum mehrzelliger Organismen von der Zellteilung ab. Wie Sie wissen, beginnt jeder mehrzellige Organismus, unabhängig von seiner Größe, als einzelne Zelle. Eine relativ kleine Anzahl von aufeinanderfolgenden Zellteilungen kann schließlich eine einzelne Zelle in einen Organismus mit Milliarden Zellen umwandeln. Wenn eine Zelle und ihre Nachkommenschaft 50 aufeinanderfolgende Zellteilungen ausführen, dann bilden sich dabei mehr als eine Billiarde (10^{15}) Zellen. In diesem Abschnitt werden wir uns ansehen, wie die Zellteilung am Wachstum und an der Fortpflanzung eukaryotischer Organismen beteiligt ist.

Der Zellzyklus

Als **Zellzyklus** bezeichnet man die Folge von Ereignissen von dem Zeitpunkt an, an dem die Zelle infolge der Zellteilung erstmalig erscheint, bis zu dem Zeitpunkt, an dem sich die Zelle selbst teilt. Bei Eukaryoten folgt die Zelle einem Zellzyklus, der aus Wachstumsperioden, DNA-Replikation, Vorbereitung zur Teilung und schließlich der Teilung selbst besteht. Die aus dieser Teilung hervorgehenden Zellen beginnen den Zyklus von Neuem.

Ungefähr 90 Prozent der Lebenszeit einer Zelle nimmt eine Periode ein, die man als **Interphase** bezeichnet, in der die Zelle nicht mit der Zellteilung beschäftigt ist. Die Bezeichnung deutet darauf hin, dass es sich dabei um die Periode zwischen Zellteilungen handelt. Der erste Teil der Interphase ist die relativ lange G_1-**Phase** (G von englisch *gap*, „Lücke"), in der die Zelle wächst, sich entwickelt und als ein spezieller Zelltyp fungiert. Damit sich die Zelle teilen kann und dabei immer noch einen vollständigen Chromosomensatz besitzt, muss die DNA der Chromosomen repliziert oder kopiert werden. Bei reifen eukaryotischen Zellen wird die DNA jedes Chromosoms während einer kurzen **S-Phase** repliziert (S von DNA-*Synthese*). Dabei werden zwei Geschwisterstränge von DNA gebildet, die **Chromatiden**. (In Kapitel 13 wird der Prozess der DNA-Replikation beschrieben.) Auf die S-Phase folgt die G_2-**Phase**, in der die Zelle weiterhin normal funktioniert und beginnt, sich auf die Zellteilung vorzubereiten.

Der Zustand der Zellteilung wird als **mitotische Phase** oder **M-Phase** bezeichnet, was sich auf die Art der Teilung des Kerns bezieht, die als *Mitose* bezeichnet wird. **Mitose** ist die Teilung eines einzelnen Kerns in zwei genetisch identische Tochterkerne. Dieser Prozess wird in Kürze beschrieben. Zur Teilung einer einzelnen Zelle in neue Zellen, oder **Tochterzellen**, gehören zwei Prozesse. Ein Prozess ist die Teilung des Kerns. Der andere ist die Trennung des Cytoplasmas und die Aufteilung der neuen Kerne in zwei Tochterzellen. Diesen Prozess bezeichnet man als **Cytokinese** (was eigentlich so

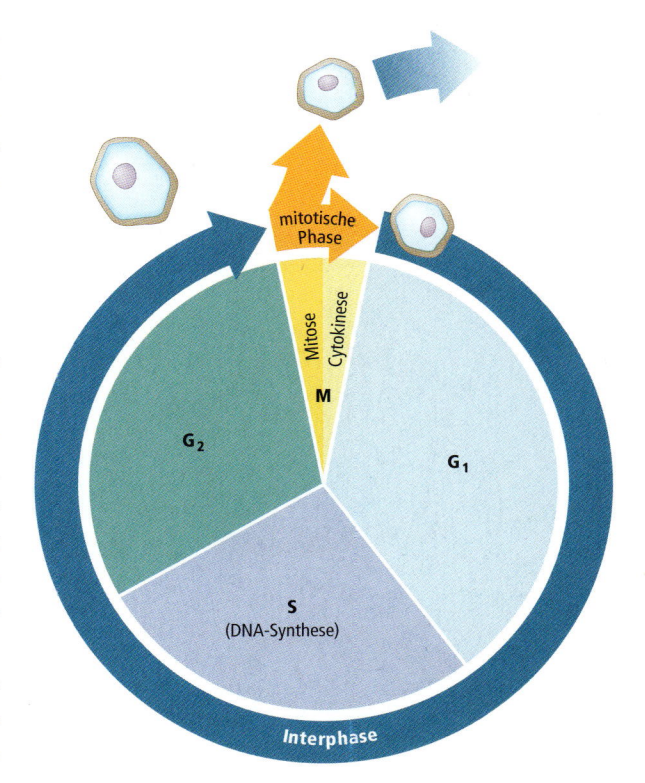

Abbildung 2.15: Der eukaryotische Zellzyklus. Die Interphase, die Periode zwischen Zellteilungen, unterteilt sich in das frühe Zellwachstum und die Entwicklung (G_1-Phase), die DNA-Replikation (S-Phase) und das fortgesetzte Wachstum und die Vorbereitung auf die Zellteilung (G_2-Phase). Die tatsächliche Kernteilung und Zellteilung, die M-Phase oder mitotische Phase, macht nur etwa 10 Prozent der Lebenszeit einer typischen Zelle aus.

viel bedeutet wie „Zellbewegung"). ▶ Abbildung 2.15 gibt einen Überblick über den Zellzyklus.

Wachstum und Fortpflanzung

Die an der Zellteilung beteiligte Mitose spielt beim Wachstum aller Eukaryoten eine Rolle. Sie kann auch an der Fortpflanzung beteiligt sein. Mitose kommt vor:

- beim Wachstum und bei der Entwicklung eines Embryos und anschließend des Erwachsenen;
- beim Ersetzen von Zellen eines erwachsenen Organismus;
- bei der asexuellen Fortpflanzung verschiedener Arten (asexuelle Fortpflanzung ist die Bildung neuer Organismen, die genetisch mit dem Elter identisch sind);
- bei einigen Phasen der sexuellen Fortpflanzung in Pflanzen (sexuelle Fortpflanzung ist die Bildung neuer Organismen, die sich genetisch von den beiden beteiligten Eltern unterscheiden).

2 ZELLSTRUKTUR UND ZELLZYKLUS

1 Prophase — Mutterzelle, Kernhülle, Centromer, Chromatid

2 Metaphase — eine von zwei Chromatiden, Spindelfaser

3 Anaphase — Chromosom

4 Telophase — Zellplatte, Phragmoplast

5 Cytokinese — Kern, zwei Tochterzellen

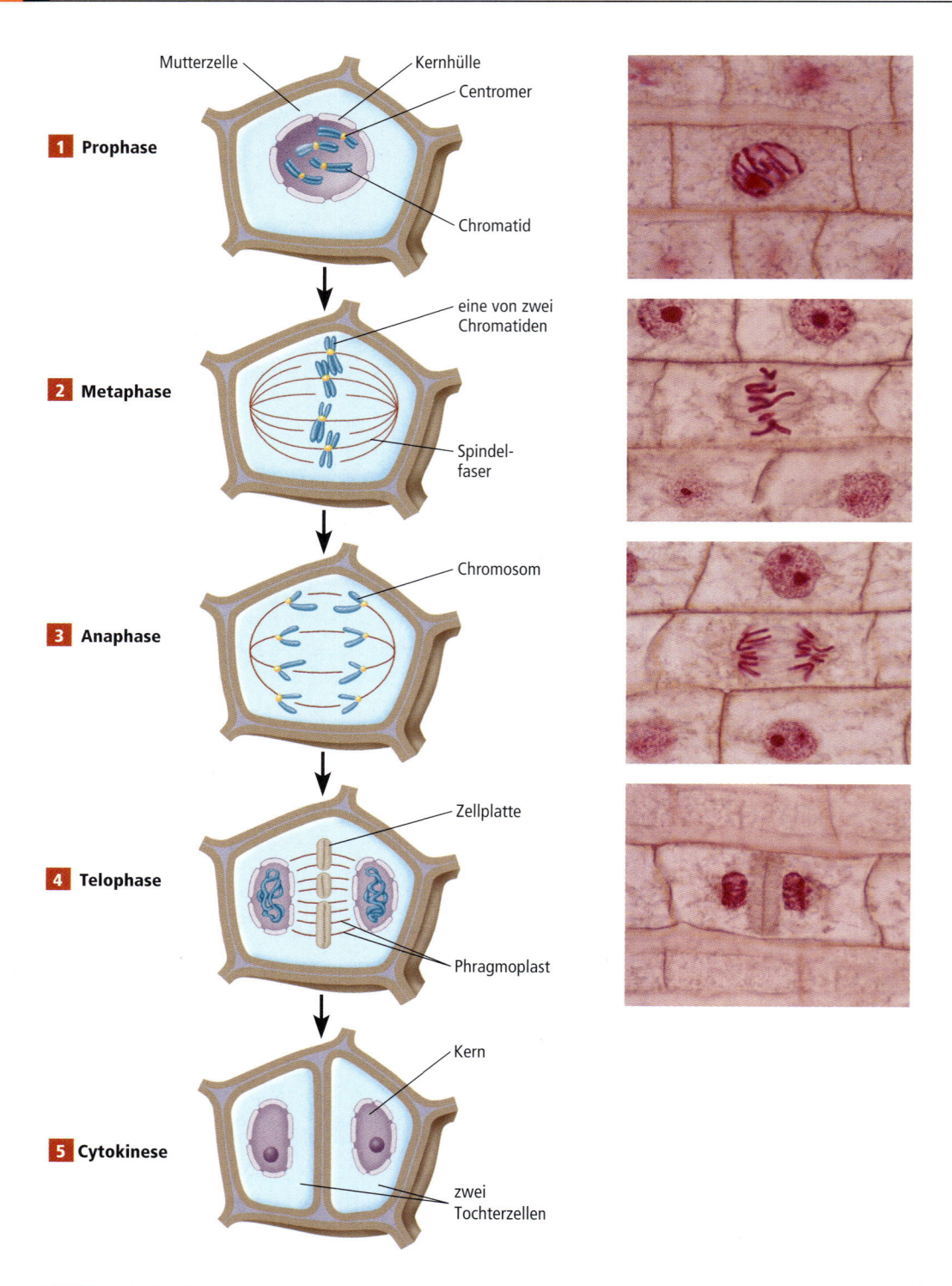

Abbildung 2.16: Mitose. Der Prozess der Mitose wird typischerweise so beschrieben, als würde es vier Hauptzustände geben: Prophase, Metaphase, Anaphase und Telophase. Die wesentlichen Veränderungen sind die Verkürzung und Verdickung der Chromosomen während der Prophase, die Chromosomenausrichtung während der Metaphase, die Chromosomenmigration zu entgegengesetzten Polen während der Anaphase sowie die Bildung der Kernhülle und die Abwicklung der Chromosomen während der Telophase. Die Cytokinese, die Teilung des Zellplasmas, beginnt gewöhnlich während der späten Anaphase oder der frühen Telophase. Bei Pflanzenzellen bildet ein Zylinder aus Mikrotubuli, der Phragmoplast, die Zellplatte, welche die Zelle in zwei Tochterzellen teilt.

In den Kapiteln 4 und 5 werden Sie sehen, in welcher Art Mitose am pflanzlichen Wachstum beteiligt ist. Kapitel 6 wird die Rolle der Mitose bei der Fortpflanzung von Pflanzen erklären und die Mitose mit der Meiose vergleichen, eine Art Kernteilung, die nur bei der Fortpflanzung auftritt.

Mitose

Mitose tritt nach der G_2-Phase des Zellzyklus auf. Obwohl es sich um einen kontinuierlichen Prozess handelt, kann man die Mitose in vier Hauptphasen unterteilen: Prophase, Metaphase, Anaphase und Telophase.
▶ Abbildung 2.16 zeigt die wesentlichen Charakteristiken jeder Phase.

1. Das Hauptkennzeichen der **Prophase** ist, dass sich die Chromosomen so stark verkürzt und verdickt haben, dass sie unter dem Lichtmikroskop sichtbar sind. Jedes Chromosom erscheint als zwei Schwesterchromatiden, das sind die während der S-Phase replizierten DNA-Stränge. Die Chromatiden werden durch einen eingeschnürten Chromosombereich, das **Centromer**, zusammengehalten. Währenddessen verschwinden die Nucleoli. An zwei Stellen bilden sich allmählich Spindeln aus Mikrotubuli (in Abbildung zur Prophase nicht dargestellt) heraus, die man als **Centrosomen** oder Mikrotubuli-Organisationszentren bezeichnet. Sie bewegen sich zu gegenüberliegenden Seiten der Zelle. Bei Tierzellen enthält jedes Centrosom zwei Centriolen, die aus Mikrotubuli zusammengesetzt sind, bei Pflanzenzellen kommen diese jedoch nicht vor. Am Ende der Prophase, auch als *Prometaphase* bezeichnet, löst sich die Kernhülle auf. Die Spindelmikrotubuli fangen damit an, die Chromosomen zum Zentrum der Zelle zu bewegen. An seinem Centromer bildet jedes Chromatid eine komplexe Proteinstruktur, einen **Kinetochor**, an den sich einige Mikrotubuli anheften.

2. Während der **Metaphase** bewegen sich die Chromosomen zu einer gedachten Ebene, als **Äquatorialebene** bezeichnet, die sich über den gesamten Durchmesser der Zelle erstreckt und von den beiden Polen der nun vollständig gebildeten Spindel gleich weit entfernt ist. Die Bewegung wird durch die mit den Kinetochoren verbundenen Mikrotubuli gesteuert.

3. In der **Anaphase** entfernen sich die Schwesterchromatide jedes Chromosoms voneinander, so dass nun jedes Chromatid ein separates Chromosom bildet. Motorproteine schieben die Chromosomen zu den gegenüberliegenden Polen der Zelle. Die zu den Kinetochoren gehörenden Mikrotubuli verkürzen sich, während sich die anderen Mikrotubuli strecken, wodurch die Pole der Zelle weiter auseinandergedrückt werden.

4. Die **Telophase**, die letzte Phase der Mitose, beginnt, wenn die beiden Chromosomengruppen die gegenüberliegenden Pole der Zelle erreichen. In der Telophase laufen die Prozesse umgekehrt wie in der Prophase ab. In jeder Zelle bildet sich also wieder eine Kernhülle, die Chromosomen entwinden sich (dekondensieren) und der Spindelapparat löst sich auf.

5. Die **Cytokinese**, die Teilung des Cytoplasma, beginnt gewöhnlich am Ende der Anaphase oder während der frühen Telophase. Bei Tierzellen, die keine Zellwände besitzen, gehört zur Cytokinese eine Art Auseinanderdrücken des Cytoplasmas. Das „Mittelstück", als *Teilungsfurche* bezeichnet, wird immer schmaler, bis sich schließlich eine Zelle in zwei geteilt hat. Bei Pflanzen und bei einigen Algen läuft die Cytokinese mithilfe eines Phragmoplasts ab, der die Zellplatte bildet. Der **Phragmoplast** ist ein Zylinder, der aus Mikrotubuli besteht, die aus der Kernspindel stammen und sich zwischen den Tochterkernen ausrichten. Die **Zellplatte**, die aus zwei neuen Plasmamembranen und Zellwänden besteht, bildet sich zwischen den Kernen und im Zentrum des Phragmoplasten. Die Zellplatte verstärkt sich allmählich, bis sie die Zelle in zwei Tochterzellen teilt.

Zellspezialisierung

Sie wissen, dass Mitose für die Bildung neuer Pflanzen notwendig ist. Von sich aus würde die Mitose aber einfach das vorhandene Zellmaterial in immer kleinere Einheiten teilen. Damit ein funktionsfähiger, mehrzelliger Organismus entsteht, muss auf die Mitose ein Zellwachstum und die Entwicklung von spezialisierten Zellen folgen, die bestimmten Aufgaben dienen. Neue Zellen differenzieren gewöhnlich zu verschiedenen Arten von Zellen, die ihrem Ort und ihrer Funktion im Organismus entsprechen. Im nächsten Kapitel sehen wir uns an, wie sich Pflanzenzellen auf verschiedene Aufgaben spezialisieren.

WIEDERHOLUNGSFRAGEN

1. Geben Sie alle Phasen des Zellzyklus an und beschreiben Sie, was während jeder Phase passiert.
2. Wozu dienen Mitose und Zellteilung?
3. Beschreiben Sie allgemein, was bei der Mitose passiert.

BIOTECHNOLOGIE

■ Die Verwendung von Pflanzenzellkulturen

Jede Pflanzenzelle enthält gewöhnlich das gesamte genetische Material und den gesamten genetischen Code der Pflanze. Jede Zelle in einer Pflanze besitzt also das Potenzial, die gesamte Pflanze zu bilden. Wir bezeichnen solche Zellen als totipotent. Ein wirklich interessantes Merkmal von Pflanzenzellen ist: Werden sie in einem Medium mit Nährstoffen in einem Reagenzglas kultiviert, können wir die Offenbarung der Totipotenz leicht anregen. Diese Fähigkeit von Pflanzenzellen, ganze Pflanzen zu bilden, hat viele Anwendungen.

Außer der Bildung ganzer Pflanzen können individuelle Pflanzenzellen auch individuelle Pflanzenmerkmale zeigen. Zum Beispiel können einzigartige Verbindungen, die gewöhnlich von ganzen Pflanzen gebildet werden, durch Pflanzenzellkulturen synthetisiert werden, die als chemische Fabriken arbeiten. Dies ist wichtig, weil spezifische Verbindungen, wie Alkaloide, die Pflanzen vor Krankheiten und Feinden schützen, auch für Menschen gefährliche Krankheitserreger töten können – einige zerstören sogar Krebszellen.

Trotz ihrer Nützlichkeit sind viele Pflanzenverbindungen in ihrer Beschaffung sehr teuer, wenn dazu ganze Pflanzen benutzt werden. Das Madagaskar-Immergrün (*Catharanthus roseus*) bildet die Alkaloide Vinblastin und Vincristin, die als Krebsmedikamente benutzt werden. Diese Alkaloide tragen nur zu 0,0005 Prozent zum Pflanzengewicht bei. Bei Verwendung ganzer Pflanzen als Quelle kostet Vinblastin gegenwärtig 1 Million Dollar pro Kilogramm, während Vincristin 3,5 Millionen Dollar kostet. Bei dieser Beschaffungsmethode kostet die Behandlung eines Patienten mit einem von beiden Stoffen weit über 10.000~Dollar. Und beide Moleküle sind zu komplex, um sie außerhalb der Pflanze ökonomisch synthetisieren zu können.

Wissenschaftler führen Experimente mit Zellkulturen durch, um solche Alkaloide zu gewinnen, doch haben sich die Produktionskosten gegenüber der Verwendung ganzer Pflanzen nicht wesentlich verringert. Dennoch gibt es einige viel versprechende Methoden. Eine Methode ist, die Produktion durch Pflanzenhormone zu stimulieren. Bei einer anderen Methode manipulieren Wissenschaftler Zellen so, dass sie zusätzliche Kopien von Genen anfertigen, welche die Syntheseleistung erhöhen. Man kann auch mutierte Zellen selektieren, die hohe Konzentrationen der Alkaloide bilden. Schließlich können Wissenschaftler nach Zellen suchen, welche das gewünschte Alkaloid außerhalb der Zelle absondern, so dass die Zelle kontinuierlich produzieren kann. Nachfolgende Tabelle führt einige nützliche Verbindungen auf, die man aus Pflanzen gewinnt. Gegenwärtig können nur einige ökonomischer in Zellkulturen produziert werden, doch ist die Zukunft der Pflanzenzellkulturen viel versprechend. Wenn Wissenschaftler mehr darüber lernen, wie Zellen Verbindungen bilden, speichern und freisetzen, werden sich die Erträge aus Zellkulturen verbessern, was zu neuen Medikamenten mit angemessenen Kosten führt, ohne bei der Produktion die Umwelt zu zerstören.

Beispiele für medizinisch bedeutsame pflanzliche Verbindungen

Wissenschaftlicher Name	Gebräuchlicher Name	Verbindung	Einsatz der Verbindung
Atropa belladonna	Tollkirsche	Atropin, Scopolamin und Hyoscyamin	betäubende und krampflösende Medikamente
Catharanthus roseus	Madagaskar-Immergrün	Vinblastin und Vincristin	gegen Leukämie
Curcuma longa	Kurkuma	Verb. im Wurzelextrakt	cholesterinsenkend
Datura stramonium	Stechapfel	Atropin, Hyoscyamin und Scopolamin	betäubende und krampflösende Medikamente
Digitalis purpurea	Fingerhut	Digitalis-Glycoside	herzstimulierend
Ephedra distachya	Meerträubel	Ephedrin	blutdrucksenkend
Ginkgo biloba	Ginkgo	Flavonoide im Blätterextrakt	verbessert Gedächtnis
Lobelia inflata	Lobelie	Lobelin	lindert Bronchialleiden
Papaver somniferum	Schlafmohn	Morphin und Codein	Schmerzbehandlung
Podophyllum peltatum	Maiapfel	Podophyllotoxin	Tumorbekämpfung
Psychotria ipecacuanha	Brechwurzel	Emetin in der Wurzel	löst Brechreiz aus
Rauwolfia serpentina	Schlangenwurzel	Reserpin	psychische Krankheiten, Antihypertonikum
Taxus brevifolia	pazifische Eibe	Taxol	Krebsbekämpfung

ZUSAMMENFASSUNG

2.1 Ein Überblick über Zellen

Zellen sind mikroskopisch klein. Sie ermöglichen die ausreichende Aufnahme von Sauerstoff, Wasser und Nährstoffen über die Zelloberfläche, um die Bedürfnisse ihres Inhalts zu befriedigen.

Mikroskopie

Lichtmikroskope beugen Licht, um vergrößerte Abbilder zu erzeugen. Elektronenmikroskope fokussieren Elektronen mithilfe magnetischer Linsen, um Bilder zu erzeugen. Das Transmissionselektronenmikroskop (TEM) durchleuchtet eine Probe mit Elektronen, um elektronische Abbilder zu erzeugen. Beim Rasterelektronenmikroskop (REM) prallen Elektronen an einer Probe ab, was zu einem räumlichen Bild führt.

Zelltheorie

Die Zelltheorie besagt, dass alle Organismen aus einer oder mehreren Zellen bestehen, dass die Zelle die grundlegende strukturelle Einheit ist und dass alle Zellen aus bereits existierenden Zellen entstehen.

Prokaryotische und eukaryotische Zellen

Eukaryotische Zellen entwickelten sich aus prokaryotischen Zellen. Sie sind im Allgemeinen größer und komplexer, sie besitzen einen Kern und andere, von Membranen umgebene Organellen. Die bekanntesten Prokaryoten sind Bakterien, bei denen es sich um einzellige Organismen handelt. Eukaryoten können einzellig sein, die meisten sind jedoch mehrzellig. Viele zelluläre Funktionen in Eukaryoten laufen in Organellen ab. Nach der Endosymbiontentheorie haben sich einige Organellen daraus entwickelt, dass prokaryotische Zellen andere prokaryotische Zellen in sich aufnahmen.

Zellprodukte

Gene und ihre Transkripte bestehen aus Nucleinsäuren (DNA und RNA). Die genetischen Anweisungen in der RNA steuern die Synthese von Proteinen, die aus Aminosäuren aufgebaut sind und die physischen Merkmale eines Organismus definieren. Einige Proteine sind strukturelle Komponenten, während andere, die *Enzyme*, chemische Reaktionen steuern. Proteine sind auch am Transport und bei der Reaktion auf Reize beteiligt. Kohlenhydrate, wie Zucker und Cellulose, sind Energiequellen und strukturelle Bausteine. Lipide, wie Neutralfette und Phospholipide, dienen als Energiequellen und Membranbestandteile.

2.2 Wichtige Zellorganellen

Die Zellen von Pflanzen, Algen, Pilzen und Tieren haben im Wesentlichen dieselben Arten von Zellorganellen. Das Innere einer Pflanzenzelle (die Gesamtheit innerhalb der Zellwände) wird als *Protoplast* bezeichnet. Das Innere besteht aus zwei Teilen: dem Kern und dem Cytoplasma.

Zellkern

Die DNA im Kern ist in komplexen, fadenförmigen Chromosomen angeordnet. Jedes Chromosom besteht aus vielen Genen, die jeweils ein spezifisches Protein codieren. Nucleoli sind runde Strukturen in einigen Chromosomen, die Untereinheiten für Ribosomen synthetisieren. Die Kernhülle besitzt Poren, die den Transport von Substanzen ins Cytosol und zurück in den Kern ermöglichen.

Ribosomen

Ribosomen sind winzige Teilchen, die mithilfe von RNA Proteine synthetisieren. Im Gegensatz zu anderen Organellen fehlt Ribosomen eine Membran und sie sind auch in prokaryotischen Zellen vorhanden.

Endoplasmatisches Retikulum

Das endoplasmatische Retikulum (ER), ein mit der Kernmembran verbundenes Netzwerk aus Membranen, ist ein Ort zur Bildung und zum Export von Lipiden (im glatten ER) und der Proteinsynthese (am rauen ER).

Golgi-Apparat

Dieses Organell wird auch Golgi-Komplex genannt. Der Golgi-Apparat besteht aus Stapeln membranbegrenzter Hohlräume, die man als *Cisternae* bezeichnet. Sie speichern und verändern Produkte aus dem ER, bevor sie mithilfe von Transportvesikeln aus der Zelle exportiert werden.

Chloroplasten

Chloroplasten sind Photosynthese betreibende Organellen in den Zellen der grünen Pflanzenteile. Sonnenenergie wird in den Thylakoiden in chemische Energie umgewandelt, während sich die Zuckerproduktion und die Speicherung in dem umgebenden Fluid, dem *Stroma*, vollziehen. Chloroplasten gehören zu den Plastiden. Das sind Organellen, die Nahrung oder Pigmente für Pflanzenzellen bereitstellen und speichern. Farblose Plastiden, die *Leukoplasten*, enthalten oft Stärke, und Chromoplasten enthalten gelbe, orangefarbene oder rote Pigmente.

Mitochondrien

Mitochondrien sind Organellen, die man als „Kraftwerke" der Zelle bezeichnen kann. Sie wandeln gespeicherte chemische Energie in ATP um. Das ist das organische Molekül, das die Zellaktivitäten antreibt.

Microbodies

Microbodies sind kleine, kugelförmige Organellen, die Enzyme enthalten. Peroxisomen sind Microbodies, die ein hohes Potenzial zur Beseitigung des bei den Oxidationen entstehenden Wasserstoffperoxids besitzen. In Pflanzen gibt es Blattperoxisomen in Photosynthese betreibenden Geweben und *Glyoxysomen*, die an der Umwandlung von Speicherlipiden in Zucker beteiligt sind.

Vakuolen

Der Großteil des Volumens voll entwickelter Pflanzenzellen wird von einer großen Zentralvakuole eingenommen, die Wasser und Stoffwechselprodukte speichert, die Salzkonzentration reguliert und bei der Aufrechterhaltung der Zellform hilft. Die Membran der Vakuole wird als *Tonoplast* bezeichnet.

2.3 Das Cytoskelett steuert Zellform und -bewegung

Das Cytoskelett („Zellskelett") hält die Zellform aufrecht und organisiert die Bewegung der Organellen im Cytoplasma. Zum Cytoskelett gehören drei verschiedene Arten von fadenförmigen Zellstrukturen: Miktotubuli, Mikrofilamente und Intermediärfilamente, die sich wie Schienen durch das Cytosol oder Cytoplasma ziehen.

Mikrotubuli

Mikrotubuli, die längsten Proteinfäden im Cytoskelett, steuern die Bewegung von Molekülen, Organellen und Chromosomen innerhalb der Zelle. Mikrotubuli können auch Flimmerhärchen und Geißeln bilden. Das sind die Fortbewegungsorganellen, die man bei vielen Tierzellen und bei mobilen, reproduktiven Pflanzenzellen findet.

Mikrofilamente

Mikrofilamente sind die dünnsten Proteinfäden im Cytoskelett. Sie bestehen aus dem Protein Aktin. Sie bewirken Bewegungen oder Formveränderungen. In Pflanzenzellen bewegen sie die Zellinhalte zirkular um die Zentralvakuole, ein Prozess, der auch als Plasmaströmung bezeichnet wird.

Motorproteine

Mikrotubuli und Mikrofilamente bilden Schienen, die Motorproteine („laufende Moleküle") leiten, die sich an Strukturen anheften, um sie an bestimmte Zielorte innerhalb der Zelle zu transportieren.

Intermediärfilamente

Intermediärfilamente sind dicker als Mikrofilamente, aber dünner als Mikrotubuli. Bei Pflanzenzellen können sie die Aufrechterhaltung der Zellstruktur unterstützen. Innerhalb der Zelle werden die Kompartimente der Organellen, des Kerns und der Vakuole durch Membranen vom Cytosol abgegrenzt.

2.4 Membranen und Zellwände

Membranen
Zellen sind von einer Plasmamembran umgeben (Zellmembran), die kontrolliert, was in die Zelle gelangt oder diese verlässt. Das Flüssig-Mosaik-Modell beschreibt die Struktur der Plasmamembran als eine Phospholipiddoppelschicht, welche die Membran selektiv durchlässig macht.

Zellwände
Im Gegensatz zu tierischen Zellen haben Pflanzenzellen außerhalb der Plasmamembran eine Zellwand. Neben einer primären Zellwand, die alle Pflanzenzellen ausbilden, bilden einige Zellen von holzigen Pflanzen eine dickere sekundäre Zellwand, die eine Struktur zwischen der primären Zellwand und der Plasmamembran darstellt. Pflanzenzellwände bestehen hauptsächlich aus langen Cellulosemolekülen. Starre Moleküle, die *Lignine*, stärken die Zellwände von Gefäßpflanzen. Eine dünne Schicht, die man als *Mittellamelle* bezeichnet, hält die Zellwände benachbarter Zellen zusammen.

Plasmodesmen
Über Plasmodesmen können größere Moleküle direkt von einer Zelle zur anderen transportiert werden.

2.5 Zellzyklus und Zellteilung

Am Ende ihres Lebenszyklus teilen sich Zellen oder sterben ab. Abgestorbene Zellen liefern oft einen strukturellen Halt und leiten Wasser. Das Wachstum und die Fortpflanzung mehrzelliger Organismen hängen von der Zellteilung ab.

Der Zellzyklus
Der Zellzyklus lässt sich in zwei Hauptphasen unterteilen: die Interphase und die mitotische Phase. Die Interphase nimmt 90 Prozent des Zellzyklus ein. Sie umfasst auch die G_1-Phase, die DNA-Replikation (S-Phase) und die G_2-Phase. Während der S-Phase wird die DNA jedes Chromosoms dupliziert, so dass zwei Geschwisterstränge entstehen, die als Chromatide bezeichnet werden. Die mitotische Phase, oder M-Phase, besteht aus der Zellteilung, bei der die Chromatide zu getrennten Chromosomen werden und sich der Kern und das Cytoplasma teilen, so dass zwei getrennte Zellen entstehen. Die Zellteilung unterteilt sich in die Teilung des Kerns und die Cytokinese, bei der das Cytoplasma und die beiden neuen Kerne in die zwei Tochterzellen aufgeteilt werden.

Wachstum und Fortpflanzung
Die Mitose ist am Wachstum, am Ersetzen von Zellen bei ausgewachsenen Organismen, an der Fortpflanzung bei Pflanzen und der asexuellen Vermehrung beteiligt.

Mitose
Im Detail besteht die Mitose aus der Prophase (dem Erscheinen der Chromosomen als ein Paar von Schwesterchromatiden und dem Beginn der Bildung einer Spindel aus Mikrotubuli, dem Auflösen der Kernhülle und der Bewegung der Chromatiden zum Zellzentrum), der Metaphase (bei der sich die Chromatide an der Äquatorialebene ausrichten), der Anaphase (Trennung der Chromatide zur Bildung individueller Chromosomen, die sich zu den gegenüberliegenden Polen bewegen) und der Telophase (der Umkehrung der Prophase, bei der sich die Kernhülle in jeder Tochterzelle neu bildet). Die Cytokinese beginnt gewöhnlich während der späten Anaphase oder der frühen Telophase. Bei der Cytokinese von Pflanzenzellen breitet sich eine Zellplatte so lange aus, bis sie die Zelle in zwei Tochterzellen unterteilt.

Zellspezialisierung
Die Zellteilung unterteilt den verfügbaren zellulären Raum, führt aber zu keinem Wachstum. Damit sich ein mehrzelliger Organismus entwickeln kann, muss auf die Zellteilung ein Zellwachstum und eine Zelldifferenzierung folgen. Dies ist die Bildung der verschiedensten differenzierten Zellen, die auf die unterschiedlichsten Aufgaben spezialisiert sind.

ZELLSTRUKTUR UND ZELLZYKLUS

Verständnisfragen

1. Beschreiben Sie in allgemeinen Worten, wie folgende Instrumente funktionieren: das Lichtmikroskop, das Transmissionselektronenmikroskop und das Rasterelektronenmikroskop.

2. Wie lauten die drei wesentlichen Schlussfolgerungen aus der Zelltheorie?

3. Zählen Sie die Unterschiede zwischen prokaryotischen und eukaryotischen Zellen auf.

4. In welchen Funktionen sind sich prokaryotische und eukaryotische Zellen ähnlich?

5. Wie erklärt die Endosymbiontentheorie die Entwicklung von Organellen?

6. In welchem Sinne ist der Kern die „Oberaufsicht" einer eukaryotischen Zelle?

7. Wo findet in der Zelle die Proteinsynthese statt?

8. Worin besteht die Beziehung zwischen dem endoplasmatischen Retikulum und dem Golgi-Apparat?

9. Worin besteht die Beziehung zwischen Chloroplasten und Mitochondrien?

10. Beschreiben Sie einige Funktionen der großen Zentralvakuole in einer Pflanzenzelle.

11. Vergleichen und unterscheiden Sie pflanzliche und tierische Organellen.

12. Was würde passieren, wenn es kein Cytoskelett gäbe?

13. Vergleichen und unterscheiden Sie Mikrotubuli und Mikrofilamente.

14. Erklären Sie, wodurch die Zellwand stark und fest wird.

15. Wodurch sind Pflanzenzellen miteinander verbunden?

16. Was passiert bei jeder einzelnen Phase des Zellzyklus?

17. Erklären Sie, was während jeder einzelnen Phase der Mitose passiert.

Diskussionsfragen

1 Mikroskope eröffneten eine neue Welt, die sich die meisten Menschen nicht vorstellen konnten. Kürzlich behaupteten einige Philosophen, dass die Wissenschaft nahezu alles entdeckt hätte und dass nur noch Details ausgearbeitet werden müssten. Stimmen Sie dem zu? Erklären Sie Ihren Standpunkt.

2 In welcher Weise lässt sich eine Zelle mit einer Fabrik vergleichen?

3 Ist eine Pflanzenzelle mit einem Miniaturorganismus vergleichbar? Erläutern Sie dies.

4 Jede Pflanzenzelle enthält alle Gene der Pflanze. Was hält die Zellen davon ab, sich von allein zu einzelnen Pflanzen zu entwickeln? Wie kommt es beispielsweise, dass nicht jedes Blatt Tausende von Knospen ausbildet?

5 Was haben das Cytoskelett und das menschliche Skelett gemeinsam? Worin unterscheiden sie sich?

6 Welche Probleme hätten große Organismen wie Bäume oder Menschen, wenn es keine Zellteilung gäbe und sie nur aus einer riesigen Zelle bestünden?

7 Prokaryoten sind im Vergleich zu eukaryotischen Zellen ziemlich klein. Aus welchem Grund gibt es Ihrer Ansicht nach wenige große prokaryotische Zellen?

8 Zeigen Sie mit einer Reihe von Zeichnungen, (a) wie die Einverleibung einer kleinen prokaryotischen Zelle durch eine größere prokaryotische Zelle dazu führt, dass das Cytoplasma der aufgenommenen Zelle von zwei Membranen umgeben ist. Kennzeichnen Sie, welche der Membranen die ursprüngliche Plasmamembran der kleineren prokaryotischen Zelle und welche die Membran der verdauenden Vakuole des Wirts ist; (b) setzen Sie nun die Reihe von Zeichnungen fort, um zu zeigen, wie ein ähnlicher Aufnahmeprozess zu einem aufgenommenen Körper führen könnte, der von vier Membranen umgeben ist; diese Anordnung finden wir bei den Chloroplasten der Braunalgen. (*Hinweis:* Was würde passieren, wenn die in Teil (a) entstandene Zelle selbst einverleibt werden würde?) Klären Sie den Ursprung jeder der vier Membranen.

Zur Evolution

In diesem Kapitel wurden die Gemeinsamkeiten und Unterschiede eukaryotischer und prokaryotischer Zellen beschrieben. Führen Sie auf Grundlage dessen die Merkmale auf, die Sie bei Mitochondrien und Chloroplasten erwarten würden, wenn die Endosymbiontentheorie darin, dass sich diese aus aufgenommenen prokaryotischen Zellen entwickelten, korrekt ist. Sind diese Merkmale experimentell gefunden worden? Widerspricht die Tatsache, dass weder Mitochondrien noch Chloroplasten in Reinkultur gezüchtet werden können, der Theorie? Begründen Sie Ihre Auffassung.

Weiterführendes

Weitere Informationen zu diesem Buchkapitel finden Sie auf der Companion Website unter http://www.pearson-studium.de.

Seit Kurzem wird eine neue Art von Mikroskop, das Rasterkraftmikroskop, in den wissenschaftlichen Labors eingesetzt. Dieses Mikroskop liefert eine Oberflächenansicht. Es hat eine viel höhere Auflösung als das Rasterelektronenmikroskop. Suchen Sie nach Informationen über diese Mikroskope im Internet und erklären Sie, wie diese Mikroskope funktionieren.

Dekruif, Paul und F. Gonzales-Crussi. Microbe Hunters. Fort Washington, PA: Harvest Books, 1995. *Dieser Bericht über die bedeutenden und interessanten Persönlichkeiten in der Geschichte der Mikrobiologie vermittelt Ihnen das Gefühl, als wären Sie bei den aufregenden Entdeckungen selbst dabei gewesen.*

Drake, Ellen Tan. Restless Genius: Robert Hooke and his Earthly Thoughts. New York: Oxford University Press, 1996. *Unser Wissen über Robert Hooke zeigt die vielen Facetten seiner Genialität.*

Hauck, Arthur und Peter Quick. Strukturen des Lebens. Ein Bildatlas zur Biologie und Mikroskopie der Zelle. Stuttgart, J. B. Metzlersche Verlagsbuchhandlung, 1986. *Mit Illustrationen und praktischen Anleitungen zur Mikroskopie werden die Bestandteile der Zelle bis hin zur molekularen Ebene dargestellt.*

Nichols, Richard. Robert Hooke and the Royal Society. Philadelphia, PA: Trans-Atlantic Publications, 1999. *Robert Hooke unterhielt faszinierende Kontakte zur königlichen Gesellschaft. Isaac Newton, der nach Hookes Tod Präsident der Gesellschaft war, stritt sich oft mit Hooke und versuchte, alle Erinnerungen an ihn aus den Aufzeichnungen der Gesellschaft auszulöschen.*

Rasmussen, Nicolas. Picture Control: The Electron Microscope and the Transformation of Biology in America, 1940–1960. Stanford, CA: Stanford University Press, 1997. *Eine faszinierende Darstellung einer wichtigen Periode in der Geschichte der Wissenschaft.*

Thomas, Lewis. *The Lives of a Cell: Notes of a Biology Watcher.* New York: Penguin, 1995.

Thomas, Lewis. The Medusa and the Snail: More Notes of a Biology Watcher. New York: Penguin, 1995. *Die Bücher von Lewis Thomas sind gut geschrieben, einfach zu lesen und regen zum Nachdenken an.*

Einführung in die Pflanzenstruktur

3.1 Haupttypen von Pflanzenzellen 59
3.2 Die Gewebe von Gefäßpflanzen 62
3.3 Überblick über die Organe von Gefäßpflanzen 70
3.4 Überblick über das Wachstum und die Entwicklung von Pflanzen 72
Zusammenfassung 78
Verständnisfragen 80
Diskussionsfragen 81
Zur Evolution 81
Weiterführendes 81

3 EINFÜHRUNG IN DIE PFLANZENSTRUKTUR

Vor mehr als 200 Millionen Jahren, als die Dinosaurier die Tierwelt beherrschten, dominierten Nacktsamer die Welt der Pflanzen – Nadelholzgewächse waren die größten unter ihnen. Unter ihrer Nachkommenschaft finden sich die größten aller Lebewesen – die Küstenmammutbäume (Sequoia sempervirens). Der erste Teil des wissenschaftlichen Namens würdigt Sequoyah, den Erfinder des Cherokee-Alphabets, während das lateinische Wort „sempervirens" für „immer grün" steht. Küstenmammutbäume kamen ursprünglich nur in schmalen Küstengebieten Nordkaliforniens und im Süden Oregons vor. Sie können überall gepflanzt werden, doch werden sie dort niemals so beachtliche Höhen erreichen wie in ihrer natürlichen Umgebung. Der größte lebende Baum ist der „Stratosphere Giant" im Humboldt Redwoods State Park in Kalifornien. Mit 112,83 Metern (2004) ist er fünf Etagen höher als die Freiheitsstatue. Küstenmammutbäume sind auch sehr breit. Ausgewachsene Bäume haben typischerweise Wurzeln mit einem Durchmesser von 3,0 bis 6,1 Metern. Sie wachsen schnell. Junge Bäume, die zwischen vier und zehn Jahren alt sind, gewinnen während einer Vegetationsperiode bis zu zwei Meter an Höhe.

Oft wird „sempervirens" fälschlicherweise als „allezeit lebend" übersetzt. In der Tat wird das Alter des „Stratosphere Giant" auf zwischen 600 und 800 Jahre geschätzt. Das höchste bestätigte Alter eines Küstenmammutbaums beträgt mindestens 2000 Jahre. Das Geheimnis ihrer Langlebigkeit liegt zum Teil in ihrer sehr dicken Rinde – bis zu 30 Zentimeter bei alten Bäumen –, die gegen Insekten, Pilze und Feuer resistent ist.

Wie kommt es, dass Küstenmammutbäume derart hoch wachsen und so beständig sind? Wie transportieren sie Wasser und Mineralien aus dem Boden zu den höchsten Ästen, die sich Dutzende Meter über dem Erdboden befinden? Wie kommt es, dass Küstenmammutbäume so langlebig sind? Die Antworten auf solche Fragen kann man herausfinden, indem man einige grundlegende Merkmale der Pflanzenstruktur und des Wachstums untersucht. In diesem Kapitel werden wir betrachten, wie sich eine Pflanze aus Zellen, Geweben und Organen zusammensetzt und wie sich Zellen auf die Aufgaben des Transports, der Stütze und des Schutzes spezialisieren. Anschließend werden wir uns mit den grundlegenden pflanzlichen Wachstumsmustern beschäftigen.

Haupttypen von Pflanzenzellen 3.1

Wie bei allen mehrzelligen Organismen beginnt auch das Leben einer Pflanze mit einer einzelnen Zelle. In Kapitel 2 haben Sie gesehen, wie die Zellteilung durch Mitose neue Zellen für das pflanzliche Wachstum liefert. Die Mitose findet vorwiegend in meristematischen (teilungsfähigen) Zellen statt – das sind unspezialisierte Zellen, die sich unbegrenzt teilen und neue Zellen bilden können. Bereiche mit diesen meristematischen Zellen, die zu neuem Wachstum führen, werden als **Meristeme** (von griechisch *meristos*, „geteilt") bezeichnet und kommen bei allen Pflanzen vor – von Moosen bis zu hoch aufragenden Bäumen. Meristematische Zellen, die **embryonalen Zellen**, verbleiben in den Meristemen als Quelle neuen Wachstums. Sie können sich diese Zellen als „Mitosemaschinen" vorstellen, die als „Jungbrunnen" fungieren. Sie ermöglichen der Pflanze ein kontinuierliches Wachstum während des gesamten Lebens. Im weiteren Verlauf dieses Kapitels werden wir uns mit zwei Arten von Meristemen befassen: den Apikalmeristemen, die zum Längenwachstum an den Spitzen der Sprossachse und der Wurzel führen, und den Lateralmeristemen, die zum Dickenwachstum an verholzten Stämmen und Wurzeln führen.

Teilt sich eine embryonale Zelle durch Mitose, verbleibt eine Tochterzelle als embryonale Zelle am selben Ort im Meristem und teilt sich erneut. Die andere Tochterzelle, der **Abkömmling**, verlässt das Meristem und beginnt mit Längenwachstum und **Differenzierung**. Das ist ein Prozess, durch den sich eine unspezialisierte Zelle zu einer spezialisierten Zelle entwickelt. Somit gibt es in einer Pflanze immer eine Gruppe embryonaler, unspezialisierter meristematischer Zellen, die zu neuem Wachstum führen, während sich gleichzeitig neue spezialisierte Zellen entwickeln, die bestimmte Funktionen erfüllen. Da meristematische Zellen unspezialisiert sind, werden sie als undifferenzierte Zellen bezeichnet. Spezialisierte Zellen, die eine spezifische Struktur aufweisen und spezielle Funktionen ausüben, werden als differenzierte Zellen bezeichnet. Bei Pflanzenzellen gibt es verschiedene Differenzierungsgrade – das heißt einige sind spezialisierter als andere. Mitunter kann der Prozess der Differenzierung bei Pflanzenzellen sogar umgekehrt werden. Dabei wird eine differenzierte Zelle wieder zu einer undifferenzierten meristematischen Zelle. Eine solche „Dedifferenzierung" in einen meristematischen Zustand tritt während der Entwicklung von Lateralmeristemen und bei Gewebekulturen im Labor auf.

In diesem Abschnitt werden wir die drei Haupttypen differenzierter Zellen vergleichen, die am häufigsten in Pflanzen vorkommen: Parenchymzellen, Kollenchymzellen und Sklerenchymzellen. Später werden wir uns mit spezialisierteren Zellen beschäftigen, die in Gefäßpflanzen Wasser, Mineralien und Assimilate leiten.

Parenchymzellen

Die meisten lebenden Pflanzenzellen sind **Parenchymzellen**, die „Arbeitstier"-Allzweckzellen einer Pflanze. Sie sind der am häufigsten vorkommende Typ einer lebenden differenzierten Zelle. Bei den meisten Pflanzen sind sie auch der am häufigsten vorkommende Zelltyp überhaupt (▶ Abbildung 3.1). Sie sind der am wenigsten spezialisierte Pflanzenzelltyp, der gewöhnlich nur relativ wenig Differenzierung erfährt, bevor er seine Rolle als ausgewachsene Pflanzenzelle übernimmt. Einige Botaniker halten die Parenchymzellen für die unmittelbaren Vorgänger aller differenzierten Typen von Pflanzenzellen, während andere die meristematischen Zellen als die unmittelbaren Vorgänger aller differenzierten Zelltypen sehen, einschließlich der Parenchymzellen.

Parenchymzellen haben dünne primäre Zellwände und gewöhnlich keine sekundären Zellwände. Ihre dünnen Zellwände ermöglichen es ihnen, sich während des Wachstums verschiedenen Formen anzupassen, um den verfügbaren Raum auszufüllen, gewöhnlich sind sie jedoch kugelförmig, würfelförmig oder gestreckt. Weil ihnen typischerweise sekundäre Zellwände fehlen und sie deshalb weniger Cellulose enthalten, sind Parenchymzellen für die Pflanze in der Bildung relativ „kostengünstig". Dementsprechend dienen diese Zellen oft als Füllsubstanz oder sie liefern die Struktur für Pflanzenteile, die häufig ersetzt werden müssen, wie beispielsweise Blätter. Tatsächlich stammt die Bezeichnung *Parenchym* von dem griechischen Wort *parenchein*, was so viel bedeutet wie „von außen hereinströmen".

Obwohl sie oft als Raumfüller und strukturelle Komponenten dienen, haben Parenchymzellen auch andere Aufgaben. Die meisten Photosynthese betreibenden Zellen sind spezialisierte Parenchymzellen, die man als **Chlorenchymzellen** bezeichnet. Parenchymzellen speichern auch Assimilate und Wasser in Wur-

3 EINFÜHRUNG IN DIE PFLANZENSTRUKTUR

Abbildung 3.1: Parenchymzellen sind der am häufigsten vorkommende Pflanzenzelltyp. Parenchymzellen sind allgemeine Pflanzenzellen, die an einer Reihe von Funktionen teilhaben können, wie an der Ausführung der Photosynthese, der Speicherung von Assimilaten und Wasser und der Bereitstellung der Struktur. (a) Stärke speichernde Parenchymzellen kommen in Blättern, Sprossachsen und Wurzeln vor. (b) Parenchym kann auch als Wasser speicherndes Gewebe in Wurzeln und Sprossachsen dienen. (c) Chlorenchym ist Chloroplasten enthaltendes Parenchym, das man vorrangig in Blättern findet.

zeln, Sprossachsen, Blättern, Samen und Früchten. Wenn Sie eine Frucht essen, dann nehmen Sie wahrscheinlich hauptsächlich Parenchymzellen zu sich. Sie werden an vielen Stellen auf Parenchymzellen stoßen, wenn wir uns mit der Struktur einer Pflanze beschäftigen. Sie bleiben lebendig und können sich gewöhnlich teilen, wodurch sie sich zu verschiedenen spezialisierten Zelltypen entwickeln können, wie Sie gleich sehen werden.

Kollenchymzellen

Die Hauptaufgabe von **Kollenchymzellen** ist die Bereitstellung eines flexiblen Halts. Kollenchymzellen sind gewöhnlich langgestreckt und können in verschiedenen Formen wachsen, weil sie lebendig bleiben und ihnen eine sekundäre Zellwand fehlt. Anders als Parenchymzellen haben Kollenchymzellen aber primäre Zellwände, die an einigen Stellen durch zusätzliche Cellulose verstärkt sind, gewöhnlich an den Ecken oder plattenartig an einzelnen Flächen der Zellwand. Die Bezeichnung *Kollenchym* stammt vom griechischen Wort *kolla*, was so viel bedeutet wie „Leim" – ein Verweis auf die dicken Celluloseschichten, durch die Kollenchymzellen einen stärkeren Halt liefern als Parenchymzellen, während sie immer noch etwas flexibel bleiben (▶ Abbildung 3.2). Wissenschaftler haben entdeckt, dass Pflanzen, die in windigen Gegenden

3.1 Haupttypen von Pflanzenzellen

an den Ecken verdickte Zellwände

(a) Isodiametrische Zellen (Steinzellen).

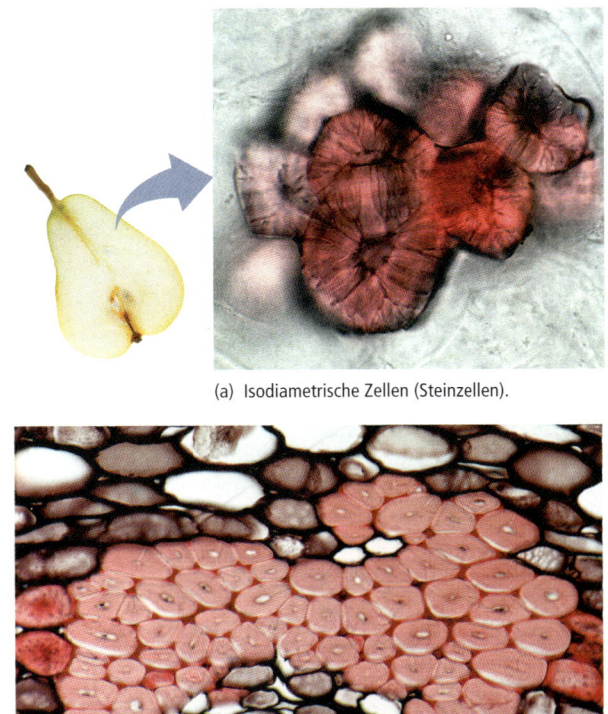

(b) Prosenchymatische Zellen (Fasern im Querschnitt).

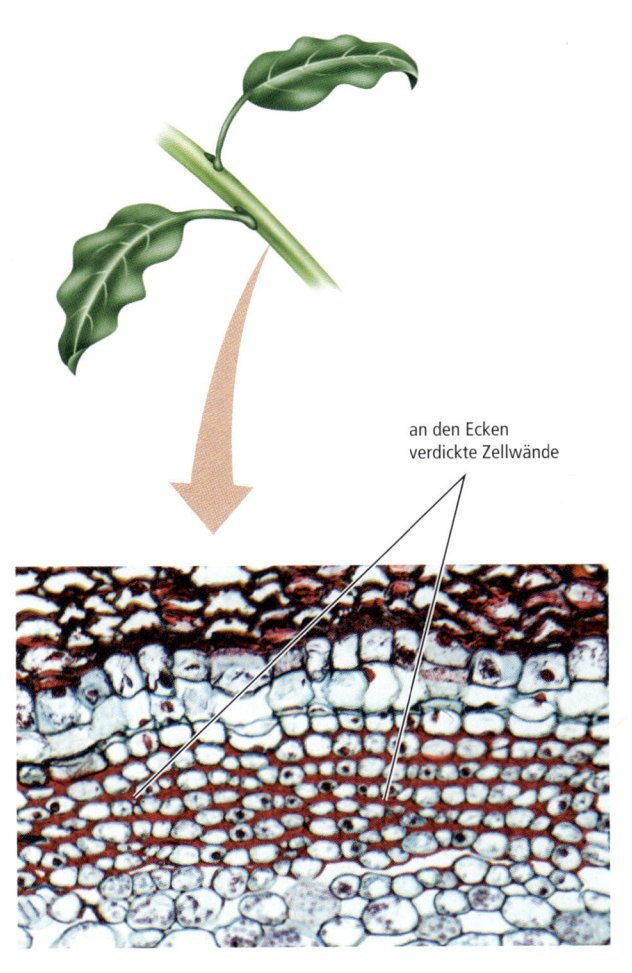

Abbildung 3.2: Kollenchymzellen liefern einen flexiblen Halt. Kollenchymzellen haben Zellwände, die an einigen Stellen durch zusätzliche Cellulose verstärkt werden. Dadurch geben sie der Pflanze einen stärkeren Halt, die lebenden Sprossachsen bleiben aber immer noch flexibel.

Abbildung 3.3: Sklerenchymzellen geben einem Gewebe Festigkeit. (a) Dicke, harte Zellwände von isodiametrischen Zellen, die auch als *Steinzellen* bezeichnet werden, bieten strukturellen Halt in Fruchtkernen und Nussschalen und geben auch dem Fruchtfleisch einer Birne die körnige Struktur. (b) Die Sprossachse weist lange, sich zuspitzende Sklerenchymzellen auf, die als *Fasern* bezeichnet werden. Sie liefern einer Pflanze einen festen Halt. Sklerenchymzellen sind gewöhnlich 20 bis 50 μm dick und bei Fasern bis zu 70 mm lang.

leben oder künstlichen mechanischen Belastungen ausgesetzt werden, weitaus mehr Kollenchymzellen bilden als andere. Dadurch können sie sich biegen, ohne zu brechen.

Um Halt zu bieten, müssen Parenchymzellen und Kollenchymzellen **turgeszent** sein – das bedeutet mit Wasser prall gefüllt. Sehen Sie sich die Kollenchymzellen an, aus denen die meisten strukturellen „Rippen" in einer Selleriestange bestehen. Aufgrund des Wasserverlustes wird die Stange schlaff, wenn Sie sie in Ihren Kühlschrank legen. Sie gewinnt aber ihre Festigkeit (Turgeszenz) zurück, wenn Sie sie wieder ins Wasser stellen.

Wenn Sie jemals eine Luftmatratze aufgeblasen oder ein Wasserbett gefüllt haben, dann haben Sie wahrscheinlich schon eine ziemlich gute Vorstellung davon, wodurch Pflanzen ihre Festigkeit erhalten. Genau wie eine aufgeblasene Luftmatratze oder ein gefülltes Wasserbett Ihr Gewicht tragen können, kann genauso eine mit Wasser gefüllte Pflanzenzelle zur Festigkeit der Pflanze beitragen.

Sklerenchymzellen

Anders als Kollenchymzellen und die meisten Parenchymzellen haben **Sklerenchymzellen** sekundäre Zellwände, die oft mit Lignin verstärkt sind. Das Wort *Sklerenchym* stammt vom griechischen Wort *skleros*, was so viel bedeutet wie „hart", was die Tatsache widerspiegelt, dass die lignifizierte Zellwand zu einem starren Halt führt. Tatsächlich sind die Zellwände der Sklerenchymzellen viel härter als die Zellwände der Kollenchymzellen oder Parenchymzellen (▶ Abbildung 3.3). Sklerenchymzellen sind in der Bildung für eine Pflanze aufgrund der für die sekundären Zellwände notwendigen zusätzlichen Cellulose „kostspieliger" als Parenchymzellen oder Kollenchymzellen. Demnach kommen Sklerenchymzellen in kleineren Pflanzen entsprechend seltener vor als Parenchymzellen oder Kollenchymzellen. Anders als Parenchymzellen und Kollenchymzellen sind Sklerenchymzellen als ausdifferenzierte Zellen typischerweise abgestorben. Sie geben strukturellen Halt in Bereichen, in denen kein Längenwachstum mehr stattfindet und die deshalb nicht mehr flexibel sein müssen. Wenn die Pflanze welkt – aufgrund von fehlendem Wasser also an Halt verliert –, dann bieten Sklerenchymzellen aufgrund ihrer verstärkten Zellwände immer noch einen Halt.

Es gibt zwei Haupttypen von Sklerenchymzellen, die Halt und Schutz bieten: Fasern und isodiametrische Zellen. **Fasern** sind langgestreckte (**prosenchymatische**) Zellen mit dicken sekundären Zellwänden, die durch Lignin verstärkt sind. Das macht sie sowohl flexibel als auch fest (siehe den Kasten *Die wunderbare Welt der Pflanzen* auf Seite 63). Gewöhnlich kommen sie in Gruppen vor und erlauben es, Sprossachsen – einschließlich Baumstämmen – sich im Wind zu bewegen, ohne abzubrechen. Die Form von **isodiametrischen Zellen** variiert stärker als die von Fasern, häufig ist sie jedoch würfelförmig oder kugelförmig. Sie bilden solche Strukturen wie Nussschalen und Fruchtkerne, die meist steinhart und unflexibel sind. Bei den sandkornartigen Stückchen im Fruchtfleisch einer Birne handelt es sich ebenfalls um isodiametrische Zellen, die man landläufig auch als **Steinzellen** bezeichnet.

WIEDERHOLUNGSFRAGEN

1. Worin unterscheiden sich meristematische Zellen von Parenchymzellen, Kollenchymzellen und Sklerenchymzellen?

2. Vergleichen Sie die drei Haupttypen differenzierter Zellen.

Die Gewebe von Gefäßpflanzen 3.2

Alle Pflanzen haben Zellen, die Photosynthese betreiben, Wasser und Assimilate speichern und transportieren sowie der Pflanze Halt geben. Bei Gefäßpflanzen – der überwiegenden Mehrheit aller Pflanzen – sind viele Parenchymzellen, Kollenchymzellen und Sklerenchymzellen zu spezialisierteren Zellen umgebildet, die dem Transport, der Stütze und dem Schutz dienen. Im Gegensatz dazu besitzen Moose und andere Bryophyten nicht so viele hochspezialisierte Zelltypen für diese Funktionen. An dieser Stelle werden wir uns mit der Struktur und den Funktionen der spezialisierten Zellen in Gefäßpflanzen befassen.

Eine Gruppe von Zellen mit einer gemeinsamen Funktion wird als **Gewebe** bezeichnet. Anders als Zoologen unterscheiden Botaniker zwischen zwei Gewebearten: einfachen und komplexen. Ein **einfaches Gewebe** besteht aus nur einem Zelltyp. So können Parenchym-, Kollenchym- und Sklerenchymzellen jeweils ein einfaches Gewebe bilden. Ein **komplexes Gewebe** besteht aus einigen Zelltypen, wie einer Mischung

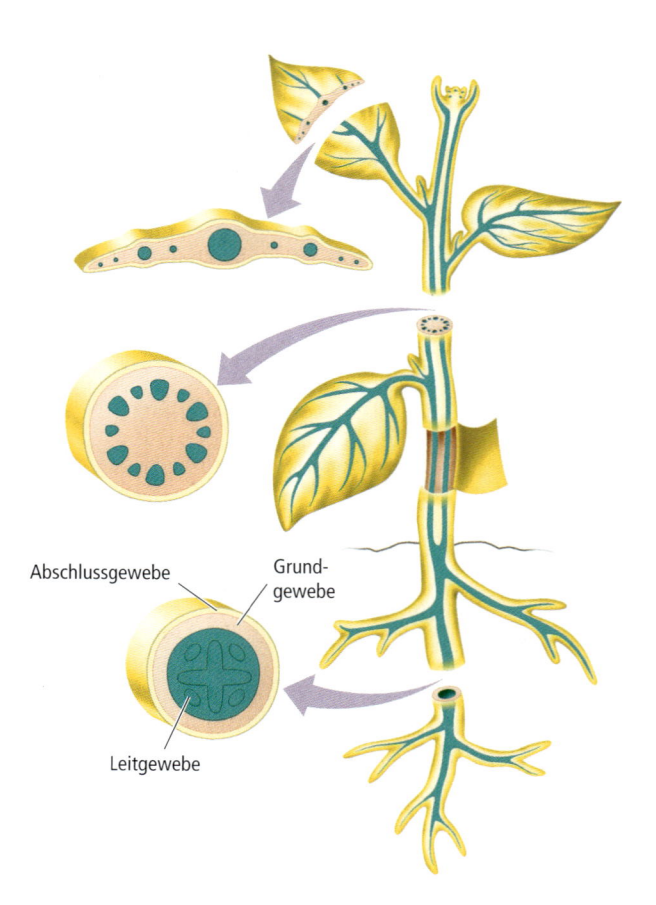

Abbildung 3.4: Die drei Gewebesysteme. Das Abschlussgewebe besteht aus der schützenden äußeren Schicht des Gewebes. Das Leitgewebe besteht aus Geweben, die Wasser, Mineralien und Assimilate leiten. Das Grundgewebe füllt gewöhnlich den Raum zwischen Abschlussgewebe und Leitgewebe. Bedenken Sie, dass sich jedes System durchgängig über alle Pflanzenteile erstreckt.

3.2 Die Gewebe von Gefäßpflanzen

DIE WUNDERBARE WELT DER PFLANZEN
■ Flexible Fasern

Die feste, elastische Natur von Fasern macht sie ökonomisch wertvoll. Bastfasern, die man auch als weiche Fasern bezeichnet, enthalten nur wenig Lignin und stammen aus dem Phloemgewebe der Sprossachsen von Pflanzen, die man als Zweikeimblättrige bezeichnet. Dazu gehören solche Pflanzen wie Flachs (*Linum usitatissimum*, siehe Zeichnung), Hanf (*Cannabis sativa*) und Jute (*Corchorus capsularis*). (Über das Phloem werden Sie später in diesem Kapitel mehr erfahren.) Flachs wird hauptsächlich bei der Papier- und Leinenherstellung verwendet (das Produkt ist, zusammen mit Samen und Fasern des Flachses, auf dem Foto abgebildet), während Jute zur Herstellung von Seilen benutzt wird. Da Hanf zu vielen Produkten verarbeitet werden kann, wozu Papier, Kleidung und Seile gehören, gab es in den letzten Jahrzehnten Forderungen nach einer umfassenderen Hanfkultivierung, um Waldbestände zu schützen. Doch ähneln die Arten der Hanfpflanze, die zur Faserproduktion kultiviert wird, denen, die man einsetzt, um Marihuana als Droge zu gewinnen. Deshalb befürchten Gesetzeshüter, dass jemand, der behauptet, Hanf zur Herstellung von Seilen, Gewebe oder Papier zu züchten, in Wirklichkeit andere Vermarktungsabsichten haben könnte.

Aus Pflanzenblättern gewinnt man eine andere Art von Fasern, die man als *harte Fasern* bezeichnet. Sie sind gewöhnlich steifer und gröber als Bastfasern, weil ihre Zellwände mehr Lignin enthalten. Hartfasern stammen hauptsächlich aus dem Xylemgewebe von Pflanzen, die man als *Einkeimblättrige* bezeichnet. (Über das Xylem werden Sie später in diesem Kapitel mehr erfahren.) Kunsthandwerker benutzen Hartfasern zur Herstellung fester, grober Seile (Tauwerke), wie die auf den Philippinen aus den Fasern der Blätter des Manilahanfs (*Musa textilis*) hergestellten Stricke. Hartfasern kann man auch aus den Blättern von Ananas (*Ananas comosus*) und Sisal (*Agave sisalana*) gewinnen. Viele Kulturen haben Blätter oder Sprossen verschiedenster Pflanzen dazu benutzt, um Fasern und Gewebe herzustellen.

---

aus Parenchymzellen, Sklerenchymzellen und Wasser leitenden Zellen. Bei Pflanzen untergliedern sich einfache und komplexe Gewebe in drei funktionale Einheiten, die **Gewebesysteme**, die sich durch die gesamte Pflanze ziehen. ▶ Abbildung 3.4 zeigt drei Gewebesysteme von Gefäßpflanzen: das Abschlussgewebe, das Leitgewebe und das Grundgewebe. Die Zellen aller Gewebearten stammen von meristematischen Zellen ab.

Das Abschlussgewebesystem

Das **Abschlussgewebesystem** ist die äußere Schutzhülle einer Pflanze. Abschlussgewebe bildet sich aus Parenchymzellen. Diese differenzieren sich zu verschiedenen Zelltypen, welche die Pflanze vor physikalischer Zerstörung und Dürre oder Austrocknung schützen. Im ersten Jahr haben Pflanzen gewöhnlich nur eine Abschlusszellschicht, die **Epidermis**. Die Zellen liegen darin sehr dicht nebeneinander, um eine lückenlose Begrenzung zu bilden. Bei Pflanzen, die länger als eine Wachstumsperiode leben, wird die Epidermis der Sprosse und Wurzeln durch ein schützendes Gewebe ersetzt, das **Periderm** (griechisch, „die umgebende Haut"). Dieses Gewebe besteht hauptsächlich aus abgestorbenen Korkzellen, welche die Pflanze vor Feinden und Wasserverlust schützen. Wie Sie in Kapitel 5 sehen werden, besitzen holzige Pflanzen gewöhnlich Peridermschichten.

Die Zellen des Abschlussgewebes können durch die Bildung von haarähnlichen Fortsätzen, den so genannten **Trichomen**, modifiziert werden. Das Wort *trichome* ist das griechische Wort für Haar. Beispiele für Trichome des Abschlussgewebes sind die Haare an Blättern und Baumwollsamen (siehe den Kasten *Pflanzen und Menschen* auf Seite 64).

Außerdem hilft das Abschlussgewebe bei der Kontrolle des Gasaustausches, einschließlich des Wasserdampfs. Viele Pflanzensprosse und Blätter bilden

PFLANZEN UND MENSCHEN
Die Geschichte der Baumwolle

Pflanzenhaare können verschiedene Bedürfnisse der Pflanze befriedigen. Sie können Blätter vor übermäßigem Lichteinfall schützen, den Wind verteilen, Insekten fernhalten, die Mineralienaufnahme unterstützen und Samen verbreiten. Im Fall von Baumwolle haben Pflanzenhaare sowohl den Bedürfnissen der Pflanze gedient als auch den Menschen Nutzen gebracht, weil sie nicht nur bei der Evolution einer speziellen Pflanze eine wichtige Rolle übernahmen, sondern auch in der Geschichte der Menschheit. Baumwollhaare entstehen aus der äußeren Zellschicht von Baumwollsamen und ähneln lang heraushängenden Haaren (vgl. die Abbildung). Sie heften sich an Tierfell und andere Oberflächen, wodurch sie die Verbreitung der Samen an andere Orte unterstützen. Menschen nutzen sie, weil Hunderte dieser Haare zu einem Faden gedreht werden können, aus dem man Kleidung weben kann.

Da Baumwolle in verschiedenen Kontinenten einheimisch ist, hat sie seit mehr als 4000 Jahren eine zentrale Rolle in der Geschichte der Menschheit gespielt. Tausende Jahre lang wurden Baumwollfäden per Hand hergestellt. Der Herstellungsprozess begann damit, dass eine Menge von Baumwollfasern um einen Stab, den *Spinnrocken*, gewickelt wurde. Der Faden entstand dadurch, dass man Fasern aus dem Spinnrocken herauszog und an einem Holzrad, der *Spindel*, befestigte. Sie diente dazu, die Fäden zu glätten, zu drehen und zusammenzubinden. Weber befestigten diese Fäden später an einem Holzrahmen, dem Webstuhl. Die Kleidung entstand in einem langen Prozess, sie war nicht fest und von ungleichmäßiger Struktur.

Ein Hauptproblem bei der Herstellung von Baumwollkleidung war das langwierige und ermüdende Entfernen der Samen aus den Baumwollfasern: das *Entkörnen*. Der Amerikaner Eli Whitney löste dieses Problem Ende des 18. Jahrhunderts durch die Entwicklung einer mechanischen Entkörnungsmaschine (*Cotton gin*), die Metallkrallen durch die Baumwolle zieht, um Fremdkörper zu entfernen.

Diese Erfindung wirkte sich auf die Sklaverei in den Vereinigten Staaten aus, hatte sie sich dort doch ursprünglich aus dem Bedarf an Arbeitern auf den Zuckerplantagen in der Karibik und im Süden der Vereinigten Staaten entwickelt. Anfang des 19. Jahrhunderts war die Sklaverei in den Vereinigten Staaten rückläufig. Der Anbau von Zuckerrüben in Europa führte zu einer rückläufigen Nachfrage auf dem amerikanischen Markt und dementsprechend zu einem Rückgang der Sklavenarbeit. Mit der Entwicklung der Entkörnungsmaschine wandten sich die Plantagenbesitzer aus dem Süden jedoch zunehmend der Baumwolle zu, deren arbeitsaufwändiger Anbau wieder zu mehr Sklavenarbeit führte. Im Jahr 1820 hatte Baumwolle sowohl Zucker als auch Tabak als Hauptanbaupflanze im Süden überholt. Nach der Abschaffung der Sklaverei ging der Baumwollanbau zurück, bis industrielle Fortschritte die Produktion wieder aufleben ließen.

Mit der Baumwoll- und Textilindustrie wuchs auch die Verbreitung der Kinderarbeit in Großbritannien und den Vereinigten Staaten. Im Jahr 1769 ließ sich der Engländer Richard Arkwright eine Spinnmaschine patentieren, die 128 Stränge eines gleichmäßigen Fadens auf einmal herstellte und von wenigen Hilfsarbeitern bedient werden konnte. Als seine Spinnmaschine jedoch größer und komplexer wurde, organisierte Arkwright die Herstellung so um, dass mehr Hilfsarbeiter beschäftigt wurden, die jeweils nur einen Arbeitsgang immer wieder ausführen mussten. Leider waren diese Arbeiter gewöhnlich Kinder, wodurch die massive Ausbeutung von Kindern einsetzte, die sich in Großbritannien bis weit ins 19. Jahrhundert fortsetzte und in den Erzählungen von Charles Dickens plastisch illustriert und verurteilt wird. In den Vereinigten Staaten gab es Kinderarbeit sogar bis ins frühe 20. Jahrhundert hinein (im Bild eine Szene aus einer Fabrik in Neuengland).

---

beispielsweise eine **Cuticula**. Das ist eine Schicht außerhalb der Zellwand, die aus Wachs und einer fetthaltigen Substanz, dem Cutin, besteht. Sie hilft dabei, den Wasserverlust niedrig zu halten. Trockentolerante Pflanzen bilden mitunter große Wachsmengen, die eine wesentliche Rolle für die Fähigkeit der Pflanzen spielen können, in trockenen und windanfälligen Gebieten zu überleben und zu gedeihen. Das primäre Abschlussgewebe in den oberirdischen Teilen einer Pflanze enthält auch Poren, die Stoma, die sich zum Gasaustausch öffnen oder zum Schutz vor Wasserverlust schließen können (siehe Kapitel 4).

Das Leitgewebesystem

Das **Leitgewebesystem** – ein durchgängiges Gewebesystem, das Wasser, Mineralien und Assimilate leitet – besteht aus zwei komplexen Geweben: dem Xylem und dem Phloem. Das **Xylem** transportiert Wasser und Mineralstoffe von den Wurzeln zum übrigen Teil der Pflanze. Das **Phloem** transportiert Zucker und andere organische Nährstoffe von den Blättern zum übrigen Teil der Pflanze. Das Phloem transportiert also die durch Photosynthese gebildeten Assimilate. Die durch das Xylem und das Phloem transportierten Inhalte bezeichnet man als **Saft**. In Kapitel 4 werden wir uns damit befassen, wie das Xylem und das Phloem als Bündel oder in anderen Anordnungen organisiert sind.

Das Xylem: Wasser leitendes Gewebe

Das Xylem aller Gefäßpflanzen enthält **Tracheiden**. Das sind langgestreckte Zellen mit verjüngten Spitzen (▶ Abbildung 3.5). Tracheiden waren die ersten Wasser leitenden Zellen, die sich in Gefäßpflanzen entwickelten. Sie sind üblicherweise der einzige Wasser leitende Zelltyp in Farnen, Koniferen und den meisten anderen nichtblühenden Gefäßpflanzen. Die meisten Botaniker glauben, dass sich Tracheiden unabhängig von meristematischen Zellen herausbildeten; einige sind jedoch der Ansicht, dass es sich dabei um eine hochdifferenzierte Form von Sklerenchymzellen handelt. Wie Sklerenchymzellen sind Tracheiden als ausdifferenzierte Zellen abgestorben, nur die Zellwände bleiben übrig. Die dicken sekundären Zellwände umgeben den Raum, der zuvor vom lebenden Zellinhalt eingenommen wurde.

Tracheiden schließen sich mit anderen zu einem durchgängigen Wasser leitenden System zusammen. Die sekundäre Zellwand einer Tracheide weist dünnere Regionen auf, die man als **Tüpfel** bezeichnet. Dort ist nur die primäre Zellwand vorhanden. Tüpfel benachbarter Tracheiden sind gewöhnlich so aufeinander ausgerichtet, dass Wasser und gelöste Mineralien von einer Tracheide zur anderen nach oben, unten und zur Seite fließen können. Bei einigen Pflanzen sind die Tüpfel durch Verdickungen in den sekundären Zellwänden umrandet, was die Öffnung festigt und auch enger macht, so dass der Fluss verlangsamt wird. ▶ Abbildung 3.6 zeigt, wie die Tüpfelmembran, die aus der porösen primären Zellwand und der dünnen Mittellamelle besteht, den Fluss durch die Hoftüpfel reguliert. Bei Nadelholzgewächsen und einigen primitiven Bedecktsamern gibt es im mittleren Teil der Tüpfelmembran einen verdickten Bereich, den Torus, der wie ein Ventil wirkt. Wenn sich die Membran zur Seite bewegt, blockiert der Torus die Öffnung, so dass der Wasserdurchtritt verlangsamt wird.

Neben den Tracheiden enthält das Xylem der meisten Blütenpflanzen und einiger Nacktsamer Wasser leitende Zellen, die **Gefäßelemente** oder **Tracheen**, die Wasser und Mineralstoffe schneller als Tracheiden transportieren (▶ Abbildung 3.7). Die meisten Botaniker glauben, dass sich die Gefäßelemente unabhängig von meristematischen Zellen entwickelten, andere hal-

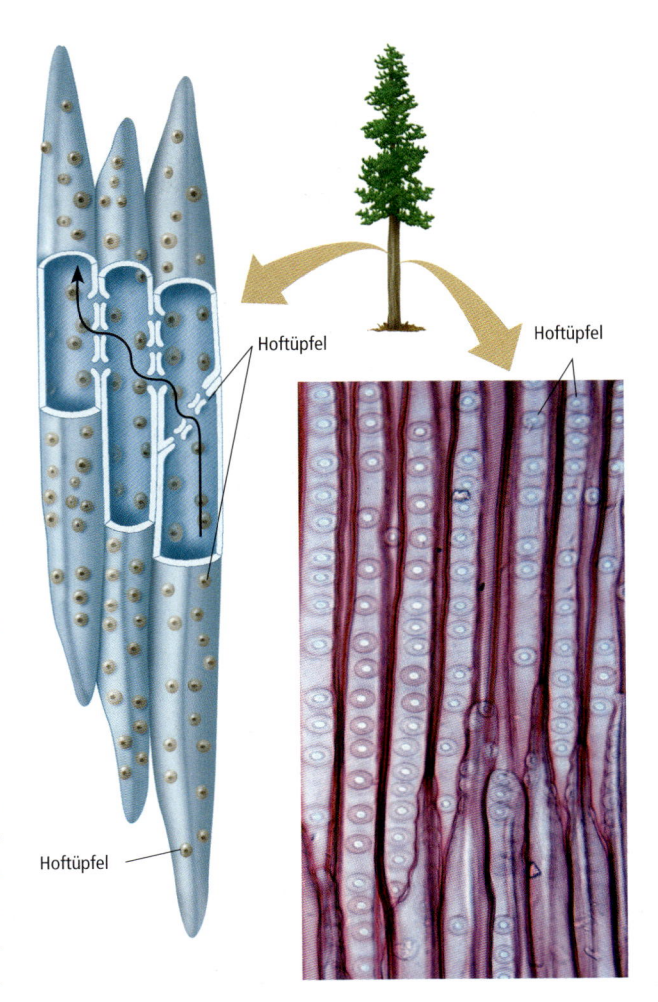

Abbildung 3.5: Tracheiden. Bei nahezu allen nichtblühenden Pflanzen, wie beispielsweise Nadelbäumen, sind die Leitzellen des Xylems Tracheiden. Einige blühende Pflanzen bilden Leitgewebe, das ausschließlich aus Tracheiden besteht, doch die meisten bilden eine Mischung aus Tracheiden und Gefäßen. Die Tracheiden sind mit Tüpfeln übersät, die den Übergang von Wasser und Mineralien von einer Tracheide zur anderen ermöglichen.

3 EINFÜHRUNG IN DIE PFLANZENSTRUKTUR

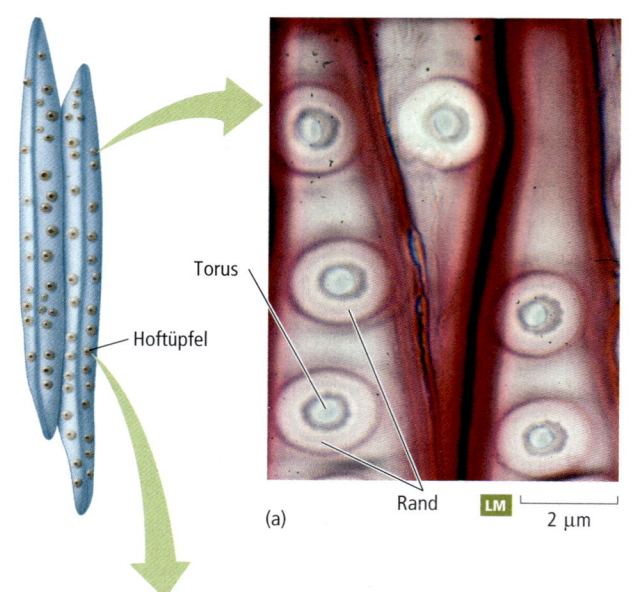

Abbildung 3.6: Tüpfel sind Lücken in der sekundären Zellwand. Neben regulären Tüpfeln haben viele Pflanzen Hoftüpfel, bei denen Verdickungen in der sekundären Zellwand die Öffnung umranden. (a) Bei Nadelholzgewächsen und einigen primitiven Bedecktsamern haben die Tüpfel einen verdickten Bereich, den *Torus*, der sich in der Mitte der Tüpfelmembran befindet. Er wirkt wie ein Ventil, das den Wasser- und Mineraltransport zwischen den Zellen kontrolliert. Befindet sich der Torus in der Mitte, dann ist der Fluss ungehindert, wenn sich aber die Membran durch Druckunterschiede zu einer Seite bewegt, dann blockiert der Torus die Öffnung. (b) Diese Skizze zeigt den Torus und die umgebende dünnere Tüpfelmembran von der Seite betrachtet. Wie Sie sehen, können Wasser und Minerale den Porenbereich der Tüpfelmembran leicht passieren. (c) Diese Aufnahme zeigt einen Hoftüpfel in der Aufsicht.

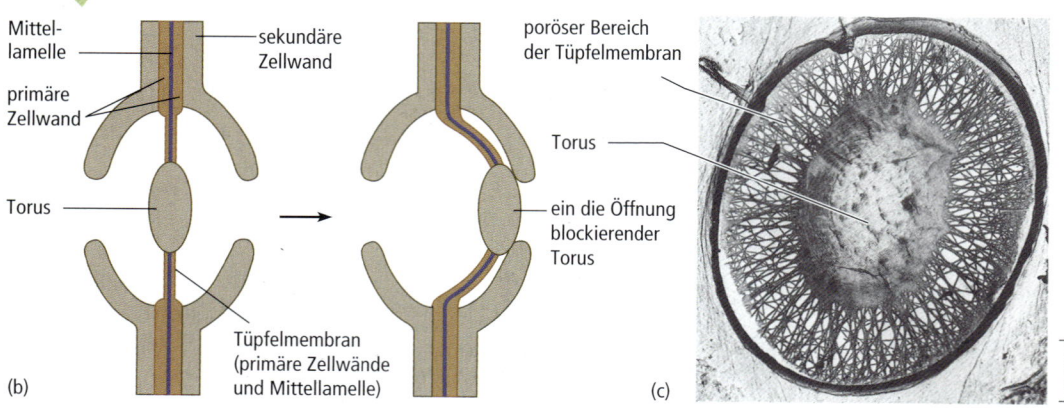

ten sie jedoch für einen hochdifferenzierten Typ von Sklerenchymzellen. Wie Tracheiden sterben auch Gefäßelemente ab. Die Zellwände bilden hohle Kanäle, die im Allgemeinen weiter, kürzer und weniger zugespitzt sind. Sie haben den größten Durchmesser unter allen leitenden Zellen – bis zu 100 µm verglichen mit 10 µm bei Tracheiden – und können etwa 100 Mal so viel Wasser und darin gelöste Mineralstoffe transportieren wie Tracheiden. Gefäßelemente weisen an den endständigen Wänden Lücken im Material der Sekundärwand auf. Übrig bleiben Perforationsplatten, durch die Wasser fließen kann, die aber immer noch einen Halt bieten. Auf diese Weise werden Gefäßelemente so verbunden, dass sie eine durchgängige Röhre, ein **Gefäß**, bilden. Auch Gefäßelemente haben Tüpfel, die den seitlichen Fluss von einem Gefäß zum anderen ermöglichen.

Während Gefäße Wasser und gelöste Mineralstoffe schneller transportieren, können sie sich, im Gegensatz zu Tracheiden, auch als eine Gefahrenquelle für die Pflanze erweisen. Wenn sich eine Luftblase in einer Tracheide bildet, bricht der Wasserfluss nur in dieser einen Zelle zusammen, und die Gesamtbewegung des Wassers ist kaum verlangsamt. Beim Transport durch die Tracheiden ist das Wasser in den Zellwänden einer relativ kleinen Zelle eingeschlossen, so dass die Wahrscheinlichkeit für die Unterbrechung des Gesamtflusses geringer ist und meist nur eine Tracheide betroffen ist. In einem Gefäß hingegen wird die Wassersäule durch die sekundären Zellwände weniger gut gestützt, weil es einen größeren Durchmesser hat, so dass die Bildung von Luftblasen wahrscheinlicher wird. Selbst wenn nur ein einziges Gefäßelement durch eine Luftblase blockiert wird, kann es sein, dass das gesamte Gefäß kein Wasser mehr leitet. Außerdem sind Gefäße anfälliger für Frostschäden, weil Eiskristalle in einem Gefäßelement den Fluss durch das gesamte Gefäß blockieren, während sich bei Tracheiden das Eis in jeder Tracheide separat bilden muss.

3.2 Die Gewebe von Gefäßpflanzen

(a) Tracheiden und ein Teil eines Gefäßes mit drei Gefäßelementen.

(b) Perforationsplatte. 20 μm

(c) Drei Gefäßelemente. 100 μm

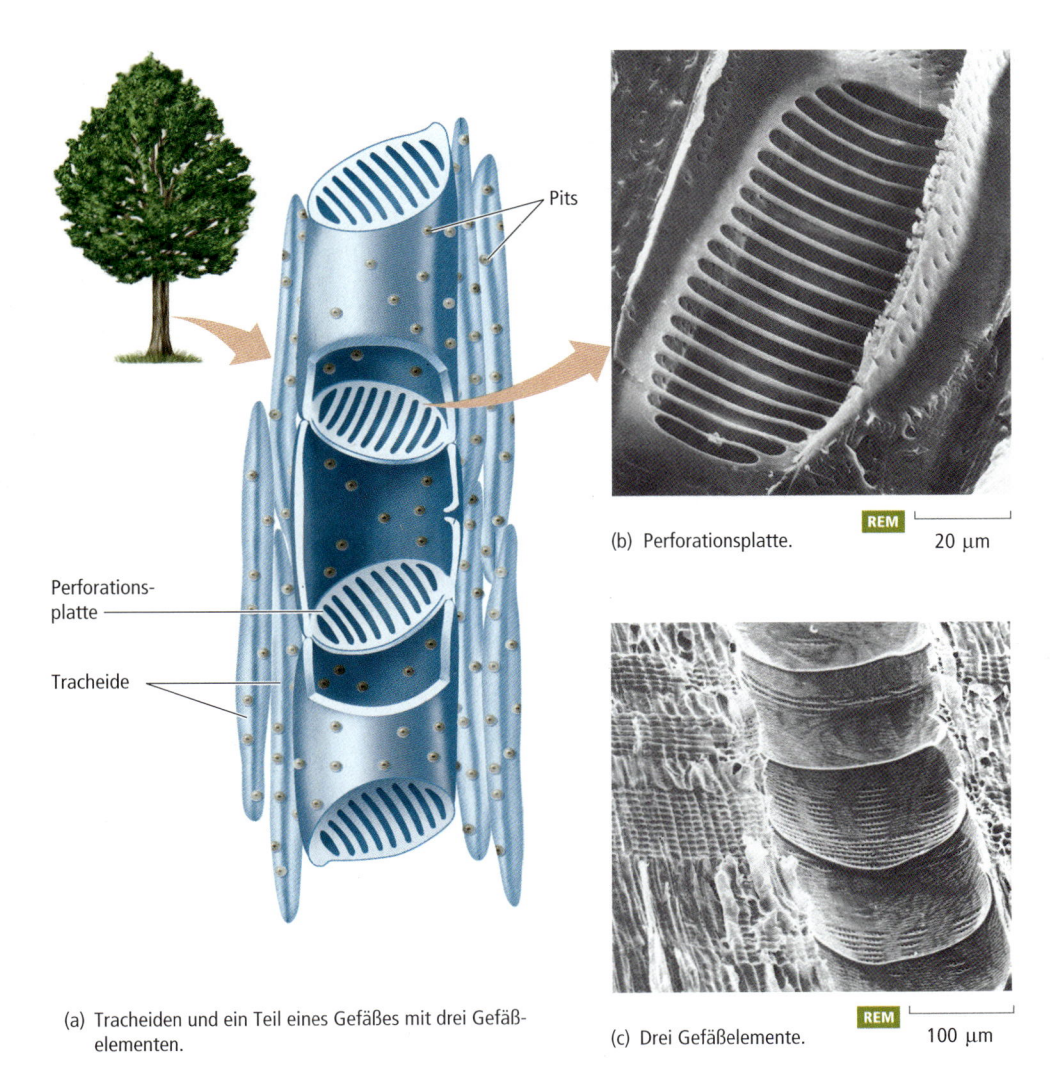

Abbildung 3.7: Gefäßelemente. Gefäßelemente, die man bei den meisten Blütenpflanzen und einigen Nacktsamern findet, sind große Zellen mit sekundären Zellwänden, die miteinander zu Gefäßen verbunden sind. Wie Sie sehen, sind Gefäßelemente viel weiter als die angrenzenden Tracheiden. Tatsächlich können sie etwa den zehnfachen Durchmesser von Tracheiden haben. Bei Gefäßen sind die endständigen Wände der einzelnen Zellen durchbrochen. Die sekundären Zellwände bilden dort eine *Perforationsplatte*, die Wasser hindurchfließen lässt und dem Gefäß dennoch Halt verleiht.

Die Zellstrukturen von Tracheiden und Gefäßelementen verbessern sowohl die Festigkeit als auch die Wasserleitung. Die festen sekundären Zellwände liefern eine erhöhte Festigkeit, während der Wassertransport besonders durch Zellen unterstützt wird, die hohl sind und perforierte Zellwände haben.

Das Phloem: Assimilate leitendes Gewebe

Bei Gefäßpflanzen bilden andere spezialisierte Zelltypen das Phloem, das Assimilate transportiert. Das Phloem von Blütenpflanzen besteht aus Zellen, die als **Siebröhrenglieder** oder *Siebröhrenelemente* bezeichnet werden (▶ Abbildung 3.8). Anders als Tracheiden und Gefäßelemente bleiben Siebröhrenglieder als ausdifferenzierte Zelle lebendig und aktiv. Durchgängig aneinandergereiht bilden sie **Siebröhren**, die organische Substanzen von den Blättern zu anderen Teilen der Pflanze leiten. Die meisten Botaniker sind der Ansicht, dass sich Siebröhrenglieder unabhängig von meristematischen Zellen entwickelten, einige glauben jedoch, dass es sich dabei um einen hochdifferenzierten Zelltyp von Parenchymzellen handelt.

Ein markantes Merkmal von Siebröhrengliedern ist das Vorhandensein von **Siebplatten**. Dieser Begriff bezeichnet Zellwände mit membranüberzogenen Poren, die es Stoffen ermöglichen, von einer Zelle zur anderen überzugehen, ohne dabei Plasmamembranen und Zellwände durchdringen zu müssen. Im Wesentlichen

3 EINFÜHRUNG IN DIE PFLANZENSTRUKTUR

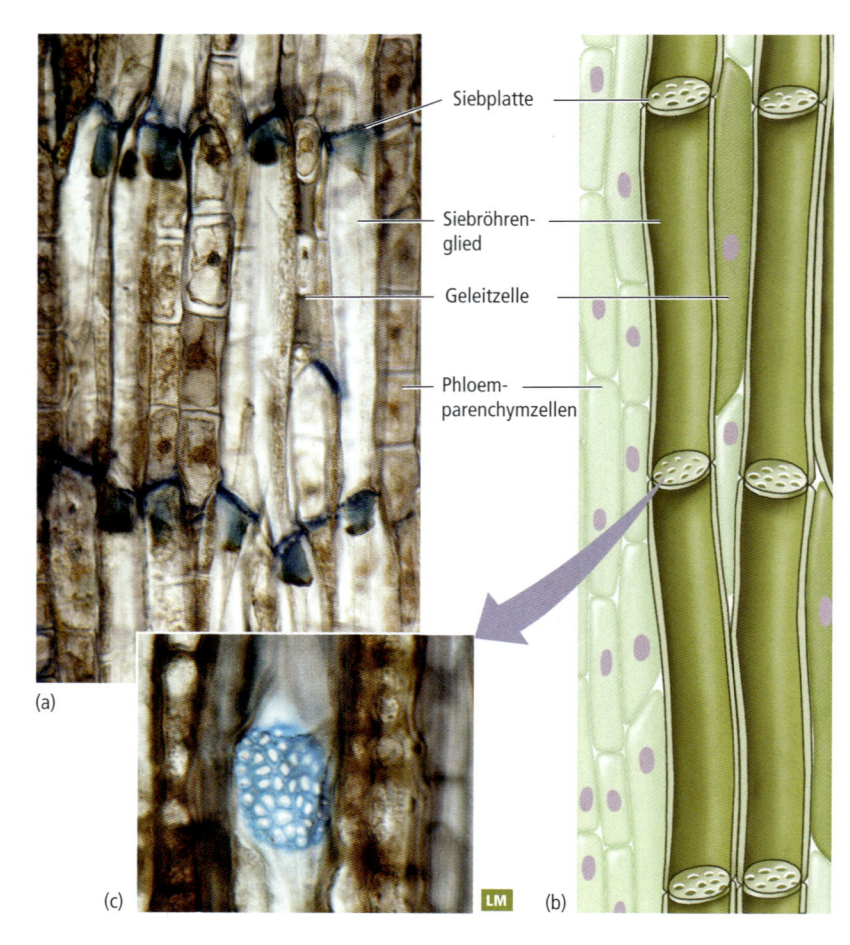

Abbildung 3.8: Siebröhrenglieder. Bei Blütenpflanzen werden die Zellen, die Nährstoffe leiten, als *Siebröhrenglieder* bezeichnet. Jedes Siebröhrenglied hat eine zugehörige nichtleitende Geleitzelle, die sich aus denselben Parenchymzellen bildet wie die Siebröhrenglieder. Die Geleitzellen liefern Proteine für die Siebröhrenglieder. (a) Diese Lichtmikroskopaufnahme zeigt Siebröhrenglieder und Geleitzellen. (b) Diese Skizze zeigt aneinandergereihte Siebröhrenglieder mit den angrenzenden Geleitzellen und dem Phloemparenchymzellen. (c) Lichtmikroskopaufnahme einer Siebplatte.

bilden Siebröhrenglieder somit eine durchgängige Cytoplasmaverbindung von der Spitze der Pflanze bis zur Wurzel. Ein weiteres Merkmal von Siebröhrengliedern ist, dass sie als ausdifferenzierte Zellen keinen Kern haben. Infolgedessen sind sie auf eine benachbarte **Geleitzelle** angewiesen, die einen Kern hat und das Siebröhrenglied auf diesem Wege mit Proteinen versorgen kann. Geleitzelle und Siebröhrenglied entstehen durch inäquale (ungleichmäßige) Teilung aus derselben Parenchymzelle.

Wenn sie zerstört oder beschädigt werden, scheiden Siebröhrenglieder ein Kohlenhydrat, die **Callose**, auf der Zellwand jeder Siebplatte ab. Währenddessen können die Poren in den Siebplatten mit einer Substanz, dem P-Protein (*Phloem*-Protein), verstopft werden, wobei es sich ebenfalls um eine Reaktion auf die Verletzung handelt, weil dadurch der Verlust des Zellinhalts verhindert wird.

Bei nichtblühenden Gefäßpflanzen, wie bei Farnen und Koniferen, besteht das Phloem aus einem primitiveren Wasser leitenden Zelltyp, den **Siebzellen**. Aneinanderreihungen von Siebzellen funktionieren sehr ähnlich wie bei den Siebröhrengliedern, doch fehlen an den Enden der Siebzellen die Siebplatten, und sie überlappen mehr, als durchgängige Röhren zu bilden. Dieser Unterschied ähnelt dem Unterschied zwischen den übereinanderliegenden Tracheiden und der durchgängigen Röhre von Gefäßelementen. Wie Siebröhrengliedern fehlt ausgereiften Siebzellen ein Kern. Jede Siebzelle hat eine benachbarte proteinreiche Zelle, die einen Kern besitzt und derselben Aufgabe zu dienen scheint wie die Geleitzelle bei einem Siebröhrenglied.

Die Assimilate leitenden Zellen und die sie unterstützenden Zellen sind nicht die einzigen Komponenten des Phloemgewebes. Daneben enthält das Phloem auch Parenchymzellen und Bastfasern.

Das Grundgewebe

Das **Grundgewebesystem** setzt sich aus allen Geweben zusammen, die nicht zum Leitgewebesystem oder Abschlussgewebesystem gehören. Es umfasst drei einfache Gewebe: Parenchymgewebe, Kollenchymgewebe und Sklerenchymgewebe, doch das Parenchymgewebe

3.2 Die Gewebe von Gefäßpflanzen

Tabelle 3.1

Gewebesysteme, Gewebe und Zelltypen

Gewebe-system	Gewebe	Zelltypen	Vorkommen der Zelltypen	Hauptfunktionen der Zelltypen
Abschlussgewebe	Epidermis	Parenchymzellen und modifizierte Parenchymzellen	äußere Zellschicht der gesamten Jungpflanze	Schutz; Verhinderung des Wasserverlusts
	Periderm	Kork- und Parenchymzellen	äußere Zellschicht der ganzen holzigen Pflanze	Schutz
Grundgewebe	Parenchym	Parenchymzellen	in der gesamten Pflanze	Photosynthese; Stoffspeicherung
	Kollenchym	Kollenchymzellen	unter der Sprossachsenepidermis, nahe dem Leitgewebe; entlang der Adern in einigen Blättern	flexibler Halt für den primären Pflanzenkörper
	Sklerenchym	Fasern	in der gesamten Pflanze	Festigkeit
		Skleridzellen	über die ganze Pflanze	Festigkeit und Schutz
Leitgewebe	Xylem	Tracheide	Xylem von Bedecktsamern und Nacktsamern	Leitung von Wasser und gelösten Mineralien; Festigkeit
		Gefäßelement	Xylem von Bedecktsamern und ein paar Nacktsamern	Leitung von Wasser und gelösten Mineralien; Festigkeit
	Phloem	Siebröhrenglied	Phloem von Bedecktsamern	Leitung von organischen Stoffen (Assimilaten)
		Geleitzelle	Phloem von Bedecktsamern	Stoffwechselunterstützung für Siebröhrenglieder
		Siebzelle	Phloem von Nacktsamern	Leitung von organischen Stoffen (Assimilaten)
		proteinreiche Zelle	Phloem von Nacktsamern	Stoffwechselunterstützung für Siebzellen

herrscht vor. Der Photosynthese betreibende Teil einer Pflanze besteht beispielsweise hauptsächlich aus Parenchymgewebe und gehört somit genauso zum Grundgewebe wie die Gewebe, in denen Assimilate gespeichert werden.

Außerdem füllt das Grundgewebesystem den Raum aus, der nicht durch Abschluss- oder Leitgewebe belegt ist. Gewöhnlich bildet sich das Grundgewebe zwischen dem Abschluss- und dem Leitgewebe; dann spricht man von der **Rinde**. Mitunter kommt es jedoch auch innerhalb des Leitgewebes vor, dann bezeichnet man es als **Mark**.

▶ Tabelle 3.1 fasst die Haupttypen von Geweben und Zellen zusammen. Wie Sie im nächsten Kapitel sehen werden, kann die Verteilung von Grund- und Leitgewebe variieren, was vom Teil der Pflanze und von der Pflanzenart abhängt.

WIEDERHOLUNGSFRAGEN

1. Wie schützt Abschlussgewebe die Pflanze?
2. Welches sind die beiden komplexen Gewebe, die das Leitsystem bilden? Worin unterscheiden sie sich?
3. Wozu dient das Grundgewebesystem?

Überblick über die Organe von Gefäßpflanzen 3.3

Einfache und komplexe Gewebe bilden Strukturen, die man als *Organe* bezeichnet. Ein **Organ** besteht aus verschiedenen Gewebetypen, die sich als Gruppe zur Ausführung spezieller Funktionen angepasst haben. Gefäßpflanzen besitzen drei Organtypen: Sprossachsen, Blätter und Wurzeln. Moospflanzen und einige samenlose Gefäßpflanzen haben Strukturen, die man als „sprossachsenähnlich", „blattähnlich" und „wurzelähnlich" bezeichnen kann.

Die Liste der Pflanzenorgane ist viel kürzer als die Liste der tierischen Organe. Während einige Botaniker Strukturen zur Fortpflanzung, wie Samen, Zapfen und Blüten, als Organe bezeichnen, behalten sich die meisten den Begriff einzig für die Sprossachsen, Blätter und Wurzeln vor. Kapitel 6 wird sich mit verschiedenen Strukturen zur Fortpflanzung beschäftigen. Hier werden wir uns kurz die allgemeinen Funktionen von Sprossachsen, Blättern und Wurzeln ansehen. Eine detailliertere Diskussion folgt in den Kapiteln 4 und 5.

Sprossachsen

Eine **Sprossachse** ist ein Teil der Pflanze, der Blätter oder Strukturen zur Fortpflanzung trägt. Sprossachsen können sich in ihrer Größe stark unterscheiden. Denken Sie nur an einen schlanken Blumenstängel, der eine kleine Blüte trägt, oder an einen riesigen Baumstamm mit einigen Metern Durchmesser und vielen Metern an Höhe. Bei holzigen Pflanzen werden kürzere Abschnitte der Sprossachse, die von längeren abgehen, als *Zweige* bezeichnet. Unabhängig von der Größe bringen Sprossachsen ihre Blätter in die zum Betreiben der Photosynthese günstigste Position. Blätter sind pflanzliche Sonnenfänger und Nahrungsproduzenten, und Sprossachsen helfen, ihren Erfolg zu sichern, indem sie nicht nur Halt und Stütze bieten, sondern auch Leitungen für den Transport von Wasser, Mineralien und Assimilaten zwischen Blättern und Wurzeln bereitstellen. Außerdem kann die schiere Höhe vieler Sprossachsen dazu beitragen, die Blätter vor den größten Angriffen vieler Feinde zu schützen. Die Sprossachsen von holzigen Pflanzen entwickeln Rinde, die vor Feinden und physischen Schädigungen schützt.

Blätter

Die ersten Landpflanzen waren blattlose, Photosynthese betreibende Sprossachsensysteme. Allmählich wuchsen ihre abgeflachten Sprossachsen immer mehr zusammen, bis sie sich zu durchgängigen Strukturen entwickelt hatten, die wir als Blätter kennen. Das **Blatt** ist das wesentliche Organ neuzeitlicher Pflanzen zum Betreiben der Photosynthese. Tatsächlich scheinen viele Pflanzen bei oberflächlicher Betrachtung im Wesentlichen aus Blättern zu bestehen.

Wie bei den Organen aller Organismen hängt die Struktur von Blättern eng mit ihrer Funktion zusammen. Da das Betreiben der Photosynthese gewöhnlich die Hauptaufgabe von Blättern ist, sind sie üblicherweise flach, damit die dem Sonnenlicht dargebotene Oberfläche maximal wird. In einigen Fällen sind dennoch andere Funktionen wichtiger. In der Wüste führte die Notwendigkeit, Wasserverlust zu vermeiden, beispielsweise zur Anpassung der Kaktusblätter, die sich zu dünnen Stacheln entwickelten, die weniger Wasser durch Transpiration verlieren. Der Großteil der Photosynthese bei Kakteen findet in den dicken Sprossachsen statt, die auch Wasser speichern (▶ Abbildung 3.9).

Abbildung 3.9: Kaktussprossachse und Blattanpassungen. Die Sprossachse und die Blätter von Kakteen sind an die Hitze und das trockene Klima in der Wüste gut angepasst. Die dicken Sprossachsen dienen als Wasserspeicher, während durch die kleine Oberfläche der dünnen Stacheln (Blätter) weniger Wasser durch Transpiration verloren geht.

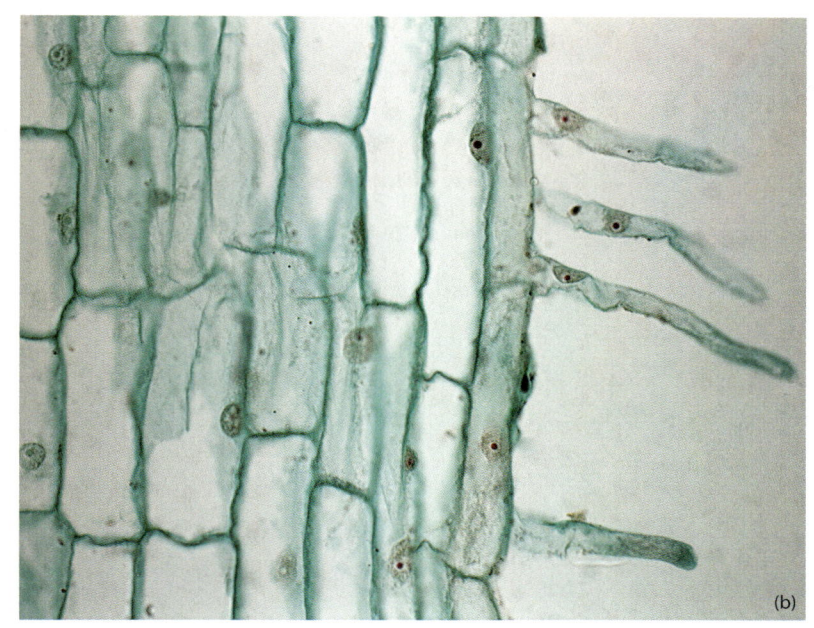

3.3 Überblick über die Organe von Gefäßpflanzen

Abbildung 3.10: Wurzelhaare. Wurzelhaare findet man innerhalb des letzten Zentimeters an den Wurzelspitzen, unmittelbar oberhalb der Zone der Zellstreckung. Sie sind darauf spezialisiert, Wasser und Ionen für die Bedürfnisse der Pflanze aufzunehmen. (a) Das sind Wurzelhaare an einem Rettichkeimling. (b) Dieses mikroskopische Bild zeigt eine Nahaufnahme von Wurzelhaaren.

Durch ihre Adern, die sowohl das Xylem als auch das Phloem enthalten, stellen Blätter eine Fortsetzung des Gefäßsystems der Pflanze dar. Ein schönes und charakteristisches Adermuster der Blätter kennzeichnet die verschiedenen Pflanzenartarten. Die Adern enthalten Wasser und Mineralien aus der Sprossachse und transportieren Assimilate vom Ort der Photosynthese zur Sprossachse.

Blätter leiten nicht nur Wasser, sondern liefern auch den Großteil der Kraft, die das Wasser durch den Pflanzenkörper treibt. Ein Teil des Drucks geht von den Wurzeln aus, die wesentliche Kraft, die das Wasser in den meisten Pflanzen bewegt, resultiert jedoch aus der Sogwirkung durch die Blätter. Diese Sogwirkung ergibt sich durch den Wasserverlust durch die Spaltöffnungen (Stomata) in den Blättern. Dieser **Transpirationsprozess**, das Verdampfen von Wasser aus einer Pflanze, zieht Wasser und gelöste Mineralstoffe aus den Wurzeln in die Blätter. Die Struktur des Wassermoleküls hilft zu erklären, wie es durch Transpiration zur Bewegung von großen Wassermengen durch eine Pflanze kommt (siehe Kapitel 10).

Wurzeln

Eine **Wurzel** hat zwei Funktionen: Verankerung der Pflanze im Erdboden und Absorption von Wasser und gelösten Mineralstoffen. Die Absorption findet nur in der Nähe der äußersten Wurzelspitzen statt. Verantwortlich dafür sind Pflanzenhaare, in diesem Falle **Wurzelhaare**, bei denen es sich um Ausstülpungen von Abschlusszellen der Wurzeln handelt. Dadurch wird die Wurzeloberfläche bedeutend vergrößert (▶ Abbildung 3.10). Sogar bei großen Bäumen dient ein Großteil der Wurzel lediglich dazu, Wurzelhaare an Stellen im Erdreich zu bringen, an denen ausreichend Feuchtigkeit und Nährstoffe vorhanden sind. Zusätzlich zu den Aufgaben der Verankerung und der Absorption dienen viele Wurzeln zur Stoffspeicherung. Einige, wie Möhren und Süßkartoffeln, sind dadurch wichtige Nahrungsträger für Menschen. Obwohl Wurzeln gelegentlich Assimilate speichern, bilden sie sie nicht selbst. Gewöhnlich betreiben sie keine Photosynthese und wachsen fernab vom Licht.

Wie bereits erwähnt, erstreckt sich das Leitsystem durchgängig von der Wurzel über die Sprossachse bis zu den Blättern, wobei alle drei Organe aufeinander angewiesen sind. Wurzeln benötigen Zucker und andere organische Stoffe, die in den Blättern gebildet werden, während Sprossachsen und Blätter Wasser und Mineralstoffe benötigen. Das Xylem transportiert das Wasser und die Mineralstoffe von der Wurzel, während das Phloem die Assimilate von den Blättern zum übrigen Teil der Pflanze befördert. In den beiden folgenden Kapiteln werden wir uns verschiedene Anordnungen des Xylems und des Phloems in Wurzeln und Sprossachsen ansehen.

> **WIEDERHOLUNGSFRAGEN**
>
> 1 Beschreiben Sie die Aufgabe der Sprossachse.
>
> 2 Was sind die beiden Hauptfunktionen der Blätter?
>
> 3 Erklären Sie, wie die Leitgewebe von Wurzeln, Sprossachsen und Blättern zusammenhängen.

Überblick über das Wachstum und die Entwicklung von Pflanzen 3.4

Auf jeder strukturellen Ebene – von Zellen über Gewebe zu Organen – ist eine Pflanze ein komplexer, dynamischer Organismus. Wie Sie wissen, entwickeln sich Pflanzen und andere mehrzellige Organismen aus einer einzelnen Zelle infolge vieler Zellteilungen, wobei sich die Zellen strecken und auf bestimmte Funktionen spezialisieren. Um uns mit dem Wachstum einer typischen Pflanze vertraut zu machen, werden wir uns mit Samenpflanzen beschäftigen, die etwa 90 Prozent aller lebenden Pflanzen ausmachen. Wie Sie sich erinnern werden, sind Samenpflanzen entweder Nackt- oder Bedecktsamer. Bei Nacktsamern (Pflanzen mit „nackten Samen", wie Nadelholzgewächse) werden die Samen typischerweise auf Zapfen exponiert. Bei Bedecktsamern (Pflanzen mit „verdeckten Samen") sind die Samen in Früchten eingeschlossen. Die überwiegende Mehrheit der Samenpflanzen sind Bedecktsamer – also Blütenpflanzen.

Der Körper einer typischen Pflanze lässt sich in zwei miteinander verbundene Systeme unterteilen: ein Wurzelsystem und ein Sprosssystem. Das **Wurzelsystem** besteht aus allen Wurzeln, die sich gewöhnlich unter der Erde befinden. Das **Sprosssystem** besteht aus allen Sprossteilen, Blättern und Fortpflanzungsstrukturen, die sich gewöhnlich über der Erde befinden. Zu einem **Spross** gehört eine einzelne Sprossachse mit all ihren Blättern sowie allen Fortpflanzungsstrukturen, die von der Sprossachse ausgehen, wie beispielsweise Blüten und Früchte. Ein Spross mit Blättern ohne Fortpflanzungsstrukturen heißt *vegetativer Spross*. An dieser Stelle werden wir uns auf einen kurzen Überblick darüber konzentrieren, wie sich Sprossachsen, Blätter und Wurzeln einer typischen Samenpflanze entwickeln, wenn wir von einem Embryo in einem Samen ausgehen. In Kapitel 11 werden wir uns detaillierter mit den ersten Phasen der Entwicklung von Pflanzen beschäftigen.

Keimling (Embryo)

Eine Samenpflanze beginnt als ein befruchtetes Ei, oder eine Zygote, die in einem Samen zu einem Embryo heranwächst. Der Keimling einer typische Samenpflanze besitzt die folgenden „Organe", die sich zu Wurzeln und Sprossen entwickeln (▶ Abbildung 3.11):

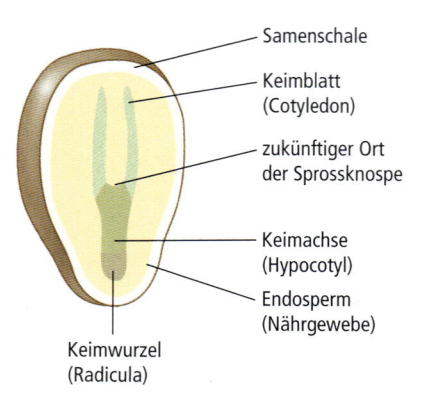

(a) Samen einer zweikeimblättrigen Pflanze (Tabak).

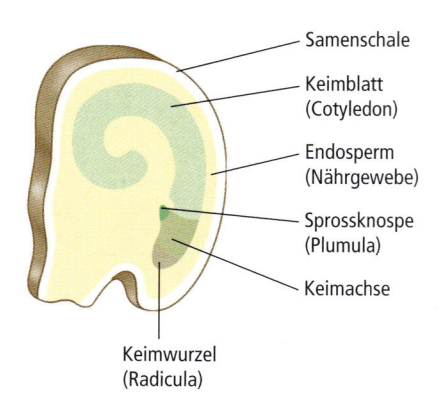

Beschriftungen: Samenschale; Keimblatt (Cotyledon); zukünftiger Ort der Sprossknospe; Keimachse (Hypocotyl); Endosperm (Nährgewebe); Keimwurzel (Radicula)

(b) Samen einer einkeimblättrigen Pflanze (Zwiebel).

Beschriftungen: Samenschale; Keimblatt (Cotyledon); Endosperm (Nährgewebe); Sprossknospe (Plumula); Keimachse; Keimwurzel (Radicula)

Abbildung 3.11: **Samen von zweikeimblättrigen und einkeimblättrigen Pflanzen.** Der embryonische Spross (Blattknospe), die embryonische Wurzel (Keimwurzel) und die embryonischen Blätter (Keimblätter) sind im Keimling klar erkennbar. Samen von Nacktsamern sind in ihrer Struktur denen der zweikeimblättrigen Pflanzen ähnlich. Sie können aber mehrere Keimblätter aufweisen.

- Ein oder mehrere **Keimblätter**, auch als **Cotyledonen** bezeichnet, die häufig die größten, sichtbarsten Teile des Keimlings sind. Samen von Blütenpflanzen haben entweder ein oder zwei Keimblätter. Samen von Nacktsamern haben zwei oder mehr Keimblätter. Bei vielen Pflanzen speichern die Keimblätter Nahrung für die Keimung des Samens. Sie können verdickt oder „fleischig" sein.
- Eine **Keimwurzel**, auch als **Radicula** (von lateinisch *radix*, „Wurzel") bezeichnet, die stark ausgebildet ist.
- Eine kleine **Sprossknospe**, auch als **Plumula** (lateinisch, „weiche Feder") bezeichnet, die gewöhnlich kaum sichtbar ist. Bei einigen Samen kann die Sprossknospe noch nicht identifiziert werden, während sie bei anderen als ausgeprägte Struktur vorliegt. Aus der Sprossknospe entwickelt sich während der Keimung das **Epicotyl**, das sich über den Keimblättern (Cotyledonen) – daher der Name – und unter den ersten Folgeblättern befindet.
- Ein Teil des Keimlings, als **Hypocotyl** bezeichnet, der sich unter dem Keimblatt (Cotyledon) und über der Keimwurzel befindet und entweder kurz oder lang sein kann.

Der Embryo ist von einem Speichergewebe umgeben, bei Blütenpflanzen als **Endosperm** bezeichnet, das aufgebraucht wird, wenn der sich entwickelnde Embryo mit Nahrung versorgt wird.

Der Samen kann vor der **Keimung** eine gewisse Zeit ruhen. Umweltbedingungen wie die Temperatur, das Licht oder das Wasser können die Keimung auslösen, indem sie die Bildung von Phytohormonen (griechisch, „Pflanzen in Bewegung setzen, aufwecken") antreiben. Phytohormone sind Botenstoffe, die in der Zielzelle zu Wachstum und Entwicklung führen können. Die Keimung setzt ein, wenn die Keimwurzel die Samenschale durchbricht. Hat sie den Boden erreicht, beginnt sie mit der Aufnahme von Wasser und Nährsalzen, und der Prozess der Keimlingsentwicklung hat begonnen. Die Keimblätter, mitunter auch das Endosperm, enthalten gespeicherte Energie und organische Bausteine in Form von Stärke, Proteinen und Lipiden. Diese Makromoleküle werden mobilisiert, um den keimenden Samen so lange zu ernähren, bis im ergrünenden Spross die Photosynthese einsetzt. Während der Keimung ist der Samen oft von der in den Keimblättern gespeicherten Nahrung abhängig. Die Keimblätter vertrocknen schließlich und fallen vom Keimling ab, der sich dann durch Photosynthese und Mineralien aus dem Erdboden ernährt.

Bei Blütenpflanzen führt die Keimung zu verschiedenen Arten von Keimlingen, was abhängig von der Zahl der Keimblätter und der Länge des Hypocotyls ist. Tatsächlich werden Blütenpflanzen traditionell in zwei Haupttypen unterteilt – Einkeimblättrige und Zweikeimblättrige –, was sich auf die Anzahl der Keimblätter in ihren Embryonen stützt. **Einkeimblättrige** sind Blütenpflanzen mit nur einem Keimblatt. Beispiele dafür sind Orchideen, Lilien, Palmen, Zwiebeln und Vertreter aus der Familie der Gräser, wie Mais, Reis und Weizen. **Zweikeimblättrige** sind Blütenpflanzen mit zwei Keimblättern. Die meisten Blütenpflanzen sind zweikeimblättrig. Einige Beispiel für zweikeimblättrige Pflanzen sind Bohnen, Erbsen, Sonnenblumen, Rosen und Eichen. In Kapitel 4 werden wir uns damit beschäftigen, worin sich adulte einkeimblättrige Pflanzen von zweikeimblättrigen hinsichtlich der Wurzel, der Sprossachse und der Blattstruktur unterscheiden.

Die neuesten DNA-Vergleiche haben offenbart, dass trotz der Tatsache, dass traditionell als *Zweikeimblättrige* bezeichnete Pflanzen strukturelle Ähnlichkeiten aufweisen, diese nicht eng miteinander verwandt sind und deshalb evolutionär nicht als eine Gruppe betrachtet werden können. Doch bilden die meisten von ihnen, die man nun als Eudicotyle („echte" Zweikeimblättrige) bezeichnet, in der Tat eine Gruppe sowohl hinsichtlich der Struktur als auch hinsichtlich der molekularen Daten. Da die traditionelle Unterscheidung zwischen zweikeimblättrigen und einkeimblättrigen Pflanzen zum Beschreiben struktureller Unterschiede nützlich bleibt, werden wir diese Begriffe verwenden, wenn wir die Strukturen blühender Pflanzen vergleichen.

Meristeme

Wie Sie wissen, unterscheidet sich das Wachstum von Pflanzen grundlegend von dem der Tiere. Die meisten Tiere – einschließlich aller Säugetiere – haben bestimmte (begrenzte) Wachstumszeiten. Wenn sich Tiere von Jungtieren zu erwachsenen Tieren entwickeln, wird jeder Körperteil größer. Beim Menschen setzt sich das Wachstum bis zum letzten Wachstumsschub im Teenager-Alter fort, hört dann allmählich auf und endet gewöhnlich bei einem Erwachsenen. Die Zellteilung, das Wachstum und die Differenzierung setzen sich beim normalen Ersetzen von Zellen, der Bildung von weißen

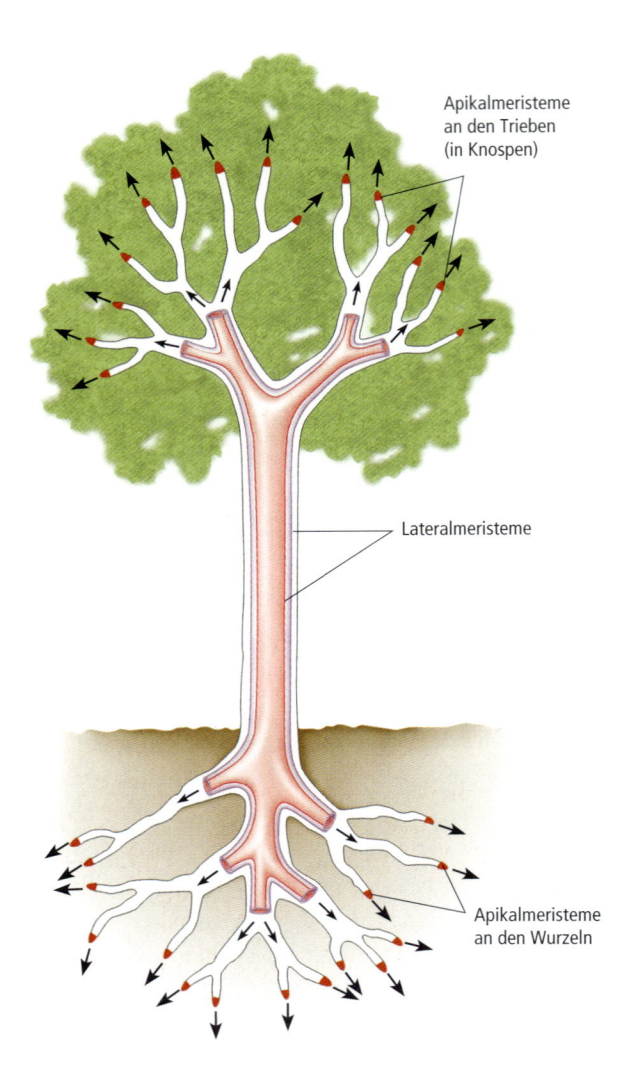

Abbildung 3.12: Vorkommen von Apikal- und Lateralmeristemen. Neue Zellen werden bei einer Pflanze durch Zellteilung in den Meristemen gebildet. Die Zellteilung in den Apikalmeristemen an den Spross- und Wurzelspitzen führt zum Wachstum von Spross und Wurzeln. Lateralmeristeme, die für das Dickenwachstum verantwortlich sind, treten in konzentrischen Zylindern im Inneren von verholzten Sprossachsen und Wurzeln auf.

und roten Blutkörperchen, der Wundheilung und der Bildung von Eiern und Spermien fort. Doch führen sie nicht mehr zu einer Größenzunahme des erwachsenen Tieres. Wir können zum Beispiel Gewicht zulegen oder verlieren und älter aussehen, aber grundlegend ändern sich unsere Körper in ihrer Größe nicht mehr, auch ändern sich die Proportion oder die Anzahl der Organe nicht wesentlich.

Im Gegensatz dazu können Pflanzen durch Meristeme ein potenziell unbegrenztes Wachstum haben – das ist die Fähigkeit eines Organismus, das Wachstum während seiner gesamten Lebenszeit fortzusetzen. Aufgrund der Wirkung der Apikalmeristeme an den Wurzelspitzen und Trieben wachsen Wurzeln und Sprossachsen weiter. Ständig bilden sich neue Blätter (▶ Abbildung 3.12). Bei holzigen Pflanzen führen Lateralmeristeme zum Dickenwachstum von Wurzeln und Sprossachsen. Während einige Pflanzen ihr ganzes Leben über wachsen, wird bei vielen Pflanzen das Wachstum eingestellt, wenn eine genetisch vorbestimmte Größe erreicht ist. Auch beim Übergang von Apikalmeristemen zu Blüten bildenden Meristemen wird das unbestimmte Wachstum eingestellt.

Ausgehend von der Entwicklung einer Zygote zu einem Embryo bilden Meristeme Zellen, die sich zu den drei Hauptgewebesystemen einer Gefäßpflanze entwickeln. Das sind: das Abschlussgewebesystem, das Leitgewebesystem und das Grundgewebesystem. Hier werden wir uns allgemein mit den beiden Haupttypen des von Meristemen ausgehenden Wachstums beschäftigen: dem primären und dem sekundären Wachstum.

Apikalmeristeme

Beim **primären Wachstum** handelt es sich um das Längenwachstum von Wurzeln und Sprossen, wozu es durch ein Apikalmeristem an der Spitze oder dem **Apex** (Plural: Apices) an jeder Wurzel oder jedem Trieb kommt. Diese meristematischen Zellen gliedern sich in Spross- und Wurzel**apikalmeristeme**. Bei vielen samenlosen Gefäßpflanzen, wie bei Schachtelhalmen und einigen Farnen, besteht das Apikalmeristem aus einer Initiale (einer teilungsfähigen Stammzelle), die wie eine umgekehrte Pyramide aussieht und sich entlang ihrer drei Seiten wiederholt teilt, um Gewebe zu bilden. Bei Samenpflanzen besteht ein Apikalmeristem aus etwa Hundert bis mehreren Hundert Initialen, die an den Spitzen von Wurzeln und Sprossen eine mikroskopisch kleine Haube mit höchstens 0,1 mm Durchmesser bilden. Durch Zellteilungen in den Apikalmeristemen und dem darauffolgenden Wachstum sowie der Entwicklung wird aus einem Keimling eine ausgewachsene Pflanze. Der Pflanzenkörper, der durch Spross- und Wurzelapikalmeristeme gebildet wird, heißt **primärer Pflanzenkörper**.

Angenommen, Sie würden einen Faden um den Spross einer jungen Pflanze binden. Während die Pflanze wächst, würde der Faden an derselben vertikalen Position bleiben, weil sich neue Sprossteile nur im Sprossapikalmeristem an den Spitzen jedes Triebs bilden. Genauso geht Wurzelwachstum nur an den Wur-

3.4 Überblick über das Wachstum und die Entwicklung von Pflanzen

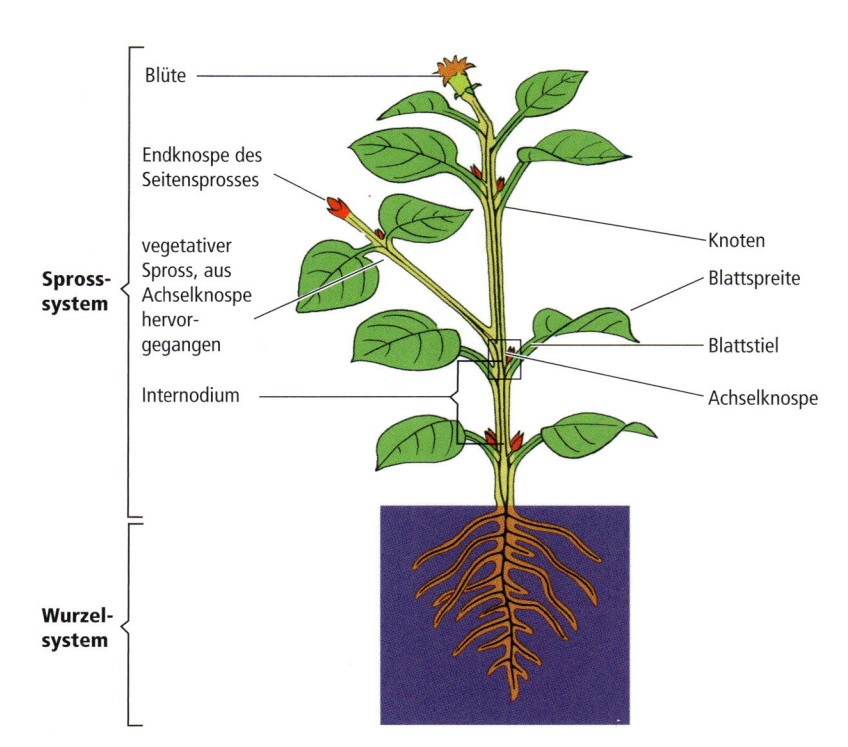

Abbildung 3.13: Das Sprosssystem von Blütenpflanzen. Wurzeln und Spross sind durch ein durchgängiges Gefäßsystem verbunden. Das Sprosssystem besteht aus Sprossachse, Blättern, Blüten und Früchten. Blätter sind an der Sprossachsen an Knoten angebracht, die durch Internodien oder internodiale Segmente voneinander getrennt sind. Die Blattspreiten sind an der Sprossachse an Blattstielen befestigt. Das Wurzelsystem dieser Pflanze hat eine primäre Pfahlwurzel und Seitenwurzeln.

zelapikalmeristemen an der Spitze jeder Wurzel vor sich.

Vom Apikalmeristem ausgehend verlängert sich die Sprossachse und bildet in gleichmäßigen Abständen Blätter. Blätter entwickeln sich aus kleinen Verdickungen, den **Blattprimordien** (Singular: Primordium), an den Seiten der Sprossapikalmeristeme (▶ Abbildung 3.13). Ein Primordium ist eine Struktur in ihrem frühesten Entwicklungsstadium. Verschiedene Pflanzenarten unterscheiden sich in der Blattform und der Blattanordnung. Ein dünner, sprossartiger **Blattstiel**, der auch fehlen kann, verbindet die Blattspreite mit dem Spross an einer Stelle, die als **Knoten** bezeichnet wird. Die Sprossabschnitte zwischen den Knoten heißen **Internodien**. An jedem Knoten bildet sich in der Blattachsel eine Knospe. Jede dieser Knospen, als **Achselknospen** bezeichnet, besteht aus einem Apikalmeristem und Blattprimordien. Wenn eine Achselknospe zu wachsen beginnt, wird daraus ein neuer Trieb.

Das Wachstum der Achselknospen wird durch das Phytohormon **Auxin** unterdrückt, das in der Nähe oder in den Apikalmeristemen gebildet wird. Dieses Phänomen wird als **Apikaldominanz** bezeichnet (▶ Abbildung 3.14). Falls das Apikalmeristem verletzt oder entfernt wird, beginnt die Achselknospe auszutreiben. Gelegentlich entwickelt sie sich auch, wenn sich das Apikalmeristem durch Wachstum weiter entfernt und die Auxinkonzentration sinkt. Da sich Achselknospen zu Ästen mit eigenem Apikalmeristem entwickeln kann, kann eine Pflanze in Abhängigkeit von ihrem Verzweigungsgrad viele Sprossapikalmeristeme haben. Ein Apikalmeristem kann die Anlage von Laubblättern einstellen, stattdessen Zapfen oder Blüten bilden und damit das Längenwachstum einstellen.

Die Zahl und das Wachstum der Achselknospen bestimmen die endgültige Form des oberirdischen Teils der Pflanze. Die Zweige von Eichen breiten sich aufgrund von vielen gleich aktiven Sprossapikalmeristemen ziemlich gleichmäßig in alle Richtungen aus. Im Gegensatz dazu ist das Apikalmeristem an der Spitze von Fichten und Tannen, die gewöhnlich als Weihnachtsbäume verwendet werden, immer aktiver als das an den anderen Seitenzweigen.

Die Entwicklungssteuerung von Apikalmeristemen

Apikalmeristeme entwickeln sich bereits früh während des herzförmigen Stadiums bei der Embryoentwicklung. Der zukünftige Ort des Wurzelmeristems lässt sich an der Unterseite des Herzes identifizieren, während der zukünftige Ort des Sprossmeristems ein kleines Zellgebiet ist, das sich zwischen den beiden Flügeln des Herzes befindet, welche später die Keimblätter bilden. Durch die Beobachtung von Mutationen bei keimenden Samen und Keimlingen haben Botaniker Gene

3 EINFÜHRUNG IN DIE PFLANZENSTRUKTUR

Abbildung 3.14: Achselknospen und Apikaldominanz. Das von der Hauptsprossspitze gebildete Auxin bewirkt die Knospenruhe der Achselknospen. Wenn die Spitze entfernt wird, wird die Auxinbildung eingestellt und die Achselknospen beginnen zu wachsen. Die in den Wurzeln gebildeten Cytokinine stimulieren sogar noch deren Wachstum. Selbst wenn das Apikalmeristem erhalten bleibt, beginnen weiter von der Triebspitze entfernte Achselknospen aufgrund der verringerten Auxinkonzentration zu wachsen.

identifiziert, welche die Bildung der Apikalmeristeme steuern und damit das allgemeine Wachstum an Wurzel und Spross. Die diesen Genen zugewiesenen Namen – wie beispielsweise *Vogelscheuche*, *Hobbit* und *Pinocchio* – haben oft mit ihrer Auswirkung auf das Wachstum sowie dem Humor des Botanikers zu tun, der das Gen entdeckte.

Durch die Beobachtung des Wachstums von Keimlingen haben Botaniker entdeckt, dass einige Mutationen zu einer Zunahme, einer Abnahme oder dem Fehlen von Grundgewebe oder Leitgewebe führen. Andere scheinen die Geschwindigkeit zu beeinflussen, mit der sich meristematische Zellen bilden, was entweder zu Apikalmeristemen führt, die zwei bis 1000 Mal größer als gewöhnlich sind, oder zu Apikalmeristemen, die nur kurzzeitig wachsen, bevor sie ganz verschwinden. Mutationen können auch dazu führen, dass es gar kein Spross- oder Wurzelwachstum gibt. Indem Botaniker diese Mutationen untersuchen, lernen sie mehr darüber, wie Gene das primäre Wurzel- und Sprosswachstum im Einzelnen steuern.

Apikalmeristeme und primäre Gewebe

Wir haben uns bereits mit den grundlegenden Arten von Pflanzenzellen und Gewebesystemen beschäftigt. Nun wollen wir kurz untersuchen, wie diese mit Bereichen der Zellteilung, den **primären Meristemen**, zusammenhängen, die das Gewebe des primären Pflanzenkörpers bilden (▶ Abbildung 3.15). Wurzel- und Sprossapikalmeristeme führen zu primären Meristemen, die man als *Protoderm*, *Prokambium* und *Grundmeristem* bezeichnet. Aus dem **Protoderm** geht das primäre Abschlussgewebe, die Epidermis des Sprosses beziehungsweise die Rhizodermis der Wurzel, hervor. Aus dem **Prokambium** bildet sich das primäre Leitgewebesystem, das aus Xylem und Phloem besteht. Das **Grundmeristem** bildet das Grundgewebesystem. Damit sind die Teile der Pflanze gemeint, die weder zum Leitgewebe noch zum Abschlussgewebe gehören. Die vom primären Meristem gebildeten Zellen strecken sich und differenzieren sich zu Zellen der primären Gewebe. Im nächsten Kapitel werden Sie sehen, wie Apikalmeristeme und primäre Meristeme zu neuem Wachstum führen.

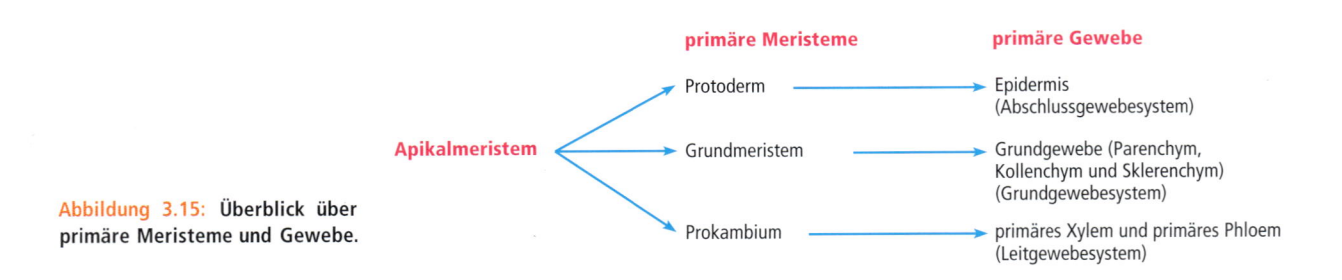

Abbildung 3.15: Überblick über primäre Meristeme und Gewebe.

Apikalmeristem →
- primäre Meristeme → primäre Gewebe
- Protoderm → Epidermis (Abschlussgewebesystem)
- Grundmeristem → Grundgewebe (Parenchym, Kollenchym und Sklerenchym) (Grundgewebesystem)
- Prokambium → primäres Xylem und primäres Phloem (Leitgewebesystem)

Abbildung 3.16: Pflanzenklassifikation durch die Lebensdauer. Pflanzen werden in Einjährige, Zweijährige und Mehrjährige unterteilt, abhängig davon, wie lange sie leben und wann sie sich fortpflanzen. (a) Sonnenblumen sind ein gutes Beispiel für einjährige Pflanzen. Die Pflanzen überleben den Winter nicht, in der folgenden Saison entwickeln sich neue Pflanzen aus den Samen. (b) Der Fingerhut ist eine typische zweijährige Pflanze, bei der Blüten erst im zweiten Wachstumsjahr gebildet werden. Das erste Wachstumsjahr ist vegetativ. (c) Bäume sind holzige Mehrjährige. Dieses Foto zeigt einen Laubbaum, der jedes Jahr seine Blätter verliert.

Lateralmeristeme und sekundäres Dickenwachstum

Viele Pflanzen, die länger als eine Wachstumsperiode leben, sind holzige Pflanzen. Was diese Pflanzen holzig macht, ist die Entwicklung von **Lateralmeristemen**, auch als *sekundäre Meristeme* bekannt, die zu einer Verdickung der Sprosse und Wurzeln führen (siehe Abbildung 3.12). Lateralmeristeme sind einzellige Schichten meristematischer Zellen, die in Längsrichtung Zylinder in einem Spross oder einer Wurzel bilden. Diese meristematischen Zellen waren zuvor differenzierte Parenchymzellen, die wieder zu undifferenzierten meristematischen Zellen geworden sind.

Jedes Lateralmeristem produziert an diesem Zylinder sowohl nach innen als auch nach außen neue Zellen, wodurch sich ein Spross oder eine Wurzel verdickt. Dieses von den Lateralmeristemen bewirkte Dickenwachstum wird als **sekundäres Wachstum** bezeichnet. Sekundäres Wachstum ist bei Nadelholzgewächsen und anderen Nacktsamern sowie bei zweikeimblättrigen Pflanzen verbreitet, bei einkeimblättrigen Pflanzen dagegen selten. In Kapitel 5 werden wir detaillierter betrachten, wie es durch Lateralmeristeme zu sekundärem Wachstum kommt.

Lebensdauer von Pflanzen

Pflanzen, die ein signifikantes sekundäres Wachstum aufweisen, werden allgemein als **holzige Pflanzen** bezeichnet, während es sich bei Pflanzen mit wenig oder keinem sekundären Wachstum um **krautige Pflanzen** handelt. Sowohl holzige Pflanzen, wie Bäume und Sträucher, als auch krautige Pflanzen können mehr als eine Wachstumsperiode überleben. Doch auch wenn Meristeme ein unbegrenztes Wachstum ermöglichen, leben Pflanzen nicht ewig. In Abhängigkeit von ihrer Lebensdauer können sie in drei verschiedene Kategorien unterteilt werden, die typischerweise durch die Wachstumsperioden bestimmt werden: Einjährige, Zweijährige und Mehrjährige (▶ Abbildung 3.16).

Eine **einjährige** Pflanze schließt ihren Lebenszyklus während einer einzigen Wachstumsperiode ab, die bei einigen Pflanzen kürzer als ein Jahr ist. Einjährige müssen in jeder Wachstumsperiode durch Samen neu entstehen und sind typischerweise krautig. Ringelblumen, Bohnen und Mais sind Beispiele für einjährige Pflanzen. Viele Pflanzen, die in Klimazonen mit kalten Wintern einjährig sind, können in tropischen oder subtropischen Zonen mehrjährig wachsen.

Eine **zweijährige** Pflanze benötigt gewöhnlich zwei Wachstumsperioden, um ihren Lebenszyklus zu durchlaufen. Das primäre Wachstum von Sprossen, Blättern und Wurzeln vollzieht sich in der ersten Periode. In der zweiten Wachstumsperiode bildet die Pflanze Blüten, verbreitet Samen und stirbt ab. Zweijährige Pflanzen sind typischerweise krautig; zu ihnen gehören Möhren, Zuckerrüben und Weißkohl. Die meisten Gärtner sehen die zweite Wachstumsperiode dieser Pflanzen nicht, weil sie die Pflanzen bereits im ersten Jahr, wenn sie noch vegetativ sind, ernten.

Eine **mehrjährige Pflanze** wächst viele Jahre. Sie kann jedes Jahr blühen oder nur nach vielen Jahren. Die meisten mehrjährigen Pflanzen sind Holzpflanzen wie Bäume, doch gehören zu den mehrjährigen auch krautige Pflanzen wie Lilien und viele Gräser. In jedem Fall überlebt ein ausreichender Teil der Pflanzen den Winter, um sich im folgenden Frühjahr selbst regenerieren zu können.

WIEDERHOLUNGSFRAGEN

1. Worin unterscheidet sich das Pflanzenwachstum vom Wachstum bei Tieren?
2. Wie wirken sich Apikalmeristeme auf die Form der Pflanze aus?
3. Worin unterscheidet sich das primäre Wachstum vom sekundären Wachstum, und was sind krautige Pflanzen?
4. Was ist der Unterschied zwischen einjährigen, zweijährigen und mehrjährigen Pflanzen?

ZUSAMMENFASSUNG

3.1 Haupttypen von Pflanzenzellen

Pflanzenwachstum findet an Meristemen statt. Das sind Gruppen undifferenzierter Zellen, die sich unendlich oft teilen können, wodurch sie der Pflanze ein kontinuierliches Wachstum während der gesamten Lebenszeit ermöglichen. Die drei Haupttypen differenzierter Zellen sind Parenchymzellen, Kollenchymzellen und Sklerenchymzellen.

Parenchymzellen

Gewöhnlich sind die kugelförmigen, würfelförmigen oder langgestreckten Parenchymzellen als ausdifferenzierte Zellen lebendig. Sie besitzen dünne primäre Zellwände, in der Regel aber keine sekundäre Zellwand. Parenchymzellen dienen der Photosynthese und der Stoffspeicherung.

Kollenchymzellen

Als auch im ausgereiften Zustand lebendige Zellen, denen sekundäre Zellwände fehlen, können Kollenchymzellen eine Vielzahl von Formen annehmen. Sie haben stellenweise dickere primäre Zellwände als Parenchymzellen. Parenchymzellen und Kollenchymzellen müssen mit Wasser vollgesogen sein, damit sie ausreichend Festigkeit haben.

Sklerenchymzellen

Sklerenchymzellen sind gewöhnlich als ausdifferenzierte Zellen abgestorben und haben sekundäre Zellwände, die häufig durch Lignin verhärtet sind. Sie können auch dann Halt bieten, wenn sie nicht mit Wasser gefüllt sind. Es gibt zwei Haupttypen: Fasern und kugelförmige (isodiametrische) Zellen.

3.2 Die Gewebe von Gefäßpflanzen

Ein Gewebe – eine Gruppe von Zellen, die eine gemeinsame Funktion ausüben – kann einfach (ein Zelltyp) oder komplex (mehrere Zelltypen) sein.

Das Abschlussgewebesystem

Die einzelne Epidermisschicht wird während des zweiten Wachstumsjahres durch eine Peridermschicht ersetzt, die hauptsächlich aus abgestorbenen Zellen besteht. Abschlusszellen können zu haarähnlichen Trichomen modifiziert sein. Das oberirdische Abschlussgewebe bildet häufig eine schützende Wachsschicht, die als *Cuticula* bezeichnet wird. Das Abschlussgewebe der Wurzel, die Rhizodermis, besitzt keine Cuticula. Ältere Teile der Wurzel bilden ebenfalls wasserundurchlässiges Periderm.

Das Leitgewebesystem

Das Gefäßsystem besteht aus zwei komplexen Geweben: dem Xylem (zum Transport von Wasser und Mineralien) und dem Phloem (zum Assimilattransport). Das gesamte Xylem enthält Tracheiden, die nebeneinander liegen, damit sie Wasser durch die Tüpfel der Zellwände leiten können. Das Xylem der meisten Blütenpflanzen weist außerdem Gefäßelemente (Tracheen) auf, die Wasser schneller leiten. Bei Blütenpflanzen besteht das Phloem aus Siebröhrengliedern, die Siebröhren bilden. Das Phloem nichtblühender Gefäßpflanzen wird aus überlappenden Siebzellen gebildet.

Das Grundgewebe

Grundgewebe füllt den Raum, der nicht mit Leit- oder Abschlussgewebe belegt ist, betreibt Photosynthese und speichert organische Stoffe.

3.3 Überblick über die Organe von Gefäßpflanzen

Ein Organ ist eine Gruppe verschiedener Gewebetypen, die zusammen bestimmte Funktionen ausführen. Zu den Pflanzenorganen zählen Sprossachsen, Blätter und Wurzeln.

Sprossachsen

Sprossachsen tragen Blätter und Fortpflanzungsstrukturen, transportieren Wasser und Nährstoffe und erlauben der Pflanze, den Luftraum zu erschließen.

Blätter

Blätter sind das wichtigste Photosynthese betreibende Organ. Durch Transpiration liefern sie den Großteil der Kraft, die Wasser durch die Pflanze bewegt.

Wurzeln

Wurzeln absorbieren über die Wurzelhaare Wasser und gelöste Mineralien. Das Gefäßsystem läuft durchgängig durch Wurzeln, Sprossachsen und Blätter.

3.4 Überblick über das Wachstum und die Entwicklung von Pflanzen

Eine typische Pflanze hat ein Wurzelsystem (gewöhnlich unterirdisch) und ein Sprosssystem (gewöhnlich oberirdisch), das aus allen Sprossen, Blättern und Fortpflanzungsstrukturen besteht.

Keimling (Embryo)

Embryonen von Samenpflanzen enthalten gewöhnlich ein oder zwei Cotyledonen (Keimblätter), eine Keimwurzel, eine Sprossknospe und ein Epicotyl und ein Hypocotyl (Teile der Sprossachse). Ein Samen kann vor der Keimung ruhen. Einkeimblättrige Pflanzen haben ein Keimblatt, während zweikeimblättrige Pflanzen zwei Keimblätter besitzen.

Meristeme

Tiere haben ein begrenztes Wachstum, das grundsätzlich im Erwachsenenalter aufhört. Meristeme ermöglichen es Pflanzen, während ihrer gesamten Lebenszeit zu wachsen, eine Eigenschaft, die als *unbegrenztes Wachstum* bezeichnet wird.

Apikalmeristeme

Das primäre Wachstum (Längenwachstum) geht von Apikalmeristemen an den Spitzen von Wurzeln und Sprossen aus. Blätter entstehen an Sprossapikalmeristemen aus Blattprimordien. Jedes Blatt ist an einem *Knoten* durch einen Blattstiel mit dem Spross verbunden. Internodien sind Sprossabschnitte zwischen Knoten. Auxin unterdrückt das Wachstum der Achselknospen in der Nähe des Apikalmeristems. Apikalmeristeme können Fortpflanzungsstrukturen ausbilden und dabei ihr Wachstum einstellen.

Die Entwicklungssteuerung von Apikalmeristemen

Genmutationen können das Wachstum von Grundgewebe, Leitgewebe, Apikalmeristemen und Organen beeinflussen. Dadurch beginnt man die molekularen Grundlagen der Musterbildung zu verstehen.

Apikalmeristeme und primäre Gewebe

Das Protoderm bildet Abschlussgewebe, das Prokambium bildet Leitgewebe und das Grundmeristem bildet Grundgewebe.

Lateralmeristeme und sekundäres Dickenwachstum

Sekundäres Wachstum, das bei Holzpflanzen auftritt, ist bei Nacktsamern und zweikeimblättrigen Pflanzen häufig, bei einkeimblättrigen Pflanzen dagegen selten.

Lebensdauer von Pflanzen

Einjährige und zweijährige Pflanzen sind typischerweise krautige Pflanzen (ohne Holz), während mehrjährige Pflanzen typischerweise holzig sind. Aber es gibt auch viele krautige Pflanzen, die mehrjährig sind.

ZUSAMMENFASSUNG

Verständnisfragen

1. Welche Rolle spielen meristematische Zellen und worin unterschieden sie sich von anderen Zellen?
2. Beschreiben Sie die charakteristischen Merkmale von Parenchym-, Kollenchym- und Sklerenchymzellen.
3. Worin unterscheiden sich einfache und komplexe Gewebe?
4. Welchen Zweck erfüllt das Abschlussgewebesystem und welche Grundstruktur hat es?
5. Was sind Trichome?
6. Welche Gewebe bilden das Leitgewebesystem und welchem Zweck dient das jeweilige Gewebe?
7. Vergleichen und unterscheiden Sie Tracheiden und Gefäßelemente.
8. Worin unterscheiden sich Wasser leitende Zellen von Zellen zum Assimilattransport?
9. Vergleichen und unterscheiden Sie Siebröhrenglieder und Siebzellen.
10. Welche Funktionen erfüllt das Grundgewebesystem?
11. Definieren Sie den Begriff *Organ* und identifizieren Sie die Hauptfunktionen jedes Pflanzenorgans.
12. Was bedeutet die Aussage, dass das Gefäßsystem von Pflanzen durchgängig ist?
13. Beschreiben Sie die Teile eines typischen Samenpflanzenembryos.
14. Was sind einkeimblättrige und zweikeimblättrige Pflanzen?
15. Wie beeinflussen Apikalmeristeme das Wachstum einer Pflanze?
16. Beschreiben Sie die oberirdische Struktur einer typischen Pflanze.
17. Worin unterscheidet sich primäres Wachstum von sekundärem Wachstum?
18. Was ist der Unterschied zwischen einjährigen, zweijährigen und mehrjährigen Pflanzen?

Diskussionsfragen

1. Können Meristeme eine Pflanze unsterblich machen?
2. Wie würde es sich auf eine Pflanze auswirken, wenn sich differenzierte Zellen nicht zu meristematischen Zellen zurückbilden könnten?
3. Warum sind Ihrer Ansicht nach Verbindungen zur Abwehr von Feinden in winzigen Härchen enthalten, die man oft auf Blättern findet, anstatt in den Blättern selbst?
4. Warum handelt es sich Ihrer Ansicht nach bei Zellen, die Assimilate transportieren, um lebende Zellen, während Zellen zum Wassertransport abgestorben und hohl sind?
5. Warum entwickelten sich bei den größten Nacktsamern, bei denen es sich um die größten Pflanzen überhaupt handelt, keine Gefäßelemente?
6. Erklären Sie, weshalb die Aussage falsch ist, dass das Xylem den menschlichen Arterien ähnelt und das Phloem den menschlichen Venen.
7. Kann ein Samenpflanzenembryo als eine Miniaturpflanze bezeichnet werden?
8. Warum kann man Ihrer Ansicht nach sowohl einjährige als auch mehrjährige Pflanzen in ein und derselben Umgebung finden?
9. Bei der Untersuchung dünner Querschnitte von Pflanzengewebe ist es schwierig, kleine Gefäße von Tracheiden zu unterscheiden. Bei einem Längsschnitt sind diese beiden Zelltypen dagegen sofort unterscheidbar. Fertigen Sie beschriftete Skizzen einer Tracheide und eines Gefäßes gleichen Durchmessers an, um zu illustrieren, wie sie im Quer- und im Längsschnitt erscheinen, um die Gemeinsamkeiten bei Ersterem und die Unterschiede bei Letzterem aufzuzeigen.

Zur Evolution

Unter welchen Umweltbedingungen und in welchen Lebensräumen könnte die natürliche Auslese Ihrer Ansicht nach Pflanzen mit (a) einem einjährigen Lebenszyklus und (b) einem mehrjährigen Lebenszyklus bevorzugen?

Weiterführendes

Weitere Informationen zu diesem Buchkapitel finden Sie auf der Companion Website unter http://www.pearson-studium.de.

Esau, Katherine. Pflanzenanatomie. München: Urban & Fischer Verlag, 1969. *Hierbei handelt es sich um den Klassiker der modernen Pflanzenanatomie.*

West, Keith. How to Draw Plants: The Techniques of Botanical Illustration. Portland, OR: Timber Press, 1996. *Dieses Buch ist voll von Hinweisen und kreativen Vorschlägen zur Darstellung von Pflanzen.*

Wilson, Edward O. und Burkhard Bilger. The Best American Science & Nature Writing 2001. Boston: Houghton Mifflin, 2001. *Diese jährliche Anthologie stellt viele Arten der Naturbeschreibung vor.*

Wurzeln, Sprosse und Blätter: Der primäre Pflanzenkörper

4.1	Wurzeln	85
4.2	Sprossachsen	94
4.3	Blätter	101
	Zusammenfassung	111
	Verständnisfragen	113
	Diskussionsfragen	114
	Zur Evolution	114
	Weiterführendes	115

4 WURZELN, SPROSSE UND BLÄTTER: DER PRIMÄRE PFLANZENKÖRPER

„ *Wie Sie aus Kapitel 3 wissen, führt das von den Apikalmeristemen an den Spross- und Wurzelspitzen bewirkte Wachstum zu einem primären Pflanzenkörper. Die Wurzeln, Sprosse, Blätter und Fortpflanzungsstrukturen entstammen ursprünglich alle dem Apikalmeristem. Selbst die Lateralmeristeme, die zum sekundären Dickenwachstum von Stämmen und Wurzeln führen, bilden sich aus Zellen des Apikalmeristems. In diesem Kapitel werden wir uns aber zunächst auf das primäre Wachstum von Wurzeln, Sprossachsen und Blättern konzentrieren, wobei wir erklären, wie sich diese Organe in Gefäßpflanzen entwickeln und wie sie zusammenarbeiten.*

Gefäßpflanzen, die nur ein oder zwei Jahre leben, als Einjährige *oder* Zweijährige *bezeichnet, weisen oft nur ein primäres Wachstum auf. Bei den länger lebenden* Mehrjährigen *findet jedes Jahr ein primäres Wachstum statt, durch das Sprosse und Wurzeln länger werden und auch beschädigtes oder abgestorbenes Gewebe ersetzt wird. Obwohl viele mehrjährige Pflanzen, wie Bäume und Sträucher, auch ein sekundäres Wachstum zeigen, gibt es bei einigen Bäumen, wie Palmen, ausschließlich das primäre Wachstum. Das bedeutet, dass ihnen ein Lateralmeristem oder sekundäres Meristem fehlt.*

In gewissem Sinne lässt sich das primäre Wachstum mit der Fähigkeit vergleichen, von einem Ort zum anderen gelangen zu können. Pflanzen können sich nicht in dem Sinne bewegen wie Tiere. Sie können aber zur Befriedigung ihrer Bedürfnisse in ihre Umgebung hineinwachsen. Wurzeln absorbieren Wasser und mineralische Nährstoffe, wobei sie durch den Boden zu neuen Nahrungsgebieten wachsen, wenn sie die Nährstoffe in einem anderen Gebiet aufgebraucht haben. Gleichzeitig nehmen Sprossachsen und Blätter die zur Photosynthese notwendige Sonnenenergie auf, indem sie zum Licht hinwachsen.

Das Wachstum von Wurzeln, Sprossachsen und Blättern läuft koordiniert ab. Samen haben beispielsweise mehr Wurzeln als Sprossteile, weil ein keimender Samen zunächst auf organische Substanzen aus dem Nährgewebe zurückgreifen kann, jedoch Wasser benötigt, damit sich der Photosynthese betreibende Spross entwickeln kann. Wenn die Photosynthese allmählich zur Hauptquelle für die Ernährung der Pflanze wird, verringert sich das Wurzel-Spross-Verhältnis. Während der Lebenszeit einer Pflanze ändert sich das Verhältnis von Wurzeln und Sprossachse so, dass das durch die Blätter in die Pflanze gelangende Licht und das CO_2 im richtigen Verhältnis zu dem Wasser und den Mineralstoffen stehen, die durch die Wurzeln aufgenommen werden.

Evolutionäre Anpassungen führten zu modifizierten Wurzeln, Sprossachsen und Blättern, die in unterschiedlichen Umgebungen das Überleben sicherten. Bei einigen Pflanzen haben sich beispielsweise vergrößerte Wurzeln und Sprossachsen entwickelt, die Wasser speichern und so der Pflanze dabei helfen, Trockenperioden, trockene Jahreszeiten oder trockenes Klima zu überstehen. Wurzeln und Sprossachsen können auch Nahrung speichern. Damit bilden sie Reserven, die verbraucht werden können, wenn weniger Photosynthese betrieben wird, weil es Schatten gibt oder Blätter durch Wind, Kälte, Krankheit oder Feinde beschädigt werden. Mitunter erfüllen modifizierte Blätter ungewöhnliche Funktionen, wie im Fall der hier abgebildeten Venusfliegenfalle, die Insekten „frisst", um das Fehlen von Stickstoff im Boden zu kompensieren.

Kurz gesagt, Wurzeln, Sprossachsen und Blätter arbeiten nicht isoliert, sondern gemeinsam – sie sind aufeinander angewiesen. Dies gilt nicht nur für die Bildung, den Transport und die Speicherung von Nährstoffen, sondern auch für den strukturellen Halt und den Schutz der Pflanze. Wenn wir die Besonderheiten jedes einzelnen Organs untersuchen, werden wir uns auch damit beschäftigen, wie sie sich zueinander verhalten und voneinander abhängen. „

Wurzeln 4.1

Die Hauptaufgaben von Wurzeln bestehen darin, die Pflanze im Boden zu verankern sowie Wasser und Mineralstoffe zu absorbieren und zu leiten. Wurzeln müssen Wasser und Mineralstoffe zu den Sprossachsen und Blättern transportieren, während sie gleichzeitig von den Sprossen und Blättern mit organischen Molekülen versorgt werden. Neben ihren herkömmlichen Aufgaben bilden Wurzeln auch Phytohormone und andere Substanzen, welche die Entwicklung und die Struktur der Pflanze beeinflussen. In diesem Abschnitt werden wir uns genauer ansehen, wie Wurzeln diese Aufgaben bewältigen.

Wurzelsysteme

Es gibt zwei wesentliche Arten von Wurzelsystemen: Pfahlwurzelsysteme und Faserwurzelsysteme. Die meisten Zweikeimblättrigen und Nacktsamer haben ein **Pfahlwurzelsystem**, das eine große Hauptwurzel, die **Pfahlwurzel**, aufweist. Sie dient dazu, tief liegende Wasserquellen „anzuzapfen" (▶ Abbildung 4.1a). Die Pfahlwurzel entwickelt sich unmittelbar aus der Keimwurzel und bildet **Seitenwurzeln**, die sich wiederum verzweigen, was zu einem ausgedehnten Wurzelsystem führt. Pfahlwurzeln dringen gewöhnlich tief in den Boden ein und sind deshalb für Pflanzen sehr geeignet, die jedes Jahr größer werden, wie beispielsweise Bäume. Doch nicht alle Pfahlwurzelsysteme reichen tief in den Boden. Einige große Bäume, wie Nadelholzgewächse, haben flache Wurzelsysteme, eine Wurzelform, die gewöhnlich in den Bergen zu finden ist, weil dort die Bodenschicht nur dünn ist und darunter der Fels liegt. Aber auch viele kleine Pflanzen haben Pfahlwurzelsysteme. Dies liegt teilweise daran, dass sie lange Trockenperioden überstehen müssen.

Nichtblühende Gefäßpflanzen und die meisten Einkeimblättrigen, wie Gräser, besitzen ein **Faserwurzelsystem** (▶ Abbildung 4.1b). Anstelle einer einzelnen Hauptwurzel, die sich aus der Keimwurzel entwickelt, stirbt diese schnell ab, und zahlreiche Wurzeln bilden sich am unteren Teil der Sprossachse. Diese bezeichnet man als **Adventivwurzeln**, weil sie nicht an dem gewöhnlichen Ort – also anderen Wurzeln – entsprin-

(a)

(b)

Abbildung 4.1: Pfahlwurzelsysteme und Faserwurzelsysteme. (a) Bei Pfahlwurzelsystemen, wie bei diesem Löwenzahn, zweigen Seitenwurzeln von einer größeren Hauptwurzel ab, die als *Pfahlwurzel* bezeichnet wird. Pfahlwurzelsysteme sind für die meisten Zweikeimblättrigen und Nacktsamer typisch. (b) Ein Faserwurzelsystem hat keine Hauptwurzel und das Wurzelsystem ist üblicherweise flacher. Faserwurzelsysteme findet man bei den meisten Einkeimblättrigen und nichtblühenden Gefäßpflanzen.

gen. Bei einem Faserwurzelsystem sticht keine einzelne Wurzel als die größte hervor. Jede Adventivwurzel bildet Seitenwurzeln, was im Vergleich zu einem Pfahlwurzelsystem zu einem typischerweise flacheren und horizontal ausgerichteten Wurzelsystem führt. Durch diese im Allgemeinen flache Struktur können Wurzeln schnell zu Wasser gelangen, bevor es verdunstet. Faserwurzelsysteme kommen recht häufig in trockenen Regionen vor, in denen tiefere Erdschichten keine Feuchtigkeit enthalten. Man findet sie auch oft bei Pflanzen, die nicht länger als eine Wachstumsperiode leben, wie bei Mais. Pfahlwurzelsysteme und Faserwurzelsysteme stehen für zwei verschiedene Strategien, sich Wasser zu beschaffen, das an vielen Orten knapp ist.

Üblicherweise befinden sich 50 Prozent bis 90 Prozent der Pflanzenwurzel in den oberen 30 cm des Bodens. Doch sowohl bei Pfahlwurzelsystemen als auch bei Faserwurzelsystemen können sich die Wurzeln wesentlich tiefer erstrecken. Unter den Kulturpflanzen erreichen die Kartoffelwurzeln gewöhnlich Tiefen von 0,9 m, während die Faserwurzelsysteme von Weizen, Hafer und Gerste von 0,9 m bis 1,8 m reichen. Bei Tiefbohrungen und Ausgrabungen wurden noch in einer Tiefe von 67 m Wurzeln von Wüstenbäumen gefunden, auch wenn solche Berichte selten sind. Selbst die Wurzeln eines Krauts können sich leicht mit einem Radius von 0,9 m um die Sprossachse erstrecken. Die meisten Wüstenpflanzen haben sogar ausgedehnte flache Wurzelsysteme und nicht die extrem tiefen Wurzelsysteme, über die wir bereits gesprochen haben. Auch bei Flachwurzelsystemen kann die Wurzeloberfläche durch einen stärkeren Verzweigungsgrad im Vergleich zur Oberfläche der oberirdischen Teile der Pflanze ziemlich groß sein. Zum Beispiel kann eine Maispflanze bis zu 457 m an Gesamtwurzellänge ausbilden. Das Wurzelsystem einer Pflanze kann mitunter so viel wiegen wie Spross und Blätter zusammen.

Die Entwicklung der Wurzel

▶ Abbildung 4.2a zeigt die grundsätzliche Struktur einer Wurzel. Ob nun eine Wurzel lang oder kurz ist, ihr Wachstum beginnt – wie das Wachstum der Sprossachse – mit der Zellteilung im Apikalmeristem in der Nähe ihrer Spitze. Wie Sie wissen, wird ein Meristem durch einen kleinen Vorrat an teilungsfähigen Zellen, den *Initialen*, zu einem „Jungbrunnen". Die Ini-

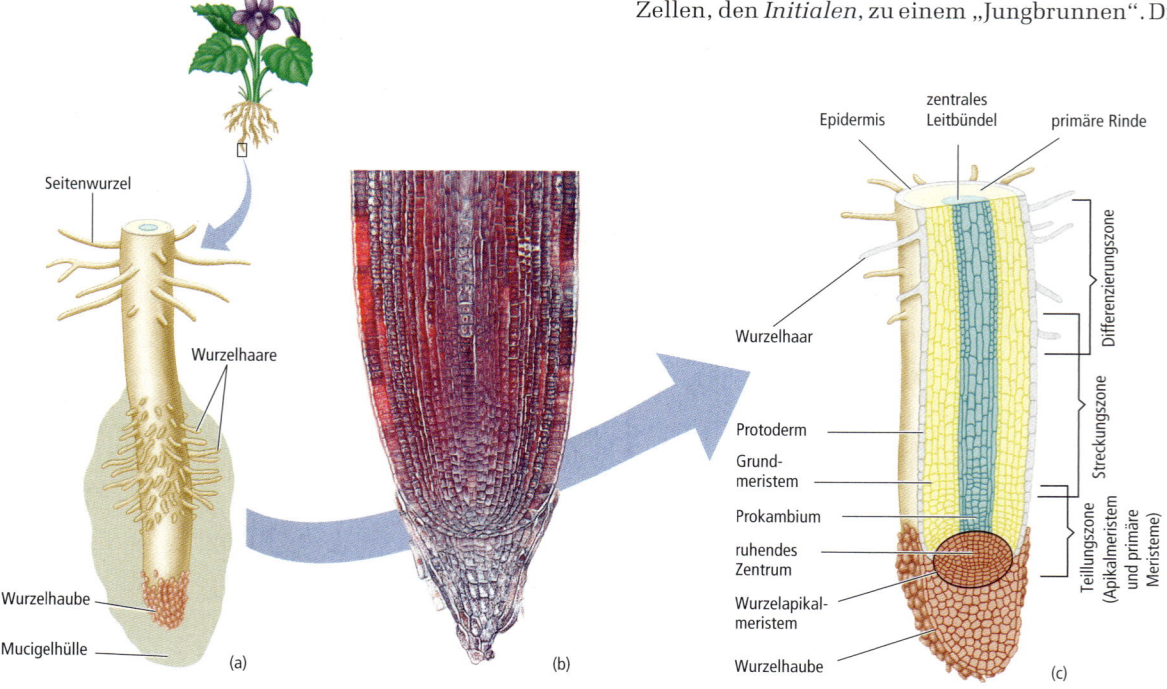

Abbildung 4.2: Das Wurzelapikalmeristem. (a) Diese Skizze der ersten Millimeter einer Wurzel einer zweikeimblättrigen Pflanze zeigt Wurzelhaare, die sich in der Differenzierungszone bilden. Weiter oben entstehen im Inneren der Wurzel Seitenwurzeln und durchbrechen die primäre Rinde. (b) In dieser Aufnahme ist die Wurzelhaube deutlich erkennbar. (c) Das Wurzelapikalmeristem bildet die Zellen der Wurzel an sich sowie die Zellen der Wurzelhaube. Das Wurzelapikalmeristem besteht aus einem ruhenden Zentrum aus sich langsam teilenden Zellen, die von einem schmalen Bereich sich schneller teilender Zellen umgeben ist. Unmittelbar über dem Wurzelapikalmeristem befinden sich Bereiche erhöhter Zellteilung: das Protoderm, das Prokambium und das Grundmeristem. Darüber befinden sich die Bereiche der Zellstreckung und Zelldifferenzierung. Jeder Bereich geht allmählich in den nächsten über.

tialen eines Wurzelapikalmeristems befinden sich in einem kleinen kugelförmigen zentralen Bereich im Meristem mit einem typischen Durchmesser von 0,1 mm. Die Zellen teilen sich mit einer relativ geringen Rate. Bei Wurzelapikalmeristemen heißt dieser zentrale Bereich **ruhendes Zentrum**.

Bei der Teilung jeder Initiale verbleibt eine der beiden Tochterzellen als Initiale innerhalb des Apikalmeristems. Aus der anderen wird ein Nachkomme, der zum Zellwachstum und zur Zelldifferenzierung bereit ist. Falls das Apikalmeristem beschädigt oder zerstört wird, kann es sich mithilfe von ein paar Initialen und ihrer Nachkommenschaft regenerieren. Ein Experiment ergab, dass ein Zwanzigstel des Apikalmeristems einer Kartoffelpflanze ausreiche, um das gesamte Meristem zu regenerieren. Jede Zelle eines Apikalmeristems scheint einen Plan in sich zu tragen, der es ihr ermöglicht, die gesamte Struktur zu bilden.

Die Zellteilung in einem Wurzel- oder Sprossapikalmeristem bildet Nachkommen, aus denen die primären Meristeme entstehen: das Protoderm, das Grundmeristem und das Prokambium. Diese kommen alle innerhalb von ein bis zwei Millimetern des Apikalmeristems selbst vor. Wie Sie aus Kapitel 3 wissen, bilden sich durch Zellteilung in diesen primären Meristemen die Zellen, die sich zu den verschiedenen Geweben entwickeln. Das Protoderm, aus dem die Epidermis entsteht, entwickelt sich aus den äußeren Teilen des Apikalmeristems. Das Grundmeristem, aus dem sich das Grundgewebe entwickelt, befindet sich an der Innenseite des Protoderms. Das Prokambium, die Quelle des primären Leitgewebes, liegt an der Innenseite des Grundmeristems. Die Nachkommen in diesen drei Meristemen teilen sich wesentlich schneller als die Initiale im Apikalmeristem. Bei einer Studie teilten sich die Zellen des Protoderms, des Grundmeristems und des Prokambiums alle 12 Stunden, während sich die Initialen nur ein Mal in 180 Stunden teilten.

In einer Wurzel können die Teilung, das Wachstum und die Differenzierung von Zellen unmittelbar drei überlappenden Bereichen zugeordnet werden. Dabei handelt es sich um die *Teilungszone*, die *Streckungszone* und die *Differenzierungszone* (▶ Abbildung 4.2c). Die **Teilungszone** besteht aus dem Apikalmeristem und den drei primären Meristemen. Die **Streckungszone** beginnt dort, wo sich die Abkömmlinge nicht mehr teilen und das Längenwachstum einsetzt. Dieser Bereich überschneidet sich mit der Teilungszone, weil sich einige Zellen immer noch teilen, während andere bereits mit dem Längenwachstum begonnen haben. Die Streckungszone ist der Bereich, in dem sich der größte Teil des Wurzelwachstums vollzieht, da sich die Zellen dort strecken. Es ist dieser Prozess, der die Wurzel tatsächlich tiefer in den Boden führt. Die Streckungszone überlappt mit der **Differenzierungszone**, in der sich die Zellen hinsichtlich ihrer Struktur und Funktion allmählich in die verschiedenen Zelltypen spezialisieren, wie Epidermiszellen oder Zellen des Leitgewebes. Die Differenzierungszone ist auch der Bereich, in dem einige Epidermiszellen Wurzelhaare bilden. Oberhalb der Differenzierungszone erscheinen die ersten Seitenwurzeln, die im Inneren der Wurzel entstehen.

Die Wurzelhaube

Ein Wurzelapikalmeristem bildet eine **Wurzelhaube**, die aus einigen Zellschichten besteht (▶ Abbildung 4.2b). Die Wurzelhaube schützt die Zellen des Wurzelapikalmeristems, wenn sich die Wurzel zwischen den Partikeln im Boden hindurchschiebt. Während die Wurzel wächst, werden Zellen der Wurzelhaube beschädigt und sterben ab, sie müssen abgestoßen und durch neue ersetzt werden. Die äußeren Zellen der Wurzelhaube bilden eine schleimige Polysaccharidschicht, die man als **Mucigel** bezeichnet. Sie „schmiert" den Weg der Wurzel durch den Boden. Genetisch sind alle Pflanzenzellen dazu in der Lage, Mucigel zu bilden. Doch offenbaren üblicherweise nur die Zellen der Wurzelhaube dieses Potenzial. In jeder Zelle der Wurzelhaube wird der Schleim in Transportvesikel des Golgi-Apparats verpackt, die mit der Plasmamembran verschmelzen und dadurch den Schleim nach außen freisetzen.

Die Wurzelhaare

Vorrangig innerhalb der Differenzierungszone, jenseits der Streckungszone, bilden Epidermiszellen so genannte *Wurzelhaare* (siehe Abbildung 4.2). Die auf die Absorption von Wasser und Mineralstoffen aus dem Boden spezialisierten Wurzelhaare kommen nur an den letzten ein oder zwei Zentimetern der Wurzel vor. Während die Wurzel weiter wächst, sterben ältere Haare ab, und es bilden sich in der Differenzierungszone auch ständig neue Wurzelhaare.

Selbst bei großen Baumwurzeln findet die Absorption von Wasser- und Mineralstoffen durch Wurzelhaare an den Wurzelspitzen statt. Bei Pflanzen mit Pfahlwurzeln können die Wurzelhaare in beachtlicher

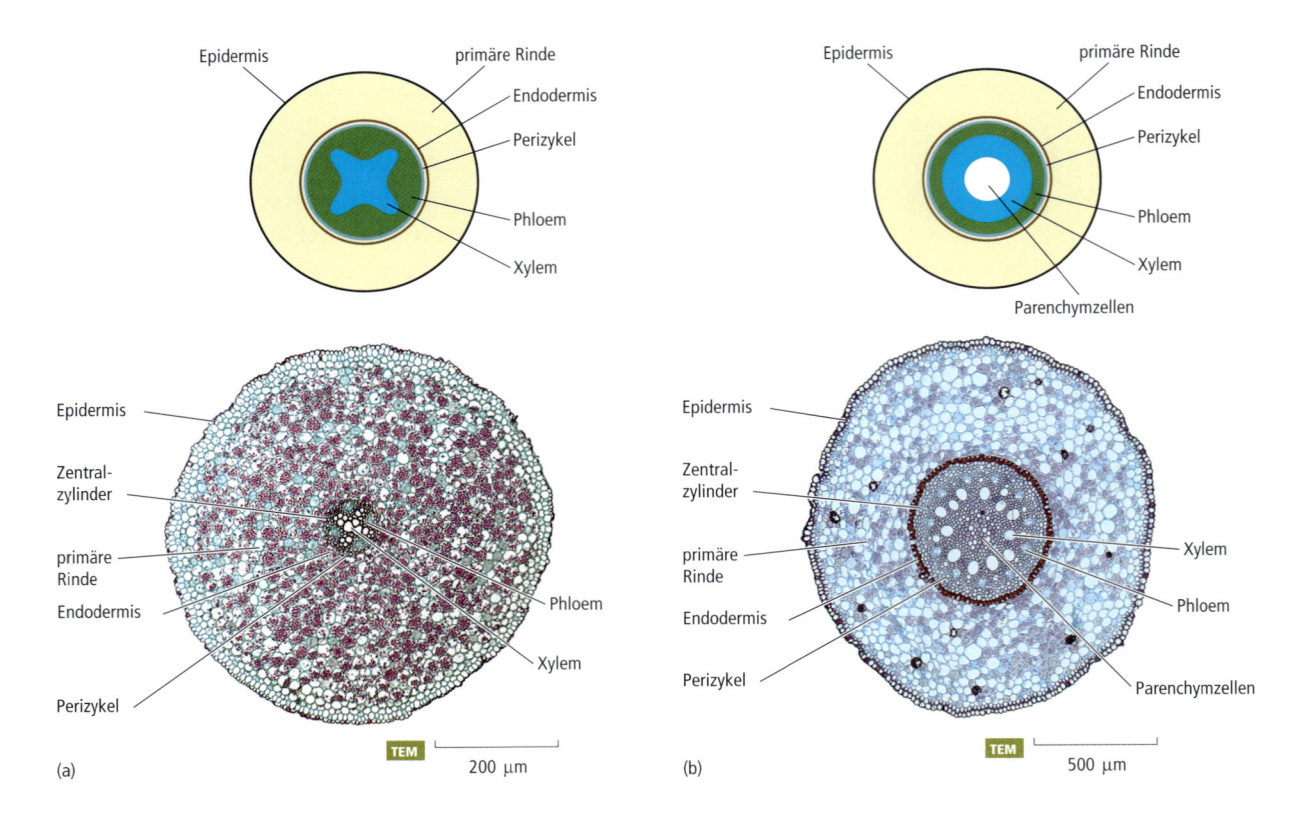

Abbildung 4.3: Die primäre Wurzelstruktur. (a) Die meisten Wurzeln haben eine Protostele – einen kompakten Zentralzylinder aus Leitgewebe. Bei allen primären Wurzeln ist das Leitgewebe von einer oder mehreren Perizykelschichten umgeben, auf die eine Endodermisschicht folgt. (b) Wurzeln von Einkeimblättrigen besitzen ein Leitbündel, bei dem das Xylem und das Phloem ringförmig um einen Kern aus Parenchymzellen angeordnet sind.

Tiefe liegen. Zwar liegen die Wurzeln bei Faserwurzelsystemen nicht tief, doch breiten sie sich so weit aus, dass sich die Wurzelhaare nicht in der Nähe des Stängelbasis befinden. Aus diesem Grunde ist ein kurzes Gießen der Pflanze in der Nähe der Sprossachse oft ineffizient, wenn es um die Wasserzufuhr geht.

Die primäre Wurzelstruktur

Botaniker untersuchen die Wurzel- und Sprossstruktur, indem sie diese Organe in verschiedenen Ebenen durchschneiden und dünne Schnitte unter einem Mikroskop betrachten. Ein horizontaler Schnitt im rechten Winkel zur Sprossachse wird als **Querschnitt** bezeichnet. Durch die Untersuchung von Querschnitten einer großen Auswahl von Gefäßpflanzen haben Botaniker typische Anordnungen des Leit- und Grundgewebes identifiziert. Wie Sie später sehen werden, ist bei Sprossachsen das Leit- und Grundgewebe gewöhnlich komplexer angeordnet als bei Wurzeln.

Dreidimensional betrachtet bilden die Gewebe Zylinder. Der Zentralzylinder einer Wurzel oder einer Sprossachse, der von der primären Rinde umgeben ist, wird als **Leitbündel** oder **Stele** (griechisch „Säule") bezeichnet. Die meisten Wurzeln haben den einfachsten Leitbündeltyp, der sich auch am frühesten entwickelt hat und als **Protostele** (von griechisch *proto*, „vor") bezeichnet wird. Bei allen Protostelen bildet das Leitgewebe einen kompakten Zentralzylinder, der von der primären Rinde umgeben ist, doch kann die Anordnung des Leitgewebes variieren. Ein Querschnitt der Protostele der meisten Wurzeln von Zweikeimblättrigen und Nadelholzgewächsen zeigt kompakte Speichen oder Flügel aus Xylem mit dazwischen liegendem Phloem (▶ Abbildung 4.3a). Bei den meisten Wurzeln von Einkeimblättrigen befinden sich im Zentrum des Leitbündels Parenchymzellen, die abwechselnd von Xylem- und Phloemschichten umgeben sind (▶ Abbildung 4.3b). Botaniker, die Wurzeln fossiler Pflanzen untersuchen, vermuten, dass das Gewebe im Zentrum des Leitbündels bei Einkeimblättrigen aus Überresten von Parenchymzellen besteht, die sich nicht zu Leitgewebe entwickelt haben. Obwohl diese Zellen aufgrund ihrer Lage oft auch als *Mark* bezeichnet werden, handelt

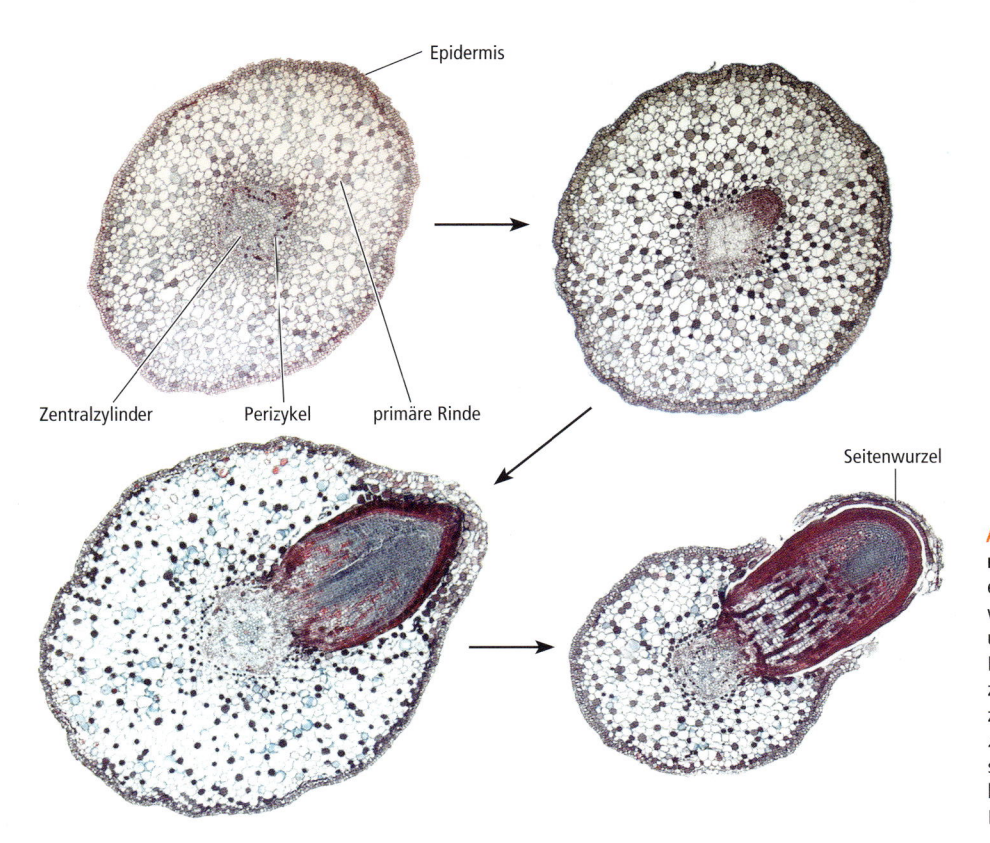

Abbildung 4.4: Die Bildung einer Seitenwurzel. Seitenwurzeln entspringen dem Perizykel und wachsen durch die primäre Rinde und die Epidermis hindurch. Diese Folge von Mikroskopaufnahmen zeigt die Bildung einer Seitenwurzel am Beispiel der *Weidenwurzel*. Die Hauptwurzel ist im Querschnitt zu sehen, während es sich bei der Seitenwurzel um einen Längsschnitt handelt.

es sich dabei keinesfalls um Grundgewebe. Die Zellen stammen nämlich nicht vom Grundmeristem, sondern vielmehr vom Prokambium ab.

Bei den Wurzeln der meisten Samenpflanzen ist das Leitbündel von zwei wichtigen Zellschichten umgeben, nämlich dem *Perizykel* und der *Endodermis*. Das **Perizykel** umgibt das Leitbündel unmittelbar und besteht aus meristematischen Zellen, aus denen Seitenwurzeln entstehen (▶ Abbildung 4.4). Da Seitenwurzeln dem Perizykel entspringen, wachsen sie durch die primäre Rinde und die Epidermis hindurch, wobei sie diese Gewebe beiseiteschieben, um nach außen zu gelangen. Xylem und Phloem jeder Seitenwurzel setzen sich durchgängig aus dem Leitgewebe der Hauptwurzel fort und besitzen dieselbe Struktur.

Während die Hauptaufgabe des Perizykels in der Wurzelbildung liegt, dient die **Endodermis** der Regulierung des Stoffaustauschs zwischen primärer Rinde und Leitgewebe (▶ Abbildung 4.5a). Die Endodermis entwickelt sich aus der innersten Schicht der primären Rinde und besteht aus einer einzelnen Schicht eng beieinander liegender Zellen, die das Perizykel umgeben. Jede Endodermiszelle ist an vier von sechs Seiten von einem Casparischen Streifen umgeben, der sich aus Suberin und mitunter auch Lignin zusammensetzt und die Zellwände imprägniert sowie die Zellzwischenräume versiegelt. An den Zellwänden, die nach innen beziehungsweise nach außen zeigen, fehlt der Casparische Streifen (▶ Abbildung 4.5). Folglich bewirkt der Casparische Streifen, dass Wasser und Mineralien die Zellmembranen und das Cytoplasma der Endodermiszellen tatsächlich durchdringen müssen, anstatt einfach zwischen den Zellen hindurch im Zellwandraum geleitet zu werden. So kontrollieren die Zellmembranen der Endodermis die Art und die Menge der mineralischen Nährstoffe, die aus der primären Rinde in das Leitgewebe transportiert werden. Bei einer wachsenden Wurzel wird die Bedeutung der primären Endodermis und ihres Casparischen Streifens offensichtlich. Die Endodermis und ihr Casparischer Streifen arbeiten im Bereich der Wurzelhaare an den Wurzelspitzen, wo die Aufnahme von Wasser und Mineralien vonstatten geht.

Spezielle Wurzelfunktionen

Wie Sie wissen, sollen Wurzeln die Pflanze hauptsächlich im Boden verankern und Wasser sowie Mineralien absorbieren. Bei vielen Pflanzen sind Wurzeln au-

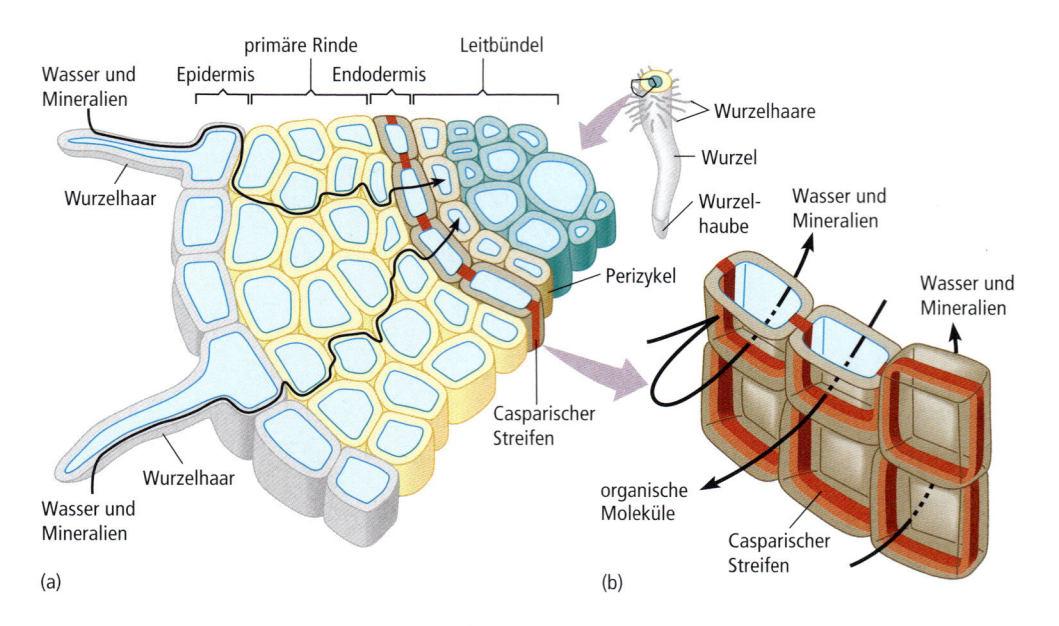

Abbildung 4.5: Die Endodermis. (a) Wasser und Mineralien können zwischen den Zellen der Epidermis und der primären Rinde im Zellwandraum bis zur Endodermis geleitet werden, wo sie wegen des Casparischen Streifens jedoch durch die Zellmembran der Endodermiszellen ins Zellinnere transportiert werden. (b) Diese Ansicht einiger Endodermiszellen zeigt, wie der Casparische Streifen bewirkt, dass Wasser und gelöste Mineralien aus dem Boden die Endodermiszellen durchdringen müssen, anstatt einfach zwischen ihnen hindurchfließen zu können.

ßerdem derart modifiziert, dass sie weitere Bedürfnisse der Pflanze befriedigen können, was auch die Fortpflanzung und die Speicherung von Wasser und Assimilaten einschließt (▶ Abbildung 4.6).

Einige modifizierte Wurzeln geben einer Pflanze zusätzlichen Halt oder verankern sie stärker. Dazu gehören **Luftwurzeln**, also Adventivwurzeln, die der Sprossachse entspringen. Luftwurzeln kommen häufig bei **Epiphyten** (von griechisch *epi-*, „auf", und *phyton*, „Pflanze"), auch Aufsitzerpflanze genannt, vor. Das sind Pflanzen, die des Halts wegen auf anderen Pflanzen wachsen, sich aber selbstständig ernähren. Bei Orchideen, die oft als Epiphyten auf Bäumen wachsen, hängen die Luftwurzeln von der Pflanze herab und absorbieren Wasser und Nährstoffe aus dem Regenwasser, das durch das Blätterdach über ihnen tropft. Luftwurzeln können auch bei anderen Pflanzenarten vorkommen. Beim Mais wachsen die als *Stützwurzeln* bezeichneten Adventivwurzeln aus der Sprossachse heraus in den Boden, um die Pflanze zu verankern und ihr zusätzlichen Halt zu geben. Viele Kletterpflanzen, wie beispielsweise Efeu, verankern sich mithilfe von Luftwurzeln an vertikalen Flächen. **Brettwurzeln** sind aufgefächerte Wurzeln, die vom Stamm eines Baumes ausgehen. Sie liefern dem Baum in gleicher Weise Halt, wie Pfeiler die Wände mittelalterlicher Kathedralen stützen. Einige tropische Bäume entwickeln riesige Brettwurzeln, die ihnen helfen, im mitunter aufgeweichten tropischen Boden Halt zu finden. **Kontraktile Wurzeln** oder **Zugwurzeln** bei Lilien und anderen Pflanzen verkürzen sich, um die Pflanze tiefer in den Boden zu ziehen.

Einige modifizierte Wurzeln sind an der asexuellen Fortpflanzung beteiligt, wie die Adventivknospen, als **Wurzelbrut** bezeichnet, die Wurzeln entspringen und aus dem Boden hervortreten, um neue Triebe zu bilden. Die Knospenbildung durch Wurzeln kommt bei Pflanzen einigermaßen häufig vor. Die Seidenpflanze (*Asclepias syriaca*) verbreitet sich durch Wurzelknospen, genauso wie der Sassafrasbaum (*Sassafras albidum*) und ein Unkraut, das landläufig auch unter dem Namen *Gemeine Wolfsmilch* (*Euphorbia escula*) bekannt ist.

Die auch als Atemwurzeln bezeichneten **Pneumatophoren** versorgen Pflanzen in sumpfigen Gebieten mit Sauerstoff, in denen starke, Sauerstoff zehrende Stoffwechselaktivitäten den Sauerstoffgehalt des Wassers reduzieren. Mangroven und Sumpfzypressen bilden Pneumatophoren, die aus dem Sumpf herausragen, um Luft zur Unterstützung der Atmung aufzunehmen.

Andere Arten von modifizierten Wurzeln speichern Wasser oder Assimilate. Der Buffalo-Kürbis (*Cucurbita foetidissima*) bildet beispielsweise große unterirdische, Wasser speichernde Wurzeln, die über 50 kg wiegen können. Arten, die in trockenen Gebieten wachsen, nei-

4.1 Wurzeln

(a) **Luftwurzeln bei einer epiphytischen Orchidee.** Bei epiphytischen Orchideen absorbieren Luftwurzeln Wasser aus der Luft.

(b) **Luftwurzel als Stützwurzel.** Bei Mais dienen die Luftwurzeln als Stützwurzeln, um die Pflanze zu stabilisieren.

(c) **Kletternde Luftwurzel.** Kletternde Adventivwurzeln wie hier bei Efeu (*Hedera helix*) helfen, die Pflanze an vertikalen Flächen zu verankern.

(d) **Brettwurzeln.** Große Brettwurzeln werden von einigen tropischen Bäumen ausgebildet, um sich im aufgeweichten Boden zu stabilisieren.

(e) **Pneumatophoren (Atemwurzeln).** Pneumatophoren, wie die der Weißen Mangrove (*Laguncularia racemosa*), versorgen solche Pflanzen mit Sauerstoff, die in sumpfigen Gebieten wachsen, in denen das Wasser sauerstoffarm sein kann.

(f) **Speicherwurzeln.** Viele Pflanzen, wie hier die Petersilie (*Petroselinum hortense*), speichern Wasser oder Assimilate in ihren Wurzeln.

Abbildung 4.6: Modifizierte Wurzeln.

4 WURZELN, SPROSSE UND BLÄTTER: DER PRIMÄRE PFLANZENKÖRPER

DIE WUNDERBARE WELT DER PFLANZEN
Wurzelparasiten

Gewöhnlich bilden sich während des primären Wachstums Sprossachsen aus, damit die Pflanze das Licht erreicht; bei Wurzeln geht es darum, an Wasser und Mineralstoffe aus dem Boden zu gelangen. Doch finden einige Pflanzen mit primärem Wachstum die Nährstoffe auf anderen Wegen. Zur Gattung der *Striga* (im Bild rechts) gehören mehr als 40 Arten, etwa ein Drittel davon sind Parasiten von Kulturpflanzen. Jede *Striga*-Pflanze kann zwischen 50.000 und 500.000 Samen bilden, die winzig klein sind und auch nach mehr als zehn Jahren noch keimen können. Nach der Keimung muss sich der Keimling innerhalb einer Woche an eine Wirtspflanze anschließen. Die Wurzeln von *Striga*-Keimlingen parasitieren die Wirtspflanze, indem sie mit Haustorien in die Wurzeln des Wirts eindringen (siehe Abbildung unten). Jedes Haustorium erhält unmittelbar durch den Wirt Nährstoffe und Wasser. Der Großteil des Schadens wird im unterirdischen Teil der Wirtspflanze angerichtet, was zu einer schwerwiegenden Ertragseinbuße oder sogar zum Verlust der ganzen Ernte führt.

Drei *Striga*-Arten verursachen gegenwärtig große Probleme beim Getreide- und Gemüseanbau in Afrika und Asien. Der Ernteverlust beläuft sich in Afrika und Teilen Asiens auf etwa 40 Prozent, in einigen Gebieten übersteigt er 70 Prozent. Die Parasiten befallen in Afrika zwei Drittel des angebauten Getreides, was sie zum ernsthaftesten ertragsschädigenden Problem auf dem Kontinent macht.

Es gibt etliche Strategien, um das *Striga*-Problem zu beseitigen. Gene aus einem wilden Mais (*Zea diploperennis*), der gegen *Striga* resistent ist, wurden in die Gene von kultiviertem Mais eingeschleust. Wissenschaftler pflanzen auch Hülsenfrüchtler, die in Symbiose mit Stickstoff fixierenden Bakterien leben, was zu einem vorzeitigen Abbruch in der Entwicklung von *Striga*-Samen führt. Eine weitere Strategie stützt sich auf Wirtspflanzen, die herbizidresistent sind. Die Wirtspflanzen können dann zur Beseitigung der Parasiten besprüht werden. Wissenschaftler experimentieren auch mit Phytohormonen, die eine vorzeitige Keimung von *Striga*-Samen auslösen, was die natürliche „Samenbank" beseitigt, die sich aufgrund der verzögerten Keimung im Boden aufbaut. In Nordafrika wurde auch ein Pilz entdeckt (*Fusarium oxysporum*), der *Striga* abtötet, jedoch das Wachstum von Sorghum und anderen Getreiden nicht beeinflusst. Die *Sorghum*-Erträge stiegen nach der Pilzbehandlung in mit *Striga* infizierten Gebieten um 70 Prozent.

Striga ist eine von etwa 3000 Pflanzen, die Blütenpflanzen als Parasiten befallen. Eine weitere parasitäre Pflanze ist eine Art der Gattung *Triphysaria*, welche die Wurzeln von *Arabidopsis thaliana* (Acker-Schmalwand) infiziert. Da *Arabidopsis* als eine Modellpflanze für molekulargenetische Experimente dient, könnte die Untersuchung der Verbindung zwischen *Triphysaria* und *Arabidopsis* dabei helfen, die molekularen Grundlagen des pflanzlichen Parasitismus zu enträtseln. Bei den wissenschaftlichen Untersuchungen ist man weiterhin darum bemüht, die Ernteschäden durch parasitäre Pflanzen zu minimieren oder vielleicht sogar zu beseitigen.

gen oft dazu, in solchen Wurzeln Wasser zu speichern. Viele Pflanzen – darunter Möhren, Wurzelpetersilie und Zuckerrüben – speichern jedoch in ihren Wurzeln Stärke oder Zucker als Nahrungsquelle für den Zeitraum zwischen zwei Wachstumsperioden und für das Starten des Wachstums zu Beginn einer neuen Wachstumsperiode. Über viele Jahre hinweg haben Pflanzenzüchter und Bauern einzelne Pflanzen mit besonders hohen Speicherkapazitäten als Anbaupflanzen ausgewählt. In den meisten Fällen weisen diese Speicherwurzeln eine modifizierte Art des sekundären Wachstums auf, bei dem sich in der Wurzel zusätzliche Meristeme bilden.

Einige Pflanzen haben modifizierte parasitäre Wurzeln, die man als **Haustorien** (Singular: Haustorium) bezeichnet. Sie durchdringen Sprossachsen und Wurzeln anderer Pflanzen, um Wasser, Mineralstoffe (zum Beispiel bei Misteln) und auch organische Moleküle (bei Vollparasiten) aufzunehmen. Mindestens eine parasitäre Pflanze, die *Striga*, hat sich zu einer großen landwirtschaftlichen Plage entwickelt (siehe den Kasten *Die wunderbare Welt der Pflanzen* auf Seite 92).

All diese Wurzelmodifikationen spiegeln evolutionäre Anpassungen wider, die unter bestimmten Umweltbedingungen erfolgreich waren. Wie Sie später in diesem Kapitel sehen werden, haben viele Pflanzen auch modifizierte Sprossachsen oder Blätter, die zusätzliche Funktionen übernehmen. Die häufig ineinandergreifenden Funktionen der Pflanzenorgane unterstreichen die Tatsache, dass Wurzeln, Sprossachsen und Blätter in engem wechselseitigem Verhältnis stehen, um die Bedürfnisse der Pflanze zu befriedigen.

Wurzelsymbiosen

Wurzeln gehen oft **mutualistische**, also wechselseitig vorteilhafte **symbiotische** Beziehungen mit anderen Organismen ein. **Mykorrhizen** (von griechisch *mykes*, „Pilz", und *rhiza*, „Wurzel") sind mutualistische Beziehungen zwischen den Wurzeln von Gefäßpflanzen und Pilzen, die bei mehr als 80 Prozent aller Pflanzenarten vorkommen. Die beiden Hauptarten dieser Verbindungen sind Endomykorrhizen und Ektomykorrhizen. Bei den **Endomykorrhizen** durchdringen die Pilzhyphen Pflanzenwurzeln und bilden verzweigte Strukturen, die man als Arbuskeln bezeichnet. Ein Teil der Arbuskeln drückt gegen die Außenseite der Membranen einer Pflanzenzelle, um Nährstoffe aufzunehmen (▶ Abbildung 4.7a). Bei den **Ektomykorrhizen** durchdringen die Pilzhyphen die Pflanzenwurzel nicht. Stattdessen wird die Wurzel von einem weitverzweigten Hyphennetz umgeben, das eine Schutzhülle bildet (▶ Abbildung 4.7b). Bei beiden Arten dieser symbiotischen Verbindungen gewinnt die Pflanze durch eine gesteigerte Absorption von Mineralien wie Phosphat aufgrund der Pilzhyphen und weil sie selbst weniger Wurzelhaare bilden muss. Die Pilze können der Pflanze dabei helfen, sich gegen die Angriffe anderer, Krankheiten hervorrufender Pilze und Fadenwürmer (Rübenälchen) zu wehren. Indessen bezieht der Pilz Zucker und andere organische Moleküle aus der Pflanze.

Mykorrhizen (▶ Abbildung 4.7c) findet man bei fossilen Pflanzen oft. Sie könnten dafür verantwortlich gewesen sein, dass sich Gefäßpflanzen an Land etablierten. Viele Studien haben gezeigt, dass eingetopfte Keimlinge wesentlich schneller wachsen, wenn sie in Sym-

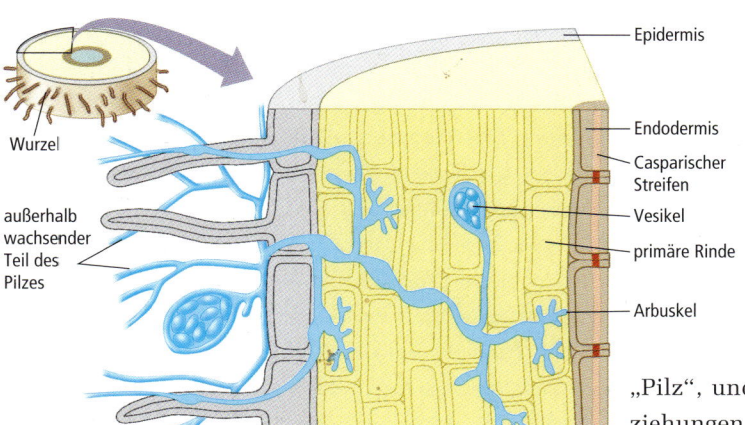

(a) Endomykorrhizen durchdringen die primäre Rinde der Wurzel.

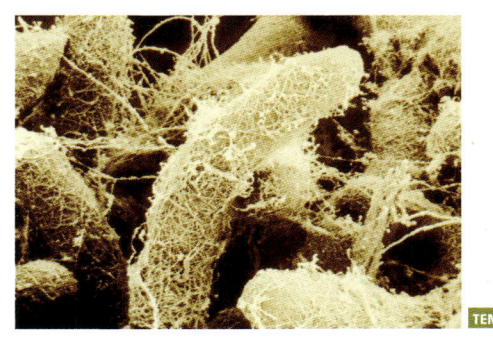

(b) Ektomykorrhizen bilden eine Schutzhülle um die Wurzel.

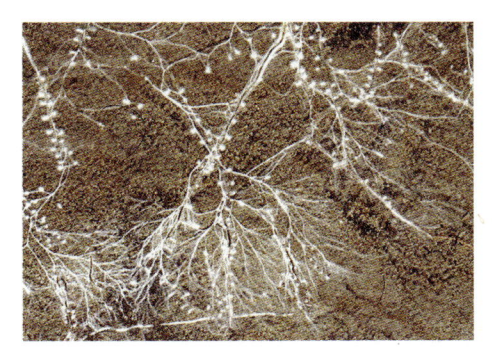

(c) Die Pilzhyphen der Ektomykorrhiza dieser Kiefer erstecken sich über einige Entfernung in den Boden.

Abbildung 4.7: Mykorrhizen sind symbiotische Verbindungen von **Wurzeln und Pilzen.**

biose mit dem passenden Mykorrhizapilz leben. Genauso funktioniert das Umsetzen am besten, wenn der Boden am neuen Ort auch den passenden Mykorrhizapilz enthält.

Einige Pflanzen gehen auch Beziehungen zu Arten von Stickstoff fixierenden Bakterien ein – das sind Bakterien, die gasförmigen Stickstoff aus der Luft in Ammonium umwandeln, das wiederum in organische Moleküle eingebaut werden kann. Pflanzen können dann den durch diese Bakterien gebundenen Stickstoff aufnehmen und ihn in Aminosäuren, Nucleotide und andere lebenswichtige stickstoffhaltige Verbindungen einbauen. Dies ist praktisch der einzige biologische Weg, auf dem Luftstickstoff in Nahrungsketten gelangen kann. Pflanzen aus der Familie der Hülsenfrüchte sind für den Menschen besonders wichtig, weil sie aufgrund ihrer mutualistischen Beziehungen zu Stickstoff fixierenden Bakterien den Boden mit Stickstoff anreichern. Diese Anreicherung ist sehr wichtig, weil es durch das Ernten von Getreide zum Mangel von Nährstoffen, wie von Stickstoff, im Boden kommt. Bei Hülsenfrüchtlern infizieren die Stickstoff fixierenden Bakterien die Wurzel, wo sie die Bildung von Wurzelknötchen auslösen, in denen die Bakterien leben. Mit Stickstoff fixierenden Bakterien und ihren Beziehungen zu Pflanzen werden wir uns in Kapitel 10 detailliert befassen.

WIEDERHOLUNGSFRAGEN

1. Worin unterscheiden sich Pfahlwurzel- und Faserwurzelsysteme?
2. Beschreiben Sie die Zellentwicklung und die Reifung in den Zonen nahe der Wurzelspitze.
3. Welche Funktionen übernehmen die Wurzelhaube, das Mucigel und die Wurzelhaare?
4. Welche Rollen spielen Perizykel und Endodermis?
5. Geben Sie Beispiele für spezielle Wurzelanpassungen an.
6. Was sind Mykorrhizen und in welcher Hinsicht sind sie vorteilhaft?

4.2 Sprossachsen

Sprossachsen und Blätter sind die Organe, die Pflanzen gewöhnlich oberirdisch ausbilden. Zusammen bilden sie das Sprosssystem. Wie Sie aus Kapitel 3 wissen, wird ein einzelner Spross mit seinen Blättern im Allgemeinen als ein Trieb bezeichnet. Sprossachsen bringen Blätter ans Licht und aus dem Schatten anderer Pflanzen oder Gegenstände heraus. Um das Gewicht der Blätter zu tragen und sich der Kraft des Windes widersetzen zu können, müssen Sprossachsen fest sein, das gilt insbesondere für große Bäume. Außerdem müssen sie auch Wasser, Mineralstoffe und organische Moleküle zwischen den Wurzeln und den Blättern transportieren. An dieser Stelle werden wir uns mit der primären Struktur von Sprossachsen beschäftigen.

Wie Sie bereits wissen, sind Blätter an Knoten an die Sprossachse angebracht. Der Teil der Sprossachse zwischen zwei Knoten wird als Internodium bezeichnet. Bei den meisten Pflanzen befindet sich in der Achsel zwischen Sprossachse und Blattstiel eine ruhende Achselknospe, die das Potenzial hat, einen Zweig zu bilden. Knoten, Internodien und Achselknospen sind Grundmerkmale, die Sprossachsen – einschließlich unterirdischer Sprosse – von Wurzeln und Blättern unterscheiden.

Das Sprossachsenwachstum ist komplexer als das Wurzelwachstum, weil die Sprossachse nicht nur in die Länge wächst, sondern auch Blätter und Achselknospen bildet, wobei das Sprossapikalmeristem in kurzer Folge Blattprimordien und Achselknospen ausbildet (▶ Abbildung 4.8). Da sich die Blattprimordien sehr nahe beieinander befinden, sind die Internodien zunächst sehr kurz. Während das Längenwachstum einer Wurzel nur in einer einzigen Streckungszone nahe der Wurzelspitze stattfindet, wächst eine Sprossachse typischerweise an verschiedenen Internodien unterhalb des Apikalmeristems gleichzeitig. Einige Pflanzen, wozu auch solche Gräser wie Weizen gehören, besitzen in jedem Internodium einen Bereich sich teilender Zellen: das **Interkalarmeristem**. Diese eingefügten Meristeme ermöglichen ein schnelles Wachstum der Sprossachse über ihre gesamte Länge.

4.2 Sprossachsen

Abbildung 4.8: Das Sprossapikalmeristem. Das Sprossapikalmeristem besteht aus einer zentralen Gruppe sich langsam teilender Zellen, die von einem schmalen Bereich sich schneller teilender Zellen umgeben ist. Dieser Längsschnitt zeigt die Blattprimordien, die an beiden Seiten des Sprossapikalmeristems auftauchen. Während der Spross wächst, erscheinen neue Blattprimordien an den Flanken des Apikalmeristems. Unmittelbar neben und unter dem Apikalmeristem befinden sich das Protoderm, das Prokambium und das Grundmeristem, also Bereiche mit verstärkter Zellteilung. Zellstreckung und die Zelldifferenzierung finden unterhalb dieser Bereiche statt.

Zonen- und Zellschichtmodelle

Botaniker haben zwei Modelle dafür entwickelt, wie ein Sprossapikalmeristem zu den primären Meristemen, dem Protoderm, dem Grundmeristem und dem Prokambium, führt. Eines ist unter dem Namen *Zonenmodell* bekannt, das andere wird als *Zellschichtmodell* bezeichnet. Beide sind korrekt, doch scheinen einige Pflanzen besser zu dem einen zu passen als zu dem anderen.

Das **Zonenmodell** beschreibt das Sprossapikalmeristem als eine Rundung, die in drei Gebiete unterteilt ist: die zentrale Mutterzellzone, die periphere Zone und die Markzone (▶ Abbildung 4.9a). Die **zentrale Mutterzellzone** enthält Zellen, die sich selten teilen und

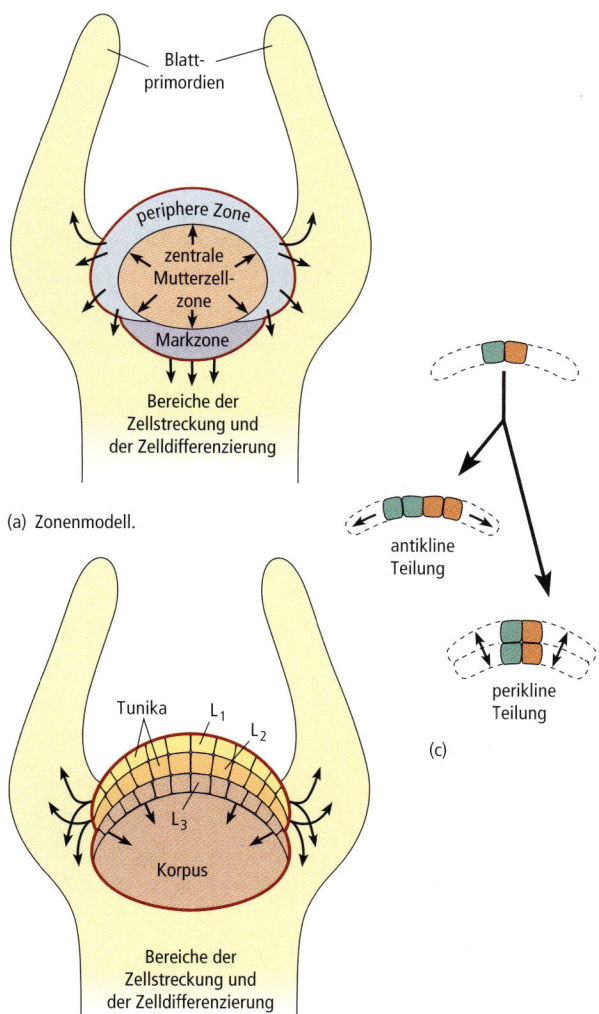

(a) Zonenmodell.

(b) Zellschichtmodell (Tunika-Korpus-Modell).

Abbildung 4.9: Die Gliederung des Sprossapikalmeristems in Zonen und Schichten. Diese Abbildung zeigt zwei verschiedene Modelle, die zur Beschreibung des Sprossapikalmeristems genutzt werden. (a) Beim Zonenmodell führen die sich langsam teilenden Zellen der zentralen Mutterzellzone zu den sich schnell teilenden Zellen in der peripheren Zone und der Markzone. Zellen aus der peripheren Zone entwickeln sich zu Blattprimordien und bilden schließlich die Abschluss- und Leitgewebezellen der Sprossachse sowie die primäre Rinde. Zellen aus der Markzone bilden schließlich das Grundgewebe im Innern der Sprossachse. (b) Das Zellschichtmodell, auch als Tunika-Korpus-Modell bekannt, beschreibt das Sprossapikalmeristem als in drei Schichten unterteiltes System sich teilender Zellen. Gewöhnlich gibt es zwei äußere Schichten (L1 und L2), welche die Tunika bilden und zum Protoderm führen. Aus der innersten Schicht bilden sich das Prokambium und das Grundmeristem. (c) Die Zellen in der Tunika teilen sich antiklin (rechtwinklig zur Oberfläche des Apikalmeristems), während sich die Zellen im Korpus sowohl antiklin als auch periklin (parallel zur Oberfläche des Apikalmeristems) teilen.

aus denen sich die Zellen der peripheren Zone und der Markzone bilden. Die **periphere Zone** ist eine Kugel, die die zentrale Mutterzellzone umgibt. Die periphere

Zone besteht aus Zellen, die sich schnell teilen, um zu Blattprimordien und Teilen der Sprossachse zu werden, indem sie Zellen für Protoderm, Prokambium und den Teil des Grundmeristems liefern, der die primäre Rinde bildet. Unterhalb der zentralen und der peripheren Zone liegt die **Markzone**: Das ist der Ursprung der Zellen, die den Teil des Grundmeristems bilden, aus dem sich das Mark entwickelt. Unterhalb dieser Zonen des Sprossapikalmeristems liegen Protoderm, Prokambium und Grundmeristem, das sind Orte, an denen sich die Zellteilung fortsetzt und das Zellwachstum und die Zelldifferenzierung einsetzen. Unterhalb dieser primären Meristeme setzen die Zellen ihre Streckung und Differenzierung so lange fort, bis sie ausgereiftes Gewebe bilden.

Das **Zellschichtmodell**, auch als **Tunika-Korpus-Modell** bezeichnet, beschreibt die Initiale des Sprossapikalmeristems als in Zellschichten unterteilt, wobei man von der Spitze des Apikalmeristems ausgeht (▶ Abbildung 4.9b). Die äußeren Schichten der Initiale bilden die **Tunika**, die äquivalent zum äußeren Teil der peripheren Zone ist. Die meisten Pflanzen haben zwei Tunika-Schichten, die als L1 und L2 gekennzeichnet werden. In der Tunika teilen sich die Zellen typischerweise rechtwinklig zur Oberfläche. Das bezeichnet man auch als **antikline** Teilungen (▶ Abbildung 4.9c). Die L3-Schicht und ihre Nachkommenschaft bilden den **Korpus**, der im Wesentlichen zur zentralen Mutterzellzone, zu den inneren Teilen der peripheren Zone und zur Markzone äquivalent ist. Bei den Initialen des Korpus gibt es antikline Teilungen und auch **perikline** Teilungen, die parallel zur Oberfläche stattfinden. Beim Zellschichtmodell bildet die äußerste Schicht der Tunika das Protoderm; aus dem Korpus bilden sich das Prokambium und das Grundmeristem.

(a) Protostele (bei einigen samenlosen Gefäßpflanzen).

(b) Siphonostele (bei den meisten samenlosen Gefäßpflanzen).

(c) Eustele mit einem dicken Ring aus Leitbündeln (bei einigen Zweikeimblättrigen).

(d) Eustele mit einem lockeren Ring aus Leitbündeln (bei den meisten Zweikeimblättrigen und einigen Nacktsamern).

(e) Stele mit verstreuten Leitbündeln (bei den meisten Einkeimblättrigen).

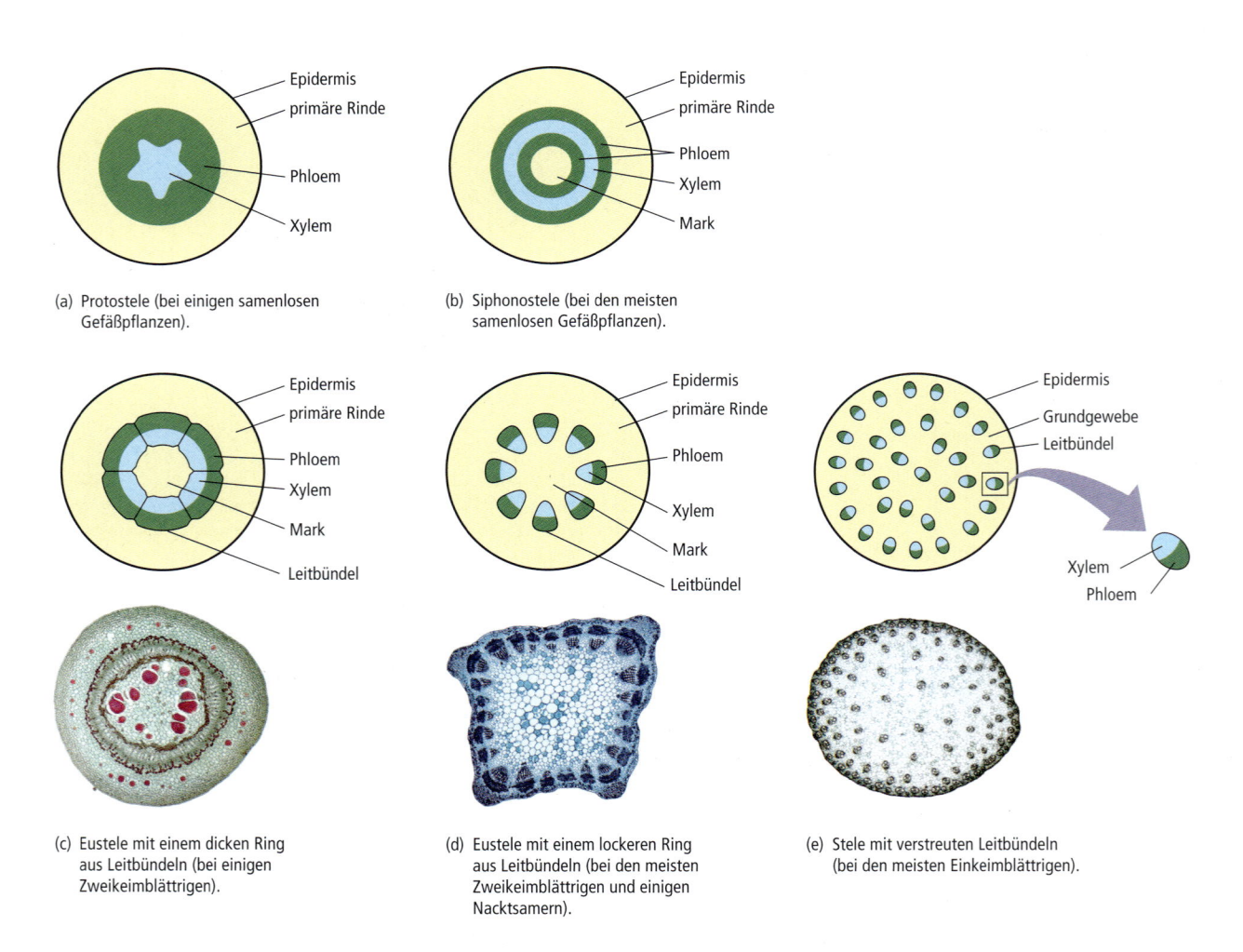

Abbildung 4.10: Die primäre Struktur von Sprossachsen. Bei den meisten Leitbündeln findet man das Xylem innen und das Phloem außen. Primäres Xylem und primäres Phloem sind oft von einer Hülle aus Sklerenchymzellen umgeben (Leitbündelscheide). Diese Querschnitte zeigen die Grundmuster der Sprossachsenstruktur bei Pflanzen.

Das Leitgewebe

Bei der Anordnung des Leitgewebes gibt es in der primären Struktur von Sprossachsen beachtliche Unterschiede. Die Sprossachsen einiger samenloser Gefäßpflanzen (Farnpflanzen) haben eine Protostele, also dasselbe primitive Muster, das man bei nahezu allen Wurzeln findet (▶ Abbildung 4.10a). Protostele gibt es bei den ältesten Pflanzen, die durch Fossilien dokumentiert sind. Die Sprossachsen einiger samenloser Gefäßpflanzen haben **Siphonostele** (▶ Abbildung 4.10b), die aus einem durchgehenden Zentralzylinder bestehen, der einen Markkern (Grundgewebe) umgibt. Bei Siphonostelen, die sich aus Protostelen entwickelt haben, liegt das Phloem außerhalb des Xylems oder auf beiden Seiten des Xylems. Der Zylinder wird durch **Blattlücken** unterbrochen, an denen das Leitgewebe von der Stele in die Blätter abzweigt.

Bei den Sprossachsen der meisten Samenpflanzen – also bei Nacktsamern und Bedecktsamern – bildet das Leitgewebe **Leitbündel**. Das sind separate Stränge, die aus Xylem und Phloem bestehen. Leitbündel haben keine Blattlücken. Bei jedem Bündel liegt das Xylem nach innen gerichtet, das Phloem liegt nach außen gerichtet. Bei den meisten Nacktsamern und Zweikeimblättrigen sind die Leitbündel ringförmig um das Mark angeordnet. Diese Anordnung wird als **Eustele** bezeichnet. Wie Siphonostelen entwickelten sich Eustelen aus Protostelen. Bei den Eustelen gibt es zwei Typen. Bei einem Typ bilden die Bündel einen dichten Ring. Zwischen den Bündeln gibt es schmale Bereiche mit Parenchymzellen (▶ Abbildung 4.10c). Bei dem anderen Typ bilden die Bündel einen losen Ring, wobei es zwischen den Bündeln breitere Bereiche mit Parenchymzellen gibt (▶ Abbildung 4.10d). Im Gegensatz zu der kreisförmigen Anordnung bei Eustelen sind die Leitbündel bei den meisten Einkeimblättrigen über das gesamte Grundgewebe verteilt (▶ Abbildung 4.10e). Diese zerstreute Anordnung bei Einkeimblättrigen entwickelte sich aus Eustelen.

Wie Sie wissen, beziehen sich die Begriffe *primäre Rinde* und *Mark* auf Bereiche des Grundgewebes, das hauptsächlich aus Parenchymzellen besteht. Diese Begriffe sind nur sinnvoll, um Bereiche des Grundgewebes im Bezug auf einen einzelnen Zylinder oder Ring aus Leitgewebe zu unterscheiden. Das Grundgewebe außerhalb des Zentralzylinders oder des Rings bezeichnet man als *primäre Rinde*, das Grundgewebe innerhalb des Leitgewebes bezeichnet man dagegen als *Mark*. Wenn jedoch die Leitbündel verstreut sind, was bei den meisten Sprossachsen von Einkeimblättrigen der Fall ist, dann ist das Grundgewebe zwischen den Leitbündeln verteilt, so dass die Begriffe *primäre Rinde* und *Mark* nicht mehr anwendbar sind. Bei allen Strukturen sind natürlich die Gewebe vom Abschlussgewebe umgeben. Beim primären Wachstum ist die Epidermis das Abschlussgewebe, aus der sich häufig eine Cuticula bildet. Sie besteht aus wasserundurchlässigen Stoffen, so dass die Pflanze vor Wasserverlust geschützt ist.

Der Übergangsbereich zwischen Wurzel und Sprossachse

Da die meisten Wurzeln über Protostele verfügen, die meisten Sprossachsen dagegen mannigfaltige Anordnungen von Leitbündeln haben, stellt sich die Frage, wie das Leitgewebe der Wurzel mit dem der Sprossachse verbunden ist. Die Antwort lautet, dass es eine Übergangszone zwischen Sprossachse und Wurzel gibt, in der das eine Muster allmählich in das andere übergeht (▶ Abbildung 4.11). Diese Übergangszone bildet sich während des frühen Wachstums des Keimlings. Ihre Länge reicht von einigen Millimetern bis zu einigen Zentimetern.

Man könnte sich fragen, warum die Wurzeln und Sprosse derselben Pflanze unterschiedliche Muster im Leitgewebe haben. Möglicherweise könnte die evolutionäre Entwicklung von Wurzeln und Sprossachsen eine Antwort auf diese Frage geben. Die ersten Gefäßpflanzen hatten nämlich keine Wurzeln. Stattdessen bestanden sie aus einer oberirdischen und einer unterirdischen Sprossachse mit Protostelen. Offensichtlich wurde die Struktur der Protostele beibehalten, als sich die unterirdischen Sprosse zu Wurzeln entwickelten. Den oberirdischen Sprossachsen gaben die Protostele möglicherweise jedoch nicht ausreichend strukturellen Halt, so dass sie bei den meisten Gefäßpflanzen allmählich durch Siphonostelen oder Eustelen ersetzt wurden.

Phyllotaxis (Blattstellung)

Sie haben gesehen, wie stark die innere Struktur von Sprossachsen variieren kann. Es gibt auch Unterschiede bei der Blattanordnung. Blattprimordien bilden sich an den Seiten des Sprossapikalmeristems bei jeder Pflanzenart nach einem geordneten und vorhersagbaren Muster, der **Phyllotaxis** (griechisch „Blattreihenfolge"). Es gibt drei Grundmuster, die sich durch die Anzahl der

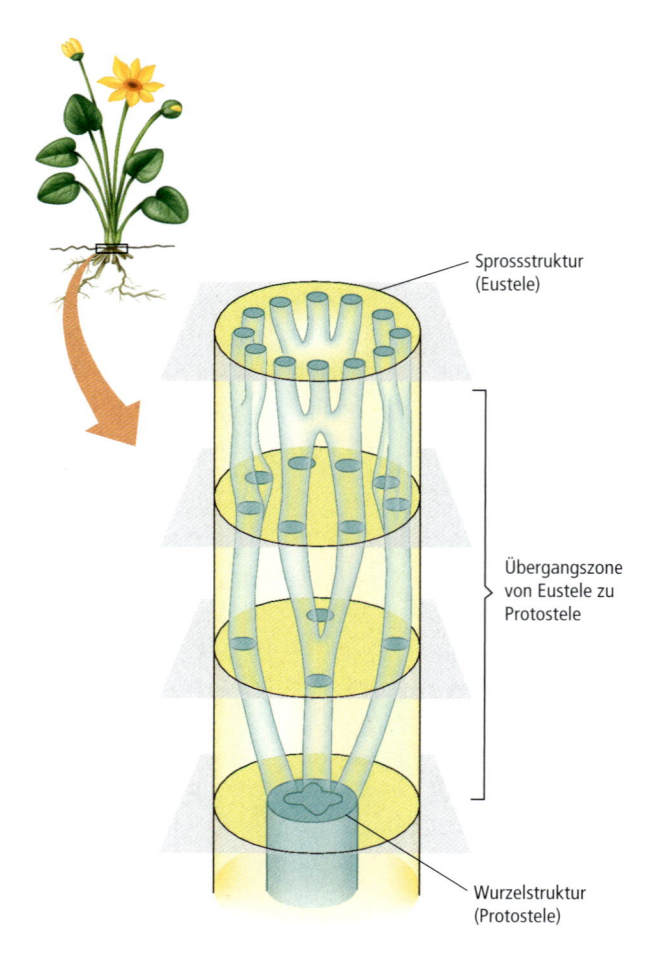

4 WURZELN, SPROSSE UND BLÄTTER: DER PRIMÄRE PFLANZENKÖRPER

Abbildung 4.11: Übergangszone zwischen Sprossachse und Wurzel. Bei vielen Pflanzen ist das Leitgewebe in der Stele der Wurzel anders angeordnet als in der Stele der Sprossachse. In der Übergangszone geht eine Anordnung in die andere über. Häufig treten dabei sehr komplexe Muster auf, die sich von einer Art zur anderen signifikant unterscheiden. Der Übergang vollzieht sich gewöhnlich innerhalb eines Gebiets, das nur einige Millimeter bis einige Zentimeter lang ist. Dieses vereinfachte Beispiel zeigt, wie ein Teil des Leitgewebes der Protostele der Wurzel einer Butterblume (*Ranunculus*) allmählich in einen Teil des Leitgewebes der Eustele der Sprossachse mit vielen einzelnen Leitbündeln übergeht.

Blätter pro Knoten unterscheiden: wechselständig, gegenständig und quirlständig (▶ Abbildung 4.12). Bei einer **wechselständigen** Anordnung gibt es nur ein Blatt pro Knoten. Bei einer bestimmten Art der wechselständigen Phyllotaxis ist jedes Blatt gegenüber dem vorhergehenden in einem Winkel von 180° angeordnet. Bei einer anderen, häufig vorkommenden Art sind die Blätter schraubig um die Sprossachse angeordnet. Die **gegenständige** Anordnung ist dadurch gekennzeichnet, dass es pro Knoten zwei Blätter gibt. Bei einer Variante ist jedes Blattpaar genauso orientiert wie das vorhergehende Paar. Bei einer anderen Variante, der kreuzgegenständigen Anordnung, bildet jedes Paar mit dem vorhergehen-

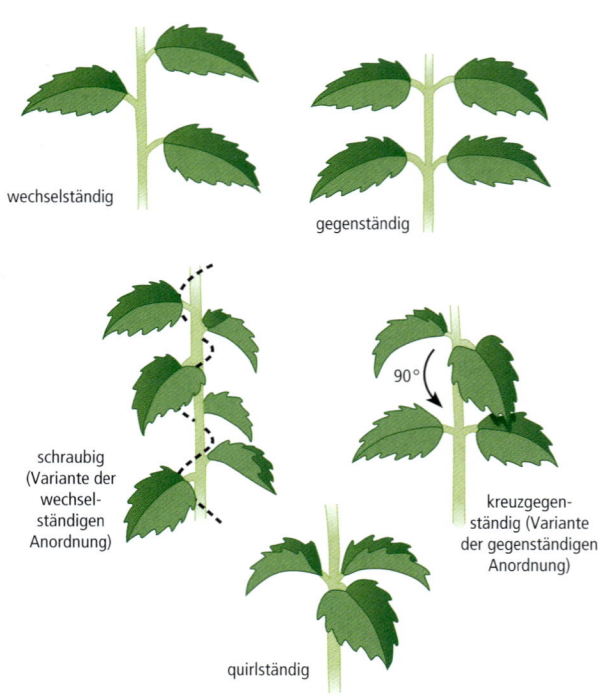

Abbildung 4.12: Grundmuster der Blattanordnung an Sprossachsen. Die drei wichtigsten Arten der Blattanordnung sind wechselständig, gegenständig und quirlständig.

den einen rechten Winkel. Bei einer **quirlständigen** Anordnung gibt es pro Knoten drei oder mehr Blätter. Unabhängig von der Phyllotaxis sind Blätter im Allgemeinen so angeordnet, dass jedes Blatt optimal zum Licht ausgerichtet ist und gut Photosynthese betrieben werden kann.

Botaniker suchen nach Anhaltspunkten dafür, warum neue Blätter an bestimmten Stellen erscheinen. Es gibt zwei Arten von Theorien, die den Versuch unternehmen, die Muster der Blattprimordien an den Apikalmeristemen zu erklären: Feldtheorien und Theorien über den verfügbaren Platz. Feldtheorien, auch als biochemische Theorien bezeichnet, verweisen auf Phytohormone oder andere wachstumsfördernde Substanzen als Ursachen für die Blattanordnung. Beispielsweise könnten bestehende Blattprimordien eine Substanz ausschütten, welche die Bildung neuer Primordien in der näheren Umgebung unterbindet. Jedoch hat bisher noch keiner solche hormonellen Felder identifiziert. Theorien über den verfügbaren Platz, auch als biophysikalische Theorien bezeichnet, behaupten, dass neue Primordien entstehen, wenn der Platz nicht durch bereits existierende Primordien belegt ist. Eine dieser Theorien besagt, dass die Kraft, die durch die Primordien auf die Apikaloberfläche ausgeübt wird, eine Art

4.2 Sprossachsen

(a) Weizen wächst in kühleren, gemäßigten Gebieten und erreicht eine Höhe von 0,5 bis 1 m. Eine typische Weizenpflanze besteht aus bis zu sieben Blättern und bis zu drei Achselsprossen, die man als Ausläufer bezeichnet. Diese sind an Knoten mit der Sprossachse verbunden. Nur einige Internodien wachsen während des Lebenszyklus der Pflanze.

(b) Palmen wachsen in tropischen Regionen und sind oft ziemlich groß. Sie haben Hunderte von Blattbasen am Stamm. Palmen bilden wesentlich mehr Blätter als Weizenpflanzen, und alle Internodien weisen ein Längenwachstum auf. Blätter sterben schließlich ab und fallen ab, was die Blattbasen optisch hervortreten lässt.

Abbildung 4.13: Vergleich von Knoten und Internodien bei Weizen und Palmen. Ein Pflanzentrieb besteht aus Sprossinternodien, die durch Knoten voneinander getrennt sind, an denen Blätter angebracht sind. Die Hauptunterschiede zwischen den Sprossachsen von Weizen und Palmen liegen in der Zahl der Internodien und darin, wie sich die Streckung vollzieht.

spontane Anhebung oder Blasenbildung an der Apikaloberfläche bewirkt, aus der sich das nächste Primordium entwickelt.

Anpassungen der Sprossachse

Abgesehen von den Unterschieden der Phyllotaxis kommen Sprossachsen in vielen Größen und Formen vor, was die Anpassung an unterschiedliche Umweltbedingungen widerspiegelt. Sehen wir uns zwei Sprossachsen an – die hohe, fasrige Sprossachse einer Palme und die kurze, schlanke Sprossachse einer Weizenpflanze. Palmen sind die größten Pflanzen mit einer Sprossachse, die ausschließlich durch primäres Wachstum gebildet wird. Obwohl Palmen keine Lateralmeristeme (sekundäre Meristeme) aufweisen, wachsen die Stämme immer noch beachtlich in ihrer Breite, weil sich bei der Nachkommenschaft aus den Apikalmeristemen die Zellteilung und das Zellwachstum fortsetzen. Bei einer Palme befindet sich ein einziges Apikalmeristem an der Spitze der Sprossachse, die nahezu 60 Meter hoch wachsen kann. Im Gegensatz dazu sind Weizenpflanzen typische Gräser mit kurzen Sprossachsen.

Palmen und Weizenpflanzen sind gute Beispiele dafür, wie unterschiedliche Umweltbedingungen zu Modifikationen der Sprossachse führen können, weil unterschiedliche Bedürfnisse befriedigt werden müssen. Heimisch in tropischen Gebieten mit wenig oder keinem Frost, leben Palmen viele Jahre. Sie müssen mit anderen Pflanzen um Sonnenlicht konkurrieren, oft in üppig bewachsenen, tropischen Wäldern. Indem sie innerhalb mehrerer Jahre hoch aufwachsen, erhalten sie entsprechend viel Sonnenlicht, und ihre Blätter und Apikalmeristeme sind vor den meisten Tieren geschützt. Im Gegensatz dazu sind Weizenpflanzen in kalten Gebirgen und Steppen des Mittleren Ostens heimisch. Sie leben nur ein einziges Jahr. Sie müssen in kalten, windigen Gebieten mit kurzen Wachstumsperioden und mit zeitweiligen Bissschäden durch Tiere überleben. Da sich ihre Apikalmeristeme die meiste

(a) **Stolonen.** Diese Erdbeerpflanze besitzt Stolonen, horizontale Sprossachsen oder auch Ausläufer, die über dem Boden wachsen, um die Pflanze bei der asexuellen Fortpflanzung zu unterstützen.

(b) **Rhizome.** Diese Rhizome oder unterirdischen horizontalen Sprossachsen gehören zu einer Schwertlilie.

(c) **Sprossknollen.** Etliche Pflanzen, wie diese Süßkartoffel, bilden Knollen: unterirdische Sprossachsen, die Stärke speichern.

(d) **Bulden.** Die Gladiole hat eine Knolle, die einer Zwiebel ähnelt, abgesehen davon, dass die Blätter klein und dünn sind. Nährstoffe werden nicht in den Blättern, sondern in der Sprossachse gespeichert.

(e) **Zwiebeln.** Eine Zwiebelpflanze ist ein Beispiel für eine Zwiebel, wobei es sich um ein kurzes Stück Sprossachse handelt, an dem fleischige Blätter wachsen.

Abbildung 4.14: Modifizierte Sprossachsen.

Zeit während der Wachstumsperiode in der Nähe des Bodens befinden, kann die Weizenpflanze den trockenen und physisch angreifenden Wind sowie den Verlust der Blätter durch grasende Tiere überleben.

Die Sprossachsen von Weizenpflanzen und Palmen unterscheiden sich signifikant in der Zahl der Internodien und in den Streckungsmustern. Jede Weizensprossachse bildet einen Haupttrieb und ein bis drei Achselsprosse, die man als **Ausläufer** bezeichnet (▶ Abbildung 4.13a). Der Haupttrieb entwickelt nur etwa sieben Blätter, die Ausläufer bilden sogar noch weniger. Die meisten Internodien wachsen zunächst nicht, wodurch jedes Sprossapikalmeristem der Pflanze bis zum Ende des Lebenszyklus in Bodennähe gehalten wird. Dann wächst jeder Trieb aufgrund der eingefügten Meristeme in den Internodien von einigen Zentimetern bis zu einem Meter. Jeder Trieb bildet einen Blütenstand, aus dem sich nach der Bestäubung die

Weizenkörner entwickeln. Das letzte und größte Blatt, als **Fahnenblatt** bezeichnet, hat einen bedeutenden Einfluss auf den Getreideertrag. Im Gegensatz dazu bilden Palmen viele Blätter und die Internodien wachsen allmählich zu einem Stamm, der die jüngeren Blätter in der Nähe des Sprossapikalmeristems immer höher hebt (▶ Abbildung 4.13b). Alte Blätter sterben ab und fallen schließlich vom Stamm, ihre Blattbasen bleiben jedoch sichtbar.

Spezielle Aufgaben von Sprossachsen

Sie haben gesehen, dass viele Pflanzen modifizierte Wurzeln besitzen. Abgesehen davon haben sich auch etliche spezialisierte Sprossachsen entwickelt.

Einige modifizierte Sprossachsen sind bei der Fortpflanzung behilflich. **Stolonen** sind horizontal verlaufende oberirdische Sprossachsen, durch die sich Pflanzen, wie beispielsweise Erdbeeren, fortpflanzen (▶ Abbildung 4.14). Stolonen entstehen häufig aus Achselknospen, die einen Spross bilden, der am Boden entlang wächst, um in der Nähe eine neue Pflanze zu entwickeln. Viele Gräser, wie beispielsweise Weizen, pflanzen sich durch Ausläufer fort. Das sind Achselsprosse, die von den Knoten im unteren Teil der Pflanze ausgehen, unmittelbar unterhalb des Apikalmeristems. Horizontale Sprossachsen, die als **Rhizome** bezeichnet werden, treten unterirdisch auf (▶ Abbildung 4.14b). Schwertlilien haben typischerweise Rhizome, die jedes Jahr neue Blätter oder Triebe entwickeln.

Andere modifizierte Sprossachsen speichern hauptsächlich Assimilate oder Wasser. Assimilate speichernde Sprossachsen verdicken sich, indem sie in Parenchymzellen Stärkekörner ansammeln. **Knollen**, wie der Kartoffel und der Süßkartoffel, sind unterirdische Sprossachsen, die vorrangig aus mit Stärke gefüllten Parenchymzellen bestehen, die sich an den Spitzen von Stolonen oder Rhizomen bilden (▶ Abbildung 4.14c). Die Augen der Kartoffel sind in Wirklichkeit Achselknospen, die spiralförmig auf der Kartoffeloberfläche angeordnet sind. Bei **Zwiebeln**, wie bei der Zwiebelpflanze, sammelt sich die Stärke in den verdickten, fleischigen Blättern, die an der Sprossachse wachsen (▶ Abbildung 4.14e). **Bulben**, wie die der Gladiolen, sind unterirdische, Assimilate speichernde Sprossachsen, die wie Zwiebeln geformt sind, jedoch hauptsächlich aus Sprossachsengewebe bestehen anstatt aus verdickten Blättern (▶ Abbildung 4.14d). Verdickte Sprossachsen, die Wasser speichern, findet man üblicherweise bei einigen Wüstenpflanzen, insbesondere bei Kakteen. Ihre Stacheln sind in Wirklichkeit modifizierte Blätter, die an einer fleischigen Sprossachse wachsen. Der Kasten *Pflanzen und Menschen* auf Seite 102 beschreibt einige Sprossachsen und Wurzeln, die als wichtige Nahrungspflanzen dienen.

WIEDERHOLUNGSFRAGEN

1. Worin unterscheidet sich das Wachstum von Sprossachsen von dem der Wurzeln?
2. Beschreiben Sie die Grundarten von Stelen in Sprossachsen.
3. Was ist Phyllotaxis?
4. Was offenbaren die Unterschiede zwischen Palmen und Weizenpflanzen über das Sprosswachstum?
5. Nennen Sie einige Gemeinsamkeiten zwischen modifizierten Sprossachsen und modifizierten Wurzeln.

Blätter 4.3

An Sprossachsen bilden sich Blätter und Fortpflanzungsstrukturen, wie Blüten und Zapfen, bei denen es sich im Hinblick auf ihre Evolution in Wirklichkeit um modifizierte Triebe handelt. Mit Fortpflanzungsstrukturen werden wir uns in Kapitel 6 befassen. Hier konzentrieren wir uns auf die Struktur und die Funktionen von Blättern.

Die ersten Pflanzen waren Photosynthese betreibende Sprosssysteme. Blätter entwickelten sich aus abgeflachten Sprossachsen, die zusammenwuchsen. Auf diese Weise entwickelten sich Blätter zu den wesentlichen Photosynthese betreibenden Pflanzenorganen. Sie werden sich jedoch davon überzeugen können, dass Blätter auch andere wichtige Funktionen ausüben.

Blattentwicklung

In diesem Kapitel haben Sie bereits gelernt, dass Blätter an den Sprossapikalmeristemen aus Gewebehöckern entstehen, die man als Blattprimordien bezeichnet. Nun

PFLANZEN UND MENSCHEN

Sprossknollen und Wurzelknollen

Weltweit sind Getreidekörner, wie Reis, Weizen und Mais, Hauptnahrungsquellen des Menschen. Dennoch gehören die Sprossknollen Kartoffel und Yams sowie die Wurzelknollen Süßkartoffel und Maniok zu den ersten sechs Feldfrüchten, die insgesamt 80 Prozent des Kalorienbedarfs der Menschen decken. Der Anbau von Wurzelknollen hat gegenüber dem Anbau von Getreide Vorteile. Auch ohne Technisierung kann leicht ein großer Ertrag erzielt werden, und die Wurzelknollen lassen sich ohne Bearbeitung und Trocknung lagern. Aufgrund ihres Feuchtigkeitsgehalts sind sie aber schwerer als Getreidekörner und deshalb teurer im Transport. Hinsichtlich des Nährwerts sind Wurzelknollen im Vergleich zu Getreidekörnern stärke- und kalorienreicher, oft fehlt es ihnen aber an ausreichend vielen Proteinen und Fetten.

Eine in vielen Regionen angebaute unterirdische Feldfrucht ist die Kartoffel (*Solanum tuberosum*), eine Hauptquelle für Stärke in den Industrieländern. Kartoffeln bevorzugen ein kühles Klima und wachsen in den Tropen gewöhnlich schlecht. Kartoffeln stammen aus den südamerikanischen Anden. Nachdem spanische Entdecker die Kartoffel im 16. Jahrhundert nach Europa brachten, wurde sie in vielen europäischen Ländern zu einer wichtigen Feldfrucht, insbesondere in Irland. Als in den 1840er-Jahren die Kartoffelfäule durch Europa zog, ging die irische Bevölkerungszahl um 50 Prozent zurück, nachdem viele Iren verhungerten oder emigrierten. Obwohl sie oft als Wurzelknollen bezeichnet werden, sind Kartoffeln in Wirklichkeit Sprossknollen. Die von der knollig verdickten Sprossachse gebildeten Knospen werden als „Augen" bezeichnet. Durch ein Kartoffelstück mit einem Auge kann sich die Pflanze vermehren.

Die oben abgebildete Maniok (*Manihot esculenta*) ist die wichtigste Wurzelfrucht in tropischen Ländern, in denen Kartoffeln nicht wachsen würden. Maniok wurde zuerst von südamerikanischen Indianern kultiviert. Diese Pflanze liefert die Grundversorgung mit Kalorien für über 300 Millionen Menschen, wobei sowohl die Speicherwurzel als auch die grünen Blätter essbar sind. Maniokstärke kann zu Körnchen verarbeitet werden, die Hauptbestandteil von Tapiokapudding sind.

Die Süßkartoffel (*Ipomoea batatas*), in Südamerika heimisch, hat große Speicherwurzeln, die gekocht, gebacken oder gebraten werden können. Sie können geschält, aufgeschnitten oder zu Süßkartoffelchips verarbeitet werden.

Manchmal werden Süßkartoffeln auch als Yamswurzeln bezeichnet, doch gehört Yams in Wirklichkeit zur Gattung *Dioscorea*. Bei den im Fernen Osten heimischen Yamswurzeln handelt es sich um Knollen, die mit einem Gewicht von über 300 kg vermutlich als das weltweit größte Gemüse bezeichnet werden können.

Taro (*Colocasia esculenta* oder *Xanthosoma sagittifolium*, im Bild unten eine Plantage auf Hawaii) bildet eine Knolle, die reich an Stärke und Zucker ist. Hauptsächlich wird sie in Afrika angebaut. Das traditionelle hawaiische Poi besteht aus Tarowurzeln, die gedünstet, zerdrückt und anschließend gegoren und eventuell aromatisiert werden. „Einfinger-Poi" ist ziemlich fest, während „Dreifinger-Poi" flüssiger ist.

---

werden wir uns genauer ansehen, wie sich Blattprimordien zu Blättern entwickeln.

Die Bildung einer Wulst, als **Blatthöcker** bezeichnet, an der Seite eines Sprossapikalmeristems liefert den ersten Anhaltspunkt dafür, dass dort bald ein neues Blatt erscheinen wird (▶ Abbildung 4.15). Wenn das Apikalmeristem weiter wächst und sich von der Spitze entfernt, strecken sich die Zellen im Blatthöcker so lange, bis ein Blattprimordium entsteht. Das Primordium dehnt sich durch Zellteilung aus und wächst zu einem dünnen Blattstiel und einer **Blattspreite**, dem abgeflachten Teil des Blattes, heran. Blattstiele haben zwei kleine blattartige Flügel, als **Nebenblätter** bezeichnet, die am Knoten angebracht sind. Blattstiele können sprossähnlich oder blattähnlich sein, so dass es mitunter keine klare Trennung zwischen Blattstiel und Blatt gibt, wobei der Blattstiel in Richtung Blattspreite allmählich blattähnlicher wird. Einigen Blättern, als **ungestielte** Blätter bezeichnet, fehlen Blattstiele gänzlich. Stattdessen sind sie unmittelbar an der Sprossachse

bilden, dann werden die Ränder der Blattspreite glatt und eben. Falls es bei den beiden Rippen an verschiedenen Stellen unterschiedliche Zellteilungsraten gibt, führt dies zu einem unebenen Blattrand. Mitunter werden diese Rippen aus sich teilenden Zellen als **Rand-** oder **Interkalarmeristeme** bezeichnet.

Die Blattepidermis

Die Blattepidermis, eine einzelne, aus dem Protoderm abgeleitete Zellschicht, schützt das Blatt vor Wasserverlust, Abschürfungen und dem Eindringen von Pilzen und Bakterien, die Krankheiten auslösen. Die Epidermis reguliert auch den Austausch von Gasen – wie CO_2, O_2 und Wasserdampf –, die vom Blatt gebraucht oder gebildet werden. In der Epidermis wird gewöhnlich keine Photosynthese betrieben.

Da Blätter prinzipiell zum Betreiben der Photosynthese gedacht sind, wird durch eine große Oberfläche des Blattes maximale Lichtabsorption angestrebt, was aber auch zu starkem Wasserverlust führen würde. Um dem Wasserverlust entgegenzuwirken, bildet die Blattepidermis normalerweise eine äußere Cuticula, die aus Wachs und Cutin – einer hydrophoben wasserundurchlässigen Substanz – besteht. Einige Pflanzen bilden eine Wachsschicht außerhalb der Cuticula, die einen zusätzlichen Schutz vor Wasserverlust bietet.

Die Cuticula und ihre äußere Wachsschicht liefern auch eine glatte Oberfläche, die das Anhängen und Keimen von Pilzsporen verhindert und bei vielen Insekten zum Abrutschen führt.

Epidermiszellen haben mitunter auch zahlreiche Blatthaare. Manche dieser Trichome, durch die sich die Blätter pelzig oder flaumig anfühlen, schützen vor Wasserverlust und übermäßiger Wärmeentwicklung. Andere enthalten toxische Substanzen, die Insekten oder andere Tiere abwehren, die das Blatt vertilgen könnten.

Zur Regulierung der Bewegung von Wasserdampf, CO_2 und O_2 haben Blätter **Spaltöffnungen** oder **Stomata** (Singular: Stoma, griechisch „Mund"), die jeweils aus einer Pore bestehen, die auf jeder Seite durch eine **Schließzelle** reguliert wird. Spaltöffnungen sind gewöhnlich in größerer Zahl an der Blattunterseite zu finden, wo sie vor den höchsten Temperaturen geschützt sind und weniger Staub und Pilzsporen ausgesetzt sind (▶ Abbildung 4.17). Durch die Spaltöffnungen gelangt CO_2 zur Herstellung von Kohlenhydraten durch Photosynthese in das Blatt, während Wasserdampf und Sauerstoff das Blatt in großen Mengen verlassen. Der bei

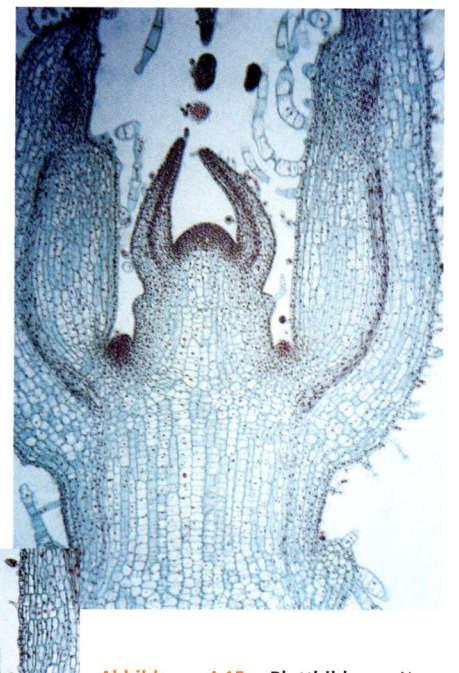

Abbildung 4.15: Blattbildung. Neue Blätter erscheinen zunächst als kleine Wülste, als *Blatthöcker* oder *Primordien* bezeichnet, an den Seiten des Sprossapikalmeristems. Diese Mikrofotografie zeigt einen Längsschnitt der Sprossspitze der Buntnessel *Coleus blumei*. Die beiden Blatthöcker werden sich zu gegenständigen Blättern entwickeln, die für diese Art typisch sind. Der sich streckende Höcker entwickelt sich zu einem abgeflachten Blattprimordium, das mit dem Spross durch einen sprossähnlichen Blattstiel verbunden ist. Protoderm, Prokambium und Grundmeristem entspringen dem Apikalmeristem. Diese Primordien haben bereits erkennbare Prokambiumstränge, die sich nach unten ausbreiten, um eine Verbindung mit der Stele der Sprossachse herzustellen.

angewachsen (▶ Abbildung 4.16). Ungestielte Blätter sind bei Einkeimblättrigen besonders häufig. Bei ihnen schließt sich der Blattgrund umhüllend um die Sprossachse (Blattscheide).

Im Bereich des Primordiums, der zur Blattspreite werden wird, entwickeln sich zu beiden Seiten des Primordiums Längsrippen aus sich teilenden Zellen. Wenn diese beiden Rippen gleichmäßig neue Zellen

Abbildung 4.16: Ungestielte Blätter. Blätter, die ohne Blattstiel direkt mit der Sprossachse verbunden sind, werden als *ungestielte Blätter* oder sitzende Blätter bezeichnet. Oft bilden ungestielte Blätter eine Hülle um die Sprossachse (Blattscheide).

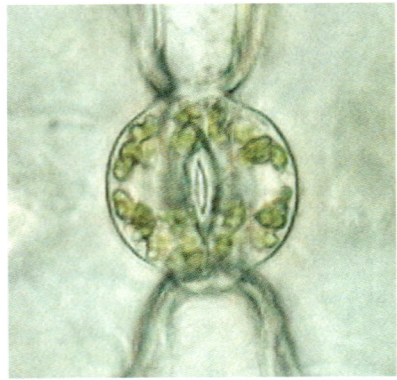

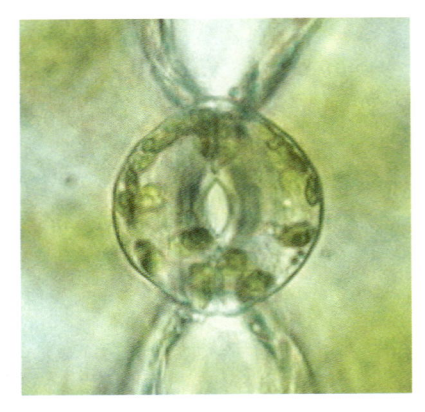

Abbildung 4.17: Blattepidermis. Spaltöffnungen sind Poren in der Blattepidermis, die von zwei Schließzellen umgeben sind, die Chloroplasten enthalten und Photosynthese betreiben. Diese Aufnahme zeigt die Formveränderung der Schließzellen, die durch die Aufnahme von Wasser verursacht wird und zur Öffnung des Spalts führt.

geschlossene Spaltöffnung

offene Spaltöffnung

der Photosynthese gebildete und zur Atmung benötigte Sauerstoff kann von den Blättern in Abhängigkeit von der Tageszeit abgegeben oder aufgenommen werden.

Bei Wasseraufnahme schwellen die Schließzellen aufgrund der in sie einströmenden Teilchen (Kaliumionen) an und krümmen sich so, dass sich der Spalt öffnet. Verlieren die Schließzellen dagegen Wasser, schließt sich der Spalt. Bei vielen Pflanzen ist der Wassergehalt ein wichtiger Faktor, der kontrolliert, ob die Stomata geöffnet oder geschlossen sind. Hohe Temperaturen und starker Wind trocknen beispielsweise das Blatt tendenziell aus, was dazu führt, dass sich die Stomata schließen. Hohe CO_2-Konzentrationen innerhalb des Blattes führen üblicherweise ebenfalls dazu, dass sich die Stomata schließen, weil sie der Pflanze signalisieren, dass ausreichend CO_2 zur Photosynthese verfügbar ist. In Kapitel 8 und 10 werden Sie mehr über die Kontrollfaktoren für das Öffnen und Schließen der Stomata erfahren.

Die Transpiration, das Verdampfen von Wasser durch die Stomata, dient als Sog, der Wasser und Mineralstoffe aus den Wurzeln in die Sprossachse zieht. In der Tat muss die Pflanze durch die Blätter Wasser verlieren, um das Wasser aus den Wurzeln heraufziehen zu können. Solange sie dabei nicht mehr Wasser verliert, als durch die Wurzeln nachgeliefert werden kann, besteht keine Gefahr des Vertrocknens.

Außerdem kühlt der Verdampfungsprozess die Pflanze, die anderenfalls durch direkte Sonneneinstrahlung recht heiß werden könnte. Die Blattoberfläche an sich dient als ein unmittelbarer Wärmeabstrahler. Der Wärmeverlust durch die Blätter wird besonders wichtig, wenn sich die Stomata zum Schutz der Pflanze vor übermäßigem Wasserverlust geschlossen haben.

Das Mesophyll

Bei einem Blatt findet die Photosynthese in den Chlorenchymzellen des Grundgewebes statt, das man als **Mesophyll** bezeichnet (von griechisch *mesos*, „Mitte", und *phyllon*, „Blatt"). Das Mesophyll befindet sich zwischen der oberen und unteren Epidermisschicht (▶ Abbildung 4.18). Mesophyllzellen enthalten Chloroplasten und sind auf die Photosynthese spezialisiert. Mitunter sind die Mesophyllzellen gestreckt und unter der Epidermis aufgestellt. Diese Anordnung wird als **Palisadenparenchym** (von lateinisch *palus*, „Pfahl") bezeichnet. Wenn Sie an aneinandergereihte, sich jedoch nicht ganz berührende Pfähle denken, die einen Lattenzaun bilden, haben Sie eine gute Vorstellung von einer Palisadenschicht. Palisadenschichten sind üblicherweise nur eine Zellschicht dick, obwohl bei intensiver Sonneneinstrahlung auch mehrere Schichten vorkommen können. Bei vielen Zweikeimblättrigen kommen Palisadenschichten nur unmittelbar unter der oberen Epidermis vor, an der Seite, die dem Sonnenlicht direkt ausgesetzt ist. Unter dem Palisadenmesophyll befindet sich das **Schwammparenchym**. Schwammparenchym besteht aus lose angeordneten, Photosynthese betreibenden Zellen, zwischen denen ausreichend Platz vorhanden ist, so dass Diffusion von CO_2 von den Stomata zu anderen Teilen des Blattes stattfinden kann. Bei einigen Pflanzen, bei denen die Blattspreite vertikal ausgerichtet sind, gibt es auf beiden Seiten des Blattes Palisadenmesophyll, und das Schwammparenchym befindet sich dazwischen oder fehlt vollständig. Die meisten Chloroplasten kommen normalerweise im Palisadenparenchym vor, weshalb dort auch der Großteil der Photosynthese im Blatt betrieben wird.

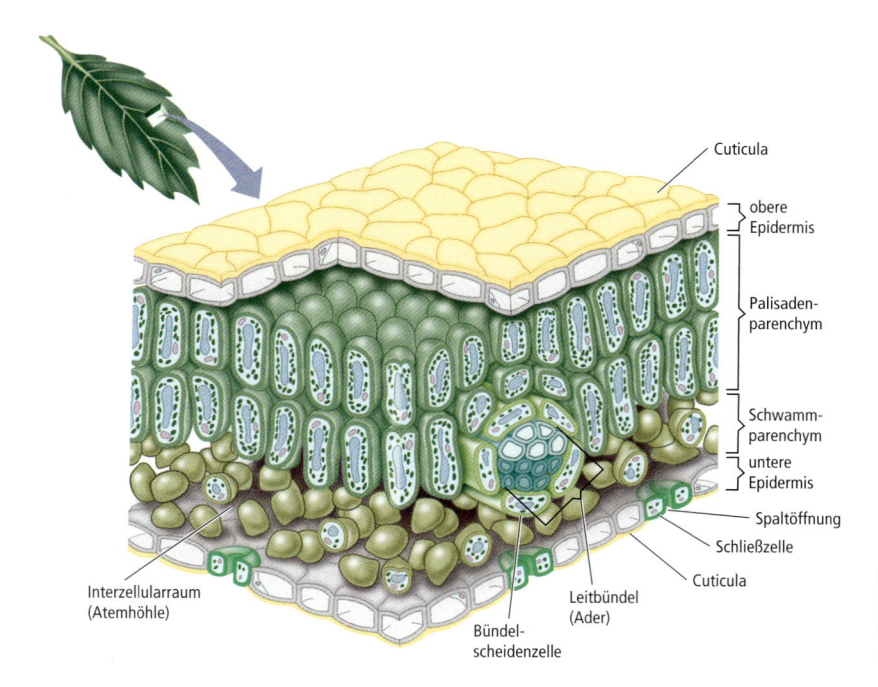

4.3 Blätter

Abbildung 4.18: Blattmesophyll.
Dieser Querschnitt durch ein typisches Blatt zeigt zwei Palisadenparenchymschichten, die auf einer Schwammparenchymschicht liegen.

(Beschriftungen: Cuticula, obere Epidermis, Palisadenparenchym, Schwammparenchym, untere Epidermis, Spaltöffnung, Schließzelle, Cuticula, Leitbündel (Ader), Bündelscheidenzelle, Interzellularraum (Atemhöhle))

Blattadern

Das Leitgewebe jedes Blattes geht in das Leitgewebe der Sprossachse über. An jedem Knoten der Sprossachse gibt es normalerweise ein oder mehrere Leitbündel, die als **Blattspuren** bezeichnet werden. Diese verlassen das Hauptleitsystem der Sprossachse und führen durch den Blattstiel bis hin zur Blattspreite. Befinden sich die Leitbündel erst einmal im Blattstiel und in der Blattspreite, spricht man von **Blattadern**, die durchgängig mit den Leitbündeln im Blattstiel und der Sprossachse verbunden sind (▶ Abbildung 4.19a). Blattadern bilden sich unter dem Einfluss von Phytohormonen, insbesondere Auxin. Der Teil der Ader, der zur Oberseite des Blattes zeigt, besteht gewöhnlich aus Xylem, während der untere Teil der Ader üblicherweise aus Phloem besteht. Neben der Funktion zur Leitung von Wasser, Mineral-

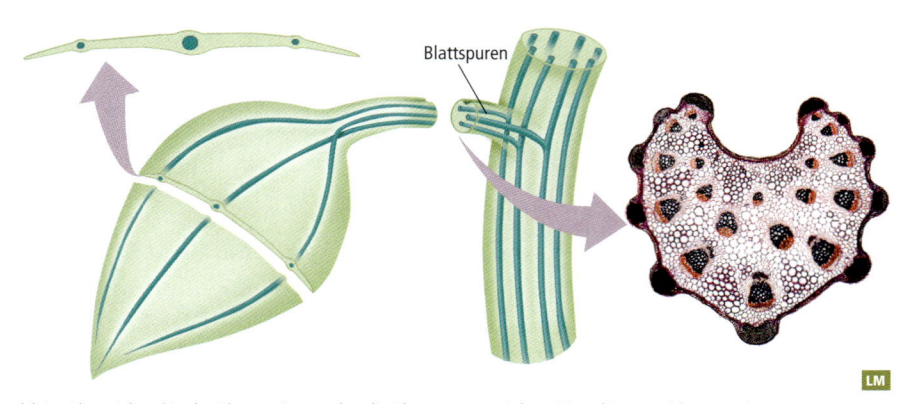

(a) Im Blattstiel und in der Blattspreite werden die Blattspuren zu Adern. Diese können sich verzweigen und verschmelzen. Wie aus dem Querschnitt des Blattstiels einer Möhre ersichtlich, gibt es viele Blattstränge.

(b) Netznervatur. 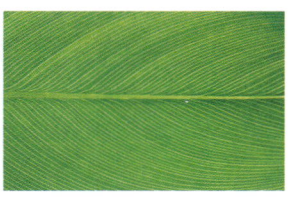   (c) Parallelnervatur.

Abbildung 4.19: Blattspuren und Blattnervatur.

stoffen und Assimilaten geben die Adern dem Blatt Halt. Mitunter sind die Adern von **Bündelscheidenzellen** umgeben, die zusätzlichen Halt und Schutz bieten.

Es gibt zwei allgemeine Muster für den Verlauf von Blattadern: die vernetzte Nervatur und die parallele Nervatur. Die meisten Zweikeimblättrigen und Farne haben eine **Netznervatur** (▶ Abbildung 4.19b), bei der die Blattadern ein verzweigtes Netzwerk bilden. Die Blätter der meisten Einkeimblättrigen und Nacktsamer haben eine **Parallelnervatur** (▶ Abbildung 4.19c), auch als **Streifennervatur** bezeichnet, bei der die Adern in Linien verlaufen, die zueinander und zum Blattrand parallel ausgerichtet sind.

Blattformen und Blattanordnungen

Die Form, die Größe und die Anordnung der Blätter unterstützen die Pflanze beim Betreiben der Photosynthese und bei weiteren Funktionen. Durch Gene kontrolliert, spiegeln die verschiedenen Blattformen und Strukturen Ausprägungen wider, die es Pflanzen erlaubten, in unterschiedlichen Umgebungen zu überleben. Blätter können groß oder klein sein, zahlreich oder vereinzelt, dick oder dünn und beständig oder kurzlebig. Dies hängt von der Art, dem Bedarf an Photosynthese und von der Umwelt ab. Die dicken Blätter vieler Wüstenpflanzen fördern beispielsweise das Überleben der Pflanze, indem sie Wasser speichern.

In Pflanzenbestimmungsbüchern gehören zu den zur Blattbeschreibung benutzten Schlüsselmerkmalen, ob die Spreite einfach oder geteilt ist, die Blattform, die Merkmale des Blattrandes und die Nervatur. Ein **einfaches Blatt** besteht beispielsweise aus einer einzigen ungeteilten Spreite. Mitunter hat ein einfaches Blatt tiefe Einbuchtungen. Bei einem **zusammengesetzten Blatt** ist die Spreite in Blättchen unterteilt. Bei handförmig zusammengesetzten Blättern sind alle Blättchen an der Spitze des Blattstiels angebracht, von wo sie sich handähnlich ausbreiten. Bei gefiedert zusammengesetzten Blättern bilden die Blättchen in federartiger Weise Reihen an gegenüberliegenden Seiten einer Hauptachse. Wie Sie ▶ Abbildung 4.20 entnehmen können, sind dies nur einige der vielen Blattformvarianten, die vorkommen.

Im Allgemeinen kommen größere Blätter mit dünnen, glatten Spreiten in Umgebungen mit niedrigerer Temperatur, geringerem Lichteinfall, unter feuchten Bedingungen und ohne Wind vor. Die größere Oberfläche kompensiert den geringeren Lichteinfall. Kleinere Blätter mit variierten Rändern kommen in Umgebungen mit höheren Temperaturen, stärkerem Lichteinfall, unter trockenen Bedingungen und bei starkem Wind vor. Die kleinere Oberfläche minimiert die Windanfälligkeit und die variierten Ränder führen den Wind vom Blatt weg. Blätter von Pflanzen, die an sonnendurchfluteten Orten gedeihen, unterscheiden sich in ihrer inneren Struktur von den Blättern von Pflanzen, die im Schatten gedeihen. Die Blätter einiger Pflanzen können sich selbstständig am Licht ausrichten. Die Kompasspflanze (*Silphium laciniatum* oder *Lactuca biennnis*) ist so benannt worden, weil die Oberflächen der Blätter nach Osten und Westen zeigen. Mittags fallen die Sonnenstrahlen auf die Kanten der Blätter, wodurch ein Überhitzen während der heißesten Tageszeit vermieden wird. In heißen Regionen bilden Eukalyptusbäume mit ihren senkrecht herabhängenden Blättern die so genannten schattenlosen Wälder.

Pflanzen haben sich in unterschiedlicher Weise an Windverhältnisse angepasst. Einige Pflanzen, wie die Kiefer, haben kleine, feste Blätter, die dem Wind nur minimalen Widerstand bieten. Andere verlieren einfach ihre Blätter während der windigen Jahreszeiten und bilden sie später wieder neu aus. Einige Pflanzen rollen ihre großen Blätter zu einem Kegel, der, in den Wind gestellt, einen geringen Luftwiderstand bietet. Die Blätter der Zitterpappel (*Populus tremula*) können sich mit dem Wind bewegen, weil die Blattstiele flach sind und rechtwinklig zu den Spreiten stehen, so dass sich die Blätter drehen können. Die Blätter der Zitterpappel zittern und schimmern im Wind, wobei sie ein charakteristisches wisperndes Geräusch erzeugen.

Abscissionszonen

Pflanzen, die in bestimmten Jahreszeiten ihre Blätter verlieren, werden als **laubabwerfende** Pflanzen bezeichnet. Beispiele für Laubbäume in gemäßigten Klimazonen sind solche zweikeimblättrigen Bäume wie Ahorn oder Platane. In tropischen Regionen mit einem Wechsel zwischen Regen- und Trockenzeit verlieren viele Sträucher und Bäume ihre Blätter während der Regenzeit.

Bei laubabwerfenden Pflanzen werden die Bereiche, in denen sich die Blätter von der Pflanze trennen, als **Abscissionszonen** (von lateinisch *abscissio*, „Abriss, Abtrennung") bezeichnet. Abscissionszonen bilden sich gewöhnlich in der Nähe des Knotens, an dem der Blattstiel an der Sprossachse angebracht ist, als Reaktion auf

4.3 Blätter

(a) einfach oder zusammengesetzt
- handförmig
- gefiedert
- einfach
- doppelt gefiedert

(b) Form
- lanzettlich
- dreieckig
- herzförmig
- oval

(c) Blattrand
- wellenförmig
- gezahnt
- gebuchtet
- ganzrandig

(d) Nervatur
- parallel
- fiedernervig
- handnervig

Abbildung 4.20: Äußere Blattstruktur. Zu den Merkmalen der äußeren Struktur eines Blattes gehören Details darüber, ob die Spreite ganz (einfach) oder geteilt (zusammengesetzt) ist, die Form jedes Blattes, die Form des Blattrandes und die Nervatur.

kürzere Tage und das trockenere und kühlere Wetter in den gemäßigten Zonen (▶ Abbildung 4.21). Diese Umweltbedingungen lösen die Bildung von Phytohormonen aus, die eine vorprogrammierte Folge von chemischen Prozessen auslösen. Nachdem nützliche kleine Moleküle aus den Blättern zurück zur Sprossachse gelangt sind, bildet sich durch chemische Reaktionen die Trennschicht der Abscissionszone, in der die Mittellamellen und die Zellwände geschwächt sind. Schließlich führen das Gewicht des Blattes und die Kraft des Windes dazu, dass sich das Blatt löst. Vor dem Abtrennen bildet sich jedoch eine Schutzschicht auf der Seite der Abscissionszone, die zum Pflanzenkörper gehört, wodurch ein Eindringen von Bakterien und Pilzen ver-

4 WURZELN, SPROSSE UND BLÄTTER: DER PRIMÄRE PFLANZENKÖRPER

Sprossachse   Abscissionszone   Blattstiel

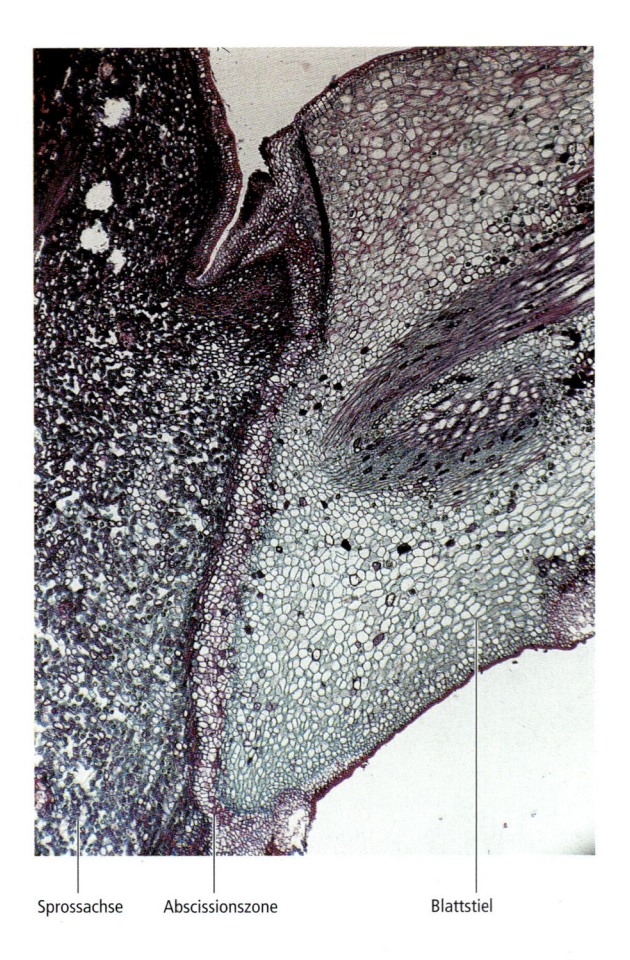

Abbildung 4.21: Blattfall. Bei laubabwerfenden Pflanzen vollzieht sich der Blattfall nach der Bildung einer Abscissionszone im Blattstiel, typischerweise in der Nähe des Knotens.

hindert wird, die Krankheiten auslösen. In Kapitel 11 werden Sie mehr über die am Blattfall beteiligten chemischen Prozesse erfahren.

Bei den meisten Kiefern und anderen Nadelhölzern handelt es sich nicht um laubabwerfende Bäume, obwohl sie ihre Blätter über Jahre hinweg allmählich verlieren. In Kiefernnadeln wird über ein bis zwei Jahre lang Photosynthese betrieben, mitunter sind es sogar bis zu zehn Jahre oder mehr, was von der Art und den Umweltbedingungen abhängt. Sie könnten glauben, dass das Erhalten der Blätter das ganze Jahr hindurch weniger Energie erfordert, als jedes Jahr neue Blätter auszubilden. Jedoch erfordert die Versorgung der Blätter während einer ungastlich kalten und trockenen Jahreszeit ebenfalls Energie und bringt für Blattstruktur und Form starke Einschränkungen mit sich. Beispielsweise haben Kiefernnadeln eine dicke Cuticula und andere strukturelle Anpassungen, die Wasserverlust während der trockenen Wintermonate verhindern. Kiefernnadeln sind dünne Blätter, die durch Frost oder starken Schneefall nicht so leicht beschädigt werden, die aber nur eine sehr kleine Oberfläche aufweisen, mit der sie das Licht zum Betreiben der Photosynthese einfangen können.

Spezielle Blattfunktionen

Blätter haben sich angepasst, um zahlreiche spezifische Funktionen ausführen zu können. Trockenheit tolerierende Blätter haben Anpassungen, die den Wasserverlust verringern. Pflanzen, die in trockenen Wüstengebieten gedeihen, werden als **Xerophyten** (von griechisch *xeros*, „trocken", und *phyton*, „Pflanze") bezeichnet. Einige Wüstenpflanzen bilden nur während und nach den kurzen Regenzeiten Blätter. Andere bilden dicke, fleischige Blätter oder Sprossachsen, die das Wasser während der Trockenzeit halten. Blätter von Wüstenpflanzen haben oft eingesunkene Stomata und eine dicke Cuticula. Die eingesunkenen Stomata liegen windgeschützt, was den Wasserverlust minimiert. Einige Pflanzen tragen dichte Haarschichten, die dem Blatt ein weißes Erscheinungsbild und eine sich wollig anfühlende Oberfläche verleihen. Diese Pflanzenhaare reduzieren den Wasserverlust und bewahren das Blatt auch vor Überhitzung.

Schützende Blätter erscheinen häufig als spitze Auswüchse, die Tiere vom Verzehr der Pflanze abhalten. **Blattdornen** sind zugespitzte modifizierte Blätter oder modifizierte Nebenblätter (▶ Abbildung 4.22a). Demgegenüber handelt es sich bei **Sprossdornen** um modifizierte Sprossachsen. Sprossdornen entspringen dem Grund der Achselknospen, an der Stelle, an der das Blatt mit der Sprossachse verbunden ist. **Stacheln** wiederum sind weder modifizierte Blätter noch modifizierte Sprossachsen. Sie entwickeln sich vielmehr aus Zellen der Epidermis oder der primären Rinde. Zum Beispiel hat eine Rose Stacheln, keine Dornen.

Einige Pflanzen bilden **Ranken** – schlanke, gewundene Strukturen, mit denen sich eine Kletterpflanze an ein Trägerobjekt anheftet. Ranken sind normalerweise modifizierte Blätter, wie es bei der Erbsenpflanze (▶ Abbildung 4.22b) der Fall ist. Doch können bei einigen Pflanzen auch Nebenblätter oder Sprossachsen zu Ranken werden, wie es bei den modifizierten Sprossachsen von Weinstöcken der Fall ist. Ranken, die modifizierte Sprossachsen sind, tragen oft Blätter. Ranken weisen eine Wachstumsbewegung auf, die als **Thigmonastie** (von griechisch *thigma*, „berühren") bezeichnet wird. Wenn eine Ranke ein Objekt berührt, dann beginnt die

4.3 Blätter

(a) **Blattdornen.** Wenn Blätter oder zu Blättern gehörige Strukturen scharfe Spitzen bilden, spricht man von Blattdornen. Die Berberitze (*Berberis dictophylla*) bildet beispielsweise Blattdornen aus.

(b) **Ranken.** Ranken können modifizierte Blätter, Nebenblätter oder Sprossachsen sein. Bei dieser Erbsenpflanze (*Pisum sativum*) ist das Ende des Blattes zu einer Ranke geworden, während der untere Teil blattähnlich geblieben ist. Wenn die Ranke kein Objekt berührt, dann windet sie sich um eine imaginäre, zentrale Achse.

(c) **Fensterblätter.** Fensterblätter kommen bei einigen Pflanzen vor, die in heißen und trockenen Regionen wachsen, wie diese *Haworthia cooperi*. Der Großteil der Pflanze, einschließlich des Blattes, ist im Boden oder im Sand verborgen. Der obere Teil des Blattes wird der Sonne ausgesetzt. Das transparente „Fenster" lässt Licht ein, das zu den unterirdischen Teilen des Blattes gelangt, in denen Photosynthese stattfindet.

(d) **Hochblätter (Brakteen).** Die leuchtend rote Farbe dieses Weihnachtssterns (*Poinsettia*) geht nicht von den Kronblättern einer Blüte aus, sondern von modi-fizierten Blättern, die als Hochblätter bezeichnet werden, die sich aus dem Grund der Blüte entwickeln. Die eigentliche Blüte des Weihnachtssterns hat keine Kronblätter.

(e) **Bogenhanf** (*Sansevieria*) wurzelt und wächst zu neuen Pflanzen, wenn man Blattabschnitte in Erde pflanzt.

Abbildung 4.22: Modifizierte Blätter.

4 WURZELN, SPROSSE UND BLÄTTER: DER PRIMÄRE PFLANZENKÖRPER

EVOLUTION
■ Blätter, die Insekten „fressen"

Warum haben einige Pflanzen Blätter, die Insekten „fressen"? Die Antwort hängt mit dem Stickstoff und der Umwelt zusammen. Pflanzen beziehen Stickstoff gewöhnlich aus dem Boden, oft mithilfe Stickstoff fixierender Bakterien. Im Moor und Sumpf gibt es aber nur wenig Stickstoff im Boden, weil die saure Umgebung für das Wachstum der Stickstoff fixierenden Bakterien ungeeignet ist. Aufsitzerpflanzen, die auf anderen Pflanzen hoch im Regenwald wachsen, fehlt mitunter ebenfalls Stickstoff. Bei mehr als 200 Pflanzenarten haben sich modifizierte Blätter entwickelt, die als alternative Stickstoffquelle Insekten fangen. Zu diesen Pflanzen zählen die Wasserschläuche, der Sonnentau, die Venusfliegenfalle und die Sumpfkrüge.

Wasserschläuche (*Utricularia vulgaris* und verwandte Arten) sind Wasserpflanzen, die winzige Blasen mit einer Falltür erzeugen. Die Blasen, mit normalerweise weniger als einem halben Zentimeter Durchmesser, öffnen ihre Türen, sobald ein Wasserinsekt eine von vier festen Härchen berührt. Wasser strömt zusammen mit dem Insekt in die Blase. Dann schließt sich die Tür und Enzyme verdauen das hilflose Opfer.

Die Blätter des Sonnentaus (*Drosera rotundifolia* und verwandte Arten, im Bild unten) bilden schleimumhüllte klebrige Härchen, die Insekten anziehen und fangen. Klebt ein Insekt einmal an den Härchen fest, dann umschließt es das Blatt. Vom Blatt freigesetzte Enzyme und zugehörige Bakterien verdauen das Insekt und das Blatt nimmt die verdauten Moleküle auf. Nach der Verdauung nimmt das Blatt seine normale Form an und sondert neuen Schleim ab.

Venusfliegenfallen (*Dionaea muscipula*) haben Blätter, die in der Mitte geknickt sind, wobei jede Seite wie die Hälfte einer Falle aussieht. Sobald ein Insekt zwei von drei Triggerhärchen auf jeder Hälfte berührt, schnappt das Blatt zu und Enzyme verdauen das Insekt. Zufällig in die Falle geratende Schmutzteilchen führen gewöhnlich nicht dazu, dass sie sich schließt.

Schlauchfallenpflanzen (im Bild unten) etlicher Gattungen haben Blätter, die wie eine Vase oder ein Wasserkrug geformt sind. Die Drüsen um ihren oberen Rand sondern Nektar ab, der Insekten anzieht. Oft rutschen Insekten ab und fallen in die Falle hinein. Viele Schlauchfallenpflanzen haben abwärtsgerichtete Borsten, die ein Entkommen verhindern. In Malaysia legen etliche Arten von Laubfröschen ihre Eier in die Fallen, was der Nachkommenschaft ausreichend Wasser und Nahrung sichert. Die Eier bilden Enzyme, die sie vor den Verdauungsenzymen der Pflanze schützen.

---

gegenüberliegende Seite der Ranke schneller zu wachsen, so dass sie sich um das berührte Objekt windet. Das Ausmaß des Wachstums hängt von der Stärke des Reizes ab, so dass ein kontinuierlicher Kontakt notwendig ist, damit die Ranke das Objekt beharrlich umschlingt.

Schwimmblätter kommen bei solchen Pflanzen wie Seerosen vor. Die Blätter sind mit zusätzlichen Luftpaketen zwischen den Schwammmesophyllzellen ausgestattet, so dass die Blätter schwimmen. Sie haben auch weniger Leitgewebe, weil weniger Bedarf besteht, Wasser aus den Wurzeln in die Pflanze zu ziehen, und die Pflanze im Wasser keinen starken Halt braucht. Schließlich befinden sich die Spaltöffnungen bei den Blättern von Schwimmpflanzen normalerweise an der Blattoberseite anstatt an der Unterseite. *Victoria amazonica*, die im Einzugsgebiet des Amazonas beheimatete Riesenseerose, hat riesige Schwimmblätter, die das Gewicht eines Kindes tragen können.

Fensterblätter findet man bei Sukkulenten, die in der Kalahari-Wüste in Südafrika wachsen (▶ Abbildung 4.22c). Diese Pflanzen kommen mit den heißen, trockenen Wüstenbedingungen zurecht, indem sie sich im Sand verbergen, wobei sie ihre Blätter kaum in die Luft strecken. Das Ende jedes Blattes, etwa ein Zentimeter im Durchmesser, hat eine transparente und wächserne Oberhaut, die als „Fenster" dem Einlassen von

Licht dient. Das Licht durchdringt mehrere Zellschichten aus transparenten Wasser speichernden Zellen, bevor es Photosynthese betreibende Zellen erreicht. Sie könnten annehmen, dass die Fenster Licht durchlassen, damit die unter der Erde liegenden Blätter mehr Photosynthese betreiben können. Doch weisen Forschungsergebnisse darauf hin, dass sich die CO_2-Aufnahme nicht wesentlich verringert, wenn die Fenster mit reflektierenden Streifen beklebt werden. Deshalb scheint die ökologische Bedeutung der Fenster noch nicht verstanden zu sein.

Hochblätter sind modifizierte Blätter am Grund von Blüten. Sie sind jedoch nicht selbst Bestandteil der Blüte. Weihnachtssterne (*Euphorbia pulcherrima*) haben beispielsweise rote oder weiße Hochblätter (▶ Abbildung 4.22d). Beim Hornstrauch oder Hartriegel sind die weißen oder pinkfarbenen Hochblätter tatsächlich auffälliger als die Blüten.

Bei vielen Pflanzen können Blätter ein Mittel zur asexuellen Fortpflanzung sein. Wird beispielsweise ein Blatt oder ein Spross eines Usambaraveilchens oder einer Buntnessel entfernt, dann kann es zum Bewurzeln entweder in den Boden oder in Wasser gesetzt werden. Man kann ein die Neubildung von Wurzeln stimulierendes Phytohormon benutzen, um die Geschwindigkeit und die Intensität der Bewurzlung zu erhöhen, so dass das ausgetriebene Blatt, als „Blattsteckling" bezeichnet, in den Boden gepflanzt werden kann.

Begonien können durch Blattscheiben vermehrt werden, die man aus dem Blatt herausstanzt und auf feuchtes Filterpapier legt, wo sich Wurzeln aus den durchgeschnittenen Blattadern in der Scheibe bilden. Eine andere Methode besteht darin, ein Blatt auf den Boden zu legen und große Schnitte in stärkere Adern zu machen, an denen sich unter feuchten Bedingungen Wurzeln bilden. Bei beiden Methoden bilden die von der Mutterpflanze abgetrennten Blätter von der Schnittfläche am Blattstiel oder von den Adern in der Blattspreite ausgehend Wurzeln und später Sprosse. Besonders gut gelingt dies unter feuchten Bedingungen und bei fleischigen Blättern.

Insekten fressende Blätter fangen Insekten auf unterschiedliche Weise, verdauen sie zu kleinen Molekülen und absorbieren die Moleküle, um die gesamte Pflanze mit Stickstoff zu versorgen. Der Kasten *Evolution* auf Seite 110 liefert Informationen über verschiedene Arten dieser modifizierten Blätter.

WIEDERHOLUNGSFRAGEN

1. Beschreiben Sie, wie sich ein Blatt aus einem Blattprimordium bildet.
2. Welche Funktionen erfüllt die Blattepidermis?
3. Worin unterscheiden sich Palisadenparenchym und Schwammparenchym?
4. Geben Sie einige Beispiele dafür, wie sich Blätter an bestimmte Umweltbedingungen angepasst haben.
5. Beschreiben Sie drei Arten modifizierter Blätter.

ZUSAMMENFASSUNG

4.1 Wurzeln

Wurzelsysteme
Pfahlwurzelsysteme haben im Gegensatz zu Faserwurzelsystemen eine dominierende Hauptwurzel.

Die Entwicklung der Wurzel
Die Initiale in dem kleinen Ruhezentrum des Wurzelapikalmeristems bilden Ersatzinitiale und Nachkommen, aus denen sich spezialisierte Zelltypen entwickeln.

Die Wurzelhaube
Das Wurzelapikalmeristem bildet die Wurzelhülle, damit das Meristem geschützt ist, wenn es in den Boden hineinwächst. Die Zellen der Wurzelhaube bilden ein schleimiges Mucigel, welches das Vorbeigleiten der Wurzel an Erdpartikeln erleichtert.

Die Wurzelhaare
In der Differenzierungszone, die sich in der Nähe der Wurzelspitze befindet, strecken sich einige Epidermiszellen zu Wurzelhaaren, die Wasser und Mineralsalze aus dem Boden absorbieren.

Die primäre Wurzelstruktur

Die meisten Wurzeln von Zweikeimblättrigen und Nadelholzgewächsen haben einen ausgebuchteten Kern aus Xylem, wobei in den Einbuchtungen Phloem liegt. Die meisten Einkeimblättrigen haben einen Kern aus undifferenzierten Zellen, der abwechselnd von Ringen aus Xylem und Phloem umgeben ist. Ein Perizykel, aus dem Seitenwurzeln entstehen, umgibt den Zentralzylinder. Eine Endodermis umgibt das Perizykel. Der Casparische Streifen verhindert, dass Substanzen in die Stele gelangen, die nicht die Membranen der Endodermiszellen passiert haben.

Spezielle Wurzelfunktionen

Einige modifizierte Wurzeln bilden Adventivknospen, verankern Aufsitzerpflanzen, liefern höhere Stabilität durch Brettwurzeln, versorgen Moor- und Sumpfpflanzen mit Sauerstoff und speichern Wasser oder Nahrung. Zugwurzeln ziehen die Pflanze tiefer in den Boden. Parasitäre Wurzeln, als Haustorien bezeichnet, dringen in Sprossachsen und Wurzeln anderer Pflanzen ein, um deren Leitgewebe anzuzapfen.

Wurzelsymbiosen

Mykorrhizen sind mutualistische Beziehungen zwischen Pflanzenwurzeln und Pilzhyphen. Pflanzen gewinnen so eine erhöhte Absorption von Mineralien und möglicherweise Schutz vor Krankheiten. Der Pilz gewinnt durch die Versorgung mit organischen Stoffen aus der Pflanze.

4.2 Sprossachsen

Zonen- und Zellschichtmodelle

In beiden Modellen haben Sprossapikalmeristeme eine zentrale Zone aus sich langsam teilenden Initialzellen. Die Nachkommenschaft bewegt sich in Bereiche mit weiterer Zellteilung, die als *Protoderm*, *Grundmeristem* und *Prokambium* bezeichnet werden, und schließlich in die Zonen der Zellstreckung und Zelldifferenzierung.

Das Leitgewebe

Querschnitte von Sprossachsen zeigen bei einigen samenlosen Pflanzen Protostele, bei Farnen Siphonostele mit Blattlücken, bei den meisten Zweikeimblättrigen und Nadelholzgewächsen Eustele mit Leitbündelringen und bei den meisten Einkeimblättrigen verstreute Leitbündel.

Der Übergangsbereich zwischen Wurzel und Sprossachse

An der Stelle, an der Sprossachse und Wurzel aufeinandertreffen, geht das Leitbündelmuster des einen in das des anderen über.

Phyllotaxis (Blattstellung)

Blattprimordien bilden gemäß der Phyllotaxis vorhersagbare Muster seitlich am Sprossapikalmeristem.

Anpassungen der Sprossachse

Palmen bilden eine Sprossachse mit vielen wachsenden Knoten aus. Die Weizenpflanze bildet eine Sprossachse mit wenigen Knoten aus, von denen nur einige wachsen.

Spezielle Aufgaben von Sprossachsen

Etliche Arten spezialisierter Sprossachsen unterstützen die Fortpflanzung (Stolonen und Rhizome) oder speichern Stärke (Sprossknollen, Zwiebeln oder Bulben).

4.3 Blätter

Blattentwicklung

Blatthöcker am Apikalmeristem entwickeln sich zu Blattprimordien. Ein Blattprimordium wächst zu einem dünnen, sprossähnlichen Blattstiel und einer abgeflachten Blattspreite heran. Auf jeder Seite des Blattes befindet sich eine Rippe aus sich teilenden Zellen, durch die die Blattform kontrolliert wird.

Die Blattepidermis

Epidermiszellen bilden eine Cuticula, die den Wasserverlust reduziert und das Blatt vor dem Eintritt von Pilzen und Bakterien schützt. Der Austausch von CO_2, O_2 und Wasserdampf mit der Luft vollzieht sich durch Stomata (Spaltöffnungen). Das sind Poren, die durch Schließzellen kontrolliert werden.

Das Mesophyll

Mesophyllzellen können auf der sonnenbeschienenen Seite eines Blattes eine oder mehrere Schichten aus Palisadenparenchym bilden. Das Schwammparenchym, meist auf der Unterseite, in Verbindung mit den Spaltöffnungen zu finden, erlaubt den Transport von Gasen zu allen Teilen des Blattes.

Blattadern

Die Leitbündel des Blattes, als Adern bezeichnet, sind mit dem Leitgewebe der Sprossachse verbunden. Zweikeimblättrige haben gewöhnlich eine Netznervatur, während Einkeimblättrige gewöhnlich eine Parallelnervatur aufweisen.

Blattformen und Blattanordnungen

Große, dünne Blattspreiten kommen häufiger in Regionen mit niedrigeren Temperaturen, geringerer Lichtintensität, unter feuchten Bedingungen und in Abwesenheit von starkem Wind vor. Kleinere Blätter mit unterschiedlichen Rändern kommen dagegen häufiger bei höheren Temperaturen, höherer Lichtintensität, unter trockenen Bedingungen und bei starkem Wind vor.

Abscissionszonen

Laubabwerfende Bäume verlieren zu bestimmten Jahreszeiten ihre gesamten Blätter. In den Abscissionszonen führt das Auflösen der Mittellamellen zu einer Sollbruchstelle für das abfallende Blatt.

Spezielle Blattfunktionen

Einige Blätter sind der Trockenheit angepasst. Andere sind zu Fangblättern umgebildet oder schwimmen auf dem Wasser. Einige bilden farbenfrohe Hochblätter, die ein Teil der Blüte zu sein scheinen. Aus einigen Blättern können vegetativ neue Pflanzen entstehen (Brutblatt).

ZUSAMMENFASSUNG

Verständnisfragen

1. Was sind die Hauptfunktionen von Wurzeln?
2. Warum könnte ein Baum, der gewöhnlich eine tiefe Pfahlwurzel ausbildet, ein flaches Wurzelsystem ausbilden, das sich über eine große Fläche erstreckt?
3. Beschreiben Sie, wie sich das Längenwachstum bei einer Wurzel vollzieht.
4. Wozu dienen Wurzelhaare?
5. Worin liegt die Bedeutung des Casparischen Streifens?
6. Beschreiben Sie verschiedene Arten modifizierter Wurzeln.
7. Was sind Mykorrhizen?
8. Warum gibt es eine Übergangszone zwischen Sprossachse und Wurzel?
9. Beschreiben Sie verschiedene Arten modifizierter Sprossachsen.
10. Welche beiden Funktionen übt die Transpiration bei einem Blatt aus?
11. Wie bilden sich Blätter?
12. Nennen Sie einige Beispiele dafür, wie sich die Anpassung an Umweltbedingungen in der Blattform widerspiegelt.
13. Worin besteht der Unterschied zwischen Palisaden- und Schwammparenchym?
14. Beschreiben Sie einige modifizierte Blätter.

Diskussionsfragen

1. Warum parasitieren Ihrer Ansicht nach einige Pflanzen auf anderen?

2. Warum speichern einige Pflanzen Ihrer Ansicht nach Kohlenhydrate in Wurzeln und Sprossachsen, während das andere nicht tun?

3. Erinnern Sie sich daran, was Sie über die Leitzellen des Xylem und Phloem wissen. Warum findet man bei den meisten Leitsystemen Ihrer Ansicht nach das Xylem im inneren und das Phloem im äußeren Bereich?

4. Warum unterscheidet sich Ihrer Ansicht nach die Anordnung des Leitgewebes in den Wurzeln und Sprossachsen derselben Pflanze?

5. Welche Veränderungen würden Sie für die zukünftige Entwicklung von Pflanzen vorhersagen, wenn sich die CO_2-Konzentration in der Luft weiterhin erhöht?

6. Einige Pflanzen entwickeln nur wenige Blätter, weil die Photosynthese hauptsächlich im Spross betrieben wird. Wie würden Sie diese Tatsache erklären?

7. Denken Sie an eine bestimmte Art einer modifizierten Wurzel, einer modifizierten Sprossachse oder eines modifizierten Blattes. Beschreiben Sie dann einige mögliche Zwischenzustände der Anpassung, die zu den Modifikationen geführt haben könnten. Erläutern Sie, warum diese Anpassungen einen Selektionswert für die Pflanze in ihrer Umgebung gehabt haben könnten.

8. Sehen Sie sich Abbildung 4.11 an, in der dargestellt ist, wie die Protostele der Wurzel eines Hahnenfußes (einer Zweikeimblättrigen) in die Eustele der Sprossachse übergeht. Fertigen Sie eine ähnliche Skizze an, in der Sie zeigen, wie sich dieser Übergang bei einer einkeimblättrigen Pflanze vollziehen könnte.

Zur Evolution

Vergleiche zwischen lebenden und fossilen Gefäßpflanzen legen es Biologen nahe, dass sich Eustelen aus den primitiveren Protostelen entwickelten. Wenn dem so ist, weshalb sind dann Ihrer Ansicht nach die Wurzeln blühender Pflanzen mit ihrer protostelenartigen Anordnung des Leitgewebes relativ unverändert geblieben, während sich das Gewebe in den Sprossachsen zu Eustelen entwickelte?

Weiterführendes

Weitere Informationen zu diesem Buchkapitel finden Sie auf der Companion Website unter http://www.pearson-studium.de.

Bell, D. Adrian. Illustrierte Morphologie der Blütenpflanzen. Stuttgart: Verlag Eulen Ulmer, 1994. *Faszinierende Fotos und Zeichnungen geben einen besonderen Einblick in die pflanzlichen Metamorphosen.*

Bubel, Nancy. The New Seed Starter's Handbook. Emmaus, PA: Rodale Press, 1998. *Ein exzellentes Buch über die Anzucht von Pflanzen aus Samen.*

D'Amato, Peter. The Savage Garden: Cultivating Carnivorous Plants. Berkeley, CA: Ten Speed Press, 1998. *Geschrieben von einem Experten für die Kultur fleischfressender Pflanzen.*

Dekruif, Paul. Hunger Fighters. New York: Harcourt, 1967. *Die Geschichte der frühen Forschung auf dem Gebiet der Suche nach verbesserten Sorten von Weizen und anderem Getreide.*

Eschrich, Walter. Funktionelle Pflanzenanatomie. Berlin: Springer-Verlag, 1995. *An unzähligen Beispielen werden die pflanzlichen Strukturen illustriert und mit ihrer Funktion in Verbindung gebracht.*

Rauh, Werner. Morphologie der Nutzpflanzen. Klassiker der Botanik: Ein Quelle & Meyer-Reprint der 2. Auflage von 1950. Heidelberg: Quelle & Meyer Verlag, 1994. *Die vielfältigen Ausprägungen der pflanzlichen Grundstruktur werden an Beispielen von bekannten Kulturpflanzen dargestellt.*

Slack, Adrian und Jane Gate (Fotos). Carnivorous Plants. Boston: MIT Press, 2000. *Wunderschöne Bilder und interessante Details über Insekten fressende Pflanzen.*

Sekundäres Wachstum

5.1	Sekundäres Wachstum: Ein Überblick	119
5.2	Wachstumsmuster von Holz und Rinde	126
5.3	Wirtschaftliche Nutzung von Holz und Rinde	131
	Zusammenfassung	139
	Verständnisfragen	141
	Diskussionsfragen	141
	Zur Evolution	142
	Weiterführendes	142

5 SEKUNDÄRES WACHSTUM

„ Die vor der Ostküste Afrikas liegende Insel Madagaskar ist die Heimat einiger der beeindruckendsten Bäume der Welt einschließlich der größten Affenbrotbaumart (Baobab, *Adansonia grandidieri*). Nach einer afrikanischen Legende war der Affenbrotbaum der erste Baum überhaupt und wurde zunehmend eifersüchtig und laut, als Gott die anderen Bäume erschuf. Um den Affenbrotbaum zum Schweigen zu bringen, riss Gott ihn schließlich aus dem Boden und steckte ihn verkehrt herum wieder hinein. Und wirklich, wenn Affenbrotbäume ihr Laub verlieren, sehen sie aus, als würden ihre Wurzeln gen Himmel ragen.

Der Baobab ist ein Beispiel für Pflanzen, bei denen sekundäres Wachstum (Dickenwachstum) auftritt. Dieses äußert sich in der Bildung von Holz und Rinde. Der zylinderförmige Stamm des Baobab kann bis zu 25 m hoch werden und einen Durchmesser von 3 m erreichen. Er enthält außerdem viele Parenchymzellen zum Speichern von Wasser, was den Baum in die Lage versetzt, das trockene Klima des westlichen Madagaskar zu überstehen. Aus ausgehöhlten Stämmen des Affenbrotbaums wurden Hütten gebaut. Heute werden aus den in der Rinde enthaltenen Fasern Seile, Papier und Kleidungsstücke hergestellt.

Der Tonnenbaum ist eine von acht Affenbrotbaumarten, von denen sechs nur in Madagaskar vorkommen, das vor 140 Millionen Jahren von Ostafrika getrennt wurde. In dieser Zeit sind auf der Insel viele endemische Arten entstanden. Madagaskar bietet so unterschiedliche Lebensräume wie die Mangrovensümpfe entlang der Küste, Regenwälder, Trockenwälder und Wüsten. In Bezug auf die Artenvielfalt ist Madagaskar eine der reichsten Regionen der Welt. Hier kommen etwa 5 Prozent aller lebenden Tier- und Pflanzenarten vor, wozu etwa 10.000 Pflanzenarten zählen. Rund 80 Prozent dieser Pflanzenarten sind endemisch – ein einziger Berggipfel kann 200 Pflanzenarten beheimaten, die es nirgendwo sonst gibt. Viele der Pflanzen- und Tierarten sind auf interessante Weise miteinander verknüpft. Beispielsweise werden die Blüten der exotischen Palmenart „Baum der Reisenden" (*Ravenala madagascariensis*) nur von den Schwarzweißen Varis bestäubt, einer Primatenart, die sich von Früchten und Nektar ernährt. Da diese Lemurenart bedroht ist, gilt dies auch für die Palme. Auch der Baobab, der große, duftende Blüten hervorbringt (im Bild rechts), wird zum Teil von Lemuren bestäubt.

Neben den außergewöhnlichen holzigen Pflanzen wie dem Affenbrotbaum gibt es natürlich auch viele ganz gewöhnliche. Zu den holzigen Pflanzen gehören alle Nacktsamer, etwa 20 Prozent aller Zweikeimblättrigen und 5 Prozent aller Einkeimblättrigen. Da nur so wenige Einkeimblättrige ein sekundäres Wachstum aufweisen, wird sich dieses Kapitel auf Nacktsamer und holzige Zweikeimblättrige konzentrieren. Koniferen wie Kiefer, Fichte und Mammutbaum sind Beispiele für Nacktsamer. Zu den holzigen Zweikeimblättrigen gehören Bäume wie die Eiche, Ahorn und Walnuss.

In Kapitel 4 haben Sie bereits gelernt, wie durch primäres Wachstum Wurzeln, Sprosse und Blätter entstehen. Nun wollen wir uns ansehen, wie Holz und Rinde entstehen, wie Sprosse und Wurzeln dicker und stärker werden und wie Holz und Rinde durch den Menschen genutzt werden. "

Sekundäres Wachstum: Ein Überblick 5.1

Durch sekundäres Wachstum wächst der Umfang einer Pflanze aufgrund von Zellteilungen in den Lateralmeristemen. Primäres und sekundäres Wachstum laufen simultan, aber in unterschiedlichen Teilen einer holzigen Pflanze ab. Während das primäre Wachstum infolge der Aktivität der Apikalmeristeme in den Spross- und Wurzelspitzen andauert, werden durch das sekundäre Wachstum an jenen Stellen von Spross und Wurzel Zellen in der Breite zugelegt, wo kein primäres Wachstum mehr erfolgt. Typischerweise ist das sekundäre Wachstum bei Sprossen sehr viel ausgeprägter als bei Wurzeln. Sehen wir uns zunächst allgemein an, wie das sekundäre Wachstum im Vergleich zum primären Wachstum abläuft.

Lateralmeristeme

In Kapitel 4 haben Sie gelernt, dass Apikalmeristeme Gewebe aus sich teilenden Zellen sind. Aus ihnen entstehen drei Zonen, in denen weitere Zellteilungen ablaufen: das Protoderm, das Prokambium und das Grundmeristem. Das Protoderm bildet das primäre Abschlussgewebe, das als *Epidermis* bezeichnet wird, das Prokambium bildet primäre Festigungsgewebe und das Grundmeristem bildet Grundgewebe, d. h. Mark und primäre Rinde. Das primäre Wachstum bedeutet Wachstum in der Länge und findet in den Streckungszonen unmittelbar hinter den Vegetationskegeln statt. Die Streckung der Zellen wird begleitet oder gefolgt von der Differenzierung der Zellen in die verschiedenen Typen von reifen Zellen.

Dafür, dass Sprosse und Wurzeln dicker anstatt länger werden, sorgt ein völlig anderer Prozess. Wie Sie in Kapitel 3 gelernt haben, werden die Meristeme, die für das sekundäre Wachstum verantwortlich sind, *Lateralmeristeme* oder auch *sekundäre Meristeme* genannt. Das sekundäre Wachstum erfolgt nicht in die Länge, sondern radial. Die sich teilenden Zellen führen zu lateralem oder seitlichem Wachstum, wodurch der Durchmesser von Spross oder Wurzel wächst. Überall entlang eines Lateralmeristems werden intern neue Zellen angelagert, in Richtung zum Zentrum und in Richtung zur Oberfläche des Sprosses oder der Wurzel. Da das sekundäre Wachstum am Grund eines Baumstamms schon länger läuft als weiter oben, sind Lateralmeristeme tatsächlich eher wie Kegel als wie Zylinder geformt.

Sekundäres Wachstum tritt in Zonen einer holzigen Pflanze auf, in denen das primäre Wachstum beendet ist, typischerweise ab dem ersten oder zweiten Jahr des Pflanzenwachstums. Der Prozess beginnt, wenn die differenzierten Zellen wieder zu undifferenzierten Zellen werden und zwei Lateralmeristeme bilden, die als *Kambium* und *Korkkambium* bezeichnet werden. Das Wort *Kambium* ist aus dem lateinischen Wort *cambire* abgeleitet, was so viel wie „tauschen" bedeutet. Kambiumzellen sind Zellen, die ihre ursprüngliche Rolle dagegen eingetauscht haben, sich wiederholt zu teilen und so für neues Wachstum zu sorgen. Das **Kambium** bildet verschiedene Leitgewebe. Diese werden in Abgrenzung zum primären Xylem und primären Phloem, die durch das Prokambium gebildet werden, als sekundäres Xylem und sekundäres Phloem bezeichnet. Das Kambium selbst entsteht aus Zellen der primären Rinde und des Prokambiums. In Wurzeln sind außerdem Perizykelzellen beteiligt. Das **Korkkambium** (auch **Phellogen** nach griech. *phellos*, „Kork", und *genos*, „Geburt") bildet sich aus den Parenchymzellen in der primären Rinde und manchmal im primären Phloem. Aus dem Korkkambium bildet sich neues Abschlussgewebe, das schließlich die vom Protoderm gebildete Epidermis ersetzt. ▶ Abbildung 5.1 gibt einen Überblick über die am primären und sekundären Wachstum beteiligten Meristeme.

Wenn wir an holzige Pflanzen denken, dann stellen wir uns gewöhnlich hohe Bäume vor. Doch auch viele Sträucher sind holzig und einige kleinere krautige Pflanzen wie Luzerne bilden bereits in ihrem ersten Wachstumsjahr holzige Stiele aus (siehe den Kasten *Pflanzen und Menschen* auf Seite 122).

Kambium

Wie Sie in Kapitel 4 gelernt haben, zeigt ein Querschnitt durch den Spross einer typischen zweikeimblättrigen Pflanze oder einer Konifere primäres Xylem und Phloem. Diese bilden entweder einen vollständigen oder einen unterbrochenen Ring von Leitbündeln, wobei das Xylem innen und das Phloem außen liegt. Im dreidimensionalen Raum bilden diese Leitbündel einen Zylinder. In den Stämmen von Zweikeimblättrigen und Koniferen beginnt das sekundäre Wachstum, wenn die Zellen des Kambiums aus den verbliebenen Prokambiumzellen zwischen dem primären

5 SEKUNDÄRES WACHSTUM

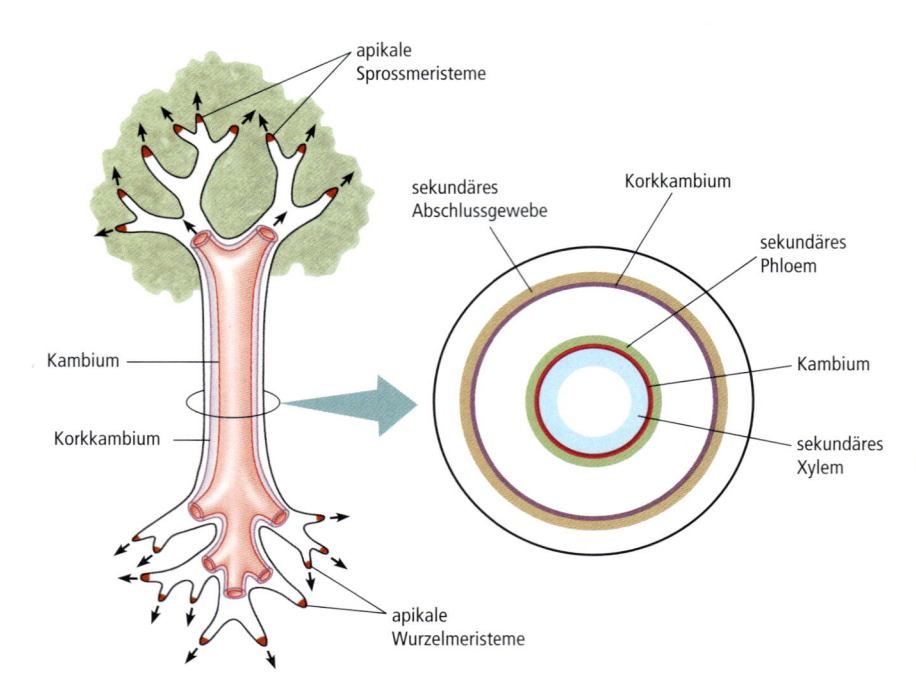

Abbildung 5.1: Apikal- und Lateralmeristeme. Die Apikalmeristeme sind für das primäre Wachstum verantwortlich, durch das Sprossen und Wurzeln länger werden. Die Lateralmeristeme – Kambium und Korkkambium – sind zylindrisch geformt und sorgen für das sekundäre Wachstum, durch das Sprosse und Wurzeln dicker werden.

Xylem und Phloem entstehen. Wenn die Leitbündel wie in ▶ Abbildung 5.2a einen unterbrochenen Ring bilden, dann entstehen die Zellen des Kambiums auch aus den Parenchymzellen zwischen den Bündeln. Die Zellen des Kambiums sind bereits existierende Zellen, die zu bestimmten Zeiten unter dem Einfluss des Phytohormons Auxin meristemisch werden, bis sie schließlich einen vollständigen Zylinder bilden, der durch die Mitte eines Leitbündels verläuft.

In Wurzeln verhindert die Anordnung von primärem Xylem und Phloem, dass das Kambium von Anfang an eine kreisförmige Konfiguration bildet (▶ Abbildung 5.2b). Bei den Wurzeln von Zweikeimblättrigen und Koniferen bildet das primäre Xylem einen zentralen gelappten Zylinder, wobei zwischen den Lappen kleine Stücke von primärem Phloem liegen. Das Kambium der Wurzeln bildet zuerst separate Abschnitte, die in irregulärer Form zusammenwachsen, wobei sie sich zwischen dem primären Phloem und den Lappen des primären Xylems durchwinden und die Perizykelzellen zu Kambium oben auf den Lappen des primären Xylems werden. Im Verlauf etwa eines Jahres führen unterschiedliche Zellteilungsraten zur Ausbildung eines regelmäßigen Zylinders.

Das sekundäre Xylem stärkt die Fähigkeit der Pflanze, Wasser und Minerale von den Wurzeln nach oben zu leiten und trägt zur Festigung bei. Das sekundäre Phloem erhöht den Assimilattransport von den Blättern. Sowohl das sekundäre Xylem als auch das sekundäre Phloem enthalten Leitzellen, die ältere, nicht mehr leitfähige Zellen ersetzen. Jedes Jahr fügt das Kambium sekundäres Xylem im Inneren und sekundäres

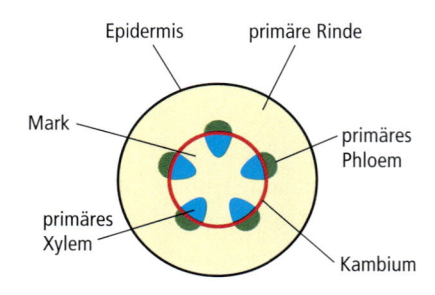

(a) Entstehung des Kambiums im Spross.

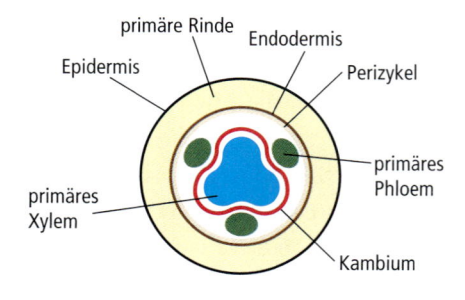

(b) Entstehung des Kambiums in der Wurzel.

Abbildung 5.2: Entstehung des Kambiums in Spross und Wurzel. (a) In holzigen Sprossen bildet sich das erste Kambium zwischen dem primären Xylem und dem primären Phloem der Leitbündel sowie im Parenchymgewebe zwischen den Bündeln. (b) In Wurzeln bildet das Kambium wegen der ausgebuchteten Form des primären Xylems anfangs keinen Zylinder.

5.1 Sekundäres Wachstum: Ein Überblick

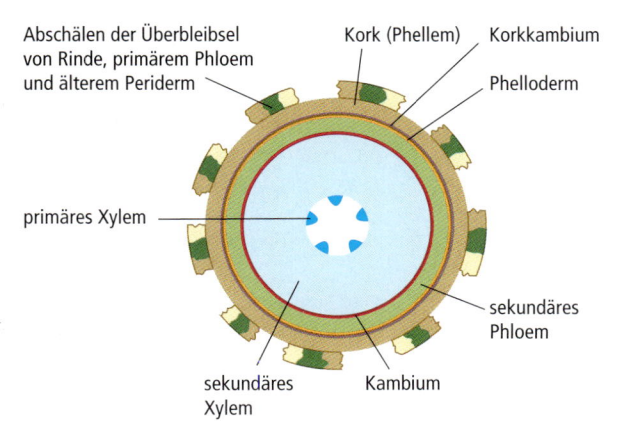

(a) Spross nach mehreren Jahren Wachstum.

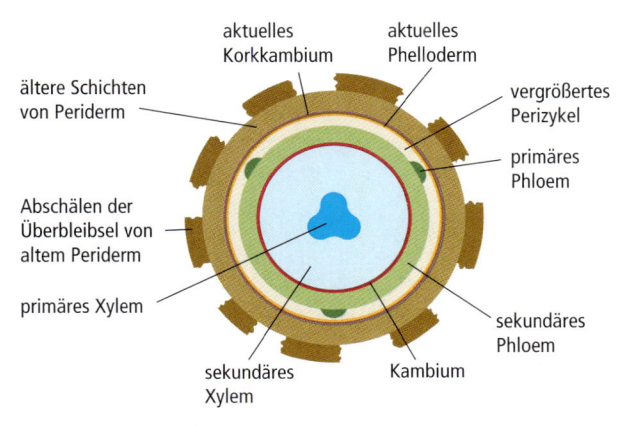

Beschriftungen: Abschälen der Überbleibsel von Rinde, primärem Phloem und älterem Periderm; Kork (Phellem); Korkkambium; Phelloderm; sekundäres Phloem; Kambium; sekundäres Xylem; primäres Xylem.

(b) Wurzel nach mehreren Jahren Wachstum.

Beschriftungen: ältere Schichten von Periderm; aktuelles Korkkambium; aktuelles Phelloderm; vergrößertes Perizykel; primäres Phloem; sekundäres Phloem; Kambium; sekundäres Xylem; primäres Xylem; Abschälen der Überbleibsel von altem Periderm.

Abbildung 5.3: Sprosse und Wurzeln nach mehreren Jahren Wachstum. (a) Wenn ein holziger Spross dicker wird, werden das primäre Xylem und das primäre Phloem immer weiter auseinandergetrieben, während das Kambium Schichten von sekundärem Xylem und sekundärem Phloem bildet. Dabei reißt die Epidermis und löst sich schließlich ab, ebenso wie die älteren Schichten des Periderms, das vom vorherigen Korkkambium gebildet wurde. (b) Das Kambium der Wurzel wird dicker und schließlich kreisförmig. Die Schichten des sekundären Xylems und Phloems sehen dann ganz ähnlich aus wie in einem Spross. Inzwischen haben Schichten des Periderms die Epidermis als äußeren Abschluss der Wurzel ersetzt.

Phloem an der Außenseite des Kambiums hinzu (▶ Abbildung 5.3). Sowohl in den Stämmen als auch in den Wurzeln produzieren die Kambien wesentlich mehr Xylem als Phloem. Wenn der Spross oder die Wurzel in der Dicke wächst, werden das reife primäre Xylemgewebe und das reife primäre Phloemgewebe weiter auseinandergedrückt. Währenddessen nimmt auch das Kambium selbst im Durchmesser zu. Weiter hinten in diesem Kapitel werden Sie sehen, wie sich die Zellen des Kambiums teilen, um den Durchmesser des Kambiums zu vergrößern und neues sekundäres Xylem und Phloem zu bilden.

Sekundäres Xylem ist das, was wir gewöhnlich als **Holz** bezeichnen. Tatsächlich leitet sich das Wort *Xylem* aus dem griechischen Wort *xylon* ab, was „Holz" bedeutet. Wie primäres Xylem besteht auch das sekundäres Xylem zum großen Teil aus abgestorbenen Zellen. Nur die zuletzt gebildeten Schichten des sekundären Xylems leiten Wasser und Minerale, während primäres Xylem und älteres sekundäres Xylem inaktiv sind. Entsprechend leiten nur die zuletzt gebildeten Schichten von lebendem Phloem Assimilate, da das primäre Phloem und ältere Zellen des sekundären Phloems nicht mehr als Siebzellen bzw. Siebröhren fungieren. Ältere Phloemzellen sind deshalb nicht mehr leitfähig, weil sie langgestreckt und zusammengedrückt werden, wenn sie durch neue, vom Kambium gebildete Zellen nach außen geschoben werden. Ältere Xylemzellen sind nicht mehr leitend, weil immer mehr Gefäße unterbrochene Wassersäulen haben und immer mehr Tracheiden Luft enthalten. Diese Veränderungen werden in Kapitel 10 diskutiert.

Das sekundäre Wachstum verbessert die beiden grundlegenden Funktionen des Leitgewebes: den Transport und die Stützfunktion. Durch sekundäres Wachstum können Pflanzen höher werden und länger leben. Das Hinzufügen von sekundärem Xylem und Phloem erhöht die Fähigkeit der Pflanze, Wasser und Nährstoffe zu leiten, wobei die grundlegende Gestalt und Struktur der Leitzellen dieselbe bleibt. Zellen, die Wasser und Minerale transportieren – Tracheiden bei den Koniferen, Tracheiden und Tracheen bei Zweikeimblättrigen –, funktionieren in primärem und sekundärem Xylem auf die gleiche Weise; allerdings haben die Zellen des sekundären Xylems gewöhnlich dickere Wände. Ebenso arbeiten Zellen, die Assimilate transportieren – Siebzellen bei Koniferen und Siebröhrenglieder bei Zweikeimblättrigen –, in primärem und sekundärem Phloem auf die gleiche Weise. Für die sekundären Xylemzellen ist eine stärkere Stützfunktion für die Pflanze charakteristisch, da sie mehr Lignin enthalten, das zusätzlich zur Cellulose zur Verfestigung der Zellwände beiträgt. Lignin lagert sich in und zwischen den Zellwänden an, besonders in sekundärem Xylem, und trägt zu 25 Prozent zum Trockengewicht von Holz bei. Lignin ist nach Cellulose die zweithäufigste organische Verbindung auf der Erde. Ohne das zusätzliche Lignin, das durch sekundäres Wachstum gebildet wird, könnten Bäume nicht sehr hoch werden und starken Winden nicht standhalten; die Wurzeln könnten dichtere Bodenschichten nicht durchdringen. In Kapitel 7 behandeln wir, wie Lignin zur Festigung beiträgt.

PFLANZEN UND MENSCHEN
Bonsaibäume

Bonsai ist die Kunst, Bäume in einem eingeschränkten Lebensraum wachsen zu lassen, um Umweltbedingungen zu simulieren, die den Bäumen besonders eindrucksvolle und schöne Effekte verleihen. Bonsai bedeutet nicht, das Wachstum eines Baumes zu beschneiden, sondern die Pflanze dazu zu bringen, langsam und in vorgegebene Richtungen zu wachsen. Ziel ist es, anhand einer kleinen Pflanze eine größere natürliche Szene vorstellbar zu machen. Das Wort *Bonsai* bedeutet grob übersetzt so viel wie „Baum in einer Schale oder einem Topf". Bonsaibäume sind Miniaturausgaben von Bäumen in ihrem natürlichen Zustand (abgebildet sind Bonsaibäume der Japanischen Lärche – oben – und des Ahorns – unten). Bei richtiger Pflege können diese Bäume viele Jahre leben. Es gibt Exemplare, die fast 500 Jahre alt sind.

Die Bonsaikunst entstand bereits 200 Jahre v. Chr. in China. Es gibt eine Vielzahl von Gestaltungsrichtungen. Zu den Schönheitskriterien zählen die Form und Größe der Wurzeln sowie die Form und Verzweigung des Stammes. Wichtig sind außerdem die Anordnung der Äste und Blätter. Manche Bonsaibäume besitzen sogar reproduktive Strukturen wie Zapfen, Blüten oder Früchte. Das Aussehen von Bonsaibäumen kann verschiedenen Stilrichtungen entsprechen, mit denen das Wirken der Natur nachempfunden werden soll.

Die Bonsaikunst kann mühevoll und komplex sein. Ein schneller und einfacher Weg, um eine solche Miniatur mit geringem Aufwand an Zeit und Mitteln zu formen, ist folgender:

- Wählen Sie eine Art aus. Möglich sind Bäume, Büsche und sogar Kletterpflanzen. Sie sollten eine relativ kleine Pflanze nehmen, die Sie in einem kleinen Topf in einer Gärtnerei kaufen können.
- Suchen Sie ein flaches, dekoratives Pflanzgefäß aus. Ein Bonsaibaum, der in einem glasierten Gefäß wächst, muss weniger gegossen werden.
- Wählen Sie ein kleines Exemplar und stutzen Sie Wurzeln und Sprosse kräftig, so dass die Pflanze ins Pflanzgefäß passt. Entscheiden Sie, welche Stilrichtung Ihr Bonsaibaum verkörpern soll, und formen Sie die Pflanze entsprechend.
- Legen Sie als Drainage kleine Steine auf den Boden des Pflanzgefäßes. Verwenden Sie Blumenerde als Substrat. Nun können Sie Ihren Bonsaibaum einpflanzen. Bedecken Sie die Erde ganz nach Ihrem Geschmack mit Kies oder Steinen.
- Gießen Sie häufig, besonders wenn das Pflanzgefäß klein ist. Düngen Sie die Pflanze gelegentlich in geringer Dosierung mit einem Langzeitdünger.
- Stellen Sie die Pflanze an einen Platz, dessen Lichtverhältnisse denen entsprechen, welche die Pflanze in ihrer bevorzugten natürlichen Umgebung vorfindet.
- Wickeln Sie Band oder Draht um einzelne Zweige, um das Wachstum in eine bevorzugte Richtung zu fördern. Wenn der Zweig die gewünschte Wachstumsrichtung hat, entfernen Sie das Band oder den Draht wieder.
- Stellen Sie sich aufs Experimentieren und auf „learning by doing" ein.

Korkkambium

Wie Sie in Kapitel 3 gesehen haben, gibt es in Gefäßpflanzen zwei Typen von Abschlussgewebe: Epidermis und Periderm. Epidermis und primäre Rinde bilden sich während des primären Wachstums und werden in Pflanzen mit sekundärem Wachstum schließlich durch das Periderm ersetzt. Das Periderm wird durch das Korkkambium gebildet und besteht aus Kork, Phelloderm und den Zellen des Korkkambiums selbst. **Kork**, auch **Phellem** genannt (nach griech. *phellos*, „Kork"), bildet sich an der Außenseite des Korkkambiums und besteht, wenn es reif ist, aus toten Zellen. **Phelloderm** (nach griech. *phellos*, „Kork", und *derma*, „Haut") ist eine dünne Schicht lebender Parenchymzellen, die von den Korkkambien nach innen abgegeben wird.

Die erste Schicht des Korkkambiums entsteht gleichzeitig mit oder kurz nach dem Kambium in Zonen

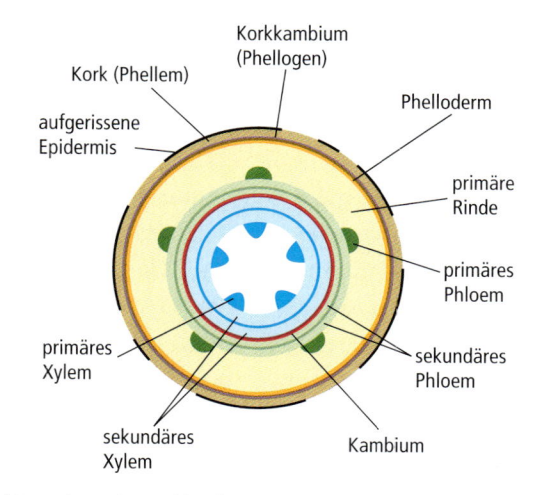

5.1 Sekundäres Wachstum: Ein Überblick

(a) Entstehung des Korkkambiums in einem Spross.

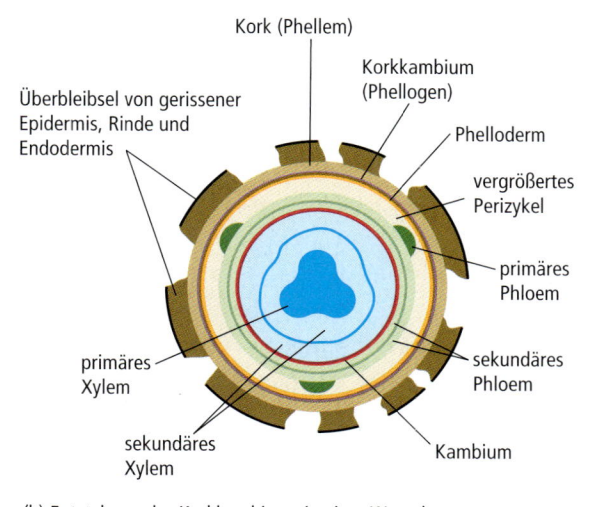

Beschriftungen: Kork (Phellem), aufgerissene Epidermis, primäres Xylem, sekundäres Xylem, Korkkambium (Phellogen), Phelloderm, primäre Rinde, primäres Phloem, sekundäres Phloem, Kambium.

(b) Entstehung des Korkkambiums in einer Wurzel.

Beschriftungen: Kork (Phellem), Überbleibsel von gerissener Epidermis, Rinde und Endodermis, primäres Xylem, sekundäres Xylem, Korkkambium (Phellogen), Phelloderm, vergrößertes Perizykel, primäres Phloem, sekundäres Phloem, Kambium.

Abbildung 5.4: Entstehung des Korkkambiums in Spross und Wurzel. (a) In holzigen Sprossen entsteht das Korkkambium aus den äußersten Schichten der Rinde. Nach innen bildet das Korkkambium eine Schicht lebender Parenchymzellen, die als *Phelloderm* bezeichnet wird. Nach außen bildet es eine Schicht toter Korkzellen. Jedes nachfolgende Korkkambium bildet sich innerhalb des ersten Ringes. (b) In einer holzigen Wurzel bildet sich das Korkkambium aus den äußersten Schichten des vergrößerten Perizykels.

von Spross oder Wurzel, in denen das primäre Wachstum abgeschlossen ist. Im Unterschied zum Kambium wächst das Korkkambium nicht im Durchmesser. Jedes Jahr, manchmal auch etwas seltener, entsteht ein neues Korkkambium innerhalb des alten Rings, wobei eine neue Schicht des Periderms innerhalb des alten Periderms gebildet wird.

Bei einem Spross entsteht das erste Korkkambium aus Parenchymzellen in den äußersten Schichten der primären Rinde (▶ Abbildung 5.4a). Jedes neue Korkkambium bildet sich aus primärem Rindengewebe nach innen, bis schließlich die primäre Rinde auf diese Weise aufgebraucht ist. Während der Stammdurchmesser infolge der Aktivität des Kambiums wächst, dehnt sich die primäre Rinde aus. Da in in der primären Rinde keine Zellteilungen ablaufen, bewirkt die Ausdehnung irgendwann, dass die primäre Rinde aufreißt und abfällt. Aus dem sekundären Phloem entstehen dann nach innen neue Korkkambien.

Bei Wurzeln bildet sich das erste Korkkambium nach Veränderungen in Endodermis und Perizykel, zwei Schichten, die in Sprossen nicht vorhanden sind (▶ Abbildung 5.4b). Da Wasser und Minerale in Zonen der Wurzel, in denen sekundäres Wachstum abläuft, nicht mehr absorbiert werden, wird die Filterfunktion der Endodermis nicht mehr gebraucht, so dass diese Gewebeschicht inaktiv wird. Auch gehen vom Perizykel, das sich an die Innenseite der Endodermis anschließt, keine Verzweigungen der Wurzel mehr aus, sondern das Perizykel weitet sich, während es vom Kambium nach außen gedrückt wird, das Schichten von sekundärem Xylem und Phloem bildet. Aus der äußeren Schicht des geweiteten Perizykels entsteht das erste Korkkambium, das eine Schicht des Periderms bildet. Die äußersten Schichten der Wurzel – Endodermis, primäre Rinde und Epidermis – werden gestreckt, bis sie schließlich zerreißen und sich ablösen; das Periderm bleibt als äußerste Schicht zurück. Während die Wurzel weiterwächst – gewöhnlich langsamer als der Spross –, bilden sich neues Korkkambium und Periderm innerhalb des älteren sekundären Phloems. Weiter hinten in diesem Kapitel werden wir uns ansehen, wie die Zellen des Korkkambiums sich teilen, um die äußeren Schichten eines Sprosses oder einer Wurzel zu bilden.

Rinde

Der Begriff *Rinde* wird fälschlicherweise oft einfach für die äußere Schutzhülle eines Baumes verwendet. Botanisch besteht die **Rinde** aus allen Geweben, die sich außerhalb des Kambiums befinden – mit anderen Worten aus denjenigen Teilen eines Sprosses oder einer Wurzel, die das Holz umgeben. Wenn sich die Rinde abschält, wird häufig auch das Kambium entfernt. Rinde besteht aus zwei verschiedenen Schichten, einer inneren Rinde und einer äußeren Rinde. (▶ Abbildung 5.5). Die **innere Rinde** (Bast) besteht aus dem lebenden sekundären Phloem, totem Phloem zwischen dem Kambium, dem gerade aktiven innersten Korkkambium und der ver-

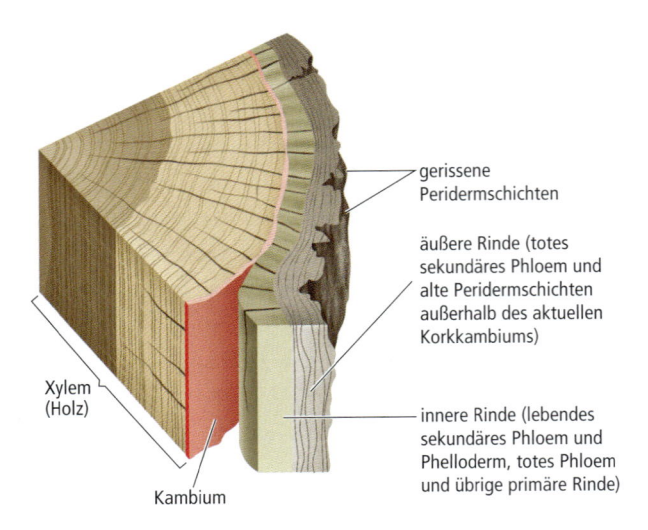

5 SEKUNDÄRES WACHSTUM

Abbildung 5.5: Innere und äußere Rinde. Rinde besteht aus allen Geweben, die außerhalb des Kambiums liegen. Hierzu gehören Phloem und Periderm. Die innere Rinde besteht aus lebendem sekundären Phloem und lebendem Phelloderm, das von dem zuletzt gebildeten Korkkambium produziert wird. Die äußere Rinde besteht aus totem sekundärem Phloem, Periderm aus früherem, inzwischen inaktivem Korkkambium und Kork, das durch das aktuelle Korkkambium produziert wird.

Beschriftungen: gerissene Peridermschichten; äußere Rinde (totes sekundäres Phloem und alte Peridermschichten außerhalb des aktuellen Korkkambiums); innere Rinde (lebendes sekundäres Phloem und Phelloderm, totes Phloem und übrige primäre Rinde); Xylem (Holz); Kambium.

Da das Periderm nicht wie das sekundäre Xylem fortwährend akkumuliert, ist die Rinde typischerweise wesentlich dünner als der holzige Teil von Spross oder Wurzel. Trotzdem bilden manche Bäume, z. B. der Mammutbaum, bis zu 30 cm dicke Rinde, welche die Bäume vor der Zerstörung durch Brände schützt. Bei den meisten Bäumen verleiht das Abblättern der älteren Schichten des Periderms der äußeren Rinde ihr raues Aussehen. Bei einigen Arten jedoch, z. B. bei Birken, ist die Rinde relativ glatt, da sie sich dehnt.

Obwohl die Rinde im Vergleich zum Holz relativ dünn ist, ist sie für den Baum lebensnotwendig. Das tote Gewebe der äußeren Rinde gibt dem Baum Schutz, während das lebende sekundäre Phloem der inneren Rinde Zucker und andere organische Moleküle von den Blättern zu den Wurzeln transportiert. Da Wurzeln generell keine Photosynthese durchführen, sind sie auf die vom Phloem der Rinde transportierte Nahrung angewiesen. Wenn in einem ringförmigen Abschnitt des Stamms die gesamte Rinde des Baums entfernt wird (ein Verfahren, das als **Ringeln** bezeichnet wird), wird der durch das Phloem erfolgende Transport zwischen Spross und Wurzel unterbrochen und der Baum stirbt ab, nachdem die in der Wurzel gespeicherte Nahrung aufgebraucht ist. Wenn wenigstens ein schmaler Streifen der inneren Rinde erhalten bleibt, hat der Baum eine Überlebenschance, weil sich aus dem verbleibenden Phloem neue Rinde bildet. Baumstachler, welche die Rinde eines Baumes fressen wollen (genauer gesagt sind sie am zuckerhaltigen Phloem der inneren Rinde interessiert), töten den Baum oft durch Ringeln. Offenbar ist es für sie einfacher, um den Baum herumzulaufen, anstatt hoch- und runterzuklettern. Da die Rinde das gesamte Phloem

bliebenen primären Rinde. Alle neuen Korkkambien bilden sich im sekundären Phloem. Dort wird die Struktur der inneren Rinde des Stammes ein Gemisch aus sekundärem Phloem und Periderm. Die **äußere Rinde** (Borke) besteht aus totem Gewebe, einschließlich des toten sekundären Phloems und allen Peridermschichten außerhalb des jüngsten Korkkambiums. Während sich die Peridermschichten in der äußeren Rinde aufbauen, brechen die äußersten Schichten teilweise auseinander und blättern ab, wobei die dabei entstehenden Muster von Art zu Art variieren (▶ Abbildung 5.6).

Abbildung 5.6: Rinden verschiedener Bäume: (a) dicke, schuppige Rinde, (b) glatte Rinde, (c) dünne, raue Rinde.

(a) Weißbirke (*Betula pendula*).

(b) Kupferbirke (*Betula albosinensis*).

(c) Erdbeerbaum (*Arbutus menziesii*).

5.1 Sekundäres Wachstum: Ein Überblick

primäres Wachstum in einem holzigen Spross

- Epidermis
- primäre Rinde
- primäres Phloem
- Kambium
- primäres Xylem
- Mark

primäres und sekundäres Wachstum in einem holzigen Spross

- Kork
- Korkkambium
- Phelloderm
- primäre Rinde
- primäres Phloem
- sekundäres Phloem
- Kambium
- sekundäres Xylem
- primäres Xylem
- Mark

Apikalmeristem

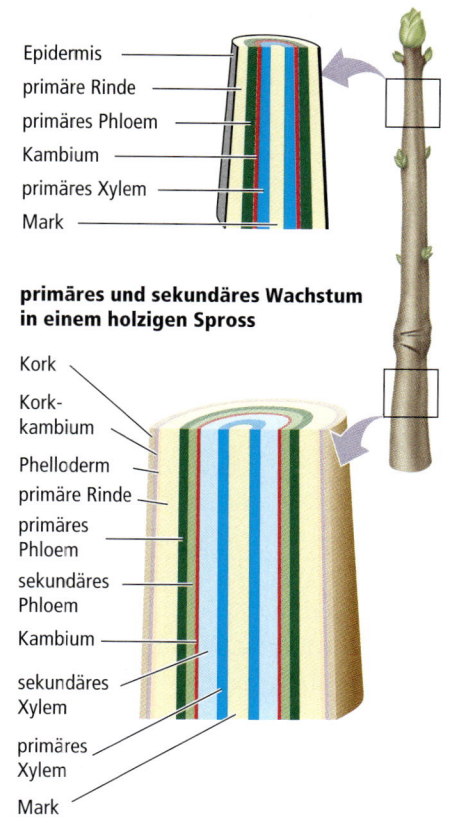

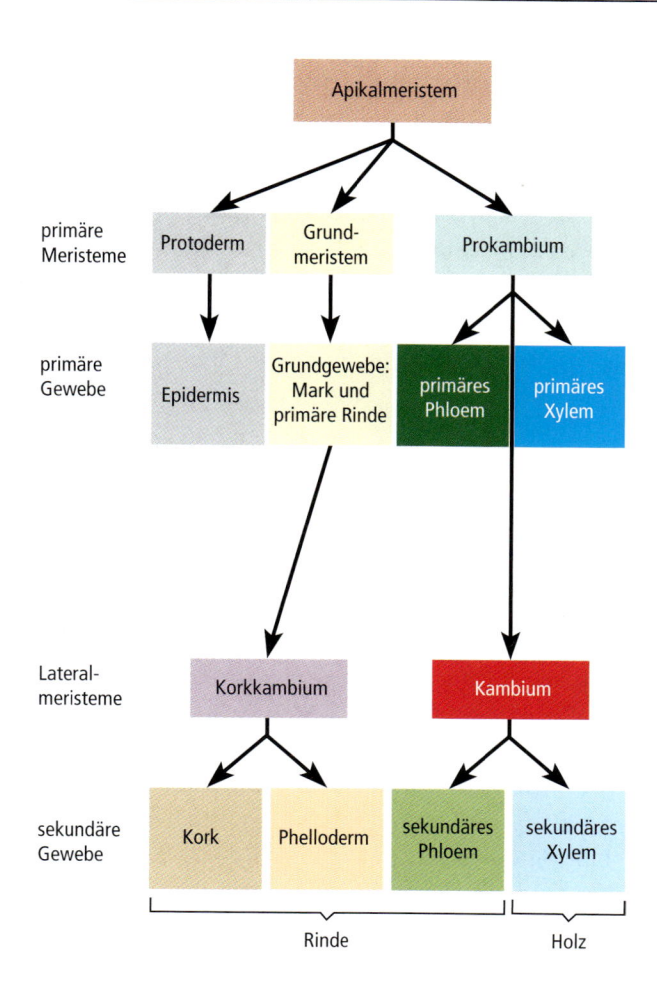

- primäre Meristeme: Protoderm, Grundmeristem, Prokambium
- primäre Gewebe: Epidermis, Grundgewebe: Mark und primäre Rinde, primäres Phloem, primäres Xylem
- Lateralmeristeme: Korkkambium, Kambium
- sekundäre Gewebe: Kork, Phelloderm, sekundäres Phloem, sekundäres Xylem
- Rinde / Holz

Abbildung 5.7: Zusammenfassende Darstellung der verschiedenen am primären und sekundären Wachstum beteiligten Meristeme und Gewebe. Wurzeln und Sprosse haben die gleichen primären und lateralen Meristeme und die gleichen Schichten von Leit- und Abschlussgewebe. Das Diagramm zeigt einen typischen holzigen Spross. Holzige Wurzeln haben kein Mark in der Mitte.

enthält, speichert sie zusammen mit den Blättern den größten Teil der Nährstoffe. Deshalb kann die Fruchtbarkeit des Bodens annähernd aufrechterhalten werden, wenn beim Schlagen von Bäumen Rinde und Blätter am Boden zurückgelassen werden, eine Methode, welche die nachhaltige Bewirtschaftung von Wäldern fördert.

▶ Abbildung 5.7 liefert eine zusammenfassende Darstellung des primären und sekundären Wachstums in einem holzigen Spross. Wie Sie in den Abbildungen 5.2 bis 5.4 gesehen haben, ist das sekundäre Wachstum in holzigen Wurzeln dem sekundären Wachstum des Sprosses sehr ähnlich. In Wurzeln wie in Sprossen entsteht die innere Rinde aus dem Kambium, während das Korkkambium die äußere Rinde produziert.

WIEDERHOLUNGSFRAGEN

1. Stellen Sie die Unterschiede zwischen Lateral- und Apikalmeristemen heraus.
2. Welche Bedeutung hat das Kambium?
3. Welche Bedeutung hat das Korkkambium? Wie wird es in Wurzeln und wie in Sprossen gebildet?
4. Beschreiben Sie die Bestandteile und grundlegenden Funktionen der Rinde.

Wachstumsmuster von Holz und Rinde 5.2

Wie entstehen in Holz helle und dunkle Bereiche? Warum ist Rinde gewöhnlich rau und uneben? Wieso kann ein Baum selbst dann überleben, wenn die Mitte seines Stamms ausgehöhlt ist? Dieser Abschnitt befasst sich mit diesen und anderen Aspekten des Wachstums von Holz und Rinde.

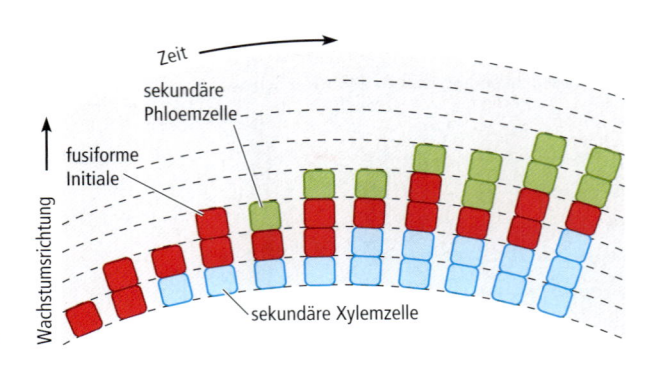

Abbildung 5.9: Zeitliche Entwicklung des Kambiums. Kambiumzellen bilden bei der Teilung Xylem oder Phloem.

Die Funktion des Kambiums

Die beständige Quelle der Holzbildung in einem Baum ist das Kambium. Das Kambium bildet außerdem sekundäres Phloem, das Nährstoffe durch die innere Rinde leitet. Es wird von zwei Typen meristemischer Zellen gebildet, den fusiformen Initialen und den Strahlinitialen. Wie die Initialen der Apikalmeristeme können diese Meristeme perikline (parallel zur Oberfläche des Sprosses oder der Wurzel) und antikline (senkrecht zur Oberfläche des Sprosses oder der Wurzel) Zellteilungen durchlaufen. Perikline Zellteilungen führen dazu, dass der Spross oder die Wurzel dicker werden. Dabei bleibt eine der beiden Tochterzellen innerhalb des Kambiums meristemisch, während sich die andere an der Innen- oder der Außenseite des Kambiums anlagert (▶ Abbildung 5.8). Antikline Zellteilungen erhöhen den Durchmesser des Kambiums selbst, indem sich fusiforme und Strahlinitialen so teilen, dass beide Tochterzellen innerhalb des Kambiums als Initialen erhalten bleiben.

Fusiforme Initialen (nach lat. *fusus*, „Spindel") entstehen innerhalb der Leitbündel und bilden neues Leitgewebe – Xylem nach innen und Phloem nach außen. Das Wort *fusiform* bedeutet „an jedem Ende kegelförmig" und bezieht sich auf die schlanke Form dieser langgestreckten Zellen, die den Leitzellen ähneln, die sie produzieren, nämlich den Tracheiden und Tracheen des Xylems und den Siebzellen und Siebröhrengliedern des Phloems. Eine fusiforme Initiale kann sich so teilen, dass eine der beiden Tochterzellen eine Xylemzelle oder eine Phloemzelle wird, je nachdem, auf welcher Seite des Kambiums sie erscheint. Die andere Tochterzelle bleibt eine fusiforme Initiale (▶ Abbildung 5.9). Wie Sie gesehen haben, kann sich eine fusiforme Initiale auch in zwei fusiforme Initialen teilen, die im Kambium bleiben. Die fusiformen Initialen wie auch die von ihnen produzierten Leitzellen sind der Länge nach angeordnet, parallel zur Oberfläche des Sprosses oder der Wurzel.

Die Zellteilungen der fusiformen Initialen erzeugen gewöhnlich viel mehr Xylem als Phloem, wobei das Wachstum des Xylems innerhalb eines Jahres als Jahresring zu sehen ist. Die Ringe sind sichtbar, weil die Größe neuer Zellen mit den Jahreszeiten variiert. Die kleinen Zellen des Spätsommers sind deutlich zu unterscheiden von den großen Zellen des darauffolgenden Frühjahrs. Die Ringe des Xylems akkumulieren sich Jahr um Jahr, wobei die inneren Ringe nicht mehr in der Lage sind, Wasser und Minerale zu leiten. Beim Phloem leiten gewöhnlich nur die Zellen des aktuellen Jahres Nährstoffe. Die älteren, äußersten Phloemschichten enthalten unter Umständen noch Zuckermoleküle, die an den Zellwänden abgelagert sind, doch sie leben nicht mehr. Während das Kambium neue Phloemschichten bildet, werden die ältesten Schichten in die äußere Rinde gedrückt und schließlich abgeworfen.

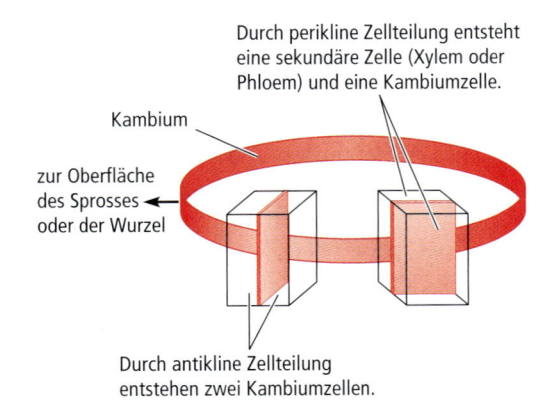

Abbildung 5.8: Zelltelung im Kambium. Kambiumzellen können sich parallel (periklin) oder senkrecht (antiklin) zum Kambium teilen.

5.2 Wachstumsmuster von Holz und Rinde

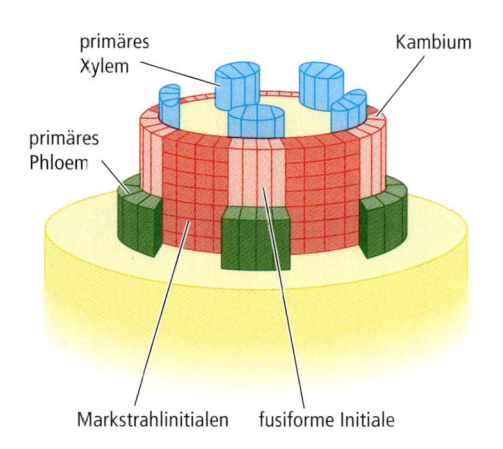

Abbildung 5.10: Dreidimensionale Darstellung des Leitgewebes in einem Spross.

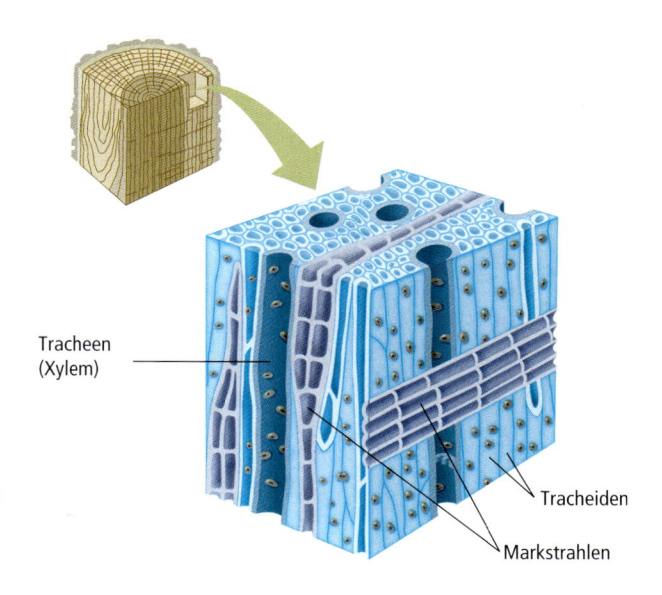

Abbildung 5.11: Xylemzellen und Xylemstrahlen in einem holzigen Spross einer zweikeimblättrigen Pflanze. Diese dreidimensionale Darstellung eines Sprossabschnitts einer zweikeimblättrigen Pflanze zeigt die vertikale Anordnung der Xylemzellen im Gegensatz zu den Strahlzellen, die von der Mitte radial nach außen verlaufen. Die Strahlen werden oft durch das Wachstum der Leitzellen unterbrochen – in diesem Fall der Tracheen und Tracheiden des Xylems. Eine dreidimensionale Darstellung von Phloemzellen und Phloemstrahlen würde ähnlich aussehen.

Markstrahlinitialen entstehen gewöhnlich zwischen den Leitbündeln und sind oft kubisch geformte Zellen (▶ Abbildung 5.10). Sie tragen nicht zur Festigung des Baumes bei, sondern produzieren kubische Parenchymzellen, die vor allem zur Speicherung dienen sowie zum horizontalen Transport. Wenn sich eine Markstrahlinitiale in dieser Weise teilt, dann bleibt eine Tochterzelle eine Markstrahlinitiale, während die andere eine Parenchymzelle wird. Diese Parenchymzellen lagern sich gewöhnlich in radial nach außen gerichteten Linien an, ähnlich wie die Speichen eines Rades. Besonders gut zu sehen sind sie auf einem Querschnitt durch einen alten Baumstamm. Strahlen in sekundärem Phloem werden als **Phloemstrahlen** und Strahlen in sekundärem Xylem als **Xylemstrahlen** bezeichnet. Bei Zweikeimblättrigen kommen Strahlen häufig vor und sind dort oft mehr als eine Zelle breit. Bei Koniferen und anderen Bedecktsamern sind sie weniger häufig und meist nur eine Zelle breit. Strahlen werden oft verkürzt, wenn sie durch die Expansion von Xylem- oder Phloemzellen blockiert werden oder wenn die Strahlinitialen aufhören, sich zu teilen (▶ Abbildung 5.11).

Man darf natürlich nicht vergessen, dass das Kambium ein Zylinder von Zellen ist und dass die Teilungen in allen Zellen stattfinden. Von der Seite betrachtet sind die Schichten fusiformer Initialen entweder in deutlichen Reihen übereinander angeordnet (*Etagierung*) oder unregelmäßig versetzt.

Splintholz und Kernholz

Während das Xylem die gesamte Lebenszeit eines Baumes über zur Festigung von Stamm, Ästen und Wurzeln beiträgt, leitet jeder Xylemring nur für ein paar Jahre Wasser und Minerale, bevor seine Wassersäulen abreißen, ein Prozess, der als **Cavitation** bezeichnet wird. Die älteren, nichtleitenden Ringe des Xylems bilden das Zentrum des Sprosses oder der Wurzel, weshalb sie als **Kernholz** bezeichnet werden (▶ Abbildung 5.12). Da Kernholz kein Wasser und keine Minerale mehr transportiert, kann ein großer Baum auch dann überleben, wenn sein Stamm im Zentrum ausgehöhlt ist. Der Xylemsaft wird vom äußeren Ring des Xylems, dem **Splintholz**, transportiert. Je nach Art entfallen zwischen einem und zwölf Xylemringe auf das Splintholz. Auch die relativen Anteile von Splint- und Kernholz sowie die Holzfarbe sind von Art zu Art verschieden. Kernholz ist gewöhnlich dunkler als Splintholz, bei manchen Arten allerdings ist der Unterschied kaum zu erkennen. Kern- und Splintholz besitzen die gleiche Farbe, wobei die Farbnuancen beträchtlich variieren – vom blassen Grau der Esche bis hin zum dunklen Schokoladenbraun der Schwarzen Walnuss.

Das inaktive Xylem des Kernholzes ist für den Baum eine potenzielle Gefahr, da es eindringenden Pilzen einen Angriffsweg liefert. Nach der Cavitation wird das Eintreten von Pilzen in benachbarte lebende Zellen oft

5 SEKUNDÄRES WACHSTUM

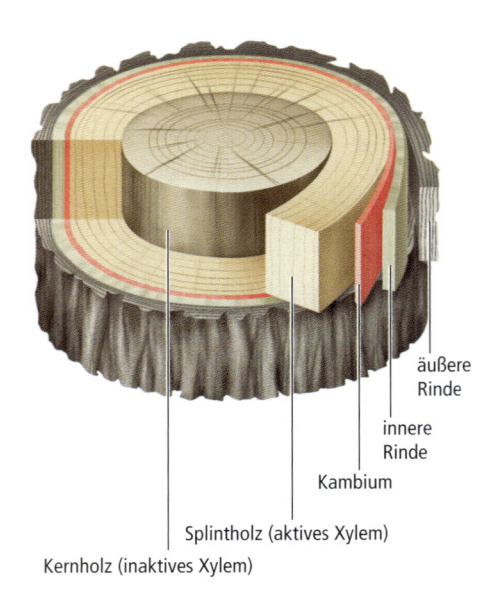

äußere Rinde
innere Rinde
Kambium
Splintholz (aktives Xylem)
Kernholz (inaktives Xylem)

Abbildung 5.12: Kernholz und Splintholz. Die neueren, äußeren Ringe des Xylems transportieren Wasser und Minerale und werden als *Splintholz* bezeichnet. Die älteren, inneren Xylemringe sind nicht mehr am Transport beteiligt; sie bilden das *Kernholz*. Wegen der Ablagerung von Harzen und anderen Verbindungen, die der Abwehr von Insekten dienen, ist Kernholz oft dunkler als Splintholz.

durch die Produktion von Thyllen verhindert, welche die Xylemzellen teilweise oder vollständig verstopfen. Eine **Thylle** ist ein Auswuchs des Cytoplasmas einer Parenchymzelle in eine benachbarte Leitzelle. Parenchymzellen produzieren auch antibakterielle und fungizide Substanzen, die das Holz aromatisch und widerstandsfähig gegen Fäulnis machen. Beispielsweise enthält der Mammutbaum beträchtliche Mengen an Konservierungsstoffen, weshalb sein Holz oft für Gartenmöbel und Terassen verwendet wird. Manche Bäume, z. B. Pappeln, besitzen nur wenig oder keine Konservierungsstoffe, so dass ihr Kernholz schnell verfault.

Jahresringe

Wachstumsringe sind sichtbar aufgrund des Unterschieds zwischen dem im Frühjahr gebildeten Frühholz und dem Spätholz, das im Spätsommer oder Herbst entsteht (▶ Abbildung 5.13a). Wenn im Frühjahr und Frühsommer die Tage länger werden und Niederschläge und Licht reichlich zur Verfügung stehen, bildet das Kambium weitlumige Zellen mit relativ dünnen sekundären Zellwänden (▶ Abbildung 5.13b). Im Spätsommer, wenn die Tage kürzer und kühler werden, sind die vom Kambium gebildeten Zellen englumiger und haben dickere Zellwände. Der Übergang zwischen dem Spätholz eines bestimmten Jahres und dem Frühholz des darauffolgenden Jahres ist als Linie zwischen den Wachstumsringen sichtbar. In den meisten Gegenden der Welt produzieren Bäume einen Wachstumsring pro Kalenderjahr (also einen „Jahresring"), doch in anderen Gebieten gibt es zwei Regenzeiten pro Jahr, was sich in zwei Wachstumsringen niederschlägt. Die Bäume einiger tropischer Regionen zeigen keine deut-

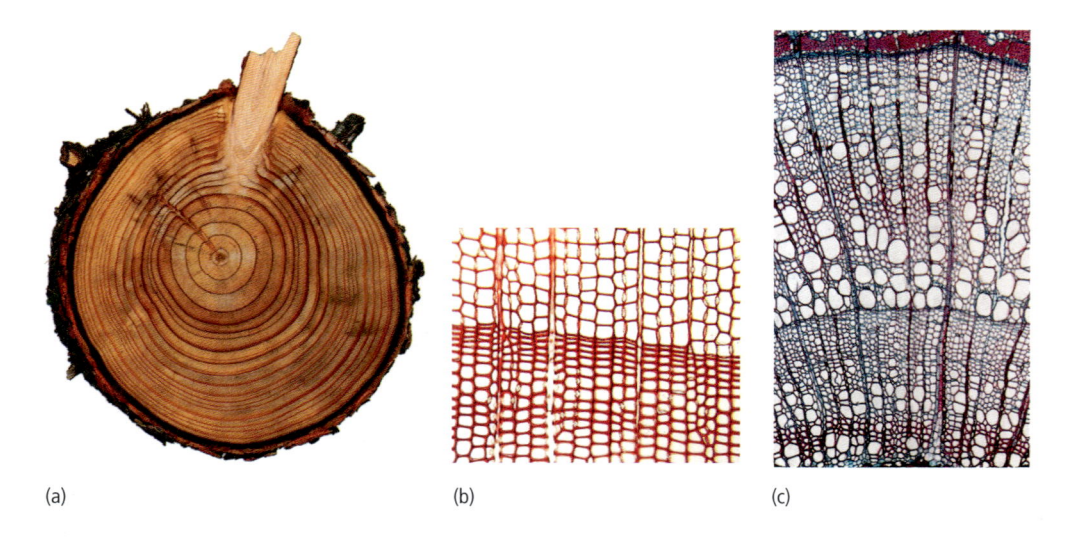

(a)   (b)   (c)

Abbildung 5.13: Jahresringe verraten das Alter eines Baumes. (a) Dieser Querschnitt zeigt Jahresringe. (b) Diese lichtmikroskopische Aufnahme zeigt den Übergang zwischen den kleineren Zellen, die im Spätsommer gebildet werden, und den größeren Zellen des Frühjahrs. Der Unterschied ist als Jahresring sichtbar. (c) Diese lichtmikroskopische Aufnahme zeigt einen Querschnitt durch ringporiges Holz, bei dem die weitlumigen Tracheen hauptsächlich im Frühholz enthalten sind.

lich erkennbaren Wachstumsringe, weil das Wachstum gleichmäßig über das Jahr erfolgt.

Die Breite eines Jahresringes kann einiges über das Jahr, in dem der Ring entstanden ist, aussagen. Ein dicker Ring bedeutet, dass die Wachstumsbedingungen gut waren, während ein dünner Ring das Gegenteil anzeigt. Ein ungleichmäßig breiter Ring entsteht, wenn Niederschlagsmenge, Temperatur und Nährstoffversorgung grenzwertig für das Wachstumsvermögen des Baumes waren. Dagegen schlagen sich reichliche Wasserversorgung, guter Boden und ein idealer Standort in relativ gleichmäßigen Jahresringen nieder.

Zweikeimblättrige variieren bezüglich der Muster, welche die Tracheen in ihren Jahresringen bilden. Manche Bäume, z. B. die Eiche und der Sassafrasbaum, haben *ringporiges* Holz, bei dem die weitlumigen Tracheen nur im Frühholz auftreten (▶ Abbildung 5.13c). Bei anderen Bäumen wie Espen und Zuckerahorn treten diese Tracheen im gesamten Jahresring auf, ein Muster, das als *zerstreutporig* bezeichnet wird.

Dendrochronologie

Wie Sie bereits wissen, kann man das Alter eines Baumes bestimmen, indem man die Jahresringe zählt. Vielleicht haben Sie auch schon einmal in einem Museum große Baumstümpfe oder Baumscheiben gesehen, auf denen die Jahresringe mit historischen Ereignissen in Beziehung gesetzt wurden, z. B. mit der Ankunft von Kolumbus in der Karibik 1492. Die Wissenschaft der Altersdatierung mithilfe von Jahresringen heißt **Dendrochronolgie** (nach griech. *dendron*, „Baum", und *chronos*, „Zeit"). Die Dendrochronologie wurde eingesetzt um herauszufinden, welches der vermutlich älteste lebende Organismus ist – es ist eine Grannenkiefer (*Pinus longaeva*), die unter den ziemlich unwirtlichen Bedingungen der White Mountains in Kalifornien lebt (▶ Abbildung 5.14). Der verwitterte Baum mit einem geschätzten Alter von 4 900 Jahren erhielt nach dem biblischen Vorbild den Namen Methuselah (engl. für Methusalem). Viele der alten Grannenkiefern mit zahlreichen Jahresringen sind nicht besonders dick – 1000 Jahresringe nehmen nur 15 cm ein.

Jahresringe verraten nicht nur das Alter eines Baumes, sondern auch viele Details über Klimaänderungen und die Geschichte der Menschheit. Beispielsweise können wir aus einem Muster aus 20 schmalen und zwei daran anschließenden breiten Jahresringen ablesen, dass eine 20-jährige Dürreperiode von zwei Jahren

Abbildung 5.14: Grannenkiefern – die ältesten bekannten lebenden Organismen? Eine dieser Grannenkiefern (*Pinus longaeva*) in den White Mountains, Kalifornien, ist mehr als 4000 Jahre alt. Nach Untersuchungen ihrer Jahresringe könnte sie der älteste bekannte lebende Organismus sein.

mit starken Niederschlägen gefolgt wurde. Auch historische Ereignisse und Artefakte des Menschen können mithilfe von Jahresringen analysiert werden. Im Südwesten der USA wurde die Dendrochronologie verwendet, um Felsbehausungen amerikanischer Ureinwohner zu datieren. Wenn z. B. ein Dach durch das Wachstum eines lebenden Baumes gespalten wurde, dann wissen wir, dass die Behausung älter sein muss als der Baum. Wenn ein Baumstamm innerhalb einer Ruine steht, dann können wir ungefähr sagen, wann das Haus gebaut wurde. Wissenschaftler müssen einen Baum nicht fällen, um seine Jahresringe zu untersuchen. Mit einem Kernbohrer kann ein schmales, zylindrisches Stück Holz entfernt werden, welches das Muster der Jahresringe offenbart, ohne den Baum zu schädigen. Wenn man die Muster der Jahresringe lebender Bäumen mit denen toter Bäume überlappt, kann die Rückdatierung auf einen Bereich von Tausenden von Jahren ausgedehnt werden. Die Dendrochronologie wurde auch eingesetzt, um Holzstückchen aus den Überresten von Lagerfeuern zu datieren, die bis zu 9000 Jahre alt sind.

Abbildung 5.15: Reaktionsholz. Dieser Querschnitt durch den Ast einer Konifere zeigt, dass die untere Seite aus Druckholz besteht. Die dickeren Jahresringe helfen, das Gewicht des Astes zu tragen.

Reaktionsholz

Manchmal entstehen infolge der Reaktion eines Baumes auf den Wind oder die Schwerkraft irreguläre Wachstumsmuster. Bei schiefen Stämmen oder Zweigen kann sich zum Ausbalancieren dieser Kräfte **Reaktionsholz** bilden (▶ Abbildung 5.15). Bei Zweikeimblättrigen bildet sich Reaktionsholz auf den Oberseiten schräger Stämme oder Äste und wird **Zugholz** genannt, weil es den Baum oder Ast in die vertikale Position „zieht". Zugholz hat an der Oberseite breitere Jahresringe. Die Jahresringe sind dort heller, da sie wenig oder kein Lignin enthalten. Bei Koniferen bildet sich Reaktionsholz an den Unterseiten schräger Stämme oder Äste und wird als **Druckholz** bezeichnet, da es den Stamm oder Ast in die vertikale Position „drückt". Druckholz hat an der Unterseite breitere Jahresringe und ist reich an Lignin, was dem Holz mehr Festigkeit verleiht. Sowohl Zugholz als auch Druckholz schwinden beim Trocknen wesentlich stärker als normales Holz. Bretter, die Reaktionsholz enthalten, sind für die meisten Zwecke unbrauchbar, weil das Holz unterschiedlich schnell und in unterschiedlichem Maße schrumpft und zudem Unregelmäßigkeiten in der Festigkeit aufweist.

Korkkambium und Borke

Wenn ein Spross oder eine Wurzel aufgrund der Aktivität des Kambiums dicker wird, dann dehnen sich die äußersten, durch das primäre Wachstum gebildeten Schichten – Rinde und Epidermis – und reißen schließlich auseinander, da sie nicht mehr wachsen. Ohne eine Neubildung von Korkkambium hätte der Baum wegen des Verlusts von Rinde und Epidermis bald keine äußere Schutzhülle mehr. Die Rate des Wasserverlusts würde sich erhöhen, so dass Wurzeln und Sprosse austrocknen würden. Außerdem wären sie Infektionen und Angriffen von Insekten und anderen vom zuckerhaltigen Phloem angelockten Organismen schutzlos ausgeliefert. Die Bildung von Korkkambium verhindert dieses Szenario. Wenn sich die vom Korkkambium gebildeten Korkzellen vergrößern und reifen, werden ihre Zellwände umhüllt und imprägniert mit einer wachsähnlichen Substanz, die als **Suberin** bezeichnet wird. Diese Substanz macht die Zellen wasserdicht und verhindert, dass der zuckerhaltige Phloemsaft durch die Oberfläche heraussickert. Auf diese Weise macht Suberin Sprosse und Wurzeln weniger anziehend für Tiere. Nach ihrem Absterben dienen die Korkzellen noch immer als „Panzer" um die Leitgewebe.

Die Zellen des Korkkambiums haben oft eine kubische Form. Sie teilen sich in Korkzellen einerseits, die sich außen anlagern, und Phellodermzellen andererseits, die sich innen anlagern. Im Unterschied zu den Zellen des Kambiums entstehen bei der Teilung von Zellen des Korkkambiums keine weiteren Kambiumzellen. Dies ist der Grund dafür, dass Korkkambium nicht im Durchmesser wachsen kann und schließlich zu eng wird für den dicker werdenden Spross oder die dicker werdende Wurzel. Während Spross oder Wurzel in der Breite expandieren, dehnen sich Korkkambium und Phelloderm, reißen schließlich auseinander und werden Teil der äußeren Rinde. Dann bildet sich neues Korkkambium an der Innenseite des alten, wobei eine neue Peridermschicht entsteht. Das Korkkambium und die von ihm gebildeten lebenden Phellodermzellen sind relativ isoliert von Wasser und Mineralen des Xylems sowie von den Kohlenhydraten des lebenden Phloems. Dies könnte ein weiterer Grund dafür sein, warum sich innerhalb des alten Korkkambiums von Zeit zu Zeit ein neues bildet.

Das erste Korkkambium bildet sich gewöhnlich im ersten oder zweiten Lebensjahr eines Baumes. Es bleibt zwischen einem und zwei Dutzend Jahren aktiv, wenn der Baum nicht zu schnell in die Breite wächst. Obwohl nachfolgende Korkkambien weitere Peridermschichten produzieren, wird die äußere Rinde bei den meisten Bäumen nicht sehr dick, da infolge der Kräfte, die durch das neue Wachstum unterhalb der Rinde entstehen, jedes Jahr Teile der äußeren Rinde aufbrechen und sich abschälen.

Gasaustausch

Das Suberin in den Zellwänden der Korkzellen blockiert den Sauerstofftransport in den Spross oder die Wurzel. Allerdings besitzen Sprosse und Wurzeln **Lentizellen**, kleine Öffnungen in der äußeren Rinde, wo die Korkschicht dünn ist und es genug Platz zwischen den Zellen für den Gasaustausch gibt (▶ Abbildung 5.16). Bei der Neubildung des Korkkambiums entstehen neue Lentizellen. Diese sind wie die äußeren Lentizellen ausgerichtet, so dass ein durchgehender Weg für den Sauerstoff existiert. Bei Bäumen mit glatter Rinde sind die Lentizellen gut zu erkennen. Sie erscheinen gewöhnlich als kurze Striche, Schlitze oder erhabene Punkte auf der Oberfläche von Zweigen, Ästen, Stämmen und Wurzeln. Wenn die Rinde dicker und gröber ist, dann liegen die Lentizellen am Grund der Risse, wo sie nur schwer zu erkennen sind. Außer auf Sprossen und Wurzeln sind Lentizellen auch als Flecken oder Striche auf der Oberfläche mancher Früchte zu sehen, z. B. bei Äpfeln und Birnen. Auch auf Korkerzeugnissen sind Lentizellen sichtbar. Im nächsten Abschnitt befassen wir uns mit Produkten, die aus Holz und Rinde hergestellt werden.

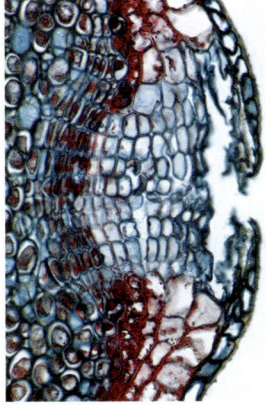

Birke (*Betula albosinensis*)

Abbildung 5.16: Lentizellen. Der Gastransport in die und aus den Wurzeln und Sprossen geschieht mithilfe der Lentizellen. Diese werden durch schnelle Teilungen und Wachstum von Korkzellen gebildet, welche die Epidermis spalten und die Korkschicht begrenzen. Gase – insbesondere Sauerstoff – können durch die Zellzwischenräume der verbleibenden Korkzellen diffundieren, da die Zellen abgerundet sind und nicht eng aneinander anliegen.

> **WIEDERHOLUNGSFRAGEN**
>
> **1** Vergleichen Sie Struktur und Funktion der beiden Typen meristemischer Zellen im Kambium.
>
> **2** Wodurch unterscheiden sich Kernholz und Splintholz?
>
> **3** Was verraten Jahresringe über das Leben eines Baumes?
>
> **4** Worin unterscheiden sich die Entwicklung von Rinde und die Entwicklung von Holz?

5.3 Wirtschaftliche Nutzung von Holz und Rinde

Bislang haben wir uns damit befasst, wie das sekundäre Wachstum zur Verfestigung, zum Transport und zum Schutz holziger Pflanzen beiträgt. Variationen in den Wachstumsmustern und andere physische Merkmale von Holz und Rinde sind wichtige Kriterien dafür, wie Holz durch den Menschen verwendet wird. In diesem Abschnitt befassen wir uns allgemein mit den Merkmalen von Holz und Rinde, die von wirtschaftlicher Bedeutung sind.

Holz als Brennstoff, Papierrohstoff und Baumaterial

Weltweit sind die beiden wichtigsten Verwendungszwecke von Holz der Einsatz als Brennstoff und die Papierherstellung. Während in den meisten entwickelten Ländern Elektrizität und fossile Brennstoffe zum Heizen und Kochen eingesetzt werden, verwendet die Mehrheit der Weltbevölkerung Holz – der Verbrauch erreicht die Hälfte der gesamten Holzernte. Etwa die gleiche Menge wird zur Herstellung von Papier verwendet. Papier ist ein dünner Cellulosefilm, der aus Holzschliff hergestellt wird, einem Gemisch aus Wasser und zermahlenem Holz (▶ Abbildung 5.17). Bis in die Mitte des 19. Jahrhunderts wurde Papier in den westlichen Ländern gewöhnlich aus Leinen hergestellt, doch durch die Einführung von Maschinen zur Herstellung von Holzschliff wurden Bäume zum rentableren Rohstoff. Mehr als die Hälfte der jährlichen Holzernte in den USA fließt in die Herstellung von Papier und Papierproduk-

Abbildung 5.17: Papierherstellung. Diese Maschine stellt aus einem flüssigen Brei aus Holzschliff Papier her.

Abbildung 5.18: Kenaf, eine nichtholzige alternative Quelle zur Herstellung von Papiermasse. Die Kenaf-Pflanze (*Hibiscus cannabinus*) kann in warmen Regionen im Freiland kultiviert werden. Sie wird sehr hoch und ist schnellwüchsig. Der Stängel der Pflanze kann fast vollständig zur Papierherstellung verwendet werden.

ten, wobei die Weißfichte (*Picea glauca*) der wichtigste Baum für Zeitungspapier ist. Weltweit beträgt der jährliche Pro-Kopf-Verbrauch von Papier 15 kg – allerdings verbraucht ein durchschnittlicher Amerikaner jährlich 333 kg. Ein mittlerer Baum reicht für 200 Kopien der Inseratseiten einer typischen Sonntagszeitung in einer Großstadt, und für eine einzige Ausgabe einer regionalen Tageszeitung werden mehrere Hektar Holz benötigt.

Weltweit wird etwa ein Drittel des verbrauchten Papiers recycelt, in den USA fast die Hälfte. Trotzdem nimmt der Holzeinschlag zum Zweck der Papierherstellung weiter zu, vor allem aufgrund des Bevölkerungswachstums, aber auch durch den Einsatz von Druckern und Kopierern. Nach einer Schätzung haben allein Computer und Drucker den Papierverbrauch um mehr als 100 Milliarden Blatt pro Jahr erhöht. Ausgehend von dieser Schätzung ist zu erwarten, dass sich der Papierbedarf in den nächsten 50 Jahren verdoppeln wird.

Nur etwa ein Viertel der weltweiten Papierproduktion stammt aus Wäldern, die im Sinne einer kontinuierlichen Zellstoffproduktion bewirtschaftet werden. Der derzeitige weltweite Bedarf an Papier und Papierprodukten könnte durch eine Fläche gedeckt werden, die etwa die Größe Kaliforniens hat. Voraussetzung hierfür ist eine Bewirtschaftung, die eine kontinuierliche Produktion ermöglicht. Allerdings steht die Nutzung von Wäldern für die Papierherstellung in Konkurrenz mit anderen Nutzungsmöglichkeiten. Wenn andere Pflanzen als Bäume zur Zellstoffgewinnung verwendet werden könnten, dann ließe sich die notwendige Anbaufläche erheblich reduzieren.

Papier kann aus vielen Pflanzen hergestellt werden, die schneller wachsen als Bäume. Eine vielversprechende Quelle ist Kenaf (*Hibiscus cannabinus*), eine trockenheitsresistente einjährige Nutzpflanze, die in fünf Monaten bis zu 4 m hoch wird und dabei wenig oder keine Pestizide oder Herbizide benötigt (▶ Abbildung 5.18). Die Pflanze stammt ursprünglich aus Zentralafrika, kann aber in vielen warmen Gegenden kultiviert werden. Einer der Vorteile besteht darin, dass die gesamte Pflanze verwendet werden kann. Die Pflanze besteht zu etwa einem Drittel aus Phloemfasern, aus denen Papier, Seile, Matten, Säcke und sogar Bekleidung hergestellt werden kann. Die anderen zwei Drittel – die inneren Fasern – können für Tierstreu, Blumenerde, ölabsorbierende Materialien und Füllmittel in Kunststoffen verwendet werden. Die Zellstoffherstellung aus Kenaf ist weniger energieaufwendig als bei Bäumen. Kenaf und andere alternative Zellstofflieferanten werden zweifellos eine wichtige Rolle bei der künftigen Papierherstellung spielen.

Der weltweit drittwichtigste Verwendungszweck von Holz – in großem Abstand hinter Energiegewinnung und Papierherstellung – ist der Einsatz als Baumaterial. In Entwicklungsländern, in denen sich die meisten Menschen kein anderes Material leisten können, ist es auch heute noch das wichtigste Baumaterial überhaupt. Selbst in den USA besteht bei 94 Prozent aller Häuser zumindest der Dachstuhl aus Holz (meist aus dem Holz der Douglasfichte oder aus Kiefernholz). Der Riesen-Lebensbaum liefert das begehrteste Holz für Dachschindeln, während Eiche gewöhnlich für Parkett, Boote und Eisenbahnschwellen verwendet wird.

Holzschnittebenen

Holz in einem Sägewerk kann recht verschieden aussehen, je nachdem, wie es geschnitten wurde. Ein **transversaler** Schnitt (Querschnitt) ergibt einen kreisförmigen Querschnitt. Ein **radialer** Schnitt wird längs geführt und geht durch die Mitte des Baumstamms. Ein **tangentialer** Schnitt wird ebenfalls längs geführt, geht aber nicht durch die Stammmitte.

Durch einen Tangentialschnitt – auch Fladerschnitt genannt – wird ein Seitenbrett hergestellt. Der Verlauf der Jahresringe ist variabel, sie bilden näherungsweise parallele, wellige Linien. Da solche Bretter oft schwinden, werden sie nur selten als Konstruktionsholz verwendet. Aus einem Radialschnitt (auch Riftschnitt) können Riftbretter zugeschnitten werden, auf denen die Jahresringe als parallele Linien längs des Brettes erscheinen. Solche gleichmäßigen Bretter schrumpfen nicht, doch es wird relativ viel Holz verschwendet, und das Sägen muss sehr exakt erfolgen.

Furniere sind dünne Blätter von langen Baumstämmen, die durch einen durchgehenden tangentialen Schnitt entstehen. Meist sind sie nur ein bis zwei Millimeter stark. Furniere werden bei der Möbelherstellung auf billiges, weniger schönes Holz oder auf Spanplatten aufgeklebt, um diesen eine ansprechenderes Äußeres zu verleihen. Sperrholz wird durch Verleimen mehrerer dickerer Furniere hergestellt, was dem Werkstoff eine hohe Festigkeit verleiht. Dabei weisen die einzelnen Schichten im Allgemeinen unterschiedliche Faserrichtungen auf. Spanplatten bestehen aus kleinen, miteinander verleimten Holzstückchen.

Holzmerkmale

Wie Sie sich vorstellen können, sind die Eigenschaften von Holz sowohl unter praktischen Aspekten als auch vom Standpunkt der Botanik aus gut erforscht. Zu den Eigenschaften von Holz gehören Härte, Dichte, Haltbarkeit, Maserung, Textur und Wassergehalt. Je nach ihren Eigenschaften werden manche Hölzer nur für einen ganz bestimmten Zweck verwendet, während andere vielfältig einsetzbar sind. Die Rotfichte (*Picea abies*) beispielsweise ist ein wichtiger Lieferant für Zellstoff, aus ihrem Holz werden jedoch auch Paddel und Resonanzböden für Klaviere hergestellt. Das Holz von Hickorybäumen (*Carya spec.*) wird traditionell für die Herstellung von Griffen und Stielen für Werkzeuge verwendet, aber auch zum Räuchern von Fleisch. Die Karibische Kiefer (*Pinus elliottii*), heimisch in den südlichen USA, wird nicht nur zur Herstellung von Zellstoff und Terpentin verwendet, sondern auch für Eisenbahnschwellen und als Bauholz.

Das Holz von zweikeimblättrigen Bäumen – z. B. Hickory, Ahorn und Eiche – wird allgemein als **Hartholz** bezeichnet, da es gewöhnlich sehr faserhaltig und deshalb schwer zu bearbeiten, aber auch robust gegenüber Beschädigungen ist. Diese Eigenschaften machen Hartholz hervorragend geeignet für viele langlebige Erzeugnisse. Hartholz hat gewöhnlich auch einen vielen höheren Energiegehalt pro Gewichtseinheit als das Holz von Nadelbäumen. Dadurch ergibt es hervorragendes Brennholz und Holzkohle, die lange Zeit brennen. Holzkohle entsteht, wenn Hartholz in einer sauerstoffarmen Umgebung verbrannt wird, da unter solchen Bedingungen der größte Teil des Kohlenstoffs zurückbleibt, während die flüssigen Holzbestandteile verdampfen.

Das Holz von Nadelbäumen wird dagegen allgemein als **Weichholz** bezeichnet. Es enthält gewöhnlich weniger Fasern und keine Tracheen und ist deshalb weicher als das Holz von Zweikeimblättrigen. Allgemein hat das Holz von Nadelbäumen eine geringere Dichte, weshalb es besser schwimmt und schneller verbrennt. Es ist meist leichter zu sägen, dafür aber auch empfindlicher gegenüber Beschädigungen. Die Douglaskiefer, der häufigste Baum in den Wäldern im Westen der USA, liefert den größten Teil des Weichholzes, das als Bauholz verwendet wird.

Die Bezeichnungen *Hartholz* und *Weichholz* sind Verallgemeinerungen, da nicht alle Laubbäume Hartholz und nicht alle Nadelbäume Weichholz liefern. Beispielsweise ist Balsaholz ein extrem weiches und leichtes Holz, das von einem tropischen Laubbaum stammt, während bestimmte Kiefern härteres Holz haben als manche Laubbäume.

Die tatsächliche Härte eines Holzes hängt von seiner **Dichte** ab, d. h. von der Stoffmenge pro Volumen. Eine verwandte Eigenschaft ist das **spezifische Gewicht**, das definiert ist als das Verhältnis zwischen dem Gewicht des Holzes und dem gleichen Volumen Wasser bei Zimmertemperatur. Die Unterschiede im spezifischen Gewicht von Hölzern sind auf die unterschiedlichen

PFLANZEN UND MENSCHEN

Verschiedene Wege zur Herstellung von Gummi

Das elastische Material Latex, aus dem Gummi hergestellt wird, wurde früher aus dem in Zentral- und Südamerika beheimateten Kautschukbaum (*Hevea brasiliensis*) gewonnen. Bereits 1600 v. Chr. sammelten die Maya den Latex der Bäume und stellten daraus große Gummibälle und Bindematerial her, mit dem sie die Köpfe ihrer Äxte an den Griffen fixierten. Die Maya fügten dem Latex den Saft der Prunkwinde hinzu, damit der Gummi nicht brüchig wurde. 1839 entdeckte Charles Goodyear zufällig eine abgewandelte Variante dieses Verfahrens, als er eine Mischung aus Gummi, Blei und Schwefel auf eine heiße Herdplatte fallen ließ. Mit diesem als Vulkanisieren bezeichneten Verfahren des Erhitzens von Gummi können langlebige, elastische Gummiprodukte hergestellt werden.

Latex wird von Zapfern von den Bäumen gesammelt. Dazu wird die Rinde der Bäume in den kühlen Morgenstunden eingeschnitten und der Latex in einem Gefäß gesammelt. Der Latex, der Gummi, Wasser und Proteine enthält, muss schnell verarbeitet werden, sonst würde er verderben. Ein Baum kann 25 Jahre oder länger ergiebig sein. Heute stammen 80 Prozent des Naturgummis von den Plantagen Südostasiens, vor allem Malaysias und Thailands.

Als die Japaner während des Zweiten Weltkriegs von den USA nicht mehr mit Naturgummi versorgt wurden, entwickelten Chemiker kurzfristig ein Verfahren zur Herstellung von synthetischem Gummi aus Erdöl. Heute sind mehr als zwei Drittel des weltweit produzierten Gummis synthetisch. Doch sowohl bei der Herstellung von synthetischem Gummi als auch beim Transport von natürlichem Gummi aus den tropischen Anbauländern fallen hohe Kosten an. Deshalb haben sich Wissenschaftler daran gemacht, andere Pflanzen auf ihre Fähigkeit zur Latexproduktion hin zu untersuchen. Beispielsweise könnten bestimmte Arten der Sonnenblumen (*Helianthus*) oder der Guayulestrauch (*Parthenium argentatum*) neue Quellen für Gummi sein. Sonnenblumen wachsen überall, während der Guayulestrauch im Südwesten der USA sowie im nördlichen Mexiko zu Hause ist. Guayulegummi enthält nur 20 Prozent der Proteine, die im Gummi des Kautschukbaums enthalten sind. Aus diesem Grund sind Gummiallergien – ausgelöst zum Beispiel durch Latex-Handschuhe – bei Erzeugnissen aus Guayulegummi weit seltener.

Anteile von Zellwänden und Lumen (der Raum, der vorher von den Zellbestandteilen ausgefüllt war) zurückzuführen. Auch Fasern können Unterschiede im spezifischen Gewicht verursachen. Wenn die Fasern dicke Zellwände und enge Lumina haben, ist das spezifische Gewicht gewöhnlich hoch. Sind die Fasern dagegen dünnwandig und haben große Lumina, so ist das spezifische Gewicht gering. Das spezifische Gewicht bestimmt im Wesentlichen, ob ein Gegenstand schwimmt oder sinkt. Die meisten Hölzer schwimmen, doch einige wenige Harthölzer wie Eisenholz sinken.

Die **Haltbarkeit** ist der Grad der Widerstandsfähigkeit des Holzes gegen Zerstörung durch Pilze, Bakterien und Insekten. Besonders haltbare Hölzer wie Zeder und Robinie enthalten Gerbsäure (*Tannin*), die viele jener Organismen abschreckt, welche die Zersetzung von Holz bewirken.

Unter der **Maserung** versteht man die Anordnung der Leitzellen des Xylems. Bei einer *geradlinigen Maserung* verlaufen die Leitzellen parallel zur Längsachse des Holzstücks. Bei einer Spiralmaserung sind die Leitzellen entlang einer Spirale angeordnet, die im Stamm von oben nach unten verläuft. Bei einer *marmorierten Maserung* ändert sich die Orientierung der Poren im Lauf des Lebens des Baumes. Ein Beispiel für Holz mit geradliniger Maserung ist die Englische Ulme (*Ulmus procera*), während die Platane (*Platanus*-Hybriden) eine marmorierte Maserung hat.

Die **Textur** ergibt sich aus der Größe der Zellen im Xylem und Phloem sowie aus der Stärke der Jahresringe. Eine grobe Textur entsteht, wenn es viele Tracheen und breite Strahlen gibt, eine feine Textur entsprechend bei wenigen Tracheen und schmalen Strahlen. Unregelmäßige Texturen ergeben sich durch erhebliche Größenunterschiede der Zellen im Frühholz und im Spätholz eines Jahresringes.

Der **Wassergehalt** ist der prozentuale Gewichtsanteil von Wasser. Im Wald besteht Holz zu etwa 75 Prozent aus Wasser. Getrocknetes (gehärtet, gelagert) Holz enthält etwa 10 bis 20 Prozent Wasser. Trockenes Holz enthält etwa 55 bis 75 Prozent Cellulose, 15 bis 25 Prozent Lignin und bis zu 20 Prozent Öle, Tannine, Harze und andere Bestandteile. Das Verhältnis Tannin zu Cellulose kann stark variieren. Trockenes Holz wird zur Herstellung von Möbeln und zum Bauen von Häusern verwendet, da es nicht schrumpft und sich daher mit geringerer Wahrscheinlichkeit spaltet.

Zusätzlich zu diesen Charakteristika können Astlöcher, d. h. Stellen, an denen ein Ast vom Stamm abzweigt, die Qualität und das Aussehen von Hölzern beeinflussen. Solange ein Ast lebt, ist sein Leitsystem mit dem des Stammes verbunden. Wenn der Ast stirbt, expandiert der Stamm weiter und wächst um den Ast herum, doch es gibt keine Verbindung der Gefäße mehr. Wenn das Holz geschnitten wird, bilden diejenigen Teile des Astes, in denen es Gefäßverbindungen gibt, feste Knoten. Dort jedoch, wo es keine Gefäßverbindungen mit dem Stamm gibt, bilden sich lose Knoten. Da Zweige dort, wo sie mit dem Stamm verbunden sind, oft Reaktionsholz bilden, ist das Holz dort oft sehr dicht und schwer zu sägen. Holz, das relativ frei von Astlöchern ist (astreines Holz), stammt von sehr hohen Bäumen, bei denen sich die meisten Äste nahe der Spitze befinden. Astlöcher können jedoch auch als ein positives Merkmal betrachtet werden, z. B. bei Kiefernholz, das für Wandverkleidungen und Möbel verwendet wird.

Latex, Harz und Ahornsirup sind Produkte aus Holzsäften

Viele Blütenpflanzen bilden verschiedene Formen von Latex, einer milchigen Flüssigkeit, die verhindert, dass Krankheitserreger und Insekten durch Wunden in die Pflanze eindringen. Sie enthält außerdem oft Verbindungen, die das Wachstum von Pilzen und Bakterien hemmen. Als Grundlage für die Gummiherstellung sowie als Rohstoff für medizinische Produkte ist Latex für den Menschen außerordentlich nützlich (siehe den Kasten *Pflanzen und Menschen* auf Seite 134).

Kiefern und andere nichtblühende Samenpflanzen bilden Harz (in Süddeutschland auch als Pech bezeichnet), eine klebrige Substanz, die in engen Kanälen durch

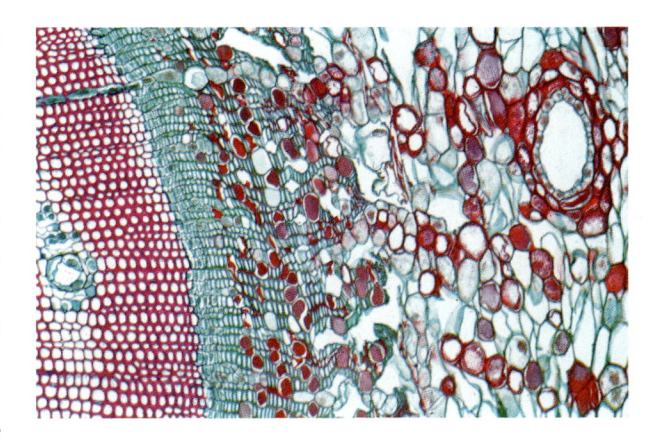

Abbildung 5.19: Harz. Manche Nacktsamer, z. B. Kiefern, produzieren Harz, das Wunden abdichtet und auf diese Weise vor weiteren Verletzungen und Krankheiten schützt. Das Harz fließt durch Kanäle im Xylem, Phloem und Periderm.

das sekundäre Xylem und Phloem, das Periderm und die Blätter fließt (▶ Abbildung 5.19). Harz ist offenbar an der Versiegelung von Wunden beteiligt und wehrt eindringende Krankheitserreger ab. Verletzte Bäume sondern auf der Oberfläche des Stammes oft beträchtliche Mengen Harz ab. Terpentin, ein zähflüssiger Bestandteil des Harzes, verdampft und lässt eine wachsartige Verbindung zurück, die als **Kolophonium** bezeichnet wird und die Wunde versiegelt. Manche Insekten, z. B. *Synanthedon sequoiae*, werden von Baumharz angelockt und legen ihre Eier darin ab. Die Larven dringen in den Baum ein und verursachen dadurch weitere Verletzungen, die wiederum zur Freisetzung von Harz führen.

Wenn das weiche Holz von Nadelbäumen verbrannt wird, dann erfolgt die Verbrennung aufgrund des enthaltenen Terpentins sehr schnell, begleitet vom Knallen und Knacken, das durch die Explosion der Harzklumpen entsteht. Das harte Holz der Laubbäume enthält gewöhnlich kein Harz und verbrennt daher in der Regel ruhiger und langsamer. Das aus Kiefernholz und anderen Weichhölzern extrahierte Terpentin wird zur Herstellung von Farben, Lacken, Verdünnern, Tinten, Seifen und Polituren verwendet. Auch Kolophonium wird für verschiedene Zwecke verwendet, z. B. als Dichtungsmittel und als Klebstoff. Die früher üblichen hölzernen Segelschiffe wurden mithilfe von Kolophonium wasserdicht gemacht. Heute wird es für Firnisse und Wachse in der Holzveredlung eingesetzt. Verwendet wird es außerdem von Baseballspielern, um Ball und Schläger griffiger zu machen, und von Tänzern gegen Rutschgefahr. Kolophonium verstärkt den Kontakt zwischen dem Bogen und den Saiten von Streich-

Abbildung 5.20: In Bernstein eingeschlossenes Insekt. Bernstein ist ein fossiles Harz, das durch natürliche Polymerisation organischer Verbindungen gebildet wird.

instrumenten und wird deshalb auch als Geigenharz bezeichnet.

Ausgestorbene Kiefern, die im Gebiet der heutigen Ostsee und einigen anderen Regionen beheimatet waren, produzierten gewaltige Mengen Harz, die Klumpen von wenigen Gramm bis zu 100 Pfund bildeten. Dieses fossile Harz wird als **Bernstein** bezeichnet und ist Millionen von Jahre alt. Manchmal sind prähistorische Insekten und Bakterien im Bernstein eingeschlossen (▶ Abbildung 5.20). Es ist gelungen, über 30 Millionen Jahre alte, in Bernstein eingeschlossene Bakterien wieder zum Leben zu erwecken. Im Allgemeinen ist im Bernstein vorliegende DNA jedoch völlig zerstört. Die Vorstellung, dass in fossilen Mücken enthaltenes Dinosaurierblut eine Quelle für Gene sein könnte, aus denen Dinosaurier wiedererschaffen werden können, gehört in den Bereich der Science-Fiction. Dennoch dient Bernstein als Fenster in die prähistorische Vergangenheit. Zudem wird aus Bernstein Schmuck hergestellt.

Ein weiteres Produkt aus Holzsäften ist der süße Saft, der im zeitigen Frühjahr von in Kanada beheimateten Ahornbäumen (*Acer saccharum*) gesammelt wird, nachdem das äußere Phloem eingeritzt wurde. Nach ausreichendem Erhitzen und Eindicken wird aus dem Ahornsaft Ahornsirup und schließlich Ahornzucker. Viele Leute glauben, dass der Saft aus dem Phloem kommt, der den Zucker von den Blättern zu den Wurzeln transportiert, doch in Wirklichkeit entsteht er aus der Stärke, die während des Winters, wenn der Baum keine Blätter hat, im Xylemparenchym der Wurzel gespeichert wird. Im Frühjahr wird die Stärke mobilisiert und in Saccharose umgewandelt, und der Saft steigt durch das Xylem in die Äste. Der Baum benötigt die Saccharose als Energiequelle für das Austreiben der Blätter. Um den Ahornsaft zu ernten, werden Löcher in die Baumstämme gebohrt, in die Zapfschläuche gesteckt werden. Über die Schläuche wird der Saft in Bottiche geleitet, wo das Wasser herausgekocht wird, um Ahornsirup zu erhalten.

Kork

Die Korkzellen der äußeren Rinde verleihen dem Stamm Elastizität und sind wasserabweisend. Aus diesen Gründen eignet sich Kork hervorragend als wiederverwendbarer Verschluss oder „Korken" für Weinflaschen und andere Gefäße. Die Elastizität von Kork gestattet es, dass er nach dem Verformen wieder in seine ursprüngliche Form zurückkehrt, was ihn z. B. für Pinbretter oder Fußböden von Turnhallen geeignet macht. Die wichtigste Quelle für Kork ist die Korkeiche (*Quercus suber*). Sie hat eine dicke Rinde, die im Wesentlichen aus Korkzellen besteht (▶ Abbildung 5.21). Eine schonende Ernte der im Mittelmeerraum heimischen Korkeiche geschieht etwa alle zehn Jahre. In den letzten Jahren sind einige Weinkeltereien aus wirtschaftlichen Gründen allerdings dazu übergegangen, anstelle von Naturkork verschiedene Varianten von Plastikkorken zu verwenden.

Abbildung 5.21: Korkgewinnung. Die äußere Rinde der Korkeiche (*Quercus suber*) wird abgeschält und zur Herstellung von Flaschenkorken und anderen Erzeugnissen verwendet. Der Baum bleibt am Leben und repariert sich selbst, indem er ein neues Korkkambium und neuen Kork aus dem sekundären Phloem bildet, das beim vorsichtigen Abschälen zurückgelassen wird.

Die Ressource Wald

Bevor der Mensch existierte, war ein viel größerer, relativ konstant bleibender Teil der Erdoberfläche von Wäldern bedeckt als heute. Wenn Bäume infolge einer Krankheit starben oder durch gelegentliche Brände, ausgelöst durch Blitzschlag, vernichtet wurden, dann wurden sie durch junge Bäume ersetzt. Doch mit dem Beginn der menschlichen Zivilisation vor etwa 10.000 Jahren begann der Anteil der bewaldeten Fläche zu schwinden. Jäger legten Brände, um Wild aus seinen Verstecken zu treiben, Bauern rodeten Wälder, um Ackerland zu gewinnen. Wenn der nutzbare Wald verschwunden und der Boden ausgelaugt war, zogen die Menschen einfach weiter. Diese Methode, die auch als *Wanderfeldbau* bezeichnet wird, ist bis heute in tropischen Regenwäldern verbreitet.

Solange Menschen die Erde bevölkern, haben sie Holz verwendet, um sich zu wärmen, Nahrung zuzubereiten und zu bauen. Wälder wurden durch Ackerland und Städte ersetzt oder einfach abgeholzt und nicht wieder aufgeforstet. Heute ist nur halb so viel Fläche bewaldet wie ursprünglich, und nur ein kleiner Prozentsatz dieser Wälder sind von menschlichen Eingriffen unberührte „Urwälder". Im Nordwesten der USA und Kanada beispielsweise gibt es riesige bewirtschaftete Wälder, aber nur sehr wenige Gebiete mit ursprünglichem Wald. In den USA (außer Überseegebiete) wurden 98 Prozent aller existierenden Wälder mindestens einmal abgeholzt.

Abholzung, der Prozess der Vernichtung von Wäldern, bedeutet eine Reduzierung des Angebots an nutzbarem Holz. In jeder verstreichenden Sekunde wird ein Stück tropischen Regenwaldes vernichtet, das mindestens die Größe eines Fußballfeldes hat. Bei der gegenwärtigen Rate der Abholzung werden die Urwälder in den gemäßigten Zonen und die tropischen Regenwälder bis zum Jahr 2030 verschwunden sein. Nur noch Parks und bewirtschaftete Wälder werden übrig sein. Trotz des Anpflanzens neuer Sämlinge durch die Forstwirtschaft werden Bäume in viel größerem Umfang genutzt, als sie ersetzt werden können – ein Trend, den die nachhaltige Forstwirtschaft zu stoppen versucht (siehe den Kasten *Biodiversitätsforschung* auf Seite 138).

Durch Abholzung, besonders in den tropischen Regenwäldern, wird nicht nur die Menge der Bäume reduziert, sondern vor allem auch die Vielfalt der Baumarten. Insgesamt existieren auf der Erde zwischen 80.000 und 100.000 Baumarten. In den USA gibt es gegenwärtig etwa 1000 Baumarten – und damit etwa drei Mal so viele wie in ganz Europa. Allein in den Appalachen gibt es etwa 300 Baumarten. Eine solche Zahl verblasst jedoch gegenüber der Artenvielfalt in tropischen Regenwäldern, und das obwohl diese Wälder heute nur noch weniger als 2 Prozent der Erdoberfläche bedecken. Bei einer Studie in einem 10,4 Hektar großen Stück Regenwald in Malaysia wurden 780 Baumarten identifiziert, was in etwa der Anzahl der in den USA und Kanada heimischen Arten entspricht. 1996 fand ein Wissenschaftler 476 Baumarten in einem einzigen Hektar des atlantischen Regenwaldgebietes in Brasilien. Darunter befanden sich 104 Arten, die in dieser Region bislang unbekannt waren, und fünf Arten, die bislang überhaupt noch nicht wissenschaftlich beschrieben waren. Zum Vergleich: In den Wäldern der gemäßigten Klimazonen existieren zwischen zwei und 20 Baumarten je Hektar. Leider werden vermutlich mindestens 20 Prozent aller Baumarten in naher Zukunft aussterben, darunter auch 250 Arten in den USA. Das *World Resource Institute* schätzt, dass durch die Abholzung tropischer Regenwälder pro Tag etwa 100 Arten von lebenden Organismen (Tiere eingeschlossen) verloren gehen.

WIEDERHOLUNGSFRAGEN

1. Warum könnten alternative Rohstoffquellen für die Papierproduktion in der Zukunft wichtig werden?

2. Was bedeuten die Begriffe *Hartholz* und *Weichholz*?

3. Beschreiben Sie die folgenden Merkmale von Holz: Dichte, Haltbarkeit, Maserung, Textur, Wassergehalt.

4. Wofür werden Holzsäfte genutzt?

5. Erläutern Sie die Aussage, dass Holz eine erneuerbare, aber limitierte Ressource ist.

BIODIVERSITÄTSFORSCHUNG
■ Nachhaltige Nutzung des Waldes

In den letzten Jahren hat die nachhaltige Forstwirtschaft nach Wegen gesucht, wie Nutzholz aus den Wäldern entnommen werden kann, ohne die Diversität und die langfristige Gesundheit des Ökosystems zu gefährden. Eine wichtige Komponente der nachhaltigen Forstwirtschaft war die Einführung von Managementstrategien, mit denen die kontinuierliche Versorgung mit Holz gesichert werden kann. Die nachhaltige Forstwirtschaft versucht, die Holzproduktion in einer bestimmten geografischen Region auf einem zeitlich konstanten Niveau zu halten. Dies bedeutet, dass neue Bäume mit der gleichen Rate gepflanzt werden, wie ältere Bäume geschlagen werden, und dass man die neuen Bäume bis etwa zur gleichen Größe heranwachsen lässt, wie sie die Bäume hatten, die sie ersetzen. Bis heute ist die nachhaltige Forstwirtschaft nur in wenigen isolierten Regionen erfolgreich. Selbst wenn die Rate der Neupflanzungen der Rate der Holzernte entspricht, erreichen die neuen Bäume nur selten die Größe ihrer Vorgänger. Die Zeiten, in denen Holz von sehr alten Bäumen geerntet wurde, sind vorbei, weil es außer in geschützten Wäldern keine sehr alten Bäume mehr gibt. Experten erkennen, dass die Durchsetzung einer nachhaltigen Forstwirtschaft sehr viel Zeit erfordern und mehrere Nutzungszyklen beanspruchen würde. Die Umwandlung eines nicht nachhaltig bewirtschafteten Waldes in einen nachhaltig bewirtschafteten ist Teil eines Prozesses, der als *Forest Stewardship* bezeichnet wird. Dabei werden die Wälder als Gemeinschaften lebender Organismen betrachtet, die verstanden und respektiert werden müssen, wenn sie weiterhin Wälder mit wertvollen Ressourcen für den Menschen bilden sollen.

Ein wichtiges Prinzip der nachhaltigen Forstwirtschaft besteht darin, Bäume so zu ernten, dass sich so schnell wie möglich wieder ein ähnlicher Wald bilden kann. Die Sämlinge mancher Arten, z.B. die der Douglasfichte oder der Küstenkiefer in Nordamerika, wachsen am besten in voller Sonne und sorgen für eine natürliche Wiederbegrünung von Kahlflächen, die durch Stürme oder Waldbrände entstanden sind. Für solche Arten ist Kahlschlag die vorzuziehende Methode der Holzernte, da ein neuer Wald am besten wächst, wenn dort kleine Sämlinge angepflanzt werden. Bei Arten, die im Halbschatten am besten gedeihen (beispielsweise viele Fichten), ist der selektive Holzeinschlag (siehe Abbildung links) gewöhnlich die beste Methode. In Mischwäldern kann eine Kombination beider Methoden geeignet sein.

Jede Art von Landwirtschaft steht vor dem Problem, dass mit der geernteten Nutzpflanze die in ihr gespeicherten Bodennährstoffe verloren gehen. Nach Generationen der Bewirtschaftung wird der Boden arm an Nährstoffen, und Ertrag und Qualität der Nutzpflanze verringern sich. Viele Agrarregionen leiden unter diesem Problem. Manche Ernährungswissenschaftler glauben sogar, dass der Anstieg bestimmter Krankheiten in modernen Populationen in einen direkten Zusammenhang mit nährstoffarmen Böden gebracht werden kann. Im Fall der Holzwirtschaft kann es Jahrzehnte bis zur zweiten Ernte dauern. Nachdem das jungfräuliche Holz geschlagen wurde, sind die zweite und dritte Ernte merklich schlechter. Dies ist der übliche Effekt, dass jede Ernte dem Boden Nährstoffe entzieht, der schließlich ausgelaugt wird. Eine Lösung des Problems besteht darin, die Rinde an Ort und Stelle zu entfernen und dort zu belassen. Alternativ kann die Rinde im Sägewerk entfernt (siehe Abbildung unten) und zurück zum Ort des Holzeinschlags gebracht werden. Die Rinde, genauer gesagt das Phloem, enthält einen großen Teil der im Baum gespeicherten Bodennährstoffe. Wertvolle Ionen aus dem Boden wandern im Xylem nach oben in den Baum und werden in die organischen Moleküle der Blätter eingebaut. Wenn der Baum gefällt wird, enthält das Nutzholz selbst nur sehr wenige gelöste Minerale. Das Entfernen der Rinde am Ort des Holzeinschlags würde aber Änderungen in der Verfahrensweise und der Ausrüstung notwendig machen. Bis zur Rentabilität wird es Jahre dauern, doch ein vernünftiges Management gebietet es, diesen Weg zu beschreiten.

ZUSAMMENFASSUNG

5.1 Sekundäres Wachstum: Ein Überblick

Lateralmeristeme
Die Lateralmeristeme – Kambium und Korkkambium – sorgen dafür, dass der Durchmesser von Sprossen und Wurzeln zunimmt. Das Kambium bildet sekundäres Xylem und Phloem, während das Korkkambium sekundäres Abschlussgewebe bildet.

Kambium
Das Kambium bildet sich zwischen primärem Xylem und Phloem und wächst im Durchmesser, wobei es nach innen sekundäres Xylem und nach außen sekundäres Phloem hinzufügt, die die Leitfähigkeit erhöhen. Das sekundäre Xylem enthält zusätzlich Lignin, das der Festigung dient.

Korkkambium
Das Korkkambium produziert Periderm, das die Epidermis und die primäre Rinde ersetzt. Das Periderm besteht aus Korkkambium, Kork (Phellem) und Phelloderm. Da das Korkkambium nicht im Durchmesser zunimmt, muss es ersetzt werden. Die äußeren Schichten des Periderms schälen sich als äußerste Schicht der Rinde ab.

Rinde
Die innere Rinde (der Bast) ist im Wesentlichen sekundäres Phloem, während die äußere Rinde sämtliche Schichten des Periderms umfasst, die sich außerhalb des jüngsten Korkkambiums befinden.

5.2 Wachstumsmuster von Holz und Rinde

Die Funktion des Kambiums
Fusiforme Initialen produzieren Xylem und Phloem, Strahlinitialen produzieren aufeinandergeschichtete Parenchymzellen (*Strahlen*), die als Speicher sowie zum radialen Transport dienen. Fusiforme Initialen und Strahlinitialen können sich teilen und so den Durchmesser des Kambiums erhöhen.

Splintholz und Kernholz
Kernholz besteht aus den inaktiven inneren Xylemringen. Es ist gewöhnlich dunkler als die leitenden äußeren Ringe, die als *Splintholz* bezeichnet werden. Bäume produzieren antibakterielle und antifungizide Substanzen, die den Baum vor Fäulnis und Pilzen schützen.

Jahresringe
Jahresringe sind die charakteristischen Trennlinien zwischen dem im Spätsommer und dem im Frühjahr des darauffolgenden Jahres gewachsenen Holz. Dicke Ringe belegen, dass in den entsprechenden Jahren gute Wachstumsbedingungen geherrscht haben müssen.

Dendrochronologie
Anhand von Jahresringen kann das Alter von Bäumen bestimmt werden. Außerdem geben sie Auskunft über Wachstumsbedingungen und können dabei helfen, wichtige Ereignisse der Menschheitsgeschichte und Artefakte zu datieren.

Reaktionsholz
An den Ober- oder Unterseiten schiefer Stämme und Äste bildet sich zum Kräfteausgleich Reaktionsholz. Bei Zweikeimblättrigen erscheint es an den Oberseiten, bei Nadelbäumen an den Unterseiten.

Korkkambium und Borke
Korkzellen werden mit Suberin imprägniert, was sie wasserdicht macht und verhindert, dass das Phloem zur Oberfläche sickert. Das Korkkambium bricht auseinander und darunter bilden sich neues Korkkambium und Periderm. Da sich die äußeren Peridermschichten abschälen, akkumuliert sich Rinde weniger stark als Holz.

Gasaustausch
Lentizellen sind kleine Öffnungen, sichtbar oft als Striche auf der Oberfläche von Sprossen, die den Gasaustausch durch die Rinde ermöglichen.

5.3 Wirtschaftliche Nutzung von Holz und Rinde

Holz als Brennstoff, Papierrohstoff und Baumaterial

Die beiden weltweit wichtigsten Verwendungszwecke von Holz sind sein Einsatz als Brennstoff und die Papierherstellung, wobei die Anteile in etwa gleich sind. Auf dem dritten Platz folgt mit großem Abstand die Verwendung als Baumaterial. Der wachsende Papierbedarf macht die Suche nach alternativen Rohstoffen notwendig. In Entwicklungsländern ist Holz noch immer das wichtigste Baumaterial.

Holzschnittebenen

Ein transversaler Schnitt wird quer durch den Stamm geführt und ergibt eine kreisförmige Querschnittsfläche. Ein radialer Schnitt verläuft längs durch die Mitte des Stammes. Ein tangentialer Schnitt verläuft ebenfalls längs, jedoch nicht durch die Mitte des Stammes.

Holzmerkmale

Zweikeimblättrige bilden Hartholz, das gewöhnlich schwerer zu schneiden ist als das von Nadelbäumen gebildete Weichholz. Die Härte ergibt sich aus der Dichte und dem spezifischen Gewicht. Die Haltbarkeit eines Holzes wird von seiner Widerstandsfähigkeit gegenüber Abbau bestimmt. Die Maserung ensteht durch die Anordnung der Xylemzellen in Längsrichtung. Die Textur wird durch die Größe der Zellen und Jahresringe bestimmt. Der Wassergehalt ist der prozentuale Gewichtsanteil an Wasser. Astlöcher sind Stellen, an denen Äste vom Stamm abzweigen.

Latex, Harz und Ahornsirup sind Produkte aus Holzsäften

Latex wird zur Herstellung von Gummi und medizinischen Produkten verwendet. Terpentin und Kolophonium werden aus Harz gewonnen. Beispiele für Produkte, die aus Terpentin hergestellt werden, sind Verdünner, Tinten und Lacke, während Kolophonium für Dichtungsmittel und Klebstoffe verwendet wird. Bernstein ist ein fossiles Harz, aus dem Schmuck hergestellt wird. Ahornsirup und -zucker werden aus dem Phloemsaft des Ahornbaums gewonnen.

Kork

Seine Wasserfestigkeit und Elastizität machen Kork zu einem guten Dichtungsmaterial. Der größte Teil des wirtschaftlich genutzten Korks stammt von Korkeichen.

Die Ressource Wald

Durch Abholzung sind die bewaldete Fläche und die Diversität der Bäume stark reduziert worden, was die Einführung neuer forstwirtschaftlicher Methoden erforderlich macht.

ZUSAMMENFASSUNG

Verständnisfragen

1. Welche Bedeutung haben Lateralmeristeme für das Leben einer Pflanze?
2. Nennen Sie die beiden Lateralmeristeme und beschreiben Sie jeweils die von ihnen gebildeten Zelltypen.
3. Welche Unterschiede gibt es in Struktur und in Funktion der äußeren und der inneren Rinde?
4. Beschreiben Sie die Unterschiede zwischen fusiformen Initialen und Strahlinitialen.
5. Worin besteht die Funktion der Strahlen?
6. Erläutern Sie den Unterschied zwischen Kernholz und Splintholz.
7. Erläutern Sie, wie man mithilfe von Jahresringen Ereignisse und Artefakte der Menschheitsgeschichte datieren kann.
8. Warum ist das Korkkambium wesentlich für die Gesundheit eines Baumes?
9. Wodurch ist die äußere Rinde sowohl schützend als auch durchlässig?
10. Warum werden für die Papierherstellung auch andere Ressourcen als Holz in Betracht gezogen?
11. Woran erkennen Sie, ob ein Brett radial oder tangential geschnitten wurde?
12. Warum wird das Holz von Zweikeimblättrigen als *Hartholz* und das von Koniferen als *Weichholz* bezeichnet?
13. Wählen Sie zwei allgemeine Charakteristika, die zur Beschreibung von Holz herangezogen werden, und erläutern Sie, warum diese für die potenzielle Verwendung des Holzes relevant sind.
14. Warum ist Rinde wirtschaftlich wertvoll?
15. Warum stellt Landwirtschaft auf der Basis von Brandrodungen ein Problem dar?

Diskussionsfragen

1. Wodurch hilft das sekundäre Wachstum einer Pflanze dieser beim Wettbewerb um Ressourcen? Inwiefern macht das sekundäre Wachstum eine Pflanze verletzbar?
2. Warum ist Ihrer Meinung nach das Kambium dauerhaft, während sich das Korkkambium regelmäßig neu bildet?
3. Einige ausgestorbene Gefäßsporenpflanzen waren sehr hohe Bäume. Ihre Kambien haben Xylem und Phloem gebildet, aber keine weiteren Kambiumzellen. Was passiert letzten Endes mit Bäumen, die sich nach diesem Wachstumsmuster entwickeln?
4. Sind die Begriffe *Xylem* und *Holz* synonym? Erläutern Sie Ihre Antwort.
5. Was glauben Sie, warum Bäume eine charakteristische Lebensspanne haben, obwohl sie potenziell unsterblich sind?
6. Wie wirkt sich der Einsatz von Computern, Internet und E-Mail auf den Papierverbrauch aus?
7. Skizzieren Sie einen kleinen Ausschnitt (Querschnitt) aus dem Kambium des Sprosses einer holzigen zweikeimblättrigen Pflanze (zwei bis drei Zellen genügen). Stellen Sie sich nun vor, dass diese Zellen jeweils ein neues Element zum Phloem beitragen, gefolgt von einem neuen Xylemelement, und sich dann so teilen, dass der Umfang des Kambiums zunimmt und mit dem wachsenden Durchmesser des Stammes Schritt hält. Verwenden Sie die von Ihnen skizzierten Zellen als Ausgangspunkt, um eine Folge von Zellteilungen und darauffolgende Zellvergrößerungen zu zeichnen, die dem geschilderten Entwicklungsprozess entsprechen. Zeichnen Sie nun die gleichen Vorgänge, wie diese sowohl in radialen als auch in tangentialen Längsschnitten erscheinen würden.

Zur Evolution

Stellen Sie sich die erste Subpopulation krautiger Pflanzen vor, in der das Kambium aktiv geworden ist und sekundäres Xylem und Phloem produziert. Warum war diese meristemische Aktivität derart vorteilhaft, dass sie zu einer wesentlichen evolutionären Errungenschaft der Landpflanzen wurde? Warum war die Ausbildung eines oberflächlicheren Korkkambiums eine adaptive Begleitentwicklung?

Weiterführendes

Weitere Informationen zu diesem Buchkapitel finden Sie auf der Companion Website unter http://www.pearson-studium.de.

Davis, Wade. One River: Explorations and Discoveries in the Amazon Rain Forest. New York: Simon & Schuster, 1996. *Der Autor ist ein Ethnobotaniker, der untersucht, wie Pflanzen von der Urbevölkerung verwendet werden, und dabei faszinierende Geschichten erzählt.*

Matthews, Graeme. Bäume: Eine Weltreise in faszinierenden Fotos. München, BLV-Verlagsgesellschaft, 2003. *Außer dem herausragenden Bildteil werden Informationen zu Vegetationskunde, Ökologie und Nutzung der „Riesen" dieser Welt geboten.*

Pakenham, Thomas. Remarkable Trees of the World. New York: W. W. Norton, 2002. *Dieses Buch bietet Fotos und außergewöhnliche Fakten zu 60 der faszinierendsten Bäume der Welt.*

Lebenszyklen und Fortpflanzungsstrukturen

6

6.1	Fortpflanzung und Vermehrung bei Pflanzen: Ein Überblick	145
6.2	Meiose und Generationswechsel	147
6.3	Zapfen und Blüten	153
6.4	Samenstrukturen	158
6.5	Früchte	161
	Zusammenfassung	169
	Verständnisfragen	171
	Diskussionsfragen	172
	Zur Evolution	172
	Weiterführendes	173

ÜBERBLICK

6 LEBENSZYKLEN UND FORTPFLANZUNGSSTRUKTUREN

Wie alle anderen Lebewesen müssen sich Pflanzen zur Erhaltung ihrer Art reproduzieren. Wie Sie in Kapitel 1 gelernt haben, ist die Fortpflanzung von Pflanzen vielfältiger und komplexer als die menschliche Fortpflanzung. Im Unterschied zum Menschen, der sich nur sexuell und nur durch eine Variante der sexuellen Fortpflanzung reproduziert, verfolgen Pflanzen eine Vielzahl von sexuellen und asexuellen Fortpflanzungsstrategien. Wie Sie wissen, ist zur asexuellen Fortpflanzung nur ein Elter notwendig, und es entstehen dabei Nachkommen, die mit dem Elter genetisch identisch sind. Bei der sexuellen Fortpflanzung wird das genetische Material von beiden Elternteilen kombiniert, was zu Nachkommen führt, die eine Mischung der Erbanlagen beider Eltern besitzen. Einige Beispiele sollen die verschiedenen asexuellen und sexuellen Fortpflanzungsstrategien von Pflanzen illustrieren.

Eine Erdbeerpflanze (oben links und rechts) reproduziert sich beispielsweise asexuell, indem sie horizontale Sprosse ausbildet, so genannte Ausläufer oder Stolonen, an deren Enden neue Pflanzen entstehen. Während einer Wachstumsperiode kann sich eine einzige Erdbeerpflanze durch aktive Bildung von Ausläufern über viele Meter ausbreiten und ein Dutzend oder mehr neue Pflanzen bilden, die alle exakt der Mutterpflanze gleichen. Man nennt sie auch einen Klon. Um ein Erdbeerbeet anzulegen, kann ein Gärtner mit ganz wenigen Pflanzen beginnen; bald wird er so viele Pflanzen haben, dass er einige davon weggeben kann. Im Gartenbau werden viele verschiedene Methoden der asexuellen Reproduktion von Pflanzen eingesetzt. Einige davon erfordern das Eingreifen des Menschen, zum Beispiel bei der Herstellung von Stecklingen.

Viele Pflanzen, z.B. die Studentenblume (verschiedene Arten der Gattung Tagetes, *unten rechts), pflanzen sich ausschließlich sexuell fort. Spermazelle und Eizelle verschmelzen bei der Befruchtung und bilden eine Zygote. Diese wächst und teilt sich, wodurch innerhalb eines Samens ein Embryo entsteht. Bei einem solchen sexuellen Prozess wird das genetische Material der männlichen Pflanze mit dem der weiblichen kombiniert, es entsteht ein Nachkomme, der beiden Elternteilen zwar ähnelt, aber verschieden von ihnen ist. Bei den meisten Pflanzen ist die sexuelle Fortpflanzung mit Samen verbunden. Doch Samen entstehen nicht in jedem Fall durch sexuelle Fortpflanzung. Einige Pflanzen wie der Gemeine Löwenzahn (*Taraxacum officinale, *Mitte links) und die Erdbeere können sowohl auf sexuellem als auch auf asexuellem Weg Samen produzieren.*

In Kapitel 1 haben Sie gesehen, dass Pflanzen zwei adulte Formen (Generationen) besitzen, die einander abwechselnd hervorbringen (Generationswechsel). In diesem Kapitel sehen wir uns näher an, wie diese beiden Generationen innerhalb des Pflanzenreichs variieren. Außerdem befassen wir uns mit den Strukturen, die an der sexuellen Fortpflanzung von Samenpflanzen beteiligt sind: Zapfen, Blüten, Samen und Früchte.

Fortpflanzung und Vermehrung bei Pflanzen: Ein Überblick 6.1

Wenn Sie sich auf ein schönes Essen freuen, dann mag es so scheinen, als „lebten Sie um zu essen". Aus biologischer Sicht ist es natürlich so, dass Sie „essen um zu leben". Auch für die Fortpflanzung gibt es eine biologische Betrachtungsweise. Der relative Fortpflanzungserfolg einer bestimmten Art ist die Grundlage für ihren evolutionären Erfolg oder Misserfolg. Wenn sich beispielsweise die Eichen nicht mindestens ebenso erfolgreich fortpflanzen wie andere Pflanzen, die mit ihnen um Raum für ihr Wachstum konkurrieren, dann sterben sie irgendwann aus.

Wenn Sie jemandem Blumen schenken, dann betrachten Sie diese gewöhnlich nicht als Strukturen, die der sexuellen Fortpflanzung von Bedecktsamern dienen. Doch genau darum handelt es sich. Blüten sind Strukturen, die Insekten und andere Organismen anlocken. Diese wiederum helfen, die Blütenpollen zu verbreiten. Aber auch Kätzchen der Hasel oder der Weide sind Blüten; hier beteiligt sich der Wind an der Verbreitung der Pollen. In gewisser Weise dient alles an einer Pflanze oder jedem beliebigen anderen Organismus der Verbesserung des Fortpflanzungserfolgs. Strukturen, Prozesse und Verhaltensweisen, die dies nicht tun, kommen tendenziell nicht vor, da sie eine Energieinvestition darstellen, die effizienter genutzt werden könnte.

Reproduktion kann durch Lebenszyklen beschrieben werden. Der **Lebenszyklus** einer Art ist eine Abfolge von Stadien, die von den adulten Organismen einer bestimmten Generation zu den adulten Organismen der nächsten Generation führt. Wie Sie gesehen haben, kann ein Lebenszyklus entweder sexuell oder asexuell sein. In diesem Abschnitt betrachten wir allgemein die Unterschiede zwischen asexueller und sexueller Reproduktion von Pflanzen.

Asexuelle Fortpflanzung

Die asexuelle Fortpflanzung, auch als *vegetative Vermehrung* bezeichnet, benötigt nur einen Elter, und die Nachkommen sind mit diesem genetisch identisch. Solche Nachkommen werden oft als **Klone** des Elters bezeichnet. Durch asexuelle Fortpflanzung kann eine Pflanze, die gut an einen stabilen Lebensraum angepasst ist, schnell Nachkommen erzeugen, die an diesen Lebensraum ebenso gut angepasst sind.

Die asexuelle Fortpflanzung umfasst die Zellteilung durch Mitose, jener Kernteilung, die zwei mit dem Mutterkern identische Tochterkerne produziert (Kapitel 2). Wie Sie in ▶ Abbildung 6.1 sehen können, verfügen Pflanzen über eine Vielzahl von Strategien zur asexuellen Fortpflanzung. Eine Strategie ist das Ausbilden von Adventivtrieben, auch „Absenker" genannt, an den Wurzeln mancher Arten, zum Beispiel bei Pappeln. Bei anderen Arten entstehen Nachkommen asexuell an den Blättern. Dies ist zum Beispiel beim Brutblatt (*Kalanchoe*) der Fall oder beim „Wanderfarn" aus Alaska und Kanada (*Camptosorus rhizophyllus*), der jedes Mal eine neue Pflanze produziert, wenn eines seiner Blätter den Boden berührt. Im Gewächshaus und im Labor können viele Pflanzen durch Stecklinge und ähnliche Methoden vermehrt werden. Zur Ausbildung von Gartenbauschülern gehört oft das Erlernen dieser Methoden. Jede Pflanze, die durch asexuelle Fortpflanzung entsteht, ist ein genetisch identischer, natürlich erzeugter Klon der Mutterpflanze.

Pflanzen machen wesentlich häufiger von der asexuellen Fortpflanzung Gebrauch als Tiere. Ein Grund hierfür könnte sein, dass die Struktur der Pflanzen, bei denen das primäre Wachstum auf die Apikalmeristeme beschränkt ist, gut zur asexuellen Fortpflanzung geeignet ist. Wenn sich also Zellen der Wurzel, der Sprossachse oder eines Blattes zum Apikalmeristem eines Sprosses entwickeln können, kann sich eine neue Sprossachse bilden, und die Sprossachse kann an ihrer Basis leicht Wurzeln bilden. Ebenso ist es möglich, dass sich Pflanzen deshalb häufiger asexuell fortpflanzen als Tiere, weil sie mit anderen Pflanzen um Platz für ihr Wachstum konkurrieren, den sie sich durch asexuelle Fortpflanzung schnell besetzen können.

Sexuelle Fortpflanzung

Zur sexuellen Fortpflanzung ist von jedem Geschlecht ein Elter notwendig. Sie führt zu Nachkommen, die sich von beiden Elternteilen sowie untereinander genetisch unterscheiden, da sie aus unterschiedlichen Mischungen der Gene beider Eltern bestehen. Auf diese Weise führt die sexuelle Fortpflanzung zu neuen genetischen Kombinationen. Die sexuelle Fortpflanzung kommt in allen Lebensräumen vor; doch von besonderer Bedeutung ist sie für Pflanzen, deren Umweltbedingungen sich ändern, sowie für Pflanzen, die in

6 LEBENSZYKLEN UND FORTPFLANZUNGSSTRUKTUREN

Abbildung 6.1: Asexuelle Reproduktion. Pflanzen verfügen über viele verschiedene Strategien der asexuellen Reproduktion. (a) Bei manchen Pflanzen, wie zum Beispiel bei der Zitterpappel, entstehen aus Knospen, die sich an Wurzeln befinden, Adventivsprosse. Die gesamte Baumgruppe kann als *Klon* bezeichnet werden. Im Herbst kann man manchmal die verschiedenen Klone erkennen, da ihr Laub zu verschiedenen Zeiten die Farbe wechselt. (b) Einige Sukkulenten, wie zum Beispiel *Kalanchoë daigremontiana*, produzieren an den Blatträndern Adventivpflänzchen. Die Pflänzchen fallen vom Blatt ab und schlagen in der Erde rasch Wurzeln. (c) Die Wasserhyazinthe (*Eichhornia crassipes*) produziert viele neue Pflanzen auf kurzen Stängeln, die auseinander brechen und die Pflanze freigeben. Die Wasserhyazinthe vermehrt sich so schnell, dass sie in tropischen und halbtropischen Gebieten wie Florida Wasserwege verstopft. (d) Cholla-Kakteen (verschiedene Opuntienarten) produzieren Stammsegmente, die leicht abbrechen und auf den Boden fallen, wo sie zu neuen Pflanzen heranwachsen. Die Segmente verhaken sich häufig an Kleidungsstücken oder im Fell von Tieren, was der Verbreitung der Art dient. (e) *Tolmiea menziesii* („Henne mit Küken") treibt aus der Basis jedes Blattes neue Pflanzen.

einer Vielzahl unterschiedlicher Lebensräume leben. Da die Nachkommen aus sexueller Fortpflanzung genetisch variabel und verschieden von den Eltern sind, besteht die Chance, dass einer oder mehrere der Nachkommen besser an spezielle Umweltbedingungen angepasst sind, was der Art einen Wettbewerbsvorteil verschafft.

An der sexuellen Fortpflanzung sind drei Typen von Fortpflanzungszellen beteiligt: Sporen, Samenzellen und Eizellen. Aus einer Sporenzelle kann sich ein Organismus entwickeln, ohne vorher mit einer anderen Fortpflanzungszelle zu verschmelzen. Im Gegensatz dazu befruchtet eine Samenzelle (die männliche Fortpflanzungszelle) eine Eizelle (die weibliche Fortpflanzungszelle), wodurch eine Zygote entsteht. Diese entwickelt sich zu einem Embryo und dieser wiederum zu einem adulten Organismus. Samen- und Eizellen werden als **Gameten** bezeichnet (von griech. *gamein*, „heiraten"). Bei Nacktsamern und Bedecktsamern ist der Embryo in einem Samen enthalten, der außer dem Embryo ein Nährgewebe umfasst und von einer Schutzhülle, der Samenschale, umschlossen ist.

Die sexuelle Fortpflanzung ist nicht ohne Risiko, da Ei- und Samenzellen beschädigt oder zerstört werden können, wodurch verhindert wird, dass eine Befruchtung stattfindet. Tatsächlich vermuten einige Wissenschaftler, dass der Zweck der sexuellen Fortpflanzung darin bestehen könnte, Populationen von schädlichen Genen zu befreien, da hierbei jeder Organismus zwangsläufig durch ein Einzelstadium mit einfachem Chromosomensatz gehen muss, in dem alle Gene korrekt funktionieren müssen, damit die Zelle überlebt.

Die sexuelle Fortpflanzung ist außerdem energieintensiv. Zunächst einmal müssen Samen- und Eizellen produziert werden. Anschließend ist viel Energie notwendig, damit sich die Zygote in einen Embryo und schließlich in einen adulten mehrzelligen Organismus entwickelt. Wenn man dies alles in Betracht zieht, stellt sich die Frage, warum sexuelle Fortpflanzung überhaupt vorkommt. Offenbar stellt die durch die sexuelle Fortpflanzung erzeugte genetische Vielfalt für viele Organismen einen gewaltigen Selektionsvorteil dar. Wenn die Nachkommen genetisch variabel sind, haben sie bessere Chancen, in einem speziellen Lebensraum zu überleben, insbesondere dann, wenn sich einige Parameter dieses Lebensraums ändern.

Pflanzen wie Löwenzahn und Veilchen, die sich sowohl sexuell als auch asexuell fortpflanzen, bieten Wissenschaftlern die Möglichkeit, die Selektionsvorteile der asexuellen bzw. sexuellen Fortpflanzung unter unterschiedlichen sich ändernden oder statischen Umweltbedingungen zu erforschen.

WIEDERHOLUNGSFRAGEN

1. Wodurch unterscheiden sich asexuelle und sexuelle Fortpflanzung?
2. Welche Strategien der asexuellen Fortpflanzung von Pflanzen gibt es?
3. Was könnten die Gründe dafür sein, dass sich Pflanzen sowohl asexuell als auch sexuell fortpflanzen?

Meiose und Generationswechsel 6.2

An einem bestimmten Punkt während ihres sexuellen Lebenszyklus kehren alle mehrzelligen Organismen zu zwei einzelnen Zellen zurück, der Samenzelle und der Eizelle. Das Verschmelzen dieser beiden Zellen ergibt eine Zygote, die sich zu einem neuen mehrzelligen Organismus entwickelt. Samen- und Eizelle tragen jeweils halb so viele Chromosomen wie die Zellen eines mehrzelligen adulten Organismus. Wäre die Chromosomenzahl nicht halbiert, dann hätte die folgende Generation pro Zelle doppelt so viele Chromosomen wie die vorhergehende. Innerhalb weniger Generationen wären die Zellen voller Chromosomen und es gäbe keinen Platz mehr für irgendetwas anderes. In diesem Abschnitt werden wir die **Meiose** behandeln, jene Art der Kernteilung, die nur bei der sexuellen Fortpflanzung vorkommt und bei der die entstehenden Tochterzellen die Hälfte der ursprünglichen Chromosomenzahl enthalten.

Haploide Tochterkerne

Die beiden Arten der Kernteilung – Mitose und Meiose – unterscheiden sich hinsichtlich der Anzahl der Chromosomen in den Tochterzellen. Bei der Mitose teilt sich der Kern in *zwei* Tochterkerne, die beide die *gleiche* Chromosomenanzahl wie der ursprüngliche Kern haben. Auf diese Weise erzeugen Mitose und Cytokinese – die Teilung des Cytoplasmas – zwei Tochterzellen, deren Chromosomen identisch mit denen der Mutterzelle sind (abgesehen von Änderungen durch Mutationen). Bei der Meiose teilt sich der Kern *zwei Mal* und erzeugt *vier* Tochterkerne, die jeweils *halb so viele* Chromosomen haben wie der Mutterkern.

Die Anzahl der Chromosomen in einer Zelle ist von Spezies zu Spezies verschieden. Eine typische Körperzelle eines Organismus – d.h. alle Zellen außer Fortpflanzungszellen (Sporen, Samenzellen, Eizellen) – wird als *somatische Zelle* bezeichnet (zu griech. *soma*, „Körper"). Bei Pflanzen enthält eine somatische Zelle üblicherweise entweder einen Chromosomensatz oder zwei Chromosomensätze. In Zellen mit zwei Chromosomensätzen besteht jedes Chromosomenpaar aus einem Chromosom, das aus der Eizelle stammt, und einem Chromosom, das aus der Samenzelle stammt. Jedes Chromosomenpaar wird als Paar **homologer Chromosomen** bezeichnet, da beide Chromosomen Gene enthalten, welche die gleichen Merkmale kontrollieren. Zellen mit zwei Chromosomensätzen werden als **diploid** bezeichnet (von griech. *diplous*, „doppelt"). Zellen mit nur einem Chromosomensatz heißen **haploid** (von griech. *haplous*, „einzeln"). Die diploide Chromosomenanzahl wird mit $2n$ bezeichnet, die haploide mit n. Beim Menschen zum Beispiel ist die diploide Chromosomenanzahl $2n = 46$ und die haploide Chromosomenanzahl $n = 23$. Bei der Nachtkerze (*Oenothera lamarckiana*) ist die diploide Chromosomenanzahl $2n = 14$ und die haploide $n = 7$. Pflanzenzellen und sogar ganze Pflanzenarten können **polyploid** sein, d.h. sie können mehr Chromosomen als die diploide Chromosomenzahl $2n$ besitzen. Wie Sie in späteren Kapiteln sehen werden, können polyploide

I Erste Reifeteilung (Reduktionsteilung): Trennung der homologen Chromosomen

Prophase I — Schwesterchromatiden, Crossing-over-Stellen, Spindelapparat, Tetraden (Paare homologer Chromosomen)

Metaphase I — Äquatorialplatte, Anordnung der homologen Chromosomen

Anaphase I — Trennung der homologen Chromosomen, Schwesterchromatiden bleiben verbunden

Telophase I und Cytokinese — Ausbildung der Zellwand

II Zweite Reifeteilung (Äquatorialteilung): Trennung der Schwesterchromatiden

Prophase II — Kondensation der Chromosomen

Metaphase II — Anordnung der Chromosomen

Anaphase II — Trennung der Schwesterchromatiden

Telophase II und Cytokinese — haploide Tochterzellen

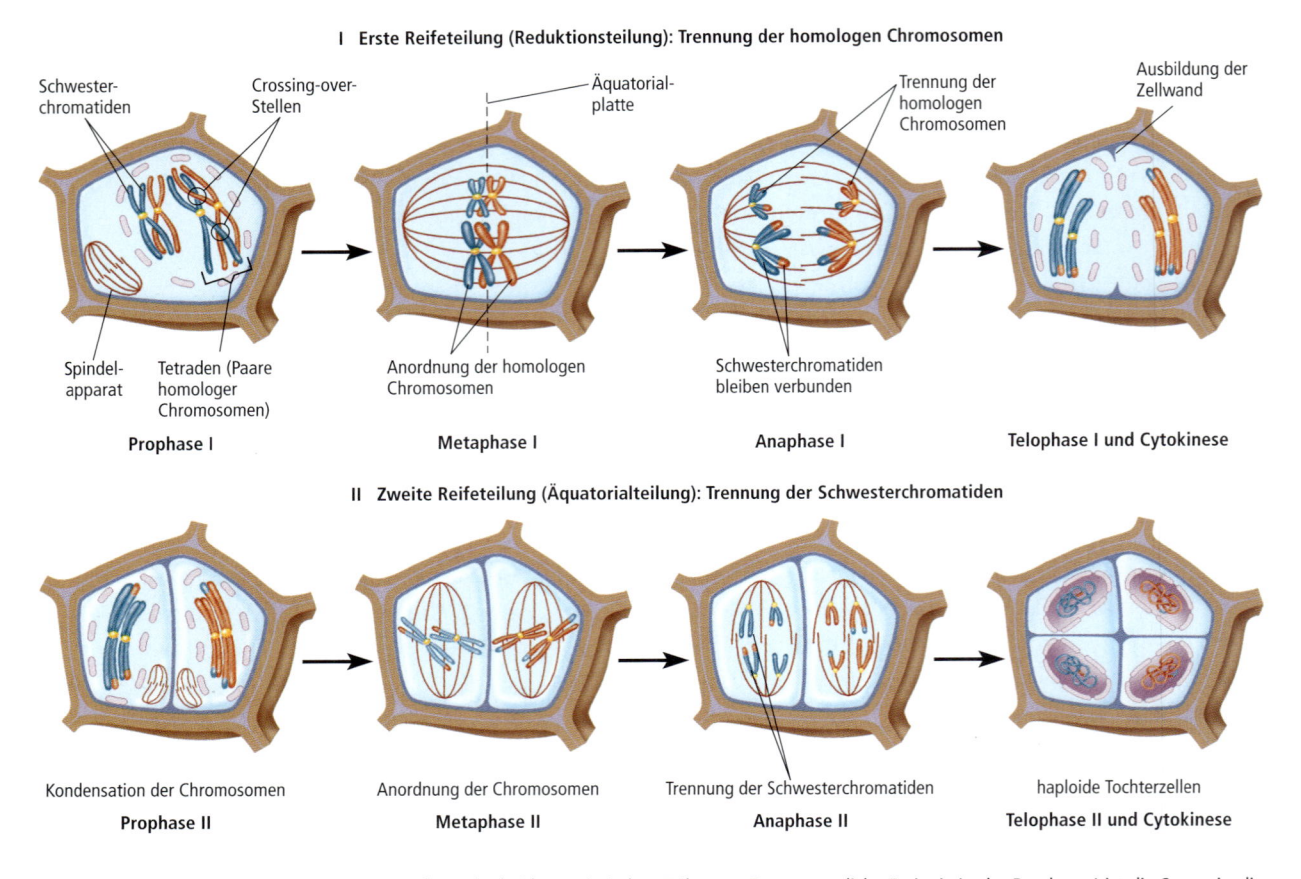

Abbildung 6.2: Meiose. Schematische Darstellung der beiden meiotischen Teilungen. Das wesentliche Ereignis in der Prophase I ist die Synapsis, die Paarung der homologen Chromosomen. Die homologen Chromosomenpaare ordnen sich während der Metaphase I in der Äquatorialplatte an. Die Trennung der homologen Chromosomen geschieht während der Anaphase I. Manchmal finden die Neubildung der Kernhülle und die Cytokinese während und nach der Telophase I statt. Die zweite Reifeteilung ähnelt der Mitose insofern, als jedes replizierte Chromosom eine unabhängige Einheit darstellt.

Pflanzen die Entstehung von Arten signifikant beeinflussen.

Erste Reifeteilung

Bei Pflanzen kann die Mitose in haploiden, diploiden und polyploiden Zellen auftreten. Wenn beispielsweise die Mutterzelle haploid ist, dann sind auch die Tochterzellen haploid, d. h., sie enthalten nur einen Chromosomensatz. Ist die Mutterzelle diploid, dann sind auch die Tochterzellen diploid.

Dagegen tritt die Meiose nur in diploiden oder polyploiden Zellen auf, also in Zellen, die eine gerade Anzahl von Chromosomen tragen – $4n$, $6n$ usw. Wenn die Chromosomenzahl in haploiden Zellen halbiert werden würde, dann wären in keiner der Tochterzellen alle für einen Organismus notwendigen Gene vorhanden. Die Meiose umfasst zwei Phasen. Als Beispiel betrachten wir die Meiose einer diploiden Zelle, die sich in vier haploide Tochterzellen teilt. Jede dieser Tochterzellen besitzt halb so viele Chromosomen wie die Mutterzelle.

Die Vorbereitung der Meiose umfasst, wie auch die Vorbereitung der Mitose, die S-Phase (S für Synthese), bei der die Chromosomen repliziert werden. Wie zur Mitose gehören zur Meiose die Stadien Prophase, Metaphase, Anaphase und Telophase (▶ Abbildung 6.2). Statt einer einzigen Kernteilung finden bei der Meiose jedoch zwei Kernteilungen statt, die als erste bzw. zweite Reifeteilung bezeichnet werden. Bei der **ersten Reifeteilung** werden die homologen Chromosomen getrennt, bei der **zweiten Reifeteilung** die Schwesterchromatiden. Die einzelnen Phasen jeder der beiden Kernteilungen werden durch römische Zahlen gekennzeichnet. Beispielsweise wird die erste Phase der ersten Reifeteilung Prophase I genannt.

Prophase I

Die **Prophase I** ist der erste – und komplexeste – Schritt der Meiose. Sie beginnt nach der Interphase mit Vorgängen, die auch bei der Mitose ablaufen: mit der Bildung des Spindelapparats, dem Zerfall der Kernhülle und dem Auflösen des Nucleolus. Im Unterschied zur Prophase der Mitose liegen bei der Prophase I der Meiose homologe Chromosomen vor. Bei der Prophase der Mitose ordnet sich jedes Chromosom, das aus zwei Chromatiden zusammengesetzt ist, individuell und unabhängig von den anderen Chromosomen an. Bei der Prophase I der Meiose bilden die homologen Chromosomen – welche die gleichen Gene tragen und jeweils aus zwei Chromatiden bestehen – parallel angeordnete Paare. Durch diese Paarung, die als **Synapsis** bezeichnet wird, entsteht eine **Tetrade**, eine aus vier Chromatiden bestehende Struktur. Nach dem Zufallsprinzip können sich die Chromatiden während der Interphase überlappen. Eine solche Überlappung kann dazu führen, dass in Prophase I Chromosomenbruchstücke vertauscht werden, ein Prozess, der als **Crossing-over** bezeichnet wird. Diese Quelle der genetischen Variabilität wird in Kapitel 15 ausführlich behandelt.

Metaphase I

Die **Metaphase I** der Meiose läuft ähnlich ab wie die Metaphase der Mitose, mit dem Unterschied, dass sich Tetraden homologer Chromosomen anstatt einzelner Chromosomen in der Äquatorialplatte anordnen. Wie bei der Mitose wird die Chromosomenbewegung durch die Mikrotubuli des Spindelapparats gesteuert. Dabei werden die Chromosomen jedes Paares durch die Mikrotubuli jeweils zu entgegengesetzten Polen gezogen.

Anaphase I

In der **Anaphase I** werden die homologen Chromosomen getrennt und bewegen sich zu entgegengesetzten Polen. Wie bei der Anaphase der Mitose ziehen Motorproteine die Chromosomen zu den entgegengesetzten Polen. Im Unterschied zur Mitose bleiben jedoch die Schwesterchromatiden eines Chromosoms an ihren Centromeren verbunden und bewegen sich daher gemeinsam als eine Einheit zum gleichen Pol. Währenddessen bewegt sich das homologe Chromosom zum anderen Pol. Jeder Pol erhält also einen Chromosomensatz und die Gesamtchromosomenzahl wird halbiert. Bei der Mitose dagegen trennen sich die Chromatiden eines Chromosoms während der Anaphase, so dass die Gesamtchromosomenzahl die gleiche bleibt.

Telophase I und Cytokinese

In der **Telophase I** läuft in Abhängigkeit von der Spezies eine Vielzahl von Vorgängen ab. Im Allgemeinen kehrt die Zelle zumindest für kurze Zeit in ihr prämeiotisches Stadium zurück, bevor die zweite Reifeteilung beginnt. Die Chromosomen setzen die Bewegung aus der Anaphase I fort, bis sie in der Nähe der entgegengesetzten Pole angekommen sind. In vielen Fällen bilden sich Nucleolus und Kernhülle wieder aus, und die Chromosomen entspiralisieren sich. In anderen Fällen geht die Zelle unmittelbar zur zweiten Reifeteilung über. Die Cytokinese – die Teilung des Cytoplasmas – geschieht gewöhnlich in der Telophase I. Die erste Reifeteilung wird auch als *Reduktionsteilung* bezeichnet, da hierbei die Anzahl der Chromosomen halbiert wird.

Zweite Reifeteilung

Während der **zweiten Reifeteilung** werden die Chromatiden getrennt, wobei der Prozess im Wesentlichen der gleiche ist wie bei der Mitose. Der Hauptunterschied besteht darin, dass die zweite Reifeteilung mit einer haploiden Zelle beginnt, während die Mitose mit einer haploiden, diploiden oder polyploiden Zelle beginnen kann. Nachdem die Stadien Prophase II, Metaphase II, Anaphase II und Telophase II durchlaufen sind, liegen als Ergebnis vier Kerne vor, die jeweils halb so viele Chromosomen enthalten wie der Mutterkern. Anschließend erfolgt die Cytokinese. Bei Tieren entwickeln sich die Zellen zu Samenzellen und Eizellen, bei Pflanzen zu Sporen. ▶ Abbildung 6.3 fasst die Unterschiede zwischen Mitose und Meiose zusammen.

Sporophyten und Gametophyten

Die sexuellen Lebenszyklen von Pflanzen unterscheiden sich stark von den Lebenszyklen höherer Tiere wie dem Menschen. Beim Menschen und anderen höheren Tieren ist die mehrzellige Form diploid, und die einzigen haploiden Zellen sind Samen- und Eizellen. Die sexuellen Lebenszyklen von Pflanzen sind komplexer, weil von jeder Pflanze zwei mehrzellige Formen existieren. Die eine der beiden Formen wird als **Sporophyt** bezeichnet (griech. für „Sporen bildende Pflanze"). Sie besteht aus diploiden Zellen. Die andere, aus haploiden Zellen bestehende Form ist der **Gametophyt** (griech. für „Gameten bildende Pflanze"). Die sexuellen Lebenszyklen von Pflanzen sind durch einen **Generationswechsel** charakterisiert, bei dem diese beiden adulten Formen wechselseitig auseinander hervorgehen. Ein typischer pflanzlicher sexueller Lebenszyklus umfasst fünf Schritte (▶ Abbildung 6.4):

6 LEBENSZYKLEN UND FORTPFLANZUNGSSTRUKTUREN

MITOSE

Chromosomen in der diploiden Mutterzelle

↓ Replikation der Chromosomen

dupliziertes Chromosom (zwei Schwesterchromatiden)

Chromosomen ordnen sich in der Äquatorialebene an

↓ Trennung der Schwesterchromatiden

Tochterzellen der Mitose

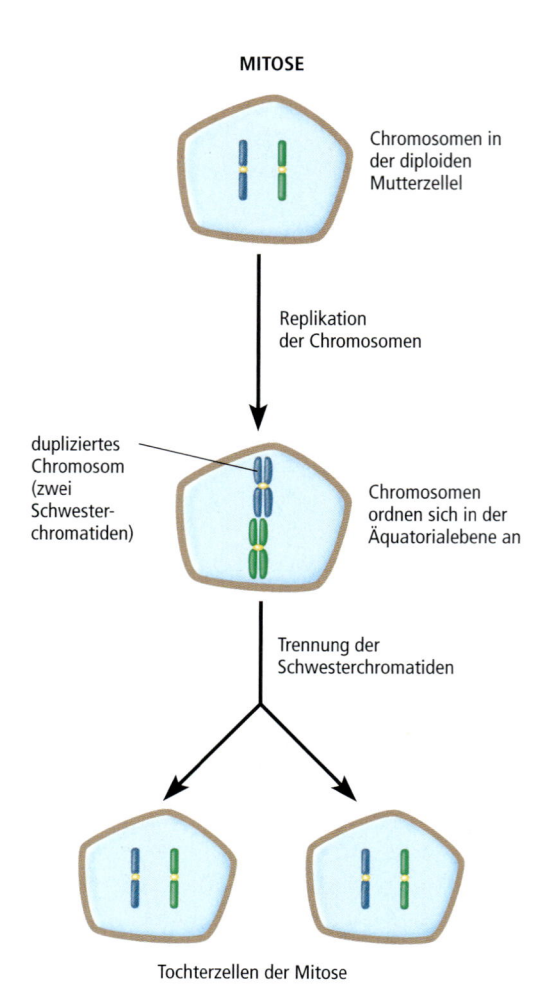

(a) Bei der Mitose verkürzen sich die Chromosomen während der Prophase, ordnen sich in der Metaphase entlang des Zelläquators an und trennen sich in der Anaphase. Jedes Chromosom mit seinen zwei Chromatiden ist von den anderen unabhängig. Das Ergebnis der Mitose sind zwei Tochterzellen mit der gleichen Chromosomenzahl wie die Mutterzelle.

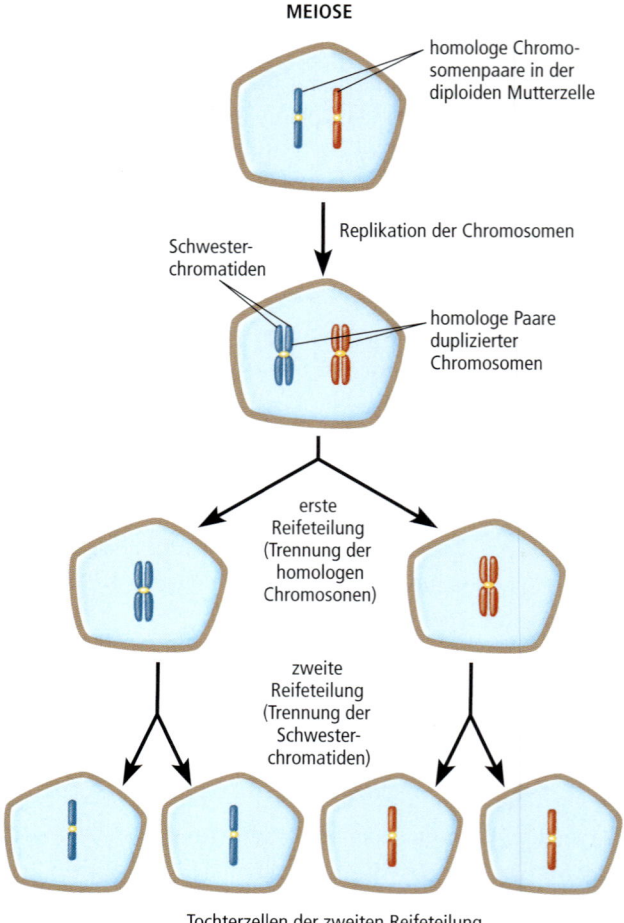

MEIOSE

homologe Chromosomenpaare in der diploiden Mutterzelle

↓ Replikation der Chromosomen

Schwesterchromatiden

homologe Paare duplizierter Chromosomen

↓ erste Reifeteilung (Trennung der homologen Chromosonen)

↓ zweite Reifeteilung (Trennung der Schwesterchromatiden)

Tochterzellen der zweiten Reifeteilung

(b) Bei der Meiose verkürzen sich die Chromosomen während der Prophase, homologe Chromosomen paaren sich und ordnen sich entlang der Äquatorebene an. Die Chromosomenpaare trennen sich während der Anaphase der ersten Reifeteilung, wodurch die Anzahl der Chromosomen in der Zelle halbiert wird.

Abbildung 6.3: Mitose und Meiose im Vergleich. Bei beiden Typen der Kernteilung erfolgt die Replikation des Chromosoms bereits in der S-Phase, die vor der G_2-Phase und dem Beginn der Kernteilung stattfindet.

1. Einige Zellen eines mehrzelligen diploiden Sporophyten durchlaufen die Meiose und produzieren haploide Sporen.
2. Die Sporen durchlaufen anschließend die Mitose und erzeugen in der Folge mehrzellige haploide Gametophyten.
3. Eine oder mehrere Zellen des Gametophyten durchlaufen die Mitose und produzieren haploide Samen- oder Eizellen.
4. Die haploiden Samenzellen und Eizellen erzeugen durch den Vorgang der **Befruchtung** eine diploide Zygote.
5. Die Zygote durchläuft Mitosen und produziert mehrzellige diploide Sporophyten.

Bei Pflanzen entstehen durch Meiose nur haploide Sporen, während bei Tieren nur Gameten entstehen. Bei Pilzen können Sporen sowohl durch Meiose als auch durch Mitose entstehen und entweder haploid oder diploid sein.

Pflanzenarten unterscheiden sich hinsichtlich der relativen Größe von Sporophyten und Gametophyten und auch darin, ob jede der Formen unabhängig lebensfähig ist (▶ Abbildung 6.5). Bei den meisten Moosen (Bryophyta) ist der Gametophyt größer als der Sporophyt. Wenn Sie einen Moosteppich betrachten, dann sehen Sie größtenteils Gametophyten, auf denen die Sporophyten sitzen, die die Form von Stängeln haben. Bei den Gefäßpflanzen dagegen ist der Gameto-

6.2 Meiose und Generationswechsel

sexuelle Fortpflanzung beim Menschen

- männlicher adulter Mehrzeller ($2n$)
- weiblicher adulter Mehrzeller ($2n$)

Meiose

- Samenzelle (n)
- Eizelle (n)

Befruchtung

→ Zygote ($2n$)

Mitose und Wachstum

→ erwachsener Mehrzeller ($2n$)

sexuelle Fortpflanzung bei Pflanzen (Generationswechsel)

- mehrzelliger Sporophyt ($2n$)

Meiose

- Spore (n)
- Spore (n)

Mitose und Wachstum

- mehrzelliger männlicher Gametophyt (n)
- mehrzelliger weiblicher Gametophyt (n)

Mitose

- Samenzelle (n)
- Eizelle (n)

Befruchtung

→ Zygote ($2n$)

Mitose und Wachstum

→ mehrzelliger Sporophyt ($2n$)

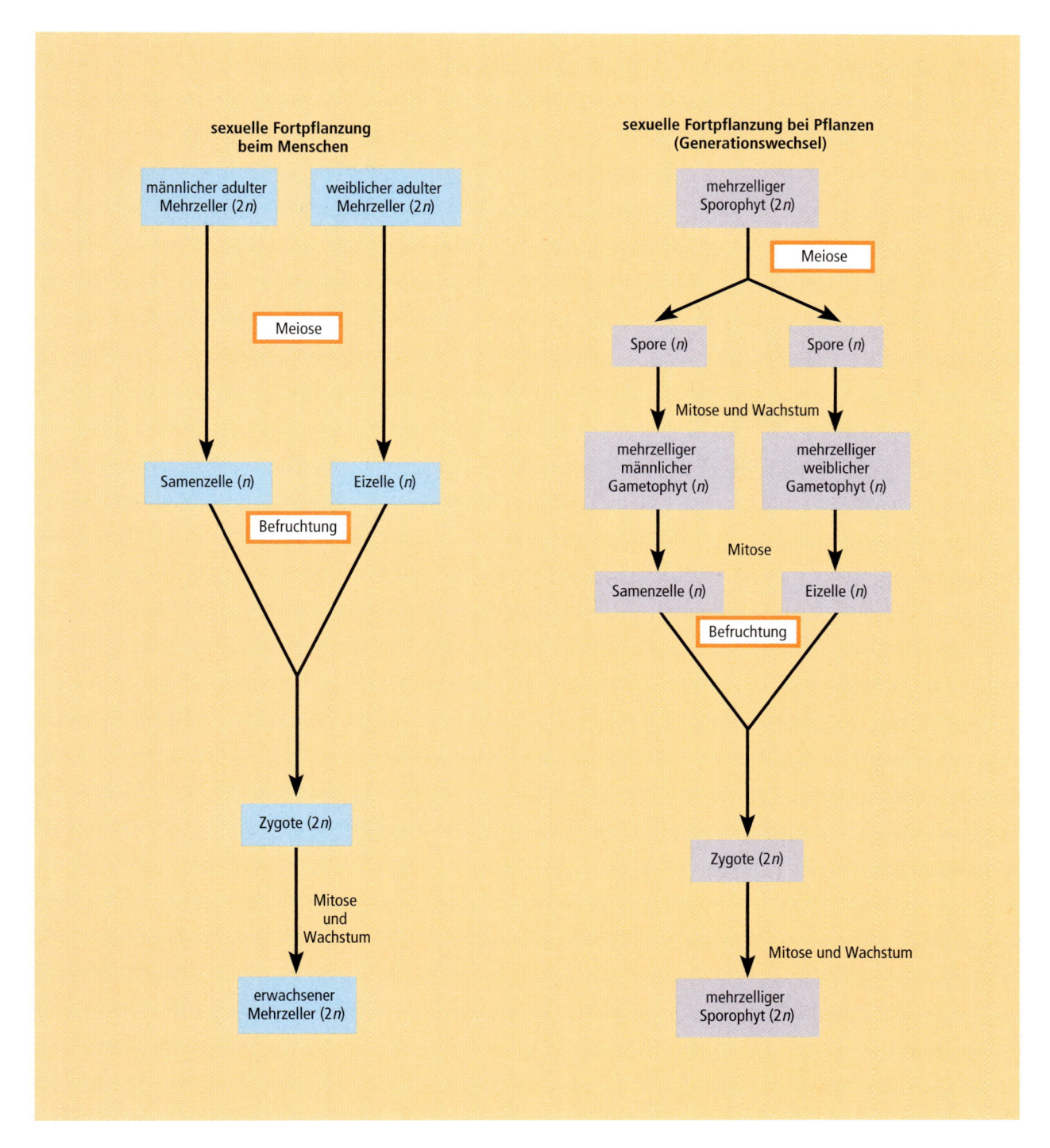

Abbildung 6.4: Generationswechsel. Wie Sie sehen, ist die sexuelle Fortpflanzung der Pflanzen insofern komplizierter als die menschliche Fortpflanzung, als sie zusätzliche Schritte zwischen Meiose und Befruchtung enthält. Bei der Meiose der Pflanzen entstehen nicht unmittelbar Samen- und Eizellen, sondern zunächst Sporen, die sich zu Gametophyten entwickeln, welche dann die Samen- und Eizellen produzieren. Auf diese Weise produzieren die diploiden Sporophyten und die haploiden Gametophyten sich abwechselnd gegenseitig. Bei manchen Pflanzenarten produzieren Sporophyten Sporen, aus denen zwittrige Gametophyten entstehen, die sowohl Samen- als auch Eizellen produzieren.

6 LEBENSZYKLEN UND FORTPFLANZUNGSSTRUKTUREN

bei den meisten Bryophyten (u.a. Moose):
- Sporophyten (abhängig)
- Gametophyten (unabhängig)

bei den meisten Gefäßsporenpflanzen (u.a. Farne):
- Sporophyten (unabhängig)
- Gametophyten (unabhängig)

bei Nacktsamern (u.a. Nadelhölzer):
- Sporophyt (unabhängig)
- mikroskopische weibliche Gametophyten in weiblichen Zapfen (abhängig)
- mikroskopische männliche Gametophyten in männlichen Zapfen (abhängig)

bei Bedecktsamern (Blütenpflanzen):
- Sporophyt, die Blütenpflanze (unabhängig)
- mikroskopische männliche Gametophyten innerhalb dieser männlichen Blütenteile (abhängig)
- mikroskopische weibliche Gametophyten innerhalb dieser weiblichen Blütenteile (abhängig)

Abbildung 6.5: Fortpflanzung bei typischen Sporophyten und Gametophyten. Pflanzen sind bezüglich der Größenverhältnisse zwischen Sporophyten und Gametophyten sowie bezüglich der physischen Beziehungen zwischen den beiden mehrzelligen Pflanzenformen variabel. Bei den Bryophyten ist der Gametophyt die dominante, unabhängige Form. Bei den Gefäßpflanzen dagegen sind die Gametophyten typischerweise mikroskopisch klein, während der Sporophyt die vertraute Pflanze ist.

phyt viel kleiner als der Sporophyt. Bei den meisten Gefäßsporenpflanzen (Pteridophyta) wie den Farnen sind die Gametophyten typischerweise separate, für sich lebende Pflanzen. Der Sporophyt des Farns ist die vertraute Farnpflanze, während der Gametophyt eine herzförmige, blattartige Struktur von nur wenigen Millimetern Durchmesser ist. Bei den Samenpflanzen (Spermatophyta) wie Nadelbäumen und Blütenpflanzen sind die Gametophyten mikroskopisch klein im Vergleich zu den Sporophyten, von denen sie bezüglich ihrer Ernährung abhängig sind. Wenn Sie einen Nadelbaum oder eine Blütenpflanze betrachten, dann sehen Sie den Sporophyten. Die Gametophyten von Nacktsamern befinden sich in Zapfen, die Gametophyten von Bedecktsamern in den Blüten.

Sexuelle Variation gibt es auch in den produzierten Sporentypen und damit den aus diesen Sporen entstehenden Gametophyten. Bei Farnen und den meisten anderen Gefäßsporenpflanzen entsteht aus einem einzigen Sporentyp ein bisexueller Gametophyt, der sowohl Eizellen als auch Samenzellen produziert. Bei den meisten Samenpflanzen dagegen gibt es zwei Typen von Sporen: **Makrosporen**, die weibliche Gametophyten produzieren, und **Mikrosporen**, die männliche Gametophyten produzieren.

Botaniker diskutieren die Frage, warum in den sexuellen Lebenszyklen von Pflanzen sowohl Sporophyten als auch Gametophyten vorkommen. Die verbreitetste Theorie besagt, dass jede der beiden mehrzelligen Lebensformen Selektionsvorteile für die entsprechenden Organismen bietet. Für Gefäßsporenpflanzen zum Beispiel hat der Sporophyt den großen Vorteil, dass er auf trockenem Land wachsen kann. Dagegen sind die frei lebenden Gametophyten gewöhnlich klein und können sich schnell sexuell vermehren, wozu nur eine minimale Menge Wasser notwendig ist – häufig reicht ein einziger Tropfen, damit die Samenzelle zur Eizelle schwimmen kann. Aus diesem Grund können Farne in großer Entfernung vom Wasser leben und dabei trotzdem durch Tau, Nebel und geringfügige Regenmengen das zur Fortpflanzung notwendige Wasser erhalten. Man könnte sich nun fragen, warum Amphibien wie zum Beispiel Kröten nicht zwei mehrzellige Lebensformen aufweisen. Die Antwort ist, dass Kröten beweglich sind und deshalb zur Befruchtung ihrer Eier ins Wasser zurückkehren können.

> **WIEDERHOLUNGSFRAGEN**
>
> **1** Was ist der grundlegende Unterschied zwischen Mitose und Meiose?
>
> **2** Beschreiben Sie die Paarung homologer Chromosomen.
>
> **3** Was versteht man unter Generationswechsel?

6.3 Zapfen und Blüten

Wie Sie wissen, gehören die meisten Pflanzenarten zu den Samenpflanzen, die in Nacktsamer und Bedecktsamer unterteilt werden. In diesem Abschnitt wollen wir uns deshalb auf die Frage konzentrieren, wie Zapfen und Blüten zur sexuellen Fortpflanzung eingesetzt werden. Zapfen und Blüten bilden sich, nachdem sich die Apikalmeristeme in reproduktive Meristeme umgewandelt haben. Beide Strukturen besitzen Sporen bildende Blätter, die als **Sporophylle** bezeichnet werden. Diese tragen **Sporangien** (Singular *Sporangium*), hohle Strukturen, die Sporen produzieren. Aus den Sporen entstehen dann die Gametophyten.

Bevor es zur Befruchtung einer Samenpflanze kommen kann, muss die Bestäubung stattfinden. Bei den Samenpflanzen sind die männlichen Gametophyten die **Pollenkörner**, kollektiv als **Pollen** bezeichnet. Der Übertragungsprozess des Pollens vom „männlichen" Teil der Pflanze zum „weiblichen" Teil wird als **Bestäubung** bezeichnet. Beachten Sie jedoch, dass die Bestäubung nicht garantiert, dass es tatsächlich zur Befruchtung kommt. Damit dies geschieht, muss sich eine durch ein Pollenkorn produzierte Samenzelle mit einer Eizelle des weiblichen Teils der Samenpflanze vereinigen. Jede Eizelle ist in einer als **Samenanlage** bezeichneten Struktur enthalten. Die Befruchtung folgt nicht unmittelbar auf die Bestäubung, und es kann auch sein, dass sie, wenn überhaupt, erst Monate später stattfindet. Wenn es zur Befruchtung kommt, dann entwickelt sich aus der Samenanlage ein Samen.

Manche Pflanzenarten, bei denen sich männliche und weibliche Gametophyten auf der gleichen Pflanze befinden, besitzen die Fähigkeit zur **Selbstbestäubung**. Bei den meisten Nacktsamern zum Beispiel befinden sich männliche und weibliche Gametophyten in verschiedenen Zapfen auf der gleichen Pflanze. Bei den

6 LEBENSZYKLEN UND FORTPFLANZUNGSSTRUKTUREN

Abbildung 6.6: Zapfen der Nacktsamer. Bei einem gewöhnlichen Nacktsamer wie der Kiefer kommen männliche Zapfen (Pollenzapfen) und weibliche Zapfen (Fruchtzapfen) auf dem gleichen Baum vor.

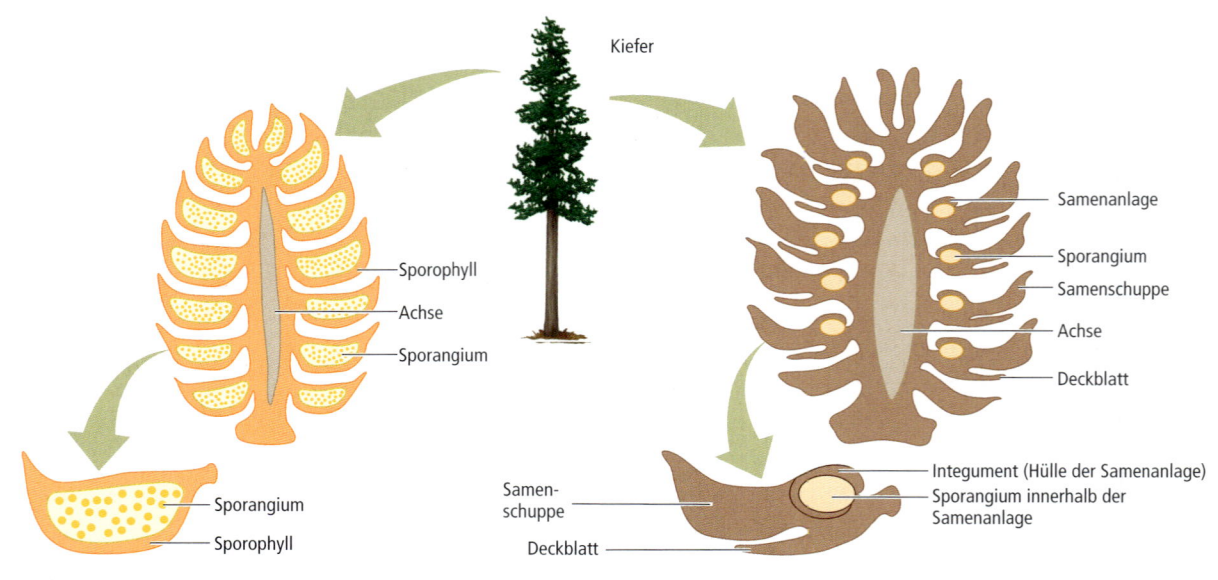

(a) Männliche Zapfen werden zu jeder Jahreszeit gebildet. Sie besitzen papierartige Sporenblätter, in denen sich die Sporangien befinden, die im Frühjahr die Pollen freigeben.

(b) Weibliche Zapfen brauchen mehrere Wachstumsperioden bis zur Reife. Sie besitzen holzige Samenschuppen, die typischerweise zwei zu Samen heranreifende Samenanlagen tragen. Jede Samenschuppe wird aus verschmolzenen Sporophyllen gebildet, die aus einer stark modifizierten Knospe abgeleitet sind, die sich in der Achse zwischen Deckblatt (ein modifiziertes Blatt) und der Zapfenachse befindet. (Die Abbildung zeigt einen Querschnitt, in dem auf jeder Samenschuppe nur eine Samenanlage zu sehen ist.)

meisten Bedecktsamern sind sie nicht nur auf der gleichen Pflanze zu finden, sondern sogar innerhalb der gleichen Blüte. Bei einigen Bedecktsamern befinden sich männliche und weibliche Gametophyten in verschiedenen Blüten der gleichen Pflanze. Solche Arten werden als **einhäusig** (monözisch) bezeichnet, da jede Pflanze sowohl männliche als auch weibliche Blüten besitzt. Beispiele hierfür sind Kürbis (*Cucurbita pepo*) und Mais (*Zea mays*). Es gibt jedoch auch bedecktsamige Arten, bei denen sich männliche und weibliche Blüten auf verschiedenen Pflanzen befinden. Diese Arten werden als **zweihäusig** (diözisch) bezeichnet. Bei zweihäusigen Arten erfolgt die Befruchtung ausschließlich durch **Fremdbestäubung** zwischen verschiedenen Pflanzen. Beispiele für zweihäusige Arten sind Hanf (*Canabis sativa*) und verschiedene Weidenarten (Gattung *Salix*).

Nacktsamer produzieren Zapfen

Nacktsamer sind bekannt für ihre charakteristischen Zapfen, die offen auf ihren Schuppen Samen tragen. Apikalmeristeme, die fortpflanzungsfähig werden, entwickeln sich entweder zu Pollenzapfen (oft *einfache Zapfen* oder *männliche Zapfen* genannt) oder zu Fruchtzapfen (*weibliche Zapfen*, ▶ Abbildung 6.6). Bei Kiefern beispielsweise entwickeln sich die Pollenzapfen aus Meristemen, die Triebe mit Blättern ausbilden. Aus den Trieben entwickelt sich die Zapfenachse, während die Blätter zu papierartigen Sporophyllen modifiziert sind. In diesen sind die Sporangien enthalten, die durch Meiose Sporen bilden.

Die „weiblichen" Zapfen werden als Fruchtzapfen bezeichnet, da sie die Samenanlagen mit den Eizellen enthalten. Wie bei den Pollenzapfen bilden die Meristeme Triebe, die sich zur Zapfenachse entwickeln. Allerdings sind die Blätter zu verholzten Deckblättern modifiziert. Eine Achselknospe an der Basis des Deckblattes bildet Sporophylle, die zu einer Schuppe verschmolzen sind, welche typischerweise zwei Samenanlagen trägt. Durch den Wind oder Insekten werden männliche Gametophyten (die Pollenkörner) aus den Pollenzapfen zu den weiblichen Gametophyten getragen, die an den Fruchtzapfen sitzen.

Bedecktsamer produzieren Blüten

Bedecktsamer sind bekannt für ihre charakteristischen Blüten, aus denen sich Früchte entwickeln, in denen die Samen eingeschlossen sind. Apikalmeristeme, die fortpflanzungsfähig werden, entwickeln sich je nach Art zu männlichen, weiblichen oder zwittrigen Blüten. Der Wind, Insekten, Vögel und Säugetiere (zum Beispiel Fledermäuse) übertragen die Pollenkörner auf die weiblichen Teile der Blüten. Die Bestäuber werden von den Blüten durch Farben, süßen Nektar und andere Lockmittel angezogen und tragen unbeabsichtigt Samenzellen produzierenden Pollen von einer Pflanze zur anderen.

Wie Sie wissen, entstanden Bedecktsamer relativ spät in der evolutionären Entwicklung der Pflanzen durch Modifikation der Apikalmeristeme und der von ihnen erzeugten Blätter. Die entwicklungsgeschichtliche Verwandtschaft zwischen Blättern und Blüten ist bei einigen Arten deutlich zu erkennen, bei anderen weniger. Wie wir in Kapitel 12 ausführlich diskutieren werden, initiieren Signale, die in Blättern erzeugt und zu einem Apikalmeristem geleitet werden, die Ausbildung einer Blüte (Blühinduktion). Der Wechsel der Jahreszeiten – insbesondere die Länge der Nächte – steuert die Produktion dieser Signale durch die Blätter. Die Identität dieser Signale ist unbekannt.

Wenn das Blühsignal von den Blättern eintrifft, dann beginnt das Apikalmeristem sich zu vergrößern und bildet schließlich Blütenteile aus den Primordien, die sich andernfalls zu Blättern entwickelt hätten. Alle Teile der Blüte sind modifizierte Blätter. Wie Sie sehen werden, sind einige dieser modifizierten Blätter Sporophylle. Die Rolle der Sporophylle bei der Fortpflanzung wird ausführlich in den Kapiteln 21 und 22 diskutiert.

Blütenorgane als modifizierte Blätter

Da zu den Bedecktsamern fast 260.000 Arten gehören und diese Abteilung seit mehr als 140 Millionen Jahren existiert, besitzen die heute lebenden Arten eine große Diversität. Bevor wir die vielen verschiedenen Varianten der Blütenstrukturen diskutieren, wollen wir uns die Bestandteile einer typischen Blüte anschauen (siehe ▶ Abbildung 6.7). Allgemein befindet sich die Blüte am Ende einer Sprossachse, die als **Blütenstängel** bezeichnet wird. Das Ende des Blütenstängels weist eine Verdickung auf, den **Blütenboden**, an dem die einzelnen Blütenteile ansetzen. Der Blütenboden kann bis zu vier verschiedene Typen modifizierter Blätter bilden: Kelchblätter, Kronblätter, Staubblätter und Fruchtblätter. Kelchblätter und Kronblätter sind steril, Staubblätter und Fruchtblätter dagegen sind die Sporophylle,

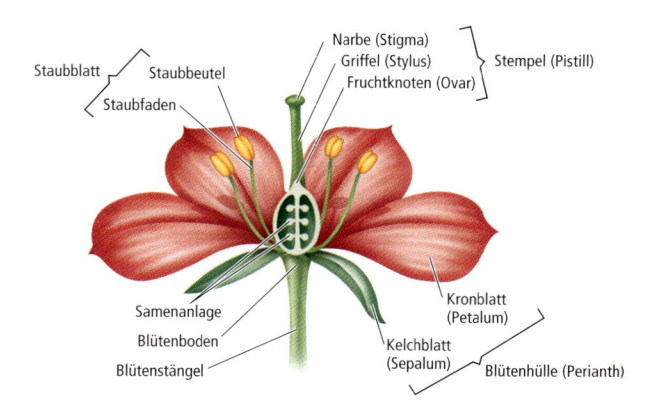

Abbildung 6.7: *Allgemeiner Aufbau einer Blüte.* Blüten sitzen an den oberen Enden der *Blütenstängel*. Das Ende des Blütenstängels ist verdickt und bildet den Blütenboden. Am Blütenboden setzen bis zu vier Typen modifizierter Blätter an: Kelchblätter, Kronblätter, Staubblätter und Fruchtblätter (auch *Pistille* oder *Stempel* genannt). Kelchblätter und Kronblätter sind steril; sie werden zusammenfassend als Kelch (*Calyx*) bzw. Blütenkrone (*Corolla*) bezeichnet. Staubblätter und Fruchtblätter sind fertil; sie bilden zusammen das *Andrözeum* bzw. das *Gynözeum*. Die Abbildung ist insofern eine Verallgemeinerung, als bei vielen Blüten nicht alle der eingezeichneten Bestandteile vorhanden sind bzw. gleichgestaltete Kelch- und Kronblätter das Perigon bilden.

d. h. die fertilen, fortpflanzungsfähigen modifizierten Blätter.

Kelchblätter (auch Sepalen von lat. *sepalum*, „bedecken") schützen die Blütenknospe, bevor diese sich öffnet. Sie sind meist grün und werden als Erstes und außen am Blütenboden ausgebildet. Die Gesamtheit der Kelchblätter, die zu einer Einheit verschmolzen sein können, wird als **Kelch** (oder Calyx) bezeichnet.

Kronblätter (auch Petalen von lat. *petalum*, „sich ausbreiten") sind farbige modifizierte Blätter, die Bestäuber anlocken. Kronblätter werden als Zweites ausgebildet und befinden sich am Blütenboden im oder über dem Kelch. Die Gesamtheit der Kronblätter wird als **Blütenkrone** (oder Corolla) bezeichnet und kann ebenfalls zu einer Einheit verschmolzen sein. Kelch und Krone zusammen – also die sterilen Typen modifizierter Blätter – werden als **Perianth** bezeichnet, was so viel bedeutet wie „um die Blüte herum". Unterscheiden sich die Kelch- und Kronblätter nicht, wie es bei der Tulpe der Fall ist, spricht man vom Perigon, dessen Blätter auch als Tepalen bezeichnet werden.

Staubblätter sind die Pollen produzierenden oder „männlichen" Teile einer Blüte. In ihrer Gesamtheit werden die Staubblätter als **Andrözeum** (von griech. „Haus des Mannes") bezeichnet. Staubblätter bilden sich als Drittes heraus und befinden sich innerhalb des Perianths oder darüber. Jedes Staubblatt besitzt ein langes Filament (Staubfaden) mit einem **Staubbeutel**, der aus zwei Hälften (Theken) mit jeweils zwei Pollensäcken besteht.

Die **Fruchtblätter** sind jene Teile der Blüte, die die Samenanlagen tragen (die „weiblichen" Teile). Zusammen bilden sie das **Gynözeum** (von griech. „Haus der Frau"). Fruchtblätter werden als letztes ausgebildet und liegen oberhalb des Andrözeums. Das Gynözeum kann aus einem oder mehreren Fruchtblättern bestehen, und die Fruchtblätter können entweder getrennt oder verwachsen sein. Die Bezeichnung **Pistill** (Stempel) wird sowohl für ein einzelnes Fruchtblatt verwendet, als auch für eine Gruppe miteinander verwachsener Fruchtblätter. Jeder Stempel besteht aus der Narbe (Stigma), dem Griffel (Stylus) und dem Fruchtknoten (Ovar). Die auf dem oberen Ende des Stempels befindliche **Narbe** hat eine klebrige Oberfläche zur Aufnahme der Pollen. Der **Griffel** ist der mittlere Abschnitt des Stempels und verbindet die Narbe mit dem Fruchtknoten; er kann unterschiedlich lang sein. Der **Fruchtknoten** enthält eine oder mehrere Samenanlagen und wird nach der Befruchtung zur Frucht.

Ein auf der Narbe abgelegtes Pollenkorn keimt zu einem Pollenschlauch aus, der nach unten durch den Griffel zum Fruchtknoten wächst. Nach dem Durchdringen des weiblichen Gametophyten befruchtet eine Samenzelle die Eizelle, die nun zur Zygote wird. Nach der Befruchtung reift die Samenanlage zum Samen. Eine zweite Samenzelle aus dem Pollenkorn verbindet sich mit zwei oder mehreren, vom weiblichen Gametophyten gebildeten Kernen zu einem polyploiden Endospermkern, der sich teilt, um für den sich entwickelnden Embryo Nährgewebe zu produzieren. Dieser als **doppelte Befruchtung** bezeichnete Vorgang gehört zu den Charakteristika der Bedecktsamer. Bei Bedecktsamern haben die meisten Kerne des Endosperms $3n$ Chromosomen und können sich nur durch Mitose teilen.

Blütenstängel tragen entweder eine einzelne Blüte oder eine Gruppe von Blüten, die dann als **Blütenstand** (Infloreszenz) bezeichnet wird. Innerhalb eines Blütenstandes sitzt jede Blüte auf einer Verzweigung des Blütenstängels.

Blütenmerkmale

Blütenstrukturen weisen eine beträchtliche Diversität auf. Beispielsweise variieren Blüten bezüglich der vorhandenen Blütenteile. Eine Blüte wird als **vollständig**

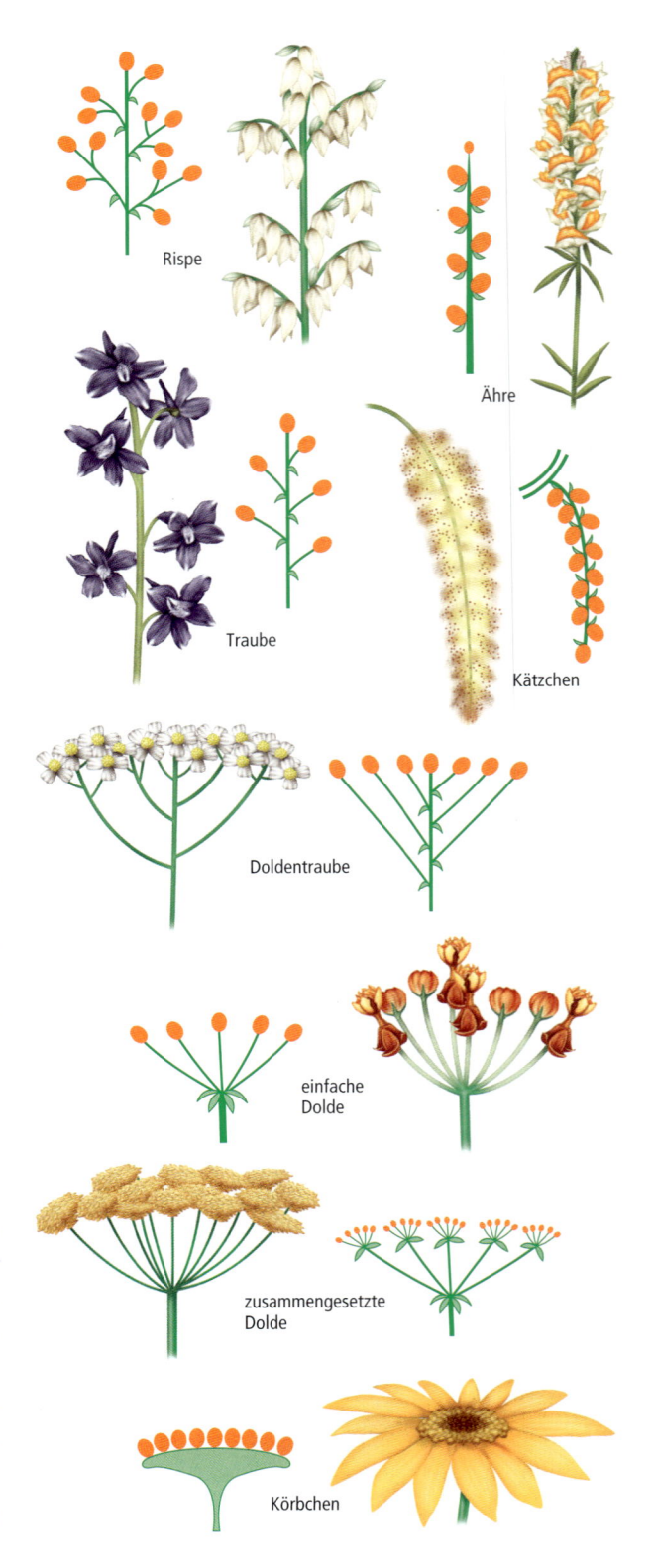

Abbildung 6.8: Blütenstände. Blütenstände vereinigen Gruppen von Blüten auf einem gemeinsamen Blütenstängel.

bezeichnet, wenn sie, wie in ▶ Abbildung 6.8, alle vier Typen modifizierter Blätter enthält: Kelchblätter, Kron-

6.3 Zapfen und Blüten

(a) Reguläre oder aktinomorphe Blüte (Radialsymmetrie).

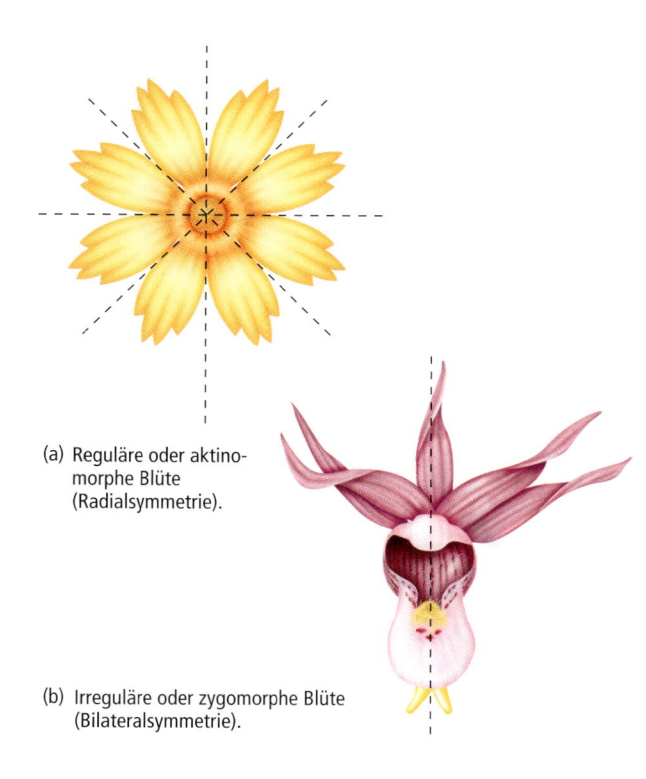

(b) Irreguläre oder zygomorphe Blüte (Bilateralsymmetrie).

Abbildung 6.9: Blütensymmetrien. Blüten, in denen die Bestandteile jedes Wirtels radialsymmetrisch sind, werden als *regulär* oder *aktinomorph* bezeichnet. Ein Beispiel ist das Lanzettblättrige Mädchenauge (*Coreopsis lanceolata*). Blüten mit bilateraler Symmetrie heißen *irregulär* oder *zygomorph*. Ein Beispiel ist die Calypso-Orchidee.

blätter, Staubblätter und Fruchtblätter. Blüten, bei denen einer oder mehrere dieser Bestandteile fehlen, heißen **unvollständig**. Blüten können auch danach klassifiziert werden, ob sie beide fertilen Typen modifizierter Blätter enthalten oder nicht. **Zwittrige** Blüten besitzen sowohl Staubblätter als auch Fruchtblätter. **Getrenntgeschlechtliche** Blüten besitzen entweder Staubblätter oder Fruchtblätter, aber niemals beides. Männliche Blüten haben nur Staubblätter, weibliche nur Fruchtblätter. Eine zwittrige Blüte kann vollständig oder unvollständig sein, je nachdem, ob sowohl Kelchblätter als auch Kronblätter vorhanden sind. Getrenntgeschlechtliche Blüten sind natürlich immer unvollständig, denn selbst wenn sowohl Kelch- als auch Kronblätter vorhanden sind, fehlen in jedem Falle entweder die Staub- oder die Fruchtblätter.

Variabel sind Blüten auch bezüglich ihrer Symmetrie. Radialsymmetrische Blüten werden als **regulär**, strahlenförmig oder **aktinomorph** (zu griech. *aktis*, „Strahl") bezeichnet. Ihre Blütenteile gehen radialsymmetrisch von einem Zentrum aus (▶ Abbildung 6.9a). Beispiele sind Apfelblüten oder Tulpen. Einige Blüten sind bilateralsymmetrisch, d. h. es gibt nur eine einzige Symmetrieachse, die die Blüte in zwei spiegelbildliche Hälften teilt (▶ Abbildung 6.9b). Solche Blüten werden als **irregulär** oder **zygomorph** bezeichnet (zu griech. *zygon*, „Joch"). Beispiele sind das Löwenmaul und viele Orchideen.

Durch natürliche Auslese werden Blütenstrukturen häufig umgewandelt, um den Bedürfnissen oder der Struktur bestäubender Organismen gerecht zu werden. Manche Blüten produzieren zuckerhaltigen Nektar, der Bestäuber anzieht. Der Pollen bleibt dann an den Tieren haften, die ihn zu Blüten anderer Pflanzen tragen; man spricht in diesem Falle von Fremdbestäubung. Die durch natürliche Auslese entstandenen Strukturen vieler Blüten ziehen vor allem solche Bestäuber an, die andere Blüten der gleichen Pflanzenart besuchen. Umgekehrt weist die Gestalt von Tieren oft Charakteristika auf, die es ermöglicht, Nahrung von einem bestimmten Pflanzentyp zu erhalten. Beispielsweise haben Blüten, die von Kolibris bestäubt werden, oft lange Schlünde und süßen Nektar, der sich am Grund der Blüte befindet. Die Kolibris haben ihrerseits lange Schnäbel, um an den Nektar heranzukommen. Die Staubbeutel solcher Blüten lagern den Pollen am Gefieder der Vögel ab. Die Bestäubung und die Koevolution zwischen Pflanzen und ihren Bestäubern wird in Kapitel 23 ausführlich behandelt.

Auch die Lage des Blütenbodens relativ zu den anderen Blütenteilen kann zur Klassifizierung von Blüten herangezogen werden. Sitzen die miteinander verschmolzenen Staubblätter, Kelchblätter und Kronblätter unterhalb des Fruchtknotens am Blütenboden, dann werden sie als hypogyn (von griech. *hypo-*, „unter") und der Fruchtknoten als **oberständig** bezeichnet (▶ Abbildung 6.10). Eine Anordnung, in der die miteinander verschmolzenen Staubblätter, Kelchblätter und Kronblätter oberhalb des Fruchtknotens sitzen, heißt epigyn (von griech. *epi-*, „darüber"). Da sich der Fruchtknoten unterhalb dieser Blütenteile befindet, wird er als **unterständig** bezeichnet. Bei einer perigynen Anordnung (von griech. *peri-*, „um … herum") setzen die Blütenteile in halber Höhe des Fruchtknotens an, weshalb der Fruchtknoten in diesem Falle als **halbunterständig** bezeichnet wird.

Blüten und natürliche Auslese

Wie wir gesehen haben, werden Blätter so abgewandelt, dass sie verschiedene andere Funktionen erfüllen, so

oberständiger Fruchtknoten

halbunterständiger Fruchtknoten

unterständiger Fruchtknoten

Abbildung 6.10: Lage des Fruchtknotens innerhalb der Blüte. Der Fruchtknoten kann sich oberhalb, zwischen oder unterhalb der Stelle befinden, an der die übrigen Blütenbestandteile ansetzen. Im ersten Fall bezeichnet man den Fruchtknoten als *oberständig*, im zweiten als *halbunterständig* und im letzten als *unterständig*.

zum Beispiel als Dornen und Blütenteile. Dieses evolutionäre Muster, nach dem eine abgewandelte Struktur neue Funktionen übernimmt, kommt bei allen Lebensformen häufig vor, da Mutationen existierende Strukturen nur verändern können. Erhöht sich durch die Veränderungen die Fähigkeit der Pflanze zu überleben und Nachkommen zu erzeugen, dann werden sie in den nachfolgenden Generationen beibehalten. Beispielsweise haben Blütenblätter leuchtende Farben, was Insekten anlockt, die den Pollen weiter verbreiten als der Wind. In diesem Falle hat eine Mutation, die die Farbe des grünen Blattes verändert hat, die Anzahl der Nachkommen erhöht und zu einer breiteren geografischen Verteilung der Art geführt. Weitere Mutationen haben vielleicht bewirkt, dass sich die Form der Kronblätter in einer Weise verändert hat, dass die Blüte für das Insekt wie ein Geschlechtspartner erscheint. Schließlich kann das Kronblatt in Form und Farbe so stark verändert sein, dass sein stammesgeschichtlicher Ursprung als Blatt für einen unwissenden Betrachter nicht mehr offensichtlich ist. In Kapitel 23 werden wir die stammesgeschichtliche Entwicklung von Staub- und Fruchtblättern aus Blättern behandeln.

WIEDERHOLUNGSFRAGEN

1. Beschreiben Sie, wie Zapfen als Fortpflanzungsstrukturen der Nacktsamer fungieren.
2. Beschreiben Sie die Funktionen der vier abgewandelten Blatttypen, die bei Blüten vorkommen.
3. Was ist der Unterschied zwischen vollständigen und zwittrigen Blüten?

Samenstrukturen 6.4

Wenn Sie einem kleinen Kind erklären sollten, was ein Samen ist, dann könnten Sie z. B. sagen, er sei „eine Babypflanze in einer Schachtel zusammen mit ihrem Essen". Die Babypflanze ist natürlich der Embryo. Die Wände der Schachtel sind die Samenschale. Das Essen besteht aus Stärke-, Protein- und Fettmolekülen, die den Embryo umgeben.

Samen ermöglichen es den Pflanzen, harte Zeiten zu überstehen, etwa Jahreszeiten, in denen extreme Temperaturen oder geringe Niederschlagsmengen das Wachstum erschweren oder unmöglich machen. Samen wären vielleicht nie entstanden, wenn das Klima dem Pflanzenwachstum das ganze Jahr über zuträglich gewesen wäre. Tatsächlich waren Farne und andere Gefäßsporenpflanzen die vorherrschenden Pflanzen, als sich die Kontinente aufgrund der Plattentektonik um den Äquator herum gruppierten. Tiere haben sich an die heutigen, durch den Wechsel der Jahreszeiten geprägten Lebensräume angepasst, indem sie Winterschlaf halten, Futtervorräte anlegen, in wärmere Regionen ziehen oder einen Bau anlegen, der sie bei schlechtem Wetter schützt. Nacktsamer und Bedecktsamer produzieren Samen – winzige, dormante Kopien ihrer selbst, die keimen, wenn wieder günstige Bedingungen herrschen. Die Überproduktion von Samen ist wiederum ein wichtiger Faktor bei der Ernährung von Tieren.

Entwicklung von Samen

Die Samen der Nacktsamer liegen auf oder in der Nähe der Samenschuppen, exponierten Blättern der Zapfen. Bei Bedecktsamern dagegen liegen die Samen inner-

6.4 Samenstrukturen

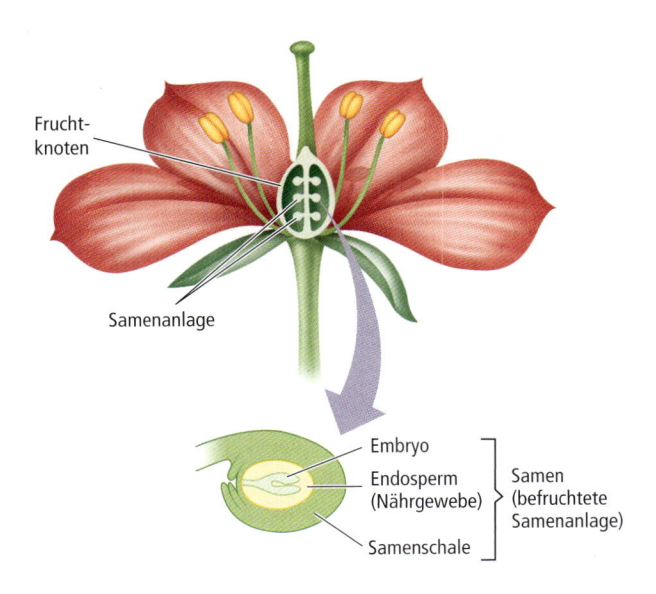

Abbildung 6.11: Die Samenanlagen der Bedecktsamer. Jedes Fruchtblatt einer Blütenpflanze enthält eine oder mehrere Samenanlagen. Diese sind in einem Fruchtknoten eingeschlossen, der sich am Boden des Fruchtblatts befindet.

Bei Bedecktsamern sind Embryo und Nährgewebe in den Samen von unterschiedlichster Gestalt. Die Samen zweikeimblättriger und einkeimblättriger Pflanzen unterscheiden sich nicht nur in der Anzahl ihrer Keimblätter, sondern auch in ihrer Struktur.

Zweikeimblättrige Samen enthalten einen Embryo mit fleischigen, hervorstehenden Keimblättern. Diese enthalten Stärke, Proteine und Lipide, die abgebaut und vom Keimling als Energiequelle sowie als Kohlenstoffbausteine verwendet werden. Die an einem kurzen Spross sitzenden Keimblätter münden in die Keimwurzel (*Radicula*). Der Embryo kann zusammengefaltet sein, je nachdem, wie stark die Embryonen der entsprechenden Art wachsen. Bei Zweikeimblättrigen ist der Embryo von Nährgewebe (dem Endosperm) umgeben, dieses wiederum von der Samenschale.

Die Samen einkeimblättriger Pflanzen, zu denen Getreide und andere Gräser gehören, enthalten einen kleinen Embryo und ein großes stärkehaltiges Endosperm, das den größten Teil des Samens ausfüllt. Der Embryo besitzt ein Keimblatt **(Scutellum),** das an der Keimachse sitzt und Spross- sowie Wurzelmeristeme enthält. Eine Proteinschicht, die so genannte *Aleuronschicht*, umgibt das Endosperm und reagiert auf Signale vom Keimblatt, indem es Enzyme zum Abbau der Stärke produziert (Kapitel 11). Aleuronschicht und Embryo sind von einer Samenschale umgeben. Wenn die Bildung des Embryos abgeschlossen ist, verlieren die meisten Samen infolge hormoneller Signale beträchtlich an Wasser und werden dormant.

halb der Fruchtknoten der Blüten. Samen schützen den Pflanzenembryo vor dem Austrocknen, wodurch das Überleben der Embryonen auf dem trockenen Land erleichtert wird. Wie Sie gesehen haben, entwickeln sich Samen aus Sporangien, die sich auf modifizierten Blättern befinden, den Sporenblättern der Zapfen bzw. den Fruchtblättern der Blüten. Die Samenanlage bildet ein Anhängsel an ein modifiziertes Blatt und entwickelt sich nach der Befruchtung zu einem Samen. Die äußeren Schichten der Samenanlage, die so genannten *Integumente*, verfestigen sich zur Samenschale. Eine Samenanlage besitzt normalerweise ein oder zwei Integumente. Wie Abbildung 6.6 zeigt, besitzt bei den weiblichen Zapfen der Nacktsamer jede Samenschuppe typischerweise zwei Samenanlagen. Jede befruchtete Samenanlage entwickelt sich zu einem Samen, der auf der Samenschuppe liegt. Bei den Bedecktsamern entwickeln sich die Samen aus den befruchteten Samenanlagen innerhalb des Fruchtknotens, der die Basis des Stempels bildet (▶ Abbildung 6.11). Der Fruchtknoten reift schließlich zu einer Frucht. Die Bildung von Embryonen in Samen wird in den Kapiteln 22 und 23 behandelt.

Der Samen eines Nacktsamers enthält einen Embryo mit mehreren Keimblättern, die an einem kurzen Spross sitzen, und einer Keimwurzel. Den Embryo umgeben verschiedene Gewebe, die seiner Ernährung dienen, sowie die Samenschale.

Die Keimung

Wenn die reifen Samen von den Früchten oder Zapfen abgeworfen werden, dann macht Wasser zwischen 5 Prozent und 20 Prozent ihres Gewichts aus. Das Auskeimen des Samens beginnt mit dem **Quellen,** ein passiver Prozess, bei dem der trockene Samen Wasser aufsaugt wie ein Schwamm. Bei den meisten Samen beginnt die Keimung innerhalb weniger Stunden, nachdem das Quellen abgeschlossen ist. Beim Kopfsalat (*Lactuca sativa*) beispielsweise beginnt die Keimung etwa 16 Stunden nach dem Beginn der Wasseraufnahme.

Viele Samen sind nach ihrer Bildung dormant, selbst wenn sie die Möglichkeit hätten zu quellen. Häufig enthalten diese dormanten Samen Abscisinsäure oder andere keimhemmende Verbindungen. Durch den graduellen Zerfall der Abscisinsäure im Winter erreicht sie im

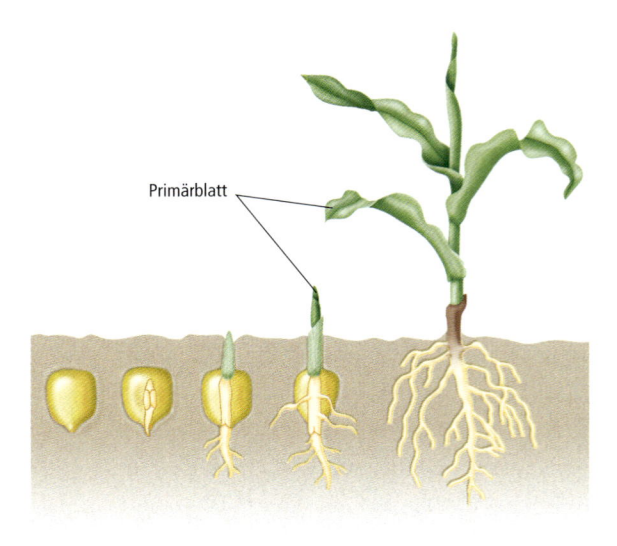

6 LEBENSZYKLEN UND FORTPFLANZUNGSSTRUKTUREN

(a) Hypogäische Keimung: Das Keimblatt oder die Keimblätter befinden sich unter der Erde, Beispiel: Mais.

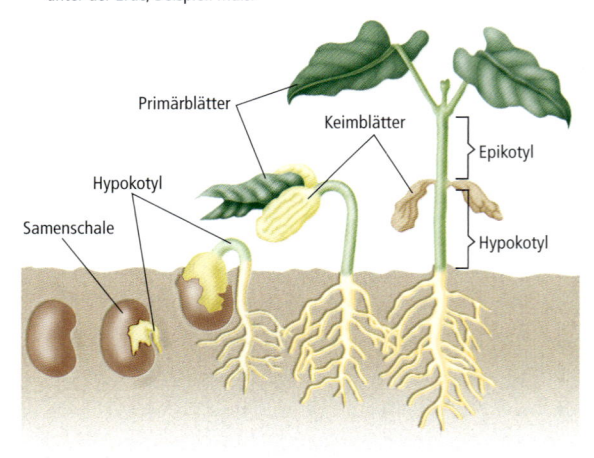

(b) Epigäische Keimung: Das Keimblatt oder die Keimblätter befinden sich über der Erde, Beispiel: Gartenbohne.

Abbildung 6.12: Keimung. (a) Bei manchen Pflanzen, z. B. beim Mais, verlängert sich das Hypokotyl nicht, so dass die Keimblätter unter der Erde bleiben. (b) Bei anderen Pflanzen, z. B. bei der Gartenbohne, bildet sich zwischen dem Keimblatt bzw. den Keimblättern und den Wurzeln ein verlängertes Hypokotyl. Das Hypokotyl schiebt den Spross (das Epikotyl) über die Erde. Bei Bohnen ist das Hypokotyl zunächst gekrümmt und richtet sich später auf.

darauffolgenden Frühjahr eine niedrige Konzentration, so dass der Samen dann keimen kann. Die Abscisinsäure fungiert also als eine Art Uhr, die verhindert, dass der Samen bereits an wärmeren Tagen im Winter keimt, was zum baldigen Erfrieren der jungen Pflanze führen würde. Manchmal sind zum Beenden der Dormanz bestimmte Temperatur- oder Lichtverhältnisse notwendig, die den Embryo veranlassen, Hormone wie Gibberellin zu produzieren. Manche Salatarten keimen je nach den Vorlieben der Pflanze nur in der Sonne oder nur im Schatten.

Das erste sichtbare Zeichen der Keimung ist der Durchbruch der Keimwurzel durch die Samenschale. Das Wurzelmeristem in der Keimwurzel wird aktiv und beginnt, durch Zellteilung und Streckungswachstum die Wurzel des Keimlings auszubilden. Im Keimling enthaltene Speicherstoffe werden abgebaut, um für das Wachstum der Wurzel benötigte Energie und Baustoffe zu liefern. Eine gewisse Zeit nach dem Einsetzen des Wurzelwachstums beginnt die Keimlingsknospe (oder Plumula) zu wachsen, und es bildet sich der vollständige Keimling.

Bei manchen Zweikeimblättrigen und den meisten Einkeimblättrigen entwickelt sich das Hypokotyl (Keimachse) kaum, und das Keimblatt (bzw. die Keimblätter) bleiben auf oder unter dem Erdboden. Da die Keimblätter unter der Erde bleiben, wird diese Art der Keimung als *hypogäisch* (von griech. „unterirdisch") bezeichnet. Ein Beispiel hierfür ist Mais, wie in ▶ Abbildung 6.12a zu sehen ist. Bei den meisten Zweikeimblättrigen und einigen Einkeimblättrigen wächst das Hypokotyl jedoch und drückt die Keimblätter über den Erdboden. Da sich das Keimblatt oder die Keimblätter über der Erde befinden, wird diese Art der Keimung als *epigäisch* (von griech. „oberirdisch") bezeichnet (▶ Abbildung 6.12b). Bei der epigäischen Keimung sind die Keimblätter gleichzeitig Organe für die Photosynthese. Allerdings sind sie auch stärker den Wetterunbilden ausgesetzt, die im Frühjahr auftreten können.

Samen sind im Allgemeinen das Ergebnis sexueller Fortpflanzung, doch viele Pflanzen produzieren auch auf asexuellem Weg Samen. Dieser Vorgang wird **Apomixis** genannt (nach griech. *apo*, „weg von" und *mixis*, „Mischung"). Apomiktische Samen entstehen ohne „Mischen" oder Verschmelzen von Sperma- und Eizellen (siehe den Kasten *Biotechnologie* auf Seite 161). Beim Löwenzahn produzieren einige Pflanzen sexuelle, andere dagegen apomiktische Samen. Die Art ist auf diese Weise an schwankende wie auch an unveränderliche Umweltbedingungen angepasst. In Kapitel 11 wird der Vorgang der Keimung detaillierter betrachtet.

WIEDERHOLUNGSFRAGEN

1. Beschreiben Sie die Entstehung von Samen.
2. Welche Funktionen haben Samen?
3. Beschreiben Sie den Vorgang der Keimung.

BIOTECHNOLOGIE
■ Apomixis in der Landwirtschaft

Wie Sie wissen, produzieren manche Pflanzen, wie z.B. Brombeeren, durch Apomixis asexuelle Samen, aus denen nach der Keimung Organismen entstehen, die ihrem Elter exakt gleichen. Weltweit interessieren sich Wissenschaftler für die Genetik dieses Vorgangs. Beispielsweise haben Forscher bei der Untersuchung von Löwenzahn drei Gene entdeckt, die die Apomixis steuern.

Pflanzenzüchter haben ein großes Interesse daran, die Fähigkeit zur Bildung von apomiktischen Samen zum genetischen Repertoire verschiedener Nutzpflanzen hinzuzufügen. Der Grund ist folgender: 1908 entdeckte der Maiszüchter C.G. Shull, dass der beim Kreuzen von Mais aus zwei reinen Zuchtlinien entstehende Hybride vier Mal so ertragreich war. Dieser Hybrideffekt wird als Heterosis bezeichnet und trifft auf viele Pflanzenarten zu, insbesondere auch auf die wichtigsten Getreidearten, die die Welternährung sichern. Das Problem ist aber, dass die Hybridsamen jedes Jahr neu erzeugt werden müssen. Wissenschaftler müssen zwei Varietäten kreuzen – eine als mütterlichen und eine als väterlichen Elternteil – um die Hybridsamen zu erhalten. Dieser kostspielige, jährlich zu wiederholende Prozess verbraucht Ressourcen wie Anbaufläche und Arbeitszeit. Wenn Hybridpflanzen Samen durch Apomixis produzieren würden, könnten die geernteten Samen im Folgejahr direkt verwendet werden. Die hohen Erträge der Hybriden könnten auf einfache Weise und mit geringen Kosten von einer zur nächsten Pflanzengeneration weitergegeben werden.

Durch apomiktische Samen würde es für Saatgutunternehmen schwieriger werden, Hybridsamen durch ein Patent schützen zu lassen. Jeder, der die Nutzpflanze anbaut, könnte Saatgut für das nächste Jahr zurücklegen, wenngleich er dann eine strafrechtliche Verfolgung zu befürchten hätte. Abgesehen von Problemen wegen der Verletzung des Patentrechts könnten Firmen viele der Ressourcen, die heute für die Produktion von Hybridsamen eingesetzt werden, für neue, nützliche Produkte verwenden. 1997 erhielten zwei Forscher – ein Amerikaner und ein Russe – das erste Patent für eine apomiktische Pflanze. Sie stellten apomiktischen Mais her, indem sie Mais mit *Tripsacum dactyloides*, einer Wildgrasart (siehe unten), kreuzten.

Am Internationalen Weizen- und Maiszentrum in Mexiko arbeiten Forscher weiter daran, für die Apomixis verantwortliche Gene von Wildgräsern auf Mais zu übertragen. Zwar können mehr als 300 Pflanzenarten apomiktische Samen produzieren, doch bis auf Zitrusgewächse und einige wenige andere Pflanzen sind dies keine kultivierten Nutzpflanzen. Apomiktische Samen produzieren u.a. die wilden Verwandten von Hirse, Rüben, Erdbeeren und Mangos. In den nächsten Jahren wird sicher mehr über die Verheißungen der Apomixis für verbesserte Quantität und Qualität unserer Nahrung zu hören sein.

Früchte 6.5

Vor der Evolution der Blüten haben Pflanzen entweder keine Samen produziert oder sie an den Samenschuppen exponiert. Bei Blütenpflanzen (Bedecktsamern) sind die Samen im Fruchtknoten eingeschlossen, der Teil der Blüte ist. Nach der Befruchtung und der Entwicklung des Samens verändert sich der Fruchtknoten und manchmal auch andere Teile der Blüte, und es entsteht eine Frucht. Früchte dienen, je nach Art, verschiedenen Zwecken. Sie schützen den sich entwickelnden Embryo (Samen) vor dem Austrocknen und bis zu einem gewissen Grad auch vor Krankheiten und Fressfeinden. Sie fördern die Ausbreitung der Samen durch Tiere, die sich von den Früchten ernähren, oder durch Verdriftung im Wind oder im Fell von Tieren. Außerdem liefern sie Dünger für den keimenden Samen.

Die meisten Menschen der westlichen Welt sind mit Früchten wie Äpfeln und Orangen, die in gemäßigtem Klima reifen, ebenso vertraut wie mit tropischen Früchten wie Ananas, die ohne zu verderben über weite Strecken transportiert werden können. Allerdings lassen sich viele exotische wohlschmeckende Früchte nicht

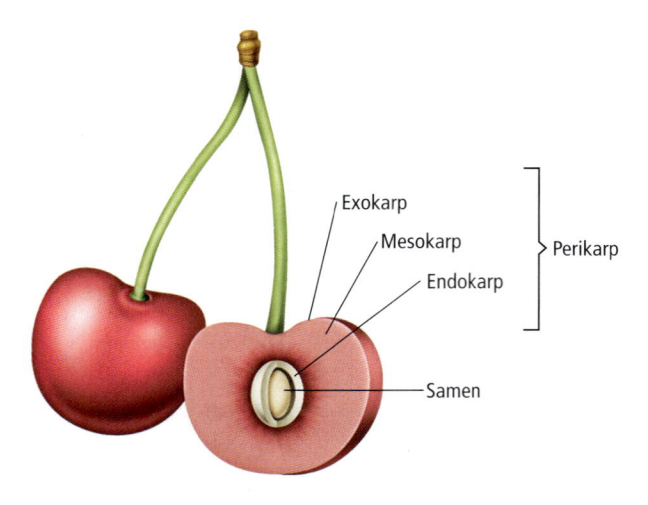

Abbildung 6.13: Die Fruchtwand einer Frucht ist verdickt und wird als *Perikarp* bezeichnet. Die Fruchtwand besteht aus einer inneren Schicht (Endokarp), einer mittleren Schicht (Mesokarp) und einer äußeren Schicht (Exokarp). Die einzelnen Schichten können bei den verschiedenen Fruchttypen dick oder dünn, saftig oder trocken sein.

gut transportieren, so dass sie im Handel kaum erhältlich sind (siehe den Kasten *Die wunderbare Welt der Pflanzen* auf Seite 165).

Früchte und Samen

Botanisch gesehen besteht eine Frucht aus einem oder mehreren reifen Fruchtknoten, die die Samen enthalten. Im allgemeinen Sprachgebrauch dagegen verwenden die meisten Menschen den Begriff *Frucht* nur für saftige Sorten, die süß oder säuerlich schmecken, wie Äpfel, Orangen und Zitronen. Einige Früchte wie Tomaten, Zucchini, grüne Bohnen oder Auberginen, die nicht süß schmecken, werden als „Gemüse" bezeichnet. Der Begriff *Gemüse* ist heute ein Sammelbegriff für die unterschiedlichsten essbaren, nicht süß schmeckenden Teile einer Pflanze. Hierzu zählen Sprossknollen (z. B. Kartoffeln), Wurzelknollen (z. B. Süßkartoffeln), Blätter (z. B. Salat) und ungeöffnete Blüten sowie Blütenstängel (z. B. Brokkoli).

Die eigentliche Funktion von Früchten ist die Verbreitung der Samen. Sie sind süß und einladend für Tiere, die sie auf ihrer Haut oder in ihrem Fell weitertragen oder die Samen mit ihrem Kot ablagern. In der Natur können Saftfrüchte auch dazu beitragen, keimende Samen zu ernähren. In der Natur gelangen Samen also normalerweise nicht direkt in gute Gartenerde. Eine faulende Frucht liefert oft ausreichend „Nährboden", um den Keimling so weit zu versorgen, dass seine Wurzeln in den zur Verfügung stehenden Boden eindringen können.

Früchte können saftig oder trocken sein. Die Fruchtwand (das **Perikarp**) besteht aus drei Schichten. Man bezeichnet die äußere Schicht als **Exokarp** (oft die Haut der Frucht), die mittlere Schicht als **Mesokarp** und die innere Schicht als **Endokarp** (▶ Abbildung 6.13). In Kapitel 11 lernen Sie, wie Phytohormone die Entwicklung und Reifung von Früchten steuern. Im Folgenden beschreiben wir die verschiedenen Grundtypen von Früchten.

Echte Früchte, Sammelfrüchte und Scheinfrüchte

Allgemein unterscheidet man echte Früchte, Sammelfrüchte und Scheinfrüchte. Die meisten Früchte sind **echte Früchte.** Diese können sich aus einem Fruchtblatt oder aus mehreren miteinander verwachsenen Fruchtblättern entwickeln. **Sammelfrüchte** entstehen jeweils aus einer einzelnen Blüte, die viele separate Fruchtblätter besitzt. Aus jedem Fruchtblatt entsteht eine winzige Frucht, die zusammen mit ähnlichen „Früchtchen" die Sammelfrucht bilden. Beispiele für Sammelfrüchte sind Brombeeren, Erdbeeren und die Früchte der Magnolien. **Scheinfrüchte** entwickeln sich aus den Fruchtblättern mehrerer Blüten eines Blütenstandes; Beispiele sind Ananas und Feige. Sammelfrüchte können im reifen Zustand trocken oder saftig sein. Oft sind noch weitere Teile des Blütenstandes an der Fruchtbildung beteiligt. ▶ Tabelle 6.1 gibt einen Überblick über häufige essbare Früchte. Beachten Sie jedoch, dass alle Blütenpflanzen Früchte produzieren, unabhängig davon, ob wir sie essen oder nicht.

Saftfrüchte

Bei saftigen Einzelfrüchten wird eine oder mehrere Schichten des Perikarps im Verlaufe des Reifeprozesses weich. Zu den grundlegenden Typen gehören Beeren, Zottelbeeren (Zitrusfrüchte), Panzerbeeren, Steinfrüchte und Balgfrüchte.

- Bei **Beeren** werden alle Schichten des Perikarps während der Reife in unterschiedlichem Maße weich. Beeren können aus einem Fruchtblatt oder mehreren Fruchtblättern entstehen, wobei jedes Fruchtblatt einen oder mehrere Samen haben kann. Beispiele für Beeren sind Tomaten, Weintrauben und Bananen.

6.5 Früchte

Tabelle 6.1

Fruchttypen

Typ	Beschreibung	Beispiele
Sammelfrüchte	Früchte entstehen aus einer Blüte mit mehreren Fruchtblättern	Brombeeren, Erdbeeren, Himbeeren, Magnolien
Fruchtstände (Scheinfrüchte)	Früchte entstehen aus mehreren Blüten eines Blütenstandes	Ananas, Maulbeeren, Feigen, Brotfrucht

Einzelfrüchte – Saftfrüchte

Typ	Beschreibung	Beispiele
Beeren	Früchte enthalten einen oder mehrere Samen; beim Reifen der Frucht wird das Perikarp weich, oft auch süß und schleimig	Weintrauben, Datteln, Auberginen, Tomaten, Gemüsepaprika, Blaubeeren, Stachelbeeren, Mangostane, Guaven, Bananen, Kakis
Zitrusfrüchte	Früchte ähnlich wie Beeren; das Perikarp ist jedoch ledrig und bildet wohlriechende Öle	Orangen, Zitronen, Pampelmusen
Panzerbeeren	Früchte ähnlich wie Beeren, aber mit einer dicken Rinde (Exokarp)	Kürbisse, Gurken, Zucchinis, Honigmelonen, Wassermelonen
Steinfrüchte	ein einzelner Samen, umgeben von einem harten Endokarp, das umgangssprachlich als Stein bezeichnet wird; Mesokarp und Exokarp sind saftig oder fasrig	Oliven, Pfirsiche, Mandeln, Kokosnüsse
Sammelbalgfrüchte (Scheinfrüchte)	das Fruchtfleisch entsteht aus einem anschwellenden Blütenboden	Birnen, Äpfel

Einzelfrüchte – Streufrüchte, Trockenfrüchte

Typ	Beschreibung	Beispiele
Balgfrüchte	Früchte öffnen sich entlang einer Naht, um die Samen freizugeben	Akelei, Pfingstrose, Magnolie, Hahnenfuß
Hülsenfrüchte	Früchte teilen sich in zwei samentragende Hälften; Hülsenfrüchte (Leguminosen) bilden eine große Pflanzenfamilie, zu der u. a. Erbsen und Bohnen gehören; Samen können in einem gemeinsamen Fruchtknoten oder in separaten Teilen entstehen	Erbsen, Bohnen, Erdnüsse
Schoten	Trockenfrüchte, deren Samen auf einer Scheidewand sitzen, die den Fruchtknoten teilt	Hirtentäschel, Kohl, Senf, Brunnenkresse, Radieschen

Fruchttypen (Fortsetzung)

Typ	Beschreibung	Beispiele
Kapseln	Früchte, die aus mehreren Fruchtblättern entstehen; sie platzen entlang von Nähten auf oder bilden Deckelkapseln oder Porenkapseln	Mohn, Lilien, Löwenmaul, Orchideen

Einzelfrüchte – Schließfrüchte, Trockenfrüchte

Typ	Beschreibung	Beispiele
Nussfrüchte	Trockenfrüchte mit einem dicken, harten Perikarp	Eichel, Esskastanie, Haselnuss
Spaltfrüchte	besitzen ein hartes, dünnes Perikarp, das sich in zwei Hälften teilt	Petersilie, Möhren, Kümmel
Achänen	besitzen ein dünnes Perikarp; die einzelnen Samen sind an ihrem Grund mit dem Perikarp verbunden	Sonnenblume, Löwenzahn
Flügelfrüchte	besitzen ein dünnes Perikarp; die Samen treten paarweise auf und haben Flügel, was die Verbreitung durch den Wind ermöglicht	Ahorn, Ulme, Esche
Karyopse oder Getreidefrucht	Früchte sehen wie ein Samen aus; besitzen ein hartes Perikarp, das ringsherum mit dem Samen verwachsen ist	alle Gräser, z. B. Mais, Weizen und Reis

Beeren haben gewöhnlich verkümmerte Blütenteile auf ihrer Spitze, was z. B. bei Preiselbeeren und Bananen gut zu erkennen ist.

- **Zitrusfrüchte** ähneln botanisch den Beeren, doch im Unterschied zu diesen besitzen sie eine ledrige Haut (Exokarp), die stark riechende, ätherische Öle produziert (Flavedo). Nach innen zu folgen dann die Albedoschicht und dicke, saftgefüllte Zellen, die „Zotteln", die den ganzen Innenraum ausfüllen. Zu den Zitrusfrüchten gehören z. B. Pampelmusen, Zitronen, Limonen, Mandarinen und Orangen.
- Auch **Panzerbeeren** ähneln botanisch den Beeren, doch sie besitzen eine dicke Rinde (Exokarp). Es handelt sich dabei um die Früchte der Kürbisgewächse (Cucurbitaceae), z. B. Wassermelonen, Kürbisse und Honigmelonen. Mesokarp und Endokarp sind nicht unterscheidbar.
- **Steinfrüchte** entwickeln sich aus Blüten mit oberständigem Fruchtknoten und einer einzelnen Samenanlage. Es handelt sich um Einzelfrüchte, meist Saftfrüchte, die an Beeren erinnern. Im Unterschied zu diesen besitzen sie ein hartes Endokarp, das auch als *Stein* bezeichnet wird und oft mit dem Samen fest verwachsen ist. Beispiele für Steinfrüchte sind Oliven und Kokosnüsse sowie Kirschen, Pflaumen und anderes Steinobst. Bei Kokosnüssen wird zunächst die fasrige Schale, die aus dem Mesokarp und dem ledrigen Exokarp besteht, entfernt, bevor die Frucht in der Form sichtbar wird, in der wir sie kennen. Aus den Kokosfasern werden Erzeugnisse wie Besen und Matten hergestellt. Das steinharte Äußere der Kokosnuss, wie wir sie normalerweise im Handel zu sehen bekommen, ist das Endokarp. Dieses umschließt das Kokosfleisch, ein zelluläres Endosperm, und das Kokoswasser. Letzteres ist ein Endosperm, das nur Zellkerne, aber keine vollständigen Zellen enthält (flüssiges Endosperm). Der Embryo ist zylindrisch und in das zelluläre Endosperm eingebettet. Kokosmilch ist

DIE WUNDERBARE WELT DER PFLANZEN
Tropische Früchte

Wie gut Sie mit tropischen Früchten vertraut sind, hängt davon ab, wo Sie leben und wie viel Sie reisen. Menschen in gemäßigten Klimazonen wie im größten Teil Europas und in den USA essen in der Regel Bananen, Zitrusfrüchte und Ananas, etwas seltener auch Avocados, Kokosnüsse und Datteln. Die wenigen Varietäten tropischer Früchte, die sich gut verschiffen und lange lagern lassen, sind für viele tropische Länder zu wichtigen Exportgütern geworden. Auf lokalen Märkten gibt es viele weitere Früchte. In gemäßigten Breiten tauchen von Zeit zu Zeit und in unterschiedlichem Grad der Genießbarkeit einige weitere frische tropische Früchte auf, zum Beispiel Guaven und Mangos.

Tropische Früchte spielen für mindestens die Hälfte der Weltbevölkerung eine wichtige Rolle als Energie- und Nährstofflieferanten. Da viele dieser Früchte in tropischen und subtropischen Ländern wild und manchmal das ganze Jahr über wachsen, stellen sie ein im Überfluss vorhandenes Nahrungsmittel dar, das zudem billig oder sogar kostenlos ist. Oft sind die Früchte nach der Ernte nicht besonders gut haltbar, weshalb sie für den Export nicht von Bedeutung sind. Die hohen Kosten, der geringe Bekanntheitsgrad sowie die kurze Haltbarkeitsdauer sind Gründe dafür, weshalb viele tropische Früchte keine große Rolle für die Ernährung von US-Amerikanern und Europäern spielen.

Für die menschliche Ernährung sind Bananen und Mehlbananen, Mitglieder der Gattung *Musa*, die viertwichtigsten Nutzpflanzen, bezogen auf die Bruttoproduktion. Im Allgemeinen verzehren Menschen Bananen roh, während die stärkehaltigeren Mehlbananen gekocht werden. Die Banane, die wichtigste Handelsfrucht in den USA, ist in vielen Teilen der Welt nach Reis und Mais die zweitwichtigste der Ernährung dienende Nutzpflanze. Ungeachtet ihrer Beliebtheit und Bedeutung sind Bananen und Mehlbananen noch immer recht schlecht erforschte Pflanzen. Es existieren Hunderte von Varietäten, von denen viele nur in ganz bestimmten geografischen Lagen optimal wachsen. In vielen Entwicklungsländern wachsen Bananen das ganze Jahr über und liefern in der Zeit zwischen den Ernten anderer Nutzpflanzen wertvolle Nahrung. Im Folgenden seien einige weitere bedeutende tropische Früchte genannt:

- Durians (*Durio zebethinus*) sind große, stachelige Früchte, die in Südostasien sehr beliebt sind. Ihr strenger, käseähnlicher Geruch hat nichts gemein mit dem anderer Früchte und wird von manchen Menschen als abstoßend empfunden, während andere ihn lieben. Das Fruchtfleisch schmeckt süß und butterähnlich.
- Mangostane (*Garcinia mangostana*) haben einen süßen, leicht säuerlichen Geschmack und zählen zu den köstlichsten Früchten.
- Litschis (*Litchi chinensis*) sind ein beliebtes Dessertobst.
- Die Mango (*Mangifera indica*) wird wegen ihres exotischen Geschmacks manchmal als die Königin unter den tropischen Früchten angesehen.
- Der Geschmack von Guaven (*Psidium guayava*) wird von vielen Menschen als eine Mischung aus Banane und Ananas beschrieben.
- Die Jackfrucht (*Artocarpus heterophyllus*) schmeckt süß und ist mit der Brotfrucht verwandt. Sie kann bis zu 50 kg wiegen und bis zu 1 m lang werden. Jackfrüchte hängen direkt am Stamm, eine Konstellation, die als stammblütig bezeichnet wird.
- Die Brotfrucht (*Artocarpus communis*) ist eine stärkehaltige Frucht, die in Polynesien beheimatet ist. Sie wird oft wie Kartoffeln oder wie Kürbis zubereitet.
- Die Karambola (*Averrhoa carambola*) oder Sternfrucht ist immer häufiger in Lebensmittelgeschäften zu sehen. Ihr erfrischender Geschmack liegt zwischen dem von Äpfeln und dem von Trauben. Auch die Karambola ist stammblütig.
- Die Papaya (*Carica papaya*) ist eine stammblütige Frucht, die als Saisonfrucht in Lebensmittelgeschäften angeboten wird. Ihr Geschmack erinnert manche Menschen an Pfirsich oder Aprikose.

ein kommerzielles Produkt, das durch Vermischen der beiden Endosperme hergestellt wird.

Trockenfrüchte

Trockene Einzelfrüchte können unterteilt werden in Früchte, die sich öffnen und solche, die sich nicht öffnen. **Streufrüchte** platzen im reifen Zustand auf, um ihre Samen zu verteilen. Dazu gehören die folgenden Fruchtformen:

- **Balgfrüchte** entstehen aus einem einzelnen verwachsenen Fruchtblatt. Die Frucht öffnet sich entlang der Verwachsungen, um die Samen freizugeben. Beispiele sind Hahnenfuß, Akelei und Magnolien. Die Früchte von Magnolien sind Fruchtstände, die aus mehreren einzelnen Balgfrüchten bestehen, die jeweils einen Samen enthalten.
- **Hülsenfrüchte** ähneln den Balgfrüchten, doch sie besitzen zwei Nähte, die Bauch- und die Rückennaht, an denen sich die reife Frucht in zwei Hälften teilt. In jeder der Hälften befinden sich Samen. Zur Familie der Hülsenfrüchtler (Fabaceae) gehören u. a. Bohnen, Erdnüsse und Erbsen. Hülsenfrüchte werden auch als **Leguminosen** bezeichnet.
- **Schoten** werden von Pflanzen der Familie der Kreuzblütler (Brassicaceae) produziert. Schoten sind Trockenfrüchte, die aus zwei Fruchtblättern entstehen. Die reife Frucht teilt sich in zwei Hälften, wobei sich die Samen auf der Scheidewand zwischen den Hälften befinden. Beispiele sind Hirtentäschel und Senf.
- **Kapseln** platzen, je nach Art, auf unterschiedliche Weise auf. Alle Kapseln entwickeln sich aus mindestens zwei Fruchtblättern. Manche platzen entlang einer Naht auf, die sich zwischen den Fruchtblättern befindet, andere teilen sich innerhalb der Fruchtblätter und wieder andere bilden an der Spitze des Fruchtknotens Deckel oder Poren. Beispiele sind Mohn, Lilien und Orchideen.
- **Schließfrüchte** bleiben geschlossen, wenn sie reif sind. Beispiele sind Nussfrüchte, Spaltfrüchte, Achänen, Flügelfrüchte und Getreidefrüchte.
- **Nussfrüchte** haben ein sehr hartes Perikarp (die Schale) und entstehen aus miteinander verwachsenen Fruchtblättern. Beispiele sind Eicheln und Haselnüsse. Manche als „Nüsse" bezeichnete Früchte sind im botanischen Sinne keine Nüsse. Beispielsweise sind Mandeln und Walnüsse Steinfrüchte, deren Exokarp und Mesokarp entfernt sind. Paranüsse sind in Wirklichkeit Samen, die aus einer Kapsel stammen.
- **Spaltfrüchte** treten bei Pflanzen aus der Familie der Doldenblütengewächse (Apiaceae) auf, z. B. bei Petersilie, Möhre, Dill, Sellerie, aber auch beim Ahorn (Aceraceae). Spaltfrüchte haben ein hartes, dünnes Perikarp, das sich in zwei oder mehr Teile aufspaltet, die jeweils einen Samen enthalten.
- **Achänen** erinnern mit ihrem harten, dünnen Perikarp und dem einzelnen Samen an kleine Nüsse. Dieser haftet mit dem unteren Ende am Perikarp, weshalb die Samen leicht von der Frucht getrennt werden können. Achänen bilden sich aus einzelnen Fruchtblättern. Beispiele sind die Früchte der Sonnenblume und des Löwenzahns.
- **Flügelfrüchte**, die beispielsweise bei Eschen und Ulmen vorkommen, ähneln den Nüssen, doch sie besitzen zusätzlich ein hartes, dünnes, verlängertes Perikarp, das um den einzelnen Samen einen Flügel bildet. Bei den Früchten des Ahorns tragen jeweils zwei aneinander klebende Samen Flügel.
- **Karyopsen** oder Getreidefrüchte kommen bei allen Süßgräsern (Poaceae) vor, wozu auch Weizen, Reis und Mais gehören. Die Karyopse ist eine trockene, der Achäne ähnelnde Frucht mit einem harten Perikarp. Im Gegensatz zur Achäne sind das Perikarp und die Samenschale der Karyopse rund herum miteinander verwachsen, so dass der Samen bei der Reife nicht frei wird. Was die meisten Menschen für einen Reis- oder Maissamen halten, ist in Wirklichkeit eine Frucht, genauer gesagt eine Karyopse. Embryo und Endosperm sind von einem Perikarp umgeben.

Scheinfrüchte

Bei vielen Pflanzen, die Beeren produzieren, haben die Blüten unterständige oder halbunterständige Fruchtknoten. Daher können mehrere Teile der Blüte zur Frucht beitragen. Früchte, bei denen andere Blütenteile außer dem Fruchtknoten zur Frucht beitragen, werden manchmal als **Scheinfrüchte** bezeichnet. Einige Früchte, die üblicherweise als *Beeren* bezeichnet werden, sind im botanischen Sinne keine Beeren, sondern Sammelscheinfrüchte. Die Erdbeere z. B. ist eine saftige Scheinfrucht, die auf ihrer Oberfläche viele kleine Nüsschen besitzt.

- **Apfelfrüchte** erinnern äußerlich an Beeren, doch der Balg der fleischigen Frucht bildet sich aus dem geschwollenen Ende eines Blütenstängels. Da an dieser Stelle Kelch und Krone der Blüte ansetzen, werden ihre untersten Abschnitte zu Teilen der Frucht. Ihre

Überreste liegen dem Stiel der Frucht gegenüber und sind oft deutlich zu erkennen, wie bei Apfel, Birne und Quitte.

Ausbreitungsmechanismen von Samen

Für die Ausbreitung von Samen und Früchten gibt es viele verschiedene Mechanismen. Sie unterscheiden sich dahingehend, ob die Früchte der Pflanze essbar sind, ob die Früchte oder Samen sich an Tiere anheften oder ob sie vom Wind oder mit dem Wasser verbreitet werden. Manchmal werden die Samen selbst verbreitet, während in anderen Fällen die Früchte verbreitet werden, wie etwa bei Saftfrüchten. Jede dieser Verbreitungseinheiten kann auch als **Diaspore** bezeichnet werden. Manchmal ist es aber auch die ganze Pflanze, die verbreitet wird. Der Steppenläufer (*Salsola*) zum Beispiel wird als vollständige Pflanze vom Wind durch die Landschaft geweht, wobei die Samen verteilt werden. Dieser effiziente Ausbreitungsmechanismus der Samen hat dazu geführt, dass der umhertreibende Steppenläufer zu einer Charakterpflanze für den Westen der USA geworden ist. Der Steppenläufer war ursprünglich in Russland beheimatet und wurde von russischen Einwanderern in die USA eingeschleppt. Unter das Saatgut, das die Einwanderer mit sich führten, um Ackerbau betreiben zu können, hatten sich die Samen des Steppenläufers gemischt.

Manche Samen besitzen einen Federflaum (z. B. der Löwenzahn, ▶ Abbildung 6.14a) oder Flügel (z. B. Ahorn, ▶ Abbildung 6.14b), die dabei helfen, dass der Samen vom Wind hinweggetragen wird. Andere Samen sind rund, z. B. Mohn- oder Tabaksamen, so dass sie der Wind gut vor sich her rollen kann. Wieder andere Pflanzen haben winzige Samen, die wie Staub durch die Luft fliegen können.

Das selbstinduzierte Ausbreiten von Samen durch die Luft kommt bei mehreren verschiedenen Arten vor, doch sind die Methoden unterschiedlich. Eine ungewöhnliche Methode der Ausbreitung durch die Luft findet sich bei den Früchten der Zwergmistel, die plötzlich, ausgelöst durch die Körperwärme eines vorbeikommenden Tieres, in die Luft geschleudert werden. Bei der Zwergmistel ist zum Freisetzen der Samen ein bestimmter Wasserdruck innerhalb der Frucht notwendig. Bei anderen Früchten, z. B. bei der Zaubernuss (*Hamamelis*), wird das Freisetzen durch das Austrocknen der Frucht initiiert. Bei einigen Kürbisgewächsen führen Wärmeentwicklung und Fermentation innerhalb der Frucht zur explosiven Freisetzung einer klebrigen Masse, wenn die Fruchtwand zu weich wird, um dem durch CO_2 erzeugten inneren Druck noch länger standzuhalten.

Manche Früchte und Samen, z. B. Kokosnüsse, verbreiten sich recht erfolgreich, indem sie sich im Wasser treiben lassen. Im Meer benötigen diese Früchte dicke, harte äußere Schichten, die das Salzwasser fernhalten, und luftige Faserschichten, damit sie schwimmen. Die Kokosnuss hat sich also daran angepasst, für lange Zeit im Meer zu treiben, und mithilfe der Meeresströmungen haben die Früchte viele neue Verbreitungsgebiete gefunden.

Andere Pflanzen produzieren Samen oder Früchte mit Lufttaschen, um das Treiben im Wasser zu überstehen. Riedgräser zum Beispiel sind Sumpfpflanzen, deren Samen von membranbedeckten Beuteln umgeben sind, die den Samen schwimmen lassen. Manche Früchte und Samen sind von einer wasserabweisenden Wachsschicht bedeckt, so dass sie die Verbreitung über das Wasser überstehen können. In mit winzigen Samen gefüllten Kapseln können Regentropfen die Samen wie trockener Staub mehrere Meter weit gespritzt werden.

Manche Samen werden durch Tiere verbreitet, denen sie als Nahrung dienen und an die sie sich anheften. In einigen Fällen passieren die Samen das Verdauungssystem, um an einem neuen Ort, in einem Kothaufen, der gleichzeitig als Dünger dient, zu keimen (▶ Abbildung 6.14c). Beim Reifen von Früchten ändern sich deren Farben hin zu Rot, Gelb oder Orange, die Tiere anlocken. Außerdem strömen reife Früchte angenehme oder zumindest interessante Düfte aus und schmecken süß. Auch diese Eigenschaften von Früchten ziehen Tiere an, die bei der Ausbreitung der Samen helfen. Die Änderung hin zu einer leuchtenden Farbe fällt oft mit der Zeit zusammen, in der der Zuckergehalt der Frucht steigt. Grüne Früchte mit unreifem Samen sind oft sauer oder bewirken, dass sich der Mund zusammenzieht, was die Tiere davon überzeugt, von den Früchten abzulassen. Beispielsweise sind manche Sorten der Kakifrüchte vor der Reife besonders reich an adstringierend wirkenden Tanninen (Gerbstoffen).

Ein weiterer Mechanismus der Ausbreitung von Samen und Früchten ist die Ausbildung von Widerhaken, Stacheln und Klebern, die sich an das Fell oder die Haut von Tieren heften und so dem Samen die Reise zu neuen Horizonten ermöglichen (▶ Abbildung 6.14d und e). Viele Pflanzenarten – in manchen Ökosystemen sind dies bis zu einem Drittel aller Arten – werden von Amei-

6 LEBENSZYKLEN UND FORTPFLANZUNGSSTRUKTUREN

(a)

(b)

(c)

(d)

(e)

(f)

Abbildung 6.14: **Mechanismen der Samenausbreitung.** (a) Manche Samen und Früchte werden durch den Wind verbreitet. Beim Löwenzahn (*Taraxacum*) z. B. ist der Blütenkelch zu einem Federbusch (Pappus) modifiziert, so dass die Samen vom Wind fortgetragen werden. Die Früchte des Ahorns und der Kiefer (b) haben Flügel. (c) Bei einigen Pflanzen, wie diesen Himbeeren, werden die Samenschalen aufgelöst, wenn die Samen das Verdauungssystem eines Tieres passieren, was die Keimung unterstützt. Das Tier trägt außerdem zur Ausbreitung der Samen bei. (d) Viele Samen haben an ihrer Samen- oder Fruchtschale Widerhaken, die am Fell von Tieren haften bleiben; ein bekanntes Beispiel ist die Dornige Spitzklette (*Xanthium spinosum*). (e) Die Teufelskralle (*Harpagophytum*) ist eine Frucht, die sich an den Beinen von Tieren festkrallt und sich schließlich öffnet, um ihre Samen freizugeben. (f) Manche Samen produzieren Elaiosomen (Ölkörper; im Bild sind es die künstlich eingefärbten Gebilde am Ende der Samen), die Ameisen anlocken und ihnen als Nahrung dienen. Die Ameisen verbreiten Samen und Elaiosomen in den Erdboden. Die Nahrung nützt den Ameisen und die Verbreitung im Boden den Samen.

sen an neue Plätze transportiert. Manche Samen produzieren weiße Anhängsel, die als Elaiosomen bezeichnet werden und als eiweißreiche Nahrung für Ameisen dienen (▶ Abbildung 6.14f). Pflanzen, die diesen Mechanismus nutzen, sind Erdrauch (*Fumaria*) sowie einige Veilchen (*Viola*).

Auch Menschen transportieren, beabsichtigt oder unbeabsichtigt, Pflanzen, Samen und Früchte. Dies bereitet den Landwirten Sorge, da neue, potenziell schädliche Pflanzen durch Menschen schnell über die ganze Welt verbreitet werden können.

> **WIEDERHOLUNGSFRAGEN**
>
> 1. Was sind die Funktionen einer Frucht?
> 2. Beschreiben Sie die Struktur einer Frucht.
> 3. Was ist der Unterschied zwischen echten Früchten, Sammelfrüchten und Scheinfrüchten?

ZUSAMMENFASSUNG

6.1 Fortpflanzung und Vermehrung bei Pflanzen: Ein Überblick

Die strukturellen, funktionalen und biochemischen Eigenschaften eines Lebewesens sind alle so ausgelegt, dass sie den Erfolg eines Individuums sowie die Produktion erfolgreicher Nachkommen sichern.

Asexuelle Fortpflanzung

Pflanzen neigen in stabilen Lebensräumen zur asexuellen Fortpflanzung. Zu den Fortpflanzungsstrategien gehört das Ausbilden von Adventivsprossen aus den Wurzeln und von Tochterpflanzen aus den Blättern.

Sexuelle Fortpflanzung

Bei der sexuellen Fortpflanzung erhalten die Nachkommen eine Mischung der Erbanlagen beider Elternteile. Die sexuelle Fortpflanzung überwiegt in sich ändernden Lebensräumen, wo ein hoher Grad an Variabilität in den Erbanlagen der Nachkommen für das Überleben einer Art von Nutzen sein kann.

6.2 Meiose und Generationswechsel

Bei der Meiose entstehen Zellkerne mit der Hälfte der ursprünglichen Chromosomenzahl. Solche Zellen sind bei der sexuellen Fortpflanzung notwendig, um die Chromosomenanzahl konstant zu halten.

Haploide Tochterkerne

Bei der Meiose paaren sich während der Prophase I homologe Chromosomen, so dass die Chromosomenanzahl als Ergebnis der ersten Reifeteilung effektiv halbiert wird. Die zweite Reifeteilung ähnelt der Mitose. Endergebnis der Meiose einer diploiden Zelle sind vier haploide Zellen, die bei Pflanzen Sporen sind.

Sporophyten und Gametophyten

Im Generationswechsel von Pflanzen wechseln mehrzellige diploide ($2n$) Sporophyten und mehrzellige haploide (n) Gametophyten einander ab. Bei der Meiose von Pflanzen entstehen haploide Sporen. Spermazellen und Eizellen entstehen durch Mitose aus den Strukturen (Gametophyten), die sich aus diesen Sporen entwickeln. Bei den meisten Pflanzen sind die Gametophyten weniger auffällig als die Sporophyten.

6.3 Zapfen und Blüten

Bei Samenpflanzen ist vor der Befruchtung zunächst eine Bestäubung notwendig. Bei den meisten nacktsamigen Arten befinden sich männliche und weibliche Gametophyten auf verschiedenen Zapfen der gleichen Pflanze. Die meisten bedecktsamigen Arten bringen Blüten hervor, die sowohl männliche als auch weibliche Fortpflanzungsorgane enthalten. Viele Bedecktsamer sind einhäusig, d. h. jede Pflanze besitzt sowohl männliche als auch weibliche Blüten. Bei zweihäusigen Arten dagegen ist eine Pflanze entweder männlich oder weiblich.

Nacktsamer produzieren Zapfen

Zapfen sind reproduktive Meristeme, die sich aus vegetativen Meristemen entwickeln. Der Spross wird zur zentralen Achse des Zapfens. Bei den männlichen Zapfen der Kiefer sind die Blätter zu Sporophyllen modifiziert, bei den weiblichen Zapfen zu Deckblättern. Bei den weiblichen Zapfen entwickeln sich die Sporophylle aus Achselknospen.

Bedecktsamer produzieren Blüten

Angestoßen durch hormonelle Signale können Apikalmeristeme männliche, weibliche oder zwittrige Blüten hervorbringen. Alle Teile einer Blüte sind modifizierte Blätter.

Blütenorgane als modifizierte Blätter

Die vier Typen modifizierter Blätter, die eine Blüte bilden, sind Kelchblätter, Kronblätter, Staubblätter und Fruchtbätter.

Blütenmerkmale

Vollständige Blüten besitzen alle vier Typen modifizierter Blätter; bei unvollständigen Blüten fehlt mindestens ein Typ. Zwittrige Blüten besitzen Staubblätter und Fruchtblätter, während bei getrenntgeschlechtlichen Blüten entweder Staubblätter oder Fruchtblätter vorhanden sind. Reguläre Blüten sind radialsymmetrisch, während irreguläre Blüten spiegelsymmetrisch sind. Die Struktur von Blüten hat sich oftmals in enger Verbindung mit der Evolution von Struktur und Lebensweise ihrer Bestäuber entwickelt. Kelchblätter, Kronblätter und Staubblätter können unterhalb, oberhalb oder in der Mitte des Fruchtknotens angeordnet sein.

Blüten und natürliche Auslese

Blüten haben sich als Ergebnis von Mutationen der Blätter entwickelt, die die Überlebensfähigkeit von Pflanzen erhöht haben.

6.4 Samenstrukturen

Samen sind das Ergebnis der Fortpflanzung von Pflanzen auf dem Land. Sie existieren, um Pflanzen über die für das Pflanzenwachstum ungünstige Jahreszeit zu bringen.

Entstehung von Samen

Bei Nacktsamern entstehen die Samen aus Samenanlagen, die auf der Oberfläche der Deckblätter der Zapfen liegen. Bei Bedecktsamern bilden sich die Samen aus Samenanlagen innerhalb der Fruchtblätter von Früchten. Samenschuppen und Fruchtblätter werden aus modifizierten Blättern gebildet. Ein Samen ist ein von Nährgewebe und einer Samenschale umgebener Embryo. Während der Dormanz bildet die Samenschale eine Schutzschicht für den nährstoffreichen Samen. Das Nährgewebe wird vom Embryo bei der Keimung genutzt.

Die Keimung

Samen enthalten wenig Wasser. Der Keimung geht deshalb eine Phase der Wasseraufnahme, das *Quellen*, voraus. Die eigentliche Keimung beginnt, wenn die Keimwurzel die Samenschale durchbricht, um Kontakt mit dem Erdboden herzustellen. Viele Samen enthalten Abscisinsäure, die einige Monate lang verhindert, dass der fertig ausgebildete Samen keimt. Die Dormanz von Samen sorgt dafür, dass die Samen nicht in Zeiten mit ungünstigen klimatischen Bedingungen keimen.

6.5 Früchte

Früchte und Samen

Botanisch besteht eine Frucht aus einem oder mehreren reifen Fruchtknoten. Früchte können saftig oder trocken sein. Der äußere Teil der Fruchtwand heißt *Exokarp*, der mittlere *Mesokarp* und der innere *Endokarp*.

Echte Früchte, Sammelfrüchte und Scheinfrüchte

Früchte können in echte Früchte, Sammelfrüchte (besitzen mehr als ein Fruchtblatt innerhalb einer Blüte) und Scheinfrüchte (weitere Teile der Blüte sind an der Fruchtbildung beteiligt) unterteilt werden. Echte Früchte können saftig (Saftfrüchte) oder trocken (Trockenfrüchte) sein. Trockenfrüchte werden weiter unterteilt in Streufrüchte (öffnen sich im reifen Zustand) und Schließfrüchte (bleiben im reifen Zustand geschlossen).

Ausbreitungsmechanismen von Samen

Samen können durch den Wind oder durch Treiben im Wasser verbreitet werden. Manche Früchte haben leuchtende Farben und schmecken süß, wenn sie reif sind. Auf diese Weise ziehen sie Tiere an, die bei der Ausbreitung der Samen helfen. Einige wenige Früchte verbreiten ihre Samen, indem sie explodieren.

ZUSAMMENFASSUNG

Verständnisfragen

1. Stellen Sie die asexuelle und die sexuelle Fortpflanzung gegenüber.
2. Was ist der Unterschied zwischen haploid und diploid?
3. Was ist der Zweck der Meiose?
4. Wie würden Sie einem Freund, der nicht Biologe ist, erklären, was homologe Chromosomen sind?
5. Was geschieht bei der Paarung homologer Chromosomen?
6. Warum wird die erste Reifeteilung auch als Reduktionsteilung bezeichnet?
7. Worin unterscheiden sich Gametophyten und Sporophyten?
8. Skizzieren Sie den sexuellen Lebenszyklus einer Pflanze. Wo tritt dabei Mitose und wo Meiose auf?
9. Beschreiben Sie die unterschiedlichen Varianten, in denen Gametophyten und Sporophyten auftreten können.
10. Was ist der Unterschied zwischen einhäusigen und zweihäusigen Arten?
11. Identifizieren Sie die vier Typen modifizierter Blätter einer Blüte und beschreiben Sie kurz deren Funktionen.
12. Ist eine vollständige Blüte zwittrig? Ist eine zwittrige Blüte vollständig? Erläutern Sie Ihre Antwort.
13. Beschreiben Sie die grundlegende Struktur eines Samens und erläutern Sie den Vorgang der Keimung.
14. Was sind die Unterschiede zwischen Echten Früchten, Sammelfrüchten und Scheinfrüchten?
15. Welche Mechanismen der Samenausbreitung gibt es?

Diskussionsfragen

1 Angenommen, ein Pflanzenzüchter und ein Gentechniker arbeiten gemeinsam daran, eine Pflanze herzustellen, die in fast allen Klimazonen in freier Natur gedeiht und im Überfluss schmackhafte Früchte sowie Samen mit hohem Wert für die menschliche Ernährung produziert. Was wären Ihrer Meinung nach die biologischen, sozialen, wirtschaftlichen und politischen Konsequenzen im Falle eines Erfolges?

2 Stellen Sie sich vor, Sie würden um 320 Millionen Jahre, also ins Karbon zurückversetzt. Es existieren keine Samenpflanzen, so dass Früchte und Samen nicht auf Ihrem Speiseplan stehen; trotzdem brauchen Sie eine adäquate Ernährung, um zu überleben. Außerdem sind Sie Vegetarier. Was würden Sie essen?

3 Warum kann es gefährlich für eine Pflanze sein, auf eine einzige Tierart als Bestäuber zu setzen?

4 Manche Blütenpflanzen sind selbstbestäubend. Warum besitzen diese Pflanzen Ihrer Meinung nach Blüten, obwohl sie nicht von anderen Organismen bestäubt werden?

5 Manche Früchte sind giftig, andere dagegen essbar. Auf welche Weise unterstützen beide Eigenschaften die Ausbreitung der Samen?

6 Zeichnen Sie vollständig beschriftete Diagramme, um die Gametophyten von Moosen, Farnen, Nacktsamern und Bedecktsamern zu illustrieren und zu vergleichen.

Zur Evolution

Biologen glauben, dass die asexuelle Fortpflanzung in der Geschichte des Lebens auf der Erde zuerst entstanden ist und die sexuelle Fortpflanzung erst später. Die sexuelle Fortpflanzung muss offenbar eine erfolgreiche Strategie mit großen Vorteilen für die Anpassungsfähigkeit sein, denn immerhin beinhalten die Lebenszyklen der meisten Eukaryoten die sexuelle Fortpflanzung. Im Lebenszyklus vieler Eukaryoten ist die sexuelle Fortpflanzung sogar der einzige reproduktive Prozess. Worin liegen möglicherweise die Vorteile der sexuellen Fortpflanzung, im Vergleich mit der asexuellen Vermehrung?

Weiterführendes

Weitere Informationen zu diesem Buchkapitel finden Sie auf der Companion Website unter http://www.pearson-studium.de.

Bubel, Nancy. The New Seed Starter's Handbook. Emmaus, PA: Rodal Press, 1988. *Sehr viele grundlegende Informationen zur Botanik sowie nützliche Hinweise zur Anzucht von Pflanzen aus Samen.*

Hutton, Wendy und Heinz von Holzen. Tropical Fruits of Asia. Boston: Periplus Editions, 1996. *Ein wunderschön illustriertes Buch mit vielen Details über die tropischen Früchte Thailands, Malaysias und Indonesiens.*

Klein, Maggie Blyth. All About Citrus and Subtropical Fruits. New York: Ortho Books, 1985. *Bilder und Informationen über das Wachstum von 50 Zitrussorten und 16 exotischen Früchten.*

Schneider, Elizabeth. Uncommon Fruits & Vegetables: A Commonsense Guide. New York: William Morrow, 1998. *Interessante Informationen zu Kauf, Lagerung und Verzehr von 80 ungewöhnlichen Früchten und Gemüsen.*

Susser, Allen und Greg Schneider. The Great Mango Book. Berkeley, CA: Ten Speed Press, 2001. *Mangos waren früher vor allem eine wichtige Zutat in der indischen Küche. Heute werden auf der ganzen Welt mehr als 50 Sorten für die verschiedensten Getränke und Gerichte verwendet.*

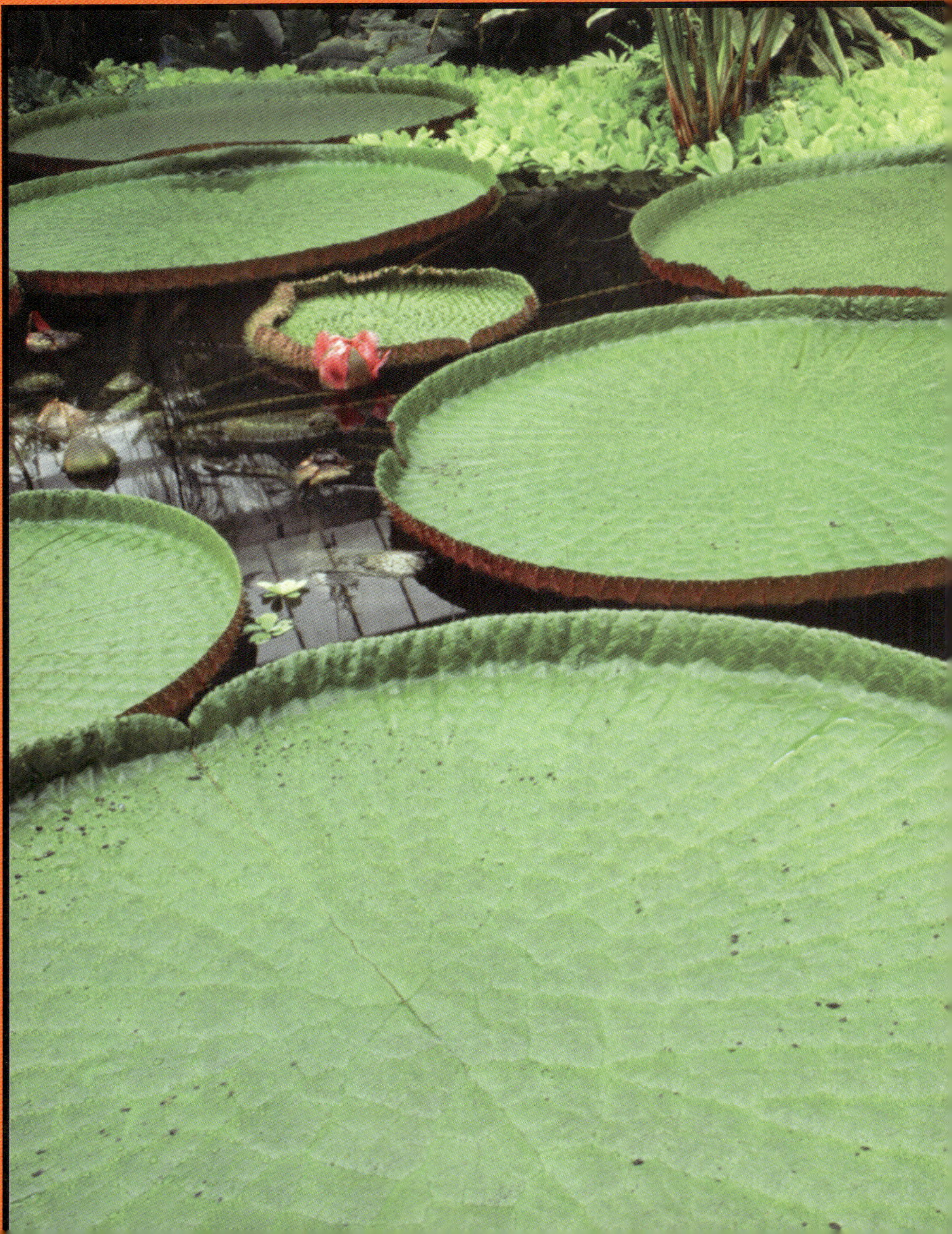

TEIL II

Funktionen

7	Grundlagen der Pflanzenbiochemie	177
8	Photosynthese	207
9	Zellatmung	231
10	Transportprozesse	251
11	Interne und externe Reize	277

Grundlagen der Pflanzenbiochemie

7.1	Die molekularen Komponenten lebender Organismen	179
7.2	Energie und chemische Reaktionen	191
7.3	Chemische Reaktionen und Enzyme	197
	Zusammenfassung	201
	Verständnisfragen	203
	Diskussionsfragen	204
	Zur Evolution	204
	Weiterführendes	205

7

ÜBERBLICK

7 GRUNDLAGEN DER PFLANZENBIOCHEMIE

❝ Ein allgemeiner Fakt im Universum ist, dass große Objekte aus vielen kleineren Komponenten zusammengesetzt sind. Chemisch ausgedrückt, alles ist aus den kleinen Materiestücken aufgebaut, die als Moleküle bezeichnet werden. Moleküle selbst bestehen aus Atomen. Auch Autos aus Metall und Plastik bestehen letztlich aus kleinen Molekülen. Backzutaten, wie Mehl, Zucker und Öl, haben ebenfalls eine molekulare Struktur. Lebewesen bilden da keine Ausnahme. Genau wie kleine, ineinandergreifende Teile oder Bausteine zu einem Puzzle oder einem Lego-Gebäude zusammengesetzt werden können, lässt sich ein Organismus umgekehrt in Komponenten zerlegen, die aus Billionen von Molekülen bestehen – ein Beispiel hierfür ist das in der Grafik gezeigte Chlorophyll a in Blättern.

Die Biochemie befasst sich damit, wie organische Moleküle auf Kohlenstoffbasis die Grundstruktur von Organismen bilden. Obwohl die Biochemie ein komplexes Fachgebiet ist, haben Biochemiker eine täuschend einfache Sicht auf lebende Organismen, nach der sie aus lediglich drei Komponentenklassen aufgebaut sind:

- **Organische „Baustein"-Moleküle.** Photosynthese betreibende Organismen, wie beispielsweise Pflanzen, stellen etliche unterschiedliche Arten kleiner organischer Moleküle her. Mithilfe von CO_2 aus der Luft und H_2O aus dem Boden werden bei der Photosynthese Triosephosphate und andere Kohlenhydrate gebildet, die wiederum – zum Teil unter Verwendung von Mineralstoffen aus dem Boden – zur Synthese aller anderen Moleküle benutzt werden. Andere Lebensformen erhalten ihre molekularen Bausteine entweder direkt oder indirekt aus Pflanzen und anderen Photosynthese betreibenden Organismen. Beispielsweise fressen Tiere Pflanzen oder andere Tiere, die sich von Pflanzen ernähren. Was wir als Nahrung bezeichnen, besteht biochemisch betrachtet aus organischen Molekülen. Sie liefern Energie und unser Körper wandelt sie in organische Moleküle um, die wir zur Bildung und Erhaltung unseres Selbst benötigen. Wichtige Bausteine sind Kohlenhydrate, Proteine, Lipide und Nucleinsäuren.

- **Enzyme.** Enzyme sind Proteine, die chemische Reaktionen in Zellen katalysieren. Sie modifizieren kleine organische Moleküle und verbinden oder zerlegen sie so, dass andere Moleküle entstehen. Eine lebende Zelle verfügt über Tausende von verschiedenen Enzymen, von denen jedes eine spezielle Modifikation oder eine spezielle Verbindung organischer Moleküle bewirkt. Kurz gesagt, Enzyme sind die Werkzeuge, die Zellkomponenten, Zellen und schließlich Organismen entstehen lassen.

- **Ein Bauplan zur Bildung der verschiedenen Molekülarten.** Die DNA in den Chromosomen enthält einen Bauplan des Organismus – speziell der Struktur der Enzyme. Haben sich die Enzyme erst einmal gebildet, beginnen sie mit der Modifikation organischer Moleküle zu zellulären und für den Organismus spezifischen Komponenten.

In einem allgemeinen Sinne befasst sich die Biochemie damit, wie all diese Komponenten zusammenpassen und interagieren. In diesem Kapitel werden wir uns zunächst die grundlegenden Molekülarten ansehen, die Grundbausteine von Pflanzen und anderen Organismen sind. Anschließend werden wir die Rolle der Energie und der Enzyme bei chemischen Reaktionen untersuchen, was die Grundlage für die Untersuchung der Photosynthese und der Atmung in den nächsten beiden Kapiteln liefert. Falls Sie einige chemische Grundbegriffe wiederholen müssen, können Sie auf Anhang A zurückgreifen. ❞

Die molekularen Komponenten lebender Organismen 7.1

Die meisten großen Moleküle in Pflanzen und anderen Organismen bestehen nur aus wenigen Arten kleinerer Moleküle. Ein typisches Makromolekül ist ein **Polymer**, ein langes Molekül, das aus sich wiederholenden strukturellen Einheiten, den **Monomeren**, zusammengesetzt ist. Sie können sich Monomere als einfache Bausteine vorstellen. Die meisten Kohlenhydrate sind Polymere, die aus verketteten Zuckermolekülen bestehen. Wie Sie sehen werden, können verschiedene Kombinationen nur weniger Monomertypen zu einer großen Vielzahl von Polymeren führen. Monomere verbinden sich zu Polymeren gewöhnlich durch eine chemische Reaktion, die als **Kondensationsreaktion** bezeichnet wird. Dabei wird meist ein Wassermolekül abgespalten (▶ Abbildung 7.1a).

Zellen müssen nicht nur in der Lage sein, Makromoleküle zu bilden, sie müssen sie auch wieder in kleinere Moleküle zerlegen können. Wie Sie sich vielleicht vorstellen können, geht das Aufbrechen einer durch Kondensation gebildeten Bindung mit dem Hinzufügen eines Wassermoleküls einher. Diesen Prozess bezeichnet man als **Hydrolyse**. Grundsätzlich ist die Hydrolyse die Umkehrung der Kondensation (▶ Abbildung 7.1b).

Wie Sie aus Kapitel 2 wissen, gibt es in Lebewesen vier Arten von Makromolekülen: Kohlenhydrate, Proteine, Nucleinsäuren und Lipide. Diese Makromoleküle werden als **primäre Metabolite** bezeichnet, weil sie wesentliche Produkte des Metabolismus, also des Stoffwechsels, oder chemischer Reaktionen sind, die am Wachstum und der Entwicklung jeder Pflanzenzelle und tatsächlich der Zellen aller Organismen beteiligt sind. Wir werden uns nun auf die Strukturen dieser Makromoleküle konzentrieren. Außerdem werden wir uns einige Moleküle ansehen, die als **sekundäre Metabolite** bezeichnet werden, weil sie für das Wachstum und die Entwicklung der Pflanzen nicht essenziell sind. Sekundäre Metabolite findet man nicht in allen Pflanzenzellen, nicht einmal in allen Pflanzenarten. Dennoch spielen sie eine Reihe wesentlicher Rollen, indem sie beispielsweise strukturellen Halt bieten und viele Pflanzen vor Fraßfeinden und Krankheiten schützen.

Monosaccharide, Disaccharide und Polysaccharide

Kohlenhydrate, die gewöhnlich Namen tragen, die auf *-ose* enden, bestehen aus verschiedenen Zuckerarten und ihren Polymeren. Jedes Kohlenhydrat enthält Kohlenstoff, Wasserstoff und Sauerstoff und kann entweder als Monosaccharid, Disaccharid oder Polysaccharid klassifiziert werden.

Monosaccharide sind die einfachsten Kohlenhydrate, deren Summenformel gewöhnlich ein Vielfaches von CH_2O ist. Monosaccharide werden auch als *Zucker* oder als *einfache Kohlenhydrate* bezeichnet. Das in Pflanzen am häufigsten vorkommende Monosaccharid ist Glucose, eine Kombination aus zwei Triosephosphaten, bei denen es sich um unmittelbare Produkte der Photosynthese handelt (▶ Abbildung 7.2a). Pflanzen benutzen Glucose als ihre primäre Energiequelle. Ein weiteres häufig vorkommendes Monosaccharid ist

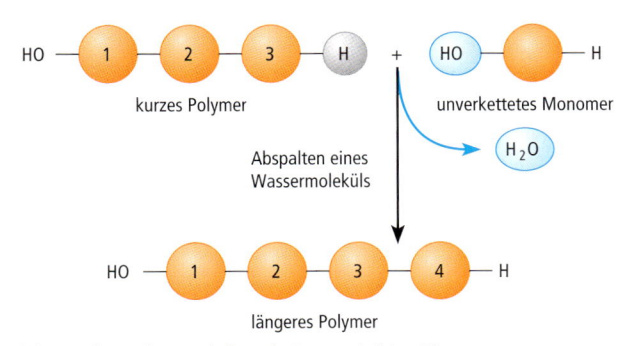

(a) **Kondensationsreaktion,** der Prozess, bei dem Monomere zu Polymeren verkettet werden. Die Bildung und Abspaltung eines Wassermoleküls führt zur Verkettung eines Monomers mit einem anderen.

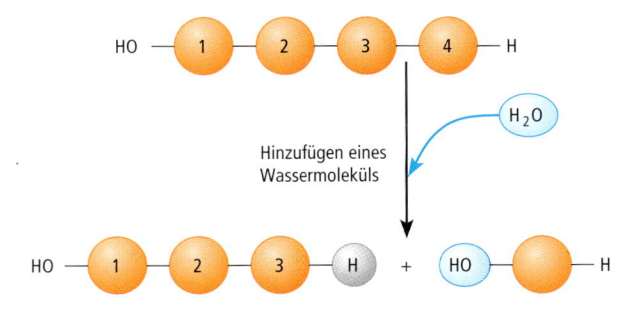

(b) **Hydrolyse eines Polymers,** der Umkehrprozess der Kondensation, bei dem ein Monomer von einem anderen getrennt wird, indem ein Wassermolekül hinzugefügt wird.

Abbildung 7.1: Kondensationsreaktion und Hydrolyse. Kohlenhydrate, Proteine, Nucleinsäuren und Lipide sind wichtige Polymerklassen, die man in Zellen findet.

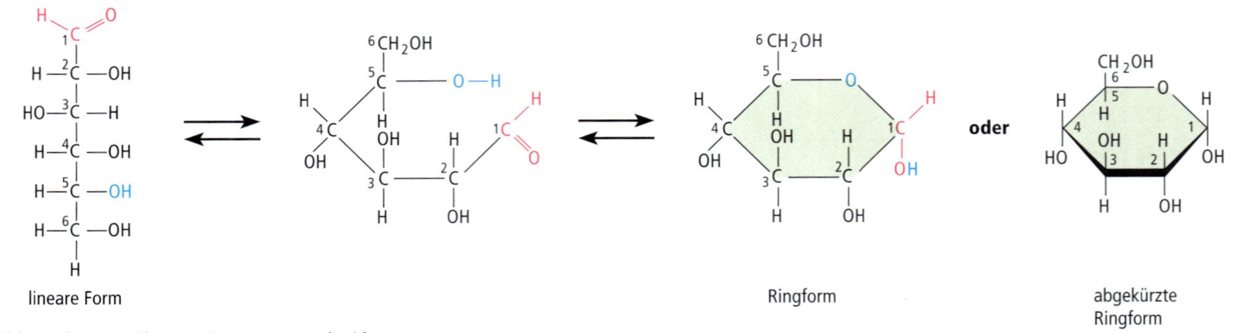

7 GRUNDLAGEN DER PFLANZENBIOCHEMIE

(a) Struktur von Glucose, einem Monosaccharid.

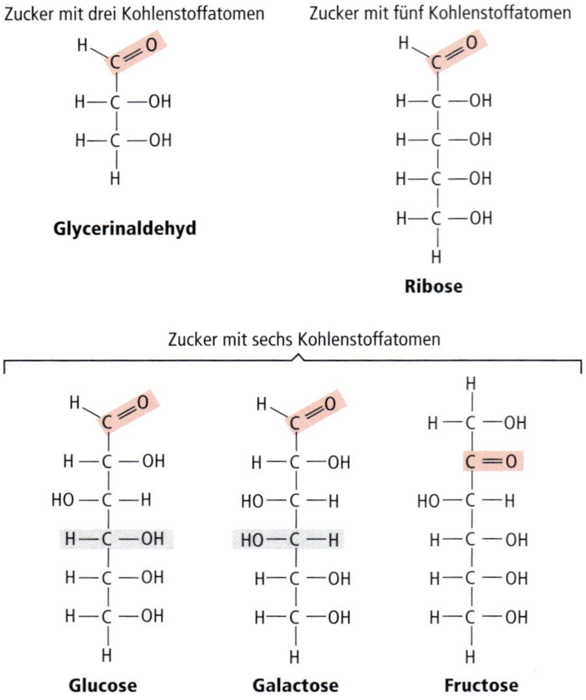

lineare Form — Ringform — abgekürzte Ringform

Zucker mit drei Kohlenstoffatomen

Glycerinaldehyd

Zucker mit fünf Kohlenstoffatomen

Ribose

Zucker mit sechs Kohlenstoffatomen

Glucose — Galactose — Fructose

(b) Beispiele für Monosaccharide.

Abbildung 7.2: Strukturen von Monosacchariden. (a) Glucose, ein Zucker mit sechs Kohlenstoffatomen, gibt es als lineare Kette oder als Ring. In dieser Abbildung sind sowohl der Übergang zwischen beiden Formen als auch eine verkürzte Strukturformel dargestellt. (b) Zucker können unterschiedlich viele Kohlenstoffatome enthalten, gewöhnlich enthalten sie jedoch vier bis sieben. Zucker mit nur drei Kohlenstoffatomen haben keine Ringformen. Größere Zucker können entweder als Kette oder als Ring vorkommen. Beachten Sie beim Vergleich von Glucose und Galactose die unterschiedliche räumliche Anordnung, die grau hervorgehoben ist. Sie führt zu verschiedenen Zuckern. Zucker können sich auch durch die Platzierung der Carboxylgruppe unterscheiden (rosa hervorgehoben).

Fructose, ebenfalls ein Zucker mit sechs Kohlenstoffatomen, der in nahezu allen Früchten und einigen Gemüsen gebildet wird (▶ Abbildung 7.2b). Zucker mit fünf Kohlenstoffatomen, Ribose und Desoxyribose, sind Bestandteile der Nucleinsäuren RNA beziehungsweise DNA.

Zwei Monosaccharide können zusammen ein **Disaccharid** bilden. Das am häufigsten vorkommende Disaccharid ist Saccharose ($C_{12}H_{22}O_{11}$), Rohr- oder Rübenzucker, der entsteht, wenn Glucose mit Fructose verkettet wird (▶ Abbildung 7.3a). Bei der Verkettung zweier Glucoseeinheiten entsteht Maltose (Malzzucker, ▶ Abbildung 7.3b). Durch Bindung verschiedener Monosaccharide können verschiedene Arten von Disacchariden gebildet werden. Glucose und glucoseähnliche Zucker werden durch eine Kondensationsreaktion miteinander verkettet.

In Kondensationsreaktionen können auch Hunderte bis Tausende von Monosacchariden zu Polymeren, genauer **Polysacchariden**, verknüpft werden, die gewöhnlich Energie speichern oder als Strukturproteine dienen. Beispiele für Polysaccharide sind Stärke und Cellulose. Stärke speichert Energie, wenn durch Photosynthese mehr Glucose gebildet wird, als sofort von der Pflanze gebraucht wird. Bei pflanzlicher Stärke handelt es sich um Amylose, während Tiere Glycogen, ein Energie speicherndes Polysaccharid, bilden. Pflanzen speichern große Stärkemengen in Samen und Speicherorganen, um sie während Keimung und Austrieb als Energiequelle für die sich entwickelnde Pflanze zu benutzen.

Cellulose, die in Zellwänden von Pflanzen und Algen strukturellen Halt liefert, ähnelt von ihrer Struktur her Stärke insofern, als in beiden Fällen die Glucosemoleküle durch eine Verbindung zwischen dem ersten Kohlenstoffatom des einen Moleküls mit dem vierten Kohlenstoffatom des anderen Moleküls verknüpft sind. Der strukturelle Unterschied zwischen Stärke und Cellulose besteht darin, dass bei der Cellulose jedes zweite Glucosemolekül auf dem Kopf steht (▶ Abbildung 7.4a). Technischer ausgedrückt ist die Glucose in Stärke durch $\alpha-1\rightarrow 4$-Bindungen verknüpft, während es sich bei Cellulose um $\beta-1\rightarrow 4$-Bindungen handelt

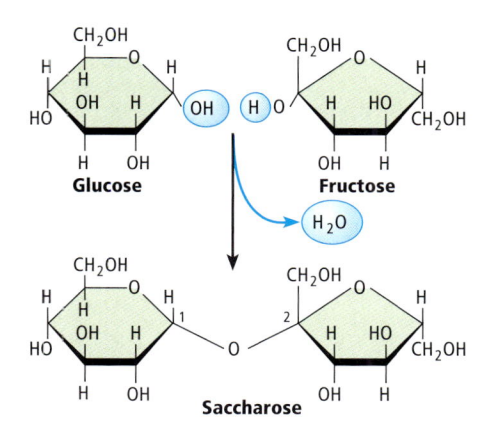

7.1 Die molekularen Komponenten lebender Organismen

(a) Glucose und Fructose können zu einem Disaccharid, der Saccharose, dem herkömmlichen Rohrzucker, verkettet werden.

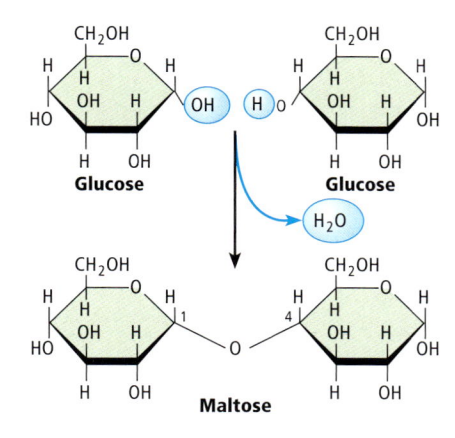

(b) Zwei Glucosemoleküle können zu Maltose verkettet werden. Bei dieser Verbindung wird das erste Kohlenstoffatom des einen Moleküls mit dem vierten Kohlenstoffatom des anderen verknüpft. Eine andere Verkettung der beiden Glucosemoleküle würde zu einem anderen Disaccharid führen.

Abbildung 7.3: Kondensationsreaktionen zur Bildung von Disacchariden.

(b) Stärke: 1→4-Verbindung von α-Glucose.

(c) Cellulose: 1→4-Verbindung von β-Glucose.

(a) α- und β-Ringe bei Glucose.

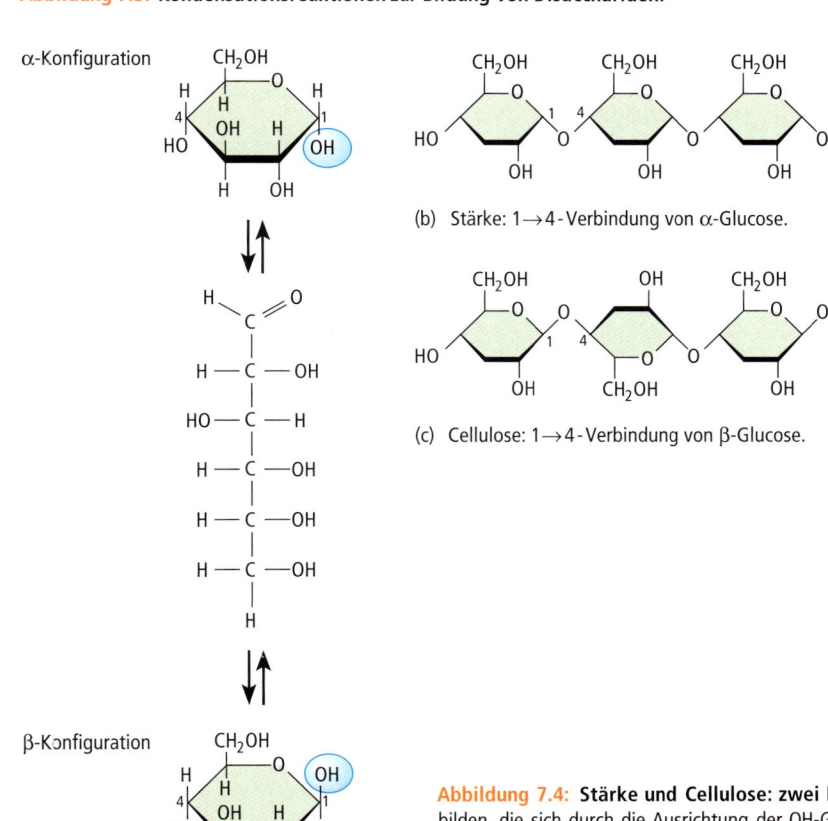

Abbildung 7.4: Stärke und Cellulose: zwei Polysaccharide. (a) Glucose kann α- und β-Ringe bilden, die sich durch die Ausrichtung der OH-Gruppe, die an der Carbonylgruppe bei Ringbildung entsteht, bezüglich der Ringebene unterscheiden. Dieser Unterschied kennzeichnet zwei Glucosepolymere: Stärke und Cellulose. (b) Die α-Ring-Glucose ist das Stärkemonomer, das Energie speichert. (c) Die β-Ring-Glucose ist das Cellulosemonomer, die Hauptkomponente von Pflanzenzellwänden. Die Bindungswinkel lassen jedes zweite Molekül „auf den Kopf stehen".

(▶ Abbildung 7.4b,c). Die Verdauungsenzyme von Säugetieren können die α−1→4-Bindungen aufbrechen, weshalb sich Stärke als Nahrungsquelle für Säugetiere eignet. Indes können Säugetiere Cellulose mit ihrer β−1→4-Bindung nicht verdauen. Säugetiere, wie Kühe und Pferde, die zellulosehaltiges Material im Gras und Holz „fressen", brechen die Cellulose nicht direkt auf. Stattdessen bilden Mikroorganismen, die den Darm dieser Säugetiere bevölkern, Cellulase, ein Enzym, dass die Cellulose dann abbaut.

7 GRUNDLAGEN DER PFLANZENBIOCHEMIE

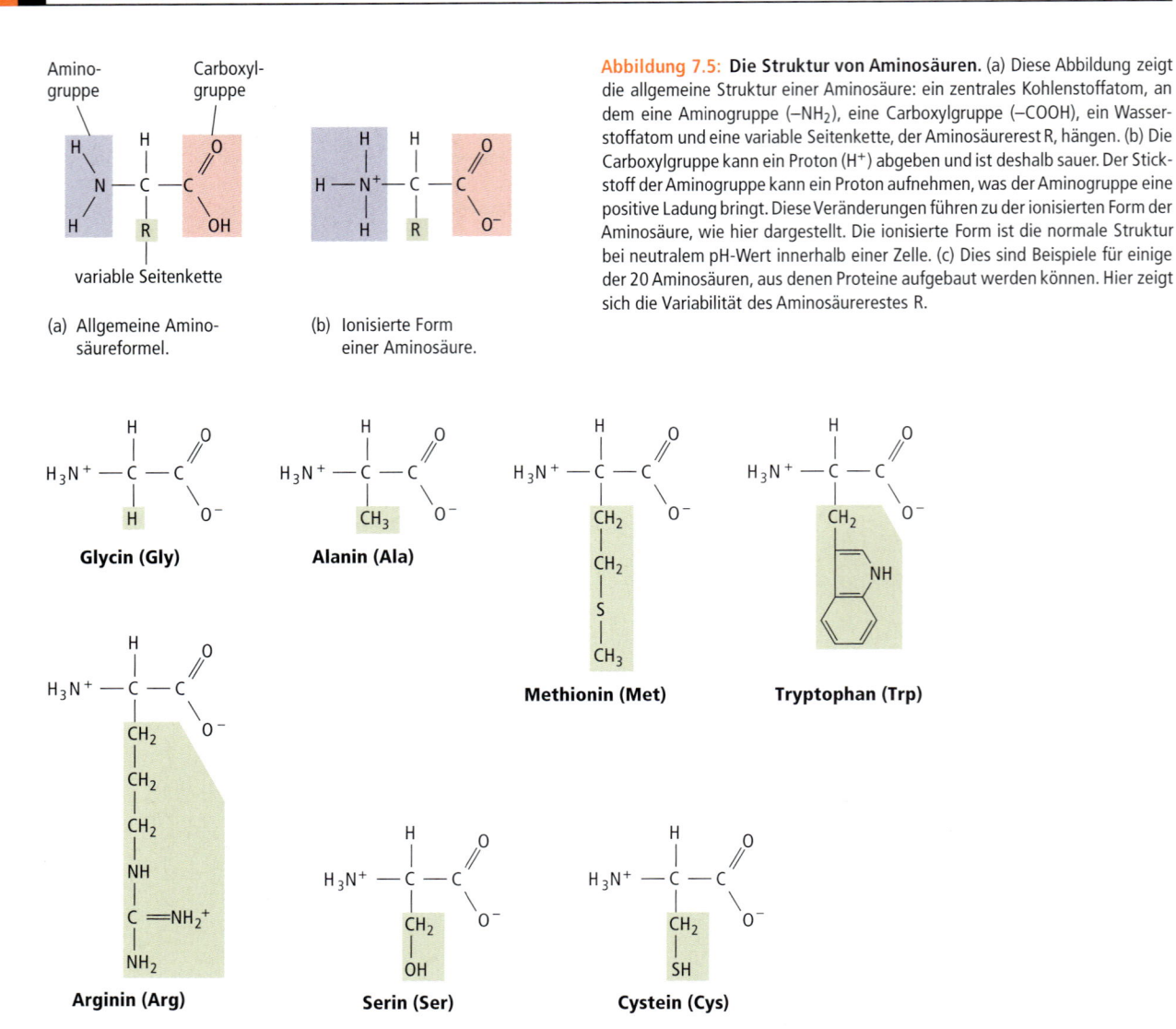

Abbildung 7.5: Die Struktur von Aminosäuren. (a) Diese Abbildung zeigt die allgemeine Struktur einer Aminosäure: ein zentrales Kohlenstoffatom, an dem eine Aminogruppe ($-NH_2$), eine Carboxylgruppe ($-COOH$), ein Wasserstoffatom und eine variable Seitenkette, der Aminosäurerest R, hängen. (b) Die Carboxylgruppe kann ein Proton (H^+) abgeben und ist deshalb sauer. Der Stickstoff der Aminogruppe kann ein Proton aufnehmen, was der Aminogruppe eine positive Ladung bringt. Diese Veränderungen führen zu der ionisierten Form der Aminosäure, wie hier dargestellt. Die ionisierte Form ist die normale Struktur bei neutralem pH-Wert innerhalb einer Zelle. (c) Dies sind Beispiele für einige der 20 Aminosäuren, aus denen Proteine aufgebaut werden können. Hier zeigt sich die Variabilität des Aminosäurerestes R.

(a) Allgemeine Aminosäureformel.

(b) Ionisierte Form einer Aminosäure.

(c) Einige Beispiele für Aminosäuren.

Pflanzen können Zucker in viele andere Verbindungen umwandeln, nicht nur in Disaccharide und Polysaccharide. In einem allgemeinen Sinne stammt der Kohlenstoff in allen Pflanzenmolekülen und in allen anderen Lebensformen von Triosephosphat ab, das bei der Photosynthese gebildet wird. Wenn wir die vielen Moleküle und biochemischen Reaktionen untersuchen, die in Organismen vorkommen, dürfen wir nicht vergessen, dass sie vollkommen von den bei der Photosynthese gebildeten Kohlenhydraten abhängen.

Proteine als Polymere von Aminosäuren

Es gibt 20 Aminosäuren, die Zellen in unterschiedlichen Kombinationen benutzen, um Tausende von verschiedenen Proteinen zu bilden. Jede Aminosäure hat dieselbe Grundstruktur, die aus einem zentralen Kohlenstoffatom besteht, an dem eine Aminogruppe ($-NH_2$), eine Carboxylgruppe ($-COOH$), ein Wasserstoffatom und ein variabler Aminosäurerest R hängen (▶ Abbildung 7.5a). Bei neutralem pH-Wert innerhalb einer Zelle nimmt eine Aminosäure gewöhnlich eine ionisierte Form an, bei der die Carboxylgruppe durch Ionisierung ein Proton (H^+) verliert, während die Aminogruppe ein Proton hinzugewinnt (▶ Abbildung 7.5b). Jede Aminosäure unterscheidet sich von einer anderen durch den Aminosäurerest R, der die Eigenschaften dieser Aminosäure bestimmt (▶ Abbildung 7.5c). Einige Aminosäuren sind beispielsweise wasserlöslich, während das auf andere nicht zutrifft. Neben den 20 Aminosäuren, aus denen Proteine gebaut werden, gibt es auch freie Aminosäuren, die andere Funktionen ausüben,

7.1 Die molekularen Komponenten lebender Organismen

Aminosäuren werden durch Kondensationsreaktionen zu Proteinen verkettet, die Peptidbindungen enthalten. Das ist der Grund, warum ein Polymer aus Aminosäuren als **Polypeptid** bezeichnet wird (▶ Abbildung 7.6). Die meisten Proteine bestehen aus einem einzigen Polypeptid, manchmal können es jedoch auch mehrere sein. Ein Protein kann aus Hunderten oder sogar Tausenden von Aminosäuren bestehen. Die Folge der Aminosäuren in einem Protein, als **Primärstruktur** bezeichnet (▶ Abbildung 7.7a), kann sehr mannigfaltig sein, da jede Stelle in einem Protein durch eine der 20 verschiedenen Aminosäuren besetzt werden kann. Aufgrund dieser Diversität haben Proteine eine variablere Struktur, wenn man sie mit Zuckerpolymeren vergleicht, die häufig aus einer einzigen, sich wiederholenden Untereinheit bestehen.

Bei den meisten Proteinen bilden sich Wasserstoffbrückenbindungen zwischen Wasserstoff- und Sauerstoffatomen sowie zwischen Wasserstoff- und Stickstoffatomen im Rückgrat der Proteine, das aus den Peptidbindungen gebildet wird. Diese Wechselwirkungen führen zu verschiedenen Typen lokaler Windungen und Faltungen, die als **Sekundärstruktur** bezeichnet werden (▶ Abbildung 7.7b). Vornehmlich bilden sich α-Helix- und β-Faltblatt-Strukturen.

Die Aminosäurereste beeinflussen die **Tertiärstruktur**, das gesamte dreidimensionale Faltungsmuster in einem Protein (▶ Abbildung 7.7c). Die Helices und Faltblätter der Sekundärstruktur sind in die Tertiärstruktur eingebettet, die hauptsächlich durch ionische und hydrophobe Wechselwirkungen sowie die kovalenten *Disulfidbrückenbindungen* gestützt wird. Letztere bilden sich zwischen den schwefelhaltigen Cysteinresten vorwiegend in extrazellulären Proteinen. So genannte *Chaperon-Proteine* helfen oft bei der Faltung der Proteinketten in ihre endgültige Form. Gewöhnlich wird die primäre Abfolge von Aminosäuren in einem Protein zu einer bevorzugten sekundären und tertiären Konfiguration führen, die energetisch stabil ist. Wärme kann die Tertiärstruktur eines Proteins in einem Prozess zerstören, der als **Denaturierung** bezeichnet wird. Das passiert beispielsweise, wenn klares Eiweiß während des Erhitzens undurchsichtig wird.

Die **Quartärstruktur** bildet sich, wenn ein Protein aus mehr als einer Polypeptidkette besteht (▶ Abbildung 7.7d), wie es beim Pflanzenenzym Rubisco der Fall ist, das während der Photosynthese den Umwandlungsprozess von CO_2 in Zucker einleitet. Das aus acht großen und acht kleinen Polypeptiden zusammen-

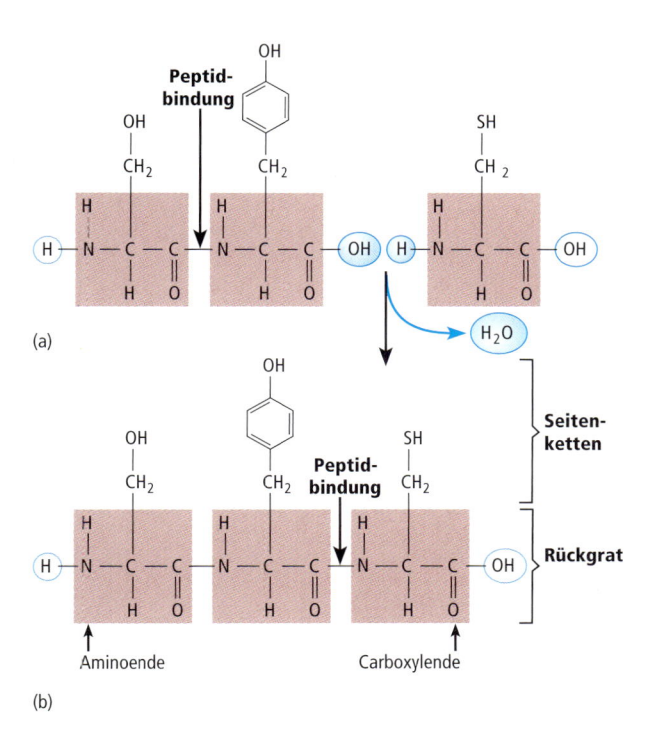

Abbildung 7.6: Die Bildung eines Polypeptids. (a) Bei der Kondensationsreaktion werden Aminosäuremonomere durch Peptidbindungen zu einer Kette verbunden. (b) Wegen ihrer vielen Peptidbindungen werden Proteine auch als *Polypeptide* bezeichnet. Bei einer Peptidbindung ist das Kohlenstoffatom der Carboxylgruppe mit dem Stickstoffatom der Aminogruppe der nächsten Aminosäure verknüpft. Peptidbindungen werden nacheinander gebildet, mit der Aminosäure am Aminoende des Polypeptids beginnend, bis das Protein fertiggestellt ist.

wie die Bereitstellung von Energie. Außerdem sind sie Ausgangsverbindungen für die Synthese von Phytohormonen, wie beispielsweise der von Auxin. Dennoch kommen Aminosäuren hauptsächlich als Proteinbausteine vor.

Zu den auf der Erde am reichlichsten vorhandenen Molekülen gehören Proteine, die bei den meisten Lebewesen bis zu 50 Prozent des Trockengewichts ausmachen. Bei Pflanzenzellen sind Proteine nach Kohlenhydraten das am zweithäufigsten vorkommende Molekül allgemeiner Art, das etwa 10 bis 15 Prozent des Trockengewichts einer typischen Zelle ausmacht. Oft findet sich bei Pflanzen die höchste Proteinkonzentration in ihren Samen. Bei bestimmten Samen können sogar 40 Prozent des Trockengewichts von Proteinen stammen. Die meisten Proteine in lebenden Zellen sind Enzyme, die chemische Reaktionen katalysieren.

Wie Sie aus Kapitel 2 wissen, bilden strukturelle Proteine, wie Aktin und Tubulin, wichtige Teile des Cytoskeletts. Speicherproteine liefern freie Aminosäuren für keimende Samen.

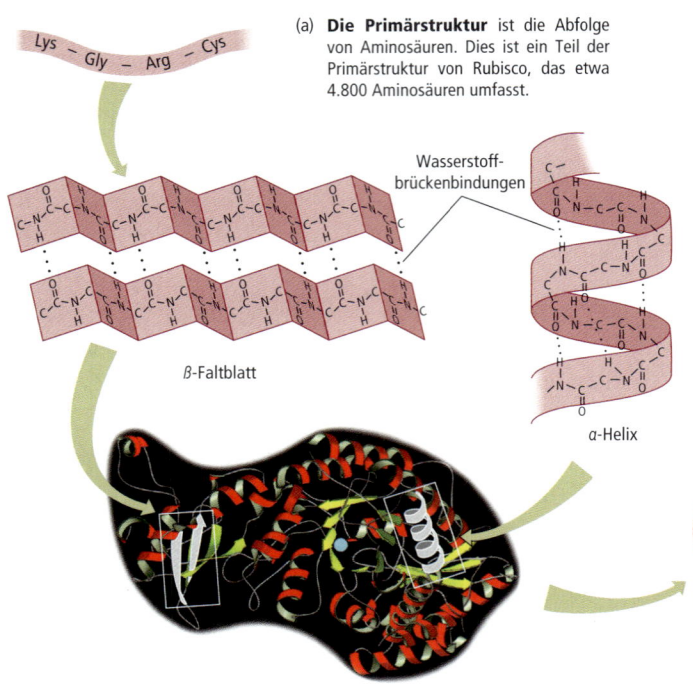

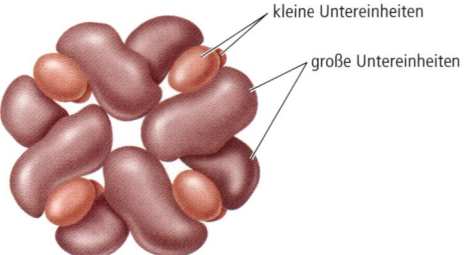

7 GRUNDLAGEN DER PFLANZENBIOCHEMIE

(a) **Die Primärstruktur** ist die Abfolge von Aminosäuren. Dies ist ein Teil der Primärstruktur von Rubisco, das etwa 4.800 Aminosäuren umfasst.

Abbildung 7.7: Die vier Betrachtungsebenen der Proteinstruktur. Das Pflanzenenzym Rubisco ist ein Beispiel für ein Protein mit allen vier Strukturebenen. Rubisco, das während der Photosynthese die Umwandlung von CO_2 in Zucker einleitet, ist das auf der Erde am häufigsten vorkommende Enzym.

β-Faltblatt

Wasserstoffbrückenbindungen

α-Helix

(b) **Die Sekundärstruktur** entsteht durch Wasserstoffbrückenbindungen zwischen den Atomen des Polypeptid-Rückgrats. Bei Rubisco gibt es α-Helices und β-Faltblätter. Die Aminosäurereste sind nicht dargestellt.

kleine Untereinheiten

große Untereinheiten

(c) **Die Tertiärstruktur** ergibt sich aus chemischen Wechselwirkungen zwischen den Aminosäureresten R. Die große Untereinheit von Rubisco ist als Farbbandmodell dargestellt.

(d) **Die Quartärstruktur** wird von mehr als einer Polypeptidkette gebildet. Rubisco hat acht große und acht kleine Polypeptide als Untereinheiten.

DIE WUNDERBARE WELT DER PFLANZEN

■ Kohlenhydratwälder

Photosynthese betreibende Organismen verwandeln einfache Moleküle in eine Reihe organischer Moleküle, die allen Organismen sowohl molekulare Bausteine als auch Energie liefern. Jedes Kohlenstoff-, Stickstoff-, Phosphor- und Schwefelatom in Ihrem Körper ist chemisch durch Enzyme Photosynthese betreibender Organismen, wie Pflanzen, in organische Moleküle eingebaut worden.

Pflanzen und Tiere haben etwa 30 bis 50 Prozent ihrer Genome gemeinsam. Dennoch unterscheiden sich Photosynthese betreibende Organismen, wie Pflanzen, signifikant von Organismen, die keine Photosynthese betreiben, wie beispielsweise Tiere. Wenn wir ein großes Tier, wie einen Menschen, und eine große Pflanze, wie einen Baum, untersuchen, dann stellen wir fest, dass Wasser bei beiden 60 bis 70 Prozent ihres Gewichts ausmacht. Beim Menschen ist jedoch die nächsthäufigste Verbindung Protein, das zu 15 bis 20 Prozent zum Gewicht eines Menschen beiträgt, hauptsächlich in Form von Muskeln. Im Gegensatz dazu ist bei Pflanzen die zweithäufigste Verbindung Cellulose, die zu 20 bis 30 Prozent zum Gewicht einer Pflanze beiträgt. Wenn Sie durch einen Wald wandern, dann sind Sie von riesigen Kohlenhydratmengen umgeben, die in Cellulose gebunden sind. Mit anderen Worten: Große Tiere bestehen hauptsächlich aus Wasser und polymerisierten Aminosäuren, während große Pflanzen hauptsächlich aus Wasser und polymerisiertem Zucker bestehen.

Die biochemische Tatsache, dass große Tiere fleischig, große Bäume dagegen holzig sind, sagt uns etwas über die zugehörigen Verhaltensweisen dieser Organismen. In einem allgemeineren Sinne schließen wir daraus, dass sich Tiere bewegen, da der Großteil der tierischen Proteine in Form von Muskeln vorliegt, während Pflanzen beständige, oft verholzte Sprossachsen bilden, die ihre Blätter tragen. Tiere bewegen sich, um sich fortzupflanzen und Nahrung zu finden. In gewissem Maße gehört Bewegung auch zur Fortpflanzung von Pflanzen, da viele Pflanzen Mechanismen entwickelt haben, bei denen sie Tiere zur Verbreitung ihrer Samen nutzen. Jedoch verbleiben Pflanzen an einem Ort und „greifen" mit Wurzeln und Blättern nach den Nährstoffen, die sie brauchen.

7.1 Die molekularen Komponenten lebender Organismen

BIOTECHNOLOGIE
Waffen gegen Unkraut

Einige kommerzielle Herbizide verhindern die Synthese spezifischer Aminosäuren, wodurch Unkräuter vernichtet werden. Unkräuter kann man als Pflanzen definieren, die dort gedeihen, wo sie vom Menschen nicht erwünscht sind. Jeder, der jemals einen Garten gepflegt hat, versteht diese Definition. Unkräuter konkurrieren mit Kulturpflanzen um Sonnenlicht, Mineralstoffe und Wasser. Das mechanische Entfernen von Unkräutern von landwirtschaftlich genutzten Flächen erhöht die Anbauerträge, erfordert jedoch Zeit und Geld. Herbizide können auf Feldern ausgebracht werden, um Unkräuter zu beseitigen, wenn sie nicht gleichzeitig die Kulturpflanzen vernichten. Aus diesem Grunde sind herbizidresistente Kulturpflanzen in der Landwirtschaft potenziell sehr wertvoll und nützlich.

Spezifische Herbizide haben unterschiedliche biochemische Wirkungsmechanismen. Einige unterbrechen die Photosynthese und andere greifen in die hormonelle Regulierung des Wachstums ein. *Roundup* ist der Handelsname eines Herbizids, das Glyphosat enthält. Diese Verbindung tötet Pflanzen ab, indem sie die Synthese der aromatischen Aminosäuren Phenylalanin, Tyrosin und Tryptophan verhindert. Glyphosat hemmt das Enzym EPSP-Synthase, ein Enzym, das Pflanzen zur Synthese dieser Aminosäuren benötigen. Obwohl noch immer viel Forschungsarbeit zu leisten ist, können herbizidresistente Pflanzen bereits so manipuliert werden, dass sie zusätzliche Kopien des Gens tragen, das die EPSP-Synthase codiert. Durch Überproduktion des Enzyms können Pflanzen selbst dann überleben, wenn die Wirkung des Enzyms teilweise gehemmt ist. Herbizidresistente Pflanzen können auch so manipuliert werden, dass sie ein bakterielles Gen enthalten, das nicht auf Glyphosat reagiert, wodurch die Pflanze auch in Anwesenheit des Herbizids Aminosäuren herstellen kann. Obwohl Tests immer noch laufen, glauben Wissenschaftler bereits, dass etwaige, durch glyphosatresistente Pflanzen eingebrachte *Roundup*-Rückstände in der Ernte für den Menschen wahrscheinlich nicht schädlich sind, da der menschliche Körper aromatische Aminosäuren nicht selbst synthetisiert, sondern durch die Nahrung aufnimmt.

---

gesetzte Rubisco ist ein Proteinkomplex, dessen Molekülmasse etwa der 500.000-fachen Masse eines Wasserstoffatoms entspricht. (Die Bezeichnung *Rubisco* ist in Wirklichkeit eine Abkürzung. Wir werden auf den Ursprung des Namens zurückkommen, wenn wir uns gegen Ende dieses Kapitels detaillierter mit Enzymen befassen.)

Die Gene jedes Organismus liefern die Anweisungen zur Synthese von Proteinen aus Aminosäuren (siehe den Kasten *Biotechnologie* oben). Erwachsene Menschen können acht der 20 Aminosäuren, die zur Proteinsynthese benötigt werden, nicht selbst bilden. Bei Kindern kommt noch eine neunte Aminosäure, nämlich Histidin, hinzu (▶ Abbildung 7.8). Die Aminosäuren, die der menschliche Körper nicht selbst herstellen kann, heißen **essenzielle Aminosäuren**, da sie mit der Nahrung aufgenommen werden müssen. Da den meisten Pflanzen eine oder mehrere dieser essenziellen Aminosäuren fehlen, sollten Vegetarier bei ihrer Ernährung sorgfältig darauf achten, dass sie mit allen notwendigen Aminosäuren versorgt sind. Lateinamerikanische Kulturen verwenden in ihrer Nahrung beispielsweise häufig sowohl Mais als auch Bohnen. Viele Kulturen amerikanischer Ureinwohner verwenden Bohnen und Kürbis. In beiden Fällen wird der menschliche Körper durch die kombinierte Nahrung mit allen essenziellen Aminosäuren versorgt. Ernährungswissenschaftler empfehlen einem normalen Menschen, pro Tag 50 bis 100 g Proteine zu sich zu nehmen, auch wenn die Menge etwas geringer sein kann,

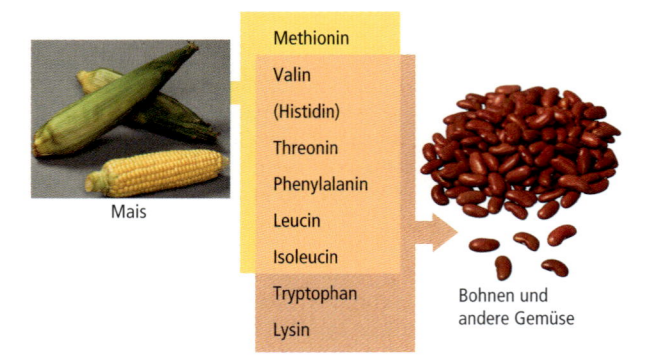

Abbildung 7.8: Essenzielle Aminosäuren. Vegetarier müssen sich gegenseitig ergänzende Gemüse zu sich nehmen, um die ausreichende Versorgung mit allen essenziellen Aminosäuren zu sichern. Zum Beispiel wird ein Erwachsener durch eine Kombination aus Bohnen und Mais ausreichend mit essenziellen Aminosäuren versorgt.

Die Nucleinsäuren DNA und RNA

Die Nucleinsäuren – DNA (Desoxyribonucleinsäure) und RNA (Ribonucleinsäure) – spielen wichtige Rollen bei der Codierung und Expression der genetischen Information. DNA speichert die Erbinformation im Kern, in den Mitochondrien und Chloroplasten. RNA ist an der Übertragung der in der DNA gespeicherten Information in Proteinstrukturen beteiligt.

Nucleinsäuren sind Polymere von Nucleotiden. Ein **Nucleotid** besteht aus drei Teilen: Nucleinbase, Zucker und Phosphorsäurerest (▶ Abbildung 7.9). Als Base kommen heterozyklische stickstoffhaltige Verbindun-

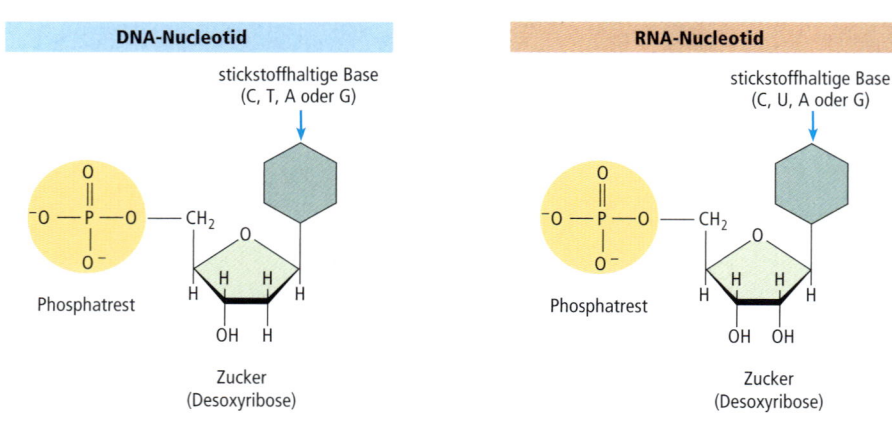

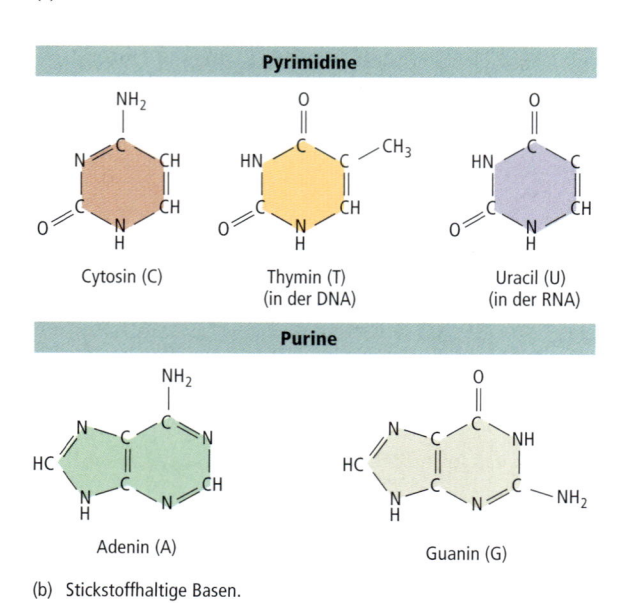

Abbildung 7.9: Nucleotide. DNA und RNA bestehen aus bestimmten Monomeren, den Nucleotiden. (a) Jedes Nucleotid besteht aus einer stickstoffhaltigen Base, einem Zucker und einem Phosphatrest. (b) Stickstoffhaltige Basen sind entweder heterozyklische Strukturen, als Pyrimidine bezeichnet, oder bizyklische Strukturen, als Purine bezeichnet. Die in der DNA enthaltenen Basen sind Adenin (A), Guanin (G), Thymin (T) und Cytosin (C). In der RNA ersetzt Uracil (U) die Base Thymin, und die Desoxyribose wird durch die Ribose ersetzt.

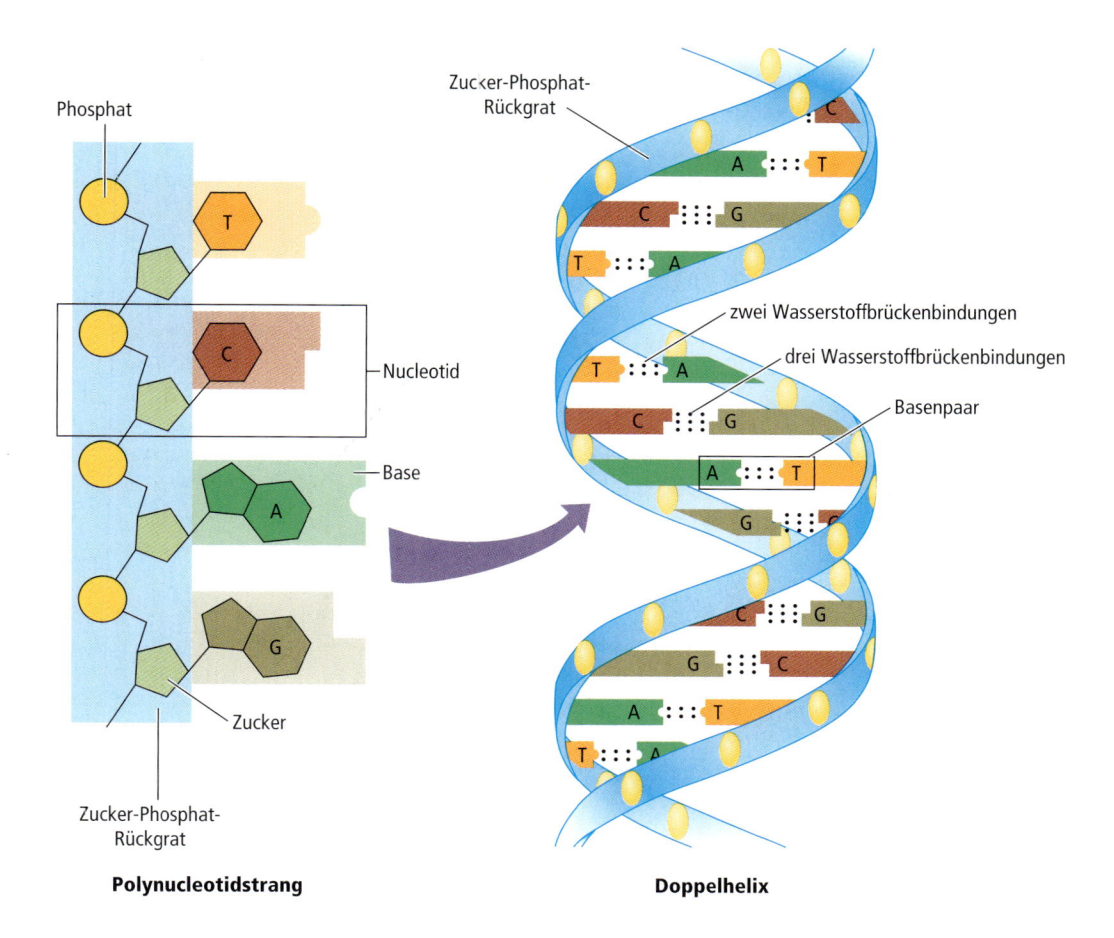

Abbildung 7.10: Die DNA-Struktur. Die DNA setzt sich aus zwei Polynucleotidsträngen zusammen, die sich zu einer Doppelhelix umeinander winden. Die beiden Stränge werden durch Wasserstoffbrückenbindungen zwischen den Basenpaaren zusammengehalten, wobei sich Adenin mit Thymin und Cytosin mit Guanin paart. Im Gegensatz dazu besteht RNA aus einem einzelnen Nucleotidstrang, der durch Zucker-Phosphat-Bindungen zusammengehalten wird, die das Rückgrat des Moleküls bilden. Die Basen des Nucleotids sind, anders als bei der DNA, gewöhnlich nicht gepaart.

gen in Betracht, die entweder bizyklisch, ein Purin, oder monozyklisch, ein Pyrimidin, sein können. Die vorkommenden Arten von Purin sind Adenin (A) und Guanin (G). Die Pyrimidine sind Thymin (T), Cytosin (C) und Uracil (U). Die in den Nucleotiden enthaltenen Zucker sind Ribose (in der RNA) und Desoxyribose (in der DNA). Außerdem sind Phosphatreste beteiligt. Obwohl Nucleotide auch in anderen Teilen einer Zelle vorkommen können, findet man sie am häufigsten in DNA und RNA sowie in modifizierter Form in ATP, das lebende Organismen als Energiequelle benutzen, und in NADH und NADPH, den Wasserstoffüberträgern in vielen Redoxreaktionen.

Alle DNA-Nucleotide enthalten als Zucker Desoxyribose und unterscheiden sich nur durch ihre Basen. Jedes DNA-Nucleotid enthält eine der folgenden vier Basen: Adenin, Thymin, Cytosin und Guanin. Die Struktur der DNA ist eine **Doppelhelix**, bei der sich zwei Nucleotidstränge umeinander winden, die durch Wasserstoffbrückenbindungen zwischen den Basen miteinander verbunden sind (▶ Abbildung 7.10). Guanin ist mit Cytosin immer durch drei Wasserstoffbrückenbindungen verbunden, bei Adenin und Thymin sind es immer zwei Wasserstoffbrückenbindungen. Dementsprechend kann die Basenfolge eines Strangs aus der bekannten Folge des anderen abgeleitet werden. Die Nucleotide jedes einzelnen Strangs sind durch kovalente Bindungen zwischen dem Zucker und dem Phosphat des benachbarten Nucleotids aneinandergekoppelt.

Die RNA unterscheidet sich in vielerlei Hinsicht von der DNA. Erstens enthalten die RNA-Nucleotide als Zucker Ribose statt Desoxyribose. Zweitens ist bei einem der vier RNA-Nucleotide die Base Thymin durch Uracil ersetzt. Schließlich ist die RNA ein Einzelstrang, während es sich bei der DNA um eine Doppelhelix handelt. Doch mitunter windet sich der RNA-Einzelstrang und verbindet sich mit sich selbst.

7 GRUNDLAGEN DER PFLANZENBIOCHEMIE

(a) Fettsäuren bestehen aus Acetylgruppen, die zwei Kohlenstoffatome enthalten und zu einer langen Kette verbunden sind. Jede Acetylgruppe stammt von einem Acetyl-CoA-Precursor.

(b) **Fettmoleküle.** Drei Fettsäuren verbinden sich bei der Fettsynthese zu Glycerol.

(c) **Gesättigte und ungesättigte Fette und Fettsäuren.** Gesättigte Tierfette enthalten keine Doppelbindungen, während ungesättigte Pflanzenfette mindestens eine Doppelbindung enthalten.

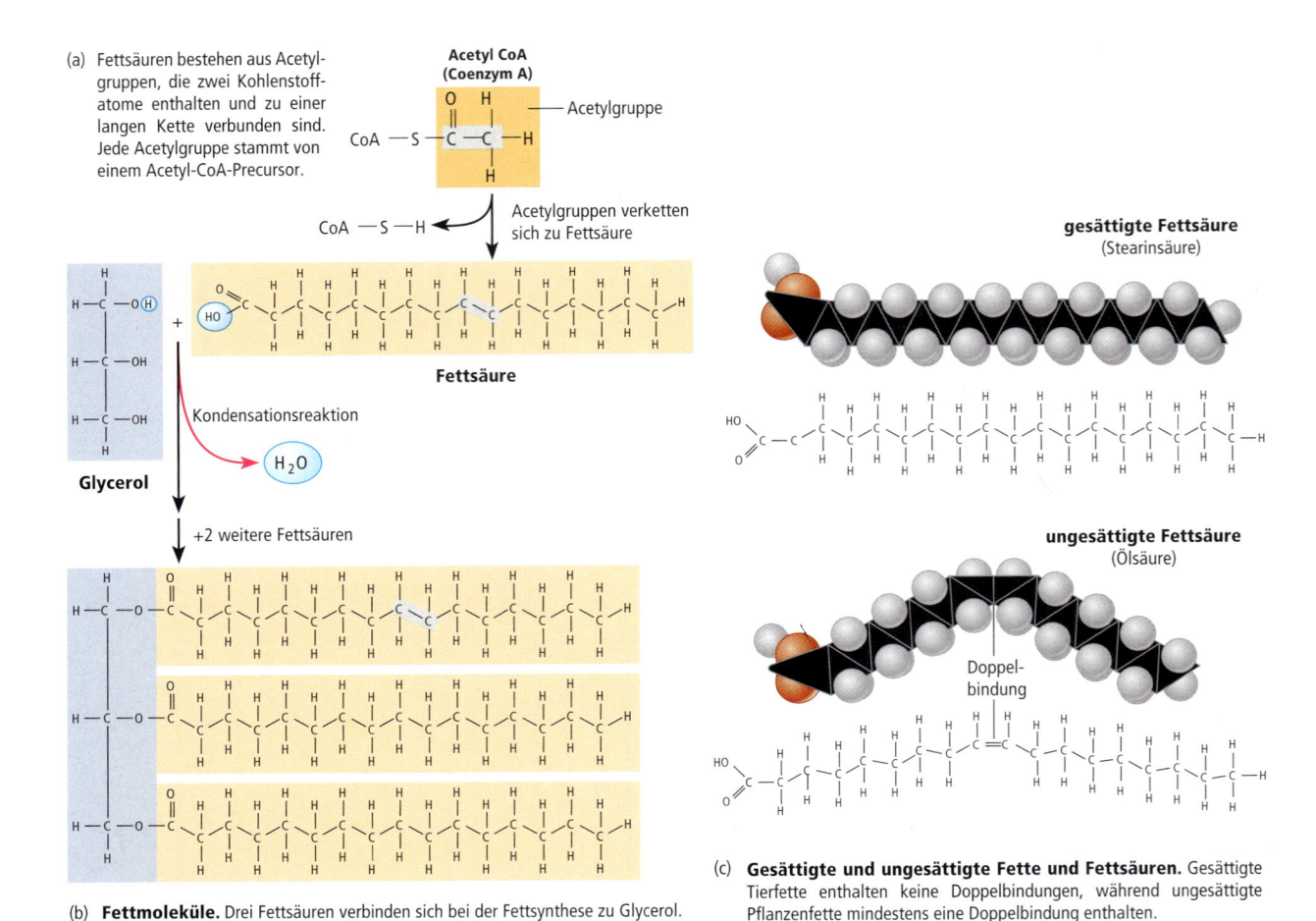

Abbildung 7.11: Die Grundstruktur von Lipiden.

Lipide

Die vierte Hauptkategorie von Makromolekülen bilden die Lipide. Diese Moleküle bestehen hauptsächlich aus Kohlenstoff- und Wasserstoffatomen. Anders als Kohlenhydrate, Proteine und Nucleinsäuren sind Lipide keine einfachen Polymere. Stattdessen handelt es sich um verschiedene Moleküle, die in dieselbe Kategorie fallen, weil sie in der Regel **hydrophob** („wasserabweisend"), also nicht wasserlöslich sind. Die am häufigsten vorkommenden Lipide sind Neutralfette, Phospholipide und Steroide.

Neutralfette bestehen aus Glycerol, einem Polyalkohol aus drei Kohlenstoffatomen, und Fettsäureketten, die aus Acetat gebaut werden (▶ Abbildung 7.11a). Fettsäuren sind lange Ketten aus Kohlenstoff- und Wasserstoffatomen, die durch Kondensationsreaktionen mit Glycerol verknüpft werden (▶ Abbildung 7.11b). Fettsäuren und Fette können entweder gesättigt oder ungesättigt sein (▶ Abbildung 7.11c). Bei gesättigten Fettsäuren sind die Kohlenstoffatome durch eine einfache Bindung verbunden. Bei ungesättigten Fettsäuren tritt mindestens eine Doppelbindung zwischen den Kohlenstoffatomen in einer Kette auf.

Tierfette sind normalerweise gesättigt. Gesättigte Fette sind bei Zimmertemperatur fest – denken Sie an Butter oder Schmalz. Pflanzenfette sind gewöhnlich ungesättigte Fettsäuren, die bei Zimmertemperatur flüssig sind – denken Sie an Maiskeimöl oder Olivenöl. Öle können in gesättigte Fettsäuren umgewandelt werden, indem man sie mit Wasserstoff absättigt, ein Prozess, der als Hydrierung bezeichnet wird. Zu den Beispielen für hydrierte Pflanzenöle gehören Margarine und Erdnussbutter. Viele Samen speichern Fette oder Öle, die keimenden Samen Nährstoffe liefern.

Wie Neutralfette enthalten auch Phospholipide Glycerol, das bei Letzteren jedoch nur mit zwei anstatt von drei Fettsäuren verknüpft ist. Phospholipide enthalten außerdem ein Phosphatmolekül, das an der dritten Hydroxygruppe des Glycerols hängt (▶ Abbildung 7.12).

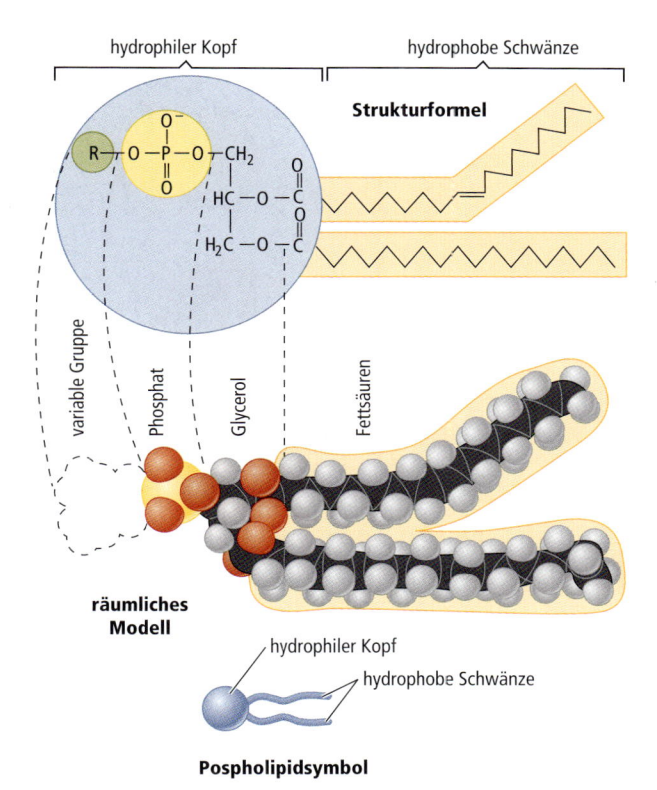

Abbildung 7.12: Phospholipide. Phospholipide haben zwei „Fettsäureschwänze", die am Glycerol hängen. Die dritte Bindung am Glycerol belegt ein wasserlöslicher (hydrophiler) „Phosphatkopf". Am Phosphat können verschiedene kleine Moleküle (R) hängen.

Dieser „Phosphatkopf" ist wasserlöslich oder **hydrophil** („wasserliebend"), während die „Fettsäureschwänze" hydrophob sind. Phospholipide sind die Hauptbestandteile vieler Membranen, bei denen die hydrophilen Köpfe zur Außenseite der Membran zeigen, wo sie Wasser absorbieren können (▶ Abbildung 7.13).

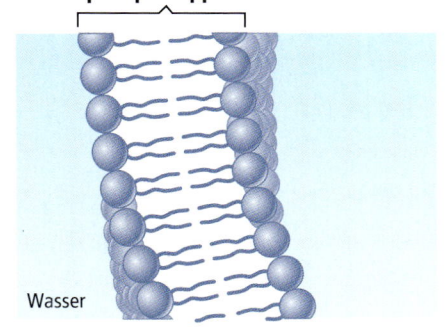

Abbildung 7.13: Phospholipiddoppelschichten. Phospholipide sind die molekularen Hauptbestandteile von Zellmembranen, wobei die geladenen „Phosphatköpfe" nach außen zeigen, wo sie Wasser anziehen können.

Steroide unterscheiden sich von anderen Lipiden und bestehen aus vier Ringen miteinander verbundener Kohlenstoffatome, an denen verschiedene kurze Seitengruppen hängen können. Zweifellos haben Sie bereits von dem Steroid Cholesterol gehört, das in Tierzellen häufig vorkommt, jedoch kein wesentlicher Bestandteil von Pflanzenzellen ist. Dennoch dienen Steroide auch der Stabilisierung der pflanzlichen Membranstruktur. Bei Pflanzen bilden Steroide auch die strukturelle Grundlage für Brassinosteroide, eine erst kürzlich entdeckte Klasse von Pflanzenhormonen, die an der Zellteilung und Zellstreckung beteiligt sind, worüber Sie in Kapitel 11 lesen werden.

Sekundäre Metabolite

Anders als Kohlenhydrate, Proteine, Nucleinsäuren und Lipide sind sekundäre Metabolite definitionsgemäß für das grundlegende Pflanzenwachstum und die Entwicklung nicht essenziell. Doch spielen sie wichtige Rollen, wenn es darum geht, Pflanzen beim Überleben zu helfen, am deutlichsten durch den Schutz vor Pflanzenfressern und Krankheiten oder durch ihre Rolle bei Befruchtung und Verbreitung durch andere Organismen. Es gibt drei Hauptkategorien von sekundären Metaboliten: Phenole, Alkaloide und Terpenoide.

Phenole, die sich überwiegend von den aromatischen Aminosäuren Phenylalanin und Tyrosin ableiten, sind eine Gruppe vieler verschiedener zyklischer Kohlenwasserstoffe, die keinen Stickstoff enthalten. Meist werden Pflanzen durch Phenole gestärkt oder vor verschiedenen Gefahren geschützt. In vielen Fällen haben sie sich als so essenziell erwiesen, dass die Pflanze große Mengen davon synthetisiert. Etwa 40 Prozent des Kohlenstoffs, der in der Biosphäre zirkuliert, liegt in Form von Phenolen vor, die sich typischerweise in den Zellwänden und Vakuolen von Pflanzen finden. Die Haupttypen von Pflanzenphenolen sind Lignine, Flavonoide und Allelochemikalien.

- Lignine sind komplexe phenolische Moleküle, die Zellwände verstärken und Pflanzenfresser abstoßen (▶ Abbildung 7.14a). Bäume könnten ohne Lignin in ihren Zellwänden nicht so hoch werden. Die mit bis zu 30 Prozent zum Pflanzengewebe beitragenden Lignine sind die zweithäufigsten organischen Moleküle nach Cellulose. Bei einigen Zellen ist es so, dass die Zellen auf ihrem Entwicklungsweg zu Tracheiden oder Gefäßelementen bereits die letzten Phasen

7 GRUNDLAGEN DER PFLANZENBIOCHEMIE

Abbildung 7.14: Phenole. Pflanzenphenole, die von der Aminosäure Phenylalanin abstammen, liefern strukturellen Halt und ziehen Insekten an oder stoßen sie ab. (a) Lignine sind Moleküle, welche die Zellwände verstärken und Pflanzenfresser und Pilze abstoßen. Die komplexe, netzartige Struktur von Lignin imprägniert und beschichtet die Zellwände so, dass das Holz hart und strapazierfähig wird. (b) Flavonoide haben etliche Funktionen, zu denen die Abschreckung von Pflanzenfressern und, wie bei Cyanidin, die Anziehung von Bestäubern gehören.

(a) Ein Teil der komplexen Struktur von Lignin.

(b) Cyanidin, ein farbgebendes Flavonoid bei Rosen und anderen blühenden Pflanzen.

des programmierten Zelltods erreicht haben, wenn die Ligninsynthese einsetzt. Tatsächlich stammt das Wort *Lignin* von *lignum* ab, dem lateinischen Wort für Holz.

- Zu den Flavonoiden gehören Tausende wasserlöslicher Moleküle. Man findet sie üblicherweise in Früchten und Gemüsen. Einige schrecken Pflanzenfresser ab und schützen vor bakterieller Verwesung, wie es bei den braunen, bitteren Verbindungen der Fall ist, die man als Tannine beziehungsweise Gerbstoffe bezeichnet. Man kann sie zur Konservierung von Leder verwenden. Viele Flavonoide – zum Beispiel Procyanidine und Isoflavone in Äpfeln, Weintrauben und Erdbeeren – werden in der Medizin zur Kontrolle und zum Schutz vor Krebs- und Herzgefäßerkrankungen sowie als antivirale Wirkstoffe eingesetzt. Flavonoide, die als Anthocyane bezeichnet werden, bewirken die weite sichtbare rote, blaue oder rosa Farbe einiger Blüten, die Insekten und andere Organismen zur Bestäubung anzieht (▶ Abbildung 7.14b).

- Allelochemikalien sind phenolische Verbindungen, die von Pflanzenwurzeln abgesondert oder durch Regen und Nebel aus Blättern herausgewaschen werden. Sie hemmen benachbarte Pflanzen und können deshalb der Konkurrenz um Licht und Mineralstoffe entgegenwirken.

Alkaloide, die sich von verschiedenen Aminosäuren ableiten, sollen Pflanzen in erster Linie vor Pflanzenfressern schützen. Alkaloide sind zyklische Verbindungen, die in mindestens einem der Ringe Stickstoff enthalten. Sie haben eine sehr variable Struktur und basischen Charakter. Sie werden hauptsächlich von den Aminosäuren Tryptophan, Tyrosin, Phenylalanin, Lysin und Arginin abgeleitet. Es sind mehr als 12.000 Typen von Alkaloiden bekannt, die von 20 Prozent der blühenden Pflanzen gebildet werden. Sie verhindern den Pflanzenfraß durch Insekten und beeinflussen oft das Nervensystem von Tieren. Viele Alkaloide sind aufgrund ihrer neurologischen Effekte und ihrer Auswirkungen auf die Zellteilung medizinisch wertvoll. Koffein, Chinin, Nikotin, Vinblastin, Ephedrin, Kokain und Morphin sind Alkaloide.

Terpenoide, auch als Terpene bekannt, schützen Pflanzen vor Pflanzenfressern und Krankheiten (▶ Abbildung 7.15a). Drei Acetate verbinden sich zu einem Isoprenbaustein mit fünf Kohlenstoffatomen und einem Kohlendioxidmolekül. Die Isoprenbausteine werden dann verknüpft, so dass Klassen von Terpenoiden entstehen, die 10, 15, 20, 30 oder (bei Latex) Tausende von Kohlenstoffatomen enthalten können. Zu den Terpenoiden gehören ätherische Öle wie Pfefferminzöl, die von Kiefern und verwandten Arten gebildeten klebrigen Harze (▶ Abbildung 7.15b) und Latex. Terpenoide stoßen Insekten, Vögel, Säugetiere und andere Pflanzenfresser ab, weil sie bitter schmecken, giftig sind und kleben. Die klebrigen und giftigen Harze und Latex versiegeln Pflanzenwunden physikalisch, wodurch sie Infektionen vorbeugen. Die großen, von Pflanzen produzierten Mengen an Terpenoiden sind eine Hauptquelle für den blauen Dunst, den man bei warmem Wetter über Ge-

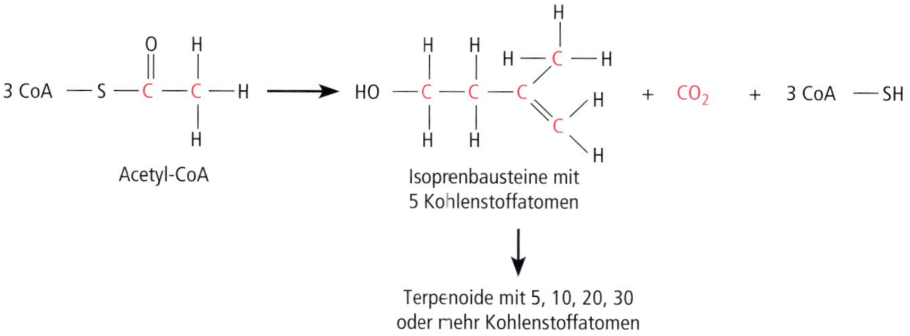

Abbildung 7.15: Terpenoide oder Terpene. (a) Pflanzen bilden Terpenoide, auch als *Terpene* bezeichnet, indem sie Isoprenbausteine mit fünf Kohlenstoffatomen verketten. Die Isoprenbausteine bilden sich aus drei Acetaten in einer Reihe von Reaktionen. Die Acetate treten in die Reaktionskette in Verbindung mit einem großen Molekül ein, das den Namen Coenzym A (CoA) trägt. Ein Kohlendioxidmolekül geht verloren, wenn sich drei Acetate verketten. Terpenoide stoßen oft Insekten ab. (b) Ein typisches Terpenoid ist Abietinsäure, wobei es sich um Harz von Nadelholzgewächsen handelt, das Wunden versiegelt und als Bernstein fossiliert.

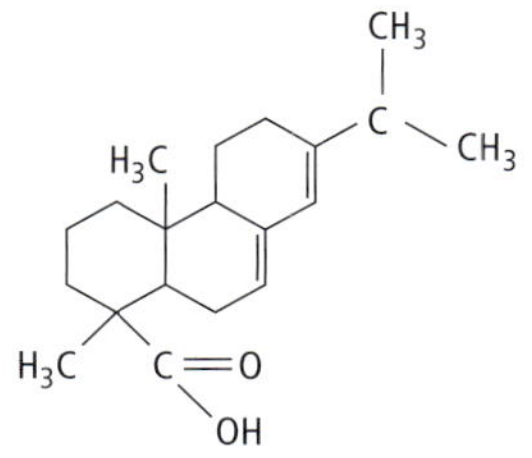

birgen, Hügeln und Feldern wahrnimmt. Ihre Funktion ist noch nicht ganz geklärt, sie könnten aber der Pflanze dabei helfen, sich vor hohen Temperaturen zu schützen.

WIEDERHOLUNGSFRAGEN

1. Nennen und beschreiben Sie die drei Kategorien von Kohlenhydraten, und beschreiben Sie den strukturellen Unterschied zwischen Stärke und Cellulose.
2. Nennen und beschreiben Sie die vier Betrachtungsebenen der Proteinstruktur.
3. Wie unterscheiden sich DNA und RNA hinsichtlich ihrer Struktur?
4. Was ist der strukturelle Unterschied zwischen einem Neutralfett und einem Phospholipid?
5. Wie werden Pflanzen durch sekundäre Metabolite geschützt und gestärkt?

7.2 Energie und chemische Reaktionen

Energie ist das Vermögen, Arbeit zu verrichten. Wir können Energie nicht sehen, doch können wir ihre Auswirkungen auf Materie erkennen. Energie bewegt Materie, ändert ihre Form und bewirkt chemische Reaktionen, wie die Bewegung der Chromosomen bei der Mitose oder das Wachstum von Wurzeln ins Erdreich. Dieser Abschnitt liefert einen Überblick über die Rolle der Energie bei chemischen Reaktion.

Energieformen

Energie existiert in zwei Formen: als potenzielle Energie und als kinetische Energie. **Potenzielle Energie** ist gespeicherte Energie. Eine geladene Batterie enthält beispielsweise potenzielle Energie. **Kinetische Energie** ist Energie, die durch Bewegung sichtbar gemacht wird, wenn beispielsweise eine Batterie ein Spielzeug antreibt. Beide Energieformen können in die jeweils andere umgewandelt werden. Energie geht niemals verloren (▶ Abbildung 7.16). Ein Snowboarder auf der Spitze eines Berges hat potenzielle Energie, die in kinetische Energie umgewandelt wird, wenn er hinunterfährt. Danach ist kinetische Energie erforderlich, um wieder auf die Spitze des Berges zu gelangen und damit den Zustand hoher potenzieller Energie wiederherzustellen. Sowohl im Beispiel mit dem Spielzeug als auch im Beispiel mit dem Snowboarder erscheint die kinetische Energie als Wärme und in Form von Bewegung, die dann anderweitig mit der Materie in der Umgebung wechselwirken kann.

Die Theorie über die Umwandlung von Energie, die **Thermodynamik**, stellt unter anderem zwei Grundgesetze auf. Nach dem **ersten Hauptsatz der Thermodynamik** kann Energie genutzt oder umgewandelt werden, sie kann aber nicht erzeugt oder vernichtet werden. Nach dem **zweiten Hauptsatz der Thermodynamik** erhöht jede Umwandlung von Energie die Unordnung der

7 GRUNDLAGEN DER PFLANZENBIOCHEMIE

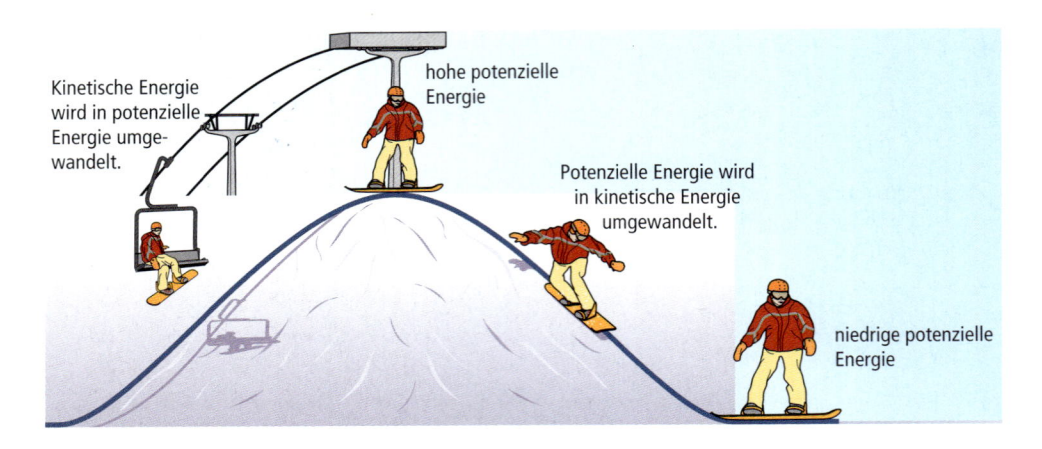

Abbildung 7.16: Kinetische und potenzielle Energie. Wenn ein Snowboarder den Berg hinunterfährt, wird potenzielle Energie in kinetische Energie umgewandelt, die als Bewegung und Wärme freigesetzt wird. Wenn der Snowboarder wieder auf den Berg herauffährt, wird die durch den Skilift bereitgestellte kinetische Energie in potenzielle Energie umgewandelt.

Materie im Universum. Wie man den Beispielen des batteriebetriebenen Spielzeugs und des Snowboarders entnehmen kann, gibt es unterschiedliche Energiequellen. Die elektrische Energie in einer Batterie ist beispielsweise eine Quelle potenzieller Energie. In diesem Abschnitt werden wir uns in allgemeiner Weise ansehen, wie Pflanzenzellen eine weitere Art potenzieller Energie, die **chemische Energie**, erzeugen.

Die in Materie gespeicherte Energie kann in Kalorien (cal) gemessen werden, häufiger in Kilokalorien (kcal = 1000 cal). Eine Kalorie ist die Wärmemenge, die man benötigt, um die Temperatur in einem Kubikzentimer Wasser um ein Grad Celsius zu erhöhen. Wenn man über die Kalorien in der Nahrung spricht, beispielsweise darüber, dass ein Schokoriegel 300 Kalorien hat, dann sind in Wirklichkeit Kilokalorien gemeint. Die in der Nahrung und den Molekülen enthaltenen Kalorien werden dadurch bestimmt, dass man sie in einer Maschine, die als Kalorimeter bezeichnet wird, im wahrsten Sinne des Wortes verbrennt und misst, wie viel Wärme dabei entsteht. Heute benutzt man anstelle der Kalorien Joule als Einheit: 1 cal entspricht 4184 Joule (J).

Exergone und endergone Reaktionen

Chemische Reaktionen können danach klassifiziert werden, ob es dabei einen Nettogewinn oder einen Nettoaufwand an freier Energie – die Energiemenge, mit der Arbeit ausgeführt werden kann – gibt. Falls es bei einer chemischen Reaktion zu einer Freisetzung von freier Energie in die Umgebung kommt, dann spricht man von einer **exergonen** („Energie nach außen führenden") Reaktion (▶ Abbildung 7.17a). Bei exergonen Reaktionen ist die potenzielle Energie der Reaktionsprodukte geringer als die potenzielle Energie der Reaktanten, weil es bei der Reaktion eine Nettofreisetzung von freier Energie gibt. Falls eine chemische Reaktion einen Nettoaufwand an freier Energie erfordert, spricht man von einer **endergonen** („Energie nach innen führenden") Reaktion (▶ Abbildung 7.17b). Bei endergonen Reaktionen ist die potenzielle Energie der Reaktionsprodukte wegen des Nettoaufwands von freier Energie größer als die potenzielle Energie der Reaktanten. Ob es sich nun um eine exergone oder um eine endergone Reaktion handelt, bei jeder chemischen Reaktion muss eine Anfangsenergie, die **Aktivierungsenergie**, aufgebracht werden, bevor die Reaktion stattfinden kann.

Bei chemischen Reaktionen müssen zwei verschiedene Arten von Energie betrachtet werden: Energie, die als Wärme vorliegt, und Energie, die zum Aufrechterhalten der Ordnung erforderlich ist. Falls eine Reaktion Energie als Wärme freisetzt, dann ist die Änderung der Wärme negativ. Das Reaktionssystem verliert also Wärme an die Umgebung. Falls eine Reaktion Energie in Form von Wärme aufnimmt, dann ist die Änderung der Wärme positiv. Die Reaktion gewinnt also Wärme aus der Umgebung.

Der Grad an Unordnung in einem Stück Materie wird als **Entropie** bezeichnet. Ein höherer Grad an Unordnung bedeutet höhere Entropie. Ein zerfallender Baumstamm hat beispielsweise eine höhere Entropie als ein lebender Baum. Lebende Organismen wenden beachtliche Energie auf, um ein hochgradig geordne-

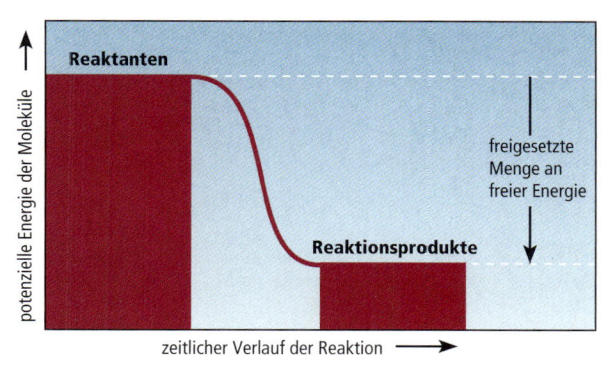

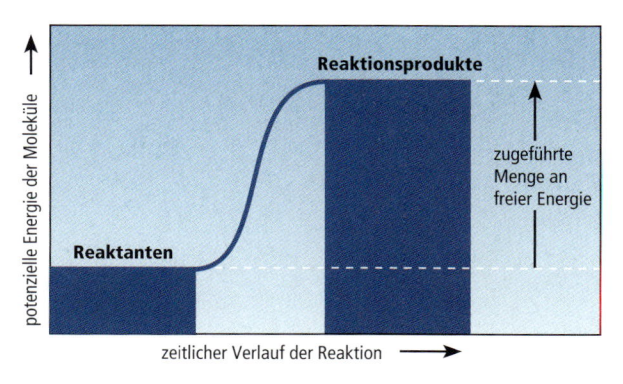

(a) Exergone Reaktion (Nettofreisetzung von freier Energie).

(b) Endergone Reaktion (Nettoaufwand von freier Energie).

Abbildung 7.17: Exergone und endergone Reaktionen. (a) Bei einer exergonen („Energie nach außen führen") Reaktion gibt es eine Nettofreisetzung von freier Energie, weil die potenzielle Energie der Reaktionsprodukte geringer als die der Reaktanten ist. (b) Bei einer endergonen („Energie nach innen führen") Reaktion gibt es einen Nettoaufwand an freier Energie, weil die potenzielle Energie der Reaktionsprodukte größer als die der Reaktanten ist.

tes Molekülsystem mit niedriger Entropie aufrechtzuerhalten. Bei den meisten Organismen, einschließlich aller Pflanzen und Tiere, stammt die Energie zur Aufrechterhaltung dieser Ordnung letztlich aus der Photosynthese und damit von der Sonne. Die Photosynthese ist ein Prozess, der insgesamt stark endergon ist. Wenn Organismen sterben, erhöht sich die Entropie ihrer molekularen Komponenten während ihres Zerfalls bald merklich.

Redoxreaktionen

Die chemischen Bindungen, die Atome in Molekülen zusammenhalten, enthalten potenzielle Energie. So wie chemische Bindungen bei Reaktionen gebrochen oder aufgebaut werden können, kann Energie freigesetzt oder aufgenommen werden. Die **Oxidation** bezeichnet den Verlust oder den teilweisen Verlust eines oder mehrerer Elektronen, und die **Reduktion** bezeichnet den Gewinn oder teilweisen Gewinn eines oder mehrerer Elektronen (▶ Abbildung 7.18). (Der Gewinn eines oder mehrerer Elektronen heißt *Reduktion*, weil er den Betrag der positiven Ladung reduziert.) In Lebewesen sind Oxidation und Reduktion aneinander in Oxidations-Reduktions-Reaktionen gekoppelt, die man als **Redoxreaktionen** bezeichnet. Bei einer Redoxreaktion gibt entweder ein Atom oder Molekül ein Elektron ab (Oxidation) und ein anderes Atom oder Molekül nimmt dieses auf (Reduktion) oder Elektronen bewegen sich vom Kern eines Atoms weg (teilweise Oxidation) und zum Kern eines anderen Atoms hin (teilweise Reduktion). Die Bewegung eines oder mehrerer Elektronen von einem Atom oder Molekül zu einem anderen setzt Energie frei. Diese Situation ähnelt in etwa der Situation, wenn ein Objekt, wie beispielsweise ein Meteor, aufgrund der Gravitation von der Erde angezogen und dadurch Energie freigesetzt wird.

Redoxreaktionen setzen Energie frei, wenn sich Elektronen näher zu einzelnen Kernen hin bewegen. Eine solche Bewegung eines Elektrons findet statt, wenn sich Elektronen in einer kovalenten Bindung von einem der Bindungspartner weg und zu einem anderen Bindungspartner hin bewegen. Denken Sie beispielsweise an ein Kohlenstoffatom, das an ein anderes Kohlenstoffatom gebunden ist, wie es im Zucker der Fall ist. Eine Kohlenstoff-Kohlenstoff-Bindung ist symmetrisch, weil die Elektronen, die diese Bindung herstellen, gewöhnlich in gleicher Entfernung von beiden Atomen lokalisiert sind. Wenn diese Kohlenstoffatome an Sauerstoff gebunden sind, wie im CO_2, dann verbringen die Elektronen mehr Zeit in der Nähe des Sauerstoffs. Solche Bindungen sind asymmetrisch und Energie wird freigesetzt.

Um zu verstehen, warum die Umwandlung einer symmetrischen Bindung in eine asymmetrische Bindung Energie freisetzt, können Sie an die Analogie eines die Erde umkreisenden Satelliten denken, der später zurück auf die Erde fällt. Es gibt eine Freisetzung kinetischer Energie, die in Wärme und Licht und eventuell physikalische Kraft umgewandelt wird, wenn Materie auf die Erdoberfläche aufschlägt. Je näher der Satellit der Erde kommt, desto mehr Energie wird freigesetzt. Ähnlich bewegen sich in gewissem Sinne Elektronen um den Kern. Die positiv geladenen Protonen in einem

7 GRUNDLAGEN DER PFLANZENBIOCHEMIE

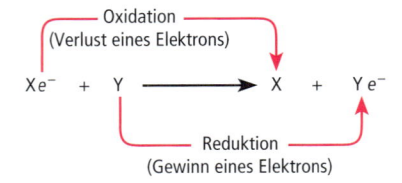

(a) Dies ist die allgemeine Gleichung für eine Redoxreaktion der Subtanzen X, die den Verlust eines Elektrons der Subtanzen X und Y, die den Verlust eines Elektrons, die den Verlust eines Elektrons X und den Gewinn eine Elektrons bei der Substanz der Substanz der Substanz Y widerspiegelt.

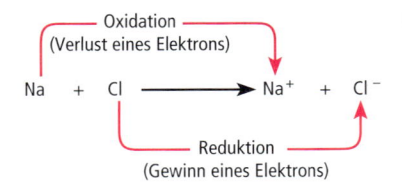

$$Xe^- + Y \longrightarrow X + Ye^-$$

(b) In diesem Beispiel wird Natrium (Na) oxidiert, während Chlor (Cl) reduziert wird. Na ist der Elektronendonator, auch als Reduktionsmittel bezeichnet, und Cl ist der Elektronenakzeptor, auch als Oxidationsmittel bezeichnet.

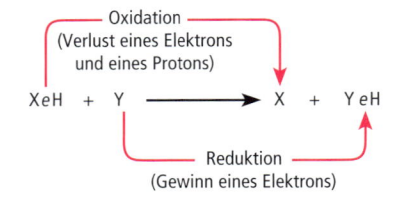

$$Na + Cl \longrightarrow Na^+ + Cl^-$$

(c) Mitunter wird ein Proton (H^+) angezogen, das die vom Überschusselektron erzeugte negative Ladung kompensiert.

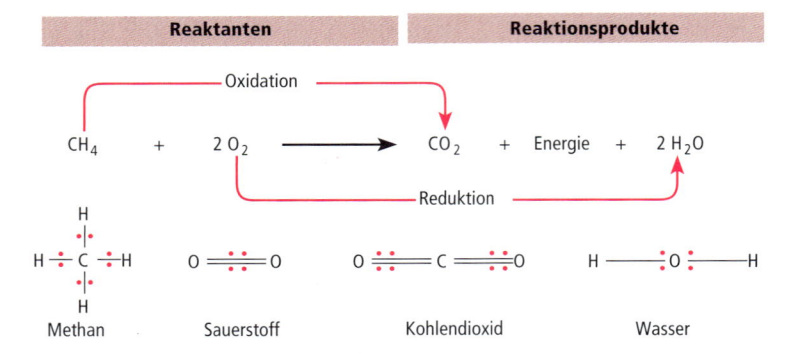

$$XeH + Y \longrightarrow X + YeH$$

(d) Die Oxidation kann entweder mit dem Verlust eines Elektrons von einem Kern oder mit der Bewegung eines Elektrons weg von einem Kern einhergehen. Einige Atome ziehen Elektronen stärker an als andere. Bei diesem Beispiel werden die Elektronen in den Kohlenstoff- Wasserstoffbindungen des Methans (CH_4) mehr oder weniger von den Wasserstoff- und Kohlenstoffatomen gleichermaßen genutzt. Bei einem Sauerstoffmolekül (O_2) werden die Elektronen von den beiden Sauerstoffatomen gleichermaßen genutzt. Bei Kohlendioxid (CO_2) und Wasser (H_2) sind die Sauerstoffatome jedoch elektrophil (Elektronen liebend) und ziehen deshalb die Elektronen stärker an als die Wasserstoff- oder Kohlenstoffatome. Deshalb ist Sauerstoff teilweise reduziert, während Kohlenstoff und Wasserstoff teilweise oxidiert sind.

$$CH_4 + 2\,O_2 \longrightarrow CO_2 + \text{Energie} + 2\,H_2O$$

Methan — Sauerstoff — Kohlendioxid — Wasser

Abbildung 7.18: Oxidation und Reduktion. Bei der Oxidation kommt es zu einem Verlust von Elektronen, während die Reduktion mit einem Elektronengewinn einhergeht. Oxidations- und Reduktionsreaktion treten gemeinsam auf, was dann als *Redoxreaktionen* bekannt ist. Jeder Verlust von Elektronen von einem Atom oder Molekül muss mit dem Gewinn von Elektronen bei einem anderen Atom oder Molekül verbunden sein.

bestimmten Kern ziehen die negativ geladenen Elektronen an, wobei Energie freigesetzt wird, wenn die Elektronen näher an den Kern heranrücken. In den beiden folgenden Kapiteln werden Sie sehen, welche Rolle Redoxreaktionen bei den Prozessen der Photosynthese und der Atmung spielen.

Energiefreisetzung durch ATP

Wie Sie aus Kapitel 2 wissen, ist die Hauptenergiequelle einer Zelle ATP (Adenosintriphosphat). ATP ist aus drei Bestandteilen aufgebaut: Adenin (eine Base), Ribose (ein Zucker) und drei Phosphatresten (▶ Abbildung 7.19). In Kapitel 9 werden wir uns ausführlicher damit beschäftigen, wie ATP synthetisiert wird. An dieser Stelle konzentrieren wir uns zunächst nur darauf, wie durch die Spaltung von ATP Energie freigesetzt wird.

Die Bindungen zwischen den Phosphatresten im ATP sind Anhydridbindungen (zwei Säuren haben also unter Wasserabspaltung und Energieverbrauch miteinander reagiert). Das Aufbrechen dieser Bindungen setzt die Energie frei, die zuvor eingesetzt wurde, um sie aufzubauen. Wird beispielsweise der letzte Phosphatrest abgetrennt, dann wird ATP zu ADP (Adenosindiphosphat) und P_i (anorganischem Phosphat) und Energie wird freigesetzt. Der tatsächlich freigesetzte Energiebetrag hängt von den Konzentrationen der Reaktanten und der Reaktionsprodukte sowie den Konzentrationen anderer Ionen ab.

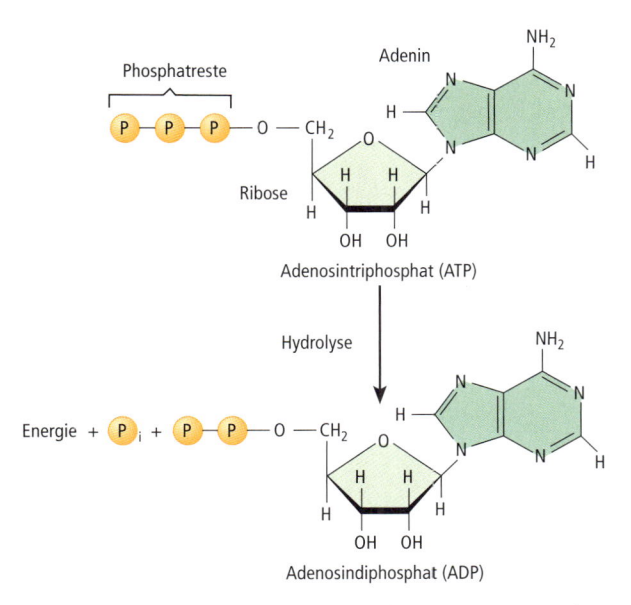

7.2 Energie und chemische Reaktionen

Abbildung 7.19: ATP-Struktur und Hydrolyse.

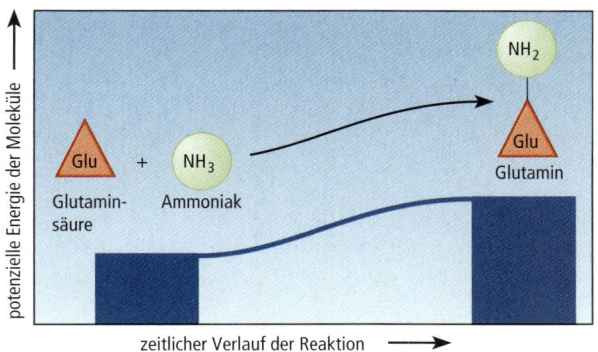

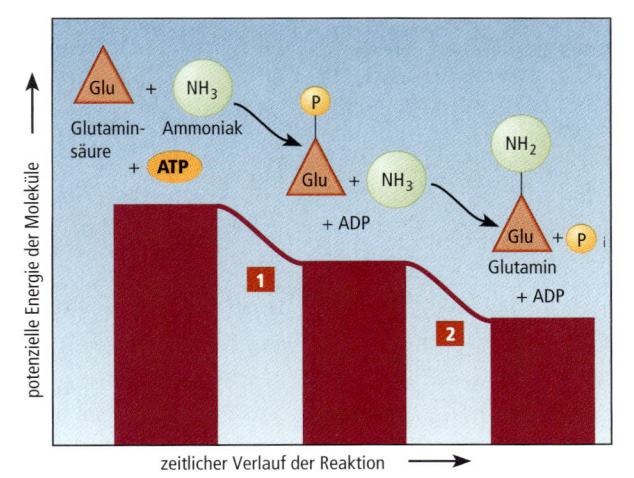

ATP (Adenosintriphosphat) ist aus drei Bestandteilen zusammengesetzt: Adenin (stickstoffhaltige Base), Ribose (Zucker) und drei Phosphatresten. ATP kann unter Energiefreisetzung in ADP und einen Posphatrest zerlegt werden.

ATP liefert häufig sowohl für endergone als auch für exergone Reaktionen Aktivierungsenergie. Damit in einer Zelle eine endergone Reaktion ablaufen kann, muss sie mit einer exergonen Reaktion kombiniert werden. Das ist ein Prozess, den man als **Energiekopplung** bezeichnet (▶ Abbildung 7.20). Mit anderen Worten: Die von einer exergonen Reaktion erzeugte Energie wird benutzt, um eine endergone Reaktion anzutreiben. ATP nimmt gewöhnlich an Reaktionen teil, bei denen es in ADP und P_i zerlegt wird und das Phosphat dem Reaktanten der endergonen Reaktion zugeführt wird. Die Übergabe eines Phosphats an ein anderes Molekül wird als **Phosphorylierung** bezeichnet. Das Entfernen eines Phosphats von einem endergonen Reaktanten setzt dann Energie frei, welche die endergone Reaktion antreibt.

ATP unterstützt drei verschiedene Arten an Arbeit in Zellen mit Energie: chemische Arbeit, Transport und mechanische Arbeit. Zur chemischen Arbeit gehört die Bereitstellung der Aktivierungsenergie für Reaktionen und das Antreiben endergoner Reaktionen. Beim Transport geht es um die Bewegung von Molekülen durch Membranen. Zur mechanischen Arbeit gehört die Bewegung von Zellen und Zellteilen.

Die Spaltung von ATP setzt aus verschiedenen Gründen Energie frei. Erstens wird Energie freigesetzt, weil

Abbildung 7.20: Energiekopplung. Damit eine endergone Reaktion in einer Zelle ablaufen kann, muss sie mit einer exergonen Reaktion kombiniert werden. Das ist ein Prozess, den man als Energiekopplung bezeichnet. Die Umwandlung von Glutaminsäure in Glutamin ist endergon, wie in der oberen Abbildung dargestellt. Wenn die Umwandlung von Glutaminsäure in Glutamin an die exergone Spaltung von ATP in ADP gekoppelt wird, ist der Gesamtprozess exergon (untere Abbildung). Die Reaktion vollzieht sich in zwei Schritten. (1) Zunächst wird nach der Zerlegung von ATP an die Glutaminsäure ein Phosphatrest angehängt. Dies hebt die Glutaminsäure energetisch durch die zusätzliche, energiereiche Phosphatbindung an. (2) Ammoniak ersetzt den Phosphatrest und Energie wird bei der Bildung von Glutamin frei.

das vom ATP oder ADP abgespaltene Phosphat etliche verschiedene Strukturen annehmen kann, die vor der Hydrolyse nicht möglich waren. Mit anderen Worten: Die Entropie nimmt zu. Außerdem wird Energie freigesetzt, da sich ADP und das Phosphat abstoßen, weil beide von negativen Ladungen umgeben sind. Schließlich wird Energie freigesetzt, weil bei Phosphor-Sauerstoff-Phosphor-Bindungen Phosphat und Sauerstoff die Elektronen gleichermaßen gemeinsam nutzen, während sich bei Phosphor-Sauerstoff-Wasserstoff-Bindungen

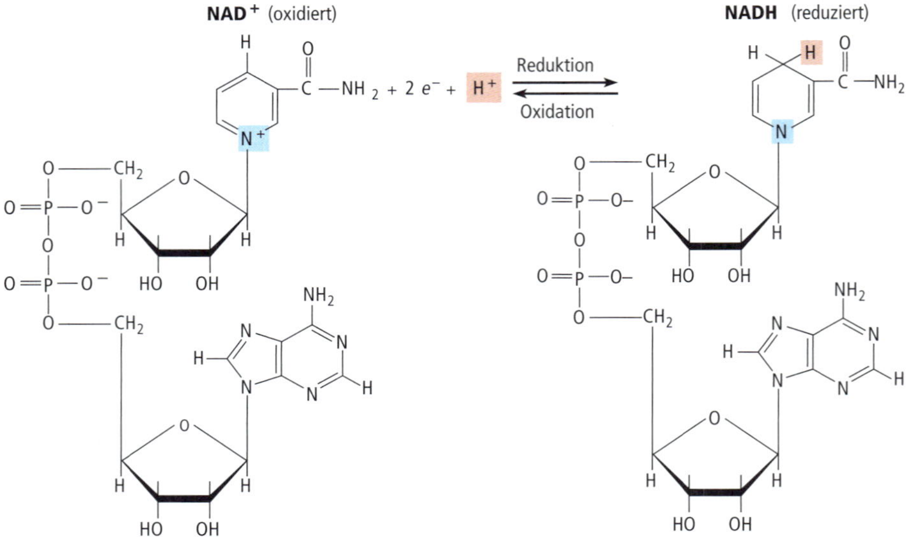

7 GRUNDLAGEN DER PFLANZENBIOCHEMIE

Abbildung 7.21: NADH. Zellen benutzen Verbindungen wie NADH als Träger energiereicher Elektronen, die bei enzymatischen Reaktionen abgegeben werden, die diese benötigen. NAD^+ verbindet sich mit 2 Elektronen und 1 Proton (H^+) zu NADH. Aus $NADP^+$ entsteht in ähnlicher Weise NADPH.

die Elektronen vom Wasserstoff in Richtung Phosphor bewegen.

Um zu verstehen, auf welche Weise die Bildung von ATP die Energie speichert, die beim Spalten von ATP freigesetzt wird, können Sie an Plastikverschlüsse an Rucksäcken denken. Sie stecken ein Plastikteil in das andere und wenden so lange Energie zum Drücken auf, bis die beiden Teile mit einem Klick ineinander einrasten. Wenn Sie den Verschluss mit ihren Fingern lösen, dann werden die beiden Teile auseinandergedrückt, wobei Energie frei wird. Im Fall der Moleküle sind ADP und P_i die beiden Teile des Verschlusses. Sie müssen Energie zuführen, um sie zusammenzudrücken – wobei sie die Abstoßung der Elektronen überwinden, die beide Moleküle umgeben –, bis sie durch eine kovalente Bindung ineinander einrasten. Bei der Spaltung von ATP zu ADP und P_i wird diese Energie dann wieder frei.

Träger energiereicher Elektronen

Viele wichtige Reaktionen in Zellen benötigen sowohl energiereiche Elektronen als auch Energie, um ablaufen zu können. NADH, NADPH und $FADH_2$ sind Elektronenträger, die beides liefern. NADH entsteht, wenn NAD^+ 2 Elektronen und 1 Proton (H^+) aufnimmt (▶ Abbildung 7.21). NADPH entsteht, wenn $NADP^+$ 2 Elektronen und 1 Proton aufnimmt. $FADH_2$ entsteht, wenn FAD 2 Elektronen und 2 Protonen aufnimmt.

NADH, NADPH und $FADH_2$ liefern enzymatischen Reaktionen in der Zelle energiereiche Elektronen. Beispielsweise werden in den Zellen Elektronen durch die Spaltung von Glucose freigesetzt, bevor sie bei der ATP-Synthese verbraucht werden. NADH, NADPH und $FADH_2$ transportieren diese Elektronen dorthin, wo ATP hergestellt wird. Auf diese Weise wird die Energie aus der Glucose schließlich in ATP gespeichert. Auf diesen Prozess werden wir in den Kapiteln 8 und 9 detaillierter eingehen.

WIEDERHOLUNGSFRAGEN

1. Worin besteht der Unterschied zwischen kinetischer und potenzieller Energie?
2. Wie lauten der erste und der zweite Hauptsatz der Thermodynamik?
3. Warum ist es notwendig, dass sowohl exergone als auch endergone Reaktionen in lebenden Zellen ablaufen?
4. Worin besteht der Unterschied zwischen Oxidation und Reduktion?
5. Beschreiben Sie drei Aufgabentypen, die in der Zelle durch ATP unterstützt werden.

Chemische Reaktionen und Enzyme 7.3

Lebende Zellen sind biochemische Fabriken, die Moleküle und größere Strukturen produzieren, die der Zelle Form geben und sie am Leben erhalten. Wir werden unser Studium der Pflanzenbiochemie fortsetzen, indem wir Enzyme betrachten, die chemische Reaktionen in Zellen erleichtern.

Stoßtheorie

Die vielen verschiedenen Typen von Molekülen, die eine lebende Zelle ausmachen, sind an zahlreichen chemischen Reaktionen beteiligt, um die strukturellen und physiologischen Bedürfnisse der Zelle zu befriedigen. Daher liefert ein Verständnis dessen, wie diese Reaktionen ablaufen, ein grundlegendes Wissen darüber, wie lebende Zellen funktionieren.

Betrachten Sie eine typische chemische Reaktion: A + B → C. Bei Gasen und Flüssigkeiten beschreibt die Stoßtheorie die Wechselwirkungen und Reaktionen von Molekülen, wie A und B, adäquat. Moleküle haben eine Masse m und bewegen sich mit einer Geschwindigkeit v. Die Geschwindigkeit von Molekülen und ihre kinetische Energie wächst mit der Temperatur. Wenn sich die Moleküle A und B schneller bewegen, erhöhen ihre verstärkten energetischen Wechselwirkungen die Wahrscheinlichkeit von Wechselwirkungen, die zur Bildung kovalenter Bindungen und damit zum Reaktionsprodukt C führen.

Bei gewöhnlichen Temperaturen laufen viele notwendige biochemische Reaktionen in lebenden Zellen zu langsam ab, um den normalen Stoffwechsel aufrechtzuerhalten. Wärme erhöht die durch die Stoßtheorie beschriebene Reaktionsrate. Während Wärmezufuhr in einem Chemielabor der geeignete Weg sein mag, ist sie keineswegs geeignet, die Reaktionsrate bei Lebewesen zu erhöhen. Erstens werden bei hohen Temperaturen komplexe organische Moleküle zerstört. Zweitens: Obwohl es vorstellbar ist, dass Pflanzen ausreichend Wärme produzieren, um die Reaktionsraten substantiell zu erhöhen, würde diese Produktion den Verbrauch einer beträchtlichen Stoffwechselenergie erfordern.

Die Form oder die Elektronenkonfiguration von Molekülen macht bestimmte Stöße wahrscheinlicher als andere (▶ Abbildung 7.22a). Die Stoßgeschwindigkeit ist ein ebensolcher Faktor, da Stöße häufiger auftreten,

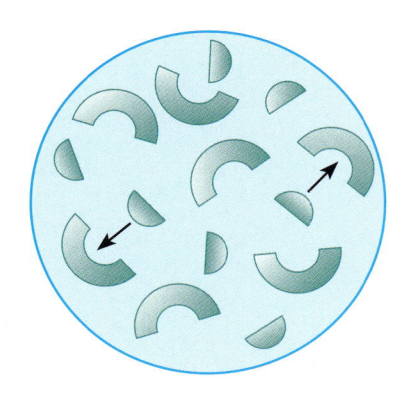

(a) In einer Lösung oder in einem Gas bewegen sich die Moleküle zufällig. Einige Stöße führen zu Reaktionen zwischen Molekülen, andere Stöße nicht.

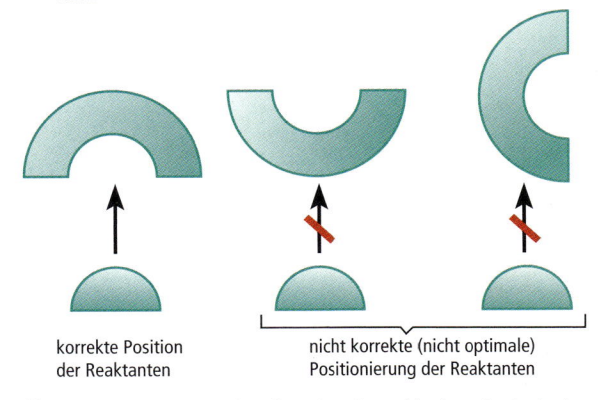

korrekte Position der Reaktanten | nicht korrekte (nicht optimale) Positionierung der Reaktanten

(b) Die Reaktanten müssen korrekt zueinander positioniert sein, damit eine Reaktion stattfindet. Wenn die Reaktanten korrekt positioniert sind, ist nur minimale Energie erforderlich, damit die Reaktion stattfindet. Temperaturerhöhung erhöht die Reaktionsraten, indem sowohl die Häufigkeit als auch die Intensität der Stöße erhöht wird.

Abbildung 7.22: Stoßtheorie.

wenn sich die Moleküle schneller bewegen. Falls jedoch die Moleküle korrekt ausgerichtet sind, kann die Geschwindigkeit beträchtlich geringer sein und immer noch eine erfolgreiche Reaktion stattfinden (▶ Abbildung 7.22b). Dies ist die Stelle, an der Enzyme ins Spiel kommen.

Die Wirkungsweise von Enzymen

Ein Enzym ist die chemische Variante einer Partnervermittlung. Stellen Sie sich zwei Menschen vor, die sich gut verstehen könnten, wenn sie im richtigen Moment aufeinandertreffen würden. Eine Partnervermittlung ist dazu da, den Prozess des Zusammenkommens zweier Menschen unter den richtigen Umständen zu erleichtern. Genauso können die Teilnehmer einer chemischen Reaktion, die **Reaktanten**, genau richtig aufeinandertreffen, so dass eine chemische Reaktion abläuft. Das

7 GRUNDLAGEN DER PFLANZENBIOCHEMIE

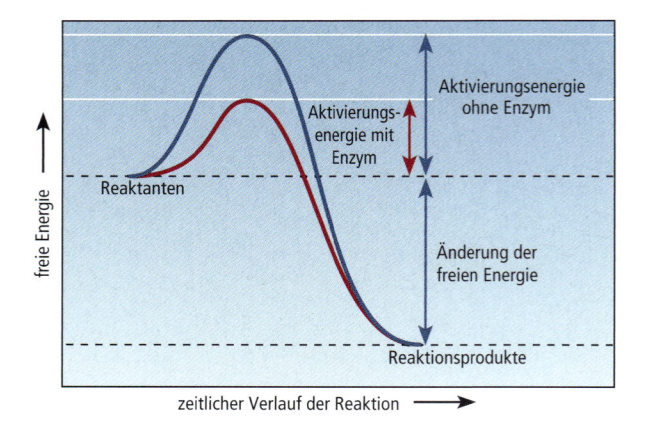

(a) Durch korrekte Positionierung der Reaktanten verringern Enzyme die Aktivierungsenergie, so dass die Reaktanten miteinander reagieren können, ohne wesentlich auf mehr Wärme oder eine höhere Geschwindigkeit der Molekülbewegung angewiesen zu sein.

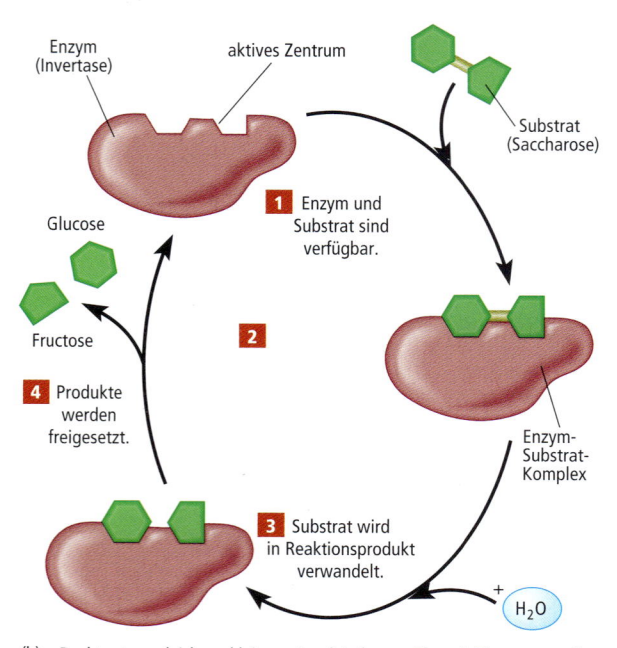

(b) Reaktanten gleichen kleinen Puzzleteilen, während Enzyme großen Puzzleteilen ähneln. Diese Abbildung zeigt, wie das Enzym Invertase durch Hydrolyse Saccharose in Glucose und Fructose zerlegt. Substrat und Enzym verbinden sich zum Enzym-Substrat-Komplex, der in die beiden Produktmoleküle Glucose und Fructose zerlegt wird. Das Enzym ist dann wieder bereit, ein weiteres Substrat zu binden, und der Prozess wiederholt sich.

Abbildung 7.23: Enzyme liefern Bindungsstellen für Reaktanten.

Enzym erleichtert den Prozess, indem es die Reaktanten genau unter den für die jeweilige Reaktion richtigen Bedingungen zusammenbringt, so dass eine Reaktion stattfindet.

Chemisch ausgedrückt, verringert das Enzym die Aktivierungsenergie der Reaktanten (▶ Abbildung 7.23a). Wenn sich zwei Reaktanten einander nähern, stoßen sich die Elektronen von Reaktant A und die Elektronen von Reaktant B zunächst ab. Die Aktivierungsenergie ist der Energiebetrag, der notwendig ist, um die anfängliche Abstoßung der Reaktanten zu überwinden. Durch korrekte Positionierung der Reaktanten reduzieren Enzyme die zum Starten der Reaktion erforderliche Aktivierungsenergie. Bei der eigentlichen Reaktion können dann Bindungen aufgebrochen oder hergestellt werden.

Ein Enzym ist ein **Katalysator** – eine Substanz, welche die Reaktionsrate der chemischen Reaktion erhöht, ohne jedoch selbst durch die Reaktion verändert zu werden (▶ Abbildung 7.23b). Ein Reaktant, auf den ein Enzym einwirkt, wird als **Substrat** dieses Enzyms bezeichnet. Die Tertiärstruktur jedes Enzyms weist Vorsprünge, Rippen, Furchen und Hohlräume auf. Diese Form dient als Bindungsstelle, als **aktives Zentrum** bezeichnet, an der das Substrat (S) an das Enzym (E) gebunden werden kann. Dadurch entsteht ein **Enzym-Substrat-Komplex** (ES). Das Produkt oder die Produkte (P) werden durch die chemische Reaktion gebildet und trennen sich dann vom Enzym. Das Enzym Invertase spaltet beispielsweise das Substrat Saccharose in die Produkte Glucose und Fructose. Ein aktives Zentrum positioniert ein Substrat so, dass kovalente Bindungen aufgebrochen oder hergestellt werden können, wodurch das Substrat in die Reaktionsprodukte umgewandelt wird. Nachdem sich die Reaktionsprodukte vom Enzym getrennt haben, ist das Enzym frei, um abermals an der Reaktion teilzunehmen. Der Verlauf einer durch ein Enzym katalysierten Reaktion kann folgendermaßen zusammengefasst werden:

$$E + S \rightarrow ES \rightarrow E + P$$

Eine der wichtigen Aufgaben von Enzymen in lebenden Zellen besteht darin, Bindungsstellen zu liefern, so dass endergone Reaktionen an exergone Reaktionen gekoppelt werden können. Enzyme arbeiten mit beachtlicher Geschwindigkeit. Meist führen sie Tausende oder sogar Millionen von Reaktionen in ein paar Sekunden aus. Jedes Substratmolekül braucht nur für Millisekunden oder noch kürzer an die Bindungsstelle gebunden zu sein, bevor sich das Reaktionsprodukt löst und das nächste Substratmolekül ankommt. Da sowohl Enzyme als auch Substrate und Reaktionsprodukte mikroskopisch klein sind, betragen die Entfernungen, die sie zurücklegen müssen, nur wenige Nanometer. Außerdem liefert das Cytoskelett oft Moleküle in Transportvesikeln an Orte, an denen Enzyme auf sie einwirken. Tausende bis Millionen von Molekülen

Enzym Hexokinase aufgrund der Bindung zu Glucose seine Form geändert hat, kann auch ein Phosphat andocken, so dass sich Glucose-Phosphat bildet, das Reaktionsprodukt.

Die Namen von Enzymen, die typischerweise auf -*ase* enden, geben gewöhnlich einen Hinweis auf die Aufgabe des jeweiligen Enzyms. In diesem Kapitel haben wir uns bereits mit der Struktur des Pflanzenenzyms Rubisco beschäftigt. Der Name ist eine Abkürzung für *Ri*bulose-1,5-*bis*phosphat-*c*arboxylase/-*o*xygenase. Der vollständige Name spiegelt die Tatsache wider, dass Rubisco einer Verbindung sowohl Kohlendioxid als auch Sauerstoff hinzufügen kann. Ein Enzym, das eine Reduktion katalysiert, nennt man *Reduktase*, und ein Enzym, das eine Verbindung synthetisiert, heißt *Synthase*. Beispielsweise nennt man ein Enzym, das ATP aus ADP und anorganischem Phosphat synthetisiert, *ATP-Synthase*.

Cofaktoren

Einige kleine, niedermolekulare Moleküle (keine Proteine), als **Cofaktoren** bezeichnet, verbinden sich mit Enzymen oder Substraten und unterstützen Reaktionen, indem sie Energie bereitstellen, Elektronen oder Protonen liefern oder die Reaktion auf anderen Wegen erleichtern. Bei Cofaktoren kann es sich entweder um anorganische Mineralionen, wie Magnesium (Mg^{++}) und Kalzium (Ca^{++}), oder um organische Verbindungen wie Vitamine handeln. Cofaktoren, bei denen es sich um organische Verbindungen handelt, die keine Proteine sind, werden auch als **Coenzyme** bezeichnet. Einige Cofaktoren binden nur zeitweise an Enzyme oder Substrate, während andere permanent gebunden sind. Einige Cofaktoren können wiederholt bei enzymkatalysierten Reaktionen eingesetzt werden, andere müssen dagegen teilweise regeneriert werden, bevor sie wieder reagieren können, was beispielsweise auf ATP zutrifft.

Viele der kleinen Moleküle, die wir mit lebenden Organismen in Verbindung bringen, wirken als Cofaktoren. Einige Beispiele dafür sind: Vitamine, positiv geladene Ionen (Kationen), negativ geladene Ionen (Anionen), ATP, Träger energiereicher Elektronen, wie NADH und NADPH, und viele andere Moleküle wie zum Beispiel Coenzym A. Die Bindung solcher Moleküle an Enzyme oder Reaktanten erleichtert den Elektronenfluss, der zum Ablauf der Reaktion notwendig ist, oder liefert sogar Elektronen oder Energie, die während

(a) Das Schlüssel-Schloss-Modell.   (b) Induced-Fit-Modell.

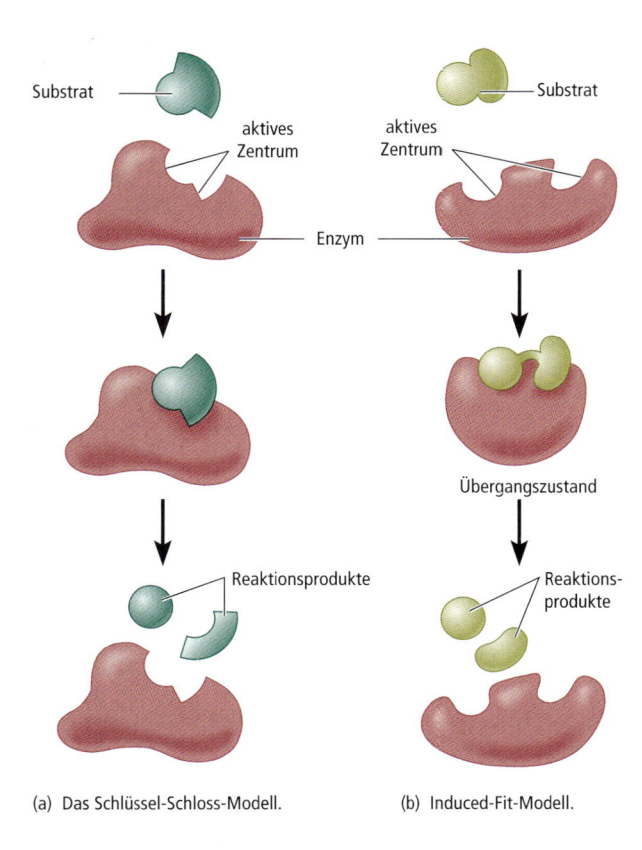

Abbildung 7.24: Zwei Modelle für die Enzym-Substrat-Wechselwirkung. (a) Nach dem Schlüssel-Schloss-Modell passen Enzyme und Substrate wie Puzzleteile zueinander. (b) Beim Induced-Fit-Modell verändern Enzyme und ihre Substrate mitunter ihre Form während der Bindung.

können von einem bestimmten Enzymtyp während der „Lebenszeit" einer einzelnen Zelle bearbeitet werden.

Die Bindung eines Substrats an ein Enzym kann auf viele verschiedene Weisen erfolgen und ist ein komplexes Phänomen. Nicht nur die Form des Substrats passt zur Form der Bindungsstelle auf dem Enzym, sondern die Wechselwirkung wird auch von verschiedenen Arten von Bindungen unterstützt. Dazu gehören kovalente Bindungen, ionische Bindungen und hydrophobe Wechselwirkungen. Diese Bindungen erleichtern die Bindung am aktiven Zentrum und können auch einen Elektronenfluss in die zur Reaktion notwendige Richtung anregen. Manchmal passen Enzym und Substrat zusammen wie Puzzleteile (▶ Abbildung 7.24a). Die Bindung eines Substrats oder mehrerer Substrate kann aber auch die Form des Enzyms verändern, wenn auch nur geringfügig, wobei sowohl die Bindung als auch die Rate der nachfolgenden chemischen Reaktionen erhöht wird. Eine Bindung, welche die Form des aktiven Zentrums verändert, wird als **Induced-Fit** bezeichnet (▶ Abbildung 7.24b). Nachdem beispielsweise das

PFLANZEN UND MENSCHEN

■ **Nehmen Sie Ihre Cofaktoren täglich zu sich!**

Menschen brauchen mindestens 13 essenzielle Vitamine und vielleicht an die 60 verschiedene Mineralstoffe. Diese Vitamine und Mineralstoffe dienen oft als Cofaktoren bei enzymatischen Reaktionen. Pflanzen bilden diese Vitamine und erhalten Mineralstoffe aus dem Boden. Menschen versorgen sich mit diesen Stoffen direkt oder indirekt durch Pflanzen. Da diese Verbindungen von Enzymen benutzt und wiederverwendet werden, müssen sie nur in geringen Mengen aufgenommen werden. Doch ist ihr Vorhandensein essenziell. Ein Mangel an essenziellen Vitaminen und Mineralstoffen kann verheerende Folgen haben.

Früher starben viele Seefahrer aufgrund eines Mangels an Vitamin C an Skorbut. Nachdem die Ursache des Skorbut geklärt war, nahmen britische Schiffe Limonensaft für die Seefahrer mit an Bord. Limonensaft erwies sich als nützlich, weil es mit Vitamin C versorgte und ohne Kühlung nicht verdarb. Daher wurden britische Seefahrer als „Limeys" bezeichnet.

Heutzutage sind solche Krankheiten hauptsächlich vor einem historischen Hintergrund von Interesse. Doch ist der Vorrat seltener Mineralstoffe in den Ackerböden mitunter erschöpft, weil sie durch die meisten Düngeprogramme nicht ersetzt werden. Moderne Menschen sind deshalb der Gefahr ausgesetzt, einen Mineralstoffmangel auszubilden.

Selenmangel, der in dem Boden und deshalb in der Ernährung oft vorkommt, wird mit einem erhöhten Krebsrisiko bei bestimmten Krebsarten in Verbindung gebracht. Untersuchungen am *National Cancer Institute* in den USA ergaben, dass eine Erhöhung des Selengehalts der Nahrung bei Menschen mit einem entsprechenden Mangel die Wahrscheinlichkeit für das Auftreten von Magen-, Lungen-, Darm- und Prostatakrebs stark verringert, sich auf die Wahrscheinlichkeit für das Auftreten von Hautkrebs aber nicht auswirkt. Während weltweit einige Böden unter einem Selenmangel leiden, der beim Menschen gesundheitliche Probleme verursachen kann, gibt es in anderen Böden einen Selenüberschuss, der zu Vergiftungen führen kann.

Der Kupfermangel in einigen Böden kann zur Schwächung des Herzens und aufgrund des Platzens der Schlagadern zum Tod führen. Kupfer ist als Cofaktor für wichtige Enzyme erforderlich, die an der Synthese von Kollagen und anderen Molekülen beteiligt sind, welche die Wände von Venen und Arterien verstärken. Die Beziehung zwischen einer unzureichenden Kupferversorgung durch die Nahrung und einer Erhöhung der Todesfälle im Zusammenhang mit Aneurysmen arterieller Blutgefäße wurde von Veterinärmedizinern bei Tieren vor vielen Jahren festgestellt, als die Tiernahrung keinen ausreichenden Kupfergehalt aufwies. Da einige Tiere, wie beispielsweise Zuchtgeflügel, nur maschinell hergestellte Pellets fressen, müssen hinreichende Mengen essenzieller Vitamine und Mineralstoffe hinzugefügt werden.

Pflanzen brauchen eine Reihe von Spurenelementen, bilden jedoch ihre eigenen Vitamine. Menschen brauche einige Mineralstoffe, die Pflanzen nicht benötigen. Da Ackerböden immer stärker unter dem Mangel essenzieller Mineralstoffe leiden, werden Mangelerkrankungen zunehmend Aufmerksamkeit erregen und stärker untersucht werden, und die Nahrungsergänzung mit Mineralstoffen wird sich als ein wichtigerer Teil der menschlichen Ernährung erweisen.

---

der Reaktion gebraucht werden (siehe den Kasten über *Pflanzen und Menschen* oben).

Kompetitive und nichtkompetitive Inhibitoren

Kompetitive Inhibitoren binden so an das aktive Zentrum eines Enzyms, dass die Bindung des Substrats verhindert wird und die katalysierte Reaktion nicht abläuft (▶ Abbildung 7.25a). Kompetitive Hemmung tritt zwischen Substrat und Inhibitormolekülen in einer solchen Form auf, dass sie oft nur durch eine erhöhte Substratkonzentration überwunden werden kann. Nichtkompetitive Inhibitoren (▶ Abbildung 7.25b) binden nicht am aktiven Zentrum an das Enzym, sondern an einer anderen Stelle, oder sie gehen eine dauerhafte Verbindung mit dem aktiven Zentrum ein. Häufig ändern sie die Form des Enzyms, so dass das Substrat nicht mehr so effektiv oder gar nicht mehr an das Enzym binden kann.

Eine erhöhte Substratkonzentration kann nicht mehr dazu beitragen, den Effekt eines nichtkompetitiven Inhibitors zu überwinden.

Produkthemmung, auch *Feedback*-Hemmung genannt (siehe Abbildung 7.25c), tritt auf, wenn das Endprodukt einer Reihe von enzymatischen Reaktionen eines der Enzyme hemmt, das für die Bildung des Endprodukts verantwortlich ist. Durch diesen Mechanismus vermeiden Organismen die Überproduktion eines Produkts. Produkthemmung kann entweder kompetitiv oder nichtkompetitiv sein, typischerweise ist sie jedoch kompetitiv.

Stoffwechselwege

Die 25.000 bis 50.000 durch Enzyme katalysierten Reaktionen in lebenden Zellen sind zu verschiedenen Stoffwechselwegen verknüpft. Wie Sie in den Kapiteln 8 und 9 lernen werden, sind die Reaktionen der Photosyn-

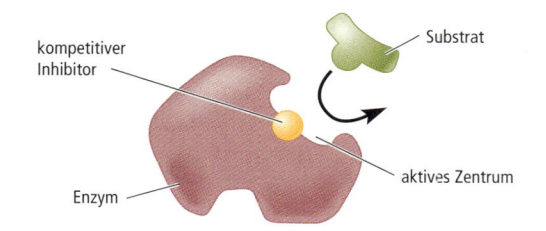

(a) Kompetitive Inhibitoren konkurrieren mit dem Substrat und blockieren das aktive Zentrum des Enzyms. Durch erhöhte Substratkonzentration kann das Substrat die Hemmung durch den Inhibitor überwinden und die Reaktion findet immer noch statt.

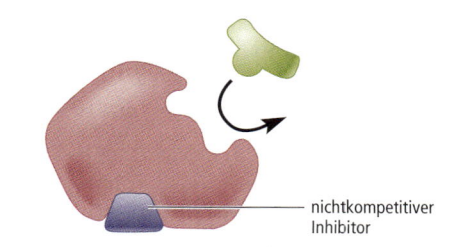

(b) Nichtkompetitive Inhibitoren sind effektivere Inhibitoren. Sie binden nicht an das aktive Zentrum, sondern an eine andere Stelle. Diese Bindung verändert die Form des Enzyms und die Reaktion wird weniger wahrscheinlich oder läuft überhaupt nicht mehr ab.

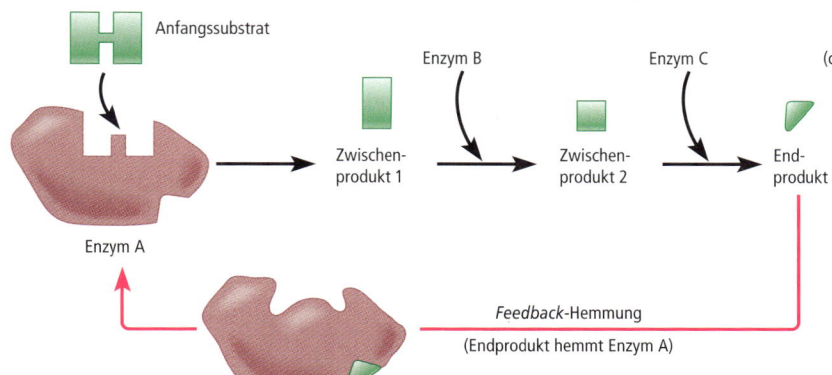

(c) Produkthemmung findet statt, wenn das Endprodukt einer Reihe von Reaktionen das Enzym hemmt, das den Beginn der Reaktion steuert. Dadurch wird eine Überproduktion des Endprodukts verhindert.

Abbildung 7.25: Enzymatische Inhibitoren.

these und der Atmung zu aufeinanderfolgenden Reaktionen verknüpft, bei denen bestimmte Produkte entstehen. Stoffwechselwege können entweder linear oder zyklisch sein. Sie können Verzweigungspunkte enthalten, an denen spezifische Verbindungen in den Kreislauf gelangen oder diesen verlassen. Lineare Reaktionen können Endprodukte erzeugen, die als Rückkopplungsinhibitoren dienen. Bei Kreisläufen wird die Ausgangsverbindung immer regeneriert.

> **WIEDERHOLUNGSFRAGEN**
>
> **1** Erklären Sie, wie Enzyme chemische Reaktionen erleichtern.
>
> **2** Beschreiben Sie die Rolle von Cofaktoren.
>
> **3** Was sind kompetitive und nichtkompetitive Inhibitoren?

ZUSAMMENFASSUNG

7.1 Die molekularen Komponenten lebender Organismen

Die meisten großen organischen Moleküle sind Polymere – lange Moleküle aus sich wiederholenden Untereinheiten, die man als Monomere bezeichnet. Monomere werden durch Kondensationsreaktionen zu Polymeren verkettet. Die Hydrolyse spaltet Monomere von Polymeren ab. Kohlenhydrate, Proteine, Nucleinsäuren und Lipide sind primäre Metabolite, die man in allen Pflanzenzellen findet. Sekundäre Metabolite findet man nicht in allen Pflanzenzellen und Pflanzen.

Monosaccharide, Disaccharide und Polysaccharide

Zu den Kohlenhydraten gehören Monosaccharide, Disaccharide und Polymere. Zuckereinheiten werden durch eine Kondensationsreaktion unter Wasserabspaltung verkettet. Wichtige Polysaccharide in Pflanzen sind Stärke, die als Energiespeicher dient, und Cellulose, die Hauptkomponente von Pflanzenzellwänden. Saccharose, der Rohr- oder Rübenzucker, ist ein Disaccharid.

Proteine als Polymere von Aminosäuren

Aminosäuren haben die gleiche Basisstruktur und einen variablen Aminosäurerest R. In lebenden Organismen werden 20 verschiedene Aminosäuren durch Peptidbindungen zu Proteinen verkettet.

Die Nucleinsäuren DNA und RNA

Nucleotide, die aus Basen, Zucker und Phosphatresten zusammengesetzt sind, dienen als DNA- und RNA-Bausteine und Energiequellen. Die DNA besteht aus zwei Nucleotidsträngen. Das Energie übertragende Molekül ATP ist ein modifiziertes Nucleotid.

Lipide

Zu den Lipiden gehören Neutralfette, Phospholipide, Steroide und Terpenoide. Fette bestehen aus Fettsäureketten, die von Acetat abgeleitet und mit Glycerol verknüpft sind. Phospholipide enthalten Glycerol, zwei Fettsäureketten und ein Phosphatmolekül. Phospholipide sind die Hauptkomponente von Membranen. Steroide sind polyzyklische Verbindungen, die in Membranen vorkommen und auch als Pflanzenhormone wirken können.

Sekundäre Metabolite

Die Haupttypen von Phenolen sind Lignine, Flavonoide und Gerbstoffe. Alkaloide, die aus verschiedenen Aminosäuren abgeleitet sind, und Terpenoide, die aus Isoprenbausteinen bestehen, stoßen oft Pflanzenfresser ab.

7.2 Energie und chemische Reaktionen

Energieformen

Potenzielle Energie ist gespeicherte Energie, während es sich bei kinetischer Energie um eine Energieform handelt, die an Bewegung gekoppelt ist. Der erste Hauptsatz der Thermodynamik besagt, dass Energie genutzt und umgewandelt, aber nicht erzeugt oder vernichtet werden kann. Der zweite Hauptsatz der Thermodynamik besagt, dass jeder Energietransfer die Entropie (die Unordnung) der Materie im Universum erhöht.

Exergone und endergone Reaktionen

Bei exergonen Reaktionen wird insgesamt Energie frei, während bei endergonen Reaktionen insgesamt Energie aufgebracht werden muss. Beide erfordern Aktivierungsenergie. Bei chemischen Reaktionen kann Energie als Wärme oder als Entropie, ein Maß für die Unordnung von Materie, ausgedrückt werden.

Redoxreaktionen

Bei chemischen Reaktionen werden Oxidation und Reduktion so zu Redoxreaktionen gekoppelt, dass eine Verbindung oxidiert und die andere reduziert wird.

Energiefreisetzung durch ATP

ATP wird von Lebwesen allgemein dazu benutzt, Reaktionen mit Energie zu versorgen. Die Bildung der kovalenten Bindungen, welche die Phosphate im ATP verknüpfen, erfordert beträchtliche Energie. Werden die Bindungen aufgebrochen, wird Energie freigesetzt. ATP liefert sowohl bei exergonen als auch bei endergonen Reaktionen Energie, im letzteren Fall in gekoppelten Reaktionen.

Träger energiereicher Elektronen

NADH, NADPH und $FADH_2$ sind Moleküle, die energiereiche Elektronen in enzymkatalysierten Reaktionen auf Substrate übertragen, die sowohl Energie als auch Elektronen benötigen.

7.3 Chemische Reaktionen und Enzyme

Stoßtheorie

Nach der Stoßtheorie gehen Moleküle, die zur kovalenten Bindung fähig sind, genau dann eine solche Bindung ein, wenn sie mit ausreichender Energie aufeinandertreffen. Die Geschwindigkeit und die Energie bei den Zusammenstößen werden durch Anheben der Temperatur erhöht. In vielen Organismen würden viele notwendige Reaktionen bei den bestehenden Temperaturen zu langsam ablaufen.

Die Wirkungsweise von Enzymen

Reaktanten und Enzyme bilden einen Enzym-Substrat-Komplex, der anschließend in das Enzym und die Reaktionsprodukte zerfällt. Cofaktoren wechselwirken mit Enzymen, wobei sie die Reaktionen ändern, die sie katalysieren. Sowohl kompetitive als auch nichtkompetitive Hemmung kann die Wirkung des Enzyms verhindern, indem sie die dreidimensionale Form des aktiven Zentrums blockiert oder verändert.

Cofaktoren

Zu den verbreiteten Cofaktoren gehören Vitamine, Ionen und ATP. Coenzyme sind nicht kovalent gebundene Cofaktoren.

Kompetitive und nichtkompetitive Inhibitoren

Sowohl kompetitive als auch nichtkompetitive Hemmung kann die Wirkung des Enzyms verlangsamen oder verhindern, indem sie die Form des aktiven Zentrums blockiert oder verändert.

Stoffwechselwege

Stoffwechselwege können entweder linear oder zyklisch sein und Verzweigungspunkte aufweisen, an denen spezifische Verbindungen in den Stoffwechselweg eintreten oder diesen verlassen.

ZUSAMMENFASSUNG

Verständnisfragen

1. Beschreiben Sie die allgemeine Struktur von Kohlenhydraten.
2. Beschreiben Sie die strukturellen Unterschiede zwischen Stärke und Cellulose.
3. Beschreiben Sie die vier Betrachtungsebenen der Proteinstruktur.
4. Worin besteht der Unterschied zwischen primären und sekundären Metaboliten?
5. Warum ist die Tertiärstruktur eines Enzyms in Bezug auf enzymkatalysierte Reaktionen wichtig?
6. Worin besteht der Unterschied zwischen kinetischer und potenzieller Energie?
7. Worin unterscheiden sich endergone Reaktionen von exergonen Reaktionen?
8. Was sind Redoxreaktionen?
9. Wie ist ATP aufgebaut und auf welche Weise liefert ATP Energie?
10. Worin liegt die Bedeutung von Elektronenüberträgern wie NADH bei chemischen Reaktionen?
11. Warum sind Enzyme für den Zellstoffwechsel essenziell?
12. Erklären Sie, wie Enzyme wirken.
13. Was sind Cofaktoren und warum sind sie für die menschliche Ernährung wichtig?
14. Beschreiben Sie, wie ein Inhibitor die Wirkung eines Enzyms hemmen kann.

GRUNDLAGEN DER PFLANZENBIOCHEMIE

Diskussionsfragen

1 Wie könnten Biotechnologen Pflanzen züchten, die adäquate Mengen aller essenziellen Aminosäuren enthalten?

2 Warum nimmt Ihrer Ansicht nach die Entropie des Universums allmählich zu?

3 Wie würde es sich auf Zellen auswirken, wenn zum Ablauf von Reaktionen keine Aktivierungsenergie aufgebracht werden müsste?

4 Wissenschaftler glauben, dass sich die Fähigkeit zur Fortbewegung, Nervensysteme, Gehirne und das Lernen entwickelten, weil sich Tiere bewegen, um Nahrung zu finden. Welche Eigenschaften könnte eine Pflanze haben, die dazu in der Lage wäre, sich wie ein Tier zu bewegen?

5 Benutzen Sie das in diesem Kapitel verwendete Symbol für Phospholipide, um zu zeigen, wie eine Phospholipidmischung, die sowohl gesättigte als auch ungesättigte Fettsäurekomponenten enthält, der Bildung einer dichten Packung von Phospholipiden vorbeugt, wie sie in Membranen auftritt, die nur gesättigte Fettsäuren enthalten. (Erinnern Sie sich daran, dass dieses Fehlen der dichten Packung bei Pflanzenfetten, die einen signifikanten Anteil ungesättigter Fettsäuren haben, dazu führt, dass sie bei Zimmertemperatur flüssig sind, während tierische Fette, die im Wesentlichen nur gesättigte Fettsäuren enthalten und dichte Packungen bilden können, bei dieser Temperatur fest sind.)

Zur Evolution

Ein wichtiger Unterschied zwischen Tieren und Pflanzen hinsichtlich der Biochemie besteht darin, dass Pflanzen ein wesentlich breiteres Spektrum von sekundären Metaboliten bilden als Tiere. Etliche Klassen dieser Metabolite wurden besprochen. Überlegen Sie sich Gründe, warum diese biosynthetische Kapazität bei Pflanzen einen Anpassungswert darstellt, bei Tieren jedoch scheinbar nicht.

Weiterführendes

Weitere Informationen zu diesem Buchkapitel finden Sie auf der Companion Website unter http://www.pearson-studium.de.

Buchanan, Bob B., Wilhelm Gruissem, L. Russel Jones. Biochemistry and Molecular Biology of Plants. New York: John Wiley & Sons, 2002. *Dieses Buch ist aktuell, wissenschaftlich anspruchsvoll und enthält einfach alles.*

Edelson, Edward. Francis Crick & James Watson and the Building Blocks of Life (Oxford Protraits in Science). New York: Oxford University Press, 2000. *Diese eindrucksvolle Biographie von Watson und Crick untersucht die Struktur der DNA, dem Molekül, aus dem die Gene bestehen und das alles bestimmt, von der Augenfarbe bis zur Form unserer Fingernägel.*

Gilbert, F. Hiram, Hrsg. Basic Concepts in Biochemistry: A Student's Survival Guide. New York: McGraw-Hill Professional, 1999. *Dieses Buch hebt sich durch die Behandlung fundamentaler Konzepte anhand von Algorithmen, Gedächtnisstützen und klinischen Beispielen hervor, die in einer einfachen, jargonfreien Sprache wiedergegeben werden.*

Watson, D. James und Lawrende Bragg. Die Doppelhelix. Rowohlt, 1997. *Dieses Buch erzählt die wissenschaftlichen und persönlichen Aspekte der Entdeckung.*

Watson, D. James. Gene, Girls und Gamow. Erinnerungen eines Genies. Piper, 2005. *Die Geschichte der Entdeckung der Doppelhelix geht auch im 21. Jahrhundert weiter.*

Photosynthese

8.1	Ein Überblick über die Photosynthese	209
8.2	Die Umwandlung der Lichtenergie in chemische Energie: Die Lichtreaktionen	212
8.3	Die Umwandlung von CO_2 in Zucker: Der Calvin-Zyklus	218
	Zusammenfassung	227
	Verständnisfragen	229
	Diskussionsfragen	229
	Weiterführendes	230

8 PHOTOSYNTHESE

> Zuckerrohr ist eine mehrjährige tropische Pflanze, die bis zu 5 Meter hoch wächst. Sie wurde in Asien und in Amerika viele Tausende Jahre lang als Zuckerquelle kultiviert. Im Jahr 510 v. Chr. sah sie der Persische König Darius I. am Flussufer des Indus wachsen. Später brachte Alexander der Große (356–332 v. Chr.) die Pflanze von Indien nach Griechenland. Sowohl die Perser als auch die Griechen waren überrascht, eine Pflanze zu finden, die ein Süßungsmittel produzierte, ohne dass man Bienen brauchte, um Honig zu gewinnen. Auch die Chinesen hatten bereits Jahrtausende, bevor Marco Polo auf seinen Reisen im 13. Jahrhundert in China große Zuckermühlen fand, Zucker aus Zuckerrohr extrahiert.
>
> Die im 15. und 16. Jahrhundert von Europa ausgehenden Erkundungszüge Amerikas machten viele Europäer mit der Gewinnung von Zucker aus Zuckerrohr vertraut. Christopher Columbus brachte die Pflanze in die Karibik und etablierte dort den Zuckerrohranbau, der auch heute noch (siehe Foto oben) betrieben wird. Zucker wurde zu einem weltweit beliebten und teuren Honigersatz und war ein sicheres Zeichen für Wohlstand.
>
> Leider erfuhr der Sklavenhandel in Amerika durch den Bedarf von Arbeitskräften für die Zuckerplantagen in Mittelamerika, der Karibik und den südlichen britischen Kolonien, aus denen später die Vereinigten Staaten entstanden, einen enormen Aufschwung. Eine unersättliche süße Leidenschaft machte Europa zum größten Absatzmarkt für Zucker. Im 16. und 17. Jahrhundert war Zucker ein Schlüsselelement im so genannten Dreieckshandel, der Rohrzucker und Rum (aus Zuckerrohr gewonnen) aus Amerika nach Europa brachte; Werkzeuge, Waffen und andere Handelsgüter kamen aus Europa nach Afrika – und schließlich mehr als 11 Millionen versklavte Afrikaner nach Amerika. Es ist tragisch festzustellen, dass die Süße des Zuckers eine Wendung im Lauf der Geschichte und im Leben so vieler versklavter Afrikaner herbeiführte.
>
> Schließlich unterlief eine billigere Zuckerquelle den Markt für Rohrzucker. Im Jahr 1744 entdeckte ein deutscher Chemiker, Andreas Markgraf, Zucker im Saft einer bestimmten Rübensorte (Beta vulgaris, siehe Foto unten). Durch eher zufällige Selektion kamen Züchter letztlich zu Zuckerrüben mit merklich erhöhter Zuckerkonzentration. Im Verlauf der nächsten 50 Jahre stieg die Zuckerrübenproduktion in Mitteleuropa. Im Jahr 1802 wurde in Deutschland die erste große Zuckerrübenfabrik gebaut. Zu dieser Zeit führte die Zuckergewinnung aus Zuckerrüben in etlichen europäischen Ländern zu einem langsamen Rückgang des Marktes für den teureren Rohrzucker, der aus Amerika mit dem Schiff importiert wurde. Dies wiederum spielte eine Rolle bei der Abschaffung der Sklaverei in Amerika.
>
> Die Bedeutung von Zucker in der Geschichte der Menschheit erinnert uns an die zentrale Rolle, die Pflanzen als Nahrungsquelle für uns spielen. Wie Sie wissen, hängen Menschen und andere Tiere in Bezug auf ihre Nahrung letztlich von der Photosynthese ab. Insbesondere Zucker wird als unmittelbares Produkt der Photosynthese gebildet und dient sowohl als Energiequelle als auch als Lieferant organischer Moleküle für alle Lebewesen. Das Verständnis der Photosynthese und der Schutz der Pflanzen und anderer Organismen, die diese betreiben, ist deshalb von grundlegendem Interesse.

Ein Überblick über die Photosynthese 8.1

Die Photosynthese stellt die grundlegenden organischen Moleküle her, die eine Pflanze zum Überleben, zum Gedeihen und zur Fortpflanzung braucht. Allgemein lässt sich sagen, dass Photosynthese betreibende Organismen das Leben der anderen Organismen erst ermöglichen.

Die Photosynthese als Grundlage allen Lebens

Ob es Ihnen gefällt oder nicht, Ihre molekularen Bestandteile ähneln denen von Brokkoli und Regenwürmern sehr stark. Alle Organismen benutzen organische Moleküle auf Kohlenstoffbasis als Bausteine, aus denen sie sich zusammensetzen und die ihrer Erhaltung dienen. In nahezu allen Fällen ist die Photosynthese die eigentliche Quelle dieser Moleküle. Pflanzen, Algen und Photosynthese betreibende Bakterien stützen sich natürlich direkt auf die Photosynthese und werden als **autotroph** bezeichnet, weil sie ihre eigene Nahrung herstellen (▶ Abbildung 8.1). Da sie ihre Energie aus dem Licht beziehen, werden sie als **photoautotroph** bezeichnet. Nur wenige Organismen, im Wesentlichen Bakterien, sind ebenfalls autotroph, sie benötigen also anorganische Stoffe, wie beispielsweise CO_2, beziehen jedoch die Energie zur Synthese der organischen Moleküle aus chemischen (exergonen) Reaktionen und werden als **chemoautotroph** bezeichnet. Die meisten Lebensformen, die keine Photosynthese betreiben, wie Tiere und Pilze, sind heterotroph: Sie sind vollkommen auf andere Organismen angewiesen, wenn es um organische Moleküle zum Aufbau ihres Körpers, die Energie für Körperfunktionen und Sauerstoff geht. Sie können so viel Kohlendioxid (CO_2) aufnehmen, wie Sie wollen – das sind die Blasen in Ihrem Mineralwasser –, doch als Tier können Sie dieses CO_2 nicht benutzen, um organische Moleküle zu bilden. Aber Pflanzen können CO_2 durch Photosynthese in Zucker verwandeln, welche die Grundlage für Tausende anderer organischer Moleküle bilden, aus denen alle Lebewesen bestehen.

Da die meisten heterotrophen Lebewesen hinsichtlich ihrer Ernährung entweder direkt oder indirekt von Photosynthese betreibenden Organismen abhängen, stehen Photosynthese betreibende Organismen am Anfang fast jeder Nahrungskette. Bei terrestrischen

Abbildung 8.1: Photosynthese betreibende Organismen. Photosynthese betreibende Arten – zu denen die meisten Pflanzen, Algen und einige Bakterien gehören – verwenden Sonnenenergie, um organische Moleküle zu bilden.

Nahrungsketten fressen Landtiere entweder Pflanzen oder andere Tiere, die Pflanzen gefressen haben. Rinder ernähren sich beispielsweise von Gras, und Menschen verzehren Rindfleisch. Unterdessen nehmen Pilze energiereiche Verbindungen aus den Überresten von Organismen auf, deren organische Kohlenstoffmoleküle ursprünglich von Pflanzen und anderen Photosynthese betreibenden Organismen gebildet wurden. Bei aquatischen Nahrungsketten fressen Tiere Algen oder Tiere, die Algen gefressen haben. Seeigel fressen beispielsweise Algen, und Seeotter fressen Seeigel.

Jedes Kohlenstoffatom in Ihrem Körper war zu irgendeinem zurückliegenden Zeitpunkt Bestandteil eines Photosynthese betreibenden Organismus und wurde ursprünglich von diesem Organismus als CO_2 aufgenommen und mithilfe der Energie des Son-

8 PHOTOSYNTHESE

DIE WUNDERBARE WELT DER PFLANZEN
Pflanzen, die keine Photosynthese betreiben

Einige Pflanzen betreiben tatsächlich keine Photosynthese, sie leben als Vollparasiten, sie nehmen also organische Nahrung auf. Der Fichtenspargel (*Monotropa hypopitus*) ist eine schmarotzende Blütenpflanze. Es ragen nur die blühenden Stängel aus dem Erdboden heraus, die jedoch keine Photosynthese betreiben. Der Rest der Pflanze lebt unterirdisch. Die Pflanze nimmt Nährstoffe aus den Zellfäden der Mykorrhizapilze der in der Umgebung wachsenden Pflanzen auf.

Die Sommerwurz (siehe Foto) gehört einer anderen Gattung (*Orobanche*) von parasitischen Blütenpflanzen an, denen das Blattgrün völlig fehlt und die daher zur Ernährung auf organische Stoffe angewiesen sind, die sie mithilfe von Senkwurzeln (Haustorien) aus dem Phloem in den Wurzeln anderer Pflanzen entnehmen.

Die Schuppenwurz (*Lathraea squamaria*) ist ebenfalls ein Vollschmarotzer ohne Blattgrün. Auch er gehört zu den Sommerwurzgewächsen wie Orobanche. In diesem Fall zapfen die Pflanzen jedoch das Xylem ihrer Wirtspflanzen an, und zwar im Frühjahr, wenn bei den Wirtspflanzen Hasel, Erle, Pappel, Buche und Weide der „Blutungssaft" aufsteigt, der stark zuckerhaltig ist (wie es uns vom Zuckerahorn bereits vertraut ist).

---

nenlichts verarbeitet. Die durch Photosynthese hergestellten kohlenstoffhaltigen Moleküle stellen mehr als 94 Prozent des Trockengewichts aller Lebewesen. Durch Kombination mit Mineralstoffen aus dem Erdboden werden viele verschiedene Arten von Molekülen gebildet, die man in Lebewesen findet. Wenn diese sterben, zerfällt ihr Körper letztlich zu CO_2, Wasser und einigen Mineralstoffen. Diese Substanzen werden dann bei der Photosynthese wieder benutzt.

Die Photosynthese erhält außerdem das Leben, indem sie Sauerstoff (O_2) freisetzt. Im Jahr 1771 benutzte der englische Theologe und Wissenschaftler Joseph Priestley Experimente mit einem abgeschlossenen Behälter, um zu zeigen, dass Pflanzen Luft „reinigen", weil durch ihre Wirkung in diesem Behälter eine Kerze brennen und eine Maus überleben konnte. Später entdeckte er Sauerstoff. In einem Zitat, das aus einer Rede im Zusammenhang mit einer Auszeichnung für diese Entdeckung stammt, heißt es: „Aufgrund dieser Entdeckungen können wir sicher sein, dass kein Gemüse vergeblich wächst …, sondern unsere Atmosphäre reinigt und aufbereitet." Später, im Jahr 1779, wiederholte und erweiterte ein dänischer Physiker, Jan Ingenhousz, Priestleys Beobachtungen, indem er zeigte, dass Sauerstoff von Pflanzen nur in der Anwesenheit von Sonnenlicht und ausschließlich von grünen Pflanzenteilen freigesetzt wird.

CO$_2$-Assimilation

Die Photosynthese findet bei Pflanzen und Algen in den Zellorganellen statt, die man als **Chloroplasten** bezeichnet (siehe Kapitel 2). Mit einem typischen Durchmesser von 3 bis 5 µm können die Chloroplasten kugelförmig oder langgestreckt sein. Am häufigsten kommen sie im Blattgewebe vor, wo eine typische Zelle zwischen 5 und 50 Chloroplasten enthält.

Die Prozess, bei dem die Energie des Sonnenlichts dazu benutzt wird, CO_2 in Zucker umzuwandeln, besteht aus zwei Reaktionsfolgen: den Lichtreaktionen und dem Calvin-Zyklus (▶ Abbildung 8.2). Die **Lichtreaktionen**, die in den Thylakoidmembranen der Chloroplasten stattfinden, bilden den „*Photo*-Teil" der Photosynthese, weil dabei Lichtenergie eingefangen wird. Sie benutzen Lichtenergie und H_2O, um chemische Energie in Form von ATP und NADPH zu erzeugen, und sie setzen O_2 als Nebenprodukt frei. Im **Calvin-Zyklus**, dem „*Synthese*-Teil" der Photosynthese, werden Triosephosphate aufgebaut (synthetisiert), wobei ATP und NADPH aus den Lichtreaktionen und CO_2 aus der Luft verbraucht wird. Der Calvin-Zyklus findet im Stroma der Chloroplasten statt. Das ist der Bereich, der die Thylakoide umgibt.

Die während des Calvin-Zyklus gebildeten einfachen Triosephosphate werden zu Bausteinen komplexerer Moleküle, wie beispielsweise Glucose ($C_6H_{12}O_6$). Die Photosynthese kann, bezogen auf die bei der Bildung eines Glucosemoleküls (Hexose aus sechs C-Atomen) benötigten CO_2- und H_2O-Mengen, folgendermaßen zusammengefasst werden:

$$6CO_2 + 12H_2\mathbf{O} + \text{Lichtenergie} \rightarrow$$
$$C_6H_{12}O_6 + 6\mathbf{O}_2 + 6H_2O$$

Die fett hervorgehobenen Teile in dieser Gleichung sollen verdeutlichen, dass die Sauerstoffatome des H_2O schließlich die O_2-Moleküle bilden. Wir können

8.1 Ein Überblick über die Photosynthese

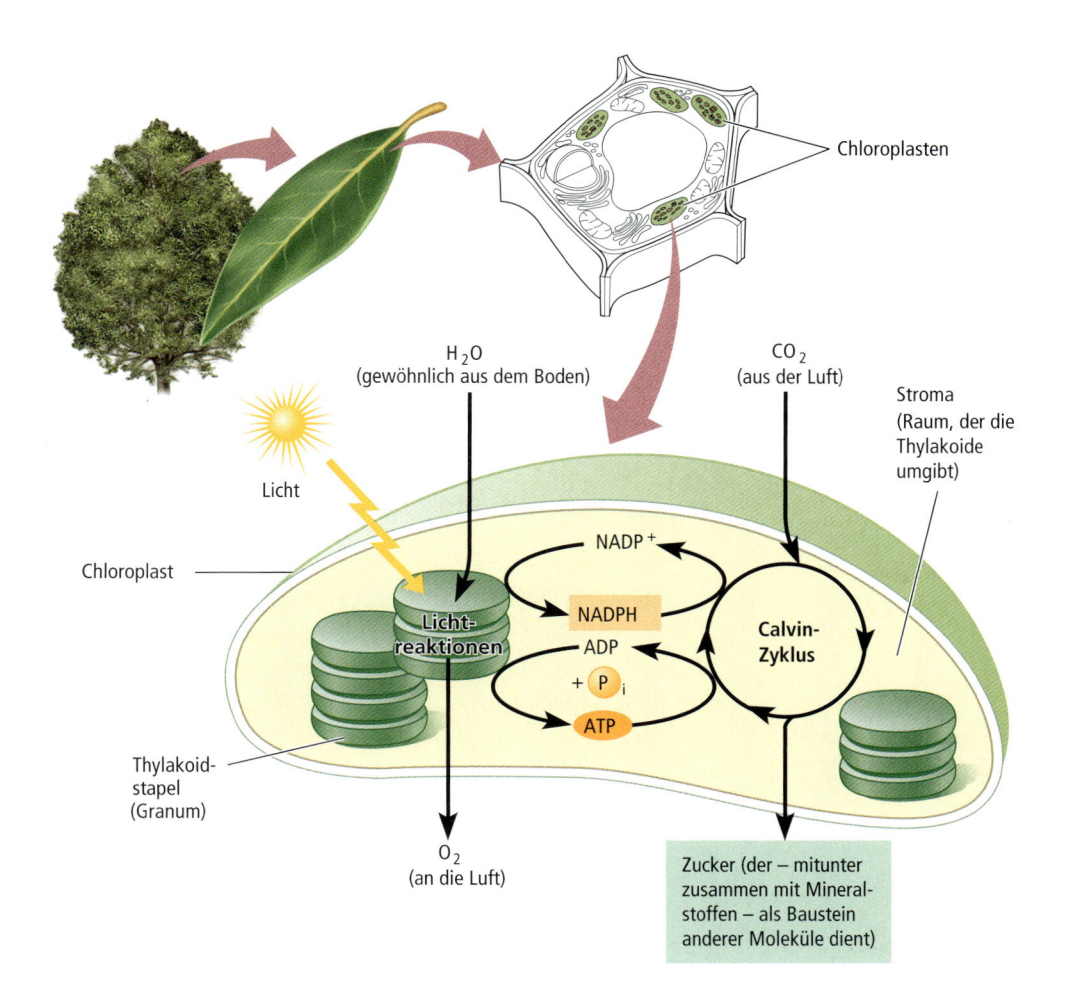

Abbildung 8.2: Ein Überblick über die Photosynthese. Bei den Lichtreaktionen wird Chlorophyll benutzt, um die Lichtenergie einzufangen, die auf ATP und NADPH als vom Wasser bereitgestellte Elektronen übertragen wird. Im Calvin-Zyklus werden ATP, NADPH und CO_2 benutzt, um Triosephosphate zu bilden, aus denen dann komplexere Moleküle synthetisiert werden.

die Formel vereinfachen, indem wir nur den H_2O-Nettoverbrauch berücksichtigen:

$$6 CO_2 + 6 H_2O + \text{Lichtenergie} \rightarrow C_6H_{12}O_6 + 6 O_2$$

Diese Formel zeigt, dass CO_2, Wasser und Lichtenergie benutzt werden, um Zucker und Sauerstoff zu bilden. Wir können noch weiter vereinfachen, indem wir die letzte Gleichung durch 6 teilen. Dann erhalten wir die Grundformel für die Bildung von Zucker und anderen Kohlenhydraten (Molekülen mit der Grundstruktur CH_2O) bezogen auf ein Kohlenstoffatom:

$$CO_2 + H_2O + \text{Lichtenergie} \rightarrow CH_2O + O_2$$

Zusammenfassend lässt sich sagen, dass durch die Photosynthese die Energie des Sonnenlichts eingefangen und dazu benutzt wird, aus CO_2 Zucker aufzubauen. Wir werden uns später in diesem Kapitel auch spezielle Reaktionen dieses Prozesses genauer ansehen.

Photosynthese und Atmung als gegenläufige Prozesse

Bevor wir uns mit den Lichtreaktionen und dem Calvin-Zyklus beschäftigen, sollten wir uns ins Gedächtnis rufen, dass Photosynthese allein das Leben nicht aufrechterhält. Die Photosynthese bildet Nahrung, doch alle Organismen – ob sie nun Photosynthese betreiben oder nicht – müssen anschließend aus dieser Nahrung in einem Prozess Energie gewinnen, den man als **Atmung** bezeichnet. Bei der Atmung, die in den Mitochondrien stattfindet, bauen Organismen organische Moleküle unter Sauerstoffzufuhr ab und wandeln dabei die gespeicherte Energie wieder in ATP um. Die Zellen benutzen diese Energie, um Arbeit zu verrichten. Mit anderen Worten: Die Atmung entnimmt der durch die Photosynthese gebildeten Nahrung Energie. Jeder Prozess hängt von den Produkten des anderen ab: Die Atmung verbraucht Zucker und O_2, um CO_2, H_2O und ATP zu

8 PHOTOSYNTHESE

Abbildung 8.3: Die gegenseitige Abhängigkeit von Photosynthese und Atmung. Die Produkte der Photosynthese – Zucker und O_2 – werden bei der Atmung zur Bildung von ATP benutzt, das den überwiegenden Teil der in den Zellen stattfindenden Arbeit antreibt. Die Nebenprodukte der Atmung – CO_2 und H_2O – werden bei der Photosynthese benutzt.

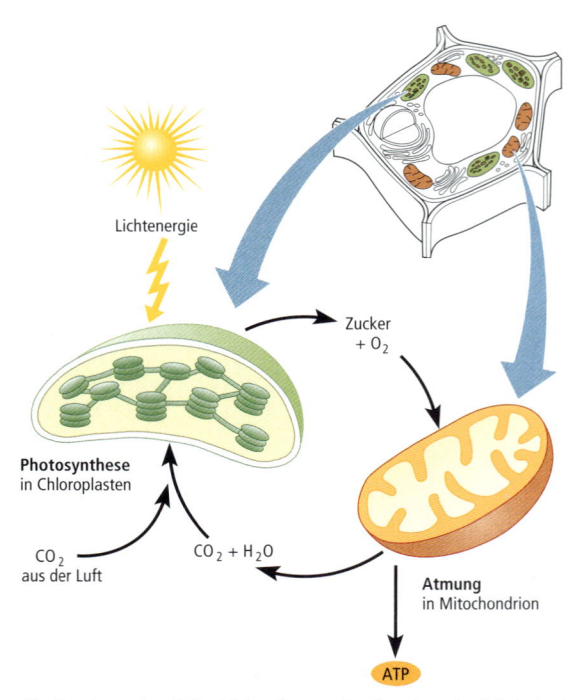

Die Energie aus dem ATP wird dazu benutzt, den überwiegenden Teil der in der Zelle verrichteten Arbeit anzutreiben, wie beispielsweise die Bildung organischer Moleküle. Energie verlässt die Pflanze auch in Form von Wärme.

bilden; bei der Photosynthese werden CO_2 und H_2O umgesetzt, um Zucker und O_2 zu bilden (▶ Abbildung 8.3).

Die Atmung ist ein exergoner Prozess, der zu einer Nettofreisetzung von freier Energie in Form von ATP führt, während die Photosynthese ein endergoner Prozess ist, was sich in einer Nettozufuhr von freier Energie äußert. In Kapitel 9 werden wir uns damit beschäftigen, wie die Atmung Energie aus den organischen Molekülen zieht, die durch die Photosynthese gebildet wurden.

WIEDERHOLUNGSFRAGEN

1 Wie verschaffen sich Organismen, die keine Photosynthese betreiben, die lebensnotwendigen Kohlenstoffmoleküle?

2 Worin unterscheiden sich heterotrophe Lebewesen von autotrophen Lebewesen?

3 Fassen Sie kurz zusammen, wie sich die Photosynthese zur Atmung verhält.

Die Umwandlung der Lichtenergie in chemische Energie: Die Lichtreaktionen 8.2

Da das Sonnenlicht die Energie zum Betreiben der Photosynthese liefert, sind Organismen letztlich solarbetrieben. In den Lichtreaktionen wird die durch das Chlorophyll absorbierte Lichtenergie dazu benutzt, zwei energiereiche Verbindungen zu bilden: ATP und NADPH.

Die Rolle des Chlorophylls

Die Photosynthese wird erst durch Licht absorbierende Moleküle möglich, die man als **Pigmente** bezeichnet. Die Pigmenttypen, die Lichtenergie für die Verwendung bei der Photosynthese absorbieren, sind entweder an den Thylakoidmembranen der Chloroplasten angebracht oder ein Teil davon. Das Pigment, das unmittelbar an den Lichtreaktionen beteiligt ist, ist das grüne Pigment **Chlorophyll** (▶ Abbildung 8.4).

Jeder Photosynthese betreibende Pigmenttyp absorbiert Licht einer bestimmten Wellenlänge. Sichtbares Licht und alle anderen Formen elektromagnetischer Strahlung bewegen sich als Pakete durch den Raum, die man als **Photonen** bezeichnet. Ihr Energiegehalt variiert in Abhängigkeit von ihrer Wellenlänge. Ein Photon mit einer kürzeren Wellenlänge hat mehr Energie als ein Photon mit einer längeren Wellenlänge (▶ Abbildung 8.5a). Beispielsweise enthalten Photonen blauen Lichts mehr Energie als Photonen roten Lichts. Chlorophyll absorbiert Photonen der roten und blauen Bereiche des sichtbaren Spektrums, der grüne Teil wird dagegen entweder hindurchgelassen oder reflektiert (▶ Abbildung 8.5b). Mit anderen Worten: Die grüne Farbe bleibt übrig, nachdem Chlorophyll das für die Lichtreaktionen der Photosynthese benötigte Licht absorbiert hat. Infolge der Tatsache, dass die Thylakoidmembranen grünes Licht reflektieren, erscheinen die Photosynthese betreibenden Teile von Pflanzen – Blätter und einige Sprossachsen – typischerweise grün.

Es gibt zwei wesentliche Chlorophylltypen in Pflanzen und grünen Algen, die als Chlorophyll *a* und Chlorophyll *b* bezeichnet werden. Bei Pflanzen ist **Chlorophyll *a*** unmittelbar an den Lichtreaktionen beteiligt. Es absorbiert vorrangig Licht aus den blauvioletten und den roten Bereichen des Spektrums und erscheint dunkelgrün, weil es grünes Licht im Wesent-

8.2 Die Umwandlung der Lichtenergie in chemische Energie: Die Lichtreaktionen

Abbildung 8.4: Der Aufenthaltsort und die Struktur von Chlorophyll. Die Photosynthese in Pflanzen und Algen findet innerhalb von Organellen statt, die als Chloroplasten bezeichnet werden. Bei Pflanzen findet man sie in den Zellen der Blätter und in grünen Sprossachsen. Innerhalb der Chloroplasten sind membrangebundene Strukturen, die Thylakoide, zu Grana übereinandergestapelt. Die Thylakoidmembranen absorbieren Licht durch Pigmentcluster, wobei das grüne Pigment Chlorophyll *a* unmittelbar an den Lichtreaktionen beteiligt ist.

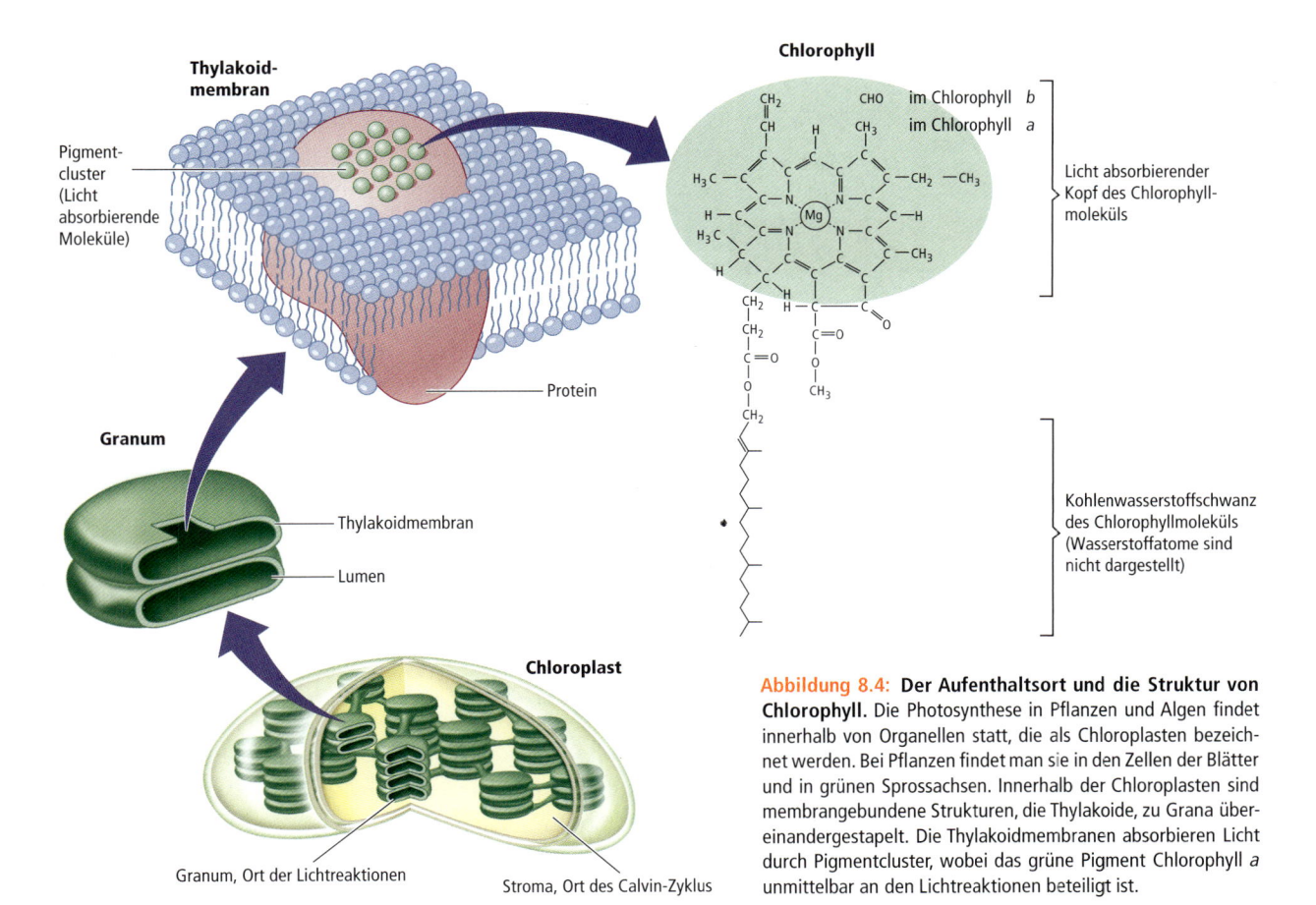

lichen reflektiert. Bei der Photosynthese verliert ein Elektron des Chlorophyll *a*, das ein Photon aus dem blauen Spektrum absorbiert hat, die zusätzliche Energie als Wärme und erreicht dadurch einen Zustand mit derselben Energie, die ein Elektron aufweisen würde, das ein Photon aus dem roten Teil des Spektrums absorbiert hat. Mit anderen Worten: Blaues Licht wird bei der Photosynthese in Pflanzen nicht unmittelbar verwendet. **Chlorophyll *b*** nimmt nicht unmittelbar an den Lichtreaktionen teil. Stattdessen überträgt es die absorbierte Energie an die direkt beteiligten Chlorophyll-*a*-Moleküle. Chlorophyll *b* wird deshalb als ein **Hilfspigment (akzessorisches Pigment)** bezeichnet. Einige andere Hilfspigmente, als Carotinoide bezeichnet, absorbieren hauptsächlich blau-grünes Licht und reflektieren gelbes oder gelb-oranges Licht. Bei Pflanzen sind diese Hilfspigmente gewöhnlich so lange nicht sichtbar, bis das Chlorophyll in den Blättern abgebaut wird, was beispielsweise im Herbst der Fall ist, wenn die Blätter von Laubbäumen die Farbe wechseln. Es sind die Carotinoide, die zur herbstlichen Blattfärbung führen, wenn die kürzeren Tage und die kühleren Temperaturen die Photosynthese verlangsamt haben und Chlorophyll zerstört wurde.

Die Messung der O_2-Produktion als Funktion der Wellenlänge offenbart das **Wirkungsspektrum** der Photosynthese – das ist ein Profil, das zeigt, wie effizient unterschiedliche Lichtwellenlängen die Photosynthese antreiben. Das Wirkungsspektrum der Photosynthese besitzt Maxima in den blauen und roten Bereichen des Spektrums, die eng mit dem **Absorptionsspektrum** von Chlorophyll zusammenhängen – dem Bereich, in dem die Pigmente in der Lage sind, Licht bestimmter Wellenlänge zu absorbieren. Diese Korrelation zeigt, dass Chlorophyll das hauptsächlich an der Photosynthese beteiligte Pigment ist (▶ Abbildungen 8.5b und c). Das Wirkungsspektrum der Photosynthese kann auch veranschaulicht werden, indem man Sauerstoff verbrauchende Bakterien entlang eines Streifens aus Photosynthese betreibenden Algen platziert. Anschließend setzt man die Algen unterschiedlichen Lichtwellenlängen aus. Die Bakterien sammeln sich an den Stellen, an denen O_2 als Nebenprodukt der Photosynthese freigesetzt wird, nämlich in den Bereichen, die von

8 PHOTOSYNTHESE

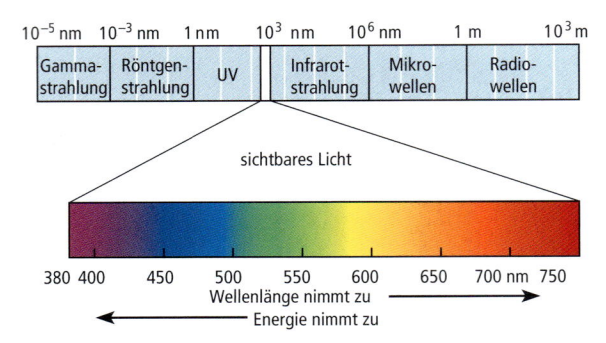

(a) Elektromagnetisches Spektrum.

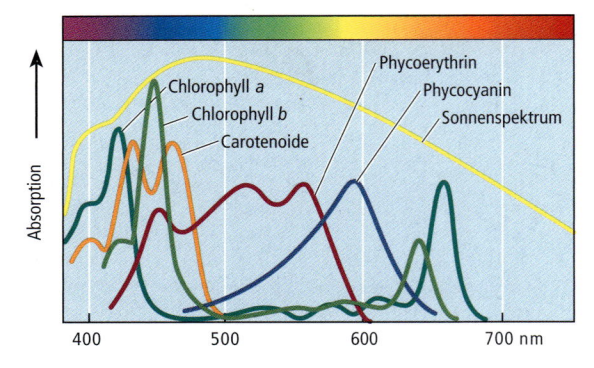

(b) Absorption durch Pigmente.

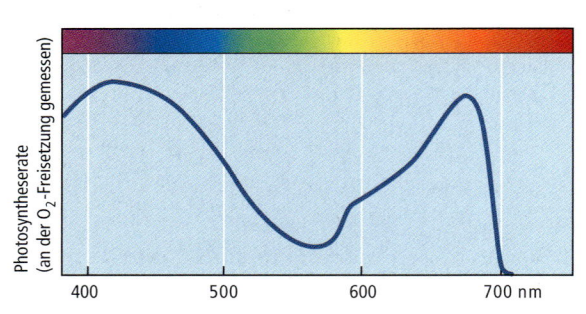

(c) Wirkungsspektrum.

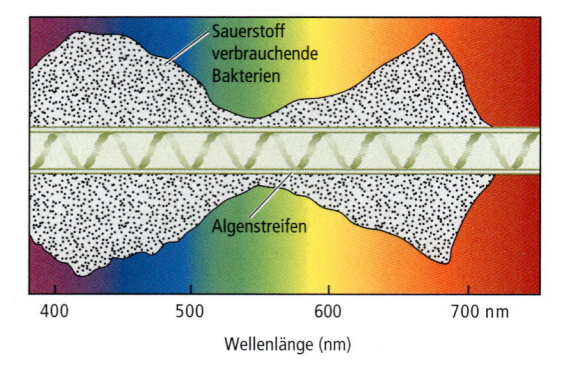

(d) Engelmann'sches Experiment.

blauem und rotem Licht getroffen wurden (siehe Abbildung 8.5b).

Man könnte sich die berechtigte Frage stellen, warum die Photosynthese nicht das gesamte Lichtspektrum ausnutzt. In diesem Fall würden die Pflanzen schwarz erscheinen. Eine mögliche Antwort könnte sein, dass es in der Frühgeschichte der Erde, vor mehr als 2,5 Milliarden Jahren, einige andere Lebensformen gab, die zuerst grünes Licht absorbierten, das dann bei der Photosynthese nicht mehr verfügbar war. Möglicherweise schwammen diese Lebensformen auf der Wasseroberfläche der Ozeane, wo sie am besten an Licht gelangen konnten. Beispielsweise absorbiert das prokaryotische *Halobacterium* grünes Licht. Einige Photosynthese betreibende Prokaryoten, die so genannten *Cyanobakterien*, absorbieren vorrangig Licht aus den grünen, aber auch aus den blauen Bereichen des Spektrums.

Photosysteme

In den Thylakoidmembranen bilden Chlorophyll *a*, Chlorophyll *b* und andere Pigmente, wie beispielsweise Carotinoide, zusammen mit zugehörigen Proteinmolekülen Pigmentcluster, von denen jedes aus etwa 200 bis 300 Pigmentmolekülen besteht. Experimente deuten darauf hin, dass die Lichtreaktionen in jedem Cluster durch ein Chlorophyll *a*-Molekül ausgelöst werden, das die Energie eines Photons absorbiert und anschließend ein Elektron abgibt, das dann von einem als primärer Elektronenakzeptor bezeichneten Molekül absorbiert wird. Das Chlorophyll *a*-Molekül und der primäre Elektronenakzeptor werden insgesamt als **Reaktionszentrum** bezeichnet. Das Reaktionszentrum und die Hilfspigmente in jedem Cluster arbeiten als eine Licht erntende Einheit zusammen, die als **Photosystem** bezeichnet wird (▶ Abbildung 8.6).

Es gibt zwei Arten von Photosystemen, die als Photosystem I und Photosystem II bezeichnet werden. Die Nummerierung spiegelt die Reihenfolge wider, in der sie entdeckt wurden. Das Photosystem I enthält nur wenig Chlorophyll *b*, während das Photosystem II mehr Chlorophyll *b* enthält, nahezu die gleiche Menge wie Chlorophyll *a*. Diese Photosysteme kommen in der ge-

Abbildung 8.5: Chlorophyll absorbiert Licht. (a) Das elektromagnetische Spektrum enthält ein relativ enges Band sichtbaren Lichts. (b) Chlorophyll absorbiert sowohl im blauen als auch im roten Bereich des Spektrums, lässt aber grünes Licht hindurch. (c) Das Wirkungsspektrum der Photosynthese entspricht dem Absorptionsspektrum von Chlorophyll und Hilfspigmenten. (d) Im Jahr 1883 brachte Thomas Engelmann einzellige, Sauerstoff verbrauchende Bakterien entlang eines Photosynthese betreibenden Algenfadens aus. Die Bakterien vermehrten sich in den Bereichen, in denen die Algenzelle blaues oder rotes Licht von einem Prisma erreichte. Auf diese Weise demonstrierte er, welche Lichtwellenlängen zur Bildung von Sauerstoff durch Antreiben der Photosynthese führten. Wie Sie sehen können, korreliert die Verteilung der Bakterien mit dem Wirkungsspektrum der Photosynthese.

8.2 Die Umwandlung der Lichtenergie in chemische Energie: Die Lichtreaktionen

Das Chlorophyll a-Molekül im Reaktionszentrum absorbiert Licht mit einer etwas geringeren Wellenlänge (geringerer Energie), als es Chlorophyll üblicherweise tut. Im Photosystem II wird das Chlorophyll a-Molekül im Reaktionszentrum als P680 bezeichnet, wobei das P für Pigment steht. Die Zahl kennzeichnet, dass es Licht der Wellenlänge 680 nm am besten absorbiert. Im Photosystem I heißt das Chlorophyll a-Molekül im Reaktionszentrum P700, weil es Licht mit einer Wellenlänge von 700 nm am besten absorbiert. Infolge der Energieübertragung durch die Antennen-Pigmentmoleküle erreicht das Chlorophyll a-Molekül im Reaktionszentrum wesentlich mehr Energie als es, auf sich allein gestellt, hätte absorbieren können. Jedes Mal, wenn das Chlorophyll a-Molekül im Reaktionszentrum angeregt wird, wird ein energiereiches Elektron auf den primären Elektronenakzeptor übertragen.

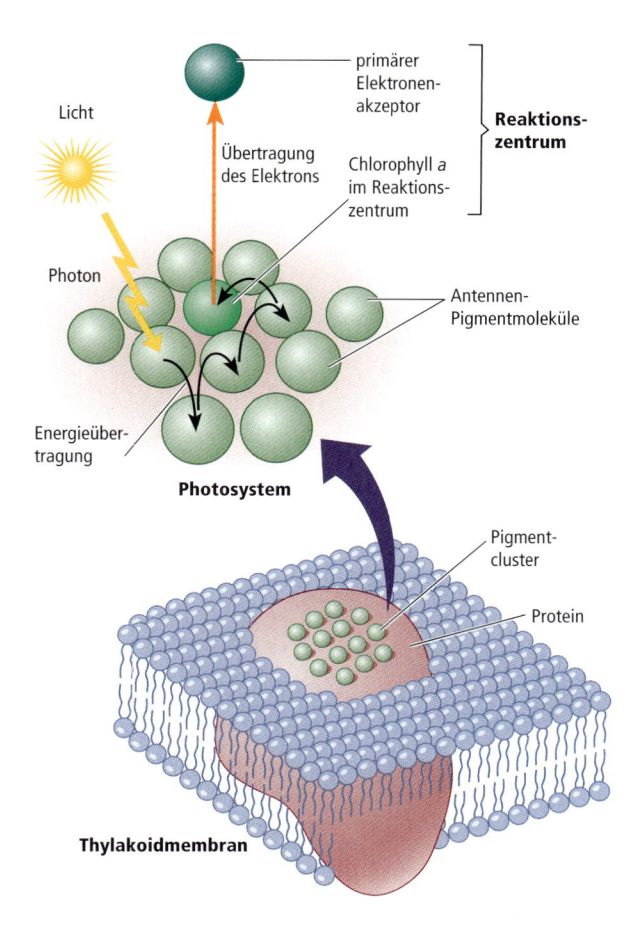

Abbildung 8.6: Jedes Photosystem ist ein Licht sammelnder Komplex. Ein Photosystem besteht aus einem Reaktionszentrum und Antennen-Pigmentmolekülen, die Lichtenergie zum Chlorophyll a-Molekül im Reaktionszentrum übertragen. Das Reaktionszentrum enthält auch einen primären Elektronenakzeptor. Die Lichtenergie bewirkt, dass vom Chlorophyll a ein Elektron abgegeben und vom primären Elektronenakzeptor aufgenommen wird. Dieser Prozess findet in jedem Photosystem wiederholt statt.

Lichtreaktionen

Die beiden Licht absorbierenden Photosysteme werden zickzackartig miteinander verbunden, was man mitunter als Z-Schema bezeichnet (▶ Abbildung 8.7). Das Z-Schema besteht aus einer Reihe von Elektronenüberträgern, meist an Proteine gebunden, die einen Weg für die Bewegung von Elektronen bilden. Denken Sie immer daran, dass dieser Weg innerhalb einer Thylakoidmembran tausendfach vorkommt. Die Bewegung der Elektronen in jedem Z-Schema macht die Lichtreaktionen aus.

Wir werden nun dem Energiefluss folgen, um zu verstehen, wie es durch die Lichtreaktionen zur Bildung von O_2, ATP und NADPH kommt. Die Schritte stimmen mit denen in Abbildung 8.7 überein. Obwohl jeweils nur ein Elektron auf einmal die Lichtreaktionskette durchläuft, zeigt die Abbildung zwei Elektronen. Das ist die Anzahl von Elektronen, die am Ende der Lichtreaktionen gebraucht werden, um ein $NADP^+$-Molekül in ein NADPH-Molekül zu verwandeln.

1 Wenn die Lichtenergie das Chlorophyll a im Reaktionszentrum erreicht, wird ein Elektron im Chlorophyll a-Molekül angeregt. Dieses Elektron wird auf den primären Elektronenakzeptor übertragen.

2 Jedes freigesetzte Elektron wird schnell durch ein Elektron aus H_2O ersetzt, nachdem ein Enzym ein H_2O-Molekül in 2 Elektronen, 2 Protonen (H^+) und ein Sauerstoffatom zerlegt hat. Chlorophyll a trägt eine positive Ladung, weil es ein Elektron verlo-

samten Thylakoidmembran vielfach vor. Die Hilfspigmente sind dabei wesentliche Komponenten. Die Chlorophyll a-Moleküle, welche die Lichtreaktionen auslösen, werden selten direkt von Photonen getroffen, weil sie nur weniger als ein Prozent der Pigmente im Photosystem ausmachen. Jedoch schleusen die Hilfspigmente die Energie aus den Photonen zum Chlorophyll a im Reaktionszentrum. Diese Hilfspigmente werden mitunter zusammen mit den Chlorophyll a-Molekülen, die Energie an das Chlorophyll a-Molekül im Reaktionszentrum übertragen, als Antennen-Pigmentmoleküle bezeichnet, weil sie wie Antennen wirken, die gleich einer Satellitenschüssel Energie sammeln und übertragen. Die Energie kann als angeregtes Elektron übertragen werden, oder die Energie wird von Molekül zu Molekül weitergegeben.

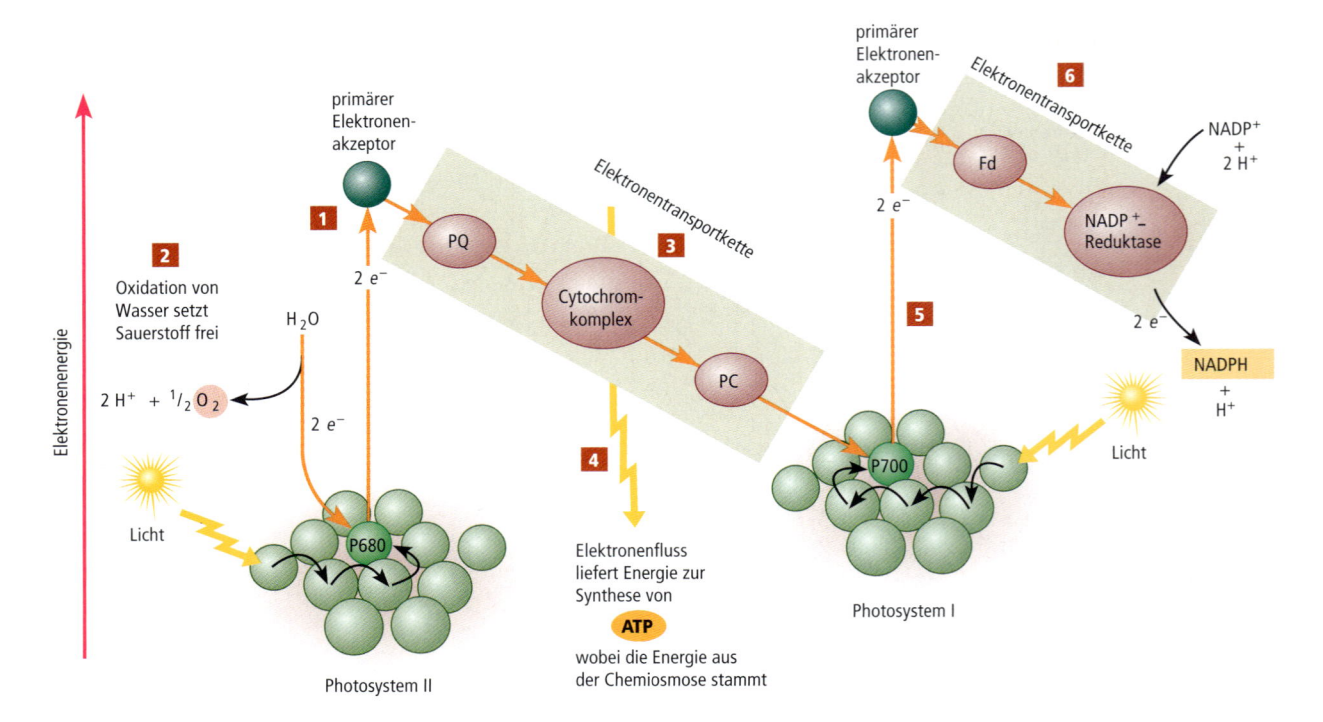

Abbildung 8.7: Bewegung der Elektronen bei den Lichtreaktionen. Dieses Zickzackdiagramm, als *Z*-Schema bezeichnet, gibt einen Überblick über den Energiefluss bei den Lichtreaktionen. Auf dem Weg durch die Elektronencarrier – Plastochinon (PQ), Cytochromkomplex, Plastocyanin (PC), Ferrodoxin (Fd) und NADP$^+$-Reduktase – wird jedes Elektron vom nachfolgenden Carrier stärker angezogen als vom vorhergehenden Carrier. Die nummerierten Schritte werden im Text beschrieben.

ren hat, so dass es das negativ geladene Elektron aus dem Wasser anzieht und das Elektron im Chlorophyll *a*-Molekül ersetzt. Darüber hinaus entsteht bei der Spaltung von Wasser Sauerstoff, wobei zwei H$_2$O-Moleküle gespalten werden müssen, damit ein O$_2$-Molekül freigesetzt wird (Photooxidation); dabei werden vier Elektronen in die Elektronentransportkette geschickt.

3 Jedes vom Chlorophyll *a*-Molekül freigesetzte Elektron passiert den primären Elektronenakzeptor und verliert auf dem Weg über eine Reihe von Elektronenüberträgern (Redoxcarrier), die eine **Elektronentransportkette** bilden, allmählich Energie. Die Bewegung von einem Carrier zum anderen erfolgt in einer Reihe von Oxidations-Reduktions-Reaktionen (Redoxreaktionen).

4 Die durch den energetisch abwärts verlaufenden Elektronenfluss freigesetzte Energie wird indirekt dazu benutzt, die Synthese von ATP anzutreiben, ein Prozess, den wir uns in Kürze genauer ansehen werden.

5 Jedes Elektron, das die Elektronentransportkette passiert, neutralisiert das positiv geladene Chlorophyll *a*-Molekül im Reaktionszentrum von Photosystem I. Dieses Chlorophyll *a*-Molekül ist positiv geladen, weil es durch die Absorption eines Photons bereits ein energiereiches Elektron abgegeben hat, das auf den primären Elektronenakzeptor übertragen wurde.

6 Jedes vom Photosystem freigesetzte Elektron bewegt sich schließlich durch eine weitere Elektronentransportkette. Der letzte Elektronencarrier in dieser Kette ist ein Enzym, das NADP$^+$ in NADPH umwandelt. Wie bereits mehrfach betont, müssen immer 2 Elektronen die Lichtreaktionskette passieren, damit ein NADPH erfolgreich synthetisiert werden kann.

Somit nutzen die Lichtreaktionen die in den Photosystemen freigesetzten energiereichen Elektronen zur Bildung von NADPH und ATP. Die Lichtreaktionen fangen 32 Prozent des durch Chlorophyll absorbierten Sonnenlichts ein, was sie effizienter macht als jedes vom Menschen konstruierte Energieumwandlungssystem. Beispielsweise konvertieren Solarzellen gewöhnlich etwa 5 Prozent der absorbierten Sonnenenergie in elektrische Energie oder Wärme. Wie Sie sehen werden, wird das bei den Lichtreaktionen gebildete ATP und NADPH

8.2 Die Umwandlung der Lichtenergie in chemische Energie: Die Lichtreaktionen

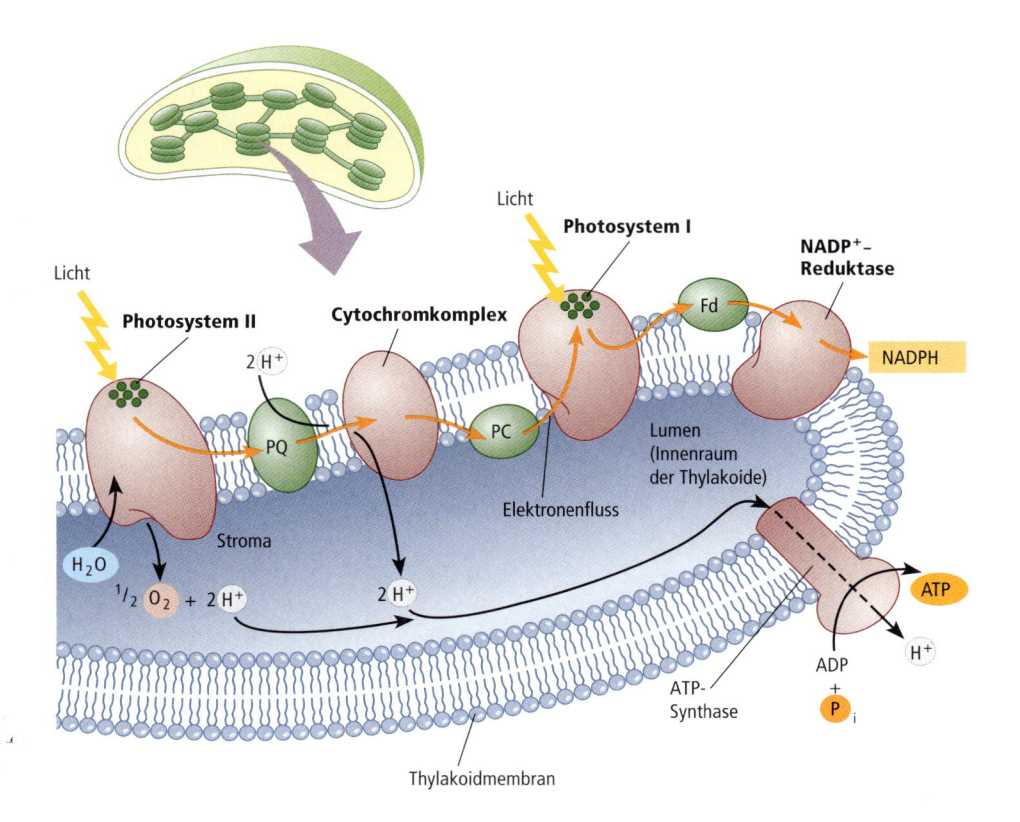

Abbildung 8.8: ATP-Synthese bei den Lichtreaktionen. Während im Licht Elektronen über die Elektronentransportkette fließen, werden durch die Protonenpumpe am Plastochinon (PQ) sowie bei der Wasserspaltung Protonen im Thylakoidlumen akkumuliert, was zum Aufbau eines pH-Gradienten über die Thylakoidmembran führt (Chemiosmose). Dieser energiereiche Zustand wird durch die ATP-Synthase bei Rückfluss der Protonen durch das Enzym zur ATP-Synthese genutzt.

unter anderem dazu benutzt, im Calvin-Zyklus CO_2 in Zuckerphosphate umzuwandeln.

ATP-Synthese

Auf ihrem Weg durch die Elektronentransportkette zwischen Photosystem II und Photosystem I verlieren Elektronen Energie. Durch die asymmetrische Anordnung dieser Elektronencarrier und durch ihre spezielle Abfolge werden vom Plastochinon (PQ) nach Aufnahme von zwei Elektronen auch zwei Protonen aus dem Stroma aufgenommen und bei Abgabe der Elektronen an den Cytochrom-Komplex in das Thylakoidlumen wieder abgegeben (▶ Abbildung 8.8). Durch den Elektronentransport wird daher eine Protonenpumpe betrieben, die – zusammen mit den Protonen aus der Wasserspaltung – zum Aufbau eines Protonengradienten über die Thylakoidmembran führt. Dieser Prozess wird als **Chemiosmose** bezeichnet (von griechisch *chemi*, „chemisch", und *osmos*, „Druck"). Der Protonengradient stellt also eine neue Form der Energie dar, die dann wiederum eingesetzt wird, um ATP zu synthetisieren. Dabei fließen die Protonen „bergab" dem Konzentrationsgefälle nach durch ein Enzym, die **ATP-Synthase**, zurück und betreiben die energiebedürftige Reaktion der Verknüpfung von anorganischem Phosphat mit ADP im aktiven Zentrum der ATP-Synthase. Diese Phosphorylierung wird als **Photophosphorylierung** bezeichnet, weil die Energie ursprünglich vom Licht stammt.

Elektronen bewegen sich üblicherweise vom Photosystem II zum Photosystem I, in welchem Fall man von einem nichtzyklischen Elektronenfluss spricht. Bei den Lichtreaktionen, wie sie natürlicherweise bei Pflanzen vorkommen, stützt sich die ATP-Synthese auf diesen nichtzyklischen Elektronenfluss und wird deshalb als nichtzyklische Photophosphorylierung bezeichnet. Bei einigen Bakterien und in Laborexperimenten ist es möglich, eine zyklische Phosphorylierung zu erreichen, bei der nur das Photosystem I benutzt wird. Der Elektronenfluss verläuft dann zyklisch vom Reaktionszentrum von Photosystem I zur Elektronentransportkette und zurück zu demselben Reaktionszentrum, wobei noch ATP, aber kein NADPH gebildet wird. Pflanzenphysiologen diskutieren noch darüber, ob zyklische Photophosphorylierung auch bei Pflanzen in der Natur vorkommt.

WIEDERHOLUNGSFRAGEN

1. Beschreiben Sie die Rolle des Chlorophylls bei der Photosynthese.
2. Wie gelangt Lichtenergie in die Lichtreaktionen?
3. Was ist die Quelle des bei der Photosynthese gebildeten Sauerstoffs?
4. Nennen Sie die Produkte der Lichtreaktionen und erklären Sie, wie sie gebildet werden.

8.3 Die Umwandlung von CO_2 in Zucker: Der Calvin-Zyklus

Wie Sie gesehen haben, benutzen die Lichtreaktionen die Lichtenergie und H_2O, um zu chemischer Energie in Form von ATP und NADPH zu gelangen. Diese Produkte treiben den zweiten Teil der Photosynthese an – den Calvin-Zyklus, bei dem Triosephosphate gebildet werden. Der Calvin-Zyklus wurde nach Melvin Calvin benannt, der – zusammen mit seinem Studenten Andrew Benson und später James Bassham – im Jahr 1953 den Weg entdeckte, auf dem Pflanzen CO_2 in Zucker umwandeln. Im Jahr 1961 erhielt Calvin für diese Entdeckung den Nobel-Preis für Chemie. In seinem Experiment setzte er Photosynthese betreibende Algen in immer kürzer werdenden Zeiträumen radioaktivem CO_2 aus (▶ Abbildung 8.9). Nachdem die Algen 5 Sekunden dem radioaktiven CO_2 ausgesetzt waren, war die am stärksten radioaktive Verbindung in den Algen ein Molekül mit drei Kohlenstoffatomen, die 3-Phospho-Glycerinsäure (PGS). Der übrige Teil des Calvin-Zyklus wurde durch ähnliche Experimente aufgedeckt. Da das erste Produkt drei Kohlenstoffatome enthält, wird der Calvin-Zyklus mitunter als C_3-Weg bezeichnet.

Der Calvin-Zyklus

Die Reaktionen des Calvin-Zyklus werden mitunter als Dunkelreaktionen oder lichtunabhängige Reaktionen bezeichnet, weil sie im Dunkeln stattfinden können, solange die Produkte der Lichtreaktionen – ATP und NADPH – geliefert werden. Doch können diese Bezeichnungen irreführend sein, weil sie suggerieren, dass der Calvin-Zyklus im Dunkeln unendlich lange fortgesetzt werden könnte, was nicht der Fall ist. Der zelluläre Speicher von ATP und NADPH währt höchstens einige Sekunden oder Minuten. Zellen speichern weder große Mengen von ATP noch von NADPH, so dass der Calvin-Zyklus auf diese Moleküle angewiesen ist, die durch die Lichtreaktionen geliefert werden. Auch sind einige Enzyme des Calvin-Zyklus im Dunkeln nicht aktiv.

Abbildung 8.9: Das Calvin'sche Experiment. Melvin Calvin, der mit Andrew Benson und anderen Kollegen zusammenarbeitete, führte ein Experiment durch, bei dem er den Prozess der Photosynthese in grünen Algen verfolgte. Dazu benutzte er radioaktives CO_2 in dieser „Lollipop-Apparatur". Nach unterschiedlichen Zeitspannen wurde der Inhalt des „Lutschers" (engl. *Lollipop*) in kochenden Alkohol entleert, wobei die Algen getötet wurden. Danach folgte chromatografische Auftrennung des Algenextrakts und Radioautographie, so dass der Weg der Radioaktivität durch verschiedene Verbindungen verfolgt werden konnte. Auf diese Weise konnten Calvin und seine Kollegen feststellen, wie CO_2 bei der Photosynthese gebunden wird.

8.3 Die Umwandlung von CO_2 in Zucker: Der Calvin-Zyklus

Wie Sie wissen, findet der Calvin-Zyklus bei Pflanzen und Algen außerhalb der Thylakoide, im Stroma der Chloroplasten statt. Bei Pflanzen gelangt das CO_2 durch Poren, die Stomata (Spaltöffnungen), der Blattepidermis in den Kreislauf und diffundiert anschließend in die Mesophyllzellen, in denen die Photosynthese betrieben wird. Der Calvin-Zyklus benutzt die energiereichen Produkte der Lichtreaktionen – ATP und NADPH –, um CO_2-Moleküle in Triosephosphaten (Glycerinaldehyd-3-phosphate) zu binden. Sie könnten vielleicht annehmen, dass die Synthese von Zucker durch Verkettung von CO_2-Molekülen vonstatten geht, wobei Elektronen und Wasserstoffatome gebraucht würden. Das ist jedoch nicht der Fall. Tatsächlich wird im Calvin-Zyklus ein CO_2-Molekül einer Verbindung mit fünf Kohlenstoffatomen hinzugefügt. Nach dreimaligem Durchlauf des Calvin-Zyklus ist ausreichend Kohlenstoff in den Zyklus gelangt, so dass ein Molekül Glycerinaldehyd-3-phosphat (G3P) gebildet werden kann. Außerhalb des Calvin-Zyklus werden G3P-Moleküle zur Bildung unterschiedlicher Arten von Zuckern mit sechs Kohlenstoffatomen (Hexosen) benutzt. Darunter sind auch Fructose und Glucose, die zu Saccharose verkettet werden können, ein Zucker, der 12 Kohlenstoffatome enthält. Saccharose, der „gewöhnliche" Haushaltszucker, ist die wesentliche Zuckerart, die zum Transport von Kohlenhydraten aus den Blättern in andere Teile der Pflanze benutzt wird.

Der Calvin-Zyklus bindet CO_2 und benutzt ATP und NADPH aus den Lichtreaktionen, um die Bausteine des Lebens herzustellen. Die durch den Calvin-Zyklus im Zucker gebundenen Kohlenstoffatome werden letztlich zu den Kohlenstoffatomen aller organischen Moleküle, die man in Pflanzen, Tieren und nahezu allen anderen Lebensformen findet. ▶ Abbildung 8.10 gibt einen Überblick über einen Durchlauf des Calvin-Zyklus:

1 Ein ATP-Molekül treibt die Addition eines Phosphats an ein Zucker-Phosphat-Molekül mit 5 Kohlenstoffatomen an, wodurch ein Zucker-Phosphat-Molekül mit zwei Phosphaten entsteht. Die Addition dieses zweiten Phosphats hebt das Molekül mit den 5 Kohlenstoffatomen energetisch an. Genauer: Ein ATP wird benutzt, um aus Ribulose-5-Phosphat (Ru5P) Ribulose-1,5-Bisphosphat (RuBP) herzustellen.

2 Kohlendioxid wird an dieses Zucker-Phosphat mit 5 Kohlenstoffatomen gebunden (fixiert). Genauer: Das Enzym **Rubisco** addiert CO_2 an RuBP. Wie Sie aus Kapitel 7 wissen, ist *Rubisco* die Abkürzung für *R*ibulose-1,5-*bis*phosphat-*c*arboxylase/-*o*xygenase. Rubisco wird als *Carboxylase* bezeichnet, weil es Kohlenstoff aus CO_2 in ein anderes Molekül einbauen kann. In diesem Fall zerfällt die entstehende kurzlebige Kohlenstoffverbindung mit 6 Kohlenstoffatomen sofort in zwei Moleküle der organischen 3-Phospho-Glycerinsäure (PGS) mit jeweils 3 Kohlenstoffatomen. Dieser Prozess wird als **Kohlenstofffixierung** bezeichnet, weil der Kohlenstoff aus CO_2 in ein nicht gasförmiges, komplexeres Molekül eingebaut („fixiert" oder gebunden) wird.

3 Zwei ATP-Moleküle addieren Phosphate an die organischen 3-Phospho-Glycerinsäuren. Die Addition der Phosphate hebt die Phospho-Glycerinsäuren energetisch an. Genauer: Zwei ATP-Moleküle werden benutzt, um zwei PGS-Moleküle in zwei 1,3-Bisphosphoglycerat-Moleküle (BPG) zu verwandeln.

4 Zwei NADPH-Moleküle übertragen Elektronen auf die beiden 1,3-Bisphosphoglycerat-Moleküle, wodurch jedes BPG zu einem Glycerinaldehyd-3-Phosphat-Molekül (G3P) reduziert wird. Das Ergebnis sind zwei G3P-Moleküle (Triosephosphate), die insgesamt 6 Kohlenstoffatome enthalten.

5 Nach drei Durchläufen des Calvin-Zyklus wurde ausreichend Kohlenstoff fixiert, so dass ein G3P-Molekül aus dem Zyklus abgezweigt und in andere Zucker umgewandelt werden kann, während im Kreislauf noch immer ausreichend Kohlenstoff vorhanden ist, um RuBP zu regenerieren und den Kreislauf zu schließen.

6 Das meiste G3P verbleibt bis zum Schluss im Calvin-Zyklus. Durch andere Reaktionen im Zyklus entstehen Zucker-Phosphate mit 4, 6 und 7 Kohlenstoffatomen. Schließlich wird das RuBP-Molekül mit 5 Kohlenstoffatomen im Zyklus regeneriert, und dies leitet einen weiteren Durchlauf des Zyklus ein.

Hier folgt die Summengleichung, welche die Produkte von drei Durchläufen des Calvin-Zyklus wiedergibt:

$$3CO_2 + 6NADPH + 9ATP + 6H^+ \rightarrow 1G3P + 6NADP^+ + 9ADP + 8P_i + 3H_2O$$

Diese Gleichung zeigt die drei CO_2-Moleküle, die für den Zucker benötigt werden, die neun ATP-Moleküle

8 PHOTOSYNTHESE

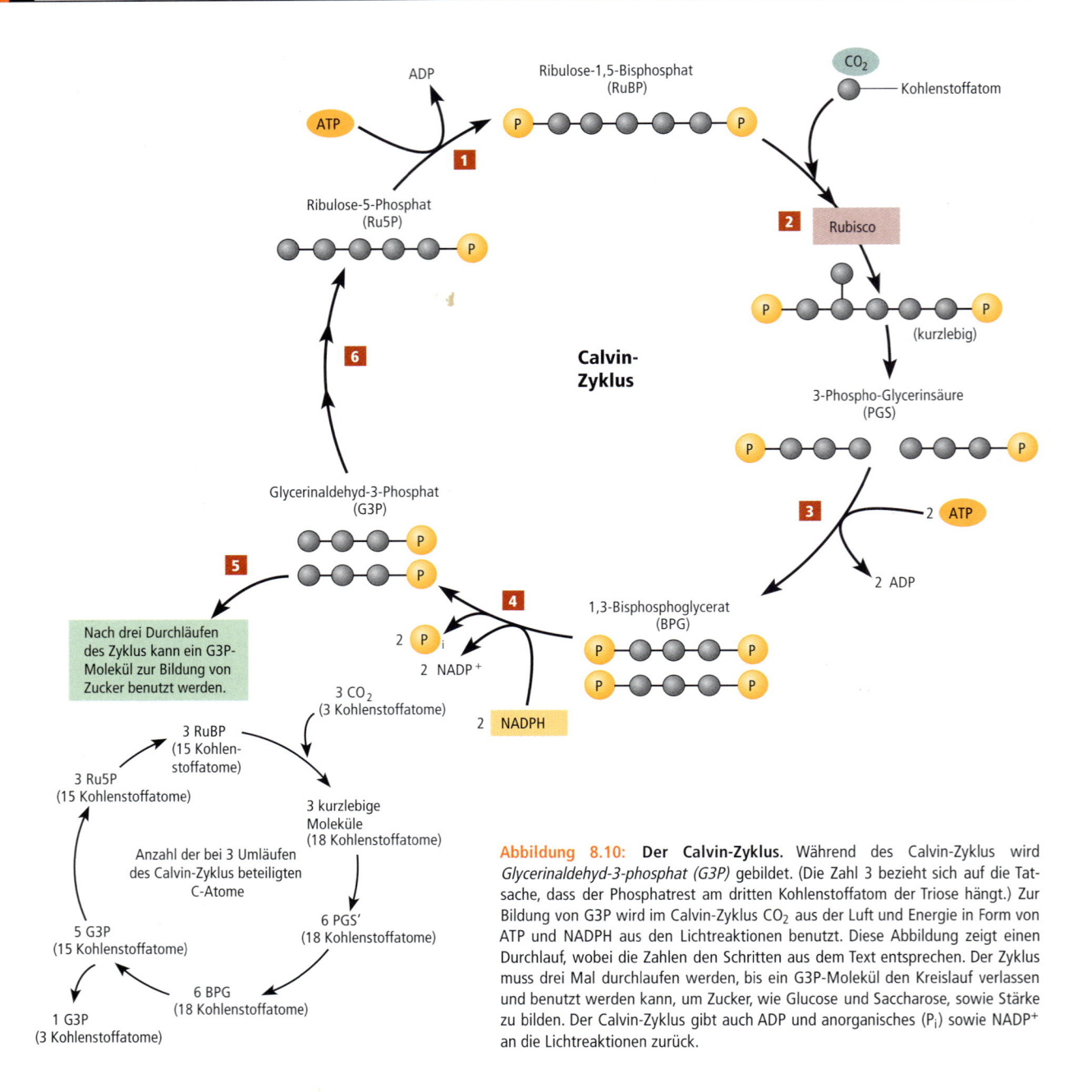

Abbildung 8.10: Der Calvin-Zyklus. Während des Calvin-Zyklus wird *Glycerinaldehyd-3-phosphat (G3P)* gebildet. (Die Zahl 3 bezieht sich auf die Tatsache, dass der Phosphatrest am dritten Kohlenstoffatom der Triose hängt.) Zur Bildung von G3P wird im Calvin-Zyklus CO_2 aus der Luft und Energie in Form von ATP und NADPH aus den Lichtreaktionen benutzt. Diese Abbildung zeigt einen Durchlauf, wobei die Zahlen den Schritten aus dem Text entsprechen. Der Zyklus muss drei Mal durchlaufen werden, bis ein G3P-Molekül den Kreislauf verlässt und benutzt werden kann, um Zucker, wie Glucose und Saccharose, sowie Stärke zu bilden. Der Calvin-Zyklus gibt auch ADP und anorganisches (P_i) sowie $NADP^+$ an die Lichtreaktionen zurück.

und die sechs NADPH-Moleküle, die für drei Durchläufe des Calvin-Zyklus benötigt werden. Die Produkte $NADP^+$, ADP und P_i gehen als Reaktanten wieder in die Lichtreaktionen ein.

Glucose, ein wichtiger Zucker in lebenden Zellen, wird indirekt aus zwei G3P-Molekülen, die aus dem Calvin-Zyklus hervorgehen, gebildet. Durch den Stoffwechsel wird G3P folgendermaßen weiterverarbeitet:

- Umwandlung während der Atmung zu CO_2 und H_2O, wobei Energie in ATP gespeichert wird.
- Umwandlung während der Atmung in Zwischenprodukte, die zu Aminosäuren und anderen Verbindungen synthetisieren.
- Umwandlung in Fructose-6-Phosphat (F6P) und Fructose-1,6-Bisphosphat.
- Umwandlung von F6P in Glucose-6-Phosphat (G6P) und Glucose-1-Phosphat (G1P).
- Verwendung von G1P, um Zellulose in Zellwänden und Stärke als Energiespeicher zu bilden.
- Verwendung von G1P und F6P, um daraus Saccharose zu bilden, die in der Pflanze in heterotrophe Teile transportiert wird.

Die Effizienz des Calvin-Zyklus

Die Effizienz des Calvin-Zyklus ergibt sich aus dem Verhältnis der Menge an chemischer Energie, die tatsächlich zur Umwandlung von CO_2 verwendet wird, und der Lichtenergiemenge, die bei den Lichtreaktionen aufgenommen wird. Die Effizienz des Calvin-Zyklus lässt sich messen, indem man vergleicht, wie viel Energie vom Zyklus zur CO_2-Fixierung verbraucht wird und wie viel Lichtenergie benötigt wird, um das in den Kreislauf gelangende NADPH zu generieren. Das theoretisch bei der Photosynthese erreichbare Effizienzmaximum liegt bei etwa 35 Prozent. In der Realität erreichen die meisten Pflanzen und Algen jedoch nur zwischen einem und vier Prozent. Diese geringere Effizienz ergibt sich teilweise aus der Tatsache, dass im Calvin-Zyklus bis zu 50 Prozent des fixierten Kohlenstoffs wieder verloren gehen können. Dies geschieht in einem Prozess, der als Photorespiration bezeichnet wird und den wir uns in Kürze ansehen werden.

Da in der Gesamtproduktion bei der Photosynthese große Zahlen vorkommen, die man sich nur schwer vorstellen kann, wollen wir eine Rechnung betrachten, in der eine Pflanze und eine Person vorkommen. Eine Maispflanze fixiert 0,23 kg Kohlenstoff pro Wachstumsperiode. Eine 45 kg wiegende Person enthält etwa 6,8 kg fixierten Kohlenstoff. Die als Nahrung verwendeten Maiskörner enthalten höchstens 10 Prozent dieses Kohlenstoffs. Ein durchschnittlicher gekochter Maiskolben hat 100 Kilocalorien (kcal), so dass man zur Ernährung eines erwachsenen Menschen etwa 25 Maiskolben pro Tag bräuchte – umgerechnet 9125 Maiskolben pro Jahr –, was etwa dem Ertrag einer 1500 m^2 großen Fläche entspricht.

Rubisco als Oxygenase

Rubisco, das Enzym, das den Kohlenstoff im Calvin-Zyklus fixiert, ist das mengenmäßig häufigste Protein auf der Erde. Jedes Kohlenstoffatom Ihres Körpers wurde von Rubisco bearbeitet, weil der Kohlenstoff direkt oder indirekt von Pflanzen stammt. Im Sommer kann Rubisco tagsüber zu einem bis zu 15-prozentigen Abfall der CO_2-Konzentration in der Atmosphäre führen. Im Blätterdach, wo die meiste Photosynthese betrieben wird, beträgt der Abfall sogar 25 Prozent. Pflanzen wachsen schneller, wenn die CO_2-Konzentration in ihrer Umgebung künstlich erhöht wird, was mitunter in Gewächshäusern geschieht. Der allmähliche Anstieg der CO_2-Konzentration in der Erdatmosphäre, der aus der Verbrennung fossiler Brennstoffe durch den Menschen resultiert, könnte aufgrund einer gesteigerten Photosynthese durch Pflanzen verlangsamt werden.

Der durch die Lichtreaktionen der Photosynthese gebildete Sauerstoff hemmt in Wirklichkeit die Netto-Kohlenstofffixierung durch Rubisco. Dies liegt in der Tatsache begründet, dass Rubisco neben seiner Funktion als Carboxylase (ein Enzym, das Kohlenstoff aus CO_2 an ein anderes Molekül knüpft) auch als Oxygenase wirken kann, also als ein Enzym, das Sauerstoff an ein anderes Molekül knüpft (▶ Abbildung 8.11). Rubisco bindet CO_2 nicht stark, und bei höheren Temperaturen und niedrigeren CO_2-Konzentrationen ist es genauso wahrscheinlich, dass Rubisco Sauerstoff bindet. In diesem Fall wird kein Kohlenstoff fixiert. Ein Molekül 3-Phospho-Glycerinsäure und ein Molekül Phosphoglycolat (eine Verbindung mit zwei Kohlenstoffatomen) entstehen aus Ribulose-1,5-Bisphosphat. Das Phosphoglycolat wird schließlich zu CO_2 abgebaut. Die CO_2-Bildung als Ergebnis dieser Wirkung von Rubisco wird als **Photorespiration** bezeichnet, weil sich der Prozess bei Licht, unter CO_2-Bildung und O_2-Verbrauch, vollzieht. Im Gegensatz zur Atmung (siehe Kapitel 9) wird bei der Photorespiration kein ATP gebildet. Die

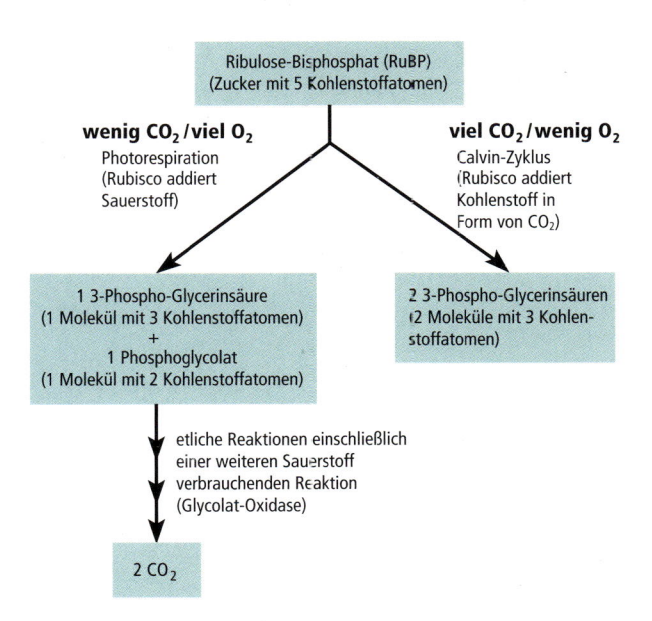

Abbildung 8.11: Rubisco und die Photorespiration. Rubisco, das Fixierungsenzym des Calvin-Zyklus, kann in Abhängigkeit von der Sauerstoffkonzentration als Carboxylase (Kohlenstoff fixierend) oder als Oxygenase (Sauerstoff fixierend) wirken. Als Carboxylase ermöglicht Rubisco die Zuckerbildung. Als Oxygenase wandelt es zwei Kohlenstoffatome des Ribulose-Bisphosphats unter Verbrauch von O_2 wieder in CO_2 um. Dieser Prozess wird als Photorespiration bezeichnet.

Photorespiration wird durch die Rubiscoaktivität eingeleitet. Chloroplasten, Peroxisomen und Mitochondrien sind am Prozess beteiligt. Bei niedrigen CO_2-Konzentrationen und hohen O_2-Konzentrationen wirkt Rubisco hauptsächlich als Oxygenase.

Insgesamt kann O_2 an hellen, sonnigen Tagen mit Temperaturen um 25 °C die Geschwindigkeit der CO_2-Fixierung von Rubisco um 33 Prozent senken. Wenn die Temperaturen darüber hinaus ansteigen, ist die Geschwindigkeit der Photorespiration vieler Pflanzen genauso hoch wie die der Photosynthese. Bei noch höheren Temperaturen beginnen die Pflanzen zusätzlich, ihre Stomata zu schließen, um dem Wasserverlust vorzubeugen. Folglich gelangt weniger CO_2 in das Blatt und die Photorespiration setzt ein. Die Photorespiration reduziert die Wachstumsgeschwindigkeit vieler Pflanzen, insbesondere an hellen und heißen Tagen. Insgesamt reduziert die Photorespiration die Netto-Kohlenstofffixierung, weil sie große Mengen CO_2 in die Atmosphäre freisetzt, die anderenfalls in Zucker fixiert würden. Die Situation lässt sich mit der eines Gefäßes vergleichen, in das man Zucker schüttet, das jedoch ein Loch hat, so dass ein Teil des Zuckers wieder herausfließt.

Durch die Umwandlung eines Teils des fixierten Kohlenstoffs in CO_2 wird bei der Photorespiration ein signifikanter Anteil des bei den Lichtreaktionen gebildeten ATP und NADPH verschwendet. Indirekt, unter dem Gesichtspunkt der Produktivität, verschwendet sie Mineralstoffe, Wasser, Licht und alle anderen Ressourcen, die Pflanzen zum Überleben und zur Fortpflanzung benötigen. In einer Umgebung, in der eine oder mehrere Ressourcen knapp sind, könnte eine Pflanze, die bis zu 50 Prozent des fixierten CO_2 verschwendet, Schwierigkeiten haben, eigenständig zu überleben, und sie wird leicht durch eine effizientere Pflanze im Kampf um die notwendigen Ressourcen aus dem Feld geschlagen werden.

Rubisco gibt es seit mindestens 2 Milliarden Jahren, und es hat sich zu einer Zeit zum Kohlenstoff fixierenden Enzym entwickelt, als es in der Atmosphäre nur wenig oder gar keinen Sauerstoff gab. Die Tatsache, dass das Enzym auch als Oxygenase wirkt, ist ein historischer Unfall, der nur dann Auswirkungen hatte, als sich die Sauerstoffkonzentration aufgrund der Wirkung der Photosynthese betreibenden Organismen allmählich erhöhte. Offensichtlich kann keine einzelne Mutation das Enzym so verändern, dass die Photorespiration wieder beseitigt wird, während die Kohlenstofffixierung weiterhin abläuft, weil anderenfalls eine solche Mutation in der langen Geschichte von Konkurrenz und natürlicher Auswahl sicher vorgekommen wäre. Die sich daraus entwickelnde Pflanze hätte einen enormen selektiven Vorteil gehabt und hätte schnell die meisten Standorte erobert (siehe den Kasten *Evolution* auf Seite 223).

In Zukunft könnte es Genetikern möglich sein, ein Rubisco zu entwerfen, das nur geringfügig oder gar nicht als Oxygenase wirkt und deshalb die Effektivität der Photosynthese bei Pflanzen maximal sogar verdoppeln könnte. Ein Computer, der die Auswirkungen einzelner Mutationen auf die Enzymstruktur und die Wirkungsweise simuliert, könnte demonstrieren, welche Veränderung einer spezifischen Aminosäure zu einem Rubisco führen würde, das nicht als Oxygenase, sondern einzig als starke Carboxylase wirkt. Wegen der Ähnlichkeit und Kleinheit der Substrate CO_2 und O_2 ist dies bislang nicht gelungen.

Der C_4-Weg

Erinnern Sie sich daran, dass sich die Photosynthese zuerst unter Bakterien und später unter Algen im Wasser entwickelte, wo moderate Lichtverhältnisse und Temperaturen herrschten. An Land haben Pflanzen mit Wasserknappheit sowie mit stärkerer Lichteinstrahlung und extremeren Temperaturen zu kämpfen. Aufgrund dieser Umweltbedingungen werden die Stomata geschlossen, was die Pflanze gegen Wasserverlust schützt, gleichzeitig aber auch die Photosynthese behindert, so dass kein CO_2 mehr in die Blätter gelangen kann. Wenn sich die Stomata schließen, fällt die CO_2-Konzentration in den Blättern, weil der Calvin-Zyklus fortgesetzt wird, während die O_2-Konzentration durch die Lichtreaktionen zunimmt. Unter diesen Bedingungen knüpft Rubisco mit erhöhter Wahrscheinlichkeit O_2 anstelle von CO_2 an RuBP, was zu einer erhöhten Photorespiration und einer geringeren Photosyntheseaktivität führt.

Pflanzen, die Energie durch Photorespiration vergeuden, verschwenden auch Ressourcen, wie beispielsweise Wasser und mineralische Nährstoffe. Die natürliche Auslese wird jede Veränderung begünstigen, welche die Photosynthese unter heißen und sonnigen Bedingungen unterstützt. Unter den blühenden Pflanzen verfügen etliche tropische Einkeimblättrige und einige Zweikeimblättrige über eine Erweiterung zum Calvin-Zyklus, der als **C_4-Weg** bezeichnet wird. Im C_4-Weg wird CO_2 an einen C_3-Körper geknüpft, wo-

8.3 Die Umwandlung von CO_2 in Zucker: Der Calvin-Zyklus

EVOLUTION

■ **Evolution und O_2-Konzentration**

Wenn Sie darüber nachdenken, dann sollte der bei der Photosynthese gebildete Sauerstoff durch die Atmung aller Organismen aufgebraucht werden. Warum enthält unsere Atmosphäre nun 21 Prozent Sauerstoff, obwohl es doch auf der Erde ursprünglich keinen Sauerstoff gab? Im Allgemeinen ist die Vorstellung, dass sich die O_2-Konzentration allmählich von null auf den gegenwärtigen Wert von 21 Prozent erhöht hat, viel zu einfach. Der Verlauf und die Ursachen für die Veränderungen der atmosphärischen O_2-Konzentration sind Gegenstand intensiver Forschungen.

Nachdem sich die Erde so weit abgekühlt hatte, dass die Gravitation eine Atmosphäre halten konnte, wies diese Atmosphäre eine hohe CO_2-Konzentration auf – möglicherweise bis zu 80 Prozent – und kein O_2. Als sich die Photosynthese vor etwa 5,5 Milliarden Jahren in Bakterien entwickelte, war reichlich CO_2 verfügbar. In den ersten 2 Milliarden Jahren wurde das bei der Photosynthese gebildete O_2 von Eisenablagerungen auf dem Meeresboden aufgenommen. Dann stieg allmählich der O_2-Gehalt der Atmosphäre. Photosynthese betreibende Organismen entwickelten sich in verschiedene Formen, genauso wie Bakterien, die selbst keine Photosynthese betreiben – alles dank der neu gebildeten Biomasse und des bei der Photosynthese ihrer Verwandten produzierten O_2.

Vor etwa 2,5 bis 1,9 Milliarden Jahren gab es einen plötzlichen Anstieg der in der Atmosphäre enthaltenen O_2-Menge. Einige Wissenschaftler vermuten, dass der Grund dafür in der zunehmenden Abtragung und der Erosion der Kontinente lag, was zur Bildung von Ozeansedimenten führte, die viele Bakterien begruben und töteten, die am Meeresboden lebten und keine Photosynthese betrieben. Folglich dominierten Photosynthese betreibende Organismen, die in der Nähe der Wasseroberfläche Licht absorbierten, was zu dem schnellen Anstieg der O_2-Konzentration führte. Die erhöhten O_2-Vorkommen könnten die Entwicklung eukaryotischer Zellen vor etwa 2,2 Milliarden Jahren ermöglicht haben.

Einen zweiten plötzlichen Anstieg der O_2-Konzentration gab es unmittelbar vor dem Kambrium, vor etwa 600 Millionen Jahren, und zwar sehr wahrscheinlich aus demselben geologischen Grund. Diese Zunahme der O_2-Konzentration könnte die riesige adaptive Verbreitung von wirbellosen Tieren um diese Zeit ausgelöst haben. Am Ende des Kambriums hatte die O_2-Konzentration mindestens zwei Prozent erreicht, was ausreichte, um das Überleben von an Land lebenden Eukaryoten zu ermöglichen. Vor etwa 430 Millionen Jahren führten die Entwicklung und die schnelle Verbreitung von Landpflanzen zu einem Anstieg der O_2-Konzentration. Sie stieg während des Karbons, vor etwa 370 Millionen Jahren, bis auf etwa 35 Prozent an. Dies könnte die Existenz gigantischer Libellen mit Flügelspannweiten von bis zu 80 cm und anderer riesiger Insekten zu dieser Zeit erklären. Das ineffiziente Sauerstoffversorgungssystem der Insekten beschränkt ihre Größe bei gegebener O_2-Konzentration.

Am Ende des Perms, vor etwa 250 Millionen Jahren, war der O_2-Gehalt der Atmosphäre auf 15 Prozent gefallen. Der Abfall könnte zum Teil durch ein großes Aussterben von Organismen ausgelöst worden sein, die anschließend abgebaut wurden. Infolge dieses Massenaussterbens dominierten Photosynthese betreibende Organismen abermals und der O_2-Gehalt der Atmosphäre erhöhte sich wieder. Durch ultraviolettes Licht (UV) wird der Sauerstoff in der Atmosphäre in atomaren Sauerstoff zerlegt, der mit O_2 zu Ozon (O_3) reagiert (Photodissoziation). Die Ozonschicht in der Atmosphäre absorbiert schädliche UV-Strahlung von der Sonne und hilft dadurch dabei, Leben an Land zu ermöglichen.

---

bei ein C_4-Körper entsteht. Daraus wird dann innerhalb der Pflanze wieder CO_2 freigesetzt und so die CO_2-Konzentration für den Calvin-Zyklus lokal erhöht. Wissenschaftler entdeckten den C_4-Weg in den 1960er-Jahren, als sie bemerkten, dass das erste Produkt der Kohlenstofffixierung bei Zuckerrohr ein Molekül mit vier Kohlenstoffatomen ist, daher der Begriff C_4 (▶ Abbildung 8.12).

Der C_4-Weg verhindert oder beschränkt die Photorespiration, weil ihr Kohlenstoff fixierendes Enzym, die PEP-Carboxylase, nur CO_2 bindet und kein O_2. Anders als Rubisco bindet die PEP-Carboxylase atmosphärisches CO_2 in Kohlenstoffverbindungen selbst dann, wenn die CO_2-Konzentration im Blatt gering ist.

Pflanzen mit C_4-Weg werden als **C_4-Pflanzen** bezeichnet und kommen häufiger in den Tropen, in Tro-

8 PHOTOSYNTHESE

(a) C_3-Blatt.

Zellen, die den Calvin-Zyklus ausführen
Zellen, die den C_4-Weg ausführen

Mesophyllzelle
Chloroplast
Bündelscheidenzelle
Blattader
Mesophyllzelle
Spaltöffnung

(b) C_4-Blatt.

Mesophyllzelle
Chloroplast
Bündelscheidenzelle
Blattader
Mesophyllzelle
Spaltöffnung

Mesophyllzelle
PEP-Carboxylase
CO_2
Oxalacetat
PEP (3C)
AMP
Malat (4C)
ATP
Bündelscheidenzelle
CO_2
Pyruvat (3C)
Calvin-Zyklus
Zucker
Zelle im Leitbündel

(c) C_4-Weg und Calvin-Zyklus.

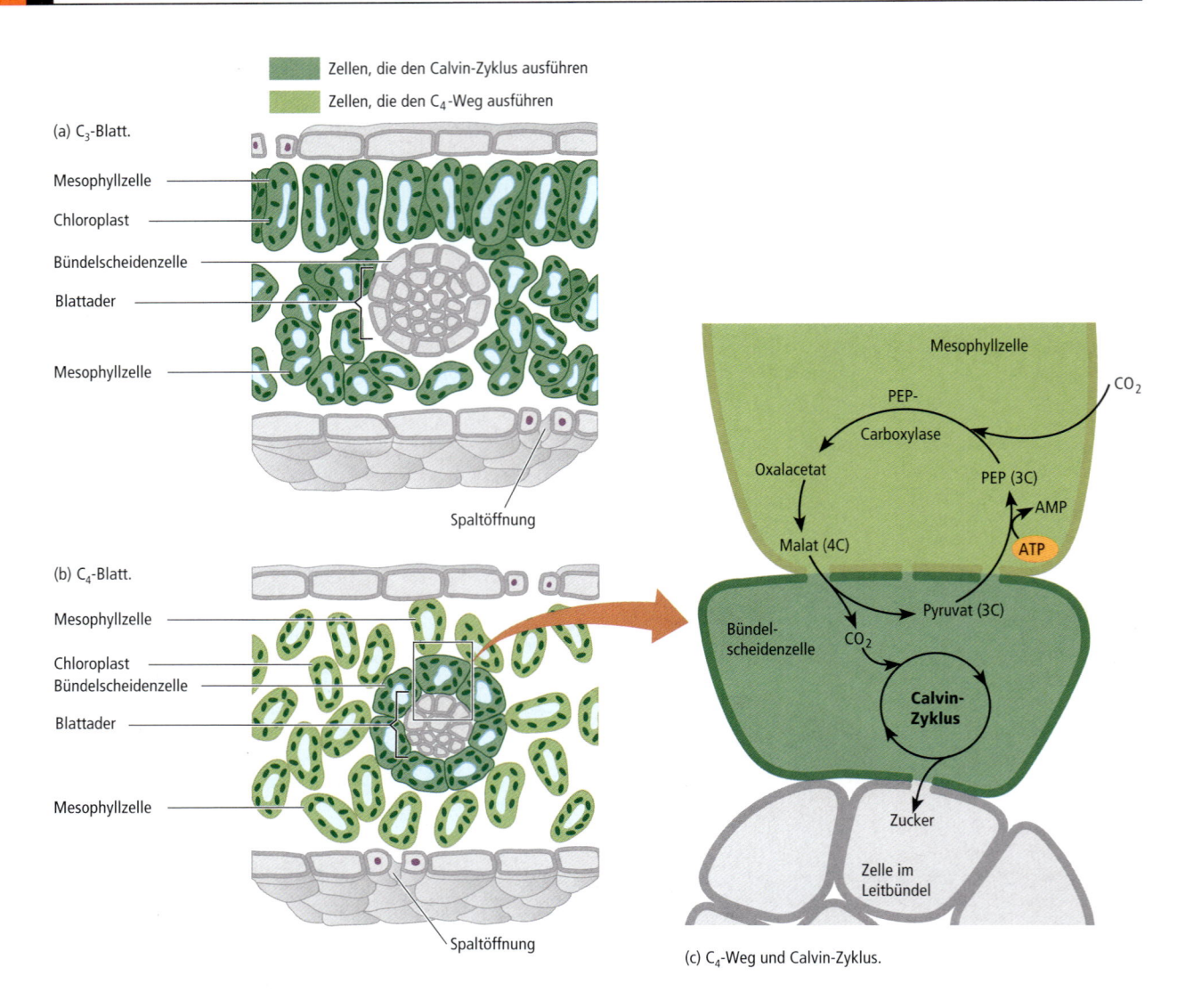

Abbildung 8.12: Der C_4-Weg. Im C_4-Weg wird CO_2 in Verbindungen mit vier Kohlenstoffatomen gebunden, die dann dazu benutzt werden, um den Calvin-Zyklus mit CO_2 zu beliefern. (a) Bei C_3-Pflanzen findet der Calvin-Zyklus in den Mesophyllzellen statt. Eventuell vorhandene Bündelscheidenzellen sind klein. (b) Bei C_4-Pflanzen findet der Calvin-Zyklus in deutlich erkennbaren Bündelscheidenzellen statt, die jede Ader umgeben, während in den Mesophyllzellen der C_4-Weg durchlaufen wird. Kohlenstoff wird von den Mesophyllzellen an die Bündelscheidenzellen abgegeben, in denen der Calvin-Zyklus stattfindet. (c) Im C_4-Weg wird Kohlenstoff durch das Enzym PEP-Carboxylase fixiert. Der C_4-Weg in den Mesophyllzellen liefert eine hohe CO_2-Konzentration für den Calvin-Zyklus in den Bündelscheidenzellen.

ckengebieten und in heißen, trockenen, sonnigen Umgebungen vor. Pflanzen, die zur Kohlenstofffixierung nur den Calvin-Zyklus betreiben, werden als **C_3-Pflanzen** bezeichnet. Die meisten C_4-Pflanzen haben eine andere Blattanatomie als C_3-Pflanzen, ein Unterschied, der für die Funktionsweise des C_4-Weges wesentlich ist. Bei Blättern von C_3-Pflanzen findet der Calvin-Zyklus in allen Photosynthese betreibenden Zellen statt. Bei Blättern von C_4-Pflanzen findet er üblicherweise jedoch nur in den Bündelscheidenzellen statt, die in Form einer markanten Einzel- oder Doppelschicht auftreten, die jede Blattader umgibt (siehe Abbildungen 8.12a und b). Diese ringförmige Anordnung wird oft als *Kranzanatomie* bezeichnet. Alle Mesophyllzellen in einem C_4-Blatt betreiben nur den C_4-Weg. Diese Mesophyllzellen versorgen die Bündelscheidenzellen mit CO_2, das in organischen Verbindungen gebunden ist. In den Bündelscheidenzellen wird es wieder freigesetzt und durch den Calvin-Zyklus erneut fixiert. Die erhöhte CO_2-Konzentration in den Bündelscheidenzellen bewirkt, dass Rubisco CO_2 anstatt O_2 fixieren kann.

Scheinbar entwickelte sich der C_4-Weg bei Pflanzen mehrere Male. Er kommt bei mehr als 19 Pflanzenfamilien vor. Viele Getreidepflanzen und andere Gräser sind C_4-Pflanzen, doch der C_4-Weg existiert auch bei einigen

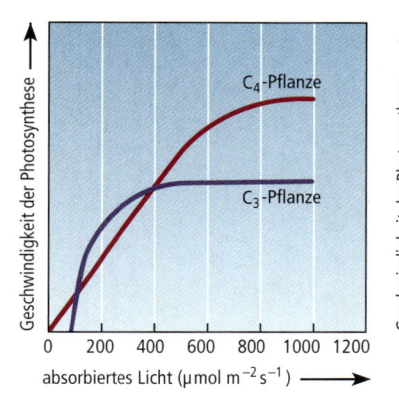

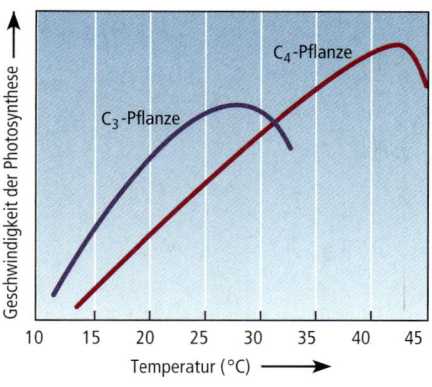

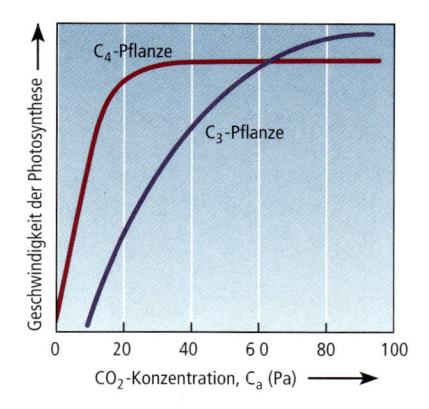

8.3 Die Umwandlung von CO$_2$ in Zucker: Der Calvin-Zyklus

Abbildung 8.13: C$_4$-**Pflanzen sind effizienter als** C$_3$-**Pflanzen.** Wenn die Lichtintensität oder die Temperatur hoch ist oder die CO$_2$-Konzentration niedrig, sind C$_4$-Pflanzen in der Photosynthese viel effizienter als C$_3$-Pflanzen, was sich auch auf die Ausnutzung von Wasser und Mineralstoffen auswirkt. Diese Bedingungen sind oft in der Wüste und im Grasland der gemäßigten Zonen erfüllt.

Zweikeimblättrigen. Wie Sie Abbildung 8.12c entnehmen können, fixiert das Enzym PEP-Carboxylase CO$_2$ in Mesophyllzellen von C$_4$-Pflanzen. Die effizientere Kohlenstofffixierung durch PEP-Carboxylase ist besonders bei niedrigen CO$_2$-Konzentrationen von Bedeutung, wenn Rubisco dazu neigen würde, O$_2$ an RuBP zu binden. Die PEP-Carboxylase hängt Bicarbonat an PEP an, um Oxalacetat zu bilden. Diese Säure mit 4 Kohlenstoffatomen wird üblicherweise in Malat in einem Prozess umgewandelt, der NADPH aus den Lichtreaktionen benutzt. Malat – bei einigen Pflanzen Aspartat – gelangt durch Plasmodesmen in die Bündelscheidenzellen. Die Bündelscheidenzellen bauen Malat zu Pyruvat, einem gängigen Metabolit in Zellen, ab, wobei sowohl CO$_2$ frei wird und NADPH regeneriert wird. Pyruvat – bei einigen Zellen Alanin – wird dann an die Mesophyllzellen zurücktransportiert, wo es durch Enzyme zu PEP regeneriert wird.

Man könnte sich fragen, ob der C$_4$-Weg nicht energetisch betrachtet ein relativ ineffizienter Prozess ist, weil schließlich neben den drei im Calvin-Zyklus benutzten ATP-Molekülen zusätzliches ATP verbraucht wird, damit Pyruvat in PEP umgewandelt werden kann. Trotz dieser scheinbaren Ineffizienz übertrifft die Kombination des C$_4$-Weges mit dem Calvin-Zyklus den Calvin-Zyklus, allerdings ausschließlich an heißen, sonnigen Tagen, wenn die Photosynthese mit hoher Geschwindigkeit läuft und die CO$_2$-Konzentration im Blatt fällt (▶ Abbildung 8.13). Bei kühleren Temperaturen und steigenden CO$_2$-Konzentrationen hingegen ist der Calvin-Zyklus allein – also der C$_3$-Weg – energetisch weitaus effizienter, weil beim Calvin-Zyklus weniger ATP gebraucht wird.

Die relative Effizienz von C$_4$-Pflanzen kann anhand eines Konkurrenzversuchs demonstriert werden. Weizen (*Triticum aestivum*), eine C$_3$-Pflanze, wird in Konkurrenz mit Mais (*Zea mays*), einer C$_4$-Pflanze, in einen abgeschlossenen Behälter gebracht. PEP-Carboxylase ist bei der Fixierung von Kohlenstoff viel effizienter als Rubisco. Deshalb nimmt die C$_4$-Pflanze den Großteil des CO$_2$ aus der Luft, das durch Photorespiration der C$_3$-Pflanze gebildete CO$_2$ sowie das durch die Atmung in der C$_3$-Pflanze gebildete CO$_2$, auf. Binnen kurzer Zeit gedeiht die C$_4$-Pflanze und die C$_3$-Pflanze stirbt. Falls die Pflanzen in separaten abgeschlossenen Behältern wachsen, gedeihen beide gut. Ein weiteres bekanntes Beispiel für die Überlegenheit einer C$_4$-Pflanze gegenüber einer C$_3$-Pflanze findet man dort, wo die C$_4$-Pflanze Bluthirse (*Digitaria sanguinalis*) die wünschenswerteren C$_3$-Wiesengräser, wie beispielsweise Wiesen-Rispengras (*Poa annua*), auf einem Rasen an heißen, trockenen Sommertagen überwuchert.

Die Erdatmosphäre weist momentan eine CO$_2$-Konzentration von 365 Teilen pro Million (ppm) auf, also 0,0365 Prozent. C$_4$-Pflanzen erreichen maximale Photosyntheseraten bei einer CO$_2$-Konzentration von etwa 50 ppm (0,005 Prozent). Selbst an heißen Tagen mit hohen Lichtintensitäten findet die Photosynthese in den Blättern dieser Pflanzen mit maximaler Geschwindigkeit statt. C$_3$-Pflanzen erhöhen ihre Photosyntheseraten stetig, wenn sich die CO$_2$-Konzentration bis zu 500 ppm (0,05 Prozent) erhöht, in einigen Fällen auch bis zu noch höheren Konzentrationen. Dieser Anstieg hängt mit der Tatsache zusammen, dass erhöhte CO$_2$-Konzentrationen in den Blättern die Rate der Photorespiration verringern.

Zuckerrohr (C_4-Pflanze)

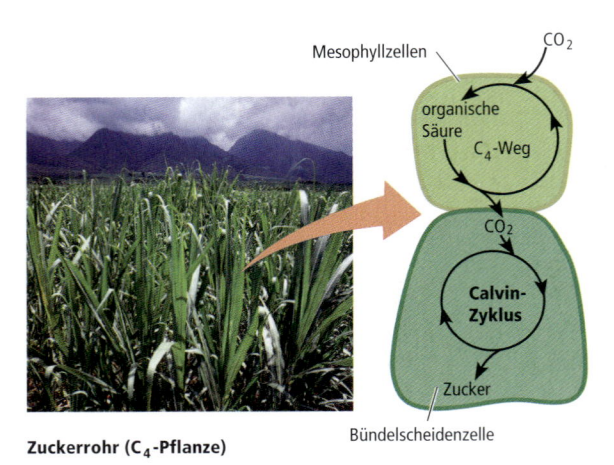

(a) C_4-Pflanzen, wie beispielweise Zuckerrohr (*Saccharum officinarum*), betreiben den C_4-Weg und den Calvin-Zyklus tagsüber gleichzeitig. Der C_4-Weg wird in den Mesophyllzellen ausgeführt, während der Calvin-Zyklus in den Bündelscheidenzellen stattfindet.

Abbildung 8.14: Vergleich von C_4- und CAM-Pflanzen.

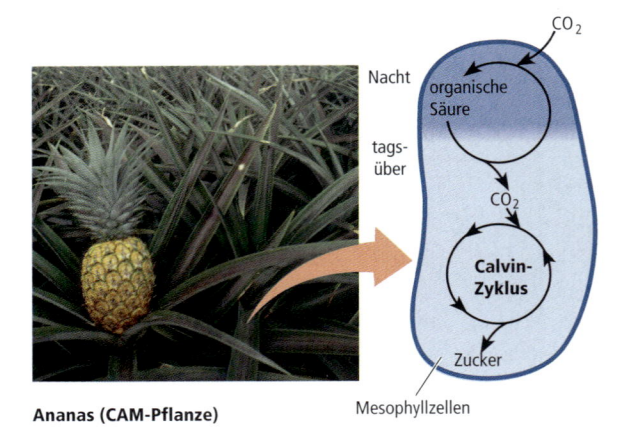

Ananas (CAM-Pflanze)

(b) CAM-Pflanzen, wie beispielsweise Ananas (*Ananas comosus*), betreiben den C_4-Weg nachts, wobei sich organische Säure in der Vakuole ansammeln kann. Tagsüber wird diese organische Säure dazu benutzt, den Calvin-Zyklus mit CO_2 zu versorgen. Der CAM-Weg erlaubt es Pflanzen, ihre Stomata an heißen, trockenen Tagen geschlossen zu halten, während sie das zuvor nachts angesammelte CO_2 zur Photosynthese benutzen.

CAM-Pflanzen

Einige Pflanzen besitzen eine Variante des C_4-Weges, den **Crassulaceen-Säurestoffwechsel (CAM)**. Sie nehmen nachts mithilfe des C_4-Weges CO_2 auf und führen am Tag den Calvin-Zyklus aus (▶ Abbildung 8.14). Der Name stammt von der Familie der *Crassulaceen*, das sind Wüstenpflanzen, bei denen der Prozess erstmals entdeckt wurde. Wie C_4-Pflanzen leben auch **CAM-Pflanzen** in Regionen, in denen hohe Temperaturen tagsüber das Schließen der Stomata erforderlich machen, um übermäßigen Wasserverlust zu vermeiden. CAM-Pflanzen und C_4-Pflanzen unterscheiden sich darin, wo und wann sie den C_4-Weg und den Calvin-Zyklus ausführen. Bei C_4-Pflanzen finden beide Prozesse gleichzeitig statt, jedoch an verschiedenen Orten: der C_4-Weg in Mesophyllzellen und der Calvin-Zyklus in den Bündelscheidenzellen (▶ Abbildung 8.14a). Im Gegensatz dazu werden bei den CAM-Pflanzen beide Prozesse in den Mesophyllzellen ausgeführt, jedoch zu verschiedenen Zeiten: der C_4-Weg nachts und der Calvin-Zyklus tagsüber. Nachts, wenn es kalt ist, benutzen die Mesophyllzellen den C_4-Weg, um CO_2 temporär in Apfelsäure, die in den Vakuolen gespeichert wird, zu binden (▶ Abbildung 8.14b). Tagsüber wird Apfelsäure beziehungsweise ihr Salz Malat zu den Chloroplasten transportiert und in Pyruvat und CO_2 umgewandelt. Letzteres gelangt in den Calvin-Zyklus. CAM-Pflanzen verbrauchen tagsüber das nachts gespeicherte CO_2 schnell, so dass ihre durch Photosynthese erreichte Gesamtproduktion oft geringer ist als die anderer Pflanzen.

Wie der C_4-Weg ist auch der CAM-Weg in der Evolution von Pflanzen etliche Male aufgetaucht. Typische Umgebungen, die CAM-Pflanzen begünstigen, sind Standorte mit hohen Tagestemperaturen, hoher Lichtintensität und geringen Wasservorräten. Nach gegenwärtigem Kenntnisstand existiert der CAM-Weg bei mindestens 18 Pflanzenfamilien, die meisten davon sind Zweikeimblättrige. Beispiele für einige nichtsukkulente Pflanzen sind Ananas und etliche samenlose Gefäßpflanzen, darunter auch Farne.

WIEDERHOLUNGSFRAGEN

1. Nennen Sie die wesentlichen Reaktionen des Calvin-Zyklus.

2. Beschreiben Sie den Unterschied zwischen dem C_3-Weg und dem C_4-Weg.

3. Nennen Sie Gemeinsamkeiten und Unterschiede von C_4-Pflanzen und CAM-Pflanzen.

ZUSAMMENFASSUNG

8.1 Ein Überblick über die Photosynthese

Die Photosynthese als Grundlage allen Lebens

Pflanzen, Algen und Photosynthese betreibende Bakterien sind photoautotroph; sie gewinnen ihre gesamte Energie also durch die Photosynthese. Die meisten Organismen, die keine Photosynthese betreiben, sind heterotroph, sie hängen vollkommen von anderen Organismen ab, wenn es um die Synthese organischer Moleküle geht. Die Photosynthese stellt die Bausteine des Lebens bereit und erhält das Leben, indem sie O_2 liefert.

CO_2-Assimilation

Die Lichtreaktionen entnehmen dem Wasser Elektronen und benutzen das durch Chlorophyll absorbierte Sonnenlicht dazu, sie mit Energie auszustatten. Die Sonnenenergie wird dazu benutzt, um ATP zu bilden und energiereiche Elektronen als NADPH bereitzustellen. Chlorophyll und andere Licht absorbierende Pigmente befinden sich in den Thylakoiden der Chloroplasten. Der Calvin-Zyklus im Stroma der Chloroplasten benutzt ATP und NADPH aus den Lichtreaktionen sowie CO_2, um Triosephosphate zu bilden.

Photosynthese und Atmung als gegenläufige Prozesse

Bei der Photosynthese werden Elektronen aus H_2O mithilfe von Sonnenenergie entzogen. Die energiereichen Elektronen helfen dabei, CO_2 in Zucker umzuwandeln. Bei der Atmung wird der in den Zuckern enthaltene Kohlenstoff als CO_2 freigesetzt. Währenddessen wird die im Zucker gespeicherte Energie in ATP umgewandelt, und die Elektronen werden auf O_2 übertragen, wodurch schließlich wieder H_2O entsteht.

8.2 Die Umwandlung der Lichtenergie in chemische Energie: Die Lichtreaktionen

Die Rolle des Chlorophylls

In den Thylakoidmembranen der Chloroplasten befinden sich Chlorophyll und andere Licht absorbierende Pigmente. Chlorophyll absorbiert blaues und rotes Licht, während es grünes Licht reflektiert.

Photosysteme

Die Sonnenenergie regt Elektronen im Chlorophyll in Licht erntenden Einheiten an, die als Photosystem I und Photosystem II bezeichnet werden. Diese Photosysteme kommen mehrfach in den Thylakoidmembranen vor. Die Lichtreaktionen nutzen etwa ein Drittel der durch das Chlorophyll absorbierten Sonnenenergie.

Lichtreaktionen

Bei den Lichtreaktionen führt der Elektronenfluss zunächst vom Wasser zu einem Chlorophyll a-Molekül im Photosystem II, wo das Elektron angeregt und auf einen Akzeptor übertragen wird. Das Elektron verliert allmählich an Energie, wobei ein Protonengradient aufgebaut wird, der zur Bildung von ATP verwendet wird. Das Elektron wird zum Chlorophyll im Photosystem I weitergeleitet, wo das Elektron wieder durch Licht angeregt wird und schließlich zur Bildung von NADPH benutzt wird.

ATP-Synthese

Zwischen dem Photosystem II und dem Photosystem I gibt es eine Elektronentransportkette, durch deren Hilfe Sonnenenergie dazu benutzt wird, H^+-Ionen durch die Thylakoidmembran zu pumpen. Die H^+-Ionen setzen Energie frei, wenn sie durch die Membran durch das Enzym ATP-Synthase zurückfließen. Dieser Prozess wird als *Chemiosmose* bezeichnet. Die ATP-Synthase benutzt die Energie aus der Chemiosmose, um durch Phosphorylierung ATP zu bilden.

8.3 Die Umwandlung von CO_2 in Zucker: Der Calvin-Zyklus

Der Calvin-Zyklus

Der Calvin-Zyklus, der im Stroma der Chloroplasten abläuft, benutzt CO_2 aus der Luft und ATP sowie NADPH aus den Lichtreaktionen zur Bildung von Zucker. Nach drei Durchläufen des Zyklus wurde ausreichend CO_2 addiert, um ein Triosephosphat-Molekül zu bilden, was wiederum in andere Zuckerarten umgewandelt wird.

Die Effizienz des Calvin-Zyklus

Das theoretisch erreichbare Effizienzmaximum der Photosynthese bei der Zuckersynthese liegt bei etwa 35 Prozent; tatsächlich liegt die Effizienz jedoch nur zwischen einem und vier Prozent. Zum Teil hängt dies mit der Tatsache zusammen, dass durch Anlagerung von CO_2 anstelle von CO_2 bis zu 50 Prozent des fixierten Kohlenstoffs wieder als CO_2 freigesetzt werden.

Rubisco als Oxygenase

Rubisco, das Kohlenstoff fixierende Enzym im Calvin-Zyklus, ist das am häufigsten vorkommende Protein auf der Erde. Bei höheren Temperaturen und niedrigeren O_2-Konzentrationen bindet Rubisco O_2. Wird Sauerstoff gebunden, kann kein Kohlenstoff fixiert werden. Stattdessen werden schließlich zwei Kohlenstoffatome als CO_2 freigesetzt. Dieser Prozess wird als *Photorespiration* bezeichnet. An hellen, heißen Tagen trägt Rubisco gleichermaßen zum Verlust von Kohlenstoff wie zur Kohlenstofffixierung bei.

Der C_4-Weg

Im C_4-Weg wird CO_2 zunächst an einen C_3-Körper angelagert (fixiert), wobei Oxalacetat entsteht, das zu Malat als stabilem C_4-Körper umgewandelt wird. Die Kranzanatomie der C_4-Pflanzen ermöglicht die räumliche Trennung von C_4-Weg in Mesophyllzellen und C_3-Weg in den Bündelscheidenzellen, welche die die Leitbündel in den Blättern umgeben. Malat wird von den Mesophyllzellen in die Bündelscheidenzellen transportiert, wo es in Pyruvat und CO_2 zerlegt wird. Dies liefert eine hohe CO_2-Konzentration für den Calvin-Zyklus, was die Photorespiration unterdrückt. C_4-Pflanzen sind an heißen, sonnigen Tagen besonders effizient, wenn die CO_2-Konzentration im Blatt niedrig und die O_2-Konzentration hoch ist.

CAM-Pflanzen

Einige sukkulente Wüstenpflanzen weisen eine Variante des C_4-Weges auf, die als Crassulaceen-Säurestoffwechsel (CAM für *Crassulacean Acid Metabolism*) bezeichnet wird. Aufgrund ihrer nächtlichen CO_2-Aufnahme über den C_4-Weg können sie dieses CO_2 tagsüber im Calvin-Zyklus verwenden und dabei an heißen Tagen ihre Stomata geschlossen halten.

ZUSAMMENFASSUNG

Verständnisfragen

1. Worin liegt die Bedeutung der Photosynthese für das Leben auf der Erde?

2. Erläutern Sie, auf welche Weise Photosynthese und Atmung voneinander abhängen.

3. Beschreiben Sie die Funktion des Chlorophylls bei der Photosynthese.

4. Beschreiben Sie, wie ein Photosystem Lichtenergie einfängt.

5. Welcher ist der direkt von der Lichtenergie abhängige Schritt?

6. Nennen Sie die Reaktionsprodukte der Lichtreaktionen und des Calvin-Zyklus.

7. In welcher Weise hängen Lichtreaktionen und Calvin-Zyklus voneinander ab?

8. Verfolgen Sie den Weg eines Elektrons durch die Lichtreaktionen. Woher stammt das jeweilige Elektron und welches ist der Endakzeptor?

9. Erklären Sie, wie die ATP-Synthese während der Lichtreaktionen funktioniert.

10. Welches Produkt des Calvin-Zyklus ist Baustein für die Synthese komplexerer Moleküle?

11. Erläutern Sie, wie die Bildung von Zuckerphosphaten als Kreislauf funktioniert.

12. Erläutern Sie die Rolle von Rubisco bei der Photorespiration.

13. Worin besteht der Unterschied zwischen einer Oxygenase und einer Carboxylase?

14. Worin unterscheidet sich die Anatomie eines C_3-Blattes von der eines C_4-Blattes?

15. In welchen Regionen haben C_4-Pflanzen einen ökologischen Vorteil? Warum?

16. Nennen Sie einige Gemeinsamkeiten und Unterschiede von C_4-Pflanzen und CAM-Pflanzen.

Diskussionsfragen

1. Welche Arten von Lebensformen würden nach 6 Milliarden Jahren auf der Erde existieren, wenn sich die Photosynthese nicht entwickelt hätte? Welche Lebensformen würden Sie erwarten, wenn sich nur Organismen entwickelt hätten, die Photosynthese betreiben?

2. Angenommen, die Erde erwärmt sich in den kommenden 500 Millionen Jahren und die CO_2-Konzentration steigt unaufhörlich. Welche Arten von Pflanzen könnten sich entwickeln?

3. Welche unmittelbaren und langfristigen Auswirkungen würden Sie bei den Tier- und Pflanzenpopulationen erwarten, wenn ein Asteroid die Erde träfe und eine dicke Staubwolke aufwirbeln würde, die die Photosyntheserate um 90 Prozent verringert?

4. Angenommen, Sie besitzen ein Gewächshaus, in dem Sie Salat und Gemüse anbauen. Wäre es Ihnen die Sache wert, die CO_2-Konzentration in Ihrem Gewächshaus künstlich zu erhöhen? Erläutern Sie Ihre Ansicht.

5. Zeichnen Sie, ausgehend von Überlegungen zu den aufgenommenen und abgegebenen Mengen an CO_2, O_2, H_2O, ATP, NADPH und Glucose, ein Diagramm, das die Wechselbeziehungen zwischen Photorespiration, Lichtreaktionen der Photosynthese und den Kohlenstoff fixierenden Reaktionen (Calvin-Zyklus) der Photosynthese illustriert. Fangen Sie am besten damit an, drei rechteckige Kästen nebeneinander zu zeichnen, die Sie von links nach rechts mit den Namen „Lichtreaktionen", „Calvin-Zyklus" und „Photorespiration" beschriften. Sie können anschließend die Prozesse angeben, die in jedem Kasten ablaufen, und die chemischen Substanzen kennzeichnen, die von einem Prozess in den anderen fließen und dadurch diese Prozesse miteinander verbinden.

Weiterführendes

Weitere Informationen zu diesem Buchkapitel finden Sie auf der Companion Website unter http://www.pearson-studium.de.

Blankenship, Robert E. Molecular Mechanisms of Photosynthesis. Oxford: Blackwell Science, 2002. *Die Photosyntheseprozesse sind hochaktuell mit vielen neuen Strukturdaten versehen, so dass jeder, der etwas mehr wissen will, gut bedient ist.*

Hall, David Oakley und K. K. Rao. Photosynthesis, 5. Auflage. Cambridge University Press, 1994. *Dieser Band aus der Serie* Studies in Biology *stellt sehr anschaulich die wichtigsten Prozesse der Photosynthese dar.*

Hobhouse, Henry. Sechs Pflanzen verändern die Welt. Klett-Cotta, 2001. *Zuckerrohr ist eine dieser sechs Pflanzen.*

Zellatmung

9.1 Ein Überblick über die Ernährung 233
9.2 Zellatmung 237
9.3 Gärung 245
Zusammenfassung 247
Verständnisfragen 249
Diskussionsfragen 249
Zur Evolution 250
Weiterführendes 250

9 ZELLATMUNG

❝ Energie ist unerlässlich, damit die biochemischen und physiologischen Funktionen ausgeführt werden können, die sowohl zur Entwicklung von Organismen als auch zu ihrer Erhaltung lebensnotwendig sind. Lebewesen sind Inseln der Ordnung in einem Universum, in dem die Unordnung insgesamt zunimmt. Lebewesen benutzen ATP und Elektronencarrier, wie beispielsweise NADH, NADPH und $FADH_2$, um chemische Reaktionen zu erleichtern. Organismen, die keine Photosynthese betreiben, sind auf Photosynthese betreibende Organismen angewiesen, weil sie ihnen organische Moleküle liefern, die abgebaut werden können, um daraus wieder Energie zu gewinnen.

Während der Photosynthese bilden Pflanzen in den Lichtreaktionen ATP, das im Calvin-Zyklus gebraucht wird. Selbst wenn Pflanzen und andere Photosynthese betreibende Organismen ihre eigene Nahrung herstellen können, müssen sie deshalb dennoch diese Nahrung wieder abbauen, um ATP und Elektronencarrier zu bilden, die sie zu ihrer eigenen Entwicklung und Erhaltung brauchen, vor allem auch nachts und in nichtgrünen Geweben. Anders als die Photosynthese, die Licht benötigt und deshalb tagsüber stattfindet, kann der Abbau von Zucker und ähnlichen Molekülen zur Bereitstellung von Stoffwechselenergie rund um die Uhr erfolgen.

Die Umwelt kann einen beträchtlichen Einfluss darauf ausüben, wie viel Stoffwechselenergie ein Organismus aufbringen muss, um zu überleben. Aufgrund ihrer Biochemie können Lebewesen Temperaturschwankungen in einem beschränkten Intervall tolerieren. In vielen Umgebungen gibt es jedoch saisonale Temperaturschwankungen, die unter oder über den für das Leben optimalen Temperaturen liegen. Verschiedene Strukturen, physiologische Mechanismen und Verhaltensweisen haben sich entwickelt, die Organismen dabei helfen, extreme Temperaturen zu überleben, da die Pflanzen im Gegensatz zu Tieren ortsgebunden sind.

Wie Sie in diesem Kapitel lernen werden, ist der Prozess des Zuckerabbaus zur Energieumwandlung in ATP nicht vollkommen effizient. Ein Teil der Energie geht stets als Wärme verloren. Einige Tiere, wie Säugetiere und Vögel, halten eine konstante Körpertemperatur, indem sie diese Wärme festhalten. Dazu benutzen sie Fell, Gefieder und Körperfett als isolierende Materialien. Wenn die Temperaturen zu niedrig sind, produzieren sie mehr Körperwärme, indem sie mehr Zucker abbauen. In einigen Fällen greifen sie auf einen alternativen Weg zum Zuckerabbau zurück, bei dem die gesamte Energie als Wärme freigesetzt und kein ATP gewonnen wird.

Anders als bei Säugetieren und Vögeln sind die Temperaturen von Pflanzen – genau wie die von Reptilien, Amphibien und Fischen – in der Regel sehr nah an der Umgebungstemperatur. Solche Organismen benutzen die Stoffwechselenergie viel weniger zur direkten Temperaturkontrolle. Pflanzen stellen beispielsweise die Photosynthese und die Zellatmung ein, wenn die Temperaturen zu niedrig sind. Sie können ihre Blätter verlieren oder in einen Ruhezustand übergehen, bei dem der Stoffwechsel so lange abgesenkt oder gänzlich unterbrochen wird, bis wieder geeignete Temperaturen herrschen.

Während Pflanzen gewöhnlich keine konstante Körpertemperatur halten, vermögen dennoch einige Pflanzen Temperaturen zu halten, die beträchtlich höher als die der umgebenden Luft sind, indem sie Wärme produzieren, anstatt ATP zu bilden. Bei einigen Pflanzenarten wird diese Wärme dazu benutzt, Schnee und Eis zu schmelzen, wodurch die Pflanze bereits Tage zu Beginn des Frühling nutzen kann, die noch kalt, aber doch sonnig sind. Bei anderen Pflanzen, wie beispielsweise der hier abgebildeten Titanenwurz (Amorphophallus titanum) oder dem einheimischen Aronstab (Arum maculatum), führt die Wärme zum Verdunsten von Aasgerüchen aus den Blüten, die bestimmte Organismen, wie beispielsweise Fliegen, zur Bestäubung anziehen.

Die Titanenwurz und andere „heiße Pflanzen" sind ungewöhnliche Beispiele dafür, wie Pflanzen die durch die Zellatmung freigesetzte Energie nutzen. In diesem Kapitel werden wir untersuchen, wie Pflanzen aus den bei der Photosynthese gebildeten Zuckern und anderen organischen Molekülen durch Zellatmung ATP und Wärme gewinnen. Während der Zellatmung werden diese organischen Moleküle in Anwesenheit von Sauerstoff zu CO_2 und H_2O abgebaut, wobei Energie freigesetzt wird, die entweder in ATP umgewandelt oder als Wärme abgegeben wird. Wir werden uns auch mit einem alternativen Stoffwechselweg beschäftigen, der als Gärung bezeichnet wird. Dieser Prozess findet mitunter statt, um auch dann noch Energie zu gewinnen, wenn Sauerstoff fehlt. Wegen der Gärungprodukte wird der Prozess jedoch von Pflanzen schlecht toleriert. ❞

Ein Überblick über die Ernährung 9.1

Die Prozesse, durch die ein Organismus Nahrung aufnimmt und diese verwertet, werden im Allgemeinen unter dem Begriff **Ernährung** zusammengefasst. Wurde die Nahrung erst einmal angenommen, muss sie im Organismus in einer Reihe biochemischer Reaktionen abgebaut werden, um die in ihr enthaltene Energie wieder freizusetzen. Dies geschieht im Prozess der Zellatmung, der in Pflanzen, Tieren und Pilzen Zucker in Anwesenheit von Sauerstoff zu CO_2 und H_2O abbaut, wobei die freigesetzte Energie zur Bildung von ATP und Wärme benutzt wird.

Energie- und Kohlenstoffquellen von Organismen

Organismen benötigen Kohlenstoff und Energie, um organische Verbindungen zu bilden, welche die strukturelle und energetische Grundlage des Lebens sind, wie wir es kennen. Anhand ihrer Kohlenstoffquelle lassen sich Organismen als **autotroph** oder **heterotroph** klassifizieren (▶ Tabelle 9.1). Pflanzen sind Beispiele für autotrophe Organismen, die sich mithilfe der Lichtenergie Kohlenstoff aus CO_2 verschaffen und damit ihre eigenen organischen Verbindungen bilden (Assimilation). Tiere sind Beispiele für heterotrophe Organismen, die sich Kohlenstoff und Energie verschaffen, indem sie organische Verbindungen von anderen Organismen zu sich nehmen.

Sowohl autotrophe als auch heterotrophe Organismen können hinsichtlich ihrer Energiequelle weiter klassifiziert werden. Pflanzen und die meisten anderen autotrophen Organismen sind Photosynthese betreibende Organismen und werden als **photoautotroph** bezeichnet, weil sie Energie aus Licht gewinnen können. Zu den autotrophen Organismen, die keine Photosynthese betreiben, gehören einige Prokaryoten. Sie werden als **chemoautotroph** bezeichnet, weil sie ihre Energie nicht aus dem Licht, sondern vielmehr aus anorganischen chemischen Verbindungen beziehen, die sie umsetzen. Viele heterotrophe Organismen, wozu auch wir Menschen gehören, beziehen sowohl ihre Energie als auch ihren Kohlenstoff aus organischen Verbindungen. Sie gehören also zu den **chemoheterotrophen** Organismen. Manche heterotrophe Organismen, zu denen einige Prokaryoten gehören, sind **photoheterotroph**, was bedeutet, dass sie ihre Energie aus dem Licht, ihren Kohlenstoff aber aus organischen Verbindungen beziehen.

Neben Kohlenstoff brauchen die meisten Organismen – seien es nun autotrophe oder heterotrophe – mineralische Nährstoffe und spezielle organische Moleküle, wie beispielsweise Vitamine. Jedoch können nur Pflanzen und die anderen autotrophen Organismen sämtliche organische Moleküle eigenständig bilden.

Die Beziehung zwischen Photosynthese und Zellatmung

Wie alle Organismen führen Pflanzen und andere Photosynthese betreibende Organismen die Zellatmung aus. ▶ Abbildung 9.1 gibt einen Überblick über die Be-

Tabelle 9.1

Energie- und Kohlenstoffquellen von Organismen

Ernährungstyp	Energiequelle	Kohlenstoffquelle	Organismentypen
autotroph			
photoautotroph	Licht	CO_2	Photosynthese betreibende Prokaryoten, Algen und Pflanzen
chemoautotroph	anorganische Verbindungen	CO_2	einige Prokaryoten
heterotroph			
photoheterotroph	Licht	organische Verbindungen	einige Prokaryoten
chemoheterotroph	organische Verbindungen	organische Verbindungen	viele Prokaryoten und Protisten, Pilze, Tiere, einige schmarotzende Pflanzen

Photosynthese + **Zellatmung**

Licht + Energie + CO$_2$ + H$_2$O → Zucker + O$_2$ → ATP + CO$_2$ + H$_2$O

Mineralstoffe aus dem Erdboden → organische Moleküle

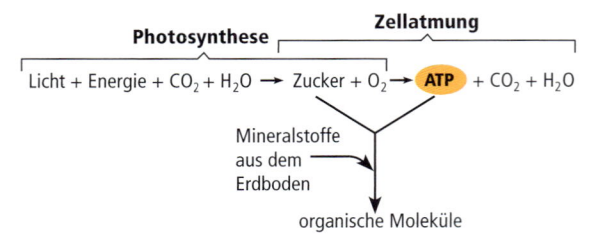

(a) Zusammenfassung der Beziehung zwischen Zellatmung und Photosynthese. Die Photosynthese beginnt mit Kohlendioxid und Wasser, die Zellatmung endet mit denselben Verbindungen.

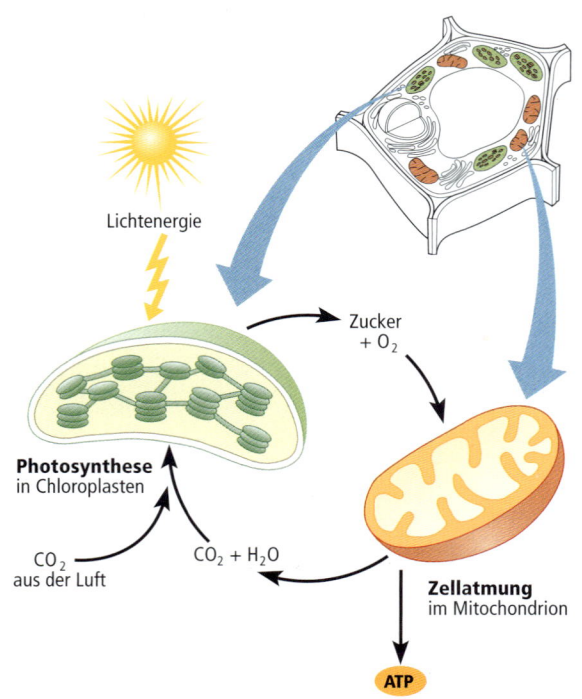

Lichtenergie → Zucker + O$_2$

Photosynthese in Chloroplasten

CO$_2$ aus der Luft

CO$_2$ + H$_2$O

Zellatmung im Mitochondrion → ATP

Energie aus ATP wird benutzt, um den Großteil der zellulären Arbeit anzutreiben. Dazu gehört auch die Bildung organischer Moleküle. Energie verlässt die Pflanze auch als Wärme.

(b) Die Orte der Zellatmung und der Photosynthese in Pflanzenzellen. Bei Pflanzenzellen findet die Photosynthese in den Chloroplasten statt, während die Zellatmung in den Mitochondiren abläuft.

Abbildung 9.1: Zellatmung und Photosynthese: Ein Überblick.

ziehung zwischen Photosynthese und Zellatmung. Die allgemeine Beziehung zwischen den beiden Prozessen kann folgendermaßen beschrieben werden:

- Pflanzen und andere Photosynthese betreibende Organismen benutzen Sonnenenergie, um ATP und NADPH zu bilden. Dies geschieht in den Lichtreaktionen der Photosynthese.
- Sie nutzen die Energie von ATP und die energiereichen Elektronen des NADPH, um CO$_2$ in Zucker umzuwandeln. Dies geschieht im Calvin-Zyklus.

- Die bei der Photosynthese gebildeten Zucker werden mit Mineralstoffen aus dem Boden zu einer großen Zahl von unterschiedlichen organischen Molekülen verarbeitet, die als Energiequelle und als Quelle struktureller Komponenten, wie beispielsweise des Kohlenstoffskeletts, verwendet werden.
- In Anwesenheit von Sauerstoff werden im Prozess der Zellatmung einige während der Photosynthese gebildete Zucker zu CO$_2$ und H$_2$O abgebaut, wobei Energie in ATP umgewandelt oder als Wärme freigesetzt wird.

Das Gesamtresultat der Prozesse der Photosynthese und der Zellatmung ist die Umwandlung von Lichtenergie in chemische Energie in Form von ATP und verschiedenen organischen Molekülen.

Wie bei der Photosynthese ist auch bei der Zellatmung der Elektronentransport mit einer endergonischen Phosphorylierung verbunden – damit ist das Anhängen einer Phosphatgruppe an ein Molekül gemeint. Im Fall der ATP-Synthese bedeutet Phosphorylierung die Addition eines anorganischen Phosphats (P$_i$) an ein ADP-Molekül, woraus sich eine energiereiche Anhydridbindung im ATP ergibt.

Die ATP-Synthese kann auf verschiedenen Wegen ausgeführt werden. Die ATP-Synthese während der Photosynthese wird als **Photophosphorylierung** bezeichnet, da sie letztlich durch Lichtenergie angetrieben wird. Das heißt die Lichtenergie stimuliert den Elektronenfluss durch eine Elektronentransportkette, was dazu führt, dass sich Protonen (H$^+$) zum Aufbau eines H$^+$-Gradienten durch eine Membran bewegen – ein Vorgang, der als **Chemiosmose** bezeichnet wird. Das Enzym ATP-Synthase nutzt dann die durch den Abbau dieses Konzentrationsgradienten frei werdende Energie, um ATP zu bilden. Bei der Zellatmung wird ATP durch zwei andere Arten der Phosphorylierung synthetisiert: Substratkettenphosphorylierung und oxidative Phosphorylierung.

Bei der **Substratkettenphosphorylierung** überträgt ein Enzym eine Phosphatgruppe von einem phosphathaltigen organischen Molekül auf ADP, wodurch ATP entsteht (▶ Abbildung 9.2a). Die Bezeichnung dieser Art Phosphorylierung ergibt sich daraus, dass ein Enzym auf zwei Substrate wirkt: ein ADP-Molekül und ein weiteres phosphathaltiges Molekül. Chemiosmose und ATP-Synthase sind daran nicht beteiligt, und die Phosphorylierung kann in Anwesenheit oder in Abwesenheit von Sauerstoff ablaufen.

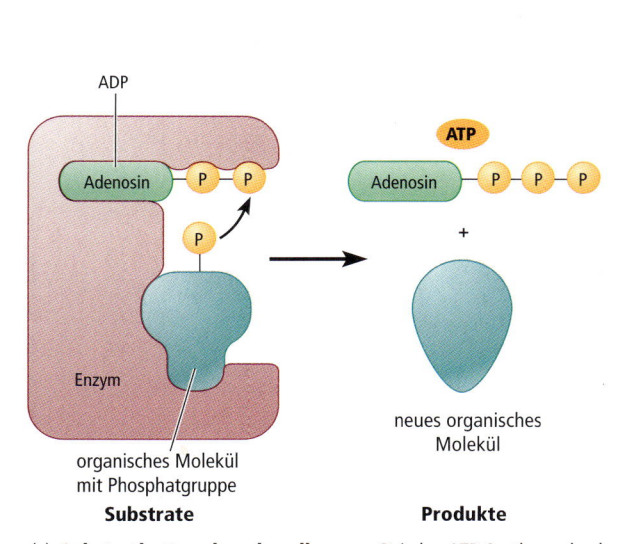

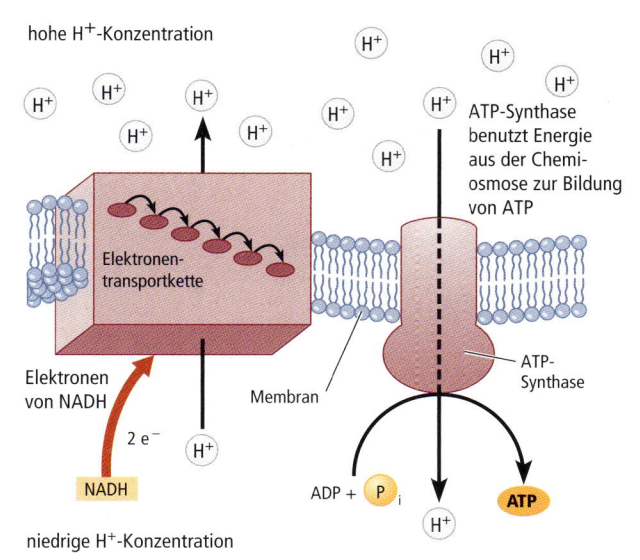

(a) **Substratkettenphosphorylierung.** Bei der ATP-Synthese durch Substratkettenphosphorylierung überträgt ein Enzym ein Phosphat von einem Substratmolekül auf ADP, wobei ATP gebildet wird. Da diese Reaktion nur auf der Wirkung eines Enzyms beruht, kann sie auch in Abwesenheit von Sauerstoff ablaufen.

(b) **Oxidative Phosphorylierung.** Bei der oxidativen Phosphorylierung bildet die ATP-Synthase ATP unter Verwendung der Energie aus der Chemiosmose – dem Fluss von Protonen (H^+) aus einem Kompartiment mit hoher H^+-Konzentration in eines mit niedriger H^+-Konzentration.

Abbildung 9.2: Die ATP-Synthese durch Substratkettenphosphorylierung und oxidative Phosphorylierung.

Die **oxidative Phosphorylierung** ähnelt der Photophosphorylierung stark, weil daran eine Elektronentransportkette, die Chemiosmose, die ATP-Synthase und Sauerstoff beteiligt sind (▶ Abbildung 9.2b). Jedoch ist es bei der oxidativen Phosphorylierung die Energie von NADH – anstelle der Lichtenergie –, die den Elektronenfluss zur ATP-Synthese durch Chemiosmose stimuliert. Der Prozess heißt **oxidative Phosphorylierung**, weil er mit einer Oxidation, dem Verlust von Elektronen, beginnt. Genauer gesagt gibt NADH Elektronen an die Elektronentransportkette ab, was den Energiefluss einleitet, der letztlich die ATP-Synthese antreibt.

Zuckerabbau

Bei Pflanzen kann der Zuckerabbau zur Energiegewinnung in Form von ATP, wie bei allen anderen Eukaryoten, grundsätzlich auf zwei Stoffwechselwegen erfolgen. Der eine Weg ist **aerob**, es wird Sauerstoff benötigt. Der andere Weg ist **anaerob**, er kommt ohne Sauerstoff aus. Beide Wege beginnen mit einer Reihe anaerober enzymatischer Reaktionen, die unter dem Begriff der **Glycolyse** zusammengefasst werden. Sie findet im Cytosol statt, dem flüssigen Teil des Cytoplasmas der Zelle. Bei der Glycolyse wird ein Zuckermolekül mit sechs Kohlenstoffatomen in zwei Pyruvatmoleküle zerlegt, und auch ATP und NADH werden dabei gebildet.

Die Zellatmung ist der aerobe Stoffwechselweg, bei dem die Zellen letztlich Sauerstoff benötigen, wenn organische Moleküle abgebaut werden und die Energie in die Form von ATP umgewandelt wird. Dieser innerhalb von Zellen ablaufende Prozess wird als **Zellatmung** bezeichnet, um ihn von dem Prozess der Atmung, der Sauerstoffversorgung der Zellen, zu unterscheiden, der vor sich geht, wenn Tiere atmen. Im wissenschaftlichen Sprachgebrauch ist jedoch mit dem Begriff Atmung die Zellatmung gemeint.

Die Zellatmung beginnt mit der Glycolyse im Cytosol der Zelle. Das durch Glycolyse gebildete Pyruvat gelangt in die Mitochondrien, wo es zu einer Verbindung abgebaut wird, die als Acetyl-Coenzym A, oder kurz **Acetyl-CoA**, bezeichnet wird (▶ Abbildung 9.3). Acetyl-CoA geht mit zwei Kohlenstoffatomen in die nächste Phase der Zellatmung ein, nämlich in den **Krebs-Zyklus**. Im Krebs-Zyklus wird an einer Stelle durch Substratkettenphosphorylierung ATP gebildet. Er liefert aber vor allem die Elektronencarrier NADH und $FADH_2$ für die letzte Phase der Zellatmung, bei der in der Elektronentransportkette Energie bereitgestellt wird, die über einen elektrochemischen Gradienten durch oxidative Phosphorylierung in ATP umge-

9 ZELLATMUNG

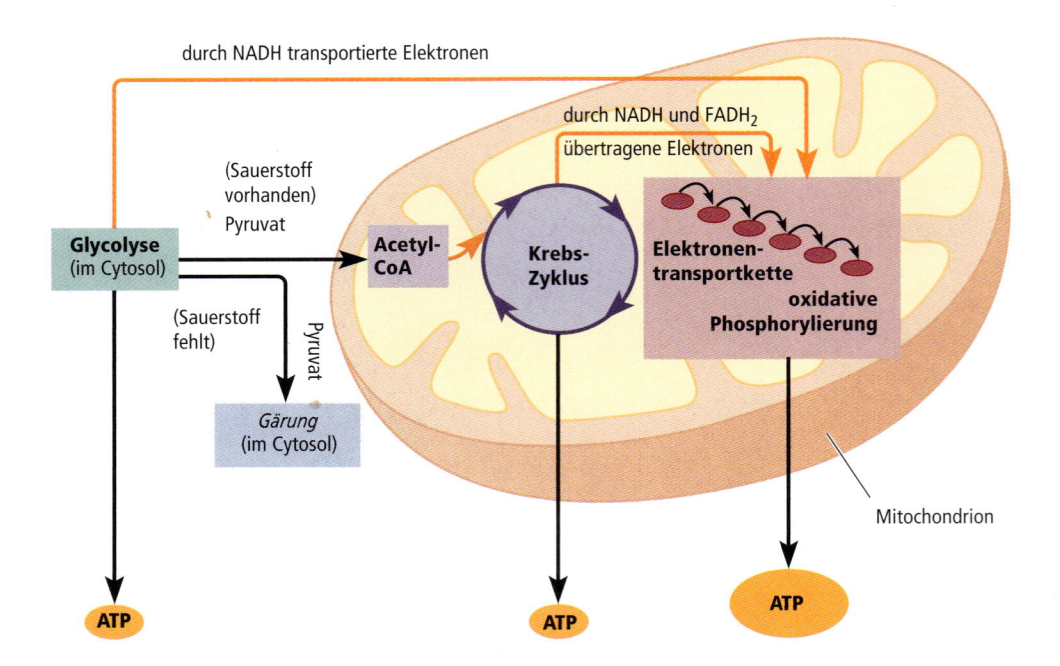

Abbildung 9.3: Ein Überblick über die ATP-Bildung bei der Zellatmung und den zugehörigen Prozessen. Die Glycolyse findet im Cytosol der Zelle statt. Dabei wird eine kleine Menge ATP gebildet. Falls Sauerstoff vorhanden ist, findet anschließend die Zellatmung statt. Zunächst wird das Pyruvat aus der Glycolyse an die Mitochondrien geleitet. Innerhalb der Mitochondrien finden die folgenden Phasen der Zellatmung statt: die Umwandlung von Pyruvat in Acetyl-CoA, der Krebs-Zyklus, die Energieübertragung durch die Elektronentransportkette und die oxidative Phosphorylierung. Im Krebs-Zyklus wird eine weitere kleine Menge ATP gebildet. Das meiste ATP wird bei der oxidativen Phosphorylierung gewonnen, die durch die Chemiosmose angetrieben wird. Falls Sauerstoff fehlt, durchläuft das Pyruvat aus der Glycolyse den Prozess der Gärung. ATP wird in diesem Fall lediglich in kleinen Mengen aus der Glycolyse gewonnen.

wandelt wird. Per Definition bezieht sich der Begriff *Atmung* auf einen Energie liefernden Prozess, der Sauerstoff verbraucht. Tatsächlich ist es aber so, dass Sauerstoff nur während des Energietransports über die Elektronentransportkette im letzten Schritt benötigt wird. Doch kann der Krebs-Zyklus nicht ablaufen, wenn kein Sauerstoff für die Elektronentransportkette verfügbar ist.

Bei fehlendem Sauerstoff werden organische Moleküle auf anaerobem Wege abgebaut. Dieser Prozess wird als **Gärung** oder **Fermentation** bezeichnet und findet ausschließlich innerhalb des Cytosols statt. Bei der Gärung wird Pyruvat je nach Organismus entweder in Ethanol oder Lactat umgewandelt. Der Prozess der Gärung wird von Enzymen ohne Beteiligung der Elektronentransportkette ausgeführt und ATP wird nur in kleinen Mengen bei der Glycolyse gebildet.

WIEDERHOLUNGSFRAGEN

1. Beschreiben Sie, wie sich Organismen in ihrer Ernährungsweise unterscheiden.
2. Beschreiben Sie die Beziehung zwischen Photosynthese und Zellatmung.
3. Worin unterscheidet sich die Substratkettenphosphorylierung von der oxidativen Phosphorylierung?
4. Worin unterscheiden sich Zellatmung und Gärung?

Zellatmung 9.2

Die Zellatmung wird gewöhnlich als ein Prozess beschrieben, zu dem die Glycolyse, der Krebs-Zyklus, der Energietransport durch die Elektronentransportkette und die zugehörige oxidative Phosphorylierung gehören. Wir werden die Glycolyse zusammen mit der Zellatmung beschreiben, weil bei Pflanzen und den meisten anderen Organismen die Zellatmung häufiger auftritt als die Gärung. Denken Sie daran, dass die Glycolyse sowohl für die Zellatmung als auch für die Gärung notwendig ist.

Glycolyse

Der Begriff *Glycolyse* (von griechisch *glyco*, „süß" oder „Zucker", und *lysis*, „Aufspaltung") spiegelt die Tatsache wider, dass der Prozess mit der Aufspaltung eines Zuckers mit sechs Kohlenstoffatomen (Glucose) in zwei Pyruvatmoleküle mit jeweils drei Kohlenstoffatomen verbunden ist (▶ Abbildung 9.4). Die Glycolyse erfolgt in einer Reihe von zehn Reaktionen, die jeweils von einem speziellen Enzym katalysiert werden.

Die Reaktionen der Glycolyse erinnern an ein Fließband, auf dem die Enzyme das ausgelieferte Substrat umwandeln und dabei als Stoffwechselkontrollpunkte dienen. Falls die Aktivität eines Enzyms aufgrund einer Hemmung abnimmt oder ganz eingestellt wird, betrifft das auch das gesamte Fließband. Ein gutes Beispiel dafür ist die Phosphofructokinase, das Enzym, das die Umwandlung von Fructose-6-phosphat in Fructose-1,6-bisphosphat katalysiert. Eine Phosphatgruppe aus ATP wird abgespalten und auf Fructose-6-phosphat übertragen. Zu den Inhibitoren der Phosphofructokinase gehören solche Moleküle wie ATP, die anzeigen, dass die Zelle gut mit Energie versorgt ist. Zu den Aktivatoren der Phosphofructokinase gehören Moleküle wie ADP, die anzeigen, dass die Zelle nicht mit ausreichend ATP versorgt ist.

Pro Glucosemolekül, das die Glycolyse durchläuft, werden drei ATP-Moleküle zur Ausführung der Reaktionen benutzt, und vier ATP-Moleküle werden gebildet, was zu einem Nettogewinn von zwei ATP-Molekülen führt. Währenddessen werden zwei NADH-Moleküle gebildet. Der Tatsache, dass bei der Glycolyse ATP und NADH gebildet werden, entnehmen wir, dass Pyruvat weniger Energie enthält als Glucose, was mit einem Kalorimeter, das die bei der vollständigen Verbrennung aus einer Verbindung frei werdende Energie als Wärme bestimmt, überprüft werden kann. Die ATP- und NADH-Ausbeute ist im Vergleich zu der langen Reaktionskette scheinbar dürftig. Doch werden bei den Reaktionen auch Zwischenprodukte gebildet, die wichtige Quellen organischer Moleküle für viele andere Zellprozesse sind. Die Glycolyse liefert zum Beispiel das Kohlenstoffgerüst für die Synthese von Nucleinsäuren, einigen Aminosäuren und Lignin sowie Glycerol, das bei der Synthese von Lipiden benutzt wird.

Wissenschaftler sind der Ansicht, dass die frühesten Organismen – Prokaryoten, die sich vor 3,5 Milliarden Jahren als erste Organismen entwickelten – ATP ausschließlich durch Glycolyse gewannen. Die Zellatmung entwickelte sich wahrscheinlich erst, nachdem sich vor etwa 2,7 Milliarden Jahren ausreichend Sauerstoff in der Atmosphäre angesammelt hatte (siehe den Kasten *Biodiversitätsforschung* auf Seite 240).

Der Krebs-Zyklus

In Anwesenheit von Sauerstoff gelangt jedes bei der Glycolyse gebildete Pyruvat in die Mitochondrien und wird in eine Verbindung umgewandelt, die als Acetyl-Coenzym A beziehungsweise häufiger als Acetyl-CoA bezeichnet wird (▶ Abbildung 9.5). Zur Bildung von Acetyl-CoA wird zunächst ein Kohlenstoffatom in Form von CO_2 von Pyruvat abgespalten. Das verbleibende Fragment mit zwei Kohlenstoffatomen wird in Acetat umgewandelt; bei diesem Prozess entsteht ein NADH-Molekül. Das Acetat wird dann mit einem großen Cofaktor, dem Coenzym-A, verkettet, wobei Acetyl-CoA gebildet wird. Dann wird Acetyl-CoA abgebaut, wobei das Coenzym-A (CoA) für die Verwendung mit einem weiteren Pyruvat regeneriert wird, während das Fragment mit den beiden Kohlenstoffatomen in den Krebs-Zyklus gelangt. Demnach stellt dieser Umwandlungsprozess die Verbindung zwischen Glycolyse und Krebs-Zyklus her.

Der Krebs-Zyklus läuft in der Mitochondrienmatrix ab, dem Teil des Mitochondrions, das zwischen den beiden Mitochondrienmembranen liegt. Die Umwandlung von Pyruvat zu Acetyl-CoA und der Krebs-Zyklus an sich generieren das bei der Zellatmung gebildete CO_2. Außerdem ist jeder Durchlauf des Krebs-Zyklus mit einer beachtlichen Energieumwandlung verbunden, bei der ein ATP-, ein $FADH_2$- und drei NADH-Moleküle gebildet werden. Der Zyklus beginnt mit der Verknüpfung der Acetatgruppe mit dem Akzeptormolekül Oxal-

9 ZELLATMUNG

Glycolyse

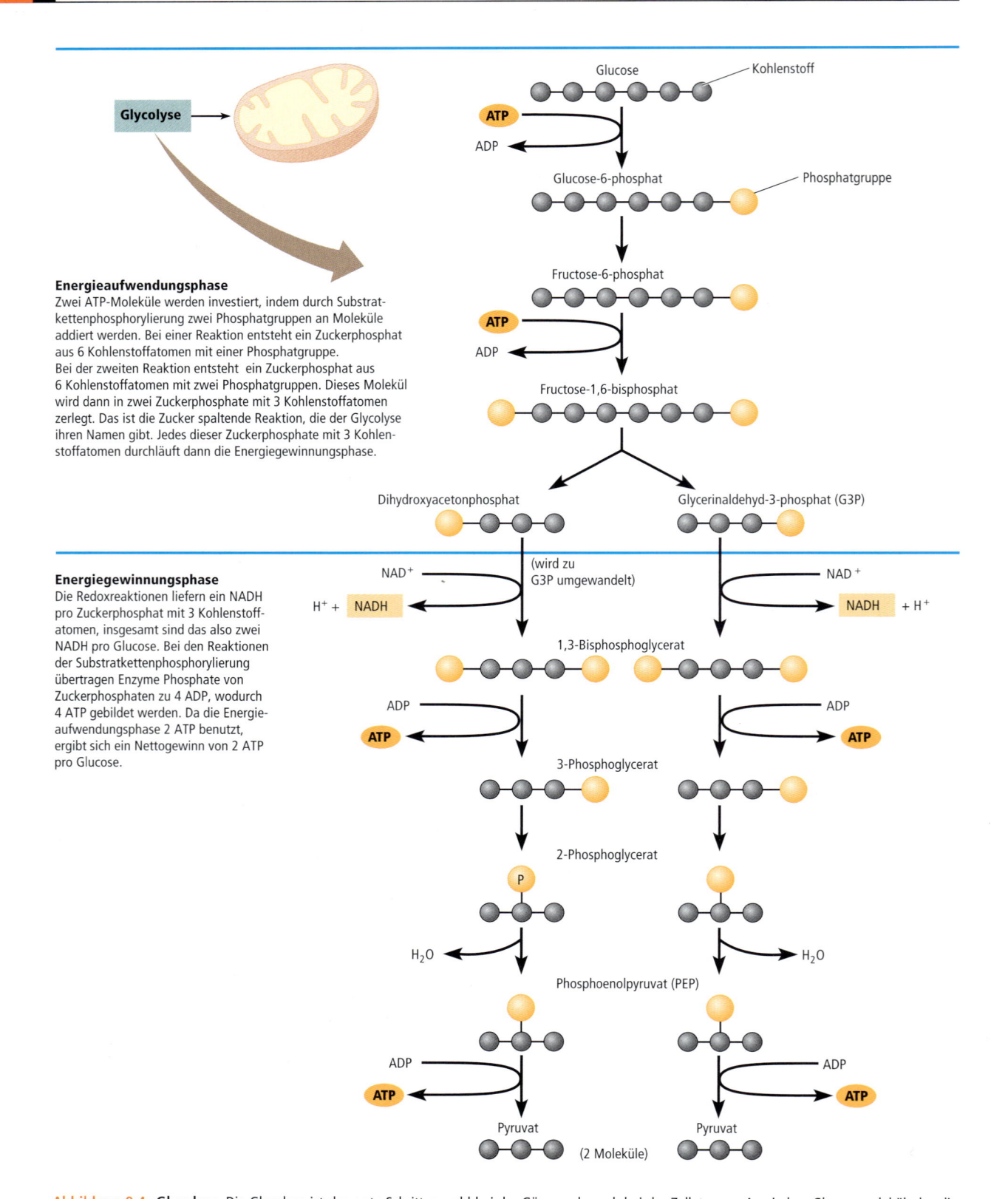

Energieaufwendungsphase
Zwei ATP-Moleküle werden investiert, indem durch Substratkettenphosphorylierung zwei Phosphatgruppen an Moleküle addiert werden. Bei einer Reaktion entsteht ein Zuckerphosphat aus 6 Kohlenstoffatomen mit einer Phosphatgruppe. Bei der zweiten Reaktion entsteht ein Zuckerphosphat aus 6 Kohlenstoffatomen mit zwei Phosphatgruppen. Dieses Molekül wird dann in zwei Zuckerphosphate mit 3 Kohlenstoffatomen zerlegt. Das ist die Zucker spaltende Reaktion, die der Glycolyse ihren Namen gibt. Jedes dieser Zuckerphosphate mit 3 Kohlenstoffatomen durchläuft dann die Energiegewinnungsphase.

Energiegewinnungsphase
Die Redoxreaktionen liefern ein NADH pro Zuckerphosphat mit 3 Kohlenstoffatomen, insgesamt sind das also zwei NADH pro Glucose. Bei den Reaktionen der Substratkettenphosphorylierung übertragen Enzyme Phosphate von Zuckerphosphaten zu 4 ADP, wodurch 4 ATP gebildet werden. Da die Energieaufwendungsphase 2 ATP benutzt, ergibt sich ein Nettogewinn von 2 ATP pro Glucose.

Glucose — Kohlenstoff
Glucose-6-phosphat — Phosphatgruppe
Fructose-6-phosphat
Fructose-1,6-bisphosphat
Dihydroxyacetonphosphat (wird zu G3P umgewandelt)
Glycerinaldehyd-3-phosphat (G3P)
1,3-Bisphosphoglycerat
3-Phosphoglycerat
2-Phosphoglycerat
Phosphoenolpyruvat (PEP)
Pyruvat (2 Moleküle)

Abbildung 9.4: Glycolyse. Die Glycolyse ist der erste Schritt sowohl bei der Gärung als auch bei der Zellatmung. Aus jedem Glucosemolekül, das die Glycolyse durchläuft, werden zwei Pyruvatmoleküle, vier ATP-Moleküle und zwei NADH-Moleküle gebildet. Der Nettogewinn an ATP beträgt daher pro Glucosemolekül zwei ATP.

9.2 Zellatmung

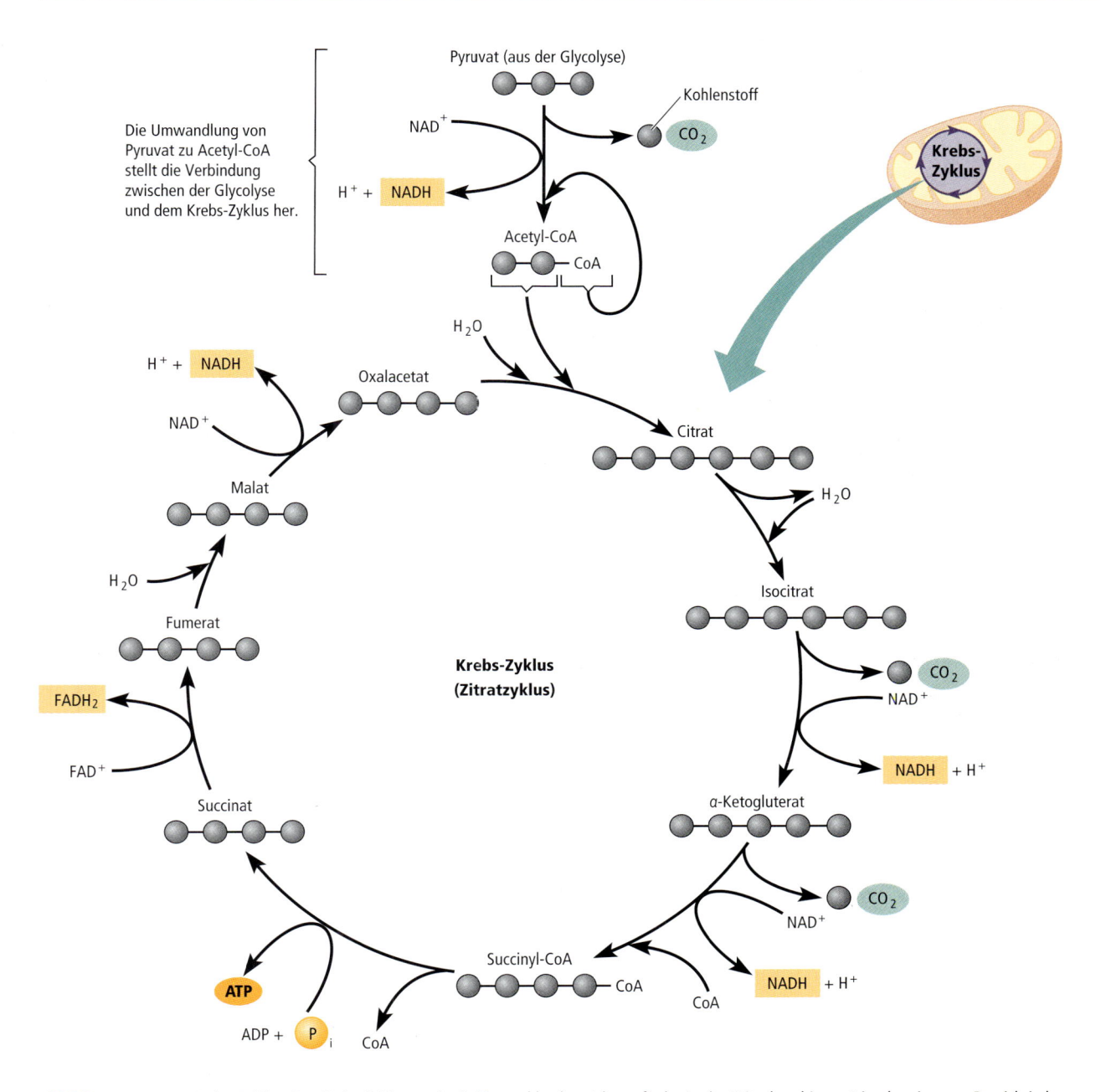

Abbildung 9.5: Der Krebs-Zyklus. Der Krebs-Zyklus, auch als Zitratzyklus bezeichnet, findet in der Mitochondrienmatrix, dem inneren Bereich jedes Mitochondrions, statt. Die Umwandlung von Pyruvat in Acetyl-CoA stellt die Verbindung zwischen der Glycolyse und dem Krebs-Zyklus her. Mit Acetyl-CoA gelangt ein Fragment mit zwei Kohlenstoffatomen in den Krebs-Zyklus, das zusammen mit einer Verbindung aus vier Kohlenstoffatomen schließlich ein Citrat bildet. Obwohl im Krebs-Zyklus nur eine kleine Menge ATP gebildet wird, spielt er eine Schlüsselrolle bei der Versorgung der Elektronentransportkette mit den Elektronencarriern NADH und $FADH_2$, durch die der hohe ATP-Gewinn bei der oxidativen Phosphorylierung erst möglich wird. Bei jedem Durchlauf des Krebs-Zyklus werden ein ATP-, ein $FADH_2$- und drei NADH-Moleküle gebildet. Da bei der Glycolyse jedes Glucosemolekül in zwei Pyruvatmoleküle zerlegt wird, ergibt der Krebs-Zyklus pro Glucosemolekül zwei ATP-, zwei $FADH_2$- und sechs NADH-Moleküle.

acetat, einem Molekül mit vier Kohlenstoffatomen. Da Citrat die erste gebildete Verbindung ist, wird der Krebs-Zyklus auch als Zitratzyklus bezeichnet. Das sich daraus ergebende Citrat mit sechs Kohlenstoffatomen wird in Isocitrat umgewandelt. Bei jeder der beiden darauffolgenden Umwandlungen verlässt ein Kohlenstoffatom den Zyklus in Form von CO_2 und es wird ein NADH-Molekül gebildet. Bei den restlichen Reaktionen mit einer Reihe von Verbindungen mit vier Kohlenstoffatomen werden ein ATP-, ein $FADH_2$- und ein NADH-Molekül gebildet. Der Zyklus ist vollendet, wenn sich das Oxalacetat regeneriert hat, das zu Beginn des nächsten Durchlaufs als Akzeptor eines weiteren Acetyl-Fragments dient. Die durch den Krebs-

BIODIVERSITÄTSFORSCHUNG
■ Die globale Erwärmung und der Treibhauseffekt

Lebewesen sind kohlenstoffbasiert, weil sie aus organischen Molekülen mit einem Kohlenstoffgerüst bestehen, die ursprünglich von Pflanzen durch Photosynthese gebildet wurden. Wie Sie wissen, werden bei der Zellatmung Glucose und andere Zucker zu CO_2 abgebaut. Die dabei freigesetzte Energie wird in ATP umgewandelt. In der Tat wird bei der Verbrennung jedes organischen Stoffes, sei es nun durch Stoffwechsel oder durch Feuer, Kohlenstoff in CO_2 umgewandelt.

Die Verbrennung großer Mengen fossilen Brennstoffs setzt große Mengen CO_2 in die Atmosphäre frei. Selbst vor Beginn der Zivilisation wurde CO_2 durch Vulkane und Waldbrände in die Atmosphäre freigesetzt. Jedoch hat die Zivilisation die Freisetzung von CO_2 durch Verbrennung fossiler Brennstoffe erhöht. Im Verlauf des letzten Jahrhunderts haben Wissenschaftler eine Erhöhung der CO_2-Konzentrationen in der Atmosphäre beobachtet und eine Erhöhung der Durchschnittstemperaturen festgestellt.

Es ist heute wissenschaftlich bewiesen, dass sich die Temperatur aufgrund eines Phänomens erhöht hat, das als Treibhauseffekt bezeichnet wird. Die Resultate belegen, dass die Gase, die sich in der Atmosphäre ansammeln, wie CO_2, verhindern, dass Wärme in den Weltraum abgestrahlt wird. Stattdessen wird die Wärme auf die Erdoberfläche reflektiert, was zu einer Temperaturerhöhung führt, so ähnlich wie ein Treibhaus die Wärme einfängt (siehe Schaubild). Die Menschheit muss wegen der Aussicht auf eine kontinuierliche globale Erwärmung infolge dessen sehr besorgt sein, da die polaren Eiskappen schmelzen, was zu einem Anstieg des Meeresspiegels führt, durch den letztlich Küstenstädte überschwemmt werden.

Allerdings sind die Auswirkungen des Treibhauseffektes und der globalen Erwärmung komplex. Abgesehen vom Beitrag der Menschen zur globalen Erwärmung glauben einige Wissenschaftler, dass sich hohe Temperaturen natürlicherweise mit kalten Temperaturen in einem Zyklus von Hunderten und Tausenden von Jahren abwechseln. Sehen Sie sich folgendes Szenario an, das einige Wissenschaftler entworfen haben:

■ Da sich die CO_2-Konzentration erhöht, verstärkt sich auch die Photosynthese. Rubisco arbeitet bei hohen CO_2-Konzentrationen sehr gut, und höhere Temperaturen fördern das Pflanzenwachstum in gemäßigten und subpolaren Regionen.
■ Infolge der global verstärkten Photosynthese fällt die CO_2-Konzentration in der Atmosphäre ab, so dass es zu einem Temperaturabfall kommt und die globale Photosynthese zurückgeht. Die polaren Eiskappen vergrößern sich wieder und das Klima kühlt sich weltweit ab.
■ Die kühleren Temperaturen führen wiederum zu einem verstärkten Pflanzensterben. Die Pflanzen werden durch Bakterien zersetzt, wodurch wieder beachtliche CO_2-Mengen durch Zellatmung in die Atmosphäre freigesetzt werden. Dies führt natürlich zu einem erneuten Treibhauseffekt und der Zyklus beginnt von Neuem.

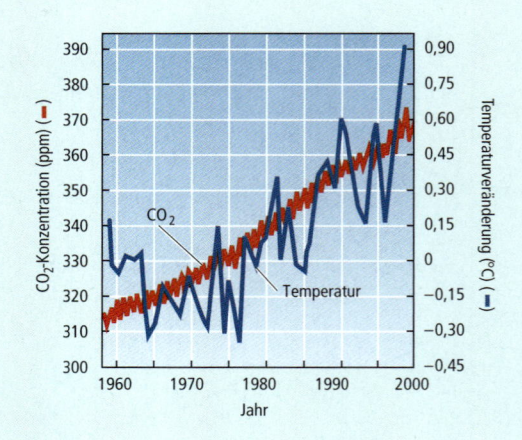

Zyklus gebildeten NADH- und $FADH_2$-Moleküle liefern energiereiche Elektronen für die nächste Phase der Zellatmung: den Energietransport über die Elektronentransportkette mit der daran gekoppelten oxidativen Phosphorylierung.

Die oxidative Phosphorylierung

Die ATP-Synthese im Inneren der Mitochondrienmembran hängt von der Energie aus der Elektronentransportkette ab. Die oxidative Phosphorylierung von ADP zu ATP wird durch die Energie aus der Chemiosmose angetrieben – dem Fluss von Protonen durch die Membran. Diese wurden durch die Elektronentransportkette herausgepumpt. Diese Protonen fließen dem Konzentrationsgefälle nach durch die ATP-Synthase, die diese chemiosmotische Bewegung von Protonen (H^+) als Energiequelle zur ATP-Synthese benutzt, wieder zurück in die Mitochondrienmatrix. Der Prozess ähnelt der Phosphorylierung, bei der auch eine Elektronentransportkette, die Chemiosmose und die ATP-Synthase beteiligt waren. Wie bereits erwähnt, wird jedoch bei der Zellatmung der Elektronenfluss nicht durch die Lichtenergie, sondern vielmehr durch die Oxidation von NADH (dem Abziehen von Elektronen aus NADH) ausgelöst. Dies ist der Grund dafür, dass die ATP-Synthase bei der Zellatmung als **oxidative Phosphorylierung** bezeichnet wird.

Wie bei den Lichtreaktionen bewegen sich Elektronen von einem Elektronencarrier zum nächsten. Die

9.2 Zellatmung

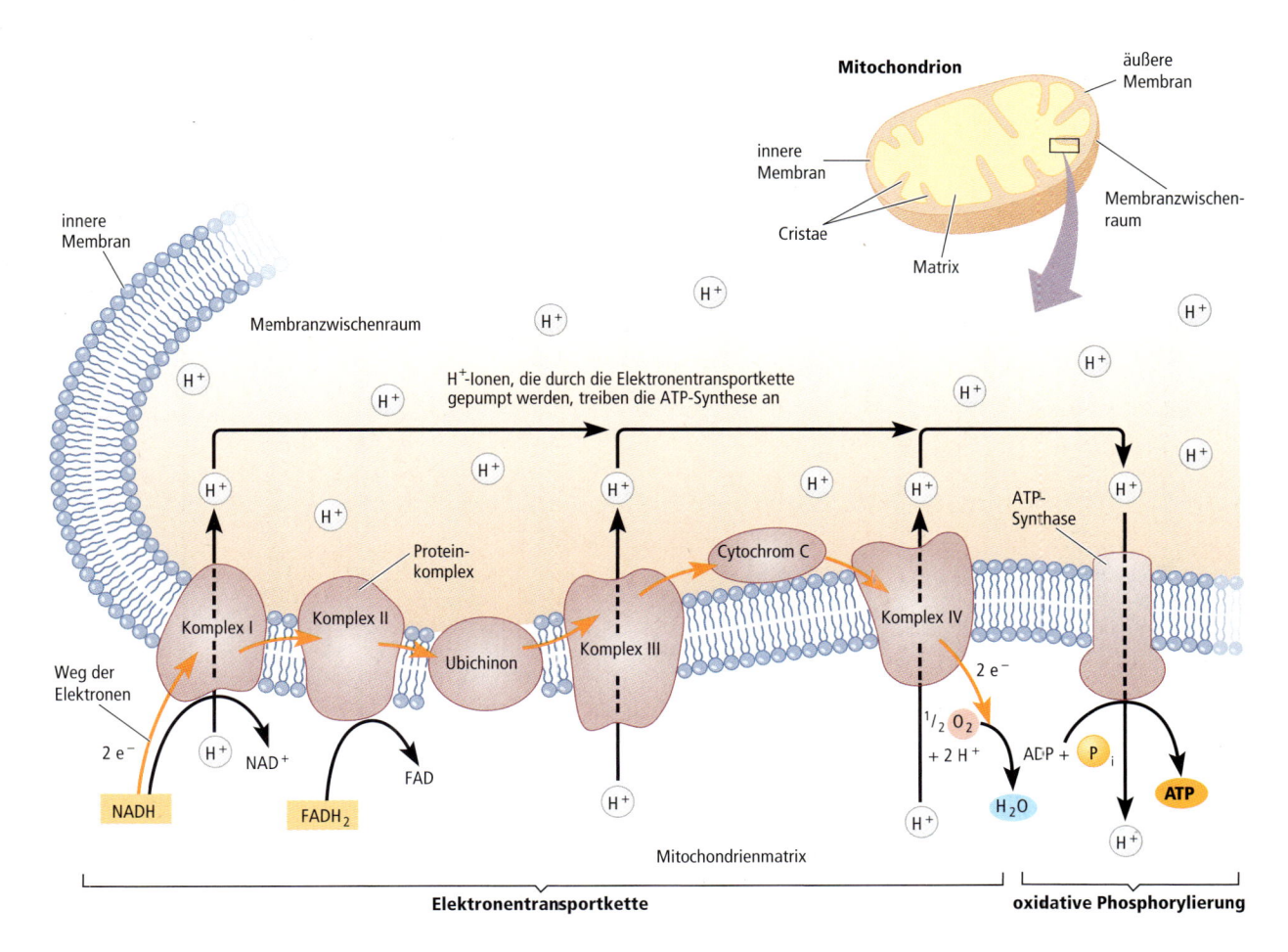

Abbildung 9.6: Die Elektronentransportkette und die oxidative Phosphorylierung. Während der Krebs-Zyklus in der Mitochondrienmatrix abläuft, laufen die Reaktionen der Elektronentransportkette und die oxidative Phosphorylierung in der inneren Mitochondrienmembran ab. In Wirklichkeit gibt es viele Kopien der Kette in der inneren Membran, was durch die vergrößerte Oberfläche ermöglicht wird, die sich aus den fingerartigen Einstülpungen, als *Cristae* bezeichnet, ergibt. NADH und FADH$_2$ gelangen in jede Kette, die im Wesentlichen aus Elektronen übertragenden Proteinkomplexen besteht. Der Komplex I zieht energiereiche Elektronen und dazugehörige Protonen (H$^+$) von NADH ab. Der Komplex II zieht energiereiche Elektronen und zugehörige Protonen (H$^+$) von FADH$_2$ ab. Komplex III überträgt Elektronen auf den Komplex IV, wo sie mit Sauerstoff zu Wasser reagieren. An den Komplexen I, III und IV wird die durch die Elektronen freigesetzte Energie dazu benutzt, Protonen (H$^+$) in den Membranzwischenraum zu pumpen. Die Chemiosmose – der Rückfluss der Protonen (H$^+$) durch die ATP-Synthase – liefert die Energie für die ATP-Synthese (oxidative Phosphorylierung).

meisten Elektronencarrier sind Proteinkomplexe, wobei jeder Elektronencarrier das Elektron stärker anzieht als der vorhergehende. Auf diese Weise laufen Oxidations-Reduktions-Reaktionen (Redoxreaktionen) entlang der Elektronentransportkette ab, wobei Energie freigesetzt und übertragen wird. Die durch die Elektronentransportkette freigesetzte Energie pumpt Protonen (H$^+$) in den Membranzwischenraum zwischen der inneren und der äußeren Mitochondrienmembran (▶ Abbildung 9.6). Die Ladungstrennung zwischen den Protonen außerhalb der inneren Membran und den Elektronen in der Elektronentransportkette bildet einen Energiegradienten – wie bei einer Batterie, der als pH-Differenz oder als **elektrochemischer Gradient** ($\Delta\Psi$) zwischen den Lösungen auf beiden Seiten der Membran gemessen werden kann. Die Rückbewegung der Protonen durch die Membran über die ATP-Synthase treibt die ATP-Synthese an. Auf drei Wasserstoffatome, die sich durch die ATP-Synthase bewegt haben, kommt ein synthetisiertes ATP.

Der letzte Elektronencarrier in einer Elektronentransportkette ist der Elektronenakzeptor. Bei der Atmung ist der Elektronenakzeptor der Sauerstoff aus der Luft, was der Grund dafür ist, dass atmende Organismen Sauerstoff benötigen. Vier Elektronen und vier Protonen verbinden sich an der Innenseite der inneren Membran mit O$_2$ aus der Luft zu zwei H$_2$O-Molekülen.

Theoretisch führt jedes NADH zu drei ATP-Molekülen, während die Energie jedes FADH$_2$ zu zwei ATP-Molekülen führt, weil die Elektronen im FADH$_2$ weni-

ZELLATMUNG

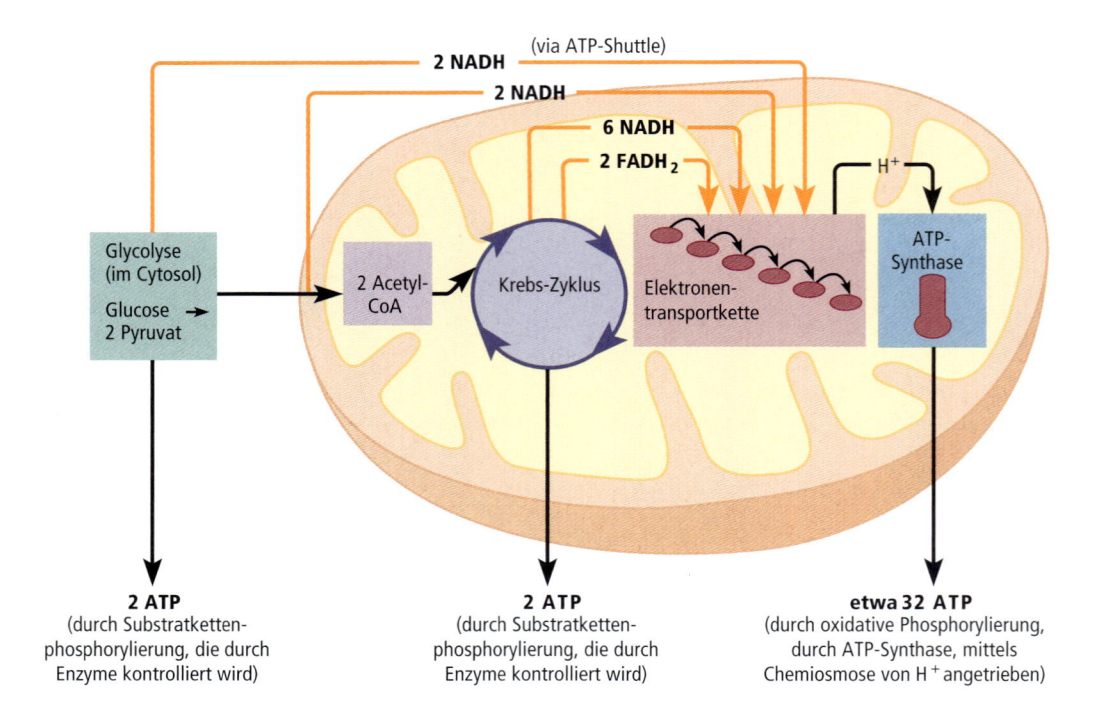

Abbildung 9.7: Zusammenfassung des geschätzten maximalen ATP-Gewinns bei der Zellatmung. Die Zahlen spiegeln den geschätzten maximalen ATP-Gewinn pro Glucosemolekül wider. Die Schätzwerte ergeben sich aus dem Energiegehalt von NADH, das 3 ATP-Moleküle liefert, und dem von $FADH_2$, das 2 ATP liefert. Da jedes Glucosemolekül in zwei Pyruvat-Moleküle umgewandelt wird, werden zwei Durchläufe des Krebs-Zyklus betrachtet. Bei der Glycolyse werden 2 ATP-Moleküle gebildet, und der Krebs-Zyklus bildet 2 weitere ATP-Moleküle. Der Gewinn aus der Elektronentransportkette und der oxidativen Phosphorylierung beträgt 32 ATP. Zunächst könnte es scheinen, dass im letzten Teil der Abbildung 34 ATP stehen sollten. Immerhin zeigt das Diagramm 10 NADH- und 2 $FADH_2$-Moleküle, die in die Elektronentransportkette eintreten. Jedoch müssen wir 2 ATP abziehen, die zum Transport der Elektronen aus den NADH-Molekülen benutzt werden, die bei der Glycolyse gebildet werden. Deshalb beträgt der maximale Nettogewinn 36 ATP.

ger Energie tragen als die in NADH. Tatsächlich kann die Zahl der ATP-Moleküle höher oder niedriger sein, was davon abhängt, ob das NADH aus der Glycolyse oder aus dem Krebs-Zyklus stammt, sowie davon, wie viel ATP bereits in der Zelle vorhanden ist.

Wie bereits erwähnt, gleicht die ATP-Synthase einer „molekularen Maschine". Sie besteht aus drei Teilen: einem zylindrischen Rotor, einer Stange (Stator) und einem Kopf, wobei jeder Teil aus Proteinuntereinheiten besteht. Der zylindrische Rotor durchspannt die Membran und umgibt den Kanal, durch den die Protonen (H^+) fließen. Im Zentrum des Kanals befindet sich ein Stab, der den Rotor mit dem Kopfteil verbindet. Der Kopf, der in die Mitochondrienmatrix ragt, enthält die aktiven Zentren, in denen anorganisches Phosphat (P_i) mit ADP zu ATP verknüpft wird. Das interessanteste Merkmal der ATP-Synthase ist, dass sich sowohl der zylindrische Rotor als auch der Stab drehen, wobei die Bereiche im Kopfteil aktiviert werden, die ATP synthetisieren.

Energiegewinn bei der Zellatmung

▶ Abbildung 9.7 fasst den geschätzten Energiegewinn bei der Glycolyse, dem Krebs-Zyklus und der oxidativen Phosphorylierung pro Glucosemolekül zusammen: Es sind 36 ATP-Moleküle. Dabei handelt es sich um einen Idealwert, dessen Abschätzung sich auf die Annahme stützt, dass das durch Chemiosmose angetriebene Pumpen von Protonen aus einem NADH und den zugehörigen Protonen drei ATP-Moleküle liefert und dass jedes $FADH_2$ 2 ATP-Moleküle bringt. Wie bereits erwähnt kann der tatsächliche Wert höher oder niedriger sein und variiert erwartungsgemäß von einem Zelltyp zum anderen.

Der ATP-Gesamtgewinn aus einem Glucosemolekül wird mitunter als 38 Moleküle berechnet. Das Ergebnis vernachlässigt jedoch die Tatsache, dass zwei ATP-Moleküle für den Transport von Elektronen durch die Mitochondrienmembran verbraucht werden – das betrifft insbesondere die Elektronen aus dem NADH, die bei der Glycolyse gebildet werden. Dieser Transport ist notwendig, weil die Mitochondrienmembran für NADH undurchlässig ist. Werden diese beiden ATP-

DIE WUNDERBARE WELT DER PFLANZEN
■ Stinkkohl

Zu den Beispielen „warmer Pflanzen" in Europa und Nordamerika gehören etliche Arten des Stinkkohls, wie *Symplocarpus foetidus* und *Lysichiton americanum* (rechts abgebildet). Diese Mitglieder der Aronstabgewächse blühen im Januar und Februar, und die von der Blütenknospe produzierte Wärme hebt ihre Temperatur auf 16 °C. Oft schmilzt die Blüte den umgebenden Schnee und überlebt leicht viele Nächte mit Temperaturen, die beträchtlich unter dem Gefrierpunkt liegen. Die freigesetzte Wärme verflüchtigt in der Blüte auch Duftmoleküle, die der Pflanze ihren markanten Namen geben.

Stinkkohl erhält seine hohe Blütentemperatur durch Umwandlung der in einer großen, fleischigen Wurzel gespeicherten Stärke in Glucose und dann in CO_2. Der Vorteil des hohen Stoffwechsels des Stinkkohls bleibt Diskussionsgegenstand. Im Januar und Februar sind nur wenige Insekten zur Bestäubung unterwegs. Andererseits findet man an den Orten, an denen Stinkkohl wächst, viele Insekten. Alle frühzeitigen Fliegen könnten davon profitieren, Stinkkohl als Nahrungsquelle und als lebenserhaltenden Wärmespender zu benutzen, während die Pflanzen dadurch profitieren, so früh Bestäuber zu finden.

Der zeitige Wachstumsbeginn schenkt der Pflanze außerdem Wochen mit direktem Sonnenlicht und deshalb auch die Möglichkeit, Photosynthese zu betreiben, ohne durch andere Pflanzen überschattet zu werden.

Einige Wissenschaftler haben die These aufgestellt, dass Stinkkohl einfach an einer Anpassung festhielt, die in den Tropen nützlich war (wo der strenge Duft der Pflanze ihre Chancen vergrößerte, bestäubt zu werden), die aber in den gemäßigten Zonen keinen Nutzen hat. Dies scheint unwahrscheinlich, weil die verschiedenen Arten des Stinkkohls beträchtliche Energien für die Wärmeproduktion aufwenden. Eine Art, welche die Energie gespart hätte, hätte sich wahrscheinlich schnell vermehrt und wäre die dominante Form in der Population geworden, wäre nicht doch ein Vorteil damit verbunden.

Moleküle abgezogen, ergibt sich ein ATP-Nettogewinn von 36 ATP-Molekülen.

Die Synthese von 36 ATP-Molekülen erfordert 262,8 Kilokalorien pro Mol (kcal/mol), was 38 Prozent der in Glucose enthaltenen Energie entspricht. Der übrige Teil der pro Mol in Glucose enthaltenen Energie von 686 kcal wird als Wärme freigesetzt. Der Wirkungsgrad eines Otto-Motors ist typischerweise geringer als 25 Prozent, wobei 75 Prozent der Energie in Wärme oder unvollständig oxidierte Abgase umgewandelt werden, wie beispielsweise Kohlenmonoxid (CO).

Die Synthese und die Verwendung von ATP in lebenden Zellen ist ein Prozess von beachtlichem Umfang. Eine durchschnittliche Person, die weder ein Faulpelz noch ein Holzfäller ist, verbraucht etwa 2000 kcal pro Tag, was etwa 0,45 kg Glucose am Tag entspricht. Berechnungen zeigen, dass eine durchschnittliche menschliche Zelle etwa 10 Millionen ATP-Moleküle pro Sekunde bildet und verbraucht. Zwar sind die allgemeinen Stoffwechselraten von Pflanzen 10- bis 100-mal niedriger als die der meisten Tiere, doch liegt die Zahl der ATP-Moleküle, die in jeder typischen lebenden Pflanzenzelle pro Sekunde gebildet und verbraucht werden, oft immer noch im Millionenbereich. Kurzum, der Prozess der ATP-Synthese und des Abbaus findet in lebenden Zellen in gewaltigem Maßstab statt.

Erzeugung von Wärme

Bei einigen Pflanzen überträgt ein Enzym, die Alternative Oxidase, Elektronen von NADH auf O_2, ohne dass es zur oxidativen Phosphorylierung kommt. Wenn diese Alternative Oxidase Elektronen auf O_2 überträgt, entsteht kein ATP und die Energie wird als Wärme freigesetzt. Diese Art von Mechanismus wird von Pflanzen dazu benutzt, „heiße" Blüten zu bilden, die Schnee schmelzen können, wodurch die Pflanzen sonnige, jedoch kalte Tage nutzen können. Ein ähnlicher Mechanismus ermöglicht es Bären, ausreichend Wärme zu produzieren, um während der Winterruhe zu überleben. Eine weitere wichtige Funktion übernimmt die Alternative Oxidase bei Lichtstress: Sie entsorgt dann nicht benötigte Energie aus der Photosynthese.

Einige Pflanzen, darunter insbesondere Vertreter aus der Familie der Aronstabgewächse, können ihre Blüten durch den Stoffwechsel für kurze Zeit bei einer Temperatur halten, die beträchtlich über der Umgebungstemperatur liegt. Einige können sogar ihre innere Temperatur bei konstanten Werten halten. Warum opfern diese Pflanzen ihre Energie zu diesem Zweck?

Viele tropische Pflanzen aus der Familie der Aronstabgewächse – wie beispielsweise Philodendren, Scindapsen, Fensterblätter, Dieffenbachien und Anthurien – werden als Zimmerpflanzen oder in warmen Gebieten in Gärten gehalten. Diese Pflanzen besitzen Blüten mit einem übelriechenden Duft und locken damit Insekten wie Fliegen und Käfer an. Ein bemerkenswertes Beispiel ist die Titanenwurz, die Sie am Beginn dieses Kapitels gesehen haben. Die extrem große Blüte dieser indonesischen Pflanze wächst bis zu 3,7 m hoch und wird von einer fleischigen Wurzel getragen, die mehr als 46 kg wiegt. Der Name dieser Pflanze, Leichenblume, rührt von ihrem Geruch her. Die Erwärmung der Blütenteile bewirkt, dass große Mengen aromatischer Moleküle verdampfen, wodurch sie potenzielle Bestäuber effektiver anziehen. Vermutlich zogen Pflanzen mit einem Aasgeruch Fliegen stärker an und bildeten deshalb letztlich mehr Samen für die nächste Generation. Auf diese Weise trat über nachfolgende Generationen eine Auswahl von Blüten ein, die wärmer waren und einen stärkeren Geruch entwickelten (siehe den Kasten *Die wunderbare Welt der Pflanzen* auf Seite 243).

Fettsäurestoffwechsel

Tiere können sich durch verschiedene Quellen Energie verschaffen. Stärke und andere Kohlenhydrate werden abgebaut oder in Glucose verwandelt, die bei der Atmung verstoffwechselt wird. Fette werden zu Acetyl-CoA abgebaut, das in den Krebs-Zyklus gelangt. Proteine werden zu Aminosäuren abgebaut, die an verschiedenen Stellen in den Krebs-Zyklus gelangen. Die meisten Organismen, einschließlich des Menschen, können Fette zu Glycerol- und Acetyl-CoA-Einheiten verstoffwechseln, die in die Glycolyse und den Krebs-Zyklus eingehen können, um Energie zu liefern (▶ Abbildung 9.8). Überwinternde Tiere haben beispiels-

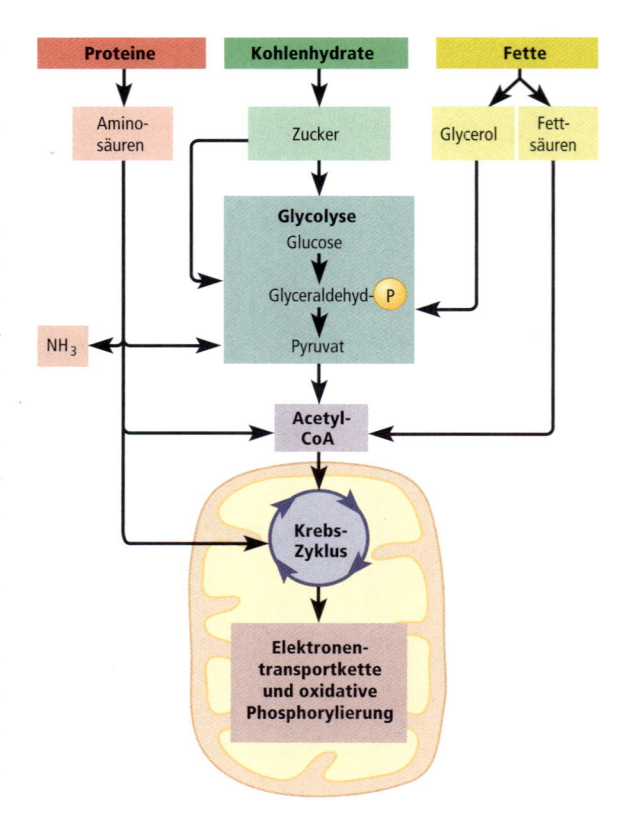

Abbildung 9.8: Substrate, die außer Glucose in die Atmung eingehen können. Proteine, Kohlenhydrate und Fette werden an verschiedenen Stellen in Glycolyse und Atmung eingeschleust.

weise ein kompliziertes hormonelles Kontrollsystem, das diesen Prozess reguliert. Daher können Organismen Energie als Fett speichern, wenn zusätzliche Nahrung vorhanden ist, und Fett zur ATP-Gewinnung benutzen, wenn Nahrung knapp ist. Jedoch können die meisten Tiere – einschließlich aller Säugetiere – Fettsäuren nicht in Glucose umwandeln.

Im Gegensatz dazu können Pflanzen und einige Bakterien Fettsäuren zu Acetyl-CoA abbauen, das anschließend zur Bildung von Glucose benutzt wird (Gluconeogenese). In dieser Hinsicht sind Pflanzen flexibler als Tiere, weil sie Fettsäuren alernativ als Energiequelle oder als Quelle von Glucose benutzen können, die wasserlöslich und schnell in Formen umwandelbar ist, die durch die Pflanze transportiert werden können. Die Fähigkeit von Pflanzen, Fettsäuren alternativ als Energiequelle oder zum Aufbau von Bausteinen zu benutzen, könnte erklären, weshalb so viele Pflanzen zur Ernährung keimender Samen Öl als Speicherverbindung benutzen.

Pflanzen können Fettsäuren durch den Glyoxylat-Zyklus in Zucker umwandeln, der zum Teil in Microbodies stattfindet, die als Glyoxisomen (siehe Kapitel 2) bezeichnet werden, und zum Teil in Mitochondrien. Im Grunde ist der Glyoxylat-Zyklus nichts anderes als der Krebs-Zyklus mit zwei zusätzlichen Enzymen, welche die Schritte des Krebs-Zyklus umgehen, bei denen Kohlendioxid als CO_2 freigesetzt wird. Da dann dieser Kohlenstoff nicht verloren geht, ist er zur Bildung von Glucose verfügbar.

> **WIEDERHOLUNGSFRAGEN**
>
> 1 Beschreiben Sie die Beziehung zwischen Glycolyse und dem Krebs-Zyklus.
>
> 2 Erklären Sie die Rollen der Elektronentransportkette und der ATP-Synthase bei der Bildung von ATP.
>
> 3 Fassen Sie die Produkte der Glycolyse, des Krebs-Zyklus, der Elektronentransportkette und der oxidativen Phosphorylierung zusammen.

9.3 Gärung

Bevor sich die Photosynthese entwickelte, war Atmung aufgrund des fehlenden Sauerstoffs nicht möglich. Heutzutage gibt es anaerobe Umgebungen nur noch dort, wo Sauerstoff ausgeschlossen ist oder schneller verbraucht wird, als er ersetzt werden kann. Unter solchen Bedingungen kann Gärung stattfinden. Einige Mikroorganismen, die als **obligate Anaerobier** bezeichnet werden, können nur unter anaeroben Bedingungen überleben. Andere, die man als **fakultative Anaerobier** bezeichnet, haben die Möglichkeit (fakultativ), unter Anwesenheit von Sauerstoff die Zellatmung auszuüben oder Gärung zu betreiben, wenn Sauerstoff fehlt.

Umwandlung von Pyruvat in Ethanol und Lactat

Bei der Gärung wird Pyruvat in andere organische Moleküle umgewandelt, wie beispielsweise Ethanol und Lactat, während Elektronen auf NAD^+ übertragen werden (▶ Abbildung 9.9). Da die NAD^+-Konzentration in lebenden Zellen sehr niedrig ist, muss es schnell regeneriert werden, damit die Glycolyse weiterlaufen kann und die Zellen dabei ATP gewinnen können. Bei Abwesenheit von O_2 werden keine Elektronen über die Elektronentransportkette vom NADH abgezogen, so dass es zur Aufgabe der Gärung wird, NADH zu NAD^+ zu regenerieren. In den Anfängen des Lebens auf der Erde, bevor sich die Photosynthese entwickelte, enthielt die Atmosphäre nur sehr wenig, wenn überhaupt, freien Sauerstoff, so dass die Glycolyse in Verbindung mit der Gärung die einzige ATP-Quelle war. Lebende Zellen nutzten primitive Formen der Glycolyse und der Gärung, um Zucker und andere Moleküle abzubauen, die sich spontan in den seichten alten Ozeanen gebildet hatten. Heute ist die Gärung auf bestimmte Lebensräume spezialisierter Bakterien und auf bestimmte Lebensabschnitte aller Zellen beschränkt, doch spielt sie eine Rolle in der Physiologie, bei kommerziellen Anwendungen und Krankheiten. So werden beispielsweise Hefen und Bakterien zur Bier- und Weinherstellung benutzt. (Der mitunter als Synonym für Gärung verwendete Begriff *Fermentation* stammt von dem lateinischen Wort *fermentum* für „Sauerteig" ab.) Anaerobe Bakterien des Typs *Clostridium* lösen Krankheiten wie Gangrän und Tetanus aus.

Die meisten Pflanzenzellen bilden unter Sauerstoffmangel Ethanol; jedoch gibt es einige Arten, die Lactat, Malat, Glycerol oder sowohl Ethanol als auch Lactat bilden. Pflanzen erfahren Sauerstoffentzug, wenn ihre Wurzeln unter Wasser stehen, weil Sauerstoff in reinem Wasser drei Millionen Mal langsamer diffundiert als in der Luft. In Sümpfen und Mooren, wo viele Organismen um einen beschränkten Sauerstoffvorrat konkurrieren, leiden Samen mitunter während der ersten Phasen der Keimung unter Sauerstoffmangel. Das Fehlen von Sauerstoff leitet die Keimung von Grassamen ein. Der Grund dafür ist vermutlich, dass durch diesen Zustand die Synthese des Pflanzenhormons Ethylen stimuliert wird.

Bei Pflanzen besteht generell das Problem, dass im Gewebeverband die Gärungsprodukte, nämlich Ethanol und Milchsäure, nur in beschränktem Maße verkraftet werden können, da die Abgabe nach außen verhindert ist. Ethanol und Milchsäure führen bei andauerndem Sauerstoffmangel zu Schädigungen der Membranen und Proteine. Nur wenige Pflanzen sind daher überflutungstolerant, wie beispielsweise Reis.

„Nasse Füße" bei Zimmerpflanzen führen innerhalb kurzer Zeit zum Absterben des Wurzelgewebes im Topf und zum Welken der Pflanzen, was häufig vom „Pflanzenfreund" als Wassermangel interpretiert wird und somit letztlich das Schicksal der Pflanze endgültig besiegelt.

Industrielle Nutzung der Gärung

Die Tatsache, dass Hefe, ein fakultativer Anaerobier, Pyruvat zu Ethanol verstoffwechseln kann, führte zur Entstehung des Brauereiwesens und des Bäckerhandwerks (▶ Abbildung 9.10). Bei der Weinherstellung wird mit Hefezellen versetzter, zuckerhaltiger Fruchtsaft so lange fermentiert, bis die Alkoholkonzentration 12 Prozent erreicht. An dieser Stelle sterben die Hefezellen durch den von ihnen selbst gebildeten Alkohol ab. Jedes alkoholische Getränk, das eine höhere Ethanolkonzentration enthält, ist durch Destillation konzentriert worde. Falls Sauerstoff vor Abschluss des Gärungsprozesses hinzukommt, wandeln Bakterien aus der Luft Ethanol in Essigsäure um. Eine Lösung mit neunprozentiger Essigsäure ist Weinessig. Zur Bierherstellung wird Weizen oder ein anderes stärkehaltiges Korn so lange gekeimt, bis ein Teil seiner Stärke zu Maltose abgebaut wurde, die als Nahrung für die Hefe dienen kann. Wenn Hefe zugesetzt wird, beginnt die alkoholische Gärung. Beim Gärungsprozess wird neben Ethanol auch CO_2 gebildet, was wiederum dazu führt, dass die Lösung sprudelt. Bei der Weinherstellung verflüchtigt sich das CO_2 gewöhnlich, während beim Brauen das CO_2 in der Lösung verbleibt. Beim Backen wird Hefe mit einem stärke- und zuckerhaltigen Teig vermischt, der eine anaerobe Umgebung darstellt. Das durch Glycolyse und Gärung von Zucker gebildete CO_2 führt dazu, dass der Teig aufgeht; der während des Prozesses gebildete Alkohol verflüchtigt sich beim Backen.

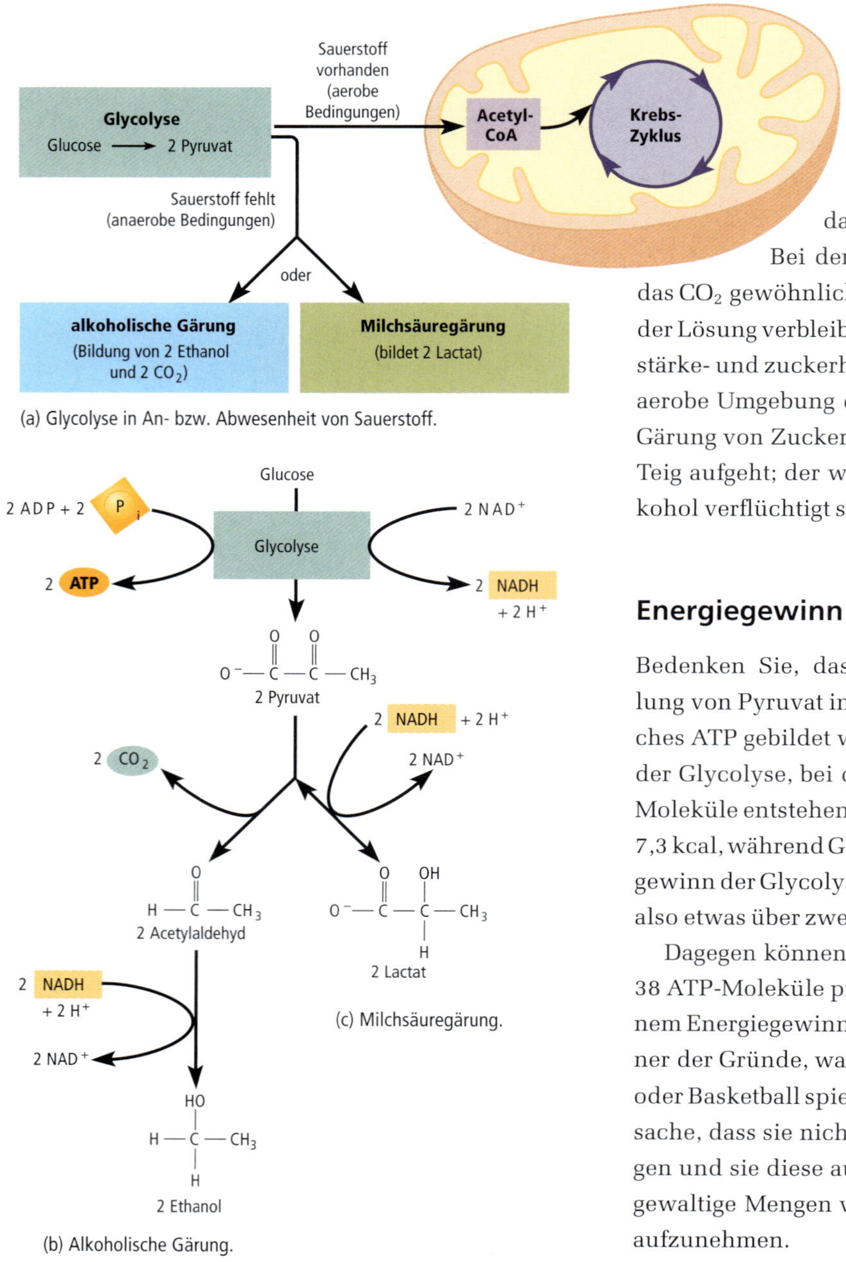

Energiegewinn bei der Gärung

Bedenken Sie, dass bei der Gärung, der Umwandlung von Pyruvat in Ethanol oder Lactat, kein zusätzliches ATP gebildet wird. Das gebildete ATP stammt aus der Glycolyse, bei der pro Glucosemolekül zwei ATP-Moleküle entstehen. Jedes ATP besitzt eine Energie von 7,3 kcal, während Glucose 686 kcal enthält. Der Energiegewinn der Glycolyse plus Gärung ist deshalb 14,6/686, also etwas über zwei Prozent.

Dagegen können bei der Zellatmung maximal etwa 38 ATP-Moleküle pro Glucose gebildet werden, was einem Energiegewinn von etwa 40 Prozent entspricht. Einer der Gründe, warum es keine anaeroben tanzenden oder Basketball spielenden Organismen gibt, ist die Tatsache, dass sie nicht über ausreichende Energie verfügen und sie diese auch nicht gewinnen könnten, ohne gewaltige Mengen von Glucose oder anderer Nahrung aufzunehmen.

Abbildung 9.9: Gärung. (a) Bei Abwesenheit von Sauerstoff können der Krebs-Zyklus und die Elektronentransportkette nicht arbeiten. Stattdessen wird Pyruvat im Cytosol in Ethanol oder Lactat umgewandelt. Die Bildung von Ethanol und Lactat bei der Gärung dient dazu, NAD^+ zu regenerieren, wodurch die eingeschränkte ATP-Bildung bei der Glycolyse fortgesetzt werden kann. (b) Die alkoholische Gärung findet bei Hefe, den meisten Pflanzenzellen und einigen Bakterien statt. (c) Die Milchsäuregärung findet in einer Vielzahl von Zellen in vielen Arten von Organismen statt, wozu auch tierische Muskelzellen gehören. Milchsäuregärung durch bestimmte Pilze und Bakterien wird zur Herstellung von Käse und Joghurt verwendet.

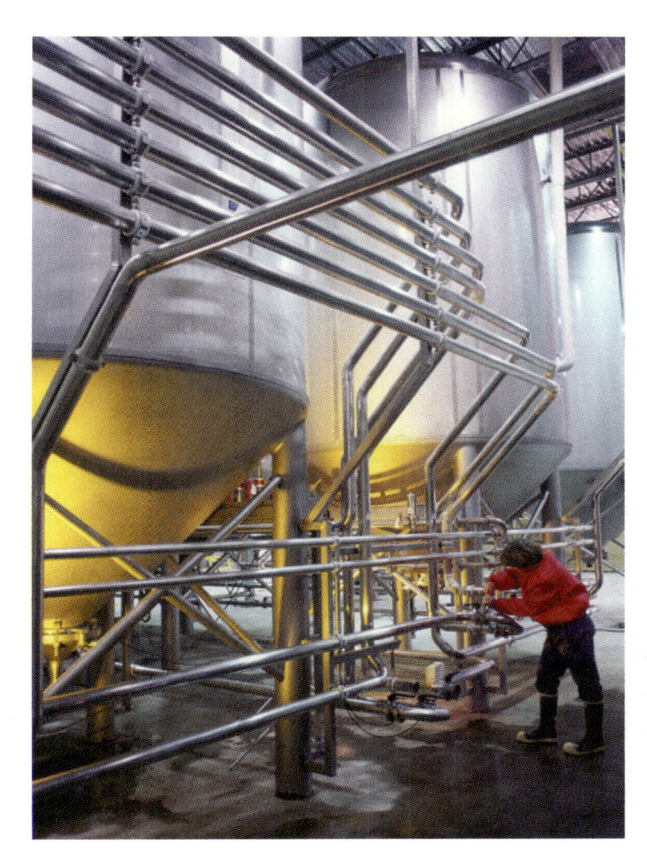

Abbildung 9.10: Einige kommerzielle Einsatzgebiete der Gärung. Bei der Herstellung von Bier und Wein wird Zucker durch Hefe in Pyruvat und anschließend in Ethanol umgewandelt. Beim Wein kann das gebildete CO_2 entweichen, während es bei Bier im Endprodukt enthalten ist. (a) Moderne Weinkellereien und Brauereien, wie diese kleine Brauerei, benutzen häufig rostfreie Stahlbehälter. (b) Diese rasterelektronenmikroskopische Aufnahme von Hefe (*Saccharomyces cerevisiae*) zeigt Hefe während des Prozesses der „Knospung" oder der Fortpflanzung.

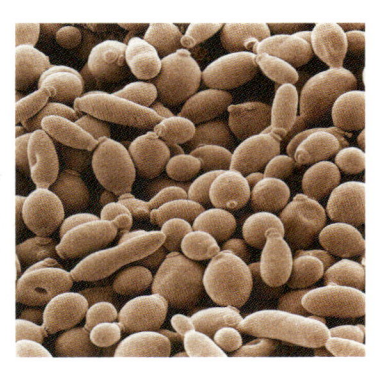

(a)

(b)

ZUSAMMENFASSUNG

9.1 Ein Überblick über die Ernährung

Energie- und Kohlenstoffquellen von Organismen

Die meisten autotrophen Lebewesen sind photoautotroph, sie gewinnen ihre Energie aus Licht und Kohlenstoff aus CO_2. Einige sind chemoautotroph, sie gewinnen ihre Energie aus chemischen Reaktionen. Die meisten heterotrophen Lebewesen sind chemoheterotroph, sie gewinnen also sowohl Energie als auch den Kohlenstoff aus organischen Verbindungen. Einige sind jedoch photoheterotroph, sie beziehen ihre Energie aus Licht, benötigen aber zusätzliche organische Verbindungen, um ATP zu synthetisieren.

Die Beziehung zwischen Photosynthese und Zellatmung

Bei der Zellatmung bauen Organismen Zucker und andere organische Verbindungen zu ATP ab. Bei der Atmung erfolgt die ATP-Synthese durch Substratkettenphosphorylierung und oxidative Phosphorylierung.

Zuckerabbau

Alle lebenden Zellen bauen Glucose entweder durch Zellatmung oder durch Gärung zu CO_2 und H_2O ab, wobei sie ATP gewinnen. Sowohl bei der Gärung als auch bei der Zellatmung wird Glycolyse dazu verwandt, Glucose zu Pyruvat abzubauen. Unter aeroben Bedingungen findet Zellatmung statt. Dazu gehören der Abbau des Pyruvat zu Acetyl-CoA, der Krebs-Zyklus, die Elektronentransportkette und die oxidative Phosphorylierung.

9.2 Zellatmung

Glycolyse

Die Glycolyse beinhaltet zehn Reaktionen, die einen Zucker mit sechs Kohlenstoffatomen in zwei Pyruvatmoleküle umwandeln. Aus einem Glucosemolekül werden bei der Glycolyse als Nettogewinn zwei ATP-Moleküle und zwei NADH-Moleküle gebildet. Zwischenverbindungen dienen als Ausgangsstoffe, aus denen viele weitere Verbindungen entstehen.

Der Krebs-Zyklus

Das durch Glycolyse gebildete Pyruvat wird in zwei Acetyl-CoA-Moleküle und zwei CO_2-Moleküle umgewandelt. Im Krebs-Zyklus werden die Acetylgruppen zu CO_2 umgewandelt. Bei zwei Durchläufen des Zyklus wird die Energie eines Glucosemoleküls in zwei ATP-Moleküle umgewandelt, während energiereiche Elektronen und dazugehörige Protonen (H^+) in sechs NADH-Molekülen und zwei $FADH_2$-Molekülen gebunden werden.

Die oxidative Phosphorylierung

Die durch die Elektronentransportkette freigesetzte Energie bewegt Protonen (H^+) durch eine Membran. Diese chemiosmotische Kopplung erzeugt eine Ladungsdifferenz und einen pH-Unterschied über der Membran, die als eine Batterie arbeitet, welche die oxidative Phosphorylierung durch die ATP-Synthase antreibt. Die Elektronen aus der Elektronentransportkette und Protonen reagieren mit Sauerstoff zu Wasser.

Energiegewinn bei der Zellatmung

Der Nettoenergiegewinn aus einem Glucosemolekül sind 36 ATP-Moleküle, was etwa 40 Prozent der Energie eines Glucosemoleküls entspricht. Die übrige Energie wird als Wärme freigesetzt.

Erzeugung von Wärme

Unter Verwendung einer Alternativen Oxidase können Elektronen die Elektronentransportkette umgehen, wodurch nahezu die gesamte gespeicherte Energie als Wärme freigesetzt wird.

Fettsäurestoffwechsel

Pflanzen und Tiere können Fettsäuren zu Acetyl-CoA abbauen, das im Krebs-Zyklus zu CO_2 verstoffwechselt wird. Pflanzen können alternativ Fettsäuren zu Acetyl-CoA abbauen, das dann zur Bildung von Glucose verwendet wird, ohne CO_2 freizusetzen.

9.3 Gärung

Umwandlung von Pyruvat in Ethanol und Lactat

Bei der Gärung wird Pyruvat in andere organische Moleküle, wie Ethanol oder Lactat, umgewandelt, wobei Elektronen von NADH verbraucht werden, um NAD^+ zu regenerieren.

Industrielle Nutzung der Gärung

In der Backindustrie, im Brauereiwesen und bei der Weinherstellung stützt man sich auf die Fähigkeit von Hefe, Zucker in Ethanol und CO_2 zu fermentieren.

Energiegewinn bei der Gärung

Der ATP-Gewinn pro Molekül beträgt bei der Gärung von Glucose nur etwa zwei ATP-Moleküle, die bei der Glycolyse gebildet werden. Das entspricht etwa zwei Prozent der in Glucose enthaltenen Energie.

ZUSAMMENFASSUNG

Verständnisfragen

1. Worin besteht der Unterschied zwischen autotrophen und heterotrophen Lebewesen?

2. Was ist das Nettoresultat der Prozesse der Photosynthese und der Zellatmung?

3. Beschreiben Sie die drei unterschiedlichen Arten der ATP-Synthese.

4. Wozu dienen ATP und NADH in Zellen?

5. Was sind die Endprodukte der Glycolyse?

6. Welche Verbindung gelangt in den Krebs-Zyklus und welches sind die Endprodukte?

7. Nennen Sie einige Gemeinsamkeiten und Unterschiede der Glycolyse und des Krebs-Zyklus.

8. Erklären Sie, wie die oxidative Phosphorylierung sowohl von der Elektronentransportkette getrennt als auch von dieser abhängig ist.

9. Beschreiben Sie in allgemeinen Worten, wie die Glycolyse, der Krebs-Zyklus, die Elektronentransportkette und die oxidative Phosphorylierung zusammenhängen.

10. Beschreiben Sie die ATP-Synthase und ihre Arbeitsweise.

11. Worin unterscheidet sich die Gärung von der Zellatmung in Bezug auf den Prozess und in Bezug auf den ATP-Gewinn?

12. Was können Pflanzen mit Fettsäuren tun, was Tiere nicht können?

Diskussionsfragen

1. Was passiert mit den Glucosemolekülen in Ihren Zellen, die zur Energiegewinnung genutzt werden, wenn Sie Ihren Atem anhalten?

2. Was entwickelte sich Ihrer Ansicht nach zuerst, die Photosynthese oder die Zellatmung?

3. Warum sterben die meisten Eukaryoten, wenn die Sauerstoffzufuhr unterbrochen wird? Warum können sie nicht durch Gärung überleben?

4. Pflanzen bilden bei der Photosynthese ATP. Warum müssen sie dennoch die Zellatmung ausüben?

5. Beim Abbau von ATP wird ein Teil der Energie als Wärme frei. Bedeutet dies, dass die Eigentemperatur der Pflanze stets etwas höher als die Temperatur der Umgebung ist? Erklären Sie Ihre Auffassung.

6. Fertigen Sie eine Reihe von Diagrammen an, um den Prozess der aeroben Zellatmung bei Pflanzen zu illustrieren. Ihre Diagramme sollten Folgendes zeigen: (a) eine ganze Pflanze, (b) eine einzelne Pflanzenzelle, (c) eine Nahaufnahme eines Teils des Cytoplasmas einer Pflanzenzelle mit einem einzelnen Mitochondrion und (d) eine Nahaufnahme eines Teils eines Mitochondrions. Zeichnen und beschriften Sie die einzelnen Reaktionsprozesse so detailliert, wie es dem Maßstab des Diagramms entspricht.

Zur Evolution

Biologen glauben, dass sich die Reaktionen der Glycolyse und der Gärung während der frühen Geschichte des Lebens auf der Erde entwickelten und dass der Krebs-Zyklus später hinzukam. Erklären Sie, warum diese Hypothese vernünftig ist. Gibt es irgendwelche Hinweise, um die These zu untermauern?

Weiterführendes

Weitere Informationen zu diesem Buchkapitel finden Sie auf der Companion Website unter http://www.pearson-studium.de.

Mathews, C. K., Van Holde, K. E. und K. G. Ahern. Biochemistry. San Francisco: Benjamin Cummings, 2000. *Dieses exzellente Lehrbuch enthält detaillierte Informationen über die Zellatmung.*

Robbins, Louise. Louis Pasteur And the Hidden World of Microbes. New York: Oxford Portraits in Science, 2001. *Dieses Buch untersucht Pasteurs Experimente mit Mikroben bei der Gärung und verschiedenen Krankheiten sowie die Veränderungen, die sich aus dieser Arbeit in der Medizin und der öffentlichen Wahrnehmung von Krankheiten ergaben.*

Transportprozesse

10.1	Molekularer Membrantransport	253
10.2	Aufnahme und Transport von Wasser und gelösten Stoffen	259
10.3	Boden, Mineralstoffe und Pflanzenernährung	266
	Zusammenfassung	273
	Verständnisfragen	274
	Diskussionsfragen	275
	Zur Evolution	275
	Weiterführendes	276

10

ÜBERBLICK

> Woraus bestehen Pflanzen? Heute neigen wir dazu, in unserer Antwort solche Moleküle zu nennen wie DNA, Proteine, Fette und Kohlenhydrate, die eine Pflanze aus einfacheren Komponenten bildet, oder man nennt Produkte wie Zucker, Aminosäuren und andere Metabolite, die eine Pflanze aus anorganischen Salzen synthetisiert. In jedem Fall beinhaltet unsere Antwort das uns bekannte chemische System. In der Antike war die menschliche Vorstellung von Chemie viel einfacher. Man nahm an, dass jedes Ding aus nur vier Elementen besteht. Der griechische Philosoph Empedokles (etwa 450 v. Chr.) und später auch Aristoteles (384–322 v. Chr.) glaubten, dass jedes Ding im Universum aus verschiedenen Kombinationen von Erde, Luft, Feuer und Wasser zusammengesetzt ist. Einige griechische Philosophen fügten dem noch ein fünftes Element hinzu, das sie als Quintessenz bezeichneten. Es stand für das Überirdische im Gegensatz zum irdischen Sein.

In Wirklichkeit wurde mit dem System der antiken Chemie aus Erde, Luft, Feuer und Wasser bemerkenswert gute Wissenschaft betrieben. Um 1600 führte der belgische Chemiker Johan Babtista van Helmont ein Experiment durch, bei dem die relativen Beiträge von Erde und Wasser zum pflanzlichen Wachstum bestimmt werden sollten. Er pflanzte einen 2,3 kg schweren Weidenbaum in einen Bottich, der 90,9 kg im Ofen gebackene, trockene Erde enthielt. Fünf Jahre lang goss er den Baum und kümmerte sich um ihn. Danach wog der Baum 76,9 kg, doch die Erde war nur 57mg leichter geworden. Aus der Beobachtung, dass der Baum große Mengen Wasser absorbiert hatte, aber nur sehr geringe Mengen Erde, schloss van Helmont, dass der Baum nahezu ausschließlich aus Wasser bestehen müsste. Tatsächlich würde selbst die moderne Chemie zugeben, dass Wasser das häufigste Molekül in einer Pflanze ist. Es macht etwa 60 Prozent ihres Gewichts aus.

Im Jahr 1699 führte der Engländer John Woodward in London ein Experiment aus, durch das er mithilfe von Minzepflanzen zu einem Schluss kam, der sich merklich von dem Helmonts unterschied. Er setzte Pflanzen in vier Wasserquellen: Regenwasser, Flusswasser der Themse, Sickerwasser aus dem Hyde Park und Sickerwasser aus dem Hyde Park mit Gartenerde. Nach 77 Tagen sammelte er über die Gewichtszunahme der vier Pflanzengruppen folgende Daten:

Wasserquelle	Gewichtszunahme (in Gramm)
Regenwasser	1,13
Flusswasser der Themse	1,68
Wasser aus dem Hyde Park	9,01
Wasser aus dem Hyde Park und Gartenerde	18,40

Woodward beobachtete, dass das Pflanzenwachstum mit dem Anteil von Erde oder Schluff in der jeweiligen Wasserquelle zunahm. Er zog den Schluss, dass Pflanzen in erster Linie aus Erde bestehen. Wir wissen, dass Mineralstoffe aus dem Boden für das Pflanzenwachstum essenziell sind; in Wirklichkeit machen sie aber nur einen kleinen Prozentsatz des Pflanzengewichts aus.

Bauern wussten schon seit Jahrhunderten, dass sich das Pflanzenwachstum verbesserte, wenn man Stallmist auf den Boden brachte. Im 18. Jahrhundert wurde ihnen allmählich klar, dass sich die verschiedenen natürlichen Mineralstoffvorkommen auf den Feldern genauso auswirkten wie Dünger. Zum Beispiel war bekannt, dass es nützlich war, wenn man Mergel – das wir als Kalk oder Kalziumcarbonat ($CaCO_3$) kennen – in den Boden einbrachte.

Außerdem stellten die Bauern fest, dass Salpeter (Kaliumnitrat, KNO_3) aus dem Zerfall von Pflanzen- und Tierresten den Pflanzen beim Wachstum helfen konnte. Um 1731 behauptete der englische Landwirt Jethro Tull, dass Salpeter das fünfte Element in Pflanzen sei. Tull war vermutlich der erste Forscher, der auf die Idee kam, dass die sich auf vier Elemente stützende Chemie die Zusammensetzung der Pflanzen nicht adäquat beschreiben könnte. Auch glaubte er, dass Pflanzenwurzeln winzige Münder hätten, die sie zum Verzehr der Erde benutzten, und dass es das Pflügen der Erde in mundgerechte Stücke den Pflanzen leichter machen würde, sie aufzunehmen.

Um dieselbe Zeit begannen Wissenschaftler, die chemischen Elemente zu entdecken, wie sie heute von den Chemikern anerkannt werden. Beispielsweise fand Joseph Priestley im Jahr 1771 heraus, dass Pflanzen etwas herstellten, durch das Kerzen brennen und Tiere überleben konnten. Er hatte Sauerstoff entdeckt. Die Wissenschaftler definierten in der Folge weitere einzelne Elemente der neuen Chemie. Im Jahr 1866 veröffentlichte Dimitri Mendeleev das erste Periodensystem der Elemente, das etwa 46 Elemente aufführte. Die antike Chemie war offiziell überholt.

Heute wissen wir, dass Pflanzen mindestens 17 Elemente zum Aufbau ihrer biochemischen Struktur benötigen. Der Kohlenstoff stammt in Form von CO_2 aus der Luft, Pflanzen können sich den notwendigen Sauerstoff und Wasserstoff verschaffen, indem sie Wassermoleküle und andere Moleküle, die sie aus dem Boden aufnehmen, spalten. Da die Absorption von Wasser und Mineralstoffen in den Wurzeln stattfindet, die Photosynthese aber in den Blättern betrieben wird, brauchen Pflanzen ein Transportsystem, um Moleküle dorthin zu transportieren, wo sie gebraucht werden. In diesem Kapitel werden wir uns ansehen, wie anorganische und organische Moleküle zwischen den Zellen und durch die gesamte Pflanze transportiert werden.

10.1 Molekularer Membrantransport

Pflanzen haben verschiedene Möglichkeiten, Moleküle aufzunehmen und abzugeben, die für das zelluläre Wachstum und die Entwicklung wichtig sind. Zu diesen Molekülen gehören sowohl Wasser als auch verschiedene **gelöste Stoffe**. Damit sind Moleküle gemeint, die sich in Wasser lösen. Einige gelöste Stoffe, die von Pflanzen genutzt werden, sind im Boden vorkommende anorganische Ionen, wie Kalium und Phosphat. Bei anderen handelt es sich um organische Moleküle, wie beispielsweise Zucker, die von Pflanzen in bestimmten Zellen synthetisiert werden und von Zellen in der gesamten Pflanze genutzt werden.

Moleküle können sich durch das Zellinnere oder durch Zellwände bewegen. Die Bewegung durch das Zellinnere wird als **symplastischer Transport** (von griechisch *sym*, „mit") bezeichnet, weil sich die Moleküle innerhalb des Cytoplasmas bewegen. Das Kontinuum des Cytoplasmas zwischen Zellen, das durch Kanäle, die Plasmodesmen, verbunden ist, wird als Symplast einer Pflanze bezeichnet. Die Plasmamembran ist selektiv permeabel. Sie reguliert den Eintritt von Molekülen in das Cytoplasma jeder Zelle, wobei sie den Transport bestimmter Moleküle verhindert, während sie den von anderen fördert.

Das Kontinuum der Zellwände innerhalb einer Pflanze wird als Apoplast (von griechisch *apo*, „fern von") bezeichnet. Die Bewegung der Moleküle innerhalb der Zellwände wird als **apoplastischer Transport** bezeichnet, bei dem sich Moleküle außerhalb der Protoplasten, also „fern vom" Cytoplasma, bewegen. Der apoplastische Transport kann schnell sein, weil die Moleküle nicht durch die Plasmamembran und das Cytoplasma der Zellen gefiltert werden. Doch haben die Zellen keine Kontrolle darüber, welche Arten von Molekülen transportiert werden.

An der Bewegung eines Moleküls durch eine Pflanze ist typischerweise sowohl der apoplastische Transport als auch der symplastische Transport beteiligt. Wir werden uns nun die Arten des symplastischen Transports durch die Plasmamembranen ansehen: die Diffusion, die erleichterte Diffusion, den aktiven Transport, die Bewegung großer Moleküle durch Exocytose und Endocytose sowie die Osmose.

Diffusion

Wenn Sie einen Tropfen roter Lebensmittelfarbe in das Wasser an einem Ende der Badewanne geben und einen Tropfen blauer Lebensmittelfarbe an das andere Ende, werden Sie feststellen, dass sich die Moleküle aus jedem Tropfen so lange passiv verteilen, bis die Konzentration jeder Lebensmittelfarbe in der gesamten Badewanne gleich ist. Die Tendenz der Moleküle, sich im verfügbaren Raum auszubreiten und gleichmäßig zu verteilen, wird als **Diffusion** bezeichnet (▶ Abbildung 10.1a). Bei der Diffusion bewegen sich gelöste Substanzen allmählich aufgrund eines Konzentrationsgradienten. Bei der Diffusion erfolgt die Bewegung *entlang* des Konzentrationsgradienten vom Bereich mit höherer Konzentration in den Bereich mit niedrigerer Konzentration. Eine derartige Bewegung führt zu einem **Gleichgewicht** – einer zufälligen Gleichverteilung. Dif-

10 TRANSPORTPROZESSE

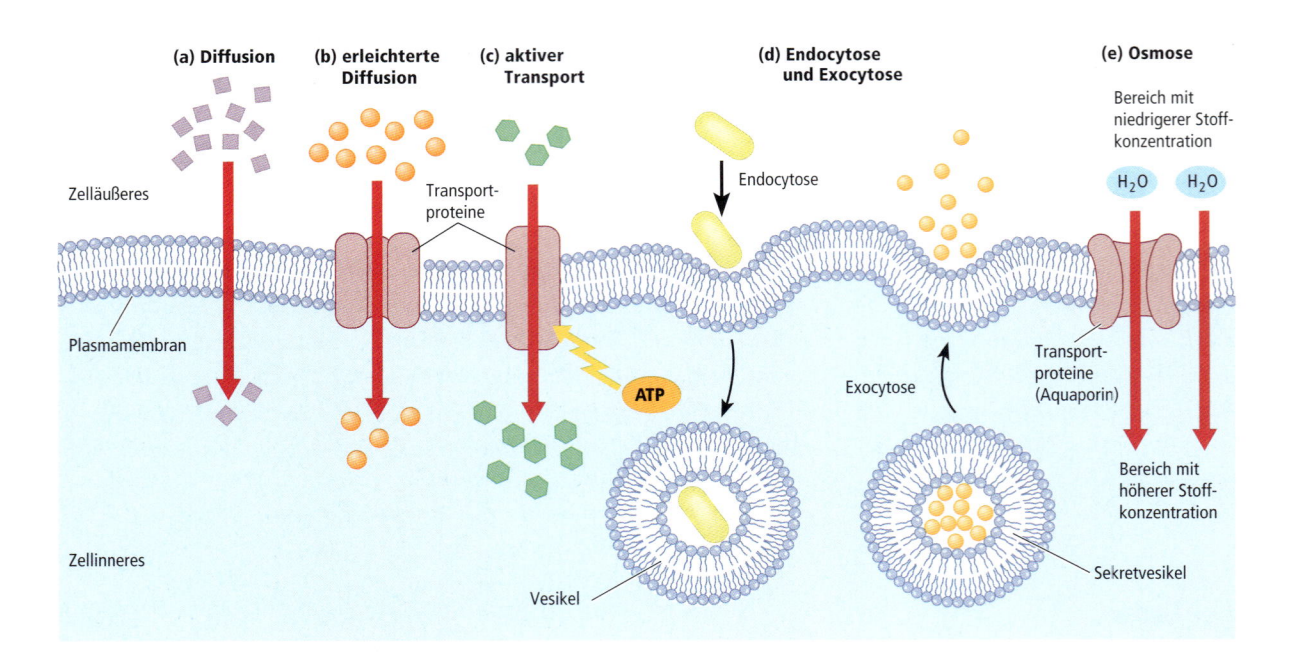

Abbildung 10.1: Transport von Molekülen durch Membranen. (a) Bei der Diffusion bewegt sich ein gelöster Stoff spontan in einen Bereich mit niedrigerer Stoffkonzentration. (b) Bei der erleichterten Diffusion unterstützt ein Transportprotein den gelösten Stoff bei der Diffusion, der sich dadurch schneller durch die Membran bewegt. (c) Anders als die Diffusion und die erleichterte Diffusion erfordert der aktive Transport Energie, da Transportmoleküle gelöste Stoffe „bergauf" in einen Bereich höherer Stoffkonzentration bewegen. (d) Vesikel bewegen große Moleküle in eine Zelle hinein (Endocytose) oder aus einer Zelle heraus (Exocytose). (e) Die Bewegung von Wasser durch eine Membran, die Osmose, findet mit oder ohne Transportproteine statt. Wasser bewegt sich immer in einen Bereich höherer Stoffkonzentration (niedrigerer Wasserkonzentration) hinein.

fusion ist ein passiver Transport, weil er keine Energie erfordert. Diffusion kann in offenen Lösungen oder zwischen zwei Lösungen stattfinden, die durch eine Membran voneinander getrennt sind, falls die Membran für die Moleküle permeabel ist.

Erleichterte Diffusion und aktiver Transport

Bei vielen wasserlöslichen Molekülen unterstützen Transportproteine die Diffusion durch die Plasmamembran. Dieser Prozess wird als **erleichterte Diffusion** bezeichnet (▶ Abbildung 10.1b). Die Transportproteine sind typischerweise in die Plasmamembran eingebettet. Wenn sich ein Transportprotein mit einem gelösten Stoff verbindet, verändert das Protein seine Form so, dass der Stoff auf die andere Seite der Membran befördert wird. Die erleichterte Diffusion ähnelt der regulären Diffusion, weil sich der gelöste Stoff von einem Bereich höherer Stoffkonzentration in einen Bereich niedrigerer Stoffkonzentration bewegt. Außerdem ist der Transport, wie bei allen Arten der Diffusion, passiv, es muss dazu also keine Energie zugeführt werden.

Einige Transportproteine scheinen einzeln zu arbeiten. Andere verbinden sich zu Kanälen in der Plasmamembran und können einen so genannten gesteuerten Kanal („gated channel") bilden, der geöffnet oder geschlossen sein kann, wodurch der Transport von gelösten Stoffen reguliert wird. Der Durchmesser des Kanals bestimmt die Größe der Moleküle, die sich von einer Seite der Membran zur anderen hindurch bewegen können. Außerdem kontrollieren spezifische Bindungsstellen, welche Stoffe den Kanal passieren können. Die Kanäle können durch spezifische zu transportierende gelöste Stoffe oder durch andere Moleküle, welche als Effektoren wirken, geöffnet oder geschlossen werden.

Manchmal erfolgt der Transport durch eine Membran *entgegen* dem Konzentrationsgradienten von einem Bereich niedrigerer Konzentration in einen Bereich höherer Konzentration. Da dieser Transport Energie erfordert, ist er im Gegensatz zur Diffusion nicht passiv. Man spricht stattdessen von einem **aktiven Transport** (▶ Abbildung 10.1c). Die Energie für die meisten aktiven Transportprozesse wird durch ATP geliefert. Am aktiven Transport können ein oder zwei Proteine beteiligt sein. Beispielsweise benutzt ein Transportprotein in der Plasmamembran vieler Pflanzenzellen Energie aus ATP, um Protonen (H^+) aus der Zelle herauszupumpen. Ein zweites Protein, ein Cotransportprotein oder „Symporter", erlaubt es dann den Protonen, durch die Membran zurückzufließen, falls sie ein Saccharose-Molekül mittransportieren. In diesem Fall spricht man von einem Symport von Saccharose mit Protonen, die zuvor unter ATP-Verbrauch auf die andere Seite der Membran gepumpt worden sind. In anderen Fällen werden Protonen im Antiport mit anderen Kationen, wie zum Beispiel Na^+, im Gegentausch transportiert. Im Gegensatz dazu wird bei Photosynthese und Atmung Energie aus einer Elektronentransportkette benutzt, um Protonen durch eine Membran zu pumpen (siehe Kapitel 8 und 9). Die einer Batterie ähnelnde Ladungsdifferenz über der Membran wird als Energiequelle für ATP-Synthese benutzt, wenn Protonen durch das Enzym ATP-Synthase durch die Membran zurückfließen.

Exocytose und Endocytose

Große Moleküle und aus mehreren Molekülen bestehende Komponenten verlassen Pflanzenzellen häufig durch **Exocytose**. Das ist ein Prozess, bei dem kleine membrangebundene Vesikel, die mit bestimmten Molekülen beladen sind, mit der Plasmamembran verschmelzen, um den Inhalt nach außen freizusetzen (▶ Abbildung 10.1d). Die Absonderung des Mucigels aus der Wurzelhaube, die Platzierung von Komponenten der Zellwand und die Freisetzung verdauungsfördernder Enzyme bei Fleisch fressenden Pflanzen sind Beispiele für Exocytose bei Pflanzen. Pflanzenzellen können auch große Moleküle aufnehmen – ein Prozess, der als **Endocytose** bezeichnet wird. Dabei umschließt die Plasmamembran ein großes Molekül und schnürt sich ab, wodurch das Molekül in einem Vesikel innerhalb der Zelle eingeschlossen wird. Mit anderen Worten: Die Endocytose ist der Umkehrprozess der Exocytose. Da Pflanzenzellen Zellwände besitzen, ist die Endocytose als Prozess nicht so häufig wie bei tierischen Zellen. Viele einzellige Algen betreiben Photosynthese, können aber auch organische Moleküle aufnehmen. Kleine Moleküle werden durch erleichterte Diffusion aufgenommen, während komplexere Strukturen mitunter durch Endocytose aufgenommen werden können.

Osmose

Der Begriff **Osmose** (von griechisch *osmos*, „Druck, Stoß") bezieht sich auf den Transport von Wasser oder eines anderen Lösungsmittels durch eine selektiv permeable Membran. Bei Zellen ist das Lösungsmittel natürlich immer Wasser. Wasser fließt spontan aus einem Bereich niedriger Stoffkonzentration (höherer Wasserkonzentration) in einen Bereich höherer Stoffkonzentration (niedrigerer Wasserkonzentration) (▶ Abbildung 10.1e). Obwohl Wasser direkt durch die Membran dringen kann, erleichtern gewöhnlich als Aquaporine bezeichnete Transportproteine die Osmose, indem sie Kanäle bilden, die speziell für Wassermoleküle geeignet sind.

Die Vorstellung, dass sich Wasser spontan in einen Bereich *höherer* Stoffkonzentration ausbreitet, scheint nicht offensichtlich. Schließlich gehört zur Diffusion eines gelösten Stoffes die spontane Bewegung „entlang des Konzentrationsgefälles" in einen Bereich *niedrigerer* Stoffkonzentration. Denken Sie jedoch daran, dass Wasser kein gelöster Stoff, sondern das Lösungsmittel ist. Auch seine Bewegung erfolgt tatsächlich „abwärts" in einen Bereich niedrigerer *Wasser*konzentration. In einem Bereich höherer Stoffkonzentration werden einige Wassermoleküle an die Stoffmoleküle gebunden, so dass es weniger frei bewegliche Wassermoleküle gibt. Das führt zu einer niedrigeren Wasserkonzentration. In einem Bereich niedrigerer Stoffkonzentration gibt es weniger Stoffmoleküle, so dass es mehr frei bewegliche Wassermoleküle gibt. Deshalb bewegt sich Wasser in einen Bereich niedrigerer Wasserkonzentration (höherer Stoffkonzentration). Osmose ähnelt der Diffusion von gelösten Stoffen insofern, als sich jeder Stoff spontan in einen Bereich ausbreitet, in dem er weniger konzentriert ist. Wie andere Substanzen, die sich durch eine Membran bewegen, fließt Wasser tendenziell so, dass seine Konzentration ausgeglichen ist.

Die Rolle des osmotischen Potenzials beim Zellwachstum

Lebende Zellen enthalten etwa 70 bis 80 Prozent Wasser. Da Wasser Raum einnimmt, muss eine Zelle, die zusätzliches Wasser aufnimmt, größer werden. Erinnern Sie sich daran, dass Pflanzenzellen feste Zellwände haben, welche die Ausdehnung begrenzen. Damit sich eine Zelle vergrößern kann, muss also sowohl Wasser in die Zelle fließen als auch eine Schwächung der Zellwand erfolgen. Das Wachstum von Pflanzenzellen erinnert an das Aufblähen eines Wasserballons, der von einer Pappschachtel umgeben ist. Um den Ballon größer zu machen, können Sie den Innendruck des Ballons erhöhen, indem Sie mehr Wasser einfüllen, doch Sie müssen auch die Wände der Schachtel lockern oder sie größer machen.

Die Zelle nimmt Wasser infolge einer Kraft auf, die als **osmotisches Potenzial** bezeichnet wird. Dabei handelt es sich um ein Maß für die Tendenz des Wassers, aufgrund von unterschiedlichen Stoffkonzentrationen durch eine Membran in den Bereich mit höherer Stoffkonzentration zu fließen. Das osmotische Potenzial wird auch als Stoffpotenzial bezeichnet. Da sich Wasser in einen Bereich höherer Stoffkonzentration bewegt, hängt die Bewegungsrichtung von der Stoffkonzentration innerhalb und außerhalb der Zelle ab. Man kann die Wirkung des osmotischen Potenzials demonstrieren, indem man eine in einen Dialyseschlauch gefüllte Zuckerlösung in einen Behälter mit reinem Wasser legt. Die gelösten Zuckermoleküle sind so groß, dass sie die permeable Membran nicht durchdringen können, während dies den kleineren Wassermolekülen möglich ist. Die Zuckerlösung im Dialyseschlauch hat eine höhere Stoffkonzentration als die Lösung außerhalb, sie wird deshalb als **hypertonisch** (von griechisch *hyper*, „über") in Bezug auf die Lösung außerhalb bezeichnet. Die Lösung mit der niedrigeren Stoffkonzentration wird als **hypotonisch** (von griechisch *hypo*, „unter") bezeichnet. Unter diesen Umständen fließt Wasser in den Dialyseschlauch, wodurch er prall wird. Der osmotische Fluss ist aus einem Bereich niedrigerer Stoffkonzentration (höherer Wasserkonzentration) in einen Bereich höherer Stoffkonzentration (niedrigerer Wasserkonzentration) gerichtet. Hätten die beiden Lösungen gleiche Stoffkonzentrationen, würde man sie als **isotonische** Lösungen (von griechisch *isos*, „gleich") bezeichnen. Es würde ein Gleichgewicht herrschen, bei dem es in keiner der beiden Richtungen einen Nettofluss gäbe.

Der Dialyseschlauch mit Zuckerlösung lässt sich mit einem Protoplasten vergleichen – dem Inhalt einer Pflanzenzelle ohne Zellwand. Die Stoffkonzentration einer Pflanzenzelle – die anorganische Salze und organische Moleküle, wie beispielsweise Zucker und Aminosäuren, umfasst – ist typischerweise höher als die der Zellumgebung. Wie die Zuckerlösung im Schlauch ist eine typische Zelle von einer hypotonischen Lösung umgeben, was zu einem Nettofluss von Wasser in die Zelle führt (▶ Abbildung 10.2a). Der Protoplast nimmt spontan so lange Wasser aus der Umgebung auf, bis der Druck auf die umgebende Zellwand, der **Turgordruck**, eine weitere Ausdehnung des Protoplasten verhindert. Unter diesen Bedingungen wird die Plasmamembran so gegen die Zellwand gedrückt, dass die Zelle anschwillt und prall gefüllt, also turgeszent, wird. Das ist der normale, erstrebenswerte Zustand einer Pflanzenzelle. Falls die Lösungen innerhalb und außerhalb der Zelle isotonisch sind, also gleiche Konzentrationen an gelösten Teilchen aufweisen, ist der Protoplast schlaff oder welk (▶ Abbildung 10.2b). Falls viele Zellen einer Pflanze gleichzeitig schlaff werden, können Sprossachsen und Blätter herabhängen. Falls die Stoffkonzentration außerhalb der Zelle die Stoffkonzentration innerhalb der Zelle übersteigt, gibt es einen Nettofluss von Wasser aus der Zelle heraus, was dazu führt, dass der Protoplast schrumpft und sich von der Zellwand entfernt. Dies wird als **Plasmolyse** bezeichnet (▶ Abbildung 10.2c). Wenn es zur Plasmolyse kommt, welken Pflanzen und die Cytoplasmaverbindungen von Zelle zu Zelle werden unterbrochen, so dass auch Transportprozesse unterbrochen werden. In Extremfällen der Plasmolyse stirbt das Gewebe der Pflanze ab.

Der Idealzustand einer Pflanzenzelle unterscheidet sich von dem einer tierischen Zelle. Da tierische Zellen keine Zellwände aufweisen, dehnen sie sich aus oder schrumpfen, wenn Wasser in die Zelle hinein- oder aus der Zelle herausfließt, wodurch sie möglicherweise platzen oder eintrocknen. Bei einer normalen tierischen Zelle sind die Lösungen innerhalb und außerhalb der Zelle isotonisch. Im Gegensatz dazu ist der wünschenswerte Zustand bei einer Pflanzenzelle der prall angeschwollene, dadurch dass in der Zelle eine höhere Stoffkonzentration herrscht als in ihrer Umgebung.

Der Begriff **Wasserpotenzial** wird benutzt, um einen Maßstab dafür zu haben, in welche Richtung Wasser zwischen einer Pflanzenzelle und ihrer Umgebung oder zwischen verschiedenen Teilen einer Pflanze, wie beispielsweise zwischen Wurzeln und Blättern, fließen wird. Das Wasserpotenzial ist als die Summe aus dem osmotischen Potenzial (der Auswirkung der Stoffkonzentrationen) und dem Druckpotenzial (der Auswirkung des Drucks auf die Zellwand) definiert. Diese Potenziale werden in denselben Einheiten gemessen, was sich in der Bezeichnung durch denselben griechischen Buchstaben Ψ (*Psi*) widerspiegelt. Das Wasserpotenzial wird mit Ψ_W, das Druckpotenzial mit Ψ_P und das osmotische Potenzial (Stoffpotenzial) gewöhnlich mit Ψ_O bezeichnet. Die Gleichung zur Bestimmung des Wasserpotenzials lautet also $\Psi_W = \Psi_P + \Psi_O$. Das osmotische Potenzial ist immer null oder negativ, während das Druckpotenzial stets positiv ist. Das Wasserpotenzial kann positiv, null oder negativ sein. Das hängt davon ab, ob die Zelle schrumpft, sich im Gleichgewicht befindet oder sich ausdehnt. Falls das osmotische Potenzial und das Druckpotenzial einander die Waage hal-

außerhalb der Zelle:
- niedrigere Stoffkonzentration
- höheres Wasserpotenzial

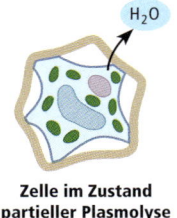

innerhalb der Zelle:
- höhere Stoffkonzentration
- niedrigeres Wasserpotenzial

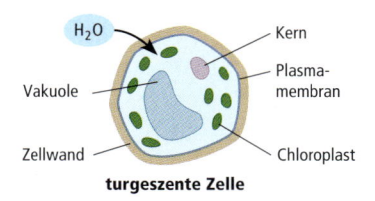

turgeszente Zelle

(a) **Pflanzenzelle, die von einer hypotonischen Lösung umgeben ist.** Falls die Lösung außerhalb der Zelle hypotonisch ist, gibt es einen Nettofluss von Wasser in die Zelle. Dies ist der normale Vorgang bei einer Pflanzenzelle, die anschwillt. Der ausgedehnte Protoplast drückt die Plasmamembran gegen die Zellwand.

außerhalb und innerhalb der Zelle:
- gleiche Stoffkonzentrationen
- gleiche Wasserpotenziale

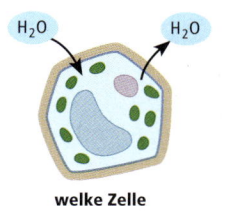

welke Zelle

(b) **Pflanzenzelle unter isotonischen Bedingungen.** Falls die Lösungen innerhalb und außerhalb der Zelle gleiche Stoffkonzentrationen haben, gibt es ein Gleichgewicht. Die Pflanzenzelle ist schlaff und der Verlust der Schwellung kann zum Durchhängen der Sprossachsen und Blätter führen.

außerhalb der Zelle:
- höhere Stoffkonzentration
- niedrigeres Wasserpotenzial

innerhalb der Zelle:
- niedrigere Stoffkonzentration
- höheres Wasserpotenzial

Zelle im Zustand partieller Plasmolyse

(c) **Pflanzenzelle, die von einer hypertonischen Lösung umgeben ist.** Falls die Lösung außerhalb hypertonisch ist, gibt es einen Nettofluss von Wasser aus der Zelle heraus. Dieser Wasserverlust kann zur Plasmolyse führen.

Abbildung 10.2: **Osmose und die Regulierung des Wassergleichgewichts.** Bei der Osmose bewegt sich Wasser aus einem Bereich mit höherem Wasserpotenzial (niedrigerer Stoffkonzentration) in einen Bereich niedrigeren Wasserpotenzials (höherer Stoffkonzentration). In einer hypotonischen Umgebung verhindert die Zellwand einer Pflanzenzelle die Aufnahme zu großer Wassermengen, die zum Zerplatzen führen würde. Dagegen kann die Zellwand eine Zelle in einer hypertonischen Umgebung nicht vor Wasserverlust schützen, was zur Plasmolyse führen kann.

ten, ist das Wasserpotenzial null. Die Zell schrumpft also weder noch dehnt sie sich aus. Falls das osmotische Potenzial betragsmäßig größer – also stärker – als das Druckpotenzial ist, dann ist das Wasserpotenzial negativ und die Zelle dehnt sich durch Wasseraufnahme aus.

Bei den meisten lebenden Pflanzenzellen ist das Wasserpotenzial entweder null oder negativ, was darauf hindeutet, dass die Zelle Wasser aufnehmen würde, wenn die Zellwand nicht vorhanden wäre. Da wir es mit negativen Zahlen zu tun haben, bedeuten „höhere" und „niedrigere" Wasserpotenziale „weniger negativ" und „stärker negativ". Lassen Sie sich davon nicht verwirren. Mathematisch betrachtet wird ein niedrigeres Wasserpotenzial tatsächlich durch eine kleinere Zahl (betragsmäßig größere Zahl mit negativem Vorzeichen) ausgedrückt. Physikalisch betrachtet hat aber eine Zelle oder ein Pflanzenorgan mit einem niedrigeren Wasserpotenzial eine *stärkere* Kapazität, Wasser aufzunehmen. Beim Wasserpotenzial könnte man deshalb also sagen: „Weniger ist mehr." Merken Sie sich einfach, dass ein zahlenmäßig größeres negatives Wasserpotenzial einer größeren Kapazität entspricht, Wasser zu absorbieren. Wasser bewegt sich aus einem Bereich höheren Wasserpotenzials in einen Bereich niedrigeren Wasserpotenzials – also von dort, wo das Wasserpotenzial null oder schwach negativ ist, in einen Bereich, in dem es stärker negativ ist. Bezüglich des gesamten Wasserflusses in einer Pflanze wird das Wasserpotenzial zunehmend negativ – also zunehmend stärker –, wenn sich das Wasser von den Wurzeln zu den Blättern bewegt. Blattzellen haben eine stärkere Kapazität, Wasser aufzunehmen, als Wurzelzellen.

Der Druck des Wasserpotenzials kann physikalisch auf verschiedene Weise ausgedrückt werden, wie beispielsweise in Atmosphären, Bar, Torr und Kilopascal (kPa). Wenn Sie sich beispielsweise auf der Höhe des Meeresspiegels befinden, kann der Druck aller atmosphärischen Gase als 1 Atmosphäre oder 101,3 kPa, also 0,1013 MPa, angegeben werden. Vergleichen Sie dies mit dem Wasserpotenzial von wachsenden Sprossen und Wurzeln, das im Bereich zwischen 0,2 und 1,2 MPa liegt. Nun können Sie verstehen, warum wachsende Wurzeln Steinplatten von Gehwegen anheben und Stützwände umstürzen lassen können (siehe den

10 TRANSPORTPROZESSE

PFLANZEN UND MENSCHEN
Justus von Liebig – Ein Vater der modernen Landwirtschaft

Anfang des 19. Jahrhunderts glaubten die meisten Agrarwissenschaftler an eine Form der Humustheorie, nach der alle für Pflanzen wichtigen Komponenten aus Boden und Wasser bestanden, die durch die Wurzeln aufgenommen werden. Schließlich wussten die Menschen bereits seit Tausenden von Jahren, dass auf Böden, die mit organischen Stoffen, wie Stallmist, gedüngt wurden, Getreide besser wuchs als auf ungedüngtem Boden. Der Beitrag der Luft zum Pflanzenwachstum war noch weitgehend unentdeckt.

Im Jahr 1840 zeigte jedoch Justus von Liebig, dass die Humustheorie überholt war. Er lieferte Beweise dafür, dass der überwiegende Teil oder der gesamte Kohlenstoff in Pflanzen aus atmosphärischem CO_2 stammt, während die notwendigen Mineralstoffe und das Wasser aus dem Boden stammen. Er entwickelte das Liebig'sche Gesetz des Minimums, nach dem das Pflanzenwachstum durch das notwendige Mineral begrenzt ist, das in der kleinsten Menge vorliegt. Er bezeichnete diesen begrenzenden Faktor als das „Minimum". Das Liebig'sche Minimumgesetz wurde durch Experimente gestützt und hat Bodentests und Düngeranwendungen nahezu 150 Jahre lang bestimmt. Liebig erfand den ersten künstlichen Dünger, eine Kombination aus chemischen Elementen, die bekanntermaßen das Pflanzenwachstum begünstigten. Unglücklicherweise bildeten einige Bestandteile eine betonartige Substanz, und seine Markteinführung schlug fehl. Zwei britische Wissenschaftler, J. B. Lawes und J. H. Gilbert, entwickelten im Jahr 1843 den ersten kommerziell erfolgreichen Dünger. Im Jahr 1862 veröffentlichte der deutsche Wissenschaftler W. Knop eine Liste mit fünf Chemikalien, die Hydrokulturen ermöglichten, also den Gartenbau ohne Erde. Der Nährstoffbeitrag des Bodens für Pflanzenwachstum war also in chemischer Weise definiert worden.

DIE WUNDERBARE WELT DER PFLANZEN
Die Kraft der Pflanzen

Die Kraft des Wasserpotenzials, durch das sich Zellen ausdehnen und Wasser aufnehmen, liegt häufig im Bereich zwischen 0,2 und 1,2 MPa. Keimende Samen benutzen den durch das Wasserpotenzial erzeugten Druck, um sich ihren Weg durch das Erdreich, Blätter und andere Materialien zu bahnen, die sie bedeckt haben. Währenddessen erzeugen die wachsenden Wurzeln einen beachtlichen Druck, der ihnen dabei hilft, den Boden zu durchdringen. Denken Sie an die Anstrengung, die notwendig ist, um mit einer Schaufel ein Loch in trockenen, harten Boden zu graben, und doch können Pflanzenwurzeln dieses dichte Material durchdringen. Eine offensichtliche Auswirkung der Kraft von Pflanzen zeigt sich an den Gehwegen in Städten, die oft durch das Wachstum von Pflanzenwurzeln außer Form gebracht, angehoben oder sogar zerbrochen werden. Weniger offensichtlich zeigt sich, dass viele Kanalisationssysteme von Häusern durch Wurzeln zerstört wurden, die sich einen Weg zu einer Wasserquelle gebahnt haben.

In der Natur keimen Samen manchmal in Felsspalten auf großen Felsblöcken, bis sie schließlich enorme Felsbrocken gänzlich in zwei Teile zerbrechen. Auch Zimmerpflanzen zerbrechen mitunter ihre Blumentöpfe infolge ihres Wurzelwachstums.

Sogar einzelne kleine Samen heben während des Keimens manchmal Steine an, deren Masse ein Vielfaches ihres eigenen Gewichts beträgt.

Kasten *Die wunderbare Welt der Pflanzen* oben). Heute werden alle Druckangaben nur noch in MPa gemacht.

Das von einer Pflanzenzelle oder einem Pflanzenorgan entwickelte Wasserpotenzial kann auf unterschiedlichen Wegen gemessen werden. Die Zelle oder das Organ kann mit einer externen Lösung verbunden werden, die einen gelösten Stoff enthält, der nicht in die Pflanzenzelle eindringt. Die minimale Stoffkonzentration, die bewirkt, dass sich die Zelle oder das Pflanzenorgan nicht weiter ausdehnt, bestimmt das Wasserpotenzial. Alternativ dazu kann man Pflanzengewebe in eine geschlossene Kammer bringen, in der es Wasser aus einem kleinen Wasservorrat absorbieren kann. Dabei wird die Wassertemperatur genau verfolgt. Wenn das Wasser verdunstet, sinkt die Temperatur des verbleibenden Wassers, die dadurch ein Maß für die Verdunstungsrate ist. Die Verdunstungsrate wird elektronisch verfolgt, um die Wasserbewegung in die Pflanzenzelle oder das Organ zu messen.

WIEDERHOLUNGSFRAGEN

1. Erklären Sie den Unterschied zwischen symplastischem Transport und apoplastischem Transport.

2. Worin unterscheidet sich die erleichterte Diffusion von der normalen Diffusion?

3. Nennen Sie Gemeinsamkeiten und Unterschiede zwischen Osmose und Diffusion von gelösten Stoffen.

4. Wie wirken sich Veränderungen von Stoffkonzentrationen auf eine Pflanzenzelle aus?

5. Was ist das Wasserpotenzial?

Aufnahme und Transport von Wasser und gelösten Stoffen 10.2

Nachdem wir den Transport auf zellulärer Ebene untersucht haben, werden wir uns nun mit der Gesamtbewegung von Wasser und gelösten Stoffen in Pflanzen beschäftigen. Pflanzen erhalten Wasser und Mineralstoffe aus dem Boden und nutzen das Xylem für den Transport von den Wurzeln zum übrigen Teil der Pflanze. Blätter benötigen sowohl Wasser als auch Mineralstoffe, um Photosynthese betreiben zu können und um die vielen Substanzen zu synthetisieren, die von Pflanzen genutzt werden. In den Blättern werden durch Photosynthese und andere biochemische Prozesse Zucker und andere organische Moleküle gebildet, die dann von der Pflanze durch das Phloem transportiert werden (▶ Abbildung 10.3).

Wasseraufnahme und Transport durch Transpiration

Das Leitsystem transportiert Wasser, Mineralstoffe und organische Moleküle durch die Pflanze. Das Xylem besteht aus Tracheiden und, bei blühenden Pflanzen, aus Gefäßelementen, den Tracheen (siehe Kapitel 4). Diese toten Zellen bewältigen den Transport von Wasser und Mineralstoffen aus den Wurzeln in die Sprossachsen und Blätter, wo Wasser durch die Stomata verdunstet – ein Prozess, der als **Transpiration** bezeichnet wird.

Ein großer Baum in einem Wald kann im Sommer zwischen 700 und 3500 Liter Wasser pro Tag verdunsten. Im Vergleich dazu verdunstet eine typische Getreidepflanze erheblich weniger. Eine Maispflanze verdunstet beispielsweise pro Tag etwa 2 Liter Wasser. Jedoch ist diese Menge immer noch signifikant, da sich daraus eine tägliche Transpiration von 100.000 Liter pro Hektar Land ergibt. Das ist eine Fläche, die etwa der Größe von zwei Fußballfeldern entspricht. Während einer Wachstumsperiode werden auf einem Hektar Land 10 Millionen Liter verdunstet. Würde man diese Wassermenge auf einmal auf dem Feld verteilen, würde das Wasser auf dem Feld etwa 1,50 m hoch stehen. Pflanzenzüchter wollen deshalb Getreidepflanzen züchten, die weniger Wasser verbrauchen. Die Pflanze benötigt Wasser zum Zellwachstum, zum Betreiben der Photosynthese und dazu, sich für die Biosynthese von Proteinen, Nucleotiden und anderen Molekülen mit Mineralstoffen zu versorgen. Jedoch würden auch kleinere Wassermengen diese Bedürfnisse befriedigen.

Die Transpiration, bei der Wasser verschwendet zu werden scheint, dient in Wirklichkeit zwei wichtigen Funktionen. Erstens kühlt sie die Blätter, die durch das bei der Photosynthese aufgenommene Sonnenlicht erheblich erwärmt werden. Zweitens dient sie als Pumpe, durch die Wasser und wasserlösliche Mineralstoffe aus den Wurzeln gezogen werden. Die Tatsache, dass eine Pflanze Wasser von oben pumpt, war Pflanzenphysiologen zunächst nicht erklärlich, wenn sie sich ansahen, wie mechanische Pumpen, beispielsweise Brunnenpumpen, funktionieren. Eine Pumpe, die auf einem Brunnen angebracht ist, kann Wasser höchstens aus einer Tiefe von 10 m pumpen, weil Wassersäulen, die höher als 10 m gezogen werden, durch ihr eigenes Gewicht

10 TRANSPORTPROZESSE

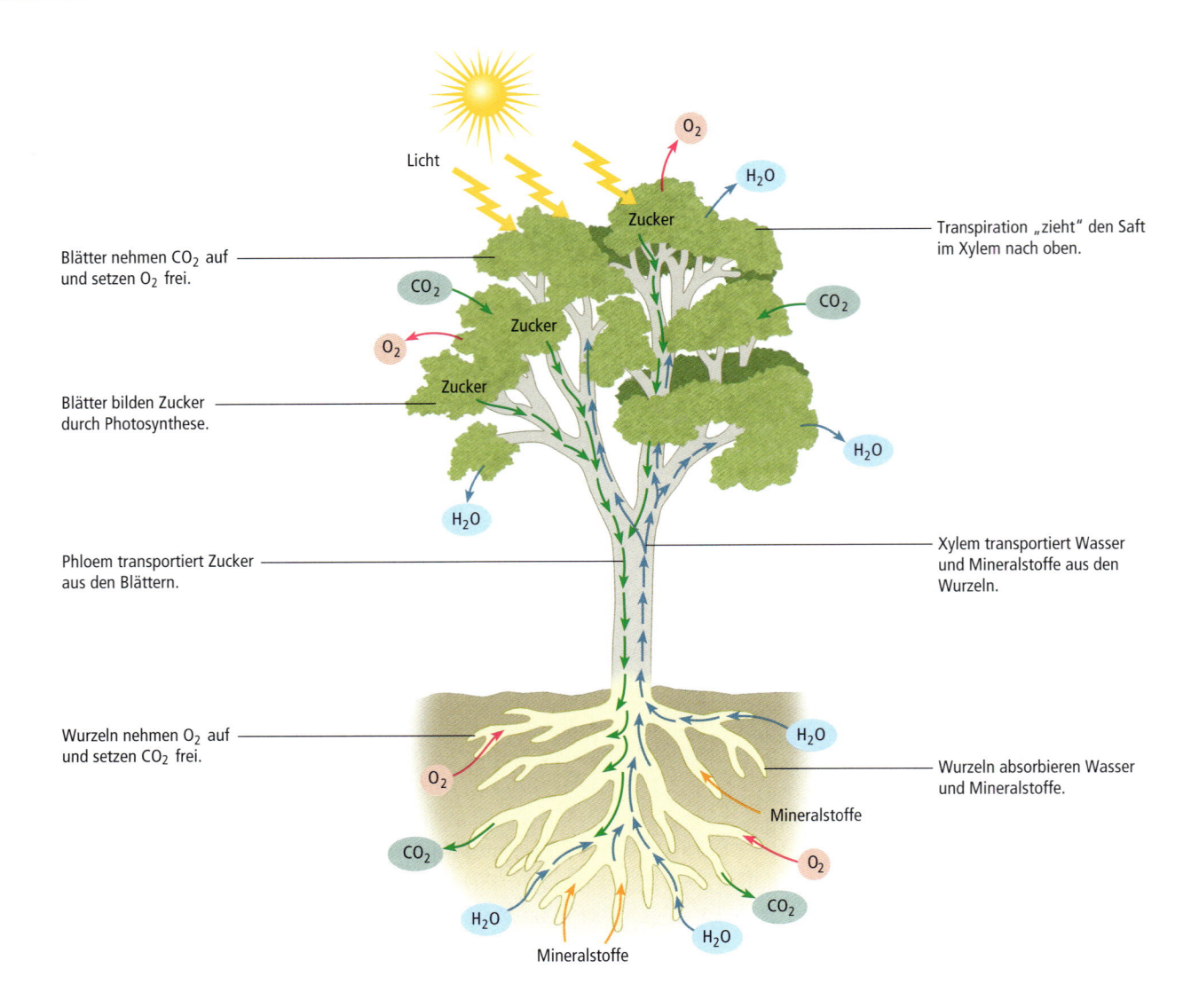

Abbildung 10.3: Überblick über den Transport von Wasser und gelösten Stoffen bei Pflanzen.

abreißen. Aus diesem Grund befinden sich die Pumpen bei den meisten Brunnen auf dem Boden, so dass diese Einschränkung nicht mehr gilt. Ausgehend von diesen Betrachtungen stellt sich nun die Frage: Wie pumpen Pflanzen Wasser von oben?

Pflanzen, und insbesondere hohe Bäume, können aufgrund der Struktur des Xylemgewebes und den Eigenschaften von Wasser vom oberen Ende der Wassersäule „pumpen". Wasser ist ein **polares Molekül** – ein Molekül mit positiv und negativ geladenen Enden. Deshalb zieht das positiv geladene Ende eines Wassermoleküls das negativ geladene Ende eines anderen an. Diese Eigenschaft hilft dabei, die drei bei Wassermolekülen auftretenden Phänomene zu erklären: Adhäsion, Kohäsion und Zugspannung.

■ **Adhäsion** ist die Anziehung zwischen verschiedenen Arten von Molekülen. Bei Pflanzen gibt es eine Anziehung zwischen Wassermolekülen und den Molekülen der Zellwand. Wasser bewegt sich in einem kontinuierlichen Strom, den man es sich als eine Wassersäule vorstellen kann, zum oberen Teil der Pflanze. Tatsächlich zieht sich die Säule durch Millionen enger Xylemzellen, wo sich Zellulosewände an Wassermoleküle anheften und somit winzige Säulensegmente binden und stützen. Deshalb gibt es keine Gefahr, dass die Säule aufgrund ihres eigenen Gewichts abreißt. Papierhandtücher, die aus Zellulosefasern hergestellt werden, geben ein gutes Beispiel für die Adhäsion von Wasser an Zellulose.

- Die Wassersäulen im Xylem zeigen auch **Kohäsion** – die Anziehung zwischen Molekülen derselben Art. Da Wassermoleküle polar sind, binden sie aneinander, was die Wassersäule ebenfalls stützt.
- Wassersäulen im Xylem erfahren eine **Zugspannung**, einen Unterdruck auf Wasser oder Lösungen. Im Xylem wird die Zugspannung durch die Transpiration durch die Stomata verursacht. Das aus den Stomata in die Luft verdampfende Wasser „zieht" die Wassersäule aufwärts. Das ist so ähnlich, wie wenn jemand eine Flüssigkeit durch einen Trinkhalm nach oben „zieht". Bei Pflanzen wird die Zugspannung über die Sprossachse oder den Stamm übertragen. In der Tat nimmt der Durchmesser eines Baumstamms bei der Transpiration ab, genau wie ein Trinkhalm kollabiert, wenn Sie stark saugen.

Die meisten Physiologen greifen auf die **Kohäsionstheorie** zurück, um den Transport im Xylem zu erklären (▶ Abbildung 10.4). Obgleich sowohl die Zugspannung als auch die Kohäsion wichtig sind, ist in Wirklichkeit die Adhäsion ausschlaggebend. Aus einem Wasserbrunnen, der 15 m tief ist, kann von oben kein Wasser erfolgreich heraufgepumpt werden. Doch durch Transpiration kann ein 15 m hoher Baum Wasser vom Fuß des Baumes in die Krone „ziehen". Zwei wichtige Unterschiede erklären das Versagen des Brunnens und den Erfolg des Baumes. In beiden Fällen gibt es in der Wassersäule Kohäsion zwischen den Wassermolekülen. Beim Brunnen erzeugt die Pumpe eine Zugspannung. Ein Unterschied ist, dass sich das Rohr, welches das Wasser nach oben transportiert, nicht aufgrund der Zugspannung zusammenzieht, so dass die von der Pumpe erzeugte Zugspannung im Gegensatz zu der Zugspannung beim Baum nicht entlang der Wassersäule nach unten übertragen wird. Der andere Unterschied besteht darin, dass die Brunnenpumpe nur eine geringe oder gar keine Adhäsionskomponente aufweist.

Untersuchungen mit im Wasser gelösten radioaktiven Isotopen haben klar gezeigt, dass das Xylem Wasser transportiert. Manchmal führt die Zugspannung in der Wassersäule in einer Sprossachse dazu, dass die Säule reißt und sich Luftblasen bilden. In einigen Fällen können Pflanzen den Schaden reparieren, indem sie die Luftblase auflösen. Gewöhnlich geschieht dies nachts. Dies ist möglich, weil der Druck des umgebenden Gewebes Wasser zurück in die Zelle mit der Luftblase drückt, wodurch die Größe der Luftblase zunächst reduziert und diese schließlich eliminiert wird. Da es im Xylem viele einzelne Zellen gibt, sind Luftblasen gewöhnlich lediglich auf ein paar Tracheiden beschränkt, und das Wasser fließt einfach um sie herum. Bei einem Gefäß unterbricht ein Zerreißen der Wassersäule den Transport im gesamten Gefäß, nicht nur in einem Gefäßelement. Bei höheren Bäumen ist die Gefahr für ein Reißen der Wassersäule größer. Höhere Transpirationsraten erhöhen die Zugspannung auf die Säulen und erhöhen auch die Gefahr einer Luftembolie. Die höchsten Bäume, Küstenmammutbäume, stehen an feuchten Standorten mit häufigem Nebel und niedrigen oder mittleren Transpirationsraten.

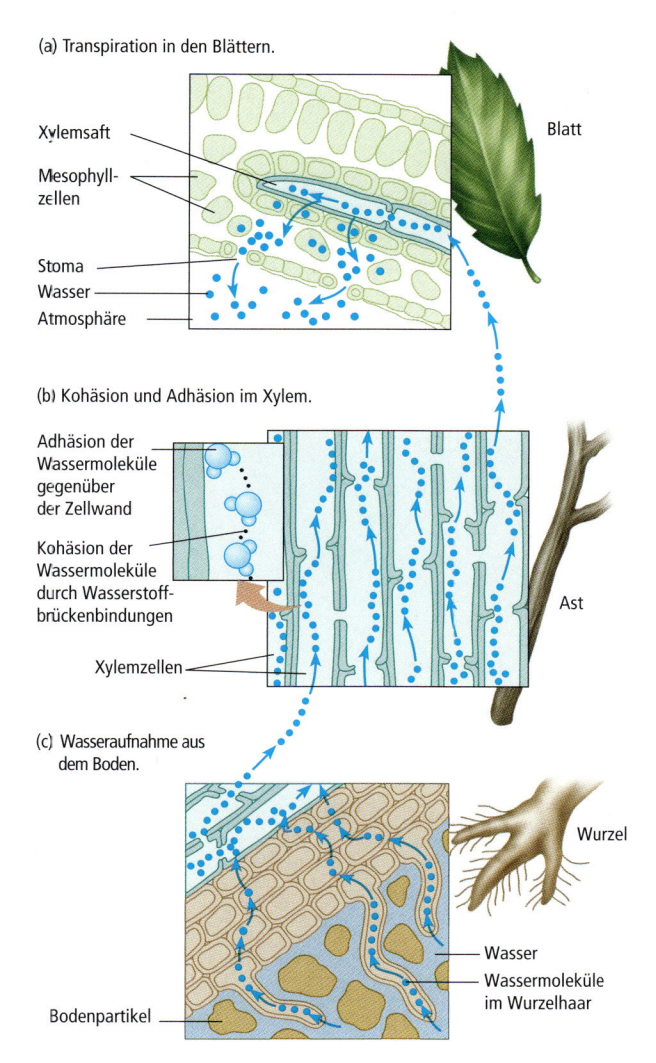

Abbildung 10.4: Wasser und gelöste Stoffe fließen von den Wurzeln zum Spross. (a) Das Verdampfen von Wasser durch Stomata erzeugt einen Wasserpotenzialgradienten, der seinen größten negativen Wert an der Spitze des Baumes erreicht. (b) Die Kohäsion der Wassermoleküle untereinander und die Adhäsion der Wassermoleküle gegenüber den zellulosehaltigen Zellwänden der Tracheen und Tracheiden hält die Wassersäule intakt. (c) Wurzeln nehmen Wasser aus dem Boden auf.

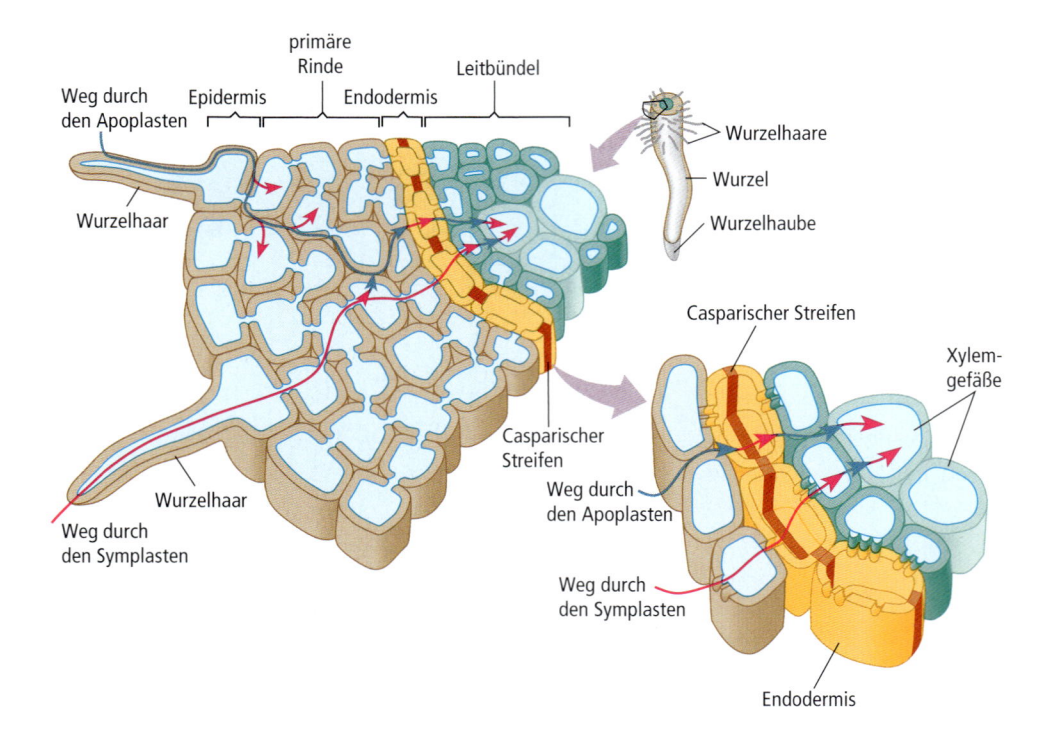

Abbildung 10.5: Der Weg von Mineralstoffen und Wasser von den Wurzelhaaren zum Xylem. Wasser und Mineralionen gelangen als dem Erdreich in die Wurzelhaare und fließen durch den Symplasten (lebende Zellen) oder den Apoplasten (Zellwände) in die Gefäße und Tracheiden des Xylems. Wenn Wasser und Mineralstoffionen die Endodermis passieren, muss aufgrund des Casparischen Streifens der symplastische Weg gewählt werden.

Aufgrund der Transpiration wird das Wasserpotenzial immer negativer, wenn sich das Wasser aus dem Boden in die Blätter bewegt. Beispielsweise könnte das Wasserpotenzial des Bodens −0,3 MPa betragen, während das Wasserpotenzial der Wurzelhaare −0,6 MPa beträgt. Folglich fließt Wasser aus dem Boden in die Wurzelhaare. Auf mittlerer Höhe könnte das Wasserpotenzial im Baumstamm −0,7 MPa sein, während es in den Blättern auf −3,0 MPa gefallen wäre. Das Wasserpotenzial der Luft um die Blätter herum liegt zwischen −5,0 MPa und −100,0 MPa je nach relativer Luftfeuchte. Also erhält das immer negativer werdende Wasserpotenzial den Fluss des Wassers aus dem Boden in die Sprossachse und die Sprossachse (den Stamm) herauf und anschließend in die Blätter und die Luft aufrecht.

Die Wasserabsorption in den Wurzeln erfolgt durch langgestreckte Rhizodermiszellen, die als Wurzelhaare bezeichnet werden. Sie entwickeln sich unmittelbar oberhalb des Wurzelapikalmeristems in der Differenzierungszone (siehe Kapitel 4). Das Wasserpotenzial der Wurzelhaare spiegelt wider, ob die Pflanze Wasser benötigt oder nicht. Die Wurzelhaare konkurrieren auch unmittelbar mit den Bodenpartikeln um Wasser und können den Wettbewerb entweder verlieren oder gewinnen, was von der Trockenheit des Bodens abhängt. Zwischen den Wurzelhaaren und der Endodermis kann Wasser zwischen den Zellen fließen – im apoplastischen Transport – oder durch das Cytoplasma der Zellen – im symplastischen Transport (▶ Abbildung 10.5). Wenn das Wasser jedoch die Endodermis erreicht, stellt der Casparische Streifen sicher, dass Wasser und gelöste Mineralstoffe durch die Endodermiszellen gefiltert werden, wodurch die Membranen die Gelegenheit erhalten, die Aufnahme von Ionen zu kontrollieren (siehe Kapitel 5).

Das negative Wasserpotenzial der Wurzelzellen führt dazu, dass ausreichend Wasser aufgenommen wird, um den Wurzeldruck zu erzeugen. Wenn ein Spross entfernt wird, pressen die Wurzeln weiterhin Wasser in die Sprossachse. Das durch den Wurzeldruck in die Sprossachse gedrückte Wasser kann schließlich die Blätter in spezialisierten Epidermisbereichen, den Hydatoden, als Tropfen verlassen. Dieser Prozess wird als **Guttation** bezeichnet. Früher glaubten Forscher, dass der Wurzeldruck gleich einer Pumpe am Fuße eines Brunnens für den Transport des Wassers bis in die Krone großer Bäume verantwortlich wäre. Jedoch kann der

Wurzeldruck Wasser nur einige Zentimeter transportieren. Er erreicht tagsüber sein Minimum, wenn maximale Transpiration stattfindet. Das Wasserpotenzial von Pflanzenorganen kann gemessen werden, indem man in einem luftundurchlässigen Behälter einen Druck erzeugt. Beispielsweise kann man in einen solchen Behälter eine abgeschnittene Sprossachse bringen, deren angeschnittenes Ende aus einem Loch im oberen Teil des Behälters herausragt. Anschließend wird der Druck so lange erhöht, bis am herausragenden Ende der Sprossachse oder an den Stomata der Blätter Wasser austritt. In diesem Moment entspricht der angewandte Druck dem Wasserpotenzial der Sprossachse.

Gasaustausch und Wasserverlust durch die Stomata

Pflanzen müssen ausreichend Wasser in ihren Geweben halten, um einem Verlust des Turgordrucks und dem darauffolgenden Welken vorzubeugen, wozu es kommt, wenn die Plasmamembran nicht mehr gegen die Zellwand drückt. Ein Verlust des Turgordrucks unterbricht die Verbindung von einer Zelle zur anderen und stört sowohl die Versorgung mit Nährstoffen als auch mit Signalstoffen, die zum Erhalt der Pflanze und zur Kontrolle ihrer Funktionen gebraucht werden. Infolge der hohen Transpirationsrate, die notwendig ist, damit die Blätter gekühlt werden und Wasser aus den Wurzeln gepumpt wird, kann es schnell zu einem gefährlich hohen Wasserverlust kommen. Die Pflanze muss auf eine Vielzahl von Umwelteinflüssen reagieren können, um den Wasserhaushalt zu kontrollieren, wenn das Wasserpotenzial einer Zelle oder eines Gewebes null ist.

Die auch als Cuticula bezeichnete Wachsschicht an der Außenseite der meisten Epidermiszellen der Blätter erlaubt sehr wenig Wasserverlust. Neunzig Prozent des Wasserverlusts einer Pflanze findet durch Stomata statt, das sind die von Schließzellen umgebenen Poren. Stomata gibt es in der Epidermis aller oberirdischen Pflanzenteile, die meisten findet man an den Blattunterseiten, wo die Temperatur niedriger und die Wahrscheinlichkeit geringer ist, dass die Stomata durch Staub aus der Luft bedeckt werden. Auf der Blattoberfläche kann es bis zu 10.000 Stomata pro Quadratzentimeter geben.

Wenn ausreichend Wasser vorhanden ist, nehmen die Photosynthese betreibenden Schließzellen Wasser auf und schwellen wie ein aufgeblähter Luftballon so an, dass sich eine Pore öffnet, durch die ein Gasaustausch mit dem Luftraum, der „Atemhöhle", stattfinden kann, der zwischen 15 und 40 Prozent des Blattvolumens ausmacht (▶ Abbildung 10.6). Die Stomata öffnen sich infolge einer abnehmenden inneren CO_2-Konzentration und durch Licht aus dem blauen Teil des sichtbaren Spektrums. Sie schließen sich infolge zunehmender innerer CO_2-Konzentration, hohen Temperaturen, Wind, geringerer Luftfeuchte und dem Einwirken des Phytohormons **Abscisinsäure (ABA)**. An einem typischen Sommertag sind die Stomata bei Tagesanbruch geschlossen. Wenn das Sonnenlicht die Photosynthese stimuliert, fällt die CO_2-Konzentration im Blatt ab und die Stomata öffnen sich aufgrund des CO_2-Wertes und des Einfalls blauen Lichts. Sie bleiben bis zum Einbruch der Dunkelheit geöffnet, wenn nicht Bedingungen eintreten, die zu erhöhtem Wasserverlust führen.

Abscisinsäure kontrolliert das Öffnen und Schließen der Stomata durch Turgoränderungen an den Schließzellen. Wenn in den Schließzellen die ABA-Werte hoch sind, verlieren sie Wasser und die Poren schließen sich. Die in den Wurzeln als Reaktion auf einen trockenen Boden gebildete Abscisinsäure wird zu den Blättern transportiert und liefert eine Vorwarnung vor Trockenheit. Gibt es in den Schließzellen niedrige ABA-Werte, nehmen sie Wasser auf und die Poren öffnen sich.

Durch die Kontrolle der Stomataöffnung kann die Pflanze die Rate des Wasserverlustes regulieren, der durch Transpiration verursacht wird. An heißen, trockenen, windigen Tagen werden die Stomata geschlossen sein. Natürlich spart das Schließen der Stomata Wasser, aber es reduziert auch die Aufnahme von CO_2, das zum Betreiben der Photosynthese notwendig ist. Unter diesen Umständen würde die Pflanze Kohlenstoff durch Photorespiration verlieren (siehe Kapitel 8). Pflanzen sind so konstruiert, dass durch das Schließen der Stomata weniger Photosynthese betrieben wird, bevor sich die Photorespiration merklich erhöht.

Assimilattransport im Phloem

Bei Pflanzen findet der Transport von Zucker und anderen organischen Molekülen im Phloem statt. Im Phloem blühender Pflanzen werden organische Moleküle durch die Membranen der Siebröhrenglieder und ihrer Geleitzellen transportiert (siehe Kapitel 3). Das Phloem transportiert den Saft von einer Zuckerquelle (englisch *source*) zu einer Zuckersenke (englisch *sink*). Eine **Zuckerquelle** ist ein Teil einer Pflanze, der

10 TRANSPORTPROZESSE

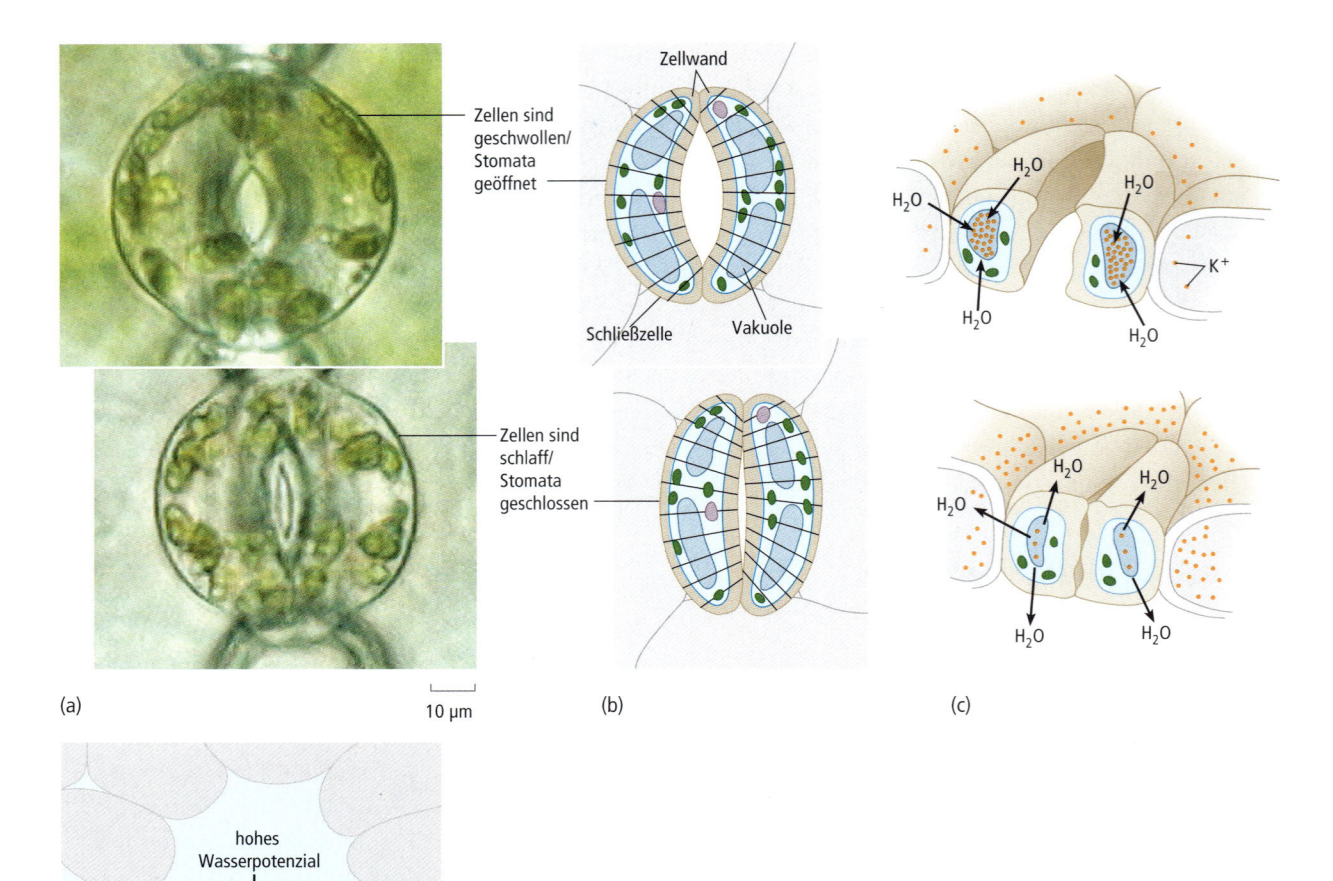

Abbildung 10.6: Das Öffnen und Schließen der Stomata. (a) Offene und geschlossene Stomata am Blatt einer Grünlilie (*Chlorophytum comosum*). (b) Die Orientierung der zellulosehaltigen Mikrofibrillen führt dazu, dass sich die Schließzellen durch die Wasseraufnahme eher strecken als verdicken. Dadurch kommt es zu einer Krümmung, welche die Stomatapore zum Blattinneren öffnet. (c) Kaliumionen (K^+) bewegen sich in die Schließzellen, was die Wasseraufnahme und das Öffnen des Spalts bewirkt. (d) Im Inneren des Blattes gibt es reichlich Wasserdampf, die Luftfeuchte ist hoch und das Wasserpotenzial ist negativ. Außerhalb des Blattes gibt es weniger Wasserdampf, die Luftfeuchte ist geringer und das Wasserpotenzial ist stark negativ.

Zucker bildet – gewöhnlich ein Blatt oder auch eine grüne Sprossachse. Eine **Zuckersenke** ist ein Teil einer Pflanze, der hauptsächlich Zucker verbraucht oder speichert. Dazu zählen Wurzeln, Sprossachsen und Früchte sowie wachsende Organe wie Knospen. Der Zuckertransport wird durch die Wasseraufnahme durch Osmose angetrieben und braucht deshalb die selektiv permeablen Plasmamembranen.

Genau wie Wasser und Mineralstoffe können auch Zucker und andere organische Moleküle entweder symplastisch oder apoplastisch transportiert werden. Der in den Mesophyllzellen der Blätter gebildete Zucker muss zu den Zellen des Phloems transportiert werden (▶ Abbildung 10.7a). Der symplastische Transport kommt am häufigsten bei Pflanzen vor, die in warmen Gebieten beheimatet sind. Die Moleküle verbleiben in den Zellen. Sie gelangen durch Plasmodesmen (Kanäle zwischen den Zellen) aus den Mesophyllzellen in die Phloemzellen. Der apoplastische Transport kommt am häufigsten bei Pflanzen vor, die in gemäßigten und kalten Gebieten beheimatet sind. Die Moleküle verfolgen einen Weg um die Plasmamembran herum, wenn sie sich von den Mesophyllzellen ins Phloem bewegen. Oft speichern diese Pflanzen Zucker in den Zellwänden der Zellen in der Nähe des Phloems. Geleitzellen nehmen Zucker auf, der von dort durch Plasmodesmen in die Siebröhrenglieder gelangt. Einige Geleitzellen haben zelluläre Auswüchse und Einbuchtungen, wodurch die Oberfläche zwischen ihnen und den Siebröhrengliedern vergrößert wird. Solche modifizierten Geleitzellen werden als Transferzellen bezeichnet.

Für den apoplastischen Transport von Molekülen in die Siebröhrenglieder wird Energie benötigt, da beim Herauspumpen von H^+-Ionen aus der Zelle ATP ver-

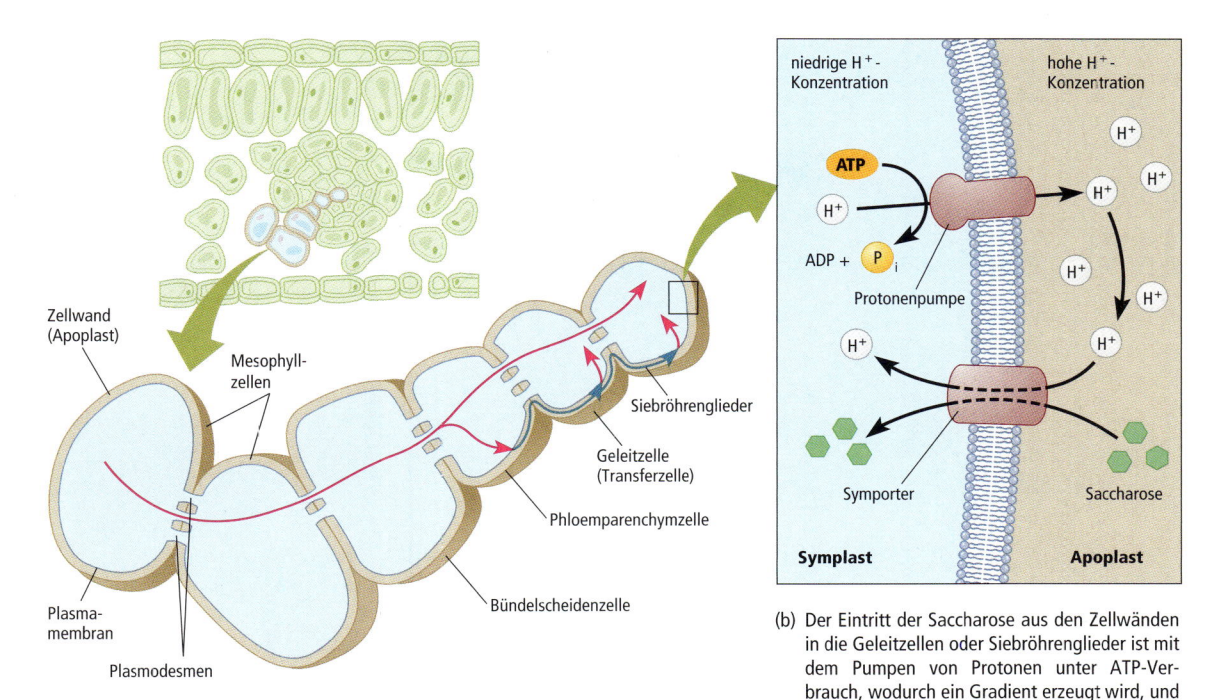

10.2 Aufnahme und Transport von Wasser und gelösten Stoffen

(a) Aus den Photosynthese betreibenden Mesophyllzellen gelangt Saccharose auf einem symplastischen Weg in die Phloemparenchymzellen. Anschließend kann der Weg zu den Geleitzellen und Siebröhrengliedern durch den Apoplasten oder den Symplasten verlaufen.

(b) Der Eintritt der Saccharose aus den Zellwänden in die Geleitzellen oder Siebröhrenglieder ist mit dem Pumpen von Protonen unter ATP-Verbrauch, wodurch ein Gradient erzeugt wird, und dem Rücktransport der Protonen in die Zelle verbunden.

Abbildung 10.7: Der Transport von Saccharose ins Phloem.

braucht wird (▶ Abbildung 10.7b). Anschließend gelangen H$^+$-Ionen und Zuckermoleküle mithilfe eines Symporters gemeinsam in die Zelle. Der Mechanismus des Phloemtransports unterscheidet sich von der durch Transpiration angetriebenen Bewegung von Wasser und Mineralstoffen im Xylem. Im Phloem kommt es durch den von den Siebröhrengliedern aufgenommenen Zucker zu einem osmotischen Druck und zur Wasseraufnahme. Der durch die Wasseraufnahme erzeugte Turgordruck bewegt Wasser und Zucker durch das Phloem so lange nach unten, bis der Zucker von den Wurzelzellen und anderen Zellen aufgenommen wurde, die Energie benötigen. Die Poren der Siebplatten an jedem Ende der Siebröhrenglieder stellen eine direkte Verbindung zwischen den Zellen her, so dass sich die Zuckerlösung leicht durch das Phloem bewegen kann. Die Ausbildung eines hohen Drucks an den Orten der Assimilation (Zuckerquelle) und sein Abbau an den Wurzeln oder anderen Verbrauchsorten (Zuckersenken) halten den Phloemsaft in Bewegung. Wenn Zucker die Zuckersenken erreicht, verlässt Wasser die Siebröhrenglieder zusammen mit den gelösten Stoffen wie Zucker. Der Mechanismus des Phloemtransports, der erstmals von Ernst Münch im Jahr 1927 vorgeschlagen wurde, wird als **Druck-Strom-Hypothese** bezeichnet (▶ Abbildung 10.8). Obwohl lebende Zellen involviert sind, ist der tatsächliche, durch Osmose getriebene Transportprozess passiv.

Blattläuse, die das Phloem anzapfen, um sich zu ernähren, haben nützliche Informationen über den Phloemtransport geliefert. Der Phloemsaft enthält zwischen 10 und 20 Prozent Zucker und zu einem kleinen Prozentsatz andere organische Moleküle, wie beispielsweise Aminosäuren. Eine typische Blattlaus nimmt Nahrung auf, indem sie ihre spitze, strohhalmartige Stechborste durch das Blatt- oder Sprossachsengewebe in das zuckerhaltige Phloem steckt. Der Turgordruck der Siebröhrenglieder drückt dann Phloemsaft durch den Darm der Blattlaus, der anschließend als Honigtautropfen am Ende des Unterleibs der Blattlaus erscheint. Wird die Blattlaus betäubt, um das Herausziehen des Stachels zu verhindern, und der übrige Teil des Körpers der Blattlaus abgetrennt, dann wird durch den Stachel einige Stunden lang reiner Phloemsaft abgesondert. Dadurch dient er Botanikern als Zapfhahn, mit dem sie den Fluss messen können (▶ Abbildung 10.9). Phloemsaft bewegt sich mit Geschwindigkeiten von bis zu 1,0 m pro Stunde. Eine solche hohe Geschwindigkeit kann weder auf die Diffusion noch auf die Cytoplasmaströmung zurückgeführt werden. Verantwortlich für die beobachte-

10 SPORTPROZESSE

1 Der Eintritt von Zucker erniedrigt das Wasserpotenzial in den Siebröhrengliedern, was zur Wasseraufnahme in die Röhre führt.

2 Der Wasserdruck bewirkt, dass der Phloemsaft durch die Siebröhrenglieder fließt.

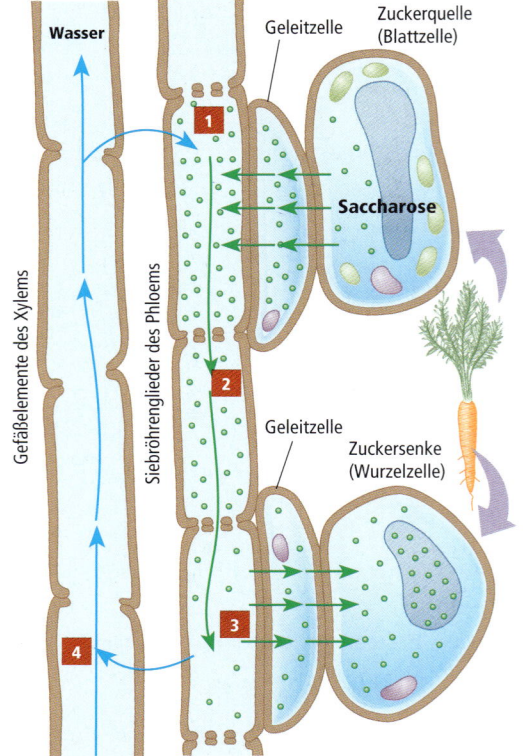

3 Wenn Zucker in der Senke entladen wird, fällt der Druck in der Siebröhre ab, so dass ein Druckgradient entsteht. Der Großteil des Wassers diffundiert dann zurück ins Xylem.

4 Im Xylem wird das Wasser von der Zuckersenke (Wurzel) zurück zur Zuckerquelle (Blatt) transportiert

Abbildung 10.8: Druck-Strom in Siebröhrengliedern. In diesem Beispiel ist die Zuckerquelle eine Blattzelle und die Zuckersenke eine Wurzelzelle.

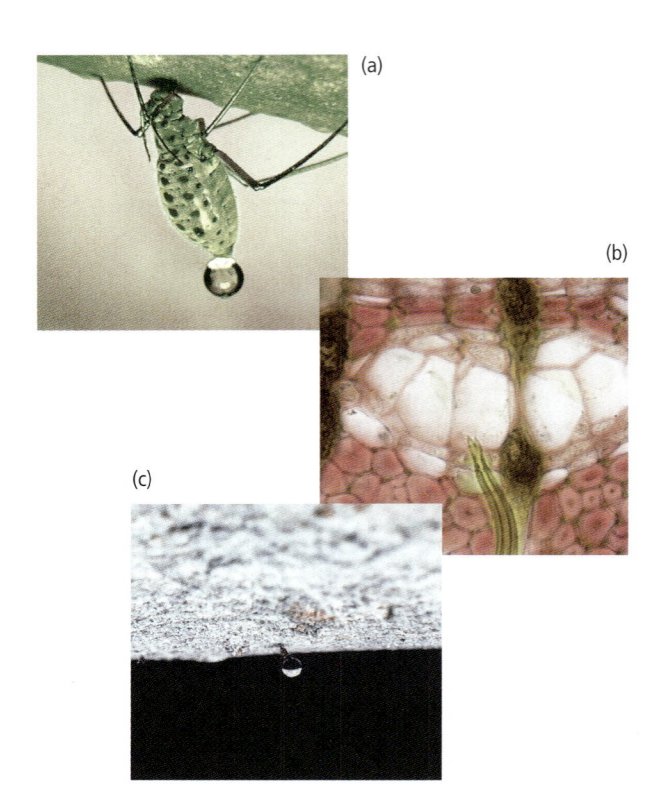

Abbildung 10.9: Der Einsatz von Blattläusen bei der Untersuchung des Flusses des Phloemsaftes. (a) Durch den Druck in der Siebröhre wird Phloemsaft in die Blattlaus gedrückt. (b) Die Blattlaus sticht ihre Stechborste direkt in ein Siebröhrenglied des Phloems. (c) Wird das Insekt entfernt, dann kann durch den Stachel Phloemsaft gesammelt werden, um den Fluss zu messen.

ten Transportraten ist indessen der Druck, der sich in den Phloemzellen der Blätter aufgrund der osmotischen Wasseraufnahme entwickelt.

WIEDERHOLUNGSFRAGEN

1 Definieren Sie Transpiration und erklären Sie, wie Wasser in die Kronen hoher Bäume gelangt.

2 Wie kontrollieren Stomata den Gasaustausch und den Wasserverlust?

3 Wie gelangt Zucker von den Blättern zu den Wurzeln?

Boden, Mineralstoffe und Pflanzenernährung 10.3

Sie wissen bereits, dass Pflanzen ihren Mineralstoffbedarf aus dem Boden decken. Die Aufnahme von Mineralionen findet gleichzeitig mit der Wasseraufnahme durch die Wurzelhaare statt, und der Transport der Lösung erfolgt durch das Xylem. In diesem Abschnitt werden Sie mehr über die Struktur des Bodens erfahren sowie darüber, wie er gelöste Moleküle und Wasser bindet.

Bodenbestandteile

Gesteine, die durch Wind und Regen verwittern und durch das zu Eis gefrorene Wasser gesprengt werden, zerbrechen zu Steinen und Kies und werden schließlich zu Boden. Bakterien, Algen, Pilze, Flechten (in Symbiose lebende Algen und Pilze), Moose und Pflanzenwurzeln sondern Säuren ab, die zur Umwandlung von Gestein in Boden beitragen. Klassifiziert man die Bodenpartikel nach der Größe, gibt es **Sand**, der Partikel mit einem Durchmesser zwischen 0,02 bis 2 mm enthält, **Schluff**, der Partikel mit einem Durchmesser zwischen 0,002 bis 0,02 mm enthält, und **Tonminerale** aus Partikeln mit Durchmessern von bis zu 0,002 mm.

Der Boden weist Schichten auf, die als **Bodenhorizonte** bezeichnet werden (▶ Abbildung 10.10). In einer vereinfachten Betrachtungsweise besteht der oberste Horizont, oder **A-Horizont**, aus dem **Oberboden**, der aus den kleinsten Bodenpartikeln besteht und das Pflanzenwachstum am besten unterstützen kann. Der Oberboden ist zwischen einigen Millimetern und etlichen Zentimetern tief und enthält im Allgemeinen Bodenpartikel aus drei Grundgrößen (Sand, Schluff und Tonminerale), zerfallendes organisches Material, das als **Humus** bezeichnet wird, und verschiedene Organismen, wie beispielsweise Bakterien, Pilze, Fadenwürmer und Regenwürmer. Ein idealer Gartenoberboden ist Lehm, der aus ungefähr gleichen Mengen von Sand, Schluff und Tonmineralen besteht. Lehm ist zum Pflanzen am geeignetsten, weil die Bodenpartikel so klein sind, dass junge Wurzeln gut zwischen ihnen wachsen können, und weil sie ausreichend Oberfläche besitzen, an die ausreichend viel Wasser und Mineralstoffe für das Pflanzenwachstum binden können. Pflanzenwurzeln können Sand leicht durchdringen, doch sind die Partikel groß und die Gesamtoberfläche eines sandigen Bodens ist für die meisten Pflanzen nicht ausreichend, um ihr Wachstum zu unterstützen. Der zweite Horizont, der **B-Horizont**, enthält größere und weniger verwitterte Sandpartikel und Steine sowie weniger organisches Material. Der unterste Horizont, der **C-Horizont**, ist ziemlich steinig und liefert Rohmaterial für den Boden, der in den oberen Horizonten gebildet wird. Grundwasser in unterirdischen Schichten, die als **Grundwasserleiter** oder **Aquifer** bezeichnet werden, tritt an verschiedenen Stellen im oder unter dem C-Horizont auf. Brunnen zapfen das Grundwasser an, das durch den Regen aufgefüllt wird, der durch die Bodenschichten sickert. Unter dem C-Horizont befindet sich Fels, die Erdkruste oder **Muttergestein**, das sich bis zu 40 Kilometer tief erstrecken kann.

Die für Pflanzen essenziellen Bestandteile des Bodens

Mitte des 19. Jahrhunderts stellten Wissenschaftler fest, dass Pflanzen vom Boden abhängen, weil er sie mit Wasser und Mineralstoffen versorgt. Diese Schlussfolgerung wurde von Experimenten gestützt, bei denen Pflanzen in einem Labor mit Lösungen aus Wasser und Mineralstoffen versorgt wurden. Außerdem wurde die These durch die Entdeckung der **Hydrokultur** (von griechisch *hydro*, „Wasser"), also des bodenlosen Gartenbaus, gestützt. Bei der Hydrokultur werden die mineralischen Nährstoffe, die normalerweise aus dem Boden stammen, in einer wässrigen Lösung gemischt, die zum Gießen der Pflanzen benutzt wird. Die erste Hydrokulturlösung – aus KNO_3, $Ca(NO_3)_2$, KH_2PO_4, $MgSO_4$ und $FeSO_4$ – unterstützte das Wachstum vieler Pflanzenarten in Hydrokultur oder in Sand. Es schien, als wäre die

A-Horizont (Oberboden): etwa 0–0,5 m tief

B-Horizont (Unterboden): erstreckt sich 1–2 m unter dem Oberboden

C-Horizont (Bodenuntergrund): erstreckt sich etwa 10–50 m unter dem Unterboden

Grundwasserspiegel

Grundwasser im Aquifer

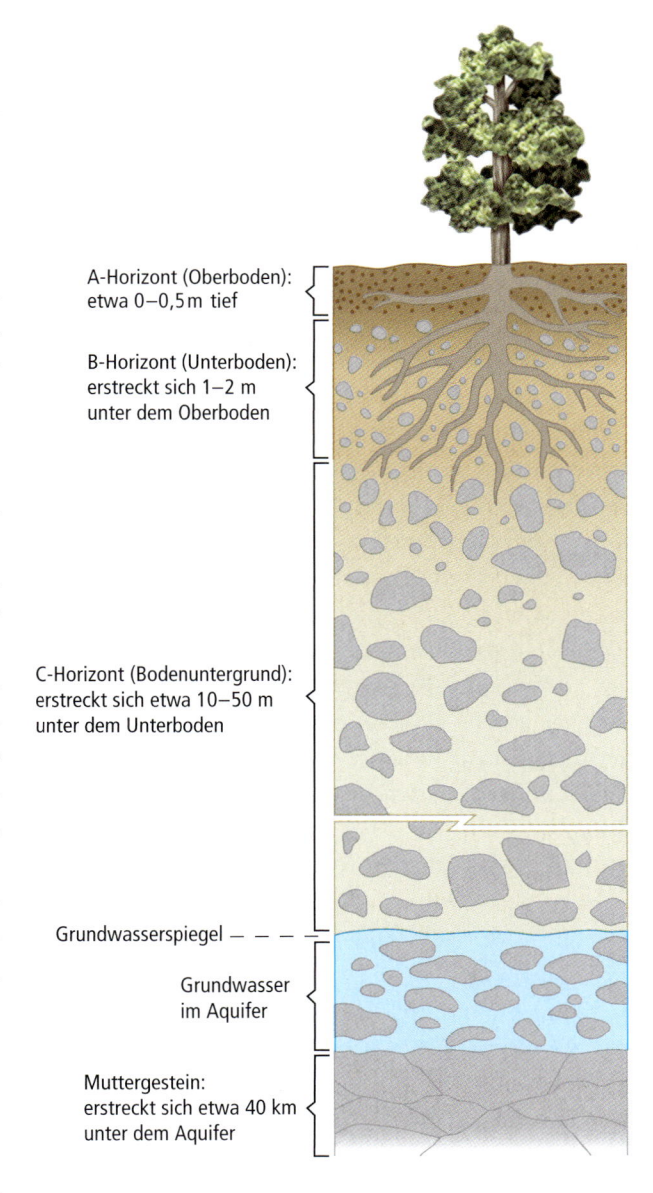

Muttergestein: erstreckt sich etwa 40 km unter dem Aquifer

Abbildung 10.10: Bodenhorizonte. Dieses vereinfachte Bodenprofil zeigt die A-, B- und C-Horizonte. Im Allgemeinen wird der Boden mit zunehmender Tiefe steiniger.

mineralische Ernährung von Pflanzen vollkommen erforscht (siehe den Kasten *Pflanzen und Menschen* auf Seite 258). Im 20. Jahrhundert konnten jedoch Pflanzen nicht mehr verlässlich durch diese Lösung ernährt werden. Hatten sich die Gesetze der Pflanzenernährung geändert? Es stellte sich heraus, dass Chemieunternehmen begonnen hatten, Chemikalien mit größerer Reinheit herzustellen, wodurch nun viele Verunreinigungen fehlten, die in Wirklichkeit für das Pflanzenwachstum essenziell waren.

Pflanzen enthalten mindestens 60 verschiedene chemische Elemente, aber nur 17 davon werden gegenwärtig als essenziell erachtet. Diese sind in Makronährelemente und Mikronährelemente (Spurenelemente) unterteilt (▶ Tabelle 10.1). **Makronährelemente** werden in großen Mengen für die Bildung des Pflanzenkörpers und zur Ausführung essenzieller physiologischer Prozesse gebraucht. Die Luft liefert Sauerstoff und Kohlenstoff, während die anderen Makronährelemente aus dem Boden stammen. **Spurenelemente** sind in der Regel notwendige Cofaktoren für Enzyme und werden deshalb nicht verbraucht, sondern können wiederverwendet werden. Pflanzen entwickeln charakteristische Mangelerscheinungen, wenn sie mit einem oder mehreren Nährstoffen nicht ausreichend versorgt sind. Einige Mineralstoffe werden von Pflanzen möglicherweise in so geringen Konzentrationen gebraucht, dass ausreichende Mengen durch den Staub geliefert werden. Mangelerscheinungen wären in diesen Fällen nur äußerst schwer nachzuweisen. Pflanzen, die unzureichend mit mineralischen Nährstoffen versorgt sind, geben diesen Mangel natürlich an Pflanzen fressende Tiere weiter. Menschen und andere Tiere brauchen aber etliche Mineralstoffe (Selen, Chrom und Fluorid), die man üblicherweise in Pflanzen findet, die von ihnen aber typischerweise nicht gebraucht werden.

Wenn in einem Boden in einer Gegend nicht ausreichende Mengen eines Spurenelements vorhanden sind, dann können Pflanzen und Tiere Mangelerscheinungen entwickeln. Die Vereinten Nationen schätzen, dass mehr als 40 Prozent der Weltbevölkerung im Hinblick auf Spurenelemente unter einer Mangelernährung leidet. Beispielsweise fehlt den Böden in China üblicherweise ausreichend Selen. Allgemeine Anzeichen für einen derartigen Mangel beim Menschen sind Herz- und Knochendefekte. Eine Bodenstudie hat gezeigt, dass in Regionen mit niedrigem Selengehalt im Boden drei Mal so viele Menschen an Krebs starben als in Regionen mit hohem Selengehalt im Boden. Studien, bei denen Menschen Selenpräparate erhielten, offenbarten einen drastischen Rückgang in der Häufigkeit vieler Krebsarten.

Die Landwirtschaft entzieht dem Boden Nährstoffe und verringert die Bodenfruchtbarkeit. Die Nährstoffentleerung ist besonders dort ein Problem, wo es landwirtschaftliche Nutzung seit Tausenden von Jahren gibt. Die Bodenprüfung kann die Bodenfruchtbarkeit in Bezug auf spezielle Nährstoffe bestimmen. Das Ausbringen des geeigneten Düngers auf den Boden kann spezifische Probleme beseitigen.

Bodenpartikel

Etwa 93 Prozent der Erdkruste bestehen aus **Silikaten** (SiO_4^{4-}). Deshalb weisen Bodenpartikel negative Ladungen an ihren Außenschichten auf. Als polare Moleküle haben Wassermoleküle eine positiv und eine negativ geladene Seite, so dass sich Ringe aus Wasser um jeden Bodenpartikel bilden. Im Wasser sind einige Mineralionen als Kationen (positiv geladene Ionen) und andere als Anionen (negativ geladene Ionen) gelöst. Die erste Hülle aus Wassermolekülen, die ein Bodenpartikel umgibt, enthält Kationen, die nächste Anionen usw. Einige Kationen sind im Wasser gelöst, während andere direkt an Bodenpartikel binden.

Wasser, gelöste Mineralionen und gelöstes O_2 – insgesamt als **Bodenlösung** bezeichnet – machen rund 50 Prozent des Bodenvolumens aus und liefern Pflanzen eine Quelle dieser Nährstoffe (▶ Abbildung 10.11a). Die Kraft, mit welcher der Boden Wassermoleküle bindet, wird als **Matrixpotenzial** bezeichnet. Es hat einen negativen Wert. Stellen Sie sich den gesamten Boden so vor, als würde er aus einer Matrix mit Partikeln unterschiedlicher Größen bestehen, die durch Wasser und Luft voneinader getrennt sind. Damit ein Wurzelhaar Wasser absorbiert, muss sein Wasserpotenzial einen negativen Wert haben, der betragsmäßig größer ist als der des Matrixpotenzials des Bodens.

Ionen binden an die Bodenpartikel in einer bevorzugten Reihenfolge, die von der relativen Stärke ihrer positiven oder negativen Ladungen abhängt. Kationen binden beispielsweise nach drei Regeln an Bodenpartikel: Kationen mit stärker positiven Ladungen binden zuerst, kleinere Ionen binden vor größeren Ionen und Ionen in höherer Konzentration binden vor Ionen in niedrigerer Konzentration. Nach den ersten beiden Regeln binden Ca^{2+}-Ionen vor Na^+-Ionen. Hochkonzentrierte Na^+-

Tabelle 10.1

Essenzielle Nährstoffe für die meisten Gefäßpflanzen

Element	Chemisches Symbol	Für Pflanzen verfügbare Form	Bedeutung für Pflanzen
Makronährelemente			
Kohlenstoff	C	CO_2	Hauptelement in organischen Verbindungen
Sauerstoff	O	CO_2	Hauptelement in organischen Verbindungen
Wasserstoff	H	H_2O	Hauptelement in organischen Verbindungen
Stickstoff	N	NO_3^-, NH_4^+	Bestandteile von Nucleotiden, Nucleinsäuren, Aminosäuren, Proteinen, Coenzymen, Phytohormonen und Alkaloiden
Schwefel	S	SO_4^{2-}	Bestandteile von Proteinen, Coenzymen und Aminosäuren
Phosphor	P	$H_2PO_4^-$, HPO_4^{2-}	Bestandteile von ATP und ADP, einigen Coenzymen, Nucleinsäuren und Phospholipiden
Kalium	K	K^+	wichtig für Turgor, Schließzellbewegung und Proteinsynthese
Kalzium	Ca	Ca^{2+}	essenziell für die Stabilität der Zellwände, beim Erhalt der Membranstruktur und der Permeabilität, Wirkung als Enzymcofaktor und bei der Signaltransduktion
Spurenelemente			
Chlor	Cl	Cl^-	essenziell bei der Wasserspaltung während der Photosynthese, wo Sauerstoff gebildet wird, und als Gegenion für K^+ beim Turgor
Eisen	Fe	Fe^{3+}, Fe^{2+}	Aktivator einiger Enzyme, Zentralatom des Cytochroms
Bor	B	$H_2BO_3^-$	zur Chlorophyllsynthese erforderlich; könnte an der Synthese der Nucleinsäuren beteiligt sein, Kohlenhydrattransport und Membranintegrität
Mangan	Mn	Mn^{2+}	Aktivator einiger Enzyme, bei der Bildung von Aminosäuren aktiv, erforderlich für die Spaltung von Wasser bei der Photosynthese, an der Aufrechterhaltung der Integrität der Chloroplastenmembran beteiligt
Zink	Zn	Zn^{2+}	Aktivator einiger Enzyme, an der Bildung von Chlorophyll beteiligt
Kupfer	Cu	Cu^{2+}, Cu^+	Aktivator einiger Enzyme, die an der Redox-Reaktionen beteiligt sind, Komponente Lignin synthetisierender Enzyme
Molybdän	Mo	MoO_4^{2-}	an der Stickstofffixierung durch Bakterien und der Nitratreduktion beteiligt
Nickel	Ni	Ni^{2+}	Cofaktor eines Enzyms, das im Stickstoffstoffwechsel wirkt

TRANSPORTPROZESSE

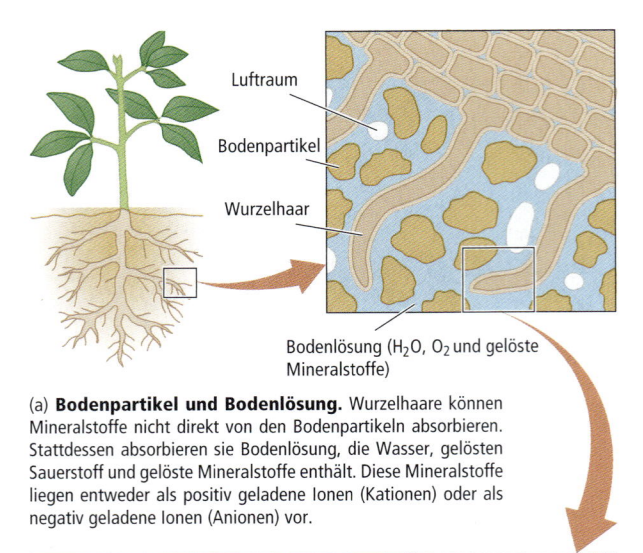

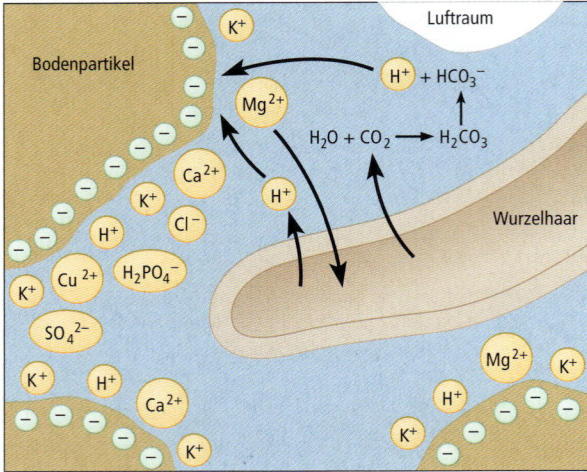

(a) **Bodenpartikel und Bodenlösung.** Wurzelhaare können Mineralstoffe nicht direkt von den Bodenpartikeln absorbieren. Stattdessen absorbieren sie Bodenlösung, die Wasser, gelösten Sauerstoff und gelöste Mineralstoffe enthält. Diese Mineralstoffe liegen entweder als positiv geladene Ionen (Kationen) oder als negativ geladene Ionen (Anionen) vor.

(b) **Kationenaustausch.** Da Kationen positiv geladen sind, binden sie stark an die negativ geladenen Bodenpartikel. Sie können jedoch durch Protonen ersetzt werden. Die Kationen sind dann zur Absorption zugänglich. Das Diagramm zeigt ein Magnesiumion (Mg^{2+}), das durch zwei H^+-Ionen verdrängt wurde. Wurzelhaare liefern die H^+-Ionen direkt, indem sie CO_2 bilden, das eine chemische Reaktion bewirkt, bei der H^+-Ionen gebildet werden. Negativ geladene Ionen binden gewöhnlich nicht so stark an die Bodenpartikel und werden deshalb schneller absorbiert, aber auch leichter aus dem Boden ausgewaschen.

Abbildung 10.11: Absorption von Mineralstoffen durch Wurzelhaare.

Ionen binden dagegen nach der dritten Regel vor Ca^{2+}-Ionen in niedriger Konzentration.

Diese Regeln werden für Pflanzen wichtig, wenn es in der Bodenlösung giftige Ionen gibt. In Gebieten mit salzigem Boden ist die Konzentration von Natriumionen (Na^+) beispielsweise hoch und Na^+ verdrängt Ionen, welche die Pflanze von den Bodenpartikeln braucht. Die Natriumionen verbleiben im Boden, während die nützlichen Ionen im Grundwasser landen, wo sie für Pflanzen unerreichbar sind. Aus diesem Grund ist ein salziger Boden ein nährstoffarmer Boden. Große Gebiete im Südwesten der Vereinigten Staaten, die vor Millionen von Jahren ein Ozean überdeckte, leiden unter diesem Problem.

Die Reihenfolge, in der Ionen an Bodenpartikel binden, spielt auch bei sauren Böden eine wichtige Rolle, die es in Gebieten mit starken Regenfällen gibt. Im Regen löst sich CO_2 im Wasser, und es bilden sich unter der folgenden Reaktion H^+-Ionen: $CO_2 + H_2O \rightarrow H_2CO_3$ (Kohlensäure) $\rightarrow H^+ + HCO_3^-$ (Bicarbonat). Protonen binden stark an die Bodenpartikel, wobei andere Kationen verdrängt werden, die für Pflanzen wichtig sind. Außerdem bringen saure Böden zuvor unlösliche, hochgiftige Aluminiumionen in die Bodenlösung. Ein saurer Boden ist deshalb nährstoffarm und enthält oft giftiges Aluminium.

Das Verdrängen der mineralischen Kationen durch H^+-Ionen spielt bei der normalen Mineralstoffaufnahme von Wurzeln eine Rolle (▶ Abbildung 10.11b). Sowohl Wassermoleküle als auch Mineralionen binden direkt an die Bodenpartikel. Da sich Anionen nicht in der ersten Bindungsschicht befinden, die direkt an die Bodenpartikel angrenzt, werden sie leichter aus dem Boden ausgewaschen und gehen den Pflanzen an das Grundwasser „verloren". Dieser Prozess wird als Auswaschung bezeichnet. Wenn Wurzeln den Boden durchdringen, setzen sie CO_2 frei, das bei der Zellatmung gebildet wurde. Dieses CO_2 reagiert mit Wasser zu Bicarbonat und H^+-Ionen. Wurzeln können auch direkt H^+-Ionen absondern. Das CO_2 löst sich, wodurch H^+-Ionen gebildet werden, welche die im Boden gebundenen mineralischen Kationen ersetzen. Dieser Prozess wird als **Kationenaustausch** bezeichnet. Auf diese Weise werden die Mineralstoffe aus dem Boden freigesetzt und sind in der Bodenlösung verfügbar, aus der sie die Wurzeln aufnehmen.

Stickstoff fixierende Bakterien

In Kapitel 4 haben Sie etwas über Mykorrhizen erfahren. Das sind die symbiotischen Beziehungen zwischen Pflanzenwurzeln und Bodenpilzen, welche die Absorption durch Pflanzen und den Anteil von Mineralstoffen im Boden erhöhen. Einige Pflanzen gehen auch symbiotische Verbindungen mit Bakterien ein. Pflanzen benötigen Stickstoff, aber sie können kein Stickstoffgas (N_2) aus der Luft verwerten. Sie müssen es aus Stickstoffkomponenten im Boden absorbieren. Das geschieht in erster Linie in Form von Nitrat (NO_3^-), aber auch in Form von Ammonium (NH_4^+). Bestimmte Bo-

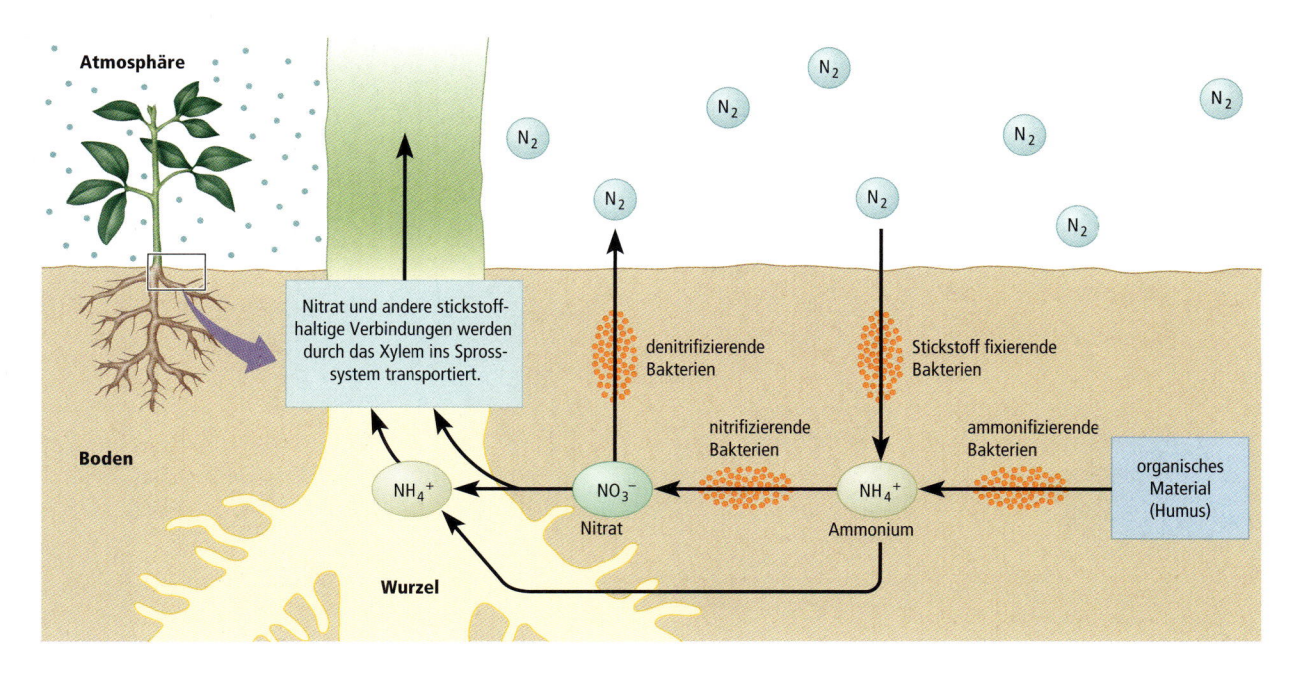

Abbildung 10.12: Bodenbakterien regulieren den für Pflanzen im Boden verfügbaren Stickstoff. Pflanzen können entweder Nitrat oder Ammonium aus dem Boden absorbieren. Der meiste Stickstoff ist im Boden als Nitrat gebunden. Dies liegt an der Anwesenheit nitrifizierender Bakterien, die Ammonium aus zerfallenden organischen Stoffen und aus Stickstoff fixierenden Bakterien in Nitrat umwandeln.

denbakterien führen **Stickstofffixierung** aus – die Umwandlung von Stickstoffgas in Nitrat oder Ammonium (▶ Abbildung 10.12). In einigen Böden wandeln nitrifizierende Bakterien Ammonium zuerst in Nitrit (NO_2^-) und anschließend in Nitrat um. Neben den Stickstoff fixierenden Bakterien gibt es ammonifizierende Bakterien, die Ammonium freisetzen, indem sie organische Materialien, als Humus bezeichnet, zersetzen, und denitrifizierende Bakterien, die Nitrat wieder in N_2 umwandeln.

Stickstoff fixierende Bakterien wandeln zuerst Stickstoffgas mithilfe des Enzyms Nitrogenase in Ammoniak (NH_3) um. Ammoniak nimmt dann ein H^+-Ion aus der Bodenlösung auf, wodurch Ammonium (NH_4^+) entsteht. Einige Stickstoff fixierende Bakterien leben autonom, die meisten gehen aber symbiotische Beziehungen mit bestimmten Pflanzen ein, insbesondere mit Hülsenfrüchtlern wie beispielsweise Luzernen, Erbsen, Bohnen und Klee. Außer diesen Hülsenfrüchtlern gehen auch Erlen und eine Gattung der Wasserfarne (*Azolla*) ähnliche Beziehungen ein. Pflanzen, die Verbindungen zu Stickstoff fixierenden Bakterien unterhalten, nehmen weniger Stickstoff aus dem Boden auf als andere Pflanzen. Tatsächlich geben sie sogar Stickstoff an den Boden zurück. Also wechseln Bauern beim Anbau Hülsenfrüchtler mit anderen Getreiden ab, um den Boden mit Stickstoffverbindungen anzureichern. Während einer einzigen Wachstumsperiode kann eine angebaute Hülsenfrucht 300 kg Dünger pro Hektar in den Boden bringen. Die Bakterien, die zu jedem Hülsenfrüchtler gehören, liefern zwischen 1 und 3 Gramm fixierten Stickstoff. Die Pflanzen werden dann wieder in den Boden untergepflügt, wo sie durch den gewöhnlichen Zerfall zusätzlichen Stickstoff freisetzen. Wasserfarne, die in Reisfeldern schwimmen, liefern den Reispflanzen Stickstoff, wenn sie schließlich durch Beschattung durch die Reispflanzen und Wassermangel im Feld absterben.

Die Stickstofffixierung durch Bakterien ist ein äußerst komplexer Prozess. Bei Hülsenfrüchtlern gelangen Bakterien der Gattung *Rhizobium* (Knöllchenbakterien) durch ein modifiziertes Wurzelhaar, den Infektionskanal, in die Wurzeln. Als Reaktion auf die Anwesenheit von Bakterien im Infektionskanal bilden die Pflanzen ein Flavonoid (siehe Kapitel 7), das als chemisches Signal eine Reihe von Reaktionen auslöst, die ihrerseits dazu führen, dass die Pflanze **Wurzelknöllchen** ausbildet, in denen später die Bakterien leben (▶ Abbildung 10.13). Befinden sich die Bakterien erst einmal in den Knöllchen, dann verwandeln sie sich in eine vergrößerte Form, in *Bakteroide*, die in den Vesikeln innerhalb der Wurzelzellen leben.

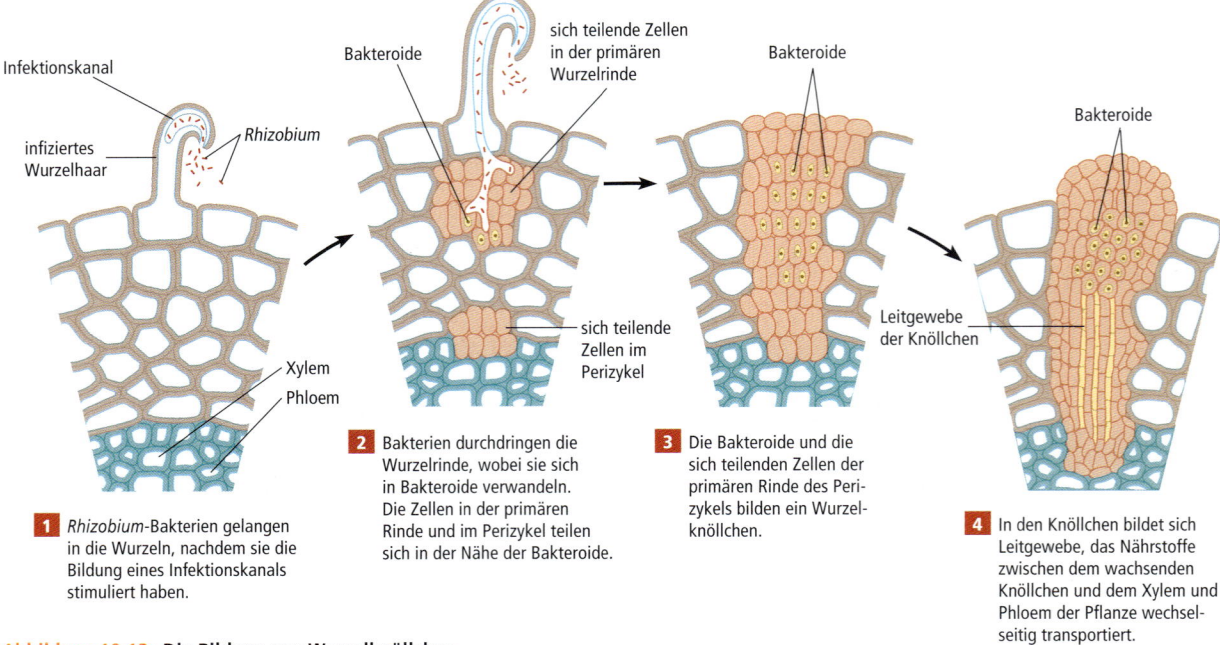

Abbildung 10.13: Die Bildung von Wurzelknöllchen.

1. *Rhizobium*-Bakterien gelangen in die Wurzeln, nachdem sie die Bildung eines Infektionskanals stimuliert haben.

2. Bakterien durchdringen die Wurzelrinde, wobei sie sich in Bakteroide verwandeln. Die Zellen in der primären Rinde und im Perizykel teilen sich in der Nähe der Bakteroide.

3. Die Bakteroide und die sich teilenden Zellen der primären Rinde des Perizykels bilden ein Wurzelknöllchen.

4. In den Knöllchen bildet sich Leitgewebe, das Nährstoffe zwischen dem wachsenden Knöllchen und dem Xylem und Phloem der Pflanze wechselseitig transportiert.

Stickstoff kann auch kommerziell fixiert werden (Haber-Bosch-Verfahren). Doch der Prozess ist energieaufwändig und kostspielig. Dennoch benutzen Bauern oft kommerziell hergestellten Stickstoffdünger, weil er es überflüssig macht, Getreide im Wechsel mit Hülsenfrüchtlern anzubauen, und er leicht mit anderen Düngern ausgebracht werden kann. In Entwicklungsländern, wo künstlicher Dünger häufig unerschwinglich teuer ist, bauen Bauern mitunter Hülsenfrüchte Seite an Seite mit einem Getreide an, das keinen Stickstoff fixiert. Nachdem Letzteres abgeerntet wurde, werden die angebauten Hülsenfrüchtler untergepflügt, so dass sie durch den Zerfallsprozess weiteren Stickstoff liefern. Bei Hülsenfrüchtlern wie Erbsen und Bohnen kann die Pflanze abgeerntet werden, bevor der restliche Teil der Pflanze in den Boden zurückgeführt wird (Gründüngung).

Da kommerziell produzierter Stickstoffdünger teuer ist, haben Wissenschaftler lange davon geträumt, die Fähigkeit, symbiotische Verbindungen mit Stickstoff fixierenden Bakterien einzugehen, auf alle Kulturpflanzen zu übertragen. Obwohl primär ein Enzym, die Nitrogenase, die Fixierung ausführt, sind am bakteriellen Kolonialisierungsprozess zahlreiche Gene und komplexe Signalmechanismen zwischen der Wirtspflanze und den Bakterien beteiligt. Jede Hülsenfruchtart geht eine Verbindung mit einer spezifischen Bakterienart ein, und die Signalmoleküle variieren bei jeder Beziehung. Zur Übertragung des Stickstoff fixierenden Prozesses auf eine neue Pflanze müsste also eine Vielzahl von Genen eingeführt werden, und man müsste insgesamt mehr über jede der symbiotischen Wechselbeziehungen wissen.

WIEDERHOLUNGSFRAGEN

1. Beschreiben Sie die drei Bodenhorizonte.
2. Beschreiben Sie die Wechselwirkung zwischen Boden, Wasser und mineralischen Ionen.
3. Worin besteht der Unterschied zwischen Makronährelementen und Spurenelementen?
4. Wie liefern Bakterien den Pflanzen Stickstoff?

ZUSAMMENFASSUNG

10.1 Molekulare Bewegung durch Membranen

Diffusion

Gelöste Moleküle bewegen sich spontan aus einem Bereich höherer Stoffkonzentration in einen Bereich niedrigerer Stoffkonzentration.

Erleichterte Diffusion und aktiver Transport

Bei der erleichterten Diffusion binden Proteine gelöste Stoffe und transportieren sie durch Membranen aus einem Bereich höherer Stoffkonzentration in einen Bereich niedrigerer Stoffkonzentration. Beim aktiven Transport bewegen sich gelöste Stoffe mithilfe der von der Zelle gelieferten Energie entgegen einem Konzentrationsgradienten.

Exocytose und Endocytose

Moleküle verlassen die Zelle durch Exocytose und gelangen durch Endocytose in sie hinein. Bei der Exocytose werden Moleküle in membrangebundene Vesikel verpackt, die mit der Plasmamembran verschmelzen. Bei der Endocytose bildet die Plasmamembran Pakete um Moleküle, die zu Vesikeln werden.

Osmose

Bei der Osmose bewegt sich Wasser aus einem Bereich niedrigerer Stoffkonzentration (höherer Wasserkonzentration) in einen Bereich höherer Stoffkonzentration (niedrigerer Wasserkonzentration). Osmose kann mit oder ohne Transportproteine erfolgen, die als Aquaporine bezeichnet werden.

Die Rolle des osmotischen Potenzials beim Zellwachstum

Zellen wachsen, wenn ihr Wasserpotenzial negativ ist. Das Wasserpotenzial ist die Summe aus osmotischem Potenzial und Druckpotenzial. Das osmotische Potenzial wird durch die Stoffkonzentration in der Zelle erzeugt. Das Druckpotenzial zeigt sich im Widerstand der Zellwand gegenüber der Ausdehnung des Protoplasten.

10.2 Bewegung und Aufnahme von Wasser und gelösten Stoffen bei Pflanzen

Wasseraufnahme und Transport durch Transpiration

Die Transpiration durch Stomata übt auf die Wassersäulen im Xylem einen Sog aus. Die Kohäsion der Wassermoleküle untereinander und die Adhäsion gegenüber den Zellwänden hilft dabei, das Wasser in den Tracheiden und Gefäßelementen zu stützen. Die Transpiration wird durch das Öffnen und Schließen der Stomata in Abhängigkeit vom Licht, der CO_2-Konzentration und der Abscisinsäure reguliert.

Gasaustausch und Wasserverlust durch die Stomata

90 Prozent des Wasserverlusts einer Pflanze wird durch die Stomata bewirkt, die sich als Reaktion auf verringerte CO_2-Konzentrationen oder blaues Licht öffnen oder aufgrund der Anhäufung von Abscisinsäure schließen.

Assimilattransport im Phloem

Nach der Druck-Strom-Hypothese drückt der osmotische Druck, der durch die Zuckerbildung an den Orten der Photosynthese entsteht, eine Zuckerlösung von ihrer Quelle in den Blättern zu den Senken in den Sprossachsen, Wurzeln und Früchten.

10.3 Boden, Mineralstoffe und Pflanzenernährung

Bodenbestandteile

Der Boden lässt sich in Schichten unterteilen, die als Horizonte bezeichnet werden. Er besteht aus einer Mischung aus Sand, Schluff und Tonmineralen mit organischem Material.

Die für Pflanzen essenziellen Bestandteile des Bodens

Pflanzen benötigen neun Makronährelemente und mindestens acht Spurenelemente. Ein Mineralstoffmangel im Boden wird durch die Nahrungskette an Organismen, die keine Photosynthese betreiben, weitergegeben.

Bodenpartikel
Die Bodenlösung besteht aus Wasser und gelösten Mineralstoffen, die an die negativ geladenen Bodenpartikel durch ein Matrixpotenzial gebunden sind. Kationen binden an Bodenpartikel in Abhängigkeit von relativer Ladung und Konzentrationen.

Stickstoff fixierende Bakterien
Pflanzen absorbieren Stickstoff als Nitrat oder Ammonium aus dem Boden. Nitrifizierende Bakterien wandeln Ammonium aus organischem Material wieder in Nitrat um. Stickstoff fixierende Bakterien können Luftstickstoff in Ammonium überführen und dadurch den Pflanzen zuführen.

ZUSAMMENFASSUNG

Verständnisfragen

1. Worin unterscheiden sich symplastischer und apoplastischer Transport?
2. Erklären Sie den Unterschied zwischen Diffusion, erleichterter Diffusion und aktivem Transport.
3. Benennen Sie Zellprozesse, die von der Exocytose Gebrauch machen.
4. Eine semipermeable Membran trennt eine Lösung und reines Wasser. In welche Richtung fließt das Wasser? Warum?
5. Warum kann man eine Pflanzenzelle mit einem Wasserballon in einer Pappschachtel vergleichen?
6. Wie wirkt sich das Wasserpotenzial auf den Fluss des Wassers in einer Pflanze aus?
7. Beschreiben Sie die Plasmolyse und wie sie abläuft.
8. Was hat die Transpiration mit dem Wassertransport zu tun?
9. Warum erleichtern die Eigenschaften des Wassers den Transport in Pflanzen?
10. Warum befinden sich Pumpen am Boden von Wasserbrunnen?
11. Erklären Sie, wie die Stomata funktionieren und warum sie wichtig sind.
12. Wie entstehen durch Regen saure Böden?
13. Geben Sie drei Beispiele für Makronährelemente und drei Beispiele für Spurenelemente an sowie ihre jeweilige Bedeutung.
14. Welche Form des Stickstoffs kann von Bakterien, nicht aber von Pflanzen genutzt werden?
15. Wie kommt es durch die landwirtschaftliche Nutzung zu stickstoffarmen Böden?
16. Was bedeutet Gründüngung?

Diskussionsfragen

1. Während Trockenzeiten wurden lebende Bäume, die Wasserläufe säumen, oft gefällt, um Wasser zu sparen. Hört sich diese Idee vernünftig an? Erklären Sie Ihre Ansicht.

2. Wenn die relative Luftfeuchte 100 Prozent erreicht, nimmt die Transpiration ab. Führt das zu einer verschlechterten Nährsalzversorgung der Pflanzen? Erklären Sie Ihre Ansicht.

3. Beschreiben Sie einige kreative Möglichkeiten, die Bodenfruchtbarkeit auf landwirtschaftlichen Anbauflächen zu erhalten.

4. Die Anwesenheit von Zellwänden in Pflanzen wird von manchen Wissenschaftlern als Hinweis darauf angesehen, dass sich Pflanzen in Süßwasser und nicht aus im Ozean lebenden Algen entwickelten. Warum sind gerade Zellwände für Pflanzenzellen nützlich, die von Süßwasser umgeben sind?

5. Warum nehmen Pflanzen, die Photosynthese betreiben, Wasser auf?

6. Skizzieren Sie den Weg, den ein einzelnes zufällig ausgewähltes Wassermolekül genommen hat, das aus dem Boden zu einem Blatt eines hohen Baumes transportiert wurde, und skizzieren Sie, wie es dann vom Blatt zu den Wurzeln derselben Pflanze zurückkehrt. Zeichnen Sie in Ihre Skizze auch die Schlüsselzellen und Schlüsselgewebe, durch die dieser Transport stattfindet.

Zur Evolution

Wie Sie in diesem Kapitel gelesen haben, hoffen die Agrarwissenschaftler, eines Tages die Fähigkeit, Stickstoff zu fixieren, von bestimmten Mikroorganismen auf Kulturpflanzen übertragen zu können. Warum hat sich diese Fähigkeit Ihrer Ansicht nach scheinbar niemals natürlicherweise in Pflanzen entwickelt? Begründen Sie Ihre Einschätzung.

Weiterführendes

Weitere Informationen zu diesem Buchkapitel finden Sie auf der Companion Website unter http://www.pearson-studium.de.

Brady, Nyle und Ray Weil. The Nature and Properties of Soils. Upper Saddle River, NJ: Prentice Hall, 2001. *Es werden die physikalischen, chemischen und biologischen Eigenschaften des Bodens untersucht.*

Glecik, Peter H. The World's Water 2004–2005: The Biennial Report on Freshwater Resources. Washington, D.C.: Island Press, 2004. *Eine interessanter Überblick über alle Aspekte der Verfügbarkeit von Wasser, den Kampf darum und über dessen Reinigung.*

Lösch, Rainer. Wasserhaushalt der Pflanzen. Quelle & Meyer Verlag, 2003. *Hier sind alle Aspekte dieses Themas in erstaunlicher Tiefe und dennoch gut verständlich abgehandelt.*

Marschner, Horst. Mineral Nutrition of Plants. Academic Press Ltd. *Eine Vielzahl von Experimenten und Informationen zur Pflanzenernährung wurde hier in einmaliger Weise zusammengestellt.*

Postel, Sandra. Can the Irrigation Miracle Last? New York: W. W. Norton, 1999. *Die Autorin diskutiert die Rolle der Bewässerung in der Geschichte der Menschheit; den gegenwärtigen Zustand unzureichender Ressourcen und wie die Zukunft der bewässerten Landwirtschaft verbessert werden kann.*

Taiz, Lincoln und Eduardo Zeiger. Physiologie der Pflanzen. Spektrum Akademischer Verlag, 2007. *Dieses exzellente Lehrbuch untersucht alle Gebiete der Pflanzenphysiologie, einschließlich der Ernährung mit Mineralstoffen und dem Wasserhaushalt von Zellen und ganzen Pflanzen.*

Interne und externe Reize

11.1	Die Wirkung von Phytohormonen	279
11.2	Reaktionen auf Licht	288
11.3	Reaktionen auf andere Umgebungsreize	294
	Zusammenfassung	300
	Verständnisfragen	302
	Diskussionsfragen	302
	Zur Evolution	303
	Weiterführendes	303

11

ÜBERBLICK

11 INTERNE UND EXTERNE REIZE

🙶 In Kapitel 1 haben Sie gelernt, dass Charles Darwin und sein Sohn Francis die Hinwendung von Pflanzen zum Licht mit dem Ziel untersuchten, das „Auge" von Pflanzen zu entdecken. Natürlich haben Pflanzen kein Auge, aber sie wachsen tatsächlich zum Licht hin, und mitunter folgen sie der Bewegung der Sonne am Himmel. Die Reaktionen auf interne und externe Reize helfen Pflanzen, in einer sich ständig verändernden, mitunter lebensfeindlichen Umgebung zu überleben und zu gedeihen. Als Organismen ohne Nervensystem – und buchstäblich im Boden angewurzelt – verfügen Pflanzen über eine beachtliche Vielfalt von Entwicklungsreaktionen. Durch Transport von Phytohormonen kann ein Teil der Pflanze mit einem anderen „kommunizieren". Wenn beispielsweise das Sprossapikalmeristem beschädigt wird oder verloren geht, stimulieren Phytohormone das Austreiben der ruhenden Achselknospen.

Außerdem spüren Pflanzen die äußere Umgebung. Einige Samen sind beispielsweise so programmiert, dass sie nur dann keimen, wenn die Lichtverhältnisse denen ähneln, die von der Mutterpflanze bevorzugt werden. Bei anderen Pflanzen werden die Blüten durch die Stoffwechselenergie erwärmt, wodurch der sie umgebende Schnee schmilzt. Noch andere Pflanzen streuen nur dann ihre Samen aus, wenn sie von Feuer angesengt werden – ein Reiz, der beispielsweise Zapfen dazu anregt, sich zu öffnen. Dann wird gleichzeitig die gesamte Vegetation vernichtet, so dass es anschließend für die jungen Bäume ausreichend Sonnenlicht gibt.

Entwicklungsreaktionen von Pflanzen treten während ihres gesamten Lebenszyklus auf und werden durch Veränderungen von Umgebungsparametern, wie beispielsweise der Temperatur, der Lichtintensität und der Tageslänge, beeinflusst. Entwicklungsreaktionen von Pflanzen hängen auch von der Jahreszeit ab und sogar von der Tageszeit, was die kurzfristigen und die langfristigen Überlebenschancen maximiert. Die im unteren Foto abgebildete Jahrhundertpflanze (Agave parryi) wächst beispielsweise etwa 25 Jahre, bevor sie von ihrer Entwicklung her bereit dazu ist, auf die Reize eines einzelnen Sommers zu reagieren und eine große Menge an Blüten zu produzieren, um dann zu sterben.

Entwicklungsreaktionen werden gewöhnlich durch innere Veränderungen und externe Reize aus der Umgebung ausgelöst. Ein wesentlicher externer Reiz ist Licht, das Reaktionen von Phytohormonen und Photorezeptoren auslöst. Ein Photorezeptor besteht aus einem Protein und einer chemischen Verbindung, die Licht einer bestimmten Wellenlänge absorbiert. Phytohormone sind auch an Reaktionen auf andere Reize aus der Umgebung beteiligt, wie beispielsweise auf Schwerkraft oder auf Berührung.

Weil Photorezeptoren und Phytohormone Produkte von Reaktionen sind, die durch Enzyme katalysiert werden, ist ihre Synthese der genetischen Kontrolle unterworfen und deshalb der Variation durch Mutation ausgesetzt. Pflanzen mit besseren Anpassungen produzieren mehr Nachkommen und sind somit erfolgreicher dabei, ihre Gene auf zukünftige Generationen zu übertragen. Deshalb werden durch die Evolution adaptive Entwicklungsmuster festgehalten.

In diesem Kapitel werden wir die Phytohormone und Photorezeptoren betrachten, welche die Pflanze mit Informationen über die innere und äußere Umgebung versorgen. Sie regulieren die Reaktionen während der Entwicklung vom Samen zum Keimling bis hin zur ausgewachsenen Pflanze. Außerdem regulieren sie die Reaktionen auf die jahreszeitlichen und täglichen Änderungen der Helligkeit und der Temperatur. 🙷

Die Wirkung von Phytohormonen 11.1

Genau wie Phytohormone bei Tieren und anderen Organismen steuern auch Pflanzenhormone das Wachstum und die Entwicklung sowie die Reaktionen auf Reize aus der Umgebung. Obwohl Pflanzen kein Nervensystem oder Gehirn besitzen, das sie bei den Reaktionen auf Reize unterstützt, benutzen sie Phytohormone in bemerkenswerter Weise.

Der Begriff *Phytohormon* stammt vom griechischen Wort *hormon* für „erregen" ab. Wissenschaftler beobachteten nämlich ursprünglich, dass Phytohormone Reaktionen stimulieren. Jedoch entdeckten sie später, dass Phytohormone Reaktionen auch unterdrücken können. Einige unterdrücken beispielsweise das Wachstum von Achselknospen, während andere ein solches Wachstum gerade fördern. Die Wirkung eines bestimmten Phytohormons kann in Abhängigkeit von seiner Konzentration oder den Typen und Orten von Zellen, auf die es wirkt, variieren. Außerdem können sich auf einen einzelnen Aspekt des Wachstums oder der Entwicklung einer Pflanze mehrere Phytohormone auswirken, oft als Reaktion auf externe Reize wie Licht. Zum Beispiel sind an der Regulierung des Sprossachsenwachstums drei Phytohormone und zwei Photorezeptoren beteiligt.

Ein **Phytohormon** ist ein kleines Molekül, das Informationen von der Zelle, in der es gebildet wurde, zu bestimmten Zielzellen überträgt, wo es eine Veränderung als Reaktion auf innere Bedürfnisse oder externe Reize wie Licht auslöst. Einige Pflanzenhormone signalisieren zum Beispiel, dass Blätter Wasser aus den Wurzeln benötigen oder dass Wurzeln Zucker aus dem Spross brauchen. Einige werden als Reaktion auf Veränderungen in der äußeren Umgebung freigesetzt, wie beispielsweise auf Veränderungen der Temperatur, der Tageslänge, der Helligkeit und des Windes, oder als Reaktion auf Pflanzenfresser und Krankheitserreger. Phytohormone sind deshalb Schlüsselstellen im Kommunikationssystem einer Pflanze, sowohl intern als auch bei der Reaktion auf die äußere Umgebung.

Phytohormone wirken fast immer, indem sie an ein Protein binden. Dabei initiieren sie eine **Signaltransduktionskette**, eine Reihe von Ereignissen, die letztlich eine zelluläre Antwort stimuliert oder unterdrückt (▶ Abbildung 11.1). Eine Signaltransduktionskette besteht aus Molekülen, die miteinander wechselwirken, wenn sie das Signal übertragen. Bei den meisten dieser Moleküle handelt es sich um Proteine, doch einige sind kleine wasserlösliche Moleküle oder Ionen, die als **sekundäre Botenstoffe** (*second messengers*) bezeichnet werden. Sie leiten die Information vom primären Botenstoff – einem Phytohormon oder einem Reiz aus der Umgebung – weiter. Die meisten Entwicklungs- oder Wachstumsreaktionen bei Pflanzen vereinen die Aktivität verschiedener Phytohormone und Photorezeptoren, die jeweils alle über eine Signaltransduktionskette wirken. Jedes Phytohormon oder jeder Photorezeptor kann ein bestimmtes Entwicklungsereignis, wie beispielsweise die Keimung oder die Blüte, unterschiedlich beeinflussen. In diesem Abschnitt werden wir uns mit sechs wichtigen Typen von Pflanzenhormonen befassen. Das sind Auxine, Cytokinine, Gibberelline, Abscisinsäure, Ethylen und Brassinosteroide (▶ Tabelle 11.1).

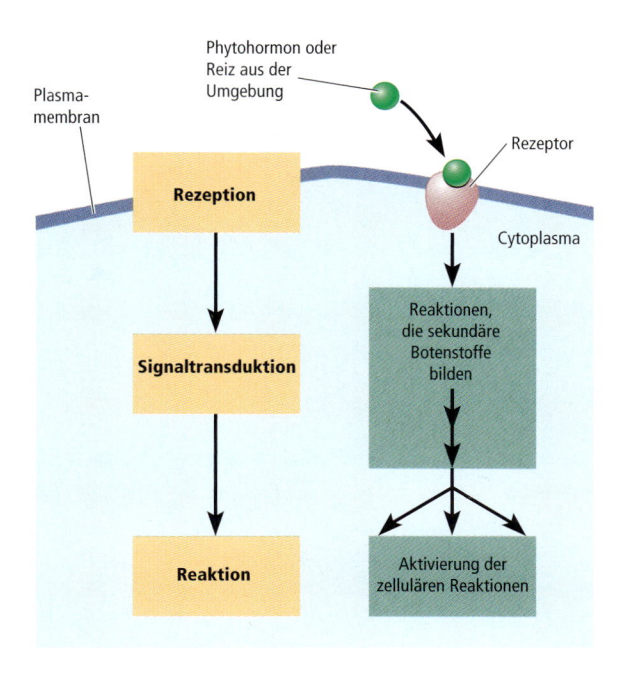

Abbildung 11.1: **Signaltransduktionskette.** Phytohormone binden an Proteine, die mit den Membranen der Zellen assoziiert sind, auf die sie sich auswirken werden. Ein Reiz aus der Umgebung oder die Bindung eines Phytohormons initiiert eine Reihe von Ereignissen, als *Signaltransduktionskette* bezeichnet, die zur Aktivierung oder Inaktivierung bestimmter Enzyme oder Proteine führen.

Die Wirkung von Auxin

Auxin war das erste entdeckte Pflanzenhormon, wozu Experimente von Charles Darwin und seinem Sohn Francis im Jahr 1880 den Grundstein legten. Die Darwins beobachteten, dass sich ein Graskeimling nur

Tabelle 11.1

Pflanzenhormone

Phytohormon	Syntheseorte in Pflanzen	Hauptfunktionen
Auxine (Beispiel: IAA)	Embryonen, Meristeme, Knospen, junge Blätter	Stimuliert Spross- und Wurzelwachstum; fördert Zelldifferenzierung in Gewebekulturen und im Prokambium; steuert die Entwicklung von Früchten; Apikaldominanz; bewirkt Phototropismus und Gravitropismus.
Cytokinine (Beispiel: Zeatin)	Wurzeln, Samen, Früchte, Blätter	Fördert das Wurzelwachstum und die Differenzierung; stimuliert Zellteilung und Wachstum in Gewebekulturen; stimuliert die Keimung; verzögert Alterung.
Gibberelline (Beispiel: GA$_3$)	Meristeme, junge Blätter, Embryonen	Fördert die Samenkeimung und das Knospenwachstum; fördert Streckung der Sprossachse und das Blattwachstum; stimuliert die Blüte und die Fruchtentwicklung.
Abscisinsäure (ABA)	Blätter, Sprossachsen, Wurzeln, Früchte	Hemmt Wachstum; schließt Stomata bei Wassermangel; fördert Samenruhe.
Ethylen	Reifende Früchte, alternde Blätter und Blüten	Fördert den Reifeprozess von Früchten und das Dickenwachstum von Sprossachsen und Wurzeln.
Brassinosteroide (Beispiel: Brassinolid)	Samen, Früchte, Knospen, Blätter und Blütenknospen	Ähnliche Wirkungen wie Auxin; hemmt Wurzelwachstum; verzögert den Blattfall; fördert die Differenzierung des Xylems.

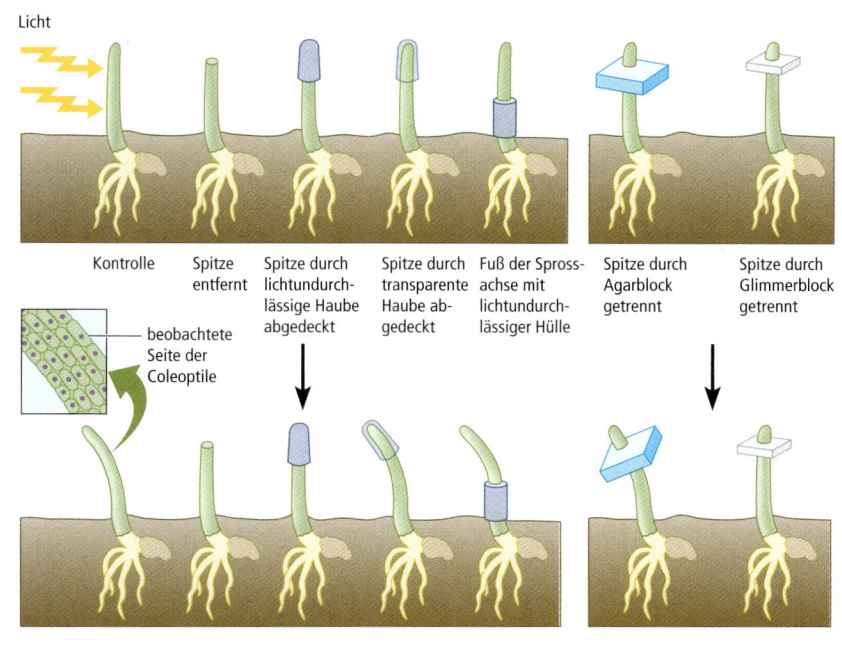

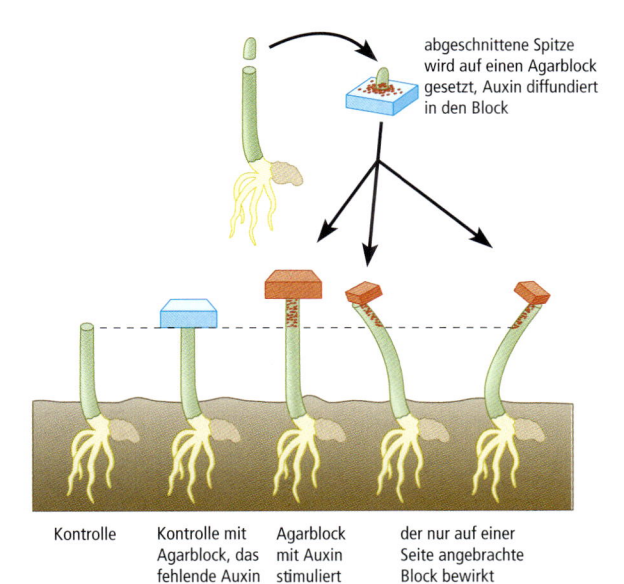

11.1 Die Wirkung von Phytohormonen

ner lichtundurchlässigen Haube abgedeckt wird, tritt die Hinwendung zum Licht nicht auf (▶ Abbildung 11.2a). Die Darwins vermuteten, dass die Spitze der Coleoptile Licht wahrnimmt und ein Signal an den sich streckenden und krümmenden Bereich der Coleoptile nach unten aussendet. Im Jahr 1913 entdeckte der dänische Botaniker Peter Boysen-Jensen, dass das Signal mobil ist und permeablen Agar durchdringen kann, nicht aber impermeablen Glimmer (▶ Abbildung 11.2b). Im Jahr 1926 führte der holländische Student Fritz Went folgendes Experiment durch: Er entfernte Coleoptilenspitzen, legte sie auf Agarblöcke und stellte fest, dass sich eine Substanz in den Agarblöcken sammelte, die Wachstum anregte, wenn die Blöcke auf Coleoptilenstümpfe gelegt wurden, deren Spitzen zuvor entfernt worden waren (▶ Abbildung 11.2c). Er nannte diese Substanz **Auxin** (von griechisch *auxein*, „wachsen"). Außerdem beobachtete Went, dass die Coleoptile nur an einer Seite zum Wachstum angeregt wurde, wenn er den Block nur auf jener Seite der Schnittfläche anbrachte. Später, im Jahr 1931, wurde die Strukturformel von Auxin bestimmt: Es handelt sich um Indol-3-Essigsäure (IAA für *indole acetic acid*).

Es gibt einige synthetische Auxine und etliche natürliche Auxine, doch die bei Pflanzen am häufigsten vorkommende Form ist Indol-3-Essigsäure, das Auxin, über das wir in diesem Kapitel sprechen. Dieses Auxin, eine modifizierte Aminosäure, die von Tryptophan abgeleitet ist, wird hauptsächlich in den Sprossapikalmeristemen, jungen Blättern und Embryonen gebildet. Es wird durch das Phloemparenchym transportiert, anstatt durch die Leitzellen von Phloem oder Xylem.

Die wesentliche Kurzzeitwirkung von Auxin besteht in der Stimulation der Zellwachstums. Die Säurewachstumshypothese, die in den vergangenen 40 Jahren entwickelt wurde, versucht diesen Prozess zu erklären. Sie besagt, dass Auxin bestimmte Proteine dazu stimuliert, Protonen in die Zellwand zu pumpen. Diese Ionen aktivieren Enzyme, die Expansine, welche die Zellwand schwächen, indem sie Verbindungen zwischen zellulosehaltigen Mikrofibrillen aufbrechen, so dass sich die Zelle ausdehnen kann. Unter dem Aspekt des Wasser-

Abbildung 11.2: Experimente mit Auxin. (a) Charles Darwin und sein Sohn Francis demonstrierten, dass nur die Spitze der Coleoptile Licht wahrnimmt. Wie in der Nahaufnahme dargestellt, strecken sich die Zellen an der beschatteten Seite. (b) Experimente von Peter Boysen-Jensen zeigten, dass die Spitze der Coleoptile einen Reiz produziert, der Agar durchdringt, nicht aber Glimmer. (c) Fritz Went demonstrierte, dass die Spitze Auxin an Agarblöcke abgab, die an Coleoptilen ohne Spitze angebracht werden konnten, um das Wachstum zu stimulieren. Wurden die Agarblöcke nur an einer Seite der Coleoptile angebracht, wurde auch nur an dieser Seite das Wachstum stimuliert.

dann zum Licht wendet, wenn die Spitze der Coleoptile – der Hülle, die den jungen Grastrieb umgibt – vorhanden ist. Falls die Spitze entfernt wird oder mit eitransports reduzieren die Expansine also die Widerstandsfähigkeit der Zellwand, so dass nun durch Osmose Wasser in die Zelle fließen kann, wodurch sich die Zelle ausdehnt. Neueste Hinweise legen nahe, dass Auxin Gene aktivieren könnte, die an der Ausdehnung der Zellwand beteiligt sind.

Experimente mit Graskeimlingen und anderen Geweben zeigen, dass die Wachstumsreaktion von der Auxinkonzentration abhängt. Die Wachstumsrate erhöht sich so lange, bis die Auxinkonzentration einen bestimmten Wert erreicht, und fällt dann ab, da hohe Auxinkonzentrationen die Ethylensynthese fördern. Die optimale Auxinkonzentration zur Zellstreckung ist bei den Sprosszellen höher als bei den Wurzelzellen. Während des Transports sinkt die Konzentration aufgrund der Wirkung eines Enzyms mit dem Namen IAA-Oxidase, das Auxin abbaut.

Obwohl es hauptsächlich mit dem Zellwachstum verknüpft ist, wirkt Auxin in vielfacher Weise auf Entwicklungen, von denen sich einige innerhalb von Minuten einstellen, andere erst nach Stunden. Es bleibt immer noch viel über die Wirkungsweise von Auxin zu lernen, und seine vielen Effekte sind vermutlich an zahlreiche Signaltransduktionsketten geknüpft. Untersuchungen an Gewebekulturen und Keimlingen zeigen, dass Auxin in Apikalmeristemen die Bildung von Leitgewebe sowie das Auswachsen von Seiten- und Adventivwurzeln stimuliert. Außerdem ist Auxin für die Entwicklung von Lateralmeristemen verantwortlich. Damit sind das Kambium und das Korkkambium gemeint.

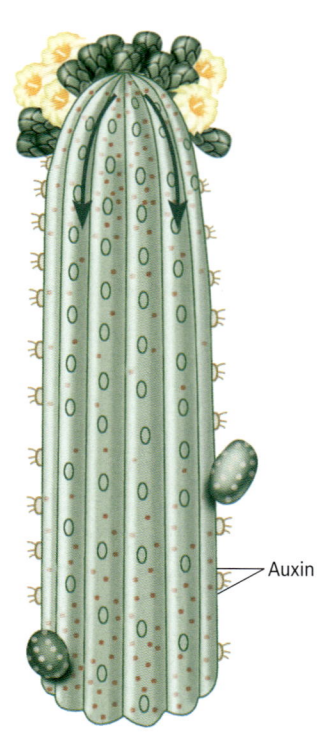

Auxin ist an der Apikaldominanz (siehe Kapitel 3), der Unterdrückung des Wachstums der Achselknospen, beteiligt (▶ Abbildung 11.3). Das Entfernen des Sprossapikalmeristems beendet die Apikaldominanz und stimuliert das Wachstum der Achselknospen. Falls eine Triebspitze beschädigt oder zerstört wird, wird eine der Achselknospen schnell zum Haupttrieb. Gärtner schneiden Triebspitzen öfter zurück, um die äußere Gestalt einer Pflanze zu beeinflussen. Außerdem entwickelt die Pflanze dadurch mehr Knospen, die Früchte bringen. Cytokinine, über die Sie in Kürze mehr lesen werden, fördern das Wachstum der Achselknospen, wobei sie der Wirkung von Auxin entgegensteuern.

Synthetische Auxine wie Naphthalinessigsäure (NAA für *naphthalene acetic acid*), die nicht von der IAA-Oxidase abgebaut werden, dienen sowohl der Stimulation als auch der Hemmung des Wachstums. Einige, wie beispielsweise Indolylbuttersäure, werden kommerziell zur Vermehrung von Pflanzen eingesetzt, weil durch sie die Wurzelbildung an Stecklingen induziert wird. Ein Puder oder eine Paste mit einem synthetischen Auxin wird am unteren Teil des Stecklings aufgetragen, der dann in Wasser, Sand oder Boden gebracht wird, damit sich Wurzeln bilden können. Einige synthetische Auxine, wie beispielsweise 2,4-Dichlorphenoxyessigsäure (2,4-D), werden heute als Unkrautvertilgungsmittel benutzt, weil sie Pflanzen zur Bildung großer Mengen Ethylen stimulieren, das die Alterung auslöst. Breitblättrige Pflanzen werden schneller abgetötet als Gräser, weil bei ihnen wahrscheinlich Auxin besser aufgenommen wird. Agent Orange, ein chemischer Kampfstoff, der im Vietnamkrieg zur Entlaubung eingesetzt wurde, war eine Mischung aus synthetischen Auxinen. Die Gesundheitsschädigungen, die Agent Orange verursachte, resultierten nicht aus der Wirkung der für Menschen ungiftigen Auxine an sich, sondern waren auf die Kontaminierung mit einer Chemikalie zurückzuführen, die bei der Produktion synthetischer Auxine eingesetzt wurde.

Abbildung 11.3: Durch Auxin bewirkte Apikaldominanz. Bei Kakteen tritt starke Apikaldominanz auf. Fällt die Auxinkonzentration unter einen kritischen Wert, setzt an einer Achselknospe an einem Stachel das Wachstum ein. Manchmal beginnt das Wachstum nicht an der Knospe, die sich an der Sprossachse am weitesten unten befindet. Das deutet darauf hin, dass auch andere Phytohormone als das vom Apikalmeristem gebildete Auxin beteiligt sein können.

Cytokinine

Cytokinine beeinflussen das Pflanzenwachstum in unterschiedlicher Weise, unter anderem die Kontrolle der Zellteilung und der Differenzierung, die Unterdrückung der Apikaldominanz und die Verzögerung der Blattalterung. Die Bezeichnung *Cytokinine* verweist auf ihre Rolle bei der Zellteilung, die auch als Cytokinese bezeichnet wird. Cytokinine sind in der Regel modifizierte Formen von Adenin. Sie wurden ursprünglich bei Experimenten an Tabakpflanzen entdeckt, bei denen Wirkstoffe gefunden werden sollten, die das Zellwachstum stimulieren. Cytokinine werden in den Wurzeln gebildet und durch das Xylem zu anderen Pflanzenorganen transportiert, wo sie insgesamt einen jüngeren Entwicklungszustand unterstützen. In der Sprossachse fördern sie beispielsweise das Wachstum der Achselknospen. Falls das Sprossapikalmeristem beschädigt oder zerstört wird, erhöht sich das Verhältnis von Cytokinin zu Auxin in den Achselknospen, was das Austreiben der Knospen beschleunigt. Außerdem kann die direkte Anwendung von Cytokininen sogar bei intaktem Apikalmeristem das Knospenwachstum fördern. Cytokinine verzögern die Blattalterung und erhöhen die Langlebigkeit von Blättern auf unterschiedliche Weise, was auch die Anziehung von Aminosäuren aus anderen Teilen der Pflanze einschließt. Obwohl Wissenschaftler verschiedene Wirkungen von Cytokininen beobachtet haben, verstehen sie die Signaltransduktionskette dieser Phytohormone noch nicht.

Bei Pflanzengewebekulturen sind Cytokinine sowohl mit der Zellteilung als auch mit der Differenzierung verknüpft, die zur Bildung von Sprossknospen führt. Für sich genommen wirken sich Cytokinine nur wenig auf kultivierte Zellen aus. Werden sie jedoch zusammen mit Auxin angewandt, beginnen die kultivierten Zellen, sich zu teilen und zu differenzieren. Diese Wirkungen hängen sehr von den Phytohormonkonzentrationen ab. Falls nur Auxin zugeführt wird, strecken sich die kultivierten Zellen, aber sie teilen sich nicht. Falls auch ein Cytokinin hinzukommt, hängt die Wirkung vom Auxin-Cytokinin-Verhältnis ab. Wenn die Cytokininkonzentration im Vergleich zu der von Auxin niedrig ist, dann wachsen die Zellen, teilen sich und differenzieren sich zu Wurzeln. Bei mittleren Cytokininkonzentrationen teilen sie sich und wachsen schnell, um eine Masse aus undifferenzierten Zellen zu bilden, die als Kallus bezeichnet wird. Sie differenzieren sich jedoch nicht. Bei hohen Cytokininkonzentrationen wachsen, teilen und differenzieren sie sich zu Sprossen. Es hat sich herausgestellt, dass die Auswirkungen von Cytokinin und Auxin auf Gewebe bei vielen Pflanzenarten gelten (siehe den Kasten *Biotechnologie* auf Seite 284).

Gibberelline

Gibberelline sind eine Klasse von Phytohormonen, die sich auf eine breite Vielfalt von Entwicklungsphänomenen bei Pflanzen auswirken, was auch die Zellstreckung und die Samenkeimung einschließt. Die Bezeichnung leitet sich von einem Pilz der Gattung *Gibberella* ab, der von Wissenschaftlern als Auslöser einer Krankheit bei Reispflanzen entdeckt wurde. Diese Pilze sondern einen Wirkstoff ab, durch den die Sprossachsen hoch aufschießen und dann umkippen. Der Wirkstoff erhielt die Bezeichnung *Gibberellin*. Später stellte sich heraus, dass er in Pflanzen in dosierten Mengen und einer Vielzahl von Formen natürlich vorkommt. Es gibt mehr als 110 verschiedene Gibberelline, doch sind bei jeder Pflanzenart nur einige Arten biologisch aktiv. Wie Auxin werden Gibberelline in Apikalmeristemen, jungen Blättern und Embryonen synthetisiert. Während Auxine und Cytokinine aus Aminosäuren und Basen bestehen, entstehen Gibberelline aus Isopreneinheiten mit fünf Kohlenstoffatomen, die so verkettet werden, dass sie eine charakteristische Struktur mit vier Ringen bilden.

Gibberelline gehören zu einem von mehreren Phytohormontypen, die am Längenwachstum der Sprossachse beteiligt sind. Wie Sie bereits wissen, geht man davon aus, dass Auxine die Zellstreckung fördern, indem sie bestimmte Proteine, die Expansine, aktivieren, die als Zellwand lockernde Enzyme dienen. Gibberelline können die korrekte Anordnung der Expansine innerhalb der Zellwand erleichtern. Außerdem erhöhen sie die zellulären Konzentrationen von Auxin, was die dramatische Auswirkung auf die Zellstreckung erklären könnte. Zugeführte Gibberelline können den Zwergwuchs bei vielen rezessiven Zwergmutanten mit geringen Gibberellinkonzentrationen rückgängig machen. Durch Untersuchungen an Mutanten mit gehemmter Zellstreckung erforschen Wissenschaftler, in welcher Weise verschiedene Phytohormone und Photorezeptoren an der Zellstreckung beteiligt sind und wie sie dabei miteinander wechselwirken.

Gibberelline sind sowohl am Embryowachstum als auch an der Samenkeimung beteiligt. Bei einer Signaltransduktionskette in keimenden Gerstensamen stimulieren sie die Bildung des Enzyms α-Amylase, das Stärke

11 INTERNE UND EXTERNE REIZE

BIOTECHNOLOGIE
■ Auswirkungen von Auxin und Cytokininen auf pflanzliche Zellkulturen

Die Fähigkeit, Pflanzen aus Gewebekulturen zu regenerieren, ist nicht nur für das Klonen von Nutzpflanzen wichtig, sondern auch für die Regenerierung von Zellen, die neues genetisches Material aus gentechnischen Experimenten enthalten. Im Jahr 1941 stellte Johannes von Overbeek fest, dass das flüssige Endosperm der Kokosnuss (*Cocos nucifera*), als Kokoswasser bezeichnet, das Wachstum, die Zellteilung und das Überleben von Pflanzengewebekulturen fördert. Ein Jahrzent später stellten Folke Skoog und Carlos Miller Ähnliches fest, indem sie Kokoswasser bei Gewebekulturen von Tabak verwendeten. Zufällig entdeckten sie, dass „alte", chemisch abgebaute DNA ebenfalls nützlich für die Erhaltung von Gewebekulturen war. Einige chemische Detektivarbeit führte zur Entdeckung und strukturellen Identifizierung des ersten Cytokinins, des Kinetins.

Bei Tabakgewebekulturen führte ein Nährstoffmedium aus Makronährstoffen, Spurenelementen, Vitaminen und 0,18 Milligramm pro Liter (mg/l) Auxin ohne Kinetin zur Bildung von Wurzeln. Ein Medium, das 1,08 mg/l Auxin und 0,2 mg/l Kinetin enthielt, führte zur Bildung eines Kallus aus wachsenden und teilungsfähigen Zellen, während ein Medium mit 0,03 mg/l Auxin und 1,0 mg/l Kinetin zur Bildung von Sprossen und letztlich ganzen Pflanzen führte. Bei einer Vielzahl von Zweikeimblättrigen ermöglichte es die Veränderung des Auxin-Cytokinin-Verhältnisses, die Art der Differenzierung, die bei den kultivierten Zellen auftrat, zu kontrollieren. Hohe Verhältnisse führten zu Wurzelbildung; mittlere zur Bildung eines Kallus und niedrige zur Sprossbildung.

Bei Einkeimblättrigen war die Situation jedoch komplizierter. Während kultivierte Zellen als Kallus auf dem Gewebekulturmedium gut gediehen, kam es durch kein Auxin-Cytokinin-Verhältnis zur Bildung regenerierter Pflanzen. In den 1970er-Jahren entdeckte man, dass Einkeimblättrige in Kulturen zwei verschiedene Zelltypen bilden. Große Zellen mit Vakuole machten den Großteil der gebildeten Zellen aus, während auch wenige kleine Zellen ohne Vakuole vorkommen. Die größeren, schneller wachsenden Zellen bilden auf keinem bekannten Gewebekulturmedium regenerierte Pflanzen. Die kleineren, langsamer wachsenden Zellen reagieren ziemlich gut auf die Zugabe von Cytokininen, indem sie eine große Anzahl von Embryonen bilden, die auf Medien mit hoher Cytokinin-Auxin-Konzentration zur Bildung von Pflanzen angeregt werden können, wie die drei Abbildungen von asexuellen Embryonen zeigen, die auf Reiszellkulturen wachsen. Embryo bildende Kalli entstehen schnell, wenn das Keimblatt, oder Kotyledon, in ein Gewebekulturmedium mit Auxin gebracht wird. Die Übertragung eines Kallus in ein Medium mit Auxin und hohen Cytokininkonzentrationen führt zur Embryo- und Pflanzenbildung.

Heute besteht die Herausforderung darin, Gewebekultivierungsmethoden zu entwickeln, mit denen so genannte schwierige Pflanzen regeneriert werden können, wozu viele Waldbäume gehören. Außerdem suchen Forscher nach individuellen Genen, die den Regenerierungsprozess beeinflussen und gentechnisch von einer Art auf die andere übertragen werden können.

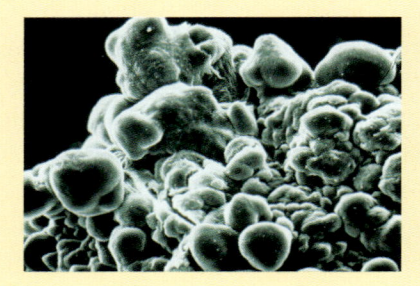

---

abbaut, um den Keimling mit Glucose zu versorgen. Bei einer anderen Kette, die ebenfalls bei Gerste vorkommt, aktivieren sie die Sekretion dieses Enzyms. Gibberelline fördern außerdem die Samenkeimung. Das Phytohormon Abscisinsäure, das wir gleich behandeln, verlängert die Samenruhe, die durch hohe Konzentrationen von Abscisinsäure und niedrige Konzentrationen von Gibberellinen im Embryo bestimmt wird. Mit der Zeit sinkt die Konzentration der Abscisinsäure und die Gibberellinsynthese nimmt zu. Die Prozesse, die es Samen erlauben, erst eine gewisse Zeit nach ihrer Bildung zu keimen, werden im Allgemeinen als die der „Nachreife" bezeichnet. Nach der Quellung, der passiven Wasseraufnahme durch den Samen, signalisieren vom Embryo freigesetzte Gibberelline, dass es für den Samen nun Zeit ist, seine Samenruhe zu beenden und zu keimen.

Gibberelline sind auch an der Förderung der Blüte einiger Pflanzen beteiligt, was sowohl Pflanzen einschließt, die dazu gewöhnlich Kälteeinwirkung brauchen, wie im Winter üblich, als auch Pflanzen, die „schießen", um in ihrer zweiten Wachstumsperiode einen hohen Blütenstand zu entwickeln. In der Landwirtschaft und bei Experimenten, die einheimische Pflanzen zur Renaturierung einsetzen, kann das Einsetzen der Blüte beschleunigt werden, indem man Samen oder Pflanzen vor dem Einpflanzen bei Temperaturen knapp über dem Gefrierpunkt lagert, was die Wirkung eines langen Winters ersetzt. Das Verfahren, Kälte zur Beschleunigung der Blüte einzusetzen, ist als **Vernalisierung** (von lateinisch *vernus*, „Frühling") bekannt, weil es die Ruheperiode vor dem Frühling verkürzt. Botaniker haben festgestellt, dass die Behandlung von Pflanzen mit Gibberellinen dieselbe Wirkung zeigt wie die Vernalisierung. Es kommt zu einer verkürzten Wachstumsperiode und zu einer schnelleren Blüte. Solche Verfahren werden oft in gemäßigten Breiten mit kurzen Wachstumsperioden eingesetzt, weil die beschleunigte Blüte den Unterschied zwischen einer erfolgreichen und einer misslungenen Ernte ausmachen kann.

Gibberelline tragen auch zur Fruchtbildung bei, was zu nützlichen kommerziellen Anwendungen führt. Ihre Anwendung bei sich entwickelnden Weintrauben fördert beispielsweise das Längenwachstum der Sprossinternodien und erhöht die Traubengröße (▶ Abbildung 11.4). Die dadurch entstehende Traube mit größeren Beeren hat einen höheren Marktwert. Außerdem gibt es weniger Probleme mit Pilzen und Bakterien, weil es zwischen den Beeren mehr Platz für die Luftzirkulation gibt.

Die Wirkungen von Abscisinsäure

Abscisinsäure (ABA), ein Terpenoidhormon, das in Blättern, Sprossen, Wurzeln und grünen Früchten synthetisiert wird, stellt den Ruhezustand bei Samen und anderen Pflanzenorganen her und hilft der Pflanze, sich auf Wassermangel einzustellen. Ursprünglich nahm man fälschlicherweise an, dass Abscisinsäure eine wesentliche Rolle beim Blattfall spielt, daher der Name (siehe Kapitel 4). Diese Rolle scheint jedoch nach neueren Erkenntnissen eher geringfügig zu sein.

Was seine Rolle bei der Samenruhe betrifft, so fördert ABA die Bildung von Speicherproteinen in Samen, und seine Konzentration nimmt zu, wenn der Samen reift. Anschließend verhindert ABA die Keimung während einer Periode mit kalten Temperaturen so lange, bis die zunehmende Synthese von Gibberellinen die Samenkeimung erlaubt. Bei einigen Pflanzen reduzieren Mutationen einzelner Gene entweder die ABA-Konzentration oder die Wirkungen von ABA auf keimende Samen, was zu einer vorzeitigen Keimung führt.

Bei Wassermangel fördert ABA das Schließen der Stomata, was weiterem Wasserverlust vorbeugt. Die Wirkung von ABA auf Schließzellen ist nicht geklärt, doch scheinen daran mindestens drei Signaltransduktionsketten beteiligt zu sein. Das Öffnen und Schließen der Stomata orientiert sich an einer Reihe von Umgebungsreizen, was die Komplexität des Wirkungsmechanismus von ABA erklären könnte.

Die Wirkung von Ethylen

Ethylen ist ein Gas, das wie ein Phytohormon wirkt, weil es Reaktionen auf mechanische Beanspruchung hervorruft und auch Alterungsreaktionen wie die Fruchtreife und den Blattfall bewirkt. Die Ethylensynthese wird durch hohe Auxinkonzentrationen, Stress und verschiedene Entwicklungsphänomene eingeleitet.

Ethylen bewahrt Pflanzen davor, bei Wind und anderem Stress, der die Pflanzen zerstören könnten, zu hoch aufgeschossen zu wachsen. Tatsächlich unterdrückt das Gas das Längenwachstum, während es das Dickenwachstum stimuliert. Deshalb schießen die durch Auxin stimulierten Pflanzen hoch auf, während die durch Ethylen stimulierten gedrungen sind. Die Ethylenbildung wird angeregt, wenn man die Pflanze berührt oder sie durch den Wind hin und her geworfen oder in irgendeiner Form beschädigt wird (▶ Abbildung 11.5).

Abbildung 11.4: Gibberellin bewirkt die Streckung der Sprossachse und ein stärkeres Wachstum der Frucht. Wird Gibberellin auf Trauben gesprüht, dann wird die Streckung der Sprossachse, die die Frucht trägt, gefördert, und die Größe der Früchte an sich nimmt zu.

11 INTERNE UND EXTERNE REIZE

Abbildung 11.5: Berührung oder ein anderer physikalischer Reiz regt die Ethylenbildung an. Die kleinere *Arabidopsis*-Pflanze wurde zwei Mal täglich berührt, was die Freisetzung von Ethylen stimulierte, das das Längenwachstum unterdrückte. Die größere Pflanze blieb unberührt.

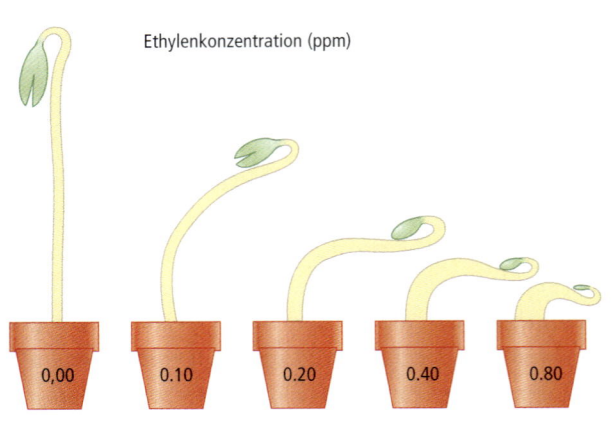

Abbildung 11.6: Die *triple response* auf Ethylen. Bei der *triple response* auf das Phytohormon Ethylen stellen Pflanzen ihr Längenwachstum ein, werden dicker und wachsen horizontal. Das Ausmaß der Reaktion hängt von der Ethylenkonzentration ab.

Ethylen erlaubt es der Pflanze außerdem, sich erfolgreich auf die Gefahren beim unterirdischen Wachstum einzustellen. Trifft ein unterirdischer Trieb oder eine Wurzel auf ein Hindernis, bewirkt der Druck die Ethylensynthese. Anschließend löst das Ethylen ein Wachstumsmanöver aus, das als **triple response** bezeichnet wird. Es ermöglicht dem Trieb oder der Wurzel, das Hindernis zur Seite zu stoßen oder um dieses herum zu wachsen (▶ Abbildung 11.6). Zu dieser dreifachen Reaktion gehören: (1) eine Verlangsamung der Sprossachsen- oder Wurzelstreckung, (2) eine Verdickung der Sprossachse oder Wurzel und (3) eine Krümmung zum horizontalen Wachstum. Durch den zweiten und dritten Teil der Reaktion kann die Sprossachse oder die Wurzel das Hindernis erfolgreich umgehen.

Im 19. Jahrhundert wurde Ethylen in den Gaslaternen auf städtischen Straßen eingesetzt, wo undichte Stellen in Gasleitungen gelegentlich zur Entlaubung der Bäume führten, ein Zeichen für die Rolle von Ethylen beim Blattfall. Die Wirkung von Ethylen beim Fall von Blättern und Früchten wurde besonders gut untersucht. Der Ethylenrezeptor ist ein Transmembranprotein. Zu den Komponenten der Signaltransduktionskette, die beteiligt sind, nachdem Ethylen an dieses Protein gebunden hat, gehören andere Proteine und ein Gen. Dieses scheint ein Protein zu codieren, welches das Öffnen und Schließen eines Membrankanals oder eine Pore kontrolliert.

Bei einigen Früchten, die als klimakterische Früchte bezeichnet werden, reguliert Ethylen das Nachreifen der Früchte. Beispiele dafür sind Äpfel, Avocados, Bananen, Honigmelonen, Feigen, Mangos, Pfirsiche, Pflaumen und Tomaten. Klimakterische Früchte weisen ein starke, schnelle Zunahme der Ethylenproduktion auf, die einer starken Zunahme der CO_2-Bildung während des Reifeprozesses vorangeht (▶ Abbildung 11.7). Bei nichtklimakterischen Früchten – wie beispielsweise Zitrusfrüchten, Trauben, Paprikaschoten, Ananas, Erdbeeren und Wassermelonen – nimmt die CO_2-Bildung während der Reife allmählich ab. Tomaten, die weniger Ethylen enthalten als gewöhnlich, reifen langsamer. Solche Früchte wachsen und verlieren Chlorophyll in üblichem Maß, zeigen jedoch weniger Röte und tendieren weniger dazu, überreif und runzlig zu werden. Dadurch bleiben sie noch etliche Wochen nach dem Einkauf frisch und wohlschmeckend. Wie Sie sich vorstellen können, sind Züchter und Händler daran interessiert, solche Tomaten auf den Markt zu bringen. Sogar tropische Früchte mit sehr kurzen Lagerzeiten können erfolgreich vermarktet werden, wenn sich ethylenarme Mutanten wie diese Tomaten verhalten.

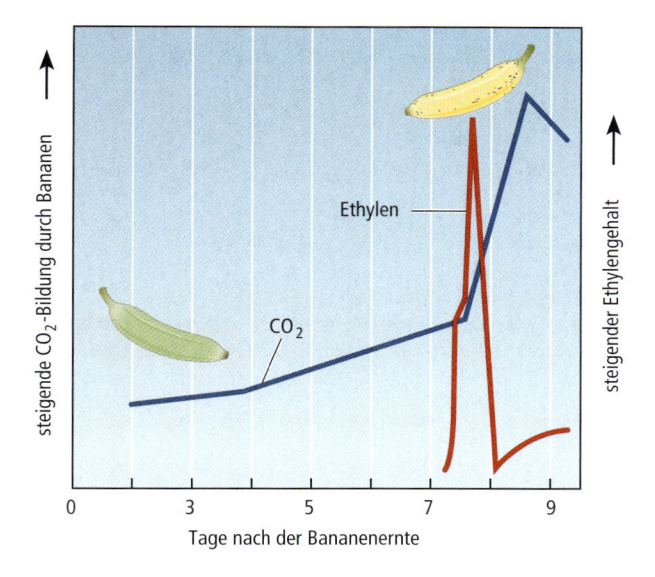

Abbildung 11.7: Ethylen und Fruchtreife. Bei klimakterischen Früchten wie Bananen geht der schnelle Anstieg der Ethylenproduktion dem Anstieg der Zellatmung voran. Dies verdeutlicht, dass Ethylen am Reifeprozess beteiligt ist.

Gegenwärtig kann die Reife klimakterischer Früchte verzögert werden, indem man sie bei niedrigen Temperaturen und in Atmosphären mit niedrigem O_2- und hohem CO_2-Gehalt lagert. Die niedrigen Temperaturen und der niedrige O_2-Gehalt verhindern jegliche Neubildung von Ethylen, während die hohe CO_2-Konzentration die Wirkung des Ethylens verhindert, das bereits gebildet wurde. Vor dem Verlassen des Lagerhauses erhält jede Obstlieferung eine sorgfältig berechnete Dosis Ethephon. Dies ist ein wasserlöslicher Wirkstoff, der graduell Ethylen freisetzt. Auf diese Weise können Geschäfte reife klimakterische Früchte das ganze Jahr über führen.

Die Wirkung von Brassinosteroiden

Steroide kommen als Phytohormone bei Tieren oft vor, bei Pflanzen wurden sie bis vor Kurzem noch nicht nachgewiesen. Steroidhormone wurden bei Pflanzen erstmalig bei der Gattung *Brassica* nachgewiesen, zu der auch Kohl gehört. Deshalb bezeichnet man sie entsprechend als **Brassinosteroide**. Sie binden an einen Rezeptor in der Plasmamembran und gelangen, im Gegensatz zu tierischen Steroiden, nicht in die Zelle. Brassinosteroide stimulieren die Zellteilung und die Zellstreckung in Sprossachsen, bewirken die Differenzierung von Xylemzellen, fördern das Wachstum von Pollenschläuchen, verlangsamen das Wurzelwachstum und verzögern den Blattfall, während sie die Ethylensynthese steigern. Im Allgemeinen ähneln diese Wirkungen stark denen von Auxin. Jedoch reagieren Mutanten, die keine Brassinosteroide synthetisieren, gewöhnlich auf applizierte Auxine, so dass die beiden Phytohormontypen offensichtlich auf unterschiedlichen Wegen wirken.

Die Wirkung weiterer Pflanzenhormone

Pflanzenphysiologen erkennen mindestens zwei weitere Klassen von Verbindungen als potenzielle Pflanzenhormone an: Polyamine und Jasmonsäure. Polyamine, die so bezeichnet werden, weil sie aus Aminosäuren synthetisiert werden, fördern die Zellteilung sowie die Synthese von DNA, RNA und Proteinen. Bakterien und tierische Zellen scheinen Polyamine als Phytohormonsubstanzen zu verwenden. Bei Pflanzen fördern Polyamine die Bildung von Wurzeln und Knollen. Sie sind auch an der Entwicklung von Embryonen, Blüten und Früchten beteiligt. Jasmonsäure, die aus Fettsäuren synthetisiert wird, hemmt das Wachstum von Samen, Pollen und Wurzeln, während es die Synthese von Speicherproteinen während der Samenentwicklung fördert. Jasmonsäure stimuliert auch die Bildung von Blüten, Früchten und Samen. Außerdem ist sie bei der Abwehr von Krankheitserregern aktiv. Einige Experimente deuten darauf hin, dass ein Abkömmling der Jasmonsäure, das Methyljasmonat, als ein frühes Warnsystem dienen könnte, das den in Windrichtung stehenden Pflanzen signalisiert, dass Krankheitserreger oder Pflanzenfresser bereits Pflanzen in der Umgebung beschädigen. Wurden Wüstenbeifußpflanzen im Freiland durch Schnitte verletzt, setzten sie Methyljasmonat frei, das in der Nachbarschaft wachsende wilde Tabakpflanzen (*Nicotiana attenuata*) zur Bildung eines Abwehrenzyms veranlasste. Die nachfolgende Beschädigung der Tabakblätter durch Grashüpfer und Raupen wurde bedeutend reduziert.

> ### WIEDERHOLUNGSFRAGEN
>
> **1** Was ist ein Phytohormon?
>
> **2** Was haben Cytokinine und Auxine gemeinsam und worin unterscheiden sie sich?
>
> **3** In welcher Weise wirken Gibberelline und Abscisinsäure zusammen?
>
> **4** Beschreiben Sie einige Funktionen von Ethylen.

Reaktionen auf Licht 11.2

Phytohormone sind oft an Wachstumsreaktionen von Pflanzenorganen beteiligt, die zu einer Hinwendung oder einer Abwendung von Sprossachsen, Blättern oder Wurzeln zu oder von externen Reizen führen. Einige dieser Wachstumsreaktionen werden als **Tropismen** (von griechisch *tropos*, „Wendung") bezeichnet, weil es sich dabei um Bewegungen in Reaktion auf externe Reize handelt. Eine wesentliche Reaktionsart auf Licht ist der **Phototropismus**, das Wachstum zum oder weg vom Licht. Das Wachstum zum Licht wird als positiver Phototropismus bezeichnet, während das Wachstum weg vom Licht als negativer Phototropismus bezeichnet wird. Im Verlauf dieses Kapitels werden wir uns mit einigen anderen Arten des Tropismus beschäftigen.

Am Phototropismus sind verschiedene Photorezeptoren beteiligt. Obwohl Pflanzen weder über Augen noch über Gehirne verfügen, erhalten sie eine überraschend hohe Informationsmenge durch die Tatsache, dass sie dem Licht ausgesetzt sind. Viele Entwicklungsphänomene, von der Blüte bis zum Wachstum von Sprossachsen zum Licht, werden durch bestimmte Lichtwellenlängen vermittelt, die Komponenten des Sonnenlichts sind.

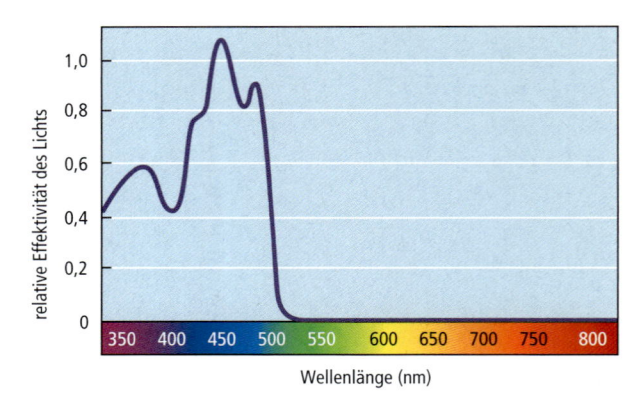

(a) Wirkungsspektrum des durch blaues Licht stimulierten Phototropismus.

(b) Coleoptilen vor dem Lichteinfall.

(c) Coleoptilen nach 90-minütigem Einfall von Licht der in der Abbildung gekennzeichneten Farbe.

Abbildung 11.8: Blaues Licht bewirkt Phototropismus.

Die Wirkung von blauem Licht

Blaues Licht reguliert etliche Entwicklungsphänomene bei Pflanzen, was auch das Öffnen der Stomata, die Hemmung der Hypokotylstreckung und den Phototropismus einschließt. Die Hinwendung der Sprossachse zum blauen Licht, ein Beispiel für den Phototropismus, wird durch den Transport von Auxin zur beschatteten Seite der Sprossachse ausgelöst. Beim Phototropismus wachsen die Sprossachsen zum Licht, während sich Wurzeln vom Licht abwenden. Ein kürzlich entdecktes flavinhaltiges Protein, das Phototropin, absorbiert blaues Licht und initiiert eine Signaltransduktionskette, die zum Transport von Auxin zur dunklen Seite der Sprossachse führt. Dieser Transport stimuliert das Wachstum auf der dunklen Seite, was die Hinwendung der Sprossachse zum Licht auslöst (▶ Abbildung 11.8). Winslow Briggs und seine Kollegen von der Stanford University entdeckten Phototropin. Sie sind dabei, seine Wirkungen zu erfassen. Wenn blaues Licht absorbiert wird, dann wird ein Phosphat an Phototropin angehängt. Dieses initiiert die Signaltransduktion. Phototropin ähnelt anderen Proteinen, die Organismen dabei unterstützen, Licht, Sauerstoff und elektrische Spannung zu erfassen.

In einer früheren Arbeit von Briggs und Mitarbeitern wurde die Hypothese aufgestellt, dass Licht den Transport von Auxin zur dunklen Seite der Coleoptile bewirkt. Auxin wird auf der beleuchteten Seite nicht einfach zerstört, wie zuerst angenommen worden war. Wurzeln reagieren auf blaues Licht, indem sie davon wegwachsen. Diese Reaktion tritt in der Natur während der Keimung von Samen auf dem Boden oder in der Nähe der Bodenoberfläche auf. Wurzeln verhalten sich demzufolge anders als Sprossachsen, weil sie gegenüber Auxin empfindlicher sind als Sprosse, so dass Konzentrationen, die das Wachstum von Sprossachsen fördern, das Wachstum von Wurzeln dagegen sogar hemmen.

Neueste Untersuchungen haben gezeigt, dass das Öffnen der Stomata durch blaues Licht gefördert und durch grünes Licht revertiert wird. Die Identifizierung des Photorezeptors ist Gegenstand aktueller Forschungen, wobei das Carotinoid Zeaxanthin und das flavinhaltige Protein Phototropin als Photorezeptormoleküle in Frage kommen.

Die Wirkung von rotem Licht

Licht kontrolliert viele Entwicklungsphänomene, von der Blüte bis zum Sprosswachstum. Die Auswirkungen von Licht auf das Pflanzenwachstum und die Entwicklung nennt man **Photomorphogenese** (von griechisch *morphosis*, „Gestaltung", und *genesis*, „Entstehung", was sich als „vom Licht gestaltet sein" übersetzen lässt). Für rotes und dunkelrotes Licht (an der Grenze zum infraroten) ist der Photorezeptor, der Licht absorbiert und Entwicklungsreaktionen auslöst, das **Phytochrom**. Dieser Photorezeptor arbeitet wie ein An/Aus-Schalter. Bei Belichtung mit hellrotem Licht (660 nm) wird Phytochrom in eine Form umgewandelt, die dunkelrotes Licht (720 nm) absorbiert. Diese Form wird als P_{FR} (für englisch *phytochrome far-red*) abgekürzt. Bei Belichtung mit dunkelrotem Licht wird ein Teil des Phytochroms in eine Form umgewandelt, die hellrotes Licht absorbiert. Diese Form des Phytochroms wird als P_R (für englisch *phytochrome red*) bezeichnet. Bei den meisten Wirkungen ist P_{FR} der An-Schalter; rotes Licht bewirkt also die Entwicklungsreaktionen.

Phytochrom bewirkt kurzfristige und langfristige Reaktionen, die alle durch Signaltransduktionsketten reguliert werden. Es kontrolliert viele Gene, einschließlich derjenigen, die am Ergrünen der Blätter beteiligt sind, sowie auch die Expression etlicher Schlüsselproteine bei der Photosynthese.

Phytochrom wurde bei Untersuchungen zur Samenkeimung entdeckt. Einige Pflanzen bilden Samen, die **photodormant** sind, was bedeutet, dass sie eine Aktivierung durch Licht erfordern. Die Photodormanz bei Samen von Pflanzen, die in der Sonne wachsen, wie beispielsweise bestimmte Salatarten (*Lactuca sativa*), reagiert gewöhnlich auf hellrotes Licht (▶ Abbildung 11.9). Sonnenlicht enthält sowohl hellrotes als auch dunkelrotes Licht, insgesamt ist die Sonne aber eher eine Quelle hellroten Lichts. Bei Samen von Pflanzen, die im Schatten wachsen, wie beispielsweise Pflanzen aus der Gattung *Phacelia*, ist zum Brechen der Photodormanz dunkelrotes Licht erforderlich. Das durch Blätter gefilterte Sonnenlicht besitzt einen höheren dunkelroten Anteil. Deshalb verhindert die Photodormanz typischerweise die Keimung so lange, bis die Bedingungen für das Wachsen des Keimlings geeignet sind.

Einige Salatsorten mit photodormanten Samen haben als Modellsystem zur Untersuchung der Samenruhe gedient. Bei diesen Samen kann die Samenruhe durch Aktivierung des Phytochromsystems, durch die

Abbildung 11.9: Photodormanz von Samen. Salatsamen dienen als ein Modell zur Untersuchung der Photodormanz und der Wirkung von Phytochrom. (a) Salatsamen keimen nicht, wenn sie im Dunkeln gelagert werden oder wenn sie eine Reihe von Bestrahlungseinheiten mit hellrotem und dunkelrotem Licht erhalten, die mit dunkelrotem Licht endet. (b) Salatsamen keimen, wenn sie hellrotem Licht ausgesetzt werden oder eine Reihe von Bestrahlungseinheiten mit hellrotem und dunkelrotem Licht erhalten, die mit hellrotem Licht endet.

Anwendung von Gibberellinen, durch Lagerung (unter kalten Bedingungen) oder durch Entfernen der Samenhülle und der Endospermschichten, die den Embryo umgeben, durchbrochen werden (siehe den Kasten *Die wunderbare Welt der Pflanzen* auf Seite 290).

Phytochrom und Kühlung scheinen die Synthese oder die Wirkung von Gibberellinen zu stimulieren, welche die Keimung fördern. Die tatsächliche Wasseraufnahme, welche die Streckung des Wurzelkeims bewirkt, wird durch den Abbau von Speicherverbindungen, wie beispielsweise von Fetten, Stärke und Proteinen, im Embryo gefördert.

Im Allgemeinen alarmiert Phytochrom sonnenliebende Pflanzen, wenn sie beschattet werden. Durch die hellrote Komponente des Sonnenlichts stimuliert, hemmt Phytochrom die Zellstreckung, vermutlich indem es die Bildung und Wirkung von Gibberellin stört. Die Streckung setzt wieder ein, wenn die Pflanze beschattet wird und sie hauptsächlich dunkelrotes Licht erreicht. Auf diese Weise hält die Phytochromreaktion die Sprossachsen kurz, solange die Pflanze sich nicht nach dem Licht strecken muss. Bei Schattenpflanzen wird das Sprossachsenwachstum durch hellrotes und dunkelrotes Licht in etwa gleichem Maße gefördert, jedoch erscheinen die Blätter im Schatten gesünder und grüner.

Die Rolle des Photoperiodismus

In den gemäßigten Klimazonen der Erde wachsen und blühen Pflanzen im Frühling, Sommer und Herbst, je-

DIE WUNDERBARE WELT DER PFLANZEN
■ Untersuchung photodormanter Samen

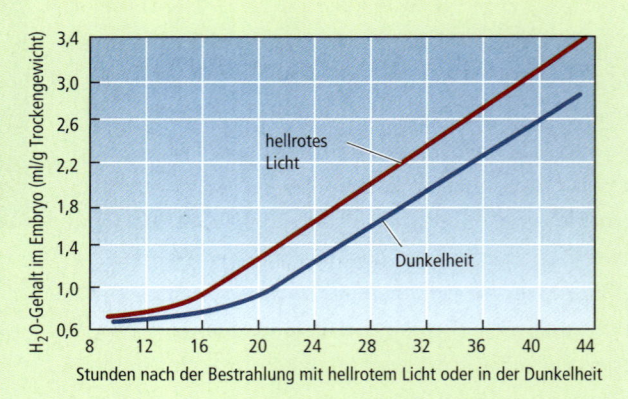

Der Wirkungsmechanismus, durch den Phytochrom die Samenruhe bricht und die Keimung einiger Samen fördert, ist immer noch nicht vollständig geklärt. Salatsamen (*Lactuca sativa* der Varietät Grand Rapids) haben oft als ein Modellsystem zur Untersuchung der Photodormanz gedient. Wenn sich die Samen einige Stunden mit Wasser vollgesogen haben und dann hellrotem Licht ausgesetzt werden, beginnt die Keimwurzel etwa 16 Stunden später, aus der Samenhülle herauszuragen. Die stimulierende Wirkung von hellrotem Licht kann bis zu acht Stunden nach der Bestrahlung mit hellrotem Licht durch dunkelrotes Licht immer noch rückgängig gemacht werden. Was auch immer Phytochrom (P_{FR}) bewirkt, seine Signaltransduktionskette läuft in den acht Stunden vor dem Herauswachsen der Keimwurzel ab.

Das Entfernen der äußeren Schichten des Salatsamens, die aus der Samenhülle und dem Endosperm bestehen, führt zu so genannten *nackten* Embryonen, die im Dunkeln ohne die Einstrahlung von hellrotem Licht keimen. Nackte Embryonen, die mit hellrotem Licht bestrahlt werden, keimen schneller als Embryonen, die mit dunkelrotem Licht oder gar nicht bestrahlt werden. Die Photodormanz kann bei diesen nackten Samen wiederhergestellt werden, indem man sie mit Lösungen umgibt, die mit dem Embryo um die Bindung von Wassermolekülen konkurrieren. Die Lösungen imitieren die Samenhülle und die Endospermschichten, indem sie eine physikalische Kraft, die eine Wasseraufnahme verhindert, darstellen.

Hellrotes Licht führt zu einem betragsmäßig größeren negativen Wasserpotenzial in den Embryonen, was einer größeren Kapazität entspricht, Wasser aufzunehmen. Entweder erhöht sich die Stoffkonzentration in den Zellen der Keimwurzel, wo die Zellstreckung während der Keimung zuerst eintritt, oder die Zellwände werden schwächer, so dass es zur Zellstreckung kommen kann. Dies sind die beiden einzigen Faktoren, die das Wasserpotenzial verringern können, um die Keimung zu fördern.

---

doch nicht im Winter. Um festzustellen, in welcher Jahreszeit sie sich gerade befinden, verarbeiten Pflanzen in gemäßigten Zonen viele Hinweise aus der Umwelt, gewöhnlich verlassen sie sich jedoch darauf, Veränderungen in der Photoperiode, der relativen Länge von Tag und Nacht, festzustellen. Diese Reaktion auf die relative Länge von Tag und Nacht wird als **Photoperiodismus** bezeichnet.

In den 1920er-Jahren untersuchten W. W. Garner und H. A. Allard eine Tabaksorte, den *Maryland Mammoth*, der während des Sommers in Maryland nicht blühte. Gegen Herbstanfang setzten sie Pflanzen ins Gewächshaus und beobachteten, dass die Pflanzen schließlich im Dezember blühten. Bei Untersuchungen fanden sie heraus, dass die Pflanzen blühten, wenn die Tageslänge weniger als 14 Stunden betrug. Sie prägten den Begriff **Kurztagpflanzen (KTP)**, um die Tabakpflanzen und andere Pflanzen zu beschreiben, die nur dann blühen, wenn die Tage kürzer als eine kritische Länge sind (▶ Abbildung 11.10). Kurztagpflanzen blühen im späten Sommer oder im frühen Herbst. Einige Beispiele dafür sind Weihnachtssterne, Kletten, Sojabohnen, Veilchen und man-

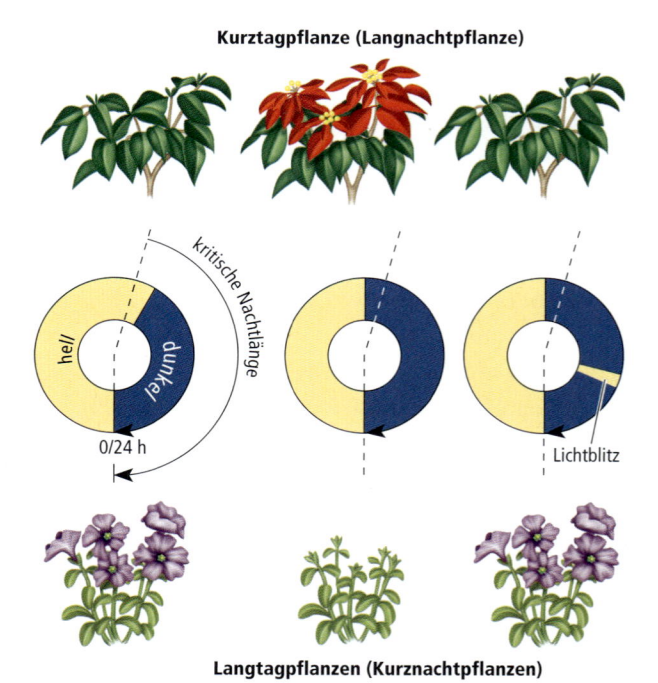

Abbildung 11.10: Kurztagpflanzen und Langtagpflanzen. Kurztagpflanzen blühen, wenn die kritische Nachtlänge überschritten wird. Langtagpflanzen blühen, wenn die kritische Nachtlänge unterschritten wird.

11.2 Reaktionen auf Licht

Kurztagpflanze (Langnachtpflanze)
(blüht, falls der Tag eine kritische Länge unterschreitet)

Langtagpflanze (Kurznachtpflanze)
(blüht, falls der Tag eine kritische Länge überschreitet)

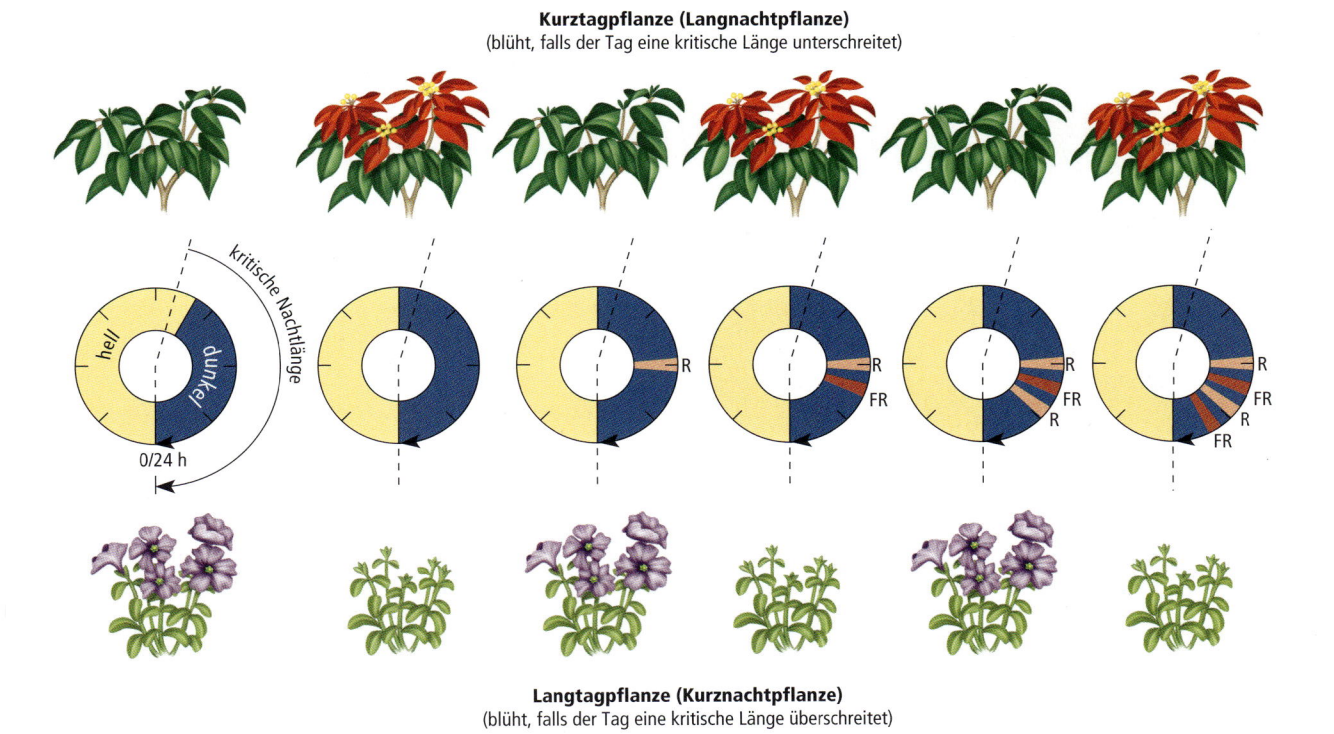

Abbildung 11.11: Effekt von Nachtunterbrechungen auf die Blühinduktion. Bei einer Kurztagpflanze unterbindet eine Unterbrechung durch Bestrahlung mit hellrotem Licht (= R) während einer sonst ausreichend langen Nacht die Blüte. Falls auf das hellrote Licht dunkelrotes Licht (= FR) folgt, tritt die Blüte ein. Bei einer Langtagpflanze, die bei langen Nächten gehalten wird, durch die es nicht zur Blüte kommt, führt ein kurze Unterbrechung der Nacht durch Bestrahlung mit hellrotem Licht zum Einsetzen der Blüte.

che Erbeeren. Anschließend wurden Langtagpflanzen und tagneutrale Pflanzen entdeckt. Eine **Langtagpflanze (LTP)** blüht nur dann, wenn die Tageslänge eine kritische Länge übersteigt. Einige Beispiele dafür sind Klee, Petunien und Weizen. Langtagpflanzen blühen im späten Frühling und im frühen Sommer. Eine **tagneutrale Pflanze** blüht unabhängig von der Tageslänge. Einige Beispiele dafür sind Fleißiges Lieschen, Mais und Stechpalme. In den 1940er-Jahren entdeckten Wissenschaftler, dass Pflanzen in Wirklichkeit die Nachtlänge messen anstatt die Tageslänge. Deshalb wäre es tatsächlich korrekter, eine Langtagpflanze (LTP) als Kurznachtpflanze zu bezeichnen und eine Kurztagpflanze als Langnachtpflanze. Jedoch hatte sich zu diesem Zeitpunkt die ursprüngliche Terminologie bereits gut etabliert.

Einige Pflanzen, wie beispielsweise Vertreter der Gattung *Xanthium*, müssen nur eine korrekte Photoperiode lang belichtet werden, um die Blüte zu induzieren; andere, wie beispielsweise die Sojabohnen, benötigen einige bis viele Lichtperioden. Das Phytochromsystem spielt eine Rolle bei der Messung der Nachtlänge. Falls eine Kurztagpflanze (Langnachtpflanze) während einer sonst ausreichend langen Nacht auch nur eine kurze Störung durch Bestrahlung mit hellrotem Licht erfährt, wird sie nicht blühen. Falls eine Langtagpflanze (Kurznachtpflanze) in langen Nächten gehalten wird, welche die Blüte nicht auslösen, wird ein Lichtblitz während einer solchen langen Nacht die Blüte induzieren. Nur hellrotes Licht bewirkt diesen Nachtunterbrechungseffekt (▶ Abbildung 11.11). Die Wirkung des hellroten Lichts kann durch dunkelrotes Licht umgekehrt werden, was auf eine Beteiligung von Phytochrom hindeutet. Jedoch misst Phytochrom an sich die Nachtlänge nicht wie eine Uhr. Innerhalb einiger Stunden, und schon vor Ende der langen Nacht, hat sich das gesamte dunkelrotes Licht absorbierende Phytochrom, das am Ende eines sonnigen Tages dominierte, in die hellrotes Licht absorbierende Form umgewandelt. Wissenschaftler wissen noch nicht, was die Nachtlänge misst, obwohl eine Unterpopulation von Phytochrommolekülen damit zu tun haben könnte.

Kommerzielle Züchter manipulieren die Photoperiode verschiedener Pflanzen, um die Blüte auszulösen. Zum Beispiel sollen Weihnachtssterne, die Kurztagpflanzen sind, im Dezember blühend verkauft wer-

Abbildung 11.12: **Einige Pflanzen „schießen" bei der Blüte.** Pflanzen, wie beispielsweise dieser Vertreter der Aronstabgewächse, schießen, wobei sie einen langen Blütenstängel bilden. Dieser Prozess läuft natürlich ab, er kann jedoch auch durch Gibberelline induziert werden.

den. Die aus den Stecklingen im späten Sommer entstandenen Pflanzen werden Anfang September für vier bis sechs Wochen Kurztagbedingungen ausgesetzt, sodass sie zu Weihnachten in Blüte stehen. Die Blüten des Weihnachtssterns, die in Wirklichkeit sehr klein sind, werden zusammen mit den farbigen modifizierten Blättern gebildet, die als Hochblätter bezeichnet werden.

Blütenmeristeme bilden sich aus Sprossapikalmeristemen. Jedoch sind es überraschenderweise eher die Blätter als die Meristeme, welche die Photoperiode messen. Dies wurde entdeckt, indem man jeweils einen Teil der Pflanze abdeckte, während man den Rest der Pflanze dem Licht aussetzte. Als Reaktion auf eine blühinduzierende Photoperiode bilden die Blätter eine Substanz, die sich die Sprossachse hinauf zum Sprossapikalmeristem bewegt und die Blütenbildung fördert. Ein angeregtes Blatt kann von einer Pflanze entfernt werden und jeweils für einige Tage auf Pflanzen gepfropft werden, die nicht zum Blühen angeregt worden waren. Das angeregte Blatt fördert ein paar Tage lang weiterhin die Blüte und kann bei etlichen weiteren Wirtspflanzen die Blüte auslösen. Die hypothetische Substanz, welche die Blüte fördert, wurde noch nicht identifiziert, jedoch erhielt sie bereits den Namen **Florigen**. Florigen scheint kein einzelnes bekanntes Pflanzenhormon zu sein, wenngleich es sich um eine Phytohormonmischung handeln könnte. Trotz vieler Versuche konnte keine Verbindung isoliert werden, die wie Florigen wirkt. Das deutet möglicherweise darauf hin, dass Florigen bei der Extraktion leicht abgebaut wird oder nur in extrem kleinen Mengen aktiv ist. Der wirtschaftliche Wert der Isolierung des Florigens wäre immens. Die Verbindung könnte auf Pflanzen gesprüht werden, um eine frühere Blüte, die Blüte zu einer bestimmten Zeit oder eine gleichzeitige Blüte aller Pflanzen auf einem Feld zu induzieren.

Der bekannte Pflanzenphysiologe Anton Lang entdeckte, dass einige Langtagpflanzen und zweijährige Pflanzen durch applizierte Gibberelline sogar dann zum Blühen gebracht werden können, wenn sie im Kurztag gezogen werden. Das Phytohormon bewirkt das schnelle Längenwachstum eines langen blütentragenden Stängels. Dieser Prozess wird als **Schießen** bezeichnet (▶ Abbildung 11.12). Lang und seine Kollegen entdeckten außerdem, dass Langtagpflanzen Inhibitoren für das Blühen bildeten, die durch Pfröpflinge in andere Pflanzen übertragen werden können. Bei Kurztagpflanzen fanden sie aber in den Blättern keinen Hinweis auf Inhibitoren für die Blüte. Deshalb könnte Florigen, oder ein Aspekt davon, bei einigen Pflanzen mit dem Verschwinden eines Inhibitors zusammenhängen, wenn die blühinduzierende Photoperiode herrscht.

Einige Pflanzen, wie zum Beispiel Ananas, blühen, wenn hohe Konzentrationen von Auxin aufgebraucht werden, was zur Ethylensynthese führt. Überraschenderweise können solche Pflanzen auch zum Blühen gebracht werden, indem man sie auf die Seite legt, wodurch sie an der Unterseite vermehrt Auxin bilden, was die Ethylensynthese ebenfalls fördert. Das Umkippen von Pflanzen würde bei Pflanzen, die in Gefäßen gezüchtet werden, gut funktionieren, beim Feldanbau ist dies natürlich unmöglich. Ananaspflanzen werden auf dem Feld mit einem künstlichen Auxin besprüht, das sie zur Blüte anregt und dazu führt, dass sie gleichzeitig reife Früchte tragen. So kann die Ernte der Früchte mechanisiert und stark rationalisiert werden.

Circadiane Rhythmen

Pflanzen haben biologische Zyklen von etwa 24 Stunden. Diese werden als **circadiane Rhythmen** bezeichnet (von lateinisch *circa*, „ungefähr", und lateinisch *dies*, „Tag"). Viele Hülsenfrüchtler klappen ihre Fiederblättchen nachts zusammen, in Reaktion auf abnehmende Helligkeit und Temperatur (▶ Abbildung 11.13a). Viele biochemische und physiologische Eigenschaften von Pflanzen und anderen Organismen schwanken in einem 24-stündigen Zyklus. Die Transpirationsraten und die Aktivität vieler Enzyme schwanken in einem circadianen Rhythmus. Außer Pflanzen folgen auch andere Or-

11.2 Reaktionen auf Licht

(a) Bei Bohnen und vielen anderen Pflanzen bewegen sich die Blätter aus einer horizontalen, Licht einfangenden Position am Tage nachts in eine vertikale Position, die den Wärmeverlust an die Atmosphäre minimiert.

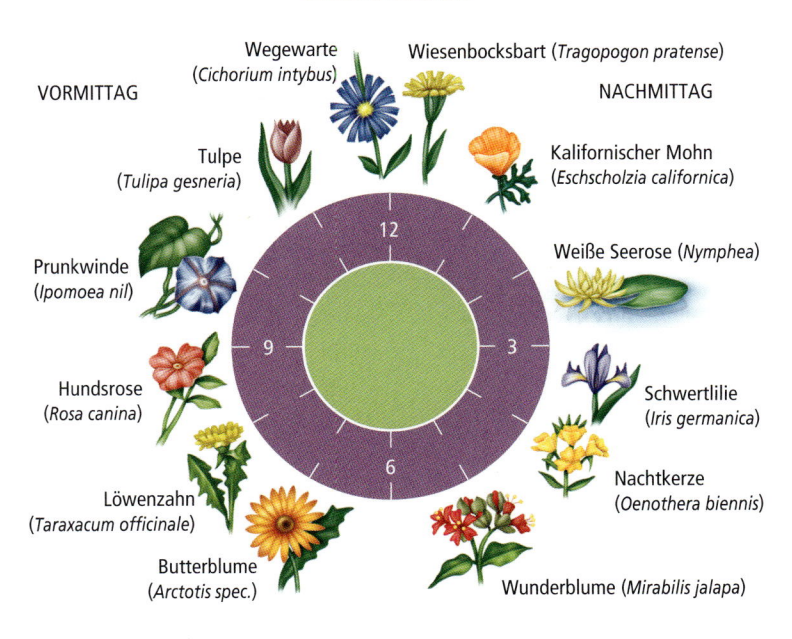

(b) Der schwedische Botaniker Carl von Linné entwarf einen Garten, der theoretisch als „Blumenuhr" dienen konnte, weil verschiedene Pflanzen ihre Blüten zu unterschiedlichen Tageszeiten öffnen und schließen. Durch Beobachtung des Zustands der Blüten könnte jemand die ungefähre Uhrzeit bestimmen.

Abbildung 11.13: Schlafbewegungen.

ganismen dieser zyklischen Rhythmik. Beispielsweise betreibt die einzellige Meeresalge *Gonyaulax polyedra* tagsüber maximal Photosynthese und produziert nachts durch Biolumineszenz maximal ihr eigenes Licht.

Der circadiane Rhythmus setzt sich sogar dann in einem etwa 24-stündigen Rhythmus fort, wenn Pflanzen im Dauerlicht oder im Dauerdunkel gehalten werden. In der Natur spielt das Phytochromsystem eine wichtige Rolle bei der Erhaltung und Einstellung der circadianen Uhr, da das morgendliche Sonnenlicht den größten Teil des Phytochroms schnell in die hellrotes Licht absorbierende Form umwandelt.

Wissenschaftler, die sich mit der circadianen Rhythmik beschäftigen, suchen nach Mutanten, bei denen der Prozess gestört ist. Dabei suchen sie nach einem oder mehreren Genen, die als übergeordnete Kontrollelemente dienen. Bei einer Reihe von Experimenten untersuchten sie das Gen, das ein Protein codiert, das Chlorophyll in den Photosystemen zur Photosynthese bindet. Dieses Chlorophyll bindende Protein wird tagsüber synthetisiert, wobei die Synthese mit dem ersten Lichtstrahl einsetzt. Indem sie das Luciferasegen des Glühwürmchens an die DNA anhängten, die dieses Protein codiert, kultivierten Wissenschaftler eine *Arabidopsis*-Pflanze, die wie ein Glühwürmchen lumineszierte, wenn das Gen aktiviert wurde. Mutanten mit einem veränderten circadianen Rhythmus konnten dann selektiert werden, indem man nach Pflanzen suchte, die bei Tagesanbruch nicht lumineszierten.

Viele Hülsenfrüchtler stellen ihre Blätter tagsüber horizontal und nachts vertikal. Darwins Hypothese zur Erklärung dieser „Schlafbewegungen" ist, dass die Pflanzen den Wärmeverlust in der Nacht reduzieren, indem sie die Blattoberfläche, die gen Nachthimmel zeigt,

11 INTERNE UND EXTERNE REIZE

minimieren. Die Schlafbewegungen von Pflanzen variieren von einer Art zur anderen beträchtlich. Auch die Blüten vieler Pflanzen öffnen und schließen sich zu bestimmten Tages- oder Nachtzeiten. Das Öffnen der Blüten hängt oft mit der Aktivität bestimmter Bestäuber zusammen, wie beispielsweise von Insekten, Käfern oder Vögeln. Der schwedische Botaniker Carl von Linné (1707–1778) entwarf einen Blumengarten, der aus tortenförmigen Segmenten bestand, die zu unterschiedlichen Tageszeiten gehörten (▶ Abbildung 11.13b). Jedes Segment würde eine Pflanze enthalten, die ihre Blüte zu eben dieser Tageszeit öffnet. Theoretisch könnte jemand die Tageszeit bestimmen, indem er beobachtete, welche Pflanzen ihre Blüten gerade öffneten und schlossen. Es ist jedoch nicht bekannt, ob es Linné gelang, eine solche „Blumenuhr" erfolgreich zu pflanzen.

WIEDERHOLUNGSFRAGEN

1. Beschreiben Sie, was beim Phototropismus passiert.
2. Wie wirkt sich blaues und rotes Licht auf Pflanzen aus?
3. Beschreiben Sie die Auswirkungen von Phytochrom.
4. Was bedeuten die Begriffe Kurztagpflanze und Langtagpflanze?
5. Wie wirkt sich der Zyklus von Tag und Nacht auf Pflanzen aus?

Reaktionen auf andere Umgebungsreize 11.3

Abgesehen von Phytohormonen und Licht unterliegen Pflanzenzellen auch vielen anderen Umgebungsreizen, wie beispielsweise der Schwerkraft, dem Wind und physikalischer Berührung. In vielen Umgebungen müssen Pflanzen auch auf jahreszeitliche Änderungen und Trockenperioden, Überflutung und extreme Temperaturen vorbereitet sein. Um zu überleben, muss eine Pflanze außerdem Pflanzenfresser und Krankheitserreger abschrecken.

Gravitropismus

Das Wachstum in Richtung oder entgegen der Schwerkraft wird als **Gravitropismus** bezeichnet. Wenn Wurzeln in Richtung der Schwerkraft wachsen, wird ihr Wachstum als positiver Gravitropismus bezeichnet. Wenn Triebe entgegen der Schwerkraft wachsen, wird ihr Wachstum als negativer Gravitropismus bezeichnet. Zwei aktuelle Hypothesen versuchen zu erklären, wie Pflanzen auf Schwerkraft reagieren. Die eine Hypothese führt den Gravitropismus auf spezialisierte Plastiden, die **Statolithen**, zurück, die mit dichten Stärkekörnchen angefüllt sind und in den Zellen der Wurzelhaube vorkommen. Wenn diese Zellen absterben, nimmt der Gravitropismus merklich ab. Aufgrund ihrer Dichte sammeln sich die Statolithen am Boden der Zellen, wobei sie die Richtung der Schwerkraft für die Pflanze festlegen (▶ Abbildung 11.14). Auxin wird zur schwerkraftmäßig „unteren" Seite der Wurzeln transportiert, wo es das Wachstum unterdrückt, so dass die „obere" Seite der Wurzel wachsen kann, was zu einer Krümmung nach unten führt. Bei Sprossachsen nehmen die Statolithen in den Zellen der primären Rinde und der Epidermis die Schwerkraft in ähnlicher Weise wahr. Sie fördern die Zellstreckung an der „unteren" Seite, was zu einer Krümmung nach oben führt. Jedoch reagieren einige

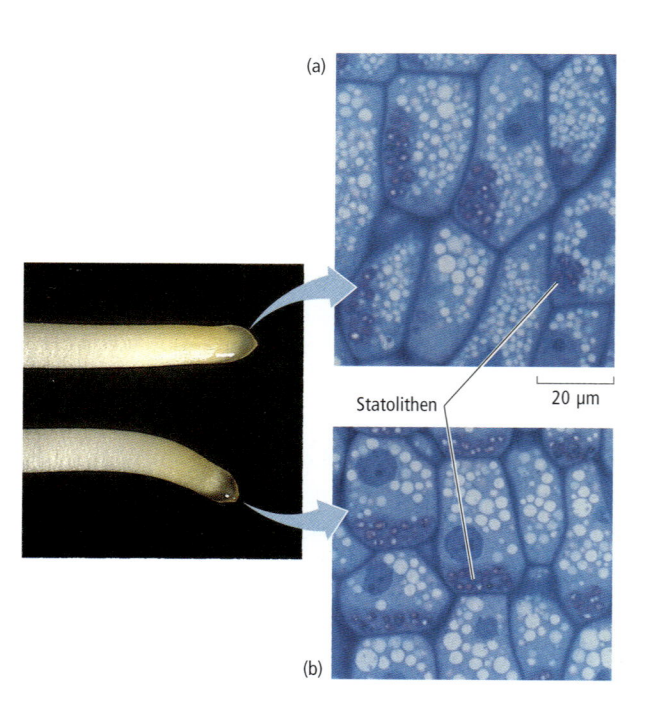

Abbildung 11.14: Statolithen können Gravitropismus auslösen. (a) Diese Mikroskopaufnahme zeigt eine Wurzel, unmittelbar nachdem sie auf die Seite gelegt wurde. (b) Beachten Sie, dass sich die Statolithen bei der gravitropischen Reaktion auf dem Boden der Zellen sammeln.

Pflanzen, denen Statolithen fehlen, wie beispielsweise bestimmte Mutanten von *Arabidopsis thaliana*, wenn auch reduziert, aber immer noch signifikant auf Schwerkraft. Demnach könnten auch andere Mechanismen an der Ausbildung des Gravitropismus beteiligt sein.

Eine zweite Hypothese, die Hypothese über den Gravitationsdruck, besagt, dass die Schwerkraft Proteine an der oberen Plasmamembran streckt und Druck auf die Proteine an der unteren Plasmamembran ausübt, so dass die Pflanze zwischen oberer und unterer Membran unterscheiden kann. Sowohl bei Pflanzen als auch bei Tieren findet man beispielsweise Proteine, die Integrine, welche die Außenseite der Zellmembran mit dem inneren Cytoskelett verbinden. Integrine wurden kürzlich in den Membranen von Statolithen entdeckt und können auch in Plasmamembranen vorkommen. Möglicherweise wird sich herausstellen, dass die Statolithenhypothese und die Hypothese über den Gravitationsdruck vieles gemeinsam haben.

Wurzeln und Triebe reagieren gleichzeitig auf verschiedene Reize, darunter die Schwerkraft, das Licht und das Vorhandensein von Wasser. Deshalb hängt die tatsächliche Ausrichtung des Spross- und Wurzelwachstums von der Wechselwirkung dieser Reize ab. Beispielsweise kann bei Wurzeln ein durch die Schwerkraft ausgeübter rein vertikaler Reiz durch ein horizontales Wachstum zu einer Wasserquelle überdeckt werden.

Mechanische Reize

Thigmotropismus (von griechisch *thigma*, „Berührung") ist ein Wachstum in Reaktion auf Berührung (siehe Kapitel 4). Berührung wirkt sich auf Pflanzen auf mehreren unterschiedlichen Wegen aus. An einem ist die Ethylenbildung beteiligt. Sie wissen bereits, dass Ethylen bei Pflanzen die Umstellung vom Längenwachstum auf Dickenwachstum bewirkt. Wird eine Sprossachse berührt oder gerieben, was vermutlich die Wirkung von Wind simuliert, dann wird sie in der Tat darauf reagieren, indem sie Ethylen bildet und das Längenwachstum reduziert. Ranken winden sich aufgrund einer Berührungsreaktion um ein Objekt, auf das sie stoßen. Auf der Seite der Ranke, die ein fremdes Objekt berührt, wird Ethylen gebildet, was das Wachstum an dieser Seite hemmt, während das Wachstum auf der gegenüberliegenden Seite die Krümmung der Ranke bewirkt (▶ Abbildung 11.15).

Abbildung 11.15: Thigmotropismus. Ranken liefern eine gute Demonstration des Thigmotropismus, wobei es sich um eine durch Berührung ausgelöste Wachstumsreaktion handelt.

Drei andere Tropismen sind noch relativ unzureichend untersucht: Hydrotropismus, Heliotropismus und Chemotropismus. **Hydrotropismus**, das Wachstum zum Wasser hin oder von ihm weg, tritt auf, wenn Wurzeln zum Wasser oder zum feuchten Boden hinwachsen. Die Wurzelhaube enthält den Sensor, und an der Signaltransduktionskette ist Kalzium beteiligt. **Heliotropismus**, das Verfolgen des Laufs der Sonne, hängt mit Blüten oder Blättern zusammen, die entweder der Sonne folgen, wie es bei der Sonnenblume der Fall ist, oder die Sonne den ganzen Tag meiden. Heliotropismus könnte ein fortdauernder Phototropismus sein, obwohl er bei ausgereiften Blütenstängeln oder Blättern vorzukommen scheint, die nicht mehr wachsen. Möglicherweise ist daran ein Druckverlust beteiligt, der auf der beschatteten Seite der Sprossachse auftritt. **Chemotropismus**, das Wachstum zu einem chemischen Reiz hin oder von ihm weg, ist vermutlich an der Ausrichtung des Wachstums des Pollenschlauchs zum weiblichen Gametophyten von Samenpflanzen beteiligt. Bei blühenden Pflanzen muss der Pollenschlauch den gesamten Griffel hinunterwachsen, der einige Zentimeter lang sein kann. Bei der Oster-Lilie (*Lilium longiflorum*) hält man ein kleines Protein für den chemischen Lockstoff.

Andere Berührungsempfindlichkeiten wandeln den mechanischen Reiz in eine schnelle Reaktion um. Beispielsweise schließen sich die Blätter der „Sinnpflanze" (*Mimosa pudica*) durch vertikales Falten, wenn man sie berührt (▶ Abbildung 11.16). Bei dieser Pflanze verlie-

11 INTERNE UND EXTERNE REIZE

(a)

(b)

(c) Blattgewebe einer stimulierten Pflanze.

- Blattgewebeseite mit schlaffen Zellen
- Blattgewebeseite mit turgeszenten Zellen
- Blättchen nach der Stimulierung
- Blattgewebe
- Blattader

0,5 µm

Abbildung 11.16: Die „Sinnpflanze", *Mimosa pudica*. Selbst eine sanfte Berührung führt dazu, dass sich die Blättchen in ein oder zwei Sekunden schließen. (a) Nicht stimulierte Pflanze. (b) Stimulierte Pflanze. (c) Lichtmikroskopaufnahme des Bewegungsgewebes einer stimulierten Pflanze. Die schlaffen Zellen an der Innenseite haben Wasser verloren, während die turgeszenten Zellen an der Außenseite Wasser aufgenommen haben.

ren Zellen in spezialisierten Geweben, den Pulvini (Singular: Pulvinus), an den Verbindungsstellen zwischen Blättern und Blättchen Kalium und verlieren dann als Reaktion auf die Berührung Wasser. Infolgedessen sind die Zellen nicht mehr turgeszent, sondern schlaff, und die Blättchen klappen zusammen. Ein langsamer elektrischer Impuls überträgt die Stimulation von einem Blättchen zum anderen. Der Impuls wird viel langsamer übertragen als bei tierischen Nervenzellen, weil keine speziellen Zellen, wie beispielsweise Neuronen existieren.

Die Venusfliegenfalle (*Dionaea muscipula*), eine Pflanze, die in Sümpfen mit unzureichender Stickstoffversorgung lebt, fängt Insekten in modifizierten Blättern, die sich innerhalb einer Sekunde zu einer „Falle" zusammenfalten, nachdem ein Insekt die haarfeinen Fühlborsten berührt hat. Drei Fühlborsten befinden sich jeweils im Innern auf jeder Blatthälfte. Falls zwei davon in kurzer Folge berührt werden oder eine zwei Mal hintereinander berührt wird, dann schließt sich die Falle. Nach der mechanischen Stimulation der Fühlborsten muss der Reiz in ein elektrisches Signal übertragen werden, das sich anschließend über das Blatt ausbreitet.

Das Zuklappen ist mit einer Wasseraufnahme der Mesophyllzellen im „Gelenkbereich" der Falle verbunden, die anschwellen, um die Falle mechanisch zu schließen. Die Stimulation der Fühlborsten entpolarisiert die Membran. Der Mechanismus der elektrischen Weiterleitung bleibt rätselhaft.

Anpassung an jahreszeitliche Klimaveränderungen

Obwohl die Spross- und Wurzelspitzen von Pflanzen ein kontinuierliches Wachstum zulassen, stellen viele Pflanzen das Wachstum zeitweilig ein oder sterben zu bestimmten Jahreszeiten ab. Am Ende jeder Wachstumsperiode sterben einjährige Pflanzen ab, während laubabwerfende Pflanzen ihre Blätter verlieren und in einen Ruhezustand übergehen. In gemäßigten Zonen signalisieren kürzer werdende Tage und niedriger werdende Temperaturen diesen Übergang. In tropischen Gebieten und Wüsten dient der Beginn der Trockenzeit als Signal.

Die Knospenruhe umfasst eine Reihe von anatomischen und biochemischen Veränderungen, an denen zwei Pflanzenhormone beteiligt sind: Abscisin-

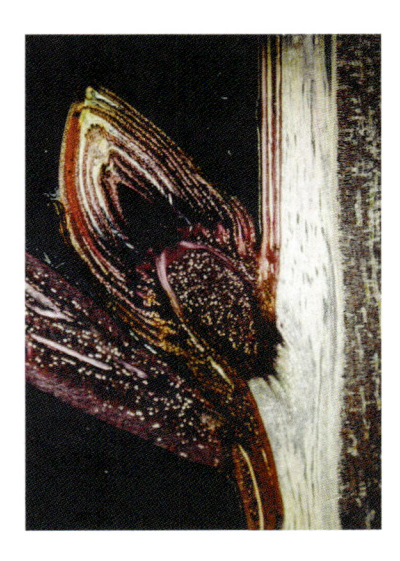

Abbildung 11.17: Knospenruhe. In dieser Mikroskopaufnahme eines Längsschnittes einer Achselknospe umgeben Knospenschuppen das ruhende Sprossapikalmeristem. Die Knospenschuppen schützen und isolieren es während der Wintermonate.

säure (ABA) und Gibberelline. In gemäßigten Zonen signalisieren letztlich kürzere Tage (die nach der Sommersonnenwende im Juni einsetzen), dass sich die Triebspitzen auf raue Umweltbedingungen einstellen müssen. In tropischen Zonen mit einem Wechsel zwischen feuchten und trockenen Jahreszeiten signalisiert Wassermangel der Pflanze die Notwendigkeit, mit ähnlichen Vorbereitungen zu beginnen. Diese Vorbereitungen, als **Akklimatisierungen** bezeichnet, beginnen in gemäßigten Zonen vor dem Herbst und umfassen die Bildung von Knospenschuppen (▶ Abbildung 11.17) und die Ansammlung von ABA. Knospenschuppen helfen, die Knospen zu isolieren, und schützen sie vor dem Austrocknen; Abscisinsäure induziert die Knospenruhe und verhindert Wachstum während warmer oder feuchter Wetterperioden in einer sonst unfreundlichen Jahreszeit. In vielen Fällen hilft Kälte oder Trockenheit die Knospenruhe zu beenden, indem sie zu einem allmählichen Abbau von ABA führt. Die Synthese von Gibberellinen in Reaktion auf längere, wärmere Frühlingstage oder nassere Tage der Regenzeit hilft ebenfalls, die Knospenruhe zu beenden.

Viele Bäume verlieren ihre Blätter vor und mit Einsetzen der unfreundlichen Umweltbedingungen wie Kälte oder Trockenheit. Vor dem Blattfall entwickelt sich in der Nähe der Verbindungsstelle zwischen Blattstiel und größerer Sprossachse eine Abscissionszone. Diese Zone enthält zwei Zellschichten. Die Seite der Trennschicht, die sich an der Blattspreite befindet, besteht aus dünnen Zellen mit schwachen Zellwänden. Vor dem Abfallen eines Blattes schwellen diese Zellen an und können sich teilen. Die Zellwände werden zu einer gallertartigen Masse abgebaut. Die Seite der Trennschicht, die sich am nächsten zur Sprossachse befindet, hat etliche Schichten aus Zellen, deren Zellwände mit fettigem Suberin imprägniert sind, das die Trennstelle versiegelt, wenn das Blatt abfällt.

Vor dem Abfallen der Blätter werden brauchbare Moleküle aus den Blattspreiten in die Sprosse rücktransportiert. Proteine und Stärke werden zu den transportablen Bausteinen, den Aminosäuren und Glucose, abgebaut. Sogar Vitamine und anorganische Ionen werden von der Pflanze „recycelt". Ein Rückgang in den Cytokininbildung in den Wurzeln führt zur Rückgewinnung dieser Moleküle. Die Applikation von Cytokininen kann den Verlust von Molekülen verhindern und Blätter weit über den Zeitpunkt hinaus grün halten, an dem die normale Vorbereitung für den Winter beginnen würde.

Die wunderschönen roten, gelben und orangen Herbstfarben der Blätter haben in Wirklichkeit zwei Ursachen. Rote Anthocyane werden im Herbst neu synthetisiert, während die bereits in den Blättern vorhandenen gelben und orangefarbenen Carotinoide durch den Abbau des Chlorophylls sichtbar werden. Die Anthocyansynthese in den Blättern am Ende ihrer Wachstumsperiode hat Wissenschaftler verwundert. Warum sollten Pflanzen die Energie so „vergeuden"? Forscher an der Harvard-Universität stellten die Hypothese auf, dass die Schicht aus roten Anthocyanen, die sich in den Mesophyllzellen einiger Pflanzen ansammeln, wenn die Blätter langsam absterben, Blätter vor der Zerstörung schützt, während die Nährstoffe zurückgewonnen werden. Chlorophyll absorbiert Chlorophyll zerstörerisches ultraviolettes bis blaues Licht. Während der Blattalterung wird jedoch das Chlorophyll abgebaut, so dass die roten Pigmente diese Aufgabe zu übernehmen scheinen. Anthocyane sammeln sich oft auch in Pflanzen, die unter Trockenheit oder Kälte leiden. Dort könnten sie als osmotisch aktive Schutzmoleküle dienen.

Ethylen fördert den Blattfall, während sie Auxin und Cytokinin unterdrücken. Ethylen fördert die Synthese und die Aktivität von Enzymen, welche die Entwicklung der Abscissionszone bewirken. Kommerziell wird Ethylen eingesetzt, um den Abfall der Früchte bei Kirschen, Trauben und vielen Beeren zu fördern. Die Anregung einheitlicher Fallzeiten erleichtert die mechanische Ernte.

EVOLUTION

Das Wettrüsten zwischen Pflanzen und Pflanzenfressern

Wie Sie wissen, können Pflanzen Verbindungen bilden, die Pflanzenfresser und Krankheitserreger abstoßen. Ein Beispiel gibt die hier abgebildete *Datura wrightii*, Wrights Stechapfel, eine einjährige Pflanze aus der Wüste Utahs. Nach *dhatura*, dem alten Hindi-Wort für Pflanze benannt, schützt sich die Pflanze vor Insekten, indem sie wirksame Alkaloide bildet, wie beispielsweise Atropin und Hyoscyamin. Diese Alkaloide finden medizinische Anwendungen bei Herzkrankheiten und können auch gefährliche Drogen sein.

Außerdem kann der Stechapfel entweder klebrige oder samtige Trichome (Blatthaare) bilden. Klebrige Stechapfelpflanzen bilden drüsenartige Trichome, die mit einer klebrigen Substanz aus Zucker und Wasser gefüllt sind, die manche Pflanzenfresser festhält.

Samtige Stechapfelpflanzen bilden Trichome, die nicht drüsenartig sind. Ein einzelnes dominantes Gen bestimmt, ob eine Stechapfelpflanze klebrige oder samtige Trichome entwickelt.

Klebrige Stechäpfel sind weitgehend resistent gegenüber Insekten, die samtige Pflanzen auffressen. Jedoch können Insekten Stoffe bilden, welche die Wirkung von Pflanzenverbindungen verhindern. Eine Art der Blindwanze, *Tupiocoris notatus*, hat sich anatomisch an klebrige Stechäpfel angepasst und ist der hauptsächliche Pflanzenschädling dieser Stechäpfel.

Die Bildung einer zuckerhaltigen Lösung, die eine klebrige Blattoberfläche zur Folge hat und Feinde abstößt, bedeutet für die Pflanze Aufwand hinsichtlich der Gesamtenergie und der Ressourcen, die ihr zur Verfügung stehen. Klebrige Stechapfelpflanzen brauchen mehr Energie und Wasser, um der Verdunstung aus der klebrigen Flüssigkeit entgegenzuwirken, wodurch sie die Energie- und Wassermenge reduzieren, die zur Samenbildung zur Verfügung steht. Wenn man von Pflanzenfressern als Faktor für die Reduzierung der Samenbildung absieht, bilden klebrige Stechapfelpflanzen bei Trockenheit 45 Prozent weniger Samen als die samtigen Stechapfelpflanzen. Diese Reduzierung entspricht der Menge an Stoffwechselenergie, die klebrige Pflanzen benötigen, um drüsenartige Trichome auszubilden. Die klebrigen, drüsenartigen Trichome könnten also eine übermäßig kostspielige Anpassung darstellen, die möglicherweise die Wahrscheinlichkeit für das Überleben klebriger Pflanzen reduziert.

Reaktionen auf abiotischen Stress

Der allgemeine Mechanismus, durch den Pflanzen auf Umweltbeanspruchungen reagieren, umfasst die Aufnahme und die Identifizierung des Signals aus der Umwelt, die Übermittlung des Signals durch die Pflanze sowie die Änderung der Genexpression und des Stoffwechsels, um der Beanspruchung entgegenzuwirken. Bei Trockenheit sind beispielsweise die Wurzelhaare zuerst betroffen. Wenn diese Zellen kein ausreichend hohes Wasserpotenzial mehr haben, um Wasser aus den Bodenpartikeln zu ziehen, verlangsamt sich die Transpiration und die Nachricht über den Wassermangel wird dabei an die gesamte Pflanze übermittelt. Infolgedessen nimmt die Synthese von Abscisinsäure in den Wurzeln und Blättern zu und die Stomata schließen sich.

In den Zellen von Pflanzen, die Trockenheit überstehen, sammeln sich auch ein oder zwei spezifische Proteine, wie beispielsweise Dehydrine, die bis zu 12 Prozent des gesamten Proteinanteils ausmachen können. Die Wirkungsweise dieser Proteine bleibt unklar; doch führen gentechnische Versuche, ihre Bildung durch zusätzliche Gene zu erhöhen, die diese Proteine codieren, mitunter zu Pflanzen mit einer erhöhten Trockentoleranz.

Bei vielen Pflanzen setzt ein Prozess osmotischer Anpassung ein, bei dem Zellen mit der Synthese von Stoffmolekülen beginnen, welche die Fähigkeit der Zellwände, Wasser anzuziehen und zu speichern, erhöhen. Solche Moleküle, die Osmolyte, sammeln sich im Allgemeinen im Cytoplasma, während sich in der Vakuole geladene Ionen und gelöste Stoffe sammeln, die sonst den Stoffwechsel im Cytoplasma an sich stören würden.

Reaktionen auf biotischen Stress

Pflanzenfresser (Herbivore) und Krankheitserreger (Pflanzenpathogene) sind die wesentlichen Pflanzenvernichter. Etwa 50 Prozent der Säugetier- und Insektenarten sind Pflanzenfresser. Pilze, Bakterien und Viruserkrankungen zerstören etwa 30 Prozent der weltweit angebauten Kulturpflanzen, was sowohl zu Hungersnöten als auch zu wirtschaftlichen Verlusten in Höhe

11.3 Reaktionen auf andere Umgebungsreize

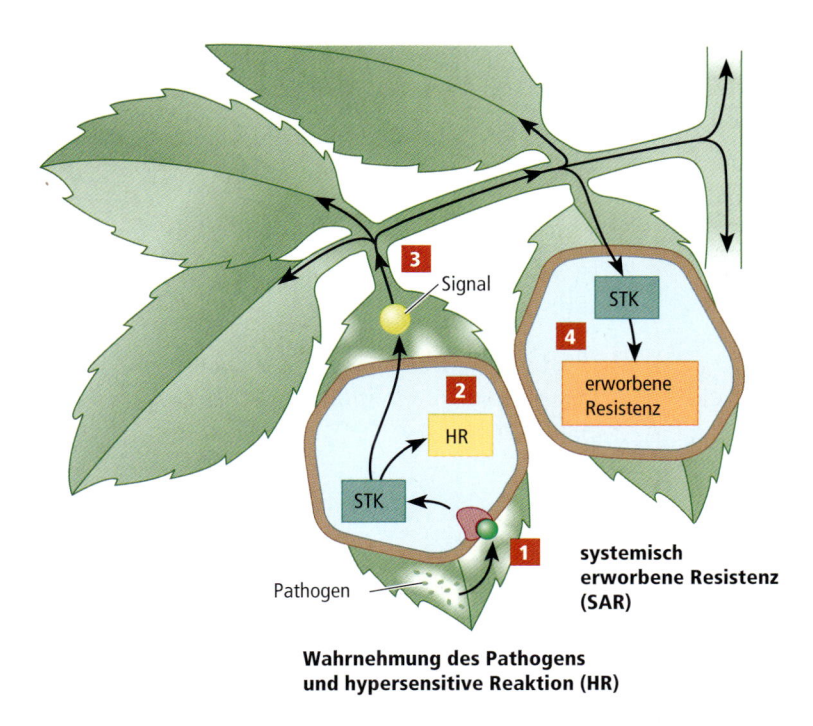

1 Die Bindung eines Pathogens an die Plasmamembran induziert eine Signaltransduktionskette (STK).

2 Die STK löst eine hypersensitive Reaktion (HR) aus, die infizierte Pflanzenzellen abtötet. Bevor sie absterben, setzen sie antimikrobielle Moleküle frei.

3 Absterbende Zellen setzen Salicylsäure frei, die durch die Pflanze transportiert wird.

4 In den gesunden Zellen der Pflanzen induziert Salicylsäure eine STK, die antimikrobielle Moleküle bildet, die eine weitere Infektion verhindern sollen. Diese Reaktion wird als systemisch erworbene Resistenz bezeichnet (SAR für *systemic acquired resistance*).

Abbildung 11.18: **Pflanzenzellen reagieren auf Infektion durch Pilze, Bakterien und Viren.** Infolge einer anfänglichen Infektion und einer nachfolgenden Signaltransduktionskette bilden Pflanzen eine Vielzahl antimikrobieller Moleküle.

von Billionen von Dollar führt. In der Natur vorkommende Pflanzen sind nicht mehr immun. Jede Mutation, die den Angriff dieser Feinde übersteht, würde einer Pflanze einen riesigen evolutionären Vorteil liefern (siehe den Kasten *Evolution* auf Seite 298).

Viele Pflanzen verteidigen sich mit sekundären Metaboliten, wie beispielsweise Alkaloiden, Phenolverbindungen und Terpenoiden (siehe Kapitel 7), sowohl gegen Pflanzenfresser als auch gegen krankheitserregende Bakterien und Pilze. Die Konzentration der sekundären Metabolite kann sich im Sommer mit der Zahl der Insekten erhöhen. Beispielsweise erhöht sich die Konzentration der Phenolverbindung Tannin in Eichenblättern von 0,7 Prozent des Trockengewichts im April auf 5,5 Prozent des Trockengewichts im September. Sekundäre Metabolite sind oft in Trichomen, den Blatthaaren, enthalten, die gewöhnlich zuerst mit dem Mund von Pflanzenfressern in Berührung kommen. Viele Pflanzen bilden als Reaktion auf einen Angriff noch mehr sekundäre Metabolite, so dass ein zweiter erfolgreicher Angriff weniger wahrscheinlich ist. Natürlich ist zur Bildung sekundärer Metabolite Energie erforderlich, so dass der Schutz mit einem Aufwand verbunden ist.

Die Reaktion einer mit einem Krankheitserreger infizierten Pflanze ist komplex. Pflanzen verfügen zum Beispiel über verschiedene induzierte Antworten, die nur infolge einer Wechselwirkung mit einem Pflanzenfresser oder einer Infektion durch ein Pathogen auftreten. Angriffe von Pflanzenfressern, wie beispielsweise Insekten, aktivieren eine Abwehrkette, in der Jasmonsäure und andere Verbindungen gebildet werden, die zu dem allgemeinen Bestreben der Pflanze beitragen, die Pflanzenfresser und Pathogene loszuwerden. Die induzierte Abwehr macht die Pflanze weniger schmackhaft und zieht auch Raubinsekten an, die sich von Pflanzen fressenden Insekten ernähren. Tomatenpflanzen, die mit Jasmonsäure behandelt wurden, um die induzierte Abwehr zu simulieren, ziehen doppelt so viele parasitäre Wespenlarven an wie unbehandelte Pflanzen. Die Larven parasitieren und töten Larven einer Schmetterlingsart, die Tomatenblätter frisst.

Infektionen durch Pilze, Bakterien und Viren induzieren bei Pflanzen Abwehr auch über einen zweiten Weg (▶ Abbildung 11.18). Moleküle eines Pathogens binden sich an einen spezifischen Rezeptor in der Plasmamembran der Pflanze. Diese Bindung führt zu einer örtlich begrenzten Reaktion, die als **hypersensitive Reaktion (HR)** bezeichnet wird. Dabei schotten die Pflanzenzellen den infizierten Bereich ab und stellen Verbindungen her, die das Pathogen zerstören oder sein Wachstum und seine Zellteilung verlangsamen. Durch den programmierten Zelltod erzeugt die HR eine beachtliche Verletzung auf dem Blatt. Zellen, die durch die anfängliche Infektion im Bereich der HR absterben, setzen Salicylsäure (eine modifizierte Form des aktiven Wirkstoffs in Aspirin) und gasförmiges Stickstoffmonoxid (NO) frei. Dadurch wird eine Signaltransduktionskette in vielen Teilen der Pflanze ausgelöst. Diese Signaltransduktion führt zu einer umfassenden Reaktion, der **systemisch erworbenen Resistenz** (SAR für *systemic acquired resistance*). Das ist eine allgemeine Resistenz, die infolge einer Infektion erworben wird. Diese SAR führt zur Synthese von Verbindungen, welche die Abwehr von Pathogenen unterstützen.

> **WIEDERHOLUNGSFRAGEN**
>
> 1 Welche Rolle spielen Statolithen beim Gravitropismus?
>
> 2 Geben Sie ein Beispiel für Thigmotropismus an.
>
> 3 Welche Rolle spielt der Blattfall und wie läuft er ab?
>
> 4 Beschreiben Sie einige Möglichkeiten, wie Pflanzen auf Pflanzenfresser und Pathogene reagieren.

ZUSAMMENFASSUNG

11.1 Die Wirkung von Phytohormonen

Die Wirkung von Auxin

Auxin war das Pflanzenhormon, das zuerst entdeckt und charakterisiert wurde. Das wesentliche Pflanzenauxin ist Indolessigsäure, welche die Zellstreckung, die Differenzierung von Leitgewebe, die Apikaldominanz und die Ethylensynthese fördert.

Cytokinine

Cytokinine induzieren die Zellteilung und halten Pflanzen in einem jugendlichen Entwicklungszustand. Bei Gewebekulturen kontrolliert das Auxin-Cytokinin-Verhältnis, ob undifferenzierte Kalluszellen gebildet werden oder ob sich die Zellen differenzieren, um Wurzeln und Sprosse zu bilden.

Gibberelline

Gibberelline lösen den Abbau von Stärke im Endosperm von Grassamen aus. Außerdem brechen sie die Samenruhe, induzieren die Blüte von Pflanzen und fördern gemeinsam mit Auxin die Zellstreckung.

Die Wirkungen von Abscisinsäure

Abscisinsäure fördert das Schließen der Stomata bei Wassermangel. Außerdem unterstützt sie die Bildung von Speicherproteinen bei sich entwickelnden Samen und erhöht anschließend seine Konzentration, um das Keimen zu verhindern und die Samenruhe zu erhalten.

Die Wirkung von Ethylen

Ethylen hemmt die longitudinale Streckung von Spross und Wurzeln und fördert die Dickenzunahme. Es löst die *triple response* von Spross und Wurzeln aus und spielt eine Rolle bei der Fruchtreife.

Die Wirkung von Brassinosteroiden

Brassinosteroide sind Steroidhormone, die teilweise dieselben Entwicklungsschritte wie Auxin beeinflussen.

Die Wirkung weiterer Pflanzenhormone

Zwei Klassen von Verbindungen, die potenziell als Pflanzenhormone wirken, sind Polyamine und Jasmonsäure.

11.2 Reaktionen auf Licht

Die Wirkung von blauem Licht

Die Absorption blauen Lichts bewirkt, dass Auxin beim Phototropismus zur beschatteten Seite der Sprossachse oder der Wurzel transportiert wird, und fördert das Öffnen der Stomata.

Die Wirkung von rotem Licht

Phytochrom ist ein Photorezeptor, der durch hellrotes oder dunkelrotes Licht von einer Form in die andere umgewandelt wird. Phytochrom bewirkt die Keimung photodormanter Samen.

Die Rolle des Photoperiodismus

Die Pflanzenreaktion auf die Photoperiode bestimmt die Blütezeit. Die Messung der Nachtlänge wird einige Stunden durch Phytochrom kontrolliert, doch dient Phytochrom selbst nicht als Uhr. Der Stimulus für die Blüte, der als *Florigen* bezeichnet wird, obwohl er noch nicht identifiziert wurde, bewegt sich von den Blättern zu den Meristemen. Gibberelline stimulieren die Blüte bei Langtagpflanzen, während bei einigen Pflanzen, wie beispielsweise der Ananas, Ethylen die Blüte fördert.

Circadiane Rhythmen

Circadiane Rhythmen treten mit einer etwa 24-stündigen Periode auf und beeinflussen die Schlafbewegungen von Blättern, das Öffnen von Blüten und die Aktivität einiger Enzyme. Phytochrom hilft den Pflanzen, diesen endogenen Rhythmus mit dem tatsächlichen Tag-Nacht-Geschehen zu synchronisieren.

11.3 Reaktionen auf andere Umgebungsreize

Gravitropismus

Eine Hypothese führt den Gravitropismus auf Statolithen zurück, das sind stärkehaltige Plastiden, die sich am Boden von Zellen absetzen. Eine andere Hypothese besagt, dass die Schwerkraft Druck auf die Proteine an der unteren Plasmamembran ausübt. Das Ausmaß des Gravitropismus hängt von den gleichzeitig ausgelösten Reaktionen der Wurzeln und Sprosse auf andere Reize ab, wie beispielsweise auf Licht und das Vorhandensein von Wasser.

Mechanische Reize

Beim Thigmotropismus, einer Wachstumsreaktion auf Berührungen, hemmt Ethylen das Wachstum, wenn die Pflanze durch ein physikalisches Objekt oder vom Wind berührt wird. Durch eine andere Reaktion können Venusfliegenfallen einen mechanischen Reiz in ein schnelles Zusammenklappen der Blätter der Fliegenfalle umwandeln.

Anpassung an jahreszeitliche Klimaveränderungen

Die Knospenruhe wird durch die kürzeren Tage des Spätsommers eingeleitet, genauso wie die Vorbereitungen zum Blattfall, die durch Ethylen kontrolliert werden.

Reaktionen auf abiotischen Stress

Pflanzen ändern die Genexpression und den Stoffwechsel, um Beanspruchungen entgegenzuwirken. Um sich beispielsweise gegenüber Trockenheit zu schützen, bilden Pflanzen Abscisinsäure in den Blättern, die das Schließen der Stomata bewirkt.

Reaktionen auf biotischen Stress

Pflanzen bilden sekundäre Metabolite, die Pflanzenfresser und Krankheitserreger abschrecken. Pflanzenfresser veranlassen Pflanzen dazu, in einer Abwehrkette Jasmonsäure zu bilden. Bakterien, Pilze und Viren veranlassen Pflanzen dazu, Salicylsäure und Stickstoffmonoxid zu bilden, was zur Bildung von Verbindungen führt, die Pathogene abschrecken oder schädigen.

11 INTERNE UND EXTERNE REIZE

Verständnisfragen

1. Erklären Sie, warum der Ursprung des Begriffs *Phytohormon* („erregen") irreführend ist.
2. Wie üben Phytohormone bei Pflanzen ihren Einfluss aus?
3. Wie wurde Auxin entdeckt?
4. Wie hängt der Ursprung des Begriffs *Cytokinine* mit ihrer Rolle zusammen?
5. Welche Wirkungen haben Gibberelline?
6. Beschreiben Sie einige Fälle, in denen verschiedene Phytohormone gegensätzliche Auswirkungen haben.
7. Beschreiben Sie einige kommerzielle Anwendungen von Pflanzenhormonen.
8. Erklären Sie, warum der Begriff *Abscisinsäure* irreführend ist.
9. Was versteht man unter der *triple response* auf Ethylen?
10. Vergleichen Sie die Auswirkungen von blauem und rotem Licht.
11. Wie kann sich Licht bei Pflanzen auf die Samenruhe auswirken?
12. In welcher Hinsicht sind die Begriffe *Langtagpflanze* und *Kurztagpflanze* unpassend?
13. Welche Evidenzen deuten darauf hin, dass Pflanzen eine biologische Uhr haben?
14. Beschreiben Sie die wesentlichen Arten des Tropismus.
15. Wie bereiten sich Pflanzen auf den Winter vor?
16. Welche Hauptfunktion haben sekundäre Metabolite?

Diskussionsfragen

1. Warum blühen einige Pflanzen in Reaktion auf kurze Tage (lange Nächte), während andere in Reaktion auf lange Tage (kurze Nächte) blühen? Welchen ökologischen Vorteil gewinnen Pflanzen dadurch?
2. Warum messen Ihrer Ansicht nach Blätter die Nachtlänge, obwohl die Sprossapikalmeristeme der eigentliche Ort der Blütenbildung sind?
3. Warum bleibt Ihrer Ansicht nach die Identität des Reizes für die Blühinduktion ein Rätsel?
4. Warum behalten einige Bäume ihre Blätter das ganze Jahr über? Warum sind Ihrer Ansicht nach so viele Pflanzen laubabwerfend? Immerhin kostet das alljährliche Wachsen neuer Blätter eine Menge Energie.
5. Warum haben Pflanzen spezifische Mechanismen, welche die Fruchtreife im Sommer und Herbst bewirken? Warum sparen sie sich Ihrer Ansicht nach nicht die Energie und lassen die Früchte einfach fallen, wenn der Winter einsetzt?
6. Zeichnen Sie ein Diagramm, um die voraussichtliche Keimreaktion von Samen (*y*-Achse) auf eine Reihe von Behandlungen (*x*-Achse) zu veranschaulichen, die von einem Extrem einer hohen Gibberellinkonzentration ohne Abscisinsäure zum anderen Extrem einer hohen Konzentration von Abscisinsäure ohne Gibberelline reichen.

Zur Evolution

Erläutern Sie, warum man die Wechselwirkung zwischen Pflanzen und Pflanzenfressern zu Recht als ein evolutionäres „Wettrüsten" zwischen zwei Populationen ansehen kann.

Weiterführendes

Weitere Informationen zu diesem Buchkapitel finden Sie auf der Companion Website unter http://www.pearson-studium.de.

Darwin, Charles. The Power of Movement by Plants. New York: Da Capo Press, 1966. *Dieses Buch beschreibt Darwins Experimente zum Phototropismus detailliert.*

Hensel, Wolfgang. Pflanzen in Aktion. Krümmen, Klappen, Schleudern. Spektrum Akademischer Verlag, 1993. *In diesem liebevoll gestalteten Buch werden die „Sinne" der Pflanzen sehr anschaulich und mit vielen Beispielen dargestellt.*

Went, Fritz W. Phytohormones. City: Universe Books, 1937. *Dieses Buch diskutiert Wents klassische Experimente.*

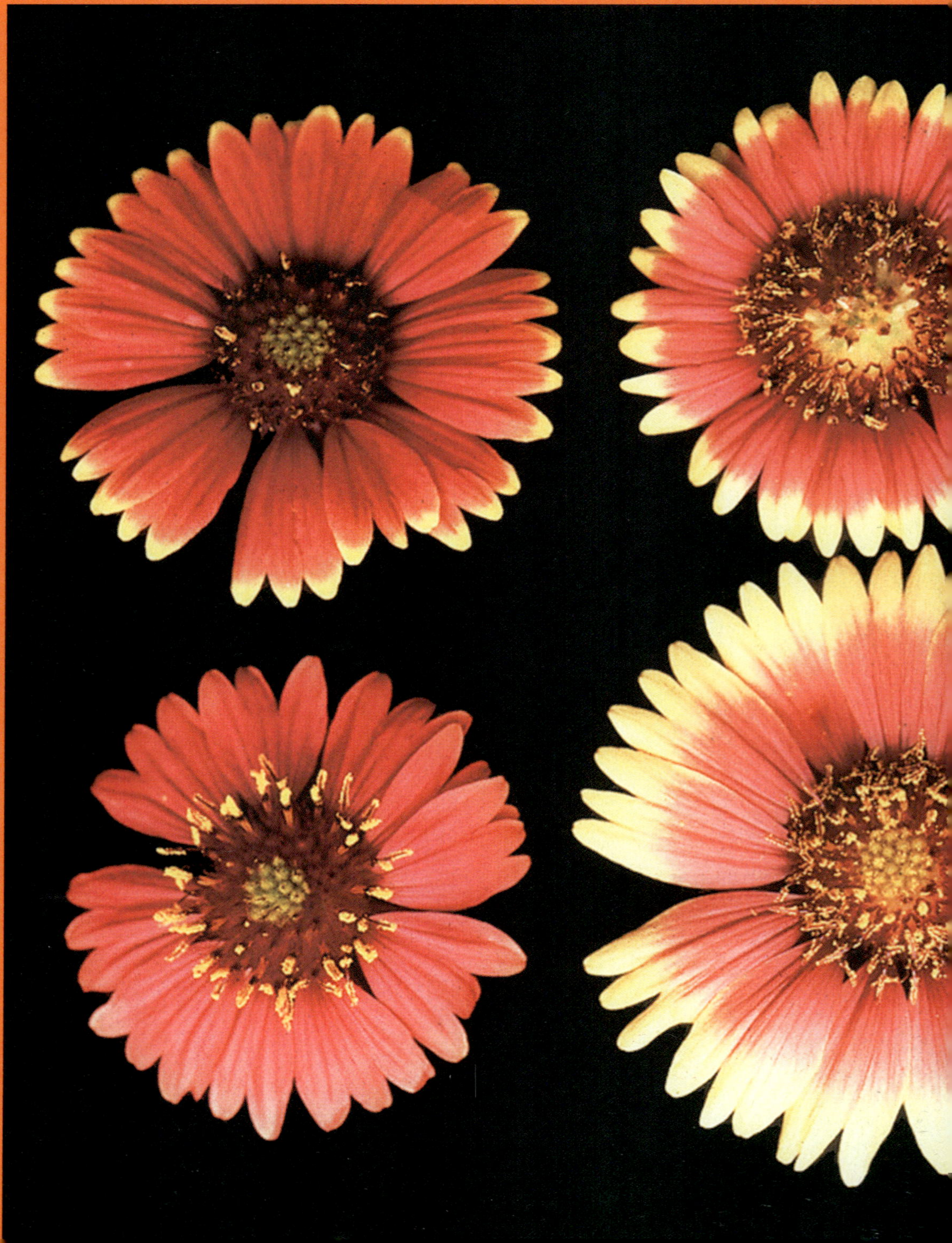

TEIL III

Genetik

12	Molekulare Grundlagen der Vererbung	307
13	Regulation der Genexpression	327
14	Molekularbiologie	353

Molekulare Grundlagen der Vererbung

12

12.1	**Die Mendel'schen Vererbungsversuche**	309
12.2	**Die Genetik nach Mendel**	316
Zusammenfassung		322
Verständnisfragen		324
Diskussionsfragen		325
Zur Evolution		325
Weiterführendes		326

ÜBERBLICK

12 ...KULARE GRUNDLAGEN DER VERERBUNG

Bei allen Lebewesen ähneln die Nachkommen ihren Eltern in einigen Merkmalen, in anderen dagegen nicht. Um sich dies klar zu machen genügt es, die eigenen Familienmitglieder zu betrachten. Wer Haustiere oder Nutzpflanzen aufzieht, dem ist diese Tatsache wohlvertraut. Zur Aufzucht der jeweils nächsten Pflanzengeneration haben Bauern von jeher Samen von solchen Pflanzen ausgewählt, die hohe Erträge erbracht haben, deren Früchte besonders lecker waren oder die sich als widerstandsfähig gegen Krankheiten erwiesen hatten. Sie wussten, dass ein solcher Selektionsprozess zu einer graduellen Verbesserung ihrer Nutzpflanzen führte. Mais zum Beispiel wird von den Menschen seit mindestens 7000 Jahren durch Zuchtwahl verbessert. Der heutige Mais (Zea mays, in der Abbildung unten rechts) hat seinen Ursprung im Wildgras Teosinte *(Zea diploperennis, in der Abbildung oben und unten links), das heute noch im südlichen Mexiko wächst. Bei diesem Wildgras ist jedes Korn vollständig vom Exokarp umschlossen, was es schwierig macht, das Korn zu essen. Dies ist beim modernen Mais nicht der Fall. Außerdem hat das Wildgras im Unterschied zum modernen Mais nur wenige und zudem kleine Körner, die nicht in einer Ähre stehen. Die Unterschiede zwischen Teosinte und Mais resultieren aus Abweichungen in nur fünf Genen. Die beiden Pflanzen können noch miteinander gekreuzt werden (dargestellt in der mittleren Abbildung), was die Forscher in die Lage versetzt, die Vererbung ihrer individuellen Merkmale zu untersuchen.*

Bis zum 19. Jahrhundert hatten Wissenschaftler verschiedene Erklärungen dafür vorgeschlagen, wie wünschenswerte Eigenschaften von einer Generation zur nächsten vererbt werden. Eine Erklärung lautete, dass jeder Teil einer Pflanze einen Teil seiner selbst zu jedem seiner Nachkommen beiträgt. Zu den Befürwortern dieser Erklärung gehörten frühe griechische Philosophen und Charles Darwin. Eine andere verbreitete Vorstellung verglich die Vererbung mit der Mischen von Flüssigkeiten. Gemäß dieser Vorstellung bedeutete die Kreuzung einer hohen mit einer niedrigen Pflanze das Mischen der Flüssigkeit für hohen Wuchs mit der Flüssigkeit für niedrigen Wuchs. Heute wissen wir, dass diese Erklärungen nicht zutreffend sind.

Es bedurfte der sorgfältigen Beobachtungen eines verschrobenen österreichischen Mönchs namens Gregor Mendel (siehe den Kasten Pflanzen und Menschen *auf Seite 309), um die für alle Lebewesen gültigen Gesetzmäßigkeiten der Vererbung aufzudecken. Mendel war gut vertraut mit der wissenschaftlichen Methodik, und er hatte Zugang zu vielen Sorten von Gartenerbsen (Pisum sativum) mit augenfälligen Merkmalsunterschieden. Mendel wusste, dass im Allgemeinen alle Lebewesen ihren Eltern und Großeltern ähnlich sind. Er erkannte, dass, wenn man verschiedene Erbsensorten kreuzte, der Anteil der Nachkommen vorhersagbar war, die ein bestimmtes Merkmal aufwiesen. Seine Erfahrung im Gartenbau einerseits und sein Sinn für die Nützlichkeit der Mathematik in den Naturwissenschaften andererseits waren die Grundlagen, die ihn zu seinen bedeutenden Entdeckungen führten.*

In dem Wissen, dass Pflanzen irgendeine Art voneinander unabhängiger elementarer Bausteine besitzen, welche die Erbinformation tragen, prägte Mendel den Begriff Elemente *für das, was wir heute als* Gene *bezeichnen. Erst in der zweiten Hälfte des letzten Jahrhunderts haben Wissenschaftler, welche die Biochemie der Gene und die Genexpression untersuchten, gezeigt, was genau die verschiedenen von Mendel betrachteten Pflanzenmerkmale verursacht.*

In diesem Kapitel behandeln wir die durch Mendels Versuche enthüllten Prinzipien der Vererbung und setzen diese in Beziehung zu den Vorgängen während der Meiose. Anschließend betrachten wir verschiedene Aspekte der Vererbung, die über die Beobachtungen von Mendel hinausgehen.

PFLANZEN UND MENSCHEN
Gregor Mendel

Gregor Johann Mendel wurde 1822 in Heinzendorf, damals Österreich, heute Tschechische Republik, geboren. Als Kind wurde er in der örtlichen Schule in Landwirtschaft ebenso unterrichtet wie in akademischen Fächern. Indem er seinem Vater beim Veredeln von Obstbäumen half, lernte er auch einiges über die praktischen Aspekte der Pflanzenvermehrung. Obwohl es Mendel eigentlich an Geld und stabiler Gesundheit mangelte, um eine höhere Schule besuchen zu können, überwand er diese Hürde und machte 1840 seinen Abschluss am Philosophischen Institut in Olmütz. 1843 setzte er seine Ausbildung im Augustinerkloster St. Thomas in Brünn (Brno) fort. Nach seiner Ordination als Priester (1847) bekam Mendel eine Stelle als Hilfslehrer, doch bereits 1850 verlor er diese Position wieder, weil er durchs Staatsexamen fiel, das notwendig gewesen wäre, um Naturwissenschaften zu unterrichten. Grund waren seine ungenügenden Antworten in Naturkunde und Physik.

Mendel ließ sich nicht entmutigen und studierte von 1851 bis 1853 an der Universität Wien. Dort begann er sich für die Variabilität von Pflanzen sowie für die wissenschaftliche Methodik zu interessieren. Er erwarb umfassende Fertigkeiten im Gebrauch der Mathematik beim Testen wissenschaftlicher Hypothesen.

Nachdem er die Universität verlassen hatte, kehrte er ans Kloster zurück und unterrichtete gleichzeitig auch an der Brünner Realschule. Die Ordensbrüder hatten sich bereits seit vielen Jahren mit Landwirtschaft befasst und dabei besonders ausgiebig mit Erbsen gearbeitet. Daher überrascht es nicht, dass Mendel sich gerade diesen Pflanzen zuwandte und auf der Basis seiner Universitätsstudien mit jenen Forschungen begann, die ihn letztendlich berühmt machen sollten. Er führte seine Versuche zwischen 1856 und 1863 im Klostergarten durch, der 7 mal 35 Meter maß.

Mendel präsentierte seine Ergebnisse 1865 in einer öffentlichen Vorlesung und schrieb über seine Entdeckungen einen Aufsatz mit dem Titel „Versuche über Pflanzenhybriden". Er versuchte, seinen Aufsatz in Deutschland zu veröffentlichen, dem damaligen wissenschaftlichen Zentrum Europas. Doch seine Ergebnisse machten auf das wissenschaftliche Establishment keinen Eindruck – seine Arbeit wurde mit Bemerkungen abgelehnt, die wenig Begeisterung erkennen ließen. 1866 brachte Mendel seinen Aufsatz schließlich bei einer unbedeutenden lokalen Zeitschrift unter, den Abhandlungen des Naturforschervereins Brünn. Die Arbeit wurde nur an 120 Bibliotheken verschickt. Dann wurde Mendel Abt des Klosters, womit seine wissenschaftliche Laufbahn beendet war. Er starb 1884 im Alter von 61 Jahren. Kurz vor seinem Tod kommentierte Mendel seine wissenschaftliche Bedeutungslosigkeit mit folgenden Worten: Meine Forschungen haben mir große Befriedigung verschafft und ich bin voller Vertrauen, dass schon bald die ganze Welt ihren Wert erkennen wird." Diese Worte waren prophetisch: Im Jahr 1900 wurden seine Ergebnisse unabhängig voneinander von drei Pflanzengenetikern wiederentdeckt, nämlich von dem Niederländer Hugh de Vries, dem Deutschen Carl Correns und dem Österreicher Erich von Tschermak. Ihnen ist es zu verdanken, Mendel zu der Anerkennung verholfen zu haben, die er verdiente.

12.1 Die Mendel'schen Vererbungsversuche

Mendel konnte über die Träger der Erbinformation nur spekulieren. Obwohl er niemals Chromosomen zu sehen bekam, war er zu dem Schluss gekommen, dass es derartige Strukturen geben musste. Die Mikroskopie brachte später ans Licht, dass die Chromosomen die physischen Träger der Erbinformation sind, und demonstrierte, dass die Ergebnisse genetischer Experimente in enger Beziehung zu den Mechanismen der Meiose standen. Während der Meiose spiegelt die Wanderung der Gene in die Tochterzellen die Mendel'schen Vererbungsgesetze wider.

Gene und Chromosomen

Wie Sie aus den vorherigen Kapiteln wissen, enthalten die Chromosomen die in den Genen verschlüsselte Erbinformation. Gene werden zwar oft als Perlen auf einer chromosomalen Schnur dargestellt, tatsächlich bestehen sie aber aus einer Reihe von Nucleotiden auf den Strängen der DNA-Doppelhelix. Ein typischer Eukaryot wie die Erbsenpflanze besitzt 25.000 bis 50.000 auf mehrere Chromosomen verteilte Gene, wobei die Chromosomenzahl von der Art abhängt. Erbsen haben 14 Chromosomen, von denen sieben aus einer Spermazelle des männlichen Elters und sieben aus einer Eizelle des weiblichen Elters stammen. Eine erwachsene Erbsenpflanze ist also diploid, und jedes Gen ist in allen Soma-

12 MOLEKULARE GRUNDLAGEN DER VERERBUNG

zellen (d. h. in allen Zellen außer den Keimzellen) doppelt repräsentiert. Dies bedeutet, dass jedes Erbsenchromosom im Mittel zwischen 3600 und 7200 Gene enthält.

Gene tragen die Information über die Eigenschaften eines Organismus, z. B. über die Farbe der Samen oder die Wuchshöhe der Pflanze. Solche Eigenschaften bezeichnen wir als **Merkmale**. Jedes Merkmal kann in zwei oder mehr **Merkmalsausprägungen** auftreten. Bei Erbsen zum Beispiel kann die Samenfarbe die Merkmalsausprägungen grün oder gelb annehmen, während das Merkmal Wuchshöhe die Merkmalsausprägungen niedrig und hoch annehmen kann. Varianten eines Gens, die so genannten **Allele,** codieren die einzelnen Merkmalsausprägungen.

Manche Gene, z. B. diejenigen, die in bestimmten Pflanzen die Blütenfarbe steuern, haben mehrere Allele. Allerdings können in einer diploiden Zelle nicht mehr als zwei Allele pro Gen vorhanden sein. Jeder Elternteil steuert ein Allel bei und die Allele können gleich oder verschieden sein, was von der genetischen Ausstattung der Eltern abhängt.

Monohybridkreuzungen

Mendel arbeitete mit verschiedenen Sorten von Gartenerbsen, die für jedes von sieben Merkmalen zwei Merkmalsausprägungen aufwiesen. Jede Sorte war reinerbig, d. h. wenn zwei Pflanzen mit der gleichen Merkmalsausprägung miteinander gekreuzt wurden, besaßen alle ihre Nachkommen diese Merkmalsausprägung. In seinem ersten Versuch kreuzte Mendel Pflanzen, die für ein Merkmal unterschiedliche Merkmalsausprägungen besaßen, beispielsweise Pflanzen mit violetten Blüten und Pflanzen mit weißen Blüten. Anschließend kreuzte Mendel die hieraus entstandenen Nachkommen untereinander. Die Nachkommen waren Hybriden ihrer Eltern, weshalb diese Generation als **Monohybridkreuzung** bezeichnet wird. Besonders wichtig war, dass Mendel nach jeder Kreuzung zählte, wie viele Nachkommen jeweils eine bestimmte Merkmalsausprägung aufwiesen.

▶ Abbildung 12.1 illustriert das Verfahren, das Mendel bei seinen Kreuzungsversuchen zwischen violett blühenden und weiß blühenden Erbsen anwandte. Im ersten Schritt entfernte Mendel die Staubblätter sämtlicher Blüten einer violett blühenden Pflanze, um eine Selbstbestäubung der Pflanze auszuschließen. Im zweiten Schritt entnahm er Pollen von den Staubblättern einer weiß blühenden Pflanze und trug diese auf die Fruchtblätter der violetten Blüten auf. Dies erlaubte es den Spermazellen der weiß blühenden Pflanze, die Eizellen der violett blühenden Pflanze zu befruchten. Schritt drei besteht in der Entwicklung der Früchte (d. h. der Erbsenhülsen). Die Hybriderbsen, die er aus diesen Hülsen erntete, waren die Nachkommen der verschiedenen Kreuzungen. Er bezeichnete die Elternpflanzen, die er kreuzte, als *Parentalgeneration*, und die Nachkommen als **erste Filialgeneration** oder **F$_1$-Generation** (von lat. *filius*, „Sohn"). Im vierten Schritt pflanzte Mendel die Hybriderbsen aus und alle erzeugten violett blühende Nachkommen. Es entstand keine einzige Pflanze mit weißen Blüten. Mendel führte auch die reziproke Kreuzung durch (in Abbildung 12.1 nicht dargestellt), d. h. er trug Pollen von den Staubbeuteln

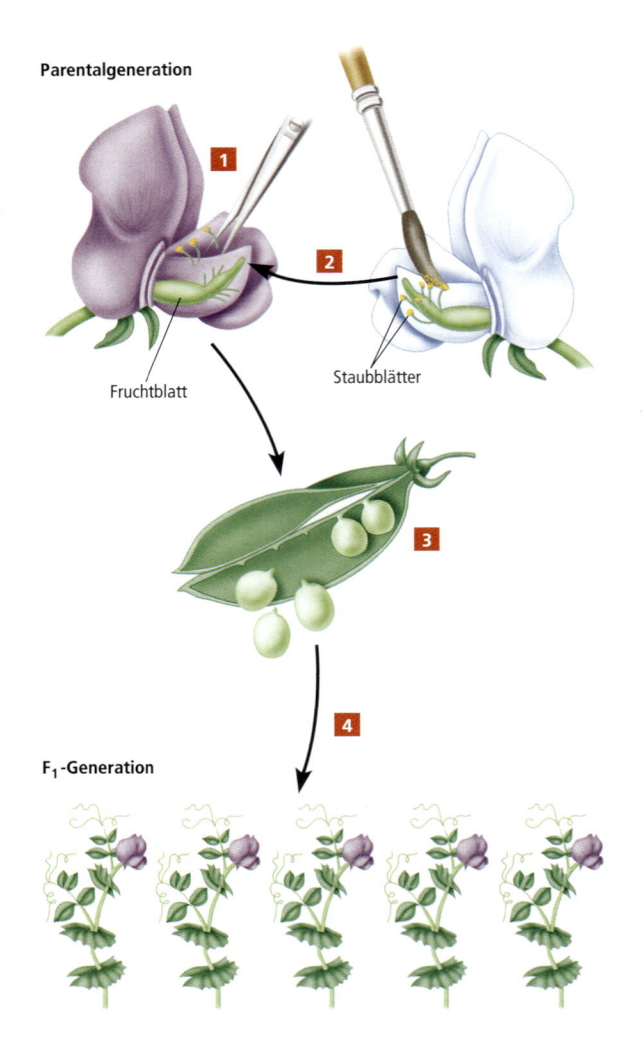

Abbildung 12.1: **Eine Monohybridkreuzung.** Mendel kreuzte reinerbige Erbsensorten, die bezüglich eines Merkmals zwei unterschiedliche Merkmalsausprägungen besaßen, in diesem Beispiel violette und weiße Blüten. Mit der gleichen Methode untersuchte er die Vererbung von sechs weiteren Merkmalen.

der violetten Blüten auf die Fruchtblätter der weißen Blüten auf. Das Ergebnis war das gleiche: Alle F_1-Pflanzen hatten violette Blüten.

Schließlich kreuzte Mendel die Pflanzen der F_1-Generation untereinander. Da Erbsen Selbstbestäuber sind, bedeutete dies einfach, die Pflanzen sich selbst zu überlassen. Die Nachkommen aus dieser Kreuzung nannte er **zweite Filialgeneration** oder **F_2-Generation**. Als er die F_2-Pflanzen auspflanzte, stellte er fest, dass 75 Prozent der resultierenden Pflanzen violette Blüten und 25 Prozent weiße Blüten hatten. Mendel interpretierte dieses Ergebnis, indem er vorschlug, dass die Merkmalsausprägung „weiße Blüten" auch in der F_1-Generation vorhanden gewesen sein musste, jedoch auf irgendeine Weise durch die sichtbare Merkmalsausprägung „violette Blüten" überdeckt wurde. Er nannte die sichtbare Merkmalsausprägung **dominant** und die überdeckte **rezessiv**. Das Kreuzen der F_1-Pflanzen ermöglichte das Wiedererscheinen der rezessiven Merkmalsausprägung in der F_2-Generation.

Heute wissen wir, dass dominante und rezessive Merkmalsausprägungen durch zwei Allele eines Gens gesteuert werden. Das Allel für die dominante Merkmalsausprägung wird durch einen Großbuchstaben dargestellt, das Allel für die rezessive Merkmalsausprägung durch den zugehörigen Kleinbuchstaben. Im Fall der Blütenfarbe repräsentiert also P das dominante Allel (für violette Blüten) und p das rezessive Allel (für weiße Blüten). Da jede Zelle einer Erbsenpflanze zwei Allele für jedes Gen besitzt, können die Zellen entweder zwei Mal P, zwei Mal p oder von jedem eins haben. Eine Pflanze, die zwei Kopien des gleichen Allels für ein Gen besitzt (im Fall der Blütenfarbe entweder PP oder pp), wird als **homozygot** bezüglich dieses Gens bezeichnet, eine Pflanze mit zwei verschiedenen Allelen eines Gens dagegen als **heterozygot**.

Die Kombination der Allele einer Pflanze (PP, pp oder Pp) ist ihr **Genotyp**. Im Gegensatz dazu ist das Erscheinungsbild der Pflanze (in unserem Beispiel violette bzw. weiße Blüten) ihr **Phänotyp**. Es ist nur ein dominantes Allel nötig, damit eine Pflanze den dominanten Phänotyp zeigt. Dagegen sind zwei rezessive Allele notwendig, um den rezessiven Phänotyp zu zeigen. Dies bedeutet, dass sowohl Pflanzen mit dem Genotyp PP als auch Pflanzen mit dem Genotyp Pp violette Blüten haben, aber nur Pflanzen mit dem Genotyp pp weiße Blüten.

Die Ergebnisse jeder Kreuzung im ersten Mendel'schen Versuch können durch ein Punnett-Quadrat dargestellt werden (▶ Abbildung 12.2). Dieses grafische Hilfsmittel wurde 1905 von dem britischen Genetiker Reginald Crundall Punnett eingeführt. Die von jedem Elter produzierten Gameten werden an zwei aneinandergrenzenden Seiten des Quadrats aufgelistet. Die ausgefüllten Kästchen repräsentieren mögliche Allelkombinationen, die im Ergebnis einer Befruchtung auftreten können. Bei der ersten Kreuzung waren beide Eltern homozygot. Der violett blühende Elter hatte den Genotyp PP, so dass alle seine Gameten das Allel P trugen. Der weiß blühende Elter hatte den Genotyp pp, so dass alle seine Gameten das Allel p trugen. Im Ergebnis waren alle Nachkommen der F_1-Generation heterozygot, d. h.

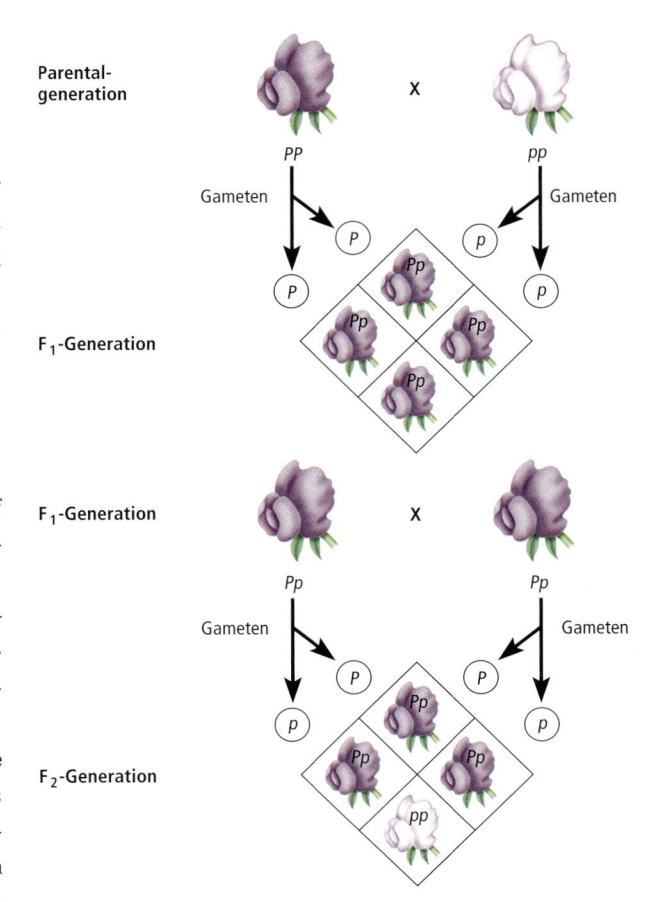

Abbildung 12.2: Das Mendelsche Spaltungsgesetz. Mithilfe eines Punnett-Quadrats lässt sich darstellen, was Mendel bei jeder Kreuzung seines ersten Versuchs herausfand. Schreiben Sie die Allele der von jedem Elter produzierten Gameten an benachbarte Kanten des Quadrats. Füllen Sie dann jedes der Kästchen mit denjenigen Allelen aus, die an den korrespondierenden Seiten des Quadrats stehen. Die Allelpaare der Kästchen repräsentieren die möglichen Genotypen der Nachkommen. Bei einer Kreuzung zwischen zwei reinerbigen Eltern (PP und pp) besitzen alle Pflanzen der F_1-Generation den Genotyp Pp und bilden violette Blüten. Bei Kreuzung zweier F_1-Pflanzen stehen die Genotypen PP, Pp und pp innerhalb der F_2-Generation im Verhältnis 1 : 2 : 1 und die Phänotypen violett und weiß im Verhältnis 3 : 1.

sie hatten von einem Elter das Allel *P* und von dem anderen das Allel *p* erhalten.

Da die F₁-Pflanzen beide Allele besaßen, trug die Hälfte der Gameten das eine Allel und die andere Hälfte das andere. Die durch Kreuzung der F₁-Pflanzen untereinander entstandene F₂-Generation bestand daher aus 25 Prozent Nachkommen mit zwei *P*-Allelen, 50 Prozent Nachkommen mit einem *P*- und einem *p*-Allel und 25 Prozent Nachkommen mit zwei *p*-Allelen (siehe Abbildung 12.2). Mit anderen Worten, das Verhältnis der drei Genotypen *PP*, *Pp* und *pp* war 1 : 2 : 1. Da sowohl Pflanzen mit dem Genotyp *PP* als auch solche mit *Pp* violette Blüten bilden, hatten 75 Prozent der F₂-Pflanzen den dominanten Phänotyp und nur 25 Prozent den rezessiven. Das Verhältnis zwischen dominantem und rezessivem Phänotyp betrug also 3 : 1.

Die gleichen Ergebnisse erhielt Mendel bei Kreuzungen, bei denen alle sieben der von ihm untersuchten Merkmale involviert waren. Auf der Basis dieser Ergebnisse formulierte er die erste seiner Vererbungsregeln, das **Spaltungsgesetz**. In moderner Terminologie besagt dieses, dass alle Allele während der Meiose voneinander getrennt und dann bei der Befruchtung zufällig zusammengefügt werden. Da die Befruchtung zufällig ist, hat eine Eizelle bei einer Kreuzung zwischen zwei Heterozygoten die gleiche Chance, von einer Spermazelle mit dem dominanten Allel befruchtet zu werden wie von einer Spermazelle mit dem rezessiven Allel. In diesem Sinne entspricht die Kreuzung zweier Heterozygoten dem simultanen Wurf zweier Münzen. Die Gesetze der Wahrscheinlichkeit gelten für jede Münze separat, so dass jede unabhängig von der anderen mit gleicher Wahrscheinlichkeit Kopf oder Zahl zeigt.

Die Segregation der Allele

Um die Spaltung der Allele zu verstehen, sehen wir uns noch einmal an, was während der Meiose I mit den homologen Chromosomen passiert (siehe Kapitel 6). Die homologen Chromosomen paaren sich während der Prophase I der Meiose zu Tetraden. In den Fortpflanzungszellen einer Erbsenpflanze bilden sich also sieben Tetraden. Die beiden homologen Chromosomen jeder Tetrade enthalten die gleichen Gene, wobei die Allele für jedes dieser Gene unterschiedlich sein können. Die Gene auf den Chromosomen der einen Tetrade sind verschieden von denen auf der anderen Tetraden.

Während der Anaphase I der Meiose beginnen die Allele ihre separaten Entwicklungen, die mit unterschied-

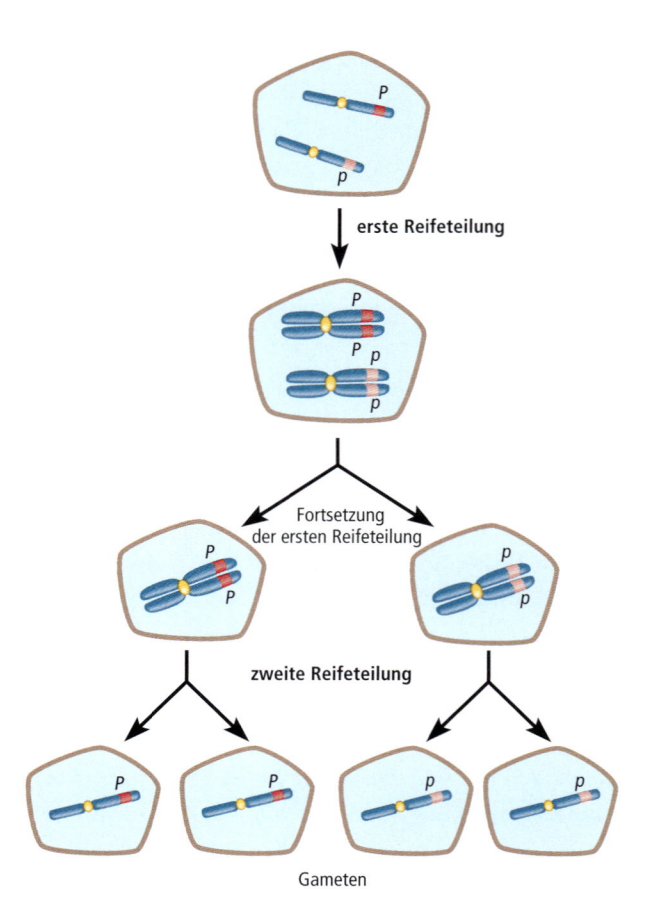

Abbildung 12.3: Die Segregation der Allele während der Meiose. Die Abbildung zeigt eine diploide Fortpflanzungszelle einer Erbsenpflanze mit einem Paar homologer Chromosomen. (Der Einfachheit halber sind die übrigen sechs Chromosomen nicht mit dargestellt.) Eines der Chromosomen besitzt das Allel *P* für violette Blüten und das andere das Allel *p* für weiße Blüten. Die Segregation der Allele geschieht während der ersten Reifeteilung. Dabei bewegt sich das Chromosom mit dem Allel *P* zum einen Pol der Zelle und das Chromosom mit dem Allel *p* zum anderen Pol. Als Folge dieses Vorgangs landen die beiden Chromosomen am Ende der ersten Reifeteilung in unterschiedlichen Zellen. Diese Zellen bilden bei der zweiten Reifeteilung vier haploide Gameten, von denen jeweils zwei das Allel *P* und zwei das Allel *p* besitzen.

lichen Gameten enden. ▶ Abbildung 12.3 illustriert diesen Prozess für eine Erbsenpflanze, die bezüglich des Gens für die Blütenfarbe heterozygot ist. Wenn die Fortpflanzungszellen dieser Pflanze die Meiose durchlaufen, werden zwei Typen von Gameten produziert. Die eine Hälfte dieser Gameten besitzt das Allel *P*, die andere das Allel *p*. Dieser Prozess ist die biologische Grundlage der Segregation.

Bestimmung des Genotyps eines Individuums mit dominantem Phänotyp

Angenommen, Sie haben eine Erbsenpflanze, die für ein bestimmtes Merkmal den dominanten Phänotyp zeigt.

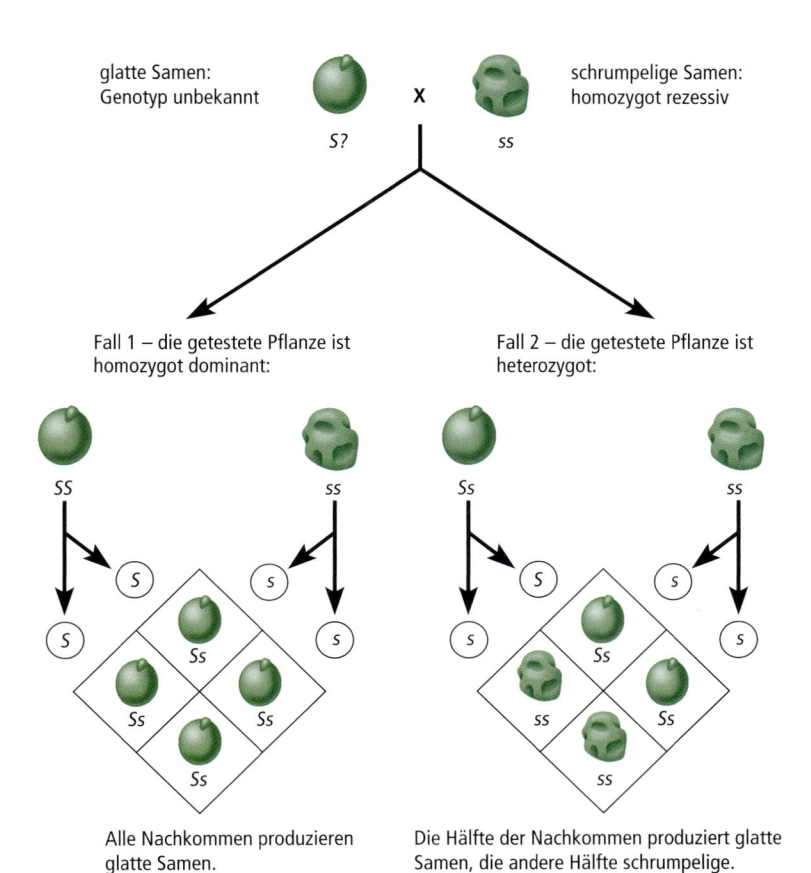

Abbildung 12.4: Eine Testkreuzung. Um den Genotyp einer Pflanze festzustellen, die den dominanten Phänotyp besitzt (zum Beispiel glatte Samen), wird sie mit einer Pflanze gekreuzt, die den rezessiven Phänotyp (schrumpelige Samen) hat. Haben alle Nachkommen den dominanten Phänotyp, dann muss der Elter mit dem unbekannten Genotyp homozygot für das dominante Allel sein. Wenn unter den Nachkommen dominante und rezessive Phänotypen im Verhältnis 1 : 1 auftreten, muss der Elter mit dem unbekannten Genotyp heterozygot sein.

Beispielsweise hat das Merkmal „Samenform" einen dominanten Phänotyp (glatte Samen) und einen rezessiven Phänotyp (schrumpelige Samen). Eine Pflanze, die glatte Samen produziert, kann entweder bezüglich des dominanten Allels homozygot (*SS*) oder heterozygot (*Ss*) sein. Es ist unmöglich, durch bloßes Betrachten der Pflanze oder ihrer Samen auf ihren Genotyp zu schließen. Allerdings lässt sich der Genotyp einer Pflanze mit dominantem Phänotyp durch eine **Testkreuzung**, auch **Rückkreuzung** genannt, bestimmen. Dabei wird die Pflanze mit dem unbekannten Genotyp mit einer Pflanze gekreuzt, die bezüglich des fraglichen Merkmals den rezessiven Genotyp aufweist – in unserem Beispiel die schrumpeligen Samen. Da zwei rezessive Allele nötig sind, damit sich der rezessive Phänotyp zeigt, weiß man mit Sicherheit, dass eine Pflanze, die schrumpelige Samen produziert, homozygot (*ss*) sein muss. Wie in ▶ Abbildung 12.4 gezeigt, gibt es zwei mögliche Ausgänge der Testkreuzung, wobei das Ergebnis vom Genotyp des Elters mit dem dominanten Phänotyp abhängt. Ist die Pflanze homozygot, dann haben alle Nachkommen den dominanten Phänotyp. Wenn der Elter mit dem dominanten Phänotyp dagegen heterozygot ist, dann hat die Hälfte der Nachkommen den dominanten Phänotyp und die andere Hälfte den rezessiven Phänotyp.

Dihybridkreuzungen

Nach zahlreichen Monohybridkreuzungen, bei denen er nur *ein* Merkmal betrachtet hatte, begann Mendel schließlich mit der Kreuzung reinerbiger Pflanzen, die sich in *zwei* Merkmalen unterschieden. In einem der Versuche kreuzte er beispielsweise eine Pflanze, die glatte, gelbe Samen produzierte (zwei dominante Phänotypen) mit einer Pflanze, deren Samen grün und schrumpelig waren (zwei rezessive Phänotypen). Da die Pflanzen reinerbig waren, können wir ihre Genotypen vorhersagen: *SSYY* und *ssyy*. Sämtliche F_1-Pflanzen im Experiment hatten bezüglich beider Merkmale den dominanten Phänotyp, d. h. sie bildeten glatte, gelbe Samen aus (▶ Abbildung 12.5). Die F_1-Pflanzen hatten von dem einen Elter zwei dominante Allele (*S* und *Y*) und von dem anderen zwei rezessive Allele (*s* und *y*) erhalten, so dass sie folglich den Genotyp *SsYy* hatten. Da die F_1-Pflanzen bezüglich beider Merkmale heterozygot sind, werden sie als *Di*hybriden bezeichnet.

12 MOLEKULARE GRUNDLAGEN DER VERERBUNG

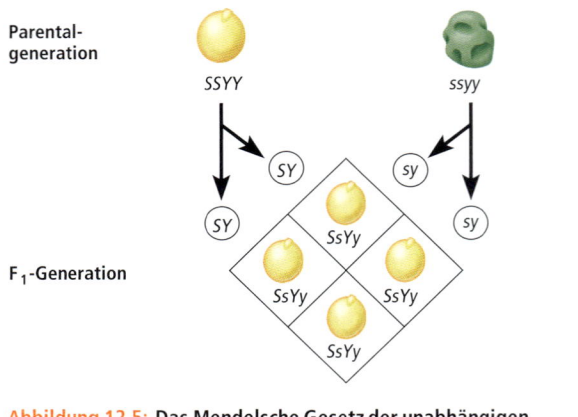

Abbildung 12.5: Das Mendelsche Gesetz der unabhängigen Neukombination. Wird eine reinerbige Pflanze, die gelbe, glatte Samen produziert (*SSYY*), mit einer reinerbigen Pflanze gekreuzt, deren Samen grün und schrumpelig sind (*ssyy*), dann haben alle F$_1$-Pflanzen glatte, gelbe Samen und sind heterozygot (*SsYy*). Die F$_1$-Pflanzen produzieren vier Typen von Gameten (*SY*, *sY*, *Sy* und *sy*). Werden die F$_1$-Pflanzen untereinander gekreuzt, dann treten in der F$_2$-Generation die Phänotypen glatt/gelb, schrumpelig/gelb, glatt/grün und schrumpelig/grün im Verhältnis 9 : 3 : 3 : 1 auf.

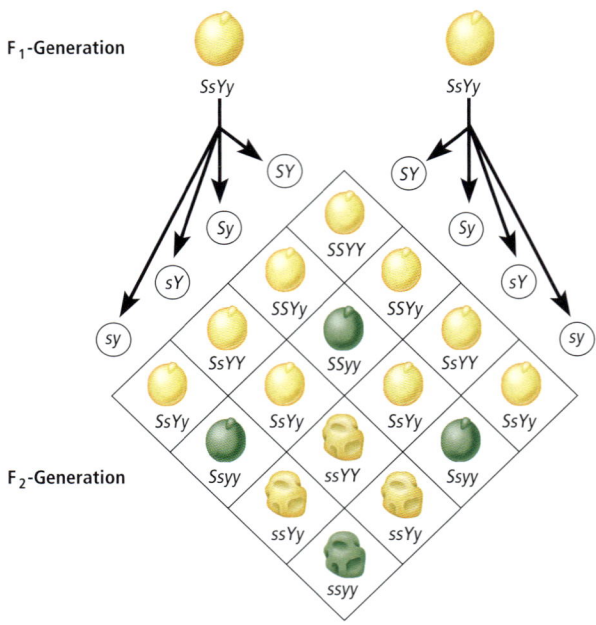

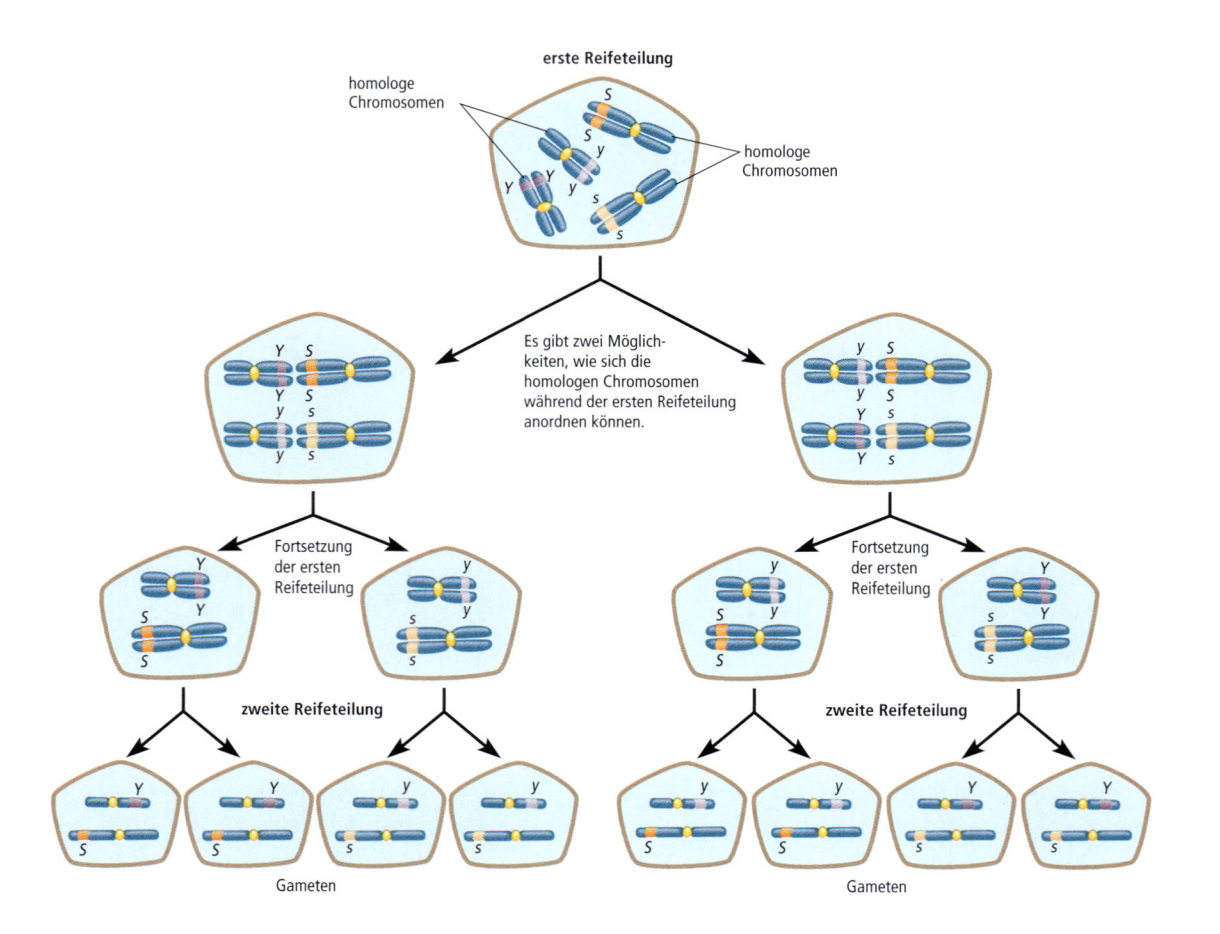

Abbildung 12.6: Die unabhängige Neukombination der Allele während der Meiose. In dieser diploiden Fortpflanzungszelle einer Erbsenpflanze sind zwei Paare homologer Chromosomen gezeigt. Ein Paar besitzt die Allele *S* und *s* für die Samenform und das andere die Allele *Y* und *y* für die Samenfarbe. Die unabhängige Neukombination der Allele geschieht während der ersten Reifeteilung, wenn sich die Chromosomen jeder Tetrade zu den Polen der Zelle bewegen. Ein Chromosom, das eines der Allele für die Samenform trägt, kann sich zum gleichen Pol bewegen wie ein Chromosom, das eines der Allele für die Samenfarbe trägt. Daraus resultieren vier verschiedene Gametentypen: *SY*, *Sy*, *sY* und *sy*.

PFLANZEN UND MENSCHEN
■ Die Genetik vor Mendel

Viele Forscher vor Mendel hatten sich Fragen über die Vererbung gestellt und sie sowohl an Tieren als auch an Pflanzen studiert. 1760 bemerkte Josef Kölreuter, dass Hybride der Tabakpflanze entweder den Phänotyp eines der beiden Eltern hatten oder in ihrem Phänotyp eine Mischung aus beiden Eltern waren. Kölreuter beobachtete auch, dass Phänotypen in einer Generation fehlen und in der nachfolgenden wieder auftreten konnten. In den 1790er-Jahren kreuzte ein Engländer namens T. A. Knight eine violett blühende Erbsenpflanze mit einer weiß blühenden. Wie nach ihm Mendel stellte er fest, dass alle Nachkommen violette Blüten hatten und die weiß blühenden Pflanzen in der nachfolgenden Generation wieder auftauchten. Leider quantifizierte Knight jedoch seine Ergebnisse nicht, sondern merkte nur an, dass die violetten Blüten eine „stärkere Tendenz" zum Wiedererscheinen hatten als die weißen. Anfang des 19. Jahrhunderts bemerkte ein Deutscher, Karl Friedrich von Gärtner, dominante und rezessive Merkmale bei Gartenerbsen und anderen Pflanzen. Er führte Tausende von Kreuzungen durch und stellte fest, dass Pollen Merkmale auf die weibliche Pflanze übertragen.

In seinem Aufsatz aus dem Jahr 1866 zitierte Mendel die Arbeiten dieser und anderer Forscher mit der Bemerkung, dass sie mit unerschöpflicher Ausdauer gearbeitet hätten. Weiter bemerkte er: „Bislang ist es noch nicht gelungen, ein allgemeingültiges Gesetz zu formulieren, das die Bildung und Entwicklung von Hybriden korrekt beschreibt. … Wer die bislang auf diesem Gebiet geleistete Arbeit genau betrachtet, wird zu der Überzeugung gelangen, dass unter den zahllosen Versuchen keiner ist, der in seinem Umfang und in der Art und Weise so durchgeführt wurde, dass es möglich gewesen wäre zu bestimmen, wie viele verschiedene Typen es unter den Nachkommen gibt. Man konnte weder mit Sicherheit sagen, zu welcher Generation die einzelnen Typen gehören, noch ihre statistischen Verhältnisse bestimmen." Mit anderen Worten, vor Mendel hatte noch nie jemand quantitative Daten über die Ergebnisse von Kreuzungsversuchen gesammelt und diese analysiert.

Dann kreuzte Mendel die F_1-Pflanzen untereinander (**Dihybridkreuzung**). Die F_2-Generation bestand aus Pflanzen mit den vier Phänotypen glatt/gelb, schrumpelig/gelb, glatt/grün, schrumpelig/grün, die im Verhältnis 9 : 3 : 3 : 1 auftraten (siehe Abbildung 12.5). Ein Punnett-Quadrat für eine Dihybridkreuzung ist eine 4×4-Matrix. Wie bei einer Monohybridkreuzung werden die von jedem Elter gebildeten Gameten an aneinandergrenzenden Kanten des Punnett-Quadrats aufgelistet und die Kästchen mit den Genotypen der F_2-Individuen gefüllt.

Um zu verstehen, wieso es bei einer Dihybridkreuzung zu dem Verhältnis 9 : 3 : 3 : 1 kommt, stellen wir uns vor, dass dieser Prozess aus zwei gleichzeitig durchgeführten, unabhängigen Monohybridkreuzungen zusammengesetzt ist. Wie wir wissen, stehen dominante und rezessive Phänotypen in einer durch Monohybridkreuzung entstandenen F_2-Generation im Verhältnis 3 : 1. Durch Multiplikation (3 × 3, 3 × 1, 1 × 3, 1 × 1) findet man das Verhältnis der Phänotypen in der F_2-Generation, die bei einer Dihybridkreuzung entsteht. Das Ergebnis ist 9 : 3 : 3 : 1.

Mendel experimentierte mit verschiedenen Dihybridkreuzungen, die paarweise Kombinationen verschiedener Merkmale umfassten, und erhielt dabei ähnliche Ergebnisse. Diese bildeten die Basis für das zweite Mendel'sche Vererbungsgesetz, das **Gesetz der unabhängigen Neukombination**. Dieses Gesetz besagt, dass jedes Paar von Allelen während der Meiose unabhängig von den anderen segregiert. Aus diesem Grund kann das Gesetz der unabhängigen Neukombination auch als **Gesetz der unabhängigen Spaltung** bezeichnet werden.

Die Neukombination der Allele ist unabhängig, weil die Segregation der homologen Chromosomen in einer Tetrade die Segregation der homologen Chromosomen in den anderen Tetraden nicht beeinflusst. Betrachten wir die Erbsenpflanzen der F_1-Generation der oben beschriebenen Dihybridkreuzung. Diese Pflanzen sind sowohl bezüglich des Gens für die Samenform als auch bezüglich des Gens für die Samenfarbe heterozygot. Die beiden Gene befinden sich auf verschiedenen Chromosomen (▶ Abbildung 12.6). Während der Meiose kann ein Chromosom, das entweder das Allel S oder das Allel s enthält, sowohl zu einem Gameten mit dem Allel Y als auch zu einem mit dem Allel y führen. Bei der Meiose entstehen also vier Typen von Gameten. Ein Viertel von ihnen trägt die Allele S und Y, ein Viertel die Allele S und y, ein Viertel die Allele s und Y und ein Viertel die Allele s und y. Obwohl die Pflanze insgesamt vier Typen von Gameten produziert, kann eine gegebene Fortpflanzungszelle bei der Meiose stets nur zwei Gametentypen bilden.

Die Mendel'schen Vererbungsgesetze formulieren die einfachen Regeln, nach denen Merkmalsausprägungen von einer Generation zur nächsten weitergegeben werden. Mendels Beitrag zur Genetik war enorm, doch er hat seine Gesetze nicht in einem intellektuellen Vakuum entwickelt. Schon vor Mendel haben Wissenschaftler Pflanzen mit unterschiedlichen Merkmalsausprägungen gekreuzt und dabei ähnliche Ergebnisse erhalten (siehe den Kasten *Pflanzen und Menschen* auf Seite 315). Anders als seine Vorgänger protokollierte Mendel jedoch, wie viele der Nachkommen eine bestimmte Merkmalsausprägung aufwiesen. Letztlich waren es diese Zahlen, die ihn zur Entdeckung der Gesetzmäßigkeiten der Vererbung führten.

WIEDERHOLUNGSFRAGEN

1. Wie viele verschiedene Gene hat ein typischer Eukaryot wie die Erbse oder der Mensch?
2. Warum erhielt Mendel bei seinen Monohybridkreuzungen innerhalb der F_1-Generation ein Phänotypenverhältnis von 3 : 1?
3. Wenn erfolgt während der Meiose die Segregation der Allele?
4. Erläutern Sie den Unterschied zwischen einer Monohybridkreuzung und einer Dihybridkreuzung.

Die Genetik nach Mendel 12.2

In den 150 Jahren seit Mendels ersten Versuchen mit Gartenerbsen haben Wissenschaftler die Vererbung vieler Gene in zahlreichen Organismen untersucht. Im Allgemeinen haben sie sich dabei solchen Arten zugewandt, die kürzere Lebenszyklen haben als Erbsen, insbesondere der Fruchtfliege *Drosophila melanogaster* oder in jüngerer Zeit einer kleinen Blütenpflanze, der Ackerschmalwand (*Arabidopsis thaliana*, siehe den Kasten *Die wunderbare Welt der Pflanzen* auf Seite 318). Während Erbsen zwei Monate brauchen, um ihren Lebenszyklus zu vollenden, benötigen Fruchtfliegen nur zwei Wochen und *Arabidopsis thaliana* sechs Wochen oder weniger. Die seit Mendel durchgeführten Forschungen haben gezeigt, dass die beiden von ihm formulierten Gesetze den Vorgang der Vererbung für die überwiegende Mehrheit der Merkmale von Eukaryoten erklären. Manche Vererbungsmuster sind jedoch komplexer als die von Mendel untersuchten. Mit einigen davon werden wir uns im Folgenden befassen. Anschließend werfen wir einen kurzen Blick auf die molekularen Grundlagen für eines der von Mendel untersuchten Merkmale, die Wuchshöhe.

Kreuzungen mit mehr als zwei relevanten Merkmalen

Mendel hat nichts über Trihybridkreuzungen berichtet, d. h. über Kreuzungen zwischen Pflanzen, die sich in drei Merkmalen unterscheiden. Doch auch solche Kreuzungen sind mithilfe seiner Methoden leicht zu analysieren. Als Beispiel betrachten wir die Kreuzung einer reinerbigen Pflanze, die hochwüchsig ist und glatte, gelbe Samen hat (*SSTTYY*), mit einer kleinwüchsigen Pflanze mit schrumpeligen, grünen Samen (*ssttyy*). Die F_1-Pflanzen sind bezüglich aller drei Merkmale heterozygot und phänotypisch dominant. Eine solche F_1-Pflanze kann acht verschiedene Typen von Gameten produzieren.

Die Kreuzung der F_1-Pflanzen führt auf eine F_2-Generation mit einem Phänotypverhältnis von 27 : 9 : 9 : 9 : 3 : 3 : 3 : 1. Die 27 repräsentiert die Pflanzen, die alle drei dominanten Merkmalsausprägungen zeigen, jede 9 repräsentiert die Pflanzen, die genau zwei dominante Merkmalsausprägungen haben, jede 3 steht für Pflanzen mit genau einer dominanten Merkmalsausprägung und die 1 für die Pflanzen, die bezüglich aller drei Merkmale die rezessive Ausprägung haben. Sie können dieses Verhältnis selbst überprüfen, indem Sie eine 8 × 8-Punnett-Matrix zeichnen oder die Multiplikation (3 : 1) × (3 : 1) × (3 : 1) ausführen.

Unvollständige Dominanz

Hätte Mendel seine Experimente mit Löwenmäulchen (*Antirrhinum majus*) anstatt mit Erbsen durchgeführt, dann wäre es ihm viel schwerer gefallen, die Gesetzmäßigkeiten der Vererbung zu entdecken. Wird eine reinerbige Kultur von Löwenmäulchen mit roten Blüten mit einer reinerbigen Kultur mit weißen Blüten gekreuzt, so sind die Blüten der F_1-Nachkommen weder rot noch weiß – sondern rosa! Wenn die F_1-Pflanzen dann untereinander gekreuzt werden, stehen die Phänotypen rot, rosa und weiß in der F_2-Generation im Verhältnis von 1 : 2 : 1 (▶ Abbildung 12.7).

Um dieses Ergebnis zu verstehen, muss man wissen, wodurch die Blütenfarbe beim Löwenmaul gesteuert wird. Die roten Blüten sind rot, weil sie ein Pigment besitzen, das den weißen Blüten fehlt. Dieses Pigment entsteht durch eine chemische Reaktion, die durch ein En-

12.2 Die Genetik nach Mendel

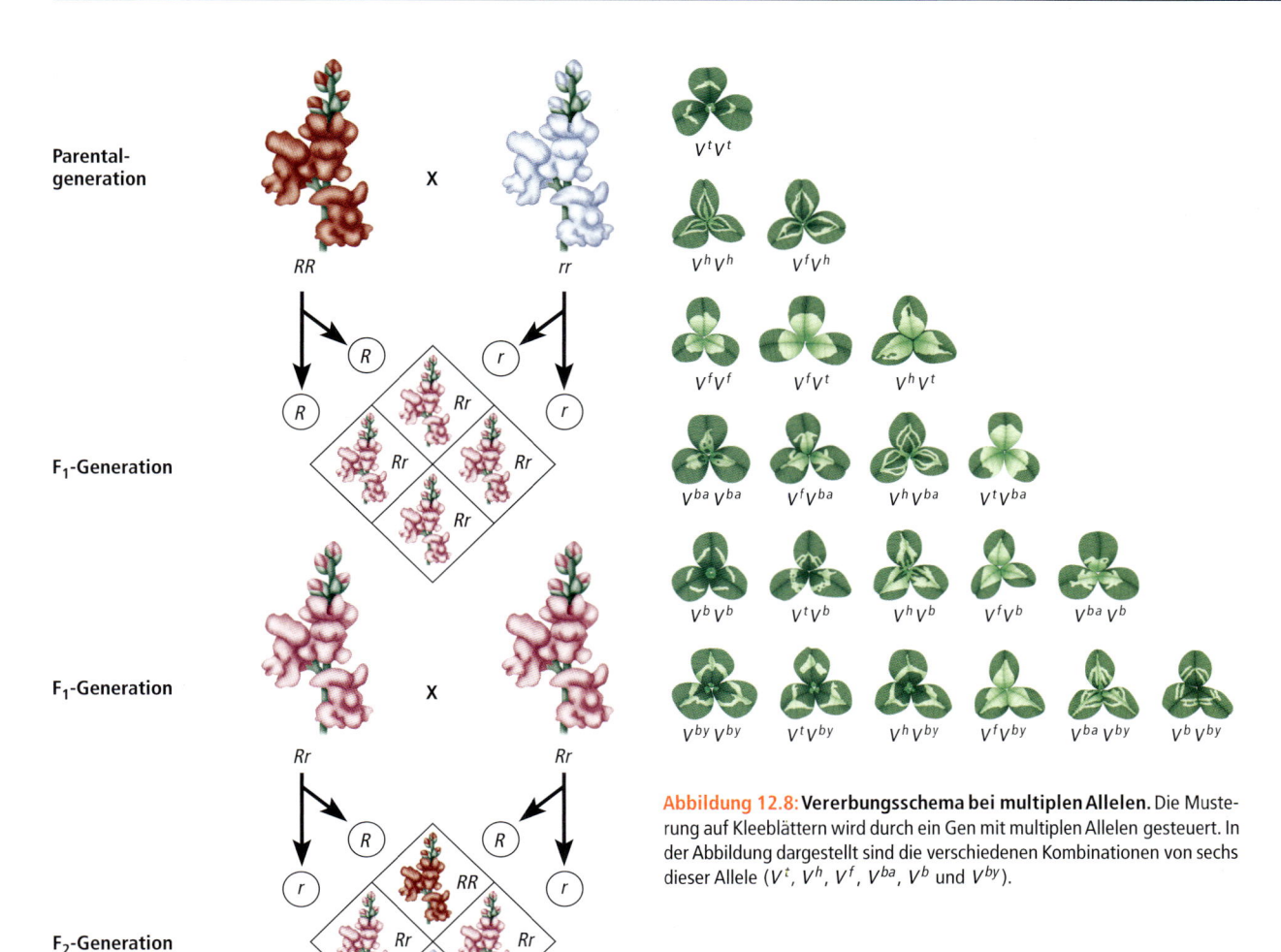

Abbildung 12.7: Unvollständige Dominanz beim Löwenmäulchen. Wird ein reinerbiges Löwenmaul mit roten Blüten mit einem reinerbigen Löwenmäulchen mit weißen Blüten gekreuzt, dann bilden die F_1-Pflanzen rosa Blüten. Werden die F_1-Pflanzen untereinander gekreuzt, dann kommen in der F_2-Generation Pflanzen mit roten, rosafarbenen und weißen Blüten im Verhältnis 1 : 2 : 1 vor.

Abbildung 12.8: Vererbungsschema bei multiplen Allelen. Die Musterung auf Kleeblättern wird durch ein Gen mit multiplen Allelen gesteuert. In der Abbildung dargestellt sind die verschiedenen Kombinationen von sechs dieser Allele (V^t, V^h, V^f, V^{ba}, V^b und V^{by}).

zym katalysiert wird. Das Enzym wird durch ein Allel (C^R) eines bestimmten Gens codiert. Ein anderes Allel des gleichen Gens (C^W) codiert eine andere Form des Enzyms, welche die Reaktion nicht katalysiert, so dass keine Pigmente produziert werden. Eine bezüglich des Allels C^R homozygote Pflanze produziert große Mengen des Pigments und hat deshalb rote Blüten. Eine bezüglich des Allels C^W homozygote Pflanze produziert überhaupt keine Pigmente und hat deshalb weiße Blüten. Heterozygote Pflanzen ($C^R C^W$) produzieren in geringeren Mengen Pigmente, die nur dazu ausreichen, dass die Blüten rosa sind. Die Blütenfarbe der Heterozygoten ist eine Mischung aus den Blütenfarben der beiden Homozygoten, da keines der beiden Allele vollständige Dominanz über das andere besitzt. Folglich nennt man diesen Typ der Vererbung **unvollständige Dominanz**. Weil es bei diesem Vererbungsmuster nicht ein dominantes und ein rezessives Allel gibt, werden die Allele durch Großbuchstaben mit hochgestelltem Index dargestellt anstatt durch Groß- und Kleinbuchstaben.

Eine weitere Variation des dominant-rezessiven Erbgangs tritt bei Genen auf, die mehr als zwei Allele besitzen. Ein gutes Beispiel hierfür ist das Gen, welches das Aussehen von Kleeblättern steuert (▶ Abbildung 12.8). Dieses Gen hat mindestens sieben Allele und jede Kombination zweier dieser Allele kann in einer gegebenen Kleepflanze vorkommen. Jede dieser Kombinationen resultiert in Blättern mit spezifischer Größe, Form und Musterung. Ein weiteres Beispiel für ein Gen mit vielen Allelen ist das Pollen-Inkompatibilitätsgen, das bei manchen Pflanzen Selbststerilität verursacht. Zwei Pflanzen, die das gleiche Allel dieses Gens besitzen, können keine gemeinsamen Nachkommen erzeugen. Bei manchen Pflanzen scheint auch die Blü-

12 MOLEKULARE GRUNDLAGEN DER VERERBUNG

DIE WUNDERBARE WELT DER PFLANZEN
Ein Kraut mit großem Potenzial

Die Ackerschmalwand (*Arabidopsis thaliana*), eine krautige Pflanze aus der Familie der Kreuzblütler (*Brassicaceae*), ist in den letzten Jahren zu einer beliebten Pflanze für genetische Experimente und für molekularbiologische Arbeiten geworden. *Arabidopsis* besitzt mehrere Eigenschaften, die sie für Wissenschaftler, die sich für Genetik, Wachstum, Entwicklung und Stoffwechselvorgänge von Pflanzen interessieren, zum idealen Forschungsobjekt machen. Zunächst einmal ist die Pflanze klein – nur wenige Zentimeter hoch – und widerstandsfähig, so dass sie ohne Weiteres in großen Mengen im Labor kultiviert werden kann. Zweitens beschließt *Arabidopsis* ihren Lebenszyklus in nur vier bis sechs Wochen, und jede Pflanze kann über 10.000 Samen produzieren. Drittens ist Arabidopsis wie die Gartenerbse ein Selbstbestäuber, was die F_1-Kreuzungen vereinfacht. Schließlich besitzt *Arabidopsis* nur fünf Chromosomenpaare und nur 26.000 Gene. Damit ist das Genom für einen Eukaryoten relativ klein, insbesondere kleiner als die anderen bislang identifizierten Genome von Blütenpflanzen. Im Jahr 2000 haben Botaniker die gesamte Nucleotidsequenz aller Chromosomen der Pflanze bestimmt. Der relativ geringe Umfang des genetischen Materials von *Arabidopsis* macht es einfacher, Identität, Loci und Funktionen spezifischer Gene aufzudecken.

---

tenfarbe durch Gene mit multiplen Allelen bestimmt zu sein.

Es gibt nicht nur Merkmale, die durch Gene mit mehr als einem Allel gesteuert werden, sondern auch solche, für die mehr als ein Gen verantwortlich ist. Dies wird als **polygene Vererbung** bezeichnet. Die Muster der polygenen Vererbung weichen gewöhnlich stark von den Vererbungsmustern ab, die Mendel untersuchte. Dort gab es für jedes Merkmal nur zwei Phänotypen, beispielsweise violette und weiße Blüten oder glatte und schrumpelige Samen. Bei der polygenen Vererbung weisen die Phänotypen oft ein kontinuierliches Spektrum auf. Beim Weizen zum Beispiel steuern zwei Gene die Farbe der Körner. Wird eine Pflanze mit dunkelroten Körnern mit einer Pflanze mit weißen Körnern gekreuzt, dann haben alle F_1-Pflanzen Körner von mittlerem Rot. Die Kreuzung der F_1-Pflanzen führt zu einer F_2-Generation mit einem Phänotypverhältnis von 15 (rot) : 1 (weiß). Innerhalb der F_2-Generation gibt es vier Schattierungen von Rot, die von Dunkelrot bis Hellrot reichen. Die polygene Vererbung spielt auch eine Rolle bei der Festlegung des Geschlechts beim Einjährigen Bingelkraut (*Mercurialis annua*) sowie der Kolbenlänge bei einigen Maissorten.

Das Gegenteil der polygenen Vererbung ist die **Pleiotropie**, bei der ein einzelnes Gen mehr als ein Merkmal steuert. Tatsächlich werden drei der von Mendel untersuchten Merkmale – Blütenfarbe, Samenfarbe und das Vorhandensein eines farbigen Flecks auf der Blattachse – durch ein einziges Gen gesteuert. Mendel beobachtete, dass violette Blüten, braune Samen und ein brauner Fleck auf der Achse immer zusammen auftraten, ebenso weiße Blüten, helle Samen und eine Blattachse ohne Fleck. Beim Tabak (*Nicotiana tabacum*) greift ein einzelnes Gen in die Steuerung von mindestens fünf Pflanzenmerkmalen ein (▶ Abbildung 12.9).

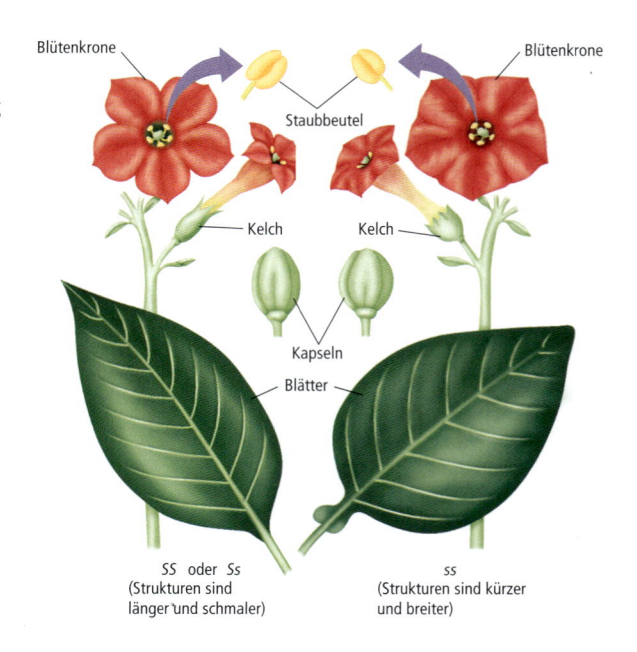

Abbildung 12.9: Pleiotropie bei Tabakpflanzen. Pleiotropie bedeutet, dass ein Gen den Phänotyp eines Organismus in mehreren Aspekten beeinflusst. Bei Tabakpflanzen steuert das *S*-Gen das Aussehen von Blütenkrone, Staubbeuteln, Kelch, Blättern und der Kapsel.

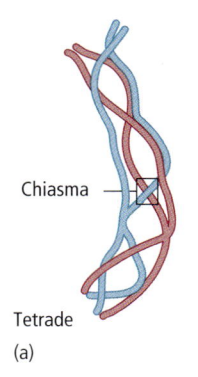

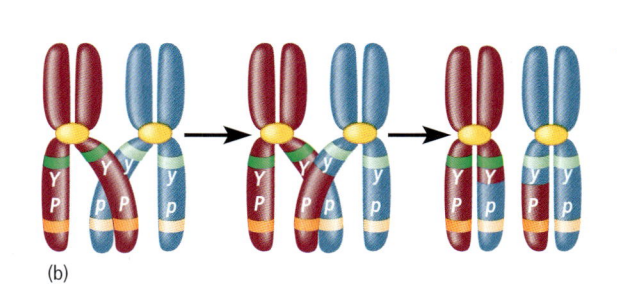

Abbildung 12.10: *Crossing-over* während der Meiose. (a) Während der ersten Reifeteilung kommt es zum *Crossing-over* zweier Chromatiden einer Tetrade. Jedes *Crossing-over* wird als *Chiasma* bezeichnet. (b) Die Chromatiden können an einem Chiasma auseinander brechen und Fragmente austauschen. Wenn dies geschieht, wechseln die auf den Fragmenten befindlichen Allele auf das jeweils andere Chromatid.

Im Allgemeinen verleiht das dominante Allel dieses Gens der Pflanze einen hohen, schmalen Phänotyp, während das rezessive Allel (bei homozygoten Pflanzen) einen breiteren und niedrigeren Phänotyp verleiht. Weizenzüchter haben ein Gen entdeckt, das gleichzeitig hohe Erträge und Grannen (Borsten auf den Blütenständen) bewirkt. Daran, ob die Pflanze Grannen besitzt oder nicht, kann ein Züchter bereits leicht erkennen, ob die Nachkommen gute Erträge bringen werden.

Genloci und Vererbungsmuster

Wie Sie weiter vorn in diesem Kapitel gelernt haben, enthält jedes Chromosom eines typischen Eukaryoten Tausende von Genen. Daher haben die Gene eines Chromosoms die Tendenz, während der Meiose als Einheit zu segregieren, was dazu führt, dass die durch diese Gene codierten Merkmale gemeinsam vererbt werden. Solche Gene werden als **gekoppelte Gene** bezeichnet. Im Fall von gekoppelten Genen gilt das Gesetz der unabhängigen Spaltung nicht, weil die betreffenden Allele physisch nicht in der Lage sind, unabhängig voneinander zu segregieren.

Da die sieben von Mendel untersuchten Merkmale unabhängig vererbt werden und Erbsen sieben Paare homologer Chromosomen besitzen, könnte man meinen, dass die Gene, die diese Merkmale steuern, auf verschiedenen Chromosomen liegen. Tatsächlich jedoch werden drei der Merkmale (Wuchshöhe, Position der Blüten und Hülsenform) von Genen auf Chromosom 4 gesteuert und zwei andere Merkmale (Samenfarbe und Blütenfarbe) von Genen auf Chromosom 1. Warum also verhalten sich auf gleichen Chromosomen liegende Gene nicht so, als ob sie gekoppelt wären?

Der Grund hierfür ist das **Crossing-over** (siehe Kapitel 6). Wenn sich während der Prophase I der Meiose Tetraden bilden, ist manchmal zu beobachten, dass die Chromatiden der beiden homologen Chromosomen einer Tetrade sich überkreuzen (▶ Abbildung 12.10a) und eine X-förmige Struktur bilden, die als *Chiasma* bezeichnet wird. Die an einem Chiasma beteiligten Chromatiden können brechen und Fragmente austauschen, mithin auch jedes Allel, das sich auf einem solchen Fragment befindet (▶ Abbildung 12.10b). Sind die ausgetauschten Allele verschieden (zum Beispiel eines für violette Blüten und eines für weiße Blüten), so erwirbt jedes Chromatid eine neue Allelkombination. Wenn zwei Gene auf einem Chromosom sehr dicht beieinander liegen, ist es relativ wahrscheinlich, dass sie sich auf dem gleichen ausgetauschten Fragment befinden. Sie bleiben also auch im Fall eines *Crossing-over* verbunden. Je weiter jedoch zwei Gene voneinander entfernt sind, umso wahrscheinlicher wird es, dass eines davon am *Crossing-over* beteiligt ist, das andere aber nicht. Wenn dies geschieht, wird die Verbindung zwischen den Genen aufgebrochen. Die drei Gene auf Chromosom 4, deren Vererbung Mendel untersuchte, sind so weit voneinander entfernt, dass sie sich verhalten, als lägen sie auf verschiedenen Chromosomen. Das Gleiche gilt für die Gene für die Samenfarbe und die Blütenfarbe auf Chromosom 1. Soweit bekannt ist, arbeitete Mendel nicht mit Merkmalen, von denen man annimmt, dass sie durch verbundene Gene gesteuert werden.

Der Genlocus ist auch für solche Gene wichtig, die auf Geschlechtschromosomen liegen, d. h. auf jenem Paar homologer Chromosomen, das bei einigen Arten das Geschlecht bestimmt. Bei zweihäusigen Pflanzen sind Geschlechtschromosomen üblich. Beispielsweise haben die weiblichen Pflanzen des Gemüsespargels (*Asparagus officinalis*) zwei X-Chromosomen mit identischen Genen, doch nicht zwangsläufig die gleichen *Allele* dieser Gene. Die männlichen Pflanzen dagegen haben ein X-Chromosom und ein Y-Chromosom. Einige der Gene auf dem Y-Chromosom unterscheiden sich von denen auf dem X-Chromosom. Das gleiche Muster der Geschlechtsfestlegung tritt beim Menschen auf. Wenn also ein Mann ein rezessives Allel für ein auf dem X-Chromosom liegendes Gen hat, dann wird die durch dieses Allel spezifizierte Merkmalsausprägung immer exprimiert. Frauen müssen zwei Kopien des rezessiven Allels besitzen, damit die rezessive Merkmalsausprägung exprimiert wird. Bei Pflanzen steuern die an der Festlegung des Geschlechts beteiligten Gene auf dem X- und dem Y-Chromosom meist die Produktion und die Wirkung von Hormonen.

Vererbungsmuster werden außerdem durch Gene kompliziert, die nicht auf den Chromosomen des Zellkerns liegen. Auch Mitochondrien und Chloroplasten besitzen kleine, ringförmige DNA-Moleküle ähnlich denen der Prokaryoten. Merkmale, die durch Gene auf der DNA dieser Organellen codiert werden, werden durch **cytoplasmatische Vererbung** von den Eltern an die Nachkommen weitergegeben. Während der Cytokinese segregieren die existierenden Mitochondrien und Chloroplasten zufällig in Tochterzellen. Dieser Typ der Vererbung wird auch als maternale Vererbung bezeichnet, da Eizellen Cytoplasma mit Organellen zur nächsten Generation weitergeben, Spermazellen jedoch nicht.

Die cytoplasmatische Vererbung ist verantwortlich für das Auftreten von weißen oder gelblichen Flecken auf den Blättern bestimmter Pflanzen (▶ Abbildung 12.11). In vielen Fällen bestehen diese Flecken aus Zellen mit weißen Chloroplasten, da sie ein Gen besitzen, das die Chlorophyllproduktion nicht richtig codiert. Ein Fleck entwickelt sich, wenn sich eine Zelle, die eine Mischung aus grünen und weißen Chloroplasten besitzt, teilt und eine der Tochterzellen zufällig nur weiße Chloroplasten erhält. Infolge der Teilung der Tochterzelle und ihrer Nachkommen wächst der Fleck. Cytoplasmatische Vererbung tritt auch durch Gene der Mitochondrien auf, die männliche Sterilität von Pflanzen verursachen. Für Pflanzenzüchter ist männliche Sterilität eine nützliche Eigenschaft, da es in sterilen männlichen Blüten keine Selbstbestäubung gibt und man sich deshalb das Entfernen der Staubblätter vor der Befruchtung sparen kann.

Interaktion von Genen

Gene beeinflussen den Phänotyp eines Organismus nicht isoliert. Die bereits diskutierte polygene Vererbung, bei der ein einzelnes Merkmal durch mehrere Gene gesteuert wird, ist ein Beispiel hierfür. Ein weiteres Beispiel ist ein Phänomen, das als **Epistasis** bekannt ist. *Epistasis* bedeutet, dass ein Gen die Wirkung eines anderen verändert. Bei einigen Wicken (*Lathyrus* spp.) zum Beispiel interagieren zwei Gene bei der Festlegung der Blütenfarbe. Jedes Gen codiert ein bestimmtes Enzym des Stoffwechselwegs der Pigmentsynthese. Eine Pflanze muss deshalb mindestens ein dominantes Allel (*C* oder *P*) beider Gene haben, um violette Blüten zu bilden. Jede Pflanze, die für ein oder beide rezessiven Allele homozygot ist, hat weiße Blüten. Wenn daher eine weiß blühende Pflanze mit dem Genotyp *CCpp* mit einer weiß blühenden Pflanze mit dem Genotyp *ccPP* gekreuzt wird, dann ist die F_1-Generation heterozygot bezüglich beider Allele (*CcPp*) und alle Pflanzen haben violette Blüten (▶ Abbildung 12.12). Eine Kreuzung zwischen zwei F_1-Pflanzen führt zu einer F_2-Generation mit einem Phänotypverhältnis von neun violett blühenden zu sieben weiß blühenden Pflanzen. ▶ Tabelle 12.1 listet einige weitere Typen der Epistasis bei Pflanzen auf.

Während die Gene die Pläne für den Bau und die Physiologie eines Organismus liefern, hängt die genaue Interpretation dieser Pläne häufig von Umgebungsfaktoren ab. Hortensien (*Hydrangea macrophylla*) liefern ein Beispiel für den Einfluss der Umgebung, das vielen Hobbygärtnern vertraut ist: Die Farbe ihrer Blü-

Abbildung 12.11: Cytoplasmatische Vererbung. Die gelben Flecken auf den Blättern dieser Pelargonie sind Flächen, wo die Chloroplasten nicht in der Lage sind, Chlorophyll zu produzieren. Dieses Merkmal wird durch ein Allel eines Gens in der DNA der Chloroplasten gesteuert. Wenn sich die Zellen teilen, dann werden die Chloroplasten, die dieses Allel besitzen, zufällig auf die Tochterzellen verteilt. Die Zellen, die diese Chloroplasten anstelle der normal funktionierenden erhalten, sind die Ursache für die gelben Flecken.

12.2 Die Genetik nach Mendel

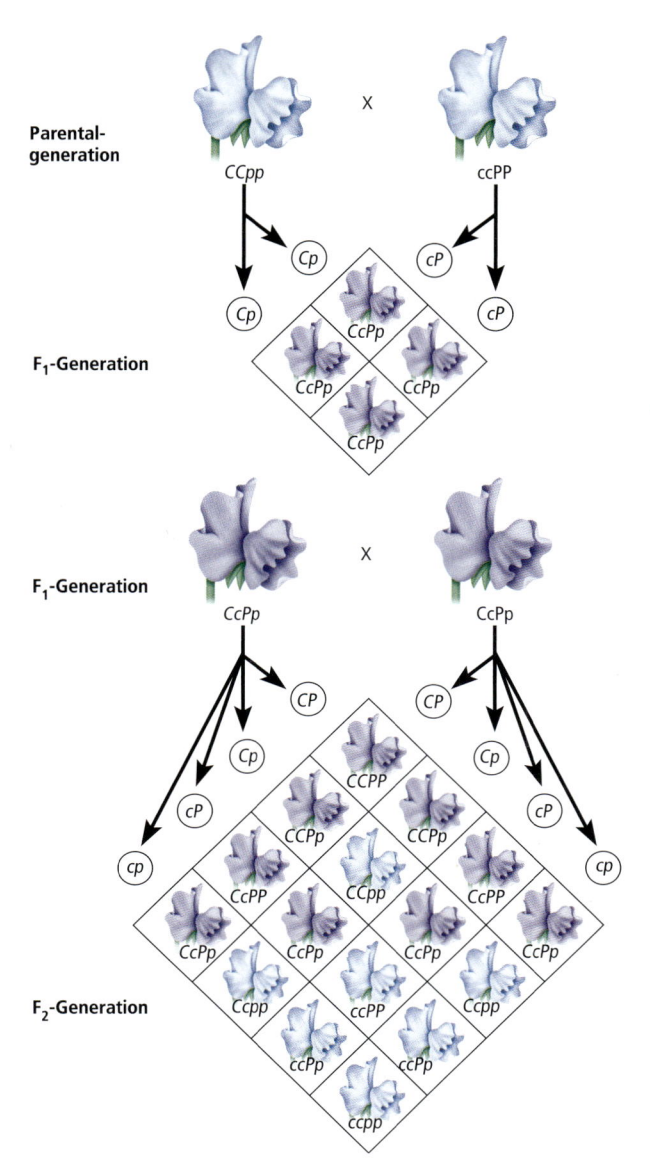

Abbildung 12.12: Epistasis. Bei der Steuerung der Blütenfarbe von Erbsen interagieren zwei Gene miteinander. Bei einer Kreuzung zwischen zwei weiß blühenden Pflanzen mit unterschiedlichen Genotypen (*CCpp* und *ccPP*) entstehen in der F₁-Generationen ausschließlich violett blühende Pflanzen. Die Kreuzung zweier F₁-Pflanzen ergibt in der F₂-Generation ein Phänotypverhältnis von 9 violett blühenden zu 7 weiß blühenden Pflanzen.

Abbildung 12.13: Beeinflussung des Phänotyps durch Umweltfaktoren. Diese beiden Hortensien besitzen den gleichen Genotyp. Die Pflanze mit den blauen Blüten ist auf saurem Boden gewachsen, die mit den rosafarbenen Blüten dagegen auf neutralem oder alkalischem Boden.

ten variiert in Abhängigkeit vom pH-Wert des Bodens. Auf saurem Boden blühen Hortensien gewöhnlich blau, während die gleiche Pflanze auf neutralem oder alkalischem Boden rosa Blüten hat (▶ Abbildung 12.13). Bei anderen Pflanzen beeinflusst die Temperatur die Farbe der Blüten. Die Blätter des Schild-Wasserhahnenfuß (*Ranunculus peltatus*) können sehr verschieden aussehen, je nachdem, ob sie in der Luft oder im Wasser wachsen. Oberhalb des Wassers entwickeln sich große, gelappte Blätter, während an dem im Wasser befindlichen Teil der Pflanze dünne, wurzelähnliche Blätter wachsen. Diese und weitere Beispiele zeigen sehr deutlich, dass der Phänotyp eines Organismus eine Mischung aus Erbinformationen und umweltgesteuerten Kräften widerspiegelt.

Das Mendel'sche Gen für die Wuchshöhe

Die Versuche Mendels hatten deutlich gemacht, dass die Weitergabe erblicher Merkmale über diskrete, bislang unbekannte Einheiten erfolgt, die unabhängig voneinander agieren. Die Natur dieser Einheiten der Vererbung blieb fast ein Jahrhundert lang verborgen. Zwischen 1920 und 1960 durchgeführte Experimente festigten die Erkenntnis, dass sich die DNA und manchmal auch die RNA wie ein Molekül verhält, das die Erbinformation von einer Generation zur nächsten trägt. 1953 offenbarte die Analyse von Watson und Crick die Struktur der DNA. Im Verlauf der 1960er-Jahre wurden zumindest prinzipiell die Mechanismen klar, durch welche die DNA die Merkmale von Organismen bestimmt (siehe Kapitel 13). In den 1960er-Jahren wurden sogar die einst von Mendel selbst studierten Gene nochmals untersucht, um ihre biochemischen Effekte aufzuklären.

Das Gen für die Wuchshöhe bei Mendels hohen und niedrigen Erbsenpflanzen ist heute als das *Le*-Gen bekannt. Hohe Pflanzen besitzen ein oder zwei *Le*-Allele und niedrige Pflanzen zwei *le*-Allele. (In diesem Fall werden die Allele durch *zwei* Buchstaben dargestellt. Beim dominanten Allel wird der erste Buchstabe groß geschrieben, für das rezessive Allel werden zwei Kleinbuchstaben verwendet.) Viel Forschungsarbeit wurde den Effekten der Allele dieses Gens gewidmet. Unter-

12 MOLEKULARE GRUNDLAGEN DER VERERBUNG

Tabelle 12.1

Epistasis bei Pflanzen

Phänotypverhältnis in F_2	Art der Geninteraktion	Beispiel
9:3:3:1	zwei nicht gekoppelte Gene	die Kreuzungen Mendels
9:3:4	die homozygot rezessive Variante eines Gens verhindert jegliche Farbe	die Farbe von Speisezwiebeln
9:6:1	bei Vorhandensein des dominanten Allels wirkt jedes Gen gleich	die Form von Kürbissen
9:7	für beide Gene ist das dominante Allel erforderlich, damit eine Merkmalsausprägung exprimiert wird	die Blütenfarbe bei Zuckererbsen
13:3	ein Gen unterdrückt das andere	die Synthese des Blütenpigments Malvidin bei der Primel
12:3:1	das dominante Allel eines Gens ersetzt den Effekt beider Allele des anderen Gens durch einen neuen Effekt	die Farbe von Kürbissen

suchungen an der *University of Tasmania* in Australien beispielsweise haben ergeben, dass hohe Erbsenpflanzen 10 bis 18 Mal so viel von dem wachstumsfördernden Hormon Gibberellin #1 (GA_1) enthalten wie niedrige Erbsenpflanzen. Niedrige Pflanzen wiederum enthalten drei bis fünf Mal so viel von dem Hormon Gibberellin #20 (GA_{20}) wie hohe Pflanzen. GA_{20} fördert das Wachstum nicht. Weiterführende Arbeiten haben bestätigt, dass das rezessive Allel, *le*, ein Enzym codiert, das bei der Umwandlung von GA_{20} in GA_1 ineffizient ist. Aus diesem Grund können Pflanzen mit zwei *le*-Allelen nicht genug GA_1 produzieren und werden daher nicht sehr groß. Untersuchungen wie diese machen die Forschungsansätze deutlich, die Biologen heute verfolgen, um die Mechanismen der Vererbung zu erklären.

WIEDERHOLUNGSFRAGEN

1 Geben Sie ein Beispiel für unvollständige Dominanz bei Pflanzen an.

2 Erläutern Sie die Aussage: „Gekoppelte Gene segregieren gemeinsam."

3 Diskutieren Sie ein Beispiel für cytoplasmatische Vererbung.

4 Welcher biochemische Prozess wird durch das Mendel'sche Gen für die Wuchshöhe beeinflusst?

ZUSAMMENFASSUNG

12.1 Die Mendel'schen Vererbungsversuche

Gene und Chromosomen

Die Eigenschaften eines Organismus, Merkmale genannt, können in zwei oder mehr Formen auftreten, die als Merkmalsausprägungen bezeichnet werden. Jede Merkmalsausprägung wird durch ein Allel (eine Variante des Gens) codiert. Eine diploide Zelle enthält für jedes Gen zwei Allele, nämlich von jedem Elter eins.

Monohybridkreuzungen

Gregor Mendel kreuzte reinerbige Sorten von Gartenerbsen, die unterschiedliche Merkmalsausprägungen eines Merkmals aufweisen. Bezüglich der von

Mendel untersuchten Merkmale hatten alle Nachkommen dieser Kreuzung (die erste Filialgeneration oder F_1-Generation) die Merkmalsausprägung von einem der beiden Eltern. Mendel bezeichnete diese Merkmalsausprägung als dominant. Als er die F_1-Pflanzen untereinander kreuzte (eine Monohybridkreuzung), hatten 75 Prozent der Nachkommen (die zweite Filialgeneration oder F_2-Generation) die dominante Merkmalsausprägung und 25 Prozent die andere, die Mendel rezessiv nannte. Individuen mit der rezessiven Merkmalsausprägung besitzen zwei rezessive Allele eines bestimmten Gens; sie werden als homozygot bezüglich dieses Allels bezeichnet. Individuen mit dem dominanten Merkmal haben entweder zwei dominante Allele oder ein dominantes und ein rezessives Allel des gleichen Gens. Die zweite Kombination heißt heterozygot. Die Allelkombination eines Individuums ist dessen Genotyp. Dieser steuert den Phänotyp, d. h. die physische Erscheinung des Individuums. Die Ergebnisse einer Kreuzung können durch ein Punnett-Quadrat dargestellt werden. Auf der Basis seiner Monohybridkreuzungen formulierte Mendel das Gesetz der unabhängigen Spaltung, das besagt, dass alle Allele während der Meiose segregieren und dann bei der Befruchtung zufällig zusammengesetzt werden.

Die Segregation der Allele

Allele segregieren, wenn die Fortpflanzungszellen eines Organismus die Meiose durchlaufen. Bei einem heterozygoten Individuum produziert jede Zelle zwei Typen von Gameten, von denen jeweils eine Hälfte das dominante und eine Hälfte das rezessive Allel besitzt.

Bestimmung des Genotyps eines Individuums mit dominantem Phänotyp

Um festzustellen, ob ein Individuum mit dominantem Phänotyp homozygot oder heterozygot ist, wird es mit einem Individuum gekreuzt, das bezüglich des Merkmals den rezessiven Phänotyp hat. Der Elter mit dem dominanten Phänotyp muss homozygot sein, falls alle Nachkommen den dominanten Phänotyp haben. Falls die Nachkommen im Verhältnis 1:1 den dominanten und den rezessiven Phänotyp haben, muss der Elter heterozygot sein.

Dihybridkreuzungen

Mendel kreuzte außerdem reinerbige Sorten von Gartenbohnen, die verschiedene Merkmalsausprägungen bezüglich zweier Merkmale aufwiesen. Bei den von Mendel untersuchten Merkmalen hatten alle F_1-Pflanzen bezüglich beider Merkmale die dominante Ausprägung. Als er die F_1-Pflanzen kreuzte (eine Dihybridkreuzung), hatten 9/16 der F_2-Pflanzen beide dominante Merkmalsausprägungen, 3/16 die dominante Ausprägung des ersten Merkmals und die rezessive Ausprägung des zweiten, 3/16 die rezessive Ausprägung des ersten Merkmals und die dominante Ausprägung des zweiten sowie 1/16 die rezessive Ausprägung für beide Merkmale. Diese Ergebnisse veranschaulichen das von Mendel formulierte Gesetz der unabhängigen Spaltung, das besagt, dass jedes Paar von Allelen während der Meiose unabhängig segregiert. Die unabhängige Spaltung hat ihre Ursache in der unabhängigen Segregation der Tetraden.

12.2 Die Genetik nach Mendel

Kreuzungen mit mehr als zwei relevanten Merkmalen

Bei Trihybridkreuzungen, d. h. Kreuzungen zwischen Pflanzen, die heterozygot bezüglich dreier Merkmale sind, haben die Nachkommen ein Phänotypverhältnis von 27:9:9:9:3:3:3:1.

Unvollständige Dominanz

Bei unvollständiger Dominanz dominiert kein Allel die anderen vollständig. Heterozygote haben daher einen Phänotyp, der zwischen dem dominanten und dem rezessiven Phänotyp liegt. Manche Gene besitzen mehr als zwei Allele, und jede paarweise Kombination der Allele resultiert in einem anderen Phänotyp. Bei polygener Vererbung wird ein Merkmal durch mehr als ein Gen gesteuert, und die Phänotypen weisen häufig kontinuierliche Abstufungen der Werte auf. Als Pleiotropie bezeichnet man die Situation, dass ein einzelnes Gen mehr als ein Merkmal steuert.

Genloci und Vererbungsmuster

Gene, die auf dem gleichen Chromosom liegen und bei der Meiose als Einheit segregieren, werden als gekoppelte Gene bezeichnet. Durch *Crossing-over* zwischen homologen Chromosomen während der Meiose können die Allele zweier auf dem gleichen Chromosom liegender Gene unabhängig segregieren. Dies ist für Gene umso wahrscheinlicher, je weiter sie voneinander entfernt sind. Die cytoplasmatische Vererbung betrifft Merkmale, die durch Gene der DNA von Mitochondrien und Chloroplasten codiert sind.

Interaktion von Genen

Unterschiedliche Phänotypverhältnisse in der F_2-Generation können durch Epistase entstehen. Dabei verändert ein Gen die Wirkung des anderen. Auch Umweltfaktoren können den Phänotyp eines Lebewesens beeinflussen.

Das Mendel'sche Gen für die Wuchshöhe

Das *Le*-Gen steuert die Wuchshöhe von Gartenerbsen. Pflanzen mit zwei rezessiven *le*-Allelen produzieren unzureichende Mengen des Wachstumshormons Gibberellin GA_1 und haben deshalb eine niedrige Wuchshöhe.

ZUSAMMENFASSUNG

Verständnisfragen

1. Definieren Sie die Begriffe *Gen* und *Allel* unter Bezugnahme auf die Begriffe Merkmal und Merkmalsausprägung. Illustrieren Sie Ihre Definitionen durch ein Beispiel.

2. Erläutern Sie den Unterschied zwischen *Phänotyp* und *Genotyp*.

3. Wie hat Mendel festgestellt, welche Allele eines Gens dominant sind?

4. Verfolgen Sie die Kreuzung $TT \times tt$ über zwei Generationen. Zeichnen Sie ein Punnett-Quadrat, welches das Verhältnis der Phänotypen in der F_2-Generation zeigt.

5. Was kann man durch eine Testkreuzung herausfinden?

6. Zeichnen Sie ein Punnett-Quadrat für die Kreuzung $SsYy \times SsYy$. Welche Buchstaben gehören an benachbarte Seiten des Quadrats und wofür stehen diese Buchstaben? Auf welches Phänotypverhältnis führt diese Kreuzung?

7. Führen Sie eine Testkreuzung $AaBb \times aabb$ durch. Zeichnen Sie ein Punnett-Quadrat und bestimmen Sie das Phänotypverhältnis der Nachkommen.

8. Nennen Sie ein Beispiel für polygene Vererbung bei Pflanzen.

9. Worin unterscheiden sich gekoppelte Gene von unverbundenen?

10. Nennen Sie ein Beispiel für Epistasis.

Diskussionsfragen

1. Bei Pflanzen und anderen Mehrzellern enthält jede Zelle sämtliche Gene des Organismus. Wie kommt es dann, dass unterschiedliche Teile einer Pflanze unterschiedlich aussehen?

2. Lässt sich Ihrer Meinung nach die Tatsache, dass bei Gartenerbsen hoher Wuchs gegenüber niedrigem Wuchs dominant ist, für alle Pflanzen verallgemeinern?

3. Angenommen, ein Organismus besitzt zehn Gene und jedes dieser Gene hat zwei Allele. Wie groß ist dann die Wahrscheinlichkeit, dass eine bestimmte Fortpflanzungszelle ein Paar identischer Gameten produziert?

4. Gegeben sei eine Population von Gartenerbsen, die aus gleich vielen hohen (TT) und niedrigen Pflanzen (tt) besteht. Können Sie sich eine Umgebung vorstellen, die nur die hohen oder nur die niedrigen Pflanzen favorisiert? Angenommen, Sie ziehen in dieser Umgebung viele Pflanzengenerationen heran, indem Sie zufällige Bestäubung zwischen den Pflanzen zulassen. Wie würden sich dann die Anteile der Allele T und t innerhalb der Population verschieben?

5. Angenommen, Sie betrachten eine Pflanzenpopulation, die Individuen mit vielen unterschiedlichen Wuchshöhen enthält. Wie lässt sich diese kontinuierliche Variation des Merkmals mithilfe der Mendel'schen Gesetze erklären?

6. Ein Pflanzenzüchter führt zahlreiche Kreuzungen durch und beobachtet, dass die Blüten nie Samen produzieren, wenn Selbstbestäubung stattfindet. Wie ist diese Beobachtung zu erklären?

7. Betrachten Sie ein Paar homologer Chromosomen mit jeweils den drei Genloci A, B und C, angegeben in der Reihenfolge vom Centromer hin zum Ende eines Chromosomenarms. Ein Partner besitzt die drei dominanten Allele (A, B und C), während das andere homologe Chromosom die drei rezessiven Allele (a, b und c) besitzt. Skizzieren Sie den Ausgang jedes der folgenden *Cross-over*-Ereignisse zwischen Nichtschwesterchromatiden: (1) zwischen dem Centromer und dem A-Locus; (2) zwischen dem A- und dem B-Locus; (3) zwischen dem A- und dem B-Locus sowie zwischen dem B- und dem C-Locus; (4) zwei *Cross-overs* zwischen dem A- und dem B-Locus.

Zur Evolution

Welche evolutionären Kräfte haben höchstwahrscheinlich die Entstehung der beiden unterschiedlichen Blattformen (im Wasser befindliche Blätter einerseits, in der Luft befindliche andererseits) des Schild-Wasserhahnenfuß (*Ranunculus peltatus*) bewirkt?

Weiterführendes

Weitere Informationen zu diesem Buchkapitel finden Sie auf der Companion Website unter http://www.pearson-studium.de.

Gonick, Larry und Mark Wheelis. The Cartoon Guide to Genetics. Markham: Harper Perennial, 1991. *Die Mendel'sche Genetik und die Gentechnologie als Cartoons.*

Henig, M. Robin. The Monk in the Garden: The Lost and Found Genius of Gregor Mendel, the Father of Genetics. Wilmington: Mariner Books, 2001. *Die Geschichte des Naturforschers Gregor Mendel.*

Klug, William S., Cummings, Michael R. und Spencer, Charlotte A. Genetik. München: Pearson Studium, 2007. *Umfassende und leicht verständliche Einführung in alle Teilgebiete der Genetik.*

Tagliaferro, Linda und Mark Blom. The Complete Idiot's Guide to Decoding your Genes. Madison: Alpha Books, 1999. *Das Buch erklärt die Welt der Genetik.*

Regulation der Genexpression

13.1	Genexpression	329
13.2	Differenzielle Genexpression	339
13.3	Die Identifizierung von Genen, die für die Entwicklung maßgeblich sind	343
Zusammenfassung		349
Verständnisfragen		351
Diskussionsfragen		351
Zur Evolution		352
Weiterführendes		352

13 REGULATION DER GENEXPRESSION

❝ Wenn sich eine junge Pflanze aus einer Zygote entwickelt, dann bildet sie Wurzeln, Sprosse und Blätter aus. Jedes Organ besitzt Gewebe, die aus vielen Typen differenzierter Zellen zusammengesetzt sind. Wenn eine Pflanze heranwächst, bildet sie weiterhin Sprosse und Wurzeln sowie verschiedene Arten von Fortpflanzungsstrukturen wie Blüten, Zapfen, Früchte und Samen.

Fast alle Zellen einer Pflanze enthalten den vollständigen Satz der 15.000 bis 50.000 Gene, der für die jeweilige Art charakteristisch ist. Die Zellen eines Embryos oder eines Meristems haben das Potenzial, jedes dieser Gene zu exprimieren und sich zu jedem beliebigen Teil der Pflanze zu entwickeln. Solche Zellen werden „totipotent" genannt. In einer sich entwickelnden oder reifen Pflanze dagegen ist die Totipotenz normalerweise verloren gegangen, da sich jede Zelle in einen bestimmten Zelltyp differenziert. Sie kann jedoch – anders als bei Tieren – wiedererlangt werden, z. B. bei Verletzung oder in Zellkultur.

Differenzierte Zellen exprimieren nur einen Teil der in ihnen enthaltenen genetischen Information. Gene, die für das Leben selbst notwendig sind, zum Beispiel diejenigen, welche die für die ATP-Synthese notwendigen Enzyme codieren, werden von allen Zellen exprimiert, andere Gene dagegen nur in bestimmten Zelltypen. Die Gene, welche die am Calvin-Zyklus beteiligten Proteine codieren, werden beispielsweise in den photosynthetisch aktiven Chlorenchymzellen der Blätter exprimiert, aber nicht in den Zellen der Wurzel. Umgekehrt werden Gene, welche die Entwicklung von Wurzelhaaren aus Epidermiszellen bewirken, nur von Zellen der Wurzel exprimiert.

Selbst innerhalb eines bestimmten Teils der Pflanze exprimieren verschiedene Individuen einer Population verschiedene Gene und Allele. Beispielsweise waren einige der von Mendel untersuchten Erbsenpflanzen hoch und andere niedrig. Beim Feuersalbei (Salvia splendens), einer verbreiteten Zierpflanze, steuern mindestens sieben Gene die schönen Blütenfarben (rot, rosé, lachs, rosa, weiß, violett und dunkelrot).

In diesem Kapitel lernen Sie, wie Zellen die im genetischen Code der DNA enthaltene Information in Proteine umwandeln, die alle Aspekte der Entwicklung und der Physiologie der Pflanze steuern. Außerdem lernen Sie, wie die Genaktivität reguliert wird, d. h. wie Gene ein- und ausgeschaltet werden. ❞

adulter Baum
Bei einem adulten Baum benutzen alle lebenden Zellen weiterhin zahlreiche Enzyme, zum Beispiel solche, die ATP produzieren, und solche, die es verwerten. Außerdem werden neue Blätter und Fortpflanzungsstrukturen gebildet. Der Baum verwendet zudem unterschiedliche Gruppen von Enzymen, um sich an die wechselnden Jahreszeiten und sogar an unterschiedliche Tageszeiten anzupassen.

vier- bis fünfjähriger Baum
Wenn der Baum älter wird, produziert er sekundäre Meristeme und wird fortpflanzungsfähig. Für die Bildung von Rinde, Blüten, Früchten und Samen sind weitere besondere Proteine und Enzyme notwendig.

einjähriger Baum
Wenn der Keimling zu einer jungen Pflanze heranwächst, steuern Enzyme weiterhin die Bildung spezialisierter Zellen für Sprosse, Wurzeln und Blätter. Jeder Zelltyp enthält eine Reihe von Genen, die für seine Erhaltung notwendig sind und die jede Zelle besitzt, sowie weitere Enzyme, welche die jeweiligen speziellen Zellfunktionen steuern.

Keimling
Wenn der Keimling Blätter ausbildet, werden Enzyme und andere Proteine synthetisiert, die mit der Photosynthese und der Atmung im Zusammenhang stehen.

Samen
Wenn der Samen zu keimen beginnt, werden Enzyme produziert, welche die Speicherstoffe – Fette, Stärke, Proteine – mobilisieren, um Nahrung für den Keimling bereitzustellen.

Genexpression 13.1

Ein Evolutionsbiologe betrachtet das Leben als Populationen von Individuen, die um Fortpflanzungserfolg konkurrieren. Ein Zellbiologe interessiert sich für Organismen, die aus einer oder mehreren Zellen bestehen. Biochemiker neigen dazu, Leben als eine organisierte Ansammlung interagierender Moleküle zu betrachten. Der Übergang von der Betrachtung ganzer Populationen zur Betrachtung einzelner Organismen oder von der zellulären zur molekularen Sichtweise bedeutet Reduktionismus – man versucht ein System zu verstehen, indem man es auf seine Bestandteile zurückführt. Reduktionisten vertreten die Ansicht, dass viele Merkmale eines Lebewesens durch seine Proteine bestimmt sind und dass seine Gene den Code für den Aufbau dieser Proteine liefern.

Wie kann ein aus Nucleotiden bestehender genetischer Code zu Proteinen führen, die aus Aminosäuren zusammengesetzt sind? Wie Sie in diesem Abschnitt lernen werden, umfasst der Weg vom genetischen Code zum Protein zwei wesentliche Schritte: die Transkription und die Translation. Bei der Transkription (lat. „umschreiben") wird ein in einer bestimmten Sprache abgefasstes Textstück in anderer Form, aber der gleichen Sprache geschrieben. Beispielsweise könnten Sie gesprochenes Englisch in geschriebenes Englisch transkribieren. Bei Zellen überführt die Transkription die nucleotidbasierte Sprache der DNA in eine andere nucleotidbasierte Sprache, nämlich die der RNA. Durch Translation (lat. „übersetzen") dagegen wird eine Sprache in eine völlig andere übertragen, beispielsweise Englisch in Chinesisch. Bei Zellen bewirkt die Translation den Übergang von der nucleotidbasierten Sprache der RNA zur Sprache der Proteine, die auf Aminosäuren basiert. Der übliche Weg, auf dem alle Lebewesen Information von den Genen zu den Proteinen übertragen, wird auch als das *zentrale Dogma der Molekularbiologie* bezeichnet.

Replikation

Wenn sich eine Zelle teilt, dann überträgt sie ihre gesamte genetische Information auf jede ihrer Tochter-

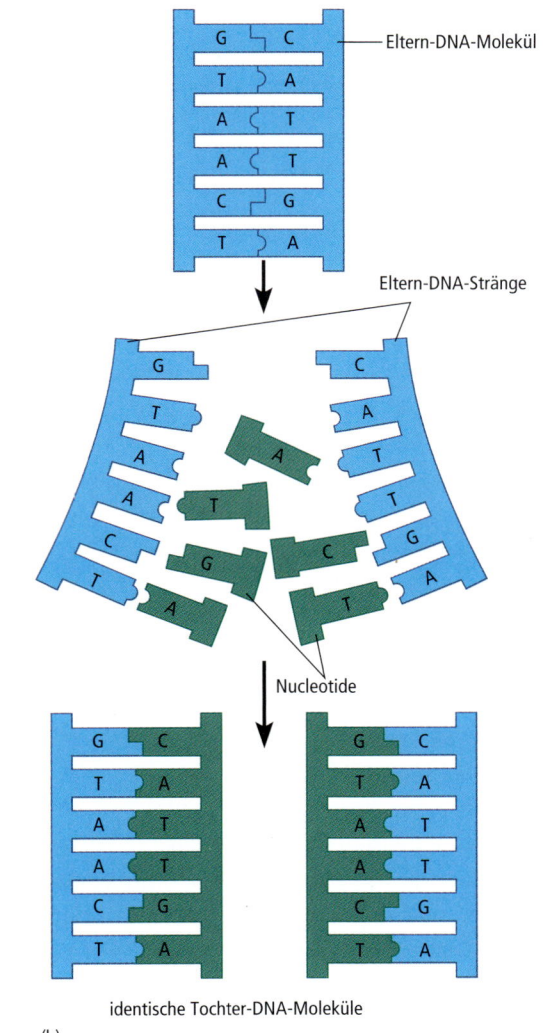

Abbildung 13.1: Das Grundprinzip der DNA-Replikation. (a) Bei der Replikation wird die Eltern-DNA-Doppelhelix aufgetrennt und entlang jedes resultierenden Einzelstrangs wird ein Tochterstrang synthetisiert. (b) Die Nucleotide des Tochterstrangs enthalten die zu den Basen der Elternstränge komplementären Basen.

13 REGULATION DER GENEXPRESSION

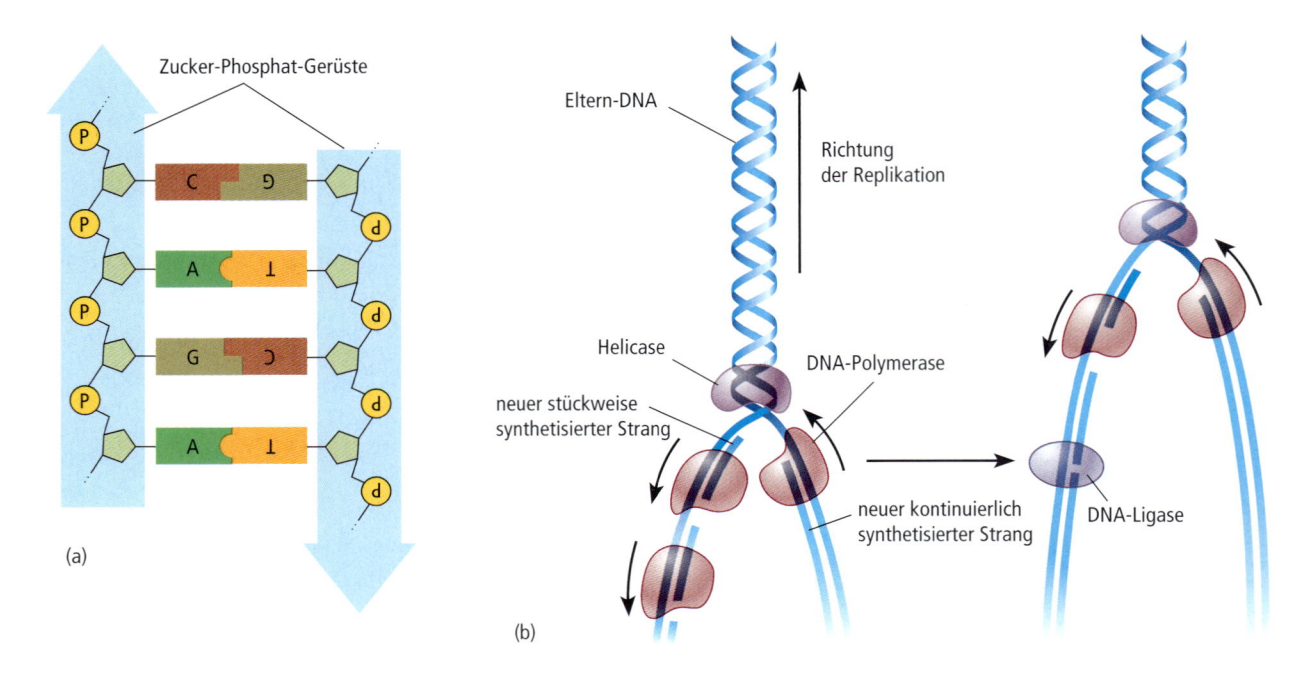

Abbildung 13.2: DNA-Replikation im Detail. (a) In einem DNA-Molekül sind die Zucker-Phosphat-Gerüste der beiden Stränge in entgegengesetzten Richtungen orientiert. (b) Wegen der entgegengesetzten Orientierung synthetisiert die DNA-Polymerase einen Strang kontinuierlich und den anderen stückweise. DNA-Ligase setzt die kurzen Stücke zusammen. Helicase entwindet die Eltern-DNA, so dass die Replikationsgabel weiter voranschreitet.

zellen. Damit dies geschehen kann, muss die sich teilende Zelle ihre DNA replizieren (d. h. kopieren). Wie Sie in Kapitel 7 gelernt haben, ist DNA ein aus vier verschiedenen Nucleotiden bestehendes Polymer. Jeweils zwei DNA-Stränge aus Millionen aneinandergereihten Nucleotiden sind schraubenförmig umeinander gewunden und bilden auf diese Weise eine Doppelhelix, die durch Wasserstoffbrücken stabilisiert wird. Bei Eukaryoten geschieht die Replikation der DNA vor der Teilung des Zellkerns, während der S-Phase des Zellzyklus (siehe Kapitel 2). Die Tatsache, dass die DNA Doppelstränge bildet, spielt eine wesentliche Rolle beim Replikationsprozess (▶ Abbildung 13.1).

Wenn Sie die Nucleotidsequenz eines DNA-Strangs kennen, dann können Sie sofort die Sequenz des anderen Strangs angeben. Dies liegt daran, dass sich Nucleotide, welche die Base Adenin (A) enthalten, immer mit Nucleotiden paaren, welche die Base Thymin (T) enthalten; ebenso paaren sich Nucleotide mit der Base Guanin (G) immer mit Nucleotiden mit der Base Cytosin (C). Die Paarungen zwischen A und T sowie zwischen G und C werden als *komplementäre Basenpaarungen* bezeichnet. Die komplementären Basen werden durch Wasserstoffbrücken zusammengehalten.

Das Grundprinzip der DNA-Replikation ist einfach: Die DNA-Doppelhelix teilt sich in ihre beiden Einzelstränge und für jeden dieser Einzelstränge (oder Elternstränge) wird ein neuer komplementärer Strang gebildet. Man bezeichnet die Replikation als *semikonservativ*, da sie zwei „Tochter"-DNA-Moleküle produziert, die jeweils aus einem Elternstrang und einem neuen Strang bestehen. Die Y-förmigen Regionen, an denen die Verdrillung der Elterndoppelhelix aufgelöst ist und die Synthese der neuen Stränge erfolgt, werden *Replikationsgabeln* genannt. Bei Eukaryoten läuft die Replikation gleichzeitig an mehreren Stellen eines Chromosoms ab.

DNA-Polymerase ist ein Enzym, das die Synthese neuer DNA-Stränge während der Replikation katalysiert. Genauer gesagt wirken an jeder Replikationsgabel zwei DNA-Polymerase-Moleküle, nämlich an jedem Elternstrang eins. Wie in ▶ Abbildung 13.2 zu sehen ist, sind die Mechanismen für die Replikation der beiden Stränge unterschiedlich. Der Grund für diesen Unterschied ist, dass die Zucker-Phosphat-Gerüste der beiden Stränge in entgegengesetzte Richtungen verlaufen (siehe Abbildung 13.2a), die DNA-Polymerase aber nur in einer Richtung Nucleotide anfügen kann. Deshalb wird einer der neuen Stränge kontinuierlich durch eine DNA-Polymerase synthetisiert, die sich am Elternstrang entlang *zur* Replikationsgabel hin bewegt. Der andere Strang wird stückweise in kurzen Abschnitten

(Okazaki-Fragmenten) synthetisiert. Die hierfür zuständige DNA-Polymerase bewegt sich entlang des anderen Elternstrangs *weg* von der Replikationsgabel.

Die DNA-Polymerase wird bei der Replikation von verschiedenen anderen Enzymen unterstützt. Eines dieser Enzyme, die Helicase, entwindet die Elternstränge an der Replikationsgabel. Ein weiteres Enzym, DNA-Ligase, verbindet die kurzen DNA-Abschnitte, die durch eine der beiden DNA-Polymerasen gebildet werden (Abbildung 13.2b).

Der genetische Code

Die Vorstellung, dass die DNA Träger des genetischen Codes ist, entwickelte sich nach und nach im Verlauf der ersten Hälfte des 20. Jahrhunderts. Transplantationsexperimente an der Meeresalge *Acetabularia* (▶ Abbildung 13.3) zeigten, dass sich das Erbmaterial bei Eukaryoten innerhalb des Zellkerns befinden musste. Durch cytologische Studien von Mitose und Meiose konnten die Chromosomen als Vererbungseinheiten identifiziert werden. Allerdings enthalten Chromosomen Proteine und DNA. Die aus 20 verschiedenen Aminosäuren bestehenden Proteine schienen die für das Codematerial erforderliche Komplexität zu besitzen, während die DNA mit ihren nur vier verschiedenen Nucleotiden nicht hinreichend komplex erschien.

Mehrere entscheidende Experimente bewiesen jedoch, dass die DNA das genetische Material ist und nicht die Proteine. 1928 bemerkte Frederick Griffith, dass der Inhalt von Bakterienzellen genetisches Material enthielt, die proteinhaltigen Zellhüllen von Bakterien jedoch nicht. Oswald Avery und Mitarbeiter identifizierten das genetische Material dieser Bakterien im Jahr 1944 als DNA. Dieses Ergebnis traf auf beträchtliche Skepsis, da DNA ein relativ einfaches Molekül ist. 1952 entdeckten Alfred Hershey und Martha Chase, dass die DNA in einem Bakterienvirus das genetisch aktive Material war. Ein Jahr später wiesen James Watson und Francis Crick die Doppelhelix-Struktur der DNA nach. An diesem Punkt begannen die Forscher daran zu glauben, dass die DNA aufgrund ihrer Struktur in der Lage sein könnte, den genetischen Code zu speichern. Die genaue Natur des Codes blieb jedoch bis in die 1960er-Jahre ein Geheimnis.

Der britische Arzt Archibald Garrod hatte als Erster vorgeschlagen, dass Gene Enzyme codieren könnten. Bereits 1909 hatte er behauptet, dass jede Erbkrankheit durch einen Defekt eines bestimmten Enzyms verur-

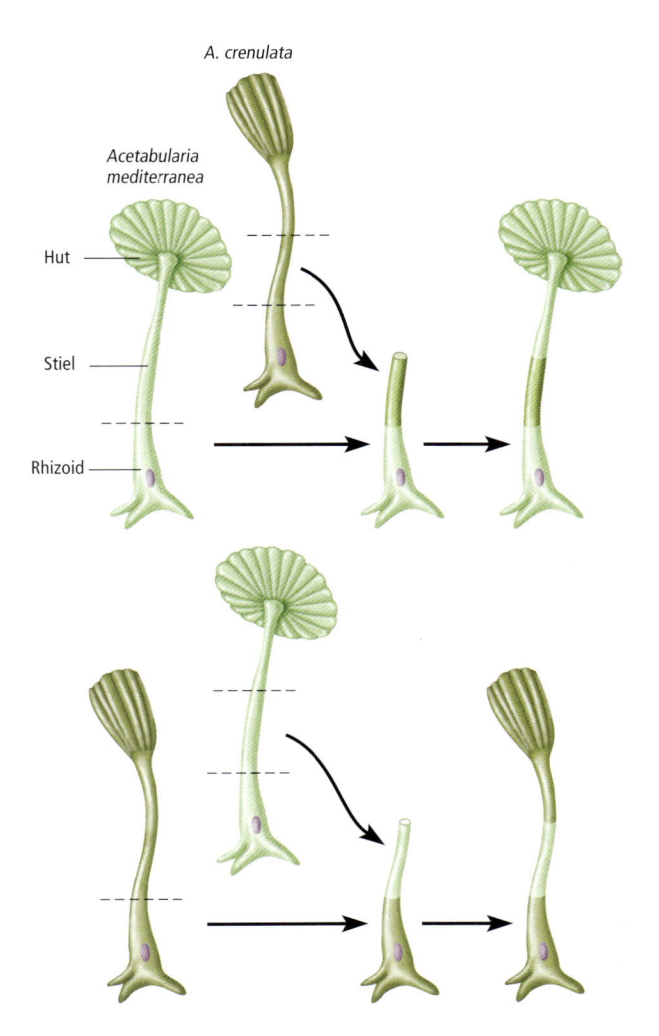

Abbildung 13.3: Lokalisierung des Erbmaterials. Die Schirmalge (*Acetabularia*) ist eine einzellige Meeresalge, die viel größer ist als die meisten anderen Zellen – nämlich bis zu mehreren Zentimetern. Jede Zelle besteht aus einem Hut, einem Stiel und dem Rhizoid, das den Zellkern enthält. Die beiden Arten *A. crenulata* und *A. mediterranea* der Alge haben unterschiedlich geformte Hüte. Wenn ein *A.*-crenulata-Stiel auf ein *A.*-mediterranea-Rhizoid gepfropft wird, dann bildet sich ein *A.*-mediterranea-Hut. Umgekehrt bildet sich ein *A.*-crenulata-Hut, wenn ein *A.*-mediterranea-Stiel auf ein *A. crenulata*-Rhizoid gepfropft wird. Offensichtlich bestimmt also das den Zellkern enthaltende Rhizoid die Form des Hutes.

sacht würde. Da die Identität des genetischen Materials zu jener Zeit unbekannt war, fand seine Idee wenig Verbreitung.

Der wirkliche Durchbruch bei der kausalen Verbindung von Genen mit Enzymen kam in den 1940er-Jahren mit den Experimenten von George Beadle und Edward Tatum. Die beiden Forscher untersuchten die Biosynthese von Aminosäuren im Brotschimmel *Neurospora crassa* (▶ Abbildung 13.4). Beispielsweise wird die Aminosäure Arginin in drei Schritten hergestellt: In Schritt 1 wird eine Vorläufersubstanz in Ornithin umgewandelt, in Schritt 2 wird aus Ornithin Citrullin und

13 REGULATION DER GENEXPRESSION

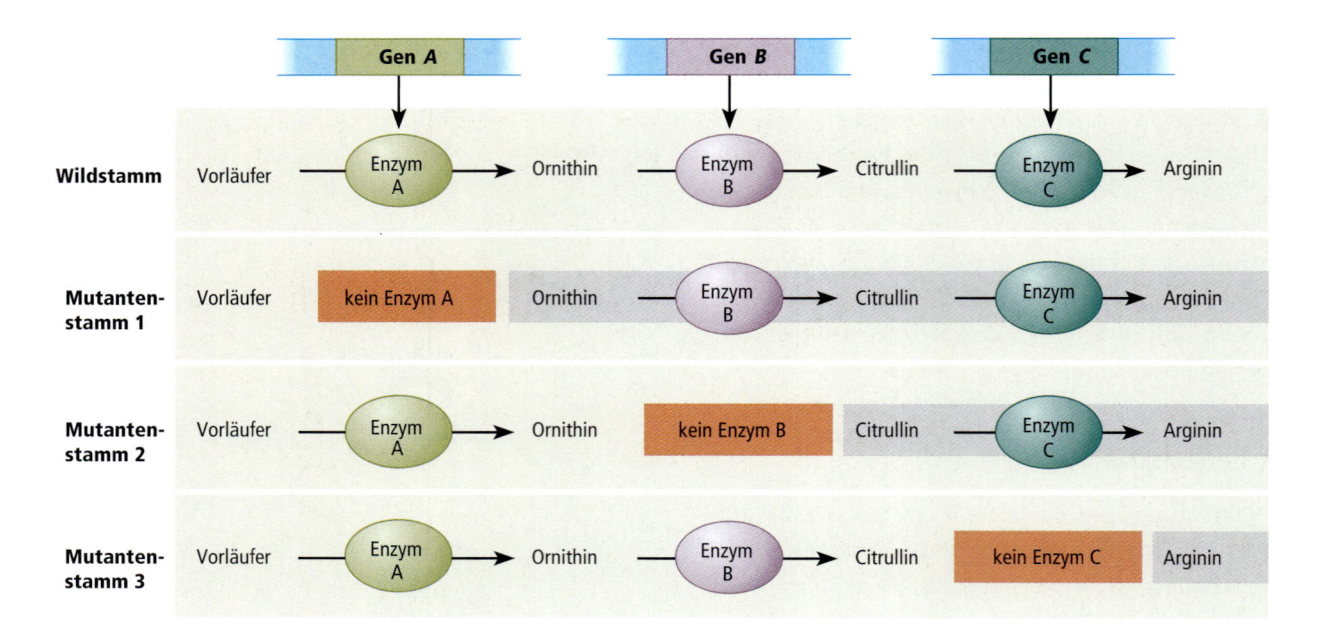

Abbildung 13.4: Die „Ein-Gen-ein-Enzym-Hypothese". Beadle und Tatum zogen in einem einfachen Nährmedium vier Stämme des Brotschimmels *Neurospora crassa*. Der Wildstamm ist in der Lage, aus einer Vorläufersubstanz die Aminosäure Arginin zu bilden, da er alle drei Enzyme (A, B und C) besitzt, die den Biosyntheseweg katalysieren. Dem Mutantenstamm I fehlte das Enzym A; er konnte deshalb nur dann Arginin herstellen, wenn Ornithin oder Citrullin zum Nährmedium hinzugefügt wurde. Dem Mutantenstamm II fehlte das Enzym B; er benötigte zur Bildung von Arginin Citrullin. Dem Mutantenstamm III fehlte das Enzym C; er konnte unter keiner Bedingung Arginin bilden. Beadle und Tatum schlossen daraus, dass jedes Enzym durch ein anderes Gen spezifiziert wird und dass jeder Mutantenstamm einen Defekt in einem dieser Gene hatte, der bewirkte, dass dieser Stamm nicht mehr in der Lage war, eines der beteiligten Enzyme herzustellen.

in Schritt 3 wird aus Citrullin Arginin. Der Wildtyp von *Neurospora* kann alle drei Schritte nacheinander ausführen. Beadle und Tatum fanden jedoch andere Linien, in denen der Prozess bei einem der Schritte blockiert ist. Ein Stamm, bei dem Schritt 1 blockiert ist, kann nur dann Arginin herstellen, wenn Ornithin oder Citrullin zum Nährmedium hinzugefügt wird. Ein Stamm, bei dem Schritt 2 blockiert ist, kann Citrullin verwerten, nicht aber Ornithin. Ist Schritt 3 blockiert, kann überhaupt kein Arginin hergestellt werden. Diese Beobachtungen führten die Forscher zu der Vermutung, dass jedes Enzym eines biosynthetischen Prozesses durch ein anderes Gen codiert wird. Sie nannten ihre Vermutung die „Ein-Gen-ein Enzym-Hypothese". Da nicht alle Proteine Enzyme sind und viele Proteine mehr als eine Polypeptidkette enthalten, wird die Hypothese von Beadle und Tatum oft auch „Ein-Gen-ein-Polypeptid-Hypothese" genannt. Mittlerweile haben zahlreiche Experimente an allen Arten von Lebewesen die Korrektheit dieser Hypothese demonstriert.

Ende der 1950er-Jahre begannen Forscher sich ernsthaft mit der Frage zu beschäftigen, wie eine Nucleotidsequenz innerhalb der DNA eine Aminosäuresequenz innerhalb eines Proteins codieren kann. Offensichtlich kann man ausschließen, dass ein Nucleotid eine Aminosäure codiert, da 20 verschiedene Aminosäuren, aber nur vier verschiedene Nucleotide existieren. Auch zwei Nucleotide genügen nicht – es gibt $4^2 = 16$ Möglichkeiten, Paare aus zwei Nucleotiden zu bilden, mithin könnten so nur 16 Aminosäuren codiert werden. Drei Nucleotide könnten dagegen ausreichen, da es $4^3 = 64$ Möglichkeiten für Nucleotidtripletts gibt. Wissenschaftler konnten schließlich bestätigen, dass die in der DNA gespeicherten Codewörter aus Nucleotidtripletts bestehen. Diese wurden **Codons** genannt. Wie Sie im nächsten Abschnitt sehen werden, spezifiziert jedes DNA-Codon ein aus drei Nucleotiden bestehendes Codon der RNA. Die RNA-Codons sind es, die tatsächlich spezifische Aminosäuren codieren.

1961 begann Marshall Nirenberg den genetischen Code zu entziffern, indem er ein künstliches Protein-Synthese-System benutzte, das Ribosomen, Aminosäuren und andere Bestandteile enthielt. Als er einen langen RNA-Strang hinzufügte, der nur das Nucleotid Uracil (U) enthielt, produzierte das System ein Protein, das nur eine bestimmte Aminosäure enthielt: Phenylalanin. Dieses Ergebnis zeigte, dass das RNA-Codon UUU Phenylalanin codiert. Durch einen ähnlichen An-

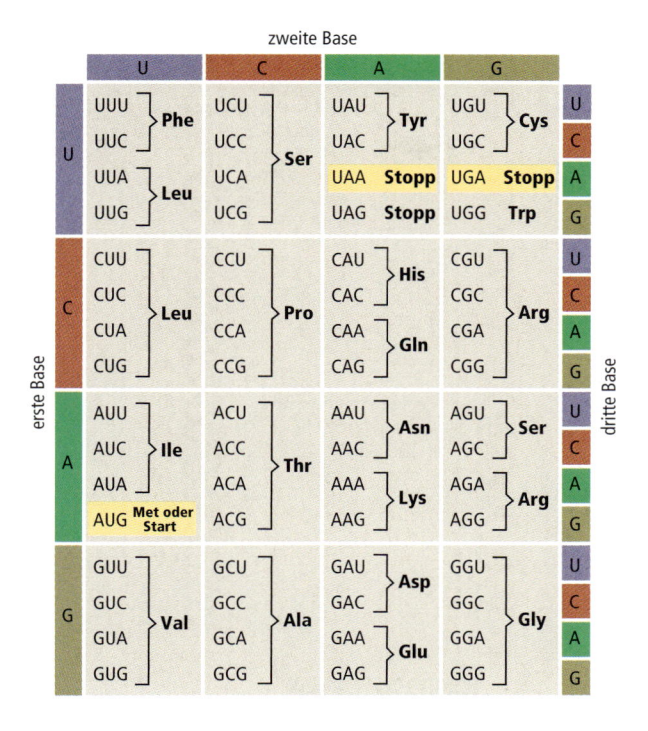

		zweite Base				
		U	C	A	G	
erste Base	U	UUU ⎤ Phe UUC ⎦ UUA ⎤ Leu UUG ⎦	UCU ⎤ UCC ⎥ Ser UCA ⎥ UCG ⎦	UAU ⎤ Tyr UAC ⎦ UAA Stopp UAG Stopp	UGU ⎤ Cys UGC ⎦ UGA Stopp UGG Trp	U C A G
	C	CUU ⎤ CUC ⎥ Leu CUA ⎥ CUG ⎦	CCU ⎤ CCC ⎥ Pro CCA ⎥ CCG ⎦	CAU ⎤ His CAC ⎦ CAA ⎤ Gln CAG ⎦	CGU ⎤ CGC ⎥ Arg CGA ⎥ CGG ⎦	U C A G
	A	AUU ⎤ AUC ⎥ Ile AUA ⎦ AUG Met oder Start	ACU ⎤ ACC ⎥ Thr ACA ⎥ ACG ⎦	AAU ⎤ Asn AAC ⎦ AAA ⎤ Lys AAG ⎦	AGU ⎤ Ser AGC ⎦ AGA ⎤ Arg AGG ⎦	U C A G
	G	GUU ⎤ GUC ⎥ Val GUA ⎥ GUG ⎦	GCU ⎤ GCC ⎥ Ala GCA ⎥ GCG ⎦	GAU ⎤ Asp GAC ⎦ GAA ⎤ Glu GAG ⎦	GGU ⎤ GGC ⎥ Gly GGA ⎥ GGG ⎦	U C A G

Abbildung 13.5: Der genetische Code. Kombinationen aus jeweils drei Nucleotiden der RNA, so genannte Codons, codieren die 20 in Proteinen vorkommenden Aminosäuren. Dabei ist die Reihenfolge der Nucleotide innerhalb eines Codons von Bedeutung. Beispielsweise codiert ACG Threonin, während GCA Alanin codiert. Das Codon AUG codiert Methionin und signalisiert den Ribosomen, dass sie mit der Herstellung eines Proteins beginnen sollen. Die Codons UAA, UAG und UGA codieren keine Aminosäuren, sondern signalisieren den Ribosomen, dass sie keine weiteren Aminosäuren an ein Protein anhängen sollen.

satz wurden die Aminosäuren identifiziert, die durch die Codons AAA, CCC und GGG codiert werden. Um Codons zu entziffern, die mehr als einen Nucleotidtyp enthalten, waren komplexere Methoden erforderlich, doch innerhalb von nur vier Jahren konnte der gesamte Code entziffert werden. Wie Sie ▶ Abbildung 13.5 entnehmen können, spezifizieren 61 der 64 Codons Aminosäuren. Eines dieser 61 Codons (AUG) codiert die Aminosäure Methionin und wirkt außerdem als Startsignal, das die Ribosomen anweist, bei diesem Codon mit der Herstellung eines Proteins zu beginnen. Die übrigen drei Codons sind Stoppsignale, die das Ende eines Proteins kennzeichnen.

Mit sehr wenigen Ausnahmen ist der genetische Code durch alle Reiche des Lebens hindurch der gleiche. Die wichtigsten Ausnahmen treten bei bestimmten einzelligen Eukaryoten auf, bei denen einige wenige Codons von den in Abbildung 13.5 gezeigten abweichen. Die nahezu vollständige Universalität des genetischen Codes stützt die Hypothese, dass alle Lebewesen der Erde miteinander verwandt sind. Außerdem macht sie die Übertragung von Genen von einem Organismus auf einen beliebigen anderen mithilfe der Gentechnik möglich (siehe Kapitel 14).

Transkription

Bei Eukaryoten befindet sich der größte Teil der DNA im Zellkern, doch die Proteinsynthese erfolgt auf den Ribosomen im Zellplasma. Daher muss die genetische Information auf irgendeine Weise vom Zellkern in das Cytoplasma transportiert werden. Das Agens, das diese Aufgabe übernimmt, ist ein bestimmter Typ der RNA, der als **Boten-RNA** (engl. *messenger RNA*; **mRNA**) bezeichnet wird. Hergestellt wird die Boten-RNA durch **Transkription**.

Die Transkription eines Gens beginnt, indem sich das Enzym RNA-Polymerase an einer bestimmten Stelle an die DNA anheftet. Diese **Promotor** genannte Stelle ist eine Sequenz aus einigen Dutzend Nucleotidpaaren, die an einem Ende eines Gens lokalisiert sind (▶ Abbildung 13.6). Anschließend entwinden sich die beiden DNA-Stränge partiell und die RNA-Polymerase beginnt, sich entlang des DNA-Abschnitts zu bewegen, auf dem das Gen lokalisiert ist. Während sich die RNA voranbewegt, synthetisiert sie ein Stück RNA, wobei sie den DNA-Strang als Vorlage (Template) benutzt. Die zur RNA hinzugefügten Nucleotide sind komplementär zu den Nucleotiden des DNA-Template-Strangs. Dies bedeutet, dass die RNA ein C enthält, wo das Template ein G hat, G, wo im Template C steht, A für T und U für A. Auf diese Weise wird die spezifische Nucleotidsequenz, die ein Gen ausmacht, in eine komplementäre Nucleotidsequenz der RNA transkribiert. (Amatoxine genannte Gifte können die Bewegung der RNA-Polymerase entlang der DNA verhindern und so die Transkription blockieren. Amatoxine werden von Pilzen der Gattung *Amanita* produziert und sind für die meisten tödlichen Pilzvergiftungen verantwortlich.)

Die Transkription endet, wenn die RNA-Polymerase eine als Terminator bezeichnete Stelle erreicht, die sich in der Nähe des gegenüberliegenden Endes des Gens befindet. Nun gibt die RNA-Polymerase die neue RNA frei und löst sich von der DNA. Die beiden DNA-Stränge winden sich wieder umeinander.

Bei Prokaryoten kann die frisch synthetisierte RNA sofort translatiert werden. Bei Pflanzen und anderen Eukaryoten dagegen muss die RNA (heterogene Kern-RNA genannt) prozessiert und anschließend aus dem Kern

13 REGULATION DER GENEXPRESSION

1 Das Enzym RNA-Polymerase bindet an den Promotor, an eine spezifische Stelle nahe eines Gen-Endes, an die DNA.

2 partielle Entwindung der beiden DNA-Stränge

3 RNA-Polymerase bewegt sich entlang des DNA-Abschnitts, der das Gen enthält. Wie die Vergrößerung (unten) zeigt, verwendet die RNA-Polymerase einen der DNA-Stränge als Template zum Aufbau eines RNA-Stücks, das komplementär zum Template ist.

4 Wenn die RNA-Polymerase die Terminatorstelle nahe des anderen Gen-Endes erreicht, gibt sie die neue RNA frei und löst sich von der DNA.

Terminator

DNA des Gens

fertige RNA

neue RNA

Promotor

RNA-Polymerase

entwundene DNA

DNA-Template-Strang

neue RNA

hinausbefördert werden, bevor sie translatiert werden kann. Die Prozessierung umfasst das Entfernen von einem oder mehreren Nucleotidabschnitten aus der RNA. Warum werden diese entfernt? Bei Eukaryoten enthalten die meisten Gene Abschnitte, die keine Proteine codieren und die proteincodierenden Abschnitte unterbrechen (▶ Abbildung 13.7). Die codierenden Abschnitte werden **Exons** genannt, weil sie im Protein exprimiert werden. Die nichtcodierenden Abschnitte heißen **Introns**, weil sie die codierenden Abschnitte unterbrechen (engl. *interrupt*). Während sich die RNA-Polymerase entlang eines Gens bewegt, transkribiert sie das gesamte Gen in RNA, und zwar Introns ebenso wie Exons. Noch während sich die neue RNA im Kern befindet, werden die Introns aus der RNA entfernt und die Exons zusammengefügt. Dieser Vorgang wird Splicing oder Spleißen genannt. Das Entfernen der Introns findet in einem Komplex kleiner Kern-RNAs und Proteine statt, der als Spliceosom bezeichnet wird.

Die Prozessierung der RNA umfasst noch zwei weitere Aktionen. Erstens wird ein chemisch modifiziertes Molekül von Guanosin-Triphosphat (GTP) an ein Ende der RNA angefügt. (GTP ähnelt in seiner Struktur und vielen seiner zellularen Funktionen ATP.) Das hinzugefügte modifizierte GTP wird Cap genannt. Zweitens werden 50 bis 200 Adenin-Nucleotide an das gegenüberliegende Ende der RNA angefügt. Diese Nucleotidsequenz wird Poly(A)-Schwanz genannt. Der Poly(A)-Schwanz kann den Transport der RNA vom Kern in das Cytoplasma befördern. Wenn die RNA das Cytoplasma

RNA-Nucleotide

Richtung der Transkription

RNA-Polymerase

DNA-Template-Strang

neue RNA

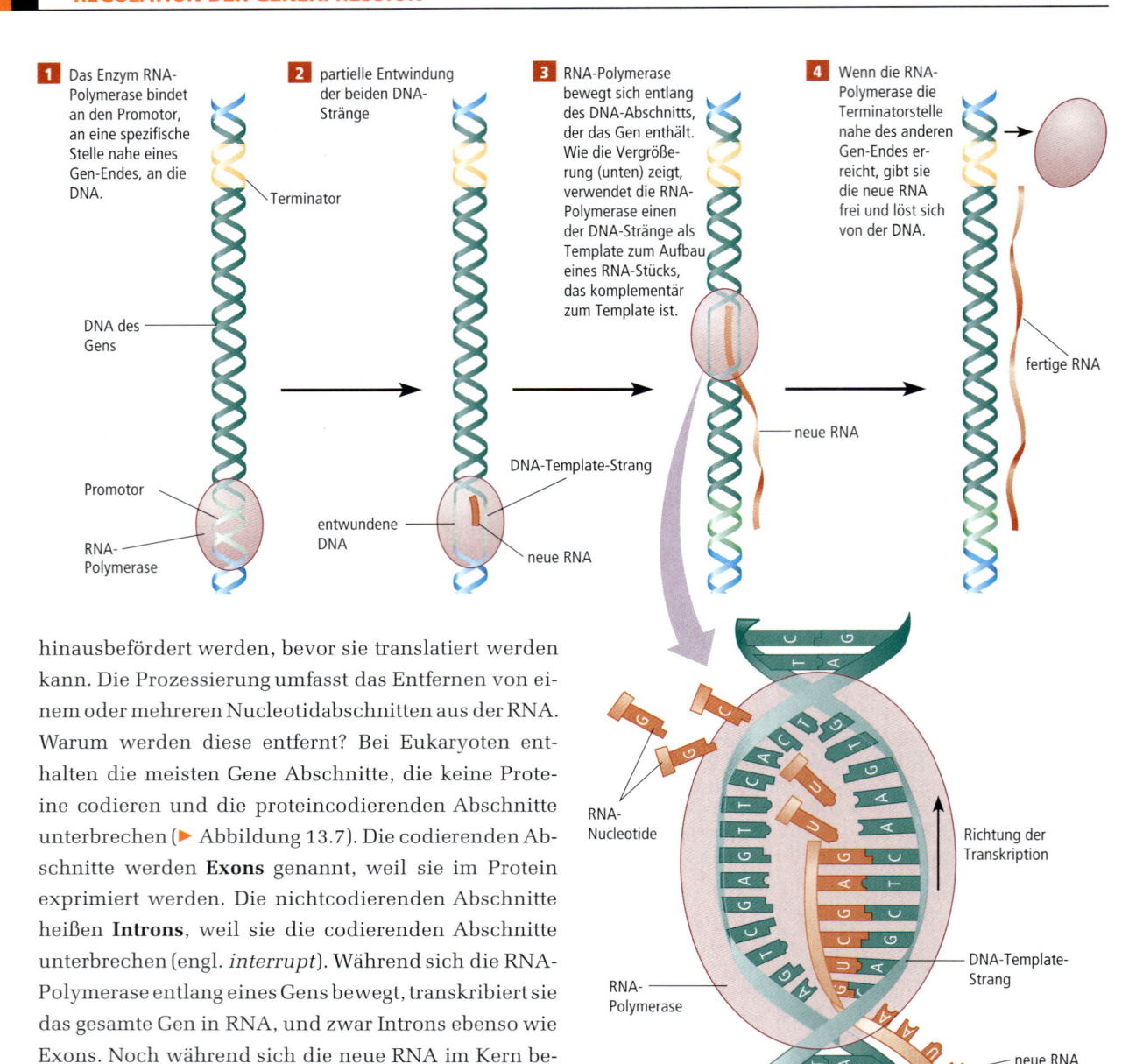

Abbildung 13.6: Gentranskription. Die Transkription eines Gens umfasst vier Schritte.

erreicht hat, helfen das Cap und der Poly(A)-Schwanz, die RNA an das Ribosom zu binden, und schützen die RNA vor dem Abbau durch Enzyme. Erst wenn die RNA vollständig prozessiert ist und das Cytoplasma erreicht hat, wird sie als Boten-RNA bezeichnet. Nun kann sie translatiert werden.

Translation

Der zweite Schritt bei der Umsetzung des genetischen Codes in ein Protein ist die **Translation**. Dabei wird

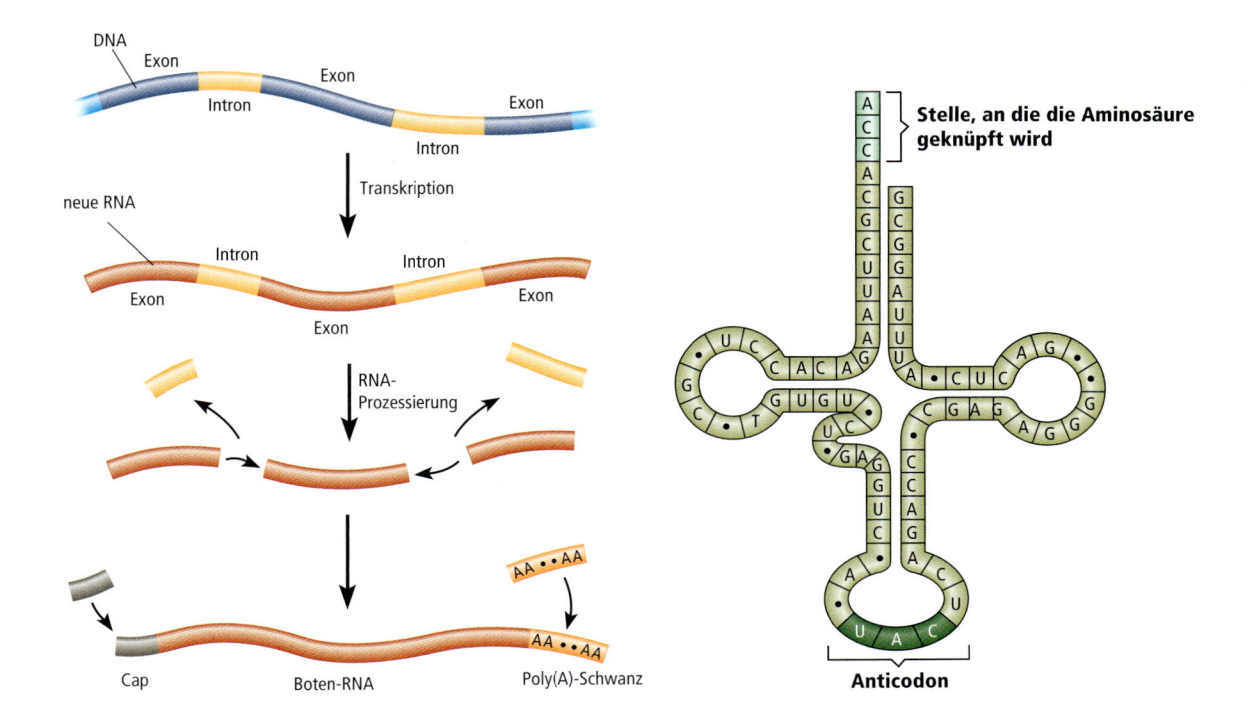

Abbildung 13.7: Prozessierung der RNA im Anschluss an die Transkription. Bei der Transkription eines eukaryotischen Gens werden sowohl die codierenden Abschnitte (Exons) als auch die nichtcodierenden Abschnitte (Introns) des Gens in RNA umgeschrieben. Anschließend wird die neue RNA prozessiert: Die Introns werden entfernt und die Exons zusammengefügt, an ein Ende wird ein Cap aus modifizierter GTP angehängt und an das andere Ende ein Poly(A)-Schwanz. Das fertig prozessierte Molekül ist Boten-RNA.

Abbildung 13.8: Transfer-RNA. Ein Molekül der Transfer-RNA besteht aus 70 bis 80 Nucleotiden, die so angeordnet sind, dass sich eine Struktur mit drei Schleifen ergibt. In der mittleren Schleife gibt es eine als Anticodon bezeichnete Nucleotidsequenz, die komplementär zu einem Codon der DNA ist.

die Nucleotidsequenz der mRNA in die Aminosäuresequenz eines Proteins konvertiert. Die Translation erfordert die Mitwirkung der Ribosomen. Diese sind aus Proteinen und einem weiteren RNA-Typ, der **ribosomalen RNA (rRNA)**, zusammengesetzt. Außerdem sind für die Translation mRNA und ein dritter RNA-Typ, die **Transfer-RNA (tRNA)**, notwendig. Wie in ▶ Abbildung 13.8 dargestellt, bestehen tRNA-Moleküle aus 70 bis 80 Nucleotiden. Durch Basenpaarung zwischen einigen Nucleotiden wird jedes tRNA-Molekül so gefaltet, dass drei Schleifen entstehen. Die mittlere Schleife enthält ein als **Anticodon** bezeichnetes Nuceotidtriplett, das komplementär zu einem der Codons der mRNA ist. Am anderen Ende eines tRNA-Moleküls befindet sich eine Stelle, an der sich eine Aminosäure anheften kann. Im Cytoplasma enthaltene Enzyme verbinden jede der 20 Aminosäuren mit denjenigen tRNA-Molekülen, welche die spezifischen Anticodons besitzen. Beispielsweise werden tRNA-Moleküle, die das Anticodon UAC besitzen, mit der Aminosäure Methionin verbunden. Wie der Name vermuten lässt, besteht die Funktion der tRNA darin, bei der Herstellung von Proteinen spezifische Aminosäuren zu den Ribosomen zu befördern.

Die Translation umfasst drei Phasen: Initiation, Elongation (Verlängerung) und Terminierung (▶ Abbildung 13.9). **(1)** Bei der Initiation bindet ein mRNA-Molekül an ein Fragment eines Ribosoms, das als kleine ribosomale Untereinheit bezeichnet wird. Anschließend bindet ein tRNA-Molekül mit dem Anticodon UAC an das Start-Codon (AUG) auf der mRNA. Wie bereits angemerkt, trägt dieses tRNA-Molekül die Aminosäure Methionin. **(2)** Nun lagert sich ein weiteres Fragment des Ribosoms, die große ribosomale Untereinheit, an die kleine Untereinheit an, wodurch ein vollständiges Ribosom entsteht. Die mRNA liegt in einer Vertiefung zwischen den beiden ribosomalen Untereinheiten.

Die Elongationsphase beginnt mit dem Eintreffen eines zweiten tRNA-Moleküls neben dem ersten. **(3)** Wenn das Anticodon des zweiten tRNA-Moleküls komplementär zum zweiten Codon auf der mRNA ist, bilden sich Wasserstoffbrücken zwischen Codon und Anticodon. Lautet das zweite Codon beispielsweise

13 REGULATION DER GENEXPRESSION

(a) Initiation

1 Ein mRNA-Molekül bindet an die kleine ribosomale Untereinheit, und ein tRNA-Molekül, das die Aminosäure Methionin trägt, bindet an das Start-Codon auf der mRNA.

2 Die große ribosomale Untereinheit bindet an die kleine Untereinheit.

(b) Elongation

3 Ein häufig praktizierter experimenteller Ansatz besteht darin, Samen mit einem chemischen Mutagen wie Ethylmethansulfonat (EMS) zu behandeln.

4 Das erste tRNA-Molekül wird vom Ribosom freigegeben, das zum dritten Codon auf der mRNA voranschreitet.

5 Ein drittes tRNA-Molekül bindet an das dritte Codon auf der mRNA. Seine Aminosäure wird mit der zweiten Aminosäure verknüpft. Die Elongationsphase dauert so lange an, bis das Ribosom das letzte Codon erreicht hat.

(c) Terminierung

6 Ein Release-Faktor bindet an das Stopp-Codon der mRNA.

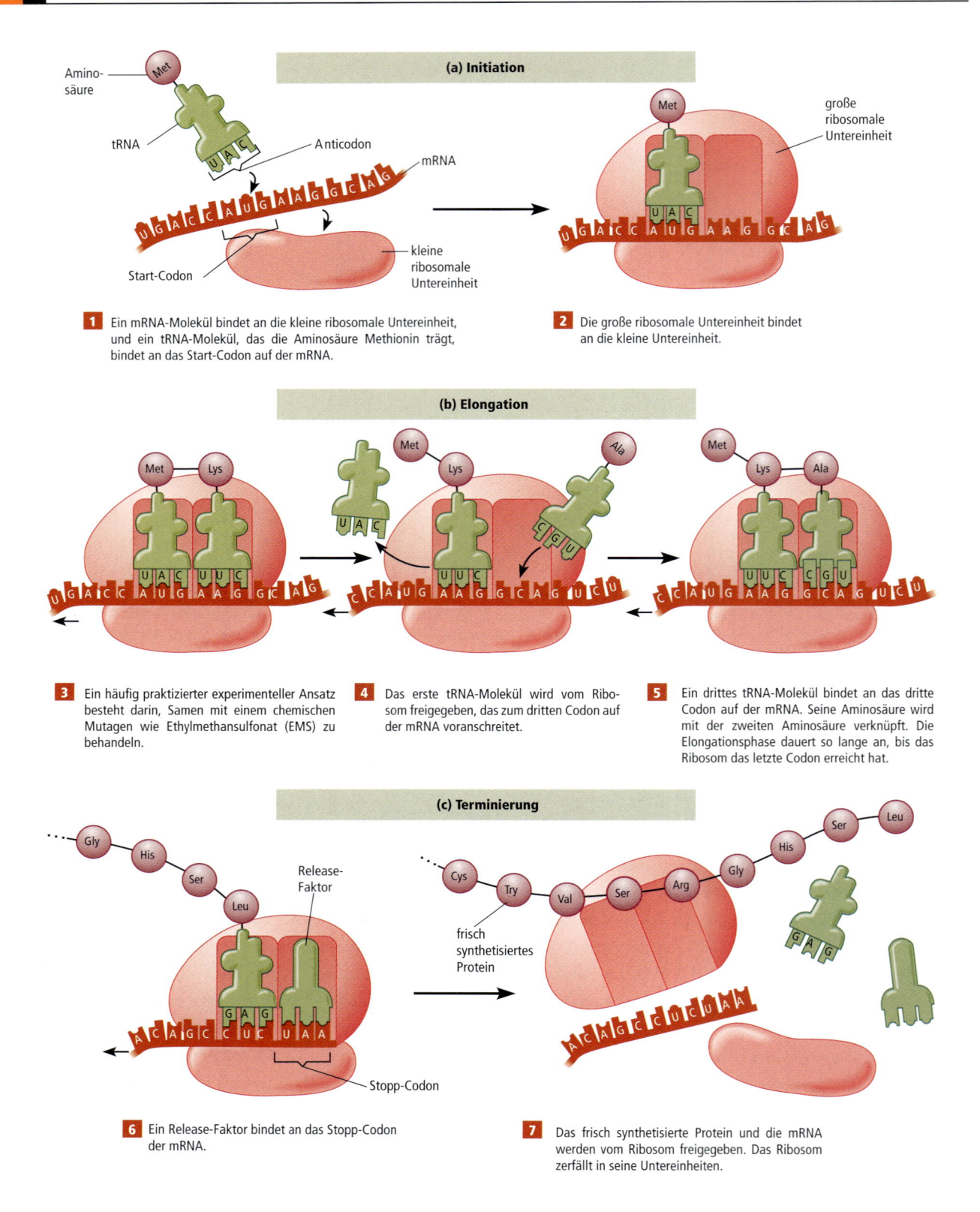

7 Das frisch synthetisierte Protein und die mRNA werden vom Ribosom freigegeben. Das Ribosom zerfällt in seine Untereinheiten.

Abbildung 13.9: Die Translation. Die Translation von mRNA in ein Protein besteht aus drei Phasen: Initiation, Elongation und Terminierung.

AAG, so ist das komplementäre Anticodon UUC. Sobald ein zweites tRNA-Molekül mit einem komplementären Anticodon eintrifft, erzeugt ein Enzym eine Peptidbindung zwischen den Aminosäuren, die von den beiden tRNA-Molekülen getragen werden. **(4)** Wenn dies geschieht, löst sich das erste tRNA-Molekül vom

Start-Codon und hinterlässt seine Aminosäure (Methionin) angeheftet an die zweite Aminosäure. Das Ribosom schreitet dann entlang des mRNA-Moleküls zum dritten Codon fort und der Elongationsprozess wiederholt sich. **(5)** Die Elongation geht so lange weiter, bis für jedes Codon des mRNA-Moleküls eine Aminosäure hinzugefügt wurde. Das Hinzufügen einer Aminosäure dauert nur etwa 60 Millisekunden.

Wenn das zu synthetisierende Protein im Cytoplasma, den Mitochondrien, den Chloroplasten oder im Zellkern verwendet wird, dann bleibt das Ribosom während der Elongationsphase im Cytoplasma frei beweglich. Wenn das Protein jedoch dazu bestimmt ist, aus der Zelle exportiert oder in Zellmembranen eingebaut zu werden, dann bewegt sich das Ribosom im weiteren Verlauf der Translation zum endoplasmatischen Retikulum. Eine Sequenz von etwa 20 Aminosäuren am Beginn eines solchen Proteins bildet ein Signalpeptid, welches das Ribosom zum endoplasmatischen Retikulum lenkt. Wie Sie in Kapitel 2 gelernt haben, dient das endoplasmatische Retikulum als Synthese- und Montagestelle für diese Proteine.

Die Terminierungsphase der Translation setzt ein, wenn das Ribosom auf dem mRNA-Molekül an ein Stopp-Codon (UAA, UAG oder UGA) gelangt. **(6)** Es gibt keine tRNA-Moleküle für die Stopp-Codons; stattdessen bindet sich ein als Release-Faktor bezeichnetes Protein an das Stopp-Codon. Der Release-Faktor löst die Verbindung zwischen dem letzten tRNA-Molekül und der Aminosäurekette – die nun ein Protein ist. **(7)** Das neu synthetisierte Protein und das mRNA-Molekül werden vom Ribosom freigegeben, das sich wieder in seine kleine und seine große Untereinheit aufspaltet. Die Translation ist damit abgeschlossen.

Mutationen

Durch Transkription und Translation wird die durch die Reihenfolge der Nucleotide in der DNA codierte genetische Information in eine Form gebracht, in der sie durch die Reihenfolge der Aminosäuren innerhalb von Proteinen codiert ist. Damit dürfte klar sein, dass jede Änderung der Reihenfolge oder Struktur der in einer Zelle enthaltenen DNA zu Änderungen in den Proteinen führen kann, die von der Zelle gebildet werden. Änderungen der Nucleotidreihenfolge oder der Struktur der DNA werden als **Mutationen** bezeichnet. Da die meisten Proteine Enzyme sind, beeinflussen Mutationen oft die Struktur von Enzymen sowie ihre Fähigkeit, spezifische Reaktionen zu katalysieren. Das Wirken von Mutationen zeigt sich auch auf einer höheren Organisationsebene des Lebens: Die genetischen Unterschiede zwischen Individuen einer Population haben ihren Ursprung in Mutationen.

Der einfachste und verbreitetste Typ der Mutation ist die **Punktmutation**, eine Änderung eines einzelnen Nucleotids der DNA. Eine Punktmutation wird auch **Single Nucleotide Polymorphism (SNP)** genannt. Formen der Punktmutation sind die Substitution, die Insertion und die Deletion. Von einer Substitution spricht man, wenn ein Nucleotid durch ein anderes ersetzt wird, etwa C durch A. Wenn ein Gen mit einer Substitution transkribiert wird, dann besitzt auch die dabei entstehende RNA diese Substitution. Wenn zum Beispiel in einem Gen C durch A ersetzt wird, dann hat das RNA-Molekül dort, wo normalerweise ein G stehen würde, ein U (▶ Abbildung 13.10). Diese Änderung in der RNA kann bewirken, dass das Codon, welches die Substitution enthält, eine andere Aminosäure codiert. Ändert sich zum Beispiel das Codon CGA (codiert Arginin) in CUA, dann codiert dieses neue Codon Leucin. Das durch Translation der mutierten RNA entstehende Protein enthält an der Stelle, wo normalerweise Arginin vorkommt, die Aminosäure Leucin. Falls das Protein ein Enzym ist, kann die Substitution der Aminosäure die Gestalt des aktiven Zentrums und die katalytische Aktivität des Enzyms beeinflussen. Das veränderte Enzym ist unter Umständen unfähig, eine Reaktion zu katalysieren, oder es tut dies langsamer und unspezifischer als das normale Enzym. Alternativ kann die Änderung der Aminosäurenkombination das Enzym auch *effizienter* in seiner Funktion als Katalysator machen. In beiden Fällen können sich Physiologie oder Anatomie des betroffenen Lebewesens ändern.

Doch nicht alle Nucleotidsubstitutionen führen zu Änderungen der Funktion des Proteins. Zum einen werden die meisten Proteine durch mehr als ein Codon codiert, so dass die Änderung eines Nucleotids in einem Codon nicht in jedem Falle bewirkt, dass das veränderte Codon eine andere Aminosäure codiert. Die Änderung des RNA-Codons CGG in CGU hat beispielsweise keine Auswirkungen auf das synthetisierte Protein, da sowohl CCG als auch CGU Arginin codieren. Solche Punktmutationen werden stille Mutationen genannt. Selbst dann, wenn durch eine Nucleotidsubstitution ein Protein mit einer anderen Aminosäure entsteht, muss nicht zwangsläufig die Funktion dieses Proteins betroffen sein. Ohne Einfluss bleibt die Nucleotidsub-

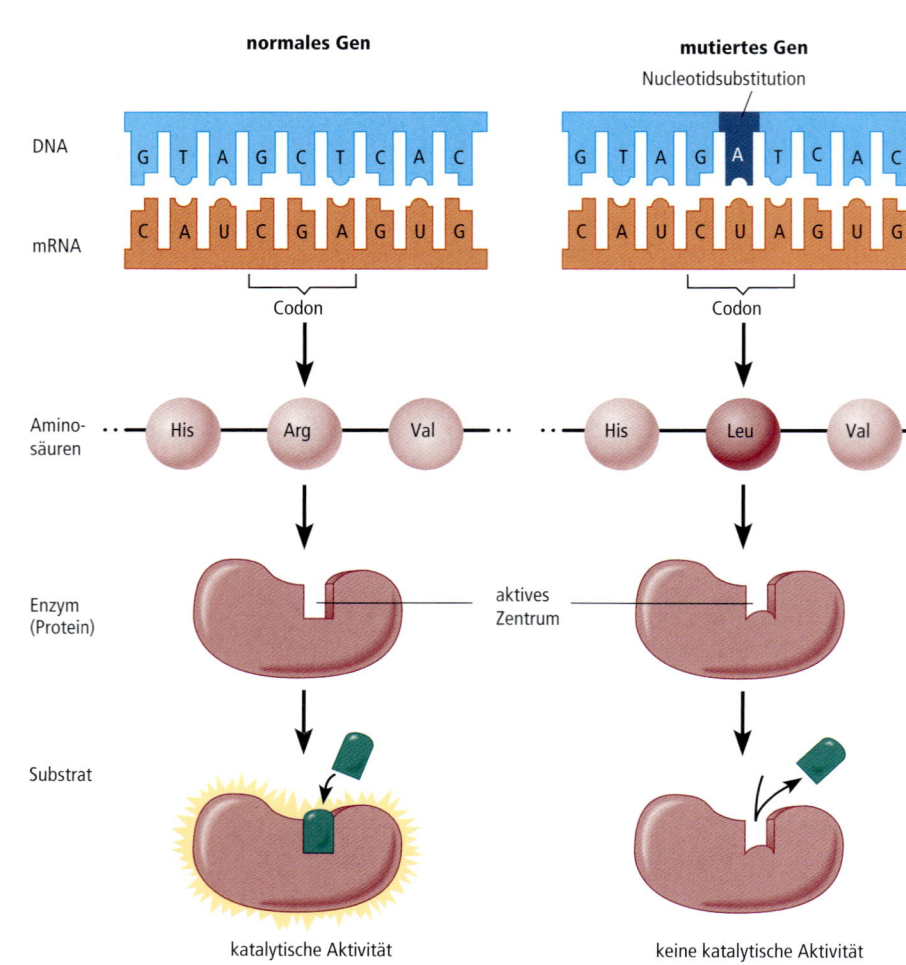

Abbildung 13.10: Änderung der Funktion eines Proteins durch Substitution eines Nucleotids. Wenn ein einzelnes Nucleotid eines Gens von C in A geändert wird, dann entsteht bei der Transkription ein mRNA-Molekül, das anstelle des G ein U hat. Infolgedessen codiert ein mRNA-Codon statt Arginin nun Leucin. Bei der Translation der mRNA kann die Änderung dieser einzigen Aminosäure zu einem Enzym führen, das in der Umgebung seines aktiven Zentrums falsch geformt ist. Dieses Enzym kann katalytisch inaktiv sein, wenn dadurch das Substrat nicht an das aktive Zentrum binden kann.

stitution, wenn die substituierende und die substituierte Aminosäure ähnliche Eigenschaften haben oder wenn der Aminosäurenaustausch weit entfernt von einem kritischen Teil des Proteins – etwa einem aktiven Zentrum – erfolgt. Mutationen, welche die Proteinfunktion nicht beeinflussen, werden als neutral bezeichnet.

Insertionen und Deletionen treten auf, wenn ein Nucleotid zur DNA hinzugefügt bzw. von ihr entfernt wird. Geschieht dies innerhalb eines Exons, so hat die Punktmutation fast immer signifikante Auswirkungen auf das betreffende Protein. Um zu verstehen warum, betrachten wir eine DNA-Sequenz aus vier Codons: GTG-TCG-CAT-TTG. Die komplementäre RNA-Sequenz hierzu ist CAC-AGC-GUA-AAC, was in die Aminosäuresequenz Histidin-Serin-Valin-Asparagin translatiert wird. Nehmen wir nun an, im ersten Codon wird nach dem T ein Nucleotid C eingefügt. Diese Insertion bewirkt, dass die Position der Codons um ein Nucleotid verschoben wird: GT**C**-GTC-GCA-TTT-G … Die Codons der RNA lauten nun CAG-CAG-CGU-AAA-C … und sie codieren eine völlig andere Aminosäuresequenz: Glutamin-Glutamin-Arginin-Lysin. Eine ähnliche Verschiebung der Codons tritt auf, wenn ein Nucleotid aus einer DNA-Sequenz entfernt wird. Da Insertionen und Deletionen das Leseraster für die Codons verschieben, werden sie auch **Rastermutationen** genannt.

Tausende von Punktmutationen sind in Prokaryoten und Eukaryoten identifiziert worden. Bedenkt man, dass ein typischer Eukaryot zwischen 15.000 und 50.000 Gene besitzt, von denen jedes Hunderte oder Tausende von Nucleotiden enthält, dann lässt sich leicht überschlagen, welch atemberaubende Anzahl von Punktmutationen möglich ist.

Bei **Chromosomenmutationen** ist mehr als nur ein Nucleotid involviert. Die Änderungen betreffen manchmal nur zwei, häufiger jedoch Hunderte von Nucleotiden oder sogar ganze Chromosomen. Chromosomenmutationen können vier Typen von Änderungen an der Chromosomenstruktur hervorrufen: Deletionen, bei denen ein ganzes Chromosom oder ein Teil davon fehlt; Duplikationen, bei denen es eine zusätzliche Kopie eines Chromosoms oder eines Teils davon gibt; Inversionen, bei denen ein Teil eines Chromosoms entfernt und in umgekehrter Orientierung wieder angehängt wird; sowie Translokationen, bei denen ein Teil eines Chromosoms an ein nichthomologes Chromosom angehängt wird. In Abhängigkeit von ihrer Länge können diese Änderungen ein oder mehrere Gene betreffen.

Durch Mutationen ganzer Chromosomen können Zellen entstehen, die zu wenige oder zu viele Kopien von bestimmten Chromosomen besitzen. Dieser Zustand wird als **Aneuploidie** (von griech. *an*, „nicht", *eu*, „gut", und *diplois*, „zweifach") bezeichnet. Aneuploidie entsteht gewöhnlich durch **Nondisjunction**, dem Unvermögen von Schwesterchromatiden oder homologen Chromosomen, sich während der Mitose oder Meiose zu trennen (siehe Kapitel 2 und 6). Bei einer Nondisjunction hat eine der Tochterzellen eine zusätzliche Kopie eines Chromosoms und die andere überhaupt keine. Durch Nondisjunction während der Meiose entstehende Aneuploidie ist häufig letal, da die Entwicklung in einem frühen Stadium blockiert wird. Trotzdem ist es Botanikern gelungen, Linien bestimmter Pflanzen (z. B. von Weizen) herzustellen, die keine, eine oder drei Kopien bestimmter Chromosomen besitzen. Diese Aneuploidie-Linien sind von großem Nutzen bei der Identifizierung der Gene auf den einzelnen Chromosomen.

Polyploidie tritt auf, wenn Zellen mehr als zwei vollständige Chromosomensätze enthalten. Zellen mit drei Chromosomensätzen heißen triploid ($3n$) und solche mit vier Chromosomensätzen tetraploid ($4n$). Bei manchen Organismen kann Tetraploidie durch das Alkaloid Colchicin induziert werden, das von der Herbstzeitlose (*Colchicum autumnale*) produziert wird. Colchicin verhindert die Ausbildung des Spindelapparats während der Mitose oder Meiose. Ohne Spindelapparat können sich die Chromatiden nicht trennen und landen alle in einer der beiden Tochterzellen, die dann doppelt so viele Chromosomen wie normal hat.

Auch Chemikalien, Strahlung und von den Enzymen bei der DNA-Replikation gemachte Fehler können Mutationen verursachen. Chemikalien reagieren direkt mit DNA und verursachen so Veränderungen an den Nucleotidbasen, die dann bei der Transkription falsch abgelesen werden. Strahlung in Form von relativ niedrigenergetischem, ultraviolettem (UV) Licht bewirkt, dass zwischen den Basen benachbarter Nucleotide eines DNA-Strangs Bindungen entstehen, wodurch die Polymerase die Nucleotidsequenz falsch abliest. Hochenergetische Strahlung (γ- und Röntgenstrahlung) dagegen zerbricht die Chromosomen in Stücke, und Stücke ohne Centromere gehen bei der Zellteilung oft verloren. Die Ozonschicht der Erdatmosphäre filtert einen großen Teil des UV-Lichts der Sonne heraus, was die Mutationsrate beträchtlich verringert. Hochenergetische Strahlung wird jedoch nicht von der Ozonschicht herausgefiltert.

> **WIEDERHOLUNGSFRAGEN**
>
> **1** Wie konnten durch die Forschungen von Beadle und Tatum spezifische Gene mit spezifischen Enzymen in Verbindung gebracht werden?
>
> **2** Durch wie viele Nucleotide wird eine Aminosäure codiert?
>
> **3** Welche Moleküle werden durch Transkription erzeugt?
>
> **4** Wie werden SNPs noch genannt?

Differenzielle Genexpression 13.2

Die Entwicklung einer Pflanze aus einer befruchteten Eizelle folgt einem bestimmten Muster der Zellteilung und Zelldifferenzierung, das als Embryogenese bezeichnet wird. Während der Ausbildung eines mehrzelligen Organismus wie einer Pflanze entwickeln sich viele Typen unterschiedlicher Zellen. Jeder Zelltyp benötigt in Abhängigkeit von seinen Funktionen ganz bestimmte Proteine. Außerdem können Zellen des gleichen Typs unterschiedliche Proteine benötigen, je nachdem, in welcher Phase seines Lebenszyklus sich der Organismus befindet. Selbst im Verlauf eines Tages und durch sich ändernde Umweltfaktoren können unterschiedliche Proteine erforderlich sein. Obwohl jede Zelle sämtliche Gene des Organismus enthält, exprimiert sie nicht jedes Gen, sondern nur diejenigen, welche die von ihr benötigten Proteine codieren. Diese Selektivität auf bestimmte Teile der genetischen Information des Organismus wird differenzielle Genexpression genannt. Sie hat sich vermutlich entwickelt, weil Zellen mit dieser Eigenschaft energetisch wesentlich effizienter waren als Zellen, die Proteine unabhängig davon produzierten, ob diese gebraucht wurden oder nicht.

Steuerungsebenen der Genexpression

Zellen wenden bei jedem Schritt zwischen dem Ablesen des genetischen Codes und dem Gebrauch von Proteinen differenzielle Genexpression an. Die Transkription wird für einige Gene verhindert (oder ausgeschaltet) und für andere Gene aktiviert (oder angeschaltet). Die Prozessierung neuer RNA in mRNA kann gefördert oder gehemmt werden. Wenn mRNA ins Cytoplasma eintritt, kann sie durch Enzyme translatiert, ignoriert oder zerstört werden. Oft sind die bei der Translation synthetisierten Proteine nicht funktionsfähig oder inaktiv, wenn sie vom Ribosom freigegeben werden. Sie können chemisch modifiziert, in Teile zerbrochen oder zu einem bestimmten Teil der Zelle transportiert worden sein. Im Allgemeinen werden Proteine, die sehr schnell für die Zelle notwendig sein können, transkribiert und ihre mRNA wird translatiert, doch die resultierenden Proteine bleiben in einem inaktiven Zustand, bis sie tatsächlich gebraucht werden. In diese Kategorie gehören Gene, die für die ATP-Synthese oder für einen anderen mit der Energieversorgung im Zusammenhang stehenden Aspekt gebraucht werden. Im Gegensatz dazu werden Gene, deren Produkte weniger dringend gebraucht werden, auf der Ebene der Transkription gesteuert. Beispiele für solche Gene sind bei Pflanzen diejenigen, die an der Blütenbildung und anderen Vorgängen mit langsamer Zeitskala beteiligt sind.

Regulatorproteine

Wie Sie bereits wissen, beginnt die Transkription eines eukaryotischen Gens mit dem Anheften der RNA-Polymerase an den Promotor, eine Stelle auf der DNA in der Nähe des Gens. Dieses Anheften wäre unmöglich ohne die Mitwirkung einer Reihe anderer Proteine, die als **Transkriptionsfaktoren** bezeichnet werden. Manche Transkriptionsfaktoren binden sich an die DNA, andere an die RNA-Polymerase, und wieder andere binden sich aneinander. Die Transkriptionsfaktoren und die RNA-Polymerase bilden zusammen einen Komplex aus Proteinen, der die Transkription möglich macht. Bei Eukaryoten stimulieren die meisten Transkriptionsfaktoren die Transkription, doch einige hemmen sie und reduzieren dadurch die Expression bestimmter Gene.

Zusätzlich zu dem Promotor für jedes Gen besitzen eukaryotische Chromosomen weitere spezifische DNA-Abschnitte, an die Transkriptionsfaktoren binden. Diese Abschnitte werden als **Kontrollelemente** be-

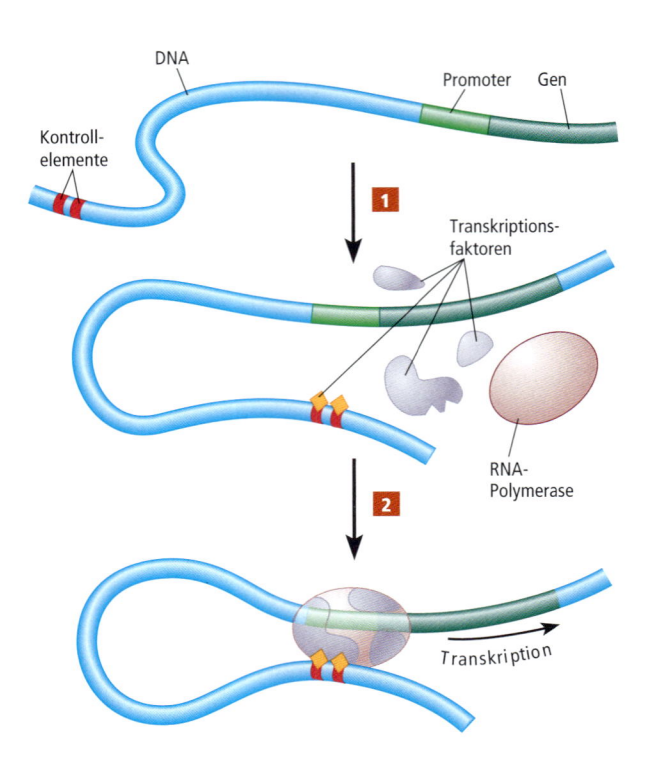

Abbildung 13.11: Mögliche Funktionsweise von Kontrollelementen. Kontrollelemente sind Abschnitte auf der DNA, die an der Steuerung von Genen beteiligt sind, die Tausende von Nucleotiden entfernt sein können. Gemäß dem hier dargestellten Modell gelangen Kontrollelemente in die Nähe des Promotors eines Gens, indem sich der DNA-Strang krümmt (Schritt 1). Nun können Transkriptionsfaktoren an die Kontrollelemente, den Promotor, die RNA-Polymerase sowie aneinander binden, wodurch die Transkription des Gens möglich wird.

zeichnet, da das Anheften von Transkriptionsfaktoren an sie die Expression von einem oder mehreren Genen steuert. Kontrollelemente befinden sich nicht immer in der Nähe der Gene, die sie steuern; sie können sogar Tausende von Nucleotiden vom Promotor des Gens entfernt sein.

Wie kann ein Kontrollelement, das so weit von einem Gen entfernt ist, die Transkription dieses Gens beeinflussen? An der Beantwortung dieser Frage wird derzeit intensiv geforscht. Das in ▶ Abbildung 13.11 skizzierte Modell liefert eine mögliche Erklärung. Nach diesem Modell kommen durch das Falten des DNA-Strangs weit entfernte Kontrollelemente in die Nähe des Promotors. Dies ermöglicht es den an diesen Kontrollelementen haftenden Transkriptionsfaktoren, mit der RNA-Polymerase und anderen Transkriptionsfaktoren am Promotor zu interagieren.

Bei Prokaryoten befinden sich Gene, die für wichtige physiologische Prozesse zuständig sind, nahe beieinander und zusammen mit Promotoren und anderen Kontrollelementen auf dem einzigen, ringförmigen Chromosom. Die gesamte Funktionseinheit wird als Operon bezeichnet. Die Gene eines Operons werden als Gruppe transkribiert. Diese Gruppen von Genen codieren Enzyme, die alle gleichzeitig benötigt werden. Kontrollelemente in der Nähe jeder Gruppe bestimmen, ob die Gene transkribiert werden oder nicht, und wenn ja, wie schnell die Transkription erfolgt. Bis auf wenige Ausnahmen kommen ähnliche Gruppen von Genen bei eukaryotischen Chromosomen nicht vor. Stattdessen sind eukaryotische Gene, die an einem bestimmten physiologischen Prozess beteiligt sind, über mehrere Chromosomen verteilt. Solche Gene können trotzdem als Gruppe exprimiert werden, wenn sie durch ein Kontrollelement vom gleichen Typ gesteuert werden. Das Anheften von Transkriptionsfaktoren, die für diesen Typ Kontrollelement spezifisch sind, bewirkt, dass alle zur Gruppe gehörenden Gene gleichzeitig transkribiert werden.

Aktivierung von Transkriptionsfaktoren durch Pflanzenhormone und Licht

Oft beeinflussen Umweltfaktoren wie Helligkeit, Temperatur, Erdanziehung und Wind das Wachstum und die Entwicklung von Pflanzen, indem sie die Produktion oder die Freisetzung von Hormonen anregen, die Enzyme oder Gene aktivieren. Jedes Protein, das an ein Kontrollelement bindet, ist per Definition ein Transkriptionsfaktor. Bei Eukaryoten sind Hunderte von Transkriptionsfaktoren identifiziert worden. Hierzu gehören Proteine, die aktiviert werden, wenn die Zelle mit einem Pflanzenhormon oder auf Licht reagiert. Ein Hormon ist eine Substanz, die durch die Zellen eines Teils eines Mehrzellers produziert wird und die Funktion von Zellen in einem anderen Teil des Organismus beeinflusst. In Kapitel 3 war vom Pflanzenhormon Auxin die Rede, das in oder nahe den Apikalmeristemen produziert wird und das Wachstum und die Auxinproduktion in Achselknospen unterdrückt. Auxin fördert außerdem die Bildung von Gefäßgewebe in Wurzeln und Sprossen. Von weiteren Hormonen, die andere Entwicklungsprozesse regulieren, war in Kapitel 11 zu lesen. Das Wachstum und die Entwicklung von Pflanzen werden durch mindestens sechs Hormone und drei verschiedene Wellenlängen des Lichts auf unterschiedliche Weise beeinflusst.

Allgemein können Hormone und Licht Transkriptionsfaktoren durch einen universellen Mechanismus aktivieren. Entweder heftet sich ein Hormon an ein Rezeptorprotein oder Licht wird von einem Protein absorbiert. In beiden Fällen befindet sich das Protein in der Plasmamembran der Zielzelle. Diese Wechselwirkung zwischen Hormon bzw. Licht und einem Protein der Zellmembran setzt eine Kette von Reaktionen in Gang, die innerhalb der Zelle ablaufen und letztlich zu einer Änderung der Zellaktivität führen. Diese Reaktionskette vom Anheften an den Rezeptor bis zur Änderung der Aktivität wird als **Signaltransduktionskette** bezeichnet. Zu den Pigmentsystemen, die Signaltransduktionsketten aktivieren, gehören Flavine und Carotinoide, die blaues Licht absorbieren, sowie Phytochrom, ein Pigment-Protein-Komplex, der rotes und infrarotes Licht absorbiert.

Die Schritte einer gewöhnlichen Signaltransduktionskette sind in ▶ Abbildung 13.12a schematisch dargestellt. Als Erstes führt das Anheften eines Hormons oder die Absorption von Licht zur Produktion einer spezifischen Substanz im Cytoplasma. Das Hormon oder Licht dient als **primärer Botenstoff** und die im Cytoplasma produzierte Substanz wird als **sekundärer Botenstoff** bezeichnet. Zu den sekundären Botenstoffen gehören zyklisches AMP, Diacylglycerol, Inositoltriphosphat (IP_3) und Kalziumionen. Der sekundäre Botenstoff aktiviert seinerseits eine **Proteinkinase**, die andere Proteine phosphoryliert (d. h. Phosphatgruppen von ATP auf diese transferiert). Es gibt viele Arten von Proteinkinasen, die jeweils spezifisch für ein bestimmtes Substratprotein sind. In Signaltransduktionsketten ist das Substrat der durch den sekundären Botenstoff aktivierten Proteinkinase gewöhnlich eine andere Proteinkinase. Typischerweise aktiviert die Phosphorylierung der zweiten Proteinkinase dieses Enzym, das dann eine dritte Proteinkinase phosporyliert usw. Innerhalb einer Signaltransduktionskette kann es viele Proteinkinasen geben. Die letzte Proteinkinase innerhalb der Kette aktiviert ein Enzym direkt oder dringt in den Zellkern ein, um dort einen Transkriptionsfaktor zu aktivieren, der an ein Kontrollelement bindet und die Transkription eines Gens reguliert.

Signaltransduktionsketten treten in vielen Varianten auf. Beispielsweise kann ein G-Protein das Signal an das Enzym weiterleiten, das den sekundären Botenstoff produziert. Kalziumionen können ein Regulatorprotein aktivieren, das als Calmodulin bezeichnet wird. Manchmal stoßen Hormone oder Licht gleichzeitig mehrere Signaltransduktionsketten an. Beispielsweise löst das Hormon Gibberellin bei keimenden Gras-

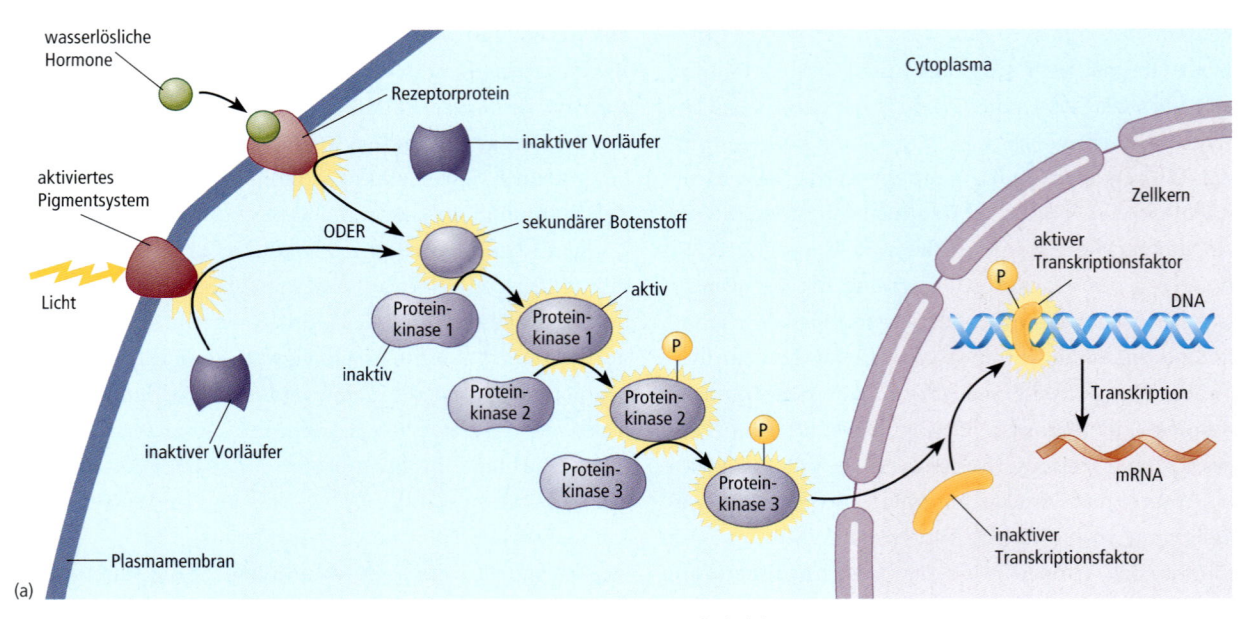

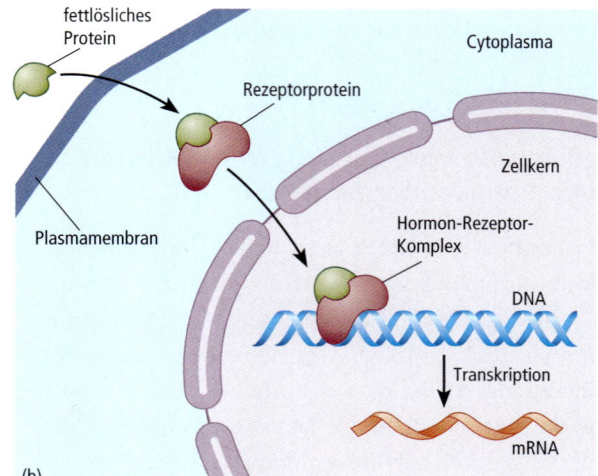

13 REGULATION DER GENEXPRESSION

Abbildung 13.12: Aktivierung von Transkriptionsfaktoren durch Hormone und Licht – zwei Mechanismen. (a) Die meisten wasserlöslichen Hormone binden an Rezeptorproteine in der Plasmamembran. Das von diesen Hormonen vermittelte Signal wird über eine Signaltransduktionskette an den Zellkern weitergeleitet. Die Bindung des Hormons an seinen Rezeptor aktiviert einen cytoplasmatischen sekundären Botenstoff, der seinerseits eine Proteinkinase aktiviert. Die aktivierte Proteinkinase fügt eine Phosphatgruppe (P) an eine zweite Proteinkinase, was diese aktiviert. Die zweite Proteinkinase phosphoriliert eine dritte Proteinkinase, die in den Zellkern eindringt und einen Transkriptionsfaktor aktiviert. Signaltransduktionsketten können auch durch Licht ausgelöst werden, das von speziellen Membranproteinen absorbiert wird. (b) Die meisten fettlöslichen Hormone binden an Rezeptorproteine im Cytoplasma ihrer Zielzellen. Der Hormon-Rezeptor-Komplex dringt in den Zellkern ein und wirkt als Transkriptionsfaktor.

samen eine Signaltransduktionskette aus, um das Enzym α-Amylase zu synthetisieren. Dieses Enzym bricht Stärke in Zucker auf, den der Embryo als Energiequelle braucht. Gibberellin initiiert außerdem eine zweite Signaltransduktionskette, die dazu dient, die Sekretion des Enzyms aus den Zellen zu fördern, die es produzieren. Ein Beispiel für eine typische Signaltransduktionskette ist die Reaktion von Stomata auf Trockenheit. Wenn die Pflanze große Wasserverluste durch die Stomata erfährt, bewirkt ein Anstieg der Konzentration des Hormons Abscisinsäure in den Blättern, dass die Schließzellen Wasser verlieren und die Stomata sich schließen. Die Signaltransduktionsketten für das Wirken der Abscisinsäure in diesem System umfasst mehrere Schritte, die letztlich in der Abgabe von Wasser aus den Schließzellen resultieren (siehe den Kasten *Die wunderbare Welt der Pflanzen* auf Seite 343).

WIEDERHOLUNGSFRAGEN

1 Nennen Sie einige spezifische Schritte, über welche die Genaktivität gesteuert werden kann.

2 Was ist der Unterschied zwischen einem Kontrollelement und einem Transkriptionsfaktor?

3 Erläutern Sie die Funktionen von sekundären Botenstoffen und Proteinkinasen innerhalb von Signaltransduktionsketten.

DIE WUNDERBARE WELT DER PFLANZEN

■ **Das Schließen der Stomata als Antwort auf Trockenheit: Eine typische Signaltransduktionskette**

In den letzten Jahren haben Wissenschaftler viel über Signaltransduktionsketten bei Pflanzen gelernt. Als Beispiel betrachten wir hier das Schließen der Stomata bei Pflanzen als Antwort auf Trockenheit. Wenn eine Pflanze durch Transpiration eine signifikante Menge Wasser durch die Stomata verliert, dann wird Abscicinsäure, welche in Wurzeln und Blättern produziert wird, zu den um die Stomaöffnungen liegenden Schließzellen transportiert:

1. ABA bindet an Zellrezeptorproteine an den Membranen der Schließzellen, welche die Spaltöffnung bilden. Hierdurch werden mindestens zwei Signaltransduktionsketten initiiert.
2. Zu den Komponenten von Signaltransduktionsketten gehören Proteinkinasen, G-Proteine und IP_3. Der genaue Ablauf wird derzeit erforscht. Außerdem sind weitere Komponenten beteiligt.
3. Eine Signaltransduktionskette führt zur Öffnung von Ca^{2+}-Kanälen in der Zellmembran, was es Ca^{2+}-Ionen ermöglicht, ins Cytoplasma einzudringen.
4. Eine weitere Signaltransduktionskette führt zur Öffnung von Ca^{2+}-Kanälen im Tonoplast, was es Ca^{2+}-Ionen ermöglicht, ins Cytoplasma einzudringen.
5. Ca^{2+}-Ionen bewirken, dass Cl^--Ionen die Zelle verlassen, und verhindern, dass K^+-Ionen in die Zelle gelangen.
6. Ca^{2+}-Ionen bewirken einen Abfall der H^+-Konzentration in der Zelle.
7. Die sinkende H^+-Konzentration in der Zelle bewirkt, dass die K^+-Ionen die Zelle verlassen.
8. Der weitere Verlust von K^+- und Cl^--Ionen verringert die osmotische Konzentration in den Zellen, so dass Wasser aus den Zellen austritt.
9. Die Zellen ändern unter Abgabe von Wasser ihre Form und erschlaffen, was zum Schließen der Stomata führt.

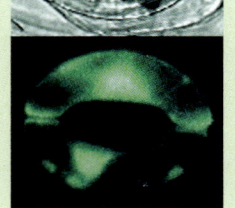

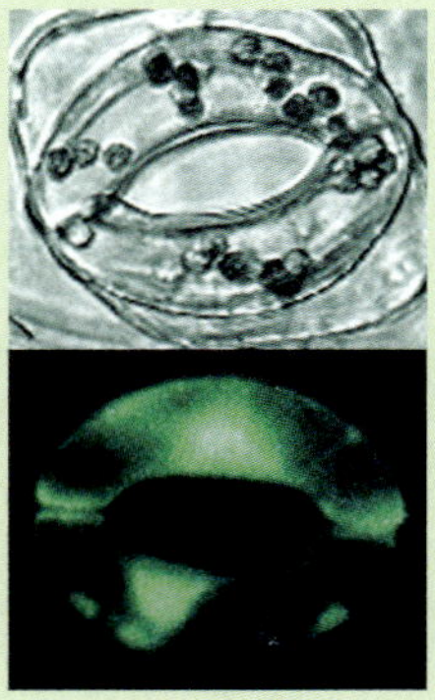

Wissenschaftler, welche die Wirkung von ABA in Schließzellen untersuchen, können verschiedene interessante Methoden einsetzen, die ihnen bei ihren Forschungen helfen. Bei einer dieser Methoden wird der Anstieg von Ca^{2+}-Ionen durch Verbindungen visualisiert, die in Anwesenheit von Kalzium farbig werden, wie in den Abbildungen zu sehen. Eine andere Methode verwendet so genannte Käfigmoleküle. Dies sind Moleküle, von denen die Forscher glauben, dass sie an einer der Signaltransduktionsketten beteiligt sind. Sie sind in einem Käfig gefangen, weil sie an Trägermoleküle gebunden sind, die es ihnen erlauben, in die Zelle einzudringen, jedoch ihre Aktivität blockieren. Die Trägermoleküle werden durch verschiedene Verfahren entfernt, zum Beispiel durch einen UV-Blitz. Anschließend schauen die Forscher nach, ob das sie interessierende Molekül einen Einfluss auf (beispielsweise) die Ca^{2+}-Ionen oder das Schließen der Stomata hat. Wenn nun eine Schließzelle mit „gefangenem" IP_3 behandelt wird, dann erhöht sich beim Entfernen des Käfigs schnell die Kalziumkonzentration in der Zelle.

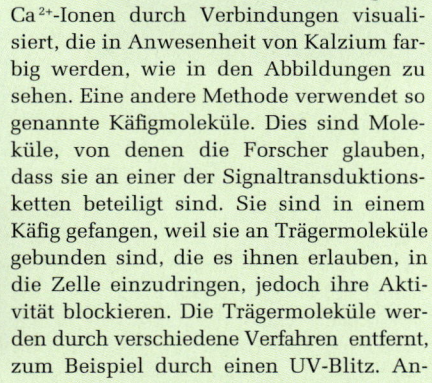

Die Identifizierung von Genen, die für die Entwicklung maßgeblich sind 13.3

Gene steuern alle Aktivitäten einer Pflanze einschließlich Wachstum und Entwicklung, die sexuelle Fortpflanzung und die Reaktion der Pflanze auf Reize aus der Umgebung. Eine Möglichkeit, diejenigen Gene zu identifizieren, welche die Entwicklung bestimmen, besteht darin, Pflanzen mit Mutationen zu finden, die einen bestimmten Entwicklungsaspekt verändern. In den bisherigen Kapiteln haben Sie schon einige dieser Mutationen kennengelernt. Beispielsweise treten Mutationen auf, welche die Bildung von Trichomen oder die Bildung von Tracheiden im Xylemgewebe beeinträchtigen. Mutationen beeinflussen auch Anzahl und Muster der Stomata auf Blättern. Wissenschaftler vergleichen die Proteine von Pflanzen, die in ihrer Entwicklung Mutationen aufweisen, mit den Proteinen normaler Pflanzen und suchen nach Unterschieden in spezifischen Proteinen. Wenn sie ein solches Protein identifiziert haben, untersuchen sie dessen Wechselwirkung mit anderen Molekülen und versuchen eine Kette molekularer Ereignisse zu rekonstruieren, die genau erklärt, wie das Protein und das entsprechende Gen die Entwicklung beeinflussen.

Wenigstens zwei weitere Methoden werden angewendet, um Gene zu finden, die an der Entwicklung beteiligt sind. Die erste, als *gene trapping* bezeichnete Methode wird weiter unten diskutiert. Die zweite Methode beinhaltet die Verwendung von DNA-Microarrays (siehe den Kasten *Biotechnologie* auf Seite 344).

Mutationsexperimente mit Arabidopsis

Ein kleines Kraut aus der Familie der Kreuzblütler, die Ackerschmalwand (*Arabidopsis thaliana*), ist für viele Botaniker zur beliebtesten Pflanze bei der Erforschung

BIOTECHNOLOGIE
■ DNA-Microarrays

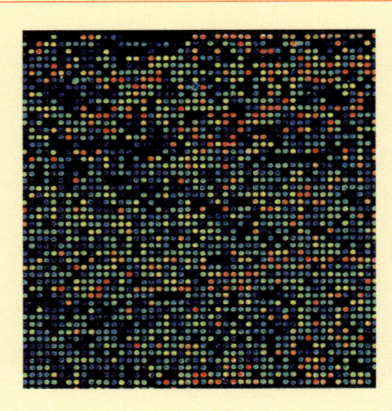

DNA-Microarrays sind eine neue Methode zur Identifizierung der Gene, die in einem bestimmten Zelltyp oder Gewebe exprimiert werden. Der Vorteil dieser Methode besteht darin, dass damit Tausende von Genen gleichzeitig getestet werden können. Die folgenden, in der Grafik veranschaulichten Schritte beschreiben, wie ein DNA-Microarray präpariert wird und wie er zur Untersuchung der Genexpression bei Pflanzen benutzt werden kann.

1 Von jedem Gen einer Pflanze wird eine winzige Menge einsträngiger DNA in Form eines mikroskopischen Flecks auf eine Glasplatte gesetzt. Typischerweise besteht die DNA in jedem Fleck aus einer kurzen, eindeutigen Nucleotidsequenz, die in einem ganz bestimmten Gen vorkommt. Tausende von Flecken, die jeweils ein anderes Gen repräsentieren, werden auf der Glasplatte gitterförmig angeordnet. Das als DNA-Microarray bezeichnete Gitter ist nicht größer als ein Zehncentstück.

2 Von einem bestimmten Gewebe der Pflanze werden Boten-RNA-Moleküle isoliert. Dieser Schritt macht sich eine einfache Tatsache zunutze: Damit ein Gen exprimiert werden kann, muss es in mRNA transkribiert werden. Daher spiegeln die isolierten mRNA-Moleküle die selektive Transkription der in dem Gewebe exprimierten Gene wider.

3 Die mRNA wird mit reverser Transkriptase behandelt, einem viralen Enzym, das einsträngige DNA unter Verwendung von RNA als Template synthetisiert. (Der Name des Enzyms rührt daher, dass der von ihm katalysierte Prozess die Umkehrung der Transkription ist.) Die resultierenden DNA-Moleküle (komplementäre DNA oder cDNA) werden aus Nucleotiden synthetisiert, die chemisch so modifiziert wurden, dass sie einen fluoreszierenden Farbstoff enthalten.

4 Die cDNA wird auf den DNA-Microarray aufgebracht. Da sowohl die cDNA als auch die DNA des Microarrays einsträngig sind, binden beide aneinander, sofern sie komplementär sind.

5 Ungebundene cDNA wird von dem DNA-Microarray abgewaschen. Abschließend wird der Microarray auf Fluoreszenz hin untersucht. Diejenigen Flecken, bei denen eine Bindung erfolgt ist, fluoreszieren in der Farbe des cDNA-Farbstoffs. Diese Flecken repräsentieren Gene, die in RNA transkribiert worden sind.

Das Muster der fluoreszierenden Flecken auf einem DNA-Microarray zeigt die unterschiedlichen Gruppen von Genen, die von unterschiedlichen Geweben oder unter verschiedenen Bedingungen exprimiert werden. Beispielsweise wird ein Blatt einer Pflanze, die Trockenheit durchgemacht hat, ein anderes Muster aktiver Gene aufweisen als das Blatt einer gut mit Wasser versorgten Pflanze. Des Weiteren können unterschiedliche fluoreszierende Farbstoffe auf dem gleichen Microarray verwendet werden, um die Muster zu vergleichen, die vor und nach einem Entwicklungsschritt oder einer physiologischen Änderung entstehen.

Beispielsweise können Gene, die vor dem Blühen aktiv sind, mit grün fluoreszierender cDNA gekennzeichnet werden, und die nach dem Blühen aktiven Gene mit rot fluoreszierender cDNA.

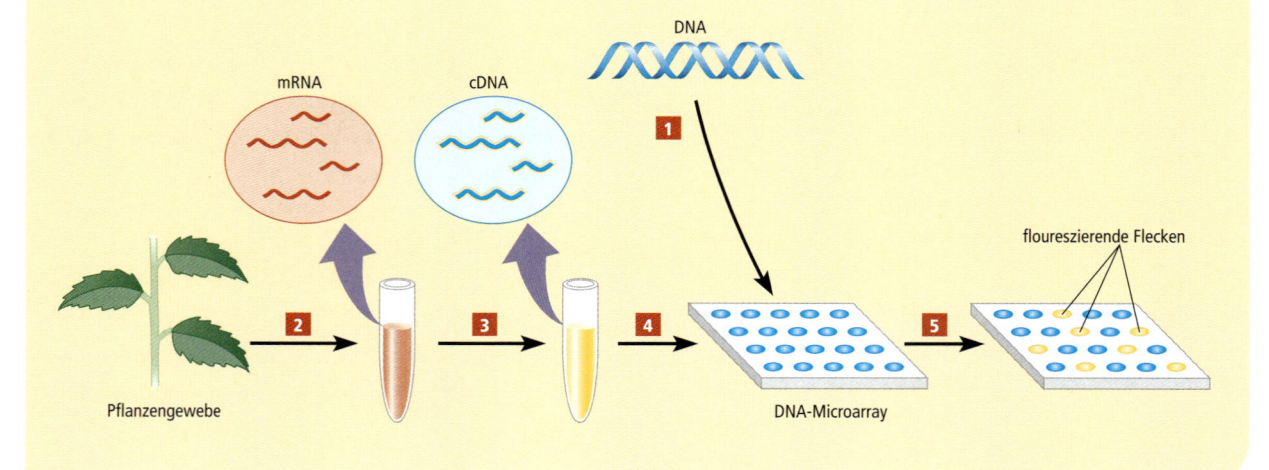

13.3 Die Identifizierung von Genen, die für die Entwicklung maßgeblich sind

der genetischen Steuerung der Entwicklung geworden (siehe Kapitel 12). Zu den Eigenschaften der Pflanze, die sie für genetische Experimente so geeignet macht, gehören ihr kurzer Lebenszyklus, ihre Widerstandsfähigkeit, die starke Samenproduktion, die relativ geringe Anzahl ihrer Gene und die geringe Größe des gesamten Genoms.

▶ Abbildung 13.13 skizziert einen typischen experimentellen Ansatz für Arabidopsis, mit dem Entwicklungsmutanten erzeugt und identifiziert werden sollen. Dazu werden große Mengen von Samen chemisch so behandelt, dass in der DNA des im Samen enthaltenen Embryos an zufälligen Stellen Mutationen entstehen. Einige der Mutationen werden Zellen der Sprossapikalmeristeme betreffen, was zu mutierten Sektoren auf der adulten Pflanze führt. Wenn von diesen Sektoren gebildete Blüten sich selbst bestäuben, dann ist ein Viertel ihrer Samen homozygot für die Mutation, die Hälfte ist heterozygot und ein Viertel besitzt die Mutation nicht. Ist die Mutation rezessiv, so wird sie in den Pflanzen sichtbar, die sich aus für die Mutation homozygoten Samen entwickeln. Während die Mutation für Homozygoten letal sein kann, kann sie in heterozygoten Pflanzen erhalten bleiben.

Durch Experimente wie das eben beschriebene sind Hunderte von Genen, welche die Embryonalentwicklung von *Arabidopsis* steuern, identifiziert worden. Manche dieser Gene beeinflussen das Apikal-Basal-Muster des Keimlings. Eine andere Gruppe von Genen reguliert den Übergang eines vegetativen in einen floralen Apex in Abhängigkeit von der Tageslänge. Mindestens ein Gen bestimmt die Anzahl der Blütenbestandteile für jede Gruppe modifizierter Blätter, welche die Blüte bilden. (Blüten bestehen aus vier verschiedenen Typen modifizierter Blätter: *Kelchblätter*, *Kronblätter*, *Staubblätter* und *Fruchtblätter*; siehe Kapitel 6). Drei weitere Gene codieren Transkriptionsfaktoren, die an der Festlegung der Identität der Blütenorgane beteiligt sind. Mutationen dieser Gene können dazu führen, dass sich ein Blütenbestandteil an einer Stelle entwickelt, an der normalerweise ein anderer wächst (▶ Abbildung 13.14a). Da Blätter der primäre Ort der Photosynthese sind, stellen die Verteilungs- und Transportfunktionen der Blattadern ein wichtiges Forschungsobjekt dar (▶ Abbildung 13.14b). Mutationen in den Leitsystemen werden in den Keimblättern untersucht, den blattähnlichen Organen mit einfacher Blattnervatur, die sich während der Embryogenese bilden.

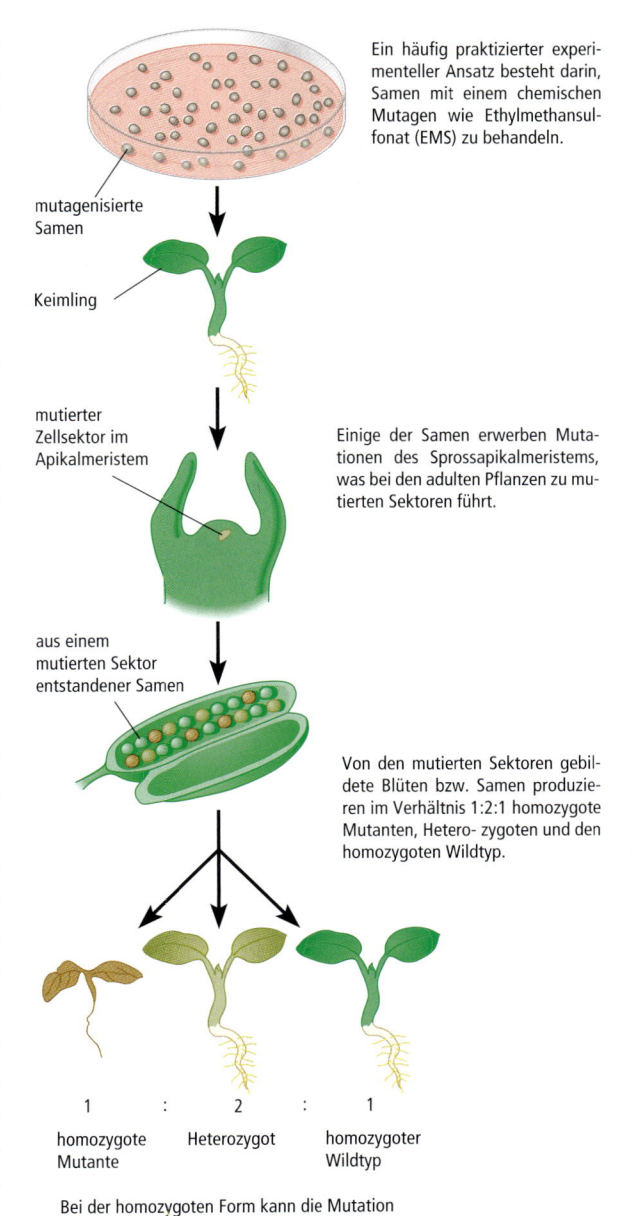

Abbildung 13.13: Identifizierung von *Arabidopsis*-Mutanten.

Transposons

Sowohl die Chromosomen von Prokaryoten als auch die von Eukaryoten enthalten **Transposons** genannte DNA-Abschnitte, die ihre Position innerhalb der DNA ändern können oder Kopien ihrer selbst erzeugen, die an andere Positionen wandern. Die ursprünglich als „springende Gene" bezeichneten Transposons wurden erstmals in den 1940er-Jahren von der Genetikerin Barbara McClintock beschrieben (▶ Abbildung 13.15), die sich mit Mais beschäftigte. Das einfachste Transposon

13 REGULATION DER GENEXPRESSION

Wildtyp Wuschel

Agamous Clavata

(a) Blüten.

(b) Blätter.

Abbildung 13.14: Entwicklungsmutanten bei *Arabidopsis thaliana* (a) Blüten: links oben der Wildtyp. Die Wuschel-Mutante besitzt ein Staubblatt anstatt sechs. Die Agamous-Mutante besitzt mehrere Blüten innerhalb von Blüten, was zu einem kohlähnlichen Aussehen führt. Die Clavata-Mutante ist in ihrem Phänotyp das Gegenteil von Wuschel: Sie hat zu viele zentrale Organe, wodurch das Gynözeum zu einer dicken Keule wird. (b) Blätter: Botaniker wissen viel über die Anatomie und Funktion der Blattnerven, aber fast nichts darüber, wie die unterschiedlichen Muster der Nervaturen entstehen.

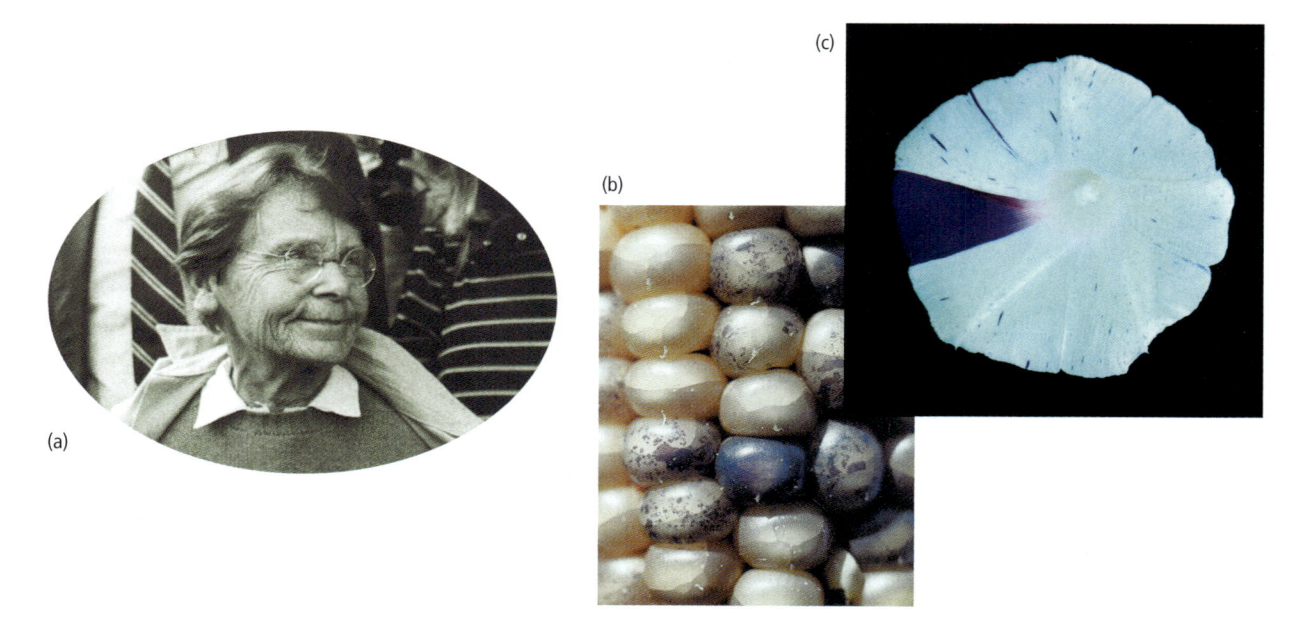

Abbildung 13.15: Springende Gene. (a) Barbara McClintock entdeckte Transposons („springende Gene"). Es dauerte mehrere Jahrzehnte, bis ihre Ergebnisse allgemein anerkannt wurden. (b) Variationen in der Farbe von Maiskörnern können entstehen, wenn sich ein Transposon in einer Zelle in ein Pigment-Gen einfügt und so dieses Gen deaktiviert. Die Deaktivierung bewirkt, dass die Pigmentproduktion in der betroffenen Zelle und ihren Nachkommen blockiert wird. Umgekehrt kann ein Transposon aus einem Pigment-Gen heraus in eine andere Zelle springen und so die Pigmentproduktion in dieser Zelle wieder in Gang setzen. Auf diese Weise kann jedes Maiskorn unterschiedliche Farbflecken entwickeln. (c) Die weißen Teile dieser Blüte einer Prunkwinde sind das Ergebnis von Transposons, die das Gen für die Pigmentproduktion ausgeschaltet haben.

enthält ein einziges Gen, welches das Enzym Transposase codiert, welches vom Transposon für seine Lageänderung benötigt wird. Andere Transposons enthalten weitere Gene und beherrschen komplexere Formen der Bewegung, in die sowohl die DNA- als auch die RNA-Synthese involviert sind. Transposons sind weitverbreitet. Bei Mais wie beim Menschen machen sie etwa die Hälfte des im Zellkern enthaltenen genetischen Materials aus.

Forscher verwenden so genannte Designer-Transposons, mit denen gezielt solche Gene ausgeschaltet werden können, welche die Entwicklung beeinflussen. Bei diesem als **gene trapping** bezeichneten Ansatz werden zwei homozygote Pflanzen gekreuzt. Eine der beiden Pflanzen besitzt ein Transposon, welches das Gen für Transposase enthält. Allerdings besitzt das Transposon zudem einen unabhängigen Defekt, der es ihm unmöglich macht, seinen Ort zu ändern. Die andere Pflanze besitzt ein Transposon, dem das Gen für Transposase fehlt. Stattdessen enthält es das Bakteriengen *GUS*, das das Enzym β-Glucuronidase codiert. Wird dieses Enzym einem bestimmten Substrat ausgesetzt, erzeugt es einen blauen Farbstoff.

In der F_1-Generation dieser Kreuzung springt das Transposon mit dem *GUS*-Gen umher und fügt sich selbst an verschiedenen Stellen der Chromosomen ein, wobei es die von dem anderen Transposon produzierte Transposase benutzt. Da es keinen Promotor besitzt, wird das Transposon mit dem *GUS*-Gen nicht transkribiert, es sei denn, es hat sich in die Nähe eines aktiven Promotors eingeschleust. Angenommen, es landet in einem Gen, das die Entwicklung der Meristeme steuert. Dieses Gen wird durch die Einfügung des Transposons zerteilt und deaktiviert, doch der Promotor des Gens aktiviert das *GUS*-Gen. Wenn dies im Verlauf der Entwicklung der Pflanze oft genug geschieht, dann wird die Pflanze fehlerhafte Meristeme besitzen, die sich blau färben, wenn sie dem *GUS*-Substrat ausgesetzt werden (▶ Abbildung 13.16a). Auf diese Weise arbeitet das *GUS*-Gen als „Reporter-Gen", das den Forscher darüber informiert, dass in einer bestimmten Phase der Entwicklung ein anderes Gen exprimiert wird als im Wildtyp.

Natürlich wird das Transposon mit dem *GUS*-Gen bei vielen Nachkommen einer solchen Kreuzung auf einem Gen landen, das nicht exprimiert wird. Bei diesen Individuen bleibt das *GUS*-Gen ebenfalls ausgeschaltet. Damit nicht riesige Mengen von Nachkommen untersucht werden müssen, um jene herauszufinden, die ein aktiviertes *GUS*-Gen besitzen, kann in das Transposon mit dem *GUS*-Gen ein Gen eingeschleust werden, das resistent gegen ein bestimmtes Toxin macht. Wenn die F_1-Pflanzen keimen, wird das Toxin hinzugefügt. Dies überleben nur diejenigen Pflanzen, bei denen das Transposon mit dem *GUS*-Gen in einem aktiven Gen gelandet ist.

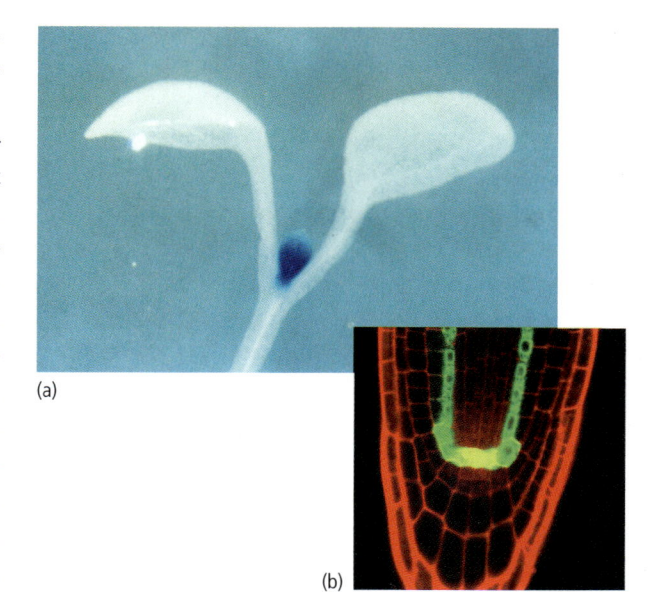

Abbildung 13.16: Gene trapping. (a) Ein Transposon, welches das *GUS*-Gen enthält, hat sich bei diesem *Arabidopsis*-Keimling in ein Entwicklungsgen eingeschleust. Als der Keimling dem *GUS*-Substrat ausgesetzt wurde, bildete sich ausschließlich im Sprossapex ein blaues Reaktionsprodukt. Dies zeigt, dass das Entwicklungsgen nur im Sprossmeristem aktiv ist. (b) Die grün fluoreszierende Endodermis dieser Wurzelspitze demonstriert, dass ein bestimmtes Gen nur in dieser Zellschicht aktiv ist. Ein Transposon hat das Gen für grün fluoreszierendes Protein (GFP) in ein Gen eingeschleust, das normalerweise in der Endodermis aktiv ist.

Ein anderes häufig benutztes Reporter-Gen bei Pflanzen stammt von *Aequorea victoria*, einer im Pazifischen Ozean lebenden Quallenart, die bei entsprechender Stimulation hellgrünes Licht emittiert. Das Gen, welches das grün fluoreszierende Protein (GFP) codiert, kann mithilfe von Transposons auf ähnliche Weise wie das *GUS*-Gen in Chromosomen eingebaut werden (▶ Abbildung 13.16b).

Eine andere Methode zum Ausschalten von Genen verwendet das Bakterium *Agrobacterium tumefaciens*. Wenn dieses Bakterium Pflanzen infiziert, fügt es ein kleines Stück DNA in die Chromosomen der Pflanzenzellen ein (siehe Kapitel 14). Durch Einbauen des DNA-Stücks in ein Gen wird dieses Gen ausgeschaltet.

Homöotische Gene

Wenn ein Gen identifiziert worden ist, das einen bestimmten Aspekt steuert, dann besteht einer der nächsten Schritte darin, die Nucleotidsequenz dieses Gens zu bestimmen. Sie denken vielleicht, dass ganz verschiedene Gene die einzigartigen Entwicklungsmuster von unterschiedlichen Pflanzen- und Tierarten steuern. Im

Gegenteil: In Pflanzen und Tieren kommen verschiedene Familien von Genen mit ähnlichen Nucleotidsequenzen vor, obwohl diese unterschiedliche Prozesse steuern. Gene mit Regionen, die in den verschiedensten Organismengruppen eine ähnliche Nucleotidsequenz aufweisen, besitzen so genannte konservative Strukturen. Dies bedeutet in der Regel, dass die durch sie codierten Proteine sehr spezifische Aminosäuresequenzen haben müssen, damit der Organismus überlebt.

Konservierte Nucleotidsequenzen treten gewöhnlich in **homöotischen Genen** auf, d. h. in Genen, die den Körperbauplan eines Mehrzellers bestimmen, indem sie während der Entwicklung die Bildung von bestimmten Organen an den richtigen Stellen anweisen. Die weiter vorn erwähnten Blütengene sind homöotische Gene. Mutationen homöotischer Gene können dazu führen, dass sich an Stellen Organe bilden, wo sie nicht hingehören. Beispielsweise kann sich ein Kronblatt bilden, wo eigentlich ein Staubblatt sein sollte. Die bislang beschriebenen homöotischen Gene codieren Transkriptionsfaktoren. Ein homöotisches Gen kann in einer bestimmten Körperregion eine Reihe weiterer Gene aktivieren, welche die Merkmale der Strukturen spezifizieren, die in dieser Region gebildet werden müssen.

Eine Gruppe homöotischer Gene enthält eine aus 180 Nucleotiden bestehende Sequenz, die als Homöobox bezeichnet wird. (Viele konservierte Nucleotidsequenzen werden „Boxen" genannt.) Gene, welche die Homöobox enthalten, sind bei der Entwicklung von Tieren sehr aktiv, und einige wenige wurden identifiziert, welche die Entwicklung von Pflanzen bestimmen. Ein Homöobox-Gen von Pflanzen, *KN1* oder *KNOTTED*, scheint an der Festlegung beteiligt zu sein, wo und wann das Sprossapikalmeristem erscheint. Eine Mutation des *KNOTTED*-Gens resultiert in Blättern, die infolge abnormer Zellteilungen in den Leitbündeln uneben (knotig) aussehen. Daher könnte das intakte Gen unterschiedliche Rollen bei der Bildung verschiedener Blattgewebe in und unmittelbar unterhalb des Sprossapikalmeristems spielen.

Eine weitere Gruppe homöotischer Pflanzengene enthält eine aus 180 Nucleotiden bestehende Sequenz, die als *MADS*-Box bezeichnet wird (nach den ersten Buchstaben der vier Transkriptionsfaktoren, die durch diese Gene codiert werden). Gene, welche die *MADS*-Box enthalten, kommen auch bei Pilzen, Tieren und Bakterien vor. Bei Pflanzen steuern diese Gene unter anderem die Typen und Positionen von Blütenorganen. Es sind weitere Boxen bei Pflanzen entdeckt worden, und diese kommen oft auch bei anderen Organismen vor. Die Details der Evolutionsgeschichte dieser konservierten DNA-Abschnitte, die seit frühesten Zeiten verschiedenste Phasen der Entwicklung gesteuert haben, müssen noch weiter erforscht werden, was sehr aufschlussreich werden dürfte.

WIEDERHOLUNGSFRAGEN

1 Beschreiben Sie die Wirkung eines Blütengens.

2 Was ist die Funktion von Transposase bei der Wirkungsweise eines Transposons?

3 Beschreiben Sie, wie Reportergene verwendet werden können, um die Gene herauszufinden, die spezifische Phasen der Entwicklung steuern.

4 Was sind homöotische Gene?

ZUSAMMENFASSUNG

13.1 Genexpression

Replikation

DNA wird während der S-Phase des Zellteilungszyklus von einem Molekülkomplex repliziert, zu dem DNA-Polymerase, Helicase und DNA-Ligase gehören. Dabei wird die Doppelhelix aufgetrennt und von jedem Einzelstrang eine Kopie hergestellt.

Der genetische Code

In der ersten Hälfte des 20. Jahrhunderts durchgeführte Experimente haben gezeigt, dass die DNA der Träger der Erbinformation ist und dass Gene Proteine codieren. Die DNA-Codewörter bestehen aus Nucleotid-Tripletts, die als Codons bezeichnet werden und jeweils eine bestimmte Aminosäure und/oder ein Start- oder Stoppsignal für die Proteinsynthese codieren.

Transkription

Die Transkription, die Synthese von RNA unter Verwendung von DNA als Template, beginnt mit dem Binden von RNA-Polymerase an einen Promotor. Dieser befindet sich an einem Ende eines Gens. Die beiden DNA-Stränge entwinden sich und die RNA-Polymerase erzeugt ein Stück RNA, das die komplementäre Nucleotidsequenz zu einem der DNA-Stränge besitzt, auf dem sich das Gen befindet. Bei Eukaryoten wird die neue RNA durch drei Aktionen modifiziert: Nichtcodierende Abschnitte (Introns) werden entfernt und die verbleibenden Abschnitte (Exons) werden zusammengefügt; an ein Ende wird ein Cap angefügt, das aus chemisch modifiziertem GTP besteht; an das andere Ende wird ein Poly(A)-Schwanz angehängt. Das resultierende Molekül ist Boten-RNA (mRNA).

Translation

Die Translation, die Synthese eines Proteins unter Verwendung von mRNA als Template, erfordert neben mRNA die Beteiligung von Ribosomen und Transfer-RNA (tRNA). Jedes tRNA-Molekül enthält ein Anticodon, das komplementär zu einem der Codons auf der mRNA ist. Ein Ende trägt die durch das Codon festgelegte Aminosäure. Während sich das Ribosom an der mRNA entlangbewegt, bindet jedes mRNA-Molekül kurz an ein tRNA-Molekül mit dem passenden Anticodon, und die von der tRNA transportierte Aminosäure wird mit der Aminosäure des vorherigen tRNA-Moleküls verbunden. Durch Hinzufügen weiterer Aminosäuren wird sukzessive ein Protein aufgebaut. Das Protein ist fertig und wird freigegeben, wenn das Ribosom ein Stopp-Codon erreicht.

Mutationen

Jede Änderung der Reihenfolge oder der Struktur der DNA ist eine Mutation. Es gibt drei Typen von Punktmutationen: Substitutionen, Insertionen und Deletionen. Substitutionen führen häufig dazu, dass ein Codon eine andere Aminosäure spezifiziert, während Insertionen und Deletionen zu einer Verschiebung des Leserasters führen, was viele Codons beeinträchtigt. Durch Chromosomenmutationen, die zwei bis Hunderte von Nucleotiden oder sogar ganze Chromosomen umfassen, können Zellen entstehen, die eine abnorme Anzahl bestimmter Chromosomen (Aneuploidie) oder mehr als zwei vollständige Chromosomensätze besitzen (Polyploidie). Mutationen entstehen durch Chemikalien, Strahlung oder Fehler der Enzyme bei der DNA-Replikation.

13.2 Differenzielle Genexpression

Steuerungsebenen der Genexpression

Zellen üben auf der Ebene der Transkription, der RNA-Prozessierung, der Translation und der Prozessierung von Proteinen differenzielle Genexpression aus.

Regulatorproteine

Als Transkriptionsfaktoren bezeichnete Gene steuern die Genexpression, indem sie sich an bestimmte Stellen der DNA heften, die als Kontrollelemente bezeichnet werden. Manche Transkriptionsfaktoren stimulieren die Transkription, andere dagegen hemmen sie.

13 REGULATION DER GENEXPRESSION

Aktivierung von Transkriptionsfaktoren durch Pflanzenhormone und Licht

Hormone, die sich an einen Rezeptor in der Plasmamembran heften, lösen gewöhnlich in ihren Zielzellen eine Kette von Reaktionen aus, die als Signaltransduktionskette bezeichnet wird. Der letzte Schritt einer solchen Kette kann die Aktivierung eines Transkriptionsfaktors beinhalten. Manche Hormone heften sich an einen Rezeptor im Cytoplasma oder im Zellkern. Hierdurch bildet sich ein Zell-Rezeptor-Komplex, der als Transkriptionsfaktor wirkt.

13.3 Die Identifizierung von Genen, die für die Entwicklung maßgeblich sind

Mutationsexperimente mit Arabidopsis

Bei Versuchen, Mutanten von *Arabidopsis* zu erzeugen, werden oft große Mengen von Samen mit einer Chemikalie behandelt, die Mutationen hervorruft. Dann gestattet man den Pflanzen, sich selbst zu bestäuben, und sucht unter den Nachkommen nach mutierten Individuen. Durch solche Verfahren konnten viele Gene identifiziert werden, die an Entwicklungsprozessen beteiligt sind.

Transposons

Transposons sind DNA-Stücke, die sich innerhalb von Chromosomen von einem Platz zu einem anderen bewegen können. Ein Transposon, das in einem aktiven Gen landet, deaktiviert dieses in der Regel. Dieses Prinzip wird bei *gene trapping*-Experimenten angewendet, durch die Gene mit bestimmten Funktionen identifiziert werden sollen.

Homöotische Gene

Homöotische Gene steuern während der Entwicklung die Ausbildung von Organen an bestimmten Stellen. Mutationen dieser Gene können dazu führen, dass sich irgendwo Organe bilden, die dort nicht hingehören. Homöotische Gene enthalten konservierte Nucleotidsequenzen, die in vielen Organismen vorkommen.

ZUSAMMENFASSUNG

Verständnisfragen

1. Was versteht man unter dem *zentralen Dogma der Molekularbiologie*?
2. Was bedeutet *semikonservative Replikation* bezogen auf die DNA?
3. Wie demonstrierten Beadle und Tatum, dass Gene Enzyme codieren?
4. Definieren Sie die Begriffe *Codon* und *Anticodon*.
5. Beschreiben Sie den Vorgang der Transkription.
6. Gegeben sei die Nucleotidsequenz C-G-G-T-A-C-T-G-A. Wie lautet die Nucleotidsequenz der komplementären RNA? Wie lautet die nach der Translation vorliegende Aminosäuresequenz?
7. Wie unterscheiden sich Leserasterverschiebung, Insertion und Deletion voneinander?
8. Wie werden die Bereiche der DNA genannt, an denen sich die RNA-Polymerase anheftet?
9. Erläutern Sie die Rolle der tRNA bei der Translation.
10. Was ist der Unterschied zwischen einer stillen und einer neutralen Mutation?
11. Was ist Aneuploidie?
12. Erläutern Sie die Funktionsweise von Transkriptionsfaktoren.
13. Wie lösen Hormone Signaltransduktionsketten aus?
14. Welche Rolle spielen Proteinkinasen in Signaltransduktionsketten?
15. Wie werden *GUS*- und *GFP*-Gene als Reporter-Gene benutzt?
16. Wie schalten Transposons Gene aus?
17. Was ist die *MADS*-Box?

Diskussionsfragen

1. Wäre es sinnvoller, wenn jede Pflanzenzelle nur diejenigen Gene enthielte, die sie tatsächlich benötigt, anstatt alle?
2. Warum besitzen Ihrer Meinung nach eukaryotische Zellen große Mengen von „DNA-Müll" in Form von Introns? Wo kommen die Introns her? Haben sie vielleicht eine unbekannte Funktion?
3. Welchen Sinn könnten Transposons möglicherweise für einen Organismus haben, wenn man bedenkt, dass sie Gene dadurch inaktivieren können, dass sie mitten in ihnen landen?
4. Wissenschaftler glauben, dass die RNA in der Evolution des Lebens vor der DNA auftrat. Warum?
5. Glauben Sie, dass Transposons Infektionskrankheiten auslösen können? Wie könnte dies ablaufen? Glauben Sie, dass aus einem Transposon so etwas wie ein Virus entstehen könnte?
6. Warum ist Ihrer Meinung nach das Eintreffen eines Hormons an einer Zelle durch eine lange Kette von Ereignissen, eine Signaltransduktionskette, von der spezifischen Wirkung des Hormons getrennt?
7. Ein Abschnitt eines DNA-Einzelstrangs besitze die Nucleotidbasensequenz
   3'-TAAGAACCGTAAGCG-5'.
   Die DNA-Doppelhelix, deren einer Strang die angegebene Sequenz hat, wird von links nach rechts repliziert. Skizzieren Sie den Replikationsprozess für beide Stränge und geben Sie die resultierende Sequenz der synthetisierten DNA-Basen an. Kennzeichnen Sie die 3'- und 5'-Enden für jeden Eltern- und Tochterstrang.

Zur Evolution

Welche Hinweise für die Zugehörigkeit der Pflanzen zu den anderen Organismenreichen ergeben sich, wenn Sie das heutige Verständnis (a) des genetischen Codes, (b) der RNA-Prozessierung nach der Transkription und (c) homöotischer Gene berücksichtigen?

Weiterführendes

Weitere Informationen zu diesem Buchkapitel finden Sie auf der Companion Website unter http://www.pearson-studium.de.

Bonner, John Tylor. Evolution und Entwicklung: Reflexionen eines Biologen. Braunschweig, Vieweg Verlagsgesellschaft, 1995. *Der bekannte Erforscher der Schleimpilze plaudert aus seiner langjährigen Lehrerfahrung über grundlegende biologische Zusammenhänge.*

Echols, Harrison, Carol Gross und Arthur Kornberg. Operators and Promoters: The Story of Molecular Biology and Its Generators. Berkeley: University of California Press, 2001. *Interessante persönliche Berichte von Menschen, welche die Molekularbiologie vorangetrieben haben.*

Hausmann, Rudolf. ... und wollten versuchen, das Leben zu verstehen ... Betrachtungen zur Geschichte der Molekularbiologie. Darmstadt, Wissenschaftliche Buchgesellschaft, 1995. *Grundlegende Entdeckungen zu Proteinen, Genen und dem genetischen Code werden anhand der historischen Experimente reich illustriert mit Originaldokumenten aus dieser Zeit spannend dargelegt.*

Jacob, Francois und Betty Spillman. The Logic of Life. Princeton, NJ: Princeton Univetsity Press, 1993. *Jacob ist einer der Entdecker von tRNA und von Operons in Bakterien. Seine Sichtweise von lebenden Organismen ist interessant und lesenswert.*

Keller, Evelyn Fox. A Feeling for the Organism: The Life and Work of Barbara McClintock. New York, W. H. Freeman and Co., 1983. *Mit ihren Versuchen an Mais hat die beeindruckende Wissenschaftlerin Evelyn Keller das Dogma der frühen Genetik widerlegt.*

Kornberg, Arthur. For the Love of Enzymes: The Odyssey of a Biochemist. Cambridge, MA: Harvard University Press, 1989. *Arthur Kornberg erhielt gemeinsam mit Severo Ochoa 1959 den Nobelpreis für Medizin und Physiologie für seine bahnbrechenden Entdeckungen zur DNA-Replikation. Im Jahr 2006 erhielt sein Sohn Roger D. Kornberg den Nobelpreis für Chemie. Er machte den Prozess der Gen-Transkription erstmals sichtbar.*

Levin, A. Donald. The Origin, Expansion, and Demise of Plant Species (Oxford Series in Ecolgy and Evolution). London: Oxford University Press, 2000. *Faszinierende Geschichten und Beispiele, warum bestimmte Pflanzenarten ausgestorben sind.*

Molekularbiologie

14.1	Die Methoden der Pflanzenbiotechnologie	355
14.2	Leistungen und Möglichkeiten der Pflanzenbiotechnologie	362
Zusammenfassung		374
Verständnisfragen		375
Diskussionsfragen		376
Zur Evolution		376
Weiterführendes		377

14 MOLEKULARBIOLOGIE

> Solange der Mensch Pflanzen als Nahrungsmittel anbaut und kultiviert, muss er mit anderen Tieren – vor allem mit Insekten – um diese Nahrung konkurrieren. Die durch Insekten hervorgerufenen negativen Folgen für die Landwirtschaft sind enorm. Beispielsweise kostet der links abgebildete Kartoffelkäfer die US-amerikanischen Kartoffelanbauer aufgrund von Ernteverlusten und Ausgaben für Pestizide jährlich zwischen 20 und 40 Millionen Dollar. Ein anderer Pflanzenschädling, der unten abgebildete Maiszünsler, kann ganze Maisfelder zerstören, indem er sich durch die Blätter bohrt und die Maiskörner frisst. Außerdem infiziert der Maiszünsler die Maispflanzen mit den Sporen pathogener Pilze, so dass die Pflanzen gleichzeitig mit Insekten- und Pilzbefall fertig werden müssen. Nach Angaben der FAO geht jährlich die Hälfte der kultivierten Nutzpflanzen durch Insekten, Krankheiten und Unkräuter verloren. Die größten Verluste haben dabei die Entwicklungsländer zu verzeichnen, die meist kein Geld für Insektizide, Herbizide oder resistente Sorten haben.
>
> 1911 wurde in Thüringen ein Bodenbakterium, Bacillus thuringiensis, entdeckt, das insektizide Eigenschaften besitzt. Verschiedene seiner Gene, so genannte Bt-Gene, codieren Proteine, die im Darm vieler Insekten in Toxine umgewandelt werden. Die Toxine erzeugen Poren im Darm, durch welche die Bakterien eintreten und das Insekt rasch besiedeln können. B. thuringensis lebt vergesellschaftet mit den Wurzeln von Pflanzen, und die Toxine schützen die Pflanzen offenbar vor der Zerstörung durch Insekten. Seit den 1930er-Jahren wird aus dem Bakterium ein Insektizid hergestellt, das gegen die Larven von Motten, Schmetterlingen, Fliegen und Mücken eingesetzt wird. Das Insektizid wird auf die Pflanzen gesprüht und tötet viele Larven; allerdings sind häufige Wiederholungen der Anwendung notwendig.
>
> Um einen dauerhaften Schutz gegen derartige Pflanzenschädlinge zu erreichen, haben Wissenschaftler in den 1990er-Jahren einen direkteren Ansatz entwickelt: Sie stellten Pflanzen her, welche die Bt-Gene in ihren eigenen Chromosomen tragen. Hierzu schleusten sie die Gene in Pflanzenzellen ein und zogen aus diesen Zellen vollständige Pflanzen. Die resultierenden Pflanzen enthalten die Bt-Gene in jeder ihrer Zellen und sind deshalb resistent gegenüber den für die Toxine empfänglichen Insekten. Seit 1996 wurden einige Dutzend Pflanzenarten mit Bt-Genen entwickelt, darunter Kartoffeln, Baumwolle, Mais, Süßkartoffeln, Tomaten und Reis. Einigen Pflanzen wurden multiple Bt-Gene hinzugefügt, so dass sie mehr als ein Toxin produzieren können. Landwirte zahlen Aufpreise für Samen mit Bt-Genen, weil die inhärente Insektenresistenz der Pflanzen die Erträge beträchtlich erhöhen kann. Außerdem wird der Pestizidbedarf reduziert, was die Kosten nach der Aussaat verringert.
>
> Der Anbau von Mais mit Bt-Genen ist heute in den USA weitverbreitet und zeigt exzellente Ergebnisse. Allerdings bringt diese neue landwirtschaftliche Methode auch Probleme mit sich. Beispielsweise können Insekten Resistenzen gegen Bt-Toxine entwickeln. Zwar kann die Entwicklung von Resistenzen signifikant verzögert werden, wenn 5 bis 10 Prozent des Feldes mit Bt-freiem Mais bepflanzt werden, doch bleibt die Nutzungsdauer von Bt-Pflanzen begrenzt. Ein weiteres potenzielles Problem ist die unbeabsichtigte Vernichtung harmloser Insekten durch Bt-Toxine. Erste Experimente haben gezeigt, dass die Raupen des Monarchfalters durch Pollen von Bt-Mais getötet werden können, wenn die Pollen auf die Blätter von Seidenpflanzen fallen, der bevorzugten Nahrung der Monarchraupe. Andere Experimente wiederum haben gezeigt, dass die Monarchraupe generell Blätter meidet, die mit Pollen bedeckt sind. Außerdem fällt die Zeit, in der die Raupen fressen, gewöhnlich nicht mit der Zeit zusammen, in der die Maispollen freigesetzt werden. Da Bt-Mais den Bedarf an Pestiziden senkt, die in angrenzende Gebiete gelangen könnten, ist sein Anbau möglicherweise sogar von Vorteil für den Monarchfalter und andere in diesen Gebieten vorkommende harmlose Insekten.
>
> Die Entwicklung von Bt-Pflanzen ist nur ein Beispiel dafür, wie die Pflanzenbiotechnologie zur Erhöhung der Nahrungsmittelproduktion und zum Wohle des Menschen eingesetzt werden kann. In diesem Kapitel behandeln wir die Methoden der Pflanzenbiotechnologie, die in hohem Tempo weiterentwickelt werden und häufig auch in den Schlagzeilen auftauchen. Anschließend betrachten wir die bedeutendsten bisherigen Erfolge der Pflanzenbiotechnologie sowie ihre Möglichkeiten in der Zukunft.

Die Methoden der Pflanzenbiotechnologie 14.1

Biotechnologie ist die praxisorientierte Manipulation lebender Zellen und Organismen mithilfe wissenschaftlicher Methoden. In Kapitel 13 haben Sie gelernt, wie DNA repliziert und transkribiert wird und wie RNA übersetzt wird, um Proteine herzustellen. Zu den Proteinen gehören Enzyme, die chemische Reaktionen in den Organismen katalysieren. Das Verständnis dieser Prozesse ist die Ausgangsbasis, um die wichtigsten Methoden der Biotechnologie zu verstehen.

Transgene Organismen

Da alles Lebende seine genetische Information in Form von DNA speichert und da die DNA in jedem Lebewesen die gleiche Struktur hat, können Gene – zumindest prinzipiell – von einem Organismus auf einen beliebigen anderen Organismus übertragen werden. Die Gentechnik umfasst Methoden zur Identifizierung und Isolierung von Genen sowie zur schnellen Übertragung von einem Organismus auf einen anderen mithilfe von Verfahren der Molekularbiologie. Das Ergebnis eines solchen Gentransfers ist ein **transgener Organismus**, also einer, der Gene eines anderen Organismus enthält. Ein übertragenes Gen produziert, falls es exprimiert wird, im transgenen Organismus das gleiche Protein wie im ursprünglichen Organismus. Daher produzieren transgene Pflanzen, die *Bt*-Gene enthalten, ebenso *Bt*-Gene wie *B. thuringiensis*-Bakterien. Mithilfe der Gentechnik ist es prinzipiell möglich, ein Elefanten-Gen auf Kohl oder Gene von Glühwürmchen auf Tabakpflanzen zu übertragen (▶ Abbildung 14.1).

Natürlich haben Pflanzenzüchter seit Tausenden von Jahren mit traditionellen Methoden Allele zwischen Individuen der gleichen Art oder eng verwandter Arten übertragen. Ein Beispiel ist die Kreuzung einer Weizensorte, die gutes Mehl liefert, aber nicht dürretolerant ist, mit einer trockentoleranten Sorte, die minderwertiges Mehl liefert. Das Ziel ist eine neue Sorte, welche die besten Eigenschaften der beiden Elternsorten vereint – eine trockentolerante Sorte mit gutem Mehl. Die F_1-Nachkommen einer solchen Kreuzung sind heterozygot, d. h. sie tragen jeweils eine Kopie der Allele für die beiden guten Merkmale.

Wenn die bezüglich der beiden Eigenschaften heterozygoten F_1-Pflanzen gekreuzt werden, dann besitzen die F_2-Pflanzen vier ($= 2^2$) verschiedene Phänotypen. Die Anzahl der verschiedenen F_2-Phänotypen wächst exponentiell mit der Anzahl der Merkmale. Wenn sich beispielsweise die F_1-Pflanzen in zehn Merkmalen unterscheiden, dann resultieren $2^{10} = 1024$ unterschiedliche Phänotypen aus der unabhängigen Auswahl der Tetraden während der Meiose. Durch Crossing-over wird diese Zahl sogar noch größer. Obwohl die traditionelle Pflanzenzucht recht erfolgreich ist bei der Übertragung von Allelen von einem Organismus auf einen anderen, kann es doch fünf bis zehn Jahre dauern, bis man stabile homozygote Pflanzen erhält, welche die gewünschten Merkmale aufweisen und diese kontinuierlich weitergeben.

Im Gegensatz dazu können bestimmte Allele oder sogar völlig neue Gene mithilfe der Gentechnik sehr schnell auf Pflanzen übertragen werden. Die Gentechnik hat das Potenzial, die zur Einführung neuer nützlicher Pflanzenvarietäten erforderliche Zeit um Jahre zu verkürzen. Wie bereits angemerkt ist es mithilfe der Gentechnik außerdem möglich, Gene von völlig anderen Organismen auf Pflanzen zu übertragen und so Kreuzungen zu erzeugen, die in der Natur niemals vorkommen würden.

In ▶ Abbildung 14.2 ist ein häufig verwendetes Verfahren zur Übertragung neuer Gene auf Pflanzen schematisch dargestellt. Gentechnik bei Pflanzen basiert meist auf dem Ti-Plasmid und umfasst vier Schritte.

Abbildung 14.1: Ein Tier-Gen in einer Pflanze. Das Glühwürmchen-Gen, welches das Enzym Luziferase codiert, wurde in die Chromosomen der Tabakpflanze (*Nicotiana tabacum*) eingebaut. Wenn die Substrate des Enzyms – Luziferin, ATP und Sauerstoff – vorhanden sind, dann leuchtet die Tabakpflanze mit dem grünlich-gelben Licht des Glühwürmchens.

MOLEKULARBIOLOGIE

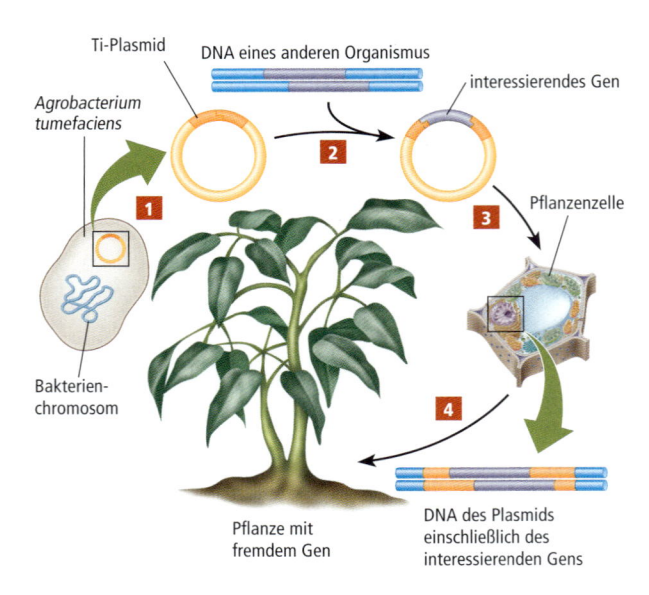

Abbildung 14.2: Allgemeiner Ablauf der gentechnischen Veränderung einer Pflanze.

Schritt 1: Ti-Plasmide werden aus dem Bodenbakterium *Agrobacterium tumefaciens* isoliert. Schritt 2: Die Plasmide werden mit der DNA eines anderen Lebewesens gemischt und ein Gen aus der DNA des anderen Lebewesens wird in das Plasmid eingeführt. Schritt 3: Ein Plasmid, welches das interessierende Gen enthält, wird in eine Pflanzenzelle gebracht. Die DNA des Plasmids einschließlich des fremden Gens wird in die Chromosomen der Zelle eingebaut. Schritt 4: Aus der Zelle entwickelt sich eine vollständige Pflanze. Alle Zellen dieser Pflanze enthalten das fremde Gen. Im Folgenden werden wir die einzelnen Schritte dieser Prozedur eingehender betrachten. Dabei werden wir auch kurz einige Abwandlungen dieses allgemeinen Ansatzes darstellen.

Plasmide und andere Vektoren

Die Gentechnik beginnt gewöhnlich mit einem **Vektor**, einem Agenten, der ein Gen von einem Organismus zu einem anderen trägt. Der bei Pflanzen am häufigsten benutzte Vektor ist ein Plasmid, das in dem Bodenbakterium *Agrobacterium tumefaciens* vorkommt und Wurzelhalsgalle („crown galls") verursacht. **Plasmide** sind in Bakterien vorkommende selbstreplizierende, ringförmige DNA-Moleküle, die außerhalb des Bakterienchromosoms liegen und kleiner als dieses sind. Das in *A. tumefaciens* vorkommende Plasmid ist unter der Bezeichnung Ti-Plasmid (für Tumor induzierend) bekannt, da es eine Schlüsselrolle bei Pflanzentumoren spielt, die durch Infektion mit *A. tumefaciens* entstehen.

Wenn eine Pflanze mit *A. tumefaciens* infiziert wird, dann wird ein DNA-Segment des Ti-Plasmids in die DNA des Pflanzenchromosoms eingefügt. Wenn zuvor ein anderes Stück DNA mit einem interessierenden Gen in dieses Segment des Plasmids eingefügt worden ist, dann wird auch dieses Gen von dem Plasmid auf das Pflanzenchromosom übertragen. Um dies zu erreichen, isolieren Forscher zunächst die Plasmide aus den Bakterien, was im Labor leicht zu bewerkstelligen ist (Schritt 1 in Abbildung 14.2). Dann werden DNA-Stücke eines anderen Organismus zu dem Plasmid hinzugefügt, was im nächsten Abschnitt genauer erklärt wird. Die in der Gentechnik benutzten Ti-Plasmide sind so modifiziert, dass sie Gene auf die Pflanze übertragen, ohne die Krankheit auszulösen.

Plasmide sind nicht die einzigen Vektoren, die Gene auf Pflanzen übertragen können. Das Tabakmosaikvirus und das Blumenkohlmosaikvirus sind Beispiele für Viren, die zu diesem Zweck verwendet werden. Die DNA des Blumenkohlmosaikvirus hat einen sehr aktiven Promotor, der häufig zusätzlich zu anderen Vektoren verwendet wird, um die Transkription der eingeschleusten Gene zu beschleunigen. Auch künstliche Chromosomen können als Vektoren dienen. Wissenschaftler bauen künstliche Chromosomen aus einer Bindungsstelle für DNA-Polymerase (was den Chromosomen erlaubt, sich zu replizieren), einem Centomer (das ihnen erlaubt, an der Zellteilung teilzunehmen) und einem fremden Gen, das übertragen werden soll. Bislang wurden künstliche Bakterienchromosomen (BACs, von engl. *bacterial artificial chromosomes*) und künstliche Hefechromosomen (YACs, von engl. *yeast artificial chromosomes*) hergestellt.

Herstellung rekombinanter DNA

Um fremde DNA in ein Plasmid einzuschleusen, verwenden Gentechniker **Restriktionsenzyme**, welche die DNA in Fragmente schneiden. Restriktionsenzyme binden an so genannte Erkennungssequenzen der DNA, die aus vier bis acht Nucleotiden bestehen. Die meisten Erkennungssequenzen sind Palindrome, d. h. der eine DNA-Strang hat von vorn gelesen die gleiche Nucleotidabfolge wie der andere DNA-Strang von hinten gelesen. Beispielsweise besteht die Erkennungssequenz für das Enzym *Eco*R1 des Bakteriums *Escherichia coli* aus den

14.1 Die Methoden der Pflanzenbiotechnologie

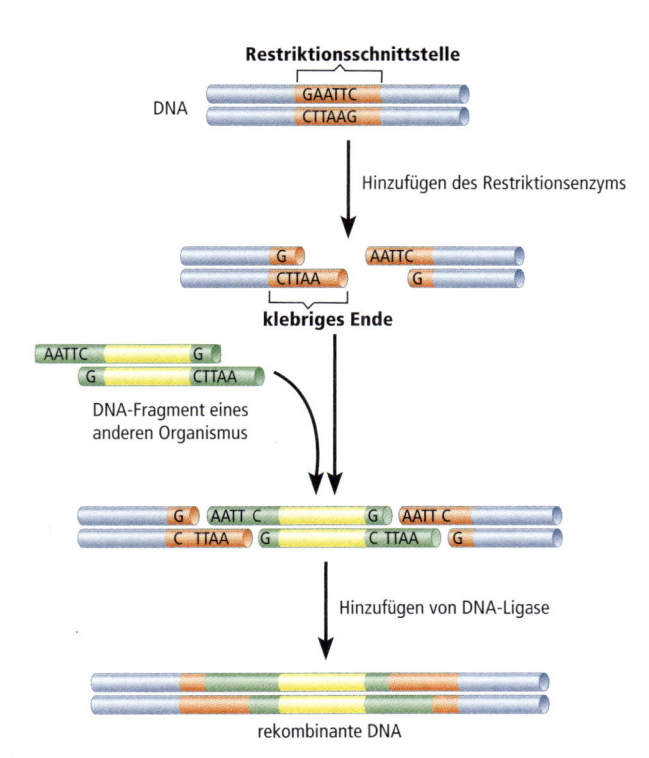

Abbildung 14.3: Herstellung rekombinanter DNA. Ein Restriktionsenzym heftet sich an die Erkennungsstellen der DNA, die durch eine bestimmte Nucleotidsequenz gekennzeichnet sind (im Beispiel GAATTC oder CTTAAG). Das Enzym zerschneidet die DNA zwischen zwei Nucleotiden der Erkennungsstelle. Wird das Enzym zum Zerschneiden der DNA zweier unterschiedlicher Organismen benutzt, so haben die resultierenden DNA-Fragmente komplementäre klebrige Enden. Durch Hinzufügen von DNA-Ligase verbinden sich die DNA-Fragmente an ihren klebrigen Enden dauerhaft. Wenn Fragmente aus unterschiedlichen Quellen auf diese Weise kombiniert werden, entsteht als Ergebnis rekombinante DNA.

komplementären Nucleotidsequenzen GAATTC und CTTAAG (▶ Abbildung 14.3). *Eco*R1 schneidet überall, wo die Sequenzen GAATTC und CTTAAG innerhalb der DNA auftreten, die Bindungen zwischen den Nucleotiden G und A der beiden Stränge auf. Es existieren Hunderte anderer Restriktionsenzyme, von denen jedes an eine spezifische Erkennungssequenz bindet. Ein langes DNA-Molekül enthält für jedes Enzym viele Erkennungssequenzen, so dass das Molekül von jedem Restriktionsenzym in zahlreiche Fragmente geschnitten wird.

Wie in Abbildung 14.3 gezeigt, besitzen die durch die meisten Restriktionsenzyme erzeugten doppelsträngigen DNA-Moleküle an jedem ihrer Enden eine kurze einzelsträngige Sequenz. Diese einzelsträngigen Sequenzen werden als **klebrige Enden** (engl. *sticky ends*) bezeichnet, weil sie leicht an komplementäre Sequenzen anderer DNA-Fragmente binden, die durch das gleiche Restriktionsenzym erzeugt wurden. Um ein fremdes Gen in ein Plasmid einzuschleusen, kombinieren Forscher DNA-Fragmente, die aus einem Plasmid geschnitten wurden, mit Fragmenten aus der DNA desjenigen Organismus, der das Gen besitzt. Beide Gruppen von Fragmenten werden mit dem gleichen Restriktionsenzym behandelt, so dass alle Fragmente komplementäre klebrige Enden haben und aneinander binden können. Einige der vielen gebildeten Fragmentkombinationen sind Kombinationen aus Plasmid-DNA und der DNA des anderen Organismus. Die Bindungen zwischen klebrigen Enden sind schwache Wasserstoffbrücken. Durch Hinzufügen von **DNA-Ligase**, dem Enzym, das die DNA-Stränge bei der Replikation verbindet, können starke, kovalente Bindungen gebildet werden. Wenn die resultierende DNA eine Kombination von DNA aus verschiedenen Quellen ist, wird sie als **rekombinante DNA** bezeichnet.

Klonierung der rekombinanten DNA

Die Herstellung transgener Organismen erfordert eine Vielzahl von Kopien des zu übertragenden Gens. Nachdem ein DNA-Fragment mit dem interessierenden Gen in einen Vektor eingefügt wurde, werden daher durch einen als **Gen-Klonierung** oder **DNA-Klonierung** bezeichneten Prozess viele Kopien der rekombinierten DNA erzeugt. Werden Plasmide als Vektoren benutzt, so werden diese gewöhnlich in Bakterien eingeschleust, die sich viele Male teilen dürfen. Durch die Reproduktion der Bakterienzellen und ihrer Nachkommen entsteht ein Klon genetisch identischer Zellen. Wenn die Ausgangszelle ein rekombiniertes Plasmid enthält, dann besitzen alle Zellen des Klons eine Kopie des Plasmids und des fremden Gens. Unter optimalen Bedingungen vermehren sich Bakterien sehr schnell – innerhalb von zwölf Stunden kann eine einzige Zelle einen Klon mit über 10 Millionen Zellen produzieren.

Allerdings enthält nicht jeder Klon ein Plasmid mit dem Gen, das der Forscher auf eine Pflanze übertragen möchte. Dies liegt daran, dass beim Zerschneiden der DNA durch das Restriktionsenzym und dem Zusammenfügen der Fragmente durch die DNA-Ligase viele verschiedene Kombinationen entstehen können. Beispielsweise kann ein Plasmid wieder geschlossen werden, ohne dass irgendwelche fremde DNA eingebaut wurde, oder verschiedene Stücke der fremden DNA werden ohne ein Plasmid aneinandergefügt. Plasmide, in die fremde DNA eingebaut ist, können jedes der 20.000 bis 50.000 Gene enthalten, die typischerweise in

14 MOLEKULARBIOLOGIE

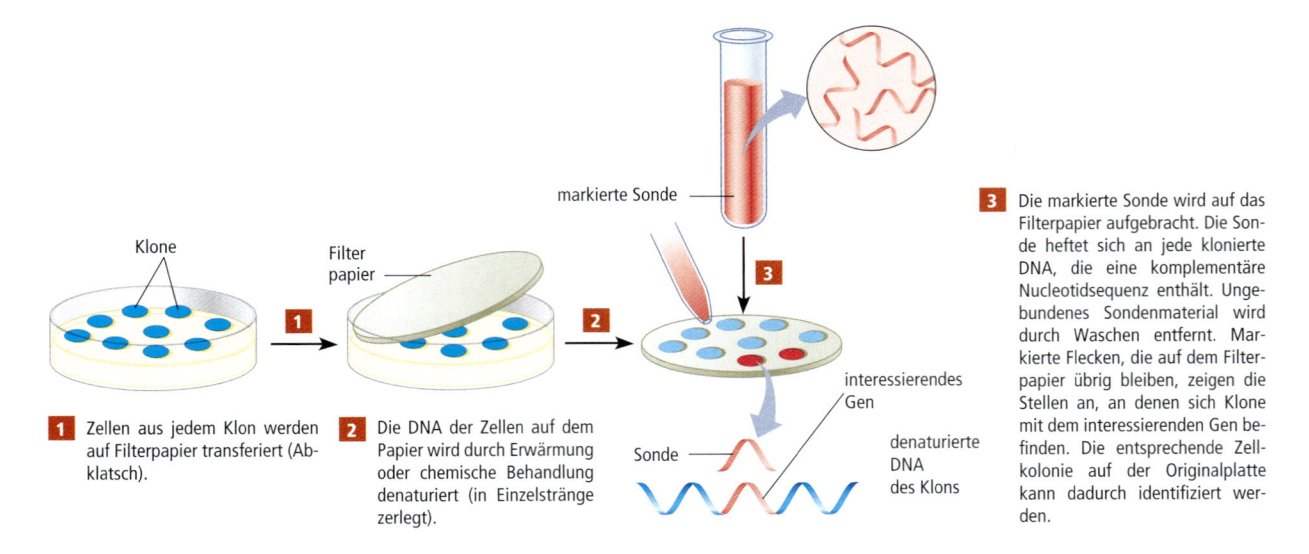

Abbildung 14.4: Identifizierung eines klonierten Gens. Um unter den Tausenden von Klonen jene herauszufinden, welche ein bestimmtes Gen enthalten, werden die Klone mit einer markierten Sonde inkubiert. Diese besteht aus RNA oder einzelsträngiger DNA, die zu einem Teil des Gens komplementär ist.

1 Zellen aus jedem Klon werden auf Filterpapier transferiert (Abklatsch).

2 Die DNA der Zellen auf dem Papier wird durch Erwärmung oder chemische Behandlung denaturiert (in Einzelstränge zerlegt).

3 Die markierte Sonde wird auf das Filterpapier aufgebracht. Die Sonde heftet sich an jede klonierte DNA, die eine komplementäre Nucleotidsequenz enthält. Ungebundenes Sondenmaterial wird durch Waschen entfernt. Markierte Flecken, die auf dem Filterpapier übrig bleiben, zeigen die Stellen an, an denen sich Klone mit dem interessierenden Gen befinden. Die entsprechende Zellkolonie auf der Originalplatte kann dadurch identifiziert werden.

einem Eukaryoten vorkommen. Woher also soll ein Forscher wissen, welche Klone ein rekombiniertes Plasmid mit dem Gen enthalten, das er übertragen will?

Um diejenigen Bakterien zu eliminieren, die keine Plasmide aufgenommen haben, beginnen die Forscher mit Plasmiden, die so modifiziert wurden, dass sie ein weiteres Gen enthalten, welches die Resistenz gegen ein bestimmtes Antibiotikum codiert. Bakterien, die das Plasmid nicht enthalten, werden abgetötet, wenn das Antibiotikum zur Nährlösung hinzugefügt wird. Bakterien, die das Plasmid mit dem Resistenzgen aufgenommen haben, überleben und produzieren Klone.

Diese Prozedur überstehen Tausende von Klonen, die Plasmide mit verschiedenen Abschnitten der fremden DNA enthalten. Diese Klone bilden zusammen eine **Genbank** oder **Genbibliothek**. Ähnlich wie eine Bibliothek mit Büchern ein Speicher für geschriebene Information ist, ist eine Genbank ein Speicher für die genetische Information desjenigen Organismus, dessen DNA in die Plasmide eingebaut wurde. Ein Forscher kann die Genbank aufbewahren und jederzeit nach einer spezifischen DNA-Sequenz durchsuchen, die für ein bestimmtes Gen steht. ▶ Abbildung 14.4 illustriert eine Möglichkeit, dies zu tun. Aus jedem Klon wird DNA vorsichtig erhitzt oder chemisch behandelt, damit sich die beiden Stränge voneinander lösen. Diese Prozedur wird als Denaturierung bezeichnet. Die denaturierte DNA wird anschließend einer **Nucleinsäuresonde** ausgesetzt, einem kurzen Stück RNA oder einem Stück eines DNA-Einzelstrangs, das komplementär zur interessierenden DNA-Sequenz ist. Die mit einem fluoreszierenden Molekül oder einem radioaktiven Isotop markierte Sonde bindet an jede DNA, die das gesuchte Gen enthält, und die Markierung der Sonde macht diejenigen Klone kenntlich, an die eine Bindung erfolgt ist.

Die Polymerasekettenreaktion (PCR)

Die **Polymerasekettenreaktion (PCR)** gibt den Forschern ein Mittel an die Hand, große Mengen von DNA aus speziellen DNA-Fragmenten herzustellen, ohne Plasmide oder Bakterien verwenden zu müssen. Die PCR läuft in einem kleinen Röhrchen ab, das die DNA-Probe, DNA-Polymerase und kurze Stücken von DNA-Einzelsträngen (so genannte **Primer**) enthält, ▶ Abbildung 14.5. Die Primer sind komplementär zu den Enden der Segmente der DNA-Probe, die kopiert werden soll. Die PCR ist ein zyklischer Prozess, der beginnt, wenn das im Röhrchen enthaltene Gemisch erhitzt wird, um die DNA-Probe zu denaturieren. Anschließend wird das Gemisch abgekühlt, damit die Primer an die denaturierte DNA binden können. Dann lagert die DNA-Polymerase an jeden DNA-Strang komplementäre Nucleotide an, wobei die Primer als Startpunkte dienen. (Die bei der PCR verwendete DNA-Polymerase stammt von Bakterien, die in heißen Quellen leben, so dass sie durch die am Beginn jedes Zyklus stattfindende Erwärmung nicht zerstört werden.) Im ersten

14.1 Die Methoden der Pflanzenbiotechnologie

DNA

1 Ein DNA-Fragment wird durch Erwärmung denaturiert.

Primer **2** Die DNA wird abgekühlt und die Primer heften sich an die Enden der DNA-Fragmente.

3 **Zyklus 1** ergibt zwei Moleküle.

DNA-Polymerase synthetisiert einen komplementären Strang entlang jedes denaturierten DNA-Fragments.

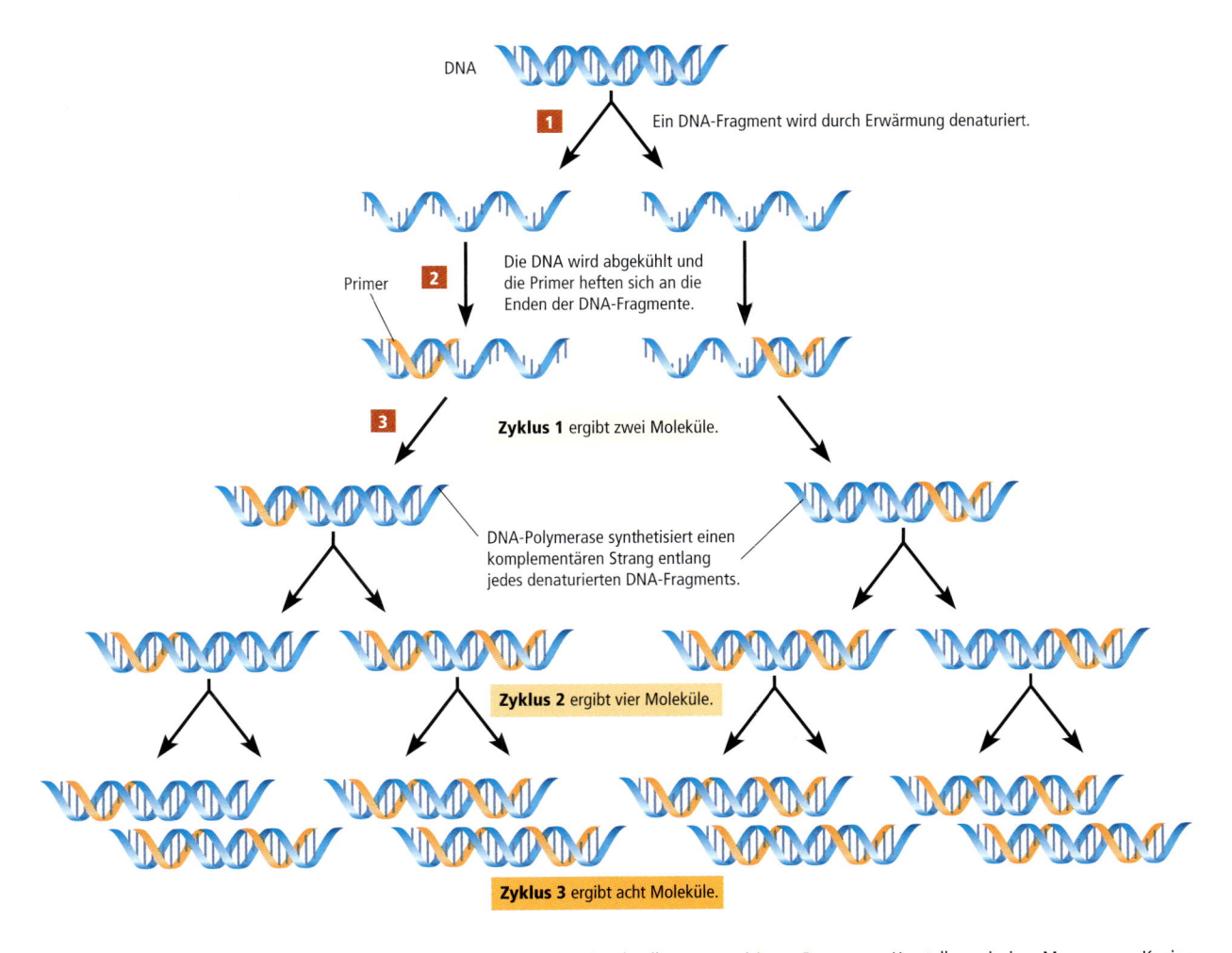

Zyklus 2 ergibt vier Moleküle.

Zyklus 3 ergibt acht Moleküle.

Abbildung 14.5: Die Polymerasekettenreaktion (PCR). Die PCR ist ein schneller, automatisierter Prozess zur Herstellung riesiger Mengen von Kopien eines bestimmten DNA-Fragments. Es handelt sich um einen zyklischen Prozess, wobei jeder Zyklus aus drei Schritten besteht, die alle zwei bis drei Minuten wiederholt werden.

Zyklus entstehen aus jedem Molekül der DNA-Probe zwei doppelsträngige DNA-Moleküle. Das Erwärmen und anschließende Abkühlen wird viele Male wiederholt. Jeder Zyklus dauert zwei bis drei Minuten und verdoppelt die Anzahl der DNA-Moleküle. In wenigen Stunden können aus einem einzigen DNA-Molekül Billionen Kopien hergestellt werden. Der gesamte Prozess wird durch einen Thermocycler automatisiert.

Die 1985 entwickelte Polymerasekettenreaktion ist aufgrund ihrer Schnelligkeit und Genauigkeit in vielen Bereichen der Biotechnologie zu einem unentbehrlichen Hilfsmittel geworden. Sie ist auch die bevorzugte Methode für das Klonieren von DNA-Fragmenten, die nur in sehr geringen Mengen zur Verfügung stehen. Beispielsweise kann sie eingesetzt werden, um DNA von einer seltenen Mutante zu klonieren. In der Gerichtsmedizin wird die PCR verwendet, um winzige, an Tatorten aufgefundene DNA-Spuren zu kopieren.

Methoden zur Einschleusung klonierter Gene in Pflanzenzellen

Nachdem ein Gen kloniert wurde, ist der nächste Schritt zur Erzeugung einer transgenen Pflanze die Einschleusung des Gens in deren Zellen. Wenn das Ti-Plasmid als Vektor verwendet wird, gibt es zwei Möglichkeiten, diesen Schritt auszuführen. Eine davon besteht darin, das rekombinierte Plasmid in *A. tumefaciens* zu übertragen (das Bakterium, in dem das Plasmid normalerweise vorkommt) und die Pflanzenzellen mit dem Bakterium zu infizieren. Die andere Möglichkeit ist die direkte Einführung des rekombinanten Plasmids in die Pflanzenzellen. In beiden Fällen fügt das Plasmid seine DNA einschließlich des interessierenden Gens in die Chromosomen der Pflanzenzellen ein (Schritt 3 in Abbildung 14.2). Das Ti-Plasmid ist geeignet bei Zweikeimblättrigen, die von Natur aus empfänglich für eine Infektion

MOLEKULARBIOLOGIE

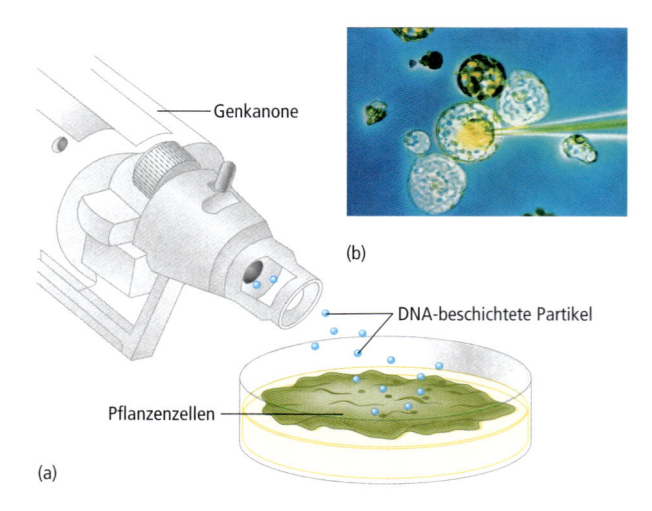

Abbildung 14.6: Zwei alternative Methoden zur Übertragung eines fremden Gens in eine Pflanzenzelle. (a) Mit einer Genkanone werden DNA-beschichtete Partikel auf Pflanzenzellen geschossen. (b) Mit einer feinen Nadel werden Gene direkt in das Cytoplasma eines Protoplasten injiziert, der mithilfe einer Mikropipette stabilisiert wird. Bei beiden Methoden gelangen einige der ins Cytoplasma eindringenden Gene in den Zellkern und können in die Chromosomen eingebaut werden.

mit *A. tumefaciens* sind; bei Einkeimblättrigen funktioniert es jedoch weniger gut. In jüngster Zeit wurden modifizierte Bakterienstämme entwickelt, die mit einigem Erfolg Einkeimblättrige infizieren. Es gibt jedoch noch andere Methoden, mit denen fremde Gene auf Pflanzen übertragen werden können.

Genkanonen

Manche transgenen Pflanzen werden hergestellt, indem Pflanzenzellen regelrecht beschossen werden (▶ Abbildung 14.6a). Als Ziel dienen oft in Petrischalen kultivierte Pflanzenzellen (siehe unten) oder Protoplasten, d. h. Zellen, deren Wände durch Behandlung mit verschiedenen Enzymen entfernt wurden. Auch Zellen der Apikalmeristeme heranwachsender Pflanzen werden mit dieser Methode behandelt. Die Genkanone wird auf die Pflanzen gerichtet und abgefeuert, doch eine Abschirmung in der Kanone verhindert, dass die Hülse die Kanone verlässt. Partikel, die mit dem interessierenden Gen beschichtet sind, verlassen die Hülse, passieren ein Loch in der Abschirmung und treten in die Zellen ein. Manchmal, wenn genügend Kopien in die Zellen gelangt sind, werden eine oder mehrere Kopien durch Crossing-over in ein Chromosom eingebaut. Der Einsatz von Genkanonen ist im wörtlichen wie im übertragenen Sinne ein Vorgehen mit der Schrotflinte – eine nicht sonderlich raffinierte Methode und nicht immer von Erfolg gekrönt.

Elektroporation

Bei der **Elektroporation** wird auf eine Lösung, die Pflanzenzellen und Kopien des interessierenden Gens enthält, ein kurzer elektrischer Impuls gerichtet. Durch den Strom entstehen in den Membranen des Zellplasmas kleine Poren, durch die einige der Genkopien in die Zelle eingeschleust werden. Wenn eine dieser Kopien in den Zellkern eintritt, kann sie durch Rekombination in ein Chromosom eingebaut werden. Die Elektroporation ist ebenfalls ein Schrotschuss-Verfahren; sie funktioniert, weil sehr viele Zellen gleichzeitig behandelt werden können. Wenn ein Gen für Herbizidresistenz zusammen mit dem eigentlich interessierenden Gen eingebaut wird, dann lässt sich durch Hinzufügen eines Herbizids der überwiegende Teil derjenigen Zellen eliminieren, in welche die Gene nicht eingebaut wurden.

Mikroinjektion

Mithilfe einer sehr dünnen Nadel können Gene unter einem Mikroskop direkt in Protoplasten und sogar in Zellkerne injiziert werden (▶ Abbildung 14.6b). Gewöhnlich wird der Protoplast mit einer Mikropipette leicht angesaugt, um zu verhindern, dass er durch die Nadel weggestoßen wird.

Liposomen

Liposomen sind kleine kugelförmige Anordnungen aus Lipidmolekülen, die leicht mit Plasmamembranen verschmelzen. Die Liposomen werden mit Kopien des interessierenden Gens befrachtet und in engen Kontakt mit Protoplasten gebracht. Die Verschmelzung von Liposomen und Protoplasten kann durch Hinzufügen von Polyethylenglycol oder anderen chemischen Verbindungen befördert werden. Auch bei dieser Methode bedeutet das Einbringen der Gene an das Cytoplasma nicht, dass diese in den Zellkern eindringen, und erst recht nicht, dass sie in ein Chromosom eingebaut werden.

Gewebekulturen

Der letzte Schritt bei der Herstellung einer transgenen Pflanze ist die Aufzucht einer vollständigen Pflanze aus einer einzelnen Zelle, die ein fremdes Gen in ihre Chromosomen eingebaut hat. Pflanzen sind mehrzellige Lebewesen, die aus vielen unterschiedlichen Typen von Zellen bestehen. Jede Zelle einer Pflanze enthält gewöhnlich alle Gene der Pflanze und ist totipotent, d. h. sie hat wie eine Zygote das Potenzial, jedes die-

14.1 Die Methoden der Pflanzenbiotechnologie

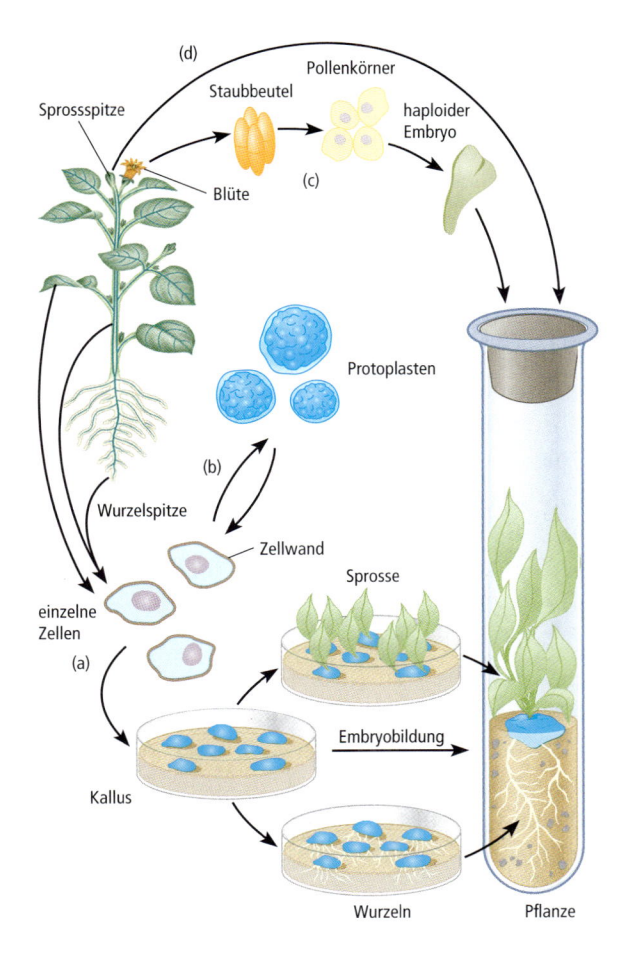

Abbildung 14.7: Gewebekultur. Vollständige Pflanzen oder Pflanzenorgane wie Sprosse oder Wurzeln können auf einem künstlichen Medium, das Nährstoffe und Hormone enthält, aus isolierten Zellen oder Geweben gezogen werden.

len zunächst einen Komplex undifferenzierter Zellen, der als **Kallus** bezeichnet wird. Dieser differenziert sich im Kulturmedium unter dem Einfluss von Hormonen zu Embryonen oder Geweben und Organen der Pflanze aus (▶ Abbildung 14.7). Alternativ kann man von ausgewählten Zellen in der Kultur die Zellwände entfernen, um Protoplasten herzustellen.

Die **Antherenkultur** ist eine Form der Gewebekultur, bei der die Staubbeutel (Antheren) von Blüten in ein Medium gelegt werden, welches bewirkt, dass sich die Pollen auf direktem Weg, d. h. ohne Befruchtung, zu Pflanzen entwickeln. Das Ziel einer Antherenkultur besteht üblicherweise darin, haploide Pflanzen herzustellen, die sämtliche ihrer Allele, gleichgültig ob dominant oder rezessiv, exprimieren. Haploide Pflanzen wachsen normal, sind aber steril, da es nicht zur Paarung homologer Chromosomen während der Meiose kommt. Durch Behandlung dieser Pflanzen mit Colchicin kann man jedoch diploide Homozygoten erhalten, die sich normal fortpflanzen. (Colchicin verhindert, dass bei der Mitose ein Spindelapparat ausgebildet wird, was zur Verdopplung der Chromosomenzahl führt; siehe Kapitel 13). Die diploiden Homozygoten sind reinerbig in Bezug auf alle Merkmale, die sie exprimieren, eine Eigenschaft, die mit traditionellen Methoden der Pflanzenzucht viele Generationen der Selektion erfordern würde. Da aus jedem Pollenkorn eine phänotypisch einzigartige Pflanze entsteht, verwenden Pflanzenzüchter Antherenkulturen, um Pflanzen mit vielen nützlichen Varianten herzustellen.

Bei der **Meristemkultur** oder Sprossspitzenkultur werden die obersten Millimeter eines Vegetationskegels auf einem Nährboden kultiviert, der die Achselknospen an der Basis jedes Blattes oder jedes Blattprimordiums dazu anregt, sich zu einer vollständigen Pflanze zu entwickeln. Da sich die Zellen um die Sprossmeristeme oft teilen, sind sie in der Regel frei von Viren, die den Rest der Pflanze infizieren könnten. Die Meristemkultur ist daher eine effiziente Möglichkeit zur Herstellung großer Mengen virenfreier Pflanzen, die u. a. für Nutzpflanzen wie Bananen angewendet wird.

Für die Gentechnik stellt die Gewebekultur eine Möglichkeit dar, aus einer einzigen Pflanzenzelle, die ein fremdes Gen aufgenommen hat, beliebig viele genetisch identische transgene Pflanzen herzustellen. Wenn das Gen in einen Protoplasten eingefügt wurde, kann der Protoplast zur Ausbildung von Zellwänden und die resultierenden Zellen zur Neubildung von Pflanzen angeregt werden.

ser Gene zu exprimieren und eine vollständige Pflanze zu entwickeln. Wenn aus einer einzelnen Zelle eine Pflanze entsteht, dann wird ihre Totipotenz evident.

1905 entdeckte der deutsche Botaniker Gottlieb Haberlandt die Totipotenz von Pflanzenzellen und führte Experimente durch, bei denen er einzelne Zellen aus Pflanzen isolierte und versuchte, ihre Entwicklung zu neuen Pflanzen anzuregen. Haberlandt hatte keinen Erfolg, weil er stark differenzierte Zellen verwendete. Seit den 1960er-Jahren jedoch haben Wissenschaftler auf **Gewebekulturen** basierende Methoden entwickelt, die individuelle Zellen dazu anregen, ihre Totipotenz in einem künstlichen Medium mit Nährstoffen und Hormonen umzusetzen. Durch Gewebekulturen können im Prinzip beliebige Teile einer Pflanze – einschließlich Blättern, Sprossen, Wurzeln, Sprossspitzen und Blüten – verwendet werden, um die Entwicklung vollständiger Pflanzen zu induzieren. Oft bilden die Zel-

WIEDERHOLUNGSFRAGEN

1. Was ist ein Plasmid und wie kann es als Vektor genutzt werden?
2. Erläutern Sie die Funktionsweise eines Restriktionsenzyms.
3. Wie werden bei der Polymerasekettenreaktion DNA-Fragmente kloniert?
4. Erläutern Sie, wie Genkanonen zur Herstellung transgener Pflanzen eingesetzt werden.

Leistungen und Möglichkeiten der Pflanzenbiotechnologie 14.2

Nach Einschätzung der *American Association for the Advancement of Science* zählt die Übertragung von Genen von einem Organismus auf einen anderen zu den vier revolutionärsten Umwälzungen in der Wissenschaft des 20. Jahrhunderts. Die anderen drei sind die Aufklärung der Struktur des Atoms, die Überwindung der Erdanziehungskraft und die Entwicklung moderner Computer.

▶ Tabelle 14.1 listet einige der historischen Meilensteine in der Entwicklung der Pflanzenbiotechnologie auf. Gentechnisch veränderte Pflanzen, Tiere und Bakterien werden seit den 1980er-Jahren hergestellt. Um das Jahr 2000 stammten weltweit mehr als die Hälfte aller Sojabohnen und ein Drittel der Maisernte aus gentechnisch veränderten Pflanzen. Produkte dieser Pflanzen kommen in Hunderten von Nahrungsmitteln vor, u. a. in Tierfutter, Getreide, Speiseöl, Sirup und alkoholfreien Getränken.

Die gentechnische Veränderung von Pflanzen hat ein einfaches Ziel: die Übertragung von Genen anderer Organismen auf Pflanzen, die diese Gene exprimieren und nützliche Merkmale ausbilden, welche die Empfängerpflanze normalerweise nicht hat. In diesem Abschnitt betrachten wir einige Beispiele für bislang hergestellte transgene Pflanzen. Anschließend befassen wir uns mit Problemen, die im Zusammenhang mit der Herstellung transgener Pflanzen auftreten, sowie mit zukünftigen Möglichkeiten der Pflanzenbiotechnologie.

Gentechnisch erzeugte Widerstandsfähigkeit gegen Schädlinge und schlechte Bodenbeschaffenheit

Es wurden Pflanzen hergestellt, die resistent sind gegen Insekten, Pilze und Viren. Die am Anfang des Kapitels diskutierte Erzeugung von Insektenresistenz durch Übertragung des *Bt*-Gens ist ein gutes Beispiel für diese Art der Modifikation. Durch eine direktere Methode können Pflanzen mit Resistenzen gegen verheerende Viruskrankheiten hergestellt werden. Beispielsweise wurde ein Gen für ein virales Hüllprotein auf Tomatenpflanzen übertragen, was zu virenresistenten Pflanzen führte. Die Resistenz wird erreicht, indem die Pflanzen das Protein bilden. Das Protein verhindert entweder, dass sich die Viren in den Pflanzenzellen festsetzen, oder dass sie dort repliziert werden. Diese Technologie ist auf viele andere Nutzpflanzen und Viruserkrankungen angewendet worden. Beispielsweise hat man durch Übertragung eines viralen Hüllproteins auf ein Papaya-Chromosom Papayas gezüchtet, die resistent gegen das zerstörerische Ringfleckenvirus sind (▶ Abbildung 14.8).

Ein Gemeinschaftswerk von Tierphysiologen und Pflanzenbiotechnologen sind Pflanzen, die Antikörper

Abbildung 14.8: Virusresistente Papayas. In die linke Papayapflanze (*Carica papaya*) wurde ein Gen eingeschleust, welches das Schutzprotein gegen das Ringfleckenvirus codiert, so dass diese Pflanze resistent gegen dieses Virus ist. Die rechte Pflanze dagegen besitzt dieses Gen nicht und ist daher empfänglich für eine Infektion durch das Virus.

Tabelle 14.1

Meilensteine in der Entwicklung der Gentechnik bei Pflanzen

Jahr	Ereignis
1866	Gregor Mendel leitet die grundlegenden Gesetze der Vererbung ab.
1882	Walther Fleming entdeckt die Chromosomen.
1944	Oswald Avery, Colin MacLeod und Maclyn McCarty weisen nach, dass die DNA das genetische Material ist.
1944	Frederick Sanger deckt mittels Chromatografie die Aminosäuresequenz des Insulins auf.
1947	Die Möglichkeit des Gentransfers mithilfe von Plasmiden wird entdeckt.
1947	Barbara McClintock berichtet über transponierbare Elemente.
1953	James Watson und Francis Crick bestimmen die Struktur der DNA.
1957	Francis Crick und George Gamov schlagen das zentrale Dogma der Molekularbiologie vor, das erklärt, wie Gene Proteine codieren.
1961	Marshall Nirenberg entziffert das erste Codon.
1964	Charles Yanofsky und Mitarbeiter weisen nach, dass die Nucleotidsequenzen der DNA mit Aminosäuresequenzen der Proteine korrespondieren.
1965	Entdeckung der Restriktionsenzyme
1969	Isolierung des ersten Bakteriengens
1972	Paul Berg verwendet Restriktionsenzyme und DNA-Ligase, um das erste rekombinierte DNA-Molekül herzustellen.
1973	Stanley Cohen, Annie Chang und Herbert Boyer stellen den ersten transgenen Organismus her, ein Bakterium mit einem Virengen.
1976	Die erste Gentechnologie-Firma, Genentech, wird in Kalifornien gegründet.
1977	Frederick Sanger meldet seine Kettenabbruch-Methode zur DNA-Sequenzierung zum Patent an.
1978	Genentech und das City Hope National Medical Center geben die künstliche Herstellung eines Gens für menschliches Insulin bekannt.
1980	Humaninsulin ist das erste genutzte Produkt auf der Basis von transgenen Bakterien.
1980	Das erste Patent für gentechnisch veränderte Bakterien wird erteilt.
1983	Die Firma Eli Lilly erhält eine Lizenz zur Herstellung von Humaninsulin.
1985	Kary Mullis entwickelt die Polymerasekettenreaktion.
1985	Der erste Sequenzierautomat wird gebaut.
1985	Erster Feldversuch mit krankheitsresistenten transgenen Pflanzen
1985	Die Freisetzung der ersten gentechnisch veränderten Nutzpflanze (eine Tabaksorte) wird genehmigt.
1986	Erster Feldversuch mit gentechnisch veränderten Pflanzen
1987	Gentechnologie-Patente werden auf Pflanzen und Tiere angewendet.
1987	Das Unternehmen Advanced Genetic Sciences betreibt einen Feldversuch mit Bakterien, die Eisbildung auf Erdbeeren verhindern sollen.
1987	Das Unternehmen Calgene erhält ein Patent für die Verlängerung der Haltbarkeit von Tomaten durch Expression von *antisense*-RNA, die das Polygalacturonase-Gen ausschaltet.
1990	Die Transformation von Mais mithilfe einer Genkanone wird bekanntgegeben.
1994	Calgene erreicht die Bewilligung der Flavr Savr-Tomate durch die FDA (Lebens- und Arzneimittelzulassungsbehörde der USA)
2000	Vollständige Sequenzierung des Genoms von *Arabidopsis thaliana*.
2002	Vollständige Sequenzierung des Genoms von Reis (*Oryza sativa*).

benutzen, um Krankheiten abzuwehren. Mäusezellen wurden dazu gebracht, Antikörper gegen spezifische Toxine zu bilden, die von Pflanzenkrankheiten verursachenden Organismen freigesetzt werden. Die Gene, die diese Antikörper codieren, werden isoliert und in Pflanzenchromosomen eingeschleust. Dabei entstehen Pflanzen, die selbst in der Lage sind, die Antikörper zu produzieren. Die Antikörper binden an die Toxine, machen diese dadurch unschädlich und die Pflanze resistent gegen die entsprechenden Krankheiten.

Es wurden auch Pflanzen entwickelt, die resistent sind gegen Trockenheit, Bodenversalzung, sauren Boden und andere Stressfaktoren. Im *Biotechnologie*-Kasten auf Seite 365 werden einige Ansätze diskutiert, die dazu führen könnten, die Salztoleranz von Pflanzen zu verbessern. In sauren Böden sind freie Aluminiumionen gelöst, die für viele Pflanzen toxisch sind. Um dieses Problem anzugehen, haben Wissenschaftler Gene, die das Enzym Citrat-Synthase codieren, von dem Bakterium *Pseudomonas aeruginosa* auf *Arabidopsis* und *Papaya* übertragen. Pflanzen, die diese Gene besitzen, produzieren im Überfluss Citrat, das sie aus ihren Wurzeln pumpen. Im Boden komplexiert das Citrat die Aluminiumionen, wodurch vermieden wird, dass die Pflanzen das Aluminium aufnehmen. Auf diese Weise ist es den Pflanzen möglich, auf aluminiumbelasteten Böden zu wachsen. Auch *Arabidopsis* wurde genetchnisch verändert. Die modifizierten Pflanzen exprimieren ein Bakteriengen, das sie in die Lage versetzt, Methylquecksilber (eine extrem toxische Form von Quecksilber, die sich innerhalb einer Nahrungskette anreichert) in weniger giftige Quecksilberverbindungen umzuwandeln. Pflanzen, die dieses Gen besitzen, können unter Methylquecksilber-Konzentrationen gedeihen, welche die Keimung normaler Pflanzen verhindern. Die transgenen Pflanzen könnten deshalb bei den Bemühungen hilfreich sein, mit Methylquecksilber kontaminierte Böden zu reinigen.

Mithilfe der Gentechnik konnte die Produktivität von Nutzpflanzen auf verschiedenen Wegen erhöht werden, z. B. durch transgene Pflanzen, die mehr Samen oder Früchte produzieren, durch Wuchsformen, welche die Kultivierung effizienter machen, oder durch Resistenzen gegen die zur Unkrautbekämpfung eingesetzten Herbizide. Auf dem Markt sind heute die Samen vieler herbizidresistenter Pflanzensorten erhältlich. Manche sind zum Beispiel resistent gegen Glyphosat, ein starkes, aber biologisch abbaubares Herbizid, das die Synthese aromatischer Aminosäuren hemmt und dadurch

Abbildung 14.9: Herbizidresistenter Mais. In die Maispflanzen in der linken Reihe wurden zusätzliche Kopien des Gens für das Enzym EPSP-Synthase eingefügt, das durch das Herbizid Glyphosat gehemmt wird. Diese Pflanzen überlebten die Anwendung von Glyphosat zur Bekämpfung des Unkrauts. Bei normalen Maispflanzen mit zwei Kopien des Gens (rechts) muss das Unkraut per Hand beseitigt werden.

die meisten Pflanzen tötet. Einige glyphosatresistente Pflanzen besitzen viele zusätzliche Kopien des Gens für EPSP-Synthase, das Enzym, das durch Glyphosat gehemmt wird. Die zusätzlichen Kopien gestatten den Pflanzen, bei Vorhandensein von Glyphosat dennoch ausreichende Mengen aromatischer Aminosäuren zu bilden. Andere glyphosatresistente Pflanzen besitzen Bakterienenzyme, die durch Glyphosat nicht gehemmt werden. Beide Typen genetisch veränderter Pflanzen überleben die Behandlung mit dem Herbizid, während die anderen Pflanzen vernichtet werden (▶ Abbildung 14.9).

Eine in China entwickelte transgene Reissorte enthält ein Anti-Seneszenz-Gen. Die Körner von Pflanzen, die dieses Gen besitzen, füllen sich über einen längeren Zeitraum mit Stärke als die Körner herkömmlicher Pflanzen. Die Anfangserträge dieser Reissorte liegen bis zu 40 Prozent über denen von normalem Reis.

Die Bedeutung transgener Pflanzen für die Humanmedizin und die menschliche Ernährung

Gentechnisch veränderte Pflanzen liefern heute eine Reihe von Proteinen, die in der Humanmedizin eingesetzt werden. Alkaloide mit antikarzinogenen Eigenschaften werden mithilfe kultivierter Pflanzenzellen hergestellt, in die zusätzliche Kopien von Genen einge-

BIOTECHNOLOGIE

Gentechnische Herstellung von salztoleranten Pflanzen

Übermäßiger Salzgehalt von Böden reduziert die Nahrungsmittelproduktion auf fast einem Drittel der weltweit verfügbaren Anbaufläche. Hochproduktives bewässertes Ackerland ist besonders anfällig für Versalzung, da mit jedem Bewässerungszyklus gelöste Salze zurückbleiben, die sich zunehmend im Boden anreichern. Im alten Mesopotamien, dem Gebiet zwischen Euphrat und Tigris, das vor allem den heutigen Irak umfasst, zwang die Bodenversalzung die damaligen Zivilisationen, vom salzsensitiven Weizen zu Gerste zu wechseln, die weniger wertvoll, dafür aber salztolerant ist. Dies führte zum Rückgang der Nahrungsmittelproduktion und letztendlich zum Zerfall der Zivilisation. Viele der bewässerten Böden in den USA und anderswo weisen Salzkonzentrationen auf, welche die Erträge reduzieren und Einschränkungen auferlegen, welche Nutzpflanzen angebaut werden können. Von den im Gebirge liegenden Quellen bis zu den Mündungen in die Ozeane wächst der Salzgehalt der Flüsse. Nahezu die Hälfte dieser Salzfracht stammt aus Böden, Felsen und heißen Quellen. Die andere Hälfte entsteht durch Aktivitäten des Menschen. Wenn das Wasser der Flüsse die Ozeane erreicht, ist es oft so salzig, dass es weder Pflanzen noch Tiere vertragen.

Bei den meisten Versalzungsproblemen besteht ein zu hoher Gehalt an Natriumchlorid (Kochsalz), das ein natürlicher Bestandteil der Erdkruste ist. Tiere brauchen ionisiertes Salz – Natrium- und Chloridionen –, um zu überleben, doch das Salz wird im interzellulären Raum benötigt. Im Cytoplasma sind Chloridionen unschädlich, doch überschüssige Natriumionen sind toxisch. Tierische Zellen wenden bis zu einem Drittel ihrer metabolischen Energie dafür auf, Natriumionen aus dem Cytoplasma zu befördern. Pflanzen benötigen kein Natriumchlorid, doch für ihre Zellen sind Natriumionen ebenso toxisch wie für tierische Zellen. Aus diesem Grund ist übermäßiger Salzgehalt des Bodens schädlich für das Pflanzenwachstum und die Nahrungsmittelproduktion.

Wissenschaftler versuchen, mithilfe traditioneller Pflanzenzucht, Gewebekulturen und Gentechnologie die Salztoleranz von Nutzpflanzen zu verbessern. Pflanzenzüchter kreuzen salzempfindliche Sorten von Pflanzenarten wie Weizen mit salztoleranten Sorten der gleichen Art oder, noch häufiger, mit verwandten Wildgräsern. Solche Kreuzungen erfordern mehrere Generationen von Feldversuchen, bis es zur genetischen Stabilisierung kommt. Bei Experimenten mit Gewebekulturen ziehen Forscher große Mengen von Zellen heran und suchen im Kulturmedium nach Zellen, die hohe Salzkonzentrationen tolerieren. Aus diesen salztoleranten Zellen werden dann vollständige Pflanzen erzeugt. Mithilfe dieser Methoden ist es Wissenschaftlern gelungen, eine Reihe von salztoleranten Linien von Weizen, Reis und Hirse herzustellen.

Gentechnologische Methoden zur Verbesserung der Salztoleranz haben sich bislang darauf konzentriert, Pflanzen herzustellen, die zusätzliche Kopien des Gens enthalten, welches das Herauspumpen der Natriumionen codiert. Ein solches Experiment mit *Arabidopsis* ist oben im Bild zu sehen: Von A bis E steigt die Natriumchlorid-Konzentration im Boden in beiden Reihen an. Die Pflanzen der unteren Reihe jedoch verfügen über zusätzliche Kopien des Pumpen-Gens und sind daher gegenüber der steigenden Salzkonzentration unempfindlich.

Das Hinzufügen von zusätzlichen Kopien eines bestimmten Gens zu einem Organismus wird als Überexprimierung bezeichnet. Die salztoleranten *Arabidopsis*- und Tomatenpflanzen, die mit dieser Methode hergestellt wurden, tolerieren erhöhte externe Salzkonzentrationen, indem sie überschüssige Natriumionen aus dem Cytoplasma heraus entweder in den interzellulären Raum oder die Zentralvakuole befördern. Die Zellen kompensieren die erhöhte Konzentration gelöster Stoffe im interzellulären Raum und der Zentralvakuole, indem sie mehr nichttoxische Cytoplasmabestandteile produzieren, zum Beispiel die Aminosäure Hydroxyprolin. Eine Schlüsselrolle für den Markterfolg solcher gentechnisch veränderten Pflanzen spielt die Herstellung von Früchten, deren Natriumkonzentration nicht so hoch ist, dass sie salzig schmecken.

Wissenschaftler diskutieren außerdem die Übertragung von Genen aus stark salztoleranten (halotoleranten) Bakterien auf Nutzpflanzen. Halotolerante Bakterien gedeihen manchmal unter Bedingungen mit unvorstellbar hohen Salzkonzentrationen, wie zum Beispiel in Teichen, die zur Salzgewinnung durch Verdunstung von Meerwasser angelegt werden. Manche dieser Bakterien brauchen solche extremen Bedingungen für ihr Wachstum. Es wäre von großem Interesse, jene Gene zu untersuchen, die halotolerante Bakterien befähigen, extremen Salzkonzentrationen zu trotzen. Ein besseres Verständnis könnte schließlich zu besseren Ernteerträgen auf salzbelasteten Böden führen.

14 MOLEKULARBIOLOGIE

BIOTECHNOLOGIE
■ DNA-Sequenzierung

Die Möglichkeit zur schnellen Bestimmung der Nucleotidsequenzen von Genen und ganzen Genomen spielt bei den Fortschritten der Pflanzenbiotechnologie und der Gentechnik eine Schlüsselrolle. Die DNA-Sequenzierung ist ein im Wesentlichen automatisierter Prozess. Sie stützt sich auf hochentwickelte Geräte, Computer und eine Methode, die 1970 von dem britischen Biochemiker Frederick Sanger entwickelt wurde, der hierfür 1980 den Nobelpreis für Chemie erhielt.

Wie Sie in Kapitel 13 gelernt haben, werden bei der Replikation von DNA mithilfe von DNA-Polymerase zwei neue Stränge synthetisiert, wobei die existierenden Stränge als Matrizen benutzt werden. Bei der von Sanger entwickelten Methode werden die neuen Stränge aus den vier üblichen Nucleotiden (dATP, dCTP, dGTP und dTTP) sowie aus vier modifizierten Nucleotiden (ddATP, ddCTP, ddGTP und ddTTP) gebildet. Während der DNA-Synthese wechselt die DNA-Polymerase zufällig zwischen den normalen und den modifizierten Nucleotiden. Sobald jedoch ein modifiziertes Nucleotid eingebaut wird, bricht die DNA-Synthese dieser speziellen Kette ab, weil die DNA-Kette an den modifizierten Nucleotiden nicht fortgesetzt werden kann. Jedes modifizierte Nucleotid wird an ein anderes fluoreszierendes Molekül gekoppelt, so dass die DNA-Ketten je nach dem Nucleotid, mit dem sie enden, in unterschiedlichen Farben erscheinen.

Die Grundidee der Sanger'schen Methode besteht darin, von jedem der acht Nucleotide ausreichend viele zu verwenden, so dass sichergestellt ist, dass die Synthese einiger Ketten abbricht, während andere fortgesetzt werden. Im Ergebnis entstehen DNA-Ketten unterschiedlicher Längen. Die Ketten werden dann mittels Gelelektrophorese aufgetrennt und der Länge nach geordnet. Die Farbe jeder Kette zeigt das Nucleotid an, mit dem die Kette endet. Die Nucleotidsequenz des vollständigen DNA-Moleküls kann aus der Nucleotidsequenz der neu synthetisierten Ketten geschlossen werden.

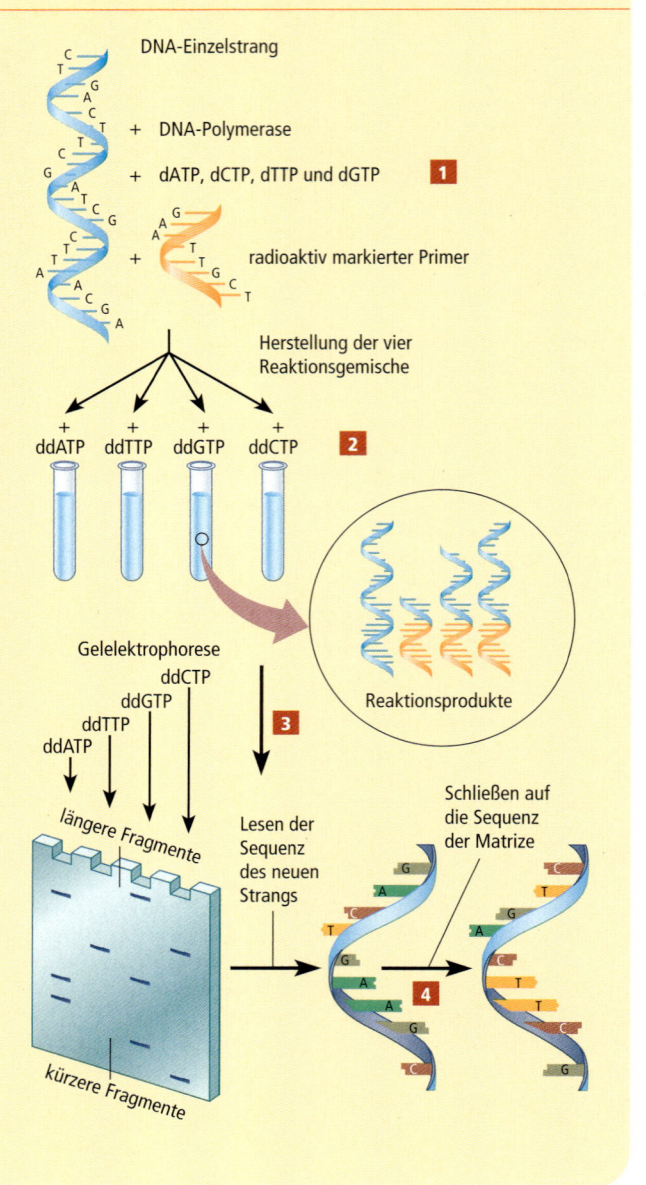

schleust wurden, die Schlüsselenzyme bei der Biosynthese von Alkaloiden codieren. Transgene Tabakzellen synthetisieren α- und β-Polypeptidketten des menschlichen Hämoglobins, des Moleküls, das den Sauerstoff im Blut transportiert. Aus Kapitel 1 wissen Sie, dass aus gentechnisch veränderten Kartoffeln (ebenso wie aus Bananen und anderen Früchten) ein essbarer Impfstoff gegen einen Stamm des Bakteriums *E. coli* hergestellt wird, der schwere Durchfälle verursacht. Mit ähnlichen Methoden ist es Wissenschaftlern gelungen, die Produktion von Antikörpern gegen das Tollwutvirus zu stimulieren. Außerdem konnten Mäuse widerstandsfähig gegen Tollwut gemacht werden, indem man sie mit Spinatblättern fütterte, die Virengene enthielten. Essbare Impfstoffe könnten in Ländern, in denen es an Möglichkeiten zum Transport, zur Kühlhaltung sowie an Geld für traditionelle Impfstoffe mangelt, von unschätzbarem Wert sein. Die WHO schätzt, dass in den Entwicklungsländern jährlich zehn Millionen Kinder an Krankheiten sterben, die durch Impfung vermeidbar wären.

Die gentechnische Veränderung von Pflanzen kann auch mit dem Ziel erfolgen, deren Gehalt an jenen

Abbildung 14.10: „Anti-Matsch-Tomaten". Flavr-Savr-Tomaten (links) wurden gentechnisch so verändert, dass sie während des Transports nicht verderben. Diese Eigenschaft ermöglicht es, die Tomaten erst dann zu ernten, wenn sie am Strauch gereift sind. Normale Tomaten verderben bald, nachdem sie reif sind (rechts).

Vitaminen und Mineralen zu erhöhen, an denen in der menschlichen Ernährung in bestimmten Regionen der Welt Mangel herrscht. Fast die Hälfte der Weltbevölkerung nimmt bestimmte Vitamine oder Minerale mit ihrer Nahrung nicht in ausreichender Menge zu sich. Daher sind Nutzpflanzen mit verbesserten Nährwerten von großer Bedeutung für unsere Zukunft. Ein wichtiger Durchbruch der Pflanzengentechniker auf diesem Gebiet ist die Einführung der Provitamin-A-Biosynthese in das Endosperm von Reis (der so genannte Goldene Reis, siehe Abbildung 1.5). Mithilfe der Gentechnik konnten Wissenschaftler außerdem den Gehalt von Carotinoiden (Vorläufer von Vitamin A) in Pflanzen, die der Speiseölgewinnung dienen, merklich erhöhen. Schätzungsweise 154 Millionen Kinder leiden weltweit unter Vitamin-A-Mangel. Wie Sie aus Kapitel 1 wissen, ist Vitamin-A-Mangel in Ländern, in denen Reis einen wesentlichen Beitrag zur Ernährung liefert, eine der Hauptursachen für Erblindung sowie eine der Haupttodesursachen.

In jüngster Vergangenheit ist es Gentechnikern gelungen, das Gen, welches das Protein zur Eisenbindung, Ferritin, codiert, von Sojabohnen auf Reis zu übertragen. Pflanzen, die dieses Gen besitzen, speichern bis zu dreimal so viel Eisen wie Pflanzen ohne das Gen. Eine normale Portion von diesem mit Eisen angereicherten Reis kann 30 bis 50 Prozent des Tagesbedarfs eines Erwachsenen an Eisen decken. Der Bedarf an mit Eisen angereichertem Reis ist groß, denn Reis liefert normalerweise weniger Eisen, als Menschen benötigen, die sich hauptsächlich pflanzlich ernähren und die sich keine Minerale in Form von Nahrungsergänzungsstoffen leisten können. Weltweit besteht für etwa zwei Milliarden Menschen die Gefahr eines ernsthaften Eisenmangels, vor allem dort, wo sich die Menschen größtenteils vegetarisch ernähren. Zu dieser Risikogruppe gehören auch etwa 400 Millionen Frauen im gebärfähigen Alter, die an Blutarmut leiden. Diese Frauen neigen dazu, totgeborene oder untergewichtige Säuglinge auf die Welt zu bringen, und sterben auch öfter während der Geburt. Eisenmangel betrifft mehr als 500 Millionen Kinder; viele von ihnen sterben daran. Ein zusätzlicher Vorteil von gentechnisch verändertem Reis ist der gegenüber normalem Reis um 20 Prozent höhere Proteingehalt, so dass mit seiner Hilfe auch Krankheiten vermieden werden können, die durch gravierenden Proteinmangel entstehen.

Voraussetzungen für die Freigabe gentechnisch veränderter Nutzpflanzen

Fortschritte in der Biotechnologie brauchen Zeit. Nehmen wir beispielsweise an, eine Pflanze wurde gentechnisch so verändert, dass sie mithilfe eines Bakteriengens ein Protein erzeugt, das große Mengen einer für die menschliche Ernährung wichtigen Aminosäure enthält. Einem solchen Erfolg würden mehrere Jahre mit Feldversuchen und Ernährungsstudien folgen, bevor die Pflanze als genetisch stabil, nützlich und sicher betrachtet werden kann. Nicht selten offenbaren Feldversuche irgendeinen Mangel, der zusätzliche Zeit in Anspruch nimmt. Beispielsweise kann es sein, das die Empfindlichkeit der veränderten Pflanze gegen eine bestimmte Pilzerkrankung zugenommen hat oder dass die Pflanze schlecht mit Trockenperioden zurechtkommt. Alles in allem vergehen vom Beginn der Forschung bis zur Marktreife einer modifizierten Pflanze mindestens sechs Jahre.

Ein Beispiel für die praktischen Probleme, mit denen sich die Biotechnologie konfrontiert sieht, ist die gentechnische Veränderung von Baumwollpflanzen (*Gossypium*-Arten). Wie Sie vermutlich selbst schon festgestellt haben, knittert Baumwollbekleidung leichter als solche aus Baumwoll-Polyester-Mischungen. Gentechniker haben sich dieses Problems angenommen und versuchen, Baumwollpflanzen herzustellen, die sowohl Baumwolle als auch Polyester produzieren. Allerdings bilden die bislang konstruierten transgenen Pflanzen in ihren Samenkapseln und Früchten, in denen sich die Baumwollfasern befinden, keine signifikanten Mengen an Polyester. Offenbar bedarf es noch einer weiteren Erforschung der Mechanismen, welche die Exprimierung der Polyestersynthese in verschiedenen Geweben steuern, um das Projekt zum Erfolg zu führen.

Die Flavr-Savr-Tomate (▶ Abbildung 14.10) ist ein weiteres Beispiel für die Herausforderungen der Biotechnologie. Wohlschmeckende Tomaten müssen am Strauch reifen, doch reife Tomaten verderben während des Transports. Wenn die Tomaten dagegen grün gepflückt werden, überstehen sie den Transport ohne zu verderben, haben dann aber meist wenig Geschmack. In die Flavr-Savr-Tomate wurde ein Gen eingeschleust, das die Produktion des Enzyms Polygalacturonase hemmt. Dieses Enzym ist für den Abbau der Mittellamellen verantwortlich und bewirkt, dass Tomaten während des Reifens weich werden. Die Flavr-Savr-Tomate verdirbt langsamer als herkömmliche Tomaten, so dass die Früchte nicht grün vom Strauch gepflückt werden müssen. Flavr Savr war 1994 die erste gentechnisch veränderte Pflanze, die von der Lebens- und Arzneimittelzulassungsbehörde der USA (FDA) zugelassen wurde. Allerdings verschwand sie nach ein paar Jahren wieder vom Markt, weil die strauchgereiften Früchte durch Ernte- und Verpackungsmaschinen beschädigt wurden. Außerdem war die Tomate weniger widerstandsfähig gegen Krankheiten, brachte geringere Erträge als herkömmliche Tomaten und war entsprechend teurer. Ein weiterer Grund für den Misserfolg war, dass sie auf den sandigen Böden Floridas – einem der wichtigsten Tomatenanbaugebiete der USA – nicht besonders gut wuchs. Weitere Forschungen und Beratungen mit Tomatenzüchtern und -produzenten könnten helfen, diese Schwierigkeiten in Zukunft zu überwinden und die ursprünglichen Verheißungen dieser gentechnisch veränderten Pflanze doch noch wahr werden zu lassen.

Sicherheit der Gentechnik für Umwelt und Verbraucher

Wie bereits erwähnt, haben Bauern und später Wissenschaftler seit Tausenden von Jahren neue Allele in Pflanzen eingeführt. Dennoch weckt die Übertragung fremder Gene auf Pflanzen mittels Gentechnik Bedenken bezüglich der Sicherheit der Pflanzen und den aus ihnen hergestellten Lebensmitteln. Beispielsweise wird argumentiert, dass ein aus gentechnisch veränderten Pflanzen gewonnener essbarer Impfstoff bei bestimmten Menschen ernsthafte allergische Reaktionen auslösen könnte, oder dass Herbizidresistenzen von Nutzpflanzen auf Unkräuter übergehen und „Superunkräuter" entstehen könnten. Ein solcher Gentransfer könnte durch natürliche virale oder bakterielle Vektoren erfolgen oder aber durch **Kreuzung entfernt verwandter Arten**, die in der Natur gelegentlich vorkommen (siehe den Kasten *Die wunderbare Welt der Pflanzen* auf Seite 369).

Goldener Reis, die gentechnisch erzeugte Reissorte mit erhöhtem Provitamin-A-Gehalt, ist sowohl mit Umwelt- als auch mit Ernährungsargumenten stark kritisiert worden. Was die Umweltsicherheit betrifft, bezieht sich die Kritik auf die bei der Herstellung von Goldenem Reis benutzten Gene für Antibiotikaresistenz. Es wird befürchtet, dass die Resistenzen auf Bakterien übergehen, die Krankheiten bei Pflanzen und Tieren verursachen. Solche Übertragungen sind zwar selten, doch sie könnten vorkommen, beispielsweise im Darm von Bienen, die den Pollen transgener Pflanzen fressen.

Was den Nährwert von Goldenem Reis betrifft, wurde die Befürchtung geäußert, dass der Reis bei Menschen, die sich überwiegend davon ernähren, eine Überversorgung mit Provitamin A – und damit eine Vitamin-A-Vergiftung – bewirken könnte. Ernährungsexperten weisen darauf hin, dass unterernährten Menschen gewöhnlich neben Vitamin A mehrere andere Nährstoffe fehlen und dass die Vitaminaufnahme bei diesen Menschen generell reduziert ist. Andere Kritiker behaupten, dass Goldener Reis *zu wenig* Vitamin A enthält. Die Schätzungen, wie viel Reis ein Mensch pro Tag zu sich nehmen muss, um ausreichend mit Vitamin A versorgt zu sein, liegen zwischen 0,5 und 0,7 kg. Ein weiterer Kritikpunkt ist, dass die Beliebtheit von poliertem Reis, bei dem die Aleuronschicht entfernt wurde, auf Marketingmaßnahmen zurückzuführen sei. Diese hätten viele Asiaten dazu gebracht, polierten Reis dem unpolierten vorzuziehen, obwohl Letzterer eine intakte Aleuronschicht besitzt und deshalb ausreichend Vitamin

DIE WUNDERBARE WELT DER PFLANZEN
■ Kreuzungen zwischen weit entfernten Pflanzenarten

Bei Tieren sind Kreuzungen zwischen unterschiedlichen Arten oder Gattungen nur selten erfolgreich, denn selbst wenn es zur Befruchtung kommt, entwickeln sich die Embryonen im Allgemeinen nicht. Bei Pflanzen dagegen haben Kreuzungen oft Erfolg. Dies kann darauf zurückzuführen sein, dass Pflanzen oft enger miteinander verwandt sind, als es den Anschein hat.

Ein gutes Beispiel für eine Kreuzung zwischen weit entfernten Pflanzenarten ist Triticale, ein Hybrid aus Weizen (*Triticum aestivum*) und Roggen (*Secale cereale*). Diese Kreuzung tritt gelegentlich in der Natur wie auch im Labor auf. Pflanzenzüchter interessieren sich für Triticale, weil sie erstrebenswerte Merkmale (u. a. Widerstandsfähigkeit gegen verschiedene Krankheiten, Trockenheit und andere Stressfaktoren) von Roggen auf Weizen übertragen möchten.

Brotweizen besitzt 42 Chromosomen und Roggen 14. Wenn Weizengameten ($n = 21$) und Roggengameten ($n = 7$) bei einer Kreuzung kombiniert werden, dann hat die resultierende Hybridpflanze 28 Chromosomen und ist steril. Durch Verdopplung des Chromosomensatzes der Hybridpflanze auf 56 Chromosomen entsteht eine fertile Hybride (*octaploider Triticale*). Octaploider Triticale ist instabil. Über die Jahre sinkt die Chromosomenzahl aufgrund des Verlusts von Roggenchromosomen auf 42. Der Hybrid mit 42 Chromosomen (*hexaploider Tricale*) ist genetisch stabil und enthält aufgrund von Translokationen einige Segmente des Roggenchromosoms.

Kreuzungen zwischen entfernten Arten können auch erreicht werden, indem man Protoplasten verschiedener Arten fusioniert und vollständige Pflanzen aus den resultierenden Hybridprotoplasten regeneriert. Wenn die Protoplasten von eng verwandten Arten stammen, dann entstehen durch die Translokationen interessante und potenziell nützliche Hybriden. Die Protoplastenfusion wurde beispielsweise benutzt, um eine Hybride des Indischen Senfs (*Brassica juncea*, links) und des Gebirgshellerkrauts (*Thlaspi caerulescens*, rechts) herzustellen. Indischer Senf toleriert Blei, nicht jedoch Zink und Nickel, während das Gebirgshellerkraut Zink und Nickel, aber kein Blei verträgt. Der Hybrid (Mitte) toleriert alle drei Metalle. Auf Böden mit hohen Konzentrationen aller drei Metalle wachsen die Elternpflanzen nur schlecht, der Hybrid gedeiht.

A enthält. Außerdem könne Vitamin-A-Mangel relativ leicht durch den Verzehr von grünen Blattgemüsen behoben werden. Diese Kritik zielt im Wesentlichen darauf, dass Goldener Reis entbehrlich wäre, wenn sich die Menschen wieder darauf besinnen würden, unpolierten Reis zu essen, und ein breites Spektrum von Nutzpflanzen anbauen würden, das eine angemessene Versorgung mit allen lebensnotwendigen Nährstoffen sicherstellt.

Die Einführung von Goldenem Reis wird von Marketing- und Profitinteressen begleitet. Nach einer Vereinbarung mit dem Gentechnik-Unternehmen, das dessen Entwicklung unterstützt, soll das Saatgut für Goldenen Reis kostenlos an Bauern verteilt werden, deren jährliches Einkommen weniger als 10.000 Dollar beträgt. Doch hinter den Verfahren, die letztlich zur Herstellung von Goldenem Reis geführt haben, stecken mindestens 70 Patente, und nicht alle Patentinhaber haben der kostenlosen Verteilung des Saatguts zugestimmt. Ebenfalls offen ist die Frage, ob es den Bauern gestattet werden soll, Körner als neues Saatgut zurückzulegen, und ob Goldener Reis für maximale Erträge teuren Dünger und Pestizide erfordert.

Sicher ist Goldener Reis für jeden überflüssig, der auf einem Bauernhof lebt, wo er verschiedene Früchte und Gemüse anbauen kann, und der zudem auf eine ausgewogene Ernährung achtet. Allerdings leben heute die meisten Menschen in Städten und sind auf die technisierte Produktion und Verteilung der Agrargüter angewiesen, um Nahrungsmittel in ausreichenden Mengen zu erhalten. In Industrieländern sind viele Lebensmittel mit Vitaminen angereichert. Während einige Bedenken gegen Goldenen Reis berechtigt erscheinen, haben andere Argumente gegen Goldenen Reis und gentechnisch veränderte Pflanzen im Allgemeinen ihren Ursprung offenbar im Konkurrenzkampf einerseits um Binnenmärkte, andererseits um Nischen auf dem Weltmarkt. Diejenigen, die versuchen, traditionelle Nutzpflanzen zu verkaufen, wollen nicht, dass gentechnisch erzeugte Produkte Marktanteile gewinnen, und schüren mitunter übertriebene Bedenken der Öffentlichkeit. Einige der Vorwürfe gegen gentechnisch veränderte Nutzpflanzen erinnern an jene, die vorgebracht wurden, als Pferde in der Landwirtschaft durch Traktoren ersetzt wurden. Die Vorzüge von Pferden, die nicht nur den Pflug ziehen, sondern auch Dünger liefern und als Transportmittel dienen, können Traktoren nicht bieten; stattdessen stoßen sie Schadstoffe aus und verbrauchen Kraftstoff. Dennoch – ein Bauer, der einen Traktor benutzt, kann mehr Menschen ernähren als ein Bauer, der mit Pferden arbeitet. Ganz ähnlich können durch sorgfältig getestete gentechnisch veränderte Nutzpflanzen sehr viel mehr Menschen satt werden als durch traditionelle Nutzpflanzen.

Selbstverständlich müssen Lebensmittel aus gentechnisch veränderten Pflanzen vor der Produktionsgenehmigung ausgiebig und sorgfältig getestet werden, um sicherzustellen, dass sie keine schädlichen Gene auf andere Organismen übertragen und dass sie unbedenklich für den menschlichen Verzehr sind. Zwischen denjenigen Menschen, die in gentechnisch veränderten Pflanzen nur Probleme sehen, und jenen, die in diesen Produkten nur die Lösung von Problemen sehen, muss ein Ausgleich geschaffen werden.

Perspektiven der Pflanzenbiotechnologie

Derzeit werden in der Pflanzenbiotechnologie viele spannende Forschungsansätze verfolgt. In den nächsten 25 Jahren ist ein weiterer Anstieg der Reisproduktion um 25 Prozent notwendig, um die wachsende Bevölkerung Asiens zu ernähren. Auch bei Weizen und Mais sind ähnliche Wachstumsraten erforderlich. Pflanzenzüchter sind daher sehr interessiert daran, Gene, die für eine hohe Produktivität sorgen, auf Nutzpflanzen zu übertragen, die geringe Erträge bringen, aber andere nützliche Merkmale wie Krankheitsresistenzen und Trockenheitstoleranz aufweisen. Beispielsweise versuchen Wissenschaftler mit einer Kombination aus gentechnischen und traditionellen Methoden, die Reispflanze von Grund auf neu zu gestalten. Ihr Ziel ist die weitere Steigerung der Erträge bei sinkendem Bedarf an Wasser und Dünger. Dieses Programm illustriert die generelle Strategie, die mittlerweile für alle Nutzpflanzen gilt: Permanente Bemühungen der traditionellen Pflanzenzucht werden mit den neuen Möglichkeiten der Pflanzenbiotechnologie gekoppelt.

Andere Wissenschaftler versuchen, Ernteerträge zu erhöhen, indem sie die Gene für die C_4-Photosynthese in Reis und andere C_3-Pflanzen einführen. Aus Kapitel 8 wissen Sie, dass C_4-Pflanzen wesentlich effizienter bei der Kohlenstofffixierung sind, da sie Kohlendioxid in Mesophyll-Zellen in C_4-Verbindungen einbauen und so die Photorespiration vermindern. Die erfolgreiche Einführung der C_4-Variante der Photosynthese in Reis könnte die Erträge in Ländern mit hohen Temperaturen und Lichtintensitäten (in denen Reis typischerweise wächst) beträchtlich steigern. Eine Hürde bei diesem Vorhaben könnte die Tatsache sein, dass Reis nicht die ausgeprägte Kranzanatomie besitzt, die für viele C_4-Pflanzen charakteristisch ist. Unlängst wurde jedoch eine aquatische Blütenpflanze, *Hydrilla verticillata*, entdeckt, die C_4-Photosynthese durchführt, aber keine Kranzanatomie besitzt. Bis 2003 war es Wissenschaftlern bereits gelungen, Reis genetisch so zu manipulieren, dass er zwei der drei für die C_4-Photosynthese notwendigen Gene exprimiert. Reis mit diesen beiden Genen fixiert Kohlenstoff so wie C_4-Pflanzen. In Feldversuchen erbrachten Reispflanzen, die eines der beiden Gene enthielten, um 10 bis 35 Prozent höhere Erträge als nicht modifizierter Reis. Derzeit laufen die Bemühungen, alle drei C_4-Gene auf Reis zu übertragen.

Eine weitere Forschergruppe hat zwei Gene identifiziert, die das Ablösen der Samen aus den Früchten von *Arabidopsis* steuern. Diese Gene verhindern die vorzeitige Freigabe der Samen beim Aufbrechen der Schoten, ein Phänomen, das als *catastrophic seed release* bezeichnet wird. Die Übertragung dieser Gene mittels Gentechnik wäre für viele Nutzpflanzen von großem Vorteil. Beispielsweise verlieren Bauern, die Raps anbauen, um Öl aus dessen Samen zu gewinnen, bis zur Hälfte ihrer Ernte durch Verstreuung der Samen. Für diese Bauern wäre eine Rapssorte mit verzögerter Samenfreigabe von großem wirtschaftlichem Wert.

Andere Forscher arbeiten mit *Arabidopsis*-Mutanten, bei denen die Aufnahme von Wasserstoffionen in die Wurzelspitzen erhöht ist. Wenn die Wasserstoffionen dem Boden entzogen werden, wird dieser weniger sauer. Dies führt dazu, dass Aluminiumionen ausgefällt werden, wodurch die Aluminiumaufnahme durch die Pflanze reduziert wird. Wenn das mutierte Gen erst einmal identifiziert ist, dann sollten die Forscher in der Lage sein, es von *Arabidopsis* auf Nutzpflanzen zu übertragen und so die Erträge dieser Pflanzen auf Böden mit toxischen Gehalten an Aluminiumionen zu erhöhen.

Noch unerfüllte Ziele der Pflanzenbiotechnologie betreffen Merkmale, für die bisher keine Gene isoliert werden konnten, sowie Merkmale, die durch mehrere Gene gesteuert werden. Wie Sie in Kapitel 10 gelernt haben, wandeln im Boden oder in den Wurzeln bestimmter Pflanzen lebende Bakterien atmosphärischen Stickstoff in für Pflanzen nutzbare Stickstoffverbindungen um. Da die Stickstofffixierung mit einer Vergesellschaftung von Pflanzen und Bakterien verbunden ist, sind zahlreiche Gene am Gesamtprozess beteiligt. Außerdem liefern Pflanzen in solchen Vergesellschaftungen für den Prozess beträchtliche Mengen an ATP. Daher umfasst die Ausstattung von Pflanzen mit der Fähigkeit zur Stickstofffixierung mehr als das einfache Übertragen eines einzelnen Gens von Bakterien auf Pflanzen. Notwendig ist unter Umständen eine Modifikation der ATP-Produktion sowie eine zellspezifische Exprimierung der übertragenen Gene in den transgenen Pflanzen. Weitere Forschungen zu den Mechanismen der Genaktivierung in Pflanzen werden bei der Lösung dieser Art von Problemen voraussichtlich hilfreich sein.

Genomik und Proteomik

Viele der Gene, welche die in Pflanzen ablaufenden Prozesse steuern, wurden bislang noch nicht identifiziert, so dass es natürlich nicht möglich ist, diese Gene von einer Pflanze auf eine andere zu übertragen. Botaniker sind daher an der Lokalisierung und Aufklärung der Funktion von Pflanzengenen interessiert. Die Gesamtheit aller Gene eines Organismus wird als dessen **Genom** bezeichnet. Die Wissenschaft von der Bestimmung der Nucleotidsequenz ganzer Genome heißt entsprechend **Genomik**. Da die Nucleotidsequenz eines Gens die Aminosäuresequenz eines Proteins festlegt, ist die Genomik mit der **Proteomik** verwandt, der Wissenschaft, die sich mit der Sequenzierung aller Proteine eines Organismus und der Aufklärung ihrer Funktionen beschäftigt. Fortschritte auf einem der beiden Felder führen zu Fortschritten auf dem jeweils anderen. Wenn beispielsweise einige wenige Aminosäuren eines Proteins sequenziert werden, dann kann die entsprechende Nucleotidsequenz des Gens, das dieses Protein codiert, mit einer bestimmten Stelle auf einem Chromosom in Verbindung gebracht werden.

Wissenschaftler bestimmen die Nucleotidsequenz eines Genoms, indem sie Restriktionsenzyme verwenden, welche die Chromosomen in viele Fragmente zerschneiden (▶ Abbildung 14.11). Jedes Fragment wird kloniert und dann sequenziert (siehe den Kasten *Biotechnologie* auf Seite 366). Die überlappenden Sequenzen werden analysiert, um für jedes Chromosom die gesamte Sequenz herauszufinden. Die Abfolge der Aminosäuren in einem Protein wird im Prinzip auf ähnliche Weise bestimmt. Das Protein wird mithilfe von Proteasen in Fragmente zerschnitten. Proteasen sind Enzyme, welche die Polypeptidketten zwischen spezifischen Aminosäuren aufbrechen. Jedes Fragment wird einzeln sequenziert, und die Überlappungssequenzen zwischen verschiedenen Fragmenten offenbaren die Abfolge der Aminosäuren im gesamten Protein. Durch Automatisierung und Computer wird die Sequenzierung sowohl von DNA als auch von Proteinen vereinfacht.

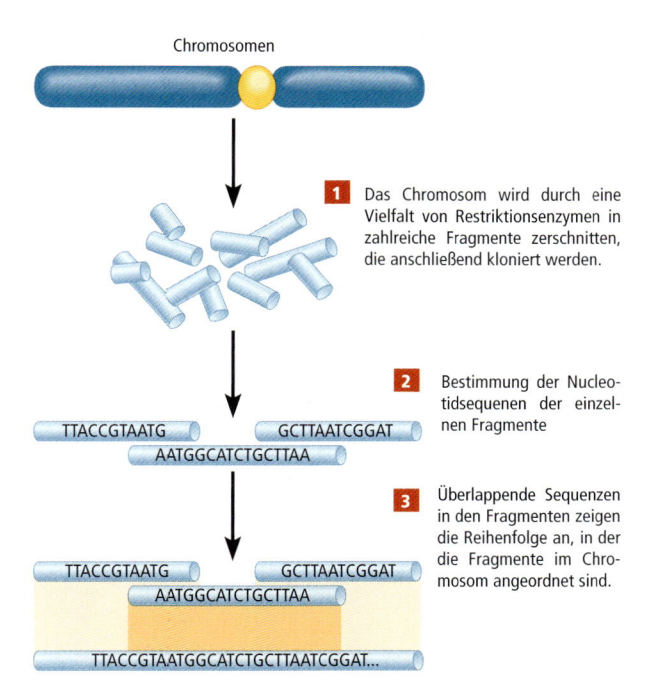

Abbildung 14.11: Sequenzierung eines Genoms. Es gibt drei grundlegende Schritte bei der Sequenzierung eines Genoms, die für jedes Chromosom wiederholt werden.

Die Sequenzierung von *Arabidopsis* und Reis (*Oryza sativa*) wurde in den Jahren 2000 bzw. 2002 abgeschlossen. Das *Arabidopsis*-Genom enthält etwa 25.000 Gene und das Reis-Genom etwa 32.000 bis 55.000. Beide Genome sind damit wesentlich kleiner als die von Weizen und Mais. *Arabidopsis* ist mit einer Reihe von zweikeimblättrigen Nutzpflanzen verwandt, darunter Raps, Kohl, Rüben, Rettich und Brokkoli. Allerdings ist die Pflanze mit keiner der drei weltweit wichtigsten Nahrungspflanzen – Reis, Weizen und Mais, die sämtlich zu den Einkeimblättrigen gehören – näher verwandt. Immerhin sind alle diese Pflanzen Bedecktsamer. Wenn also die Funktion eines Gens für eine von ihnen bekannt ist, kann man vielleicht hoffen, bei den

BIOTECHNOLOGIE

■ **Analyse von DNA-Fragmenten in der Kriminalistik**

Im Jahr 1992 wurde ein Mann des Mordes an einer jungen Frau aus Phoenix, Arizona, für schuldig befunden. Das Urteil basierte auf einer DNA-Probe, die von einer Pflanze genommen wurde. Die Polizei kam auf die Spur des Mannes, weil sie dessen Mobiltelefon am Tatort gefunden hatten. Der Verdächtige behauptete, dass er noch nie am Tatort gewesen sei und dass die Frau sein Mobiltelefon gestohlen und es dort verloren hätte. Samenhülsen, die im Auto des Mannes gefunden wurden, zeigten jedoch, dass der Mann log. Die Hülsen waren Früchte des Palo-Verde-Baums (*Cercidium floridum*), der am Tatort ebenso wie fast überall im südlichen Arizona vorkommt. Durch Analyse von DNA-Proben vieler Palo-Verde-Bäume fanden Forensiker heraus, dass jeder Baum genetisch einmalig ist und die im Auto gefundenen Hülsen von einem der Bäume am Tatort stammen mussten.

Restriktionsenzyme sind ein wichtiges Hilfsmittel bei der forensischen DNA-Analyse. Ein einziges Restriktionsenzym ist in der Lage, die gesamte DNA eines Organismus in Tausende Fragmente unterschiedlicher Längen und Nucleotidsequenzen zu zerschneiden. Wenn zwei Organismen identische Genome hätten, dann würde die Behandlung ihrer DNA mit dem gleichen Enzym identische Sätze von Fragmenten erzeugen. Doch selbst eng miteinander verwandte Individuen der gleichen Art weisen infolge von Punktmutationen zahlreiche genetische Unterschiede auf. Aus diesem Grund finden sich in den durch das Restriktionsenzym erzeugten Fragmentmengen viele Unterschiede, die als Restriktionsfragmentlängen-Polymorphismen (RFLPs) bezeichnet werden.

Mithilfe Gelelektrophorese werden die DNA-Fragmente entsprechend ihrer Länge aufgetrennt. Bei diesem Verfahren bewegen sich die Fragmente infolge einer an zwei Elektroden angelegten Spannung durch ein Polymergel, und zwar hin zur positiven Elektrode, da die Phosphatmoleküle der DNA negativ geladen sind. Die Wanderungsgeschwindigkeit eines Fragments hängt von dessen Länge ab: Längere Fragmente wandern langsamer, da sie sich schwerer durch die Poren des Gels bewegen.

Um einem Gen ein bestimmtes DNA-Fragment zuzuordnen, verwendet man ein als Southern-Blotting bezeichnetes Verfahren (entwickelt 1975 von E. M. Southern). Dabei wird eine radioaktive Sonde, bestehend aus einer kurzen Nucleotidsequenz des Gens, synthetisiert. Die Fragmente und die Sonde werden in einem Laugenbad in Einzelstränge separiert. Die einzelsträngige Sonde bindet an das Fragment mit der komplementären Nucleotidsequenz und lokalisiert so das gesuchte Gen.

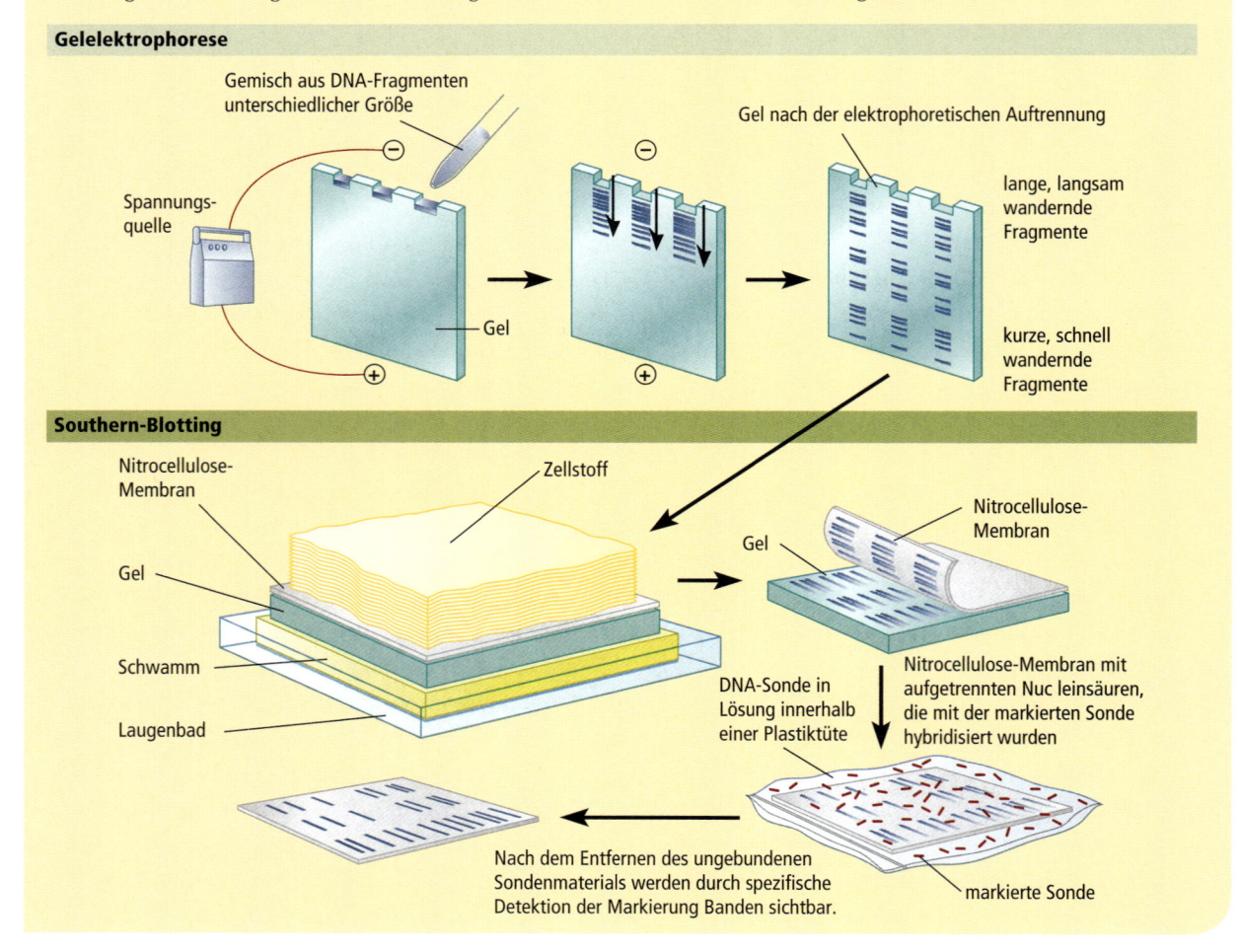

Gelelektrophorese

Southern-Blotting

anderen ein ähnliches Gen zu finden. Einkeimblättrige Getreidearten wie Reis, Mais und Gerste weisen eine starke **Syntänie** auf, d. h. es gibt viele Bereiche der Chromosomen, in denen Gene in gleicher Reihenfolge vorkommen. Es könnte sich herausstellen, dass Zweikeimblättrige einschließlich *Arabidopsis* ebenfalls viel Syntänie aufweisen. Eine Sequenzanalyse zeigte, dass 81 Prozent der *Arabidopsis*-Gene den Genen von Reis ähneln.

Genomuntersuchungen liefern interessante Informationen über die Verwandtschaftsbeziehungen zwischen den verschiedenen Lebewesen. Beispielsweise teilen Pflanzen und Menschen eine überraschend hohe Anzahl von Genen, die zwischen 15 und 40 Prozent liegt. Die gemeinsamen Gene codieren vermutlich Proteine, die für alle Lebewesen wichtig sind. Allerdings sind einige homöotische Gene (Kapitel 13) an ganz unterschiedlichen Entwicklungsvorgängen in Pflanzen und Tieren beteiligt.

Wissenschaftler interessieren sich sehr für Punktmutationen (einzelne Nucleotidpolymorphismen), welche die Individuen einer Pflanzenart voneinander verschieden machen (siehe Kapitel 13). Beispielsweise ist bekannt, dass Mendels hohe und niedrige Erbsenpflanzen sich nur in einem einzigen Nucleotid auf dem *Le*-Gen unterschieden haben. Dieses codiert ein Enzym, das die Synthese von Wachstumshormonen katalysiert. Wissenschaftler bestimmen nun in den unterschiedlichsten Organismen Punktmutationen und andere genetische Veränderungen. Der Kasten *Biotechnologie* auf Seite 372 beschreibt eine Methode zur Unterscheidung von DNA-Fragmenten, die in einem oder mehreren Nucleotiden voneinander abweichen.

Manchmal gelingt es Forschern, die Funktion von Genen mithilfe von Computerprogrammen wie BLAST (*Basic Local Alignment Search Tool*) herauszufinden, die existierende Gensequenzdatenbanken durchforsten. Eine solche Suche kann Gene ähnlicher Struktur identifizieren, deren Funktion in anderen Organismen bereits bekannt ist. Natürlich ist dies keine absolut sichere Methode, da sich die Funktion eines Gens infolge einer Mutation geändert haben kann. Mithilfe von Datenbankrecherchen lässt sich auch herausfinden, ob eine bestimmte DNA-Sequenz Teil eines bereits bekannten Gens ist.

Forscher, die sich mit *Arabidopsis* beschäftigen, verwenden noch eine weitere Methode zur Untersuchung der Funktion von Genen. Sie sind in der Lage, *Arabidopsis*-Samen herzustellen, die in jeder ihrer Zellen ein Transposon enthalten, das in eine bestimmte Nucleotidsequenz eingefügt ist. Wenn diese Sequenz Teil eines Gens ist, wird dieses Gen ausgeschaltet (siehe Kapitel 13). Aus der Identifizierung von Strukturen oder Funktionen, die den aus diesen Samen entstehenden Pflanzen fehlen, wird man mit großer Wahrscheinlichkeit Informationen über die normale Funktion des Gens ableiten können.

Je mehr Genome teilweise oder vollständig sequenziert sind, umso wichtiger werden Genomik und Proteomik für die Pflanzenbiotechnologie. Zum gegenwärtigen Zeitpunkt ist die Funktion der meisten Pflanzengene unbekannt, so dass für die Genomik in absehbarer Zukunft noch viel zu tun bleibt. Erkenntnisse über die Rolle einzelner Proteine bei bestimmten physiologischen Prozessen oder Entwicklungsabläufen werden dazu führen, dass diese Proteine mit den sie codierenden Genen in Verbindung gebracht werden können.

Letztlich wird die Proteomik mit der Genomik zu einer „Proteogenomik" verschmelzen, welche die Informationen über Gene und Proteine von Pflanzen immer mehr vervollständigt. Für das Zusammenführen der riesigen Datenmengen werden außerordentlich leistungsfähige Computer notwendig sein. Diese werden real und hypothetisch die dreidimensionale, holografische Modellierung von Organismen allein auf der Basis der durch die Gensequenzen gelieferten Daten erlauben. Eines Tages sind Forscher möglicherweise in der Lage, die Effekte eines einzelnen Nucleotidaustauschs auf die Struktur und die katalytische Aktivität eines Proteins sowie auf die Form und Funktion einer Pflanze vorhersagen zu können.

ZUSAMMENFASSUNG

14.1 Die Methoden der Pflanzenbiotechnologie

Transgene Organismen
Die Gentechnik wendet Methoden der Molekularbiologie an, um Gene von einem Organismus auf einen anderen zu übertragen. Die Einführung neuer Pflanzenmerkmale kann mithilfe der Gentechnik wesentlich schneller erreicht werden als durch traditionelle Pflanzenzucht.

Plasmide und andere Vektoren
Gentechnik bei Pflanzen wird oft mithilfe von Plasmiden durchgeführt, ringförmigen DNA-Molekülen, die in Bakterien vorkommen. Manche Plasmide, wie z. B. das Ti-Plasmid von Agrobakterien, können DNA-Stücke aus einem anderen Organismus in Pflanzenzellen übertragen und diese DNA in die Chromosomen der Pflanze einbauen.

Herstellung rekombinanter DNA
Restriktionsenzyme zerschneiden die DNA an allen Stellen, an denen eine bestimmte Nucleotidsequenz auftritt, in Fragmente. Die von den meisten Restriktionsenzymen erzeugten Fragmente besitzen einzelsträngige überhängende Enden (*sticky ends*), die sich an komplementäre Sequenzen anderer Fragmente heften. Es können sich DNA-Fragmente aus unterschiedlichen Quellen an ihren Enden aneinanderheften (hybridisieren) und durch DNA-Ligase dauerhaft verbunden werden, wodurch rekombinante DNA entsteht.

Klonierung der rekombinanten DNA
Wenn Plasmide mit rekombinierter DNA wieder in Bakterien überführt werden, dann werden bei der Vermehrung der Bakterien auch die Plasmide kopiert. Innerhalb weniger Stunden können unzählige Kopien der rekombinierten DNA, so genannte Klone, hergestellt werden. Mithilfe von Nucleinsäuresonden wird ermittelt, welche der Klone ein bestimmtes Gen enthalten.

Die Polymerasekettenreaktion (PCR)
Die Polymerasekettenreaktion ist eine automatisierte Prozedur, mit deren Hilfe durch wiederholtes Erwärmen und anschließendes Abkühlen und unter Verwendung einer hitzestabilen DNA-Polymerase schnell sehr viele Kopien eines bestimmten DNA-Fragments hergestellt werden können.

Methoden zur Einschleusung klonierter Gene in Pflanzenzellen
Zur Einführung klonierter Gene in Pflanzenzellen verwenden Gentechniker das Ti-Plasmid, Genkanonen, Elektroporation, Mikroinjektion oder Liposomen.

Gewebekulturen
Pflanzenzellen, die fremde Gene enthalten, können dazu angeregt werden, sich zu vollständigen Pflanzen zu entwickeln, indem sie in ein künstliches Medium mit Nährstoffen und Hormonen gebracht werden. Die resultierenden Pflanzen tragen in allen ihren Zellen das fremde Gen.

14.2 Leistungen und Möglichkeiten der Pflanzenbiotechnologie

Gentechnisch erzeugte Widerstandsfähigkeit gegen Schädlinge und schlechte Bodenbeschaffenheit
Mithilfe der Gentechnik wurden Pflanzen hergestellt, die resistent gegen Insekten, Pilze, Viren, Trockenheit, salzige und saure Böden, toxische Metalle und Herbizide sind. Andere transgene Pflanzen produzieren mehr Samen oder Früchte.

Die Bedeutung transgener Pflanzen für die Humanmedizin und die menschliche Ernährung
Transgene Pflanzen produzieren medizinische Wirkstoffe, die Polypeptide des menschlichen Hämoglobins und essbare Impfstoffe. Reis wurde gentechnisch so verändert, dass er mehr Vitamin A und mehr Eisen enthält.

Voraussetzungen für die Freigabe gentechnisch veränderter Nutzpflanzen

Um zu entscheiden, ob eine transgene Nutzpflanze genetisch stabil und ihr Anbau wirtschaftlich rentabel ist, sind mehrjährige Testphasen erforderlich.

Sicherheit der Gentechnik für Umwelt und Verbraucher

Viele Menschen befürchten, dass transgene Pflanzen fremde Gene auf andere Organismen übertragen können oder dass sie sich nachteilig auf die Gesundheit von Menschen auswirken, welche diese Pflanzen essen. Um derartige Bedenken auszuräumen, müssen transgene Pflanzen sorgfältig getestet werden.

Perspektiven der Pflanzenbiotechnologie

Die zukünftigen Bemühungen der Gentechnik werden sich auf Gebiete wie die C_4-Photosynthese und die Stickstofffixierung in Pflanzen konzentrieren. Viele dieser Bemühungen haben das übergeordnete Ziel, die Produktivität von Nutzpflanzen zu erhöhen.

Genomik und Proteomik

Die Genomik, die Wissenschaft von der Bestimmung der Nucleotidsequenz eines Genoms, und die Proteomik, die Wissenschaft von der Sequenzierung aller Proteine eines Organismus, helfen Gentechnikern bei der Identifizierung von Genen, die zur Herstellung wertvoller transgener Pflanzen verwendet werden können.

ZUSAMMENFASSUNG

Verständnisfragen

1. Was ist ein transgener Organismus?
2. Warum werden Plasmide als Vektoren zum Übertragen von DNA auf andere Organismen genutzt?
3. Was sind die grundlegenden Komponenten künstlicher Chromosomen?
4. Wodurch wird bestimmt, an welcher Stelle ein Restriktionsenzym die DNA in Fragmente zerschneidet?
5. Welche Rolle spielt DNA-Ligase bei der Herstellung rekombinierter DNA?
6. Welchem Zweck dienen Nucleinsäuresonden beim Klonieren?
7. Beschreiben Sie, wie eine Genbank von Weizenpflanzen hergestellt werden kann.
8. Was tut eine PCR-Maschine und wie funktioniert sie?
9. Wie wird ein Pflanzenprotoplast hergestellt und wozu wird er verwendet?
10. Wie können Pflanzen mithilfe einer Gewebekultur kloniert werden?
11. Wie können mithilfe der Gentechnik virenresistente Pflanzen hergestellt werden?
12. Wie werden essbare Impfstoffe hergestellt?
13. Welche Umweltprobleme können im Zusammenhang mit Nutzpflanzen auftreten, die das *Bt*-Gen enthalten?
14. Wie groß ist der Anteil unserer Gene, die wir mit Pflanzen teilen? Welches sind die möglichen Funktionen dieser Gene?

Diskussionsfragen

1 Was sind Ihrer Meinung nach die wesentlichen Vorzüge der Biotechnologie? Welche ernst zu nehmenden Risiken gibt es?

2 Welche unvorhergesehenen Gefahren für die Umwelt können von gentechnisch veränderten Nutzpflanzen ausgehen?

3 Wie können wir die Auswirkungen genmanipulierter Lebensmittel auf die Umwelt und die menschliche Gesundheit überwachen und dabei dennoch von ihren Vorzügen profitieren?

4 Wie kann sichergestellt werden, dass verbesserte Nutzpflanzen und Medikamente armen Menschen in den Entwicklungsländern zugute kommen und dass gleichzeitig genug Profit gemacht wird, um die weitere Entwicklung dieser Produkte zu tragen?

5 Nennen Sie die Vor- und Nachteile der Verwendung von Pflanzen bei der Herstellung von Impfstoffen.

6 Verteidigen oder entkräften Sie die folgende These: Wir sollten nicht versuchen, salztolerante Pflanzen zu entwickeln oder Pflanzen, die tolerant sind gegen toxische Metalle, weil dies der Fortsetzung der Bodenkontaminierung Vorschub leisten würde. Stattdessen sollten wir uns vorrangig darauf konzentrieren, die zur Kontaminierung des Bodens führenden Praktiken zu ändern.

7 Angenommen, Sie sollen eine Maschine erfinden, die die DNA von Pflanzen analysieren und exakte Vorhersagen über das Aussehen und die Physiologie der Pflanze machen kann. Wie müsste eine solche Maschine arbeiten? Wie würde sie den phänotypischen Effekt einer Punktmutation vorhersagen?

8 Fertigen Sie ein Flussdiagramm an, das die notwendigen Schritte zur Identifizierung und nachfolgenden Klonierung von Genen für die Stickstofffixierung in einem Bodenbakterium zeigt.

Zur Evolution

Wie hätte sich der Verlauf der Evolution der Pflanzen möglicherweise geändert, wenn sich im Laufe der Zeit pathogene oder symbiotische Gesellschaften mit Viren wie dem Tabakmosaikvirus oder mit Bakterien wie *Agrobacterium tumefaciens* gebildet hätten?

Weiterführendes

Weitere Informationen zu diesem Buchkapitel finden Sie auf der Companion Website unter http://www.pearson-studium.de.

Gassen, Hans Günter, Andrea Martin und Gabriele Sachse. Der Stoff, aus dem die Gene sind. München: J. Schweitzer Verlag, 1986. *Obgleich dieses Buch bereits 20 Jahre alt ist, werden die grundlegenden Fakten zur Gentechnik sehr anschaulich in Bildern und Erklärungen dargestellt.*

Lurquin, Paul F. The Green Phoenix. New York: Columbia University Press, 2001. *Der Autor beschreibt Geschichte, Errungenschaften und Probleme der Pflanzenbiotechnologie.*

Nicholl, S. T. Desmond. An Introduction to Genetic Engineering (Studies in Biology). New York: Avon, 2002. *Dieses Buch beschreibt die grundlegenden Konzepte von Gentechnik, Molekularbiologie und Genetik und führt gleichzeitig in die Anwendungen der Gentherapie und transgener Organismen ein.*

Pinstrup-Anderson, Per und Ebbe Schioler. Seeds of Contention: World Hunger and the Global Controversy over GM (Genetically Modified) Crops. Washington, DC: International Food Policy Research Institute, 2001.

Silver, M. Lee. Remaking Eden: How Genetic Engineering and Cloning Will Transform the American Family. New York: Avon, 1998. *Der Pulitzer-Preisträger Silver präsentiert Pro und Kontra der Gentechnik, wobei ein besonderer Schwerpunkt auf dem Klonieren liegt.*

Watson, James D., Michael Gilman, Jan Witkowski und Mark Zoller. Recombinant DNA. 2nd edition, New York: W. H. Freeman & Co., 1992. *In diesem Buch aus der Reihe* Scientific American Books *werden die Techniken und die Anwendungen, die mit der Herstellung von rekombinanter DNA in Verbindung stehen, in detaillierter, aber dennoch klarer und übersichtlicher Weise vorgestellt.*

Wiebe, Keith, Nicole Ballenger und Per Pinstrup-Anderson. Who Will be Fed in the 21st Century? Washington, DC: International Food Policy Research Institute, 2002. *Pinstrup-Anderson ist Generaldirektor des International Food Policy Research Institute und Gewinner des World Food Prize 2001.*

Viele Beiträge zu bedeutenden und faszinierenden Entdeckungen der Pflanzenbiotechnologie finden Sie auch in den verschiedenen populärwissenschaftlichen Zeitschriften wie *Discover, Science Digest, Bild der Wissenschaft* und *Spektrum der Wissenschaft.*

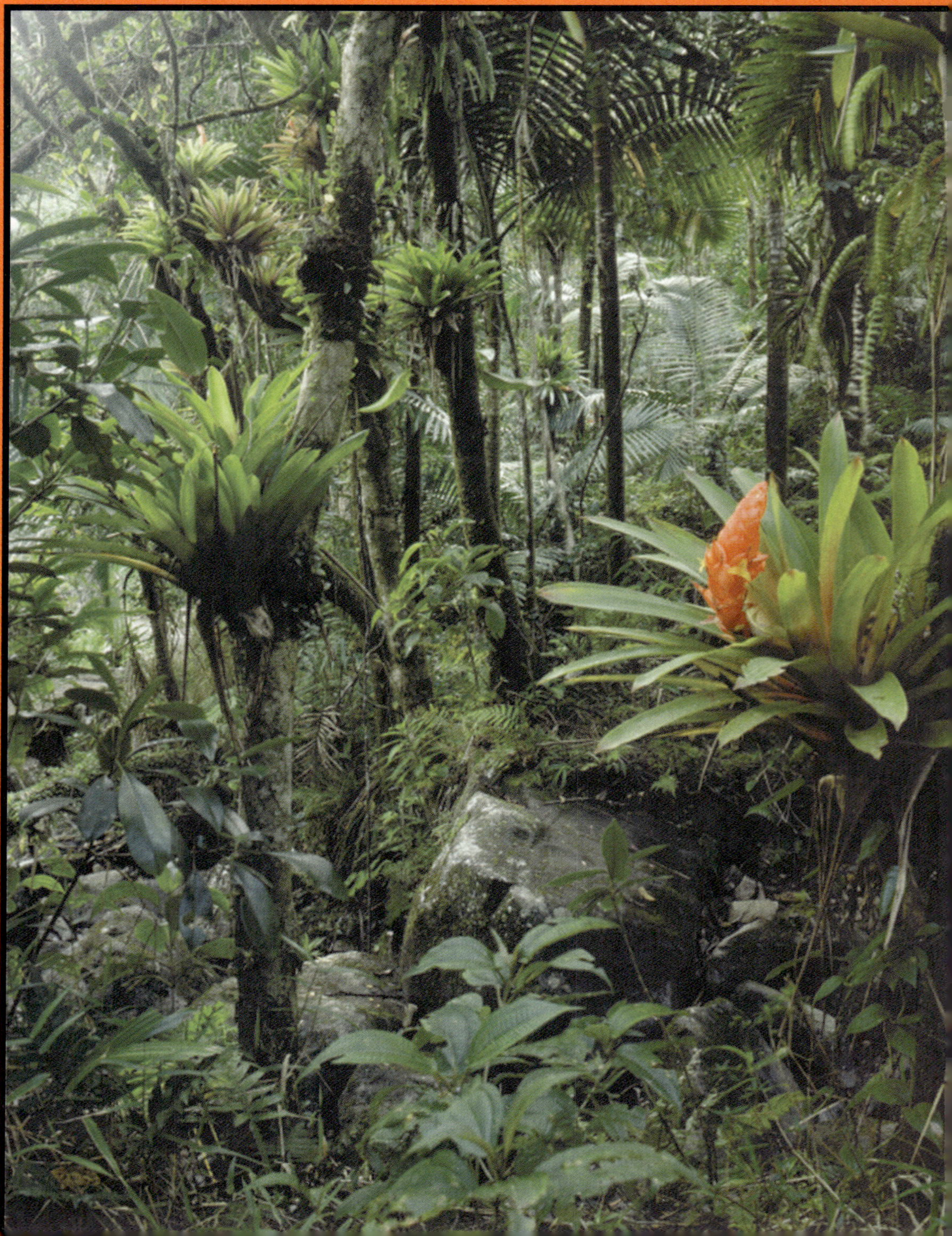

TEIL IV

Das Pflanzenreich

15	Evolution	381
16	Klassifikation	411
17	Viren und Prokaryoten	439
18	Algen	455
19	Pilze (*Fungi*)	479
20	Moose (Bryophyten)	505
21	Samenlose Gefäßpflanzen (Farnpflanzen)	525
22	Nacktsamer (*Gymnospermae*)	549
23	Bedecktsamer (*Angiospermae*)	573

Evolution

15.1	Die Geschichte der Evolution auf der Erde	383
15.2	Die Mechanismen der Evolution	392
15.3	Der Ursprung der Arten	401
	Zusammenfassung	405
	Verständnisfragen	408
	Diskussionsfragen	409
	Zur Evolution	409
	Weiterführendes	410

15

ÜBERBLICK

15 EVOLUTION

„ Seit das Leben auf der Erde vor mehr als 3,5 Millionen Jahren begann, haben sich die Arten der sie bevölkernden Lebewesen drastisch geändert. Wenn wir zum Beispiel 145 Millionen Jahre zurück ins Zeitalter des Jura reisen könnten, würden wir völlig andere Pflanzen und Tiere vorfinden als heute. Nacktsamer (Koniferen und andere nichtblühende Samenpflanzen) und Dinosaurier wären die dominanten Pflanzen- bzw. Tiergruppen auf dem Land. Blütenpflanzen, Säugetiere und Vögel gäbe es nicht, oder sie wären sehr selten.

Wie Sie in Kapitel 1 gelernt haben, wird die Veränderung der lebenden Materie im Lauf der Zeit als Evolution bezeichnet. Die Evolution ist eine dem gesamten Universum innewohnende Eigenschaft, die auch die nichtlebende Materie betrifft. Wenn wir davon sprechen, dass irgendetwas evolviert, dann versuchen wir oft zu erklären, was diese Evolution verursacht. Beispielsweise könnten wir sagen, die Popmusik evolviert, weil Musiker immer wieder neue Kompositionen schaffen, die das Publikum entweder mag oder nicht. Auch Autos unterliegen einem Evolutionsprozess, in dessen Verlauf die Auto-Designer immer neue Modelle entwerfen, die den unterschiedlichen Typen von Autokäufern in unterschiedlichem Maße gefallen. Der Markt favorisiert bestimmte Stilrichtungen und Designs und andere eben nicht. Die Konkurrenz um die begrenzten Ressourcen Zeit und Geld der Verbraucher ist eine häufig auftretende Komponente für evolutionäre Veränderungen auf Märkten.

Die Idee, dass Organismen mit dem Lauf der Zeit evolvieren, wurde Mitte des 19. Jahrhunderts von verschiedenen Wissenschaftlern entwickelt. Tatsächlich entwickelten die britischen Naturforscher Charles Darwin (1809–1882) und Alfred Wallace (1823–1913) etwa zur gleichen Zeit, aber unabhängig voneinander, ähnliche Vorstellungen zu diesem Thema. Beide schlugen vor, dass Organismen evolvieren, weil sich einige Individuen erfolgreicher als andere fortpflanzen. Dies führt dazu, dass die spezifischen Merkmalsausprägungen von Individuen mit vielen Nachkommen in zukünftigen Generationen stärker verbreitet sind. Die von Darwin und Wallace entwickelte Theorie, die unter der Bezeichnung Evolution durch natürliche Auslese bekannt wurde, wurde zu einem zentralen Paradigma der Biologie; zu den historischen Hintergründen siehe den Kasten Pflanzen und Menschen auf Seite 390.

In diesem Kapitel diskutieren wir die Evolution, wobei unser Hauptaugenmerk auf Pflanzen und anderen Photosynthese betreibenden Organismen liegt. Wir beginnen mit der Geschichte der wichtigsten evolutionären Veränderungen auf der Erde. Anschließend betrachten wir die Mechanismen der Evolution einschließlich der natürlichen Auslese. Zum Schluss untersuchen wir den Begriff der „Art" sowie die Entstehung neuer Arten durch Evolution. „

Die Geschichte der Evolution auf der Erde 15.1

Es ist nicht einfach, die Evolution „bei der Arbeit" zu beobachten, da merkliche Änderungen in den Phänotypen einer Population oft erst nach Hunderten, Tausenden oder sogar Millionen von Jahren sichtbar werden. Es ist zwar möglich, die Evolution unter natürlichen wie auch unter Laborbedingungen zu beobachten, doch dies erfordert eine wissenschaftliche Ausbildung und ein umfassendes Verständnis dieses Vorgangs. Immerhin bringen Vergleiche lebender Organismen untereinander sowie mit fossilen Formen viele Ähnlichkeiten zu Tage, die auf einen gemeinsamen evolutionären Ursprung schließen lassen. Verschiedene Hinweise zeigen deutlich, dass es in der Vergangenheit Evolution gegeben hat und dass sie auch heute noch weiterläuft.

Fossilien und molekulare Altersbestimmung

Fossilien liefern uns Informationen über vergangenes Leben. Aus dem Vergleich von fossilen Organismen aus unterschiedlichen Epochen der Erdgeschichte mit heutigen Lebewesen können wir ableiten, wie sich die verschiedenen Formen des Lebens im Lauf der Zeit verändert haben. Abdrücke bilden sich, wenn ein Organismus oder Organismenteile wie Blätter durch Staub oder Sedimente überdeckt werden ▶ Abbildung 15.1a). Solche Fossilien findet man häufig am Grund von Seen oder Ozeanen sowie unter Vulkanasche. Sie enthalten immer Reste organischen Materials (Kohlenstoffkomponenten). Versteinerungen entstehen, wenn Minerale den Inhalt toter Zellen nach und nach ersetzen, wobei die grundlegende Form einer Struktur erhalten bleibt. Mineralisierungen sind eigentlich nichts anderes als Steine, wenngleich viele auch noch organisches Material enthalten. Versteinertes Holz ist ein gutes Beispiel für diesen Fossilientyp (▶ Abbildung 15.1b).

Um aus Fossilien nützliche Informationen zu erhalten, muss ihr Alter möglichst genau bestimmt werden. Dies wird gewöhnlich mithilfe radiometrischer Datierungsmethoden erreicht, bei denen der Gehalt eines radioaktiven Isotops eines Elements in einem Fossil oder dem umgebenden Gestein gemessen wird. Ein solches Isoptop ist Kohlenstoff-14. Solange ein Organismus am Leben ist, baut er Kohlenstoff-14 zusammen mit dem häufiger vorkommenden Kohlenstoff-Isotop Kohlenstoff-12 in seinen Körper ein. Wenn der Organismus gestorben ist, fällt das Verhältnis von Kohlenstoff-14 zu Kohlenstoff-12 in dessen Überresten langsam ab, da Kohlenstoff-14 zerfällt und zu einem anderen Element (Stickstoff-14) abgebaut wird. Die Zeitspanne, in der die Hälfte einer Probe des radioaktiven Isotops zerfällt, wird als **Halbwertszeit** des Isotops bezeichnet; sie ist eine Materialkonstante des jeweiligen Isotops. Kohlenstoff-14 hat eine Halbwertszeit von 5730 Jahren. Daher können Paläontologen das Alter von bis zu 50.000 Jahre alten Fossilien bestimmen, indem sie das Verhältnis von Kohlenstoff-14 zu Kohlenstoff-12 in einem Fossil messen.

Abbildung 15.1: Fossilien. (a) Ein Abdruck eines *Dicroidium*-Blattes. (b) Versteinertes Holz im Petrified-Forest-Nationalpark, Arizona.

Zur Altersbestimmung von wesentlich älteren Fossilien werden langsamer zerfallende radioaktive Isotope benutzt. Beispielsweise zerfällt Kalzium-40 mit einer Halbwertszeit von 1,3 Milliarden Jahren in Argon-40 (ein Edelgas) oder Kalzium-40. Mithilfe der Kalium-Argon-Methode kann daher das Alter von Steinen bestimmt werden, die so alt sind wie die Erde selbst. Besonders brauchbar ist die Methode für die Altersbestimmung von vulkanischem Gestein, da dieses im geschmolzenen Zustand sein Argon-40 an die Atmosphäre abgegeben hat. Wenn also in einem vulkanischen Gestein Argon-40 nachgewiesen wird, dann muss sich dieses nach der Erstarrung des Gesteins gebildet haben.

Paläontologen verwenden außerdem so genannte Leitfossilien. Dies sind Fossilien von Organismen, die während einer bestimmten, geologisch kurzen Zeitdauer an vielen Orten gelebt haben. Die weite Verbreitung von Leitfossilien gestattet es den Paläontologen, Gesteinsschichten von verschiedenen Fundorten abzugleichen. Gesteinsschichten mit den gleichen Leitfossilien müssen sich während der gleichen geologischen Periode gebildet haben.

Bei molekularen Datierungsmethoden wird die Primärstruktur von DNA, RNA und Proteinen von verschiedenen Organismen verglichen. Anhand des Grads der Ähnlichkeit kann der Verwandtschaftsgrad zwischen Organismen geschätzt werden. Wenn die Organismen evolutionär eng verwandt und erst vor kurzer Zeit aus einem gemeinsamen Vorfahren hervorgegangen sind, dann müssen sie zwangsläufig sehr ähnliche Nucleotidsequenzen in ihren DNAs bzw. RNAs und ähnliche Aminosäuresequenzen in ihren Proteinen aufweisen. Bei entfernterer Verwandtschaft zwischen den Organismen sind die Ähnlichkeiten in den Sequenzen weniger ausgeprägt. Die molekulare Altersdatierung wird in Kapitel 16 ausführlicher behandelt.

Hinweise aus Biogeografie, Anatomie, Embryologie und Physiologie

Nicht nur Fossilien und die molekulare Altersbestimmung liefern wertvolle Hinweise für die Erforschung der Evolution. Weitere Hinweise kommen aus Wissenschaftsdisziplinen, die sich mit Ähnlichkeiten – also wahrscheinlichen Verwandtschaftsbeziehungen – zwischen verschiedenen Organismengruppen beschäftigen.

In der **Biogeografie** wird untersucht, wo bestimmte Arten von Organismen vorkommen und wann sie eine bestimmte Region besiedelt haben. Beispielsweise stellen neu gebildete Vulkaninseln lebende Laboratorien dar, in denen Wissenschaftler untersuchen können, wie sich aus anderen Gebieten übersiedelte Pflanzen im Lauf der Zeit geändert haben, um sich an die Umweltbedingungen in ihrem neuen Lebensraum anzupassen. Die vulkanischen Gesteine auf Inseln, die zu unterschiedlichen Zeiten entstanden sind, können mithilfe der Kalium-Argon-Methode datiert werden. Auf diese Weise kann die Evolution von Pflanzen auf jüngeren Inseln mit denen auf älteren Inseln verglichen werden, um herauszufinden, wie sich Populationen im Lauf der Zeit verändert und an die einzigartigen klimatischen Bedingungen auf verschiedenen Inseln angepasst haben.

Vergleichende anatomische Studien sowie Entwicklungsstudien liefern weitere Hinweise auf Verwandtschaftsbeziehungen zwischen verschiedenen Organismengruppen. Beispielsweise besitzen alle Gefäßpflanzen im Xylem und Phloem die gleichen Typen von Leitzellen. Zudem haben sie den gleichen Lebenszyklus. Insbesondere liefert die Embryologie eindeutige Belege für die Verwandtschaft von Pflanzen sowohl innerhalb dieser Gruppen als auch zwischen ihnen. Bei Blütenpflanzen zum Beispiel folgt die anatomische Struktur des weiblichen Gametophyten einem von mehreren Mustern, die sich in der Anzahl der gebildeten Zellkerne und Zellen sowie in der Rolle der Zellen bei der Bildung und Entwicklung des Embryos unterscheiden. Blütenpflanzen können auf der Basis dieser embryologischen Eigenschaften in Gruppen evolutionär verwandter Arten unterteilt werden.

Auch hinsichtlich der Physiologie gibt es viele Gemeinsamkeiten zwischen den unterschiedlichen Pflanzengruppen; so benutzen beispielsweise alle Pflanzen die gleichen grundlegenden biochemischen Mechanismen und Moleküle zur Photosynthese, Zellatmung, DNA-Synthese, Transkription, Translation und vielen weiteren Zellfunktionen. Tatsächlich liefern Ähnlichkeiten in der Biochemie und Physiologie zahlreiche Beispiele und starke Hinweise dafür, dass alle Organismen untereinander verwandt sind.

Die Chemosynthese und der Ursprung des Lebens

Das Leben auf der Erde begann irgendwann in dem Zeitraum, der zwischen 4 Milliarden Jahre (Verfestigung der

15.1 Die Geschichte der Evolution auf der Erde

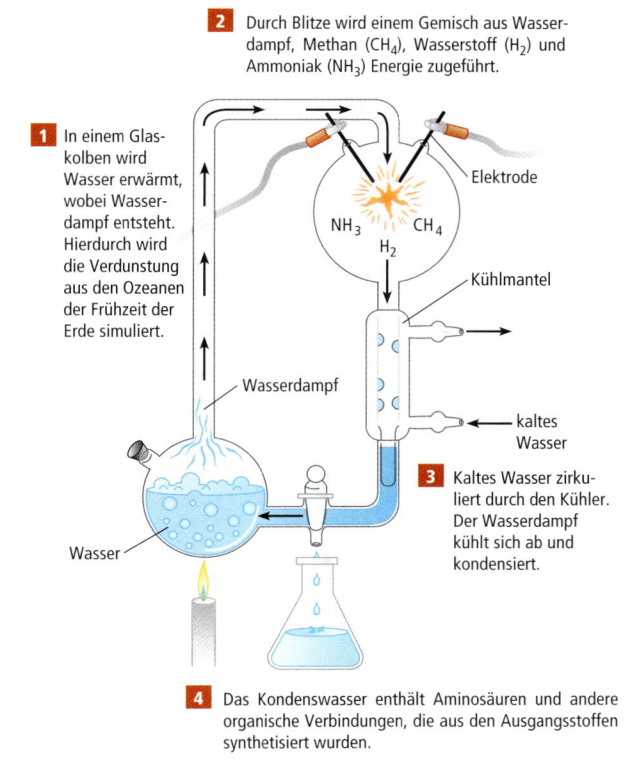

1 In einem Glaskolben wird Wasser erwärmt, wobei Wasserdampf entsteht. Hierdurch wird die Verdunstung aus den Ozeanen der Frühzeit der Erde simuliert.

2 Durch Blitze wird einem Gemisch aus Wasserdampf, Methan (CH_4), Wasserstoff (H_2) und Ammoniak (NH_3) Energie zugeführt.

3 Kaltes Wasser zirkuliert durch den Kühler. Der Wasserdampf kühlt sich ab und kondensiert.

4 Das Kondenswasser enthält Aminosäuren und andere organische Verbindungen, die aus den Ausgangsstoffen synthetisiert wurden.

Abbildung 15.2: Das Experiment von Miller und Urey zur Chemosynthese.

Erdkruste) und 3,5 Milliarden Jahre (Entstehung der ersten bekannten Fossilien) zurückliegt. Was waren die Ereignisse, die in jener Zeit zur Entstehung des Lebens führten? Das erste Ereignis könnte die spontane Bildung von organischen Molekülen zunehmender Komplexität aus anorganischen Vorläufern gewesen sein, ein Prozess, der als **Chemosynthese** bezeichnet wird.

In den 1920er-Jahren stellten der sowjetische Biochemiker A. I. Oparin und der britische Genetiker J. B. S. Haldane unabhängig voneinander die Hypothese auf, dass die Erdatmosphäre in ihrem frühen Stadium Gase enthielt, die durch spontane Reaktionen organische Verbindungen bilden konnten. Sie argumentierten, dass auf der heutigen Erde solche spontanen Reaktionen nicht möglich seien, weil die Atmosphäre inzwischen eine sehr hohe Konzentration an Sauerstoff aufweist, der die Molekülverbindungen angreift. 1953 testeten Stanley Miller und Harold Urey diese Hypothese in einem heute klassischen Experiment. Indem sie einer Mischung aus Wasserdampf, Methan, Wasserstoff und Ammoniak Energie in Form von elektrischen Entladungen zuführten, gelang es ihnen, eine „Ursuppe" zu erzeugen, die Aminosäuren und andere einfache organische Verbindungen enthielt (▶ Abbildung 15.2). Das verwendete Gasgemisch war so gewählt, dass es nach damaligem Kenntnisstand die Zusammensetzung der frühen Erdatmosphäre nachbilden sollte. Heute wissen wir zwar, dass die frühe Erdatmosphäre außerdem auch Kohlenmonoxid, Kohlendioxid und gasförmigen Stickstoff enthielt, doch viele andere Forscher haben das Miller-Urey-Experiment mit anderen Gasgemischen und verschiedenen Formen von Energie wiederholt und dabei im Wesentlichen die gleichen Ergebnisse erhalten. Bei diesen Experimenten sind Ursuppen erzeugt worden, die alle 20 Aminosäuren, Kohlenhydrate, Lipide, die Basen von DNA und RNA, Nucleotide und ATP enthielten.

Die in einfachen Ursuppen enthaltenen Aminosäuren, Kohlenhydrate und Nucleotide sind in der Lage, spontan zu Peptiden, Polysacchariden und Nucleinsäuren zu polymerisieren. Diese Polymerisationsreaktionen können durch Minerale beschleunigt werden, die in Sand, Lehm und Steinen enthalten sind. Die sich am schnellsten bildenden Polymere können die meisten Vorläufersubstanzen verwenden und werden daher zu den häufigsten Bestandteilen der Ursuppe.

Unter bestimmten Bedingungen können die Polymere und andere Substanzen der Ursuppe spontan zu zellähnlichen Strukturen, so genannten **Protobionten** mit unterschiedlichem Organisationsgrad, aggregieren. Manche Protobionten haben einfache Membranen und können aus mehreren Teilschritten bestehende chemische Reaktionen ausführen. Beispielsweise können Protobionten, die sich aus einem Gemisch von Lipiden zusammensetzen und die Enzyme Phosphorylase oder Amylase enthalten, diese Enzyme verwenden, um Stärke zu Glucosephosphat oder Glucose abzubauen. Protobionten mit kurzen RNA- oder DNA-Sequenzen sind auch in der Lage, sich zu reproduzieren. In einigen Fällen stellen diese Nucleinsäuren sogar komplementäre Kopien ihrer selbst her. Andere Protobionten nehmen Wasser auf und teilen sich anschließend spontan.

Falls der Ursprung des Lebens auf der Erde die Evolution von Protobionten zu den ersten Zellen beinhaltet, an welchem Punkt haben diese zellähnlichen Ansammlungen von Molekülen dann zu leben begonnen? Nach der Hypothese der Chemosynthese ist Leben ein Produkt von stetiger Entwicklung und wachsender Komplexität. Wenn sich ein System, Protobiont oder Zelle teilt, seine Nucleinsäuren repliziert und die Substanzen erzeugt, die es zur Fortführung seiner Exixtenz benötigt, dann ist es lebendig.

Abbildung 15.3: Stromatolithen. Stromatolithen sind gewölbte fossile Strukturen, die über viele Jahre hinweg aus übereinanderliegenden Schichten aus Prokaryoten gebildet wurden. Die oberste Schicht kann lebende Zellen enthalten.

Prokaryoten

Ob die ersten lebenden Zellen fossile Überreste hinterlassen haben, ist unbekannt. Selbst wenn dies der Fall sein sollte, würden wir aus ihren Fossilien nur wenig über die grundlegende Biochemie dieser Zellen erfahren. Einige Forscher haben die Vermutung geäußert, dass die ersten Zellen autotroph gewesen sein müssen. Nach einer anderen Hypothese begann das Leben mit heterotrophen Zellen, die organische Moleküle aus ihrer Umgebung abgebaut haben, um Energie durch eine Form der Fermentation freizusetzen. Diese Zellen könnten RNA sowohl als genetisches Material als auch als Enzym eingesetzt haben und besaßen wahrscheinlich nur relativ wenige Gene. Vermutlich gab es viele verschiedene Typen früher Zellen, von denen die meisten in geologischen Zeiträumen gemessen nicht lange überlebten.

Die ersten Lebewesen, von denen fossile Überreste existieren, sind primitive Prokaryoten. Wie bereits erwähnt, entstanden diese Fossilien vor 3,5 Milliarden Jahren. Viele kommen in **Stromatolithen** vor, fossilen Ablagerungen aus vielen Schichten organischen Materials und Sedimenten (▶ Abbildung 15.3). Die Schichten werden durch Matten aus Prokaryoten gebildet, die das Sediment überzogen haben und in den obersten Schichten lebten.

Die Photosynthese begann bei Prokaryoten, wahrscheinlich als ein Prozess, bei dem Schwefelwasserstoff (H_2S) als Elektronenquelle diente. Als H_2S später seltener wurde, begannen die meisten Photosynthese betreibenden Organismen Wasser als Elektronenquelle zu nutzen, wobei als Nebenprodukt Sauerstoff entstand. Um Elektronen aus Wasser herauszulösen, muss mehr Energie aufgewendet werden als im Fall von Schwefelwasserstoff. Geologische Hinweise belegen, dass sich Sauerstoff vor mindestens 2,7 Milliarden Jahren in der Atmosphäre anzureichern begann. Hieraus lässt sich ableiten, dass der Übergang von Schwefelwasserstoff zu Wasser bei der Photosynthese zu dieser Zeit begonnen haben muss.

Ein weiteres Schlüsselereignis bei der Evolution der Photosynthese betreibenden Organismen war das Auftreten von Photosynthese betreibenden Eukaryoten. Die ältesten Fossilien, von denen man annimmt, dass sie eukaryotischen Ursprungs sind, ähneln denen von einfachen einzelligen Algen und sind etwa 2,1 bis 2,2 Milliarden Jahre alt. Gegen Ende des ersten Erdzeitalters, des Präkambriums, gab es viele Formen von Algen sowie eine Vielzahl mariner wirbelloser Tiere (▶ Tabelle 15.1). Im zweiten Erdzeitalter, dem Paläozoikum (vor 543 bis 245 Millionen Jahren), fand die Besiedelung des Landes durch Pflanzen und Tiere statt. Während des Paläozoikums traten die ersten Gefäßpflanzen auf. Die Landschaft wurde von Sporenpflanzen dominiert, doch es gab auch bereits einige samenproduzierende Arten. Im Mesozoikum wurden Nacktsamer (die Samen produzieren) und Reptilien die dominierenden Pflanzen- und Tiergruppen auf dem Land. Das Känozoikum als das jüngste Erdzeitalter (vor 65 Millionen Jahren) wurde bzw. wird durch Blütenpflanzen und Säugetiere beherrscht.

15.1 Die Geschichte der Evolution auf der Erde

Tabelle 15.1

Die geologische Zeitskala

Ära	Periode	Epoche	Beginn (vor Mio. Jahren)	Wichtige Ereignisse
Känozoikum	Quartär	Holozän	0,01	Moderne Menschen erscheinen.
		Pleistozän	1,8	Menschen erscheinen.
	Tertiär	Pliozän	5	Affenähnliche Vorfahren des Menschen erscheinen.
		Miozän	23	Weidende Säugetiere und Affen erscheinen.
		Oligozän	35	Umherziehende Säugetiere und Primaten erscheinen.
		Eozän	57	Grasflächen entstehen.
		Paläozän	65	Säugetiere, Vögel und bestäubende Insekten werden vielfältiger; Bedecktsamer werden zu den vorherrschenden Landpflanzen.
Mesozoikum	Kreide		144	Bedecktsamer erscheinen; viele Typen von Lebewesen sterben aus, u.a. die Dinosaurier.
	Jura		206	Dinosaurier werden vielfältiger, Vögel erscheinen.
	Trias		245	Nacktsamer werden die vorherrschenden Landpflanzen, Dinosaurier und Säugetiere erscheinen.
Paläozoikum	Perm		290	Aussterben vieler mariner und landlebender Arten, Reptilien werden vielfältiger.
	Karbon		363	Ausgedehnte Wälder aus samenlosen Pflanzen, Samenpflanzen und Reptilien erscheinen.
	Devon		409	Knochenfische werden vielfältiger, Amphibien und Insekten erscheinen.
	Silur		439	Frühe Gefäßpflanzen werden vielfältiger; Kieferfische erscheinen.
	Ordovizium		510	Pflanzen und Tiere besiedeln das Land.
	Kambrium		543	Die meisten modernen Tierstämme erscheinen.
Präkambrium			4600	Prokaryoten erscheinen, gefolgt von eukaryotischen Zellen; wirbellose Tiere und Algen erscheinen.

Folgen der Plattentektonik und des Wechsels von Warm- und Kaltzeiten

Es wäre unmöglich, die Evolution des Lebens auf der Erde zu verstehen, wenn man zwei wesentliche Umwelteinflüsse außer Acht ließe. Der erste ist die **Plattentektonik**, eine geologische Theorie, die 1912 aus den Forschungen des Geologen Alfred Wegener erwuchs. Die Plattentektonik basiert auf der Erkenntnis, dass der äußere Teil des Erdmantels aus ozeanischen Platten und Kontinentalplatten zusammengesetzt ist, wobei die ozeanischen Platten aus schwerem und die Kontinentalplatten aus leichterem Gestein bestehen. Neuer Ozeanboden entsteht durch Aufsteigen von geschmolzenem Gestein aus dem Erdmantel, der direkt unter der Erdkruste liegt. Durch dieses Aufsteigen werden die ozeanischen Platten beiseite geschoben, was zur Kollision mit den Kontinentalplatten führt. An den Kollisionsstellen, die als Subduktionszonen bezeichnet werden, schieben sich die ozeanischen Platten unter die Kontinentalplatten, wodurch diese angehoben werden. Auf diese Weise entstehen Vulkane, Erdbeben und schließlich Gebirge.

Die Verschiebung der Platten ist verantwortlich für die **Kontinentaldrift**, d. h. die Bewegung der Landmassen über die Erdoberfläche. Obwohl die Kontinentaldrift mit nur wenigen Zentimetern pro Jahr langsam ist, hat sie über die Jahrmillionen Position und Grenzen der Kontinente signifikant verändert (▶ Abbildung 15.4). Verantwortlich ist die Kontinentaldrift auch für eine Reihe von Beobachtungen bezüglich der Verteilung von Pflanzen und Tieren, die auf andere Weise nicht zu erklären sind. Beispielsweise hat man Fossilien des ausgestorbenen tropischen Samenfarns *Glossopteries* in Indien, Südamerika, dem südlichen Afrika, Australien und in der Antarktis gefunden, die während des frühen Mesozoikums Teile der gleichen Landmasse waren. In der Antarktis gibt es außerdem Fossilien tropischer Pflanzen, da dieser Kontinent einst viel näher am Äquator lag. In Australien existieren viele endemische

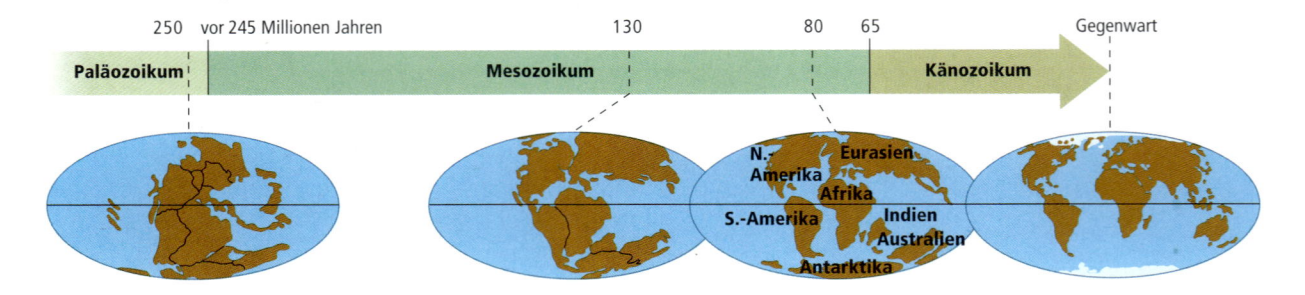

Abbildung 15.4: Kontinentaldrift. Aufgrund der Plattenverschiebung hat sich die relative Lage der Kontinente zueinander im Lauf der Zeit langsam verändert. Vor etwa 250 Millionen Jahren waren alle heutigen Kontinente in einer einzigen Landmasse vereint, die Pangäa genannt wird. Vor etwa 180 Millionen Jahren begann sich diese Landmasse in die beiden Großkontinente Laurasia (Nordamerika, Europa, Asien) und Gondwana (Afrika, Südamerika, Indien, Australien, Antarktika) zu teilen. Beide waren durch das Meeresbecken Tethys getrennt. Die heutige Lage der Kontinente hat sich nach dem Mesozoikum langsam herausgebildet.

scher Pflanzen, da dieser Kontinent einst viel näher am Äquator lag. In Australien existieren viele endemische Pflanzen- und Tierarten, da der Kontinent während der letzten 50 Millionen Jahre von den übrigen Kontinenten isoliert war.

Während seiner Reisen durch Indonesien bemerkte Alfred Wegener, dass sich die nur 30 km voneinander entfernten Inseln Bali und Lombok in ihrer Flora und Fauna stark unterschieden: Bali ist bedeckt mit tropischen Regenwäldern, in denen damals Tiger (inzwischen ausgestorben), Elefanten und Affen lebten, während Lombok eine dornige Vegetation besitzt, wie sie für Australien typisch ist. Dort leben Tiere wie Känguruhs, Wombats und Koalas. Diese heute als Wallace-Linie bezeichnete abrupte biologische Trennlinie zwischen den beiden Inseln stellt eine Übergangszone dar, in der zwei früher getrennte Kontinentalplatten seit den letzten 15 Millionen Jahren kollidieren. Die Unterschiede in der Fauna sind entlang der Wallace-Linie wesentlich stärker ausgeprägt als die der Flora, weil Samen und Früchte den Ozean zwischen den beiden Inseln leichter überqueren können als Tiere.

Der zweite wichtige Umwelteinfluss auf die Evolution hängt mit den zyklischen Änderungen von Parametern der Erdrotation und des Erdumlaufs um die Sonne zusammen. Der Neigungswinkel der Erdachse variiert in einem Zyklus von 41.000 Jahren zwischen 22 und 24,5 Grad (▶ Abbildung 15.5a). Gegenwärtig beträgt der Neigungswinkel 23,5 Grad und nimmt zu. Auch die Richtung der Neigung variiert, und zwar mit einer Periode von etwa 26.000 Jahren (▶ Abbildung 15.5b). Einer weiteren zyklischen Veränderung unterliegt die Form der Erdumlaufbahn um die Sonne: In einem Zyklus von etwas mehr als 93.000 Jahren ändert sich diese von einer fast kreisförmigen zu einer stärker elliptischen Bahn und wieder zurück (▶ Abbildung 15.5c). Gegenwärtig hat die Erde eine nahezu kreisförmige Umlaufbahn und ihr Abstand von der Sonne variiert innerhalb eines Jahres nur um 6 Prozent. Wenn die Umlaufbahn ihre am stärksten elliptische Form erreicht hat, variiert der Abstand von der Sonne im Jahresverlauf um 30 Prozent. Diese zyklischen Veränderungen von Erdrotation

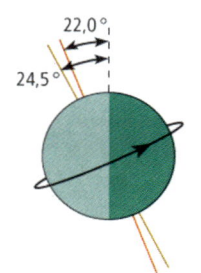

(a) Variation des Neigungswinkels der Rotationsachse. Dieser Winkel variiert in einem Zyklus von 41.000 Jahren zwischen 22,0° und 24,5°.

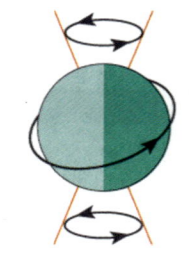

(b) Präzision. Die Erdachse beschreibt in einem Zyklus von 26.000 Jahren einen Kegelmantel.

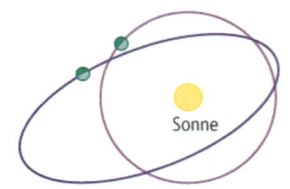

(c) Variation der Exzentrizität. Außerdem variiert die Form der Erdumlaufbahn in einem Zyklus von mehr als 93.000 Jahren zwischen einer stark elliptischen Bahn (hohe Exzentrizität) und einer fast kreisförmigen Bahn (Exzentrizität nahe null).

Abbildung 15.5: Milankovic-Zyklen. Die Milankovic-Zyklen beeinflussen den Verlauf der Jahreszeiten und tragen auf geologischer Zeitskala zum Wechsel zwischen Kalt- und Warmzeiten bei. (a) Der Neigungswinkel der Erdachse variiert in einem Zyklus von 41.000 Jahren zwischen 22 und 24,5 Grad. (b) Die Richtung der Neigung variiert in einem Zyklus von 26.000 Jahren. (c) Die Form der Erdumlaufbahn um die Sonne variiert in einem Zyklus von etwa 93.000 Jahren.

und Erdumlaufbahn werden als Milankovic-Zyklen bezeichnet. Der serbische Astrophysiker Milutin Milankovic stellte zu Beginn des 20. Jahrhunderts mathematische Gleichungen auf, mit denen die Überlagerung der verschiedenen Einflussfaktoren beschrieben werden kann.

Die Neigung der Erdachse ist die Ursache für die Jahreszeiten, und da sich diese im Verlauf der Milankovic-Zyklen ändern, gibt es auch entsprechende Schwankungen bei der Intensität der Jahreszeiten. Mit wachsendem Neigungswinkel werden die Jahreszeiten ausgeprägter – die Sommer also heißer und die Winter kälter. Bei kleineren Neigungswinkeln sind die jahreszeitlichen Schwankungen weniger auffällig. Die Richtungsänderung der Neigung verschiebt die Jahreszeiten langsam: In 11.500 Jahren wird der Sommer auf der nördlichen Hemisphäre im Dezember beginnen! Wenn die Erdumlaufbahn stärker elliptisch wird, können die jahreszeitlichen Schwankungen auf einer der beiden Hemisphären extremer und auf der anderen schwächer werden.

In Gebieten mit gemäßigtem Klima haben die Jahreszeiten bei der Evolution von anatomischen Merkmalen, Entwicklungskontrollmechanismen und physiologischen Systemen von Pflanzen und anderen Photosynthese betreibenden Organismen eine wichtige Rolle gespielt. Viele Pflanzen beginnen ihr Wachstum im Frühjahr und blühen als Reaktion auf die spezifische Länge der Tage im Sommer. Sobald die Tage im Herbst kürzer und kühler werden, beginnen die Pflanzen mit Veränderungen, die zur Dormanz während des Winters führen. Menschen und andere Tiere, die in ihrer Ernährung von Pflanzen abhängig sind, synchronisieren ihre Aktivitäten mit den Rhythmen des pflanzlichen Lebens. Beispielsweise war der Schulunterricht historisch für diejenigen Teile des Jahres vorgesehen, in denen in der Landwirtschaft wenig zu tun war.

Die Milankovic-Zyklen sind die primäre Ursache für den Wechsel von Warm- und Kaltzeiten. Während einer Warmzeit schmilzt das Eis der Polkappen, was zum Anstieg der Meeresspiegel und in der Folge zur Überflutung ausgedehnter Küstengebiete führt. In die kalten Perioden fielen die Eiszeiten. Während des Maximums der letzten Eiszeit (vor ca. 18.000 Jahren) waren etwa 29 Prozent der gesamten Landmassen der Erde mit Eis bedeckt. Dies ist fast das Dreifache des heutigen Wertes (▶ Abbildung 15.6). Statische Eisschilde und sich langsam bewegende, Tausende Meter dicke Gletscher überzogen große Teile Nordamerikas. Eisschilde und Gletscher löschten die Vegetation aus und kühlten die nicht mit Eis bedeckten Gebiete der Kontinente ab. Außerdem veränderten sie das von ihnen bedeckte Land nachhaltig, so dass es nach dem Rückzug des Eises völlig anders aussah als vor der Eiszeit.

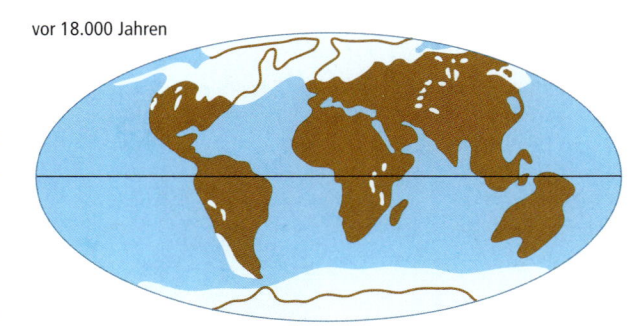

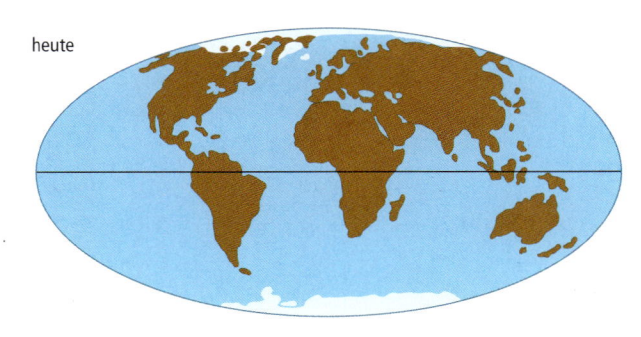

Abbildung 15.6: Die letzte Eiszeit. Ein großer Teil Nordamerikas und Europas war während des Höhepunkts der letzten Eiszeit, vor 18.000 Jahren, mit dicken Eisschilden bedeckt.

Wie die Kontinentaldrift schreiten die Eiszeiten nur langsam voran, doch die Auswirkungen auf die Verbreitungsgebiete von Pflanzen und Tieren sind dramatisch. Pollen aus Sedimenten, die dem Grund von Seen entnommen wurden, sowie Pflanzenmaterial aus Kothaufen von Buschratten zeigen, dass Vegetationsmuster mit dem Vordringen und dem Rückzug der Eisschilde mitgewandert sind. Beispielsweise offenbaren die Kotreste von Buschratten, dass die Vegetation um den Grand Canyon während der letzten Eiszeit, also vor etwa 9000 Jahren, eine völlig andere war als heute. Die in den heutigen Wäldern der Region häufig anzutreffende Ponderosakiefer (*Pinus ponderosa*) kam praktisch nicht vor; weiter südlich war sie dagegen stärker vertreten. Die vorherrschende Kiefernart war die Biegsame Kiefer (*Pinus flexilis*), die heute weiter im Norden wächst. Auf der nördlichen Hemisphäre lagen die Verbreitungsgebiete der Pflanzenarten während der letzten Eiszeit 400 bis 700 km weiter südlich und 700 bis 900 m tiefer als heute.

PFLANZEN UND MENSCHEN

Evolution durch natürliche Auslese – die Geburt einer Idee

Sowohl Charles Darwin (links) als auch Alfred Wallace (rechts) traten mit der Idee hervor, dass Evolution die Folge natürlicher Auslese sei. Wallace schickte einen Aufsatz, in dem er seine Idee ausgearbeitet hatte, an Darwin, der die Einreichung seines eigenen Manuskripts zu diesem Thema seit einiger Zeit vor sich hergeschoben hatte. Der Geologe Charles Lyell stellte die Aufsätze beider Forscher am 1. Juli 1858 bei einem Meeting der Linné-Gesellschaft London vor. 1859 veröffentlichte Darwin sein Werk *On the Origin of Species* (deutsch: *Über die Entstehung der Arten*), in dem er seine Beobachtungen zur Evolution sowie seine Erklärung für deren Ursache detailliert darlegte.

Die Arbeiten von Darwin und Wallace basierten in starkem Maße auf Beobachtungen, die Naturforscher auf ihren Reisen in ferne Länder gemacht hatten. Während der von Europa ausgehenden Entdeckungsreisen des 15. bis 19. Jahrhunderts waren in der Regel auch Naturforscher mit an Bord, deren Aufgabe darin bestand, unbekannte Pflanzen und Tiere zu sammeln und zu katalogisieren. Darwin selbst nahm als Naturforscher an der Weltumsegelung der HMS Beagle (1832–1836) teil. Wallace verbrachte ab 1850 einige Zeit in Südamerika und Südostasien. Er sammelte mehr als 120.000 Exemplare, darunter 1000 neue Arten.

Die reisenden europäischen Naturforscher nahmen ihre Sammlungen mit nach Hause. Das Ausstellen und der Verkauf neuer Pflanzen- und Tierarten aus Amerika, Asien und Afrika trugen oft zur Finanzierung der Reisen bei. Wallace, der im Unterschied zu Darwin nicht aus einer wohlhabenden Familie stammte, verkaufte seine Sammlungen, um seine Reisekosten zu begleichen.

In den USA beauftragte Präsident Thomas Jefferson Meriwether Lewis und William Clark, bei ihrer Suche nach einem Seeweg durch Nordamerika (1804–1806) ähnliche Sammlungen anzulegen. Von Lewis und Clark nach Hause geschickte Samen wurden in der Erde von Monticello, Jeffersons Heimat in Virginia, ausgesät. Lewis und andere Expeditionsteilnehmer machten Notizen über viele ihrer biologischen Entdeckungen und ergänzten diese oft durch eigenhändige Illustrationen.

Auch die Schriften anderer Wissenschaftler halfen, die von Darwin und Wallace formulierten Ideen weiter auszugestalten. Die wissenschaftliche Literatur des 19. Jahrhunderts enthält eine ganze Reihe evolutionärer Interpretationen von Geologie und Biologie. Speziell Darwin war stark geprägt von einigen Geologen seiner Zeit, welche die Existenz von Fossilien und den vielen Schichten von Sedimentgestein als Belege dafür ansahen, dass die Erde sehr alt sein musste – und zwar viel älter als die von vielen führenden Theologen behaupteten 4000 bis 6000 Jahre.

Das wachsende Wissen aus den Fossilienfunden führte viele Wissenschaftler zu dem Schluss, dass Organismen in der Vergangenheit eine Evolution durchlaufen haben mussten. Es war nur noch eine kleine gedankliche Hürde zu überwinden, um zu erkennen, dass die Evolution auch heute noch wirkt. Wenn weder Darwin noch Wallace die Behauptung aufgestellt hätten, dass Evolution durch natürliche Auslese geschieht, dann hätte es zweifellos jemand anderes getan. Die Zeit war reif für diese Idee.

Darwin war nicht der erste Biologe, der die geologischen Theorien seiner Zeit betrachtete und dabei über die Evolution von Organismen spekulierte. Der französischer Naturforscher und Kurator Jean Baptiste Lamarck (1744–1829) bemerkte, dass sich die Merkmalsausprägungen von Arten mit der Zeit graduell veränderten. Er baute seine Beobachtungen in ein 1809 veröffentlichtes Gedankenmodell der Evolution ein, das mit der spontanen Erzeugung einfacher mikroskopischer Organismen beginnt und mit komplexen Pflanzen und Tieren endet.

Lamarck hatte in seinem Modell keine die Evolution antreibende äußere Kraft wie die natürliche Auslese vorgesehen. Stattdessen vertrat er die Auffassung, dass Organismen einen inneren Antrieb besitzen, der sie immer komplexer und irgendwann nahezu perfekt werden lässt. Er glaubte, dass sich Organismen über die Generationen verändern, indem sie *erworbene* Merkmalsausprägungen vererben, sowie durch den Gebrauch oder Nichtgebrauch von Strukturen. So war Lamarck beispielsweise der Meinung, dass individuelle Pflanzen, die aufgrund ihres sonnigen Standorts besonders hoch gewachsen waren, ihre überdurchschnittliche Höhe an ihre Nachkommen weitergeben würden. Heute wissen wir natürlich, dass besonders hohe Pflanzen diese Merkmalsausprägung nur dann weitergeben, wenn sie entsprechende Allele besitzen, und dass das Vorhandensein dieser Allele unabhängig davon ist, ob die Pflanze in der Sonne oder im Schatten steht.

Wenngleich er den treibenden Mechanismus der Evolution nicht korrekt beschrieb, lag Lamarck richtig mit seiner Vermutung, dass die Evolution die Erklärung liefert für die phänotypischen Änderungen von Fossilien und die heute existierenden Arten. Er erkannte, dass die Erde sehr viel älter ist als bisher angenommen, dass nicht alle Arten gleichzeitig erschaffen worden sein konnten und dass jede Art sehr gut an ihre Umgebung angepasst sein musste, um zu überleben.

Die Urheberschaft der Idee, dass die natürliche Auslese zur Entstehung neuer Arten führen könnte, ist nicht eindeutig Darwin und Wallace zuzuordnen. 1825 schrieb beispielsweise Leopold von Buch Folgendes:

Die Individuen einer Gattung breiten sich über die Kontinente aus, bewegen sich zu weit entfernten Plätzen, bilden Varietäten (wegen der Unterschiede der Lebensräume, des Nahrungsangebots und des Bodens), die sich aufgrund ihrer Abspaltung nicht mit anderen Varietäten kreuzen und so zum ursprünglichen Haupttyp zurückkehren können. Schließlich erreichen diese Varietäten Konstanz und werden zu separaten Arten. Später können sie wieder in den Lebensraum anderer Varietäten gelangen, die sich mittlerweile ähnlich gewandelt haben. Nun können sich die beiden Varietäten nicht mehr miteinander kreuzen, d.h. sie verhalten sich wie zwei „ganz verschiedene Arten".

15.1 Die Geschichte der Evolution auf der Erde

Das Aussterben von Arten als natürlicher Bestandteil der Evolution

Die meisten Arten, welche die Evolution in ihrer langen Geschichte hervorgebracht hat, sind irgendwann wieder ausgestorben. Fossilienfunde zeigen, dass mindestens fünf große Massensterben seit dem Beginn des Paläozoikums stattgefunden haben. Bei einem Massensterben vor 250 Millionen Jahren wurden 90 Prozent aller Arten ausgerottet. Ein anderes Massensterben trat vor 65 Millionen Jahren auf, also gegen Ende des Mesozoikums, und vernichtete die Hälfte aller marinen Arten sowie viele an Land lebende Pflanzen und Tiere einschließlich der Dinosaurier.

Im Allgemeinen sterben Arten aus, wenn sich die Umweltbedingungen schneller ändern, als sich die Populationen genetisch anpassen können. Solche Anpassungen basieren auf neuen Phänotypen, die durch Mutationen entstehen. Ist die Änderungsrate der Umweltfaktoren größer als die Mutationsrate, dann werden einige Populationen nicht überleben.

Das Aussterben von Arten kann seine Ursache in drastischen Änderungen von Umweltfaktoren haben, die durch Katastrophen wie gewaltige Vulkanausbrüche oder das Einschlagen großer extraterrestrischer Objekte auf der Erde ausgelöst werden. Beispielsweise spricht viel dafür, dass für das Massensterben, durch das die Dinosaurier ausgelöscht wurden, ein Asteroid oder Komet verantwortlich war, der mit der Erde kollidiert ist. Der Chicxulub-Krater im Golf von Mexiko nahe der Halbinsel Yucatan, der einen Durchmesser von 185 km hat, markiert die vermutete Einschlagstelle. Durch die radiometrische Altersbestimmung von aus dem Krater geschleudertem Material konnte gezeigt werden, dass die Kollision ebenso wie das Massensterben vor 65 Millionen Jahren stattfand. Wissenschaftler vermuten, dass die bei der Kollision erzeugte riesige Staubwolke das Sonnenlicht über Jahre abschirmte, wodurch die Photosynthese reduziert und die Erdoberfläche kälter wurde, was schließlich zum Aussterben vieler Pflanzen und Tiere führte.

Auch graduelle Änderungen der Umwelt können zum Aussterben von Arten führen. Beispielsweise änderte das langsame Zusammendriften der Kontinente zu einer einzigen Landmasse gegen Ende des Pleistozäns (siehe Abbildung 15.4) marine und terrestrische Habitate: Meeresströmungen änderten sich, die Gesamtlänge der Küstenstreifen wurde reduziert und es gab mehr aride Regionen im Inneren des Kontinents. Diese Änderungen dürften zu dem Massensterben beigetragen haben, das etwa zu dieser Zeit auftrat. In jüngerer Vergangenheit stieg die Aussterberate um das *Tausendfache*, vor allem durch eine Vielzahl von Umweltveränderungen, die durch Aktivitäten des Menschen ausgelöst wurden. In vielen Fällen sind diese Verluste das Ergebnis der Zerstörung von Lebensräumen, zum Beispiel wenn die Wälder der gemäßigten Zonen oder tropische Wälder gerodet werden, um Holz oder landwirtschaftliche Nutzflächen zu gewinnen (▶ Abbildung 15.7). Forscher schätzen, dass die Zerstörung von Lebensräumen durch den Menschen jedes Jahr zum Aussterben von Tausenden von Arten führt.

Abbildung 15.7: Habitatzerstörung in einem tropischen Regenwald. Der Mensch zerstört jedes Jahr 200.000 Quadratkilometer tropischen Regenwaldes. Mit dem Verschwinden der Wälder gehen auch Tausende von Pflanzen- und Tierarten unwiederbringlich verloren.

Ein weiterer wichtiger Faktor beim Aussterben von Arten ist der Wettbewerb von Arten um limitierte Ressourcen. Dieser Faktor wird in einem späteren Abschnitt eingehender diskutiert.

> **WIEDERHOLUNGSFRAGEN**
>
> 1. Nennen Sie zwei Möglichkeiten, wie Fossilien entstehen können.
> 2. Beschreiben Sie die Altersbestimmung von Fossilien mithilfe radiometrischer Methoden.
> 3. Was versteht man unter einer „Ursuppe"?
> 4. Erklären Sie die Theorie der Plattentektonik.
> 5. Wie verändern Eiszeiten die geografische Verbreitung von Arten?

15 EVOLUTION

Die Mechanismen der Evolution 15.2

Schauen Sie sich Ihre Mitmenschen an. Wir sehen alle verschieden aus, vor allem deshalb, weil jeder von uns eine andere Allelkombination der Gene besitzt, die unsere sichtbaren Merkmale steuern. Eine ähnliche Variation der Allele tritt in jeder Population von Pflanzen oder anderen Organismen auf. Während sich die Mendel'schen Vererbungsgesetze (siehe Kapitel 12) auf die Gene von Individuen beziehen, wirkt die Evolution auf Populationen. Aus der gemeinsamen Analyse von Vererbung und Evolution entstand die **Populationsgenetik**, die sich mit der Verteilung von Genen innerhalb von Populationen beschäftigt.

Evolution ist die Änderung der Häufigkeit von Allelen in einer Population im Verlauf der Zeit

Die Populationsgenetik definiert Evolution als die „Änderung der Häufigkeit von Allelen in einer Population im Verlauf der Zeit". Betrachten wir zum Beispiel eine Population von 1000 Gartenerbsenpflanzen. Jede Pflanze besitzt zwei Allele (*TT*, *Tt* oder *tt*) für die Wuchshöhe. In der gesamten Population gibt es also 2000 Allele. Wenn 1000 dieser Allele *T* und 1000 *t* sind, dann ist die relative Häufigkeit jedes Allels in der Population 0,5. Falls die Häufigkeit von *T* von Generation zu Generation steigt, während die von *t* sinkt, dann tritt gemäß der obigen Definition Evolution auf. Das Gleiche gilt, wenn die Häufigkeit von *T* sinkt und die von *t* steigt. Wenn dagegen die Häufigkeiten der beiden Allele von Generation zu Generation gleich bleiben, dann evolviert die Population nicht.

1908 postulierten der englische Mathematiker G. H. Hardy und der deutsche Arzt G. Weinberg, dass die relativen Häufigkeiten der Allele innerhalb einer Population konstant bleiben, wenn die folgenden fünf Bedingungen erfüllt sind:

1. Die Individuenzahl der Population ist groß.
2. Es gibt keine Mutationen.
3. Es gibt keine Migration.
4. Die Paarungen erfolgen zufällig.
5. Es gibt keine natürliche Auslese.

Unter diesen Bedingungen bleibt die Häufigkeit der Allele konstant oder, wie man auch sagt, im Gleichgewicht. Dieses Gleichgewicht wird als **Hardy-Weinberg-Gleichgewicht** bezeichnet. Wenn nur eine der fünf Bedingungen nicht erfüllt ist, ändert sich die Häufigkeit der Allele und die Population evolviert. In allen natürlichen Populationen ist es extrem selten, dass alle fünf Bedingungen erfüllt sind. Deshalb sollte das Hardy-Weinberg-Gleichgewicht als theoretisches Konzept angesehen werden, das es erlaubt, spezifische Bedingungen zu analysieren, welche die Evolution einer Population *vermeiden*. Wir wollen nun die Bedingungen im Einzelnen untersuchen.

1. *Die Individuenzahl der Population ist groß.* Wenn Sie mehrmals hintereinander eine Münze werfen, dann ist es umso wahrscheinlicher, dass Sie ein Verhältnis von Kopf und Zahl von 1 : 1 erhalten, je größer die Anzahl der Würfe (Stichprobenumfang) ist. Bei geringem Stichprobenumfang kann das Verhältnis von Kopf und Zahl dagegen durch Zufallsschwankungen vom Verhältnis 1 : 1 abweichen. Entsprechend ändert sich bei Populationen mit geringer Individuenanzahl die Häufigkeit der Allele von Generation zu Generation zufällig. Dieses Phänomen wird als **Gendrift** bezeichnet.

Es gibt zwei Situationen, in denen die Populationsgröße so stark fallen kann, dass die Gendrift die Häufigkeit der Allele beeinflusst. Die erste führt zum so genannten Flaschenhalseffekt. Sie liegt vor, wenn Ereignisse wie Dürreperioden, Vulkanausbrüche oder Überschwemmungen die Population drastisch und nichtselektiv dezimieren (▶ Abbildung 15.8a). Wenn die Allelhäufigkeiten in der verkleinerten Population von denen der ursprünglichen Population abweichen, dann hat Evolution stattgefunden.

Die zweite Situation, die Gendrift erlaubt, ist der Gründereffekt. Er tritt ein, wenn eine kleine Anzahl von Individuen einer großen Population ein neues Gebiet besiedelt, zum Beispiel eine Insel (▶ Abbildung 15.8b). Wenn die Population im neuen Gebiet eine andere Allelverteilung als die Elternpopulation hat, dann ist sie evolviert. Ein gutes Beispiel für den Gründereffekt ist die Gemeine Klette (*Xanthium strumarium*). Die Samen der Klette heften sich hartnäckig ins Fell oder Gefieder von Tieren. Ein einziger Samen, der von einem Tier in ein neues Gebiet getragen wird, kann unter günstigen Umständen mit seiner spezifischen Allelkombination eine neue Population begründen.

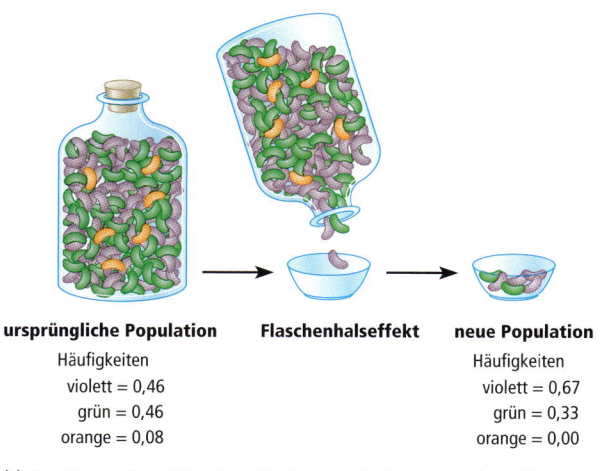

15.2 Die Mechanismen der Evolution

ursprüngliche Population
Häufigkeiten
violett = 0,46
grün = 0,46
orange = 0,08

Flaschenhalseffekt

neue Population
Häufigkeiten
violett = 0,67
grün = 0,33
orange = 0,00

(a) Der Flaschenhalseffekt. Das plötzliche, starke Reduzieren der Größe einer Population wirkt sich ähnlich aus wie das Herausschütten von ein paar Geleebohnen aus einem großen Bonbonglas mit einem sehr engen Hals. Die Häufigkeiten von Geleebohnen einer bestimmten Farbe (bzw. der Allele) können von den entsprechenden Häufigkeiten in der ursprünglichen Population abweichen.

Elternpopulation
Häufigkeit von T:
$^{15}/_{30} = 0,5$
Häufigkeit von t:
$^{15}/_{30} = 0,5$

Gründerpopulation
Häufigkeit von T:
$^{5}/_{8} = 0,625$
Häufigkeit von t:
$^{3}/_{8} = 0,375$

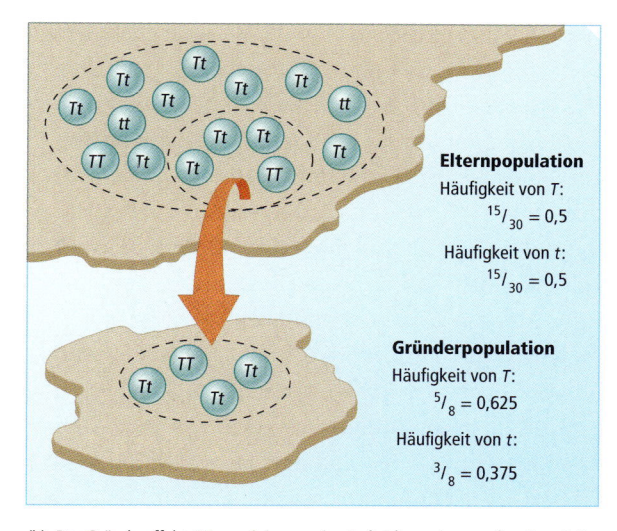

(b) Der Gründereffekt. Wenn einige wenige Individuen einer großen Population in ein neues Gebiet auswandern, dann können die Häufigkeiten der Allele in der Gründerpopulation von denen in der ursprünglichen Population abweichen.

Abbildung 15.8: Situationen, die zur Gendrift führen.

2 *Es gibt keine Mutationen.* Wie Sie in Kapitel 13 gelernt haben, ändern Mutationen die Nucleotidsequenz von Genen und können ein Allel in ein anderes umwandeln. Meist ist die Mutationsrate sehr niedrig: Oft besitzt nur einer von einer Million Gameten in einem bestimmten Gen eine Mutation. Wenn in den Gameten eines Individuums eine Mutation auftritt und an dessen Nachkommen weitergegeben wird, dann ändert sich die Allelverteilung in der Population. In einer großen Population wird die Änderung der Häufigkeiten allerdings klein ausfallen, da diese Nachkommen nur einen winzigen Bruchteil der Gesamtpopulation ausmachen. Mutationen allein können daher das Hardy-Weinberg-Gleichgewicht nicht signifikant stören. Es sei jedoch daran erinnert, dass Mutationen die eigentliche Quelle jeglicher genetischen Variation innerhalb von Populationen sind.

Wenn ein neues durch Mutation entstandenes Allel einem Individuum in einer bestimmten Umgebung einen Selektionsvorteil verschafft, dann kann die Häufigkeit dieses Allels durch natürliche Auslese sehr schnell zunehmen. Beispielsweise hat eine Pflanze mit einer Mutation, die sie tolerant gegen ein toxisches Metall macht, auf Böden mit hohen Konzentrationen dieses Metalls einen selektiven Vorteil. Mutationen treten freilich nicht „nach Bedarf" auf, d. h. dann, wenn sie für eine bestimmte Population nützlich sind. Vielmehr kommen Mutationen in allen Populationen zufällig vor, und durch natürliche Selektion kann sich die Häufigkeit der Allele erhöhen, die durch diese Mutationen entstehen.

3 *Es gibt keine Migration.* Durch Migration von Individuen oder Gameten in eine Population hinein oder aus einer Population heraus kann sich die Allelverteilung in der Population ändern. Bei Pflanzen entsteht Migration häufig, indem die Pollen, Samen oder Früchte einer Population weitergetragen werden, beispielsweise durch Tiere oder den Wind. Umgekehrt können verschiedene Formen der vegetativen Vermehrung wie die Bildung von Ausläufern oder horizontalen Sprossen isolierte Populationen mit unterschiedlichen Allelhäufigkeiten zusammenbringen. Der Übergang von Allelen von einer Population zu einer anderen wird als **Genfluss** bezeichnet.

4 *Die Paarungen erfolgen zufällig.* Zufällige Paarung bedeutet, dass sich die Individuen einer Population ohne Berücksichtigung des Genotyps paaren. Wenn die Paarung dagegen nicht zufällig erfolgt, dann paaren sich Individuen bevorzugt mit solchen anderen Individuen, die einen bestimmten Genotyp haben, während andere Individuen von der Paarung ausgeschlossen sein können. Selbstbestäubung (wie beispielsweise bei Gartenerbsen) ist die extremste Form von nichtzufälliger Paarung. Ein weiteres Beispiel ist die bevorzugte Paarung von Individuen, die bestimmte Merkmalsausprägungen teilen. Bei Pflanzen kann eine solche Präferenz das Ergebnis der Vorliebe eines bestimmten Bestäubers sein. Ligusterschwärmer zum Beispiel ernähren sich vorzugsweise von Nektar aus Blüten mit langen Blütenröhren und übertragen daher mit großer Wahrscheinlichkeit Pollen zwischen Blüten, die beide diese Merkmalsausprägung haben.

5 *Es gibt keine natürliche Auslese.* Die letzte Bedingung, die für das Hardy-Weinberg-Gleichgewicht erfüllt sein muss, besagt, dass keine spezielle Allelkombination vor den anderen favorisiert oder selektiert wird. Dies gilt in natürlichen Populationen so gut wie nie. Natürliche Auslese ändert die Allelverteilung in einer Population, denn Individuen mit bestimmten Genotypen bringen mehr Nachkommen hervor als Individuen mit anderen Genotypen. Von den verschiedenen Mechanismen der Evolution – Gendrift, Mutationen, Genfluss, nichtzufällige Paarung und natürliche Auslese – bewirkt nur die natürliche Auslese, dass sich eine Population an ihre Umgebung anpasst. Im verbleibenden Teil dieses Abschnitts werden wir die natürliche Auslese ausführlicher untersuchen.

Die meisten Organismen haben das Potenzial, Nachkommen im Überfluss zu produzieren

Vermutlich haben Sie schon einmal einen Rasen gesehen, der von Löwenzahn überwuchert wurde, oder ein Aquarium, in dem sich eine Population von Guppies sprunghaft vermehrt hat, oder einen See, der im Sommer durch explosionsartiges Algenwachstum plötzlich grün wurde. All diese Phänomene sind Beispiele für die Fähigkeit von Organismen, Unmengen von Nachkommen hervorzubringen. Populationen von Organismen, die sich sexuell fortpflanzen, sind stabil, wenn jedes Paar von Individuen genau zwei Nachkommen hat, die überleben und ihrerseits wieder zwei Nachkommen haben. Allerdings besitzen die meisten Organismen die Fähigkeit, wesentlich mehr Nachkommen zu zeugen, als überleben und sich fortpflanzen können. Dies bietet die Möglichkeit zu gelegentlichen Explosionen der Populationsgröße, wenn die Umweltbedingungen günstig sind. Noch wichtiger ist, dass im Fall sehr ungünstiger Umweltbedingungen, unter denen viele Individuen vorzeitig sterben, die Überproduktion von Nachkommen die Chancen erhöhen kann, dass zumindest einige Individuen überleben und den Fortbestand der Population sichern.

In seiner 1798 veröffentlichten Schrift *Essay on the Principle of Population* stellte Thomas Malthus fest, dass das Wachstum von Populationen geometrisch erfolgt. In einer geometrischen Folge ist jedes Glied um einen konstanten Faktor größer als sein Vorgänger. Für den Anfangswert 2 und den Faktor 2 ergibt sich zum Beispiel die Folge 2, 4, 8, 16, 32, 64 usw. Für größere Faktoren wachsen die Glieder noch wesentlich schneller. Eine typische, mittelgroße Gartentomate enthält beispielsweise 300 Samen. Wenn jeder Samen eine Pflanze hervorbringen würde und jede dieser Pflanzen ebenfalls 300 Samen hätte, dann gäbe es nach fünf Generationen 2,43 Trillionen ($2{,}43 \times 10^{12}$) Pflanzen! Offensichtlich wird kaum jemals das maximale Fortpflanzungspotenzial von Organismen realisiert, denn es gibt andere Faktoren, welche die Populationsgröße limitieren.

Ein limitierender Faktor für Populationsgrößen ist die Begrenzung durch Ressourcenverfügbarkeit. Malthus argumentierte, dass Populationen zwar tendenziell geometrisch wachsen, nicht jedoch ihr Nahrungsangebot. Daher haben Populationen das Potenzial, weit über den Wert hinaus anzuwachsen, den das Nahrungsangebot vorgibt. Natürlich ist Nahrung nicht die einzige Ressource, die ein Lebewesen benötigt. Bei Pflanzen und anderen Photosynthese betreibenden Organismen gehören hierzu auch Licht, Minerale, Wasser, Platz zum Wachsen und bei manchen Blütenpflanzen auch die Dienste von Bestäubern.

Phänotypische Unterschiede zwischen den Individuen einer Population

Mit Ausnahme von eineiigen Zwillingen ist jeder Mensch einmalig. Das Gleiche gilt in den meisten natürlichen Populationen einschließlich Pflanzenpopulationen. Wenn man sich nicht besonders gut mit dem fraglichen Organismus auskennt, wird man die Unterschiede nicht so schnell bemerken wie bei Menschen, doch nichtsdestotrotz sind sie vorhanden. Beispielsweise variierten die von Mendel untersuchten Gartenerbsen bezüglich Wuchshöhe, Blütenfarbe, Samenform und anderer Merkmale. Bäume einer bestimmten Art unterscheiden sich oft hinsichtlich ihrer Höhe, Langlebigkeit, Gestalt und der Größe von Blütenteilen und Samen – praktisch in allen messbaren anatomischen, physiologischen oder biochemischen Merkmalen. Darwin war sich dieser individuellen Unterschiede innerhalb von Arten bewusst, kannte allerdings nicht deren Ursache. Heute wissen wir, dass viele der phänotypischen Unterschiede zwischen Individuen auf Unterschiede in den Genotypen zurückzuführen sind.

Wie bereits früher angemerkt, sind Mutationen die eigentliche Ursache der genetischen Variation von Organismen. Eine Punktmutation, die nur aus einer einzigen Nucleotidänderung in der DNA besteht, kann dazu führen, dass eine einzelne Aminosäure eines Proteins durch eine andere ersetzt wird (siehe Kapitel 6). Falls es sich bei diesem Protein um ein Enzym handelt, kann diese Änderung in der Zusammensetzung der Aminosäuren ausreichen, um die katalytische Aktivität des Enzyms zu verändern. Dies wiederum kann sich phänotypisch in einer modifizierten Struktur oder Funktion niederschlagen.

Bei Organismen, die sich sexuell fortpflanzen, gibt es zwei weitere Quellen der genetischen Variation: Rekombination und „Crossing-over". Unter **Rekombination** versteht man das Mischen der Allele während der Meiose. Selbst ohne Mutationen macht es die unabhängige Segregation der Allele in der Anaphase I der Meiose sehr wahrscheinlich, dass jeder Gamet eine einzigartige Allelkombination erhält (siehe Abbildung 12.6). Bei einer Erbsenpflanze mit sieben Chromosomenpaaren und unterschiedlichen Allelen für ein Gen auf jedem Chromosom ist die Wahrscheinlichkeit für zwei identische Gameten 1 geteilt durch 2^7, also 1/128. Durch **Crossing-over** während der Meiose entstehen Chromosomen mit neuen Allelkombinationen (siehe Abbildung 12.10), wodurch sich die genetische Variation noch mehr erhöht.

Eine vierte Quelle der genetischen Variation sind Transposons (siehe Kapitel 14). Diese DNA-Sequenzen können sich von einem Chromosomenort zu einem anderen bewegen und die phänotypische Expression von Genen, in die sie springen, ändern.

Adaptive Vorteile durch bestimmte Merkmalsausprägungen

Nach der Darwin'schen Sichtweise besitzen Organismen bestimmte Merkmalsausprägungen, weil sie durch diese besser an eine bestimmten Umgebung angepasst sind. Deshalb sind bestimmte Merkmalsausprägungen unter den Individuen einer Population häufiger anzutreffen, während Merkmalsausprägungen, die keinen großen Selektionsvorteil mit sich bringen, seltener sind.

Abbildung 15.9: **Adaptive Vorteile von Blattformen.** (a) Ungeteilte Blätter mit glatten Rändern sind typisch für Pflanzen in Gebieten mit hohen Niederschlagsmengen, wie zum Beispiel in tropischen Regenwäldern. Weiter unten im Wald wachsende Pflanzen, wie dieses Exemplar aus einem malaysischen Regenwald, haben häufig Blattspitzen zum Trocknen des Blattes, eine sogenannte Träufelspitze. (b) Pflanzen mit stark unterteilten, gelappten Blättern, wie diesen Ahorn, findet man im Allgemeinen in trockneren Gebieten mit gemäßigten Temperaturen.

Im Folgenden wollen wir dies anhand der unterschiedlichen Blattformen untersuchen.

Große, ungeteilte Blätter mit glatten Rändern (▶ Abbildung 15.9a) sind eher bei solchen Pflanzen anzutreffen, die in Gebieten mit großen Niederschlagsmengen und hohen Temperaturen wachsen, sowie bei Pflanzen mit schattigem Standort. Die Pflanzen der tropischen Regenwälder sind typische Beispiele. Nach einer Studie besitzen 90 Prozent der Bäume im Amazonasgebiet ungeteilte Blätter. In einem Regenwald können der Mangel an Wind und die geringe Lichtintensität Pflanzen mit großen ungeteilten Blättern einen adaptiven Vorteil verschaffen. Außerdem sind die Blätter einer Pflanze des tropischen Regenwaldes umso größer, je weiter unten sie wachsen. Sie besitzen dann auch mit größerer Wahrscheinlichkeit eine Träufelspitze, das sind lange Blattspitzen, über die Wassertropfen ablaufen können, die von der darüberliegenden Vegetation herabfallen.

Im Gegensatz dazu sind stark unterteilte, gelappte Blätter mit geringer Oberfläche (▶ Abbildung 15.9b) häufiger bei solchen Pflanzen anzutreffen, die in Regionen mit gemäßigten Temperaturen und geringen Niederschlagsmengen wachsen, sowie bei Pflanzen mit sonnigem Standort. In offenen Laubwäldern haben geteilte Blätter den Vorteil, den Wind effektiver zu brechen, ohne dabei zerstört zu werden. Zudem ist wegen der höheren Lichtintensität eine große Oberfläche weniger wichtig.

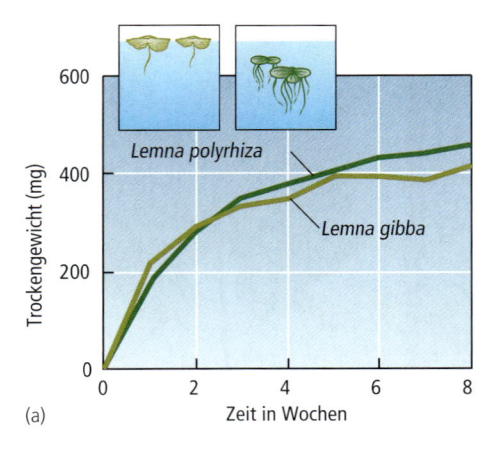

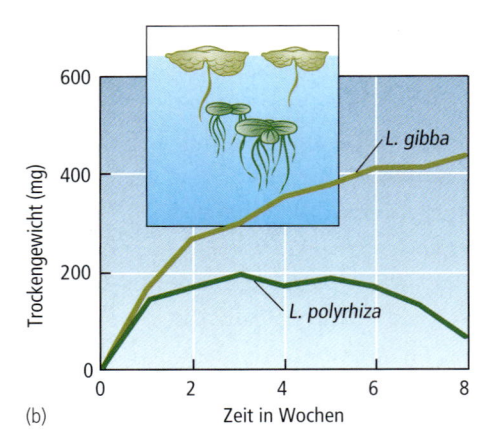

Abbildung 15.10: Konkurrenz zwischen zwei Wasserlinsenarten. (a) Wenn die beiden Arten separat leben, wächst *Lemna polyrhiza* schneller als *Lemna gibba*. (b) Wenn die beiden Arten am gleichen Standort leben, treibt *L. gibba* nach oben und empfängt mehr Licht, so dass sie schneller wächst als *L. polyrhiza*.

Pflanzen, die unter extremen Bedingungen leben, zum Beispiel in Wüsten oder Tundren, neigen zu kleinen, dicken und ungeteilten Blättern. Kleine Blätter sind dem Wind weniger ausgesetzt und dicke Blätter können Wasser besser speichern.

Natürliche Auslese

Was ist der Grund für die Formenvielfalt von Blättern? Sicherlich wird die Blattform genetisch gesteuert, codiert durch Entwicklungsgene, die den Ort und den Umfang von Zellteilung und Wachstum regulieren. Nach Darwin sind die Blattformen wie andere Merkmale der natürlichen Auslese unterworfen. Natürliche Auslese bedeutet, dass die am besten an ihre Umgebung angepassten Individuen die größten Chancen haben zu überleben und sich erfolgreich fortzupflanzen. Von Individuen, die mehr Nachkommen zur nachfolgenden Generation beitragen, sagt man, sie haben eine größere *Fitness* (siehe den Kasten *Die wunderbare Welt der Pflanzen* auf Seite 397).

Natürliche Auslese tritt sowohl innerhalb einer Art als auch zwischen Arten auf. Innerhalb einer Art haben die am besten angepassten Individuen größere Chancen, sich fortzupflanzen, weshalb die Häufigkeiten ihrer spezifischen Allelkombinationen in der Population zunehmen. Zwischen Arten tritt ein ähnliches Phänomen auf, was zur Folge hat, dass sich die Populationsgröße der am besten angepassten Art erhöht.

Einige frühe Evolutionstheoretiker haben die natürliche Auslese als einen blutigen Kampf zwischen mächtigen Raubtieren um die Kadaver ihrer Beutetiere angesehen. Dies ist jedoch nur eine Variante des Konkurrenzkampfes um Ressourcen. Die Ressourcen können auch von ganz anderer Art sein, und der Konkurrenzkampf ist weit häufiger indirekt als direkt. Beispielsweise können zwei Pflanzen, die am gleichen Standort wachsen, um Licht, Minerale und Wasser konkurrieren.

Ein Experiment, das J. Clatworthy und John Harper an der Universität von Oxford mit zwei verschiedenen Arten von Wasserlinsen, *Lemna polyrhiza* und *L. gibba*, durchführten, liefert ein typisches Beispiel für einen Prozess der Anpassung und der natürlichen Auslese, bei dem die Konkurrenz zwischen zwei Arten eine Rolle spielt (▶ Abbildung 15.10). Bei beiden handelt es sich um winzige Blütenpflanzen, die in stillen Süßwassertümpeln und -seen wachsen. Wenn sie separat voneinander leben, wächst *L. polyrhiza* schneller als *L. gibba*. Wenn beide jedoch im gleichen See vorkommen, wächst *L. gibba* schneller als *L. polyrhiza*. Der Grund hierfür sind die Luftsäcke, die nur *L. gibba* besitzt und die es ihr ermöglichen, an die Wasseroberfläche aufzusteigen, wo sie ihre Photosynthese maximieren kann und dabei gleichzeitig ihrer Konkurrentin *L. polyrhiza* das Licht nimmt. In diesem Fall konkurrieren die Pflanzen um eine Ressource (Licht), gleichzeitig aber auch um Platz an der Oberfläche, wo sie Zugang zu dieser Ressource haben.

Wie das eben beschriebene Beispiel zeigt, kann Konkurrenz bei begrenzten Ressourcen zur Selektion des am besten angepassten Phänotyps führen. Jedoch ist die Konkurrenz um Ressourcen keine notwendige Voraussetzung, damit natürliche Auslese auftritt. Natürliche

DIE WUNDERBARE WELT DER PFLANZEN
■ Künstliche Zuchtwahl

Seit Tausenden von Jahren haben Menschen die Samen der besten Pflanzen zurückgelegt oder Stecklinge von bemerkenswerten Pflanzen geschnitten in der Hoffnung, Qualität und Quantität von Blüten, Früchten und anderen nutzbaren Pflanzenteilen zu verbessern. Die selektive Vermehrung von Pflanzen oder Tieren mit dem Ziel, die Produktion von Nachkommen mit bestimmten gewünschten Merkmalen zu begünstigen, wird künstliche Zuchtwahl genannt. Die natürliche Auslese führt gelegentlich und per Zufall zu neuen Pflanzentypen. Ein gutes Beispiel hierfür ist das vielfältige Spektrum von Gemüsen, die einen gemeinsamen Vorfahren im Wildkohl (Brassica oleracea) haben. Durch künstliche Zuchtwahl haben Pflanzenzüchter verschiedene Eigenschaften der ursprünglichen Pflanze ausgenutzt, um Gemüsesorten von ganz unterschiedlichem Geschmack und Aussehen hervorzubringen. Im Prinzip wirken bei der künstlichen Zuchtwahl die gleichen Kräfte wie bei der natürlichen Auslese, doch die Selektion erfolgt in diesem Fall durch den Züchter anstatt durch Umweltbedingungen.

Heute betreiben professionelle Pflanzenzüchter in größerem Maßstab und mit ausgefeilteren Methoden künstliche Zuchtwahl. Sie suchen nach Pflanzen mit höheren Erträgen, Krankheitsresistenzen, Kälteunempfindlichkeit, verbessertem Nährstoffgehalt und anderen wertvollen Eigenschaften. Haben sie Pflanzen mit den gewünschten Merkmalsausprägungen gefunden, seien es kultivierte Nutzpflanzen oder Wildpflanzen, werden diese mit kultivierten Pflanzen gekreuzt, die diese Merkmalsausprägungen nicht besitzen. Das Ziel besteht darin, das Allel für die gewünschte Merkmalsausprägung in das Genom der kultivierten Pflanzen einzuführen. Beispielsweise haben Weizenzüchter seit vielen Jahren versucht, klein- oder mittelwüchsige Pflanzen herzustellen, die weniger anfällig für Schäden durch Wind sind. Ebenso erstrebenswert waren Pflanzen, bei denen der größte Teil der Photosyntheseprodukte in die Körner gelangt, die also nur so viele Blätter bilden, wie für hohe Kornerträge nötig. Mittlerweile ist es gelungen, solche Pflanzen herzustellen und die Weizenproduktion auf windexponierte Flächen auszudehnen.

Wie Sie in Kapitel 14 gelernt haben, bemüht sich die Pflanzengentechnik ebenfalls darum, durch Selektionsmaßnahmen verbesserte Pflanzen zu erhalten. Aufgrund der Möglichkeit, Gene von einer Art auf eine andere zu übertragen, können Forscher im Prinzip in beliebigen anderen Pflanzen nach dem gewünschten Merkmal suchen – oder sogar außerhalb des Pflanzenreichs – und versuchen, dieses in eine Nutzpflanze einzuführen, die sie verbessern wollen. In der Natur erfolgt der Genfluss zwischen Mitgliedern der gleichen Art und gelegentlich zwischen verwandten Arten. Die Gentechnik macht den Genfluss zwischen unterschiedlichen Organismenreichen möglich.

Auslese ist auch ohne begrenzte Ressourcen möglich, indem bestimmte Individuen oder Arten einfach mehr Nachkommen erzeugen als andere. In diesem Fall favorisiert die natürliche Auslese die Phänotypen mit der größten Fortpflanzungsfähigkeit.

Es gibt drei Möglichkeiten, wie die natürliche Auslese die Häufigkeiten der Phänotypen in einer Population ändern kann. ▶ Abbildung 15.11 illustriert diese Möglichkeiten am Beispiel der Wuchshöhe, also für ein Merkmal mit multiplen Phänotypen.

- **Stabilisierende Auslese** reduziert die Variabilität in einer Population, indem sie Individuen mit extremen Phänotypen eliminiert, in unserem Beispiel also sehr hohe und sehr niedrige Pflanzen. Im Ergebnis dieser Auslese sind solche Individuen am häufigsten, deren Phänotyp im mittleren Bereich liegt.
- **Gerichtete Auslese** verschiebt den mittleren oder typischen Phänotyp in eine bestimmte Richtung, indem sie Individuen favorisiert, deren Phänotyp in der Nähe eines bestimmten Extrems liegt. Gerichtete Auslese liegt zum Beispiel vor, wenn hohe Pflanzen vor niedrigen favorisiert werden. Bei fortdauernder gerichteter Auslese kann eine Population schließlich bis zu einem Punkt evolvieren, an dem sie sich so stark von der ursprünglichen unterscheidet, dass

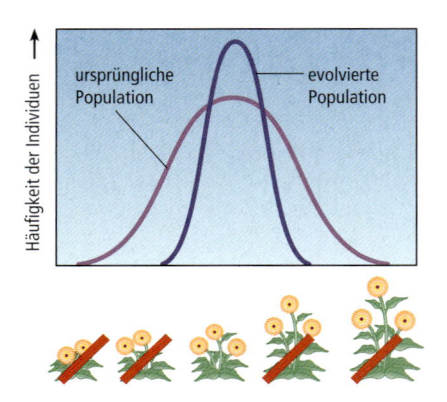

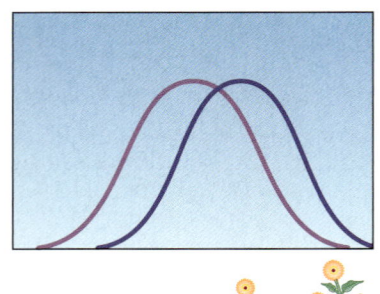

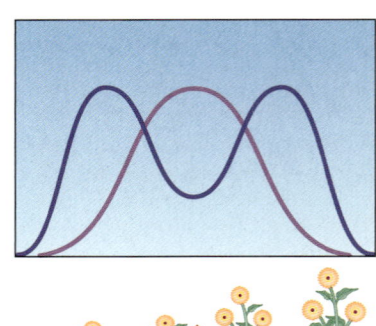

(a) Bei einer **stabilisierenden Auslese** werden Individuen mit extremen Phänotypen eliminiert und andere favorisiert.

(b) Bei einer **gerichteten Auslese** werden Individuen eliminiert, deren Phänotyp in einer Richtung extrem ist (in diesem Fall Pflanzen mit geringer Wuchshöhe).

(c) Bei einer **diversifizierenden Auslese** werden Individuen mit moderaten Phänotypen (Pflanzen mit mittlerer Wuchshöhe) eliminiert.

Abbildung 15.11: Drei Varianten der natürliche Auslese. Die natürliche Auslese kann die Verteilung der Phänotypen in einer Population verändern, indem bestimmte Phänotypen eliminiert und andere favorisiert werden. Die Kurven zeigen die Auswirkungen der natürlichen Auslese auf eine Pflanzenpopulation mit unterschiedlichen Wuchshöhen.

sie als neue Art betrachtet werden muss. Die Transformation einer Art zu einer anderen wird als **Anagenese** oder phyletische Evolution bezeichnet.

- **Diversifizierende Auslese** spaltet eine Population in zwei Teile, indem sie Individuen favorisiert, deren Phänotypen in extremen Bereichen liegen. Es werden also zum Beispiel hohe *und* niedrige Pflanzen favorisiert. Diversifizierende Auslese reduziert also die Häufigkeit von Individuen mit mittleren Phänotypen. Bei fortdauernder diversifizierender Auslese kann eine Art zu zwei getrennten Arten evolvieren, ein Vorgang, der als **Kladogenese** oder disruptive Evolution bezeichnet wird. Im letzten Abschnitt dieses Kapitels werden wir uns genauer mit dem Ursprung von Arten auseinandersetzen.

Schnelle Evolution

Darwin glaubte, dass merkliche evolutionäre Veränderungen über lange Perioden auf der geologischen Zeitskala erfolgen. Solange die Evolution fortschreitet, separieren sich Arten und bilden schließlich unterschiedliche Gattungen oder andere taxonomische Gruppen. 1972 stellten Niles Eldredge und Stephen Jay Gould die Hypothese auf, dass die Evolution unter bestimmten Voraussetzungen sehr schnell sein kann. In ihrem Modell des **unterbrochenen Gleichgewichts** wechseln lange Perioden, in denen es nur wenig oder keine evolutionäre Veränderung gibt, mit kurzen Perioden mit schnellen Veränderungen. Die schnelle Variante der Evolution im Modell von Eldredge und Gould kann einige Jahre oder auch einige tausend Jahre dauern, aber nicht die Jahrmillionen, die für eine graduelle Separation einer Population in zwei Arten nötig sind.

Die Besiedlung von Abraumhalden durch Pflanzen ist ein Beispiel für schnell erfolgende Evolution. Häufig sind diese Böden durch die Bergbaurückstände mit Schwermetallen belastet. Viele Arten, die in den Gebieten ursprünglich stark verbreitet waren, wachsen auf den belasteten Böden überhaupt nicht, einige wenige aber schon (▶ Abbildung 15.12). Untersuchungen an verschiedenen Grasarten haben gezeigt, dass nur solche Arten auf den belasteten Böden überleben können, in deren Population einzelne Individuen durch Mutationen tolerant gegen Schwermetalle geworden sind. Die toleranten Pflanzen vermehren sich sehr schnell, während die intoleranten nicht gedeihen. Wegen des hohen Selektionsdrucks entwickeln sich tolerante Populationen von beträchtlicher Größe in nur wenigen Generationen, und die Häufigkeit von Allelen für die Toleranz wächst rapide. Auf normalen Böden können die toleranten Pflanzen überleben, wachsen aber längst nicht so gut wie die intoleranten Pflanzen.

Ein anderes Beispiel für sprunghafte Evolution ist zu beobachten, wenn eine Wiese gemäht oder beweidet wird. Die Kleine Braunelle (*Prunella vulgaris*) ist eine häufig vorkommende krautige Pflanze aus der Familie der Lippenblütler. Auf nicht bewirtschafteten Wiesen kann sie bis zu 30 cm hoch werden. Sie ist jedoch außerdem in der Lage, eine niedrige, kompakte Form hervorzubringen, die auf Rasen oder stark beweideten Flächen

15.2 Die Mechanismen der Evolution

Abbildung 15.12: Evolution von Gräsern auf bergbaugeschädigten Böden. Das Rote Straußgras (*Agrostis tenuis*) im Vordergrund des Fotos wächst auf dem Abraum einer Bleimine in Wales. Im Unterschied zu vielen anderen Arten besitzt das Rote Straußgras Allele, die einige Individuen tolerant gegen die im Boden enthaltenen Schwermetalle machen.

überlebt (▶ Abbildung 15.13). Das Merkmal der Kompaktheit wird manchmal an die Nachkommen weitergegeben und manchmal nicht. Anscheinend ist das Allel für Kompaktheit in einer Population normalerweise in geringer Häufigkeit vorhanden. Dieses Allel scheint nur dann einen adaptiven Wert zu besitzen, wenn das Allel für hohen Wuchs einem starken Selektionsdruck ausgesetzt ist, wie es der Fall ist, wenn ein Rasen gemäht wird oder weidende Tiere die hohen Pflanzen abfressen und die niedrigen stehen lassen. Unter solchen Umständen evolviert die Population rasch zu einer, die nur noch aus kompakten Pflanzen besteht.

Rasche Evolution ist auch durch **adaptive Radiation** möglich. Hierbei besiedelt eine Art ein zuvor nicht besetztes Territorium, zum Beispiel eine Insel, oder ein bereits besetztes Territorium, in dem es jedoch noch genügend ökologische Nischen gibt, in denen eine Art erfolgreich sein kann. Oft evolvieren aus der ursprünglichen, besiedelnden Art sehr schnell mehrere neue Arten. Als beispielsweise die Grünalgen vor etwa 500 Millionen Jahren begannen, Formen zu entwickeln, die außerhalb des Wassers überleben konnten, evolvierten sie sehr schnell in zahlreiche Typen primitiver Landpflanzen. Die Evolution war in diesem Fall schnell, weil auf dem Land noch keinerlei Pflanzen existierten, so dass es zahlreiche ökologische Nischen gab. Der Kasten *Evolution* auf Seite 400 beschreibt die adaptive Radiation einer Pflanzengattung auf den Galápagos-Inseln.

Koevolution

Es ist möglich, einen Rasen zu mähen, ohne dabei das Gras zu vernichten, da das Meristem, das sich bei Gräsern an der Basis der Blätter befindet, dabei nicht beschädigt wird. Vom evolutionären Standpunkt aus betrachtet verdanken wir es grasenden Tieren, dass wir überhaupt Rasen haben: Durch das Grasen haben sie Pflanzen selektiert, deren Sprosse kurz und deren Meristeme unterhalb der Reichweite von grasenden Tieren sind. Man sagt, Gräser und grasende Tiere haben eine **Koevolution** durchlaufen. Grashalme wurden kürzer, weil weidende Tiere, die alle Arten von Pflanzen fraßen, zu grasenden Tieren evolvierten, die sich auf Gräser spezialisierten. Die Koevolution setzt sich fort, indem manche Gräser unangenehm schmeckende Verbindungen produzieren, die grasende Tiere

Abbildung 15.13: Evolution als Folge von Beweidung. Die Gemeine Braunelle (*Prunella vulgaris*) existiert in einer hohen und einer kompakten Form. Auf beweideten Wiesen findet man nur die kompakte Form.

EVOLUTION
Die Pflanzen der Galápagos-Inseln

Die von Darwin untersuchten Galápagos-Finken werden gewöhnlich als Beispiel dafür angeführt, wie die Mikrohabitate eines aus vielen kleinen Inseln bestehenden Archipels zur adaptiven Radiation und zur Diversifikation der Phänotypen einer einzelnen Art führen können. Die auch als Darwin-Finken bezeichneten Vögel haben viele verschiedene Schnabelstrukturen entwickelt, je nachdem, auf welche Art von Nahrung sie sich im jeweiligen Mikrohabitat spezialisiert haben.

Die Pflanzen der Galápagos-Inseln liefern ebenso interessante, wenngleich weniger bekannte Beispiele. Eines davon sind die Blütenpflanzen der Gattung *Scalesia* aus der Familie der Asteraceen, die auf den Galápagos-Inseln heimisch sind. Diese Pflanzen haben die Inseln vermutlich schon bald nach deren Entstehung vor drei bis fünf Millionen Jahren besiedelt. Die Populationen, aus denen die Neuankömmlinge hervorgegangen sind, stammen vermutlich vom westlichen Festland Südamerikas.

Scalesia-Früchte besitzen keinen Pappus (eine Struktur, die es bestimmten Früchten ermöglicht, sich vom Wind forttragen zu lassen), weshalb es wahrscheinlich ist, dass sie von Vögeln auf die Insel befördert wurden. In der Tat sind *Scalesia*-Früchte oft mit einem von der Pflanze produzierten klebrigen Harz überzogen, das es den Früchten ermöglicht, sich ins Gefieder von Vögeln zu heften.

Auf den Galápagos-Inseln ist *Scalesia* zu einer Gruppe von mindestens 15 Arten und zahlreichen Varietäten evolviert, welche die verschiedensten Lebensräume erobert haben. Die Bandbreite der Arten reicht von Stauden bis zu Bäumen. Die unterschiedlichen Blattformen spiegeln die durch die Evolution hervorgebrachte phänotypische Diversität wider. In der Regel wachsen *Scalesia*-Arten mit stark gelappten oder unterteilten Blättern nur in niedrig gelegenen, trockenen Gebieten, während Arten mit länglichen oder ovalen Blättern in höher gelegenen, niederschlagsreicheren Regionen anzutreffen sind.

S. pedunculata | S. gordilloi | S. helleri | S. stewartii

Die ersten Arten von *Scalesia*, die die Galápagos-Inseln erreichten, existieren vermutlich nicht mehr. Man nimmt jedoch an, dass sie einst auf San Cristóbal, der ältesten Insel, vorkamen. Pflanzen der Gattung *Scalesia* sind auf den Galápagos-Inseln zu einer Reihe unterschiedlicher Arten evolviert, die in vielen Lebensräumen zu finden sind. Wie man sieht, ist *S. pedunculata* ein hoher Baum mit ungeteilten Blättern. Er wächst im feuchten Hochland. *S. gordilloi* ist eine kriechende, krautige Pflanze mit ungeteilten Blättern. Sie wächst in Küstennähe auf trockenen Böden. *S. helleri* ist ein kleiner Strauch mit fein unterteilten Blättern, der im ariden Tiefland abseits der Küste wächst. Auch *S. stewartii*, ein Strauch oder kleiner Busch mit ungeteilten Blättern, wächst im ariden Tiefland. Die Fotos wurden von Dr. Conley McMullen von der James Madison University zur Verfügung gestellt.

---

abschrecken, während einige Tiere die Hufe benutzen, um schmackhafte Meristeme und Wurzeln auszureißen.

Koevolution kann auch eine kooperative Seite haben. Viele Blütenpflanzen sind davon abhängig geworden, dass Insekten, Vögel oder Fledermäuse ihre Pollen von einer Pflanze zu einer anderen tragen, so dass es zur Fremdbestäubung kommt, was die phänotypische Variation beträchtlich erhöht. Blütenpflanzen haben verschiedene neue Mechanismen hervorgebracht, mit denen sie effektive Bestäuber anziehen. Beispielsweise produzieren viele Blüten zuckerhaltigen Nektar, der als Nahrung für Tiere wie Bienen dient, die daraus Honig herstellen. Die Formen vieler Blüten wurden durch Evolution so modifiziert, dass sie an bestimmte Bestäuber angepasst sind; deren Gestalt wiederum wurde so modifiziert, dass sie an bestimmte Blüten angepasst ist.

Beide Partner profitieren von der gegenseitigen Anpassung. Die Pflanze gewinnt einen exklusiven Bestäuber, der nach ihr suchen wird. Das Tier gewinnt eine Nahrungsquelle, die es nicht mit Konkurrenten anderer Arten teilen muss.

Eine Koevolution von Pflanzen und Tieren gibt es auch hinsichtlich der Verbreitung von Samen. Tiere, die Früchte und Samen fressen, dienen der Pflanze als effiziente Agenten zur Verbreitung ihrer Samen, vorausgesetzt, die Samen überleben. Früchte schmecken oft ausgesprochen sauer, solange ihre Samen unreif sind; erst wenn die Samen reif sind, reift auch die Frucht und wird süß. Die Samen vieler Früchte, zum Beispiel die von Weintrauben, können das Verdauungssystem eines Tieres unbeschadet durchlaufen. Manche Früchte, wie die Pflaume, enthalten Verbindungen, die den Durchgang durch das Verdauungssystem beschleunigen. Die Samen einiger weniger Pflanzen benötigen sogar eine saure Umgebung, wie sie im Magen eines Tieres zu finden ist, damit die Samenschale weich genug wird und es zur Keimung kommen kann. Tomaten und einige andere Früchte haben klebrige Samen, die am Fell oder Gefieder von Tieren haften, was ebenfalls die Verbreitung der Samen fördert.

WIEDERHOLUNGSFRAGEN

1. Welche fünf Bedingungen müssen in einer Population erfüllt sein, damit für sie das Hardy-Weinberg-Gleichgewicht gilt?

2. Definieren Sie den Begriff *natürliche Auslese*.

3. Was sind die vier Quellen der genetischen Variation?

4. Geben Sie ein paar Beispiele für Ressourcen an, die begrenzt sein können und dadurch zur Konkurrenz zwischen Pflanzenarten führen.

Der Ursprung der Arten 15.3

Wenn eine Population sich untereinander kreuzender Organismen in zwei Subpopulationen zerfällt, dann kann jede Subpopulation unterschiedlichen Selektionskräften ausgesetzt sein und entsprechend unterschiedlich evolvieren. Irgendwann können die beiden Populationen so unterschiedlich sein, dass sie als separate Arten betrachtet werden müssen.

Der Begriff der biologischen Art

Die meisten Botaniker definieren eine **biologische Art** heute als eine natürliche Population sich kreuzender oder *potenziell* kreuzender Organismen, die sich mit den Mitgliedern anderer Populationen nicht kreuzen können. Solche Populationen werden als reproduktiv isoliert bezeichnet; zwischen ihnen gibt es keinen Genfluss. Nach dieser Definition ist eine Art kurz gesagt eine unabhängige evolutionäre Einheit.

Jedem ist klar, dass eine Kokospalme etwas anderes ist als ein Mammutbaum. Die beiden Pflanzen sehen völlig unterschiedlich aus und kreuzen sich nicht miteinander, sie sind also nach der obigen Definition in der Tat verschiedene Arten. Bei enger verwandten Arten wird es etwas schwieriger, den Begriff der *Art* klar zu definieren. Wie verhält es sich zum Beispiel mit unterschiedlichen Typen von Kiefern? Kiefern gehören zur Gattung *Pinus*, die mehr als 90 Arten umfasst. Die Langlebige Kiefer (*Pinus longaeva*) und die Sumpfkiefer (*P. palustris*) sind *morphologisch* verschiedene Arten, da sie offensichtlich verschieden aussehen. Sie sind zudem *allopatrisch* oder *geografisch* verschiedene Arten, da sie in unterschiedlichen geografischen Regionen wachsen (▶ Abbildung 15.14). In der Natur kreuzen sie sich schon allein deshalb nicht, weil ihre Verbreitungsgebiete sich nicht überlappen, doch was wäre, wenn sie den gleichen Standort teilen würden?

Es ist tatsächlich unmöglich zu sagen, ob zwei Arten reproduktiv isoliert sind, ohne sie an einen gemeinsamen Standort zu bringen, um es zu überprüfen. Dabei kann sich herausstellen, dass sie sich nicht kreuzen. Damit wäre nachgewiesen, dass wir es mit zwei *biologischen* Arten anstatt mit nur einer zu tun haben. Wir könnten aber auch die gegenteilige Aussage bestätigt finden. Beispielsweise sind *Platanus occidentalis* (heimisch in Nordamerika) und *Platanus orientalis* (heimisch in Asien) zwei Platanen, die sich in der Natur nicht kreuzen. Werden *P. occidentalis* und *P. orientalis* zusammen kultiviert, dann kreuzen sich beide sehr schnell und erzeugen einen fruchtbaren Hybriden (*Platanus × hybrida*), die Gemeine Platane oder Bastard-Platane. In diesem Fall ist die reproduktive Isolation allein geografisch bedingt und hat keine biochemische oder genetische Grundlage. Nach der obigen Definition würde man *P. occidentalis* und *P. orientalis* als *eine* biologische Art betrachten, wenn sie im gleichen Gebiet wachsen würden.

Reproduktive Isolation ist eher eine graduelle als eine absolute Angelegenheit. Populationsgenetiker drücken den Grad der reproduktiven Isolation mithilfe des Genflusses aus. Zwischen Populationen, die vollständig reproduktiv isoliert sind – zum Beispiel zwischen Palmen und Mammutbäumen –, gibt es überhaupt keinen Genfluss. Dagegen sind Populationen, die sich nur gelegentlich kreuzen, partiell reproduktiv isoliert, und es gibt zwischen ihnen einen Genfluss von geringem Umfang. Beispielsweise kommt es gelegentlich zu Kreuzungen zwischen den beiden Sonnenblumenarten *Helianthus annuus* und *H. petiolaris*, die im Westen der USA wachsen. Dabei kann ein genetisch stabiler Hybrid, *Helianthus anomalus* entstehen. In einigen Gebieten sind die drei Arten durch unterschiedliche

Abbildung 15.14: Zwei geografisch isolierte nordamerikanische Kiefernarten. (a) Die Langlebige Grannenkiefer (*Pinus longaeva*) wächst im Westen, (b) die Sumpfkiefer (*Pinus palustris*) im Osten Nordamerikas. Durch die räumliche Trennung haben sich beide zu separaten Arten entwickelt.

Höhenlagen partiell separiert: In Utah beispielsweise wächst *H. annuus* in Höhenlagen von 1060 bis 2280 m, *H. petiolaris* auf 970 bis 1670 m und *H. anomalus* auf 1060 bis 1940 m.

Selbst Arten, die im gleichen Gebiet vorkommen, können partiell reproduktiv isoliert sein, weil sie verschiedene Mikrohabitate oder Teilmengen eines Lebensraums besetzen können. Schwankungen von Niederschlagsmenge, Temperatur, Bodenbeschaffenheit und anderen Umweltfaktoren erzeugen eine Vielfalt von Mikrohabitaten. Ein Beispiel für die Isolation von Mikrohabitaten liefern vier Ahornarten, die im Osten der USA vorkommen (▶ Abbildung 15.15): Rotahorn (*Acer rubrum*), Silberahorn (*A. saccharinum*), Schwarzahorn (*A. nigrum*) und Zuckerahorn (*A. saccharum*). Diese Arten leben in überlappenden Gebieten, doch typischerweise kommen sie jeweils in einem anderen Mikrohabitat vor. Der Rotahorn ist entweder an feuchte und sumpfige oder an trockene und schlecht entwickelte Böden angepasst. Der Silberahorn gedeiht auf den feuchten, gut entwässerten Böden von Flusstälern. Schwarzahorn und Zuckerahorn kommen oft gemeinsam vor, wobei der Schwarzhorn trocknere, besser entwässerte Böden mit hohen Kalziumgehalten bevorzugt, der Zuckerahorn dagegen saurere Böden besiedelt. Obwohl sich die vier Arten kreuzen können, sind sie durch die Unterschiede ihrer Mikrohabitate tendenziell voneinander isoliert.

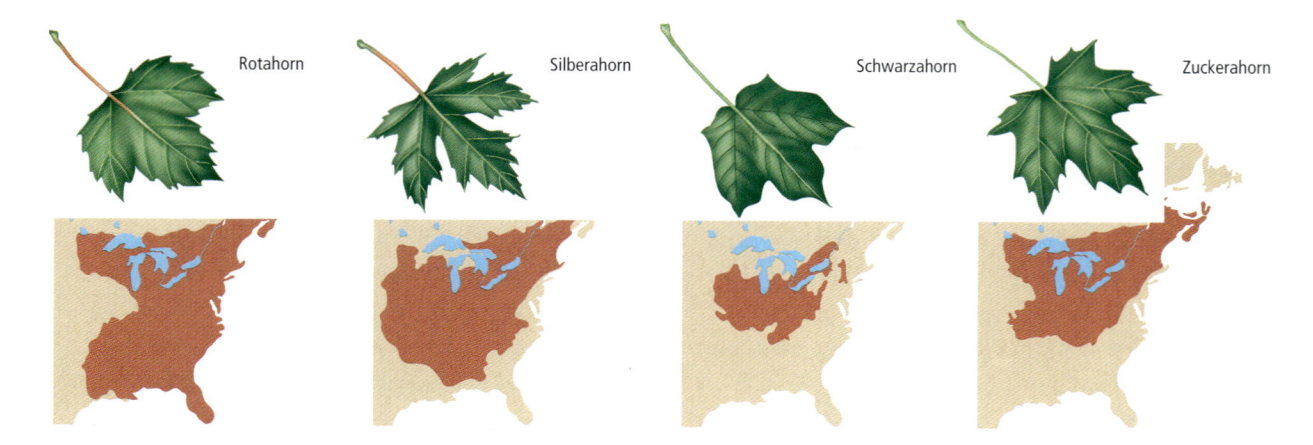

Abbildung 15.15: Isolation in Mikrohabitaten im Fall von vier Ahornarten. Rotahorn (*Acer rubrum*), Silberahorn (*A. saccharinum*), Schwarzahorn (*A. nigrum*) und Zuckerahorn (*A. saccharum*) leben in sich überlappenden Gebieten. Die vier Arten besetzen jedoch innerhalb dieser Gebiete verschiedene Mikrohabitate.

Artbildung durch natürliche Auslese und geografische Isolation

Der Galápagos-Archipel besteht aus 13 größeren und vielen kleineren vulkanischen Inseln, die etwa 950 km westlich von Ecuador im Pazifischen Ozean liegen. Auf den Inseln gab es ursprünglich kein Leben. Die einzelnen Inseln wurden vom Festland oder von älteren Inseln aus besiedelt. Als Darwin 1835 den Galápagos-Archipel besuchte, bemerkte er, dass sich die Phänotypen der Pflanzen- und Tierarten von Insel zu Insel unterschieden, obwohl die Inseln dicht benachbart waren. Beispielsweise waren einige Inseln Wind und Regen der eintreffenden Wetterfronten ausgesetzt und andere nicht; einige Inseln waren dem Angriff der Wellen und den damit verbundenen Salznebeln stärker ausgesetzt als andere. Bei manchen wurde die Landschaft von hohen Vulkankegeln beherrscht, während es auf anderen keine Gebirge gab.

Weil in verschiedenen Lebensräumen unterschiedliche Phänotypen bevorzugt wurden, glaubte Darwin, dass diese phänotypische Variabilität durch natürliche Auslese entstand, was die beobachteten Unterschiede zwischen auf verschiedenen Inseln lebenden Populationen der gleichen Art erklären würde. Verkürzt formuliert schlug Darwin vor, dass die Unterschiede in den Lebensräumen innerhalb eines Gebiets die natürliche Auslese darstellen, die notwendig ist, um Populationen reproduktiv zu isolieren, was schließlich zur Bildung neuer Arten führt.

Die im 20. Jahrhundert vorherrschende Sichtweise der Artbildung wurde 1942 von Ernst Mayr (Harvard-Universität) formuliert. Er schlug vor, dass geologische Ereignisse wie die Entstehung von Gebirgen und das Ausweiten der Ozeane während des Auseinanderdriftens der Kontinente Populationen einer Art separierten. Durch die Akkumulation zufälliger Mutationen oder durch natürliche Auslese kam es dann zu einer graduellen genetischen Divergenz der isolierten Populationen. Schließlich wurden die Unterschiede zwischen den Populationen so groß, dass sie selbst dann reproduktiv isoliert blieben, wenn sie durch menschliche Aktivitäten oder nachfolgende geologische Ereignisse wieder zusammengebracht wurden.

Heute ist klar, dass beide Sichtweisen korrekt sind, sowohl die von Darwin als auch die von Ernst Mayr. Reproduktive Isolation und nachfolgende Artbildung kann sowohl durch unterschiedliche Lebensräume innerhalb eines Gebiets als auch durch geografische Isolation angetrieben werden. In beiden Fällen werden Populationen oder Teile von Populationen auf irgendeine Weise separiert. Wenn sich die Separation auf einer Landkarte in Form von nichtüberlappenden Gebieten darstellt, werden die Populationen als **allopatrisch** bezeichnet, andernfalls als **sympatrisch**. Wie bereits angemerkt, können sympatrische Populationen trotz der Überlappung effektiv isoliert sein, nämlich wenn sie unterschiedliche Mikrohabitate bevorzugen.

Gebirge können aus zwei Gründen sowohl geografisch als auch ökologisch zur Artbildung führen. Erstens erhalten gegenüberliegende Berghänge oft unterschiedlich viel Niederschlag. In Oregon und Washington beispielsweise verlieren die vom Pazifik kommenden Luftmassen Feuchtigkeit in Form von Regen und Schnee, die auf die westlichen Hänge des Kaskadengebirges fallen. Die im so genannten Regenschatten liegenden östlichen Hänge erhalten wesentlich weniger Niederschlag. Pflanzen auf den feuchteren Westhängen haben oftmals völlig andere Phänotypen als die der trockeneren Osthänge. Zweitens gibt es je nach Höhenlage eines Gebirges Unterschiede in der Dauer und Intensität der Wachstumsperioden, der Niederschlagsmenge sowie der Häufigkeit und Stärke von Stürmen. Pflanzen in unterschiedlichen Höhenlagen haben oft verschiedene Phänotypen. ▶ Abbildung 15.16 illustriert dies am Beispiel der Schafgarbe (*Achillea*). Die in der Sierra Nevada in Kalifornien wachsenden Pflanzen sind im Allgemeinen umso kleiner, je weiter oben sie wachsen. Die Änderung der Wuchshöhe mit der Höhenlage ist ein Beispiel für eine Varietät, eine Änderung im Phänotyp in

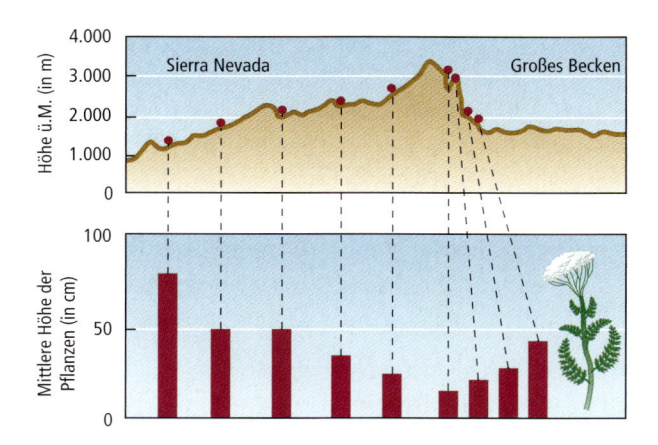

Abbildung 15.16: Variation des Phänotyps in Abhängigkeit von der Höhenlage. Schafgarbe (*Achillea*) wächst in unterschiedlichen Höhenlagen in der Sierra Nevada. An tiefer gelegenen Standorten werden die Pflanzen im Allgemeinen höher als in höheren Lagen.

Abhängigkeit von einem Umweltparameter. Es zeigte sich, dass von Standorten mit unterschiedlichen Höhenlagen entnommene Schafgarbenpflanzen in einem gemeinsamen Garten ihre Unterschiede in der Wuchshöhe beibehalten, was darauf schließen lässt, dass die Wuchshöhe genetisch gesteuert wird. Diese beiden Beispiele zeigen, dass Gebirge unterschiedliche Lebensräume bereitstellen, welche die Auslese antreiben.

Präzygotische und postzygotische reproduktive Isolation

Reproduktive Isolation zwischen zwei Populationen kann in unterschiedlichen Typen und in unterschiedlichem Grad auftreten. **Präzygotische Isolation** bedeutet, dass die Spermazellen einer Population die Eizellen der anderen Population nicht befruchten, so dass keine Zygote entsteht. Bei Pflanzen kann präzygotische Isolation auf das Scheitern der Bestäubung zurückzuführen sein. Wenngleich Pollen durch Wind oder Tiere über große Entfernungen weitergetragen werden können, ist es umso unwahrscheinlicher, dass lebende Pollen von einer Population zu einer anderen gelangen, je weiter diese voneinander entfernt sind. Selbst in einem kleinen Gebiet kann die Bestäubung misslingen, wenn eine Population ihre Blüten am Morgen öffnet und die andere am späten Nachmittag, oder eine Population im Juni blüht und die andere erst im August, oder eine Population von Insekten bestäubt wird und die andere von Vögeln. Die weiter oben diskutierten vier Ahornarten sind präzygotisch isoliert, weil sie innerhalb ihrer sich überlappenden geografischen Gebiete unterschiedliche Habitate besetzen.

Selbst wenn es zur Bestäubung kommt, können zwei Pflanzenpopulationen präzygotisch isoliert sein, wenn der Pollen nicht erfolgreich wächst und es nicht zur Befruchtung kommt. Der Pollen befindet sich auf den Narben von Blüten. Dort muss er keimen, und der Pollenschlauch muss durch den Griffel zum Fruchtknoten wachsen, wo sich die Eizelle befindet. Pollenkörner keimen in Reaktion auf spezifische Konzentrationen von Hormonen, Kalziumionen, Kohlenhydraten und anderen Verbindungen. Wenn die Narbe nicht die richtigen chemischen Bedingungen bereitstellt, kommt es nicht zur Keimung der Pollen. Verschiedene Polleninkompatibilitätsgene steuern die biochemische Umgebung der Narbe (siehe Kapitel 12). Die Abstimmung der biochemischen Umgebung der Narbe mit den Bedingungen für das Keimen der Pollen macht es weniger wahrscheinlich, dass Pollen anderer Arten keimen. Dies ist wichtig, weil Pollen von vielen Arten auf die Narbe gelangen können und der Griffel mit Pollenschläuchen gefüllt würde, wenn alle Pollen keimen würden.

Postzygotische Isolation bedeutet, dass es zur Befruchtung kommt und eine Zygote entsteht, aber die Zygote oder der Embryo nicht überlebt oder die adulte Pflanze unfruchtbar ist. Der Embryo kann sterben, weil das Endosperm, das Nährgewebe für den heranreifenden Samen, sich nicht richtig entwickelt. In adulten Pflanzen ist postzygotische Isolation meist auf Probleme bei der Bildung von Tetraden während der Meiose zurückzuführen (siehe Kapitel 6). Wenn homologe Chromosomen sich nicht richtig zu Tetraden paaren, sind die Tochterchromosomen ungleich verteilt, was zu Sperma- und Eizellen ohne vollständigen Chromosomensatz führt. Folglich sind die adulten Pflanzen in der Regel unfruchtbar. Ein Beispiel für die Sterilität von Hybriden haben Sie in Kapitel 14 kennengelernt: Triticale, das Produkt einer Kreuzung zwischen Weizen und Roggen.

Reproduktive Isolation durch Polyploidie

Von **Polyploidie** spricht man, wenn Zellen mehr als zwei vollständige Chromosomensätze enthalten. Im Reich der Pflanzen tritt Polyploidie häufig auf. Mehr als 50 Prozent aller Blütenpflanzen sind polyploid, in der Familie der Gräser beträgt der Anteil sogar 80 Prozent. In der Natur entsteht Polyploidie oft durch Kreuzungen zwischen verschiedenen Arten. Dieser Fall wird auch als **Allopolyploidie** bezeichnet. Wie im letzten Abschnitt erwähnt, sind Hybriden zwischen verschiedenen Arten normalerweise steril, weil sich ihre Chromosomen während der Meiose nicht paaren. Bei manchen Hybriden kommt es jedoch nach der Befruchtung zur spontanen Verdopplung der Chromosomen. Die resultierenden Pflanzen sind dann fertil, weil es zur meiotischen Paarung kommen kann.

Ein Beispiel für Allopolyploidie liefert die Familie der Schlickgräser (*Spartina*). Im 19. Jahrhundert wurde durch Kreuzung von *S. maritima* ($2n = 60$) und *S. alterniflora* ($2n = 62$) eine sterile Hybride ($2n = 62$) hergestellt. Etwa um 1890 kam es in der Hybride zu einer spontanen Chromosomenverdopplung, die eine neue Art, *S. anglica*, hervorbrachte ($2n = 122$, offenbar ist ein Chromosomenpaar bei dem Prozess verloren gegangen). *S. anglica* (Englisches Schlickgras) ist fertil und hat sich überall an den Küsten Englands und Nordfrankreichs zu einem sehr erfolgreichen Unkraut entwickelt (▶ Abbildung 15.17). In der ersten Hälfte des 20. Jahrhunderts war es zu Landgewinnungszwecken auf den Nordfriesischen Inseln eingeführt worden und besiedelt dort die Quellerzone.

Aus unterschiedlichen Arten oder sogar Gattungen entstandene Hybriden können auch ohne Chromosomenverdopplung große Populationen bilden, wenn sie sich asexuell fortpflanzen. Beispielsweise hybridisiert das Wiesenrispengras (*Poa pratensis*) frei mit anderen Gräsern, was zur Entstehung zahlreicher Hybriden geführt hat. Die Hybriden vermehren sich durch Apomixis, d. h. die Samen werden aus nichtsexuell produzierten diploiden Zellen gebildet (siehe Kapitel 6).

Abbildung 15.17: Das Salz-Schlickgras (*Spartina anglica*) ist allopolyploid.

WIEDERHOLUNGSFRAGEN

1. Definieren Sie den Begriff der *biologischen Art*.
2. Was ist der Unterschied zwischen allopatrischen und sympatrischen Populationen?
3. Wieso kommt es durch eine Verdopplung der Chromosomenzahl zur Artbildung?
4. Was ist der Unterschied zwischen präzygotischer und postzygotischer Isolation? Nennen Sie für jede der beiden Isolationsformen Gründe, die zu ihrer Entstehung führen können.

ZUSAMMENFASSUNG

15.1 Die Geschichte der Evolution auf der Erde

Fossilien und molekulare Altersbestimmung

Fossilien wie Abdrücke und Versteinerungen liefern uns Informationen darüber, wie sich die Formen des Lebens über die Zeit verändert haben. Durch radiometrische Altersbestimmung, bei der die Zerfallsrate von radioaktiven Isotopen in Fossilien oder dem sie umgebenden Gestein gemessen wird, kann das Alter von Fossilien recht genau bestimmt werden. Bei molekularen Datierungsmethoden werden die Strukturen von DNA, RNA und Proteinen von unterschiedlichen Organismen verglichen, um abzuschätzen, wann sich ihre Evolutionslinien getrennt haben.

Biogeografie, Anatomie, Embryologie und Physiologie

Die Biogeografie untersucht, wo bestimmte Arten von Organismen leben und wie sich deren geografische Verteilung im Verlauf der Zeit geändert hat. Hinweise für den Verwandtschaftsgrad zwischen unterschiedlichen Organismengruppen ergeben sich aus der vergleichenden Anatomie, Physiologie und Embryologie.

Die Chemosynthese und der Ursprung des Lebens

Organische Verbindungen können sich spontan aus anorganischen Vorläufern bilden, die den vor der Entstehung des Lebens auf der Erde vorhandenen ähneln. Einige dieser Verbindungen können miteinander reagieren und Polymere bilden. Von diesen wiederum können einige spontan zu zellähnlichen Protobionten aggregieren.

Prokaryoten

Die ältesten bekannten Fossilien stammen von primitiven Prokaryoten und sind etwa 3,5 Millionen Jahre alt. Die Photosynthese begann bei Prokaryoten und bewirkte vor etwa 2,7 Millionen Jahren einen Anstieg der Sauerstoffkonzentration in der Atmosphäre. Die ersten Photosynthese betreibenden Bakterien traten mindestens vor 2,1 bis 2,2 Millionen Jahren auf.

Folgen der Plattentektonik und des Wechsels von Warm- und Kaltzeiten

Die Verschiebung der tektonischen Platten ist der Grund für die Kontinentaldrift, welche die Verbreitung von Pflanzen und Tieren und deren Veränderung mit der Zeit beeinflusst hat. Zyklische Änderungen von Orientierung und Abstand der Erde zur Sonne wirken sich auf den Verlauf der Jahreszeiten aus und sind verantwortlich für den Wechsel von Warm- und Kaltzeiten.

Das Aussterben von Arten als natürlicher Bestandteil der Evolution

Die meisten Arten, die jemals auf der Erde gelebt haben, sind mittlerweile wieder ausgestorben. Gründe für das Aussterben von Arten können Katastrophen, graduelle Änderungen von Umweltfaktoren oder die Konkurrenz zwischen Arten sein.

15.2 Die Mechanismen der Evolution

Evolution ist die Änderung der Häufigkeit von Allelen in einer Population im Verlauf der Zeit

Eine Population befindet sich im Hardy-Weinberg-Gleichgewicht, wenn die folgenden fünf Bedingungen erfüllt sind: die Population besteht aus sehr vielen Individuen, es gibt keine Mutationen, es gibt keine Migration, die Paarung erfolgt zufällig und es gibt keine natürliche Auslese. Wenn nur eine dieser Bedingungen nicht erfüllt ist, wird sich die Verteilung der Allele in der Population ändern und die Population wird evolvieren.

Die meisten Organismen haben das Potenzial, Nachkommen im Überfluss zu produzieren

Die meisten Organismen sind in der Lage, mehr Nachkommen hervorzubringen, als überleben und sich fortpflanzen können. Trotzdem ist die Größe von Populationen begrenzt, unter anderem wegen der Begrenzung durch die Ressourcen.

Phänotypische Unterschiede zwischen den Individuen einer Population

In den meisten natürlichen Populationen sind die Individuen phänotypisch verschieden, was vor allem auf Unterschiede in den Genotypen zurückzuführen ist. Genotypische Unterschiede entstehen durch Mutationen, Rekombination, „Crossing-over" und das Wirken von Transposons.

Adaptive Vorteile durch bestimmte Merkmalsausprägungen

Bestimmte Merkmalsausprägungen sind in einer Population sehr häufig, weil sie ihren Trägern eine besonders gute Anpassung verleihen. Beispielsweise stellen große, ungeteilte Blätter für Pflanzen in bestimmten Umgebungen eine gute Anpassung dar, während in anderen Umgebungen stark unterteilte, gelappte Blätter eine bessere Anpassung bieten.

Natürliche Auslese

Die am besten an ihre Umgebung angepassten Individuen haben die größten Chancen zu überleben und sich fortzupflanzen. Bei beschränkten Ressourcen führt Konkurrenz zur Selektion der am besten angepassten Phänotypen. Je nachdem, wie die natürliche Auslese auf die Individuen einer Population wirkt, kann sie stabilisierend, gerichtet oder diversifizierend sein.

Schnelle Evolution

Nach dem Modell des unterbrochenen Gleichgewichts wechseln kurze Perioden mit raschen evolutionären Änderungen und lange Perioden, in denen es nur geringe oder keine Änderungen gibt, einander ab. Schnelle evolutionäre Änderungen können bei adaptiver Radiation von Arten in neue Umgebungen erfolgen.

Koevolution

Die gemeinsame Evolution von Gräsern und grasenden Tieren oder von Blütenpflanzen und Bestäubern sind Beispiele für Koevolution.

15.3 Der Ursprung der Arten

Der Begriff der biologischen Art

Individuen einer biologischen Art sind potenziell in der Lage, sich mit anderen Individuen der gleichen Art zu kreuzen, während sie von anderen Arten reproduktiv isoliert sind.

Artbildung durch natürliche Auslese und geografische Isolation

Reproduktive Isolation und Artbildung können durch unterschiedliche Lebensräume innerhalb eines Gebiets oder durch geografische Isolation angetrieben werden. In Gebirgen ist oft beides gleichzeitig gegeben.

Präzygotische und postzygotische reproduktive Isolation

Präzygotische Isolation bedeutet, dass es entweder nicht zur Bestäubung kommt oder dass der Pollen nicht richtig wächst, so dass es nicht zur Befruchtung kommt. Von postzygotischer Befruchtung spricht man, wenn es zur Befruchtung kommt, aber die Zygote oder der Embryo nicht überlebt oder die adulte Pflanze infertil ist.

Reproduktive Isolation durch Polyploidie

Allopolyploidie entsteht, wenn es in einem zwischenartlichen Hybriden zur spontanen Chromosomenverdopplung kommt. Die entstehenden Individuen sind fertil.

Verständnisfragen

1. Definieren Sie den Begriff *Evolution* allgemein und im Kontext der Populationsgenetik.
2. Was ist der Unterschied zwischen Abdrücken und Versteinerungen?
3. Was lässt sich über die Atmosphäre der frühen Erde im Vergleich zu ihrem heutigen Zustand aussagen?
4. Was sind Stromatolithen und warum sind sie von Bedeutung?
5. Was ist die Ursache für die Kontinentaldrift?
6. Warum gibt es auf der Erde Jahreszeiten?
7. Was geschieht mit einer Population, wenn sie eine der Bedingungen des Hardy-Weinberg-Gleichgewichts nicht erfüllt?
8. Welche der vier Quellen der genetischen Variabilität ist die ultimative?
9. Wer war Thomas Malthus?
10. Warum haben die Blätter von Pflanzen aus einem tropischen Regenwald typischerweise eine andere Form als die Blätter von Pflanzen aus gemäßigten Gebieten?
11. Definieren Sie den Begriff *Anagenese*.
12. Was bedeutet der Begriff *unterbrochenes Gleichgewicht*?
13. Definieren Sie den Begriff der *adaptiven Radiation*.
14. Erläutern Sie die Koevolution von Pflanzen und Insekten.
15. Wie können Sie herausfinden, ob einander ähnelnde Ahornbäume aus verschiedenen Regionen tatsächlich zu verschiedenen Arten gehören?
16. Was verursacht nach Ernst Mayr die Artbildung?
17. Was ist Allopolyploidie?

Diskussionsfragen

1. Angenommen, jemand stellt einen Protobionten her, der Moleküle aus seiner Umgebung aufnimmt, diese in Membranen umwandelt und sich teilt, wenn er so groß wird, dass er von alleine kollabiert. Wäre es korrekt, diesen Protobionten als lebendig zu bezeichnen?

2. Wie können Sie im Labor oder in einem Feldversuch eine adaptive Radiation von Pflanzen simulieren?

3. Nennen Sie Argumente für oder gegen die Behauptung, dass die Konkurrenz zwischen Pflanzen um Ressourcen „friedlicher" ist als die Konkurrenz zwischen Tieren.

4. Entwerfen Sie ein Experiment, mit dem Sie die Darwin'sche Theorie in einem Labor an Pflanzen testen können. Wie würden Sie die natürliche Auslese implementieren?

5. Einige Philosophen haben behauptet, die Darwin'sche Theorie sei eine Definition und keine Theorie. Beispielsweise ist die Aussage „Ein Junggeselle ist ein unverheirateter Mann", offensichtlich keine Theorie, sondern eine Definition. Im Fall der Aussage „Die am besten angepasste Art ist diejenige, die überlebt" handele es sich ebenfalls um eine Definition. Ist das Überleben des Bestangepassten eine überprüfbare Theorie? Begründen Sie Ihre Position.

6. In der Wüste wachsen Wüstenbeifußpflanzen in ziemlich gleichmäßigen Abständen. Was könnte die Ursache für diese Abstände sein und welchen adaptiven Vorteil bieten sie?

7. Gegeben sei eine Pflanzenpopulation mit folgender Verteilung der Blütenfarben: 10 Prozent hellgelb, 20 Prozent mittelgelb, 40 Prozent dunkelgelb, 20 Prozent hellorange und 10 Prozent orange. Zeichnen Sie ein Häufigkeitsdiagramm. Zeichen Sie dann ein Diagramm, das die Häufigkeiten der Blütenfarben darstellt, nachdem ein Pflanzenfresser in die Population eingeführt wurde, der vorzugsweise die Pflanzen mit den dunkelgelben Blüten frisst, weniger gern die mit den mittelgelben Blüten und die anderen überhaupt nicht.

Zur Evolution

Das Mesozoikum war das Zeitalter der Dinosaurier. Die vorherrschenden Pflanzen waren die Palmfarne (siehe Kapitel 22), die wie ihre heute lebenden Nachfahren harte, scharfe Blätter hatten. Palmfarne wurden im späteren Mesozoikum nach und nach seltener. Während des frühen Mesozoikums koexistierten Palmfarne mit Farnen, deren Blätter weicher waren. Die für diese Periode charakteristischen Dinosaurier hatten relativ schwache, nicht zum Mahlen geeignete Zähne. Wie haben diese Dinosaurier Ihrer Meinung nach die Verbreitung von Palmfarnen und Farnen im frühen Mesozoikum beeinflusst? Könnte dies zur Koevolution zwischen Dinosaurier- und Pflanzenpopulationen geführt haben?

Weiterführendes

Weitere Informationen zu diesem Buchkapitel finden Sie auf der Companion Website unter http://www.pearson-studium.de.

Darwin, Charles. On the Origin of Species. Indypublish.com, 2002. *Das Buch von Darwin ist detailliert und interessant.*

Feucht, Werner, Hans E. Fischer und Wolfgang Fürste. Die Zuckerrübe. Westarp Wissenschaften, 2. Aufl., 2004. *Am Beispiel dieser für Mitteleuropa so wichtigen Nutzpflanze, die von der Wild-Bete, auch Seemangold genannt, abstammt, wird das Erreichen des Züchtungsziels, hoher Zuckergehalt in der Wurzel und Resistenzen gegen Schädlinge, anschaulich dargestellt.*

Gould, Stephen J. The Structure of Evolutionary Theory. Cambridge: Harvard University Press, 2002. *Eine schwierige und komplexe Lektüre, aber die umfassendste Darstellung der Theorie Darwins seit Darwins eigenem Buch.*

Gould, Stephen J. The Hedgehog, the Fox, and the Magister's Pox: Ending the False War Between Science and the Humanities. New York: Harmony Books, 2003. *Goulds Bücher sind eine großartige Lektüre und bieten eine Menge Informationen über die Naturwissenschaft, die stets unter einer evolutionären Sichtweise betrachtet wird.*

Graur, Dan und Wen-Hsiung Li. Fundamentals of Molecular Evolution. Sunderland, MA: Sinauer Associates, 2000. *Dieses Buch beschreibt alle Facetten der molekularen Evolution anhand zahlreicher Beispiele und sowohl mit mathematischen als auch intuitiven Erklärungen.*

Körber-Grohne, Udelgard. Nutzpflanzen in Deutschland. Nikol, Hamburg, 2001. *Hier wird die Entwicklung unserer Nutzpflanzen aus Wildformen für viele Arten sehr kompetent geschildert.*

Mayr, Ernst. Das ist Biologie … Die Wissenschaft des Lebens. Heidelberg: Spektrum Akademischer Verlag, 1998. *Dieses Werk des Evolutionsbiologen mit Rückblick auf fast 75 Jahre Lehr- und Forschungstätigkeit ist eine Standortbestimmung der Biologie an der Jahrtausendwende. Es ist ein Buch für Biologen, die ihr Fach ernst nehmen, und für alle, die wissen wollen, wie Wissenschaft funktioniert.*

Stone, Irving und Jean Stone. The Origin: A Biographical Novel of Charles Darwin. New York: Doubleday, 1980. *Dieser exzellente und spannende historische Roman ist nur noch in Antiquariaten und Bibliotheken erhältlich.*

Zimmer, Carl. Evolution: The Triumph of an Idea. New York: Harper Collins, 2001. *Bei diesem gut geschriebenen und hübsch illustrierten Buch handelt es sich um das Begleitbuch zu einer US-amerikanischen Dokumentarfilmreihe, die alle Aspekte der Evolutionstheorie behandelt.*

Klassifikation

16.1	Klassifikation vor Darwin	413
16.2	Klassifikation und Evolution	416
16.3	Hauptkategorien der Organismen	426
16.4	Die Zukunft der Klassifikation	430
	Zusammenfassung	433
	Verständnisfragen	435
	Diskussionsfragen	436
	Zur Evolution	436
	Weiterführendes	437

KLASSIFIKATION

❝ Werfen Sie einen Blick auf die vier Pflanzen, die auf dieser Seite abgebildet sind. Unbedingt meiden sollten Sie den Stechapfel (links oben), denn er enthält mehrere hochgiftige Alkaloide: Atropin, Scopolamin und Hyoscyamin. Alle Teile der Pflanze sind giftig, besonders die Samen. Jedes Jahr werden allein in den USA Hunderte von Vergiftungsfällen gemeldet, wobei die meisten davon mit Versuchen im Zusammenhang stehen, die Pflanze als Entspannungsdroge zu verwenden. Vergiftungssymptome sind unter anderem heiße Haut, zusammenhangsloses Sprechen, der Verlust der Muskelkoordination und Herzrasen. Hohe Dosen können zu Anfällen und Herzattacken führen.

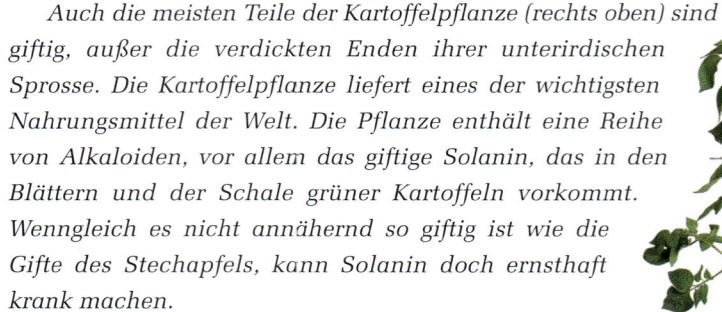

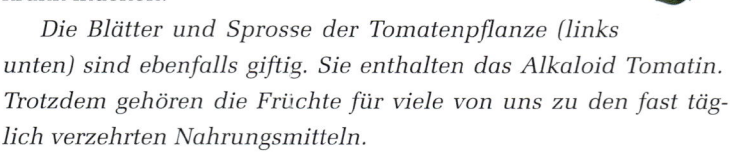

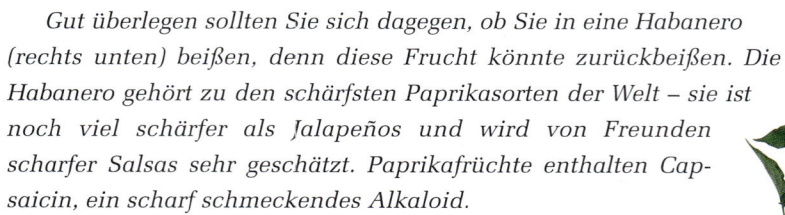

Auch die meisten Teile der Kartoffelpflanze (rechts oben) sind giftig, außer die verdickten Enden ihrer unterirdischen Sprosse. Die Kartoffelpflanze liefert eines der wichtigsten Nahrungsmittel der Welt. Die Pflanze enthält eine Reihe von Alkaloiden, vor allem das giftige Solanin, das in den Blättern und der Schale grüner Kartoffeln vorkommt. Wenngleich es nicht annähernd so giftig ist wie die Gifte des Stechapfels, kann Solanin doch ernsthaft krank machen.

Die Blätter und Sprosse der Tomatenpflanze (links unten) sind ebenfalls giftig. Sie enthalten das Alkaloid Tomatin. Trotzdem gehören die Früchte für viele von uns zu den fast täglich verzehrten Nahrungsmitteln.

Gut überlegen sollten Sie sich dagegen, ob Sie in eine Habanero (rechts unten) beißen, denn diese Frucht könnte zurückbeißen. Die Habanero gehört zu den schärfsten Paprikasorten der Welt – sie ist noch viel schärfer als Jalapeños und wird von Freunden scharfer Salsas sehr geschätzt. Paprikafrüchte enthalten Capsaicin, ein scharf schmeckendes Alkaloid.

Offensichtlich gibt es zwischen Stechapfel, Kartoffel, Tomate und Paprika bedeutende Unterschiede – zumindest was ihre Verwendung durch und ihre Wirkung auf den Menschen angeht. Deshalb mag es Sie vielleicht zunächst überraschen, dass Botaniker diese vier Blütenpflanzen – gemeinsam mit Tabak, Auberginen, Petunien und anderen – als verwandt betrachten. Alle diese Pflanzen gehören zur gleichen Pflanzenfamilie, den Nachtschattengewächsen, die wissenschaftlich Solanaceae genannt werden. Die Mitglieder dieser Pflanzenfamilie ähneln sich in ihren Blättern, Blüten und Früchten, und sie alle enthalten bestimmte Toxine. Als die aus Südamerika stammende Tomatenpflanze im 16. Jahrhundert nach Europa eingeführt wurde, glaubten deshalb viele Menschen, ihre Früchte seien giftig. Immerhin ähnelten die Blüten der Pflanze in ihrer Struktur denen des tödlich giftigen Bittersüßen Nachtschattens (Solanum dulcamara), einer Pflanze, die den Europäern gut bekannt war. Wie Sie sich sicher schon denken können, gehört auch der Bittersüße Nachtschatten zur Familie Solanaceae.

Wissenschaftler klassifizieren Pflanzen nicht anhand ihrer Verwendung durch den Menschen, sondern auf der Basis ihrer erblichen Merkmale, die beobachtet oder gemessen werden können. Ein wissenschaftliches System für die Namensgebung und Klassifikation von Organismen ist aus zwei Gründen wichtig. Indem man einem Organismus einen wissenschaftlichen Namen gibt, beseitigt man die Verwirrung, die dadurch entsteht, dass ein und derselbe Organismus in unterschiedlichen Verbreitungsgebieten unterschiedliche Namen hat, oder dass verschiedene Organismen den gleichen Trivialnamen haben. Beispielsweise sind drei unterschiedliche Arten von gelbblütigen Kräutern – der Scharfe Hahnenfuß (Ranunculus acris), die Sumpfdotterblume (Caltha palustris) und der Löwenzahn (Taraxacum officinale) – je nach Gegend in Deutschland unter dem gleichen Trivialnamen Butterblume bekannt. Die ersten beiden Pflanzen stammen aus verschiedenen Gattungen der Familie *der Hahnenfußgewächse. Die letzte gehört sogar zu einer anderen Familie, den Korbblütlern. Abgesehen von der Vermeidung solcher Konfusionen durch Trivialnamen hat ein Klassifikationssystem den Vorteil, dass es die Hypothesen von Wissenschaftlern bezüglich der Verwandtschaftsbeziehungen zwischen Organismen widerspiegelt. Die Pflanzen der Familie Solanaceae werden beispielsweise als stammesgeschichtlich miteinander verwandt angesehen.*

Das moderne wissenschaftliche Studium evolutionärer Beziehungen zwischen Organismen wird Systematik genannt. Das Gebiet umfasst die Taxonomie, das Benennen und Klassifizieren von Arten (nach griech. taktos, geordnet, und onoma, Name). Die Vorstellung, dass Organismen der Evolution unterliegen, ist jedoch noch relativ neu. Mehr als 2000 Jahre lang sind die Menschen davon ausgegangen, dass sich Organismen nicht ändern. Wenn Sie sich mit der Wissenschaft der Klassifikation beschäftigen, werden Sie feststellen, wie sie sich über die Jahre verändert hat und dass sie noch immer durch neue Entdeckungen geprägt ist.

Klassifikation vor Darwin 16.1

Der Mensch zeichnet sich dadurch aus, dass er seine Umgebung beobachtet und Nutzen aus ihr zieht. In ihrer langen Geschichte haben Menschen immer wieder nach praktischen Gesichtspunkten zwischen verschiedenen Pflanzen und Tieren unterschieden: Ist dieses Tier gefährlich oder nicht? Ist diese Pflanze giftig oder essbar? Welche Pflanzen können als Medizin gegen eine bestimmte Krankheit verwendet werden? Fragen wie diese haben zu Erkenntnissen über die physischen Merkmale vieler Organismen geführt, die zur Entwicklung eines wissenschaftlichen Klassifikationssystems beigetragen haben. Wir wollen uns zunächst mit den Klassifikationsmethoden vor Darwin und der Evolutionstheorie beschäftigen.

Klassifikation im Altertum

Frühe Bemühungen zur Unterscheidung zwischen Organismen standen oft im Zusammenhang mit der Verwendung von Pflanzen als Heilmittel. Das Wissen über heilkräftige Pflanzen ist in vielen Kulturen über Jahrtausende mündlich weitergegeben worden. Ein erstes schriftliches Kompendium über Heilpflanzen geht etwa auf das Jahr 2700 v. Chr. zurück und stammt von den Sumerern. Ein bemerkenswertes Werk wurde von dem chinesischen Gelehrten Li Shizhen (1518–1593) zusammengestellt. Das Werk enthielt mehr als 12.000 Behandlungsanleitungen, in denen 1074 pflanzliche Substanzen verwendet wurden. Die Kräuter waren in 16 Kategorien und 62 Unterkategorien klassifiziert.

In Europa waren es die Griechen, die sich als Erste mit der schriftlichen Benennung und Klassifizierung von Pflanzen und Tieren beschäftigten. Der Philosoph Aristoteles (384–322 v. Chr.) vertrat die Ansicht, dass es feste Typen von Pflanzen und Tieren gab, die basierend auf ihrer Form und Funktion definiert werden können. Theophrastus (370–285 v. Chr.), ein Schüler des Aristoteles, kategorisierte mehr als 500 Pflanzen auf der Basis ihrer Habitate und identifizierte sie als Kräuter, Sträucher oder Bäume. Er unterschied zwischen blühenden und nichtblühenden Pflanzen und erfasste viele Aspekte der grundlegenden Struktur von Pflanzen. Um das Jahr 70 n. Chr. verfasste der griechische Pharmakologe Dioscorides (40–90 n. Chr.) sein Werk *De materia medica*, das bis weit ins 17. Jahrhundert als Referenz zu Heilpflanzen verwendet wurde. Auch der *Kanon der Medizin* des persischen Gelehrten Ibn Sina (980–1037 n. Chr.) enthält Informationen über nützliche Pflanzen. Dieses Werk basiert auf griechischem und islamischem Wissen und beeinflusste die europäische Medizin über Jahrhunderte.

Mit der Erfindung des Buchdrucks im 15. Jahrhundert wurden Pflanzenbeschreibungen in gedruckten Büchern verfügbar, die als Kräuterbücher weite Verbreitung erfuhren. Der Mainzer Arzt und Botaniker Otto Brunfels und der Tübinger Professor Leonard Fuchs sowie Hieronymus Bock aus Zweibrücken schufen bestechend bebilderte Kräuterbücher, die naturgetreue Abbildungen enthielten, und werden deshalb auch als „Väter der Botanik" bezeichnet. Bei den meisten Kräuterbüchern lag der Schwerpunkt auf der medizinischen Verwendung von Pflanzen sowie darauf, wie diese bestimmt und gesammelt werden. Viele Kräuterkundige des Mittelalters und der Renaissance glaubten an die Signaturenlehre. Danach hat jede Pflanze ein offensichtliches Merkmal oder eine „Signatur", die auf ihre mögliche medizinische Verwendung hinweist.

Abbildung 16.1: Die Signaturenlehre. Gemäß der Signaturenlehre, die vor allem im Mittelalter verbreitet war, zeigen physische Ähnlichkeiten zwischen Pflanzen und Menschen an, in welcher Weise die Pflanze für medizinische Zwecke genutzt werden kann. Für einen Betrachter, der über ausreichend Phantasie verfügt, erinnern die getrockneten Wurzeln der Alraune (*Mandragora officinarum*) an Männer oder Frauen. Nach der Signaturenlehre ist die Wurzel deshalb geeignet, Funktionsstörungen – vor allem im sexuellen Bereich – des jeweiligen Geschlechts zu behandeln.

Von der Walnuss nahm man zum Beispiel an, dass sie gegen Kopfschmerzen hilft, weil ihre zerfurchte Gestalt an ein Gehirn erinnert. Die Wurzel der Alraune ähnelt der menschlichen Gestalt, weshalb man annahm, dass die Pflanze für den Menschen überhaupt förderlich ist. Vielfach wurde sie als Aphrodisiakum oder zur Behandlung von Unfruchtbarkeit empfohlen (▶ Abbildung 16.1). In Wirklichkeit enthält die Alraune Alkaloide, die stark narkotisierend wirken.

Auch wenn die Signaturenlehre definitiv unwissenschaftlich ist, haben Kräuterkundige wertvolle Beiträge zur wissenschaftlichen Klassifikation geleistet. So fertigten sie genaue Zeichnungen an, die für die Bestimmung von Pflanzen sehr nützlich waren. Ihre Pflanzenbeschreibungen verfassten sie in aller Regel in Latein, das im damaligen Europa die Standardschriftsprache der Gelehrten war. Forscher konnten daher sehr leicht Informationen über eine bestimmte Pflanze austauschen, auch wenn diese in unterschiedlichen Ländern und Sprachen verschiedene Trivialnamen hatte. Die in den Kräuterbüchern enthaltenen Beschreibungen halfen dabei, den Prozess der Benennung von Pflanzen voranzutreiben und diese anhand ihrer Merkmale in Gruppen zu unterteilen.

Die moderne Nomenklatur nach Linné

Abgesehen von den Informationen, die in den Kräuterbüchern zusammengestellt wurden, gab es im Mittelalter kaum Fortschritte bei der wissenschaftlichen Klassifikation. Im 15. Jahrhundert begann die Zeit der europäischen Entdeckungsreisen. Angetrieben wurden diese durch den Wunsch, einen Seeweg nach Asien zu finden, nachdem die Türken den Landweg blockiert hatten. Die neuen Handelsrouten ermöglichten den Europäern einen besseren Zugang zu asiatischen Waren wie teuren Gewürzen und Arzneimitteln. Durch die Reisen lernten die Europäer immer mehr Pflanzen und Tiere aus Amerika und Afrika kennen, wodurch sich das Interesse an einer wissenschaftlichen Klassifikation verstärkte. Der angesehenste Taxonom dieser Zeit war der englische Naturforscher John Ray (1627–1705), der den Begriff der Art zur Grundlage für die Klassifizierung von Organismen machte. Ray verwendete eine

Vielzahl von Merkmalen zur Beschreibung der einzelnen Arten. Er erkannte außerdem den Unterschied zwischen Einkeimblättrigen und Zweikeimblättrigen, den beiden Haupttypen der Blütenpflanzen.

Die Arbeiten Rays bereiteten den Boden für die Beiträge des schwedischen Professors für Botanik und Medizin Carl von Linné (1707–1778). Linné machte das heute verwendete System der wissenschaftlichen Benennung populär und wird deshalb oft als „Vater der modernen Taxonomie" bezeichnet.

Mit der wachsenden Anzahl beschriebener Pflanzen- und Tierarten wurden lange Listen von Merkmalen notwendig, um die Arten zu unterscheiden. Die traditionellen Beschreibungen listeten die Merkmale einer Art auf, lieferten jedoch keinen exakten Namen. Beispielsweise lautete eine Beschreibung für ein Mitglied der Gattung *Physalis*, die aus mehr als 100 Arten krautiger Pflanzen besteht, folgendermaßen: „Physalis, einjährig, stark verzweigt mit stark abgewinkelten, unbehaarten Zweigen, Blätter mit gezähntem Rand." Es konnte auch vorkommen, dass zwei verschiedene Taxonomen die gleiche Art leicht unterschiedlich beschrieben. Um eine kurze, konsistente Möglichkeit zur Bezeichnung der Arten zu haben, führte Linné ein System zweiteiliger lateinischer Namen ein, die binäre Nomenklatur. Dabei bezeichnet der erste Namensteil die Gattung. Der zweite Teil ist gewöhnlich ein Adjektiv, das die Art bezeichnet. Der von Linné verwendete Name für die eben beschriebene *Physalis*-Art ist *Physalis angulata* („gewinkelte Physalis"). Trivialnamen für diese Art sind Kapstachelbeere und Blasenkirsche. Unsere eigene Art nannte Linné *Homo sapiens* („einsichtiger Mensch"). Der zweiteilige Name dient als praktische Abkürzung, aber jede Art wird trotzdem noch durch alle ihre Merkmale definiert.

Schon vor Linné wurden zweiteilige lateinische Namen benutzt, doch er war der Erste, der diese Namen konsistent und für eine sehr große Anzahl von Arten anwendete. Dies war sein größter Beitrag zur Taxonomie: die Einführung eines vollständigen Systems, das wir noch heute verwenden. 1753 wurde die erste Auflage von Linnés Werk *Species Plantarum* („Die Pflanzenarten") veröffentlicht, in dem mehr als 7000 Arten beschrieben wurden und das viele Wissenschaftler seiner Zeit und darüber hinaus beeinflusste.

Der zweiteilige Name einer Art wird als **Binom** bezeichnet und üblicherweise kursiv oder mit Unterstrich gesetzt. Der die Gattung bezeichnende Namensbestandteil wird groß geschrieben. Der zweite Namensbestandteil wird als **artspezifisches Epitheton** bezeichnet und klein geschrieben. Nur durch die Angabe beider Namensbestandteile wird eine Art eindeutig spezifiziert. Betrachten wir zum Beispiel den Artnamen für die Gartenerbse, *Pisum sativum*. Der erste Namensteil sagt uns, dass die Pflanze zur Gattung *Pisum* gehört. Der zweite Namensteil, *sativum*, bedeutet einfach „angebaut als Nutzpflanze". Oftmals hat eine Art einer bestimmten Gattung das gleiche Epitheton wie eine Art einer anderen Gattung. Beispielsweise lautet der wissenschaftliche Name für Knoblauch *Allium sativum*. Wie Sie sehen, kann also eine Art nicht durch das spezifische Epitheton allein festgelegt werden. In offiziellen Verzeichnissen von Pflanzennamen folgt dem Binom oft der Name oder die Initialen des Autors, der die Pflanze benannt hat. Beispielsweise könnte der Name einer von Linné benannten weißen Rose *Rosa alba* L. lauten. Üblicherweise wird jedoch nur einfach das Binom angegeben.

Wie kam es dazu, dass Linné zu dem Taxonomen wurde, der in allen Botaniklehrbüchern zitiert wird, während die meisten (oder alle) anderen unerwähnt bleiben? Sein Ruhm beruht vor allem darauf, dass er ein so außergewöhnlich produktiver Gelehrter war, der viele Studenten ausgebildet und zudem ein einfaches und nützliches System der Benennung von Arten eingeführt hat. Auf einer 1867 in Paris abgehaltenen Konferenz beschlossen die versammelten Botaniker, das von Linné entwickelte binäre System einheitlich für die Klassifikation von Pflanzen zu verwenden. Auch die Zoologen schlossen sich bald dieser Vorgehensweise an.

Obwohl moderne Botaniker und Zoologen das Benennungssystem von Linné übernommen haben, betrachten sie dessen Einordnung von Organismen in allgemeinere Gruppen als willkürlich und zu stark vereinfachend. Beispielsweise definierte Linné wichtige „Klassen" von Pflanzen, indem er lediglich die Anzahl und Position der Staubblätter heranzog. Im Gegensatz dazu verwendete Bernard de Jussieu (1699–1777) vom Königlichen Botanischen Garten in Paris zur Klassifikation einer Art so viele Merkmale wie möglich. In den Zeiten Linnés wurde dieser Ansatz auch aus anderen Gründen infrage gestellt, zum Beispiel bezog sich ein Kritikpunkt darauf, dass die geschlechtliche Fortpflanzung von Pflanzen ein unpassendes Thema sei, selbst für die wissenschaftliche Diskussion.

Im nächsten Abschnitt werden wir uns mit dem heute gültigen hierarchischen Klassifikationssystem der Organismen befassen. Obwohl der größte Teil dieses

Systems nicht Linné zugeschrieben werden kann, lässt sich mit Gewissheit sagen, dass er den Stein ins Rollen gebracht hat.

> **WIEDERHOLUNGSFRAGEN**
>
> 1. Ist die Klassifikation zunehmend wissenschaftlicher geworden? Begründen Sie Ihre Antwort.
> 2. Welche Vorteile bringt es, einen wissenschaftlichen Namen für eine Art zu haben?
> 3. Wird Linné zu Recht als „Vater der modernen Taxonomie" bezeichnet? Erläutern Sie Ihre Antwort.

Klassifikation und Evolution 16.2

Fast sein ganzes Leben lang vertrat Linné die Ansicht, dass alle Arten nach dem göttlichen Schöpfungsakt für alle Zeit unverändert blieben (siehe den Kasten *Pflanzen und Menschen* auf Seite 417). Sein Motto war *Nullae species novae* – lateinisch für „keine neuen Arten". Nach dieser Auffassung wurden alle Arten gleichzeitig gebildet – ähnlich wie ein fertiges Gemälde, das sich niemals verändert. Gegen Ende seines Lebens bemerkte Linné jedoch das hohe Maß an Variabilität, das innerhalb der meisten Pflanzenarten auftrat. Er erkannte auch, dass neue Varietäten kultiviert werden können, und er hielt ein Beispiel für das fest, was wir heute als Mutation bezeichnen. Allem Anschein nach traten also nach der Schöpfung neue Pflanzenarten auf. Schließlich gab Linné seinen Standpunkt, wonach keine neuen Arten entstehen können, auf.

Bereits vor Darwin hatten Wissenschaftler über Mutationen berichtet, so dass die Vorstellung von der Unveränderlichkeit der Arten bereits infrage gestellt worden war. Nach der Veröffentlichung von Darwins Werk *Über die Entstehung der Arten* im Jahre 1859 sowie der zunehmenden Akzeptanz der Evolutionstheorie betrachteten die Taxonomen die Klassifikation mit einem völlig neuen Blick. Anstatt Organismen ausschließlich auf der Basis ihrer physischen Erscheinung in Kategorien einzuteilen, entwarfen sie Stammbäume, die den Standpunkt der **Phylogenie** widerspiegeln, d. h. die Stammesgeschichte verwandter Arten.

Die Klassifikation auf der Basis evolutionärer Beziehungen wird als phylogenetische Klassifikation bezeichnet. Eine solche Klassifikation kann ganz anders aussehen als eine Klassifikation auf alleiniger Grundlage physischer Merkmale. Für evolutionäre Taxonomen – oder Systematiker – ist die grundlegende Frage nicht einfach, ob sich bestimmte Organismen ähneln; vielmehr fragen sie danach, ob die Ähnlichkeiten das Ergebnis der Evolution aus einem gemeinsamen Vorfahren ist.

Wie aber können Systematiker solche Fragen beantworten? Immerhin gibt es keine „Augenzeugen", die berichten könnten, wie die Evolution von Arten über viele Millionen Jahre verlaufen ist. Wenn man die statische Sichtweise der unveränderlichen Arten mit einem Gemälde vergleicht, dann entspricht die Evolution der Arten über die Zeit einem sehr langen Film – allerdings einem, den man sich nicht ansehen kann. Einige Szenen dieses Films haben in Form von Fossilien überlebt – „Schnappschüsse" von Organismen aus der Vergangenheit –, doch die Fossilienfunde liefern ein unvollständiges Bild und sind zudem schwierig zu interpretieren. Deshalb müssen Systematiker auch indirekte Methoden verwenden, um Hypothesen über die Evolution der verschiedenen Arten formulieren zu können. In diesem Abschnitt werden wir den Nutzen und die Grenzen dieser Methoden der Klassifikation beleuchten.

Klassifikation anhand verschiedener Merkmale

Bei der Klassifikation von Organismen analysieren moderne Systematiker oftmals die gleichen Merkmale, die schon seit Jahrhunderten beobachtet werden, aber auch solche Merkmale, die erst in jüngerer Zeit mittels Elektronenmikroskopie entdeckt wurden. Zu den gängigen Merkmalskategorien gehören Struktur, Funktion, Lebenszyklen und molekulare Daten (DNA, RNA und Proteine).

Pflanzen werden beispielsweise häufig anhand ihrer Fortpflanzungsstrukturen (wie Samen, Zapfen, Blüten und Früchte) klassifiziert. Einige der wichtigsten Kategorien der Pflanzen basieren darauf, ob und welche Arten von Samen sie besitzen. So sind beispielsweise die Samen von Blütenpflanzen in Früchten eingeschlossen, während sich die Samen von Koniferen in Zapfen befinden.

Die Form von Sprossen und Blättern sowie die Blattanordnung sind ebenfalls wichtige strukturelle Merk-

16.2 Klassifikation und Evolution

PFLANZEN UND MENSCHEN
■ Linné und die Pflanzen

Linné war schon in jungen Jahren von Pflanzen fasziniert. Als er 25 Jahre alt war, unternahm er im Auftrag der Schwedischen Akademie der Wissenschaften die erste wissenschaftliche Exkursion nach Lappland. Auf dieser Reise sammelte er Pflanzen und erforschte die Tierwelt sowie die Geologie. Eine der von ihm entdeckten Pflanzen wurde nach ihm benannt: *Linnaea borealis*, das Moosglöckchen. Als er von dieser Reise zurückkam, war sein lebenslanges Interesse für die Botanik gefestigt. Er wurde schließlich Professor für Medizin und Botanik an der Universität von Uppsala. Viele seiner Studenten erhielten später bedeutende Positionen an den Universitäten ganz Europas, was den späteren Ruhm Linnés sicherte.

Das besondere Interesse Linnés galt der Sexualität der Pflanzen. Er klassifizierte die Pflanzen nach der Anzahl und der Größe männlicher und weiblicher Blütenbestandteile. Alle nichtblühenden Pflanzen betrachtete er als eine Gruppe, einfach weil sie keine offensichtlichen geschlechtlichen Bestandteile haben. Oft verglich er die pflanzliche Sexualität mit der menschlichen. So beschrieb er beispielsweise Blätter als „Brautbetten, die der Schöpfer so glorreich hergerichtet habe" und Staubblätter als „Ehemänner bei der Hochzeit". Wie sich vorstellen lässt, sorgten solche Ansichten für beträchtlichen Aufruhr bei einigen seiner Kritiker. Nachdem ein Botaniker solche sexuellen Darstellungen als „widerliche Hurerei" bezeichnet hatte, benannte Linné eine Gattung der Gräser, *Siegesbeckia*, nach ihm.

Als Professor war Linné ein sehr beliebter Führer von Feldexkursionen. Bei diesen Gelegenheiten zogen bis zu 200 Leute, begleitet von Trommeln, Waldhörnern und Fahnen, wenn nicht sogar von einer ganzen Blaskapelle, durch die Gegend. Ganz vorn schritt Linné, gefolgt von einem Schreiber und einem Bediensteten, der für Ruhe und Disziplin sorgte. Weitere Bedienstete waren dafür zuständig, Pflanzen zu sammeln oder den Proviant zu tragen. Wenn sie zurück zum Campus kamen, riefen alle „Vivat Linnaeus".

Selbst Linnés Name hat eine interessante Geschichte. Eigentlich hätte er als Sohn von Nils Ingemarson Carl Nilson heißen müssen, denn im damaligen Schweden gab es keine Familiennamen im heutigen Sinne, sondern der zweite Name eines Sohnes war der Vorname des Vaters mit einem angehängten „son". Linnés Vater gab sich nach einer Linde, die auf dem Grundbesitz der Familie wuchs, selbst den Familiennanmen Linné (später latinisiert zu Linnaeus).

---

male. Nehmen wir an, ein Baum hat annähernd quadratische, etwa 15 cm lange gelappte Blätter, die im Herbst gelb werden, tulpenähnliche, orange-grüne Blüten und zapfenförmige Früchte. Diese Merkmale beschreiben den Tulpenbaum (*Liriodendron tulipifera*), der in den Laubwäldern des östlichen Nordamerika häufig vorkommt (▶ Abbildung 16.2). Außerdem vergleichen Systematiker mikroskopische Strukturen wie die Muster des Leitgewebes und die Anzahl der Chromosomen in der Zelle.

Auch Merkmale, die mit Pflanzenfunktionen im Zusammenhang stehen, sind für die Klassifikation von Nutzen. Bestimmte Enzyme können beispielsweise in verwandten Pflanzen ähnliche Funktionen haben, etwa bei der Produktion von Alkaloiden. Ein anderer wichtiger Hinweis ist die Art der Photosynthese. Bei manchen Pflanzengruppen haben einige Mitglieder die C_4-Photosynthese entwickelt, andere dagegen nicht, so dass dieses Merkmal als Unterscheidungskriterium benutzt werden kann.

Lebenszyklen spielen eine Schlüsselrolle für die Phylogenie. Manche Pflanzen können zum Beispiel anhand der Bestäubungsweise unterschieden werden. Einige werden vom Wind bestäubt, während sich andere ausschließlich oder hauptsächlich auf Insekten, Vögel oder Fledermäuse verlassen. Die grundlegendste Unterteilung der Blütenpflanzen in Einkeimblättrige und Zweikeimblättrige basiert darauf, ob der Embryo ein oder zwei Keimblätter hat. Die Embryoform, also etwa ob er gekrümmt oder gestreckt ist, kann ebenfalls für die Klassifikation verwendet werden. Die Embryonen verwandter Arten haben oftmals Ähnlich-

16 KLASSIFIKATION

Abbildung 16.2: Der Tulpenbaum. Seine charakteristischen Blätter, Blüten und Früchte helfen bei der Bestimmung von *Liriodendron tulipifera*, der in seiner nordamerikanischen Heimat mehrere Trivialnamen hat. In Indiana, Kentucky und Tennessee ist er der Nationalbaum.

keiten, die in den adulten Organismen nicht mehr sichtbar sind.

Seit den 1960er-Jahren haben neue Verfahren zur Analyse von DNA-, RNA- und Proteinstrukturen molekulare Daten geliefert, die von vielen Systematikern als das ultimative Mittel der Taxonomie angesehen werden. Allerdings kann die Interpretation molekularer Daten schwierig sein.

Molekulare Daten für die phylogenetische Klassifikation

Molekulare Daten können wertvolle Hinweise für das Auffinden von evolutinären Zusammenhängen liefern, weil Ähnlichkeiten in DNA, RNA und Proteinen ein Zeichen dafür sind, dass Organismen eng verwandt sind. Außerdem liefern molekulare Daten Belege dafür, dass physische Ähnlichkeiten von einem gemeinsamen Vorfahren ererbt wurden, denn wie wir wissen, codieren DNA und RNA Proteine, die einem Organismus seine physischen Merkmale verleihen.

Eine Standardmethode besteht darin, die Aminosäuresequenzen von Proteinen verschiedener Organismen miteinander zu vergleichen. Oft wird dabei das Protein Cytochrom *c* verwendet, weil es ein relativ einfaches, leicht zu sequenzierendes Protein ist, das in allen Organismen mit aerober Atmung vorkommt. Je geringer die Unterschiede zwischen den Aminosäuresequenzen sind, umso enger sind die Organismen miteinander verwandt. So gibt es beispielsweise 38 Unterschiede zwischen den Cytochrom *c*-Aminosäuresequenzen von Weizen und vom Menschen, nur 11 Unterschiede zwischen Pferden und Menschen und überhaupt keinen Unterschied zwischen Schimpansen und Menschen. Grob geschätzt gibt es alle 100 Millionen Jahre vier bis fünf Änderungen in den Cytochrom *c*-Sequenzen seit der Entwicklung zweier Organismen aus einem gemeinsamen Vorfahren. Daher kann Cytochrom *c* als eine Art **molekulare Uhr** benutzt werden, um die evolutionäre Entfernung zwischen zwei Organismen, d. h. den Zeitpunkt, seitdem sie reproduktiv voneinander isoliert sind, zu schätzen.

DIE WUNDERBARE WELT DER PFLANZEN

■ Was steckt hinter dem Namen einer Pflanze?

Oft steckt hinter dem wissenschaftlichen Namen oder dem Trivialnamen einer Pflanze eine interessante Geschichte. Hier einige Beispiele:

Der erste Teil des wissenschaftlichen Namens für den links abgebildeten Roten Fingerhut, *Digitalis purpurea*, ist aus dem lateinischen Wort für Finger abgeleitet, da die Blüten an Fingerhüte erinnern. Aus der Pflanze werden Digitalisglycoside gewonnen, die zur Stärkung des Herzens und zur Regulierung des Herzschlags verordnet werden. Der englische Trivialname „foxglove" („Fuchshandschuh") ist aus einer Legende abgeleitet, nach der Elfen den Füchsen diese mokassinähnlichen Blüten geschenkt haben, damit diese sich lautlos an ihre Beute anschleichen können.

Der wissenschaftliche Name für das Vergissmeinnicht, *Myosotis*, ist aus den griechischen Wörtern *mys* („Maus") und *oitikos* („Ohr") abgeleitet, denn die weichen, kurzen Blätter erinnern an die Ohren einer Maus.

Hemerocallis fulva, die Gelbrote Taglilie, erhielt ihren Namen von den griechischen Wörtern *hemera* („Tag") und *kalos* („schön"), denn die Blüten der Taglilie schließen sich am Abend.

Die unten abgebildete Schwarze Tollkirsche, *Atropa belladonna*, produziert das Alkaloid Atropin, das u. a. zur Pupillenerweiterung verwendet wird. Das Epitheton *belladonna* stammt aus dem Italienischen und bedeutet „schöne Frau". In der Renaissance sollen sich italienische Frauen den Extrakt dieser Pflanze in die Augen geträufelt haben, um besonders verführerisch auszusehen. Allerdings kann Atropin bei entsprechenden Dosen tödlich sein, was den englischen Trivialnamen „Deadly Nightshade" („Tödlicher Nachtschatten") sowie die deutschen Trivialnamen Teufelskirsche und Wolfsbeere erklärt. Auch der Name der Gattung (*Atropa*) und der des Alkaloids der Pflanze (*Atropin*) deuten auf die Gefährlichkeit der Pflanze hin, denn sie sind von *Atropos* abgeleitet, dem Namen der Schicksalsgöttin, die den Lebensfaden eines Menschen zerschneidet.

Die Tauben-Skabiose, *Scabiosa columbaria*, ist ein Vertreter der Gattung *Scabiosa*, die den deutschen Trivialnamen Grindkraut trägt. Früher nahm man an, dass diese Pflanze Krätze (lat. *scabies*) und verschiedene andere Hautkrankheiten heilen könnte.

Der wissenschaftliche Name für die Gattung der Hahnenfußgewächse, *Ranunculus*, bedeutet „kleiner Frosch". Wie Frösche bevorzugen Hahnenfußgewächse feuchte Standorte. Der deutsche Trivialname hingegen bezieht sich auf die Blattform.

Der wissenschaftliche Name der Färberpflanze, *Coreopsis tinctoria*, ist aus den griechischen Wörtern *koreos* (für Floh) und *opsis* (für ähnlich) abgeleitet, weil ihre Samen an Flöhe erinnern.

Die unten abgebildete *Pedicularis groenlandica* schließlich aus der Gattung Läusekraut hat im Englischen den Trivialnamen „Elephant's head" („Elefantenkopf"), der sich auf die Form der Blüten bezieht. Die Pflanze wächst in den Mooren der Gebirge im Westen der USA.

Seit einigen Jahren haben Systematiker auch die Möglichkeit, die DNA- und RNA-Nucleotidsequenzen verschiedener Organismen miteinander zu vergleichen. Anfangs analysierten sie dazu Teilsequenzen, indem sie eine Restriktionskarte der DNA konstruierten (siehe Kapitel 14). Da Restriktionsenzyme die DNA an Stellen mit spezifischen Basensequenzen zerschneiden, liefert eine Kartierung dieser Bruchstellen das Muster der DNA-Unterschiede zwischen zwei Arten. Neuerdings versucht man, vollständige Sequenzen von Genen oder ganze Genome zu vergleichen. Nach und nach bestimmen Wissenschaftler die vollständigen DNA-Sequenzen von immer mehr Arten (Kapitel 14).

Die Methoden zur Analyse molekularer Daten sind allerdings kompliziert und nicht ohne Weiteres in gleicher Weise auf Vertreter unterschiedlicher Arten anwendbar. Abweichungen in der Struktur von DNA, RNA und Proteinen können Probleme verursachen. Beispielsweise können DNA-Sequenzen von Individuen einer Art voneinander abweichen. Außerdem kommen Mutationen in bestimmten Chromosomenabschnitten häufiger vor als in anderen und es kann zu Inversionen, Translokationen und Duplikationen von Chromosomenabschnitten kommen. Diese Fehlerquellen können miteinander kombiniert sein, wenn Teilsequenzen anstatt vollständiger Sequenzen analysiert werden. Auch Deletionen und Insertionen können Probleme beim Vergleich von DNA- und RNA-Sequenzen verursachen. In diesen Fällen können die Sequenzen jedoch mithilfe von Computerprogrammen rekonstruiert werden.

Ein weiteres Problem besteht darin, dass in manchen Fällen keine molekularen Daten verfügbar sind. Für die meisten lebenden Arten wurden bisher kleine DNA-, RNA- und Proteinsequenzen erstellt oder sie sind unvollständig. Fossilien liefern in der Regel keine verwertbaren molekularen Daten, vor allem deshalb, weil viele Fossilientypen kein organisches Material enthalten. Selbst wenn sie organisches Material enthalten, kann die DNA durch Verwesung schnell abgebaut werden, und es bleiben nur unvollständige oder veränderte Sequenzen zurück. Auch wenn Filme wie *Jurassic Park* uns dies vorgaukeln, ist es gewöhnlich nicht möglich, korrekte DNA-Sequenzen aus Fossilien zu gewinnen.

Trotz dieser Einschränkungen sind molekulare Daten sehr wertvoll für das Aufstellen von Hypothesen über evolutionäre Verwandtschaftsbeziehungen. Systematiker vergleichen auf molekularen Daten beruhende Klassifikationen mit denen, die auf anderen Merkmalen basieren. Oftmals erhält man sehr ähnliche Ergebnisse. Die Analyse aller Unterschiede kann zur Verfeinerung der ausgewählten Merkmale oder der verwendeten Methoden führen und somit zu einer genaueren phylogenetischen Klassifikation.

Hierarchisches Klassifikationssystem

Basierend auf der Analyse von Merkmalen wird ein Organismus in eine Hierarchie von Kategorien oder Ebenen eingeordnet. Die allgemeinste Kategorie ist die **Domäne**. Sie wurde erst in jüngster Zeit eingeführt, was später in diesem Kapitel näher erklärt wird. Die nächste Kategorie ist das **Reich**. Die Gruppen innerhalb eines Reichs werden **Stamm** genannt. Botaniker haben lange Zeit den Begriff *Abteilung* anstelle von *Stamm* benutzt. 1993 wurden die beiden Begriffe im Internationalen Code der botanischen Nomenklatur als äquivalent erklärt. Wir werden hier den Begriff Stamm verwenden. Die Gruppen innerhalb eines Stammes heißen **Klassen**. Die Kategorie unterhalb der Klasse ist die **Ordnung**. Innerhalb einer Ordnung sind die Organismen in **Familien** unterteilt, innerhalb einer Familie in **Gattungen**. Eine Gattung besteht aus einer oder mehreren **Arten**.

Ähnlichkeiten in den Fortpflanzungsstrukturen spielen eine Schlüsselrolle bei der Klassifikation von Pflanzen, da diese oft das Ergebnis genetischer Verwandtschaft und nicht einer Anpassung an die Umwelt sind. Manche Pflanzen werden in Abhängigkeit davon, ob sie Samen produzieren oder nicht, Stämmen zugeordnet. Die Samenpflanzen umfassen vier Stämme mit offen liegenden Samen (Nacktsamer) und einen Stamm mit umschlossenen Samen (Bedecktsamer). Zur Charakterisierung der einzelnen Stämme der Bedecktsamer werden Unterschiede der Fortpflanzungsstrukturen sowie des Baus der Sprosse und Wurzeln herangezogen. Zu den samenlosen Pflanzen gehören die Moose mit drei Stämmen und die Gefäßsporenpflanzen mit vier Stämmen. Die Abgrenzung der verschiedenen Stämme der samenlosen Pflanzen erfolgt anhand von Unterschieden in der Organisation und der Struktur der Sporangien.

Innerhalb eines Stammes erfolgt die Zusammenfassung von Pflanzen zu Klassen anhand von gemeinsamen Merkmalen. Da beispielsweise alle Bedecktsamer Keimblätter haben, können sie nach der Anzahl der Keimblätter in die beiden Klassen der Einkeimblättrigen und Zweikeimblättrigen unterteilt werden. Tatsächlich haben Einkeimblättrige und Zweikeimblättrige jeweils noch eine Reihe weiterer Merkmale, die sie von der anderen Klasse unterscheiden. Anhand von immer spezifischeren Merkmalen werden Pflanzen weiter in Klassen, Ordnungen, Familien und Gattungen unterteilt, wobei die jeweilige Kategorie eindeutig von den anderen Kategorien der gleichen taxonomischen Ebene abgegrenzt wird.

Auch die Individuen einer Art unterscheiden sich in bestimmten Merkmalen. Wenn sich diese Unterschiede zwischen Gruppen von Pflanzen akkumulieren, kann

Reich
Pflanzen
(*Plantae*)

Kartoffel | Aubergine | Paprika | Tomate | Prunkwinde | Süßkartoffel | Ahorn | Sonnenblume | Erbse | Mais | Gras | Farn | Moos | Kiefer

Stamm
Blütenpflanzen
(*Anthophyta*)

Pflanzen, die Blüten haben und innerhalb eines Fruchtknotens Samenanlagen bilden

Klasse
Zweikeimblättrige
(*Eudicotyledonae*)

Pflanzen, deren Embryonen zwei Keimblätter haben

Ordnung
Nachtschattenartige
(*Solanales*)

Mitglieder der Klasse der Eudicotyledonae mit radiärsymmetrischen Blüten, deren Kronblätter fächerartig angeordnet sind

Familie
Nachtschattengewächse
(*Solanaceae*)

Mitglieder der Ordnung der Nachtschattenartigen mit wechselständigen Blättern, Früchten in Form von Kapseln oder Beeren mit vielen Samen; enthalten das Alkaloid Solanin

Gattung
Nachtschatten
(*Solanum*)

Mitglieder der Familie der Nachtschattengewächse mit stark gelappten Blättern

Art
Kartoffel
(*Solanum tuberosum*)

Mitglied der Gattung Nachtschatten mit essbaren Knollen (einzige Art der Gattung)

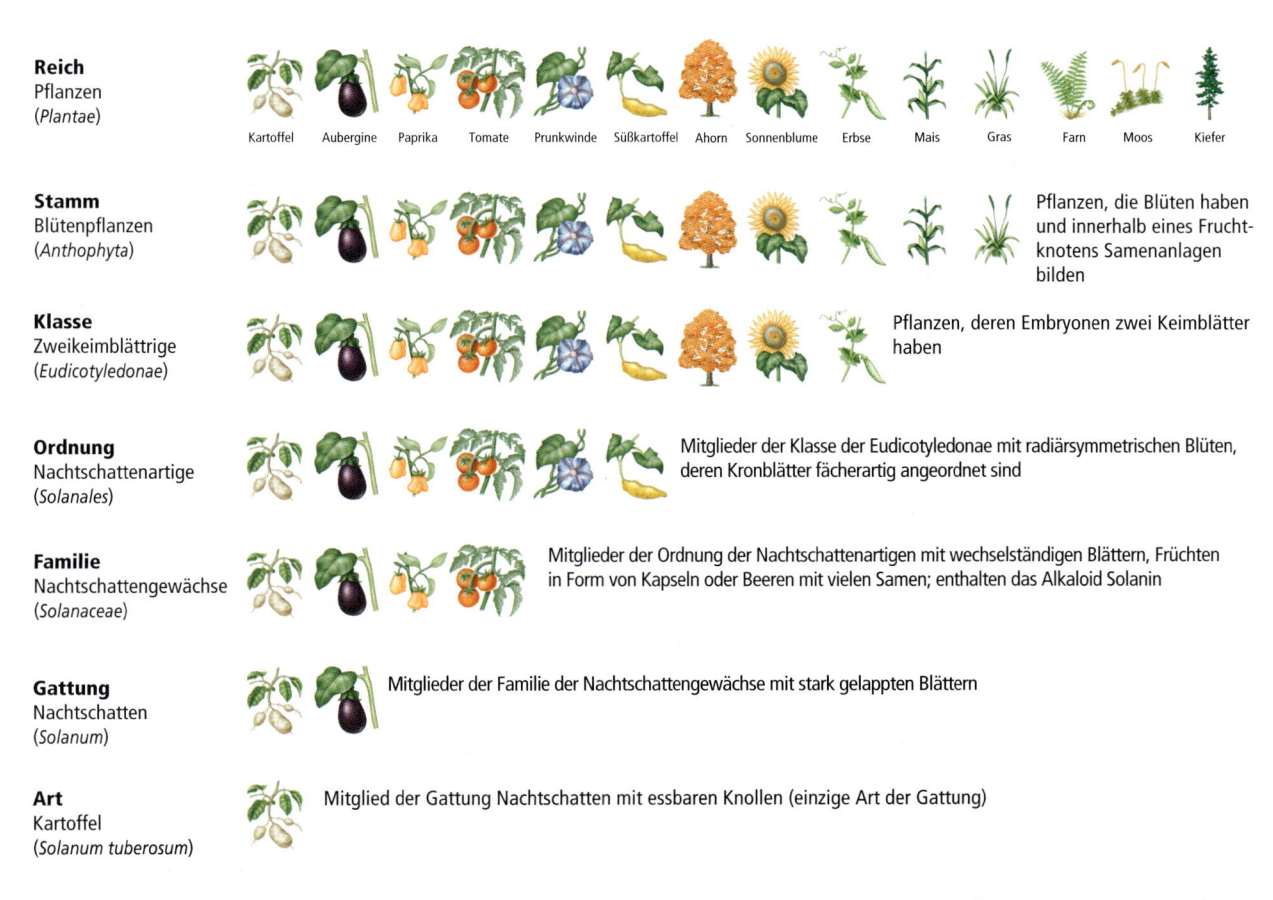

Abbildung 16.3: Klassifikation der Kartoffelpflanze (*Solanum tuberosum*). Dieses Schema zeigt für jede Klassifikationsebene einige Beispiele. Das Reich der Pflanzen umfasst mehrzellige, Photosynthese betreibende, landbewohnende Organismen. Diese haben Embryonen, die in der Mutterpflanze geschützt liegen. Je weiter Sie in dem Schema nach unten gehen, umso weniger Mitglieder finden Sie, da immer weniger Organismen alle der angegebenen Merkmale besitzen. Beispielsweise besitzt die Familie der Nachtschattengewächse (*Solanaceae*) Merkmale, die nicht allen Mitgliedern der Ordnung der Nachtschattenartigen (*Solanales*) eigen sind. Auf der Ebene der Art ist die Kartoffel (*Solanum tuberosum*) einzigartig, da sie das einzige Mitglied der Gattung *Solanum* mit essbaren Knollen ist.

es sein, dass Mitglieder unterschiedlicher Gruppen sich nicht mehr erfolgreich miteinander kreuzen. Bei Pflanzen können sich Individuen unterschiedlicher Arten oder sogar Gattungen gelegentlich kreuzen, was bei Tieren nur sehr selten geschieht.

Als Beispiel für eine Klassifikation betrachten wir die Kartoffel, *Solanum tuberosum*. Offensichtlich gehört diese ins Reich der Pflanzen (*Plantae*). Als Blütenpflanze gehört sie zum Stamm Anthophyta. Als Zweikeimblättrige gehört sie zur Klasse der Eudicotyledonen. Innerhalb der Zweikeimblättrigen gehört sie zur Ordnung der Nachtschattenartigen (*Solanales*) und innerhalb dieser zur Familie der Nachtschattengewächse (*Solanaceae*). Unter den rund 90 Gattungen dieser Familie gehört sie zur Gattung Nachtschatten (*Solanum*), die etwa 2300 Arten umfasst. Jede benannte Gruppe eines solchen Klassifikationsschemas ist ein **Taxon** (Plural: Taxa). *Solanaceae* ist beispielsweise ein Taxon auf der Ebene der Familie. Wie Sie den Beschreibungen der Taxa in ▶ Abbildung 16.3 entnehmen können, besitzen die unterschiedlichen Taxa jeweils die Merkmale der darüberliegenden Ebene *und* weitere Gemeinsamkeiten. Je weiter Sie von der Ebene des Reichs zur Ebene Art absteigen, umso enger sind die Pflanzen eines Taxons miteinander verwandt. Beispielsweise sind die Mitglieder der Gattung *Solanum* untereinander enger verwandt als mit anderen Arten innerhalb der Familie *Solanaceae*. Bei manchen Pflanzentaxa können Sie die Klassifikationsebene an den Namen erkennen; so enden zum Beispiel die meisten Pflanzenfamilien auf *-aceae* und die meisten Ordnungen auf *-ales*. Allgemein werden nur Gattungs- und Artnamen kursiv gesetzt. Alle Taxanamen beginnen mit einem Großbuchstaben.

Angesichts der großen Vielfalt innerhalb der Organismengruppen haben viele Systematiker die Hierarchie um zusätzliche Ebenen erweitert. Manche dieser zusätzlichen Ebenen besitzen die Präfixe *Unter-* oder *Über-*, beispielsweise Unterstamm, Überklasse, Unterklasse, Überordnung, Unterordnung, Überfamilie, Unterfamilie, Untergattung und Unterart. Ebenen wie Unterart, Varietät, Rasse und Sorte bezeichnen wilde und domestizierte Varianten innerhalb einer Art.

Botaniker und Zoologen folgen bei der Benennung und Klassifizierung neuer Arten einem Standardverfahren. Eine neu entdeckte Art wird in einer führenden wissenschaftlichen Zeitschrift beschrieben, und zwar in Latein sowie mehreren modernen Sprachen. Im Fall von Pflanzen wird ein einzelnes Exemplar (das **Typusexemplar**) in einem Herbarium hinterlegt, wo es vor Feuchtigkeit und Fraß durch Insekten geschützt ist. Anhand eines Typusexemplars kann festgestellt werden, ob ein anderes Exemplar zur gleichen Art gehört oder nicht. Das größte Herbarium der Welt befindet sich im *Musée National d'Histoire Naturelle* in Paris und enthält sieben Millionen Exemplare. Die von Linné gesammelten Exemplare befinden sich im Linné'schen Herbarium des Schwedischen Museums für Naturgeschichte in Stockholm sowie im Besitz der Linné-Gesellschaft in London (▶ Abbildung 16.4).

Systematik und Stammesgeschichte

Nachdem Darwins Theorie innerhalb der Wissenschaft akzeptiert worden war, nahm die phylogenetische Klassifikation eine zentrale Stellung ein. Seit Ende des 19. Jahrhunderts stellen Systematiker **phylogenetische Bäume** auf, also Verzweigungsdiagramme, welche die evolutionären Beziehungen im Abhängigkeit von der Zeit darstellen. Die ersten phylogenetischen Bäume spiegeln v. a. das wider, was über die Lebenszyklen und Grundstrukturen von Organismen bekannt war. Heute werden phylogenetische Bäume aus einer größeren Zahl von Merkmalen sowie aus molekularen Daten abgeleitet. Trotzdem basieren sie nicht unbedingt auf sehr vielen Merkmalen – manche sind sogar aus nur einem Merkmal abgeleitet. Die verlässlichsten phylogenetischen Bäume basieren typischerweise auf mehr als einem Merkmal, obwohl auch Bäume auf der Basis eines einzigen molekularen Merkmals akzeptabel sein können. Unabhängig von der Anzahl der verwendeten Merkmale enthalten alle phylogenetischen Bäume Hypothesen über die Verwandtschaftsbeziehungen zwischen Organismen. Die Systematiker sind sich häufig uneinig darüber, welche Merkmale am

Abbildung 16.4: **Ein Exemplar aus Linnés Herbarium.** Dieses Exemplar der Tomatenpflanze stammt aus dem 18. Jahrhundert. Die Tomate ist ein Beispiel für eine Art, die von verschiedenen Taxonomen unterschiedlich bezeichnet wurde. Linné klassifizierte sie als *Solanum lycopersicum*. Der die Art bezeichnende Namensbestandteil bedeutet so viel wie „Wolfspfirsich", was den Verdacht widerspiegelt, dass die Frucht giftig sei – trotz ihres appetitlichen Aussehens gefährlich wie ein Wolf. Später wurde die Art als *Lycopersicon esculentum* klassifiziert, also „essbarer Wolfspfirsich". Viele moderne Botaniker favorisieren jedoch den Linné'schen Namen, da die Tomate eng verwandt mit den anderen Arten der Gattung *Solanum* (Nachtschatten) ist.

meisten über die evolutionären Beziehungen zwischen bestimmten Organismen aussagen.

Oft ist es tatsächlich sehr schwierig zu bewerten, ob zwei Organismen stammesgeschichtlich miteinander verwandt sind. Wenn sich zwei Pflanzen in einem Merkmal ähneln, dann kann dies daran liegen, dass sie es von einem gemeinsamen Vorfahren ererbt haben. Eine solche Ähnlichkeit wird als **Homologie** bezeichnet. Beispielsweise stellen Zapfen eine Homologie innerhalb der Koniferen, d. h. den zapfentragenden Bäumen, dar. Ähnliche Strukturen oder Funktionen können sich aber auch unabhängig voneinander aus verschiedenen Vorfahren entwickelt haben. Eine Ähnlichkeit in Struktur oder Funktion zwischen zwei nicht eng verwandten Arten wird als **Analogie** bezeichnet. Eine Analogie ist das Ergebnis **konvergenter Evolution**. Ebenso,

Abbildung 16.5: Konvergente Evolution. Mitglieder von mindestens drei nicht miteinander verwandten Familien von Blütenpflanzen haben die Dornen und die dicken, fleischigen Stämme entwickelt, die für Kakteen typisch sind. Hierzu gehören neben der Familie der Kakteengewächse (*Cactaceae*) selbst die Familie der Wolfsmilchgewächse (*Euphorbiaceae*) und die Familie der Seidenpflanzengewächse (*Asclepiadaceae*).

wie sich unterschiedliche Straßen treffen können, können sich unterschiedliche Wege der Evolution annähern, was zu einer Ähnlichkeit in einem bestimmten Merkmal führt. Ein Beispiel hierfür sind verschiedene Wüstenpflanzen mit dicken, fleischigen, wasserspeichernden Blättern (▶ Abbildung 16.5). Dieses Merkmal kann sich unabhängig in mehreren Pflanzengruppen entwickelt haben. Ebenso haben sich Stacheln in unterschiedlichen Typen von Wüstenpflanzen unabhängig voneinander entwickelt. Eine ähnliche Struktur oder Funktion bedeutet also nicht zwangsläufig, dass zwei Organismen eng verwandt sind. Ein Systematiker, der zwei bestimmte Pflanzen miteinander vergleicht, muss jede Ähnlichkeit zu den anderen Merkmalen in Beziehung setzen. Dabei kann er zu dem Schluss kommen, dass eine Ähnlichkeit angesichts der größeren Anzahl oder Signifikanz von Unterschieden unbedeutend ist. Zudem sind manche Ähnlichkeiten oberflächlich, andere dagegen komplex. Eine komplexe Ähnlichkeit deutet mit größerer Wahrscheinlichkeit darauf hin, dass sich die Organismen aus einem gemeinsamen Vorfahren anstatt unabhängig entwickelt haben. Falls sie verfügbar sind, können molekulare Daten Aufklärung bringen, da eng verwandte Pflanzen größere Ähnlichkeit in ihren DNAs, RNAs und Proteinen haben.

Es gibt drei Möglichkeiten, wie Systematiker Ähnlichkeiten bewerten. Manche konzentrieren sich darauf, Merkmalsausprägungen quantitativ zu vergleichen, ohne zwischen Homologien und Analogien zu unterscheiden. Sie vertreten also die Ansicht, dass die Verwandtschaft zwischen zwei Organismen umso enger ist, je mehr sie einander ähneln. Andere Wissenschaftler betrachten nur die Anzahl der Homologien. Der am weitesten verbreitete Ansatz besteht jedoch darin, Organismen gemäß der zeitlichen Abfolge zu klassifizieren, in der evolutionäre Verzweigungen auftreten. Dieses Vorgehen, das als **Kladistik** (nach griech. *klados* für Zweig, Ast) bezeichnet wird, bewertet nicht nur die Homologien, sondern auch die zeitliche Reihenfolge, in der Homologien vererbt werden.

Beim Vergleich von Organismen unterscheidet man in der Kladistik, ob eine Homologie ein „primitives" Merkmal ist, das von einem entfernteren Vorfahren ererbt wurde, oder ein „abgeleitetes" Merkmal, das von einem Vorfahren aus der jüngeren Vergangenheit stammt. Ein **gemeinsames primitives Merkmal** ist eine Homologie, die nicht ausschließlich bei den untersuchten Organismen vorkommt, d. h. auch nicht zur Gruppe gehörende Organismen haben dieses Merkmal von dem gleichen entfernten Vorfahren ererbt. Zum Beispiel sind Samen ein gemeinsames primitives Merkmal der Bedecktsamer, da die Bedecktsamer nicht die einzigen Pflanzen sind, die Samen produzieren. Auch die Nacktsamer haben dieses Merkmal von dem gemeinsamen Vorfahren aller Samenpflanzen ererbt. Im Gegensatz dazu ist ein **gemeinsames abgeleitetes Merkmal** eine Homologie, die ausschließlich in einer bestimmten Gruppe vorkommt. Beispielsweise sind Blüten ein gemeinsames abgeleitetes Merkmal innerhalb des Stammes der Bedecktsamer, da nur diese und ihr gemeinsamer Vorfahre dieses Merkmal teilen.

Das folgende Diagramm fasst die Typen ähnlicher Merkmale zusammen:

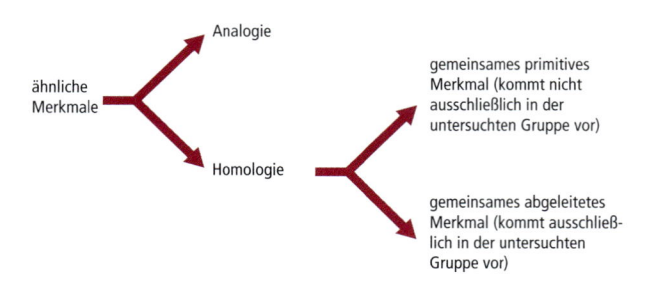

ähnliche Merkmale → Analogie
ähnliche Merkmale → Homologie → gemeinsames primitives Merkmal (kommt nicht ausschließlich in der untersuchten Gruppe vor)
Homologie → gemeinsames abgeleitetes Merkmal (kommt ausschließlich in der untersuchten Gruppe vor)

Kladogramme

Mit der wachsenden Popularität der Kladistik fand ein bestimmter Typ des phylogenetischen Baums starke Verbreitung, das **Kladogramm**. Dies ist ein baumähnliches Diagramm, das evolutionäre Beziehungen darstellt. Eine **Klade** ist ein Ast des Kladogramms, der aus einem Vorfahren und allen seinen Nachkommen besteht, die alle ein oder mehrere Merkmale teilen, durch die sie als evolutionärer Zweig einzigartig sind. Eine Klade ist per Definition **monophyletisch**, d. h. sie bildet einen **Stamm** von Organismen, die aus einem gemeinsamen Vorfahren hervorgegangen sind. Bei der Definition einer Klade verwenden Systematiker gemeinsame abgeleitete Merkmale, da diese die engsten evolutionären Beziehungen widerspiegeln.

Kladogramme werden konstruiert, um vermutete evolutionäre Beziehungen zwischen Taxa auf jeder Ebene der Klassifikationshierarchie zu identifizieren. Der erste Schritt bei der Aufstellung eines Kladogramms ist die Auswahl der zu untersuchenden Gruppe. Die Gruppe kann aus verschiedenen Arten oder mehreren Gruppen von Arten (z. B. unterschiedlichen Familien oder Stämmen) bestehen. Die zu untersuchenden Typen von Organismen werden in diesem Zusammenhang **Innengruppe** genannt. In Abhängigkeit vom verfügbaren Pflanzenmaterial und der betrachteten Fragestellung kann die Innengruppe groß oder klein sein, auf ein bestimmtes Taxon beschränkt oder breiter gefasst. Nehmen wir an, wir wollen drei Stämme von Gefäßpflanzen vergleichen: Farne, Koniferen und Blütenpflanzen. Der nächste Schritt besteht in der Festlegung der **Außengruppe**, einer Art oder einer Gruppe von Arten, die mit denen der Innengruppe eng verwandt sind, aber nicht so eng wie diese untereinander. Die Außengruppe liefert die Basis, auf der es möglich ist, gemeinsame primitive Merkmale (jene, die auch in der Außengruppe vorhanden sind) von gemeinsamen abgeleiteten Merkmalen zu unterscheiden. In unserem Fall wählen wir als Außengruppe den Stamm der Moose.

Als Nächstes stellen wir eine Merkmalstabelle auf. An einer ihrer beiden Achsen sind die Taxa und an der anderen die Merkmale aufgelistet. Der Einfachheit halber enthält die in ▶ Abbildung 16.6a gezeigte Tabelle nur drei Merkmale. Dabei bedeutet 0, dass das Merkmal nicht vorhanden ist, und 1, dass es vorhanden ist. Merkmalstabellen können sehr viele Merkmale enthalten und für die einzelnen Merkmale kann es mehr als nur zwei Zustände geben, beispielsweise die Anzahl der Kelchblätter einer Blüte. Numerische Werte machen es leichter, die Daten mithilfe eines Computers zu analysieren.

Aus diesen Daten wird nun ein Kladogramm erzeugt (▶ Abbildung 16.6b). Jeder Verzweigungspunkt oder Knoten markiert den Verlust oder Gewinn eines bestimmten Merkmals und somit die Verzweigung in unterschiedliche Evolutionslinien. Jeder Verlust oder Gewinn eines Merkmals definiert eine spezielle Klade (▶ Abbildung 16.6c). Beispielsweise definiert das Vorhandensein von Leitgewebe eine Klade, die aus einem Vorfahren mit Leitgewebe und allen seinen Nachfahren besteht. Beachten Sie, dass sich eine Klade innerhalb einer anderen Klade befinden kann. Innerhalb der Klade der Pflanzen mit Leitgewebe befindet sich eine Klade von Pflanzen mit Leitgewebe *und* Samen. Eine weitere Klade besteht aus Pflanzen mit Leitgewebe, Samen *und* Blüten.

Ein Kladogramm wird meist von einem Computerprogramm konstruiert, das aus den Daten einer Merkmalstabelle eine grafische Darstellung erzeugt. Oft kann aus einer gegebenen Menge von Daten mehr als ein Kladogram erzeugt werden. In solchen Fällen halten sich Systematiker an das Prinzip der **Parsimonie**, wonach das einfachste Kladogramm vermutlich das korrekte ist. Wir hatten festgehalten, dass jeder Verzweigungspunkt den Verlust oder Gewinn eines bestimmten Merkmals

16.2 Klassifikation und Evolution

(a) Merkmalstabelle.

	\multicolumn{4}{c}{Taxa}
Merkmale	Moose	Farne	Koniferen	Blütenpflanzen
Blüten	0	0	0	1
Samen	0	0	1	1
Leitgewebe	0	1	1	1

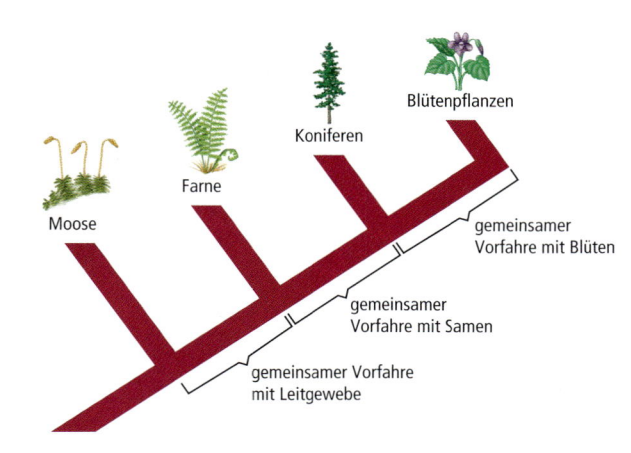

(b) Kladogramm.

- gemeinsamer Vorfahre mit Blüten
- gemeinsamer Vorfahre mit Samen
- gemeinsamer Vorfahre mit Leitgewebe

(c) Beispiele für Kladen.

Klade der Farne, Koniferen und Blütenpflanzen (gemeinsames Merkmal: Leitgewebe)

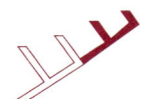

Klade der Koniferen und Blütenpflanzen (gemeinsames Merkmal: Samen)

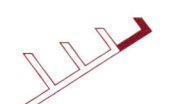

Klade der Blütenpflanzen (gemeinsames Merkmal: Blüten)

Abbildung 16.6: Einfaches Beispiel für eine Merkmalstabelle und ein Kladogramm. (a) In einer Merkmalstabelle werden Informationen durch Zahlen dargestellt, die ein Computer auswerten kann. Die Ziffer 1 wird üblicherweise verwendet um anzugeben, dass ein Merkmal vorhanden ist. Auf der Basis der gezeigten Tabelle wurde das in Teil (b) gezeigte Kladogramm angefertigt. Das Vorhandensein eines bestimmten Merkmals entspricht einer Verzweigung im Kladogramm. (b) Dieses Kladogramm zeigt eine Hypothese über die stammesgeschichtliche Verwandtschaft zwischen drei Stämmen der Gefäßpflanzen: Farnen, Koniferen und Blütenpflanzen. (c) Je kleiner der Abstand zwischen zwei Kladen im Kladogramm, umso enger sind sie miteinander verwandt. Farne, Koniferen und Blütenpflanzen besitzen Leitgewebe, ein Merkmal, das den Moosen fehlt. Koniferen und Blütenpflanzen sind sogar noch enger miteinander verwandt, da sie beide Samen erzeugen. Schließlich unterscheiden sich die Blütenpflanzen als Gruppe von den Koniferen, die keine Blüten bilden.

aufgrund eines oder mehrerer evolutionärer Ereignisse repräsentiert. Das einfachste Kladogramm ist diejenige Evolutionslinie, auf der es die wenigsten Änderungen gibt. Das Parsimonie-Prinzip ist ein Beispiel für ein allgemeines Prinzip der Wissenschaftstheorie, das unter der Bezeichnung „Ockhams Rasiermesser" bekannt ist. Der Philosoph William von Ockham (1280–1349) vertrat die Ansicht, dass die einfachste Erklärung für ein Phänomen am wahrscheinlichsten die korrekte ist.

Auf der Basis unterschiedlicher Merkmale erstellte Kladogramme können verglichen werden, um festzustellen, ob sie auf ähnliche phylogenetische Bäume führen. Merkmale, die keine ähnlichen Kladogramme erzeugen, können Analogien anstatt Homologien sein.

Probleme bei der Klassifikation

Wie alle anderen phylogenetischen Bäume sind Kladogramme Hypothesen, solange Systematiker unterschiedlicher Meinung sind, anhand welcher Merkmale Organismen klassifiziert werden sollten. Ein Konflikt besteht zwischen „Spaltern" und „Vereinigern". Die „Spalter" ziehen es vor, eine größere Anzahl von Arten oder Gruppen von Arten festzulegen. Die „Vereiniger" sind der Ansicht, dass es sinnvoller ist, weniger Arten und Gruppen von Arten zu haben. Beispielsweise haben Vertreter dieser Richtung in letzter Zeit dahingehend argumentiert, dass Hunde (*Canis familiaris*) und Wölfe (*Canis lupus*) als eine gemeinsame Art *Canis lupus* aufgefasst werden sollten, weil sie sich miteinander kreuzen und fruchtbare Nachkommen hervorbringen. Spalter halten dagegen, dass es problematisch sei, eine wilde, gefährdete Art mit einer domestizierten Art zu vergleichen, innerhalb der durch künstliche Zuchtwahl viele Unterarten oder Rassen entstanden sind. Ähnlich uneinig sind Systematiker bei der Klassifikation der Gattung *Capsicum*, die wilde und domestizierte Arten von scharfen und milden Paprikas enthält. Ein Grund für die unterschiedlichen Auffassungen ist die große Variabilität der Fruchtformen selbst innerhalb einer Art der Gattung *Capsicum*. Manche Systematiker sind der Meinung, dass unterschiedliche Fruchtformen auf unterschiedliche Arten hinweisen (▶ Abbildung 16.7).

Die Fähigkeit der Pflanzen, zwischen Arten und Gattungen zu hybridisieren, kompliziert die Kladistik noch

Abbildung 16.7: Paprika – eine einzige Art oder viele? Die abgebildeten Paprikafrüchte spiegeln die große Variabilität innerhalb der Art *Capsicum annuum* wider, die durch künstliche Zuchtwahl erreicht wurde. Gegen den Uhrzeigersinn, beginnend links oben: Gemüsepaprika, ungarischer Wachspaprika, Habanero, Jalapeño. Einige Systematiker sind der Meinung, dass die verschiedenen Varietäten auf der Basis von Unterschieden in Merkmalen wie Form und Farbe der Früchte sowie von molekularen Daten als separate Arten klassifiziert werden sollten.

weiter, ebenso die Fähigkeit der Pflanzen, durch Polyploidie (siehe Kapitel 15) neue Arten zu bilden. Außerdem ist zu bedenken, dass zwei Experten für ein Taxon, beispielsweise für eine bestimmte Pflanzengattung, unterschiedliche Meinungen bezüglich der korrekten Klassifikation einer bestimmten Art haben können. Die molekulare Taxonomie kann einige dieser Meinungsverschiedenheiten klären, sie aber nicht grundsätzlich eliminieren. Das Aufstellen einer Hypothese über evolutionäre Beziehungen ist letzten Endes ein Versuch, die Vergangenheit aus dem unzulänglichen Blickwinkel der Gegenwart heraus zu rekonstruieren.

16.3 Hauptkategorien der Organismen

Wie Sie in den letzten Abschnitten gelernt haben, hat sich die Klassifikation im Verlauf der Zeit geändert. In vielen Fällen sind sich Systematiker nicht über die stammesgeschichtlichen Beziehungen zwischen Arten einig. Es wird Sie daher nicht überraschen, dass selbst die allgemeinsten Gruppen von Organismen Gegenstand anhaltender Debatten sind.

Revision der Anzahl der Reiche

Bis Mitte des 19. Jahrhunderts wurden Organismen auf der allgemeinsten Ebene in Pflanzen und Tiere unterteilt. Photosynthese betreibende Organismen, die sich nicht fortbewegen, wurden den Pflanzen zugeordnet. Organismen, die sich fortbewegen und ihre Nahrung fressen, galten als Tiere. Diese Unterscheidung funktionierte für die meisten Organismen, die man üblicherweise zu sehen bekam, gut. Einige jedoch passten weder in die eine noch in die andere Kategorie. Pilze zum Beispiel wurden oftmals als Pflanzen angesehen, weil sie sich nicht fortbewegen, allerdings betreiben sie auch keine Photosynthese. Mittlerweile sind viele Organismen bekannt, die eine Kombination aus typischen Pflanzenmerkmalen, typischen Merkmalen der Pilze und typischen Tiermerkmalen besitzen. Ein Beispiel ist der Mikroorganismus *Euglena* (▶ Abbildung 16.8), der häufig in Tümpeln vorkommt: Er betreibt Photosynthese wie eine Pflanze, absorbiert Nahrung wie ein Pilz, bewegt sich fort wie ein Tier und ist auch als Augentierchen bekannt.

Nachdem die Systematiker feststellen mussten, dass es zu Unstimmigkeiten führt, wenn man alle Organismen entweder als Pflanzen oder als Tiere einstuft, gab es Vorschläge zur Einführung neuer Reiche. In den 1860er-Jahren schlugen die Biologen John Hogg und Ernst Haeckel das Reich der *Protoctista* vor, das Pilze, Bakterien, einzellige Algen und viele andere einzellige Organismen enthalten sollte. Seitdem die eindeutigen Merkmale der Pilze erkannt wurden, betrachten die meisten Systematiker die Pilze als eigenständiges Reich. Ende der 1930er-Jahre stellte man durch mikroskopische Untersuchungen fest, dass Bakterien einzellige Proka-

16.3 Hauptkategorien der Organismen

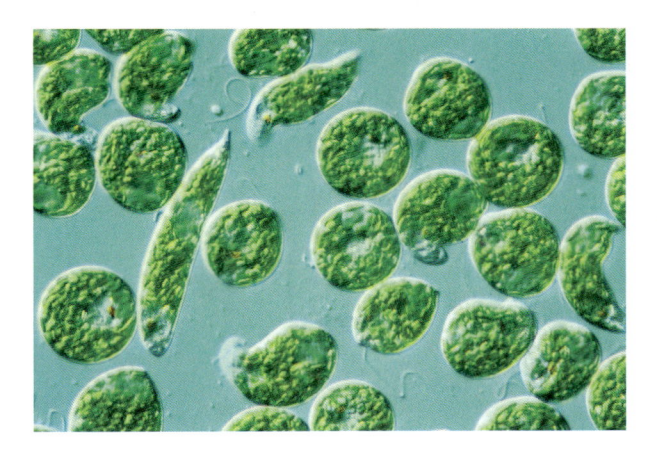

Abbildung 16.8: Euglena. Dieser Mikroorganismus ist einer der vielen Lebewesen, die sich nicht anhand der traditionellen Definitionen von Pflanzen und Tieren in eine der beiden Kategorien einordnen lassen. Er besitzt Chloroplasten, weshalb er wie die Pflanzen zur Photosynthese in der Lage ist. Allerdings lebt er nicht rein autotroph. Im Dunkeln, wo der Organismus nicht die Möglichkeit hat, seine Nahrung durch Photosynthese herzustellen, kann er sich ähnlich wie Pilze durch Absorption Nährstoffe zuführen. Zudem besitzt der Organismus eine Geißel, die es ihm erlaubt, sich fortzubewegen – ein Merkmal, das er mit den Tieren teilt.

ryoten sind, alle anderen Organismen dagegen Eukaryoten. Die meisten Systematiker gingen deshalb dazu über, auch die Bakterien als ein eigenständiges Reich, das der *Monera* (von griech. *moneres*, „einzeln"), zu betrachten. Nachdem also Pilze und Bakterien aus dem Reich der Protoctista ausgeschlossen waren, verblieben darin noch Algen, Schleimpilze, Wasserpilze und viele einzellige Organismen, die keine Photosynthese betreiben. Dieses Reich wurde gewöhnlich mit dem leichter auszusprechenden Begriff *Protista* bezeichnet.

1969 schlug Robert Whittaker von der Cornell-Universität ein Fünf-Reiche-System vor, das von vielen Wissenschaftlern akzeptiert wurde. Dieses System besteht aus den Reichen *Animalia* (Tiere), *Fungi* (Pilze), *Plantae* (Pflanzen), *Protista* und *Monera*. Die Reiche Tiere, Pilze und Pflanzen unterscheiden sich untereinander vor allem durch die Art der Nahrungsaufnahme: Tiere fressen ihre Nahrung, Pilze absorbieren sie und Pflanzen stellen ihre eigene Nahrung durch Photosynthese her. Alle anderen Eukaryoten wurden zum Reich *Protista* zusammengefasst. Diese Organismen, von denen viele mikroskopisch klein sind, werden informell als Protisten bezeichnet. Das andere Reich, *Monera*, besteht aus sämtlichen Prokaryoten, jenen Mikroorganismen, die gewöhnlich als Bakterien bezeichnet werden. Viren, die noch kleiner und in ihrer Struktur einfacher sind, werden nicht klassifiziert, da sie sich außerhalb ihres Wirtsorganismus nicht reproduzieren können und deshalb keine Lebewesen sind.

Obwohl das von Whittaker vorgeschlagene System große Verbreitung gefunden hat, war damit nicht das letzte Wort über die Einteilung der Lebewesen in Reiche gesprochen. Es blieben Fragen offen, was die Klassifikation von Protisten und Prokaryoten betrifft. Nach dem Klassifikationssystem von Whittaker war das Reich Protista noch immer ein Sammelsurium unterschiedlicher Eukaryoten, die vor allem deshalb dort eingruppiert waren, weil sie weder den Tieren noch den Pilzen noch den Pflanzen zugeordnet werden konnten. Viele Systematiker forschen heute daran, wie sich die Protisten in mehrere separate Reiche unterteilen lassen. Zudem haben molekulare Daten gezeigt, dass es nicht korrekt ist, alle Prokaryoten zu einem einzigen Reich zusammenzufassen.

Domänen als oberste Kategorie der Klassifikation

Das Fünf-Reiche-System basiert auf dem Vergleich von sichtbaren Strukturen und Funktionen der Organismen. In den letzten Jahren haben jedoch molekulare Daten neue Erkenntnisse über die Unterschiede innerhalb der Prokaryoten geliefert. Anstelle des Fünf-Reiche-Systems favorisieren die meisten Systematiker heute ein System, in dem es eine über dem Reich liegende Hierarchieebene gibt. Diese Kategorie wird als Domäne bezeichnet. Von diesem Standpunkt aus lassen sich alle Organismen in eine der folgenden drei Domänen einordnen: *Archaea*, *Bacteria* und *Eukarya*. Die Organismen in den Domänen Archaea und Bacteria sind unterschiedliche Typen von Bakterien, während in der Domäne Eukarya alle Eukaryoten vereint sind.

Die Domänen *Archaea* und *Bacteria*

Es mag seltsam erscheinen, dass zwei der drei Domänen des Lebens aus Mikroorganismen bestehen. Immerhin sind vermutlich die meisten Leute der Meinung „Ein Bakterium ist ein Bakterium". Seit Ende der 1970er-Jahre haben jedoch molekulare Untersuchungen von DNA- und RNA-Sequenzen offenbart, dass sich prokaryotische Organismen, die unter extremen Bedingungen wie sehr heißen oder sehr salzigen Umgebungen leben, bezüglich ihrer Zellstrukturen und vor allem ihrer RNA signifikant von anderen Prokaryoten unterscheiden. Zunächst wurden diese Prokaryo-

16 KLASSIFIKATION

Domäne Bacteria
die meisten bekannten Prokaryoten; weniger häufig in extremen Lebensräumen

Domäne Archaea
Prokaryoten, die in normalen und extremen Lebensräumen wie Salzseen und heißen Quellen vorkommen

Reich Protista*
einzellige und einfache mehrzellige Eukaryoten; Tiere, Pilze und Pflanzen sind aus frühen Protisten hervorgegangen

Reich Plantae*
mehrzellige Photosynthese betreibende Eukaryoten, die sich an das Leben an Land angepasst haben

Reich Fungi*
mehrzellige Eukaryoten, die Nährstoffe absorbieren

Reich Animalia*
mehrzellige Eukaryoten, die sich andere Organismen einverleiben

*Domäne Eukarya

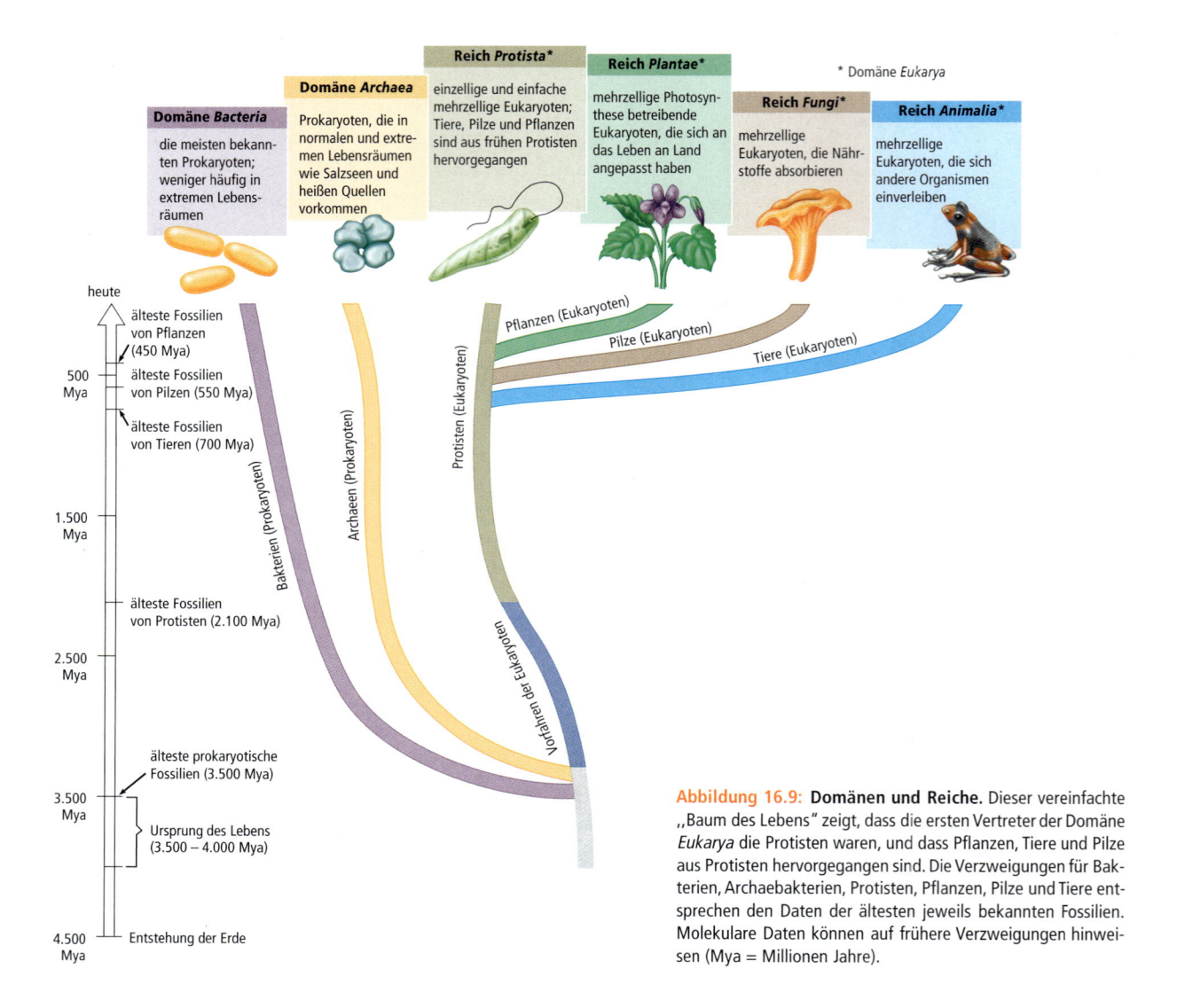

Abbildung 16.9: Domänen und Reiche. Dieser vereinfachte „Baum des Lebens" zeigt, dass die ersten Vertreter der Domäne *Eukarya* die Protisten waren, und dass Pflanzen, Tiere und Pilze aus Protisten hervorgegangen sind. Die Verzweigungen für Bakterien, Archaebakterien, Protisten, Pflanzen, Pilze und Tiere entsprechen den Daten der ältesten jeweils bekannten Fossilien. Molekulare Daten können auf frühere Verzweigungen hinweisen (Mya = Millionen Jahre).

ten „Archaebakterien" und die anderen „Eubakterien" („echte" Bakterien) genannt. Heute jedoch glauben die meisten Systematiker, dass *Archaea* so verschieden sind, dass sie nicht einmal als ein Typ von Bakterien bezeichnet werden sollten. In der Tat unterscheiden sich *Archaea* in einigen Aspekten der DNA- und RNA-Struktur von den Bakterien genauso stark wie wir selbst. Aus diesem Grund werden die beiden „Superreiche" der Prokaryoten als Domänen *Archaea* und *Bacteria* bezeichnet.

Systematiker sind sich uneinig über die Evolution von *Archaea* und *Bacteria*, doch es ist klar, dass sowohl *Archaea* (von griech. *archaios*, uralt) als auch *Bacteria* eine lange evolutionäre Geschichte haben. Prokaryoten sind die ältesten Organismen der Erde und nach Fossilienbefunden mindestens 3,5 Millionen Jahre alt.

Die Klassifikation der Prokaryoten ist ein noch immer nicht abgeschlossener Prozess, denn Systematiker entdecken ständig neue Arten und sammeln molekulare Daten. Bislang wurden etwa 4000 prokaryotische Arten beschrieben, doch es existieren vielleicht vier Millionen. Wissenschaftler schätzen zum Beispiel, dass bis zu 95 Prozent aller in einer Bodenprobe enthaltenen Bakterien zu unbekannten Arten gehören. Die meisten bekannten Prokaryoten sind als Bakterien klassifiziert, doch es wird darüber debattiert, wie diese auf der Basis evolutionärer Beziehungen zu klassifizieren sind. Noch weniger ist über die Evolution der *Archaea* bekannt; die Arten werden vorläufig nach ihrem Lebensraum eingeordnet. Beispielsweise werden diejenigen, die extrem heiße Umweltbedingungen bevorzugen, als extrem thermophil („wärmeliebend") bezeichnet, und diejenigen, die hohe Salzgehalte bevorzugen (z. B. in Salzseen), als extrem halophil („salzliebend"). Allerdings muss eine solche Klassifikation nicht unbedingt die phylogenetischen Beziehungen widerspiegeln.

Die Domäne *Eukarya*: Protisten, Tiere, Pilze und Pflanzen

Wie Sie wissen, haben sich die Eukaryoten aus den Prokaryoten entwickelt (siehe Kapitel 2). Im Unterschied zu den beiden Domänen der Prokaryoten besitzen die Mitglieder der Domäne *Eukarya* Zellen mit einem abgegrenzten Zellkern. Außerdem sind viele Eukaryoten Mehrzeller, während alle Prokaryoten Einzeller sind. Eukaryoten sind die am meisten erforschten und am besten verstandenen Lebewesen. Die Domäne *Eukarya* umfasst die Reiche *Protista*, *Animalia*, *Fungi* und *Plantae*. Die Klassifikation von Tieren, Pilzen und Pflanzen in jeweils ein eigenes Reich ist allgemein akzeptiert, doch darüber, wie die Protisten in mehrere Reiche unterteilt werden sollten, gibt es unter Systematikern unterschiedliche Ansichten. ▶ Abbildung 16.9 bietet einen Überblick über die Evolution der gegenwärtigen Domänen und Reiche.

Die stammesgeschichtlich ältesten Eukaryoten sind die Protisten, die es seit mindestens 2,1 Milliarden Jahren gibt. Aus ihnen gingen alle anderen eukaryotischen Lebewesen hervor: Tiere, Pilze und Pflanzen. Das Reich Protista umfasst mindestens 50.000 benannte lebende Arten. Verglichen mit den drei anderen eukaryotischen Reichen weisen die Protisten die vielfältigsten Strukturen auf; sie reichen von Einzellern wie *Euglena* (Abbildung 16.8) bis zu riesigen Organismen wie dem Seetang. Sie variieren auch in der Art ihrer Nahrungsaufnahme: Manche betreiben Photosynthese wie die Pflanzen, manche absorbieren Nahrung wie die Pilze und manche fressen wie die Tiere. Einige, wie zum Beispiel *Euglena*, verwenden sogar mehrere Methoden der Ernährung. Angesichts dieser großen Variabilität versuchen Systematiker, die Protisten mithilfe molekularer Daten und kladistischer Analysen in verschiedene „Testreiche" zu unterteilen.

Das Reich *Animalia* besteht aus mehrzelligen Eukaryoten, deren Zellen im Unterschied zu denen der Pilze und Pflanzen keine Zellwände haben. Fast alle Tiere fressen ihre Nahrung, und kein einziger Vertreter aus dem Reich der Tiere betreibt Photosynthese. Die ersten Tiere traten vor mehr als 700 Millionen Jahren auf. Heute enthält das Reich mehr als eine Million Arten und ist in die meisten Stämme untergliedert. Da wir selbst zum Reich der Tiere gehören, ist Ihnen dieses Reich wahrscheinlich am vertrautesten. Einige Tiere allerdings würden Sie auf den ersten Blick vielleicht nicht für solche halten. Die Grüne Seeanemone zum Beispiel wird manchmal für eine Blume gehalten, doch in Wirklichkeit ist sie ein fleischfressender Räuber und fängt mit ihren Tentakeln kleine schwimmende Tiere. Das Reich der Tiere ist außerordentlich vielfältig und reicht vom Stamm *Porifera* (Schwämme) bis hin zum Stamm *Chordata*, zu dem u. a. die Wirbeltiere und damit auch wir selbst gehören.

Das Reich *Fungi* besteht aus Eukaryoten, die Nahrung absorbieren anstatt sie zu fressen wie die Tiere oder ihre Nahrung selbst herzustellen wie die Pflanzen. Pilze schütten Enzyme aus, welche die Nahrung verdauen, so dass sie vom Pilz absorbiert werden kann. Die meisten Pilze absorbieren Nährstoffe aus toten Organismen, d. h. sie leben saprophytisch, doch einige leben parasitär von lebenden Organismen. Anders als bei den Pflanzen bestehen die Zellwände aus Chitin anstatt aus Cellulose. Die meisten Pilze sind Mehrzeller, es gibt jedoch auch einige einzellige Arten wie die Hefe. Pilze existieren seit mindestens 550 Millionen Jahren und es gibt über 60.000 lebende Arten. Lange nahm man an, sie wären mit den Pflanzen verwandt, doch aufgrund molekularer Hinweise weiß man heute, dass sie viel enger mit den Tieren verwandt sind. Viele Pilze verursachen Pflanzenkrankheiten, die der Nahrungsmittelproduktion große Verluste zufügen.

Das Reich *Plantae* besteht aus den mehrzelligen Eukaryoten, die wir als Landpflanzen kennen. Von einigen wenigen Ausnahmen abgesehen können Pflanzen ihre Nahrung selber durch Photosynthese herstellen. Ihre Zellwände bestehen hauptsächlich aus Cellulose. Zu ihren Fortpflanzungsmerkmalen gehören mehrzellige Embryonen, die im weiblichen Elter verbleiben, und der Generationswechsel zwischen haploiden und diploiden Organismen. Nach Fossilienfunden zu urteilen, existieren Pflanzen seit mindestens 450 Millionen Jahren. Das Reich umfasst knapp 300.000 lebende Arten. Die Hauptkategorien der Pflanzen sind die Moose (Bryophyten), die Gefäßsporenpflanzen (Farne), Nacktsamer (Gefäßpflanzen mit exponierten Samen, z. B. Koniferen) und die Bedecktsamer (blühende Gefäßpflanzen, deren Samen in Früchten eingeschlossen sind). Jede dieser Pflanzengruppen wird in einem der folgenden Kapitel näher beschrieben.

WIEDERHOLUNGSFRAGEN

1 Warum kann es unvermeidlich sein, dass sich die Anzahl der Reiche verändert?

2 Erläutern Sie den Unterschied zwischen den Kategorien Domäne und Reich.

3 Welches sind die wichtigsten Merkmale für die Unterscheidung zwischen Tieren, Pilzen und Pflanzen?

16.4 Die Zukunft der Klassifikation

Als im Jahr 1804 die Expedition von Lewis und Clark zur Erforschung des amerikanischen Westens gestartet wurde, bestand ein Teil der Mission darin, neue Pflanzen- und Tierarten zu entdecken. Präsident Thomas Jefferson instruierte die Expeditionsleiter, „auf alles Acht zu geben, was der Beachtung wert ist … den Boden und das Gesicht des Landes, seinen natürlichen Bewuchs und die dort angebauten Pflanzen … die Zeiten, zu denen bestimmte Pflanzen Erträge bringen oder ihre Blüten und Blätter verlieren." Allein auf dieser Expedition wurden 122 Tierarten und 155 Pflanzenarten gesammelt, die Forschern bis dahin unbekannt waren. Auch zwei Jahrhunderte später ist das Zeitalter der Entdeckungen noch lange nicht vorüber. In den USA und überall sonst auf der Welt werden ständig neue Arten gefunden. Moderne Verfahren wie die molekulare Datierung liefern neue Erkenntnisse über evolutionäre Zusammenhänge. Oft erhalten die Pflanzen Namen zu Ehren von bekannten Botanikern (▶ Abbildung 16.10).

Unentdeckte Arten

In den letzten Jahren haben Systematiker mehrere Großprojekte gestartet, die der Auflistung und Kartierung von Arten in bestimmten geografischen Regionen gewidmet sind. Einige dieser Projekte haben die Katalogisierung aller in einem bestimmten Gebiet heimischen oder dort gefundenen Arten zum Ziel. Ein globales Projekt wird unter dem Titel *All Species Foundation* verfolgt. Ziel ist die Inventarisierung aller auf der Erde lebenden Arten bis zum Jahre 2025. Gegenwärtig sind rund zwei Millionen Arten identifiziert. Schätzungen der bislang noch unentdeckten Arten reichen bis zu 100 Millionen. Grundlage derartiger Schätzungen sind statistische Hochrechnungen auf der Basis von kürzlich noch unbekannten Arten, die in bestimmten Regionen der Erde gefunden wurden.

Die meisten unentdeckten Arten leben in den tropischen Regenwäldern, die heute nur noch weniger als 2 Prozent der Erdoberfläche bedecken, in denen aber 50 bis 70 Prozent aller auf der Erde lebenden Arten zu Hause sind. Die Regenwälder werden jedoch in alarmie-

Abbildung 16.10: Fuchsia und Brunfelsia. Die „Väter der Botanik" Otto Brunfels und Leonard Fuchs, die im 16. Jahrhundert Kräuterbücher von hohem wissenschaftlichem und künstlerischem Wert geschaffen haben, sind in bekannten Gattungsnamen verewigt. Links ist *Brunfelsia pauciflora* gezeigt, ein Nachtschattengewächs aus Südamerika, das bei uns als Kübel- und Wintergartenpflanze beliebt ist. Rechts ist die in Süd-Chile und Argentinien wild vorkommende Scharlachfuchsie (*Fuchsia magellanica*), ein Nachtkerzengewächs, zu sehen, die in unseren Regionen winterhart ist und als Elternart für viele gezüchtete Fuchsien gedient hat.

rendem Tempo zerstört. Die Schätzungen der Verlustrate liegen zwischen 130.000 und 310.000 Quadratkilometer pro Jahr. Dies entspricht Flächen der Größe Griechenlands oder Italiens. Im Jahr 2020 könnten 80 bis 90 Prozent der tropischen Regenwälder verschwunden sein. Mit der Zerstörung dieser unersetzbaren Habitate werden auch viele Tier- und Pflanzenarten aussterben, bevor Wissenschaftler auch nur erfahren haben, dass sie existieren.

Gegenwärtige Artbildungsprozesse

Außer mit der Entdeckung heute existierender Arten beschäftigen sich die Systematiker auch mit der Beobachtung von Artbildungsprozessen in der Gegenwart. Die Welt ist ein riesiges Labor, in dem ständig Artbildungsprozesse ablaufen, wenn bestimmte Gruppen von Organismen reproduktiv isoliert werden. Beispielsweise können sich Pferde und Esel noch immer kreuzen. Allerdings zeigt die Tatsache, dass ihre Nachkommen – Maulesel oder Maultiere – gewöhnlich unfruchtbar sind, dass Pferde und Esel zunehmend reproduktiv isoliert sind. Dementsprechend werden Pferde (*Equus caballus*) und Esel (*Equus ainus*) bereits als getrennte Arten klassifiziert.

Auch unter den Pflanzen finden sich zahllose Beispiele für den Prozess der Artbildung. Eines davon ist der Silberschwert-Komplex, 28 eng verwandte hawaiianische Arten von Blütenpflanzen (▶ Abbildung 16.11). Die Pflanzen gehören zu drei Gattungen – *Argyroxiphium* (enthält das Silberschwert), *Dubautia* und *Wilkesia* – und haben sich aus einer einzigen Art entwickelt, die wahrscheinlich aus Kalifornien stammt und die Inseln besiedelte. Über mehrere Millionen Jahre – in Bezug auf die Evolution eine relativ kurze Zeit – ist diese Pflanze auf den verschiedenen Hawaii-Inseln unterschiedlich evoluiert. Selbst auf ein und derselben Insel hat die Evolution wegen der unterschiedlichen Lebensräume wie Regenwälder, Sümpfe, Trockenwiesen und neuerdings ausgeschüttete Lava mehrere verschiedene Wege genommen. Die 28 Arten des Silberschwert-Komplexes reichen von Kletterpflanzen über verschiedene Typen von Sträuchern bis zu hohen Bäumen. Wie es scheint, können sich die meisten, wenn nicht alle Arten untereinander kreuzen, wobei die Nachkommenschaft in unterschiedlichem Maße fertil ist.

Bei Pflanzen kann die Artbildung durch Kreuzungen zwischen Individuen entfernter Arten oder sogar Gattungen erfolgen (siehe Kapitel 15). Solche Kreuzungen kommen in der Natur vor, beispielsweise ist der Weizen auf diese Weise entstanden. Hybriden aus Kreuzungen zwischen entfernten Arten sind steril, es sei denn, es kommt zur spontanen Chromosomenverdopplung. In einem solchen Fall entsteht eine neue Art. Bei Pflanzen können auch durch spontane Chromosomenverdopplung innerhalb einer Art neue Arten entstehen. In den nächsten Jahren wird unser Wissen über die Entwicklung neuer Arten rapide zunehmen.

Erkenntnisse durch molekulare Daten

Umfang und Genauigkeit der Informationen, die wir von lebenden Arten erhalten können, haben sich durch die Möglichkeit der Sequenzierung von Proteinen bzw. DNA und RNA stark erhöht. Mit der Verfügbarkeit molekularer Daten von immer mehr Arten werden die Systematiker deren Evolution immer besser verstehen. Beispielsweise werden sie die vollständigen Nucleotidsequenzen bestimmter Gene für viele Pflanzen kennen und molekulare Uhren für weitere Organismen berechnen können.

Obwohl sie häufig unvollständig und in ihrer Interpretation nicht eindeutig sind, liefern molekulare Daten wertvolle Informationen über evolutionäre Zusammenhänge, die mit anderen Methoden nicht gewonnen werden könnten. Beispielsweise zeigen Vergleiche von DNA, RNA und Proteinen deutlich, dass Pilze enger mit den Tieren verwandt sind als mit den Pflanzen. Molekulare Daten helfen auch, die Verwandtschaftsbeziehungen zwischen vielen Stämmen der Protisten aufzuklären, deren Klassifikation neu überdacht werden muss. Auch für einige Tiere, Pflanzen und Pilze könnte aufgrund von Hinweisen aus molekularen Daten eine Neuklassifikation notwendig werden. Der Vergleich von Genen und Proteinen verschiedener Organismen hilft Systematikern bei der Bewertung von konkurrierenden Klassifikationssystemen, die mit anderen Methoden erhalten wurden. Oft werden dadurch die vermuteten evolutionären Beziehungen auf eine fundiertere Basis gestellt.

Praktischer Nutzen der Klassifikation von Organismen

Von großer Bedeutung ist die Klassifikation und Erhaltung von Arten für die Medizin. Beispielsweise kann das Identifizieren eng verwandter Arten dabei helfen, bisher ungenutzte Quellen für medizinische Wirkstoffe

16 KLASSIFIKATION

(a) Haleakala-Silberschwert (*Argyroxiphium sandwicense*).

(b) *Wilkesia hobdyi.*

(c) *Dubautia waialealae.*

(d) *Dubautia reticulata.*

Abbildung 16.11: Der Silberschwert-Komplex. Diese eng miteinander verwandten Pflanzen zeigen in ihrer Morphologie eine bemerkenswerte Variabilität, die durch evolutionäre Anpassung an unterschiedliche Lebensräume auf den Hawaii-Inseln entstanden ist. Viele Populationen haben sich zu separaten Arten entwickelt, wenngleich sie untereinander noch kreuzbar sind, wenn man sie in einem Garten zusammenbringt.

zu erschließen. Wenn eine bestimmte Art eine chemische Verbindung enthält, die medizinisch wirksam ist, dann ist es wahrscheinlich, dass diese Verbindung in einer verwandten Art ebenfalls vorkommt. Heute enthalten 25 Prozent aller verschriebenen Arzneimittel eine Komponente, die unmittelbar aus Pflanzen gewonnen wurde. Bislang unentdeckte Arten stellen ein großes Potenzial für neue medizinische Wirkstoffe dar. Medizin und Pflanzenpathologie können auch in starkem Maße von der Klassifikation der Prokaryoten und der Pilze profitieren, da viele von ihnen Krankheiten verursachen.

Die Pflanzensystematik kann außerdem zur Steigerung der Produktivität in der Landwirtschaft beitragen. Klassifikationsstudien helfen bei der Identifizierung von wilden Verwandten kultivierter Nutzpflanzen. Bestimmte Gene dieser wilden Verwandten, beispielsweise solche, die Resistenzen gegen Krankheiten oder Stressfaktoren verleihen, können mithilfe traditioneller Verfahren der Pflanzenzucht oder mittels Gentechnik auf Nutzpflanzen übertragen werden. Zudem kann die Entdeckung neuer Arten zu neuen Nutzpflanzen führen, die den Speiseplan eines Großteils der Menschheit bereichern könnten. Bauern könnten ihre Lebensbedingungen verbessern, indem sie solche neuen Arten anbauen und exportieren.

Die von Systematikern gesammelten Informationen über die verschiedenen Typen von Organismen können dazu beitragen, Arten vor dem Aussterben zu bewahren. Beispielsweise liefern Katalogisierungsprojekte Informationen über die Verbreitungsgebiete und Populationsgrößen von Arten, die auf die Liste gefährdeter oder auf die Liste bedrohter Arten gesetzt werden sollten. Solche Informationen sind wichtig für die Planung von Städten, von Parks und Naturreservaten. Viele Systematiker haben das Gefühl, dass wir zwar wissen, dass durch menschliche Aktivitäten Arten aussterben, doch dass wir kein sicheres Gespür dafür haben, „was draußen los ist". Selbst in stark besiedelten Gebieten werden hin und wieder neue Arten entdeckt.

Solange neue Arten oder neue Daten über bekannte Arten entdeckt werden, bleibt die wissenschaftliche Klassifikation ein dynamisches Forschungsgebiet. In den folgenden Kapiteln werden Sie mehr über die große Vielfalt der Prokaryoten, Protisten, Pilze und Pflanzen erfahren.

ZUSAMMENFASSUNG

Wissenschaftler klassifizieren Organismen anhand ihrer ererbten Merkmale. Die moderne Erforschung evolutionärer Beziehungen wird als Systematik bezeichnet. Sie umfasst die Taxonomie, die sich mit der Benennung und Klassifikation von Arten beschäftigt.

16.1 Klassifikation vor Darwin

Klassifikation im Altertum

Frühe Klassifikationssysteme orientierten sich v. a. an praktischen Bedürfnissen wie der Verwendung von Pflanzen zu Heilzwecken. Die in Kräuterbüchern zusammengestellten Pflanzenbeschreibungen haben zur Entwicklung eines wissenschaftlichen Klassifikationssystems beigetragen.

Die moderne Nomenklatur nach Linné

Das heute verwendete System wissenschaftlicher Namen geht auf Linné zurück. Der als Binom bezeichnete wissenschaftliche Name einer Pflanze besteht aus zwei Teilen: dem Gattungsnamen und dem spezifischen Epitheton für die Art.

16.2 Klassifikation und Evolution

Vor Darwin nahmen die meisten Forscher an, dass die Arten unveränderlich sind. Nachdem die Evolutionstheorie allgemein anerkannt war, konzentrierte sich die Klassifikation auf die Phylogenetik, die Lehre von der Evolutionsgeschichte verwandter Arten. Da die Fossilienbelege unvollständig sind, verwenden Systematiker auch indirekte Methoden, um zu Hypothesen über stammesgeschichtliche Verwandtschaften zu gelangen.

Klassifikation anhand verschiedener Merkmale

Moderne Taxonomen verwenden Merkmale der Struktur, Funktion und Lebenszyklen sowie molekulare Daten wie die Nucleotidsequenzen von DNA und RNA oder die Aminosäuresequenzen von Proteinen.

Molekulare Daten für die phylogenetische Klassifikation

Aus dem Vergleich von DNA, RNA und Proteinen ergeben sich klare Hinweise, ob zwei Organismen miteinander verwandt sind oder nicht. Die Aminosäuresequenzen der Proteine können als molekulare Uhren dienen, da sie eine Schätzung ermöglichen, wann sich die Evolutionslinien zweier verschiedener Arten getrennt haben. Zunehmend analysieren Systematiker auch DNA- und RNA-Sequenzen. Mutationen und unvollständige Daten können die molekulare Analyse komplizieren.

Hierarchisches Klassifikationssystem

Die Hauptkategorien der Klassifikation sind die Domänen, Reiche, Stämme, Klassen, Ordnungen, Familien, Gattungen und Arten. Jede benannte Gruppe auf irgendeiner dieser Ebenen ist ein Taxon.

Systematik und Stammesgeschichte

Alle phylogenetischen Bäume (Diagramme evolutionärer Beziehungen) sind Hypothesen. Die Systematik unterscheidet zwischen Homologien (Ähnlichkeiten, die von einem gemeinsamen Vorfahren ererbt wurden) und Analogien (Ähnlichkeiten, die durch konvergente Evolution entstehen). Die Kladistik unterscheidet zwischen gemeinsamen primitiven Merkmalen (Homologien, die von einem entfernten Vorfahren ererbt wurden) und gemeinsamen abgeleiteten Merkmalen (Homologien, die nur innerhalb einer bestimmten Gruppe vorkommen).

Kladogramme

In der Kladistik verwendet man Kladogramme, Verzweigungsdiagramme, welche die evolutionären Beziehungen darstellen. Eine Klade besteht aus einem Vorfahren und allen seinen Nachkommen. Die Kladistik folgt dem Prinzip der Parsimonie, wonach der wahrscheinlichste Pfad der Evolution derjenige mit den wenigsten Änderungen ist.

Probleme bei der Klassifikation

Systematiker sind sich des Öfteren uneinig, ob Organismen zu unterschiedlichen Arten gehören oder nicht. „Spalter" favorisieren es, mehr Arten zu haben, während „Vereiniger" für weniger Arten eintreten. Uneinigkeit gibt es auch darüber, welche Merkmale die phylogenetischen Beziehungen am besten widerspiegeln.

16.3 Hauptkategorien der Organismen

Revision der Anzahl der Reiche

Bis Mitte des 19. Jahrhunderts wurde jedes Lebewesen entweder den Pflanzen oder den Tieren zugerechnet. Später setzte sich ein Fünf-Reiche-System durch, das Pilze, Bakterien und als Protisten bezeichnete Lebewesen berücksichtigt: *Animalia*, *Fungi*, *Plantae*, *Protista* und *Monera*. Das Reich *Protista* umfasst Eukaryoten, die weder Tiere, Pilze noch Pflanzen sind. Zum Reich *Monera* gehören sämtliche Prokaryoten.

Domänen als oberste Kategorie der Klassifikation

Die meisten Systematiker wenden heute ein Drei-Domänen-System an, das auf molekularen Unterschieden basiert. Die Domänen *Archaea* und *Bacteria* beinhalten unterschiedliche Typen von Prokaryoten. Die Domäne *Eukarya* besteht aus sämtlichen Eukaryoten.

Die Domänen *Archaea* und *Bacteria*

Archaea sind Prokaryoten, die unter extremen Bedingungen leben, wie zum Beispiel in sehr heißen oder sehr salzhaltigen Umgebungen. In ihrer DNA und RNA unterscheiden sie sich so stark von den Bakterien wie diese von den Eukaryoten.

Die Domäne *Eukarya*: Protisten, Tiere, Pilze und Pflanzen

Systematiker untersuchen, wie sich das Reich der Protisten in verschiedene Reiche aufteilen lässt. Das Reich *Animalia* besteht aus Eukaryoten, die ihre Nahrung fressen. Das Reich *Fungi* besteht aus Eukaryoten, die Nahrung absorbieren und deren Zellwände aus Chitin aufgebaut sind. Das Reich *Plantae* umfasst mehrzellige, Photosynthese betreibende Eukaryoten, deren Zellwände aus Cellulose bestehen und bei denen mehrzellige Embryonen im weiblichen Elter verbleiben.

16.4 Die Zukunft der Klassifikation

Unentdeckte Arten

Systematiker katalogisieren bekannte Arten und finden neue. Die meisten unentdeckten Arten leben in den tropischen Regenwäldern. Die meisten prokaryotischen Arten sind noch unentdeckt.

Gegenwärtige Artbildungsprozesse

Viele Gruppen von Organismen durchlaufen gegenwärtig einen Prozess der Artbildung oder der fortschreitenden reproduktiven Isolation.

Erkenntnisse durch molekulare Daten

Molekulare Daten können Systematikern helfen, die Evolution der Arten zu verstehen und die Beziehungen zwischen den Stämmen aufzuklären. In vielen Fällen führt dies zur Neuklassifizierung von Organismen.

Praktischer Nutzen der Klassifikation von Organismen

Die Systematik kann dazu beitragen, neue medizinisch wirksame Substanzen zu finden, gefährdete Arten zu identifizieren und die Produktivität von Nutzpflanzen zu erhöhen, indem Wildpflanzen identifiziert werden, deren Gene die Eigenschaften der mit ihnen verwandten Nutzpflanzen verbessern können.

ZUSAMMENFASSUNG

Verständnisfragen

1. Erläutern Sie, warum die Begriffe *Systematik* und *Taxonomie* nicht synonym sind.

2. Wie erhält ein Versuch zur Klassifikation von Organismen eine wissenschaftliche Grundlage? Wodurch unterscheidet sich ein solcher Ansatz von der pragmatischen Vorgehensweise wie bei den Kräuterbüchern des Mittelalters?

3. Inwiefern war Linnés Methode der Klassifikation wissenschaftlich? Worin liegt die historische Bedeutung von Linnés Arbeit?

4. Warum ist es wichtig, wissenschaftliche Namen für die Arten zu haben?

5. Warum hat die Evolutionstheorie die Klassifikation der Organismen revolutioniert?

6. Stellen Sie die Sichtweise Linnés und die phylogenetische Klassifikation mithilfe der Begriffe *statisch* und *dynamisch* gegenüber.

7. Warum kann man molekulare Daten als das wichtigste Werkzeug der Taxonomie bezeichnen?

8. Nennen Sie einige Merkmale, die zur Klassifikation von Organismen herangezogen werden. Warum muss Ihrer Meinung nach eine große Anzahl von Merkmalen analysiert werden?

9. Erläutern Sie, warum Klassifikationssysteme für Pflanzen hierarchisch aufgebaut sind.

10. Warum ist das Klassifikationssystem von Linné in großen Teilen noch heute anwendbar, obwohl es nicht auf phylogenetischen Beziehungen basiert?

11. Worin liegt die Bedeutung von Typusexemplaren?

12. Was sind die möglichen Schwächen eines rein quantitativen Ansatzes der Klassifikation, d. h. bei einem, der sich nur auf die Anzahl der Ähnlichkeiten stützt?

13. Erläutern Sie, warum konvergente Evolution die Arbeit der Systematiker erschweren kann.

14. Inwiefern kann man sagen, dass die Kladistik nicht alle Merkmale als gleichberechtigt betrachtet?

15. Manche Pflanzenbestimmungsbücher verwenden die Blütenfarbe als Klassifikationsmerkmal. Kann man diese Methode als phylogenetisch bezeichnen?

16. Erläutern Sie, warum man ein Kladogramm nicht in Form eines „Stammbaums" anlegen kann.

17. Geben Sie ein paar Beispiele an, die den Unterschied zwischen gemeinsamen primitiven Merkmalen und gemeinsamen abgeleiteten Merkmalen illustrieren.

18. Warum gibt es bei der Klassifikation oft unterschiedliche Ansichten, wie zum Beispiel zwischen „Spaltern" und „Vereinigern"?

19. Erläutern Sie, wie und warum die Klassifikation der Hauptkategorien der Organismen zunehmend komplexer geworden ist und warum sie noch immer im Fluss ist.

20. Welchen zukünftigen Herausforderungen müssen sich Systematiker stellen?

Diskussionsfragen

1. Manche Merkmale von Blüten zweier Arten zeigen, dass die Arten miteinander verwandt sind, andere Merkmale dagegen nicht. Nennen Sie jeweils ein paar Beispiele und begründen Sie, warum es beide Typen von Merkmalen gibt.

2. Welche Merkmale von Pflanzen der arktischen Tundra könnten auf konvergente Evolution zurückzuführen sein?

3. Angenommen, Sie haben zehn verschiedene Populationen von Pappeln identifiziert, die jeweils in unterschiedlichen Regionen vorkommen. Wie können Sie feststellen, ob jede dieser Populationen eine separate Art ist?

4. Glauben Sie, dass molekulare Daten irgendwann einmal alle anderen Analysemethoden überflüssig machen werden? Begründen Sie Ihre Antwort.

5. Muss ein phylogenetischer Baum immer den Status einer Hypothese behalten?

6. Erläutern Sie die folgende Aussage: Ein Kladogramm sieht vielleicht einfach aus, es ist aber nicht einfach, ein solches zu erzeugen.

7. Ist das Prinzip der Parsimonie in Bezug auf die Evolution sinnvoll? Begründen Sie Ihre Antwort.

8. Warum gibt es Ihrer Meinung nach so oft unterschiedliche Ansichten in Bezug auf die Klassifikation?

9. Wird es jemals eine endgültige Anzahl von Reichen geben? Begründen Sie Ihre Antwort.

10. Was halten Sie von der Aussage, Taxonomie sei etwas Ähnliches wie das Sammeln von Briefmarken?

11. Konstruieren Sie auf der Basis der unten abgebildeten Merkmalstabelle das einfachste Kladogramm, das die evolutionären Beziehungen zwischen den aufgelisteten Pflanzengruppen widerspiegelt.

	Koniferen	Zweikeimblättrige	Einkeimblättrige	Moose	Gnetales	Farne	Grünalge als Vorläufer
Leitgewebe	1	1	1	0	1	1	0
Heterosporie	1	1	1	0	1	0	0
Tracheen	0	1	1	0	1	0	0
Anzahl der Keimblätter	3	2	1	0	2	0	0
Blüten	0	1	1	0	0	0	0
Verbleiben der Zygote auf Mutterpflanze	1	1	1	1	1	1	0

Zur Evolution

Angenommen, Sie untersuchen zwei Blütenpflanzen aus unterschiedlichen Ordnungen, *Solanum tuberosum* (siehe Abbildung 16.3) und *Stellaria media*, Familie *Caryophyllaceae*, Ordnung *Caryophyllales*. Dabei stellen Sie fest, dass beide Pflanzen stark gelappte Blätter haben. Welche Hinweise benötigen Sie, um klären zu können, ob es sich hier um eine Homologie oder eine Analogie handelt?

Weiterführendes

Weitere Informationen zu diesem Buchkapitel finden Sie auf der Companion Website unter http://www.pearson-studium.de.

Albert, Susan Wittig. Chile Death. New York: Berkeley Publishing, 1998. *Eine von mehreren sehr lesenswerten Kriminalgeschichten, bei denen Pflanzen eine Rolle spielen.*

Ambrose, Stephen E. Lewis and Clark: Voyage of Discovery. Washington DC: National Geographic, 2002. *Eines der besten Bücher über Lewis und Clark. In vielen Bibliotheken ist außerdem ein exzellentes Video von Ken Burns erhältlich.*

Frohne, Dietrich und Uwe Jensen. Systematik des Pflanzenreichs. Unter besonderer Berücksichtigung chemischer Merkmale und pflanzlicher Drogen. 5. Auflage, Stuttgart: Wissenschaftliche Verlagsgesellschaft, 1998. *Nach einer kurzen Einführung in Phylogenie und Systematik wird sehr übersichtlich anhand von Merkmalen das System der Pflanzen im weiteren Sinne an zahlreichen Beispielen dargestellt. Besonders wird jeweils auf Arznei- und Nutzpflanzen hingewiesen.*

Judd, Walter, Christopher Campbell, Elizabeth Kellogg, Peter Stevens und Michael Donoghue. Plant Systematics – A Phylogenetic Approach. *Zweite Auflage, Sunderland, MA: Sinauer Associates, 2002. Eine umfassende Darstellung des Reichs der Pflanzen vom Standpunkt eines Systematikers aus betrachtet.*

Viren und Prokaryoten

17

17.1	Viren und die Pflanzenwelt	441
17.2	Prokaryoten und die Pflanzenwelt	446
	Zusammenfassung	452
	Verständnisfragen	453
	Diskussionsfragen	454
	Zur Evolution	454
	Weiterführendes	454

ÜBERBLICK

17 VIREN UND PROKARYOTEN

Bis vor Kurzem wurden Viren und Prokaryoten hauptsächlich deshalb untersucht, weil sie bei Menschen, Viehbeständen und Kulturpflanzen Krankheiten hervorrufen. Wir wissen beispielsweise, dass beim Menschen mehr als 400 Virenarten Krankheiten hervorrufen. Obwohl es wichtiger scheinen könnte, Krankheiten beim Menschen zu verstehen und zu heilen, ist die Bekämpfung von Krankheiten bei Viehbeständen und Kulturpflanzen ebenso wesentlich, weil sie unsere Nahrung liefern. Krankheiten, die durch Viren, Prokaryoten und Pilze hervorgerufen werden, vernichten jedes Jahr zwischen 10 und 22 Prozent der Gesamternte weltweit.

Im letzten halben Jahrhundert haben Biologen Viren und Prokaryoten in der Grundlagenforschung in beträchtlichem Maße dazu benutzt, die Entwicklung, die Physiologie, die Genetik und die Biochemie anderer Organismen zu verstehen. Aus den Untersuchungen der Gene und Enzyme von Viren und Prokaryoten gingen eine Reihe von essenziellen Werkzeugen der Gentechnik hervor. Beispielsweise sind Restriktionsenzyme, die von Bakterien gebildet werden, um die DNA eindringender Viren zu zerschneiden, Schlüsselkomponenten bei Techniken, mit denen Genome sequenziert und einzelne Gene isoliert werden, und sie ermöglichten überhaupt erst gentechnisches Arbeiten. Außerdem führte das Verständnis des Prozesses, durch den der Prokaryot Agrobacterium tumefaciens *Pflanzen infiziert, wodurch sich Tumore (Wurzelhalsgallen) an Sprossachsen und Wurzeln bilden, zur Entdeckung des Ti-Plasmids. Inzwischen wird dieses Plasmid in abgewandelter Form als Vektor benutzt, um fremde Gene in das Erbgut von Kulturpflanzen einzuschleusen. Das Bakterium infiziert Pflanzen im Bereich des Wurzelhalses, sobald dort kleinste Verletzungen auftreten. Der Infektionsprozess ist mit der Integration der DNA des Ti-Plasmids (des Tumor induzierenden Plasmids) in das Pflanzenchromosom verbunden. Gentechnologen nutzen diese Tatsache aus, um anstelle der natürlicherweise übertragenen Tumor induzierenden Gene wertvolle, nützliche Gene zu transferieren.*

Ein weiteres Beispiel für den Einsatz von Prokaryoten in der Gentechnik stammt aus Untersuchungen von Prokaryoten, die – zusammen mit Algen – die wunderschönen Farben heißer Quellen hervorbringen. Bei der Grundlagenforschung an Thermus aquaticus, *einem in heißen Quellen lebenden Prokaryoten, den man in den 1960er-Jahren im Yellowstone-Nationalpark fand (siehe Foto), stellten Wissenschaftler fest, dass er eine Form der DNA-Polymerase (als* Taq-Polymerase *bezeichnet) besitzt, die auch bei hohen Temperaturen enzymatisch aktiv bleibt. Die Taq-Polymerase wird nun weltweit bei der Polymerase-Kettenreaktion (PCR für* polymerase chain reaction*) eingesetzt, um DNA durch wiederholte Zyklen von Erhitzen und Abkühlen zu replizieren.*

Die Prokaryoten heißer Quellen sind oft auffällig gefärbt und werden deshalb leicht entdeckt. Jedoch sind die meisten von ihnen noch nicht gut untersucht worden. Viele weitere Prokaryoten sind unentdeckt und unbekannt. Mikrobiologen schätzen, dass mehr als 95 Prozent der Arten von Prokaryoten, die das Erdreich bevölkern, noch nicht identifiziert wurden. Wir wissen kaum etwas über die Ernährungsweise dieser Organismen, ihre Rolle in der Rhizosphäre und bei der Bodenbildung oder ihr Potenzial für Medizin, Industrie und Forschung.

In diesem Kapitel werden wir uns mit der Vielfalt von Viren und Prokaryoten beschäftigen. Nach der Untersuchung ihrer Form und Funktion widmen wir uns dem Einfluss, den sie auf das Leben von Pflanzen ausüben.

Viren und die Pflanzenwelt 17.1

Wenn von Viren die Rede ist, dann denken die meisten Menschen an Viruskrankheiten, welche die menschliche Gesundheit beeinträchtigen. Eigentlich stammt der Begriff *virus* aus dem Lateinischen und bedeutet „Gift". Jedoch infizieren Viren alle Organismen, was auch Bakterien einschließt. Viren, die landwirtschaftliche Kulturpflanzen infizieren, verringern die Erträge drastisch und erhöhen die Produktionskosten. Der Schlüssel zur Kontrolle von Viruskrankheiten steckt im Verständnis der Genetik, der Physiologie und der Biochemie von Viren.

Die Struktur von Viren

Die ersten Mikrobiologen betrachteten Viren als sehr kleine Bakterien, da sie wie Bakterien Krankheiten hervorrufen, jedoch mit dem Lichtmikroskop nicht erkannt werden konnten und Filter passierten, die die meisten Bakterien zurückhielten. Wissenschaftlern gelang es erst nach 1935, etwas über die wahre Natur von Viren zu erfahren, als nämlich Partikel des Tabakmosaikvirus aus einer infizierten Pflanze kristallisiert wurden (siehe den Kasten *Pflanzen und Menschen* auf Seite 443). Heute wissen wir, dass sich Viren von Bakterien und allen anderen Organismen unterscheiden. Die meisten Viren haben Durchmesser von nur 20 bis 60 Nanometern und sind folglich weniger als halb so groß wie die kleinsten Zellen. Obwohl Viren zahlreiche Formen aufweisen (▶ Abbildung 17.1), bestehen die meisten aus nur zwei Arten von Molekülen: Nucleinsäure, entweder RNA oder DNA; und Protein, das eine Ummantelung oder ein Kapsid bildet. Einige Viren haben auch eine Membran, die als Virushülle bezeichnet wird und das Kapsid umgibt. Die Virushülle ist aus Lipiden und Proteinen zusammengesetzt. Die Nucleinsäuren in einem Virus codiert zwischen 3 und 200 Proteine. Viren haben keine Organellen und keine anderen zellulären Strukturen und können sich nur in Zellen von lebenden Organismen vermehren, was auch Pflanzen einschließt. Aufgrund ihres extrem einfachen Baus und der Unfähigkeit, eigene Lebensfunktionen außerhalb lebender Zellen auszuführen, werden Viren im Allgemeinen nicht als Lebewesen klassifiziert. Einige Wissenschaftler spekulieren, dass sich Viren aus Plasmiden oder Transposons entwickelt haben könnten. Die Analyse der Nucleotidsequenzen der viralen Nucleinsäuren sollte wertvolle Aufschlüsse über die Evolution von Viren geben.

Die in Bezug auf ihre Reproduktionszyklen und ihre Genetik am besten untersuchten Viren sind diejenigen, die Bakterien befallen. Solche Viren werden als **Bakteriophagen** (wörtlich „Bakterienfresser") oder kurz als **Phagen** bezeichnet. Bakteriophagen können sich durch einen von zwei möglichen Mechanismen vermehren: man unterscheidet zwischen dem lytischen und dem lysogenen Zyklus (▶ Abbildung 17.2).

In einem typischen **lytischen Zyklus** heftet sich ein Virus mit seinem Kapsid an eine Bindungsstelle auf der Plasmamembran der Wirtszelle. Die virale DNA dringt dann in die Zelle ein und wird transkribiert; die entstandene RNA wird translatiert. Die virale DNA enthält Gene für ein oder mehrere Kapsidproteine und, in eini-

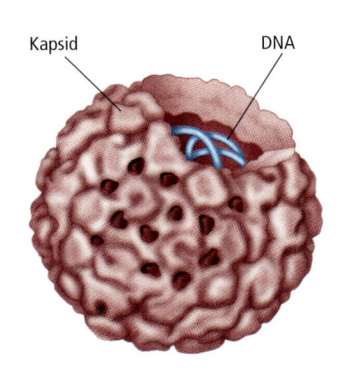

(a) Das Blumenkohlmosaikvirus besteht aus einer polyedrischen Proteinhülle (Kapsid), die ein DNA-Molekül umgibt.

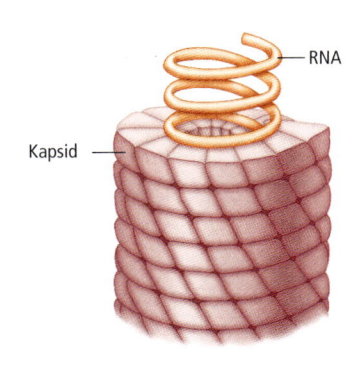

(b) Das Tabakmosaikvirus ist ein gewundenes, einzelsträngiges RNA-Molekül in einem langen, stabförmigen Kapsid.

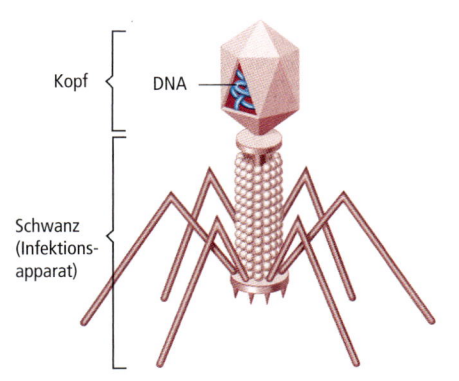

(c) Bei dem Bakteriophagen T4 besteht das Kapsid aus einem polyedrischen Kopf und einem komplexen Infektionsapparat.

Abbildung 17.1: Die Struktur von Viren.

17 VIREN UND PROKARYOTEN

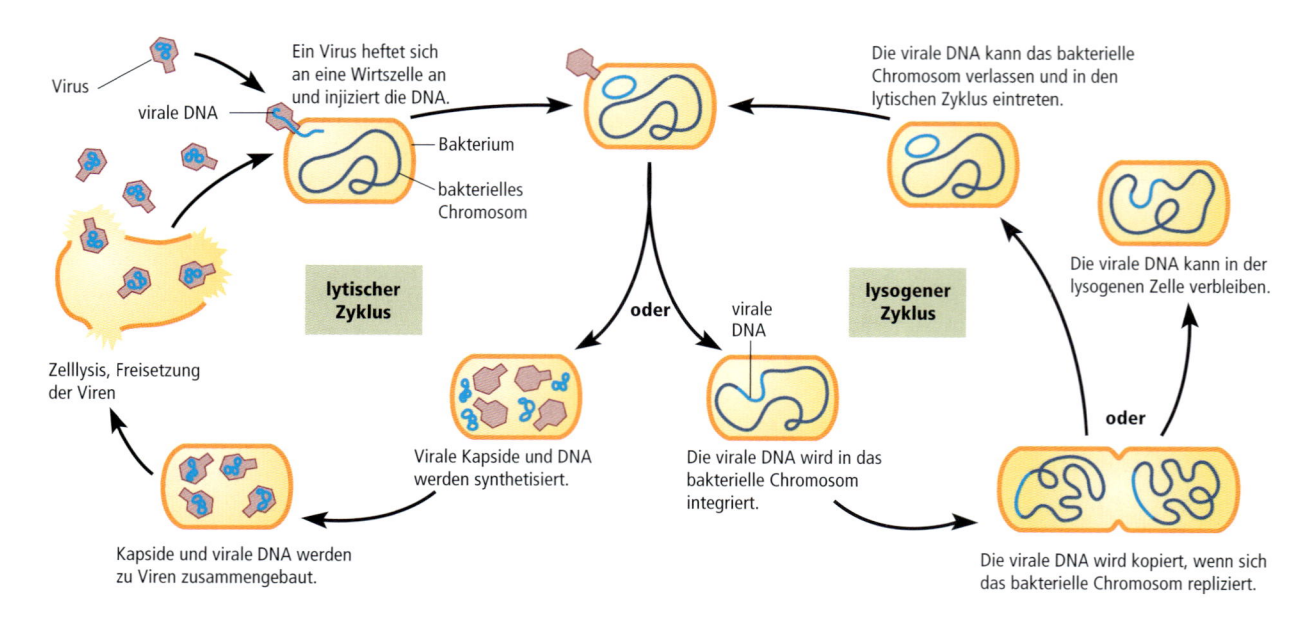

Abbildung 17.2: Der lytische und der lysogene Zyklus der Bakteriophagen. Nach dem Eintritt in das Bakterium kann die virale DNA sofort in den lytischen Zyklus eintreten und die Bildung eines neuen Virus einleiten. Alternativ dazu kann sich die virale DNA selbst in das bakterielle Chromosom integrieren und in den lysogenen Zyklus eintreten. Unter bestimmten Bedingungen kann die virale DNA vom lysogenen Zyklus auf den lytischen Zyklus umschalten.

gen Fällen, auch für Enzyme, die zur Herstellung neuer Viren gebraucht werden. Die virale DNA wird ebenfalls repliziert. Das Virus benutzt sowohl die gesamte Stoffwechselmaschinerie als auch die Aminosäuren und Nucleinsäuren der Wirtszelle, um viele Kopien des Kapsids und der viralen DNA zu synthetisieren, die dann zu neuen Viren zusammengebaut werden. Die Wirtszelle zerplatzt oder lysiert schließlich und neue Viren werden zur Infektion anderer Zellen freigesetzt.

Der **lysogene Zyklus** unterscheidet sich insofern vom lytischen Zyklus, als die virale DNA in das Chromosom der Wirtszelle integriert wird, jedoch die Gene, welche die Kapsidproteine codieren, nicht transkribiert werden und keine neuen Viren produziert werden. Die virale DNA wird kopiert, wenn sich das bakterielle Chromosom vor der Zellteilung repliziert, und jede Tochterzelle erhält eine Kopie der viralen DNA. Folglich bleibt die genetische Information des Virus im Genom der Wirtszelle und seiner Nachkommenschaft erhalten. Viren, die in den lysogenen Zyklus eintreten, können Ruheperioden der Bakterien überstehen, in die diese bei Nahrungsmangel eintreten. Unter diesen Umständen zerstören Bakterien häufig ihre mRNA und Proteine, so dass den Viren kein Rohmaterial zum Aufbau neuer Viren mehr zur Verfügung stünde. Wenn sich die Umweltbedingungen verbessern, kehren die Bakterien zu einem normalen Stoffwechsel zurück, und

die virale DNA kann das bakterielle Chromosom verlassen und in den lytischen Zyklus eintreten. Auch bestimmte Umwelteinflüsse, wie beispielsweise energiereiche Strahlung oder bestimmte Chemikalien, können einen Wechsel vom lysogenen Zyklus zum lytischen Zyklus bewirken.

Bei Eukaryoten treten sowohl akute, lytische Virusinfektionen als auch persistente Virusinfektionen auf, bei denen das Virus ruhen oder seine Zahl nur sehr langsam erhöhen kann. Es ist noch nicht geklärt, ob der letztere Infektionstyp durch Viren im lysogenen Zyklus hervorgerufen wird, weil solche Infektionen bei Eukaryoten noch nicht in dem Maße charakterisiert wurden, wie es bei Prokaryoten der Fall ist.

Virale Pflanzenkrankheiten

Pflanzen können durch mehr als 500 Virustypen infiziert werden, was weltweit zu großen Einbußen bei Ernteerträgen führt. Jedes Virus löst typischerweise bei etlichen verschiedenen Kulturpflanzen Krankheiten aus. Infizierte Pflanzen zeigen oft charakteristische Symptome, wie beispielsweise gebleichte oder braune Flecken oder Ringe auf den Blättern, verkrüppeltes Sprossachsenwachstum oder beschädigte Blüten oder Wurzeln (▶ Abbildung 17.3). Mitunter ist es schwierig zu entscheiden, ob der Schaden an einer Pflanze durch

17.1 Viren und die Pflanzenwelt

PFLANZEN UND MENSCHEN
Die Entdeckung der Viren im Tabak

Die Geschichte der Entdeckung von Viren liefert ein interessantes und typisches Beispiel für das langsame Anhäufen einzelner wissenschaftlicher Erkenntnisse, die schließlich zu einem höheren Gesamtverständnis führen. Im Jahr 1883 suchte ein deutscher Wissenschaftler, Adolf Mayer, nach der Ursache für die Tabakmosaikkrankheit, die zu verkrüppelten Pflanzen mit marmorierten, entfärbten Blättern führt (im Bild rechts). Mayer stellte fest, dass er die Krankheit auf gesunde Pflanzen übertragen konnte, indem er sie mit dem Presssaft einer infizierten Pflanze besprühte. Daraus folgerte er, dass die Krankheit durch Bakterien ausgelöst wurde, die zu klein waren, um sie mit einem Mikroskop erkennen zu können.

Im Jahr 1884 erfand Charles Chamberland, ein Kollege Louis Pasteurs, den Bakterienfilter aus Porzellan. Dimitri Iwanowski, ein russischer Wissenschaftler, ließ im Jahr 1892 Pflanzensaft von erkrankten Pflanzen durch einen von Chamberlands Filtern laufen. Der Infektionserreger gelangte hindurch und auch Iwanowski folgerte, dass er es mit winzigen Bakterien zu tun haben müsste.

Im Jahr 1898 stellte der holländische Wissenschaftler Martinus Beijerinck fest, dass das für die Tabakmosaikkrankheit verantwortliche Pathogen nicht verdünnt wurde, wenn es im Saft von Pflanze zu Pflanze übertragen wurde. Deshalb musste sich der Krankheitserreger in jeder Pflanze reproduziert haben, und er konnte nicht einfach ein chemisches Toxin sein. Beijerinck zeigte, dass sich der Krankheitserreger nur in lebenden Zellen reproduzierte, obwohl er lange überleben konnte, wenn man ihn trocknete. Er stellte die These auf, dass man es mit einem filterbaren Bakterium zu tun haben könnte. Um 1900 zeigten Friedrich Löffler und Paul Frosch in Deutschland, dass ein filterbarer Krankheitserreger die Ursache für die Maul- und Klauenseuche bei Rindern war. Walter Reed kam in Bezug auf Gelbfieber zu derselben Schlussfolgerung.

Nach dem Ersten Weltkrieg bewies Felix d'Herelle die Existenz von Bakteriophagen, von Viren, die Bakterien befallen. Er verteilte eine virenhaltige Flüssigkeit auf eine Schicht von Bakterien auf Agar und beobachtete, dass sich bald klare Bereiche bildeten. Jeder klare Bereich enthielt Bakterienzellen, die durch einen oder mehrere Bakteriophagen zerstört worden waren.

Im Jahr 1935 kristallisierte der Amerikaner Wendell M. Stanley Partikel des Tabakmosaikvirus (TMV), des Krankheitserregers der Tabakmosaikkrankheit. Er stellte fest, dass die Partikel aus Proteinen zusammengesetzt waren. Die Nucleinsäuren im TMV wurden später durch Friederick Bawden und Norman Pirie entdeckt. Im Jahr 1955 machten Rosalind Franklin und Mitarbeiter den TMV mithilfe von Röntgenbeugung und Elektronenmikroskopie sichtbar (siehe Bild links). Im Jahre 1956 entdeckten Heinz Frankel-Conrat und seine Mitarbeiter die Infektiösität der RNA des TMV.

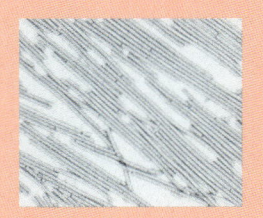

Abbildung 17.3: **Auswirkungen von Virusinfektionen bei Pflanzen.** (a) Bronzefleckenkrankheit bei *Alstroemeria*. (b) Flecken auf Tomatenfrüchten, die mit dem Virus der Bronzefleckenkrankheit infiziert sind.

Viren, durch andere Pathogene, wie beispielsweise Bakterien, durch Insekten oder durch Mineralstoffmangel im Boden verursacht wurde. Eine eindeutige Bestimmung der Virusinfektion kann durch Isolierung des Virus und Elektronenmikroskopie oder mithilfe von Untersuchungen von DNA- und RNA-Proben auf virenspezifische Gene erfolgen.

Viele Organismen tragen Viren von einer Pflanze zur anderen. Am häufigsten handelt es sich dabei um Insekten, obwohl auch Vögel, Pilze und sogar Menschen Überträger sein können. In die Pflanze gelangen Viren am häufigsten durch Risse und Wunden, welche die dicken Zellwände der Pflanzenzellen und die wächserne Cuticula, durch welche die Zellen gewöhnlich vor dem Angriff von Viren geschützt sind, verletzt haben. Auch durch infizierte Pollenkörner können Viren in die Pflanze gelangen. Viren reproduzieren sich in Pflanzenzellen in einem modifizierten lytischen Zyklus, bei dem infizierte Zellen gewöhnlich nicht lysieren. Stattdessen verbreiten sich die Viren in der Regel von Zelle zu Zelle, indem sie sich durch die Plasmodesmen bewegen. Manche Viren sind auch in der Lage, infizierte Zellen durch Exocytose oder durch Knospung zu verlassen. Sind Viren erst einmal ins Phloem gelangt, können sie schnell über die ganze Pflanze ausbreiten. Ein Virus führt gewöhnlich anfangs zu einem lokalen Schadensbereich, einer Läsion, auf die mit der Ausbreitung des Virus eine weitreichende systemische Schädigung folgt.

Sehen wir uns drei wichtige Familien von Pflanzenviren detaillierter an. Die Familie der Potyviridae ist eine sehr große Familie von stabförmigen RNA-Viren. Sie rufen eine Reihe von Mosaikkrankheiten bei Kulturpflanzen hervor, darunter sind Kartoffeln, Bohnen, Sojabohnen, Zuckerrohr und Paprika (▶ Abbildung 17.4). Die Krankheiten machen sich durch gelbliche Flecken auf Blättern, Sprossachsen und Früchten bemerkbar und können sich auf alle Pflanzen auf einem Feld ausbreiten. Infizierte Pflanzen sind gewöhnlich verkrüppelt und bringen deformierte Früchte hervor. Potyviren werden durch Blattläuse von Pflanze zu Pflanze übertragen, einige Viren werden auch durch Samen infizierter Pflanzen in nichtinfizierte Felder eingeschleppt. Es konnten bislang keine effizienten Verfahren zur Bekämpfung der Krankheit gefunden werden. Das Vernichten infizierter Pflanzen und die Anwendung von Insektiziden, welche die Blattläuse töten, verzögert nur die Ausbreitung der Krankheit.

Waikaviren und Badnaviren sind für etliche schwere Krankheiten bei Getreide verantwortlich. Darunter ist

Abbildung 17.4: Potyviren. (a) Doppelvirusbefall einer Tomatenpflanze durch eine Kombination aus dem Kartoffelvirus X und dem Tabakmosaikvirus, der Früchte mit rauer Oberfläche und unregelmäßigen braunen Flecken hinterlässt. (b) Alfalfamosaikvirusbefall einer Kartoffelpflanze.

Tungro, die Krankheit, die gegenwärtig die größten Ernteverluste bei Reis verursacht. Die durch einen Komplex aus beiden Viren ausgelöste Krankheit Tungro wurde wissenschaftlich erstmals im Jahr 1965 identifiziert, obwohl sie Bauern auf den Philippinen, in Malaysia, Indonesien, Indien und Pakistan seit vielen Jahren bekannt war. Tungro bedeutet in Ilocano (einer philippinischen Sprache) „degeneriertes Wachstum". Infizierte Reispflanzen sind verkrüppelt; haben deformierte, gelbe, fleckige Blätter und produzieren nur wenig oder keine Körner. Die Ertragsverluste betragen in infizierten Gebieten zwischen 10 und 60 Prozent. Außer der Empfehlung, Insektizide einzusetzen, um die

Population von Grashüpfern zu reduzieren, welche die Krankheit übertragen, existieren keine wirksamen Möglichkeiten zur Behandlung infizierter Felder. Die beste Lösung, Infektionen zu kontrollieren, ist die Verwendung von Saatgut von Reispflanzen, die Resistenzen gegenüber dem Virus, den Grashüpfern oder beiden aufweisen. Da Reis die Hauptnahrungsquelle von mehr als drei Milliarden Menschen ist, hat Tungro sehr wichtige Konsequenzen für die Gesundheit der Bevölkerung. In Regionen, in denen sie auftritt, ist Tungro ein entscheidender Faktor für das Zustandekommen von Mangelernährung.

Viruskrankheiten von Pflanzen sind auch ökonomisch von großer Relevanz. Im Jahr 2000 betrug der Wert des pflanzlichen Nahrungsmittelbestands weltweit etwa zwei Billionen Dollar. Etwa 800 Milliarden Dollar davon gingen durch Krankheiten (hervorgerufen durch Viren, Bakterien und Pilze), Insekten und Unkräuter verloren. Die Verluste variieren in Abhängigkeit von der speziellen Kulturpflanze und sind in Entwicklungsländern höher, da dort krankheitsresistente Samen teuer und schwer zu beschaffen sind. Da viele Länder ständig an der Schwelle zwischen gerade ausreichender Nahrung und Hungersnot stehen, sind solche Ernteverluste von großer Bedeutung.

Bekämpfung von Viruskrankheiten

Im Allgemeinen ist es viel einfacher, Viruskrankheiten vorzubeugen, als sie zu behandeln. Bei Tieren ist die Impfung zur Vorbeugung vieler Viruskrankheiten effektiv, seit Edward Jenner im Jahr 1796 erstmals eine Impfung vornahm, um Menschen vor Pocken zu schützen. Bei Pflanzen ist die Entwicklung resistenter Sorten die am häufigsten eingesetzte Methode, um Virusinfektionen zu vermeiden. Bei einigen mehrjährigen Kulturpflanzen dauert es etliche Jahre, bis eine Virusinfektion deutlich sichtbar wird. Die regelmäßige Verwendung von neuem Pflanzengut (Samen oder Stecklinge), das aus nichtinfizierten Pflanzen gewonnen wird, kann verhindern, dass zu große Ernteeinbußen zustande kommen.

Virusfreie Pflanzen erhält man mitunter auch dadurch, dass man das Apikalmeristem an der obersten Spitze der Pflanze entfernt und es in Gewebekultur zu einer neuen Pflanze heranzieht (siehe Kapitel 14). Da dem Sprossapikalmeristem Leitgewebe fehlt, ist der Transport der Viren in die Meristemzellen stark vermindert.

Im Jahr 1986 zeigten Roger Beachy und andere Wissenschaftler, dass man nach Integration viraler Gene in das Genom von Pflanzen oft transgene Pflanzen erhält, die gegenüber Virusinfektionen resistent sind. Typischerweise wurden Gene benutzt, die das virale Kapsidprotein codieren, mit anderen Genen funktionierte es aber ebenso. Wie Sie aus Kapitel 14 wissen, werden bei solchen transgenen Pflanzen einer oder mehrere der Anfangsschritte des Prozesses blockiert, durch den sich Viren innerhalb von Pflanzenzellen reproduzieren. Die Resistenz ist gewöhnlich für den Virustyp spezifisch, aus dem das transferierte Gen stammt, obwohl auch Resistenzen gegenüber verwandten Viren (Kreuzresistenzen) auftreten können.

Man hat etliche Pflanzengene isoliert, die Resistenzen gegenüber Krankheiten verleihen, die durch Viren, Bakterien und Pilze hervorgerufen werden. Es stellte sich heraus, dass einige dieser Gene bei transgenen Pflanzen zu derselben Krankheitsresistenz führten. Krankheitsresistenz kann man auch erreichen, indem man Pflanzen mit Genen versieht, die tierische Antikörper gegen das Pathogen codieren, wobei es sich um eine weitere, in Kapitel 14 beschriebene Methode handelt. Beispielsweise erzeugen transgene Artischockenpflanzen, die durch diese Methode hergestellt wurden, Antikörper gegen die Kapsidproteine des Artischockenvirus (AMCV), so dass sie sich folglich in gewissem Maße selbst gegen das Virus verteidigen können.

Viroide

Sie mögen denken, dass Krankheitserreger nicht einfacher sein können als ein kleines Virus, doch das stimmt nicht. Fast zwei Dutzend Pflanzenkrankheiten werden durch **Viroide** hervorgerufen. Das sind ringförmige DNA-Stränge, die 250 bis 370 Nucleotide enthalten. Die Viroid-RNA ist im Gegensatz zur Virus-RNA in einem Virus nicht von einem Proteinkapsid umschlossen und scheint nicht in ein Protein translatiert zu werden. Viroide findet man in den Nucleoli infizierter Pflanzen, jedoch ist nicht klar, warum sie sich dort aufhalten und wie sie eine Krankheit hervorrufen.

Viroide rufen eine Reihe von Pflanzenkrankheiten hervor, die zum Ausbleichen der Blätter führen, Früchte oder Sprossachsen zerreißen, den Wuchs verkrüppeln und Blüten zerstören. Cadang-Cadang ist eine Viruskrankheit von Kokospalmen, die jedes Jahr mehr als eine Million Pflanzen tötet, insbesondere auf den Philippinen, wo die Kokospalme eine wichtige Kultur-

Abbildung 17.5: Cadang-Cadang. Eine Viroid-Erkrankung von Kokospalmen hat alle Pflanzen auf dieser Plantage abgetötet.

pflanze ist (▶ Abbildung 17.5). Es dauert mindestens zehn Jahre, ehe sich diese Krankheit entfaltet. Cadang-Cadang ist ein verheerendes Problem, weil die Krankheit ältere Kokospalmen abtötet, in die Züchter bereits eine beträchtliche Menge Geld und Mühe investiert haben. Bisher konnten weder resistente Sorten noch Möglichkeiten gefunden werden, die Ausbreitung dieser Krankheit zu stoppen.

WIEDERHOLUNGSFRAGEN

1. Warum werden Viren gewöhnlich nicht als Lebewesen eingeordnet?
2. Erklären Sie den Unterschied zwischen dem lytischen und dem lysogenen Zyklus.
3. Was ist Tungro?

17.2 Prokaryoten und die Pflanzenwelt

Der im 17. Jahrhundert lebende niederländische Mikroskopiker Anton van Leeuwenhoek stellte fest, dass Bakterien sowohl extrem zahlreich als auch sehr vielfältig sind. Seither haben Wissenschaftler diese Erkenntnis bestätigt und vertieft. Das dadurch erlangte Wissen über die Lebensvorgänge der Bakterien und anderer Prokaryoten hat zur Entwicklung von Behandlungsmöglichkeiten geführt, mit denen viele der durch sie verursachten Krankheiten von Pflanze, Tier und Mensch bekämpft werden können.

Prokaryoten

Aus Kapitel 2 wissen Sie, dass Prokaryoten einzellige Organismen sind, denen ein abgegrenzter Kern und von Membranen umgebene Organellen fehlen. Der überwiegende Teil der DNA liegt in einem Prokaryoten in Form eines kleinen, ringförmigen Chromosoms vor, das durchschnittlich etliche tausend Gene enthält. Außerdem haben Prokaryoten noch kleinere zirkuläre DNA-Strukturen, die als **Plasmide** bezeichnet werden, von denen jedes bis zu zehn Gene enthalten kann. Bakterien können DNA auf verschiedenen Wegen austauschen, und Plasmide können von einer Art auf eine andere übertragen werden. Als Beispiel dafür haben wir gesehen, wie in der Gentechnik das Ti-Plasmid des *Agrobacteriums* zur Erzeugung transgener Pflanzen eingesetzt wird.

Prokaryoten haben typischerweise eine von drei charakteristischen Formen (▶ Abbildung 17.6): eine Kugelform, die als Kokke (Plural: Kokken) bezeichnet wird, eine Zylinderform, die als Stäbchen oder Bazillus (Plural: Bazillen) bezeichnet wird, oder eine gekrümmte oder schraubenförmige Stäbchenform, die als Spirille (Plural: Spirillen) bezeichnet wird. Die meisten prokaryotischen Zellen sind beträchtlich kleiner als die Zellen von Eukaryoten. Der Grund für diesen Größenunterschied könnte sein, dass bei Prokaryoten eine Reihe von wichtigen Zellfunktionen, einschließlich des Transports, der Photosynthese und der Zell-

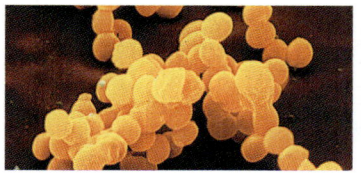

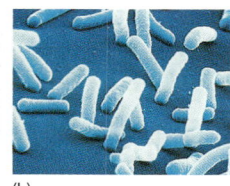

17.2 Prokaryoten und die Pflanzenwelt

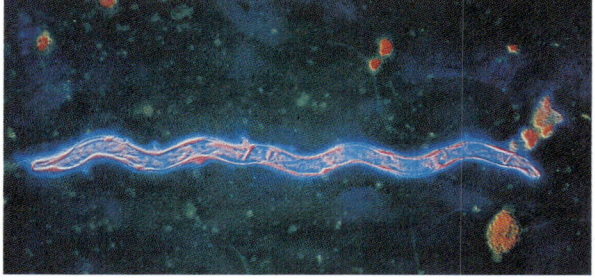

Abbildung 17.6: Charakteristische Formen von Prokaryoten. (a) Kokken sind kugelförmig. (b) Bazillen sind zylindrisch oder stäbchenförmig. (c) Spirillen sind schraubenförmig oder gekrümmt.

atmung, von der Zellmembran und ihren Einstülpungen ausgeführt wird. Bei Eukaryoten werden Photosynthese und Zellatmung in separaten, von Membranen umgebenen Organellen innerhalb der Zelle ausgeführt, während die Zellmembran nahezu ausschließlich der Regulierung des Molekültransports in die Zelle hinein und aus der Zelle heraus dient.

Die meisten Prokaryoten haben eine Zellwand, deren Struktur zur Identifizierung und Klassifizierung von Prokaryoten benutzt wird. Sie wissen aus Kapitel 16, dass Prokaryoten in zwei Domänen unterteilt werden: Archaeen und Bakterien. Die Zellwände von Archaeen besitzen unterschiedliche Strukturen, enthalten aber niemals Muraminsäure. Bakterien können hinsichtlich ihrer Zellwandstruktur in drei Gruppen unterteilt werden: (1) Grampositive Bakterien haben eine dicke Zellwand, die das violette Gramfärbemittel adsorbiert und Muraminsäure sowie große Mengen an Peptidoglycan enthält, einem Zuckerpolymer, das mit einem Protein verknüpft ist. Die Proteinquervernetzungen zwischen den langen Polysaccharidketten im Peptidoglycan verleihen diesem Zellwandtyp seine große Festigkeit. (2) Gramnegative Bakterien haben eine dünne Zellwand, die zwar Muraminsäure, aber viel weniger Peptidoglycan enthält. (3) Mycoplasmen haben überhaupt keine Zellwand. Einige Prokaryoten haben außerdem entweder eine Schleimschicht oder eine festere Kapsel, welche die Zellwand von außen umgibt. Beide bestehen aus Polysaccharidketten. Mitunter wird der Begriff *Glycokalyx* verwendet, um den Polysaccharidkomplex zu beschreiben, der die Zellwand und die Außenschichten beinhaltet.

Aus Kapitel 15 wissen Sie, dass die ältesten Fossilien prokaryotischer Organismen 3,5 Milliarden Jahre alt sind, während die ältesten Fossilien, die man für eukaryotisch hält, etwa 2,1 bis 2,2 Milliarden Jahre alt sind. Folglich waren Prokaryoten vermutlich mehr als 1 Milliarde Jahre lang die einzigen Lebensformen auf der Erde. Während dieser Zeit vollzog sich eine adaptive Radiation in viele Tausende von Arten, die an die Vielzahl der Lebensbedingungen der frühen Erdzeitalter angepaßt waren. Etwa 4000 Arten von Prokaryoten sind beschrieben und benannt worden, doch Mikrobiologen schätzen, dass weitere 500.000 bis 4 Millionen zu entdecken bleiben.

Die bereits charakterisierten Prokaryoten sind hinsichtlich ihres Lebensraumes und der Art und Weise, wie sie Energie gewinnen, außerordentlich mannigfaltig. Eine Reihe von Prokaryotenarten lebt im Verdauungstrakt von Pflanzenfressern, einschließlich Kühen, Giraffen, Pferden, Nashörnern, Kaninchen, Termiten, Raupen und Regenwürmern. Diese Prokaryoten benutzen das Enzym Cellulase, um Cellulose zu Glucose abzubauen, die größtenteils von ihren Wirten absorbiert wird. Viele Prokaryoten, einschließlich *Escherichia coli*, bevölkern auch den menschlichen Verdauungstrakt, sie verdauen jedoch keine Cellulose. Angesichts der Verbreitung von Cellulose bei Pflanzen ist es verwunderlich, dass Tiere selbst keine Cellulase bilden, sondern stattdessen auf Prokaryoten und bestimmte andere Organismen angewiesen sind, um Cellulose als Nahrungsquelle nutzbar zu machen.

Viele Archaeen gedeihen unter extremen Bedingungen, die für die meisten anderen Organismen tödlich sind. Methanogene, die Methangas bilden und durch Sauerstoff abgetötet werden, leben in anaeroben Umgebungen, wie im Sumpf und in Moorsedimenten. Thermophile (Wärme liebende) Archaeen findet man in geothermischen Quellen und Vulkanöffnungen, wo das Wasser so heiß ist, dass andere Organismen getötet werden. Einige Archaeen, die in Tiefseegebieten mit vulkanischer Aktivität leben, können unter hohen Drücken und bei Wassertemperaturen von 113° C gedeihen und sich vermehren! Halophile (Salz liebende) Archaeen leben in Gewässern mit sehr hohem Salzgehalt. Sie betreiben eine primitive Form der Photosynthese mithilfe des Pigments *Bacteriorhodopsin*, um Lichtenergie in ATP umzuwandeln.

DIE WUNDERBARE WELT DER PFLANZEN
■ **Winzige Photosynthesebetreiber von großer Bedeutung**

Fast die Hälfte der Photosynthese auf der Erde wird in den Ozeanen betrieben. Bis vor Kurzem hielt man einzellige Algen (siehe Kapitel 18) für diejenigen Organismen, die am meisten zur marinen Photosynthese beitragen, während man glaubte, dass Prokaryoten eher wenig dazu beisteuerten. Diese Sichtweise änderte sich in dem 1970er- und 1980er-Jahren, als die marinen Bakterien *Synechococcus* und der hier abgebildete *Prochlorococcus* entdeckt wurden. Beide gehören zur Gruppe der Photosynthese betreibenden Prokaryoten, die als *Prochlorophyten* bezeichnet werden.

Die Konzentration von Prochlorophyten im Ozean kann bis zu eine Milliarde Zellen pro Liter reichen. Einige Wissenschaftler sind der Ansicht, dass diese Bakterien die einzige wichtige Gruppe von Organismen auf der Erde sein könnte, wenn man von ihrer Gesamtphotosyntheseleistung ausgeht. In warmen Ozeanen, zwischen 40° nördlicher und 40° südlicher Breite, wird bis zu 40 Prozent des Kohlenstoffs nur durch *Synechococcus* und *Prochlorococcus* fixiert. Der Beitrag der Prochlorophyten zur globalen Photosynthese könnte ursprünglich unterschätzt worden sein, weil sie extrem klein sind – *Synechococcus*-Zellen haben einen Durchmesser von 0,8 bis 1,5 Mikrometern (μm) und *Prochlorococcus* nur 0,5 bis 0,7 μm –, so dass sie nicht aus dem Meerwasser entnommen werden können, höchstens mit sehr feinen Filtern.

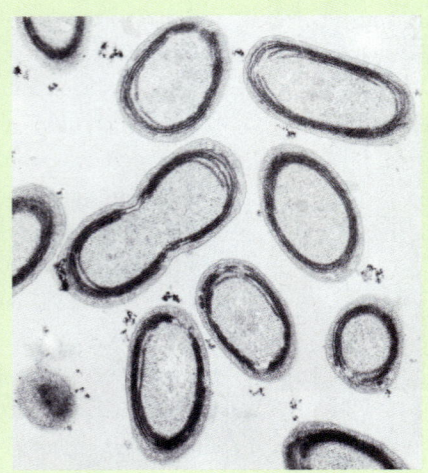

Prochlorococcus lebt in einer Tiefe von 200 Metern unter der Meeresoberfläche, wo die zur Photosynthese verfügbare Lichtintensität nur 0,1 Prozent derjenigen an der Oberfläche beträgt. Seine Formen von Chlorophyll *a* und *b* können Lichtwellenlängen absorbieren, die bis in diese Tiefe vordringen. Es gibt mindestens zwei Arten von *Prochlorococcus*, die eine hat sich an hohe, die andere an geringe Lichtintensitäten angepasst. Die Rolle dieser wichtigen Organismen in der Meeresökologie ist noch nicht vollständig geklärt. Man geht davon aus, dass sich *Prochlorococcus* aus einem Cyanobakterium durch eine Verringerung der Zellgröße und des Genomumfangs entwickelt hat. Die 1700 Gene des Organismus wurden vollständig sequenziert. Wissenschaftler untersuchen nun die Funktion jedes Genprodukts.

Stickstoff fixierende und Photosynthese betreibende Bakterien

Alle Photosynthese betreibenden Bakterien sind gramnegativ. Zu ihnen gehören grüne Schwefelbakterien, purpurne Schwefelbakterien, Prochlorophyten und Cyanobakterien. Definitionsgemäß nutzen alle Photosynthese betreibenden Bakterien Kohlendioxid (CO_2) als Quelle für Kohlenstoffatome, doch haben sie unterschiedliche Elektronenquellen. Die Schwefelbakterien sind anaerob und reduzieren CO_2 zu Kohlenhydrat, wobei die Elektronen aus Schwefelwasserstoff (H_2S), Schwefel (S) oder gasförmigem Wasserstoff (H_2) stammen:

$$CO_2 + 2H_2S \rightarrow (CH_2O) + H_2O + 2S$$

Zum Vergleich und zur Wiederholung sei noch einmal angegeben, wie Cyanobakterien, Algen und Pflanzen CO_2 mit Elektronen aus dem Wasser zu Kohlenhydrat reduzieren:

$$CO_2 + 2H_2O \rightarrow (CH_2O) + H_2O + O_2$$

Schwefelbakterien nutzen Bacteriochlorophyll, das sich strukturell von Chlorophyll *a* unterscheidet und Licht bei größeren Wellenlängen absorbiert. Diese Bakterien besitzen nur ein Photosystem anstelle von zwei. Bei purpurnen Schwefelbakterien befindet sich das Chlorophyll in Vesikeln, die mit der Zellmembran verbunden sind, während es sich bei grünen Schwefelbakterien an gestapelten Einstülpungen der Zellmembran befindet.

Prochlorophyten sind eine Gruppe Photosynthese betreibender Bakterien, die Chlorophyll *a* als ihr primäres Photosynthese-Pigment benutzen und, wie Pflanzen, auf Chlorophyll *b* und Carotinoide als Hilfspigmente zurückgreifen. Deshalb könnten sie mit denjenigen Prokaryoten verwandt sein, die zu grünen Chloroplasten von Algen und Pflanzen wurden. Man hat sowohl frei lebende als auch symbiontische Arten gefunden. Prochlorophyten kommen am häufigsten in Ozeanen als Bestandteil von Phytoplankton vor (siehe den Kasten *Die wunderbare Welt der Pflanzen* oben).

Cyanobakterien betreiben Photosynthese mithilfe von Chlorophyll *a* und besitzen Carotinoide und Phyco-

Abbildung 17.7: Ein filamentöses Cyanobakterium. *Anabaena* ist ein häufig vorkommendes Cyanobakterium, das in Süßwasserbiotopen Filamente bildet. Die vergrößerten Strukturen in jedem Filament sind Heterocysten. Das sind spezialisierte Zellen, in denen die Stickstofffixierung stattfindet.

Aus Kapitel 4 und 10 wissen Sie, dass Stickstoff fixierende Bakterien symbiotische Beziehungen mit Hülsenfrüchtlern wie Erbsen und Sojabohnen eingehen. Einige Filament bildende Cyanobakterien entwickeln große, dickwandige Zellen, als Heterocysten bezeichnet, die Stickstoff unter Ausschluss von Sauerstoff fixieren, da dieser den Fixierungsprozess hemmt (siehe Abbildung 17.7). Tropische Cyanobakterien liefern einen Hauptbeitrag zur Stickstofffixierung im Ozean. In Reisfeldern lebt das Stickstoff fixierende Cyanobakterium *Anabaena azollae* in Hohlräumen an der Unterseite der Blätter von *Azolla filiculoides*, einem Algenfarn. Der von *Anabaena* bereitgestellte fixierte Stickstoff ist eine wichtige Nährstoffquelle für *Azolla* und ein natürlicher Dünger für Reispflanzen, wenn die Algenfarne absterben und zersetzt werden.

biline als Hilfspigmente. Bei Letzteren handelt es sich um blaues Phycocyanin und rotes Phycoerythrin. Cyanobakterien haben viele parallele Membranschichten, die von der Zellmembran abstammen. Diese Schichten dienen demselben Zweck wie die Thylakoide der Chloroplasten. Tatsächlich entwickelten sich Chloroplasten wahrscheinlich aus endosymbiontischen Cyanobakterien. Die Chloroplasten von Rotalgen (Stamm Rhodophyta) zeigen eine besonders große Ähnlichkeit mit Cyanobakterien.

Die meisten Cyanobakterien bilden Zellfäden (▶ Abbildung 17.7), eine Zellassoziation, die zu ihrem alten, irreführenden Namen „Blaualgen" führte. (Denken Sie daran, dass Algen Eukaryoten sind, während es sich bei Cyanobakterien um Prokaryoten handelt.) Filamentöse Cyanobakterien besitzen oftmals Gasvesikel, die ihnen Auftrieb verleihen, sowie widerstandsfähige Zellen mit dicken Zellwänden, die als Akineten bezeichnet werden und die es den Bakterien ermöglichen, lebensfeindliche Bedingungen einige Jahre lang zu überstehen.

Mehr als 1500 Arten von Cyanobakterien leben in einer Vielzahl von Lebensräumen – heißen Quellen, ländlichen Teichen, tropischen Ozeanen und sogar in gefrorenen Seen in der Antarktis. Cyanobakterien gehen auch symbiontische Beziehungen zu anderen Organismen ein, zu denen Protozoen, Schwämme, Algen ohne Chlorophyll, Moose und Gefäßpflanzen gehören. Sie sind die Photosynthese betreibenden Partner von Pilzen bei einigen Flechten.

Viele Gattungen und Arten von Bakterien, einschließlich Cyanobakterien, können Stickstoff fixieren.

Bakterielle Pflanzenkrankheiten

Von etwa 100 Bakterienarten ist bekannt, dass sie Pflanzenkrankheiten hervorrufen. Solche Krankheiten sind *Feuerbrand*, *Schrotschuss*, *Bakterienwelke*, *Nassfäule*, *Gallen*, *Pflanzentumor* und *Kraut- und Knollenfäule*. Der Schaden wird in der Regel durch Exotoxine, von den Bakterien abgesonderte toxische Proteine, verursacht, obwohl der Schaden mitunter auch von Endotoxinen ausgelöst wird. Dabei handelt es sich um Toxine, die an bakterielle Zellwände oder Plasmamembranen gebunden sind.

Bakterielle Nassfäulen befallen typischerweise saftige Gemüse und Früchte, wie beispielsweise Möhren, Kartoffeln, Zwiebeln, Tomaten und Paprika (▶ Abbildung 17.8). Insgesamt verursachen sie mehr Schaden

Abbildung 17.8: Bakterielle Nassfäule. Diese Paprika ist mit Nassfäule infiziert, die durch das Bakterium *Erwinia carotovora* hervorgerufen wird.

und größere Verluste in Obst- und Gemüsekulturen als irgendeine andere bakterielle Krankheit. Etliche Arten von *Erwinia*, *Pseudomonas*, *Bacillus* und *Clostridium* rufen diese Krankheiten hervor. Die Bakterien gelangen durch kleine Wunden an der Gemüse- oder Fruchtoberfläche in die Pflanze oder werden durch verschiedene Insektenlarven eingetragen. Die Bakterien ernähren sich zunächst von den Säften, die von verwundeten Zellen abgegeben werden. Anschließend setzen sie Enzyme frei, welche die Mittellamelle zwischen den Zellen und letztlich die Zellen selbst abbauen.

Das erste Symptom der Nassfäule ist ein wässriger Bereich, der sich allmählich ausbreitet und in die Tiefe vordringt. Die Bakterien wandeln das Pflanzengewebe in einen weichen, schleimigen Brei um, der in späteren Stadien faul riecht. Nassfäulen können sich auf dem Feld, während des Verkaufs oder nach dem Einkauf entwickeln. Auf dem Feld werden häufig die Wurzelfrüchte infiziert, was zum Absterben der gesamten Pflanze führt. Werden selbst minimal infizierte Produkte in Plastiktüten oder Behältern aufbewahrt, werden sie oft in nur wenigen Tagen zu Brei.

Bauern wenden verschiedene Methoden an, um die Nassfäule zu kontrollieren. Sie kultivieren Pflanzen in wasserdurchlässigen Böden und lagern Ernteprodukte an gut gelüfteten, trockenen Orten. Sie wechseln auch zwischen Gemüse- und Getreideanbau ab, um die Krankheitsübertragung von einem Jahr zum nächsten zu minimieren. Doch die Effektivität der letzteren Methode ist begrenzt, weil die Nassfäule hervorrufenden Bakterien im Boden oder in Insekten und ihren Larven überdauern können.

„Lethal Yellowing" (▶ Abbildung 17.9) ist eine tödliche Krankheit bei Palmen, die durch ein Mycoplasma hervorgerufen wird. Überträger der Krankheit ist eine Kleinzikade. Etwa 75 Prozent der Kokospalmen wurden in den 1960er-Jahren in Florida durch „Lethal Yellowing" zerstört. Vor einigen Jahren fielen der Krankheit in Belize bis zu 90 Prozent der Kokospalmen zum Opfer. „Lethal Yellowing" kann verhindert werden, indem man in die Pflanzen Antibiotika injiziert. Diese Methode funktioniert mitunter auch bei anderen bakteriellen Pflanzenkrankheiten. Gewöhnlich gelangen Antibiotika wegen der Zellwände nur schwer in die Pflanzen, und auch dann zirkulieren sie in den meisten Pflanzen nicht gut.

Pflanzen haben eine überraschend hohe Zahl von Mechanismen, um bakterielle Infektionen abzuwehren und einzudämmen oder zu besiegen, wenn sie einmal aufgetreten sind. Die erste Verteidigungslinie bildet die wächserne Cuticula, die den Eintritt durch die Epidermis verhindert. Bakterien gelangen in der Regel durch Wunden oder Spaltöffnungen in die Pflanze. Einige Pflanzen setzen auch chemische Inhibitoren für Bakterien in den Erdboden frei oder enthalten solche Inhibitoren in ihren Zellwänden. Die Anwesenheit pathogener Bakterien in einer Pflanze löst andere Abwehrmechanismen aus. Pflanzenzellen, die sich in der Nähe der infizierten Stelle befinden, bilden antimikrobielle Verbindungen, die als Phytoalexine bezeichnet werden. Die Pflanze nimmt auch spezielle pathogene Moleküle wahr und reagiert darauf, indem sie eine Reihe von chemischen Reaktionen initiiert, die zum lokalisierten Zelltod an der Infektionsstelle führen. Dieser Prozess, der als **hypersensitive Reaktion** (siehe Kapitel 11) bezeichnet wird, begrenzt die Ausbreitung der Bakterien innerhalb der Pflanze. Eindringende Bakterien können außerdem durch die Bildung von Korkschichten isoliert werden, während Abscissionsschichten zum Abwerfen infizierter Blätter führen.

Der beste Weg, bakterielle Pflanzenkrankheiten unter Kontrolle zu bringen, ist gewöhnlich eine Neubepflanzung mit Arten, die gegenüber dem Pathogen resistent sind. Die Resistenz gegenüber einem speziellen Stamm oder einer Rasse eines Pathogens wird als **vertikale Resistenz** bezeichnet. Eine breite Resistenz gegenüber einer Gruppe von Pathogenen – beispielsweise allen Stämmen einer einzelnen Bakterienart – heißt **horizontale Resistenz**. Die Infektion durch ein Pathogen kann eine systemisch erworbene Resistenz bewirken, bei der die ganze Pflanze eine Resistenz gegenüber einer Reihe

Abbildung 17.9: Lethal Yellowing. Die meisten Kokospalmen in diesem Hain im afrikanischen Ghana wurden durch Lethal Yellowing, eine durch ein Mycoplasma hervorgerufene Krankheit, abgetötet.

von Bakterien-, Virus- und Pilzkrankheiten gewinnt. Dieser Prozess erfordert die Aktivierung vieler Gene und beinhaltet Salicylsäure als Mediator (siehe Kapitel 11).

Leider kann keine Pflanze gegen alle Krankheiten resistent gemacht werden, insbesondere nicht gegen alle genetischen Varianten einer Krankheit. Die Tendenz der modernen Landwirtschaft zu „Monokulturen" erhöht die Anfälligkeit unserer Nutzpflanzen gegenüber Krankheiten, was auch durch Bioterroristen eingeschleppte Krankheiten einschließt. Die Züchtung vieler Varietäten von Kulturpflanzen mit unterschiedlichen Spektren von Resistenzen gegenüber Krankheitserregern wäre ein großer Schritt, um den Einfluss von Krankheiten auf Kulturpflanzen zu verringern und ihre Verbreitung zu verlangsamen. Der Anbau von so genannten Landsorten in landwirtschaftlich weniger hoch entwickelten Gebieten entspricht diesem Prinzip und verhindert großflächige Ernteausfälle.

Prokaryoten in Industrie, Medizin und Biotechnologie

Menschen haben sich die verschiedenartigen Stoffwechselfähigkeiten von Prokaryoten zunutze gemacht, um eine Reihe von nützlichen Produkten herzustellen. Bakterien wurden seit Jahrtausenden zur Herstellung von Käse, Buttermilch und Joghurt verwandt. Nahezu alle Spielarten dieser Produkte werden mithilfe der Gattung *Lactobacillus* hergestellt und aromatisiert. Verschiedene Fleisch- und Fischsorten werden ebenfalls durch Bakterien fermentiert, genau wie einige Gemüse. Darunter sind Weißkohl und Gurke, die in Sauerkraut beziehungsweise Essiggurke verwandelt werden. Diese kamen vermutlich ursprünglich zufällig zustande, als man verschiedene Lebensmittel so lange herumliegen ließ, bis sie in besonderer Weise verdorben waren.

Bakterien werden in großen Fermentationskesseln gezüchtet, um Vitamine und Aminosäuren zu produzieren, die als Nahrungsergänzungsmittel genutzt werden. Cyanobakterien, wie zum Beispiel *Aphanothece*, *Nostoc*, *Brachytrichia* und *Spirulina*, dienen in der japanischen und chinesischen Küche als Nahrungsergänzungsmittel. Auch Ureinwohner in Afrika und Mexiko nutzen *Spirulina* als Nahrung. Spanischen Aufzeichnungen zufolge kannten die Azteken in Zentralmexiko *Spirulina* als *Tecuitlatl*, das sie in Form von Kuchen trockneten und in einer Vielzahl von Gerichten benutzten. In getrockneter Form wird dieses Cyanobakterium aufgrund seines hohen Vitamingehalts heute in Reformhäusern verkauft.

Bakterien werden in großen Fermentern angezogen, um viele der in der Medizin eingesetzten Antibiotika zu produzieren, darunter Streptomycin, Tetracyclin und Cyclohexamid, die durch Actinomyceten, Bodenbakterien der Gattung *Streptomyces*, synthetisiert wird. In der Natur hemmen diese Verbindungen das Wachstum anderer Bakterien, die mit den *Streptomyceten* um Raum und Nahrung konkurrieren. Im Labor können *Streptomyceten*-Kolonien auf einem Nährmedium gezüchtet werden, das mit anderen Bakterien überdeckt ist. Die Kolonien, die Antibiotika herstellen, sind leicht erkennbar, da sie von einem klaren Bereich umgeben sind, in dem die anderen Bakterien durch das Antibiotikum abgetötet wurden.

In den letzten Jahren wurden viele andere Einsatzgebiete für Prokaryoten entdeckt. Biologisch abbaubare Kunststoffe können durch Bakterien wie *Alcaligenes eutrophas* sowohl hergestellt als auch abgebaut werden. Der Einsatz dieser Kunststoffe könnte helfen, den Bedarf an neuen Deponien zu reduzieren, die sich sonst schnell mit Kunststoffen füllen, die nicht abgebaut werden. Das Bakterium *Thiobacillus ferrooxidans* oxidiert Metalle wie Kupfer, Gold und Uran, wobei wasserlösliche Verbindungen entstehen, die leicht aus minderwertigen Erzen extrahiert werden können. Prokaryoten dienen außerdem dazu, Ölverschmutzungen zu beseitigen und Böden zu entgiften, die Pestizide oder andere toxische Substanzen enthalten. Dieser Prozess wird als **Bioremediation** bezeichnet (▶ Abbildung 17.10).

Bestimmte Stämme des Bodenbakteriums *Pseudomonas syringae* können die Bildung von Eiskristallen

Abbildung 17.10: Der Einsatz von Bakterien. Diese Arbeiter sprühen Düngemittel auf einen durch eine Ölkatastrophe kontaminierten Boden. Die Düngemittel fördern das Wachstum der Bodenbakterien, die den Ölabbau unterstützen.

17 VIREN UND PROKARYOTEN

fördern und werden auf ihre potenzielle Nützlichkeit hin getestet, Schneefall zu verstärken. Andere Stämme desselben Bakteriums verzögern die Eisbildung und werden auf Pflanzen gesprüht, um sie vor Frost zu schützen. Sogar groß angelegte Wetteränderungsmodelle, an denen *Pseudomonas syringae* beteiligt ist, werden ins Auge gefasst. Einige Biologen haben die These aufgestellt, dass dieses Bakterium das Wetter aufgrund seiner Fähigkeit, sich auf die Eisbildung auszuwirken, bereits beeinflusst.

WIEDERHOLUNGSFRAGEN

1. Beschreiben und benennen Sie die drei charakteristischen Formen von Prokaryoten.
2. Welche Substanzen benutzen Schwefelbakterien als Elektronenquelle bei der Photosynthese?
3. Worin besteht der Unterschied zwischen vertikaler Resistenz und horizontaler Resistenz?
4. Führen Sie vier Beispiele auf, bei denen Menschen Bakterien in Industrie und Medizin nutzbringend einsetzen.

ZUSAMMENFASSUNG

17.1 Viren und die Pflanzenwelt

Die Struktur von Viren

Viren sind nichtlebende DNA- oder RNA-Komplexe, die von einer Proteinhülle umgeben sind. Einige Viren replizieren sich durch den lytischen Zyklus, bei dem ihre DNA in eine Wirtszelle gelangt und zur Bildung neuer Viren führt, die freigesetzt werden, wenn die Zelle lysiert. Andere Viren integrieren im lysogenen Zyklus ihre DNA in das Genom der Zelle.

Virale Pflanzenkrankheiten

Viren werden durch Vektororganismen von Pflanze zu Pflanze übertragen. Sie gelangen gewöhnlich durch Risse und Wunden in die Pflanzen und bewegen sich innerhalb der Pflanzen durch Plasmodesmen und über das Phloem. Potyviren lösen bei vielen Kulturpflanzen Mosaikkrankheiten aus. Waikaviren und Badnaviren rufen Krankheiten bei Getreide hervor, was auch die Reiskrankheit Tungro einschließt.

Bekämpfung von Viruskrankheiten

Botaniker arbeiten daran, Virusinfektionen bei Pflanzen zu vermeiden, indem sie resistente Arten entwickeln und nichtinfiziertes Material benutzen, um virusfreie Pflanzen zu erhalten. Gentechnologen haben Pflanzen geschaffen, die gegenüber einigen Viren resistent sind, indem sie Gene für virale Kapsidproteine oder tierische Antikörper in das Genom der Pflanzen integrierten.

Viroide

Viroide sind kleine, ringförmige RNA-Stränge, die eine Vielzahl von Pflanzenkrankheiten hervorrufen. Darunter ist die Krankheit Cadang-Cadang, die Kokospalmen befällt.

17.2 Prokaryoten und die Pflanzenwelt

Prokaryoten

Prokaryoten sind kleine Zellen, die in der Regel eine kugelförmige, zylindrische oder schraubenförmige Gestalt aufweisen. Die meisten Prokaryoten haben eine Zellwand, deren Struktur als Basis für ihre Identifizierung und Klassifizierung dient. Viele Prokaryoten, die zur Domäne der Archaeen gehören, leben in Lebensräumen, wie beispielsweise in anaeroben Umgebungen, heißen Quellen und sehr salzhaltigem Wasser, die für die meisten anderen Organismen lebensfeindlich sind.

Stickstoff fixierende und Photosynthese betreibende Bakterien

Photosynthese betreibende Schwefelbakterien reduzieren Kohlendioxid mit Elektronen aus Schwefelwasserstoff, Schwefel und Wasserstoffgas. Cyanobakterien betreiben Photosynthese unter Verwendung von Elektronen aus dem Wasser. Viele Bakterien können Stickstoff fixieren. Einige gehen symbiotische Beziehungen ein, in denen sie anderen Organismen, einschließlich Pflanzen, fixierten Stickstoff oder andere Nährstoffe liefern.

Bakterielle Pflanzenkrankheiten

Nassfäulen sind bakterielle Krankheiten, die typischerweise saftige Gemüse und Früchte befallen. „Lethal Yellowing" ist eine bakterielle Palmenkrankheit, die durch eine Kleinzikade verbreitet wird.

Pflanzen haben eine Vielzahl von wirkungsvollen Mechanismen entwickelt, um bakterielle Infektionen zu verhindern, einzudämmen und sogar zu beenden.

Prokaryoten in Industrie, Medizin und Biotechnologie

Prokaryoten werden zur Herstellung von Nahrungsmitteln oder Nahrungsergänzungsmitteln, Antibiotika und biologisch abbaubaren Kunststoffen benutzt. Außerdem dienen sie dazu, wertvolles Metall aus Erzen zu extrahieren und kontaminierten Boden zu sanieren.

ZUSAMMENFASSUNG

Verständnisfragen

1. Aus welchen Molekülarten sind Viren zusammengesetzt?
2. Was ist ein Bakteriophage?
3. Unter welchen Bedingungen ist es für Viren vorteilhaft, in den lysogenen Zyklus einzutreten?
4. Welche Symptome sind für Virusinfektionen bei Pflanzen charakteristisch?
5. Was ist ein Vektor bei einer Virusinfektion?
6. Was sind Potyviren?
7. Was ist Cadang-Cadang?
8. Beschreiben Sie zwei Verfahren, die in der Vergangenheit eingesetzt wurden, um transgene Pflanzen zu produzieren, die gegenüber Viruskrankheiten resistent sind.
9. Was unterscheidet grampositive von gramnegativen Bakterien?
10. Wo leben thermophile Archaeen?
11. Welchen Zusammenhang gibt es zwischen den Photosynthese betreibenden Membranen der Cyanobakterien und den Zellmembranen dieser Prokaryoten?
12. Wie minimieren Bauern Ernteverluste, die auf Nassfäulen zurückzuführen sind?
13. Was sind Phytoalexine?
14. Warum sollten wir, um Pflanzenkrankheiten kontrollieren zu können, von einer Kulturpflanze verschiedene Varietäten mit unterschiedlichem genetischem Hintergrund anbauen?

Diskussionsfragen

1. Wie könnten sich Ihrer Ansicht nach Viren aus Transposons entwickelt haben?

2. Einige Biologen vertreten die Ansicht, dass Viren als einfachste Organismen klassifiziert werden sollen. Geben Sie, ausgehend von Ihrem Wissen über Viren, Argumente an, die diese Auffassung unterstützen beziehungsweise widerlegen.

3. Viele Viren und Bakterien töten ihre Wirte ab. Verschafft ihnen diese Strategie einen selektiven Vorteil? Begründen Sie Ihre Antwort.

4. Wissenschaftler haben ein riesiges, einzelliges Bakterium entdeckt, das mit bloßem Auge erkennbar ist. Wie könnte das Bakterium Ihrer Ansicht nach die für Bakterien üblichen Grenzen der Größe überwunden haben?

5. Angenommen, Sie sollen ein zuvor unbekanntes Bakterium aus dem Boden isolieren und so viel wie möglich darüber herausfinden. Welche Art Experimente würden Sie ausführen?

6. Fertigen Sie beschriftete Skizzen an, um die Gemeinsamkeiten und Unterschiede zwischen einer Bakterienzelle und einer Pflanzenzelle zu illustrieren.

Zur Evolution

Diskutieren Sie mögliche koevolutionäre Beziehungen zwischen Bakterien und Pflanzen, indem Sie solche Bakterien, die schwerwiegende Pflanzenkrankheiten hervorrufen, mit denjenigen Bakterien vergleichen, die bei ihren Wirten hypersensitive Reaktionen auslösen.

Weiterführendes

Weitere Informationen zu diesem Buchkapitel finden Sie auf der Companion Website unter http://www.pearson-studium.de.

Hull, Roger. Matthews' Plant Virology, Fourth Edition. New York: Academic Press, 2001. *Dieser Text wird alle zehn Jahre aktualisiert. Die letzte Auflage enthält sowohl klassischen Stoff als auch neuere molekularbiologische Aspekte.*

Oldstone, Michael. Viruses, Plagues, and History. London: Oxford University Press, 1998. *Was wäre in der Neuen Welt anders gewesen, wenn Pocken und andere europäische Krankheiten nicht unter der amerikanischen Urbevölkerung gewütet hätten? Dieses Buch stellt verblüffende „Was wäre, wenn"-Fragen und informiert Sie darüber, wie Krankheiten die Geschichte der Menschheit beeinflusst haben.*

Sutic, Dragoljub D., Richard E. Ford und Malisa T. Tosic, Hrsg., Handbook of Plant Virus Diseases. Boca Raton, FL: CRC Press, 1999. *Dieses Handbuch vermittelt Grundlagenwissen über durch Viren hervorgerufene und virusartige Krankheiten bei vielen Kulturpflanzen, einschließlich Mais, Reis und Kartoffeln.*

Tortora, Gerard, Berdell R. Funke und Christine L. Case. Microbiology: An Introduction, Eighth Edition. San Francisco: Benjamin/Cummings, 2001. *Dieses interessante Lehrbuch liefert detaillierte Informationen über die Kunst, Viren und Mikroorganismen zu untersuchen.*

Algen

18.1	Merkmale und Evolution der Algen	457
18.2	Einzellige und Kolonien bildende Algen	460
18.3	Mehrzellige Algen	467
Zusammenfassung		474
Verständnisfragen		476
Diskussionsfragen		476
Zur Evolution		477
Weiterführendes		477

18 ÜBERBLICK

18 ALGEN

> Ein dichter Wald wächst entlang der nordamerikanischen Westküste von Mexiko bis Alaska. Die Photosynthese betreibenden Riesen in diesem Wald erreichen Höhen von 50 Metern. Fast 100 Arten von wirbellosen Tieren und Wirbeltieren leben in diesem Wald, und viele andere Arten statten ihm Besuche ab, um zu fressen oder Räubern zu entkommen. Das Ungewöhnliche an diesem Wald ist, dass er nicht an Land, sondern im Wasser existiert, und die Riesen hier keine Bäume sind, sondern Algen, die als Kelpe bezeichnet werden.
>
> Komplexe Beziehungen verbinden die Organismen in und um den Kelpwald. Seeigel (Mitglieder des Stammes der wirbellosen Tiere mit dem Namen Echinodermata, siehe Foto) ernähren sich etwa gefräßig von Kelpen, und Seeotter ernähren sich von Seeigeln. Wenn es in einem Gebiet keine Seeotter mehr gibt, explodiert die Population der Seeigel, und binnen Kurzem schrumpft auch die Population der Kelpe nachhaltig. Werden Seeotter wieder eingeführt, erholen sich die Kelpe wieder.
>
> Der Kelpwald beeinflusst auch das Leben an Land. Meeresstürme reißen viele Kelpe aus ihren Verankerungen und werfen sie haufenweise an den Strand, wo sie allmählich verrotten. Eine beachtliche Population von Gliederfüßern, Weichtieren und Würmern bewohnt diese Komposthaufen. Diese Bewohner werden wiederum zur Nahrung von Nagetieren, Waschbären und anderen Tieren. Weißkopfseeadler werden durch die Nagetiere angezogen.
>
> Charles Darwin kannte die Kelpwälder aus seiner Zeit als Naturforscher auf der HMS Beagle, und er erkannte ihre Bedeutung. In The Voyage of the Beagle bemerkte er, dass „die Zahl der lebenden Kreaturen aller Ordnungen, deren Existenz unmittelbar von Kelpen abhängt, wunderbar ist … Ich kann diese großartigen Unterwasserwälder nur mit den terrestrischen Wäldern in den tropischen Regionen vergleichen … Selbst wenn in jedem Land ein Wald vernichtet werden würde, so glaube ich nicht, dass annähernd so viele Tierarten zugrunde gehen würden, wie hier durch die Vernichtung der Kelpe."
>
> Kelpe werden in großem Maßstab für den Einsatz als Dünger und als Quelle für ein Glucosepolymer, das Algin, abgeerntet. Mit einem Anteil von bis zu 35 Prozent vom Trockengewicht eines Kelps dient Algin zum Andicken vieler Produkte, darunter Speiseeis, Zahncreme, Kosmetika und Farben. Für die Herstellung von Eiscreme ist Algin besonders nützlich, weil es die Bildung von Eiskristallen verhindert. Es dient dazu, Farben leicht fließen zu lassen, so dass sich keine Pinselstriche zeigen. Jährlich werden allein vor der kalifornischen Küste mehr als 140 Millionen Kilogramm Kelp mit einem Wert von über 40 Millionen Dollar geerntet. Kelpe sind im Allgemeinen eine nachwachsende Ressource und können umweltverträglich abgeerntet werden, wenn geeignete Schutzmaßnahmen eingehalten werden. Erntemaschinen schneiden nur etwa den obersten Meter ab. Weil diese Algen 15 Zentimeter am Tag wachsen können, vernichtet die Ernte sie nicht.
>
> Kelpe sind Algen, doch nicht alle Algen sind Kelpe. Zu den Algen gehören sowohl einzellige als auch mehrzellige Arten. Man findet sie im Süßwasser und an Land genauso wie im Meer. Die meisten Arten sind frei lebend, aber einige leben als Parasiten oder Symbionten in anderen Organismen. In diesem Kapitel werden wir die Vielfalt der Algen erschließen, wobei wir uns zunächst den sieben Stämmen widmen werden, deren Mitglieder größtenteils einzellig sind oder in Kolonien leben. Wir werden dann die drei Algenstämme untersuchen, zu denen Arten gehören, die echte Mehrzeller sind.

Merkmale und Evolution der Algen 18.1

Algen gehören zum Reich der Protisten. Aus Kapitel 16 wissen Sie, dass Protisten viele unterschiedliche Eukaryoten umfassen. Viele Systematiker betrachten Protisten als ein künstliches Reich, weil nicht alle seine Mitglieder phylogenetisch eng miteinander verwandt sind. Die meisten Algen betreiben Photosynthese und werden deshalb manchmal als pflanzenähnliche Protisten bezeichnet. Andere Protisten werden als pilzähnlich oder tierähnlich bezeichnet. Doch diese Beschreibungen sind genauso künstlich. Beispielsweise haben einige pilzähnliche Protisten Zellwände, die wie die Zellwände von Pflanzen Cellulose enthalten, wohingegen einige Algen Nahrung wie Pilze absorbieren oder sich wie Tiere einverleiben können.

Einteilung der Algen

Photosynthese betreibende Algen haben pro Zelle einen oder zwei Chloroplasten und nutzen wie Pflanzen die Lichtreaktionen und den Calvin-Zyklus, um Lichtenergie in chemische Energie umzuwandeln. Alle Photosynthese betreibenden Algen nutzen Chlorophyll *a* als primäres Photosynthesepigment und eine andere Form von Chlorophyll als Hilfspigment: Grünalgen und Euglenoida haben Chlorophyll *b* (das man auch bei Pflanzen findet); einige Rotalgen verfügen über Chlorophyll *d*; alle anderen Algen verfügen über das bei Algen einmalige Chlorophyll *c*. Eine Vielzahl zusätzlicher Hilfspigmente ergänzt die grünen Chlorophyllpigmente und verleiht einigen Algen ihren charakteristischen roten, braunen, gelben oder goldenen Farbton. ▶ Tabelle 18.1 führt die an der Photosynthese beteiligten Pigmente und andere Merkmale von zehn Algenstämmen auf.

Die Chloroplasten vieler Algen enthalten proteinreiche Strukturen, die als **Pyrenoide** bezeichnet werden. Sie enthalten Rubisco, das Enzym, das den ersten Schritt des Calvin-Zyklus katalysiert (siehe Kapitel 8). Obwohl die Anwesenheit eines Pyrenoids als primitives Merkmal angesehen wird, besitzen zumindest einige Arten jedes Algenstammes ein Pyrenoid. Verschiedene Produkte der Kohlenstofffixierung können im Pyrenoid oder im Cytoplasma gespeichert werden. Die Art des gespeicherten Photosyntheseprodukts ist eines der Merkmale, das Systematikern zur Klassifikation der Algen dient. Ein weiteres Merkmal ist die Zahl der Membranen, die den Chloroplasten umgeben (siehe unten).

Viele Algenzellen haben einen Lichtdetektor, der aus einem Pigmentkomplex besteht, darunter 11-*cis*-Retinal. Dabei handelt es sich um ein Rhodopsin, das auch im Sehapparat von Tieren als Lichtrezeptor dient. Eine weitere Pigmentstruktur, der Augenfleck, auch als Stigma bezeichnet, liegt im Cytoplasma oder innerhalb des Chloroplasten in der Nähe des Lichtdetektors. Der Augenfleck wirkt wie ein Schirm, der verhindert, dass aus bestimmten Richtungen einfallendes Licht auf den Lichtdetektor trifft. Die Lichtmenge, die der Lichtdetektor empfängt, beeinflusst die Bewegung der Geißeln. Zusammen ermöglichen es der Lichtdetektor und der Augenfleck einigen Algenzellen, sich in Bezug auf eine Lichtquelle zu orientieren und zu bewegen.

Die Evolution der Algen

Aus Kapitel 7 wissen Sie, dass sich einige Organellen, einschließlich Mitochondrien und Chloroplasten, vermutlich aus einer Endosymbiose entwickelt haben. Damit ist ein Prozess gemeint, bei dem eine Zelle von einer anderen Zelle aufgenommen wird. Die Zahl der Membranen, die bei verschiedenen Algenstämmen einen Chloroplasten umgeben, legt die Vermutung nahe, dass diese Organellen aus ein bis drei verschiedenen endosymbiontischen Ereignissen hervorgegangen sind (▶ Abbildung 18.1). Bei Rotalgen und Grünalgen sind die Chloroplasten von *zwei* Membranen umgeben: einer inneren Membran, die ursprünglich einen Photosynthese betreibenden Prokaryoten umgab, und einer äußeren Membran, die von einer Nahrungsvakuole der heterotrophen Zelle stammt, die den Prokaryoten aufnahm. Dieses ursprüngliche endosymbiontische Ereignis wird als **primäre Endosymbiose** bezeichnet.

Bei zwei anderen Algenstämmen, den Euglenoida und den meisten Dinoflagellaten, sind die Chloroplasten von *drei* Membranen umgeben. Die wahrscheinlichste Erklärung für Chloroplasten mit drei Membranen ist, dass sie das Ergebnis einer **sekundären Endosymbiose** sind: Eine Alge, die einen von zwei Membranen umgebenen Chloroplasten enthielt, wurde von einer heterotrophen Zelle aufgenommen. Gemäß dieser Erklärung wurde der größte Teil der Alge in der Nahrungsvakuole der heterotrophen Zelle verdaut, doch der Chloroplast der Alge widerstand und wurde zu einem Endosymbionten. Die äußerste Membran des

18 ALGEN

Tabelle 18.1

Merkmale von Algenstämmen

Stamm	Ungefähre Zahl bekannter Arten	Photosynthese-Pigmente	Merkmale
Stämme mit einzelligen oder Kolonien bildenden Algen			
Euglenophyta (Euglenoida)	800	Chlorophyll *a, b* Carotinoide	vorwiegend im Süßwasser; einige betreiben keine Photosynthese; begeißelt
Dinophyta (Dinoflagellaten)	3000	Chlorophyll *a, c* Carotinoide	Phytoplankton im warmen Meer- und Süßwasser; einige betreiben keine Photosynthese; einige bilden Nervengifte; begeißelt
Bacillariophyta (Kieselalgen)	5600	Chlorophyll *a, c* Carotinoide	Phytoplankton im kalten Meer- und Süßwasser; einige terrestrische Arten; Zellwände aus Siliziumdioxid
Xanthophyta (Gelbgrünalgen)	600	Chlorophyll *a, c* Carotinoide	Phytoplankton, vorwiegend im Süßwasser; begeißelt
Chrysophyta (Goldalgen)	1000	Chlorophyll *a, c* Carotinoide	Phytoplankton im Meer- und Süßwasser; begeißelt; einige betreiben keine Photosynthese
Cryptophyta (Cryptomonaden)	200	Chlorophyll *a, c* Phycobiliproteine	Phytoplankton im kalten Meer- und Süßwasser; begeißelt
Prymnesiophyta (Kalkalgen)	300	Chlorophyll *a, c* Carotinoide	Phytoplankton, vorwiegend im warmen Meerwasser; begeißelt
Stämme mit mehrzelligen Algen			
Phaeophyta (Braunalgen)	1500	Chlorophyll *a, c* Carotinoid (Fucoxanthin)	vorwiegend in der Gezeitenzone und im flachen Meerwasser; umfasst Kelpe; begeißelt; bilden Sporen und Gameten
Rhodophyta (Rotalgen)	5000	Chlorophyll *a, d* Phycobiliproteine	vorwiegend im Meerwasser; keine begeißelten Zellen im Lebenszyklus
Chlorophyta (Grünalgen)	7500	Chlorophyll *a, b*	vorwiegend im Süßwasser; einige sind mit Pflanzen verwandt; mitunter begeißelt

Chloroplasten stammt von der Nahrungsvakuole. Sie ist mit Ribosomen besetzt, weil die Nahrungsvakuole eine gewisse Zeit mit dem endoplasmatischen Retikulum (ER) der heterotrophen Zelle verbunden war. Deshalb wird die äußerste Chloroplastenmembran als Chloroplasten-ER bezeichnet.

Viele andere Algen, darunter auch Braunalgen, haben Chloroplasten, die von *vier* Membranen umgeben sind. Diese Chloroplasten könnten wie die ersten beiden aus einem dritten endosymbiontischen Ereignis hervorgegangen sein, wobei sie während des Prozesses eine weitere Membran von einer Nahrungsvakuole übernommen haben. Alternativ dazu kann die Evolutionsgeschichte auch nur zwei endosymbiontische Ereignisse beinhalten. Bei diesem Szenario wäre die Plasmamembran der aufgenommenen Alge innerhalb der Nahrungsvakuole intakt geblieben und zur dritten Chloroplastenmembran geworden, während die Membran der Nahrungsvakuole zur vierten Chloroplastenmembran wurde.

Auf den ersten Blick scheint das Vorhandensein weiterer Chloroplastenmembranen ein Handicap zu sein, weil sie zusätzliche Barrieren darstellen, die Substrate und Produkte bei der Bewegung zwischen dem Inne-

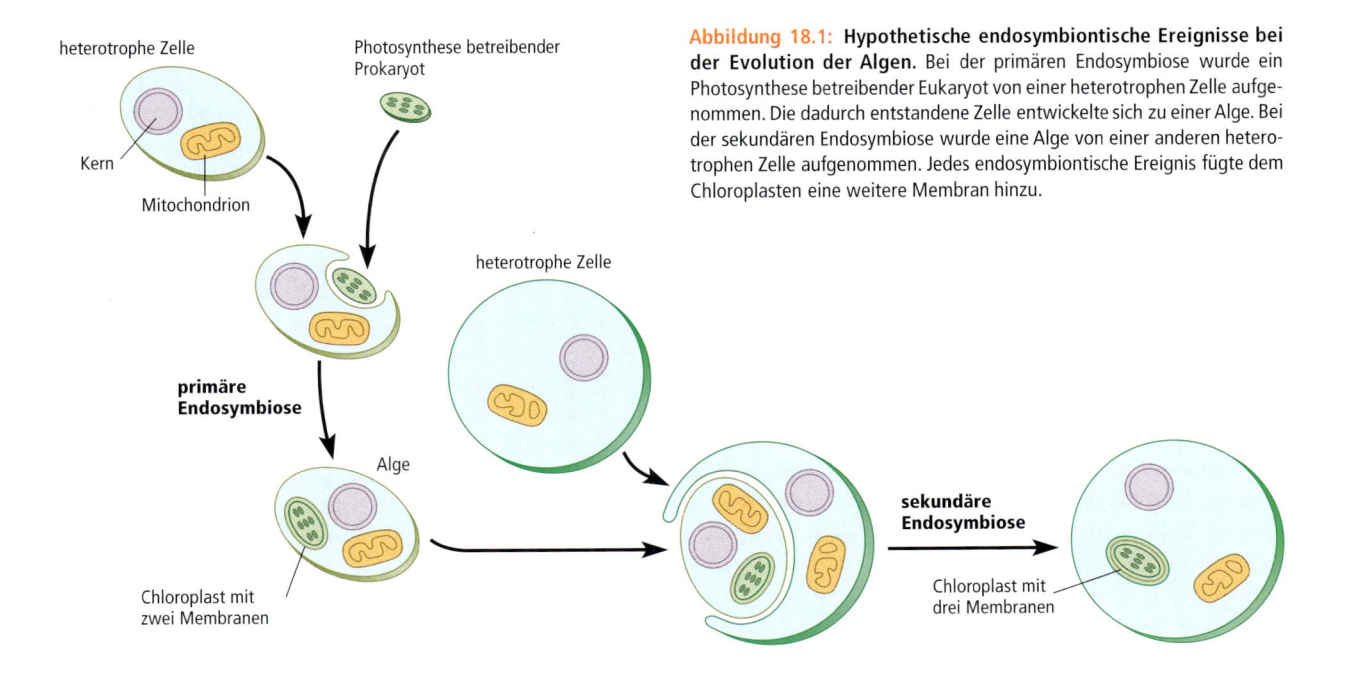

Abbildung 18.1: Hypothetische endosymbiontische Ereignisse bei der Evolution der Algen. Bei der primären Endosymbiose wurde ein Photosynthese betreibender Eukaryot von einer heterotrophen Zelle aufgenommen. Die dadurch entstandene Zelle entwickelte sich zu einer Alge. Bei der sekundären Endosymbiose wurde eine Alge von einer anderen heterotrophen Zelle aufgenommen. Jedes endosymbiontische Ereignis fügte dem Chloroplasten eine weitere Membran hinzu.

ren des Chloroplasten und dem Cytoplasma überwinden müssen. Jedoch haben Robert Lee und Paul Kugrens von der Colorado State University Indizien gefunden, dass der Bereich zwischen der zweiten Chloroplastenmembran und dem Chloroplasten-ER sauer und deshalb reich an gelöstem Kohlendioxid ist. Wenn dies tatsächlich der Fall ist, dann würde das Chloroplasten-ER dazu beitragen, die Aktivität des Calvin-Zyklus zu fördern, was wiederum Algenzellen mit drei oder vier Chloroplastenmembranen eine höhere Rate der Kohlenhydratbildung ermöglicht und daher einen Selektionsvorteil verschafft.

Wissenschaftler greifen gegenwärtig auf molekulare Untersuchungen zurück, um die evolutionären Beziehungen zwischen den Algenstämmen sowie zwischen Algen und Pflanzen zu bestimmen. Solche Untersuchungen haben gezeigt, dass sich Pflanzen und bestimmte Gruppen von Algen stärker ähneln als bisher angenommen. Angesichts dieser Befunde haben einige Wissenschaftler verschiedene neue Zuordnungen für Photosynthese betreibende Eukaryoten vorgeschlagen. Eine dieser Reklassifikationen würde Grünalgen und Rotalgen aus dem Reich der Protisten in das Reich der Pflanzen verschieben. Eine andere würde ein neues Reich, das der grünen Pflanzen (*Viridiplantae*), einführen, das aus den Grünalgen und den Pflanzen besteht. Eine dritte Klassifikation würde eine Klasse der Grünalgen (*Charophyceae*, im weiteren Verlauf des Kapitels diskutiert) und die Pflanzen zu einem neuen Reich, den *Streptophyta*, zusammenfassen.

Im übrigen Teil dieses Kapitels werden wir zehn wichtige Algenstämme behandeln. Vier Stämme – Kieselalgen (*Bacillariophyta*), Gelbgrünalgen (*Xanthophyta*), Goldalgen (*Chrysophyta*) und Braunalgen (*Phaeophyta*) – gehören zu einer einzelnen Gruppe, den Stramenopilia. (Der Name dieser Gruppe, der sich aus den lateinischen Wörtern für „Stroh" und „Haar" ableitet, deutet auf die haarähnlichen Anhänge an den Geißeln der Algen in dieser Gruppe hin.) Jeder der anderen sechs Stämme gehört zu einer separaten Gruppe. Die evolutionären Beziehungen zwischen ihnen sind gegenwärtig noch unklar. Aufgrund dieser Ungewissheit werden wir die Vorstellung dieser zehn Stämme anhand einer Eigenschaft vornehmen, die gut untersucht ist: dem Grad ihrer zellulären Organisation.

WIEDERHOLUNGSFRAGEN

1. Was ist ein Pyrenoid?

2. Welche Aufgabe hat der Augenfleck bei Algen?

3. Erklären Sie, wie man sich die Entwicklung von Algen mit Chloroplasten, die von drei Membranen umgeben sind, vorstellt.

18 ALGEN

Einzellige und Kolonien bildende Algen 18.2

Die meisten einzelligen und kleine Kolonien bildenden Algen gehören zu einem von sieben Stämmen: *Euglenophyta*, *Dinophyta*, *Bacillariophyta*, *Xanthophyta*, *Chrysophyta*, *Cryptophyta* und *Prymnesiophyta*. Während einige dieser Algen an Land leben oder an Substraten im Wasser haften, kommt die überwiegende Mehrheit als **Phytoplankton** vor. Das ist die Gesamtheit mikroskopisch kleiner, Photosynthese betreibender Organismen, die in der Nähe der Oberfläche von Ozeanen und Seen frei schwimmen. Zum Phytoplankton gehören auch einige Arten von Cyanobakterien und Prochlorophyten (siehe Kapitel 17).

Phytoplankton ist für die Hälfte der weltweit betriebenen Photosynthese verantwortlich und dient als Grundlage aller maritimen Nahrungsketten, genau wie es die Pflanzen bei terrestrischen Nahrungsketten sind. Die Organismen im Phytoplankton reagieren extrem empfindlich auf Temperaturschwankungen und Verschmutzung. Eine Änderung der Wassertemperatur um einige Grad oder eine Zunahme der Verschmutzung hat einen großen Einfluss auf das Überleben des Phytoplanktons, was sich letztlich auf alle in der Nahrungskette folgenden Organismen auswirkt, auch auf die Menschen.

Euglenoida

Euglenoida sind stark ausdifferenzierte Zellen mit einer oder zwei Geißeln, die der Fortbewegung dienen. Die meisten der rund 800 bekannten Arten von Euglenoida, wie beispielsweise *Euglena* (▶ Abbildung 18.2), leben im Süßwasser. Unter der Plasmamembran der Euglenoida liegt ein Stützelement, das als **Pellicula** bezeichnet wird. Diese besteht aus spiralig umlaufenden Bändern aus Proteinen, die mit dem endoplasmatischen Retikulum durch Mikrotubuli verbunden sind. Die Pellicula ist bei einigen Euglenoida starr, bei anderen jedoch flexibel, wie bei *Euglena*. Der Zug der Mikrotubuli an der flexiblen Pellicula ermöglicht es *Euglena*, während des Schwimmens ihre Form zu ändern, wodurch sie am Grund schlammiger Teiche, die voller Ablagerungen sind, manövrierfähig ist. Euglenoida haben an der Basis einer ihrer Geißeln einen Lichtdetektor. Sie schwimmen typischerweise zum diffusen Licht hin und von hellem Licht weg, das sie überhitzen könnte.

Die meisten Euglenoida haben Chloroplasten und Pyrenoide, die Paramylon bilden. Dieses Glucosepolymer wird benutzt, um überschüssige Nahrung zu speichern. Wie in Abbildung 18.2 dargestellt, sind die Paramylonkörnchen über das gesamte Cytoplasma verteilt. Jedoch betreiben die meisten Euglenoida nicht ausschließlich nur Photosynthese; einige, denen Chloroplasten fehlen, betreiben überhaupt keine Photosynthese. Alle Euglenoida haben die Fähigkeit, organische Moleküle, wie beispielsweise Acetat, aus ihrer Umgebung aufzunehmen. Organismen, die sowohl durch Photosynthese organische Moleküle bilden (Photoautotrophie) *als auch* organische Moleküle aufnehmen (Heterotrophie) können, werden als **Mixotrophe** bezeichnet. Die Mixotrophie verleiht vielen Euglenoida, einschließlich *Euglena*, die Fähig-

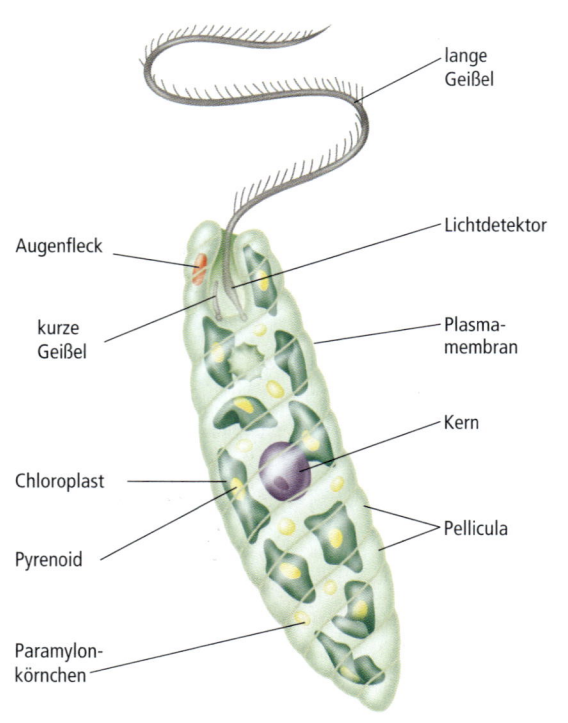

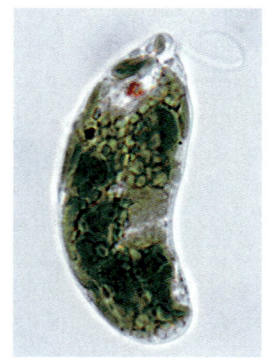

Abbildung 18.2: *Euglena* (Augentierchen), ein einzelliger Euglenoid. *Euglena* besitzt zwei Geißeln, doch nur die lange Geißel wird zur Fortbewegung genutzt. Spiralig umlaufende Streifen, welche die Pellicula ausmachen, liefern Halt und Flexibilität. Pyrenoide in den Chloroplasten bilden Paramylon, eine Nahrungsreserve, die im Cytoplasma gespeichert wird.

18.2 Einzellige und Kolonien bildende Algen

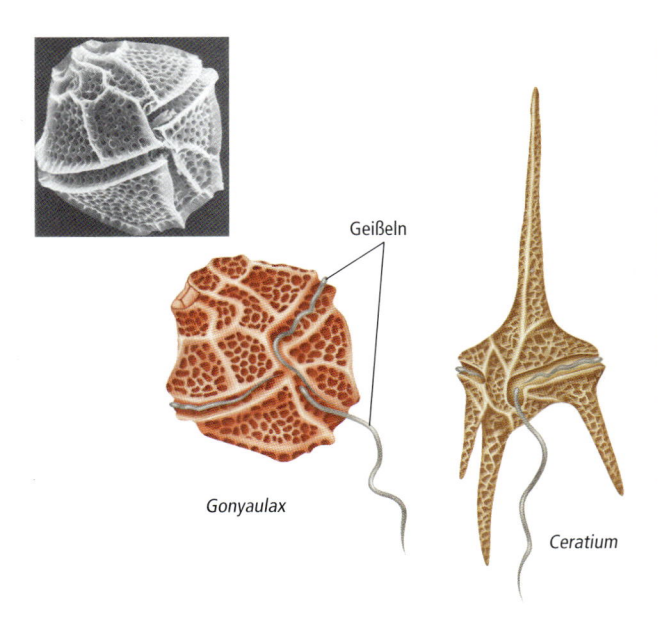

Abbildung 18.3: **Dinoflagellaten.** Harte Celluloseplatten unter der Plasmamembran geben vielen Dinoflagellaten ihre eigentümlichen Formen. Diese einzelligen Algen drehen sich, wenn sie sich durch das Wasser bewegen, wobei sie von zwei Geißeln angetrieben werden, die sich in zwei senkrecht aufeinanderstehenden Furchen befinden.

Abbildung 18.4: **Zooxanthellen in einer Riesenmuschel.** Riesenmuscheln, wie beispielsweise diese *Tridacna*, dienen als Wirte für Millionen von Dinoflagellaten (*Symbiodinium microadriaticum*), die als Zooxanthellen in Symbiose unter der farbenprächtigen Mantelschale der Muscheln leben. Die von den Zooxanthellen betriebene Photosynthese versorgt die Muscheln mit einem Großteil ihrer Nahrung.

keit, in Lebensräumen zu überleben, in denen es ausreichend Licht gibt, aber Nahrung fehlt, und umgekehrt.

Euglenoida pflanzen sich nicht sexuell fort. Die Fortpflanzung erfolgt durch Mitose ohne das Verschwinden der Kernmembran, die sich zu Beginn der Anaphase einfach in zwei Teile abschnürt.

Dinoflagellaten

Dinoflagellaten sind wichtige Komponenten des Phytoplanktons im Meer- und Süßwasser. Es gibt etwa 3000 Arten, die alle eine charakteristische Form aufweisen. Häufig wird die Form durch harte Celluloseplatten bestimmt, die sich in den Vesikeln unter der Plasmamembran befinden (▶ Abbildung 18.3). Wie auch viele Euglenoida haben Dinoflagellaten zwei Geißeln, doch sind die Geißeln der Dinoflagellaten einzigartig, weil sie in zwei Furchen zwischen den Platten liegen. Eine Furche schlingt sich um die Zelle wie ein Gürtel; der Schlag der Geißel in dieser Querfurche bewirkt, dass sich die Zelle dreht. Die andere Furche verläuft senkrecht zur ersten; der Schlag der Geißel in dieser Längsfurche ist vorrangig für die Vorwärtsbewegung verantwortlich.

Etwa die Hälfte der Arten der Dinoflagellaten betreibt Photosynthese oder ist mixotroph. In einigen leben Vertreter der Grünalgen symbiotisch in Vakuolen in ihrem Cytoplasma. Der übrige Teil ist ausschließlich heterotroph. Mixotrophe und heterotrophe Dinoflagellaten nehmen gelöste organische Moleküle auf oder inkorporieren Nahrungspartikel. Einige Arten ernähren sich über einen röhrenförmigen Stiel, als Pedunkel bezeichnet, den sie zeitweise durch eine Lücke zwischen den Platten hinausstrecken.

Einige Photosynthese betreibende Dinoflagellaten, die *Zooxanthellen*, leben in Symbiose mit Schwämmen, Seeanemonen, Korallen, Weichtieren und anderen Tieren (▶ Abbildung 18.4). Die Algen werden durch den Wirt vor Räubern geschützt und können 50 Prozent und mehr ihrer Photosyntheseprodukte, vorwiegend als Glycerol, an den Wirt abgeben. Das Wachstum von Korallenriffen in tropischen Gewässern wird größtenteils durch Zooxanthellen ermöglicht. Wissenschaftler haben die These aufgestellt, dass die komplexen und vielfältigen Formen von Korallen Anpassungen sind, um die Photosyntheserate der symbiontischen Algen zu maximieren.

Dinoflagellaten synthetisieren eine Reihe tödlicher Verbindungen, welche die Funktion tierischer Nervensysteme beeinflussen. Eine dieser Verbindungen, Saxitoxin, wird durch den Dinoflagellaten *Gonyaulax* gebildet. Saxitoxin blockiert Natriumkanäle in der Plasmamembran von Nervenzellen, wodurch sie keine Nervenimpulse mehr generieren können. Filtrierende Weichtiere, die *Gonyaulax* als Nahrung aufnehmen, wie beispielsweise Austern, Jakobsmuscheln und Miesmuscheln, können das Toxin sogar konzentrieren, ohne

Abbildung 18.5: Leuchterscheinungen bei Dinoflagellaten. (a) Eine „Rote Tide" wird durch ein schnelles Anwachsen der Dinoflagellatenpopulation im Küstenwasser ausgelöst. (b) Die Moskitobucht in Puerto Rico ist bekannt für ihre Leuchterscheinungen durch Biolumineszenz, die entstehen, wenn Wasser bewegt wird.

selbst geschädigt zu werden. Menschen, die diese toxinhaltigen Weichtiere essen, können jedoch eine Muschelvergiftung erleiden, ein Zustand, der mit Kribbelgefühl in Mund und Gesicht beginnt, auf das eine Lähmung folgt, die sich über den ganzen Körper ausbreitet. Der Tod tritt nach 12 Stunden ein. Für Saxitoxin gibt es kein Gegengift.

Die Toxine von Dinoflagellaten werden zu einem Problem, wenn die Bedingungen für die asexuelle Fortpflanzung dieser Algen optimal sind. Unter solchen Bedingungen expandiert die Population schnell, ein Phänomen, das als **Algenblüte** bezeichnet wird. Da Dinoflagellaten gelbliche oder rötliche Hilfspigmente (Xanthophylle) enthalten, verändern Algenblüten, an denen Dinoflagellaten beteiligt sind, die Farbe des Meerwassers, wodurch es zu einer Erscheinung kommt, die allgemein als „Rote Tide" bezeichnet wird (▶ Abbildung 18.5a). Rote Tiden werden oft durch Nährstoffzufuhr in das Oberflächenwasser ausgelöst, die entweder aus dem aufsteigenden Tiefenwasser oder aus landwirtschaftlichen Abwässern stammt, die Dünger und Fäkalien aus der Viehaltung enthalten. Andere Faktoren, die zum Entstehen einer Roten Tide beitragen, sind der Wind, der Phytoplankton in die Nähe der Küste treibt, hohe Wassertemperaturen in der Nähe der Wasseroberfläche und helle, sonnige Tage. Demzufolge treten Vergiftungen von Fischen und anderen Tieren gewöhnlich im Sommer auf. Die Bibel (2. Mose 7:17) berichtet über die erste der Plagen, die Ägypten heimsuchte, dass sich das Wasser im Fluss in Blut verwandelte, die Fische starben, das Wasser stank und es die Ägypter nicht trinken konnten. Sehr wahrscheinlich war diese Plage eine Algenblüte von Dinoflagellaten. Einige Ölablagerungen, einschließlich der in der Nordsee vor der Küste Englands, sind das Ergebnis wiederholter, massiver Blüten von Dinoflagellaten. Ölschiefer, die mit diesen Ablagerungen einhergehen, sind häufig reich an Überresten von Dinoflagellaten und an Verbindungen, die man typischerweise in Dinoflagellaten findet.

In den 1980er-Jahren standen wahrscheinlich gigantische Fischsterben an etlichen Flussmündungen in North Carolina mit Blüten des Dinoflagellaten *Pfiesteria piscicida* in Verbindung. Die Blüten setzten vermutlich ein, als nährstoffreiche Abfälle aus der Schweinezucht aus Deponien austraten und in die Flussmündungen gelangten. Die Frage, ob *Pfiesteria*-Blüten die Fischsterben auslösten oder diese einfach nur begleiteten, wird weiterer Forschungen bedürfen. *Pfiesteria* war der Wissenschaft vor den 1980er-Jahren unbekannt, und ihr Lebenszyklus ist bisher immer noch nicht vollständig beschrieben worden. Ursprünglich nahm man an, dass die Organismen einen komplexen Lebenszyklus hätten, der mindestens zwei Dutzend Stadien umfasst, zu denen Toxin bildende amöboide Formen gehören. Neuere Forschungen deuten jedoch darauf hin, dass *Pfiesteria* nur sieben Stadien durchläuft, was auch bei anderen Dinoflagellaten eher typisch ist, und dass es keine amöben Formen in ihrem Lebenszyklus gibt. Wissenschaftler haben nun fluoreszierende Sonden produziert, die sich an spezielle Sequenzen von Nucleotiden der *Pfiesteria*-DNA heften und damit ein Werkzeug für die positive Identifizierung der Lebensstadien des Dinoflagellaten liefern.

Pfiesteria ist ein mixotropher Organismus, der andere Algen aufnimmt und anschließend deren Chloroplasten einige Wochen lang zur Photosynthese benutzt. Die Wissenschaftler sind sich nicht darüber einig, ob *Pfiesteria* auch eigene Chloroplasten ausbilden kann. Wenn ein enzystierter *Pfiesteria*-Dinoflagellat Substanzen wahrnimmt, die von einem lebenden Fisch abgegeben werden, kann er mit der Bildung von Toxinen beginnen, welche die Entwicklung von räuberischen, begeißelten Zellen auslösen. Die Toxine lähmen den Fisch und andere Wassertiere und können zur Bildung von offenen Wunden beitragen, aus denen sich die begeißelten Zellen ernähren. Die Wunden können auch andere räuberische, Toxin bildende Organismen anziehen. Bei Menschen rufen die Toxine, die mit der *Pfiesteria*-Blüte verbunden sind, eine Vielzahl von Symptomen, einschließlich Übelkeit, Kopfschmerzen, brennende Augen, Atemnot und Sprachbeeinträchtigungen, hervor.

Einige Dinoflagellaten sind biolumineszent. Sie emittieren also Licht, indem sie das Enzym Luziferase benutzen, um die Oxidation von Luziferin zu katalysieren. Jede Zelle produziert einen Blitz pro Tag oder kann längere Zeit schwach leuchten, wenn sie angeregt wird. Während der Selektionsvorteil der Biolumineszenz für Dinoflagellaten unklar ist, reicht doch das insgesamt von Millionen dieser mikroskopisch kleinen Organismen abgegebene Licht aus, um das Meerwasser in der Nacht leuchten zu lassen (▶ Abbildung 18.5b).

Kieselalgen

Kieselalgen gibt es im Süß- und im Salzwasser und unter feuchten Bedingungen an Land. Im Meer findet man sie am häufigsten in kühlen oder kalten Gebieten, was den Rand des Eises und sogar die Eisberge selbst einschließt. Einige Arten leben an ein Substrat gebunden, doch die meisten sind frei schwimmend. Sie bilden zusammen mit Dinoflagellaten eine Hauptkomponente des Phytoplanktons. Planktische Kieselalgen könnten für ein Viertel der auf der Erde betriebenen Photosynthese verantwortlich sein. Kieselalgen existieren seit etwa 250 Millionen Jahren, und mehr als 5600 lebende Arten sind identifiziert worden. Einige Botaniker schätzen, dass die tatsächliche Zahl der lebenden Arten größer als 100.000 sein könnte.

Das einzigartige Strukturmerkmal der Kieselalgen ist ihre Zellwand, die Frustula, die ausgeprägte Ornamentmuster und zahlreiche winzige Poren aufweist

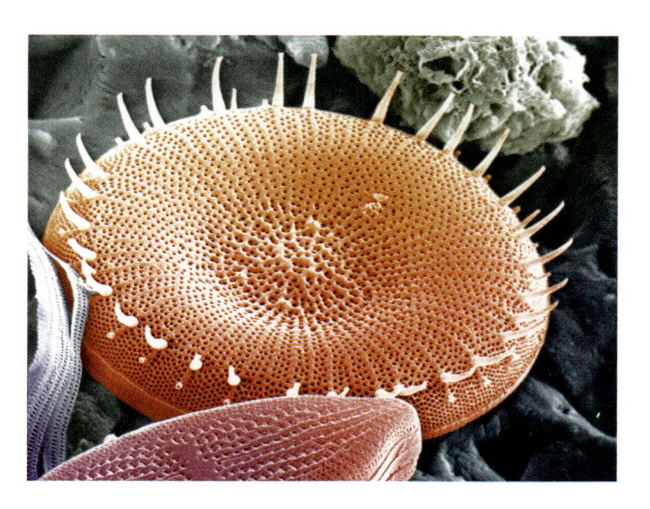

Abbildung 18.6: Kieselalgen. Die vielfältigen und komplexen Formen der Kieselalgen lassen sich auf die siliziumhaltige Zellwand, die Frustula, zurückführen. Diese colorierte Elektronenmikroskopaufnahme einer Kieselalge zeigt die zahlreichen Poren in ihrer Frustula.

(▶ Abbildung 18.6). Einige Kieselalgen sondern aus den Poren eine gallertartige Substanz ab, Schleim, der ihnen eine gleitende Bewegung erlaubt. Jede Frustula besteht aus zwei Hälften, von denen eine etwas größer als die andere ist. Sie passen zusammen wie Boden und Deckel einer Petrischale. Frustulen bestehen aus Siliziumdioxid, der Hauptkomponente von Glas. (Siliziumdioxid mit der Summenformel SiO_2 ist das hochpolymere Anhydrid der Kieselsäure, daher der Name der Algen.) Demzufolge ist das Wachstum der Kieselalgen stark davon abhängig, dass ausreichend gelöstes Silizium im Wasser vorhanden ist. In Flüssen angesiedelte Kieselalgen gedeihen gewöhnlich in einer starken Strömung am besten, die eine kontinuierliche Versorgung mit Silizium sichert.

Durch die Ansammlung von Silizium in ihren Frustulen haben Kieselalgen eine Dichte, die etwa zweieinhalb Mal so groß ist wie die des Meerwassers. Jedoch können Kieselalgen im Wasser schweben, indem sie Öl speichern, das eine geringere Dichte als Wasser hat. Das Öl dient auch als Nahrungsreserve. Tagsüber verändern frei schwimmende Kieselalgen ihre Dichte, indem sie Öl bilden oder verbrauchen, und damit auch ihre vertikale Position in der Wassersäule. In einigen Meeresregionen findet man eine Schicht aus Kieselalgen in einer Tiefe von etwa 100 Metern. Die Lichtintensität ist in dieser Tiefe ziemlich gering, doch die Kieselalgen verdoppeln ihre Chlorophyllmenge und nutzen das blaugrüne Licht, das sie erreicht, um die Effizienz der Kohlenstofffixierung zu erhöhen.

Kieselalgen pflanzen sich hauptsächlich asexuell durch Mitose fort. Jede Tochterzelle erbt eine Hälfte der Frustula der Mutterzelle und ergänzt dann die fehlende Hälfte. Bei beiden Tochterzellen passt die ergänzte Hälfte in die Hälfte, die von der Mutterzelle stammt. Deshalb bleibt die Tochterzelle, die die größere Hälfte erbt, genauso groß wie die Mutterzelle, während die Tochterzelle, welche die kleinere Hälfte erbt, kleiner als die Mutterzelle wird. Dieser Prozess bewirkt, dass sich die Größe der Zellen in einigen Linien bei jeder Generation verringert. Sexuelle Fortpflanzung findet statt, wenn Zellen, die eine bestimmte Minimalgröße erreicht haben, die Meiose durchlaufen und entweder Eizellen oder Spermatozoiden produzieren. Die Befruchtung führt zur Bildung einer Zygote, die wächst, eine neue Frustula bildet und sich zu einer großen Kieselalge entwickelt.

Die Frustulen der meisten abgestorbenen Kieselalgen lösen sich auf, doch solche, die sich nicht auflösen, fallen auf den Grund von Ozeanen und Seen und fossilieren. Aufgrund ihres Siliziumgehalts entstehen aus den Frustulen außerordentlich gute Fossilien. Durch die Beobachtung der Veränderungen in der Häufigkeit spezifischer Kieselalgenfossilien in unterschiedlichen Meeres- und Seegrundschichten können Paläontologen prähistorische Klimaveränderungen verfolgen. Anhäufungen von fossilierten Frustulen sind die Hauptkomponente der Diatomeen-Erde (Kieselgur). In der Lüneburger Heide befindet sich ein riesiges Vorkommen, das Kieselgur bis zum Ersten Weltkrieg im Tagebau nahezu für den gesamten Bedarf weltweit lieferte. Diatomeen-Erde wird als Schleifmittel beim Polieren verwendet, als Filter für den zuckerhaltigen Saft bei der Getränkeherstellung und als Isoliermaterial für Hochöfen. Außerdem war sie einmal Bestandteil von Zahncreme, bis Zahnärzte feststellten, dass dadurch der schützende Zahnschmelz abgetragen wird.

Gelbgrünalgen

Die mehr als 600 Arten der Gelbgrünalgen leben zum größten Teil im Süßwasser, obwohl einige auch im Meer oder im feuchten Boden gefunden werden. Die frei lebenden Formen sind ein wesentlicher Bestandteil des Phytoplanktons, insbesondere im Süßwasser und in einigen Salzmarschen. Obwohl Gelbgrünalgen typischerweise einzellig sind, leben einige Arten in Kolonien oder lagern sich zu langen Zellfilamenten zusammen (▶ Abbildung 18.7). Andere sind **coenocytisch**; sie bestehen aus einem einzigen Cytoplasmabereich, der viele Kerne enthält, in dem keine inneren Wände die Kerne voneinander trennen. Die meisten Gelbgrünalgen haben zwei Geißeln, die gegenüberliegenden Seiten der Zelle entspringen. Eine, die Zuggeißel, trägt winzige haarähnliche Fortsätze und zieht die Zelle vorwärts. Die andere, die Schleppgeißel, ist glatt und bewegt die Zelle rückwärts.

Abbildung 18.7: **Gelbgrünalgen.** *Vaucheria*, eine coenocytische Schlauchalge, die auf Steinen in der Gezeitenzone wächst.

Einige Arten der Gelbgrünalgen dienen als nützliche Modellsysteme zur Untersuchung der Chloroplastenbewegung, die sowohl bei anderen Algen als auch bei Pflanzen vorkommt. Bei der coenocytischen Gelbgrünalge *Vaucheria* bewegen sich die Chloroplasten zum Beispiel bei schwachem Licht zum Zentrum und bei hellem Licht zum Rand der Zelle. Bei Dunkelheit sind die Chloroplasten gleichmäßig verteilt. Die Zelle wirkt wie eine Linse, die Licht im Zellzentrum fokussiert, so dass es sich bei der Reaktion auf helles Licht um einen Mechanismus handeln könnte, der Chloroplasten vor den durch Starklicht hervorgerufenen Schädigungen schützt. Die Reaktion wird durch einen Rezeptor für blaues Licht ausgelöst, der ein Netzwerk aus Aktinfasern aktiviert, welche die Chloroplasten bewegen. Tatsächlich bewegt sich das gesamte Cytoplasma, nicht nur die Chloroplasten, da andere Zellstrukturen ebenfalls erfasst werden.

Die Fortpflanzung erfolgt bei Gelbgrünalgen vorrangig asexuell, was unter anderem die Teilung von Fragmenten oder die Sporenbildung einschließt. Sporen werden innerhalb der Zellwand gebildet und freigesetzt, wenn diese zerreißt. Nur bei zwei Gattungen,

18.2 Einzellige und Kolonien bildende Algen

Abbildung 18.8: *Synura*, eine Kolonien bildende Goldalge.

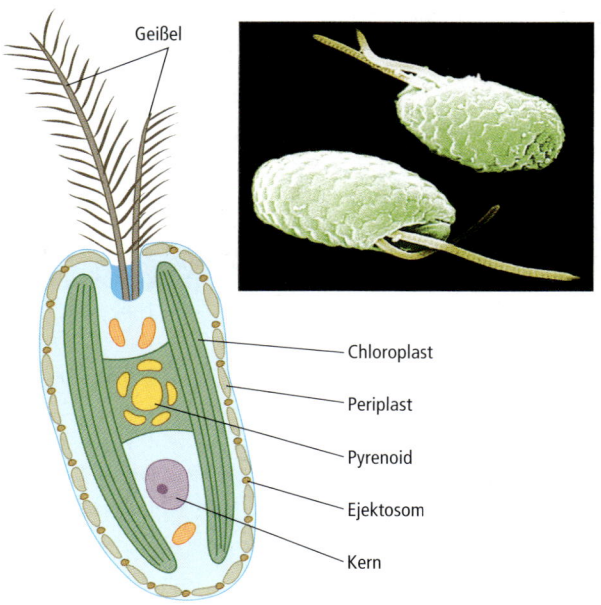

Abbildung 18.9: **Cryptomonaden.** Eine Cryptomonade besitzt zwei Geißeln, einen Periplasten, der aus Proteinplatten zusammengesetzt ist, und Ejektosome, die den Rand der Zelle säumen.

darunter *Vaucheria*, ist eine sexuelle Fortpflanzung bekannt.

Goldalgen

Goldalgen (▶ Abbildung 18.8) umfassen etwa 1000 Arten vorwiegend Plankton bildender Süßwasser- und Meeralgen. Ihre Zellen haben gewöhnlich einen großen Chloroplasten sowie zwei Geißeln ungleicher Länge, die senkrecht zueinander an einem Ende der Zelle austreten. Ein durch einen Augenfleck beschatteter Lichtdetektor befindet sich am Fuß der kurzen Geißel in der Nähe des Endes des Chloroplasten.

Einige Goldalgen sind mixotroph und ernähren sich von Bakterien und nichtlebendem organischem Material, das sie zum begeißelten Ende der Zelle ziehen, indem sie mit den Geißeln schlagen. Die Nahrungsaufnahme erfolgt durch Phagocytose, eine Form der Endocytose (siehe Kapitel 10), bei der große Partikel oder ganze Zellen aufgenommen werden. Mixotrophe Goldalgen verringern ihre Photosyntheserate und die Größe ihres Chloroplasten, wenn organische Nahrung reichlich vorhanden ist.

Ein einzigartiges Merkmal von Goldalgen ist die Bildung ruhender Sporen, der Dauersporen, die von einer Wand aus Siliziumoxid umhüllt sind. Dauersporen enthalten den Kern, einen Chloroplasten, Basalkörperchen, den Golgi-Apparat und viele Mitochondrien und Ribosomen. Vakuolen und einige Ribosomen gehen verloren, ebenso wie die beiden Geißeln. Goldalgen bilden gewöhnlich im Herbst Dauersporen, die im Frühling keimen. Für Arten, die in Teichen und flachen Seen leben, die im Winter komplett einfrieren, stellen Dauersporen eine Überlebensstrategie dar. Sie sinken auf den Grund und verbleiben im Schlamm, wodurch sie unbehelligt die Wintermonate überdauern.

Cryptophyceen

Cryptophyceen oder Cryptomonaden (von griechisch *kryptos*, „verborgen", und *monos*, „einzeln") wurden so benannt, weil sie im Allgemeinen kleiner als 50 Mikrometer sind und deshalb leicht übersehen werden können. Einige der 200 Arten der Cryptophyceen betreiben Photosynthese, einige sind heterotroph und viele sind wahrscheinlich mixotroph. Man findet sie hauptsächlich in kaltem Wasser, sowohl im Meer als auch in Seen. Trotz ihrer geringen Größe können Cryptophyceen den Großteil des Phytoplanktons in denjenigen Jahreszeiten ausmachen, in denen die Populationen der Dinoflagellaten und Kieselalgen abnehmen. Große Blüten von Cryptophyceen gibt es üblicherweise im Meerwasser in der Nähe der Pole, aber auch an anderen Orten.

Jede Cryptomonadenzelle besitzt zwei Geißeln, eine mit langen Haaren an beiden Seiten, die andere mit kurzen Haaren an nur einer Seite (▶ Abbildung 18.9). An der Innenseite der Plasmamembran und mit ihr

Emiliania huxleyi   *Florisphaera profunda*   *Umbellosphaera tenuis*

Abbildung 18.10: Haptophyta. Viele Haptophyta sind mit Platten aus Kalziumkarbonat bedeckt, die als *Coccolithe* bezeichnet werden.

verbunden befinden sich Proteinplatten, deren Form von der jeweiligen Art abhängt. Die Membran und die Platten werden insgesamt als Periplast bezeichnet. Neben Chlorophyll *a* und Chlorophyll *c* haben Cryptomonaden ein Phycobilin als Hilfspigment. Dabei handelt es sich entweder um Phycoerythrin oder Phycocyanin. Unterschiedliche Kombinationen von Pigmenten führen zu einer Färbung von gelbgrün bis blau, rot oder braun.

Ein charakteristisches Merkmal von Cryptomonaden ist das Vorhandensein von Strukturen, die man als Ejektosome bezeichnet. Sie säumen die Zellperipherie und die Vertiefung, aus der die Geißeln entspringen. Ejektosome sind lange, schmale Streifen aus Protein, die spiralig aufgewickelt sind, ähnlich einem Maßband aus Metall. Sie springen schlagartig heraus, wenn sie freigelassen werden, wodurch die Zelle in die entgegengesetzte Richtung zurückgestoßen wird. Dieser Mechanismus ermöglicht es den Cryptomonaden, Räubern zu entkommen oder, bei heterotrophen oder mixotrophen Cryptomonaden, ihre eigene Beute zu fangen.

Haptophyta

Fast alle der etwa 300 bekannten Arten von Haptophyta leben im Meer, wo sie wesentliche Komponenten des Phytoplanktons sind, insbesondere in den Tropen. Im Mittelatlantik sind sie für fast 50 Prozent der Photosynthese verantwortlich. Es gibt auch ein paar Arten, die im Süßwasser und im Erdboden leben. Diese Algen sind extrem klein – im Allgemeinen beträgt ihr Durchmesser nur einige Mikrometer. Jede Zelle hat zwei scheibenförmige Chloroplasten und etliche goldgelbe Plastiden. Bei den meisten Arten ist die Zelloberfläche mit kleinen, flachen Schuppen bedeckt, die aus Cellulose oder Kalziumkarbonat bestehen können. Diejenigen, die Kalziumkarbonat enthalten, werden als *Coccolithe* bezeichnet (▶ Abbildung 18.10). Die Kreidefelsen von Rügen oder von Dover, England, bestehen zum großen Teil aus Coccolithen. Dieses Material ist auch allen als Tafelkreide bekannt.

Das bestimmende Merkmal der Haptophyta ist ihr *Haptonema*, ein bewegliches Filament, das aus drei Membranen zusammengesetzt ist, die sieben Mikrotubuli umhüllen. Das Haptonema befindet sich zwischen zwei Zuggeißeln; es ist jedoch selbst keine Geißel, da ihm das 9 + 2-Muster der Mikrotubuli fehlt, das für eukaryotische Geißeln typisch ist. Es schlägt nicht wie eine Geißel und wird nicht zum Antrieb benutzt. Stattdessen dient das Haptonema zum Anheften der Zelle an Oberflächen und kann die Zelle dabei unterstützen, Hindernissen auszuweichen. Es wird auch dazu benutzt, Nahrung anzuziehen und zu sammeln, was die mixotrophe Ernährungsweise vieler Haptophyta unterstützt.

Die Zellen von Haptophyta der Gattung *Phaeocystis* verklumpen zu gallertartigen Kolonien. Die Zellen bilden stark gewundene Filamente aus Chitin (offensichtlich kein Haptonema), die aus der Zelle hervorspringen, wodurch sie ein Netzwerk bilden, das die Kolonie zusammenhält und sie an Gegenständen, wie beispielsweise Fischernetzen, festhält. *Phaeocystis* enthält hohe Konzentrationen von Verbindungen, die ultraviolettes Licht (UV) absorbieren, das die Zelle anscheinend vor den gewöhnlich durch UV-Einstrahlung hervorgerufenen Schäden schützt. Andere Algen, wie beispielsweise Kieselalgen, scheinen viel empfindlicher gegenüber UV-Licht zu sein. Während also das Auftreten des Ozonlochs über der Antarktis zu einem Rückgang der Zahl der Kieselalgen in den antarktischen Gewässern geführt hat, sind die *Phaeocystis*-Populationen in demselben Gebiet drastisch gewachsen.

Außerdem setzt *Phaeocystis* große Mengen Dimethylsulfid in die Atmosphäre frei, eine Verbindung, die als Kondensationskeim bei der Wolkenbildung wirkt. Wolken halten teilweise sowohl UV-Licht als auch sichtbares Licht, das zum Betreiben der Photosynthese gebraucht wird, zurück. Das ist ein Beispiel für eine negative Rückkopplung: Wenn die Photosyntheserate von *Phaeocystis* zurückgeht, wird weniger Dimethylsulfid freigesetzt, und die Wolkenschicht wird dünner.

WIEDERHOLUNGSFRAGEN

1 Beschreiben Sie die Struktur und die Funktionsweise der Pellicula bei *Euglena*.

2 Wodurch wird eine Rote Tide ausgelöst?

3 Warum gehen Kieselalgen zur sexuellen Fortpflanzung über, nachdem sie sich einige Male asexuell durch Mitose fortgepflanzt haben?

4 Wo findet man Ejektosome, und wozu dienen sie?

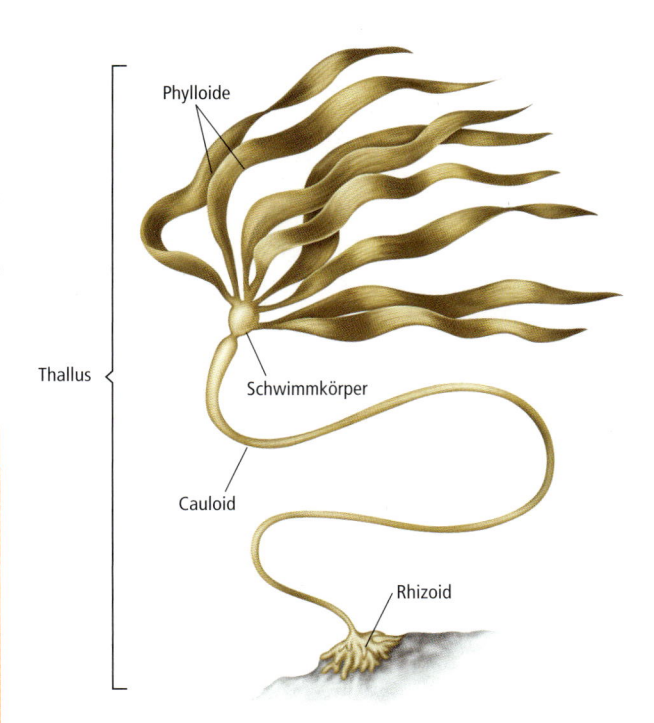

Abbildung 18.11: Die Struktur des Thallus eines Kelps. Der Kelp *Nereocystis* besitzt einen Körper oder Thallus, der für viele Tange typisch ist. Photosynthese betreibende Phylloide sind an einem mit Gas gefüllten Schwimmkörper befestigt. Das sprossachsenähnliche Cauloid verbindet den Schwimmkörper und das Phylloid mit dem verankernden Rhizoid.

18.3 Mehrzellige Algen

Drei Stämme – *Phaeophyta, Chlorophyta* und *Rhodophyta* – enthalten mehrzellige Algen mit komplexer Zelldifferenzierung und Gewebeorganisation. Während die *Chlorophyta* auch viele einzellige Arten umfassen, gehören zu den *Phaeophyta* und *Rhodophyta* nahezu ausschließlich mehrzellige Arten. Die im Meer vorkommenden mehrzelligen Formen sind die Algen, die man als **Tange** oder **Kelpe** bezeichnet. In diesen drei Stämmen ist die sexuelle Fortpflanzung verbreitet, und viele Arten haben komplexe Lebenszyklen mit Generationswechsel. Aus Kapitel 6 wissen Sie, dass sich bei solchen Lebenszyklen zwei mehrzellige Formen miteinander abwechseln: eine diploide, Sporen bildende Form, als **Sporophyt** bezeichnet, und eine haploide, Gameten bildende Form, als **Gametophyt** bezeichnet.

Braunalgen

Es gibt etwa 1500 Arten von Braunalgen (*Phaeophyta*), von denen die meisten im Meer vorkommen. Zu ihnen gehören die riesigen Kelpe, wie beispielsweise *Macrocystis* und *Nereocystis*, sowie winzige Arten wie *Ralfsia expansa*, allgemein als *Teerfleck* bekannt, die an einen Klecks Teer auf einem Stein erinnern. Ihre Plastiden enthalten große Mengen Fucoxanthin, ein zu den Carotinoiden gehöriges Hilfspigment, das diesen Algen eine braune oder olivgrüne Farbe verleiht.

Alle Braunalgen sind mehrzellig und haben einen pflanzenähnlichen Körper, der als **Thallus** (von griechisch *thallos*, „Spross"; Plural *thalli*) bezeichnet wird. Wie in ▶ Abbildung 18.11 dargestellt, besteht der Thallus eines Kelps aus drei Hauptteilen: einem wurzelähnlichen **Haftorgan (Rhizoid)**, das den Thallus an einem Substrat verankert; einem sprossachsenähnlichen, oft hohlen Stiel, der als **Cauloid** bezeichnet wird; und mannigfachen flachen **Phylloiden**, die den Großteil der Photosynthese betreibenden Oberfläche stellen. Einige Thalli haben auch gasgefüllte Schwimmkörper oder Blasen an der Basis der Phylloide. Die Schwimmkörper helfen dabei, die Phylloide in der Nähe der Oberfläche zu halten, wo das Sonnenlicht intensiver ist. Es sei jedoch betont, dass den Rhizoiden, Cauloiden und Phylloiden trotz ihrer oberflächlichen Ähnlichkeit mit Pflanzenstrukturen das charakteristische Leit-

18 ALGEN

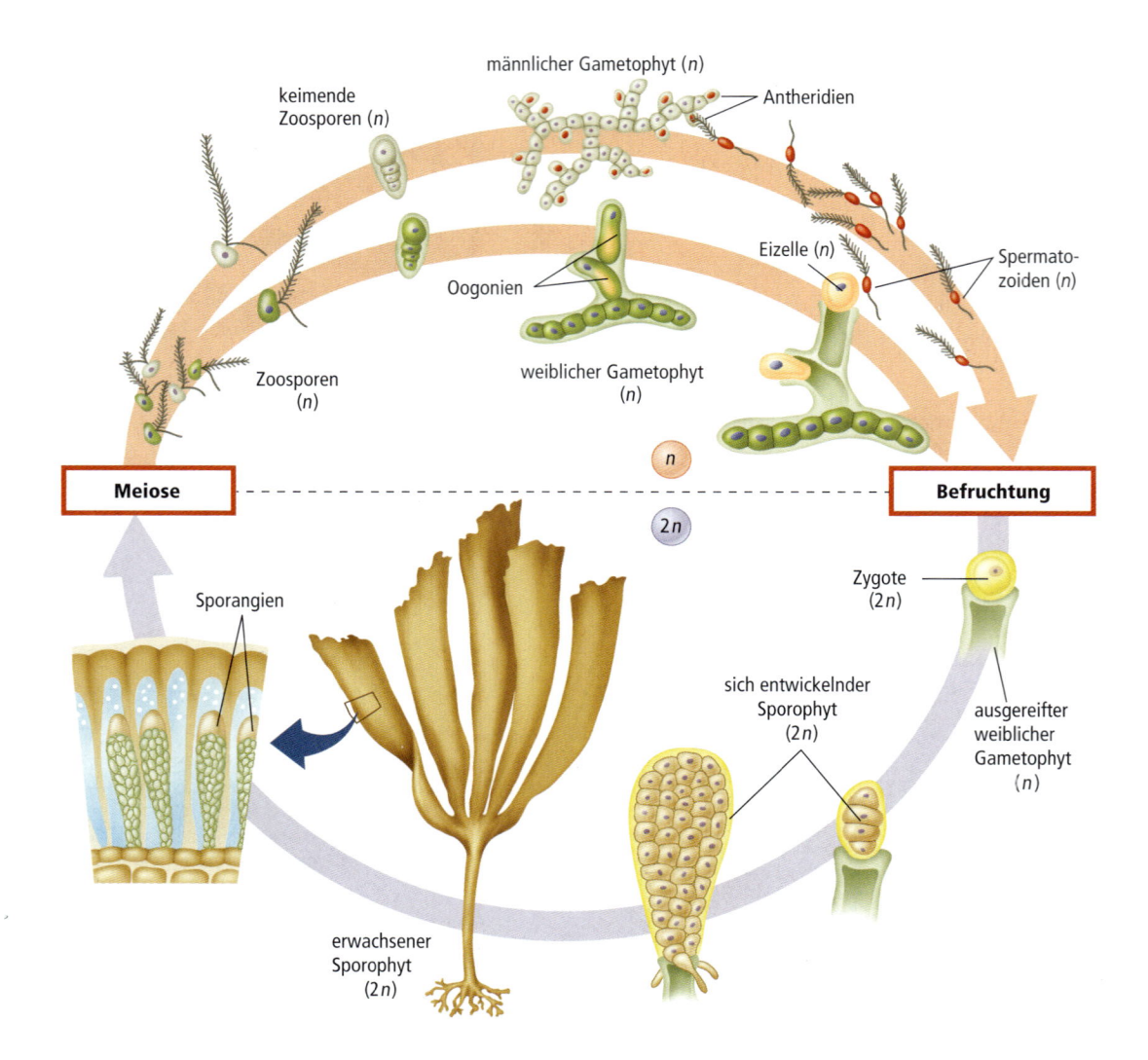

Abbildung 18.12: **Lebenszyklus von *Laminaria*, einer Braunalge.** Die Sporangien in den Phylloiden der großen Sporophyten bilden Zoosporen, die sich zu mikroskopisch kleinen männlichen und weiblichen Gametophyten entwickeln. Die Antheridien in den männlichen Gametophyten setzen Spermatozoide frei, die Eizellen in den Oogonien der weiblichen Gametophyten befruchten. Die dabei entstehenden Zygoten entwickeln sich zu neuen Sporophyten.

gewebe der echten Wurzeln, Sprossachsen und Blätter fehlt.

Viele größere Braunalgen, einschließlich des Kelps *Laminaria* (▶ Abbildung 18.12), haben einen Lebenszyklus, bei dem es einen Wechsel zwischen **heteromorphen** Generationen gibt. Bei solchen Lebenszyklen sind die Sporophyten und die Gametophyten sehr unterschiedlich ausgebildet. Bei Kelpen ist der Sporophyt groß und auffällig, während der Gametophyt mikroskopisch klein ist. Zellen in den Phylloiden der Sporophyten entwickeln sich zu Sporangien, die frei bewegliche, haploide Sporen, die Zoosporen, bilden. Alle Zoosporen sehen gleich aus, doch einige entwickeln sich zu männlichen Gametophyten und andere zu weiblichen Gametophyten. Neueste Forschungen deuten darauf hin, dass die Gametophyten einiger Braunalgen Symbionten in den Zellwänden von Rotalgen sind. Die Gametophyten tragen **Gametangien**, wobei es sich um Strukturen (einzelne Zellen, bei *Laminaria* Gametophyten) handelt, die Gameten bilden. Jedes männliche Gametangium, das **Antheridium**, setzt ein bewegliches Spermatozoid frei. Jedes weibliche Gametangium, das **Oogonium**, enthält eine Eizelle. Bei der Befruchtung bleiben die Eizellen am weiblichen Gametophyten haften und entwickeln sich dort zu neuen Sporophyten.

Bei den meisten Braunalgen mit heteromorphen Generationen findet man den Sporophyten im Sommer und den Gametophyten in kälteren Jahreszeiten. Der große Sporophyt ist auf maximale Photosyntheseaktivi-

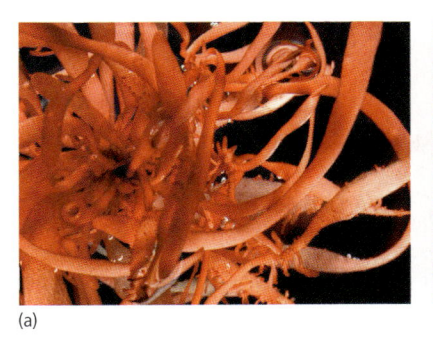

Abbildung 18.13: Rotalgen. (a) *Rhodymenia pseudopalmata.* (b) Eine koralline Alge. (c) *Chondrus crispus.*

tät an den langen Sommertagen ausgerichtet. Im Herbst und Winter – mit kürzeren Tagen und oft stürmischem Wetter – ist die winzige, fester verbundene Form des Gametophyten angepasster.

Rotalgen

Rotalgen (*Rhodophyta*) könnten die ersten Eukaryoten gewesen sein, die durch Endosymbiose von Photosynthese betreibenden Prokaryoten entstanden. Die meisten der grob geschätzt 5000 Arten sind marin; weniger als 100 identifizierte Arten leben im Süßwasser. Die überwiegende Zahl der Rotalgen ist mehrzellig, wobei ihre Thalli bis zu 10 Zentimeter lang sein können. Verschiedene Arten können frei lebend, epiphytisch oder parasitär sein. Phycobiline und Carotinoide geben vielen Rotalgen, wie beispielsweise *Rhodymenia pseudopalmata* (▶ Abbildung 18.13a), ihre charakteristische rote oder rosa Farbe.

Die Zellwände der Rotalgen haben ein Cellulosegerüst, doch bestehen sie vorwiegend aus Schleim, der Agar und Carrageen enthält, die beide Polymere der Galactose (ein der Glucose ähnelnder Zucker) sind und als Verdickungsmittel bei der Lebensmittelherstellung eingesetzt werden. Viele Rotalgen bilden auch Schichten aus Kalziumkarbonat in ihren Zellwänden. Diese Algen werden allgemein als **koralline Algen** bezeichnet (▶ Abbildung 18.13b). Doch nicht alle Rotalgen sind rot. Arten, die nur wenige dieser Hilfspigmente enthalten, wie beispielsweise *Chondrus crispus*, sind oft blaugrün oder olivgrün (▶ Abbildung 18.13c).

Rotalgen sind möglicherweise vor allem aufgrund der Komplexität ihrer Lebenszyklen bekannt. Die meisten haben drei mehrzellige Generationen: einen haploiden Gametophyten und zwei diploide Sporophyten. Eine der Sporophyten-Generationen, der Tetrasporophyt, bildet durch Meiose Sporen, die Tetrasporen. Die Tetrasporen keimen und wachsen zu männlichen oder weiblichen Gametophyten heran. Männliche Gametophyten setzen unbegeißelte Gameten frei, die Spermatien, die durch den Wasserstrom zu den Eizellen des weiblichen Gametophyten getragen werden. (Rotalgen sind die einzigen Algen, die in keinem Stadium ihres gesamten Lebenszyklus begeißelte Zellen ausbilden.) Nach der Befruchtung teilt sich die Zygote wiederholt durch Mitose, wobei die zweite Sporophytengeneration, der Karposporophyt, gebildet wird, der mit dem weiblichen Gametophyten verbunden bleibt. Der Karposporophyt setzt Sporen frei, die als Karposporen bezeichnet werden. Sie entwickeln sich zu neuen Tetrasporophyten.

Niemand versteht mit letzter Sicherheit den evolutionären Ursprung oder den selektiven Vorteil eines so komplizierten Lebenszyklus. Eine Vermutung ist, dass es aufgrund der Tatsache, dass das Fehlen von begeißelten Gameten die Befruchtung weniger wahrscheinlich macht, ein Vorteil ist, einen Lebenszyklus zu haben, der das meiste aus der Befruchtung herausholt, wenn sie eintritt. Aus dieser Sicht stellt der Karposporophyt eine Amplifizierungsmöglichkeit dar, durch die aus jeder Zygote potentiell viele Tetrasporophyten gebildet werden.

Grünalgen

Die meisten Grünalgen (*Chlorophyta*) leben im Süßwasser, obwohl viele auch als mehrzellige Algen oder als Teil des Phytoplanktons im Meer vorkommen. Einige andere Arten sind terrestrisch. Sie wachsen an feuchten Orten, die von Moosen und Farnen bevorzugt werden, oder sogar im Schnee (siehe den Kasten *Die wunderbare Welt der Pflanzen* auf Seite 470). Grünalgen

DIE WUNDERBARE WELT DER PFLANZEN

■ **Wassermelonenschnee (Blutschnee)**

Hoch in den Bergen Europas und Nordamerikas treffen Wanderer und Skifahrer oft auf Schneefelder, die rosa oder rot schimmern. Die Luft über dem gefärbten Schnee riecht nach Wassermelone. Leider schmeckt der Schnee nicht nach Wassermelone.

Überraschenderweise entsteht der Wassermelonenschnee durch einige Dutzend Arten von Cyanobakterien und „Schneealgen", darunter die Grünalge *Chlamydomonas nivalis* (für lateinisch *nivalis*, „Schnee"). Neben Chlorophyll enthalten viele Schneealgen hohe Konzentrationen von orangefarbenen oder roten Carotinoiden, welche die Zellen wahrscheinlich vor übermäßigem UV-Licht schützen, das die dünnere Atmosphäre in größeren Höhen durchdringt und von den Schneefeldern reflektiert wird. Von Mitte bis Ende des Sommers vermehren sich die Algen, wobei sie riesige Gebiete von Wassermelonenschnee erzeugen, der in einer Hand voll Millionen von Zellen enthält.

Schneealgen erhalten Mineralstoffe aus Schmutz und Staub, der auf den Schnee weht. Die Algen dienen einer Vielzahl von anderen Protisten, wirbellosen Tieren, Vögeln und Säugetieren als Nahrung, wodurch eine Nahrungskette entsteht, die auf der Primärproduktion der Algen basiert. Im Winter ruhen die Algen. Während der schnellen Schneeschmelze des alpinen Sommers setzt ihre Blüte wieder ein.

---

leben auch in symbiontischen Beziehungen mit anderen Organismen. Einige Flechten (siehe Kapitel 19) sind beispielsweise Vergesellschaftungen zwischen Pilzen und Grünalgen. Die Pilze bieten Schutz und liefern Feuchtigkeit, während sie die Algen mit Zucker versorgen, den sie durch Photosynthese gebildet haben. Wie Pflanzen verfügen Grünalgen über Chlorophyll *a* und *b* und speichern Stärke in Plastiden als Reservestoff. Diese und eine Vielzahl anderer Ähnlichkeiten lassen stark vermuten, dass sich Grünalgen und Pflanzen aus einem gemeinsamen Vorfahren entwickelt haben.

Es gibt etwa 7500 Arten von Grünalgen, die in verschiedene Klassen unterteilt werden. Drei dieser Klassen werden wir in diesem Kapitel untersuchen: *Chlorophyceen*, *Ulvophyceen* und *Charophyceen*. Diese Klassen unterscheiden sich in drei Aspekten: 1. der Platzierung und der Verankerung der Geißeln, 2. dem Zeitpunkt, wann die Spindeln in der Telophase verschwinden, und 3. der Art und Weise, wie die Cytokinese nach der Kernteilung abläuft.

Die Klasse der *Chlorophyceen*

Die meisten *Chlorophyceen* sind einzellig oder bilden Kolonien. Eine der am besten untersuchten unter ihnen ist *Chlamydomonas*, eine einzellige, im Süßwasser lebende Alge, die man oft in Teichen findet. Jede Zelle besitzt zwei Geißeln, einen Chloroplasten, einen roten Augenfleck und eine Zellwand ohne Cellulose. Eine Art aus der Gattung Chlamydomonas wird auf ihre Eignung als Brennstofflieferant untersucht (siehe den Kasten *Biotechnologie* auf Seite 472).

Chlamydomonas kann sich entweder asexuell oder sexuell fortpflanzen (▶ Abbildung 18.14). Die Fortpflanzung beginnt in beiden Fällen damit, dass sich eine reife, haploide Zelle mindestens zwei Mal durch Mitose teilt, wodurch bis zu 16 Tochterzellen entstehen, die Geißeln entwickeln, bevor sie aus der Zellwand der Mutterzelle entlassen werden. Bei der asexuellen Fortpflanzung sind die Tochterzellen Zoosporen, die sich direkt zu reifen haploiden Zellen entwickeln. Bei der sexuellen Fortpflanzung sind die Tochterzellen Gameten. Jede reife Zelle und alle Gameten, die sie produziert, haben denselben Paarungstyp, der entweder mit „+" oder mit „−" gekennzeichnet wird. Die Begriffe *männlich* und *weiblich* sind bei *Chlamydomonas* nicht anwendbar, da „+"- und „−"-Gameten von ihrer Erscheinung her identisch sind. Solche Gameten werden als **Isogameten** bezeichnet anstatt als Spermatozoide und Eizellen. Die Verschmelzung eines „+"- und eines „−"-Gameten führt zu einer Zygote, die eine dicke Wand ausbildet. Diese dickwandige Zygote wird als **Zygospore** bezeichnet. Innerhalb der Wand produziert die Zygote durch Meiose vier begeißelte haploide Zellen (zwei von jedem Paarungstyp). Die Zellen durchbrechen dann die Wand und entwickeln sich zu reifen Zellen.

Eine weitere Gattung der *Chlorophyceen*, *Chlorella*, wurde als eine mögliche Nahrungsquelle für den Men-

18.3 Mehrzellige Algen

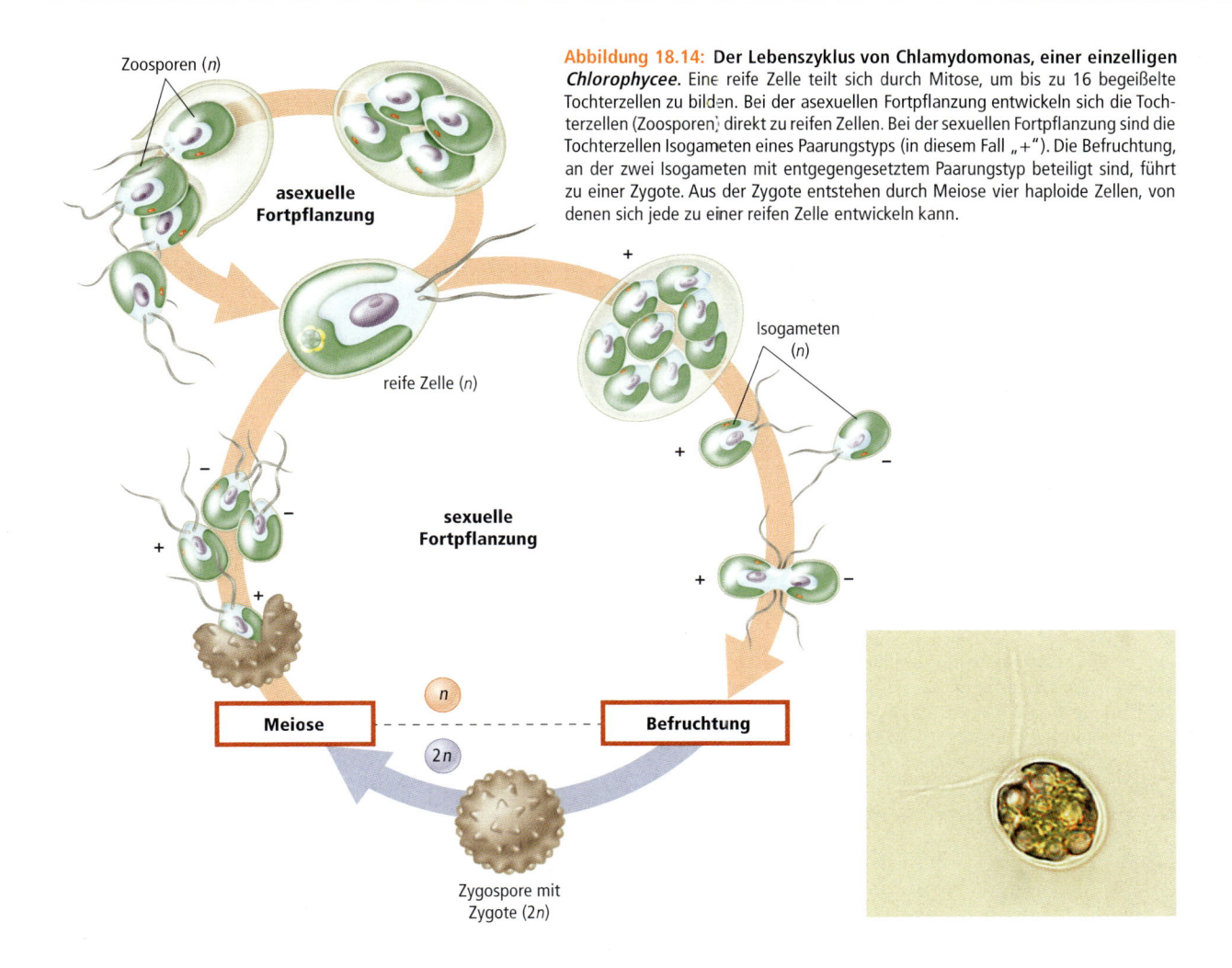

Abbildung 18.14: Der Lebenszyklus von *Chlamydomonas*, einer einzelligen *Chlorophycee*. Eine reife Zelle teilt sich durch Mitose, um bis zu 16 begeißelte Tochterzellen zu bilden. Bei der asexuellen Fortpflanzung entwickeln sich die Tochterzellen (Zoosporen) direkt zu reifen Zellen. Bei der sexuellen Fortpflanzung sind die Tochterzellen Isogameten eines Paarungstyps (in diesem Fall „+"). Die Befruchtung, an der zwei Isogameten mit entgegengesetztem Paarungstyp beteiligt sind, führt zu einer Zygote. Aus der Zygote entstehen durch Meiose vier haploide Zellen, von denen sich jede zu einer reifen Zelle entwickeln kann.

schen näher untersucht. Die Zellen von *Chlorella* bilden große Mengen von Carotinoiden, doch nur sehr wenig Cellulose, so dass sie fast vollständig verdaulich sind. Das Trockengewicht der Zellen machen zu nahezu 50 Prozent Proteine aus. *Chlorella* kann mit Abwasser oder anderen Abfallprodukten als Quelle für Mineralsalze schnell wachsen.

Die am besten untersuchte Kolonien bildende Gattung der *Chlorophyceen* ist *Volvox*. Die Vertreter der Gattung *Volvox* bestehen aus einigen hundert bis einigen tausend Photosynthese betreibenden Zellen, die in einer einzigen Schicht an der Oberfläche einer Hohlkugel angeordnet sind (▶ Abbildung 18.15). Jede Zelle besitzt zwei Geißeln an der Außenseite der Kugel. Die Absorption von Licht durch die Lichtrezeptoren der Zellen reguliert das Schlagen ihrer Geißeln und richtet die Kolonie zum Licht aus. Unbegeißelte Keimzellen sind über die Oberfläche der Kugel verteilt. Diese Zellen teilen sich durch Mitose, wodurch eine flache Zellplatte entsteht, die sich von der Innenfläche löst, um eine kleine Tochterkolonie mit nach innen weisenden Geißeln zu bilden. Die Tochterkolonie stülpt sich um und verlässt anschließend die Mutterkolonie, indem sie mithilfe von Verdauungsenzymen ein kleines Loch in das gallertartige Grundgerüst „frisst", das die Mutterkolonie zusammenhält.

Zahlreiche andere *Chlorophyceen* bilden ebenfalls Kolonien. Beispielsweise bildet *Botryococcus* im Wasser treibende Kolonien, die von einer halbstarren Hülle umgeben sind. Diese Algen bilden Öl als Speicherprodukt. Es wurde vorgeschlagen, sie in großer Zahl zu kultivieren, um Öl als Brennstoff zu gewinnen. Kohlelagerstätten und Ölschiefer aus dem Tertiär enthalten Reste von *Botryococcus* und könnten deshalb zum Teil durch diese Algen gebildet worden sein.

Es ist wahrscheinlich, dass sich Kolonien bildende Algen allmählich aus einzelligen Formen entwickelten. Das Auftreten der Organisation in Kolonien könnte mit einer Mutation begonnen haben, die zunächst bewirkte, dass sich einzelne Zellen verklumpten. Als sich größere

18 ALGEN

BIOTECHNOLOGIE
■ Algen als Brennstoffquelle

Inmitten schwindender Vorräte an fossilen Brennstoffen wie Öl, Kohle und Erdgas wenden sich Wissenschaftler der Suche nach alternativen Energiequellen zu. Die Brennstoffzelltechnologie wird als Mittel erforscht, um Kraftfahrzeugmotoren effizient anzutreiben. Brennstoffzellen arbeiten, indem sie Wasserstoff und Sauerstoff benutzen, um Wasser herzustellen, ohne die Luft zu verschmutzen. In diesem Prozess wird Energie freigesetzt, weil sich die Elektronen in den H-O-Bindungen des Wassers näher am Sauerstoffkern befinden. Die freigesetzte Energie wird in elektrische Energie umgewandelt, die zum Antreiben eines Motors benutzt werden kann. Gegenwärtig stammt der Wasserstoff aus Erdgas, von dem er einen kleineren Teil ausmacht. Jedoch ist eine nachhaltige und kostengünstigere Wasserstoffquelle in Form von lebenden Zellen verfügbar.

Neueste Forschungen an der Grünalge *Chlamydomonas reinhardtii* haben deren Potenzial als wichtiger Lieferant von Wasserstoff als Brennstoff gezeigt. Man wusste bereits seit einiger Zeit, dass Algen kleine Mengen an Wasserstoff produzieren können, wenn ihre Sauerstoffversorgung zeitweise unterbrochen wird. Ein Team von Wissenschaftlern der University of California in Berkeley und des National Renewable Energy Laboratory in Golden, Colorado, stellte nun fest, dass die Algen die Produktion von Wasserstoffgas einige Tage auf hohem Niveau aufrechterhalten konnten, wenn den Algenkulturen sowohl Sauerstoff als auch Schwefel entzogen wurde (siehe Grafik). Unter diesen Bedingungen produzierten die Zellen offenbar Wasserstoff als Teil eines alternativen Stoffwechselwegs, um das benötigte ATP zu bilden.

Die Wirtschaftlichkeit einer im großen Maßstab betriebenen Wasserstoffproduktion durch Algen scheint attraktiv zu sein. Außerdem besteht die Möglichkeit, dass Gentechnologen (siehe Kapitel 14) Algenstämme erzeugen könnten, die eine erhöhte Fähigkeit zur Wasserstoffproduktion aufweisen.

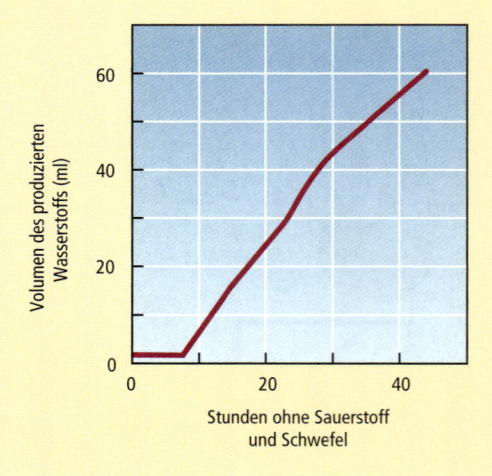

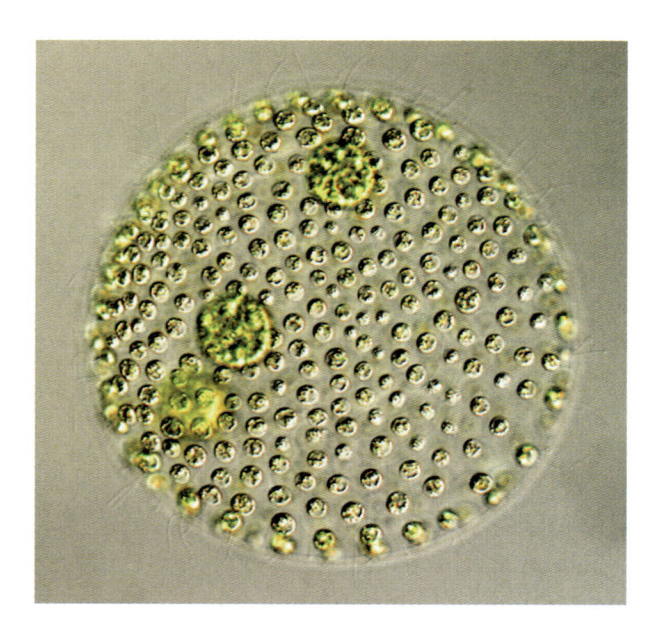

Abbildung 18.15: *Volvox*, eine Kolonien bildende Gattung der *Chlorophyceen*. Jede große Kugel ist eine Kolonie aus einigen hundert bis einigen tausend Zellen. Die kleinen Kugeln innerhalb der großen Kugel sind Tochterkolonien.

Kolonien entwickelten, könnte ihnen ihre angewachsene Größe einen Selektionsvorteil verschafft haben, indem sie es ihnen leichter machte, Räubern zu entgehen.

Die Klasse der *Ulvophyceen*

Ulva lactuca oder Meersalat (▶ Abbildung 18.16) ist ein bekannter mariner Vertreter der *Ulvophyceen*. Man findet ihn auf Gestein in Gezeitentümpeln und auf Freiflächen bei Ebbe. Der Lebenszyklus von *Ulva lactuca* beinhaltet einen Wechsel **isomorpher** Generationen. Das heißt, die Gametophyten und Sporophyten sehen nahezu identisch aus: Beide sind hellgrün und haben flache Thalli, die einem dünnen gummiartigen Salatblatt ähneln. Die Gametophyten von *Ulva lactuca* werden wie die ausgereiften Zellen von *Chlamydomonas* mit „+" und „–" gekennzeichnet, weil sie gleich aussehende Isogameten mit jeweils zwei Geißeln produzieren. Zygoten, die sich durch die Verschmelzung eines „+"- und eines „–"-Isogameten bilden, entwickeln sich

18.3 Mehrzellige Algen

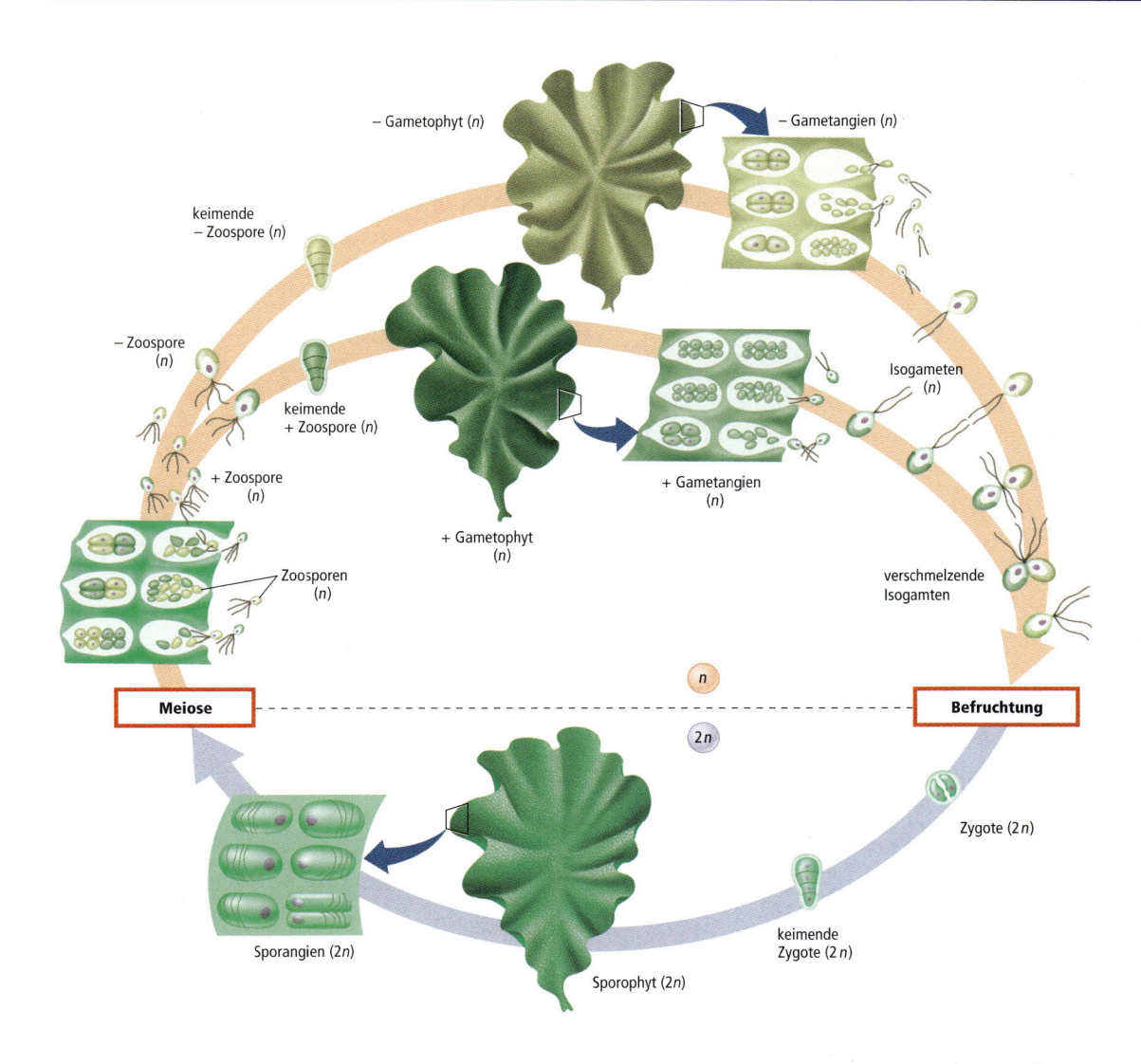

Abbildung 18.16: **Lebenszyklus von *Ulva lactuca*, einer Gattung der *Ulvophyceen*.** Die Sporangien im Sporophyten produzieren Zoosporen, die zu „+"- und „−"-Gametophyten heranreifen. Die Gametophyten und Sporophyten ähneln sich hinsichtlich ihrer Größe und ihrer Erscheinung sehr. Gametangien in den Gametophyten setzen „+"- und „−"-Isogameten frei, die verschmelzen. Die dabei entstehende Zygote entwickelt sich zum neuen Sporophyten.

Abbildung 18.17: ***Charophyceen.***
(a) *Coleochaete*. (b) *Chara*, eine Armleuchteralge.

473

zu Sporophyten, die Zoosporen mit vier Geißeln produzieren. Die Zoosporen reifen anschließend zu Gametophyten heran. Isogameten und Zoosporen werden freigesetzt, wenn die Thalli das Wasser bei Flut benetzt. Isogameten schwimmen zum Licht hin, während sich Zoosporen vom Licht wegbewegen.

Die Klasse der *Charophyceen*

Zu den *Charophyceen* gehören einzellige Kolonien bildende und mehrzellige Grünalgen. Zwei Ordnungen von *Charophyceen* – *Coleochaetales* und *Charales* – sind die nächsten Verwandten der Pflanzen unter den Algen. Die *Coleochaetales* umfassen filamentöse oder scheibenförmige Algen, die in flachen Bereichen von Süßwasserseen leben, häufig an anderen Organismen haftend. Ein Beispiel ist *Coleochaete* (▶ Abbildung 18.17a), die auf Blättern und anderen Ablagerungen am Grund von Seen zu finden ist. *Charophyceen* in der Ordnung der *Charales* bilden mineralisierte Zellwände, die Kalziumkarbonat und Magnesiumkarbonat enthalten. Deshalb werden sie im Englischen als „stoneworks" bezeichnet. Algen in dieser Ordnung, wie beispielsweise *Chara* (▶ Abbildung 18.17b), haben komplexe Thalli mit quirligen Verzweigungen, Knoten und Internodien („Armleuchteralgen"). Sie ähneln Pflanzen insofern, als sie ein Apikalwachstum aufweisen, ein Gewebe haben, das denen von Gefäßpflanzen ähnelt, und schützende, vegetative Zellen besitzen, die Oogonien und Antheridien umschließen. Jedoch haben die Hüllzellen bei Algen und Pflanzen wahrscheinlich einen unterschiedlichen Entwicklungsursprung, so dass sie phylogenetisch nicht verwandt sind.

WIEDERHOLUNGSFRAGEN

1. Benennen und beschreiben Sie die Hauptbestandteile des Thallus eines Kelps.

2. Beschreiben Sie die Unterschiede zwischen Lebenszyklen mit heteromorphen Generationen und denen mit isomorphen Generationen.

3. Worin unterscheiden sich die Lebenszyklen der meisten Rotalgen von denen anderer mehrzelliger Algen?

4. Beschreiben Sie die zelluläre Organisation von *Volvox*.

ZUSAMMENFASSUNG

18.1 Merkmale und Evolution der Algen

Einteilung der Algen

Photosynthese betreibende Algen haben Chlorophyll *a* und verschiedene Hilfspigmente. Viele haben ein Pyrenoid in ihren Chloroplasten, das Rubisco enthält und die Produkte der Kohlenstofffixierung speichert. Ein Lichtdetektor und ein Licht abschirmender Augenfleck ermöglichen es einigen Algenzellen, sich zu orientieren und sich in Bezug auf eine Lichtquelle zu bewegen.

Die Evolution der Algen

Man geht davon aus, dass sich die Chloroplasten von Algen durch Endosymbiose entwickelt haben. Chloroplasten, die von zwei Membranen umgeben sind, entwickelten sich wahrscheinlich aus einem einzelnen endosymbiontischen Ereignis heraus. Chloroplasten, die von drei oder vier Membranen umgeben sind, könnten sich aus zwei oder drei endosymbiontischen Ereignissen heraus entwickelt haben.

18.2 Einzellige und Kolonien bildende Algen

Euglenoida

Euglenoida leben vorrangig im Süßwasser und besitzen gewundene Proteinbänder, die als *Pellicula* bezeichnet werden und eine Festigungsfunktion haben. *Euglenoida* können autotroph, heterotroph oder mixotroph sein.

Dinoflagellaten

Dinoflagellaten haben charakteristische Formen, die bei vielen Arten durch harte Celluloseplatten unter der Plasmamembran bestimmt werden. Ein Geißelpaar, das in zueinander senkrecht verlaufenden Furchen schlägt, bewirkt, dass sich die Dinoflagellaten während der Fortbewegung drehen. Einige Dinoflagellaten leben als symbiontische Zooxanthellae in einer Vielzahl von Tieren. Andere bilden toxische Verbindungen, die während der Algenblüte im Wasser gefährliche Konzentrationen erreichen können.

Kieselalgen

Kieselalgen bilden zweiteilige Zellwände, als Frustulen bezeichnet, die Silizium enthalten. Die Übertragung der Frustulenhälften auf die Tochterzellen bei der asexuellen Fortpflanzung führt dazu, dass sich die Größe einiger Linien von Tochterzellen verringert, was letztlich die sexuelle Fortpflanzung auslöst. Die Gesamtheit fossilierter Frustulen am Grund von Meeren und Seen bildet Kieselgur, auch als Diatomeen-Erde bezeichnet.

Gelbgrünalgen

Gelbgrünalgen können einzellig, Kolonien bildend oder coenocytisch sein. Einige Arten dienen als Modellsysteme für die Untersuchung der Bewegung von Chloroplasten.

Goldalgen

Goldalgen kommen vorwiegend als Plankton vor und bilden Sporen, die als Dauersporen bezeichnet werden. Sie sind von einer Wand aus Silizium umhüllt. Dauersporen ermöglichen es einigen Arten, in Gewässern zu überleben, die im Winter vollkommen zufrieren.

Cryptophyceen

Cryptomonaden haben Proteinplatten unmittelbar unter der Plasmamembran sowie lange, gewundene Proteinstreifen, die als Ejektosome bezeichnet werden und die Zelle umsäumen. Die Auslösung der Ejektosome katapultiert die Cryptomonaden durch das Wasser.

Haptophyta

Die meisten *Haptophyta* sind marin und mit kleinen flachen Schuppen bedeckt, die aus Cellulose oder aus Kalziumkarbonat bestehen. Sie haben ein Filament, das Haptonema, das der Verankerung, dem Überwinden von Hindernissen und dem Nahrungsfang dienen kann.

18.3 Mehrzellige Algen

Braunalgen

Alle Braunalgen sind mehrzellig und haben einen pflanzenähnlichen Körper, der als *Thallus* bezeichnet wird. Viele, wie beispielsweise Kelpe, haben einen Lebenszyklus, in dem sich heteromorphe Generationen abwechseln: Der Sporophyt ist groß, der Gametophyt ist mikroskopisch klein.

Rotalgen

Rotalgen sind vorwiegend marin, und fast alle sind mehrzellig. Viele Arten haben einen Lebenszyklus, zu dem ein haploider Gametophyt und zwei diploide Sporophyten gehören. Sie sind die einzigen Algen, die in keinem Stadium ihres Lebenszyklus begeißelte Zellen ausbilden.

Grünalgen

Zahlreiche Gemeinsamkeiten zwischen Grünalgen und Pflanzen – einschließlich des Vorhandenseins von Chlorophyll *a* und *b* und dem Speichern von Stärke als Nahrungsreserve – legen die Vermutung nahe, dass sich beide aus einem gemeinsamen Vorfahren entwickelten. Viele Grünalgen sind einzellig (wie beispielsweise *Chlamydomonas*) oder bilden Kolonien (wie beispielsweise *Volvox*). Zu den mehrzelligen Grünalgen gehört *Ulva lactuca* mit einem Lebenszyklus, bei dem es einen Wechsel von isomorphen Generationen, d. h. gleich aussehenden Gametophyten und Sporophyten gibt.

Verständnisfragen

1. In welcher Hinsicht ist der Ausdruck *pflanzenähnliche Protisten* ein korrektes Synonym für Algen? In welcher Hinsicht ist er nicht korrekt?
2. Wozu dienen Pyrenoide?
3. Erklären Sie den Unterschied zwischen dem Lichtdetektor und dem Augenfleck einer Algenzelle.
4. Wie viele Membranen umgeben die Chloroplasten der Euglenoida und der meisten Dinoflagellaten?
5. Was könnte der Selektionsvorteil der dritten und vierten Chloroplastenmembran sein?
6. Welche Organismen würden zum vorgeschlagenen Reich der Viridiplantae gehören?
7. Worin liegt die Bedeutung des Phytoplanktons?
8. Was ist mixotroph?
9. Was sind Zooxanthellen?
10. Erklären Sie, was bei einer Algenblüte passiert.
11. Worin liegt die ökologische Bedeutung von *Pfiesteria piscicida*?
12. Was bedeutet es zu sagen, dass Kieselalgen in Glashäusern leben?
13. Was bedeutet *coenocytisch*?
14. Welche Gruppe von Algen bildet Dauersporen?
15. Wie benutzen Cryptomonaden Ejektosome?
16. Wozu dient ein Haptonema?
17. Benennen Sie die drei Teile des Thallus einer Braunalge.
18. Was enthalten Antheridien?
19. Beschreiben Sie kurz den Lebenszyklus einer typischen Rotalge.
20. Worin unterscheidet sich *Volvox* von *Chlamydomonas*?
21. Welche Grünalgen sind am engsten mit den Pflanzen verwandt?

Diskussionsfragen

1. Angenommen, Sie gehen im Sommer an einen See und stellen fest, dass das Wasser kleine grüne Partikel und lange grüne Fäden enthält. Wie würden Sie herausfinden, worum es sich bei den Partikeln und den Fäden handelt?
2. Algen findet man im Salz- und im Süßwasser. Abgesehen von einigen Ausnahmen findet man im Salzwasser keine Pflanzen. Erklären Sie dies!
3. Da Kelpe in der Gezeitenzone leben, sind sie der Gefahr ausgesetzt, durch Wellen aus ihrer Verankerung gerissen und durch die Brandung an das Ufer geworfen zu werden. Warum siedeln sich Kelpe nicht in tieferem Wasser an?
4. Wie würden Sie herausfinden, welche Algen in einer bestimmten Meeresregion den größten Beitrag zur Photosynthese leisten?
5. In welcher Hinsicht stützen die Chloroplastenmembranen die These „Du bist, was du isst"?
6. Stellen Sie sich eine Alge vor, die an einer Flussmündung lebt. Die Alge wäre bei Ebbe von Süßwasser und bei Flut von Salzwasser umgeben. Wie könnte sie sich an diese unterschiedlichen Umgebungen anpassen?
7. Welchen Selektionsvorteil haben große Algenkolonien wie *Volvox* gegenüber einzelligen Formen?
8. Zeichnen Sie einen Chloroplasten einer Braunalgenzelle. Beschriften Sie Ihre Skizze, um den wahrscheinlichen endosymbiontischen Ursprung jeder der Membranen zu kennzeichnen, die den von Ihnen gezeichneten Chloroplasten umgibt.

Zur Evolution

Welche Hinweise legen die Vermutung nahe, dass Pflanzen einen gemeinsamen Vorfahren mit (a) Grünalgen und insbesondere mit (b) Grünalgen aus der Klasse der *Charophyceen* haben?

Weiterführendes

Weitere Informationen zu diesem Buchkapitel finden Sie auf der Companion Website unter http://www.pearson-studium.de.

Barker, Rodney. And the Waters Turned to Blood: The Ultimate Biological Threat. Carmichael, CA: Touchstone Books, 1998. *Ein detaillierter Bericht über die polymorphe „Killeralge" Pfiesteria.*

Lee, Robert E. Phycology, 3. Auflage. Cambridge: Cambridge University Press, 1999. *Ein umfassendes, detailliertes Lehrbuch über Algen mit vielen speziellen Beispielen zur Illustration der Gruppe der Algen.*

Meinesz, Alexandre und Daniel Simberloff, Übers. Killer Algae: The True Tale of a Biological Invasion. Chicago: University of Chicago Press, 1999. *Dieses Buch erzählt, wie eine hybride, kälteresistente Art der tropischen Grünalge* Caulerpa taxifolia *aus einem Aquarium entkam und zu einem großen Problem im Mittelmeer wurde.*

Thomas, David. Seaweeds. Washington, DC: Smithsonian Institution Press, 2002. *Thomas liefert eine detaillierte Sicht auf Tange und Kelpe aller Arten und diskutiert die bemerkenswerte Biologie von Algen sowie ihre ökonomische Bedeutung.*

Pilze (*Fungi*)

19.1 Merkmale und Evolutionsgeschichte der Pilze 481

19.2 Die Vielfalt der Pilze 483

19.3 Interaktionen von Pilzen
mit anderen Organismen 497

Zusammenfassung 500

Verständnisfragen 502

Diskussionsfragen 502

Zur Evolution 502

Weiterführendes 503

19

ÜBERBLICK

19 PILZE (FUNGI)

❝ Stellen Sie sich eine Welt ohne Zersetzungsprozesse vor. Nach dem Tod eines Organismus könnte er austrocknen und mumifizieren oder hydratisiert bleiben, aber er würde niemals zerfallen oder verrotten. Zahllose tote Pflanzen und Tiere wären über die Landschaft verstreut und würden ein größeres Lagerungsproblem verursachen. Der gesamte Boden würde aus Sand oder Lehm bestehen, da er kein organisches Material enthalten würde.

Natürlich verrotten tote Organismen Dank der Wirkung von Bodenbakterien, von Tieren, wie beispielsweise Regenwürmern und Fadenwürmern (Rundwürmern), und von Pilzen. Diese Destruenten tragen zur Erhaltung des Lebens bei, indem sie es ermöglichen, dass Nährstoffe, die in den Geweben von Organismen eingeschlossen sind, in einem kontinuierlichen molekularen Recycling in den Kreislauf des Lebens zurückkehren. Aufgrund der Wirkung der Destruenten werden Kohlenstoff und Stickstoff aus organischen Verbindungen als Kohlendioxid (CO_2) bzw. als N_2 oder N_2O (Distickstoffmonoxid) in die Atmosphäre freigesetzt. Mineralstoffe gelangen als Ionen in den Boden.

In einigen Fällen werden die Nährstoffe recycelt, ohne in CO_2 und Mineralionen umgewandelt zu werden. Dies passiert beispielsweise, wenn ein Rotkehlchen einen Wurm frisst, wenn jemand einen Pilz isst und wenn eine Fliege Kuhfladen frisst oder sich von einem Tierkadaver ernährt. Tatsächlich wird ein großer Teil der organischen Materie durch Verzehr recycelt. Dies stellt die Ernährungsweise aller heterotrophen Organismen dar.

Pilze bewerkstelligen die Zersetzung, indem sie Enzyme absondern, die komplexe organische Verbindungen zu einfacheren Molekülen abbauen, welche die Pilze aufnehmen können. Sie können eine erstaunliche Vielfalt von Substanzen zersetzen. Beispielsweise können mehr als 30 Pilzarten Erdöl abbauen, während andere Plastik oder Holz verdauen können. In den Tropen sind Menschen fortdauernd damit beschäftigt, die Zersetzung durch Pilze einzudämmen, die durch die warme, feuchte Luft gefördert wird. Bei Kriegen in den Tropen haben Pilze oft mehr Schaden an den Vorräten und Soldaten angerichtet als der menschliche Feind.

Wir stehen erst am Anfang der Untersuchung von Vielfalt und potenzieller Nützlichkeit von Pilzen. Pilze lieferten das erste Antibiotikum, Penicillin, und sind heute eine wesentliche Quelle vieler anderer, medizinisch wertvoller Verbindungen. Ohne Pilze würde Teig nicht aufgehen und Blauschimmelkäse wäre nicht blau. Wissenschaftler beschäftigen sich auch damit, wie man Erdöl verdauende Pilze einsetzen kann, um Ölverschmutzungen und andere chemische Verunreinigungen zu beseitigen. Noch unentdeckte Pilze stellen eine potenzielle Fundgrube für weitere wichtige Substanzen und Fähigkeiten dar.

In diesem Kapitel werden wir die Merkmale betrachten, die Pilze von anderen Organismen unterscheiden und Biologen dazu geführt haben, Pilze in ein eigenes Organismenreich einzuordnen. Wir werden anschließend die vier Pilzstämme besprechen sowie eine Reihe von Pilzen, die gegenwärtig nicht klassifiziert werden können, weil unser Wissen über ihren Lebenszyklus noch unvollständig ist. Schließlich werden wir uns zwei wichtige Arten symbiotischer Verbindungen zwischen Pilzen und anderen Organismen ansehen. ❞

Merkmale und Evolutionsgeschichte der Pilze 19.1

Wie Sie aus Kapitel 16 wissen, wurden früher alle Organismen entweder als Tiere oder als Pflanzen klassifiziert. Da sich die meisten Tiere von einem Ort zum anderen bewegen können, was Pilze und Pflanzen jedoch nicht können, wurden Pilze im Allgemeinen dem Reich der Pflanzen zugeordnet. Später kamen jedoch Systematiker zu der Erkenntnis, dass sich Pilze in Wirklichkeit sehr stark von Pflanzen unterscheiden und es verdient haben, in ein separates Reich eingeordnet zu werden, nämlich in das Reich der Pilze (*Fungi*). Die Wissenschaft von den Pilzen wird als **Mykologie** bezeichnet, was sich vom griechischen Wort *mykes*, „Pilz", ableitet.

Das Reich der Pilze (*Fungi*)

Genau wie Pflanzen, Tiere und Protisten sind auch Pilze Eukaryoten, also Organismen, deren Zellen einen von einer Membran umgebenen Kern aufweisen. Doch haben Pilze eine Reihe weiterer Merkmale, die es rechtfertigen, sie in ein eigenes eukaryotisches Reich zu stellen.

Die meisten Pilze sind mehrzellig und aus langen Filamenten zusammengesetzt, die als **Hyphen** (Singular: Hyphe) bezeichnet werden. Einige Hyphen, die septierten Hyphen, sind durch innere Wände, die **Septen**, in Zellen unterteilt (▶ Abbildung 19.1a). Die Septen haben gewöhnlich eine zentrale Pore, deren Größe ausreicht, um kleine Organellen und in einigen Fällen sogar Kerne zwischen den Zellen wandern zu lassen. Anderen Hyphen fehlen die Septen; sie sind coenocytisch, weil sich mehrere Kerne in einem gemeinsamen Cytoplasma befinden (▶ Abbildung 19.1b). Alle Hyphen eines bestimmten Typs in einem Pilz bilden eine verflochtene Masse, die als **Myzel** (Plural: Myzelien) bezeichnet wird (▶ Abbildung 19.1c). Während verschiedener Stadien seines Lebenszyklus kann ein individueller Pilz aus einem einzelnen Myzel oder verschiedenen Arten von Myzelien bestehen.

Pilze sind heterotroph, doch, wie Sie bereits wissen, fressen sie Nahrung nicht wie Tiere. Stattdessen nehmen sie die Nahrung auf, nachdem sie sie in kleine Moleküle zerlegt haben, die dann durch Diffusion oder mithilfe von Transportproteinen die Plasmamembran passieren. Die meisten Pilze sind **Saprobier**, Organismen, die sich von totem organischem Material ernähren. Andere Pilze sind **Parasiten**, Organismen, die sich von lebenden Wirten ernähren, oder Räuber, Organismen, die töten, wovon sie sich ernähren. Beispielsweise benutzt *Arthrobotrys anchonia* kontrahierbare Hyphenringe, um Amöben (tierähnliche Protisten) und kleine Tiere, wie beispielsweise Fadenwürmer, zu fangen (▶ Abbildung 19.2). Wenn ein Organismus in den

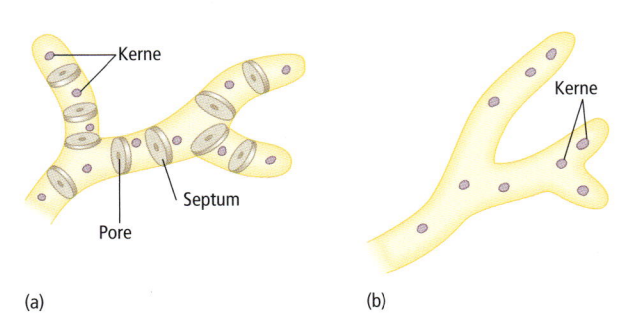

Abbildung 19.1: Pilzhyphen und Myzelien. (a) Septierte Hyphen. (b) Coenocytische (unseptierte) Hyphen. (c) Weiße Pilzmyzelien, die auf einer toten Vogelspinne wachsen. Beachten Sie den gelben Fruchtkörper.

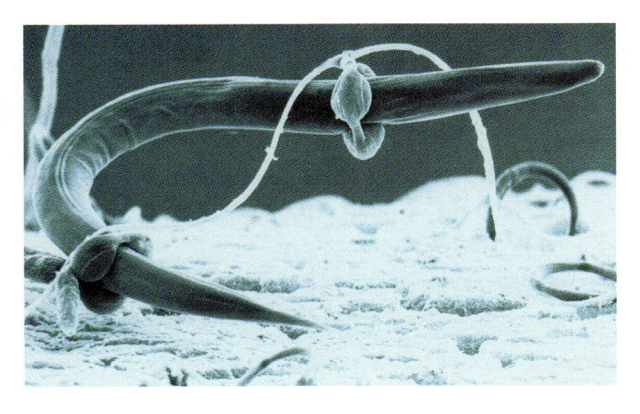

Abbildung 19.2: Ein räuberischer Pilz. Der Bodenpilz *Arthrobotrys anchonia* benutzt Hyphenringe, um Beute zu fangen.

Ring gerät, nehmen die Hyphen Wasser auf und verdicken sich, wodurch der Ring verengt und die Beute festgehalten wird. Der Pilz sondert anschließend Enzyme ab, welche die Beute verdauen. Andere räuberische Pilze benutzen klebrige Hyphen, um Beute zu fangen. Schließlich leben viele Pilze in mutualistischen Beziehungen mit Algen, Photosynthese betreibenden Bakterien in Form von Flechten oder mit Pflanzen, beispielsweise als Mykorrhiza, und erhalten von ihnen organische Verbindungen. Ihrerseits bieten sie diesen Organismen Vorteile und werden daher als Mutualisten bezeichnet.

Pilze bilden Sporen durch sexuelle Fortpflanzung und asexuelle Vermehrung. Die Sporen dienen dazu, den Pilz an neue Orte zu verbreiten, und einige helfen dem Pilz, lebensfeindliche Bedingungen zu überleben, wie beispielsweise Austrocknung oder Gefrieren. Mit Ausnahme eines Stammes fehlen jedoch den Sporen in allen Stämmen Geißeln, weshalb sie nicht frei beweglich sind. Das Fehlen von begeißelten Zellen in ihrem Lebenszyklus unterscheidet die meisten Pilze von der Mehrheit der Protisten und Tiere sowie von vielen Pflanzen.

Bei Pilzen, die sich sexuell fortpflanzen, findet die Kernverschmelzung, die **Karyogamie**, häufig lange nach der Verschmelzung des Cytoplasmas, der **Plasmogamie**, statt. Während der Zeit vor der Karyogamie enthält das durch die Plasmogamie entstandene Myzel zwei verschiedene haploide Kerne pro Zelle. Solche Myzelien werden als **dikaryotisch** („mit zwei Kernen") oder **heterokaryotisch** („mit verschiedenen Kernen") bezeichnet. Ihr Ploidiegrad wird als $n + n$ angegeben anstatt als n (haploid) oder $2n$ (diploid).

Einige Pilze haben eine merkwürdige Art der sexuellen Fortpflanzung, die als Parasexualität bezeichnet wird. Bei diesem Prozess verschmelzen Hyphen verschiedenen Paarungstyps zu einer dikaryotischen Zelle. Darauf folgt die Kernverschmelzung. Typischerweise wäre der nächste Schritt eine Meiose, doch bei der Parasexualität geht die Hälfte der Chromosomen allmählich verloren. Dieser Prozess wird als Haploidisierung bezeichnet. Bruchstücke homologer Chromosomen können im diploiden Kern vor der Haploidisierung ausgetauscht werden. Demzufolge kann sich der haploide Kern genetisch von beiden ursprünglichen Kernen in der dikaryotischen Zelle unterscheiden.

Es gibt zwei andere Merkmale, anhand derer sich Pilze von anderen Organismen unterscheiden. Erstens bleibt bei den meisten Pilzen während der Mitose und der Meiose die Kernhülle intakt. Derartige Kernteilungen findet man bei einigen Protisten, jedoch nicht bei Pflanzen oder Tieren. Zweitens enthalten die Zellwände von Pilzen beträchtliche Mengen Chitin, ein stickstoffhaltiges Glucosepolymer. Das Außenskelett der Gliederfüßler (wirbellose Tiere wie Insekten, Spinnen und Krabben) besteht ebenfalls aus Chitin. Jedoch ist das Chitin bei Pilzen und Gliederfüßlern wahrscheinlich getrennten Ursprungs. In anderen Organismengruppen kommt Chitin selten vor. Dass es sich bei Pilzen um ein eigenes Reich handelt, welches sich neben den Tieren entwickelt halt, wird auch durch molekulare Daten unterstützt.

Phylogenie der Pilze

Die ersten pilzähnlichen Fossilien stammen aus dem frühen Kambrium, sie sind also 540 Millionen Jahre alt. Da die meisten Pilze ziemlich weiche Körper haben, die nicht gut fossilieren, wird es vermutlich schwierig sein, den Fossilienbestand bis zu den frühesten Tagen des Reiches zu erweitern. Doch können auch andere Nachweisverfahren Informationen über die Evolution der Pilze liefern. Beispielsweise legt der Vergleich von Aminosäuresequenzen von mehr als 100 Proteinen die Vermutung nahe, dass Pilze als Reich vor etwa 1,5 Milliarden Jahren auftraten. Die Aufspaltung der Pilzstämme in Untergruppen könnte vor zwischen 1,4 und 1,1 Milliarden Jahren eingesetzt haben. Da Pflanzen und Tiere nicht früher als vor etwa 700 Millionen Jahren das Land besiedelten, müssen die ersten Pilze aquatisch gewesen sein. Mykologen arbeiten daran, den Fossilienbestand zu erweitern und die Lücke von nahezu einer Milliarde Jahre zwischen den durch molekulare Analysen und durch Fossilien bestimmten Daten für den Ursprung der Pilze zu schließen.

Analysen am genetischen Material legen die Vermutung nahe, dass Pilze mit Tieren näher verwandt sind als mit Pflanzen. Sowohl Pilze als auch Tiere scheinen sich aus einem begeißelten Protisten entwickelt zu haben, der – wie moderne Pilze – Nährstoffe aufnahm, nachdem er Verdauungsenzyme auf die Nahrung abgesondert hatte. Heutige Protisten, als Kragengeißeltierchen (Choanoflagellata) bezeichnet, ähneln diesen Protistenvorfahren stark (▶ Abbildung 19.3). Choanoflagellaten leben als einzelne Zellen oder bilden Kolonien. Sie ähneln auffallend den Verdauungszellen von Schwämmen, die zu den einfachsten Tieren gehören. Der einzige Pilzstamm mit begeißelten Zellen, der Stamm der Töpf-

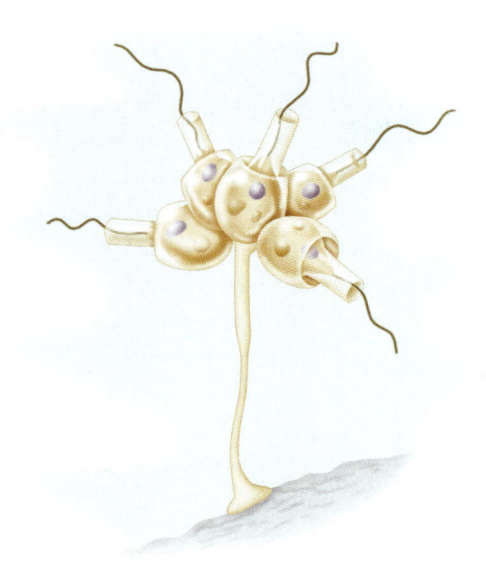

Abbildung 19.3: Ein Kolonien bildender Choanoflagellat. Choanoflagellaten könnten mit den Protistenvorfahren verwandt sein, aus denen sich vermutlich Pilze und Tiere entwickelt haben.

> **WIEDERHOLUNGSFRAGEN**
>
> 1. Worin unterschiedet sich die Ernährungsweise der Pilze von derjenigen der Tiere?
> 2. Was hat eine Hyphe mit einem Myzel zu tun?
> 3. Warum nimmt man an, dass sich sowohl Pilze als auch Tiere aus begeißelten Protisten entwickelten?

Die Vielfalt der Pilze 19.2

Wissenschaftler haben weit über 100.000 Pilzarten spezifiziert, aber viele bleiben noch zu entdecken. Einige Mykologen schätzen, dass mehr als eine Million Pilzarten existieren könnten! Pilze werden in erster Linie nach den Charakteristika ihres Lebenszyklus und ihrer Morphologie klassifiziert. Die Arten, deren Lebenszyklen gut charakterisiert werden können, werden einem von vier Stämmen zugeordnet: Töpfchenpilze (*Chytridiomycota*), Jochpilze (*Zygomycota*), Schlauchpilze (*Ascomycota*) und Ständerpilze (*Basidiomycota*).

Vor dem Aufkommen der DNA-Sequenzierung (Kapitel 14) war es schwierig oder nahezu unmöglich, Pilze zu klassifizieren, bei denen kein sexuelles Stadium in ihrem Lebenszyklus bekannt war. Solche Pilze wurden insgesamt zu den *Deuteromycota* („zweitklassige Pilze", von griechisch *deutero*, „zweiter") oder *imperfekten Pilzen* (weil ihnen generell ein sexuelles Stadium fehlte) gestellt. Damals fielen mehr als 15.000 Pilzarten in diese vorläufige Kategorie. Seit Kurzem beschleunigt die Analyse von DNA-Sequenzen das Tempo, mit dem Deuteromycoten neu klassifiziert werden. Die meisten neu klassifizierten Deuteromycoten werden zum Stamm der Schlauchpilze gestellt.

Töpfchenpilze (*Chytridiomycota*)

Die 700 Arten der *Chytridiomycota* bilden Sporen und Gameten, die sich mithilfe von Geißeln selbstständig fortbewegen. Töpfchenpilze sind die einzigen Pilze, die in jedem Stadium ihres Lebenszyklus begeißelte Zellen besitzen. Aus diesem Grund wurden sie früher als Protisten klassifiziert. Jedoch zeigt die Analyse ihrer Nucleotidsequenz deutlich, dass es sich bei ihnen um Pilze handelt. Außerdem teilen sie etliche wichtige

chenpilze (*Chytridiomycota*), stellt höchstwahrscheinlich die direkte Verbindung zwischen Protisten und anderen Pilzen dar, die ihre begeißelten Stadien vermutlich zu einem frühen Zeitpunkt in ihrer Evolution verloren haben.

Sowohl die Beziehung von Pilzen und Pflanzen in Mykorrhizen (siehe Kapitel 4) als auch die Beziehung zwischen Pilzen und Algen oder Cyanobakterien in Flechten (im weiteren Verlauf dieses Kapitels diskutiert) entwickelten sich wahrscheinlich vor etwa 700 Millionen Jahren. Viele Mykologen glauben heute, dass diese Verbindungen wesentliche Faktoren für die Etablierung des eukaryotischen Lebens an Land waren. Bevor Pflanzen das Land bevölkerten, bestand der Boden aus Steinen und Sand. Pflanzen hätten ohne die enorme Vergrößerung der Wurzeloberfläche durch Pilzhyphen nicht ausreichende Mengen von Mineralstoffen aus diesem Boden aufnehmen können. Die Beziehung könnte zwischen Pilzen und Wurzeln bei den ersten Bryophyten und samenlosen Gefäßpflanzen eingesetzt haben. Diese Pflanzen wuchsen in sumpfigen Gebieten, in denen die steinige Oberfläche durch verrottendes organisches Material bedeckt wurde, das von wirbellosen Tieren und Algen stammte. Pilze könnten frühen Pflanzen geholfen haben, indem sie organisches Material zersetzten und Mineralstoffe freisetzten, welche die Pflanzen aufnehmen konnten.

19 PILZE (FUNGI)

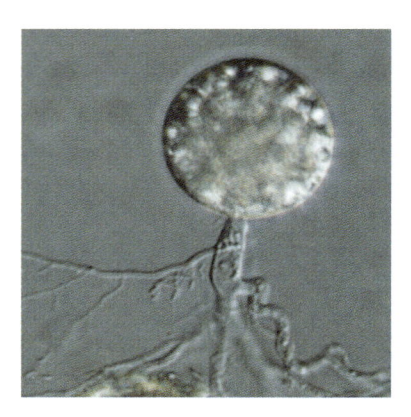

Abbildung 19.4: Ein Töpfchenpilz.

Jochpilze (Zygomycota)

Mehr als 1000 Arten von Jochpilzen wurden identifiziert. Die meisten bilden coenocytische Hyphen und leben von toten Pflanzen und Tieren oder anderem organischem Material, wie beispielsweise von Dung. Einige leben als Endosymbionten im Verdauungstrakt von Gliederfüßlern. Jochpilze rufen Wattefäule bei Früchten und einige Parasitenkrankheiten bei Tieren hervor. Eine den Jochpilzen nahestehende Gruppe kommt obligat symbiotisch in der vesikulären Mykhorriza vor (siehe Abbildung 4.7a). Als wichtige Vertreter sind *Glomus*-Arten bekannt.

Vermutlich sind Sie mit dem Jochpilz *Rhizopus stolonifer* vertraut, der mitunter auch als *Gemeiner Brotschimmelpilz* bezeichnet wird (▶ Abbildung 19.5). *Rhizopus stolonifer* ist einer der Pilze, die gewöhnlich auf Brot, Früchten wie Erdbeeren und anderen feuchten, kohlenhydratreichen Nahrungsmitteln wachsen. Die haploiden Myzelien von *Rhizopus stolonifer* wachsen schnell durch die Nahrung, wobei sie Nährstoffe aufnehmen. Konservierungsstoffe, wie beispielsweise Kalziumpropionat und Natriumbenzoat, sorgen in vernünftiger Art und Weise dafür, dass das Wachstum von *Rhizopus stolonifer* gehemmt wird, zumindest für eine gewisse Zeit.

Wie andere Jochpilze kann sich *Rhizopus stolonifer* sowohl asexuell vermehren als auch sexuell fortpflanzen; in beiden Fällen sind Sporen beteiligt. In einem stabilen Lebensraum dominiert die asexuelle Vermehrung (siehe Abbildung 19.5). Das Myzel streckt spezialisierte Hyphen, die **Stolone**, in Richtung der Oberfläche der Nahrung. Wo die Stolone die Oberfläche berühren, wachsen Rhizoide in die Nahrung. Die Rhizoide verankern aufrecht stehende Hyphen, die **Sporangiophoren**, die jeweils ein schwarzes Sporangium an ihrer Spitze ausbilden. Genau diese Sporangien sehen Sie, wenn Sie den Schimmel auf einer Brotscheibe entdecken. Wenn sie sich bilden, ist das hell pigmentierte Myzel bereits seit einigen Tagen gewachsen und tief in das Brot eingedrungen. (Vielleicht erinnern Sie sich daran, wenn Sie das nächste Mal eine verschimmelte Brotscheibe wegwerfen und die nächste Scheibe vom Brotlaib essen wollen!) Kerne und Cytoplasma bewegen sich durch den Sporangiophor in das Sporangium. Teile des Cytoplasmas, einschließlich eines oder mehrerer Kerne, werden schließlich auf haploide Sporen aufgeteilt. Platzt die Wand des Sporangiums auf, werden die Sporen freigesetzt. Falls sie auf einer geeigneten Nahrungsquelle

Enzyme und biochemische Stoffwechselprozesse mit Pilzen und haben andere Pilzmerkmale, die wir bereits diskutiert haben.

Die meisten Töpfchenpilze bestehen aus kugelförmigen Zellen oder coenocytischen Hyphen mit nur wenigen Septen. Bei einigen Töpfchenpilzen bilden die Hyphen schlanke, verzweigte, wurzelähnliche Strukturen aus, die als **Rhizoide** bezeichnet werden. Sie wachsen in die Nahrungsquelle hinein und verankern den Pilz dort (▶ Abbildung 19.4). Töpfchenpilze leben am häufigsten als Wasserpilze von abgestorbenen Blättern, Zweigen und Tieren im Süßwasser. Andere Arten sind marin, und einige leben im Boden. Etliche Arten rufen Pflanzenkrankheiten hervor, wie beispielsweise den Kartoffelkrebs. Häufig kommen sie auch als Pollenparasiten vor.

Allomyces arbuscula, ein gut untersuchter Wasserpilz, besitzt ein Sexualhormon, das Sirenin, das männliche Gameten zu weiblichen Gameten hinzieht. Der Begriff Sirenin leitet sich von den Sirenen ab, den weiblichen Fabelwesen aus der griechischen Mythologie, die Seefahrer mit ihrem betörenden Gesang zum Anlegen ihrer Schiffe an die Felsen bewegen wollten, um an die auf dem Schiff befindlichen Waren zu gelangen. Der Lebenszyklus von *Allomyces arbuscula* zeigt einen Wechsel isomorpher Generationen, was – wie Sie bereits aus Kapitel 18 wissen – bedeutet, dass der Sporophyt und der Gametophyt morphologisch identisch sind. Bei *Allomyces arbuscula* können sich die diploiden Sporophyten asexuell vermehren, indem sie diploide Zoosporen freisetzen. Er kann auch den sexuellen Zyklus auslösen, indem er haploide Zoosporen freisetzt, die keimen und sich zu Gametophyten entwickeln.

Abbildung 19.5: **Der Gemeine Brotschimmelpilz *Rhizopus stolonifer*.** Der Schimmelpilz wächst, indem er spezialisierte Hyphen, die Stolone, durch die Oberfläche der Nahrung streckt. Sporangien geben dem Schimmelpilz sein dunkles Aussehen.

landen, keimen sie und beginnen erneut mit der asexuellen Vermehrung.

Eine Vielzahl von Bedingungen, darunter eine trockene Umgebung, Nahrungsmangel oder sogar lediglich die Anwesenheit entgegengesetzter Paarungstypen, kann die sexuelle Fortpflanzung von *Rhizopus stolonifer* auslösen (▶ Abbildung 19.6). Myzelien des „+"- und „−"-Paarungstyps setzen Botenstoffe frei, die bewirken, dass die Hyphen entgegengesetzter Paarungstypen aufeinander zuwachsen. Beim Kontakt bildet jede Hyphe ein **Gametangium**, das aus einer einzelnen Zelle mit vielen Kernen besteht. Beim Verschmelzen zweier Gametangien (Plasmogamie) entsteht ein **Zygosporangium**, das Kerne beider Paarungstypen enthält. Das Zygosporangium entwickelt eine dicke, widerstandsfähige Wand und enthält eine einzelne **Zygospore**. Karyogamie findet innerhalb der Zygospore statt, und der diploide Kern unterliegt der Meiose, bei der haploide Kerne gebildet werden. Das Keimen der Zygospore führt zur Bildung eines Sporangiophors mit einem Sporangium an seiner Spitze. Die haploiden Kerne unterliegen anschließend der Mitose und bewegen sich in das Sporangium, wo sie zu Sporen reifen. Durch Zerreißen des Sporangiums werden die Sporen freigesetzt, die daraufhin auskeimen und ein neues Myzel bilden können (siehe den Kasten *Die wunderbare Welt der Pflanzen* auf Seite 487).

Schlauchpilze (*Ascomycota*)

Der Stamm der *Ascomycota* enthält mehr als 30.000 Pilzarten, die unabhängig leben, und nahezu 60.000 Arten, wenn man die an Flechten (im weiteren Verlauf des Kapitels diskutiert) beteiligten Pilze betrachtet. Die meisten leben auf dem Land und haben Hyphen mit perforierten Septen. Zu den Schlauchpilzen gehören zahlreiche Becherlinge (▶ Abbildung 19.7a), die meisten Hefen und verschiedene blaue, grüne, rosafarbene und braune Schimmelpilze, die man auf unzulänglich konservierten Lebensmitteln findet. Etliche wichtige Pflanzenkrankheiten, darunter der Echte Mehltau, werden von Schlauchpilzen hervorgerufen (▶ Abbildung 19.7b). Neben Ständerpilzen (siehe unten) tragen auch viele Vertreter der Schlauchpilze zu ektotrophen Mykorrhiza bei (siehe Abbildung 4.7b, c).

Wie Jochpilze können sich Schlauchpilze asexuell oder sexuell fortpflanzen. Die asexuelle Vermehrung kommt jedoch häufiger vor (▶ Abbildung 19.8). Die asexuellen Sporen von Schlauchpilzen, die **Konidien** (Singular: Konidium), bilden sich nicht innerhalb von Sporangien. Vielmehr werden sie an den Spitzen modifizierter Hyphen gebildet, die als **Konidiophoren** bezeichnet werden. Häufig enthalten Konidien mehr als einen Kern.

Verschiedene Umweltfaktoren lösen die sexuelle Fortpflanzung bei Schlauchpilzen aus, die typischerweise mit der chemischen Anziehung haploider Myzelien verschiedener Paarungstypen beginnt. Jedes Myzel bildet eine große, mit mehreren Kernen ausgestattete Zelle, die als Gametangium fungiert. Die beiden Gametangien, eines als **Antheridium** und das andere als **Ascogonium** bezeichnet, bilden sich nebeneinander. Die Plasmogamie findet statt, wenn ein dünner Auswuchs, eine **Trichogyne** (wörtlich „weibliches Haar",

19 PILZE (FUNGI)

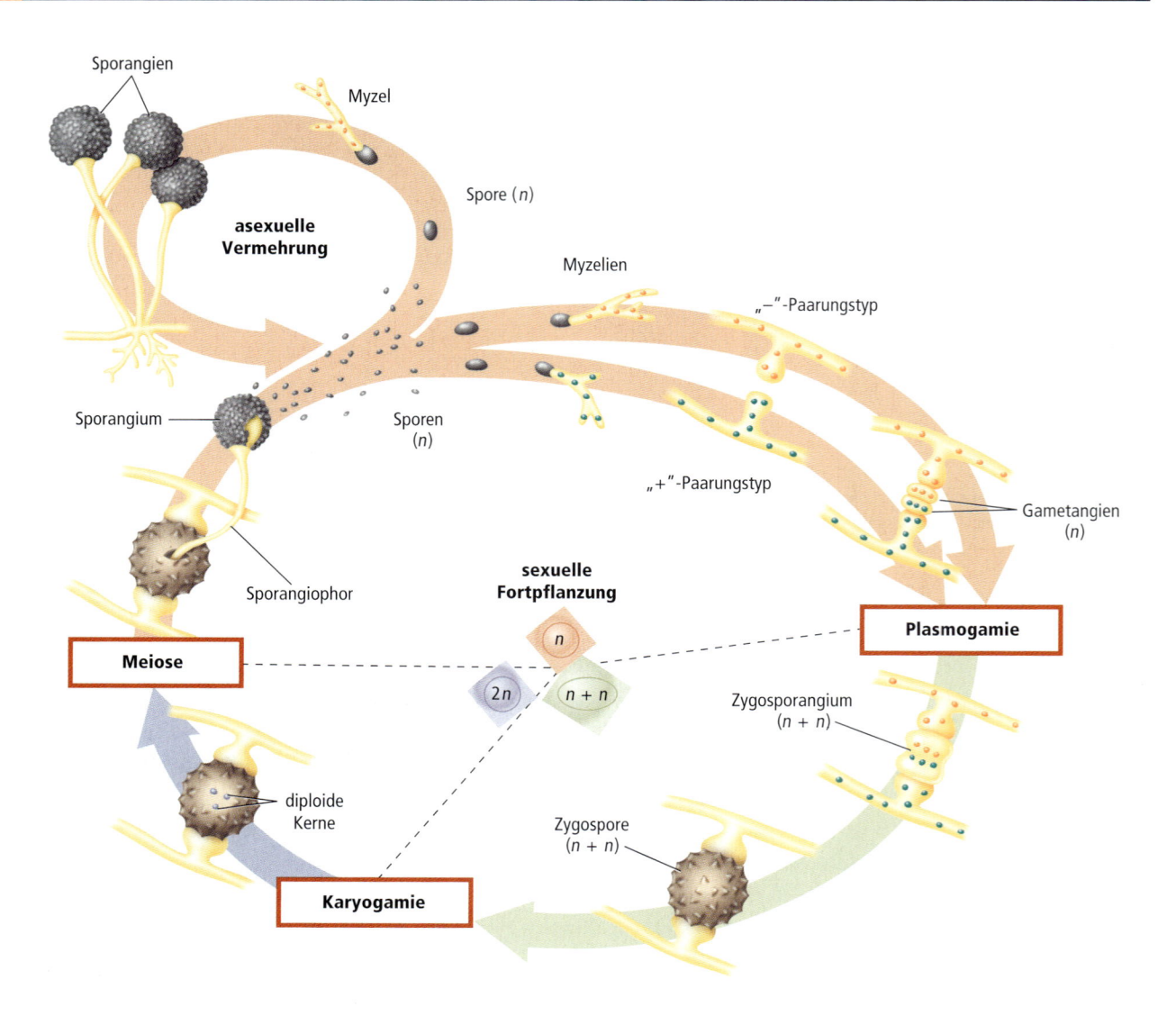

Abbildung 19.6: Lebenszyklus von *Rhizopus stolonifer*. Die asexuelle Vermehrung ist mit der Bildung haploider Sporen in den Sporangien verbunden. Die sexuelle Fortpflanzung beginnt mit dem Verschmelzen von Gametangien unterschiedlicher Paarungstypen (Plasmogamie), auf welche die Kernverschmelzung (Karyogamie) und die Meiose folgen.

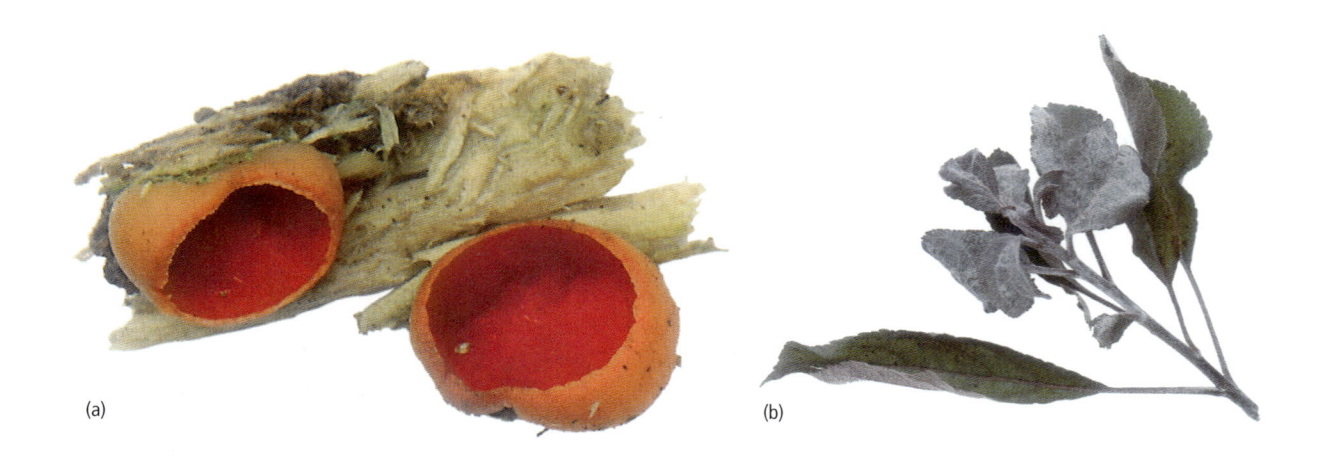

Abbildung 19.7: Schlauchpilze. (a) *Sarcoscyha austriaca*, ein Becherling. (b) Echter Mehltau auf einem Apfelbaum.

DIE WUNDERBARE WELT DER PFLANZEN
Pilze, die vom Dung leben

Einige Pilze leisten eine wertvolle Arbeit, indem sie die Nährstoffe im Dung an den Boden zurückgeben. Solche Pilze, als koprophile Pilze (wörtlich *Dung liebend*) bezeichnet, findet man in den Stämmen der *Zygomycota*, *Ascomycota* und *Basidiomycota*. Gewöhnlich breiten sich zuerst die Myzelien der Zygomycoten auf dem Dung aus, weil sie einen schnelleren Lebenszyklus besitzen.

Jeder Pilz wächst typischerweise auf dem Dung einer speziellen Tierart. Der Pilz muss einen Mechanismus entwickelt haben, der sichert, dass seine Sporen mit dem Tier mitreisen, so dass sie direkt auf ihrer neuen Nahrungsquelle platziert werden. Viele koprophile Pilze bilden Sporen, die sich im Verdauungstrakt eines Tieres aufhalten. Oft keimen die Sporen erst dann, wenn sie zumindest teilweise verdaut wurden.

Der Mechanismus der Sporenausbreitung, der von den Pilzen benutzt wird, die vom Dung von Pflanzenfressern leben, unterscheidet sich im Allgemeinen von dem, der von Pilzen benutzt wird, die vom Dung von Allesfressern und Fleischfressern leben. Betrachten Sie beispielsweise den im Foto gezeigten Zygomycoten *Pilobolus*, der vom Dung von Pflanzenfressern, wie beispielsweise von Kühen, lebt. In der Nähe der Spitze jedes Sporangiophors von *Pilobolus* fokussiert ein geschwollener Bereich Licht, so dass sich der Sporangiophor zur Sonne wendet. Hohe Stoffkonzentrationen in dem geschwollenen Bereich regen Wasseraufnahme an, so dass der Bereich weiter schwillt und schließlich explodiert. Wenn dies passiert, wird das Sporangium an der Spitze des Sporangiophors bis zu einer Entfernung von zwei Metern in Richtung des hellsten Lichts weggeschleudert, wo wahrscheinlicher Gras wächst und die Sporen daher eher von Kühen gefressen werden.

Phycomyces, eine weitere Gattung der koprophilen Zygomycoten, bildet zwei Typen asexueller Sporangiophoren, die als Makrophoren und Mikrophoren bezeichnet werden. Wie die Sporangiophoren von Pilobolus wenden sich die Makrophoren zum Licht. Im Gegensatz dazu wird das Wachstum von Mikrophoren durch Licht gehemmt. Folglich kann sich Phycomyces asexuell fortpflanzen, sei es in einer dunklen Scheune, wo er die Sporen in das umliegende Heu verstreut, oder in einem Feld, wo die Sporen ins Gras fallen!

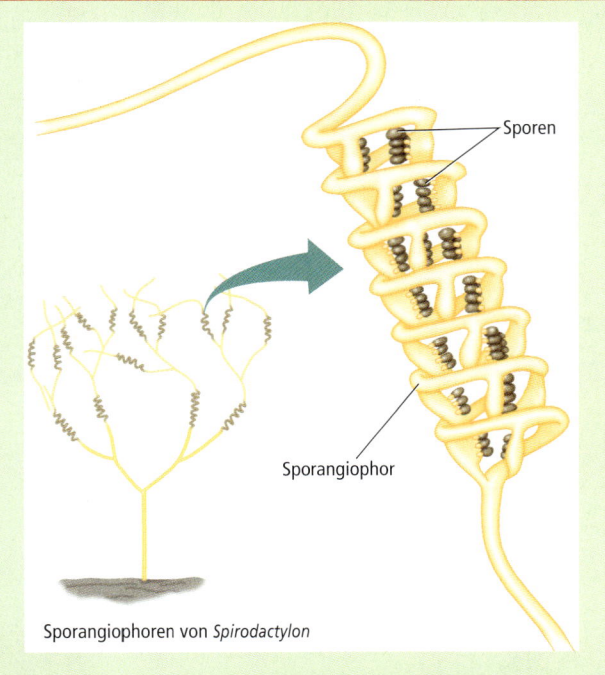

Spirodactylon ist ein Zygomycot, der auf Rattendung gedeiht. Da Ratten Allesfresser sind und an vielen Orten fressen, gibt es für *Spirodactylon* keine Möglichkeit mit Erfolgsgarantie, seine Sporen dorthin zu verteilen, wo Ratten fressen. Deshalb würden die Chancen für das Keimen des Samens nicht erhöht, wenn sich seine Sporangiophoren zum Licht hin oder von ihm weg wenden würden. Stattdessen bildet *Spirodactylon* sehr lange Sporangiophoren mit klebrigen, eng gewundenen Abschnitten (siehe Grafik). Die Sporangiophoren bleiben bei einer Berührung im Fell der Ratten hängen. Eine solche Berührung ist nahezu unumgänglich, weil die Ratten ihren Dung entlang derselben Wege ablegen, die sie jeden Tag zurücklegen. Wenn sich eine Ratte putzt, nimmt sie die Sporangiophoren und die darin enthaltenen Sporen auf.

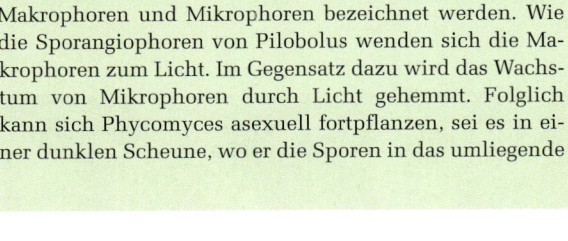

Sporangiophoren von *Spirodactylon*

Befruchtungshaar), vom Ascogonium zum Antheridium wächst. Die Kerne aus dem Antheridium bewegen sich durch die Trichogyne in das Ascogonium, und die Kerne entgegengesetzter Paarungstypen ordnen sich paarweise an. Das Ascogonium beginnt nun Septen auszubilden und damit dikaryotische Hyphen, die in einen Fruchtkörper eingebettet werden, der als **Ascokarp** oder **Ascoma** bezeichnet wird. Dieser Fruchtkörper enthält auch viele haploide Hyphen, die vom adulten Myzel ausgehen. Einige Fruchtkörper sind mikroskopisch klein, andere, wie die in Abbildung 19.7a dargestellten, können Durchmesser von etlichen Zentimetern haben. Die Zellen an den Spitzen der dikaryotischen Hyphen wachsen und bilden innerhalb des Ascokarps schlauchähnliche **Asci** (Singular: Ascus). Im Ascus findet die Karyogamie statt, und die diploiden

19 PILZE (FUNGI)

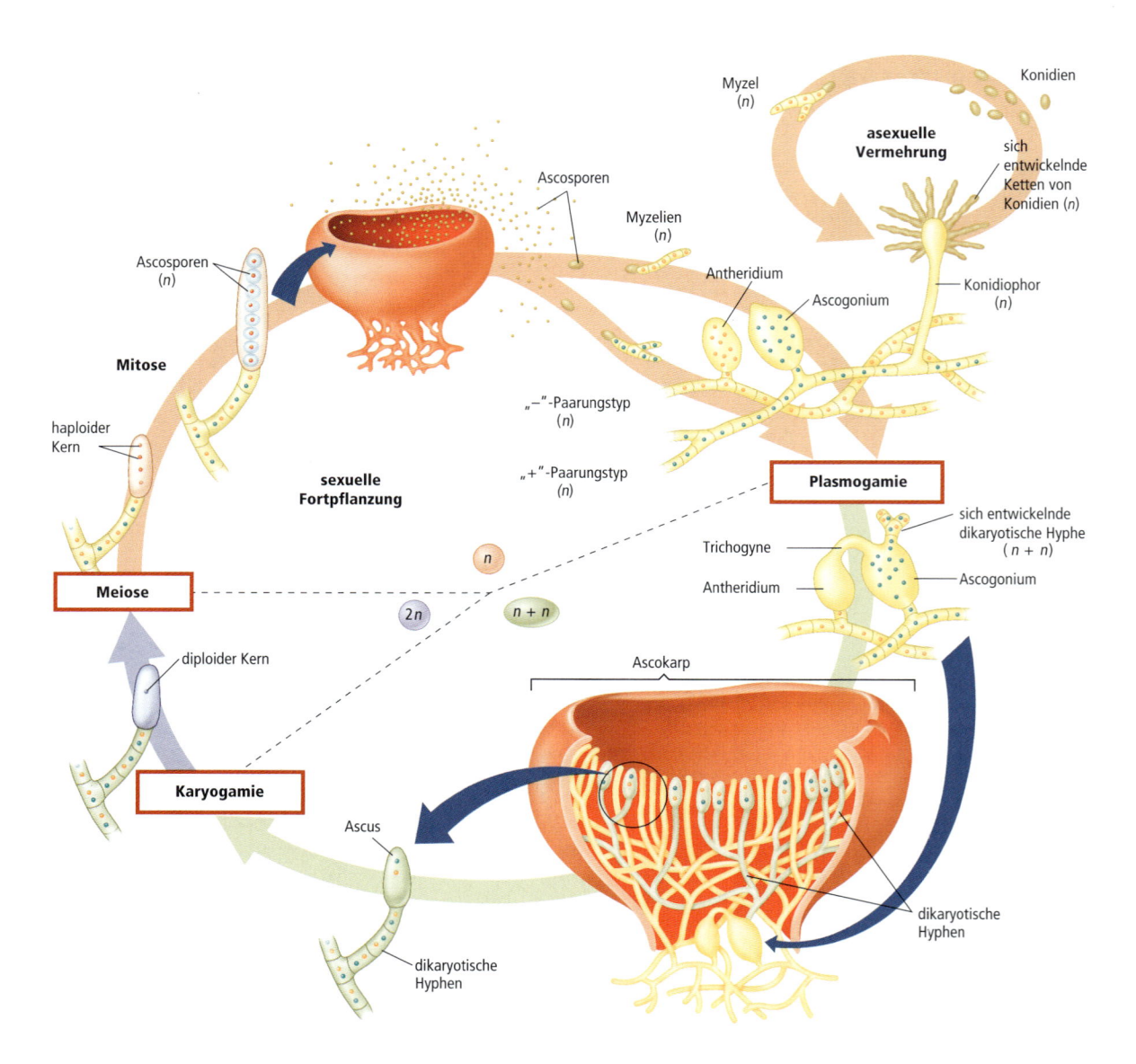

Abbildung 19.8: Lebenszyklus eines Schlauchpilzes. Die asexuelle Vermehrung vollzieht sich durch haploide Sporen, die als Konidien bezeichnet werden. Die sexuelle Fortpflanzung beginnt mit der Verschmelzung eines Ascogoniums mit einem Antheridium (Plasmogamie), auf welche die Karyogamie, die Meiose und die Mitose innerhalb des schlauchförmigen Ascus folgen.

Abbildung 19.9: Essbare Schlauchpilze.

(a) Trüffel (*Tuba melanosporum*).

(b) Eine Morchel (*Morchella exculenta*).

Kerne durchlaufen eine Meiose. Die haploiden Tochterkerne unterliegen anschließend einer weiteren Mitose, wobei acht Kerne entstehen, die in Ascosporen eingebettet sind, die oft kettenförmig angeordnet sind. Wenn die Ascosporen keimen, bilden sie neue haploide Myzelien.

Zu den essbaren Schlauchpilzen gehören Trüffel und Morcheln. Trüffel, wie beispielsweise *Tuber melanosporum*, wachsen unterirdisch, oft unter Eichen, mit deren Wurzeln sie eine Symbiose eingehen (▶ Abbildung 19.9a). Sie sind in der französischen Küche hochgeschätzt. Abhängig von ihrer Art und ihrer Qualität werden sie für mehr als 500 Euro pro Kilogramm gehandelt. Trotz vieler Versuche ist es jedoch niemandem gelungen, Trüffel in Kulturen heranzuziehen. Deshalb werden Trüffel immer noch in der freien Natur gesammelt, gewöhnlich mithilfe von Schweinen oder trainierten Hunden. Schweine reagieren sehr empfindlich auf den Duft von Trüffeln, der von Molekülen ausgeht, die den Sexualhormonen von Schweinen ähneln. Morcheln (*Morchella spp.*) sind weitere beliebte Speisepilze. Sie schmecken besonders gut, wenn sie vollkommen gar sind (▶ Abbildung 19.9b). Waldbrände können Bodenbedingungen herstellen, welche die Bildung der Fruchtkörper von Morcheln begünstigen.

Hefen sind einzellige Pilze, von denen die meisten Ascomyceten sind. Eine typische Hefe ist *Saccharomyces cerevisiae*, die als Bäckerhefe oder Bierhefe bekannt ist. Sie wird beim Backen oder Brauen zur Fermentation (siehe Kapitel 9) eingesetzt. Die Fermentation wurde bereits vor 6000 Jahren im alten Sumer, das im heutigen Irak liegt, ausgenutzt, doch die Identität der Organismen, die die Gärung verursachen, wurde erst im 19. Jahrhundert aufgedeckt. In Mitteleuropa wurde die Fermentation als ein Wunder betrachtet und die Hefe wurde in vielen Aufzeichnungen und Büchern im angelsächsischen Sprachraum einfach „godisgood" genannt. Hefen können entweder diploid oder haploid sein und vermehren sich typischerweise asexuell durch Knospung, bei der die Tochterzellen aus einer kleinen Pore an der Seite der Mutterzelle gebildet werden. Ein sexueller Zyklus, der zur Bildung von Ascosporen führt, kann ebenfalls auftreten. In den letzten Jahren hat *S. cerevisiae* als ein Modellorganismus der Genetik und von Untersuchungen von Genfunktionen gedient, weil sie – wie Bakterien – im Labor leicht kultiviert werden kann.

Zu den Schlauchpilzen gehören auch einige wichtige Arten der Gattung *Aspergillus*. Beispielsweise produzieren große industrielle Kulturen von *Aspergillus niger* den größten Teil der Zitronensäure für Limonaden, während mit *A. oryzae* fermentierte Sojabohnen zu Sojasauce und Sojapaste oder Miso verarbeitet werden. Jedoch sind nicht alle Arten von *Aspergillus* nutzbringend. *Aspergillus flavus* und *Aspergillus parasiticus* bilden ein Stoffwechselprodukt, das Aflatoxin, das die Wahrscheinlichkeit, an Leberkrebs zu erkranken, signifikant erhöht, wenn man es zu sich nimmt. Aflatoxin findet man mitunter in Produkten aus Mais und Weizen sowie in Erdnussmehl, das zur Herstellung von Erdnussbutter und als Geflügelfutter verwendet wird. Geflügelfutter wird nun im Hinblick auf Kontaminierung mit Aflatoxin überwacht. Alte Gläser mit Erdnussbutter verursachen gelegentlich immer noch Probleme, genauso wie Milch von Kühen, die dieses Toxin zu sich genommen haben. Andere Arten von *Aspergillus* können die schwere Lungenkrankheit Aspergillose hervorrufen, wenn sie eingeatmet werden.

Eine weitere Lungenkrankheit, als Wüstenfieber oder Kokzidioidomykose bezeichnet, wird hervorgerufen, wenn die Konidien des Schlauchpilzes *Coccidioides immitis* eingeatmet werden. Die Krankheit äußert sich gewöhnlich durch milde, grippeähnliche Symptome. Für Menschen mit einem geschwächten Immunsystem kann die Krankheit jedoch auch tödlich enden. An der Haut rufen Schlauchpilze, die als Dermatophyten (griechisch „Hauptpflanzen") bezeichnet werden, Fußpilz, Haarflechte und ähnliche Krankheiten hervor.

Der Schlauchpilz *Claviceps purpurea* ist für die Entstehung des **Mutterkorns** verantwortlich. Dabei handelt es sich um eine Krankheit von Getreide, beispielsweise von Weizen und Gerste. Von Mutterkornpilzen befallene Ähren enthalten eine Reihe toxischer Verbindungen, die vom Pilz gebildet werden. Zu diesen Verbindungen zählt Lysergsäure, eine Vorstufe von Lysergsäurediethylamid (LSD). Das Konsumieren kontaminierter Ähren kann Ergotismus hervorrufen. Das ist eine Krankheit beim Menschen, die auch als „heiliges Feuer" oder Antoniusfeuer bezeichnet wird. Zu den Vergiftungserscheinungen gehören Halluzinationen, Desorientierung, Krämpfe und Zuckungen, die auch zum Tode führen können. Der Ergotismus tötete 994 v. Chr. bei einer Epidemie in Europa 40.000 Menschen. Die Krankheit kann auch irres Verhalten und Wahnvorstellungen hervorrufen. Die Hexenprozesse von Salem im kolonialen Massachusetts im Jahre 1692 gingen von einem Ereignis aus, bei dem eine Gruppe

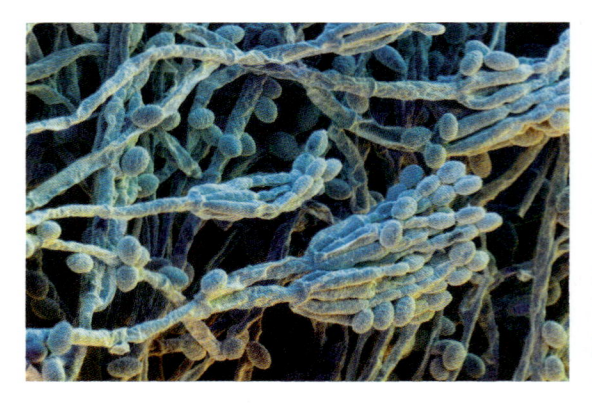

Abbildung 19.10: *Penicillium*. Der Schimmelpilz *Penicillium* produziert Penicillin, welches das Wachstum grampositiver Bakterien hemmt.

junger Mädchen hysterisch wurde, als sie magische Handlungen praktizierten. Man dachte damals, dass sie unter dem Bann der Hexerei standen, doch heute vermuten einige Leute, dass sie Symptome des Ergotismus zeigten. Heute sind die meisten Getreidesorten gegen Infektionen durch *Claviceps purpurea* resistent, und die Getreidecontainer, in denen das Getreide gelagert wird, sind gut belüftet, um das Pilzwachstum zu verlangsamen.

Der Pilz *Cryphonectria parasitica*, Auslöser des Kastanienkrebses, ist ein Schlauchpilz, der mehr als 3,5 Milliarden amerikanischer Esskastanienbäume absterben ließ. Einst einer der größten, bedeutendsten und am häufigsten vorkommenden Bäume in den Laubwäldern im Osten der USA und im Südosten Kanadas, wächst die amerikanische Kastanie (*Castanea dentata*) zwar immer noch aus alten Wurzelstöcken, doch sterben die Bäume durch den Pilz ab, bevor sie ausreichend groß geworden sind, um sich fortzupflanzen. *Cryphonectria parasitica* wurde um 1900 versehentlich aus Asien eingeschleppt. Es sei auf den Kasten *Biodiversitätsforschung* auf Seite 491 verwiesen, in dem das Ulmensterben, eine weitere durch Ascomyceten verursachte Pflanzenkrankheit, diskutiert wird.

Das erste Antibiotikum, Penicillin, wurde im Jahr 1928 von Alexander Fleming entdeckt, der bemerkte, dass ein Schlauchpilz, der Schimmelpilz *Penicillinum*, das Wachstum von Bakterien hemmte (▶ Abbildung 19.10). Leider erkannte Fleming zunächst die medizinischen Folgerungen aus seiner Feststellung nicht vollkommen. Zu Beginn des Zweiten Weltkrieges setzten britische und amerikanische Wissenschaftler Flemings Arbeiten fort, indem sie *Penicillium*-Stämme aus vielen Quellen sammelten. Sie erhielten schließlich nützliche Pilzstämme, die mehrere hundert Mal mehr Penicillin produzierten als Flemings ursprüngliche Stämme. 1945 erhielt Alexander Fleming für diese Entdeckungen zusammen mit Sir Ernst Boris Chain und Lord Howard Walter Florey den Nobelpreis für Medizin. Penicillin ersetzt einen entscheidenden Baustein in der Zellwand grampositiver Bakterien, wodurch die Synthese der Zellwand blockiert wird. Die resultierende Wand ist geschwächt, das Bakterium explodiert aufgrund unbegrenzter Wasseraufnahme. Eine weitere Gruppe medizinisch bedeutsamer Verbindungen, die Cyclosporine, stammt von den im Boden lebenden Schlauchpilzen *Tolypocladium inflatum* und *Cordyceps subsessilis*. Cyclosporine werden zur Unterdrückung der Organabstoßung bei Organtransplantationen eingesetzt.

Schlauchpilze der Gattung *Trichoderma* werden zu den Hyphen anderer Pilze hingezogen, die sie verdauen. An verschiedenen Arten von *Trichoderma* werden intensive Forschungen im Hinblick auf eine Möglichkeit betrieben, schädliche Pflanzenparasiten zu bekämpfen. Da verschiedene *Trichoderma*-Stämme Enzyme bilden, die Holz abbauen, untersuchen Wissenschaftler sie als mögliche Katalysatoren bei der Gewinnung von Ethanol aus Holz. Außerdem wird *Trichoderma* als eine Quelle von Enzymen untersucht, die Waschmitteln zugesetzt werden können, um Gewebe weicher zu machen.

Ständerpilze (*Basidiomycota*)

Wir alle kennen Fruchtkörper von Pilzen aus Lebensmittelgeschäften, von Rasenflächen und aus dem Wald. Die Fruchtkörper sind eine von vielen Arten von Fortpflanzungsorganen von Pilzen aus dem Stamm der Basi-

BIODIVERSITÄTSFORSCHUNG
Die Holländische Ulmenkrankheit

Einst wurde die amerikanische Ulme (*Ulmus americana*) in den gesamten USA als Schattenbaum gepflanzt. Sie wurde gegenüber anderen Bäumen wegen ihres schnellen Wachstums und ihrer hohen Toleranz gegenüber einer Vielzahl suboptimaler Wachstumsbedingungen bevorzugt. Doch in den 1930er-Jahren wurde die Holländische Ulmenkrankheit (DED für englisch *Dutch Elm Disease*) aus Europa nach Nordamerika eingeschleppt. Seit dieser Zeit hat die Ulmenkrankheit in den USA mehr als die Hälfte der amerikanischen Ulmen zerstört. Alleen, die einst von Reihen amerikanischer Ulmen gesäumt waren, sind ohne Bäume oder wurden mit anderen, weniger attraktiven Arten bepflanzt.

Der Schlauchpilz *Ophiostoma ulmi* (unten im Bild) ist der Auslöser von DED. Die Krankheit wird auf zwei Wegen übertragen: durch Insekten oder durch Wurzelkontakte. Die hauptsächlichen Insektenvektoren sind zwei Arten von Borkenkäfern, die sich, wie es der Name schon sagt, von den Bäumen ernähren. Obwohl pilzfreie Käfer keine signifikanten Schäden am Baum anrichten, infizieren Käfer, die mit dem Pilz in Berührung gekommen sind, den Baum durch die Wunden, die sie ihm zufügen. Einmal infiziert, bildet der Baum cytoplasmatische Auswüchse aus Parenchymzellen, welche die Wasser leitenden Zellen des Xylems verstopfen. Diese Reaktion des Baumes stoppt die Ausbreitung des Pilzes, doch sie schneidet auch die Wasserversorgung zu Teilen des Baumes ab, die oberhalb der Wunde liegen. Die Blätter welken und sterben ab, was an der Baumkrone beginnt und sich nach unten ausbreitet. Der gesamte Baum stirbt innerhalb eines Monats ab (siehe Foto oben).

Der Pilz vereinnahmt dann den toten Baum ganz, indem er Sporen im gesamten Xylem und unter der Borke produziert. Die Sporen, die sich unter der Borke bilden, sind klebrig. Ausgewachsene Käfer fliegen zu den toten Ulmenbäumen, um sich fortzupflanzen, indem sie ihre Eier in den Baum legen. Die Larven, die aus den Eiern schlüpfen, ernähren sich vom Baum und entwickeln sich zu ausgewachsenen Käfern. Wenn sie sich ihren Weg aus dem Baum durch die Borke bahnen, werden sie mit den klebrige Sporen bedeckt und verbreiten sie auf andere Bäume.

DED kann sich auch durch Wurzelkontakte ausbreiten, wenn die Bäume nahe beieinander wachsen. Unter diesen Umständen wachsen ihre Wurzeln zusammen und teilen Xylem, was normalerweise für beide Bäume von Vorteil ist. Da sich jedoch der Pilz gerade im Xylem ausbreitet, wird er von den Bäumen zusammen mit dem Wasser ausgetauscht. Der Pilz kann sich durch Wurzelkontakte innerhalb von wenigen Tagen über eine ganze Reihe von Bäumen ausbreiten.

Eine Möglichkeit, die Übertragung der Krankheit in den Wurzelsystemen zu stoppen, besteht darin, die Wurzelkontakte zu unterbrechen, was man gewöhnlich durch Anlegen tiefer Gräben zwischen den Bäumen erreicht. Dies lässt sich in Stadtgebieten leider oft schwer umsetzen, ohne unterirdische Rohrleitungen und Kabel zu beschädigen.

Das sorgfältige Entfernen allen abgestorbenen Holzes, von dem sich die Käfer ernähren, ist eine andere Möglichkeit, die Ausbreitung von DED einzudämmen. Solche Sanierungsprogramme haben in einigen Städten 75 Prozent der Ulmen seit 25 Jahren bewahrt. Zu den weiteren Methoden gehört der Einsatz von Fungiziden, Insektiziden und Klebefallen, die mit Sexualpheromonen getränkt sind. Das Pflanzen amerikanischer Ulmen zusammen mit anderen Baumarten kann die Wahrscheinlichkeit einer Infektion ebenfalls verringern. Eine endgültige Lösung wäre die Erzeugung DED-resistenter amerikanischer Ulmen. In einigen Laboratorien gelang es bereits, durch die Auswahl existierender Sorten resistente Bäume zu erhalten. Einige resistente Linien sind nun zum Anpflanzen verfügbar. Versuche, Gene für die Resistenz gegen den Pilz in das Genom der amerikanischen Ulmen einzubringen, laufen derzeit.

---

diomycota, der in drei Gruppen unterteilt wird: Hutpilze (*Agaricomycotina*), Rostpilze (*Pucciniomycotina*) und Brandpilze (*Ustilaginomycotina*).

Die Gruppe der *Agaricomycotina*

Die Gruppe der Hutpilze (*Agaricomycotina*) enthält mehr als 14.000 Arten von Speisepilzen, Giftpilzen, Stinkmorcheln, Bovisten, Porlingen, Gallertpilzen und Nestpilzen (▶ Abbildung 19.11). Innerhalb der Fruchtkörper bildenden Hutpilze unterscheidet man essbare Speisepilze und ungenießbare Giftpilze. Dies sind jedoch keine wissenschaftlichen Gruppen, sondern die Benennungen beziehen sich lediglich auf ihre Verwendbarkeit in der Küche. Viele dieser Pilze sind an den

19 PILZE (FUNGI)

Abbildung 19.11: Ständerpilze. (a) Schuppiger Porling (*Polyporus squamosus*). (b) Ein Bovist (*Calostoma cinnabarina*). (c) Goldgelber Zitterling, ein Gallertpilz (*Tremella mesenterica*). (d) Ein Nestpilz (*Crucibulum laeve*). (e) Ein Verschleiertes Stinkhorn (*Phallus indusiatus*). (f) Safranschirmling (*Macrolepiota rhacodes*).

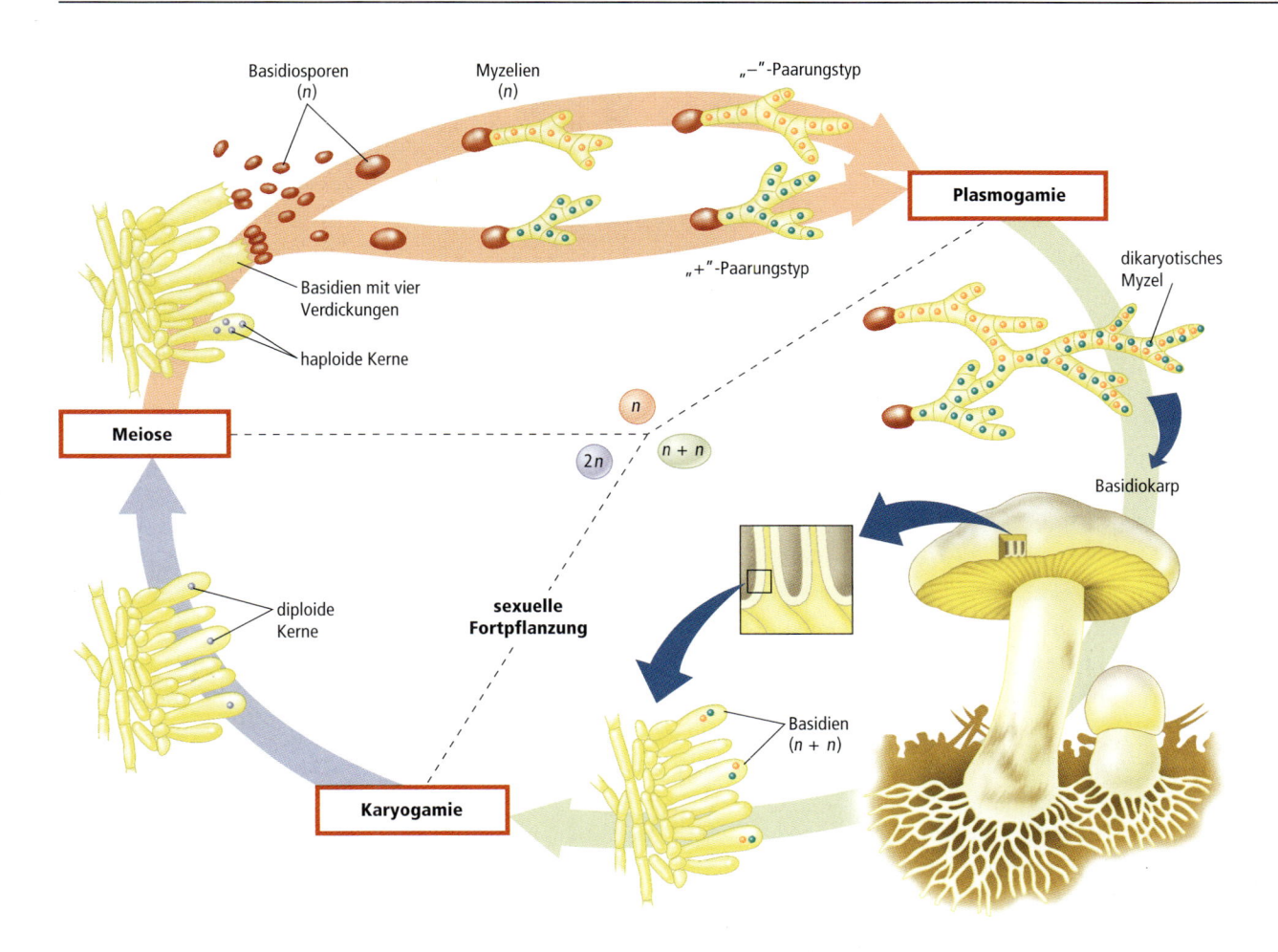

Abbildung 19.12: Lebenszyklus eines Hutpilzes. Haploide Myzelien entgegengesetzter Paarungstypen verschmelzen (Plasmogamie) und produzieren ein dikaryotisches Myzel, das ein Basidiokarp bildet. Die Karyogamie und die Meiose finden innerhalb der Basidien statt.

weit verbreiteten „Pilzwurzeln" als Ektomykorrhizen beteiligt (siehe Abbildung 4.7b, c).

Ein Fruchtkörper ist in Wirklichkeit ein oberirdisches Fortpflanzungsorgan, das in einem Teil des Lebenszyklus eines Pilzes gebildet wird. Mehr als 90 Prozent des Volumens und der Masse des Pilzes können unterirdisch als haploide Myzelien unterschiedlichen Paarungstyps vorliegen. Bei vielen Arten ist jeder Paarungstyp durch eine eindeutige Kombination von Allelen zweier Gene, A und B, bestimmt. Beispielsweise hat eine Art mit zwei A-Allelen (A_1 und A_2) und zwei B-Allelen (B_1 und B_2) vier Paarungstypen: A_1B_1, A_2B_1, A_1B_2, A_2B_2. Der Gemeine Spaltblättling (*Schizophyllum commune*) hat mindestens 300 A-Allele und 90 B-Allele, woraus sich rechnerisch mindestens 27.000 Paarungstypen ergeben!

Viele Pilze aus dem Unterstamm *Agaricomycotina* vermehren sich nicht asexuell, obwohl einige Arten asexuelle Sporen (Konidien) ausbilden. Im Lebenszyklus eines typischen Pilzes mit Fruchtkörper ziehen sich die Myzelien unterschiedlicher Paarungstypen gegenseitig an. Sie verschmelzen und bilden dikaryotische Hyphen (▶ Abbildung 19.12). Die dikaryotischen Hyphen strecken sich und verzweigen sich, so dass ein dikaryotisches Myzel entsteht, das schließlich aus dem Boden herauswächst und einen Fruchtkörper produziert, der auch als **Basidiokarp** oder **Basidioma** bezeichnet wird. Im Basidiokarp bilden sich an den Enden der dikaryotischen Hyphen große, keulenförmige Zellen, die als **Basidien** (Singular: Basidie) bezeichnet werden. Die Kerne in jeder Basidie unterliegen der Karyogamie, wobei ein diploider Kern gebildet wird, der anschließend eine Meiose durchläuft. Dadurch entstehen pro Basidie vier haploide Kerne. Vier kleine Verdickungen bilden sich am Ende jedes Basidiums, und ein haploider Kern bewegt sich in jede Verdickung. Diese Verdickungen werden zu haploiden **Basidiosporen**, die neue haploide Myzelien bilden, wenn sie keimen.

19 PILZE (FUNGI)

Abbildung 19.13: Ein Hexenring. Die Fruchtkörper in diesem Kreis gehören zu demselben Myzel.

Fruchtkörper bestehen gewöhnlich aus einem Hut am Ende eines Stiels. Gerade im Entstehen begriffene Fruchtkörper, auch als Paukenschlegel bezeichnet, sind mitunter von einem dünnen Häutchen bedeckt, das reißt, wenn die Größe des Fruchtkörpers zunimmt. Stücke dieses Häutchens bleiben manchmal auf dem Hut oder um den unteren Teil des Stiels erhalten. Einige Fruchtkörper haben dünne Gewebeblätter, als **Lamellen** bezeichnet, an der Unterseite des Hutes. Jede Lamelle besteht aus vielen Hyphen, an denen die Basidien entstehen.

Oft wächst ein dikaryotisches Myzel von der Stelle aus, an der die Plasmogamie stattfand, in alle Richtungen nach außen. Ein Kreis von Fruchtkörpern, der im Allgemeinen als Hexenring bezeichnet wird, kann sich periodisch an der äußeren Wachstumsgrenze bilden (▶ Abbildung 19.13). Ein dikaryotisches Myzel kann Jahrhunderte wachsen, wobei es während des Wachstums auf die Nährstoffzufuhr aus dem Boden zurückgreift. Im Jahr 1992 entdeckten Wissenschaftler in Michigan, USA, ein riesiges Myzel, das eine Fläche von 15 Hektar bedeckte und schätzungsweise 9700 Kilogramm wog. Zu dieser Zeit hielt man es für den größten Organismus der Welt, aber schon bald wurde es von einem Myzel in Oregon abgelöst, das 890 Hektar bedeckte! In beiden Fällen handelte es sich um Arten der Gattung *Armillaria* (Hallimasch).

Viele Pilze sind essbar, darunter der Champignon *Agaricus bisporus*, der häufigste Speisepilz in Lebensmittelgeschäften (siehe den Kasten *Pflanzen und Menschen* auf Seite 495). Jedoch sind einige Pilze – weniger als 1 Prozent – giftig (▶ Abbildung 19.14). Im Paukenschlegel-Stadium sehen essbare und giftige Pilze sehr ähnlich aus. Bei den Toxinen in den giftigen Pilzen handelt es sich gewöhnlich um Alkaloide, und die verschiedenen Arten unterscheiden sich stark in ihrem Toxingehalt. Nimmt man subletale Mengen der Toxine bestimmter Pilze auf, kann dies starke Halluzinationen hervorrufen, worauf die Verwendung dieser Pilze bei religiösen Zeremonien im indianischen Schamanismus zurückzuführen ist. Schon die Azteken verwendeten *Psilocybe*-Arten rituell als Zauberpilze.

Abbildung 19.14: Giftige Pilze. (a) Fliegenpilz (*Amanita muscaria*). (b) Kegelhütiger Knollenblätterpilz (*Amanita virosa*).

PFLANZEN UND MENSCHEN
Speisepilzzucht

Agaricus brunnescens, der Gemeine Champignon im Lebensmittelgeschäft oder auf der Pizza, nimmt in den Vereinigten Staaten mehr als 90 Prozent der kommerziellen Speisepilzzucht und weltweit 40 Prozent davon für sich in Anspruch. Portobello Champignons sind einfach eine große, braune Linie derselben Art. *Agaricus brunnescens* wird auch *Agaricus bisporus* („zwei Sporen") genannt, weil jede Basidie nur zwei Basidiosporen ausbildet, die jeweils zwei Kerne enthalten. Wenn die Basidiosporen keimen, ist daher das von ihnen gebildete Myzel bereits dikaryotisch.

Die Kultivierung dieser Champignons läuft in verschiedenen Phasen ab. Zuerst wird Pferdemist in riesigen Haufen durch Bakterien und andere Pilze abgebaut oder kompostiert. Anschließend wird er in hölzerne Wannen verfrachtet, wo er pasteurisiert wird, um die Mikroorganismen abzutöten, die für die ursprüngliche Zersetzung verantwortlich waren. Als Nächstes wird der Mist mit *Agaricus brunnescens*-Myzelien geimpft, die auf sterilen Getreidekörnern gezüchtet wurden. Ist der Mist einmal vollständig von dem Myzel durchwachsen, werden einige Zentimeter Boden, als Abdeckung bezeichnet, auf den Pferdemist verteilt, um die Bildung der Basidiokarpe (der Fruchtkörper) anzuregen. Zum Verkauf geeignete Champignons können nach zwei bis drei Wochen geerntet werden.

Lentinus edodes, der Shiitake (japanisch, „Pilz, der am Pasania-Baum wächst"), ist der am zweithäufigsten gegessene Speisepilz. Proteine aus Shiitake besitzen alle essenziellen Aminosäuren und können somit bei einer vegetarischen Ernährung wichtig sein. Shiitake enthalten auch ein Polysaccharid, das als Lentinan bezeichnet wird. Einige Untersuchungen haben ergeben, dass Lentinan zur Senkung des Cholesterinspiegels und zur Linderung der Symptome der Chemotherapie bei der Krebsbekämpfung nützlich sein könnte.

Pennsylvania und Kalifornien sind die Bundesstaaten der USA mit der höchsten Speisepilzproduktion. Jährlich werden in den Vereinigten Staaten mehr als 2,2 Milliarden Kilogramm Speisepilze gezüchtet, was einem geschätzten Marktwert von 1 Milliarde Dollar entspricht.

Die Gruppe der *Pucciniomycotina*

Mehr als 7000 Arten von Rostpilzen im Unterstamm der Pucciniomycotina bilden keine Fruchtkörper, sondern septierte Basidien in Bereichen auf den Blättern oder Sprossachsen infizierter Pflanzen, die als **Sori** (Singular: Sorus) bezeichnet werden. Eine Reihe von Rostpilzen ruft bei Kulturpflanzen und Bäumen Krankheiten hervor, die ernsthafte negative Auswirkungen auf die Verfügbarkeit von Nahrung und deren Kosten haben. Bauern haben geringere Erträge und höhere Kosten durch die Bekämpfung der Krankheiten. Konsumenten bezahlen mehr, weil sich die Produktion verringert. Manche Länder müssen Nahrungsmittel importieren oder Gewinn bringende Exporte drosseln.

Viele Rostpilze parasitieren während ihres Lebenszyklus zwei Pflanzen. Beispielsweise infiziert der Strobenblasenrost (*Cronartium ribicola*) fünfnadelige Kiefern, wie zum Beispiel die Weymouthkiefer *Pinus strobus*), und Johannisbeeren oder Stachelbeeren der Gattung *Ribes* (▶ Abbildung 19.15a). Der Getreideschwarzrost bei Weizen infiziert Getreide und Berberitzen (*Berberis*), was allein in den Vereinigten Staaten und Kanada jährliche Verluste von über 1 Milliarde Dollar verursacht (▶ Abbildung 19.15b). Fungizide sind gegen Rostpilze im Allgemeinen nicht wirksam. Um Getreideschwarzrost zu bekämpfen, suchen Züchter nach genetisch resistenten Weizenkulturen. Doch lässt sich eine dauerhafte Resistenz nur schwer erreichen, da Rostpilze oft mutieren. Bei diesem Rostpilz gibt es mehr als 350 genetische Geschlechter. Eine weitere Methode besteht darin, den Lebenszyklus von Rostpilzen zu unterbrechen, indem man die ökonomisch weniger bedeutsamen Zwischenwirte aus einem Gebiet entfernt. Jedoch können einige Rostpilze, wie beispielsweise der Auslöser des Getreideschwarzrostes, in den verbleibenden Wirten überleben. Das gilt insbesondere für Regionen, in denen das Klima so warm ist, dass Wirte das ganze Jahr über wachsen können.

Rostpilze haben komplexe Lebenszyklen, was etliche verschiedene Arten von Sporen einschließt. Betrachten wir den Getreideschwarzrost als Beispiel. Im Frühling keimen die auf Weizen gebildeten Basidiosporen auf Berberitzen. Die keimenden Sporen bilden Hyphen aus, die durch Stomata in die Blätter gelangen und sich zu Myzelien entwickeln, die haploide Gameten in Pyknidien bilden. Die Pykni-

Abbildung 19.15: Rostpilze. (a) Strobenblasenrost (*Cronartium ribicola*) auf der Weymouthkiefer. (b) Getreideschwarzrost (*Puccinia graminis*) auf Weizen.

dien setzen nektarähnliche Sekrete frei, von denen Insekten angezogen werden, welche die Gameten von Blatt zu Blatt und von Pflanze zu Pflanze übertragen. Aus der Plasmogamie zwischen Gameten und haploiden Hyphen entgegengesetzten Paarungstyps entstehen dikaryotische Hyphen, die *Aecidiosporen* bilden. Die Aecidiosporen keimen mit dikaryotischen Hyphen; diese infizieren dann Weizenpflanzen und im Lauf des Sommers werden mehrere Generationen von *Uredosporen* gebildet. Im Spätsommer und Anfang Herbst stellen sie die Bildung von Uredosporen ein und gehen zur Bildung von dikaryotischen *Teleutosporen* über. Die Karyogamie findet in den Teleutosporen statt, die der Überwinterung dienen. Im Frühjahr keimen sie mit einer Basidie, in der Meiose stattfindet, und bilden vier Basidiosporen, die den Lebenszyklus von Neuem antreiben.

Die Gruppe der *Ustilaginomycotina*

Wie Rostpilze rufen Brandpilze (*Ustilaginomycotina*) bei Kulturpflanzen beachtlichen ökonomischen Schaden hervor. Mehr als 1000 Arten von Brandpilzen parasitieren viermal so viele Arten von Blütenpflanzen, einschließlich aller kommerziell bedeutsamen Getreidesorten und Gräser. Ein typischer Brandpilz ist *Ustilago maydis*, der Auslöser des Maisbeulenbrands, der Mais befällt (▶ Abbildung 19.16). Obwohl *Ustilago maydis* in der Pflanze mehrzellig wächst, kann er im Labor als einzellige Hefe gezüchtet werden. So können Biologen sein Genom untersuchen und manipulieren.

Eine Maisbeuleninfektion beginnt mit dem Keimen einer einzelnen Basidiospore, die eine Hyphe ausbildet. Die Plasmogamie zwischen Hyphen verschiedenen Paarungstyps führt zu dikaryotischen Hyphen, die den Mais infizieren und nach wenigen Tagen einen großen Sorus bilden. Nahegelegenes Pflanzengewebe schwillt an, weil das Pilzmyzel sowohl die Streckung als auch die Teilung der Pflanzenzellen stimuliert. Häufig breitet sich der Pilz anschließend von dem geschwollenen Bereich, der als Tumor oder **Galle** bezeichnet wird, auf andere Teile der Pflanze aus. *Ustilago maydis* infiziert im Allgemeinen über die Blattbasen, die heraushängenden Griffel oder die Sprossachsen, wo er den Stofftransport im Xylem und Phloem unterbricht. Die dikaryotischen Hyphen produzieren Millionen von Telioporen. Brandpilze erhielten ihren Namen durch die schwarzbraune, rußige Erscheinung der Teliosporen. Die Karyogamie und die Meiose treten bei Teliosporen auf, die überwintern. Wie die Teliosporen der meisten anderen Brandpilze werden auch die von *Ustilago maydis* durch den Wind verbreitet. Wenn sie im Frühjahr keimen, bilden sie septierte Basidien aus, welche die vier üblichen Basidiosporen produzieren. Haploide Basidiosporen können einzellig als Hefe wachsen, bis sie

Interaktionen von Pilzen mit anderen Organismen 19.3

Mindestens ein Viertel aller Pilzarten geht eine symbiotische Beziehung mit einem Organismus einer anderen Art ein. Diese enge, dauerhafte Beziehung kann parasitär sein, wobei eine Art profitiert, die andere aber geschädigt wird, oder mutualistisch. In diesem Fall profitieren beide Arten von der Beziehung. Sie haben in diesem Kapitel bereits etwas über einige parasitäre Pilze gelesen, darunter der Kastanienkrebs, der Getreideschwarzrost und der Maisbeulenbrand. Aus Kapitel 4 wissen Sie, dass Mykorrhizen eine mutualistische Beziehung zwischen Pflanzenwurzeln und Pilzen darstellen, bei denen die Pflanzen organische Moleküle liefern, während der Pilz die Oberfläche der Wurzel vergrößert, was die Aufnahme von Wasser und Mineralstoffen aus dem Boden beschleunigt. In diesem Abschnitt werden wir weitere symbiotische Beziehungen behandeln, an denen Pilze beteiligt sind.

Flechten (*Lichenes*)

Flechten sind Lebensgemeinschaften (Konsortien) zwischen einem Pilz und einem Photosynthese betreibenden Partner, bei dem es sich entweder um eine Alge oder ein Cyanobakterium handeln kann. Der Pilz in einer Flechte wird als **Mykobiont** bezeichnet, die Alge oder das Cyanobakterium heißt **Photobiont**. Mindestens 23 Gattungen von Algen und 15 Gattungen von Cyanobakterien kommen in Flechten vor. Obwohl jede Flechte aus zwei Arten zusammengesetzt ist, erhalten Flechten wissenschaftliche Namen, als würde es sich dabei um eine einzelne Art handeln; bei dem Namen handelt es sich um den des Pilzes. Schätzungen der Zahl der Flechtenarten reichen von 13.500 bis 30.000. Typischerweise werden Flechten nach dem Pilzpartner klassifiziert, den sie enthalten. Etwa 98 Prozent der Pilze in Flechten sind Schlauchpilze und die verbleibenden zwei Prozent sind Ständerpilze. Molekulare Belege legen die Vermutung nahe, dass sich Flechten mehrmals durch separate Ereignisse entwickelten und dass sich eine große Gruppe von Schlauchpilzen, die keine Flechten bilden, aus Flechten bildenden Pilzen entwickelte.

Der Körper einer Flechte, ihr Thallus, besteht hauptsächlich aus Pilzhyphen. Bei einigen Thalli ziehen sich die Zellen des Photobionten durch die gesamte Flechte. Gewöhnlich findet man aber die Photosynthese betrei-

Abbildung 19.16: Maisbeulenbrand *Ustilago maydis*.

mit einer anderen Zelle des passenden Paarungstyps zu einer dikaryotischen Hyphe verschmelzen. Diese ist infektiös und der Lebenszyklus wiederholt sich.

Obwohl die meisten Brandpilze aufgrund ihrer zerstörerischen Wirkungen auf Pflanzen als Seuchen betrachtet werden, wird der Maisbeulenbrand von einigen Leuten als Delikatesse angesehen. In Mexiko wird er *Huitlacoche* genannt und verzehrt, bevor die Teliosporen ausgereift sind. Einige Bauern infizieren ihren Mais sogar mit dem Pilz in dem Wissen, dass sich Huitlacoche an seine Anhänger zu einem hohen Preis verkaufen lässt. Aus mit Maisbeulenbrand infiziertem Mais können unter anderem Suppe und Purrée zubereitet werden, Gerichte, die von den meisten, die sich trauen, sie zu probieren, als köstlich bezeichnet werden.

WIEDERHOLUNGSFRAGEN

1. Worin unterscheiden sich Töpfchenpilze von anderen Pilzen?
2. Erklären Sie die Beziehung zwischen Stolonen, Rhizoiden, Sporangiophoren und Sporangien bei Jochpilzen.
3. Was sind ein Ascokarp und ein Ascus?
4. Welche Rolle spielen Basidien bei der Fortpflanzung von Pilzen?

Abbildung 19.17: Flechten. (a) Eine Krustenflechte (*Caloplaca ignea*). (b) Eine Blattflechte (*Menegazzia terebrata*). (c) Eine Strauchflechte (*Heterodermia echinata*).

benden Zellen in einer Schicht in der Nähe der Oberfläche des Thallus. Wie ▶ Abbildung 19.17 zeigt, können diese so genannten geschichteten Flechten krustig (Krustenflechten), blättrig (Laub- oder Blattflechten) oder buschig (Strauchflechten) erscheinen.

Wissenschaftler, die Flechten untersuchen, sind sich nicht darüber einig, ob es sich bei allen oder zumindest bei den meisten Flechten um mutualistische Beziehungen handelt. Aus Sicht des Mykobionten liegt der Vorteil auf der Hand: Er erhält durch den Photobionten Kohlenstoffverbindungen und, bei Flechten, die Cyanobakterien enthalten, zusätzlich auch fixierten Stickstoff. Der Vorteil für den Photobionten ist jedoch weniger offensichtlich. Einige Algen und Cyanobakterien existieren in ein und demselben Biotop als frei lebende Arten und als Photobionten. Unter diesen Umständen gibt es keinen offensichtlichen Vorteil, mit einem Pilz als Teil einer Flechte zu leben. In anderen Fällen könnte der Mykobiont das Überleben des Photobionten sichern, indem er den Thallus an Steinen und anderen festen Substraten befestigt und eine dicke Schutzschicht bietet, die der Austrocknung vorbeugt. Flechten können so lange getrocknet werden, bis sie nur noch einen sehr kleinen Wasseranteil enthalten. Sie lassen sich wiederbeleben, wenn man sie wieder bewässert. Zusätzlich enthalten Pilzhyphen in der Nähe der Oberfläche vieler Flechten Verbindungen, die den Photobionten vor Schädigung durch ultraviolettes (UV) Licht schützen. Die Konzentrationen dieser Verbindungen bei Flechten korrelieren gut mit der Intensität des UV-Lichts in den Regionen, in denen sie wachsen.

Diese einzigartigen Eigenschaften sind für die Fähigkeit von Flechten verantwortlich, in vielen terrestrischen Umgebungen zu überleben, darunter einige, die für andere Lebensformen nicht tolerierbar sind. Beispielsweise wachsen Flechten üblicherweise auf offenen Felsen, oft an windgepeitschten Orten mit extremen, stark schwankenden Temperaturen. Zwischen 200 und 300 Arten von Flechten existieren in der Antarktis, in der nur wenige Pflanzenarten überleben können. In besonders rauen Gebieten der Antarktis wachsen Flechten zwischen Sandpartikeln und zwischen den Kristallen in den Gesteinen als Kryptoendolithe (von griechisch *kryptos*, „verborgen", *endon*, „innerhalb", und *lithos*, „Stein"). Flechten wachsen im Gebirge auf Höhen von bis zu 7300 Metern, in heißen Wüsten und an Meeresufern, wo sie zeitweilig von Salzwasser benetzt werden. In Städten findet man Flechten auf Gebäuden, Gehwegen und Mauern. Flechten kommen auch in weniger extremen Umgebungen reichlich vor, wie beispielsweise in Regenwäldern, wo sie sowohl die Stämme der Bäume als auch den Waldboden bedecken. Ein einzelner Baumstamm in einem Wald kann etliche Dutzend Flechtenarten beherbergen.

Abbildung 19.18: **Eine mutualistische Beziehung zwischen Pilzen und Ameisen.** (a) Eine zentralamerikanische Blattschneiderameise (*Atta*) trägt ein Blattstück zurück zum Nest. (b) Einer der Pilzgärten, die von den Ameisen gepflegt werden.

Flechten reagieren recht empfindlich auf Veränderungen in ihrer Umgebung und auf Umweltverschmutzung. Beispielsweise kann eine Veränderung in der durchschnittlichen Feuchtigkeit eines Gebiets wegen Abholzung oder Bau von Staudämmen bewirken, dass einige Arten aussterben und sich dadurch andere etablieren können. Flechten reagieren auf sauren Regen (der dadurch entsteht, dass sich Schwefel- und Stickstoffoxide im Regenwasser lösen). Sie adsorbieren Partikel aus Abgasen von Kraftfahrzeugen, Kraftwerken und Fabriken, die Schwermetalle und andere toxische Verbindungen enthalten. Die Arten der in Flechten angesammelten Metalle können oft dazu benutzt werden, die Quelle der Verschmutzung zu identifizieren, woraus sich die Möglichkeit für Sanierungsmaßnahmen ergibt. Die Messung der Wachstumsrate von Flechten ermöglicht die Einschätzung der Umweltgifte und ihrer Konzentrationen recht gut.

Die Bedeutung von Flechten für die Menschen geht jedoch über ihre Nützlichkeit bei der Überwachung der Luftverschmutzung hinaus. Flechten, die Cyanobakterien als Photobionten enthalten, erhöhen die Bodenfruchtbarkeit, indem sie Stickstoff fixieren. Einige Flechtenarten weisen auf das Vorhandensein bestimmter Metalle im Gestein und im Boden hin, auf dem sie wachsen. Das Wissen um diese Tatsache hat Goldsuchern seit den Zeiten des alten Rom geholfen. Außerdem haben Menschen Tausende Jahre lang Flechten benutzt, um Färbemittel für Gewebe und Farben zum Malen herzustellen. Vor der Herstellung synthetischer Farben um 1900 war das Sammeln von Flechten eine häufige Beschäftigung. In der ganzen Welt gab es große Fabriken, in denen die Flechten zu Farben und Färbemitteln verarbeitet wurden.

Flechten, die auf Steinen wachsen, beginnen häufig den Prozess, bei dem aus Steinen Boden wird, der dann das Wachstum von Pflanzen ermöglicht (siehe Kapitel 25). Flechten setzen saure Stoffwechselprodukte frei, die Gestein viel schneller zersetzen als es die durch Wind, Regen oder Einfrieren und Auftauen verursachte Verwitterung vermag. Diese Stoffwechselprodukte lösen Mineralien aus dem Gestein, was sie für den Mykobionten und den Photobionten verfügbar macht.

Flechten sind wichtige Mitglieder vieler biologischer Gemeinschaften. Die Flechten, die als Rentierflechte (*Cladonia rangiferina*) bezeichnet werden, liefern beispielsweise etwa die Hälfte der Nahrung, die ein Rentier oder ein Karibu zu sich nimmt, das in der arktischen Tundra lebt. Im Winter, wenn die Pflanzen rar sind, schieben die Rentiere den Schnee mit ihren Hufen beiseite, um an die Flechten zu gelangen.

Mutualistische Beziehungen zwischen Pilzen und Insekten

Pilze gehen auch eine Reihe von symbiotischen Beziehungen mit Insekten ein. Viele von ihnen sind parasitär und können zum Tod des Insekts führen. Einige sind jedoch mutualistisch. Eine der interessantesten Beziehungen besteht zwischen verschiedenen Arten von Ständerpilzen und den zentralamerikanischen Blattschneiderameisen der Gattung *Atta* (▶ Abbildung 19.18). Die Ameisen leben in Kolonien von bis zu acht Millionen Individuen. Jede Kolonie baut ein Nest im Untergrund, das nicht weniger als 1000 Kammern haben kann, deren Durchmesser jeweils ca. 30 Zentimeter beträgt. In vielen der Kammern kultivieren die Ameisen Pilzgärten, in denen sie die Myzelien pflegen, die sich von den Blattstücken ernähren, welche die Ameisen aus der nahegelegenen Vegetation ausschneiden. Die Pilze leben von den Blättern, wobei sie mithilfe des Enzyms Cellulase die in den Blättern enthaltene Cellulose abbauen. Wie den meisten Tieren fehlt auch den Ameisen Cellulase. Sie ernten die angeschwollenen Hyphenspitzen, die Bromatien, als ihre Nahrung. Außerdem bewachen die Ameisen die Gärten und beseitigen andere Pilze gewissenhaft, insbesondere diejenigen, die sich wiederum von den Hauptarten ernähren, die den Garten bilden. Neue Kolonien werden von Ameisenköniginnen gegründet, die Pilzhyphen in einer Tasche in ihrem Mund tragen.

Afrikanische und asiatische Termiten der Unterfamilie Macrotermitinae kultivieren ebenfalls Pilzgärten. Während viele Termiten tierähnliche Protisten in ihrem Darm tragen, die Cellulose verdauen können, ist das bei diesen Termiten nicht der Fall. Ihre Beziehung zu Pilzmyzelien ähnelt derjenigen der Blattschneiderameisen, abgesehen davon, dass die Termiten den Pilzen Holzstücke oder cellulosereiche Pflanzenreste darbieten. Diese Termiten leben in oberirdischen Hügeln, die bis zu sechs Meter hoch und drei Meter im Durchmesser sein können.

WIEDERHOLUNGSFRAGEN

1. In welcher Weise profitieren die Partner bei den Flechten, die mutualistische Verbindungen darzustellen scheinen?
2. Was sind Kryptoendolithe?
3. Warum kultivieren einige Ameisen und Termiten Pilzgärten?

ZUSAMMENFASSUNG

19.1 Merkmale und Evolutionsgeschichte der Pilze

Das Reich der Pilze (Fungi)
Pilze sind heterotrophe Organismen, die organische Nahrung aufnehmen, nachdem sie sie zu kleinen Molekülen abgebaut haben. Die meisten Pilze sind mehrzellig und aus Zellfilamenten, den Hyphen, zusammengesetzt, die zu Myzelien verwoben sind. Pilze, die sich sexuell fortpflanzen, bilden oft dikaryotische Myzelien in der Phase zwischen der Kernverschmelzung (Karyogamie) und der Verschmelzung des Cytoplasmas (Plasmogamie). Die Zellwände der Pilze enthalten Chitin.

Phylogenie der Pilze
Molekulare Analysen legen die Vermutung nahe, dass sich Pilze vor etwa 1,5 Milliarden Jahren entwickelten, vermutlich aus einem begeißelten Protisten, der auch ein Vorfahre der Tiere war. Sehr frühe Verbindungen zwischen Pilzen und anderen Organismen sind Mykorrhizen und Flechten. Sie könnten für die Etablierung eukaryotischen Lebens an Land wichtig gewesen sein.

19.2 Die Vielfalt der Pilze

Töpfchenpilze (Chytridiomycota)
Töpfchenpilze sind die einzigen Pilze, die begeißelte Sporen und Gameten bilden. Sie leben am häufigsten als Saprobier im Süßwasser. Einige weisen einen Lebenszyklus auf, der einen Generationswechsel zeigt.

Jochpilze (Zygomycota)
Die meisten Jochpilze, darunter der Brotschimmelpilz *Rhizopus*, bilden coenocytische Hyphen und haben sowohl asexuelle als auch sexuelle Lebenszyklen. Die asexuelle Vermehrung herrscht in stabilen Lebensräumen vor. Unvorteilhafte Bedingungen lösen die sexuelle Fortpflanzung aus, die mit der Bildung dickwandiger, resistenter Zygosporangien verbunden ist, von denen jede eine Zygospore enthält.

Schlauchpilze (*Ascomycota*)

Zu den Schlauchpilzen gehören Becherlinge, Trüffeln, Morcheln, die meisten Hefen und eine Reihe von Schimmelpilzen und Pilze, die den Echten Mehltau hervorrufen. Die meisten haben septierte Hyphen. Schlauchpilze bilden asexuelle Sporen, die Konidien, an den Spitzen modifizierter Hyphen. Sexuelle Sporen werden in schlauchförmigen Asci gebildet. Sie sind in einen Fruchtkörper eingebettet, der als Ascokarp bezeichnet wird. Einige Schlauchpilze werden zur Herstellung von Nahrungsmitteln oder Arzneimitteln benutzt, wie beispielsweise von Penicillin. Andere Schlauchpilze produzieren Toxine, die Nahrungsmittel kontaminieren oder Krankheiten auslösen, darunter Wüstenfieber und Fußpilz.

Ständerpilze (*Basidiomycota*)

Zu den Ständerpilzen gehören unter anderem Hutpilze, Boviste, Porlinge, Rostpilze und Brandpilze. Vor allem den Hutpilzen fehlt eine asexuelle Generation im Lebenszyklus. Ständerpilze bilden sexuelle Sporen, die als Schwellungen an großen, ständerförmigen Zellen (Basidien) erscheinen. Bei Vertretern der Agaricomycotina sind die Basidien in einem Basidiokarp enthalten. Bei Rostpilzen und Brandpilzen entwickeln sich die Basidien meist aus Sporen, die in Sori gebildet werden. Viele Rost- und Brandpilze rufen bei Getreidepflanzen und Bäumen Krankheiten hervor.

19.3 Beziehungen von Pilzen zu anderen Organismen

Mykorrhizen (Pilzwurzeln) sind weitläufige Hyphen von Ständer- und Schlauchpilzen, die mit den Wurzeln von Waldbäumen vergesellschaftet sind und die Nährsalzaufnahme (vor allem von Phosphat) unterstützen. Endomykorrhizen sind ebenfalls Symbiosen von Glomus-Arten (Jochpilzen) mit Pflanzen.

Flechten (*Lichenes*)

Der Körper einer Flechte besteht größtenteils aus den Pilzhyphen, welche die Flechte an einem Substrat befestigen und der Austrocknung vorbeugen. Unter den Hyphen befinden sich Algenzellen oder Cyanobakterien, welche die Hyphen mit Kohlenstoffverbindungen versorgen und mitunter auch Stickstoff fixieren. Flechten können in vielen terrestrischen Lebensräumen überleben. Doch sind sie sensibel gegenüber Umweltveränderungen und Verschmutzung.

Mutualistische Beziehungen zwischen Pilzen und Insekten

Blattschneiderameisen und bestimmte Termiten kultivieren Pilzgärten. Die Insekten züchten die Pilze in unterirdischen Kammern oder oberirdischen Bauten und füttern sie mit Pflanzen oder Holzstücken. Die Pilze bilden geschwollene Hyphenspitzen aus, welche die Insekten fressen.

Verständnisfragen

1. Warum ist die Zersetzung organischen Materials wichtig? Was würde passieren, wenn es sie nicht gäbe?
2. Worin besteht der Unterschied zwischen septierten und coenocytischen Hyphen?
3. Erklären Sie den Unterschied zwischen Plasmogamie und Karyogamie. Was ist ein dikaryotisches Myzel?
4. Wie alt sind die ältesten, bekannten Pilzfossilien?
5. Wann entstand nach Erkenntnissen aus der DNA-Sequenzierung das Reich der Pilze?
6. Welche Bedingungen können den Gemeinen Brotschimmelpilz dazu veranlassen, zur sexuellen Fortpflanzung überzugehen?
7. Zählen Sie einige Vertreter der Schlauchpilze auf.
8. Wie vermehren sich Schlauchpilze asexuell?
9. Erläutern Sie die Schritte, die bei der Bildung eines Ascus ablaufen.
10. Worin liegt die Bedeutung des Schimmelpilzes *Penicillium*?
11. Worin besteht der Unterschied zwischen Hutpilzen, Rostpilzen und Brandpilzen?
12. Was ist ein Basidiokarp?
13. Was haben Weizen und Berberitze gemeinsam?
14. Wann ist ein Brandpilz eine Delikatesse?
15. Worin besteht der Unterschied zwischen einem Photobionten und einem Mykobionten?
16. In welcher Weise ist die Beziehung zwischen Ameisen und bestimmten Pilzen mutualistisch?

Diskussionsfragen

1. Sie beobachten etwas, das eine Krankheit an einem Baumstamm zu sein scheint. Wie könnten Sie feststellen, ob sie durch Insekten, Viren, Bakterien oder Pilze hervorgerufen wurde?
2. Ein Freund von Ihnen sammelt wilde Champignons und überprüft, ob sie essbar sind, indem er einige davon zunächst an seinen Hund verfüttert. Was halten Sie von dieser Testmethode?
3. Was passiert mit den Millionen von Sporen, die ein typischer Pilz bildet?
4. Warum wachsen Porlinge gewöhnlich an abgestorbenen Bäumen?
5. Wie würden Sie die Hypothese überprüfen, dass Ergotismus an einem historischen Ereignis beteiligt war, beispielsweise an den Hexenprozessen von Salem?
6. Wie würde die Welt aussehen, wenn es keine Pilze gäbe?
7. Hyphen sind sehr vielseitige Strukturen, die von Pilzen zum Wachstum, zur Nahrungsbeschaffung, zur Fortpflanzung (Befruchtung und Meiose) und zur Bildung komplexer Fortpflanzungsorgane genutzt werden. Fertigen Sie beschriftete Skizzen an, um diese Vielseitigkeit bei speziellen Gruppen oder Arten von Pilzen zu illustrieren.

Zur Evolution

Welche Merkmale von Pilzen zeigen, dass diese Organismen zu einer anderen evolutionären Linie gehören als Pflanzen?

Weiterführendes

Weitere Informationen zu diesem Buchkapitel finden Sie auf der Companion Website unter http://www.pearson-studium.de.

Houdou, Gérard. Das große Buch der Pilze in Wald und Flur. Rastatt: Rosenheimer Verlagshaus, 1997. *In vielen großformatigen Fotos und mit liebevollen Beschreibungen der 65 häufigsten Pilzarten wird Interessantes und Nützliches aus der Mykologie präsentiert. Dieser schöne Band hilft, essbare von giftigen Pilzen zu unterschieden, und gibt viele Tipps für die Küche.*

Hudler, George W. Magical Mushrooms, Mischievous Molds. Princeton, NJ: Princeton University Press, 1998. *Dieser Professor der Cornell University lässt das Studium der Pilze als das faszinierendste Thema überhaupt erscheinen. Er setzt den Pilz in Beziehung zur Geschichte, zur Gesundheit und zu menschlichen Interessen aller Art.*

Jahn, Hermann. Pilze, die an Holz wachsen. Herford: Bussesche Verlagshandlung, 1979. *Eindrucksvoll wird anhand zahlreicher Fotos die Vielfalt der Pilzarten vorgestellt, die am Holzabbau beteiligt sind.*

Phillips, Roger. Der große Kosmos-Naturführer Pilze. Stuttgart: Franckh-Kosmos-Verlags GmbH & Co, 1998 (3. Auflage). *Über 900 Pilzarten Europas werden mit Fotos und Kurzbeschreibungen vorgestellt.*

Purvis, William. Lichens. Washington, DC: Smithsonian Institution Press, 2000. *Dieses umfangreiche Buch ist gut illustriert und voller interessanter Details.*

Schaechter, Elio. In the Company of Mushrooms: A Biologist's Tale. Cambridge, MA: Harvard University Press, 1998. *Dieser Leitfaden zur Klassifikation von Pilzen enthält viele interessante Details über die Welt der Pilze.*

Moose (Bryophyten)

20.1	Ein Überblick über die Bryophyten	507
20.2	Lebermoose: Der Stamm der *Hepatophyta*	512
20.3	Hornmoose: Der Stamm der *Anthocerophyta*	515
20.4	Laubmoose: Der Stamm der *Bryophyta*	517
	Zusammenfassung	521
	Verständnisfragen	523
	Diskussionsfragen	523
	Zur Evolution	523
	Weiterführendes	524

MOOSE (BRYOPHYTEN)

> In den drei vorangegangenen Kapiteln haben wir uns mit Viren und Archaeen, Bakterien sowie Protisten und Pilzen aus der Domäne der Eukaryoten beschäftigt. Wir haben uns auf Photosynthese betreibende Lebensformen konzentriert und auf Organismen, die Pflanzenkrankheiten hervorrufen oder komplexe organische Moleküle zersetzen. Nun wenden wir unsere Aufmerksamkeit dem Reich der Pflanzen zu, wobei wir mit den einfachsten Pflanzen, den Bryophyten (von griechisch bryon, „Moos", und phyton, „Pflanze") beginnen, zu denen Lebermoose, Hornmoose und Laubmoose gehören. Die bekanntesten Bryophyten sind Laubmoose, die oft in feuchten Lebensräumen wie Wäldern und Feuchtgebieten leben, die man aber auch in trockenen Gebieten wie der Tundra findet. Als eine der ersten Landpflanzen existieren Bryophyten, wie Fossilienfunde belegen, seit mehr als 400 Millionen Jahren – nach molekularen Belegen sind es vielleicht sogar 700 Millionen Jahre.

Einige der am weitesten verbreiteten Bryophyten gehören zu den Laubmoosen der Gattung Sphagnum, die gewöhnlich in Mooren vorkommen und zwischen einem und drei Prozent der irdischen Landmassen bedecken. Da neues Sphagnum-Gewebe auf älterem Gewebe wächst, betreiben nur Gewebe in den obersten Zentimetern Photosynthese. Der übrige Teil der Pflanze bleibt darunter liegen, stirbt ab und zerfällt zusammen mit anderen Moorpflanzen zu einem organischen Boden, dem Torf, weshalb Pflanzen aus der Gattung Sphagnum im Allgemeinen auch als Torfmoose bezeichnet werden. Torfmoos nimmt das 10- bis 20-Fache seines Trockengewichts an Feuchtigkeit auf, weshalb es sich insofern zur Bodenverbesserung eignet, als es den Anteil organischen Materials des Bodens erhöht und zur Wasserrückhaltung beiträgt.

Die Gebiete mit Sphagnum-Moosen, die Torfmoore, nehmen weltweit rund 400 Millionen Hektar Land ein. Sphagnum kommt besonders häufig in feuchten, kühlen Regionen vor, wie beispielsweise in Irland und Teilen der nordöstlichen Vereinigten Staaten und Kanadas, im Nordosten Europas und in Westsibirien. In den Torfmooren sind schätzungsweise 400 Milliarden Tonnen organischen Kohlenstoffs gespeichert, der als Brennstoffquelle dienen kann. Torf erzeugt 3,3 Kilokalorien pro Gramm, was mehr als der Energiegewinn bei Holz, aber sehr viel weniger als bei Kohle ist. Mit der Verknappung und Verteuerung fossiler Brennstoffe wird die Popularität von Torf zweifellos zunehmen. Irland gewinnt bereits 20 Prozent seiner Heizstoffe aus Torf (links im Bild ist der Abbau zu sehen). Sphagnum ist eine erneuerbare Energiequelle, die doppelt so viel Biomasse enthält wie Mais, doch kann ein zu intensiver Abbau die empfindlichen Feuchtgebiete zerstören.

Aufgrund der Fähigkeit von Sphagnum, Wasser aufzusaugen, war es über Jahrhunderte hinweg als Trockenmittel für Wunden und als Windelmaterial nützlich. Bevor es Baumwollgaze gab, wurden große Mengen Sphagnum zu diesen Zwecken verkauft. Als es während des Bürgerkriegs und des Ersten Weltkriegs keine Gaze mehr gab, verbrauchten Ärzte und Krankenschwestern Tonnen von Sphagnum-Moos als ein Produkt, das leicht verfügbar war und sterilisiert werden konnte. Sphagnum hielt Wunden nicht nur rein und trocken, sondern schien auch Infektionen vorzubeugen oder zu heilen. Die antibiotische Wirkung des Sphagnum-Mooses könnte einfach auf seinen sauren pH-Wert zurückzuführen sein. Das Moos könnte aber auch antibakterielle Verbindungen enthalten.

Sphagnum-Moos verhindert sowohl die Zersetzung von Pflanzen als auch von Tieren, die in ihm sterben. Der hier abgebildete Tollund-Mann wird auf etwa 350 v. Chr. datiert und wurde in einer dänischen Moorlandschaft konserviert. Kommerzielle Torfabbauarbeiten haben gut erhaltene menschliche Körper, die sogar 3.000 Jahre alt sind, zutage gefördert. Torf konserviert auch Pflanzenpollen, was Wissenschaftlern exzellente Informationen über vergangene Klimata und Vegetationen vermittelt. Da der Torf die Zersetzung verhindert, hält er eine beachtliche CO_2-Menge zurück, die anderenfalls zur globalen Erwärmung beitragen würde.

Sphagnum akkuliert auch Schwermetalle, wie beispielsweise Blei, Kupfer und Zink, die durch menschliche Aktivitäten wie Bergbau und die verarbeitende Industrie freigesetzt werden. Durch Kernbohrungen in Torfmooren können die Schichten mithilfe der Radiokarbonmethode datiert und auf das Vorkommen von Schwermetallen hin untersucht werden.

Obwohl die Bedeutung der meisten Bryophyten nicht an die von Sphagnum heranreicht, haben alle eine faszinierende Naturgeschichte und sind wichtige Mitglieder von Pflanzengemeinschaften. Wir werden uns die Evolutionsgeschichte und die Charakteristika von Bryophyten ansehen, bevor wir uns mit den charakteristischen Merkmalen von Lebermoosen, Hornmoosen und Laubmoosen beschäftigen.

20.1 Ein Überblick über die Bryophyten

Als der Sauerstoffgehalt der Atmosphäre etwa zwei Prozent erreichte, was rund ein Zehntel des heutigen Wertes ist, konnten mehrzellige Eukaryoten an Land überleben, solange sie ausreichend Wasser speicherten. Als sich Landpflanzen aus Grünalgen entwickelten, waren Bryophyten unter den ersten Pflanzen, die das Land besiedelten. Sie waren, wie heute auch, typischerweise in feuchten Lebensräumen zu finden, in denen Süßwasser leicht verfügbar war. Der Begriff *Bryophyt* ist keine wissenschaftliche Klassifikation, sondern vielmehr eine umgangssprachliche Bezeichnung für alle gefäßlosen Pflanzen. **Bryologen**, Wissenschaftler, die Bryophyten untersuchen, fassten früher alle gefäßlosen Pflanzen zum Stamm der *Bryophyta* zusammen, der drei Klassen enthielt. Jedoch wurde jede dieser Klassen inzwischen zu einem separaten Stamm erklärt: dem Stamm der *Hepatophyta*, der aus etwa 6000 Arten von Lebermoosen besteht, dem Stamm der *Anthocerophyta*, der aus etwa 100 Arten von Hornmoosen besteht, und dem Stamm der *Bryophyta*, der aus etwa 9250 Arten von Laubmoosen besteht (▶ Abbildung 20.1). Die Klassifikation in drei separate Stämme spiegelt die Ansicht wider, dass sich Lebermoose, Hornmoose und Laubmoose unabhängig, auf getrennten Wegen aus ein und derselben Gruppe von Grünalgenvorfahren entwickelten.

Die ersten Landpflanzen

Landpflanzen tauchen im Fossilienbestand erstmals in Fossilienfragmenten auf, die 450 Millionen Jahre alt sind und von Lebermoosen zu stammen scheinen. Das Land bot mehr Sonnenlicht und ein Substrat aus Felsen, die reich an Mineralstoffen waren. Doch natürlich haben Grünalgen nicht den Sprung aus dem Wasser gewagt, um diese Bedingungen auszunutzen. Vielmehr entwickelten sich die ersten Landpflanzen, nachdem bestimmte Grünalgen während saisonal bedingter Trockenzeiten ohne umgebendes Wasser gestrandet waren. Anpassungen, die ihnen halfen, die Trockenheit zu überleben, stellten einen Selektionsvorteil dar und wurden üblich. Zu den Anpassungen gehörten vermutlich vertikale, oberirdische Sprossachsen und unterirdische Sprossachsen, die auf die Wasser- und Nahrungsaufnahme spezialisiert waren.

Bryophyten entwickelten sich etwa zur selben Zeit wie die Amphibien. Wie bei den Fröschen, Kröten und Salamandern sind ihre Spermatozoiden auf freies Wasser angewiesen, um zur Eizelle gelangen zu können. Aus diesem Grund leben Bryophyten am häufigsten

Abbildung 20.1: **Die Vielfalt der Bryophyten.** Zu den Bryophyten gehören (a) Lebermoose, (b) Hornmoose und (c) Laubmoose.

EVOLUTION
Moore

Durch die Untersuchung von Fossilien können wir Informationen sammeln, die helfen, uns die Welt zu der Zeit vorzustellen, als sich die ersten Pflanzen entwickelten. Während sie sich an ihre Umgebung anpassten, veränderten sie diese Umgebung gleichzeitig durch ihr Wachstum und ihre Fortpflanzung. Wenn wir beobachten, wie lebende Bryophyten die Umgebung verändern, fällt es uns leichter uns vorstellen, wie es auf der Erde gewesen sein muss, als sich die ersten Landpflanzen entwickelten.

In Süßwasserbiotopen kommen Bryophyten häufig am Rand von Teichen vor und können die Umgebung schließlich verändern, indem sie Biomasse anhäufen. Zum Beispiel wachsen Sphagnum-Moose und andere ähnliche Pflanzen langsam zu einem schwimmenden Teppich, der allmählich die Oberfläche des Teichs bedeckt. Irgendwann ist der Teppich so dick, dass man darauf laufen kann, was den Teich in einen Schwingrasen verwandelt. Wenn man auf einem Schwingrasen läuft, fühlt es sich so an, als würde man auf einem Wasserbett laufen, das mit Schichten aus dicken Decken bespannt ist. Mit der Zeit füllt sich der gesamte Teich mit abgestorbenem Sphagnum, auf dem sich eine lebende Deckschicht befindet.

Wenn Sie sich einem typischen Schwingrasen nähern, können Sie eine Abfolge von Vegetationstypen beobachten. Bäume werden von Sträuchern abgelöst, die schließlich Kräutern Platz machen. Unter all diesen Gefäßpflanzen liegt Sphagnum. In der Nähe des Zentrums des Moores ist das Sphagnum lebend, während es am Rand und über das Wasser hinaus eine Schicht aus teilweise abgestorbenem Sphagnum gibt, die als Torf bezeichnet wird. Erste Bäume wachsen in den älteren Torf hinein. Man spricht dann vom bewaldeten Torf. Zum Abschluss, und am weitesten vom Moor entfernt, wachsen große Bäume auf schwarzem Humus, wobei es sich um das endgültige Abbauprodukt von Sphagnum handelt. Sphagnum wächst allmählich weiter, bis es das ganze Moor bedeckt.

Moore, in denen Sphagnum die vorherrschende Pflanze ist, sind in gemäßigten Zonen verbreitet und nehmen mindestens ein Prozent der Erdoberfläche ein. Torfmoore bilden ideale Zeitleisten. Man kann Bohrproben entnehmen und die verschiedenen Schichten mithilfe der Radiokarbonmethode datieren sowie diese nach unterschiedlichen Pollenarten und anderen Hinweisen auf damals lebende Organismen durchsuchen.

---

in feuchten Regionen, wie beispielsweise in Mooren (siehe den Kasten *Evolution* oben), oder in Wäldern, in denen oft Wolken oder Nebel hängen. Doch können einige Bryophyten auch in solchen Lebensräumen wie Wüsten und Tundren überleben, in denen im Allgemeinen Trockenheit vorherrscht.

Da Bryophyten weiche Strukturen haben, werden sie zersetzt, bevor sie fossilieren können, so dass es wenige Hinweise auf ihre Form gibt, was die Bestimmung ihrer frühen Phylogenie erschwert. Die ältesten vollständigen Fossilien von Bryophyten stammen aus einer Zeit gegen Ende des Devons. Sie sind circa 360 Millionen Jahre alt. Neueste DNA-, RNA- und Proteinsequenzanalysen zeigen, dass Bryophyten bereits vor 700 Millionen Jahren aus derselben Gruppe von Grünalgen entstanden sein könnten, aus denen sich auch die Gefäßpflanzen entwickelten. (Diesem Thema widmet sich Kapitel 21 detaillierter.) Wenn wir eine Zeitreise in die Epoche unternehmen könnten, in der sich die ersten Gefäßpflanzen und gefäßlosen Landpflanzen entwickelten, würden wir zweifellos viele Zwischenformen von „Algenpflanzen" neben Gefäßpflanzen und gefäßlosen Pflanzen sehen. Hinweise auf solche Zwischenformen von Organismen wären hilfreich, um die Evolution der Pflanzen zu verfolgen, insbesondere weil diese Organismen alle ausgestorben sind.

Bryophyten werden als gefäßlose Pflanzen betrachtet, weil sie kein ausgedehntes Transportsystem mit Xylem und Phloem haben, ein Mangel, der ihre Größe und ihre Ausbreitung auf trockenem Land einschränkt. Oft wird davon gesprochen, dass Bryophyten keine „echten" Wurzeln, Sprossachsen und Blätter hätten, weil diese Begriffe traditionell für die Organe des Sporophyten bei Gefäßpflanzen (siehe Kapitel 3 und 4) verwendet werden, während sich die Strukturen, die bei Bryophyten als Sprossachsen und Blätter dienen, auf den Gametophyten befinden. Aufgrund der Ähnlichkeiten mit Sprossachsen und Blättern von Gefäßpflanzen in ihrer Funktion und häufig auch in ihrer Erscheinung benutzen Bryologen üblicherweise dennoch die Begriffe Sprossachsen und Blätter, eine Vorgehensweise, der auch wir in diesem Kapitel folgen. Da aber Bryophyten ebenfalls Gemeinsamkeiten mit Grünalgen aufweisen, wird der Körper eines Bryophyten oft als **Thallus** (Plural: Thalli) bezeichnet. Das ist der Begriff, der auch zur Beschreibung der Körper von Algen benutzt wird, um auszudrücken, dass sie weniger differenziert als die von Gefäßpflanzen sind.

Offensichtlich besitzen Bryophyten dennoch differenzierte Strukturen. Anstelle von Wurzeln haben sie **Rhizoide**, die in erster Linie eher der Verankerung als der Absorption dienen, die immer dann stattfindet, wenn irgendein beliebiger Teil der Pflanze in Berührung mit Wasser und Nährstoffen kommt. Viele Moose haben ein Transportsystem, das aus Wasser leitenden Zellen, den **Hydroiden**, und Nährstoffe leitenden Zellen, den **Leptoiden**, besteht. In ihren Transportfunktionen ähneln diese Zellen Tracheiden und Siebröhrengliedern, doch liefern sie mit ihren dünnen Zellwänden nur wenig strukturellen Halt. Die Hydroiden werden in ihrer Gesamtheit als **Hadrom** bezeichnet, die der Leptoide als **Leptom**. Einige Bryophyten haben Stomata und können deshalb transpirieren. Wie Sie später sehen werden, besitzen Bryophyten auch einige bemerkenswerte Fortpflanzungsmechanismen.

Gemeinsamkeiten mit Grünalgen und Gefäßpflanzen

Dieses Buch hält sich an die traditionelle Klassifikation, die Algen und Pflanzen in verschiedene Reiche stellt. Einige Botaniker haben vorgeschlagen, Algen aus der Klasse der *Charophyceae* (▶ Abbildung 20.2) in das Reich der Pflanzen aufzunehmen, das dann das neue Reich der Streptophyta darstellen würde. Andere schlugen die Einführung eines neuen Reiches der *Viridiplantae* vor, das alle Pflanzen und alle Grünalgen umfassen sollte. Dieses vorgeschlagene Reich wäre vermutlich zu umfangreich, doch das vorgeschlagene Reich der Streptophyta könnte durchaus Vorzüge haben. Heute fällt es uns nicht schwer zu entscheiden, ob ein bestimmter lebender Organismus eine Grünalge oder eine Pflanze ist. Doch könnte ein Blick auf Organismen, die lebten, als sich der evolutionäre Übergang vollzog, Beispiele für Organismen geben, bei denen es wirklich schwer wäre, sie entweder als Grünalge oder als Pflanze zu klassifizieren.

Es ist nicht bekannt, ob Bryophyten und Gefäßpflanzen von derselben Grünalgenart oder von verschiedenen Arten abstammen. Botaniker haben auch keine

Abbildung 20.2: Aus den Grünalgen entwickelten sich Bryophyten. *Chara* ist eine Grünalge, die ähnliche Merkmale hat wie die Algen, aus denen die Bryophyten hervorgegangen sind. Ihre Wuchsform ist pflanzenähnlich, obwohl sich diese auch einfach aus einer konvergenten Evolution ergeben haben könnte.

fossilen Beweisstücke für Arten gefunden, welche die evolutionäre Lücke zwischen Grünalgen und Pflanzen schließen. Sie sind sich jedoch im Allgemeinen der einzigartigen biochemischen und strukturellen Gemeinsamkeiten zwischen Grünalgen und Pflanzen bewusst, darunter folgende:

- Die Zellwände bestehen hauptsächlich aus Cellulose.
- Die mitotischen Spindeln bleiben während der Cytokinese erhalten, die sich über einen Phragmoplasten vollzieht.
- Das Pigment Phytochrom ist vorhanden.
- Die Chloroplasten enthalten Chlorophyll *a* und *b* sowie Carotinoide.
- Die Thylakoide werden zu Grana gestapelt.

Neben den Gemeinsamkeiten mit einigen Grünalgen haben Bryophyten und Gefäßpflanzen als Vertreter des Reiches der Pflanzen weitere Gemeinsamkeiten. Viele dieser Merkmale verbessern die Überlebenschancen an Land, indem sie Gameten und Sporen vor dem Austrocknen bewahren. Hier sind einige Beispiele:

- Eine Schicht aus sterilen Zellen schützt Strukturen, die männliche und weibliche Gameten ausbilden.
- Ein mehrzelliger Embryo liegt geschützt im weiblichen Elter.

- Ein mehrzelliger, diploider Sporophyt produziert Sporen durch Meiose.
- Eine Schicht aus sterilen Zellen schützt mehrzellige Sporangien.

Zusammenfassend lässt sich also sagen, dass Bryophyten und andere Pflanzen einige zelluläre Merkmale mit Grünalgen aus der Klasse der *Charophyceae* teilen, jedoch nicht mit anderen Algenarten. Darüber hinaus weisen Bryophyten und Gefäßpflanzen weitere Gemeinsamkeiten auf, die mit dem Überleben an Land zu tun haben. Jedoch deuten Unterschiede zwischen Bryophyten und Gefäßpflanzen darauf hin, dass sie die natürliche Auslese trotz der möglicherweise gemeinsamen Vorfahren unter den Grünalgen in ihrer Evolution entlang unterschiedlicher Wege geführt hat.

Der Generationswechsel bei Bryophyten

Wie bei allen Pflanzen ist der sexuelle Lebenszyklus von Bryophyten mit einem Generationswechsel zwischen einem diploiden Sporophyten und einem haploiden Gametophyten verbunden, wobei eine Form typischerweise von der anderen ernährt wird (siehe Kapitel 6). Jedoch unterscheiden sich die Bryophyten von den Gefäßpflanzen in der relativen Größe von Sporophyten und Gametophyten. Bei Gefäßpflanzen ist der Sporophyt dominant, während der Gametophyt bei einigen Arten vom Sporophyten unabhängig ist und bei anderen von ihm abhängt. Im Gegensatz dazu ist bei allen drei Klassen von Bryophyten der Gametophyt dominant, während der Sporophyt mit dem Gametophyten verbunden ist und in Bezug auf den Großteil der Wasser- und Nährstoffzufuhr von ihm abhängig ist. Als ein Beispiel zeigt ▶ Abbildung 20.3 eine vereinfachte Version des Lebenszyklus eines Mooses. Im weiteren Verlauf dieses Kapitels werden wir uns mit den Lebenszyklen von Lebermoosen und Laubmoosen detailliert befassen.

Bei den meisten Arten von Bryophyten sind die Gametophyten höchstens einen Zentimeter groß. Die Gametophyten von Bryophyten besitzen Strukturen, die Gameten enthalten, die **Gametangien** (Singular: Gametangium). Männliche Gametangien, die **Antheridien** (Singular: Antheridium), enthalten Spermatozoiden, die durch Mitose gebildet werden. Weibliche Gametangien, die **Archegonien**, enthalten eine Eizelle. Das Archegonium ist flaschenförmig, wobei sich die Eizelle am Grund befindet. Der Spermatozoid in jedem Antheridium und die Eizelle in jedem Archegonium sind von einer Schutzschicht aus sterilen Zellen umgeben, die nicht unmittelbar an der Fortpflanzung teilnehmen. Viele Bryophytenarten haben bisexuelle Gametophyten, die sowohl Antheridien als auch Archegonien besitzen, während viele andere separate weibliche und männliche Gametophyten aufweisen. Bei einigen Bryophytenarten ist das Geschlecht durch Geschlechtschromosomen bestimmt, wie es bei vielen Tieren der Fall ist. Bei Pflanzen wurden Geschlechtschromosomen erstmals bei Bryophyten entdeckt.

Wie bei anderen Pflanzenarten wechseln sich Gametophyten und Sporophyten gegenseitig ab, wobei aus Gametophyten durch Befruchtung Sporophyten hervorgehen. Aus einem Sporophyten geht durch Meiose ein Gametophyt hervor (siehe Abbildung 20.3). Bei den Bryophyten haben die Gametophyten anatomische Merkmale, die eine Befruchtung erleichtern. Diese bewirken, dass mit Spermatozoiden gefüllte Wassertropfen umherspritzen und mitunter an Archegonien

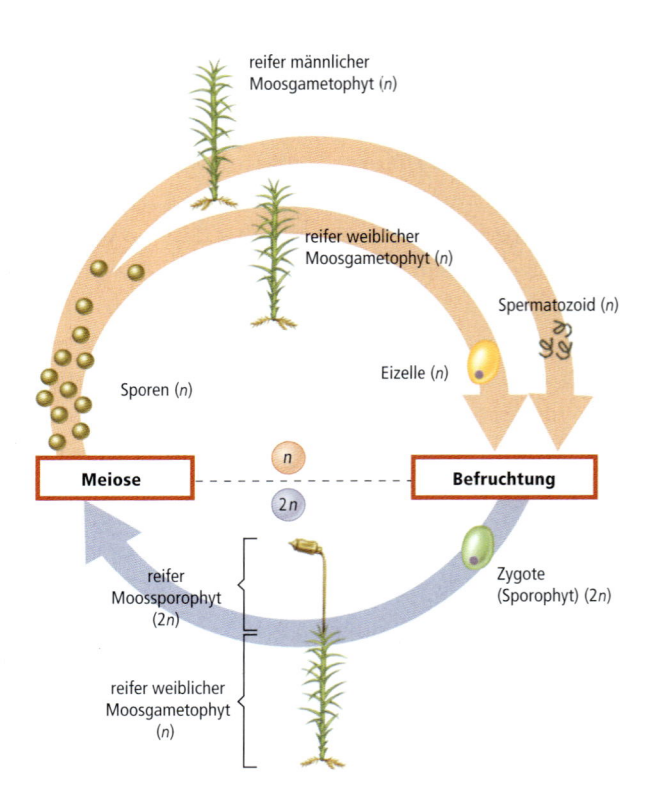

Abbildung 20.3: Bei allen Pflanzen gibt es einen Generationswechsel. Bei diesen Generationen handelt es sich um einen diploiden Sporophyten (2n) und einen haploiden Gametophyten (n). Bei Bryophyten ist der Gametophyt dominant, der Sporophyt ist vom Gametophyten abhängig. Bei dem in der Abbildung dargestellten Beispiel handelt es sich um ein Moos. Bei Gefäßpflanzen sind Sporophyten und Gametophyten separate Pflanzen. Es kann aber auch der Sporophyt dominant sein und der Gametophyt von ihm abhängen.

20.1 Ein Überblick über die Bryophyten

Abbildung 20.4: Gemmen sind Beispiele für Strukturen zur ungeschlechtlichen Fortpflanzung bei Bryophyten. Die Brutkörper (Gemmae) von *Marchantia polymorpha*, dem Brunnenlebermoos, befinden sich in Brutbechern mit etwa einem Millimeter Durchmesser. Wassertropfen verspritzen die Brutkörperchen auf den umliegenden Boden, wo sie zu neuen Gametophyten heranwachsen.

hängen bleiben. Die Befruchtung findet statt, wenn sich ein von einem Antheridium freigesetzter Spermatozoid mit einer Eizelle in einem Archegonium vereinigt, wobei die Zygote des Sporophyten entsteht. Der Sporophyt entwickelt sich innerhalb des Archegoniums, wo er durch den Gametophyten mit Wasser und den meisten Nährstoffen versorgt wird und bis zur Reife mit ihm verbunden bleibt. An der Spitze des reifen Sporophyten befindet sich ein Sporangium, das durch Meiose haploide Sporen produziert. Nach der Freisetzung durch ein Sporangium fällt eine Spore auf den Boden und kann keimen, wodurch ein **Protonema** (Plural: Protonemen, von lateinisch *proto*, „erster", und von griechisch *nema*, „Faden"), eine typischerweise fadenähnliche Struktur, entsteht, die bei Moosen gut sichtbar ist. Ein Protonema bildet eine oder zwei Knospen, die jeweils zu einem **Gametophor**, einer die Gametangien tragenden Struktur, heranwachsen. Gametophoren können entweder beblättert (folios) oder glatt (thallos) sein, und Gametophyten können mehr als einen Gametophor ausbilden. Später werden wir uns detailliertere Versionen der Lebenszyklen von Lebermoosen und Laubmoosen ansehen.

Wie alle Pflanzen können sich Bryophyten auch asexuell fortpflanzen. Lebermoose, Hornmoose und Laubmoose können sich alle durch einfache Zerteilung fortpflanzen, bei der Pflanzenstücke – gewöhnlich des Gametophyten – abreißen und neue Pflanzen bilden. Viele Gametophyten von Lebermoosen und Laubmoosen können sich asexuell auch durch verschiedene spezialisierte Strukturen fortpflanzen, die als **Brutkörper** bezeichnet werden. Zum Beispiel sind **Gemmae** oder Gemmen (Singular: Gemma, lateinisch „Knospe") kleine mehrzellige Körper, die zu neuen Gametophyten heranwachsen, wenn sie sich von der Mutterpflanze gelöst haben. Gemmen treten am häufigsten entlang der Ränder von Blättern und Sprossachsen des Gametophyten auf, doch bei einigen Lebermoosen, wie beispielsweise denen der Gattung *Marchantia*, bilden sich Gemmen innerhalb von Brutbechern (▶ Abbildung 20.4). Lebermoose und Laubmoose haben außerdem Brutkörper, die Bulbillen, bei denen es sich um ungeschlechtliche Knospen handelt, die sich vom Gametophyten ablösen und sich dann als unabhängige Pflanzen etablieren.

Ökologische Bedeutung

Bryophyten spielen eine wesentliche Rolle bei der Sukzession. Moose sind gewöhnlich die ersten Pflanzen, die Felsoberflächen und Spalten besiedeln, womit sie den Abbauprozess in Gang setzen, der schließlich Boden produziert. Ihre Rhizoide sondern Säuren ab, die den Fels allmählich auflösen, so dass kleine erdgefüllte Vertiefungen entstehen, die nachfolgende Generationen von Moospflanzen mit organischen Stoffen anreichern. Die Samen der anderen Pflanzen keimen in diesen Vertiefungen und etablieren komplexere Pflanzengemeinschaften. Baumkeimlinge beginnen in den Spalten zu wachsen und können die Felsen letztlich sprengen, wenn sich ihre Wurzeln ausdehnen.

Bryophyten sind auch wichtige Mitglieder epiphytischer Pflanzengemeinschaften in den Bäumen tropischer und gemäßigter Regenwälder. Zu diese Gemeinschaften gehören auch Blütenpflanzen und samenlose Gefäßpflanzen, wie beispielsweise Farne. In allen Regenwäldern, aber insbesondere in den Regenwäldern der gemäßigten Zonen, sind Bryophyten wesentliche Photosynthese betreibende Mitglieder von epiphytischen Gemeinschaften. Ein Grund dafür, dass Regenwälder eine so große Vielfalt von Pflanzen und Tieren beherbergen, ist, dass die großen Niederschlagsmengen mehr Photosynthese ermöglichen, wobei der Wald Nahrung nicht nur in Form von Baumblättern, sondern auch in Form von Epiphyten liefert.

Bryophyten sind auch Mitglieder von Ökosystemen in der Tundra, wo sie zusammen mit Flechten den dort lebenden Pflanzenfressern als Nahrung dienen. Die Hauptnahrung der Rentiere, das Isländische Moos (*Cetraria islandica*) und die Rentierflechte (*Cladonia rangiferina*), die manchmal auch als Rentiermoos bezeichnet wird, sind jedoch beides Flechten.

Trockentoleranz

Obwohl die größte Vielfalt an Bryophytenarten in feuchten, warmen Klimaten existiert, können einige in trockenen, scheinbar lebensfeindlichen Lebensräumen aufgrund eines Mechanismus überleben, der sie Trockenheit tolerieren lässt. Bei Trockenheit rollen sich einige Lebermoose einfach röhrenförmig ein, was die eigentliche Oberfläche der Pflanze vor der Sonne schützt. Viele Moose bilden haarähnliche Fortsätze, die Glashaare, an den Spitzen ihrer Blätter aus. Sie sollen eine Grenzschicht bilden, die das Moos vor übermäßigem Wasserverlust schützt. Werden die Glashaare mit einer Schere entfernt, steigt der Wasserverlust um ein Drittel.

Laubmoose der Gattung *Tortula* (Drehzahnmoos), die in Europa und im südlichen Nordamerika vorkommen, sind für ihre Fähigkeit bekannt, jahrelang in einem ausgetrockneten Zustand überleben zu können. Erhalten sie einige Stunden auch nur etwas Wasser, werden die rehydrierten *Tortula*-Moose goldgelb oder grün und beginnen wieder mit der Photosynthese (▶ Abbildung 20.5). Ein weiteres Geheimnis für die Fähigkeit von *Tortula*-Moosen, Trockenheit zu überstehen, könnte in der Tatsache liegen, dass das Moos während des Austrocknens einen mRNA-Typ produziert, der ein Protein codiert, das später helfen wird, die durch die Austrocknung verursachten umfangreichen Zellschäden zu reparieren. Die mRNA ist während der Austrocknung möglicherweise dadurch geschützt, dass sie an ein Protein gebunden wird. Wissenschaftler prüfen die Möglichkeit, die Gene, die diese Proteine codieren, in das Erbgut von Kulturpflanzen zu integrieren, um ihre Trockentoleranz zu erhöhen.

WIEDERHOLUNGSFRAGEN

1. Zählen Sie einige Merkmale auf, die Pflanzen und Grünalgen gemeinsam haben.
2. Worin liegen die wesentlichen Unterschiede zwischen Bryophyten und Gefäßpflanzen?
3. Beschreiben Sie den Lebenszyklus eines typischen Bryophyten.
4. In welcher Hinsicht sind Bryophyten ökologisch bedeutsam?

20.2 Lebermoose: Der Stamm der *Hepatophyta*

Folgt man RNA-Sequenzdaten, dann waren Lebermoose möglicherweise die ersten Landpflanzen und sind diejenigen lebenden Pflanzen, die am engsten mit den Grünalgen verwandt sind. Diese These wird durch Experimente gestützt, die zeigen, dass Lebermoosen und Grünalgen bestimmte DNA-Abschnitte fehlen, die es bei Hornmoosen, Laubmoosen und Gefäßpflanzen gibt.

Im Allgemeinen unterscheiden sich die Gametophyten von Lebermoosen von denen der anderen Moose insofern, als sie stärker horizontal ausgerichtet und von ihrer Erscheinung her glatter sind. Die meisten Laubmoose haben nadelähnliche Blätter, während die Blätter von Lebermoosen, falls vorhanden, in der Regel dünn und flach sind. Doch einige Lebermoose können nur Fachleute von Laubmoosen unterscheiden.

Abbildung 20.5: Ein Moos, das Trockenheit überlebt. *Tortula ruralis*, das Drehzahnmoos, eine Moosgattung, die in Regionen lebt, in denen es nur gelegentlich Regenfälle gibt. Während der Trockenperioden sieht die Pflanze vertrocknet und abgestorben aus. Doch nur einige Minuten nach dem Regen sind die Pflanzen rehydriert und wieder vollkommen funktionsfähig.

20.2 Lebermoose: Der Stamm der *Hepatophyta*

Abbildung 20.6: Die Vielfalt der Lebermoose. (a) Ein folioses Lebermoos (*Plagiochila deltoidea*). (b) Ein thalloses Lebermoos (*Riccardia orbiculata*).

Die Bezeichnung *Lebermoos* spiegelt den Glauben an die medizinische Wirksamkeit einiger dieser kleinen, krautähnlichen Pflanzen wider. Nach der Signaturenlehre, der Lehre von den Zeichen in der Natur (siehe Kapitel 16), war der leberförmige Thallus von *Marchantia* eine „Signatur" oder ein bezeichnendes Indiz dafür, dass diese Pflanze bei der Behandlung von Leberbeschwerden nützlich sei. Der wissenschaftliche Name des Stammes, *Hepatophyta* (von lateinisch *hepaticus*, „Leber"), spielt ebenfalls auf diese Assoziation an.

Thallose und foliose Lebermoose

Lebermoose können in zwei Hauptkategorien unterteilt werden, nämlich in thallose und foliose Lebermoose (▶ Abbildung 20.6). Bei thallosen Lebermoosen ist der Gametophyt eine flache, grüne Struktur, die von ihrer Erscheinung her flächig oder algenähnlich ist, einen Durchmesser von bis zu einigen Zentimetern hat und typischerweise zwischen ein und zehn Zellschichten dick ist. Der Thallus wächst horizontal aufgrund der Zellteilung und Zellstreckung meristematischer Zellen an der Spitze jedes Zweiges. Die Zweige teilen sich in zwei gleich lange Abschnitte, die in einem bestimmten Winkel zueinander stehen. Bei foliosen Lebermoosen sieht der Gametophyt pflanzenähnlicher aus. Gewöhnlich haben sie drei Reihen aus flachen Blättchen, die eine Zellschicht dick sind, und sind stark verzweigt, so dass sie eine Matte bilden. Eine Reihe Blättchen befindet sich typischerweise auf der Unterseite des Stämmchens. Im Gegensatz dazu bilden die Blättchen der meisten Laubmoose eine Spirale und sind rund um das Stämmchen angeordnet. Foliose Lebermoose, zu denen mehr als 80 Prozent der bekannten Lebermoosarten gehören, erreichen ihre größte Vielfalt in nebligen, tropischen Regionen mit vielen Niederschlägen. Einige Lebermoose sind aquatisch (▶ Abbildung 20.7).

Der Lebenszyklus eines Lebermooses

Wie bei allen Bryophyten ist auch bei Lebermoosen der Gametophyt dominant und stellt die ins Auge fallende Form dar. ▶ Abbildung 20.8 zeigt den Lebenszyklus des thallosen Lebermooses der Gattung *Marchantia*, das auf der nördlichen Halbkugel häufig vorkommt. Da die überwiegende Mehrheit der Lebermoose folios ist und in tropischen Regionen vorkommt, kann *Marchantia* nicht als typisches Lebermoos bezeichnet werden. Jedoch wird es in Lehrbüchern gern als Beispiel für ein Lebermoos benutzt, weil Bryologen mehr über seine Strukturen wissen, was teilweise darauf zurückzuführen ist, dass *Marchantia*-Arten im Vergleich zu anderen Lebermoosarten relativ groß sind. Der gelappte Thallus des Gametophyten kann etwa ein Zehntel eines Quadratmeters überdecken, wobei er mineralische Nährstoffe durch einzellige Rhizoide erhält, die in den Boden eindringen. *Marchantia* gedeiht an kühlen, feuchten Standorten mit diffusem Lichteinfall am besten, so dass Pflanzenkolonien oft einen Teppich auf dem Waldboden bilden.

Die Gametophyten von *Marchantia* sind beeindruckender als die der meisten anderen Lebermoose, weil

20 MOOSE (BRYOPHYTEN)

Abbildung 20.7: **Aquatische Lebermoose haben sich zu beliebten Aquarienpflanzen entwickelt.** Aquatische Lebermoose, wie beispielsweise das Sternlebermoos *Riccia*, unterstützen das Leben im Aquarium, indem sie Sauerstoff ins Wasser abgeben und Schutz für kleine Fische bieten. Die Pflanzen schwimmen entweder oder können im Boden verankert sein.

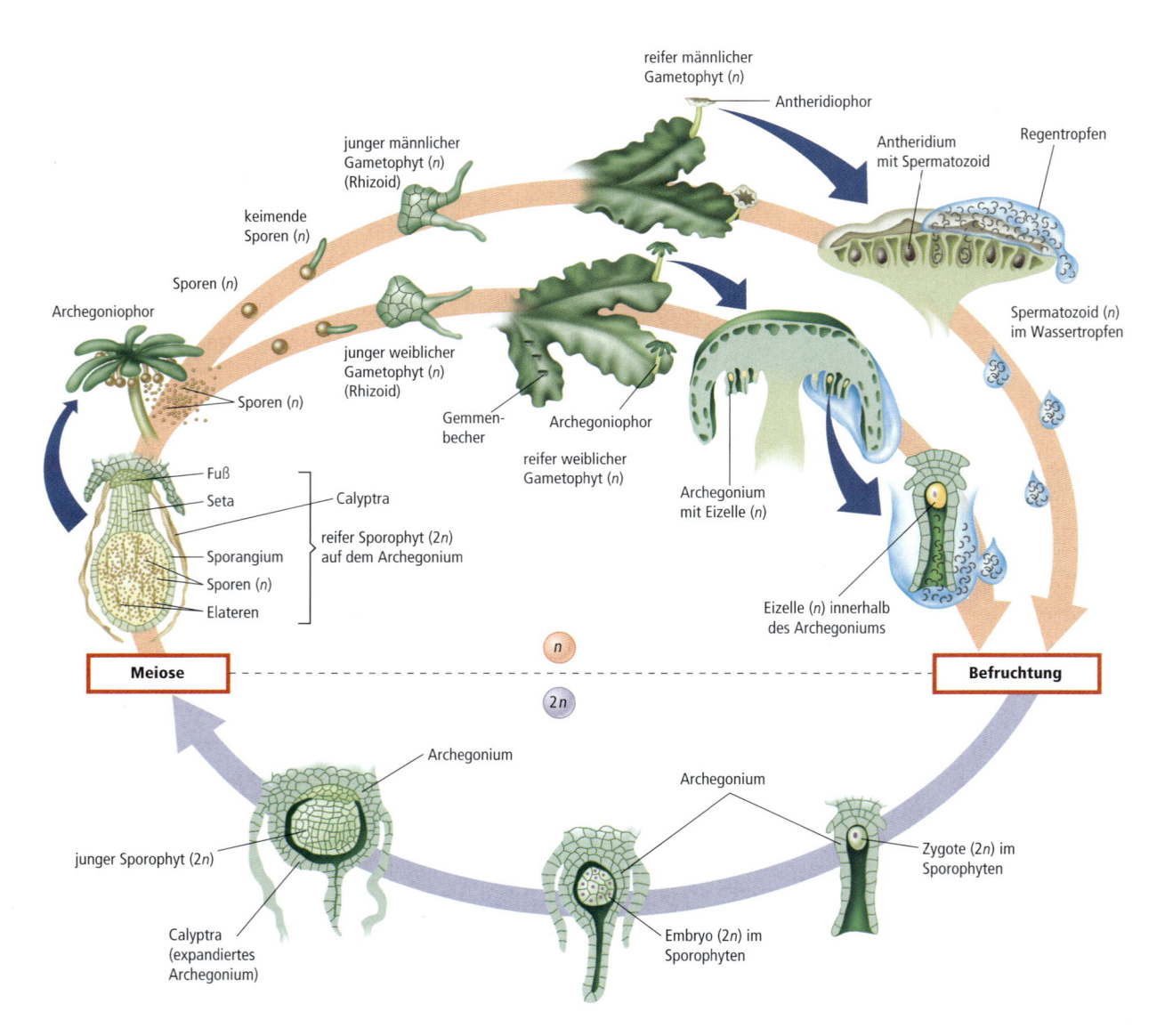

Abbildung 20.8: Lebenszyklus des thallosen Lebermooses *Marchantia polymorpha*.

die Gametophoren wie kleine Bäume aussehen, welche die Antheridien und Archegonien etwa einen Zentimeter über den übrigen Teil des Thallus des Gametophyten heben (siehe Abbildung 20.8). Bei anderen Lebermoosen ragt der Gametophor nicht derart auffällig hervor. Während viele Lebermoose bisexuelle Gametophyten haben, besitzt *Marchantia* getrennte männliche und weibliche Gametophyten. Wie bei allen Bryophyten erfordert die Befruchtung freies Wasser, so dass die Spermatozoiden zur Eizelle schwimmen können. Dieser Prozess wird durch die Strukturen des Gametophors erleichtert. Die **Antheridiophoren** – die Gametophoren der männlichen Gametophyten – haben flache, scheibenförmige Köpfe, in welche die Antheridien eingebettet sind. Die Köpfe dienen als Spritzbecher für Regentropfen oder Wasser, das von anderen Pflanzen tropft. Wenn Tropfen auf jeden Antheridiophoren fallen, absorbieren spezielle Zellen zwischen den Antheridien Wasser und dehnen sich aus, was einen Druck auf die Antheridien ausübt. Dieser Druck bewirkt, dass die Antheridien aufbrechen und Spermatozoiden freisetzen, die dann in den Tropfen auf die Oberfläche des Thallus des Gametophyten getragen werden. Gleichzeitig hängen die Archegonien als Lappen unter den schirmförmigen Köpfen der weiblichen Gametophyten, die als **Archegoniophoren** bezeichnet werden. Wenn ein mit Spermatozoiden gefüllter Tropfen auf einem offenen, hängenden Archegonium landet, kann der mit Wasser benetzte Spermatozoid zur Eizelle schwimmen.

Obwohl die Gametophyten von *Marchantia* Gametophoren besitzen, die viel leichter erkennbar sind als die anderer Lebermoose, ist der *Marchantia*-Sporophyt wie bei den meisten anderen Lebermoosen relativ unauffällig. Die Zygote des Sporophyten entwickelt sich innerhalb des Archegoniums, wobei sich das Archegonium zu einer schützenden **Calyptra** vergrößert. Das ist eine dünne, schleierartige Struktur, die zunächst den Sporophyten vollständig bedeckt (siehe Abbildung 20.8). Der typische Sporophyt eines Lebermooses besteht aus drei Teilen: einem Fuß, einem Stiel und einem Sporangium. Der Fuß haftet am Archegonium, so dass der Sporophyt Wasser und Nährstoffe aus dem Gametophyten absorbieren kann. Der Stiel des Sporophyten, als **Seta** (Plural: Setae) bezeichnet, verbindet den Fuß mit dem Sporangium und ist bei Lebermoosen typischerweise kurz. Das Sporangium enthält Hunderte bis Tausende von Sporen, die durch Meiose gebildet wurden. Wenn sich das Sporangium öffnet, knäulen und drehen sich gestreckte Zellen, die **Elateren**, während des Austrocknungsprozesses, was letztlich die Verbreitung der Sporen bewirkt.

> **WIEDERHOLUNGSFRAGEN**
>
> **1** Beschreiben Sie die beiden Typen von Gametophyten bei Lebermoosen.
>
> **2** Beschreiben Sie, wie Sporophyten und Gametophyten bei Lebermoosen jeweils auseinander entstehen.

Hornmoose: Der Stamm der *Anthocerophyta* 20.3

Auffällige hornförmige Sporophyten sind es vor allem, die Hornmoose hauptsächlich von anderen Bryophyten unterscheiden, was ihnen auch ihren umgangssprachlichen Namen und die Stammesbezeichnung *Anthocerophyta* (von griechisch *keras*, „Horn") eingebracht hat (siehe Abbildung 20.1b). Der Sporophyt von Hornmoosen hat wie der von Laubmoosen Stomata mit Schließzellen – Strukturen, die bei Lebermoosen fehlen.

Die Gametophyten von Hornmoosen ähneln den Gametophyten von Lebermoosen insofern, als sie eher horizontal als vertikal wachsen, was sie von den typischen Gametophyten von Laubmoosen unterscheidet. Der Gametophyt eines Hornmooses ist oft wie ein knittriges, rundes, grünes Blatt geformt, das einen Durchmesser von einigen Zentimetern aufweist, wobei die Ränder nach oben weisen und gekräuselt sind. Bei einigen Arten leben Stickstoff fixierende Bakterien in Interzellularräumen des Gametophyten. In dieser mutualistischen Verbindung liefern die Bakterien Stickstoffdünger an das Hornmoos, das seinerseits die Bakterien schützend umgibt.

Der Lebenszyklus der Hornmoose

Im Lebenszyklus eines typischen Hornmooses bildet der Gametophyt Antheridien, die aus Zellen unterhalb einer Außenschicht aus sterilen Zellen entstehen. Im ausgereiften Zustand werden die Antheridien sichtbar, wenn die sterilen Zellen austrocknen und die Schicht aufplatzt. Archegonien stammen von Oberflächenzellen ab, doch ist die Eizelle an sich von normalen Thalluszellen umgeben, und das Archegonium weist einen reduzierten, undeutlichen Hals auf.

Die Befruchtung führt zu einer Zygote, die sich zu einen Sporophyten mit einem charakteristischen Dorn oder „Horn" entwickelt, der etliche Zentimeter von der Oberfläche des Gametophyten hochragen kann. Am Grund des Horns befindet sich der Fuß des Sporophyten, durch den der Sporophyt am Gametophyten festsitzt. Das gesamte Wasser und alle Mineralien sowie einige Nährstoffe werden aus dem Gametophyten durch den Fuß absorbiert. Unmittelbar über dem Fuß befindet sich das Meristem, das für das Längenwachstum des Sporophyten verantwortlich ist. So wächst der Sporophyt des Hornmooses von unten anstatt an der Spitze, was bei Pflanzen ungewöhnlich ist. Der Sporophyt betreibt weiterhin Photosynthese, was auch bei den meisten Lebermoosen der Fall ist, bei den meisten Laubmoosen dagegen nicht.

Das Sporangium beginnt oberhalb des Meristems und erstreckt sich bis zur Spitze des Horns. Ein Querschnitt offenbart einen Zentralzylinder aus vegetativem Gewebe, das von einer Schicht umgeben ist, in der Meiose stattfindet. Darauf folgt ein weiterer Zylinder aus vegetativem Gewebe. Das Sporangium bildet über seine gesamte Länge Sporen. Die Sporen an der Spitze des Horns sind die ersten, die reifen und bereits freigesetzt werden, während sich im Gewebe in Richtung des Fußes immer noch Meiose vollzieht. Das an der Spitze einsetzende Freisetzen der Sporen, wenn sich das Sporangium von oben her öffnet, ähnelt dem Schälen einer Banane.

Die Evolutionsgeschichte der Hornmoose

Hornmoose entwickelten sich aus derselben Gruppe von Algenvorfahren wie andere Pflanzen. Jedoch ist unklar, ob sie sich vor oder nach der Entstehung der Lebermoose als eigenständige Gruppe abspalteten. Molekulare Belege deuten darauf hin, dass sich die Hornmoose aus den Grünalgen vor etwa 700 Millionen Jahren entwickelten. Doch konnten bisher keine Fossilien gefunden werden, die älter als 400 Millionen Jahre sind. Die Probleme bei der Entschlüsselung der Evolution der Hornmoose ähneln denen, die es bei allen anderen Pflanzengruppen gibt. Dies vermittelt einen Eindruck von den Schwierigkeiten, die es bei der Interpretation der Hinweise gibt, die von Molekularsystematikern und von **Paläobotanikern** – den Wissenschaftlern, die sich mit Pflanzenfossilien beschäftigen – vorgelegt werden.

Ein Problem besteht darin, dass die Organismen, welche die Brücke bilden zwischen den Stämmen der Algen und denen, aus denen sich Bryophyta und die Gefäßpflanzen entwickelten, alle ausgestorben sind und möglicherweise verschieden waren – zumindest hinsichtlich der Art, der Gattung und der Familie. Bei einigen Stammbäumen von Tieren stimmen die Altersvorhersagen aus molekularen Belegen und das Alter der entdeckten Fossilien grob überein, bei der Evolution der Pflanzen ist dies jedoch nicht der Fall. Die 300 Millionen Jahre, welche die Fossilienbelege von den molekularen Daten trennen, müssen entweder durch die Entdeckung älterer Fossilien oder durch die Berechnung von zunehmend jüngeren molekularen Daten gefüllt werden.

Eine weitere Schwierigkeit besteht darin, dass alle Pflanzen Merkmale haben, die sie eng mit Grünalgen verbinden, doch einige Merkmale könnten bei bestimmten Pflanzengruppen einzigartig sein. Beispielsweise haben die meisten Hornmoose Zellen mit einem großen Chloroplasten, der einen **Pyrenoid** enthält, einen Bereich mit Stärkeeinlagerungen aus der Photosynthese. Hornmoose sind die einzigen Pflanzen, die dieses Merkmal mit Algen teilen – insbesondere mit Grünalgen aus der Klasse der *Coleochaetales* aus dem Stamm der *Chlorophyta*. Dementsprechend stellten einige Paläobotaniker die Hypothese auf, dass sich die meisten Hornmoose aus einer anderen Gruppe von Grünalgen entwickelten als andere Bryophyten oder dass sie primitive Merkmale behalten haben, die sie mit den Grünalgen verbinden. Verschiedene Gruppen primitiver Pflanzen könnten sich aber auch an mehr als einem geografischen Ort und aus verwandten, aber nicht identischen Algengruppen entwickelt haben.

Debattiert wird außerdem über die evolutionäre Verwandtschaft von Hornmoosen mit der ausgestorbenen Gefäßpflanze *Horneophyton lignieri*, die man durch Fossilien kennt und deren Alter auf rund 400 Millionen Jahre geschätzt wird (▶ Abbildung 20.9). Die Fossilien deuten auf eine Gefäßpflanze hin, die bis zu 20 cm groß war und einen verzweigten, sprossähnlichen Sporophyten mit endständigen Sporangien besaß, die an die Sporophyten eines Hornmooses erinnern. Ob sich nun aus *Horneophyton* die modernen Hornmoose entwickelten oder beide nur einen gemeinsamen Vorfahren haben, ist nicht bekannt. Was offenbar den Gametophyten von *Horneophyton* darstellt, ist ein separates Fossil, das als *Langiophyton mackiei* identifiziert wurde. Da der Sporophyt und der Gametophyt von *Horneophyton*

Abbildung 20.9: Hornmoose und *Horneophyton*: Eine evolutionäre Verwandtschaft? Hornmoose ähneln einer der ersten Gefäßpflanzen, der ausgestorbenen *Horneophyton*, die vor etwa 400 Millionen Jahren auftauchte. Beide Pflanzenarten haben sprossähnliche Sporangien, welche die Hypothese anregen, dass entweder *Horneophyton* von den Hornmoosen abstammt oder sich die Hornmoose aus *Horneophyton* entwickelten. Die vorhandenen fossilen Befunde sind jedoch nicht eindeutig. (a) Ein rezentes Hornmoos der Gattung *Anthoceros*. (b) Eine Rekonstruktion von *Horneophyton* aus fossilen Befunden. (c) Ein Querschnitt eines fossilierten Sporangiums von *Horneophyton*, das die generelle Ähnlichkeit zu den Sporophyten der Hornmoose zeigt.

zusammenhängen, beinhaltet die Rückführung lebender Hornmoose auf die fossilen Pflanzen die Annahme, dass beispielsweise der Gametophyt von *Horneophyton* ursprünglich mit dem Sporophyten verbunden war. Das Dilemma der Klassifikation von *Horneophyton* ist ein gutes Beispiel dafür, wie schwierig es ist, die evolutionäre Beziehung einer fossilen Pflanze zu ihren lebenden Verwandten herzustellen, falls es sie überhaupt gibt. Der Fossilienbestand liefert einen Hinweise auf die Struktur und die Form, jedoch vielleicht nur für einen Teil der Pflanze. Evolutionäre Beziehungen sind deshalb lediglich das Ergebnis von Interpretationen fossiler und molekularer Befunde durch Wissenschaftler.

WIEDERHOLUNGSFRAGEN

1. Beschreiben Sie Sporophyt und Gametophyt eines Hornmooses.
2. Vergleichen Sie Hornmoose mit Lebermoosen.
3. Warum sind die Evolution der Hornmoose und die anderer Pflanzen immer noch nicht völlig geklärt?

20.4 Laubmoose: Der Stamm der *Bryophyta*

Wie Sie gesehen haben, bezieht sich der Begriff Bryophyten nicht nur auf den Stamm der *Bryophyta*. Vielmehr ist er auch ein weiter gefasster Verweis auf *alle* gefäßlosen Pflanzen: Lebermoose, Hornmoose und Laubmoose. Im Gegensatz dazu besteht der Stamm der *Bryophyta* nur aus denjenigen Bryophyten, die wissenschaftlich als Laubmoose klassifiziert werden. Im Vergleich zu Leber- und Hornmoosen sind Laubmoose von ihrer Erscheinung her vornehmlich folios und seltener thallos. Die Gametophyten wachsen häufig vertikal. Wie andere Bryophyten sind Laubmoose mit der größten Artenvielfalt in feuchten, bewaldeten Regionen und in Feuchtgebieten dominant. Jedoch kommen einige Arten auch in Wüsten und auf relativ trockenen Felsen vor, wo sie typischerweise auf den nach Norden weisenden Hängen, die weniger Sonnenlicht erhalten und durch gelegentliche Regengüsse bewässert werden, angesiedelt sind. Einige Arten, wie beispielsweise das Quellmoos *Fontinalis antipyretica*, sind aquatisch. Einige wenige von ihnen leben sogar auf dem Grund tiefer Süßwasserseen.

Abbildung 20.10: *Sphagnum*-Moos enthält so viel Wasser, weil seine Blätter vorwiegend aus abgestorbenen Zellen bestehen, die Wasser absorbieren können. (a) Büschel eines *Sphagnum*-Mooses. (b) Mikroskopaufnahme eines Blattes, die kleine, Photosynthese betreibende Zellen und große, keine Photosynthese betreibende Zellen zeigt.

Die drei Hauptklassen der Laubmoose

Die Laubmoose unterteilen sich in drei Hauptklassen. Die Klasse der *Sphagnopsida* (*Sphagnidae*) besteht aus 150 Arten von Torfmoosen, die für die Nutzung durch den Menschen besonders wichtig sind, wie Sie in der Einführung zu diesem Kapitel gesehen haben. Die Klasse der *Andreaopsida* (*Andreaeidae*) umfasst 100 Arten von felsbewohnenden Moosen. Die Klasse *Bryopsida* (*Bryidae*) weist 9000 Arten auf und umfasst die bekanntesten Moosarten. Da Bryopsida landläufiger bekannt sind, werden sie umgangssprachlich oft als „echte Moose" bezeichnet.

Die Klasse Sphagnopsida besteht ausschließlich aus der Gattung *Sphagnum*, dem Torfmoos, einer der am weitesten verbreiteten Moosgattungen (▶ Abbildung 20.10a). *Sphagnum* besitzt ein flächiges Protonema anstelle der bei den meisten Bryophyten typischen fadenförmigen Protonemen. Das flächige Protonema ist eine Zellschicht dick und wächst durch Zellteilung am Rand. Schließlich entwickeln sich aus Zellen entlang des Randes Knospen, die Apikalmeristeme besitzen. Die Blätter von *Sphagnum* bestehen aus Gruppen großer abgestorbener Zellen, die von kleinen, grünen, lebenden Zellen umgeben sind (▶ Abbildung 20.10b). Die abgestorbenen Zellen haben verdickte Zellwände, die für die bemerkenswerte Fähigkeit des Laubmooses verantwortlich sind, Wasser zu absorbieren. Die Sporophyten von *Sphagnum* haben keine Seta. Stattdessen sitzen die kugelförmigen Sporangien an Stielen, die in Wirklichkeit Teil des Gametophyten sind.

Viele Vertreter der Klasse *Andreaopsida* bewohnen Felsoberflächen, oft sogar in großen Höhen (▶ Abbildung 20.11). Einige Arten leben auch im Boden kalter, gemäßigter Regionen. Mit ihrer typischen schwarzgrünen Farbe sind felsenbewohnende Moose oft die einzigen lebenden Pflanzen, denen man in trockenen, windigen, kalten Gebirgsbiotopen begegnet, wo sie nicht nur auf Felsen leben, sondern auch auf Schnee und Eis. Auf Gletschern in Kenia, Island und Norwegen bilden Vertreter der Andreaopsida Strukturen, die als „Kugelmoose" oder „Gletschermäuse" bezeichnet werden. Das sind rundliche Kissen, die radial nach allen Seiten wachsen und auf den Gletschern wandern, wenn der Wind bläst. Ein einzigartiges Merkmal der Andreaopsida ist, dass sie vier vertikale Schlitze am Sporangium ausbilden. Bei Trockenheit schrumpft das

Abbildung 20.11: Das Gesteinsmoos (*Grimmia laevigata*).

DIE WUNDERBARE WELT DER PFLANZEN
■ Ungewöhnliche Laubmoose

Bryologen entdecken in vielfältigen Lebensräumen immer neue Arten von Bryophyten, darunter ungewöhnliche Laubmoose. *Scopelophila cataractae* und etliche Arten der Gattung *Mielichhoeria* sind als Kupfermoose bekannt, weil sie auf Böden mit hohem Kupfergehalt wachsen. Einige dieser Arten benötigen hohe Konzentrationen von Kupferionen, während andere Kupferionen ausschließen. Diese Moose findet man in der Natur in kupferhaltigen Böden, in Minenausgängen und auch im Ablaufbereich der mit Kupfer überdachten buddhistischen Tempel. Einige Arten absorbieren neben Kupfer auch andere Schwermetalle. Kupfermoose könnten eine unmittelbare Rolle bei der Sanierung kontaminierter Böden spielen, und Wissenschaftler untersuchen ihre Gene mit der Absicht, andere Pflanzen zu generieren, die gegenüber Metallen unempfindlich sind.

Das Moos *Schistostega pennata*, auch als *Goblins Gold* oder Leuchtmoos bezeichnet, wächst unter Felsüberhängen oder in Höhleneingängen. Die Protonemen dieses Mooses erzeugen einen goldgrünen, reflektierenden Schimmer, der häufig von Höhlenforschern beobachtet wird. Die Kugelform der Zellen bewirkt die Reflexion des Lichts, wobei es sich um eine Anpassung handeln könnte, bei der das Licht – von der Sonne oder aus Blitzen – von einer Zelle zur anderen reflektiert wird, um es effizient zu nutzen.

Sporangium so sehr, dass sich diese Schlitze öffnen, so dass die Sporen durch den Wind verstreut werden.

Die Wachstumsmuster der Laubmoose aus der Klasse der Bryopsida variieren stark mit der Art und der Umgebung (▶ Abbildung 20.12). In Regionen, die unter Trockenperioden leiden, sind die Arten vorwiegend niedrig und wachsen kompakt mit eng aneinandergepressten Gametophyten, was die exponierte Oberfläche reduziert und den Wasserverlust begrenzt. In ausreichend feuchten Regionen können Laubmoose immer noch als Polster wachsen, wobei aber die einzelnen Gametophyten ausgeprägter entwickelt und stärker vereinzelt sind. In Regenwäldern und anderen sehr feuchten Regionen sind die Gametophyten oft größer und hängen von Felsen oder von Baumästen herab. Zeitweise erinnern sie stärker an Farne als an Moose. Viele Laubmoose wachsen auf Felsen und auf Erde, doch sind die meisten tropischen Arten auf Bäumen lebende Epiphyten. Andere verharren als Protonema und sehen wie filamentöse Algen aus. Einige wachsen das ganze Jahr über, andere sind aber saisonal, wobei sie während der Trockenperioden braun und abgestorben wirken, durch den Regen aber wieder hydratisiert und kräftig grün werden. Einige sind empfindliche Indikatoren für Luftverschmutzung, während andere auch in verschmutzten Städten gedeihen können. Einige Arten wachsen nur auf Böden, die reich an bestimmten Mineralien sind, wobei sie einige Schwermetalle oder radioaktive Ionen akkumulieren (siehe den Kasten *Die wunderbare Welt der Pflanzen* oben). Das Dungmoos *Splachnum* aus der Familie der *Splachnaceae* produziert einen Duft, der Fliegen anlockt. Diese werden als Transportvehikel für die Sporen benutzt, um zu weiteren Dunghaufen zu gelangen, auf denen sie gedeihen können.

Der Lebenszyklus von *Polytrichum*

Ein Beispiel für einen Lebenszyklus eines typischen Laubmooses findet man in der Gattung *Polytrichum* (Haarmützenmoose) aus der Klasse der *Bryopsida* (▶ Abbildung 20.13). Wenn Sie auf einen Moosteppich schauen, dann sehen Sie hauptsächlich die foliosen Gametophyten, die typischerweise viele Jahre alt werden und mehrfach Trockenperioden überleben können. Jeder Gametophyt nimmt seinen Ursprung aus einer Spore, die zu einem Protonema auskeimt, das bald darauf ein oder zwei Knospen ausbildet. Aus jeder Knospe entsteht dann der foliose Teil des Gametophyten. In Abhängigkeit von der Art des Laubmooses kann der obere Teil des Gametophyten Antheridien, Archegonien oder beides ausbilden. Jedes Antheridium enthält viele Spermatozoiden, die von sterilen Zellen umgeben sind, und jedes Archegonium produziert eine Eizelle, die sich an seinem Grund befindet.

Bei Anwesenheit eines Wasserfilms kann die Befruchtung stattfinden. Die Zygote entwickelt sich im

20 MOOSE (BRYOPHYTEN)

Abbildung 20.12: Wuchsformen von Laubmoosen.

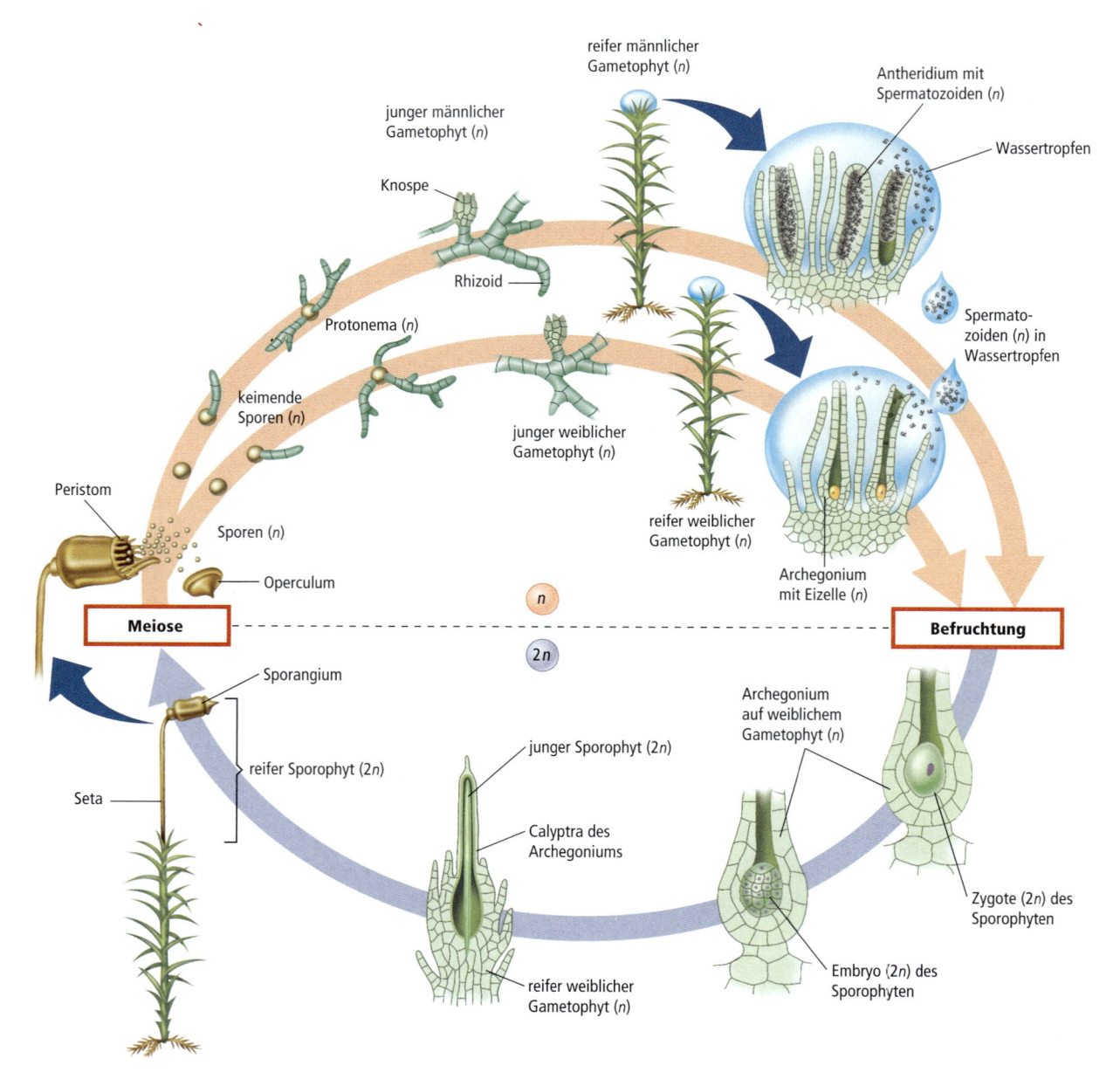

Abbildung 20.13: Der Lebenszyklus des Laubmooses *Polytrichum*.

Archegonium zu einem angewachsenen Sporophyten, der aus einem Fuß, einer Seta und einem Sporangium besteht. Wenn Sie das Moos näher betrachten, können Sie die Seta des Sporophyten erkennen – es sind die winzigen Stielchen, die über den aus Gametophyten bestehenden Moosteppich herausragen. Bei unzureichender Feuchtigkeit bildet das Moos jedoch keine Sporophyten. In Extremfällen können mehrere Jahre ohne Sporophytenbildung vergehen. Ein seltenes Moos, das auf alten Kalksteinwänden im Nordwesten Englands gefunden wurde, bildete vor Kurzem nach einer Pause von 130 Jahren Sporen.

Typischerweise betreibt der Sporophyt eines Laubmooses in seinen frühen Entwicklungsstadien Photosynthese, wird später aber braun und hängt hinsichtlich seiner Ernährung während der letzten Phasen seiner Entwicklung vom Gametophyten ab. Der Fuß am Grund der Seta ragt in den Gametophyten hinein und absorbiert Nahrung. Die Meiose findet in der Mooskapsel, dem Sporangium, statt. Die Sporen werden freigesetzt, wenn das **Operculum**, der Deckel des Sporangiums, abfällt, nachdem eine Zellschicht an seinem Grund ausgetrocknet ist. Bei Laubmoosen der Klasse *Bryopsida* umgeben ein oder zwei Ringe von „Zähnen" die aufgedeckte Öffnung des Sporangiums. Diese Zähne regulieren den Durchgang der Sporen und werden insgesamt als **Peristom** (von griechisch *peran*, „hindurchtreten", und *stoma*, „Mund") bezeichnet. Unter feuchten Bedingungen krümmen sich die Zähne nach innen, was das Sporangium schließt. Unter trockenen Bedingungen, bei denen die Sporen leichter durch den Wind getragen werden können, strecken sich die Zähne, wodurch sich das Sporangium öffnet und allmählich Hunderte von Sporen verteilt werden. Bei *Sphagnum* und einigen anderen Vertretern der Klasse *Bryopsida* zerplatzt das Operculum explosionsartig unter Freisetzung der Sporen. Dazu kommt es, weil das Sporangium auf etwa ein Viertel seiner ursprünglichen Größe schrumpft, ohne dass der Innendruck entweicht.

WIEDERHOLUNGSFRAGEN

1. Welche Strukturen ermöglichen es *Sphagnum*, Wasser zu speichern?

2. Beschreiben Sie verschiedene Wachstumsmuster bei Laubmoosen aus der Klasse der Bryopsida.

3. Beschreiben Sie den typischen Lebenszyklus eines Laubmooses.

ZUSAMMENFASSUNG

20.1 Ein Überblick über Bryophyten

Die ersten Landpflanzen

Bryophyten entwickelten sich aus den Grünalgen. Die ersten fossilen Bryophyten haben ein Alter von etwa 360 Millionen Jahren. Bryophyten werden als gefäßlose Pflanzen bezeichnet, weil Gefäßpflanzen Sporophyten mit Wurzeln, Sprossachsen und Blättern besitzen. Doch haben die Gametophyten der Bryophyten Strukturen, die als Sprossachsen und Blätter funktionieren. Sie besitzen auch Rhizoide, die hauptsächlich der Verankerung dienen.

Gemeinsamkeiten mit Grünalgen und Gefäßpflanzen

Alle Pflanzen teilen bestimmte Merkmale mit Grünalgen aus der Klasse der *Charophyceae*, wie beispielsweise das Vorhandensein von Cellulose und von Chloroplasten. Bryophyten und Gefäßpflanzen teilen weitere Merkmale, die das Überleben an Land ermöglichen, wie beispielsweise Strukturen, die Sporen und Gameten vor dem Austrocknen bewahren.

Der Generationswechsel bei Bryophyten

Anders als Bryophyten haben Gefäßpflanzen einen dominanten Sporophyten. Die Gametophyten von Bryophyten besitzen Antheridien, die Spermatozoiden enthalten, und Archegonien mit Eizellen. Die Strukturen, die diese Gametangien tragen, werden als Gametophoren bezeichnet. Viele Bryophyten pflanzen sich ungeschlechtlich fort, indem sie sich teilen oder Brutkörper, wie beispielsweise Gemmen, bilden.

Ökologische Bedeutung

Laubmoose sind insofern Beispiele für die Schlüsselrolle von Bryophyten bei der Ansiedlung von Pflanzen, als sie Gestein in Boden verwandeln. Bryophyten tragen in epiphytischen Gemeinschaften in Regenwäldern zur Photosyntheseleistung bei.

Trockentoleranz

Einige Lebermoose können sich zusammenrollen, um die dem Sonnenlicht ausgesetzte Fläche zu minimieren. Glashaare schränken bei vielen Moosen den Wasserverlust ein. Die Bildung spezieller Arten von RNA könnte einigen Moosen helfen, durch Austrocknung hervorgerufene Schäden zu reparieren.

20.2 Lebermoose: Der Stamm der *Hepatophyta*

RNA- und DNA-Analysen deuten darauf hin, dass Lebermoose die ersten Landpflanzen gewesen sein könnten.

Thallose und foliose Lebermoose

Die Gametophyten thalloser Lebermoose sind flache, grüne Pflanzen, die blatt- oder algenähnlich erscheinen. Etwa 80 Prozent der Lebermoosarten sind foliös, gewöhnlich haben sie drei Reihen flacher Blätter.

Der Lebenszyklus eines Lebermooses

Der Lebenszyklus des thallosen Lebermooses *Maorchantia* weist einen gelappten Gametophyten auf, der Antheridiophoren und Archegoniophoren produziert. Die Zygote entwickelt sich im Archegonium und wird zu einem kleinen Sporophyten, der aus einem Fuß, einer Seta und einem Sporangium besteht.

20.3 Hornmoose: Der Stamm der *Anthocerophyta*

Der Lebenszyklus der Hornmoose

Der Sporophyt wächst von unten durch ein Meristem oberhalb seines Fußes; er reißt von oben auf, um Sporen freizusetzen.

Die Evolutionsgeschichte der Hornmoose

Molekulare Daten legen den Ursprung der Hornmoose in eine Zeit vor etwa 700 Millionen Jahren, doch erstreckt sich der gegenwärtige Fossilienbestand nur bis zu einem Alter von 400 Millionen Jahren. Der unvollständige Fossilienbestand erschwert es, die evolutionären Verwandtschaftsbeziehungen zwischen den Hornmoosen und anderen Pflanzen herzustellen.

20.4 Laubmoose: Der Stamm der *Bryophyta*

Während der Begriff Bryophyten umgangssprachlich auf alle gefäßlosen Pflanzen verweist, ist der Stamm der Bryophyta die wissenschaftliche Klassifikation für Laubmoose. Wie andere Bryophyten sind Laubmoose in feuchten Regionen vielfältiger, doch einige Arten überleben in trockenen Lebensräumen.

Die drei Hauptklassen der Laubmoose

Die Klasse der *Sphagnopsida* besteht allein aus den Laubmoosen der Gattung *Sphagnum*, die flächige Protonemen besitzen. Die Klasse *Andreaopsida* besteht aus den Gesteinsmoosen, die schwarzgrün sind und in kalten, gemäßigten Regionen vorkommen sowie auf Felsen in großen Höhen. Die meisten Laubmoose gehören zur Klasse der *Bryopsida*, einer vielfältigen Gruppe, zu denen die bekanntesten Moose gehören, häufig als „echte Moose" bezeichnet. Die Wuchsformen der Bryopsida können dichte Teppiche, lockere Polster oder von Ästen und Felsen herabhängende Trauben sein.

Der Lebenszyklus von *Polytrichum*

Das Sporangium kann etliche Zentimeter über den Gametophyten herausragen. Sporen keimen zu Protonemen, die Gametophyten bilden. Beim Sporophyten von *Polytrichum* fällt das Operculum (der Deckel des Sporangiums) ab, was das Peristom freilegt, das allmählich die Sporen entlässt.

Verständnisfragen

1. Nennen Sie Gemeinsamkeiten und Unterschiede von Bryophyten und Gefäßpflanzen.
2. Was haben Bryophyten mit Grünalgen gemeinsam? Worin unterscheiden sie sich?
3. Warum ist es schwierig, die Ursprünge von Pflanzen zurückzuverfolgen?
4. Unterscheiden Sie die Begriffe Sporangium, Antheridium und Archegonium.
5. Beschreiben Sie die ungeschlechtliche Fortpflanzung von Bryophyten.
6. Wie können Sie entscheiden, ob es sich bei einem bestimmten Bryophyten um ein Lebermoos, ein Hornmoos oder ein Laubmoos handelt?
7. In welcher Hinsicht sind Bryophyten wirtschaftlich bedeutsam?
8. Nennen Sie Gemeinsamkeiten und Unterschiede der Lebenszyklen eines Lebermooses und eines typischen Laubmooses.
9. Erklären Sie den Unterschied zwischen dem Begriff Bryophyt und dem Stamm der Bryophyta.
10. Beschreiben Sie die drei Klassen der Laubmoose.
11. Beschreiben Sie die ökologische Bedeutung der Bryophyten.
12. Geben Sie einige Beispiele, welche die Aussage, dass Bryophyten „einfache" Pflanzen seien, in Frage stellen.

Diskussionsfragen

1. Entwerfen Sie ein Experiment, mit dem Sie testen können, ob Moose Stoffe produzieren, die den Abbau organischen Materials verhindern.
2. Welche Belege liegen uns dafür vor, dass das Leitsystem der Moose weniger effizient ist als das der Gefäßpflanzen? Warum ist es Ihrer Ansicht nach weniger effizient?
3. Wie könnte die Evolution der Pflanzen Ihrer Ansicht nach verlaufen sein, wenn die Schwerkraft der Erde nur 10 Prozent ihres tatsächlichen Wertes hätte?
4. Warum sind Bryophyten Ihrer Ansicht nach keine flechtenartigen Beziehungen mit Pilzzellen eingegangen?
5. Stellen Sie anhand von beschrifteten Skizzen die Sporophytenstadien der drei Stämme der Laubmoose, Lebermoose und Hornmoose gegenüber.

Zur Evolution

Welche Anpassungsmerkmale von Bryophyten waren höchstwahrscheinlich dafür verantwortlich, dass diese Pflanzen als Epiphyten in feuchten Biotopen, wie beispielsweise den tropischen Regenwäldern, erfolgreich sein konnten? Erläutern Sie Ihre Antwort.

Weiterführendes

Weitere Informationen zu diesem Buchkapitel finden Sie auf der Companion Website unter http://www.pearson-studium.de.

Conard, Henry S. How to Know the Mosses and Liverworts. New York: McGraw-Hill, 1979. *Ein nützliches Bestimmungsbuch.*

Kremer, Bruno P. und Hermann Muhle. Flechten, Moose, Farne. München: Mosaik Verlag, 1991. *Hier werden in der Reihe Steinbachs Naturführer über 700 europäische Arten von Moosen und Flechten beschrieben und auf Farbfotos und Zeichnungen dargestellt.*

Malcolm, Bil, Nancy, Malcolm und W. M. Malcolm. Mosses and Other Bryophytes: An Illustrated Glossary. Portland: Timber Press, 2000. *Ein illustriertes Wörterbuch über Moose.*

Schenk, George. Moss Gardening: Including Lichens, Liverworts, and Other Miniatures. Portland: Timber Press, 1997. *Ein Überblick über den Gartenbau mit Bryophyten.*

Shaw, A. Jonathan und Bernard Goffinet, Hrsg. Bryophyte Biology. Cambridge: Cambridge University Press, 2001. *Eine Quelle mit neuesten Klassifikationen und Informationen über Fortschritte, darunter auch zur molekularen Altersbestimmung.*

Samenlose Gefäßpflanzen (Farnpflanzen)

21.1	Die Evolution der samenlosen Gefäßpflanzen	526
21.2	Rezente samenlose Gefäßpflanzen	534
	Zusammenfassung	546
	Verständnisfragen	547
	Diskussionsfragen	548
	Zur Evolution	548
	Weiterführendes	548

21 ...ENLOSE GEFÄSSPFLANZEN (FARNPFLANZEN)

❞ *Farne und andere samenlose Gefäßpflanzen waren die ersten Gefäßpflanzen auf der Erde und über einen Zeitraum von etwa 100 Millionen Jahren hinweg gemeinsam mit den Bryophyten die vorherrschenden Pflanzen auf der Erde. Heute machen sie nur noch 5 Prozent der lebenden Pflanzenarten aus. Samenlose Gefäßpflanzen spielen in der Evolution der Pflanzen eine sehr bedeutsame Rolle, da aus ihnen die Samenpflanzen entstanden, die in der heutigen Vegetation dominieren. In diesem Kapitel werden wir uns zunächst in die weite Vergangenheit zurückbegeben, um uns die Ursprünge der samenlosen Gefäßpflanzen anzusehen, bevor wir die Merkmale heute lebender Arten untersuchen. Unser Bild illustriert die außerordentlichen Wachstumseigenschaften von Farnpflanzen, die häufig zum ernsthaften ökologischen Problem werden – in diesem Fall überwuchern* Lygodium-*Pflanzen einen Zypressenwald.* ❞

Die Evolution der samenlosen Gefäßpflanzen 21.1

Alle Pflanzen produzieren mehrzellige Embryonen, die eine gewisse Zeit innerhalb der Gewebe des weiblichen Gametophyten verbleiben. Aus diesem Grund werden sowohl Bryophyten als auch Gefäßpflanzen als **Embryophyten** (Landpflanzen) bezeichnet. Gefäßpflanzen werden für sich als **Tracheophyten** bezeichnet, da sie Tracheiden besitzen.

Trotz der Klarheit dieser Klassifikation kennen wir die Einzelheiten über die Besiedlung des Landes durch die Pflanzen kaum. Für das Leben an Land war ein Sauerstoffgehalt der Atmosphäre von mindestens 2 Prozent erforderlich, was viel geringer als der heutige Wert von 20 Prozent ist. Die von Algen und Cyanobakterien im Meer und im Süßwasser betriebene Photosynthese führte in der Zeit des Silur vor etwa 430 Millionen Jahren der Atmosphäre so viel Sauerstoff zu, dass die aerobe Zellatmung an Land möglich wurde. Aus dieser Zeit stammen die ersten Pflanzenfossilien im Fossilienbestand. Vielleicht kam es aber bereits vor 700 Millionen Jahren zur Landbesiedlung, wenn man den molekularen Belegen für die Abspaltung der Pflanzen von den Grünalgen glaubt.

Über die Organismen, welche die Lücke zwischen Algen und Pflanzen schließen, wissen wir ebenfalls nicht viel. Obwohl es verlockend ist, die Hypothese aufzustellen, dass Pflanzen das Land besiedelten und damit den Weg für Tiere und andere Organismen bildeten, indem sie die Grundlage für terrestrische Nahrungsketten bereiteten, legen die verfügbaren Befunde einen anderen Verlauf nahe. Sowohl die Fossilienbestände als auch die molekularen Daten zeigen, dass mutualistische Beziehungen zwischen Pflanzen und Pilzen (Mykorrhizen) sehr alt sind. Obwohl die ersten Pflanzen keine Wurzeln hatten, wie wir sie heute kennen, scheinen sich Pilze mit unterirdischen Sprossachsen assoziiert und vermutlich die Aufnahme von Nährstoffen aus Schlick oder steinigem Boden gefördert zu haben. Tiere – insbesondere Gliederfüßler, die ein Außenskelett aus Chitin zum Schutz vor Austrocknung hatten – könnten etwa zur selben Zeit das Land bevölkert haben wie Pflanzen. Jedoch gab es vor den meisten Tieren vermutlich bereits Bryophyten und die ersten samenlosen Gefäßpflanzen, die als Grundlage für die ersten terrestrischen Nahrungsketten dienten. Die ersten Pflanzen und Tiere an Land waren auf Wasser angewiesen, damit die Spermatozoiden zur Eizelle schwimmen konnten, weshalb sie sich nur in feuchten Regionen ausbreiteten. Ausgedehnte Regionen der Erde waren immer noch unbewohnt.

Die Landschaft vor 350 Millionen Jahren

Stellen Sie sich vor, eine Zeitmaschine hätte Sie 350 Millionen Jahre zurückversetzt. In ▶ Abbildung 21.1

21.1 Die Evolution der samenlosen Gefäßpflanzen

ist ein charakteristischer Lebensraum in Äquatornähe während des Karbons (vor 363–290 Millionen Jahren) dargestellt, wo damals warmes, feuchtes Klima herrschte. Alle Hauptkontinente waren zu einer riesigen Landmasse, der *Pangäa*, zusammengeschoben. Große Teile dessen, was wir heute als Eurasien, Nordamerika, nördliches Südamerika und Nordafrika bezeichnen, befanden sich sehr nah am Äquator – viel südlicher als heute. Das heutige südliche Südamerika, Südafrika, Australien, die Antarktis und Nordasien waren mit dickem Eis bedeckt, weil sie sich damals sehr nah an den Polen befanden.

Wenn Sie das Laub des Karbonwaldes mit den Informationen über moderne Pflanzen vergleichen, werden Sie dort alte Bryophyten finden – die Vorfahren der modernen Lebermoose, Hornmoose und Laubmoose. Allmählich entwickelten sich die Nacktsamer, die in trockneren Hochlandregionen häufiger wurden. Blütenpflanzen entstanden aber erst, als weitere 200 Millionen Jahre vergangen waren. Stattdessen dominierten also samenlose Gefäßpflanzen die Landschaft. Einige ähneln modernen Farnen, doch andere sind uns fremd, darunter hohe Bäume mit Blättern, die mehr als einen Meter lang sind. Einige können Sie klassifizieren, doch andere sind in den Informationen nicht erwähnt, die Sie aus der Gegenwart mitgebracht haben. Es gibt keine Vögel, Säugetiere oder Reptilien. Amphibien gibt es dagegen reichlich, genauso wie Insekten und andere wirbellose Tiere.

Samenlose Gefäßpflanzen dominierten während des Karbons, weil sie wenig Konkurrenten hatten und in feuchten, tropischen Regionen mit starken Regenfällen gut gediehen. Zusammen mit den Bryophyten (siehe Kapitel 20) waren sie die ersten Landpflanzen. Sie unterschieden sich von den Bryophyten dadurch, dass sie ein Leitsystem aus Xylem und Phloem besaßen. Doch waren sie anders als die modernen Pflanzen, weil sie weder Samen noch Blüten bildeten. Die große Menge an Biomasse, die sie produzierten, war Grundlage für einen Großteil der heute weltweit vorhandenen Kohlelagerstätten – daher der Name Karbonzeitalter. Moderne samenlose Gefäßpflanzen, bei denen es sich vorrangig um Farne handelt, gedeihen in ihren Lebensräumen noch immer gut, doch zeigen sie weniger Artenvielfalt als ihre alten Vorfahren.

Die Evolutionsgeschichte der Landpflanzen

Stellen Sie sich nun vor, weiter in der Zeit zurückzureisen, um die frühen Ursprünge der samenlosen Gefäßpflanzen zu untersuchen. Sie befinden sich in einer Landschaft vor 450 Millionen Jahren, in der Periode des Silur. Das Land ist frei von jeglichen Pflanzen oder Tieren, doch in und in der Nähe von Süßwasserseen leben Organismen, die sowohl Pflanzen als auch Algen ähnlich sind. Es ist schwer, diese verzweigten, blattlosen Organismen zu klassifizieren, die typischerweise nur einige Zentimeter und nie mehr als einen Meter groß sind. Sie betrachten also einige der ältesten Stadien in der Evolution der Landpflanzen.

Abbildung 21.1: Künstlerische Darstellung eines tropischen Waldes im Karbon. Während des Karbons befanden sich Nordamerika und Europa wesentlich näher am Äquator als heute. Dort gab es tropische Sumpfwälder. Die Karbonwälder in trockneren Regionen, die sich in größerer Entfernung vom Äquator befanden, waren weniger dicht und offener als der hier dargestellte Wald.

Paläobotaniker sind sich nicht sicher, wie sich samenlose Gefäßpflanzen entwickelten, weil der Fossilienbestand sowohl geografisch als auch historisch unvollständig ist. Doch können die Erkenntnisse aus dem Fossilienbestand, aus molekularen Untersuchungen und aus Hinweisen von lebenden Pflanzen kombiniert werden, so dass ein einigermaßen zusammenhängendes Bild entsteht. Aufgrund dieser Belege gehen Paläobotaniker davon aus, dass sich Leitgewebe, eine wachsige Epidermis und andere Merkmale über Millionen von Jahren in Süßwassergrünalgen entwickelten, was es ihnen ermöglichte, Perioden zu überstehen, in denen die Seen austrockneten. Schließlich waren sie dazu in der Lage, ihren gesamten Lebenszyklus an Land zu verbringen, solange es Wasser gab, durch das Spermatozoiden zu den Eizellen schwimmen konnten. Es müssen einige faszinierende Übergangsarten existiert haben, die Merkmale sowohl von Algen als auch von samenlosen Gefäßpflanzen aufwiesen. Schließlich entwickelten sich die samenlosen Gefäßpflanzen, die dann das Land mit den Bryophyten teilten.

Paläobotaniker vermuten, dass die Evolution von Landpflanzen bei den Grünalgen aus der Klasse der *Charophyceae* im Stamm der *Chlorophyta* vor etwa 700 bis 450 Millionen Jahren begann (siehe Kapitel 20). Der gegenwärtige Fossilienbestand deutet mit den ersten partiellen Fossilien von Bryophyten auf das jüngere Datum hin, während die Daten aus DNA- und RNA-Sequenzen von lebenden Pflanzen und Algen das ältere Datum stützen. Paläobotaniker suchen intensiv nach neuen Fossilien, die unser Wissen über den Ursprung der Gefäßpflanzen ergänzen und die Lücke zwischen den beiden Daten schließen könnten. Sicher hatte zu der Zeit, aus der die ersten vollständigen Fossilien von Bryophyten (360 Millionen Jahre alt) und die ersten Fossilien von Gefäßpflanzen (430 Millionen Jahre alt) stammen, bereits eine beträchtliche Entwicklung von den Algenvorfahren stattgefunden. Das gilt insbesondere dann, wenn das anhand von molekularen Belegen festgelegte Datum, das sich auf eine Sequenzstudie von 119 Proteinen stützt, korrekt ist.

Eine Reihe lebender Arten von Grünalgen ähnelt der einen oder anderen Landpflanze, obwohl die direkten gemeinsamen Vorfahren ausgestorben sind. Insbesondere die Grünalge *Chara*, die Armleuchteralge, ähnelt Landpflanzen sehr offensichtlich, obwohl sie definitiv nicht ihr direkter Vorfahre war, da nahezu eine halbe Milliarde Jahre vergangen sind, seit sich die Landpflanzen aus Algen entwickelten.

Als sich samenlose Gefäßpflanzen entwickelten, unterlagen sie einer adaptiven Radiation (siehe Kapitel 15) in viele verschiedene Arten, die eine Vielzahl von Lebensräumen an Land besiedelten. Ihr Erfolg war phänomenal, so dass sie schnell zu den wesentlichen Photosynthese betreibenden Komponenten der Biosphäre wurden und Nahrung für Amphibien und andere Tiere lieferten. Über 100 Millionen Jahre blieben sie die dominierenden Pflanzen.

Trotz ihres Erfolgs blieben die samenlosen Gefäßpflanzen nicht in allen Lebensräumen dominant, weil ihre Fortpflanzung von Wasser abhängt, was ihren Lebensraum einschränkt und sie anfällig gegenüber Trockenheit macht. Außerdem brauchten die sich entwickelnden Embryonen Feuchtigkeit und waren vor Tieren ungeschützt. Im Gegensatz dazu konnten sich die ersten Samenpflanzen – frühe Nacktsamer – ohne Süßwasser fortpflanzen, weil sie das Spermatium mithilfe eines Pollenschlauches zur Eizelle befördern. Zunächst waren die Spermatozoiden der Samenpflanzen vermutlich alle begeißelt, doch schließlich entwickelten sich bei vielen Arten unbegeißelte Spermatien. Nach der Befruchtung schützte ein Samen den Embryo vor Austrocknung und lieferte eine Nahrungsquelle während der Keimung. Da sie nicht auf feuchte Umgebungen angewiesen waren, konnten Nacktsamer in Lebensräumen wachsen, die samenlose Gefäßpflanzen nicht besiedelt hatten. Im Mesozoikum (vor 245–66 Millionen Jahren) hatten die Nacktsamer die samenlosen Gefäßpflanzen als dominierende Pflanzen abgelöst.

In vielerlei Hinsicht ähnelt die Evolution der ersten Landtiere der Evolution der Pflanzen. Als samenlose Gefäßpflanzen während des Karbons waren die Amphibien – die ersten Landwirbeltiere – die dominierende tierische Lebensform. Amphibien sind die Vorfahren der modernen Frösche, Kröten und Salamander. Wie bei den samenlosen Gefäßpflanzen ist zur Befruchtung bei den Amphibien Wasser erforderlich, damit die Spermatozoiden zu den Eizellen schwimmen können. Außerdem brauchen die sich entwickelnden Embryonen Feuchtigkeit und sind im Allgemeinen vor Räubern ungeschützt. Amphibien wurden in den meisten Lebensräumen durch Reptilien, die ersten Amnioten, ersetzt, die ein komplexes Ei mit einer Hülle und einem inneren Beutel oder Amnion mit Feuchtigkeitsvorräten besaßen, die den sich entwickelnden Embryo vor Austrocknung schützten. Obwohl Pflanzensamen und Reptilieneier evolutionär nicht verwandt sind, dienen sie in der Tat ähnlichen Funktionen. Samen schützten Pflan-

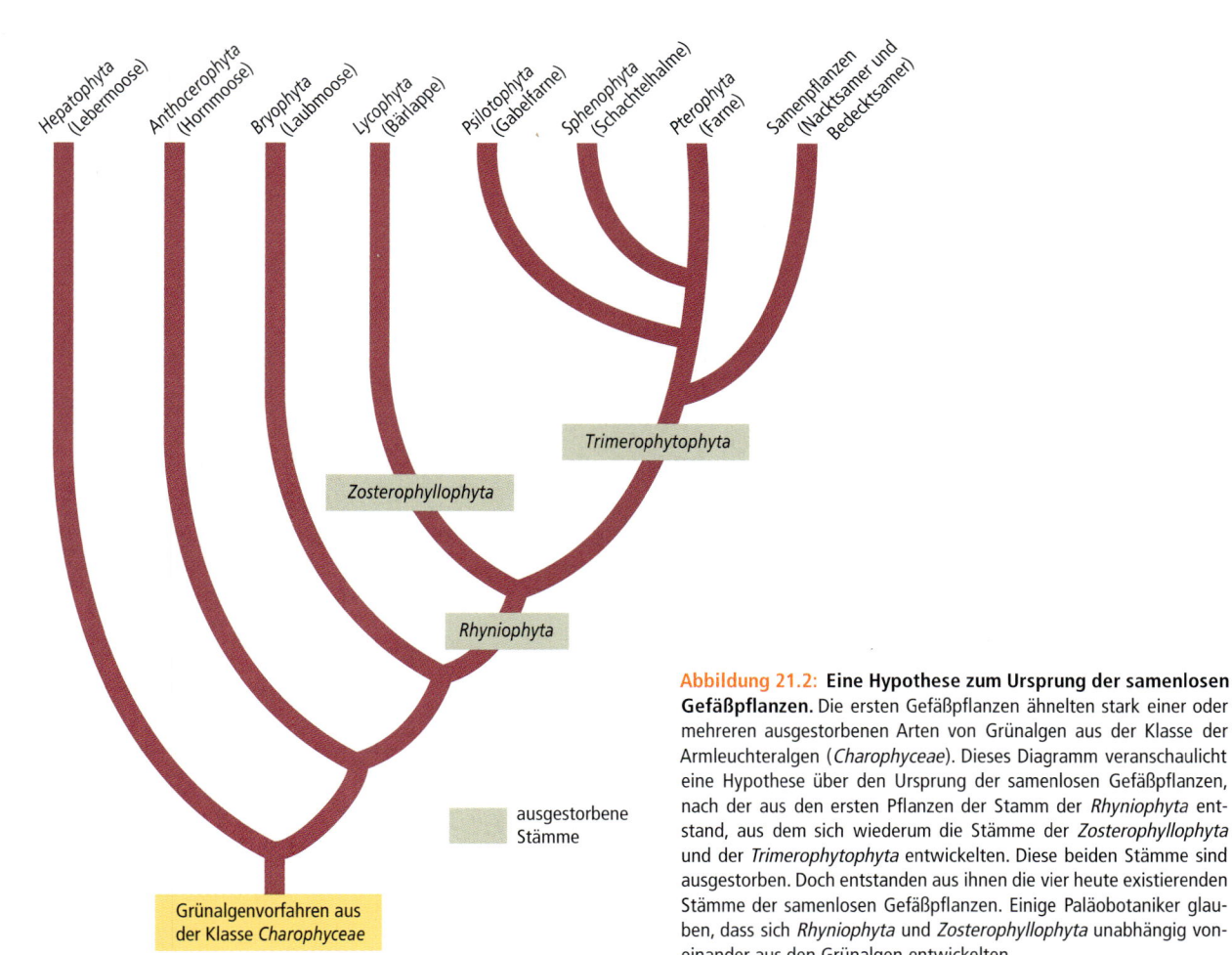

21.1 Die Evolution der samenlosen Gefäßpflanzen

Abbildung 21.2: Eine Hypothese zum Ursprung der samenlosen Gefäßpflanzen. Die ersten Gefäßpflanzen ähnelten stark einer oder mehreren ausgestorbenen Arten von Grünalgen aus der Klasse der Armleuchteralgen (*Charophyceae*). Dieses Diagramm veranschaulicht eine Hypothese über den Ursprung der samenlosen Gefäßpflanzen, nach der aus den ersten Pflanzen der Stamm der *Rhyniophyta* entstand, aus dem sich wiederum die Stämme der *Zosterophyllophyta* und der *Trimerophytophyta* entwickelten. Diese beiden Stämme sind ausgestorben. Doch entstanden aus ihnen die vier heute existierenden Stämme der samenlosen Gefäßpflanzen. Einige Paläobotaniker glauben, dass sich *Rhyniophyta* und *Zosterophyllophyta* unabhängig voneinander aus den Grünalgen entwickelten.

zenembryonen, wodurch Samenpflanzen in einer größeren Vielfalt von Lebensräumen überleben konnten als samenlose Gefäßpflanzen.

Ausgestorbene Gefäßpflanzen

▶ Abbildung 21.2 gibt eine Hypothese über die evolutionäre Verwandtschaft von Pflanzen und Grünalgen aus der Klasse der *Charophyceae* wieder. Aufgezeigt ist eine mögliche Abfolge, in der sich jede Pflanzengruppe von den gemeinsamen Vorfahren in der Geschichte der Evolution der Pflanzen abspaltete. Die Abbildung zeigt beispielweise, dass Laubmoose und Gefäßpflanzen gemeinsame Vorfahren besitzen, die sie nicht mit den Lebermoosen und Hornmoosen teilen. Dies verdeutlicht, dass Laubmoose diejenigen Bryophyten sind, die am nächsten mit den Gefäßpflanzen verwandt sind. Fossilien von Pflanzen, welche die Lücke zwischen Algen und Bryophyten auf der einen sowie Gefäßpflanzen auf der anderen Seite schließen, sind bis heute nicht gefunden worden. Es kann sein, dass die Bedingungen für die Fossilierung nicht optimal waren oder die Fossilien in bisher noch unerforschten geologischen Formationen liegen.

Die existierenden fossilen Belege führen als Vorfahren der modernen Gefäßpflanzen zu Pflanzen, die erstmals während des Silur (vor 439–409 Millionen Jahren) auftauchten. Fossile Pflanzen lieferten Paläobotanikern Aufschlüsse über Habitus und Struktur dieser ersten Gefäßpflanzen. Im Jahr 1859 entdeckte der kanadische Wissenschaftler John Dawson die ersten Fossilien samenloser Gefäßpflanzen in Quebec. Doch aufgrund der bruchstückhaften Natur der fossilen Überreste konnten sich die Paläobotaniker nicht darüber einigen, wie die Pflanze aussah. Es stellte sich heraus, dass Dawsons Fossilien, die Pflanzen zeigten, welche sich sehr stark von allen lebenden und ausgestorbenen Pflanzen unterschieden, aus dem Devon stammten. Im Jahr 1917 wurde die Existenz älterer samenloser Gefäßpflanzen allgemein anerkannt, nachdem in

21 SAMENLOSE GEFÄSSPFLANZEN (FARNPFLANZEN)

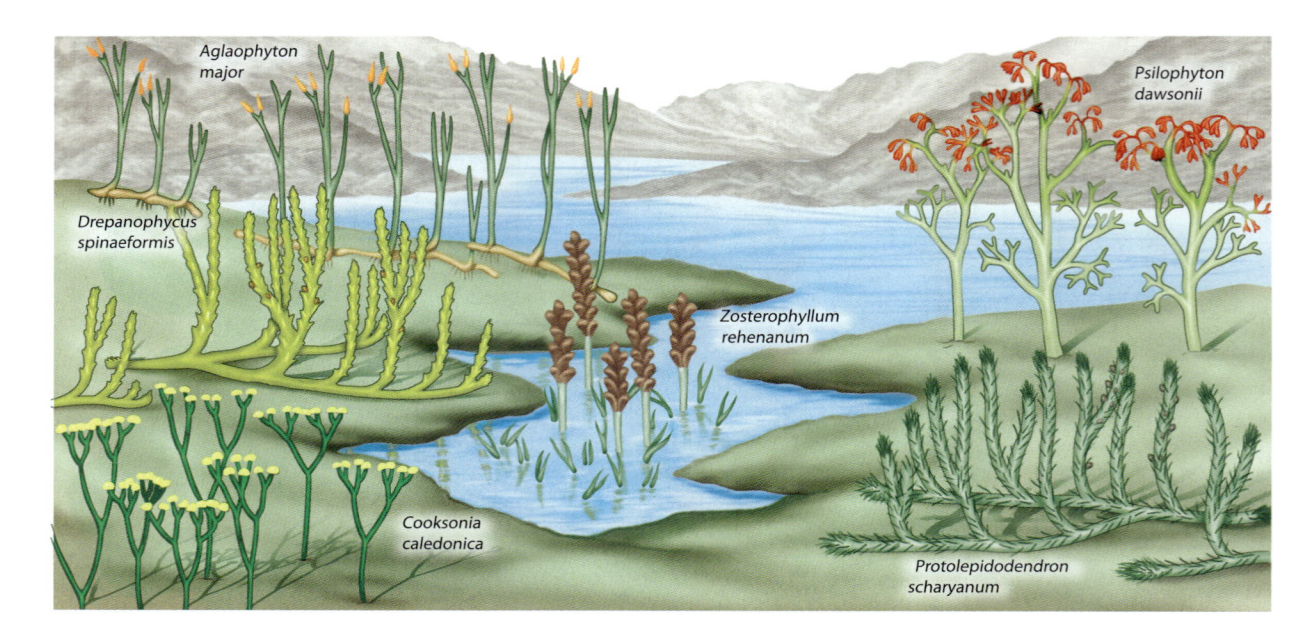

Abbildung 21.3: Ein Landschaft im Devon. Zu Beginn des Devons (vor 409–363 Millionen Jahren) hatten etliche Pflanzenarten aus den drei verschiedenen Stämmen *Rhyniophyta, Zosterophyllophyta* und *Trimerophytophyta* sumpfige Landschaften besiedelt. Die trockneren Regionen, fernab von Wasser, waren ohne Leben. Am Ende des Devons waren die meisten Arten dieser Sumpfpflanzen ausgestorben. Wir wissen nicht, wo sich zuerst der Übergang von den Algen zu diesen Pflanzen vollzog oder ob er mehrmals stattfand.

der Nähe der Stadt Rhynie, Schottland, Fossilien entdeckt wurden, die innere Strukturen zeigten. Diese Fossilien, die in einer Art Flintstein, dem *Chert*, enthalten sind, offenbaren samenlose Gefäßpflanzen, die alle weniger als einen Meter hoch waren, die meisten von ihnen waren beträchtlich kleiner. Diese ausgestorbenen Pflanzen werden gegenwärtig als der Stamm der *Rhyniophyta* klassifiziert, deren Mitglieder im Allgemeinen als Rhyniophyten bezeichnet werden. Sie wuchsen in Mooren und Sümpfen und bestanden aus verzweigten Sprossachsensystemen, die photosynthetisch aktiv waren. An den Spitzen der Zweige befanden sich oft Sporangien. Ein Vertreter ist *Cooksonia* (▶ Abbildung 21.3). Rhyniophyten erscheinen im Fossilienbestand aus dem frühen Silur, aus einer Zeit vor etwa 430 Millionen Jahren. Sie entwickelten sich aus Grünalgen über Übergangsgruppen, die als Fossilien noch nicht entdeckt wurden. Es könnte sein, dass sich die Rhyniophyten in verschiedene Stämme aufgliedern lassen, wenn mehr Fossilien verfügbar sind.

Am Ende des Devons, vor 363 Millionen Jahren, waren die meisten Rhyniophytenarten ausgestorben. Doch entstanden aus den Rhyniophyten vermutlich direkt oder indirekt zwei andere Gruppen ausgestorbener Gefäßpflanzen, die als der Stamm der Zosterophyllophyta (den *Zosterophyllen*) und der Stamm der Trimerophytophyta (den *Trimerophyten*) klassifiziert werden (siehe Abbildungen 21.2 und 21.3). Auch diese beiden Gruppen waren gegen Ende des Devons ausgestorben. Doch ihre Nachkommen, die samenlosen Gefäßpflanzen, dominierten im späten Paläozoikum, das vor 246 Millionen Jahren endete. Ihre entfernten Verwandten leben auch heute noch.

Wie bereits erwähnt, stellt Abbildung 21.2 eine Hypothese dar. Einige Paläobotaniker glauben, dass sich Trimerophyten, deren Vertreter neue Merkmale besitzen, die man bei Rhyniophyten nicht findet, direkt aus älteren Übergangsformen entwickelt haben könnten. Außerdem glauben einige, dass sich Zosterophyllen unabhängig von Rhyniophyten entwickelten, wonach sie entweder direkt von den Grünalgen oder von Übergangsformen abstammen, die den Rhyniophyten vorausgingen. Doch sind sich die meisten Paläobotaniker darüber einig, dass sich Pflanzen letztlich aus Grünalgen entwickelten. Unstimmigkeiten gibt es lediglich in Bezug auf die Details der evolutionären Entwicklung.

Rhyniophyten, Zosterophyllen und Trimerophyten hatten verzweigte Wurzel- und blattlose Spross-

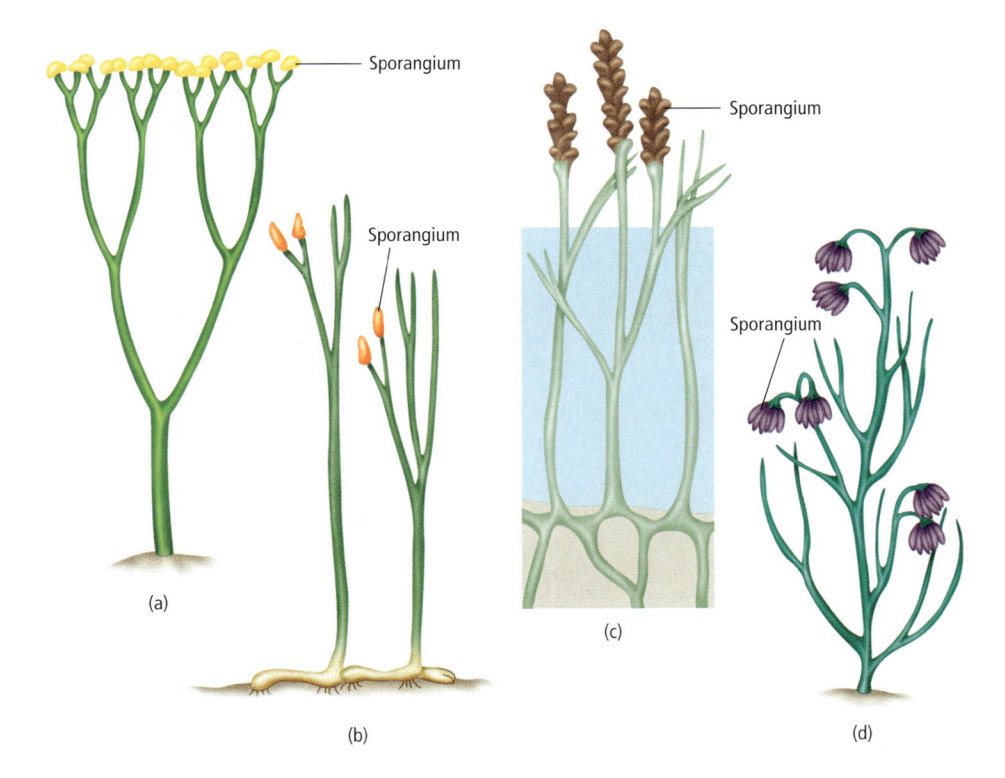

Abbildung 21.4: Ausgestorbene samenlose Gefäßpflanzen. (a) Rhyniophyten, wie beispielsweise *Cooksonia*, bestanden einzig aus Sprossachsen, die Verzweigungen von etwa derselben Länge bildeten, an deren Spitzen sich Sporangien befanden. (b) *Aglaophyton* könnte ein Bindeglied zwischen den Rhyniophyten und den Bryophyten sein. Der Pflanze fehlten Tracheiden, doch hatte sie – ähnlich wie die Moose – ein primitives Leitsystem. (c) Bei den Zosterophyllen, wie beispielsweise *Zosterophyllum*, hatten die Zweige viele kurze Seitensporangien. (d) Die Trimerophytophyten, wie beispielsweise *Trimerophyton*, entwickelten sich vermutlich vor etwa 360 Millionen Jahren aus den Rhyniophyten. Sie bildeten mehr Verzweigungen aus als Rhyniophyten und besaßen häufig in Gruppen angeordnete Sporangien.

achsensysteme, die Photosynthese betreiben (▶ Abbildung 21.4). Zusätzlich zu den oberirdischen Sprossachsen besaßen sie Rhizome (horizontale unterirdische Sprosse). Sie gediehen in sumpfigen Gebieten und stammten vermutlich von Algen ab, die sowohl im Süßwasser als auch außerhalb des Wassers überleben konnten. Ihre Sporangien waren von schützenden sterilen Zellen umgeben und bestanden einfach aus Zellen, die Sporen produzierten.

Obwohl sie in ihrer Struktur mit den dichotomen Verzweigungen ähnlich waren, unterschieden sich die Rhyniophyten von den Zosterophyllen in ihrem Leitsystem und in der Anordnung ihrer Sporangien:

- Bei den Rhyniophyten wuchsen die Sporangien an den Enden der Hauptsprosse, die manchmal verkürzt waren; bei den Zosterophyllen befanden sie sich am Ende sehr kurzer Seitensprosse, die an der Spitze von Hauptsprossen zusammengefasst waren.
- Bei den Rhyniophyten öffneten sich die Sporangien seitlich; bei den Zosterophyllen öffneten sie sich oben.
- Bei den Rhyniophyten reiften die Xylemzellen zuerst im Zentrum der Sprossachse, anschließend an der Außenseite um die Peripherie des Xylemstrangs. Diesem Muster folgen die Zellen der meisten lebenden Pflanzen in jedem Leitbündel. Eine Ausnahme bilden die Lycophyten. Bei den Zosterophyllen und den Lycophyten reift das Xylem in umgekehrter Richtung, zuerst in der Peripherie und anschließend innen in Richtung des Zentrums der Sprossachsen.

Die Rhyniophyten und die Trimerophyten hatten unterschiedliche Verzweigungsmuster. Bei den primitivsten Rhyniophyten, wie beispielsweise bei *Cooksonia*, waren die dichotomen Verzweigungen gleich lang und die Sporangien endständig. Höher entwickelte Rhyniophyten zeigten ein Muster, bei dem ein Zweig länger wuchs als der andere und wo sich die Sporangien am kürzeren Zweig bildeten. Dieses Muster findet man auch bei den Zosterophyllen. Die Sporangien tragenden Zweige sind ziemlich kurz und manchmal am vorderen Ende eines längeren Zweiges gruppiert. Trimerophyten waren komplexer verzweigt als die Rhy-

21 SAMENLOSE GEFÄSSPFLANZEN (FARNPFLANZEN)

(a) (b) (c)

Abbildung 21.5: Der Stamm der *Trimerophytophyta*. Trimerophyten entwickelten sich vermutlich aus Rhyniophyten, wiesen aber eine umfassende Verzweigung und einen extremen Überwuchs auf, der schließlich zur Bildung einer zentralen Sprossachse führte. (a) *Pertica quadrifaria* ist stark verzeigt und hat kugelförmige Sporangiencluster. (b) Diese Darstellung zeigt *Psilophyton dawsonii* mit fertilen Ästen. (c) Dies ist ein fossilierter fertiler Spross von *Psilophyton dawsonii*, den man dadurch erhielt, dass man die Gesteinsmatrix vorsichtig auflöste.

niophyten. Ein Spross dominierte immer mehr, bis die Pflanzen eine Hauptachse mit vielen Zweigen entwickelten, die endständige Sporangien trugen (▶ Abbildung 21.5).

Die Fossilien und die molekularen Belege deuten darauf hin, dass sich aus bestimmten Trimerophyten drei der vier lebenden Stämme der samenlosen Gefäßpflanzen entwickelten: der Stamm der *Psilotophyta* (Gabelfarne), der Stamm der *Sphenophyta* (Schachtelhalme) und der Stamm der *Pterophyta* (Farne). Molekulare Belege legen die Vermutung nahe, dass diese drei Stämme monophyletisch und eng verwandt sind. Aus den Trimerophyten entwickelten sich auch die Samenpflanzen. Einige Zosterophyllen sind die Vorfahren des weiteren Stammes samenloser Gefäßpflanzen, der *Lycophyta* (Bärlappe).

Der Generationswechsel bei samenlosen Gefäßpflanzen

Einige Merkmale des Lebenszyklus samenloser Gefäßpflanzen sind charakteristisch, während andere Merkmale auch bei Bryophyten, bei Samenpflanzen oder bei beiden auftreten. Wie im Lebenszyklus anderer Pflanzen wechseln sich im Generationswechsel Gametophyten und Sporophyten ab. Die Gametophyten produzieren Spermatozoiden und Eizellen durch Mitose, die Sporophyten produzieren Sporen durch Meiose. Bei der Produktion von Spermatozoiden und Eizellen ähneln samenlose Gefäßpflanzen den Bryophyten insofern, als sie beide Antheridien und Archegonien besitzen. Jedoch unterscheidet sich das Verhältnis zwischen Sporophyt und Gametophyt bei samenlosen Gefäßpflanzen sowohl von dem bei Bryophyten als auch von dem bei Samenpflanzen. Bei samenlosen Gefäßpflanzen sind sowohl ausgereifte Sporophyten als auch ausgereifte Gametophyten unabhängig, obgleich die Gameto-

21.1 Die Evolution der samenlosen Gefäßpflanzen

DIE WUNDERBARE WELT DER PFLANZEN
Alternative Lebenszyklen

Im normalen Lebenszyklus samenloser Gefäßpflanzen sind Gametophyten haploid (n), während Sporophyten diploid sind ($2n$). Weshalb sollte die Tatsache, ob ein oder zwei Kopien des vollständigen Genoms vorliegen, so merklich die Größe und die Form des Elters sowie seine Rolle im Zyklus der geschlechtlichen Fortpflanzung beeinflussen? Es stellt sich sowohl in der Natur als auch im Labor heraus, dass diese Regeln nicht absolut sind. Gelegentlich führt ein Prozess, die *Apogamie* („ohne Gameten"), zu diploiden Gametophyten, die aus Blattzellen des Sporophyten stammen, doch ohne dass Meiose und Sporenbildung stattgefunden hätten.

Wie Laboruntersuchungen belegen, können Apogamie und Aposporie durch Hormone und Lichtverhältnisse induziert werden. Im Allgemeinen fördern nährstoffreiche Medien mit zugesetzter Saccharose die Bildung apogamer Sporophyten. Diese Laborergebnisse stimmen mit den natürlich vorkommenden Bedingungen überein, unter denen sich die Zygote des Sporophyten gewöhnlich innerhalb des Archegoniums entwickelt. Dieses ist nämlich durch Photosynthese betreibende Zellen des Gametophyten umgeben, die eine nährstoffreiche Umgebung darstellen. Unterdessen zeigte sich bei Laboruntersuchungen, dass ein nährstoffarmes Medium ohne Saccharose die Bildung eines aposporen Gametophyten fördert. Wiederum scheinen diese Ergebnisse mit den natürlichen Bedingungen übereinzustimmen, unter denen die Spore von der Pflanze abgeworfen wird und sich auf dem feuchten Boden entwickelt – eine Umgebung, die ziemlich nährstoffarm ist. Die Nährstoffzufuhr scheint also zwei recht unterschiedliche Gengruppen zu aktivieren, die entweder zur Apogamie oder zur Aposporie führen. Doch sind die Signaltransduktionsketten beider Prozesse noch nicht aufgeklärt.

---

phyten gewöhnlich kurzlebig sind. Im Gegensatz dazu sind bei den Bryophyten nur die Gametophyten unabhängig, während es bei Samenpflanzen nur die Sporophyten sind. Die Sporophyten der samenlosen Gefäßpflanzen sind wie die von Samenpflanzen viel größer als die Gametophyten.

Samenlose Gefäßpflanzen unterscheiden sich in ihrer Sporenbildung. Die meisten Arten sind **isospor**, was bedeutet, dass sie nur einen Sporentyp produzieren, wie es bei den Bryophyten der Fall ist. Dieser Umstand der **Isosporie** kann in Abhängigkeit von der Art zu getrennten männlichen und weiblichen Gametophyten oder zu bisexuellen Gametophyten führen. Dagegen sind einige Arten samenloser Gefäßpflanzen **heterospor** – sie produzieren also zwei Sporentypen, nämlich Megasporen und Mikrosporen. Die Bezeichnungen spiegeln die Tatsache wider, dass Megasporen typischerweise größer als Mikrosporen sind, obwohl sie beide kaum mit bloßem Auge zu erkennen sind. Sporangien, die Megasporen ausbilden, werden als **Megasporangien** bezeichnet, während die Mikrosporen von **Mikrosporangien** gebildet werden. Diese Bildung von zwei Arten von Sporen auf zwei unterschiedlichen Arten von Sporangien wird als **Heterosporie** bezeichnet. Megasporen bilden weibliche Gametophyten, die **Megagametophyten**, aus Mikrosporen entstehen **Mikrogametophyten**. Während die Heterosporie bei samenlosen Gefäßpflanzen relativ selten vorkommt, ist sie bei den Samenpflanzen die Regel.

Die Gametophyten lebender samenloser Gefäßpflanzen haben gewöhnlich nur einen Durchmesser von einigen Millimetern. Bei einigen Arten sind die Gametophyten unabhängig, indem sie Photosynthese betreiben, während sie bei anderen Arten organische Moleküle von assoziierten Pilzen aufnehmen. Wie Bryophyten sind samenlose Gefäßpflanzen zur Befruchtung auf Wasser angewiesen, da die Spermatozoiden im Wasser, beispielsweise Regentropfen oder Tau, zur Eizelle in einem Archegonium schwimmen. Im weiteren Verlauf dieses Kapitels werden wir uns spezielle Lebenszyklen samenloser Gefäßpflanzen ansehen (siehe den Kasten *Die wunderbare Welt der Pflanzen* oben).

Obwohl Botaniker die Lebenszyklen lebender samenloser Gefäßpflanzen vollständig verstehen, sind die Fortpflanzungsmechanismen und die Lebenszyklen ihrer fossilen Vorfahren weitgehend unbekannt. Beispielsweise ist der fossile Bestand im Hinblick auf die Art des Generationswechsels bei ausgestorbenen samenlosen Gefäßpflanzen nicht schlüssig nachzuweisen. Das Fehlen der Fossilien ist nicht überraschend, weil die Gametophyten samenloser Gefäßpflanzen typischerweise klein und zerbrechlich sind. Noch immer versuchen die Paläobotaniker, Schlüsse aus den existierenden Fossilien zu ziehen, die jedoch verschiedene Interpretationen zulassen. Die Betrachtung verschiedener Fossilien von Sporangien- und von Sprossfragmenten könnte zu widersprüchlichen Schlussfolgerungen führen – dass nämlich die Sporangien und der Spross entweder von derselben Art oder von verschiedenen Arten stammen. Außerdem versuchen Paläobotaniker herauszufinden, ob die ausgestorbenen Arten Sporophyten und Gametophyten besaßen, die sich äußerlich unterschieden, wie es bei den lebenden Arten der Fall ist. Die korrekte Bestimmung der Natur der Gametophyten der ältesten fossilen Gefäßpflanzen hängt von der Entdeckung und der Untersuchung weiterer Fossilien ab. Bei einigen den Bryophyten ähnlichen Pflanzen vom Standort Rhynie (Schottland) wurden fossile Gametophyten entdeckt.

WIEDERHOLUNGSFRAGEN

1. Wann traten an Land lebende Gefäßpflanzen erstmals auf?
2. Beschreiben Sie die ersten Gefäßpflanzen.
3. Beschreiben Sie die Beziehung von Bryophyten zu samenlosen Gefäßpflanzen.

Rezente samenlose Gefäßpflanzen 21.2

Bisher haben wir in diesem Kapitel die Abstammung der Landpflanzen von den Grünalgen sowie die drei Stämme der samenlosen Gefäßpflanzen, die während des Silurs und des Devons existierten, behandelt. Nun werden wir Lebenszyklen und charakteristische Merkmale von heute vorkommenden samenlosen Gefäßpflanzen untersuchen. Diese „lebenden Fossilien" liefern außerdem faszinierende Einblicke in die Evolution der Landpflanzen.

Vier Stämme umfassen heute lebende Pflanzen, die mit den Gefäßpflanzen aus den Karbonwäldern verwandt sind (▶ Abbildung 21.6). Die überlebenden Mitglieder des Stammes *Psilotophyta*, auch als Psilotophyten bezeichnet, bestehen aus 142 Arten. Sie sind die einfachsten lebenden Gefäßpflanzen und besitzen keine Wurzeln. Die meisten dieser Arten werden üblicherweise als Gabelfarne bezeichnet. Zu den Mitgliedern des Stammes der *Lycophyta*, den Lycophyten, gehören mehr als 1000 Arten von Bärlappen und verwandten Pflanzen. Lycophyten bilden eine große Zahl einfacher Blätter aus und erinnern entfernt an große Moose. Zu den Mitgliedern des Stammes der *Sphenophyta*, den Sphenophyten, gehören 15 Arten, die aufgrund ihrer charakteristischen, gegliederten Struktur mit quirlständigen, nadelähnlichen Blättern an jedem Knoten auch als Schachtelhalme bezeichnet werden. Die überwiegende Mehrheit der lebenden Arten von samenlosen Gefäßpflanzen gehört zum Stamm der *Pterophyta*, der aus mehr als 11.000 Arten von Farnen besteht.

(a) Zum Stamm der *Psilotophyta* gehören Gabelfarne wie *Psilotum nudum*.

(b) Zum Stamm der *Lycophyta* gehören Bärlappgewächse sowie Moosfarne und Brachsenkräuter.

(c) Zum Stamm der *Sphenophyta* gehören Schachtelhalme wie *Equisetum arvense* (Ackerschachtelhalm).

(d) Der Stamm der *Pterophyta* beinhaltet Farne wie *Dryopteris affinis* (Schuppiger Wurmfarn).

Abbildung 21.6: Rezente samenlose Gefäßpflanzen.

Farne, auch als Pterophyten (oft auch als Pteridophyten) bezeichnet, haben größere, komplexere Blätter als die anderen samenlosen Gefäßpflanzen.

Neueste molekulare Belege legen die Vermutung nahe, dass die Psilotophyten, Sphenophyten und Pterophyten die samenlosen Gefäßpflanzen sind, die am engsten mit Samenpflanzen verwandt sind. Einige Botaniker schlagen eine Klassifikation vor, die samenlose Gefäßpflanzen nur in zwei Gruppen aufteilt: den Stamm der *Lycophyta*, die sich aus den Zosterophyllen entwickelten, und einen neuen Stamm (oder möglicherweise ein Unterreich), der aus allen anderen samenlosen Gefäßpflanzen besteht, die sich genau wie die Samenpflanzen aus den Trimerophyten entwickelten (siehe Abbildung 21.2). In diesem Lehrbuch weisen wir auf die vorgeschlagene Veränderung hin, werden aber dennoch die lebenden samenlosen Gefäßpflanzen in vier Stämme unterteilen, wobei die formale Reklassifikation noch aussteht. Auch in einem großen Teil der botanischen Fachliteratur werden die samenlosen Gefäßpflanzen immer in die vier weiter oben aufgelisteten Stämme eingeteilt.

Gabelfarne (*Psilotophyta*)

Die lebenden Mitglieder des Stammes der *Psilotophyta* lassen sich in zwei Gattungen unterteilen: *Psilotum* und *Tmesipteris*. Die überwiegende Mehrheit der Psilotophyten gehört zur Gattung *Psilotum*, die 129 Arten von Gabelfarnen enthält. Man findet sie in den tropischen und subtropischen Regionen Asiens und Amerikas; oft wachsen sie auch in Gewächshäusern als Unkraut. In vielerlei Hinsicht ähneln Gabelfarne fossilen Rhyniophyten, da sie verzweigte Sprossachsensysteme mit Protostelen besitzen. Im Gegensatz zu den anderen lebenden Gefäßpflanzen besitzen sie keine echten Wurzeln oder Blätter. Anstelle von Blättern hat die Sprossachse kleine, schuppenartige, gefäßlose Auswüchse oder **Enationen** (von lateinisch *enatus*, „aus etwas entspringen"). Die Photosynthese betreibenden, gabelig verzweigten Sprossachsen tragen dreilappige, gelbe Sporangien, die in der Regel entlang des Sprosses angeordnet sind (siehe Abbildung 21.6). Nährstoffe werden durch Rhizome aufgenommen, die Rhizoide oder Haarwurzeln ähnelnde Strukturen besitzen. Die zweite Gattung der Psilophyten, *Tmesipteris*, enthält 13 Arten, die im Südpazifik verbreitet sind. Gewöhnlich hängen sie von Felsen herab oder sitzen als Epiphyten auf anderen Pflanzen, wie beispielsweise auf Baumfarnen (▶ Abbildung 21.7). Wie den Gabelfarnen fehlen auch *Tmesipteris* Wurzeln. Anstelle von Enationen besitzt die Gattung jedoch einadrige Blätter. Beide Gattungen der Psilotophyten sind eng mit Farnen verwandt.

Abbildung 21.7: *Tmesipteris.* In den tropischen Regionen Australiens und im Südpazifik beheimatet, wächst *Tmesipteris* oft als Epiphyt. Die Blätter besitzen eine einzige Ader.

Wie die meisten samenlosen Gefäßpflanzen, darunter sein enger Verwandter *Tmesipteris*, ist *Psilotum* isospor und besitzt bisexuelle Gametophyten. Der *Psilotum*-Gametophyt ist eine kleine, unterirdische Struktur, die weniger als einen Zentimeter lang ist (▶ Abbildung 21.8). Mitunter enthält er Leitgewebe, betreibt jedoch keine Photosynthese. Zur Nahrungsaufnahme hängt er stattdessen von mutualistischen Pilzen ab. Nach der Befruchtung wächst der junge Sporophyt im Inneren eines Archegoniums, wobei er einen Fuß entwickelt, der ihn temporär mit dem Gametophyten verbindet. Wie bei allen samenlosen Gefäßpflanzen löst sich der neue Sporophyt schließlich vom Gametophyten ab, wodurch er zu einer eigenständigen Pflanze wird. Bei einem reifen Sporophyten bildet sich aus Knospen an den Rhizomen ein verzweigtes Sprossachsensystem, in dem Photosynthese betrieben wird. Die Sporangien enthalten diploide Sporenmutterzellen. Sie produzieren durch Meiose haploide Sporen, aus denen Gametophyten entstehen, was den Lebenszyklus schließt.

Bärlappgewächse, Moosfarne und Brachsenkräuter (*Lycophyta*)

Während die Psilotophyten mit den Farnen am engsten verwandt sind, und deshalb auch mit den ausgestor-

21 SAMENLOSE GEFÄSSPFLANZEN (FARNPFLANZEN)

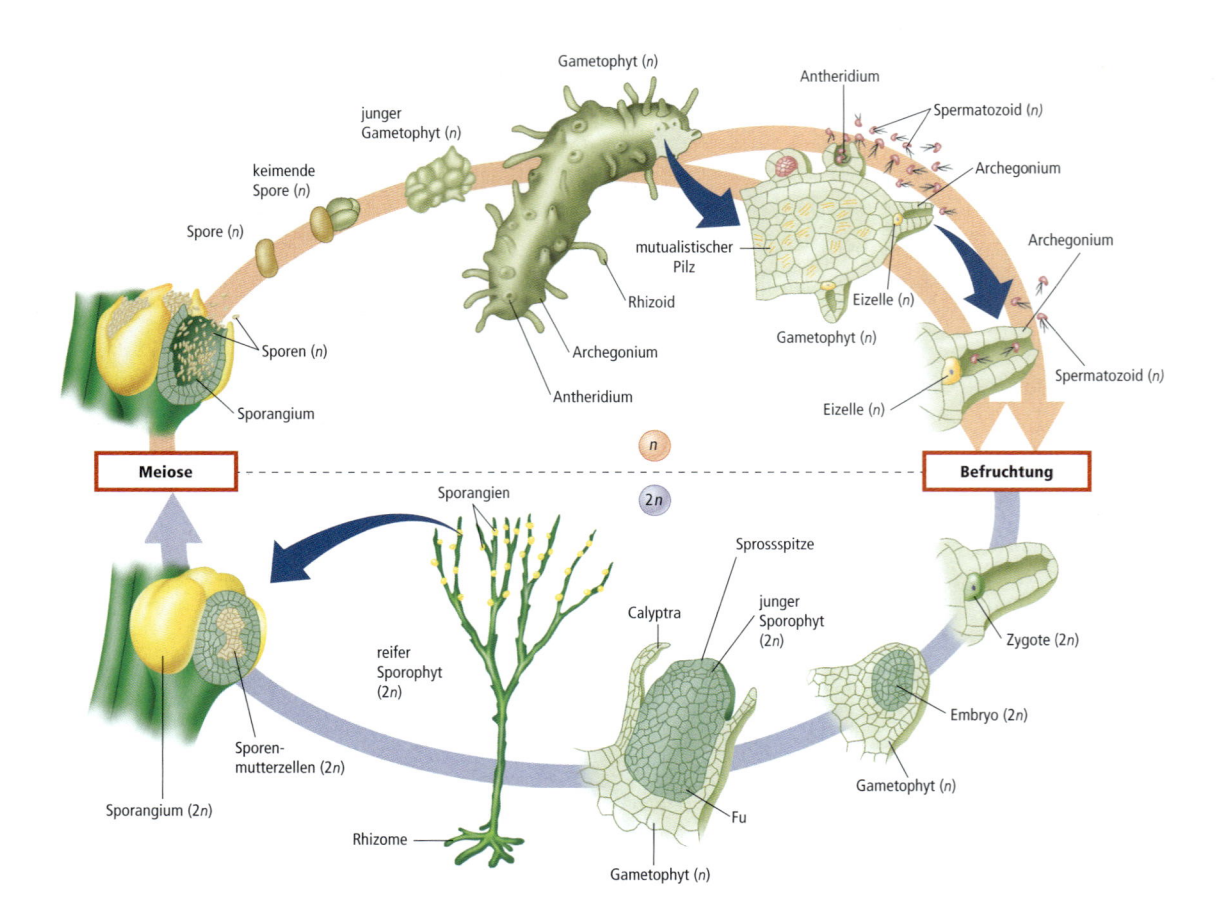

Abbildung 21.8: Der Lebenszyklus von *Psilotum* (Gabelfarn).

benen Trimerophyten, stammen die Lycophyten von den ausgestorbenen Zosterophyllen ab. Der Stamm der *Lycophyta* enthält etwa 1000 lebende Arten, die in drei Ordnungen unterteilt werden: *Lycopodiales* (Bärlappgewächse), *Selaginellales* (Moosfarne) und *Isoëtales* (Brachsenkräuter) (▶ Abbildung 21.9).

Die modernen Lycophyten sind kleine Kräuter. Einige ihrer alten Vorfahren waren jedoch Bäume, die feuchte tropische und semitropische Wälder während des Karbons vor 325 bis 280 Millionen Jahren dominierten. Die ersten Lycophyten waren die vielfältigsten und vorherrschendsten Arten der damaligen Zeit, deren Größe von winzigen Kräutern bis zu Bäumen mit Stämmen reichte, die einen Durchmesser von bis zu 30 Zentimetern und mehr hatten. *Lepidodendron* (Schuppenbäume) und *Sigillaria* (Siegelbäume) sind typische Beispiele ausgestorbener Lycophytenbäume, die als ausgewachsene Bäume eine Höhe zwischen 10 und 54 Metern erreichten und Blätter besaßen, die etwa einen Meter lang waren (▶ Abbildung 21.10). Die Bäume konnten aus zwei Gründen nicht höher wach-

sen: Erstens wurden die Sprossachsen bei jeder Gabelung dünner, was schließlich die Höhe begrenzte. Zweitens bildeten die Kambiumzellen nur kleine Mengen von sekundärem Xylem und kein sekundäres Phloem, so dass das kleine Leitsystem die Höhe ebenfalls beschränkte. Die Überreste der Lycophytenbäume trugen wesentlich zu ausgedehnter Kohlebildung bei, die der Periode des Karbons ihren Namen gab. Wenn die Bäume abstarben und in die anaeroben Sümpfe fielen, fand nur eine teilweise Zersetzung statt. Die sich ansammelnde Masse wandelte letztlich durch ihr Gewicht die pflanzlichen Rückstände in Kohle um.

Alle Lycophyten haben **Mikrophylle** – Blätter, die einen einzelnen Leitstrang beziehungsweise eine einzige Blattader besitzen. Obwohl die Mikrophylle moderner Lycophyten im Allgemeinen klein sind (daher der Name „kleines Blatt"), erreichten die Mikrophylle einiger ausgestorbener Bäume eine Länge von bis zu drei Metern. Mikrophylle sind typischerweise langgestreckt und spiralig angeordnet, und es gibt keine Blattknoten. Es gibt also an der Stelle, an der das Blatt

21.2 Rezente samenlose Gefäßpflanzen

Die Ordnung *Lycopodiales* umfasst Bärlappgewächse, die vorwiegend in den Tropen, aber auch in den gemäßigten Zonen vorkommen. Aus einem Rhizom entstehen Wurzeln und Sprosse. Die Sprosse bilden zahlreiche Mikrophylle und auch Sporophylle, die sich zu keulenförmigen Kolben vereinigen. In der Abbildung ist *Lycopodium obscurum* dargestellt.

Die Ordnung *Selaginellales* umfasst verschiedene Arten von *Selaginella*, die als Moosfarne bezeichnet werden. Diese Pflanzen sind kleiner als Bärlappgewächse und wachsen gewöhnlich horizontal am Boden entlang. Ihre Blätter sind genau wie ihre Strobili (Fruhtzapfen) klein und zart.

Die Ordnung der *Isoëtales* beinhaltet die Gattung *Isoetes*, deren Mitglieder als Brachsenkräuter bekannt sind und in sumpfigen Regionen wachsen. In der Abbildung ist *Isoetes gunnii* dargestellt.

Abbildung 21.9: Stamm der *Lycophyta*.

vom Hauptgefäßsystem abzweigt, keine Unterbrechung im Leitzylinder der Sprossachse (▶ Abbildung 21.11a). Sphenophyten (Schachtelhalme) haben ebenfalls Mikrophylle. Einige Botaniker betrachten auch die Blätter von *Tmesipteris*, die eine einzige Ader besitzen, als Mikrophylle (siehe Abbildung 21.7). Bei den Lycophyten bilden fertile Mikrophylle mit Sporangien oft kleine Strobili (Zapfen), die nicht mit den Samen tragenden Zapfen von Nacktsamern verwechselt werden sollten.

Es gibt zwei Haupttheorien über den Ursprung der Mikrophylle. In einer Sichtweise geht man davon aus, dass sie sich entwickelten, als sich das Leitgewebe in die bereits existierenden **Enationen** ausdehnte (▶ Abbildung 21.11b). Eine konkurrierende Theorie nimmt an, dass es sich bei den Mikrophyllen um kurze Zweige handelt, die durch unterschiedliche Wachstumsgeschwindigkeiten an den beiden obersten Zweigen oder

Abbildung 21.10: Ausgestorbene Lycophytenbäume. Viele Arten riesiger Bäume, wie beispielsweise (a) *Lepidodendron* und (b) *Sigillaria*, dominierten in den Mooren und Sümpfen des Karbon. Einige Arten erreichten eine Höhe von etwa 45 m.

537

21 SAMENLOSE GEFÄSSPFLANZEN (FARNPFLANZEN)

(a) Mikrophyllen sind kleine Blätter mit nur einem Leitstrang. Sie zweigen von der Stele ohne Blattlücke ab.

Leitstrang

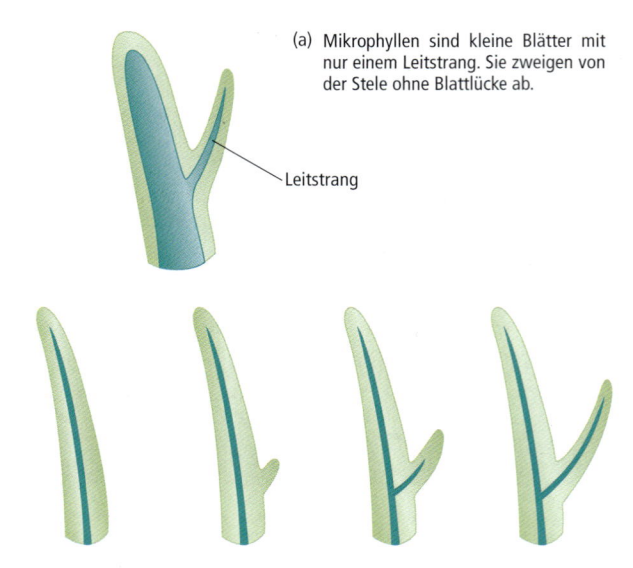

(b) Die Enationstheorie besagt, dass sich die Mikrophylle entwickeln, wenn sich ein Leitstrang allmählich in eine Enation, eine aderlose Ausbuchtung, hineinwächst.

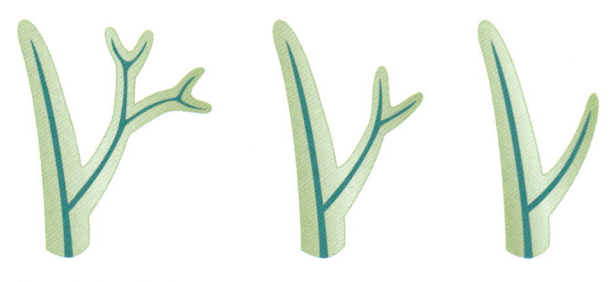

(c) Nach der Telomtheorie entwickelten sich Mikrophylle durch die Rückbildung existierender Telome.

Abbildung 21.11: Die Struktur und der mögliche Ursprung von Mikrophyllen.

Telomen (von griechisch *telos*, „Ende") einer dichotomen Verzweigung entstanden (▶ Abbildung 21.11c).

Die meisten lebenden Lycophyten gehören zur Ordnung der Lycopodiales. Einige findet man in den gemäßigten Zonen, doch die meisten der 200 Arten sind tropisch, viele von ihnen leben epiphytisch. Typischerweise wachsen sie als verzweigtes Rhizom, das sowohl unterirdische wurzelähnliche Strukturen als auch Photosynthese betreibende Sprosse ausbildet, wodurch sie an riesige Moose erinnern. Ihr Lebenszyklus ähnelt dem von *Psilotum* (siehe Abbildung 21.8). Die Sporangien findet man gewöhnlich auf der Oberseite von Sporophyllen (fertilen Blättern), die sich zu Strobili vereinigen können. Die Sporen sind isospor und keimen zu bisexuellen Gametophyten aus. Je nach Art betreiben die Gametophyten manchmal Photosynthese und sind gelegentlich unterirdisch, wo sie in ihrer Ernährung von mutualistischen Pilzen abhängen. Es kann Jahre dauern, bis Gametophyten reif sind. Sie können länger als ein Jahr lang Sporophyten bilden. Der junge Sporophyt entwickelt sich im Innern eines Archegoniums, ehe er schließlich zu einer unabhängigen Pflanze wird.

Die Ordnung *Selaginellales* (Moosfarne) enthält nur eine Familie (*Selaginellaceae*) und eine Gattung (*Selaginella*). Die meisten der 700 Arten von *Selaginella* oder Moosfarnen leben in feuchten, tropischen Lebensräumen (siehe Abbildung 21.9b). Doch einige kommen in trockenen Regionen vor, wie die in der Wüste lebende *Selaginella lepidophylla* (▶ Abbildung 21.12). Anders als Bärlappgewächse und die meisten anderen samenlosen Gefäßpflanzen sind *Selaginella*-Arten heterospor, wobei sie Mikrosporen und Megasporen bilden (▶ Abbildung 21.13). Bei jedem Strobilus erscheinen Sporangien an der Oberfläche der Sporophylle. Sporophylle mit Mikrosporangien werden als **Mikrosporophylle** bezeichnet, während diejenigen mit Megasporangien als **Megasporophylle** bezeichnet werden. *Selaginella*-Arten unterscheiden sich auch von den meisten anderen samenlosen Gefäßpflanzen hinsichtlich der Entwicklung des Gametophyten, die **endosporisch** ist. Sie findet nämlich größtenteils *innerhalb* der Sporenwand statt. Bei anderen samenlosen Gefäßpflanzen sowie bei Bryophyten vollzieht sich das Wachstum des Gametophyten **exosporisch**, es findet also *außerhalb* der Sporenwand statt. Bei *Selaginella* wächst jeder Mikrogametophyt, der fast nur aus einigen Spermatozoiden besteht, in einer Mikrospore und setzt nach der Reife die Spermatozoiden frei. Währenddessen sprengt der reife Megagametophyt die Megasporenwand. Dadurch werden die Archegonien, die zur Befruchtung Wasser brauchen, freigelegt. Nach der Befruchtung ist der junge Sporophyt zunächst mit dem Megasporophyten verbunden; doch schließlich wird er zu einer unabhängigen Pflanze.

Die Ordnung *Isoëtales*, die auch als Brachsenkräuter bekannt sind, umfasst nur eine Familie (*Isoetaceae*) und eine Gattung (*Isoetes*, siehe Abbildung 21.9c). Eng mit *Lepidodendron* und anderen Lycophytenbäumen des Karbons verwandt, sind die 60 Arten der Brachsenkräuter die einzigen Lycophyten, die ein Leitbündelkambium besitzen. Anders als ihre ausgestorbenen Verwandten sind Brachsenkräuter nicht groß und bestehen aus einer großen knolligen unterirdischen Sprossachse, die Wurzeln und stachelartige Mikrophylle ausbildet, die alle zu Sporophyllen werden können. Wie *Selaginella* sind Brachsenkräuter heterospor, wobei sich Mikrosporangien und Megasporangien auf der Oberfläche der Blätter in der Nähe der Basis bilden. Brach-

21.2 Rezente samenlose Gefäßpflanzen

Abbildung 21.12: *Selaginella lepidophylla*, eine Auferstehungspflanze, die auch unter dem Namen „Rose von Jericho" bekannt ist. Während die meisten *Selaginella*-Arten in feuchten, tropischen Regionen gedeihen, trifft man *Selaginella lepidophylla* in den trockenen Wüsten im Südwesten der Vereinigten Staaten an. Ihr umgangssprachlicher Name spielt auf ihre Fähigkeit an, völlig auszutrocknen, sich schon kurz nach einem heftigen Regenguss neu zu beleben und wieder Photosynthese zu betreiben. Die beiden Fotografien zeigen dieselbe Pflanze im trockenen Zustand und nach der Rehydratation.

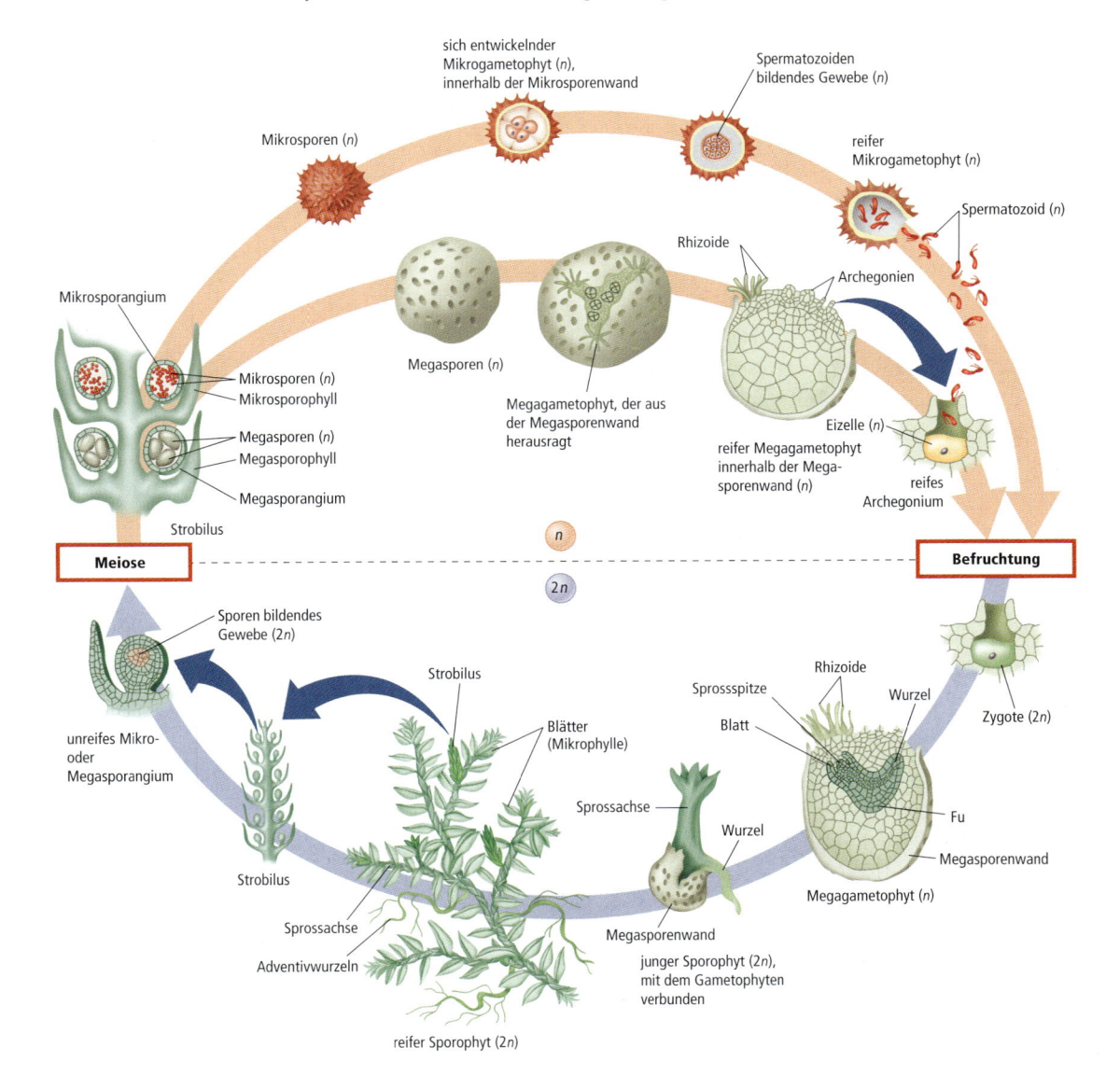

Abbildung 21.13: Der Lebenszyklus von *Selaginella* (Moosfarn).

senkräuter leben in Regionen, die einen Teil des Jahres oder das ganze Jahr über unter Wasser stehen, und sie dienen gelegentlich als Aquariumspflanzen. Einige Arten besitzen keine Stomata; stattdessen erhalten sie CO_2 zur Photosynthese aus dem organischen Schlamm, in dem sie leben. Tagsüber halten Photosynthese betreibende Bakterien und Algen den CO_2-Gehalt des Wassers niedrig. Nachts erhöht die Zellatmung von Bakterien und anderen Organismen die CO_2-Konzentrationen beträchtlich. Aus diesem Grund betreiben diese Pflanzen CAM-Photosynthese, wobei CO_2 nachts fixiert und Apfelsäure gespeichert wird (siehe Kapitel 8).

Schachtelhalme (*Sphenophyta*)

Die Mitglieder des Stammes *Sphenophyta* entwickelten sich vermutlich aus den ausgestorbenen Trimerophyten. Ausgestorbene baumähnliche Formen gab es in der Familie der *Calamitaceae*. Die Bäume erreichten Höhen von etwa 20 Metern und hatten Stämme mit bis zu 30 Zentimetern Durchmesser (▶ Abbildung 21.14). Wie die ausgestorbenen Lycophytenbäume hatten sie Leitbündelkambien, die kein sekundäres Phloem bildeten. Die einzige lebende Gattung der Sphenophyten ist *Equisetum*, die aus 15 Pflanzenarten besteht, die als Schachtelhalme bekannt sind. Wie bereits erwähnt deuten neueste molekulare Belege darauf hin, dass Sphenophyten und Psilotophyten eng mit Farnen verwandt sind, was nahelegt, alle drei Gruppen in denselben Stamm zu stellen.

Schachtelhalme gehören zu den ungewöhnlichsten Pflanzen, die es auf der Welt gibt. Der Sporophyt hat eine hohle, gegliederte Sprossachse mit quirlständigen Mikrophyllen an den Knoten. Die Mikrophylle fühlen sich etwas rau an, weil ihre Epidermiszellen Siliciumdioxid (umgangssprachlich Kieselsäure) enthalten. Das ist der Grund dafür, dass Schachtelhalme früher dazu benutzt wurden, Töpfe zu putzen. Der Name Schachtelhalm rührt daher, dass man die Sprossachse aus der von den Blättern gebildeten Scheide herausziehen und wieder zurückstecken kann. Schachtelhalme werden auch als „lebende Fossilien" bezeichnet, weil die heutigen Pflanzen praktisch nicht von den 400 Millionen Jahre alten Fossilien zu unterscheiden sind.

Wie die meisten samenlosen Gefäßpflanzen ist *Equisetum* isospor. Sporangien sind zu schirmartigen Sporangiophoren zusammengefasst, die geometrisch in Form eines Strobilus (Zapfens) angeordnet sind (▶ Abbil-

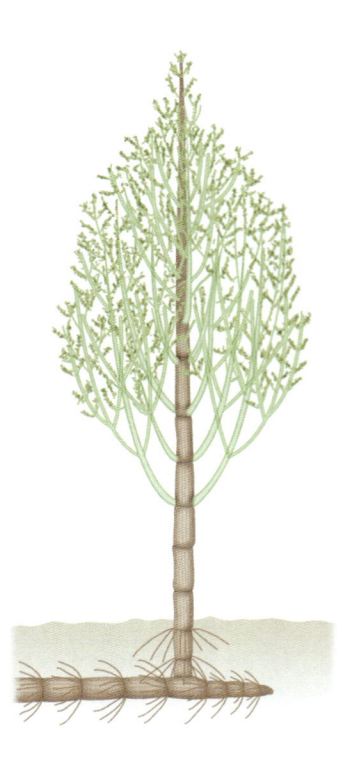

Abbildung 21.14: Ein ausgestorbener Riesenschachtelhalm. Während des Karbons gediehen die großen, baumähnlichen Mitglieder der Sphenophyten. Diese Zeichnung ist eine Rekonstruktion von *Calamites*, einem Riesenschachtelhalm, der eine Höhe von bis zu 20 Metern erreichen konnte.

dung 21.15). Einige Arten haben getrennte sterile und fertile Triebe, während bei anderen jeder ausgewachsene Spross fortpflanzungsfähig, also fertil wird. Innerhalb jedes Sporangiums sind die Sporen von langgestreckten Strukturen, den **Elateren**, umwickelt, die sich entwinden, wenn der Strobilus reif ist und austrocknet, was zur Verbreitung der Sporen durch den Wind beiträgt. Jede keimende Spore entwickelt sich innerhalb einiger Wochen zu einem unabhängigen, Photosynthese betreibenden Gametophyten, der typischerweise bisexuell ist. Wie bei allen samenlosen Gefäßpflanzen löst sich der Sporophyt schließlich vom Gametophyten und wird zu einer unabhängigen Pflanze.

Farne (*Pterophyta*)

Farne entwickelten sich aus den bereits ausgestorbenen Trimerophyten und tauchten erstmals während des Karbons auf. Heute sind sie die erfolgreichste und am weitesten verbreitete Gruppe samenloser Gefäßpflanzen. Gewöhnlich kommen sie in feuchten Lebensräumen an Land vor, weniger häufig findet man sie im Süßwasser, auf Bergen und in Wüsten. Die meisten der 11.000 Arten

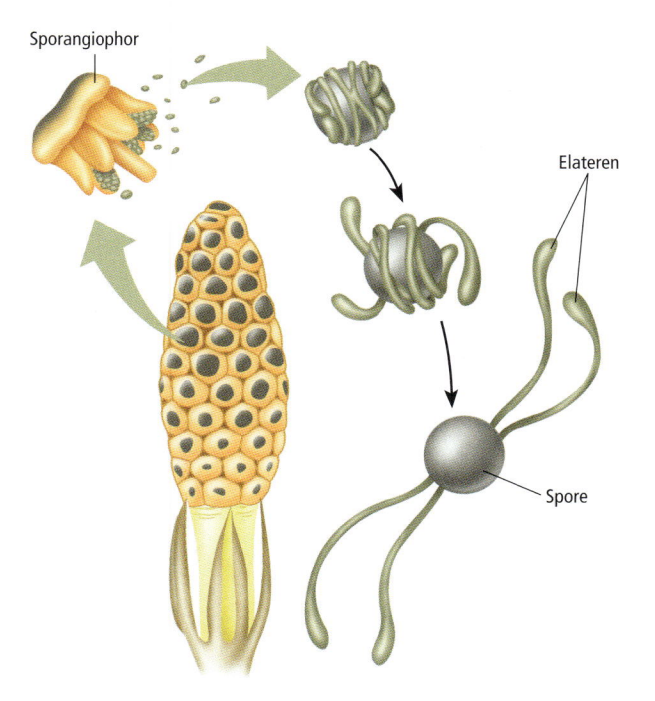

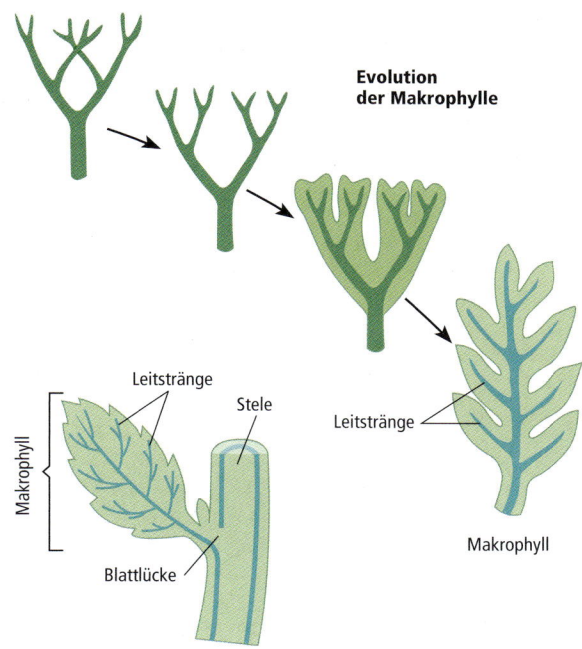

21.2 Rezente samenlose Gefäßpflanzen

Abbildung 21.15: Der *Equisetum*-Strobilus. Bei einem Strobilus sind die Sporangiophoren geometrisch angeordnet. An der Außenseite jeder Spore entwinden sich Elateren und fangen den Wind ein, was ihnen bei der Verbreitung hilft.

Abbildung 21.17: Die Struktur und der mögliche Ursprung von Makrophyllen. Farne sind die einzigen samenlosen Gefäßpflanzen mit Makrophyllen. Das sind Blätter, die mehr als einen Leitstrang besitzen. Sie kommen bei allen Samenpflanzen vor. Makrophylle bilden stets eine Blattlücke oder eine analoge Struktur aus. Sie entwickelten sich vermutlich aus flachen, dichotomen Zweigen, deren Zwischenräume allmählich mit Gewebe ausgefüllt wurden.

sind tropische Arten, die an feuchte, warme Bedingungen angepasst sind. Der Stamm der *Pterophyta* umfasst Lianen, Epiphyten und Bäume (▶ Abbildung 21.16), doch selbst die größten lebenden Baumfarne weisen kein sekundäres Dickenwachstum auf.

Abbildung 21.16: Baumfarne. In den Tropen wachsen viele Baumfarnarten mit Höhen von bis zu sechs Metern. Sie sind Überbleibsel der Baumfarnwälder des Mesozoikums.

Farne sind die erste Pflanzengruppe, die **Makrophylle** aufwies. Das sind Blätter, die im Gegensatz zu Mikrophyllen mit ihrem einzelnen Leitstrang ein hochverzweigtes Leitsystem besitzen. Makrophylle sind im Allgemeinen größer als Mikrophylle und haben, anders als Mikrophylle, Blattlücken oder ähnliche Parenchymbereiche, wo das Leitgewebe die Stele verlässt. Makrophylle sind auch für alle Samenpflanzen charakteristisch, was sie bei modernen Pflanzen zum am häufigsten vorkommenden Blatttypus macht. Da die ersten Pflanzen verzweigte Sprossachsensysteme aufwiesen, vermuten Paläobotaniker, dass sich viele strukturelle Merkmale moderner Pflanzen durch Veränderungen der Wachstumsgeschwindigkeit der Telome entwickelten. Demnach könnten Makrophylle durch die Bildung von Blattgewebe entstanden sein, das Zweigsysteme miteinander verband (▶ Abbildung 21.17). Die Entwicklung von Sporangien auf Blättern führen Botaniker ebenfalls auf Veränderungen der Wachstumsgeschwindigkeit zurück (siehe den Kasten *Evolution* auf Seite 542).

EVOLUTION

■ Telome und der Ursprung der Sporangien

Die ersten Gefäßpflanzen waren einfache verzweigte Sprossachsensysteme, die keine Wurzeln und keine Blätter besaßen. Sporangien befanden sich an den Spitzen der Sprosse. *Cooksonia* (siehe Abbildung 21.4 a) ist ein gutes Beispiel eines Fossils, das diese primitiven Merkmale aufwies. Paläobotaniker glauben, dass Veränderungen in der Wachstumsgeschwindigkeit von Telomen zur evolutionären Entwicklung vieler Merkmale führten, die wir heute bei Pflanzen finden.

Frühe Gefäßpflanzen waren verzweigte Sprossachsensysteme, bei denen die Telome gleich lang waren (a). Zwei grundlegende Wachstumsprozesse könnten für verschiedene anatomische Merkmale von Gefäßpflanzen verantwortlich sein. Bei dem ersten Prozess handelt es sich um den Überwuchs (b), bei dem ein Telom sehr lang wächst, während das andere normales Wachstum zeigt. Bei dem zweiten Prozess handelt es sich um Reduktion (c), bei der ein Telom sehr wenig wächst, während das andere normales Wachstum aufweist. Der Überwuchs und die Reduktion können bei einem Paar von Telomen gleichzeitig auftreten (d). Die dreilappigen Sporangien von *Psilotum* (e) könnten sich durch eine Kombination aus Überwuchs und Reduktion entwickelt haben, was zum Verlust eines der ursprünglich verkürzten Telome führte. Bei den Lycophyten kommt ein Sporangium auf einem Mikrophyll zu liegen (f), was zu einem Sporophyll führt, das sich wiederum durch Überwuchs und Reduktion entwickelt haben könnte. Bei *Equisetum* (g) entstanden durch Überwuchs und Reduktion mehrere gekrümmte Sporangien. Bei Farnen (h) kommen Sporangien oft an der Unterseite von Blättern vor (siehe Abbildung 21.20). Makrophylle entstanden durch Gewebe, das den Raum zwischen eng benachbarten Telomen füllte (siehe Abbildung 21.17).

Mit ihrer im Allgemeinen größeren Oberfläche und ihrem ausgedehnten Adernetz könnten Makrophylle den Farnen hinsichtlich der Photosynthese einen Evolutionsvorteil gegenüber samenlosen Gefäßpflanzen mit Mikrophyllen geliefert haben. Farnblätter kommen in einer großen Vielfalt von Formen und Größen vor (▶ Abbildung 21.18). Bei einigen Arten können sie sogar Meristeme bilden und an ihren Spitzen neue Pflanzen entwickeln. Die meisten Farnsporangien haben kurze Stiele, wobei das Sporangium selbst von einem **Annulus**, einer Reihe von Zellen mit verdickten Zellwänden, die einem Rückgrat ähnelt, umgeben ist. Wenn die Sporen reif sind, trocknet der Annulus ein und schrumpft, wodurch das Sporangium aufreißt und die Sporen von der Pflanze weggeschleudert werden.

▶ Abbildung 21.19 zeigt den Generationswechsel eines typischen isosporen Farns, der bisexuelle Gametophyten bildet. Die in der Regel Photosynthese betreibenden Gametophyten sind eine Zellschicht dick, haben einen Durchmesser von weniger als einem halben Zentimeter und sind oft herzförmig. Die Spermatozoiden sind gewunden und mehrfach begeißelt. Nach der Befruchtung wächst der Embryo innerhalb des Archegoniums. Zunächst ist der junge Sporophyt hinsichtlich der Nahrungsaufnahme abhängig vom Gametophyten, mit dem er verbunden ist. Jedoch ernährt er sich schließlich durch Photosynthese selbst und wird

(a) Ein Vertreter der Schwimmfarngewächse, der Gemeine Schwimmfarn *Salvinia natans*.

(b) Ein xerophytischer Farn, *Cheilanthes argentea*.

(c) Ein immergrüner, mehrjähriger Streifenfarn, *Asplenium scolopendrium*.

(d) Ein Geweihfarn, *Platycerium hillii*.

Abbildung 21.18: Makrophylle der Farne.

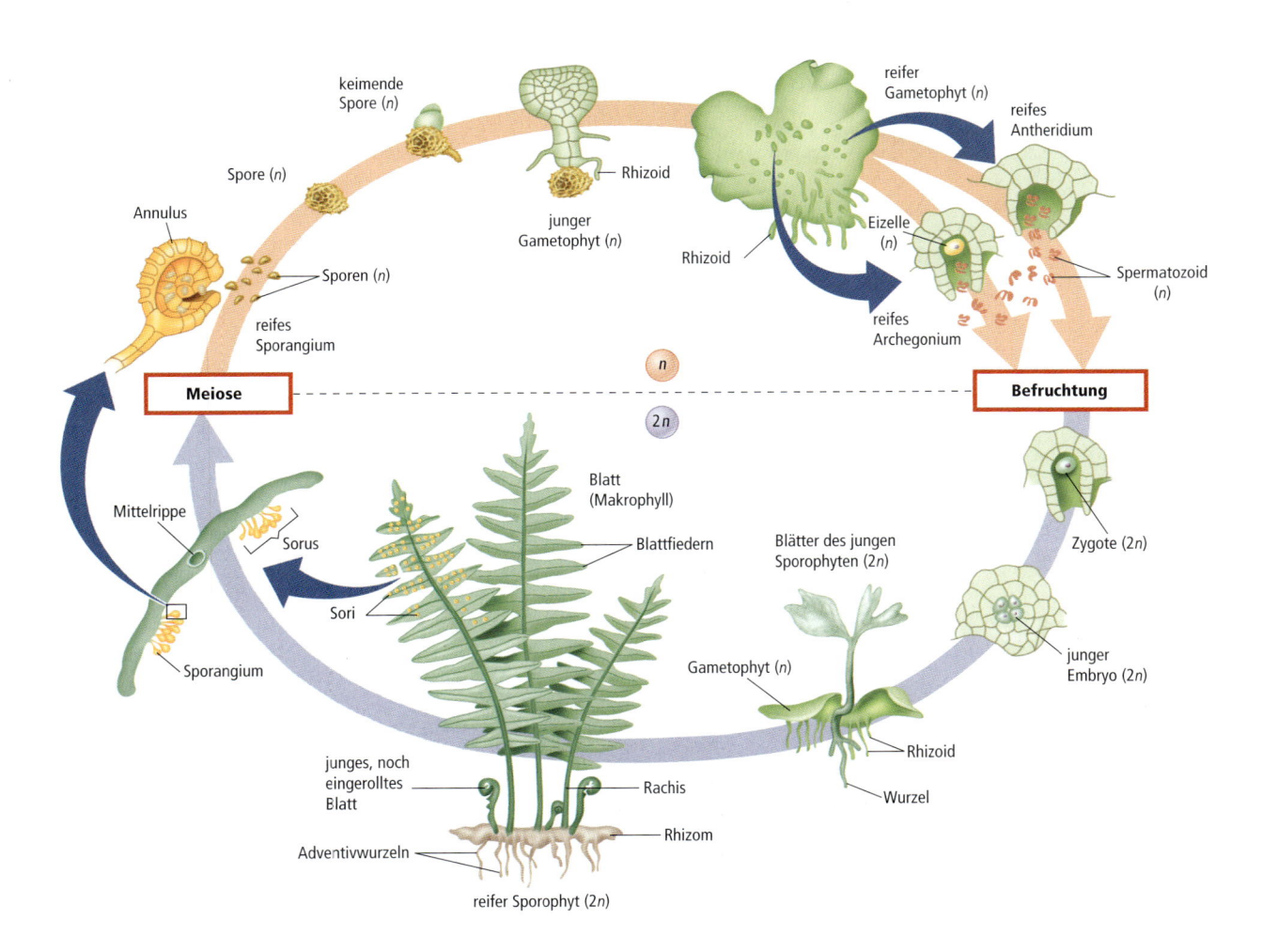

Abbildung 21.19: Der Lebenszyklus eines isosporen Farns.

21 SAMENLOSE GEFÄSSPFLANZEN (FARNPFLANZEN)

Abbildung 21.20: Einige Muster von Farnsporangien. Ein Sporangiencluster, der *Sorus*, kann rund sein oder sich über einen gewissen Bereich entlang des Randes eines Blattes erstrecken. Obwohl sich die Anordnungen unterscheiden können, findet man Sori immer in der Nähe des Blattrandes an der Unterseite des Blattes.

Abbildung 21.21: Bei Farnen sind die Sporangiencluster häufig geschützt. Sori oder Sporangiencluster können durch schirmähnliche Strukturen geschützt sein, die als Indusien (in der Abbildung zu erkennen als runde, braune Strukturen) bezeichnet werden.

zu einer separaten Pflanze, während der Gametophyt vertrocknet und abstirbt.

Die Sporenbildung findet an den Makrophyllen des Sporophyten statt, die als **Farnwedel** bezeichnet werden. Farnwedel sind häufig zusammengesetzt, also in kleine Blättchen unterteilt, die als **Fiederblätter** bezeichnet werden. Sie sind mit der **Rachis**, einer Verlängerung des Blattstiels, verbunden. Unreife Farnwedel sind eingerollt. Die meisten Farnarten haben einen Typ von Farnwedel, der sowohl Photosynthese betreiben kann als auch fertil ist. Einige Arten haben separate sterile und fertile Wedel, wobei die fertilen Wedel keine Photosynthese betreiben. Die Sporangien kommen bei fertilen Wedeln typischerweise in Gruppen, den **Sori** (Singular: Sorus), vor, die man gewöhnlich an der Unterseite der Wedel findet. Ihre Anordnung unterscheidet sich von einer Art zur anderen stark, doch erscheinen Sori typischerweise als zufällig verteilte punktförmige Strukturen auf der Wedeloberfläche oder dem Rand der Wedel (▶ Abbildung 21.20). In Abhängigkeit von der Art kann jeder Sorus entweder „nackt" oder von einem Teil des Wedels bedeckt sein. Bei der Abdeckung kann es sich um eine schirmartige Struktur handeln, die als **Indusium** (lateinisch, „Tunika", Plural: Indusien) bezeichnet wird, oder einfach um den eingerollten Rand des Wedels, der oft als falsches Indusium bezeichnet wird (▶ Abbildung 21.21). Farnsporangien werden durch eines von zwei Entwicklungsmustern gebildet: eusporangiat oder leptosporangiat. Bei eusporangiaten Farnen (den Ordnungen der *Ophioglossales* und der *Marattiales*) entwickeln sich die Sporangien aus einer Gruppe meristematischer Initialzellen auf dem Blatt. Alle anderen Ordnungen enthalten leptosporangiate Farne, bei denen Sporangien aus einer einzelnen Initialzelle entspringen.

Die meisten Farne sind isospor, wobei jedoch zwei Ordnungen von Wasserfarnen (*Marsileales* und *Salviniales*) die einzigen lebenden heterosporen Farne sind. Viele der typischen Merkmale von Wasserfarnen sind Anpassungen in ihren aquatischen Lebensraum. Die Heterosporie an sich könnte im Wasser leichter aufrechtzuerhalten sein, da die Spermatozoiden Entfernungen von einem Zentimeter und mehr im Wasser zur Eizelle schwimmen können, ohne dabei auf Tautropfen oder Regentropfen als geeignetes Medium angewiesen zu sein. Die Gattung *Marsilea*, die kleeähnliche Schwimmblätter besitzt und gewöhnlich in flachen Seen lebt, gehört zur Ordnung *Marsileales*. Mikrosporen und Megasporen sind in nussähnlichen Sporokarpen am Ende der kurzen Stängel enthalten. Sporokarpe sind ziemlich dürreresistent; sie sind dazu in der Lage, Perioden zu überstehen, in denen flache Seen austrocknen. Jedes Sporokarp bildet sich aus einem modifizierten Farnblatt, das sich nach innen faltet

Tabelle 21.1

Überblick über die samenlosen Gefäßpflanzen

Stamm	Name	Arten	Status	Blatttyp	Sporentyp	Bemerkung
Rhyniophyta		einige Duzend bekannt	ausgestorben	keine Blätter	vermutlich isospor	werden vermutlich als mehr als ein Stamm reklassifiziert
Zosterophyllophyta		einige Duzend bekannt	ausgestorben	Mikrophylle	vermutlich isospor	Aus ihnen entstanden Lycophyten.
Trimerophytophyta		einige Duzend bekannt	ausgestorben	Mikrophylle	vermutlich isospor	Aus ihnen entstanden Psilotophyten, Sphenophyten und Pterophyten.
Psilotophyta	Gabelfarne (umgangssprachlicher Name für *Psilotum*)	142	lebend	Enationen (bei Gabelfarnen); Mikrophylle (bei *Tmesipteris*)	isospor	einfachste Gefäßpflanzen; molekulare Belege deuten darauf hin, dass es sich um Farne handelt
Lycophyta	Bärlappgewächse, Moosfarne, Brachsenkräuter	etwa 1000	lebend	Mikrophylle	Bärlappgewächse sind isospor; Moosfarne und Brachsenkräuter sind heterospor	endosporische Gametophyten bei Moosfarnen und Brachsenkräutern
Sphenophyta	Schachtelhalme	15	lebend	Mikrophylle	isospor	gegliederte, hohle Sprossachsen; molekulare Belege deuten darauf hin, dass es sich um Farne handelt
Pterophyta	Farne	etwa 11.000	lebend	Makrophylle	vorwiegend isospor; Wasserfarne heterospor	Farne sind die am weitesten verbreiteten samenlosen Gefäßpflanzen.

und an den Rändern verklebt. Wenn Sporokarpe keimen, entsteht eine Reihe von Sori mit Indusien, die entweder Mikrosporen oder Megasporen enthalten. *Salvinia* und *Azolla* sind zwei kleine Wasserfarne, bei denen die gesamte Pflanze auf der Oberfläche schwimmt. Bei diesen Pflanzen enthält das Sporokarp einen einzigen Sorus; bei der Sporokarpwand handelt es sich um ein modifiziertes Indusium. Die Sporangien produzieren eine Schleimmasse, durch welche die Spermatozoiden schwimmen können, ohne der Gefahr ausgesetzt zu sein, abzudriften, wenn die Pflanze Strömungen und Wind ausgesetzt ist.

Die asexuelle Fortpflanzung ist bei vielen Farnen ziemlich verbreitet. Typischerweise vollzieht sie sich mithilfe der horizontalen unterirdischen Sprossachsen, der **Rhizome**, wie bei Farnkräutern. Einigen Farnarten, wie beispielsweise *Trichomanes speciosum* und etliche Arten von *Hymenophyllum*, des Hautfarns, fehlen Sporophyten völlig. Sie können sich nur ungeschlechtlich fortpflanzen. Sie tun dies durch spezielle Filamente, die sich vom Gametophyten lösen und sich zu neuen Pflanzen entwickeln. Solche Arten bilden Kolonien, die mehr als 1000 Jahre alt sein können. Sie besiedeln Lebensräume, die auch von Moosen bevorzugt werden.

Als Gruppe betrachtet, umfassen die samenlosen Gefäßpflanzen eine große Vielzahl von Pflanzen und Entwicklungsmustern (▶ Tabelle 21.1). Ihren Selektionsvorteil behalten sie in einigen warmen, feuchten Lebensräumen und sogar in einigen kalten oder trockenen Lebensräumen. Zu ihren Hochzeiten waren die samenlosen Gefäßpflanzen die Krone der pflanzlichen Evolution. Ihre Abstammung geht auf die frühesten Tage des Reiches der Pflanzen zurück. Obwohl samenlose Gefäßpflanzen im Allgemeinen landwirtschaftlich keine Bedeutung haben, spielen einige Wasserfarne eine wichtige Rolle beim Reisanbau.

21 SAMENLOSE GEFÄSSPFLANZEN (FARNPFLANZEN)

Das Wasserfarn *Azolla* geht eine mutualistische Beziehung mit einem Cyanobakterium, *Anabaena azollae*, ein, das in Hohlräumen an der Unterseite der Blätter lebt. *Anabaena* fixiert Stickstoff; es kann also Stickstoff aus der Luft in eine für Pflanzen nutzbare Form umwandeln. In Reisfelder wird *Azolla* oft wegen des von ihm gelieferten Stickstoffs eingebracht. Außerdem beschattet es Unkräuter effektiv, die anderenfalls mit den Reispflanzen um Nährstoffe und Sonnenlicht konkurrieren würden.

WIEDERHOLUNGSFRAGEN

1. Worin unterscheiden sich die isosporen Arten von heterosporen Arten?
2. Vergleichen Sie die vier lebenden Stämme von samenlosen Gefäßpflanzen.
3. Finden Sie Gemeinsamkeiten und Unterschiede in den Lebenszyklen von *Selaginella* und den Farnen.

ZUSAMMENFASSUNG

21.1 Die Evolution der samenlosen Gefäßpflanzen

Die Landschaft vor 350 Millionen Jahren

Samenlose Gefäßpflanzen waren zusammen mit den Bryophyten die ersten Pflanzen. Anders als Bryophyten besaßen sie Xylem und Phloem. Während des Karbons (vor 363–290 Millionen Jahren) waren sie die am weitesten verbreiteten Pflanzen.

Die Evolutionsgeschichte der Landpflanzen

Die ersten Pflanzenfossilien von samenlosen Gefäßpflanzen sind 450 Millionen Jahre alt. Molekulare Belege deuteten darauf hin, dass sich die ersten Pflanzen bereits schon vor 700 Millionen Jahren entwickelten. Wie Bryophyten bildeten die ersten Gefäßpflanzen keine Samen aus und waren auf von außen zugeführtes Wasser angewiesen, damit die Spermatozoiden zur Befruchtung zur Eizelle schwimmen konnten.

Ausgestorbene Gefäßpflanzen

Die ersten Fossilienfunde von Gefäßpflanzen stammen von den heute ausgestorbenen Rhyniophyten, die vermutlich die Vorfahren zweier weiterer ausgestorbener Gruppen sind: der Zosterophyllen und der Trimerophyten. Die aus verzweigten Sprossachsensystemen bestehenden, Photosynthese betreibenden Pflanzen, die in sumpfigen Regionen lebten, sind vor etwa 363 Millionen Jahren ausgestorben. Zosterophyllen sind die Vorfahren des Stammes der Lycophyta, während sich die anderen existierenden Stämme samenloser Gefäßpflanzen sowie die der Samenpflanzen aus Trimerophyten entwickelten.

Der Generationswechsel bei samenlosen Gefäßpflanzen

Bei samenlosen Gefäßpflanzen ist der Sporophyt dominierend, so wie es auch bei Samenpflanzen der Fall ist. Die meisten Arten sind isospor. Heterosporie, die charakteristisch für Samenpflanzen ist, kommt auch bei einigen samenlosen Gefäßpflanzen vor.

21.2 Die rezenten samenlosen Gefäßpflanzen

Die vier lebenden Stämme sind die der *Psilotophyta* (hauptsächlich Gabelfarne), der *Lycophyta* (Bärlappgewächse und verwandte Arten), der *Sphenophyta* (Schachtelhalme) und der *Pterophyta* (Farne), wobei Farne die größte Gruppe bilden.

Gabelfarne (*Psilotophyta*)

Die Hauptgattung, *Psilotum*, enthält Gabelfarne, die aus verzweigten Sprosssystemen bestehen. Sie besitzen keine Wurzeln, anstelle von Blättern tragen sie Enationen. Dreilappige, gelbliche Sporangien sitzen am Ende der Sprosse. Die Gattung *Tmesipteris* besitzt Blätter mit einer einzigen Ader. Psilotophyten sind isospor und haben bisexuelle Gametophyten. Wie bei anderen samenlosen Gefäßpflanzen wird der Sporophyt unabhängig.

Bärlappgewächse, Moosfarne und Brachsenkräuter (*Lycophyta*)

Obwohl der Stamm auch ausgestorbene Bäume umfasst, sind alle modernen Lycophyten krautig. Alle haben Mikrophyllen, die bei einigen Arten Sporangien ausbilden, die zu zapfenartigen Strobili angeordnet sind. Bärlappgewächse sind isospor und haben exosporische Gametophyten. Moosfarne und Brachsenkräuter sind dagegen heterospor und haben endosporische Gametophyten.

Schachtelhalme (*Sphenophyta*)

Schachtelhalme (*Equisetum*) bilden die einzige lebende Gattung von Sphenophyten, die sich aus den ausgestorbenen Trimerophyten entwickelten. Sie sind isospor. Der Sporophyt besitzt eine hohle, gegliederte Sprossachse mit quirlständigen Mikrophyllen. Der unabhängige, Photosynthese betreibende Sporophyt ist typischerweise bisexuell. Baumartige Arten existierten während des Karbons.

Farne (*Pterophyta*)

Farne entwickelten sich aus den ausgestorbenen Trimerophyten und bestehen heute aus krautigen Pflanzen, Lianen, Epiphyten und Baumfarnen. Farne sind die erste Gruppe von Pflanzen, die Makrophyllen besaßen. Die meisten Arten sind isospor, die Gametophyten betreiben Photosynthese und sind gewöhnlich bisexuell. Bei den meisten Arten der Farne haben die Sporophyten ausschließlich fertile, Photosynthese betreibende Wedel. Einige Arten haben allerdings auch separate sterile und fertile Wedel.

ZUSAMMENFASSUNG

Verständnisfragen

1. Wie unterschieden sich die Wälder aus der Zeit des Karbons von heutigen Wäldern?
2. Beschreiben Sie die evolutionäre Verwandtschaft zwischen Grünalgen, Bryophyten und samenlosen Gefäßpflanzen.
3. Finden Sie Gemeinsamkeiten und Unterschiede zwischen den drei Stämmen der ältesten Gefäßpflanzen.
4. Wie unterscheidet sich das Verhältnis von Sporophyt zu Gametophyt bei samenlosen Gefäßpflanzen von dem bei Bryophyten und Samenpflanzen?
5. In welchem Sinne kann man samenlose Gefäßpflanzen als „lebende Fossilien" bezeichnen?
6. Worin unterscheiden sich Gabelfarne von anderen Gefäßpflanzen?
7. Charakterisieren Sie die drei Ordnungen von Lycophyten.
8. Finden Sie Gemeinsamkeiten und Unterschiede zwischen Enationen, Mikrophyllen und Makrophyllen.
9. Beschreiben Sie, wie sich Mikrophylle entwickelt haben könnten.
10. Beschreiben Sie den möglichen Ursprung der Makrophylle.
11. Was versteht man unter endosporischer Entwicklung eines Gametophyten?
12. Was sind die charakteristischen Merkmale von Schachtelhalmen?
13. Worin unterscheiden sich Farne von anderen samenlosen Gefäßpflanzen?
14. Beschreiben Sie den Gametophyten und den Sporophyten eines Farns.

Diskussionsfragen

1. Was sind Ihrer Ansicht nach die Vorteile und die Nachteile, wenn unabhängige Gametophyten und Sporophyten vorhanden sind?

2. Warum gibt es in den Stämmen der samenlosen Gefäßpflanzen keine riesigen Waldbäume mehr?

3. Warum unterscheiden sich Ihrer Ansicht nach die Makrophyllformen unter den Farnarten so stark?

4. Warum dominieren samenlose Gefäßpflanzen Ihrer Ansicht nach die Landschaft nicht mehr?

5. Stellen Sie mithilfe beschrifteter Skizzen die Gemeinsamkeiten und Unterschiede zwischen einem rezenten Schachtelhalm und der ausgestorbenen samenlosen Gefäßpflanze *Cooksonia* dar.

Zur Evolution

Nehmen wir als Arbeitshypothese an, dass sich Bryophyten aus Grünalgen entwickelten und dass sich die samenlosen Gefäßpflanzen aus der Evolutionslinie der Bryophyten entwickelten. Welche evolutionären Schritte müssen sich dann vollzogen haben, um die Abspaltung von den Bryophyten zu ermöglichen und zu den heutigen samenlosen Gefäßpflanzen zu gelangen?

Weiterführendes

Weitere Informationen zu diesem Buchkapitel finden Sie auf der Companion Website unter http://www.pearson-studium.de.

Kenrick, Paul und Peter R. Crane. The Origin and Early Diversification of Land Plants: A Cladistic Study. Washington, DC: Smithsonian Press, 1997. *Ein detailliertes Buch über evolutionäre Beziehungen unter den ersten Gefäßpflanzen.*

Probst, Wilfried. Biologie der Moos- und Farnpflanzen. Heidelberg/Wiesbaden: Verlag Quelle & Meyer, 1987.

Rasbach, Kurt, Helga Rasbach und Ottilie Wilmanns. Die Farnpflanzen Zentraleuropas. Verlag Quelle & Meyer, 1968.

Thenius, Erich. Lebende Fossilien. Oldtimer der Tier- und Pflanzenwelt – Zeugen der Vorzeit. München: Verlag Cr. Friedrich Pfeil, 2000. *Obgleich hier die Tierfossilien überwiegen, enthält dieser Band eine sehr lehrreiche Einleitung zur Evolution und der daraus abgeleiteten Klassifikation der Organismen sowie Beispiele für lebende Fossilien, die mit schönen Fotos belegt sind.*

Nacktsamer (*Gymnospermae*)

22.1	Ein Überblick über Nacktsamer	551
22.2	Die heute lebenden Nacktsamer	558
	Zusammenfassung	568
	Verständnisfragen	570
	Diskussionsfragen	570
	Zur Evolution	571
	Weiterführendes	571

22 NACKTSAMER (GYMNOSPERMAE)

❝ Nadelholzgewächse, wie beispielsweise die Kiefer, die Fichte und die Tanne, sind die bekanntesten Nacktsamer. Jedoch stellt sich heraus, dass andere Pflanzen, die scheinbar nicht mit den Nadelholzgewächsen verwandt sind, ebenfalls zu den Nacktsamern gehören. Der wunderschöne Ginkgobaum (Ginkgo biloba, *im Bild rechts unten*) erinnert an einen blühenden Laubbaum, der eine Blütenpflanze ist, obwohl Ginkgo ebenfalls ein Nacktsamer ist. Wanderer an der Atlantikküste Frankreichs und Portugals begegnen struppigen Büschen von Ephedra (Meerträubel, *siehe Foto links*). Sie sehen wie eine Ansammlung von halbtoten Zweigen aus, die kaum erkennen lassen, dass es sich hierbei um Verwandte der Kiefern handelt. In den Wüsten Südafrikas wächst ein ungewöhnlicher Nacktsamer, Welwitschia mirabilis (*Foto links unten*), der bestenfalls wie eine heruntergekommene Lilie mit zerrissenen Blättern aussieht.

Was Nacktsamer (Gymnospermae) gemeinsam haben, ist offensichtlich nicht ihre äußere Erscheinung. Vielmehr ähneln sie sich insofern, als sie so genannte nackte Samen produzieren, die auf modifizierten Blättern präsentiert werden, anstatt in Früchten verborgen zu sein. Gymnos bedeutet im Griechischen „nackt", während sperm „Samen" bedeutet. Nacktsamer sind auch dadurch charakterisiert, dass sie Strobili oder Zapfen besitzen. Die meisten Arten entwickeln deutlich erkennbare Pollenzapfen, die viele Pollenkörner bilden, und Samenzapfen, die zahlreiche Samen bilden. Wie Sie im weiteren Verlauf dieses Kapitels sehen werden, haben Ginkgo biloba und einige andere Arten besondere modifizierte Blätter und Zweige, die Pollen und einsamige weibliche Zapfen bilden, die von fleischigen Hüllen umgeben sind, so dass sie an Früchte erinnern.

Nacktsamer sind für den Menschen in vielerlei Hinsicht nützlich. Sie begegnen uns üblicherweise bei der Landschaftsgestaltung, aber sie werden auch beim Bau, bei der Papierherstellung, als Weihnachtsbäume und als Feuerholz verwendet. Ephedra hat sich in sehr trockenen Regionen zu einem populären Strauch zur Landschaftsgestaltung entwickelt, während Ginkgobäume wegen ihres schönen, gelben Herbstlaubes und ihrer Toleranz gegenüber Luftverschmutzung oft in Städten gepflanzt werden. Sowohl Ginkgo als auch Ephedra haben medizinische Anwendungen. In China wurden Ginkgosamen geröstet und jahrhundertelang als Verdauungshilfe benutzt. Viele Menschen glauben, dass ein Extrakt aus Ginkgoblättern die Blutzirkulation im Gehirn verbessert und daher das Gedächtnis fördert. Jedoch haben neueste Untersuchungen Zweifel an diesen Behauptungen aufgeworfen. Ephedra wurde in China jahrtausendelang zur Heilung von Erkältungskrankheiten eingesetzt. Bei den amerikanischen Ureinwohnern war es lange ein Heilmittel bei Verdauungsbeschwerden, Kopfschmerzen und Verbrennungen. Westliche Siedler benutzen es, um ein aufputschendes Getränk herzustellen, das als Mormonentee bezeichnet wird. Der Nutzen für den Menschen hängt damit zusammen, dass die Pflanze als Sekundärmetabolite den Inhaltsstoff Ephedrine enthält. Dabei handelt es sich um eine bitter schmeckende, Insekten abstoßende Verbindung, die pharmazeutisch gegen Schwellungen eingesetzt wird. Wie die meisten sekundären Metabolite von Pflanzen ist Ephedrin potenziell gefährlich. In moderaten Dosen unterdrückt es den Appetit, und in der Tat war es Bestandteil von Diätpillen, bis von Nebenwirkungen wie hohem Blutdruck, Herzrhythmusstörungen, Krämpfen und Schlaganfällen berichtet wurde. Ephedrin kann auch zur Herstellung von Methamphetamin, einer gefährlichen Droge, benutzt werden.

22.1 Ein Überblick über Nacktsamer

In diesem Kapitel werden wir zunächst die Evolution und die allgemeinen Merkmale von Nacktsamern behandeln. Anschließend werden wir uns die Unterscheidungsmerkmale der vier lebenden Stämme, Coniferophyta, Cycadophyta, Ginkgophyta und Gnetophyta, ansehen. Der Stamm Coniferophyta besteht aus den Nadelholzgewächsen. Der Stamm Cycadophyta umfasst palmenartige oder farnartige Pflanzen, die umgangssprachlich als Palmfarne bezeichnet werden. Zum Stamm Ginkgophyta gehört nur eine lebende Art, Ginkgo biloba. Die Pflanzen im Stamm Gnetophyta, der die Gattungen Ephedra, Welwitschia und Gnetum umfasst, werden als Gnetophyten bezeichnet und sind diejenigen Nacktsamer, die Bedecktsamern am stärksten ähneln. Einige Systematiker stellen alle Nacktsamer in den Stamm Pinophyta, was die hier angegebenen vier Stämme zu Ordnungen macht. Der wachsende Rückgriff auf molekulare Untersuchungsmethoden in der Pflanzensystematik wird zweifellos zu Veränderungen der taxonomischen Einordnung der lebenden und ausgestorbenen Nacktsamer führen.

Ein Überblick über Nacktsamer 22.1

Die überwiegende Mehrheit der derzeit existierenden Pflanzen produziert Samen und umfasst etwa 760 Arten von Nacktsamern und fast 250.000 Arten von Bedecktsamern, weshalb es kein Wunder ist, dass uns Samen so vertraut sind – insbesondere die von Blütenpflanzen. Für viele Menschen sind Samen getrocknete Fortpflanzungsstrukturen von Gemüse oder Blütenpflanzen, die im Garten ausgesät werden. Nach dem Gießen keimt der Samen und ein Keimling erscheint nach einigen Tagen oder Wochen. In anderen Fällen sind Samen etwas, das man als Snack oder als Salatzutat isst. Noch wichtiger ist, dass sich der überwiegende Teil der menschlichen Nahrung direkt aus Samen und Früchten von Blütenpflanzen wie Reis, Mais und Weizen zusammensetzt. Wir werden uns die generellen Vorteile von Samen ansehen, bevor wir die Evolution und die Merkmale der Nacktsamer untersuchen.

Selektionsvorteile von Samenpflanzen

▶ Abbildung 22.1 verdeutlicht die Aufenthaltsorte der Samen bei Nacktsamern und Bedecktsamern. Die Samen von Nacktsamern bilden sich auf der Oberfläche von Blättern oder Zapfenschuppen und liegen offen, sie sind also nicht vollständig in einer Frucht eingeschlossen.

Die Samen von Nacktsamern entstehen aus einer einzelnen Befruchtung einer Eizelle durch ein Spermatium. Die Samen von Bedecktsamern entstehen aus einer doppelten Befruchtung. Dabei verschmilzt ein Spermatiumkern mit der Eizelle und ein zweiter Spermatiumkern mit zwei Kernen des Megagametophyten (des weiblichen Gametophyten). Bei den Samen von Nacktsamern ernährt das Gewebe des Megagametophyten den sich entwickelnden Embryo. Bei Samen von Bedecktsamern erfolgt die Ernährung durch das Endosperm, das durch die Vereinigung eines Spermatiums mit zwei Kernen des Megagametophyten gebildet wird (doppelte Befruchtung).

Samen entwickelten sich in der Geschichte der Pflanzen relativ spät. Nach der Entwicklung von Pflanzen aus Grünalgen existierten etwa 100 Millionen Jahre lang nur samenlose Pflanzen. Die Entwicklung des Samens – eines Embryos mit Nährgewebe, der von einer schüt-

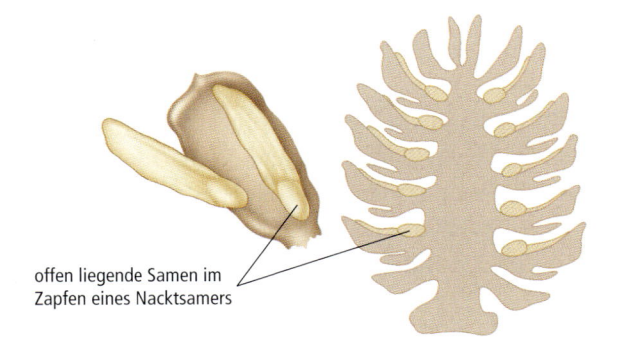

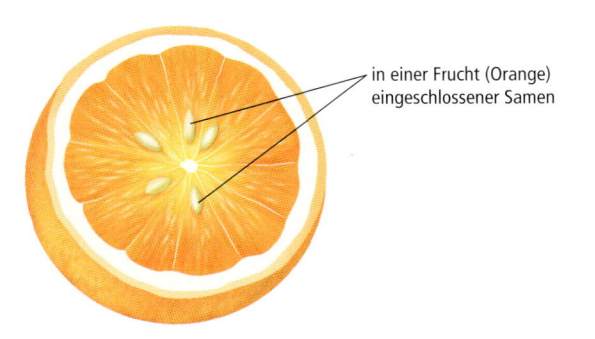

Abbildung 22.1: Die „nackten" Samen der Nacktsamer und die Samen eines Bedecktsamers in einer Frucht. Die Samen der Nacktsamer werden an der Oberfläche von modifizierten Zweigen oder Blättern präsentiert. Die eingeschlossenen Samen von Blütenpflanzen oder Bedecktsamern bilden sich innerhalb von Früchten.

zenden Samenhülle umgeben ist – erlaubte es Pflanzen, an Land erfolgreicher zu sein (siehe Kapitel 6). Bei Pflanzen, die sie ausbilden, stellen Samen die sexuelle biologische Verbindung zwischen Generationen her – der zukünftigen und der vergangenen. Um im evolutionären Sinn erfolgreich zu sein, muss eine Pflanze ihre Gene auf die nächste Generation übertragen. Samen ermöglichen dies einer Pflanze in einer effizienten Weise, die gegenüber der Fortpflanzung von samenlosen Pflanzen signifikante Selektionsvorteile aufweist:

- Das dormante Stadium von Samen ermöglicht es Samenpflanzen, ausgedehnte Perioden von kalten Wintern oder Trockenheit zu überleben.
- Die Samenhülle dient als eine Barriere gegenüber Bakterien und der Zersetzung durch Pilze.
- Samen ziehen Samen fressende Tiere an, die einige Samen vertilgen, dafür aber andere verbreiten.
- Samen enthalten Nahrung für den sich entwickelnden Embryo und den Keimling.

Neben dem Vorteil, Samen zu besitzen, haben Samenpflanzen andere bedeutsame Anpassungen, die das Überleben an Land erleichtern:

- Ein hohler Pollenschlauch, der durch den Mikrogametophyten (den männlichen Gametophyten) gebildet wird, befördert das Spermatium zur Eizelle, wodurch die Befruchtung auch ohne die Anwesenheit von Wasser möglich ist. Dementsprechend haben Samenpflanzen überwiegend unbegeißelte Spermatien. Die Ausnahme bilden wenige Nacktsamer: die Palmfarne und *Ginkgo biloba*.
- Die Gametophyten sind kleiner und werden im Sporophyten geschützt und ernährt.

Insgesamt ermöglichen der Samen, der Pollenschlauch und der reduzierte, aber geschützte Gametophyt eine adaptive Radiation, bei der die Samenpflanzen an vielen Orten heimisch werden konnten, an denen dies samenlosen Pflanzen nicht möglich war. Als Nächstes werden wir uns mit den möglichen Wegen beschäftigen, auf denen sich Nacktsamer aus samenlosen Gefäßpflanzen entwickelt haben könnten. Kapitel 23 wird sich mit der Entwicklung der Bedecktsamer befassen.

Die Evolution der Nacktsamer

An der Entwicklung der modernen Nacktsamer waren vier Gruppen ausgestorbener Pflanzen wesentlich beteiligt: Progymnospermen, Samenfarne und zwei Gruppen primitiver Nacktsamer, die *Cordaitales* und die *Voltziales*. ▶ Abbildung 22.2 gibt eine Hypothese über die Entwicklung von Nacktsamern während des Paläozoikums und des Mesozoikums wieder. Wie die Abbildung verdeutlicht, sind eine Reihe evolutionärer Beziehungen unsicher. Der Fossilienbestand lässt keine Schlüsse darüber zu, ob sich Samen nur ein Mal oder mehrere Male in getrennten evolutionären Linien entwickelten.

Die Pflanzen, die als **Progymnospermen** bezeichnet werden, stammen vermutlich von Vertretern des Stammes der *Trimerophytophyta*, den Trimerophyten, ab, die sich im mittleren Devon entwickelten und bis zum Beginn des Karbons lebten (siehe Kapitel 21). Progymnospermen bildeten keine Samen. Doch unterscheidet sie das Vorhandensein von Holz von den Trimerophyten und den samenlosen Gefäßpflanzen. Wie die lebenden Nadelholzgewächse hatten sie ein sekundäres Xylem, und ihr Leitkambium produzierte sowohl sekundäres Xylem als auch sekundäres Phloem. Es gab zwei Gruppen von Progymnospermen: die *Aneurophytales* und die *Archaeopteridales*, deren Mitglieder in beiden Fällen nicht wie Nacktsamer aussahen. Die Mitglieder der *Aneurophytales* waren isospor und hatten komplizierte dreidimensionale Verzweigungen, die an stark verzweigte Trimerophyten erinnerten (siehe Abbildung 21.5). Aus den *Aneurophytales* entstanden die *Archaeopteridales*, die flache, farnähnliche Blätter mit heterosporen Sporangien aufwiesen.

Aus den *Aneurophytales* könnte sich eine mannigfaltige Pflanzengruppe, die Gruppe der **Samenfarne** oder **Pteridospermen**, entwickelt haben, welche die Vorfahren der Palmfarne und vielleicht auch der Cordaitales und der Voltziales waren. Zu den Samenfarnen gehörten eine Reihe nicht verwandter Pflanzengruppen, die gegenwärtig zusammen klassifiziert werden, weil sie in ihrer Form an Baumfarne erinnern, aber anders als die Progymnospermen Samen bildeten. Als sie am Ende des Devons (vor etwa 365 Millionen Jahren) auftauchten, waren sie die ersten Samenpflanzen, bei denen eine Hülle (Integument) eine Samenanlage in unterschiedlichem Maß umgab (▶ Abbildung 22.3). Aus mindestens einer Gruppe von Samenfarnen entstanden Palmfarne. Aus einer anderen Gruppe könnte eine heute ausgestorbene Gruppe von Nacktsamern entstanden sein, die *Bennettitales*. Ihre Mitglieder ähnelten den Palmfarnen in ihrer palmenartigen oder farnartigen Gestalt. Doch hatten die Bennettitales mitunter Mikrosporophylle und Samenanlagen, die so zu Strukturen angeordnet waren, dass sie an Blüten erinner-

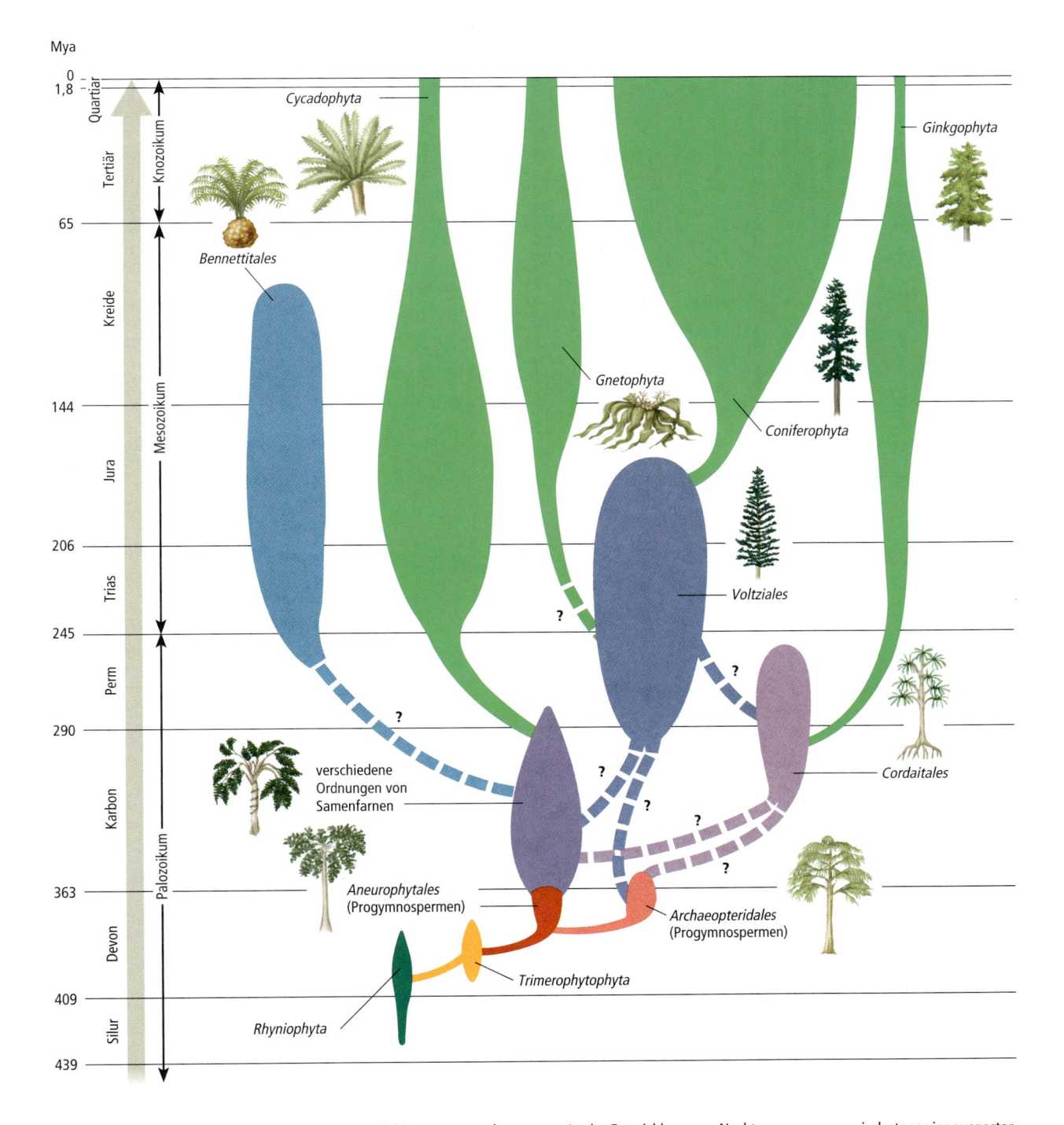

Abbildung 22.2: Eine Hypothese über die Entwicklung von Nacktsamern. An der Entwicklung von Nacktsamern waren mindestens vier ausgestorbene Pflanzengruppen beteiligt: die Progymnospermen (Aneurophytales und Archaeopteridales), Samenfarne und zwei Gruppen primitiver Nacktsamer, die Cordaitales und die Voltziales. Viele der evolutionären Beziehungen sind unsicher.

ten. Viele Paläobotaniker glauben, dass Blütenpflanzen und *Bennettitales* einen gemeinsamen Vorfahren haben, obwohl die evolutionäre Verwandtschaft zwischen Nacktsamern und Bedecktsamern derzeit noch unklar ist (siehe Kapitel 23).

Aus den *Archaeopteridales* könnten die *Cordaitales* und die *Voltziales* entstanden sein. Die *Cordaitales* waren Sträucher und Bäume, die im Karbon und Perm in Sümpfen und auf trockenem Land verbreitet waren. Ihre schmalen Blätter, die sich oft am Ende kur-

22 NACKTSAMER (GYMNOSPERMAE)

(a) *Genomosperma kidstonii.*

(b) *Genosperma latens.*

(c) *Eurystoma angulare.*

(d) *Stamnostoma huttonense.*

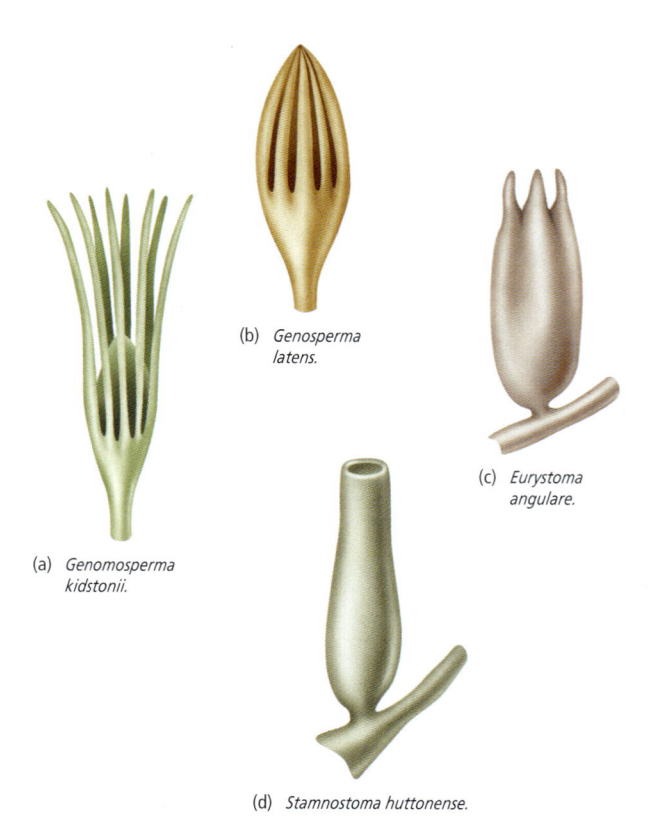

Abbildung 22.3: Frühe Samen. Viele fossile Pflanzen, insbesondere Samenfarne, bildeten frühe Formen von Samen. Die hier dargestellten Illustrationen stützen sich auf den Fossilienbestand. Beachten Sie, dass die Samenanlagen zu unterschiedlichen Graden von einer Samenhülle umgeben sind. Die Spanne reicht von aufgetrennten Integumenten bei *Genomosperma kidstonii* bis zu einem vollständigen Verschmelzen der Integumente bei *Stamnostoma huttonense*.

Die Entwicklung abhängiger Gametophyten

Die Evolution von Samen ist eng mit der Evolution von Sporophyllen und Sporangien auf Sporophyten verbunden. Vor der Entwicklung der großen, mit Leitgewebe durchzogenen Blätter, die als **Makrophyllen** bezeichnet werden, brachten Sporophyten an den Enden blattloser Zweige, den **Telomen**, Sporangien hervor (siehe Kapitel 21). Makrophyllen entstanden aus einer Gruppe verkürzter Zweige, zwischen denen sich Gewebe entwickelte. Die Verbindung von Sporangien und Blättern begann während des Devon (vor 409 bis 363 Millionen Jahren) und setzte sich über die Evolution der Sporophyten von samenlosen Gefäßpflanzen und Nacktsamern schließlich bis zu den Bedecktsamern fort.

Die Evolution von Samenpflanzen mit abhängigen Gametophyten aus samenlosen Pflanzen, die getrennte und unabhängige Gametophyten besaßen, vollzog sich in einer Reihe von Entwicklungsschritten. Die meisten Übergangsformen von Pflanzen sind ausgestorben, doch waren zwei Schlüsselvoraussetzungen für das Auftreten von Samen die Heterosporie und die endosporische Entwicklung (siehe Kapitel 21).

Die ursprünglichen, an Land lebenden Gefäßpflanzen waren vermutlich isospor, wobei jeweils ein Sporentyp von einem Sporangientyp gebildet wurde. Dieses Merkmal teilen die meisten lebenden samenlosen Gefäßpflanzen. Dagegen sind alle Samenpflanzen heterospor, sie bilden also zwei Sporentypen, Mikrosporen und Megasporen, in zwei verschiedenen Sporangientypen, Mikrosporangien und Megasporangien. Heterosporie trat erstmals bei einigen Arten samenloser Gefäßpflanzen auf und ist bei einigen lebenden Arten erwiesen, wie beispielsweise der Gattung *Selaginella* und einigen Farnen, die nicht eng mit Nacktsamern verwandt sind.

Bei den meisten samenlosen Gefäßpflanzen, sowohl den ausgestorbenen als auch den lebenden Arten, keimen die Sporen zu Gametophyten *außerhalb* der Grenzen der Sporenwand aus, was als **exosporische Entwicklung** bezeichnet wird (siehe Kapitel 21). Viele samenlose Gefäßpflanzen behielten diesen Typ der Entwicklung von Gametophyten bei. Dagegen entwickeln sich die Gametophyten von Samenpflanzen **endosporisch** – sie wachsen also *innerhalb* der Spore, ein Prozess, der auch bei einigen samenlosen Gefäßpflanzen nachgewiesen wurde, darunter *Selaginella*. Der Selek-

zer Zweige befanden, waren bis zu einen Meter lang und hatten viele Adern. Die *Cordaitales* hatten auch ein Leitbündelkambium sowie getrennte Pollen- und Samenzapfen. Aus den *Cordaitales* entwickelte sich offenbar der Stamm der *Ginkgophyta*, der bis heute überlebt hat. Die *Voltziales*, die von den *Archaeopteridales*, von den Samenfarnen oder von den *Cordaitales* abstammen könnten, lebten während des Karbon, des Perm, des Trias und des Jura. Sie ähnelten einem rezenten Nadelbaum, der Zimmertanne oder Norfolk-Tanne (*Araucaria heterophylla*), mit der wir uns im weiteren Verlauf des Kapitels beschäftigen werden. Kurze Nadeln bedeckten in spiraliger Anordnung die gesamte Länge der Zweige. Aus den *Voltziales* entstanden wahrscheinlich die *Coniferophyta* und vielleicht auch die *Gnetophyta*.

tionsvorteil der endosporischen Entwicklung könnte darin liegen, dass sie den sich entwickelnden Gametophyten vor Austrocknung schützt, während er mit Nährstoffen und Wasser versorgt ist.

Trotz der Gemeinsamkeiten hinsichtlich der Heterosporie und der endosporischen Entwicklung mit einigen samenlosen Gefäßpflanzen sind Samenpflanzen einzigartig im Hinblick darauf, dass die Entwicklung von Sporen zu Gametophyten, die Befruchtung und die anfängliche Entwicklung des Sporophytenembryos innerhalb des Eltersporophyten stattfinden. Wie bereits bemerkt, bietet diese Anordnung dem sich entwickelnden Sporophytenembryo mehr Schutz und eine bessere Ernährung. Im Gegensatz dazu setzen samenlose Gefäßpflanzen Sporen in die Umgebung frei, und alle eben genannten Prozesse finden außerhalb des Eltersporophyten statt.

▶ Abbildung 22.4 liefert einen Überblick, wie sich der Generationswechsel bei Samenpflanzen von dem bei samenlosen Pflanzen unterscheidet. Bei Bryophyten (siehe Kapitel 20) und samenlosen Gefäßpflanzen (siehe Kapitel 21) wächst jeder abhängige Sporophytenembryo aus einer unabhängigen Gametophytpflanze. Der Sporophyt bleibt während seiner gesamten Lebenszeit hinsichtlich seiner Ernährung, seiner Wasserversorgung und dem mechanischen Halt vom Gametophyten abhängig. Dagegen sind bei Samenpflanzen die Gametophyten vom Sporophyten abhängig und bleiben mit ihm verbunden.

Innerhalb eines Megagametophyten entwickelt sich ein Sporophytenembryo aus einer Eizelle, die durch ein Spermatium befruchtet wurde. Der Embryo wird Teil eines Samens, der aus einem Embryo, einer Samenschale (Testa) und einem Nährgewebe (Endosperm) besteht. In der Regel wird der Samen nicht freigesetzt, bevor die Entwicklung des Embryos abgeschlossen ist. Nach der Freisetzung kann der Samen keimen und zu einem unabhängigen Sporophyten heranwachsen.

Der Generationswechsel bei Nacktsamern

Obwohl bei einigen Arten von Nacktsamern asexuelle Vermehrung vorkommt, ist die sexuelle Fortpflanzung bei Nacktsamern die Regel. Da die überwiegende Mehrheit der lebenden Nacktsamer Nadelholzgewächse sind, werden wir uns den Lebenszyklus einer Kiefer ansehen (▶ Abbildung 22.5). Wie die meisten anderen Nacktsamer werden Nadelholzgewächse durch den Wind bestäubt. Bei einigen Nacktsamern befinden sich Pollenzapfen und Samenzapfen auf verschiedenen Pflanzen, sie sind also zweihäusig. Kiefern und viele andere Nacktsamer haben beide Arten von Strobili auf einer Pflanze. Samenzapfen, auch als **weibliche Zapfen** bezeichnet, kommen gewöhnlich auf höheren Zweigen vor. Pollenzapfen, auch als **männliche** Zapfen bezeichnet, kommen typischerweise auf tieferen Zweigen vor. Diese Anordnung fördert die Fremdbestäubung, die Übertragung von Pollen von einer Pflanze zur anderen, weil der verwehte Pollen gewöhnlich nicht vom unteren Teil zum oberen Teil desselben Baumes getragen wird.

Die Samenzapfen von Nadelholzgewächsen sind in der Regel komplexer als Pollenzapfen. Die Pollenzapfen von Nadelholzgewächsen werden mitunter als **einfache Zapfen** bezeichnet, weil jeder Zapfen aus spiralig angeordneten Mikrosporophyllen besteht, die direkt mit einer zentralen Achse verbunden sind. Jedes Mikrosporophyll, eher als Schuppe bekannt, besitzt zwei Pollen tragende Mikrosporangien an seiner Unterseite. Die komplexen Samenzapfen, die für Kiefern und die meisten anderen Nadelholzgewächse charakteristisch sind, werden manchmal als zusammengesetzte Zapfen bezeichnet, weil sie aus einer zentralen Achse und spiralig angeordneten modifizierten Zweigen bestehen, die als Samenschuppenkomplexe oder auch als Deckschuppenkomplexe bezeichnet werden. Zu jedem Samenschuppenkomplex gehören eine sterile Deckschuppe und eine Samenschuppe, die aus verwachsenen Megasporophyllen besteht. Jede Samenschuppe trägt zwei Samenanlagen auf ihrer Oberseite. Jede Samenanlage enthält ein Megasporangium, bei Samenpflanzen auch als **Nucellus** (von lateinisch *nucella*, „kleine Nuss") bezeichnet, das von einem großen, durch den Sporophyt gebildeten Integument umgeben ist. Pollenkörner können durch eine kleine Öffnung im Integument eindringen, die als **Mikropyle** (von griechisch *pyle*, „Pforte") bezeichnet wird.

Wir wollen nun den Lebenszyklus einer Kiefer verfolgen. Wir beginnen mit den Ereignissen im Pollenzapfen, die in der Mitte von Abbildung 22.5 dargestellt sind. Wie bei allen Samenpflanzen entwickeln sich auch bei Kiefern keine Antheridien. Anders als ein Antheridium, das viele einzellige Spermatozoiden enthält, beinhaltet jedes Mikrosporangium etliche hundert **Mikrosporenmutterzellen**. Jede Mikrosporenmutterzelle unterliegt der Meiose, wobei vier haploide Mikrosporen entstehen. Aus jeder Mikrospore entsteht anschließend ein Mikrogametophyt – ein Pollenkorn

22 NACKTSAMER (GYMNOSPERMAE)

Bryophyten und samenlose Gefäßpflanzen

Laubmoos (ein Bryophyt)

Farn (eine samenlose Gefäßpflanze)

1. Sporophyten setzen Sporen frei, die sich zu unabhängigen Gametophyten entwickeln.
2. Die Befruchtung findet in einem unabhängigen Gametophyten statt, vom reifen Sporophyten getrennt.
3. Der junge Sporophyt entwickelt sich aus einem Embryo innerhalb eines unabhängigen Gametophyten.

Samenpflanzen (Nacktsamer und Bedecktsamer)

Kiefer (ein Nacktsamer)

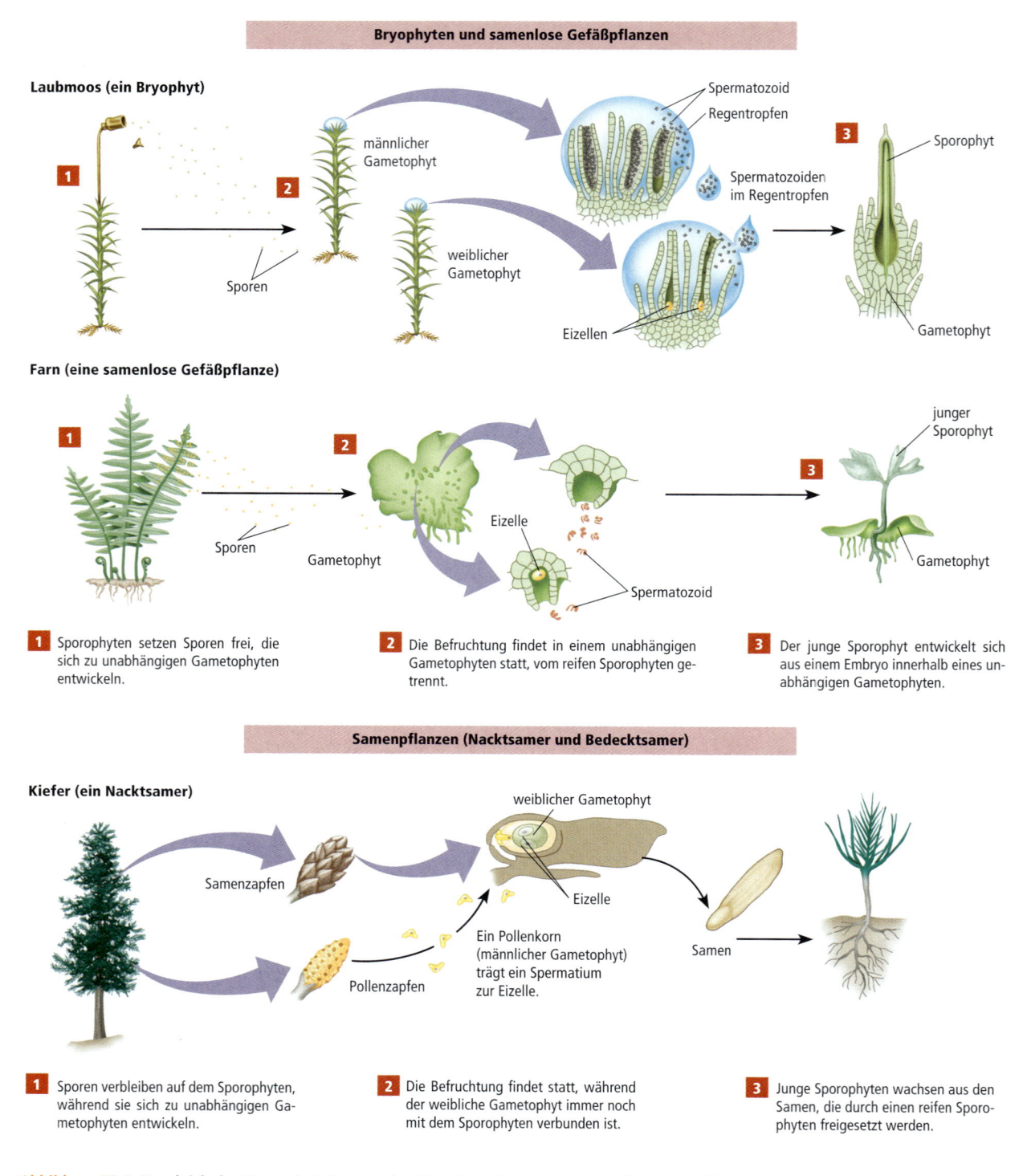

1. Sporen verbleiben auf dem Sporophyten, während sie sich zu unabhängigen Gametophyten entwickeln.
2. Die Befruchtung findet statt, während der weibliche Gametophyt immer noch mit dem Sporophyten verbunden ist.
3. Junge Sporophyten wachsen aus den Samen, die durch einen reifen Sporophyten freigesetzt werden.

Abbildung 22.4: Vergleich der Sporophyt-Gametophyt-Beziehung bei samenlosen Pflanzen und bei Samenpflanzen. Im Gegensatz zu den beiden Gruppen samenloser Pflanzen – den Bryophyten und den Farnen – hängen die Gametophyten von Samenpflanzen, wie beispielsweise die der Nacktsamer, vom reifen Sporophyten ab.

mit vier Zellen –, das sich endosporisch entwickelt. Zwei der Zellen, als Prothalliumzellen bezeichnet, haben keine bekannte Funktion. Eine dritte Zelle wird als generative Zelle bezeichnet, weil daraus eine sterile Stielzelle und eine spermatogene Zelle entstehen, die schließlich zwei Spermatien produziert. Die vierte Zelle wird als Schlauchzelle bezeichnet, weil sich daraus der Pollenschlauch bildet, wobei es sich um eine

22.1 Ein Überblick über Nacktsamer

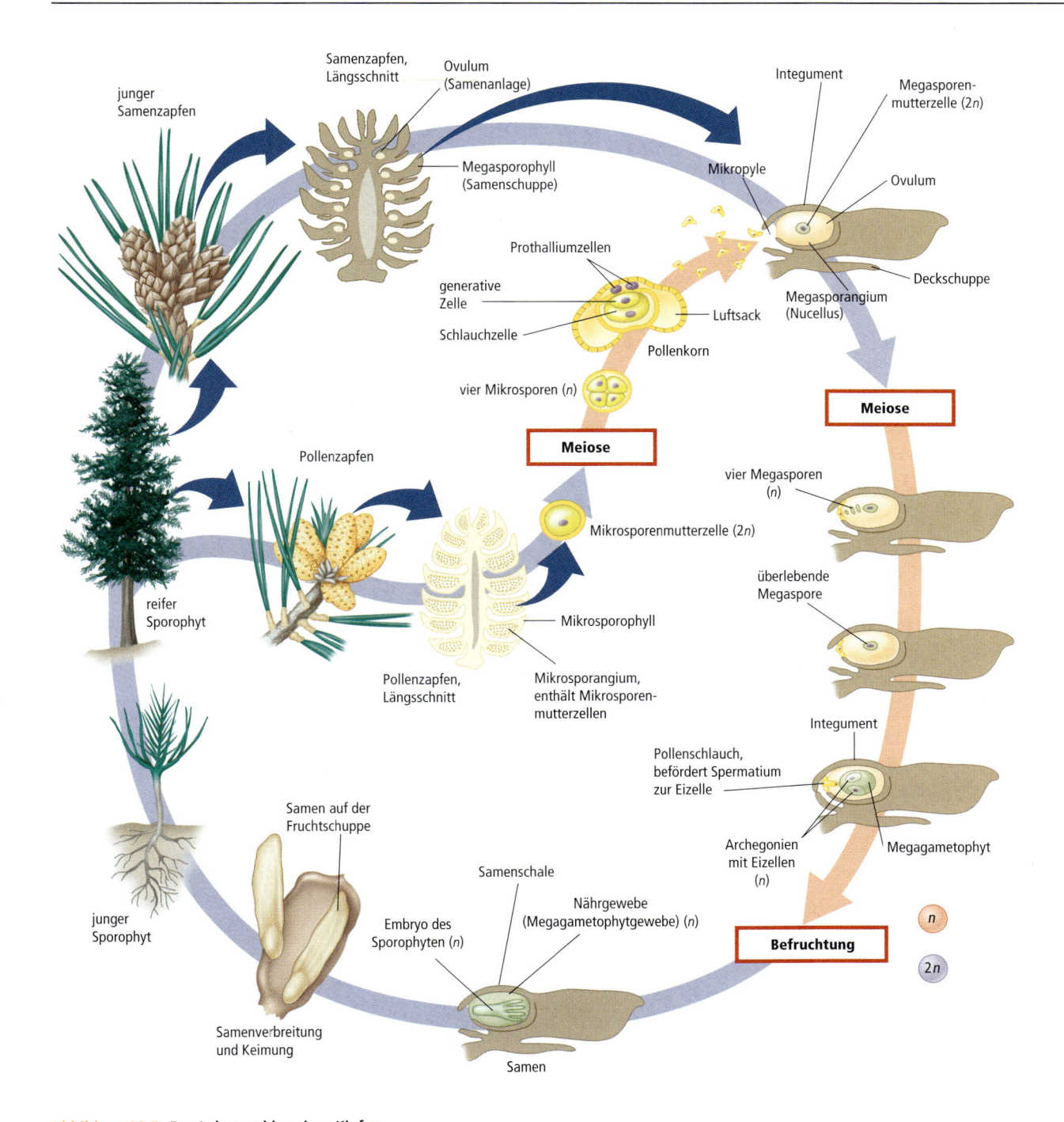

Abbildung 22.5: Der Lebenszyklus einer Kiefer.

Einrichtung handelt, welche die Beförderung des Spermatiums zur Eizelle ohne die Anwesenheit von Wasser ermöglicht. Daher ist die Pollenbildung ein signifikanter evolutionärer Fortschritt. Jedes Pollenkorn besitzt zwei Luftsäcke, die als „Flügel" wirken. Der gelbliche Kiefernpollen wird im Frühling gebildet und durch den Wind verbreitet. An trockenen Tagen erscheint dann alles wie durch eine gelbe Staubschicht bedeckt.

Der Pollen landet auf Flüssigkeitstropen, die von jedem Megasporangium (Nucellus) auf jeder Samenschuppe gebildet werden. Wenn der Bestäubungstropen verdunstet, wird der Pollen durch die Mikropyle in Kontakt mit dem Megasporangium gebracht, wo er keimt. Oft keimt mehr als ein Pollenkorn in einem Megasporangium. Die Keimung stimuliert die Entwicklung des Megagametophyten, wie auf der rechten Seite von

Abbildung 22.5 dargestellt. Etwa einen Monat nach der Bestäubung teilt sich die **Megasporenmutterzelle** durch Meiose und produziert vier Megasporen. Üblicherweise entwickelt sich nur diejenige Megaspore zu einem neuen Megagametophyten, die sich am weitesten von der Mikropyle entfernt befindet, während die Entwicklung der drei anderen Megasporen abbricht. Wenn der Megagametophyt fast reif ist, was bei einer Kiefer etwa ein Jahr dauert, bilden sich typischerweise zwei bis vier Archegonien in der Nähe der Mikropyle. Die Bildung von Archegonien, die jeweils eine einzelne Eizelle enthalten, ist ein charakteristisches Merkmal der meisten Nacktsamer, darunter Kiefern, Palmfarne, *Ginkgo biloba* und *Ephedra*. Archegonien sind ein primitiveres Merkmal, das Nacktsamer mit samenlosen Pflanzen teilen. Bei Bedecktsamern und einigen Nacktsamern, *Welwitschia* und *Gnetum*, bilden die Megagametophyten keine Archegonien aus.

Während sich der Megagametophyt im Megasporangium entwickelt, bildet jedes Pollenkorn einen Pollenschlauch, der durch das Megasporangium hindurchwächst. Die vollständige Entwicklung eines Pollenschlauchs, der zwei Spermatien enthält, dauert etwa ein Jahr. Wie bei allen Nacktsamern – Palmfarne und *Ginkgo biloba* ausgenommen – sind die Spermatien unbegeißelt. Etwa 15 Monate nach der Bestäubung findet die Befruchtung statt, wenn ein Pollenschlauch zwei Spermatien zu einem Archegonium befördert hat. Nachdem ein Spermatium die Eizelle befruchtet hat, bildet sich das andere Spermatium zurück. Da es häufig mehrere Pollenschläuche gibt, werden mehrere Archegonien befruchtet, und es entwickeln sich anfangs mehr als ein Embryo, ein Phänomen, das als **Polyembryonie** bezeichnet wird. Typischerweise überlebt nur ein Embryo, was sich daraus ergibt, dass einer vitaler ist oder näher an der Nahrungsversorgung liegt. Der Kiefernembryo ist nicht gekrümmt und besitzt viele Cotyledonen. Jeder Samen besteht in der Regel nur aus einem Embryo, einer Nährstoffversorgung aus Megagametophytgewebe und einer Samenschale (aus dem Integument hervorgegangen). Aufgrund der Polyembryonie enthält jedoch ein kleiner Prozentsatz von Kiefernsamen mehr als einen Embryo und kann deshalb mehr als einen Keimling hervorbringen, wenn der Samen keimt.

Ein Samenzapfen wird ziemlich holzig, wenn er reift. Die Schuppen wachsen nach der Bestäubung in geschlossenem Zustand und bleiben auch geschlossen, während der Zapfen reift. Die Samen werden erst im zweiten Herbst nach der Bestäubung freigesetzt. Kiefernsamen sind geflügelt, was ihren Transport durch den Wind unterstützt. Die Samen werden oft durch Tiere freigesetzt, welche die Samen fressen wollen, oder im Lauf der Zeit, wenn die Zapfen langsam verrotten. Einige Kiefern, wie beispielsweise die Küstenkiefer (*Pinus contorta*), brauchen starke Hitze, damit die Samen freigesetzt werden. Waldbrände erzeugen einen vegetationsfreien sonnigen Standort, den die Keimlinge der Küstenkiefer brauchen, und setzen auch die Samen aus den Zapfen frei, damit sie an geeigneter Stelle keimen können. In Nationalparks und Forsten werden durch kontrollierte Waldbrände wuchernde Sträucher, tote Bäume und andere brennbare Materialien entfernt, was zur Gesunderhaltung von Wäldern beiträgt, die dann eher den Wäldern ähneln, wie es sie vor der Besiedlung durch den Menschen gab.

> **WIEDERHOLUNGSFRAGEN**
>
> 1. Was sind die signifikanten Selektionsvorteile von Samen?
> 2. Was sind Progymnospermen und wie könnte ihre evolutionäre Beziehung zu modernen Nacktsamern aussehen?
> 3. Beschreiben Sie in allgemeinen Worten, wie sich die Fortpflanzung von Samenpflanzen von der von samenlosen Pflanzen unterscheidet.
> 4. Beschreiben Sie, wie sich der Generationenwechsel im Lebenszyklus der Kiefer offenbart.

22.2 Die heute lebenden Nacktsamer

Nacktsamer waren während des Mesozoikums die dominanten Pflanzen, doch während des Känozoikums wurden sie aus vielen Lebensräumen durch Blütenpflanzen verdrängt. Die vier überlebenden Stämme von Nacktsamern unterscheiden sich stark in ihrer Erscheinung und in ihrem Lebensraum.

Der Stamm *Coniferophyta*

Obwohl das lateinische Wort *conifere* „Zapfen tragend" bedeutet, sollten Sie im Gedächtnis behalten, dass alle

Tabelle 22.1

Die Vielfalt der Nadelholzgewächse (Koniferen)

Gattung	umgangssprachlicher Name	Bemerkung
Abies	Tanne	weiche Nadeln, aufrecht stehende Zapfen
Araucaria	Zimmertanne	wächst auf der südlichen Halbkugel
Cedrus	Zeder	im Mittleren und Fernen Osten beheimatet; Blätter sind Nadeln in dichten Clustern
Cupressus	Zypresse	vorwiegend Sträucher, fleischige Zapfen
Juniperus	Wacholder	Gewürz und Rohstoff für Wacholderschnaps
Larix	Lärche	laubwerfend
Metasequoia	Urweltmammutbaum	lebendes Fossil, das in China beheimatet ist
Picea	Fichte	sitze Blätter, nach unten hängende Zapfen
Pinus	Kiefer	nadelartige Blätter, die unter den Koniferen einzigartig sind
Podocarpus	Steineibe	Zimmerpflanze, die auf der südlichen Halbkugel beheimatet ist
Pseudotsuga	Douglasie	liefert ein wichtiges Bauholz
Sequoia	Mammutbaum	größter Baum der Welt
Sequoiadendron	Sequoia, Riesenmammutbaum	mächtigster Baum der Welt
Taxodium	Sumpfzypresse	laubwerfend, wächst in den Sümpfen im Südwesten der Vereinigten Staaten
Taxus	Eibe	Quelle von Taxol, Medikament zur Krebsbekämpfung
Tsuga	Schierlingstanne, Hemlocktanne	Es handelt sich dabei nicht um das giftige Kraut, das Sokrates tötete.

Nacktsamer Zapfen (Strobili) besitzen. Mitglieder des Stammes *Coniferophyta*, zu dem die bekanntesten und die meisten Nacktsamer gehören, unterteilen sich in etwa 50 Gattungen von Bäumen mit weltweit rund 550 Arten, die vorwiegend auf der nördlichen Halbkugel beheimatet sind. ▶ Tabelle 22.1 veranschaulicht die Vielfalt der Nadelholzgewächse.

Zu den Nadelholzgewächsen gehören die weltweit höchsten und größten Bäume. Die höchsten Bäume sind Küstenmammutbäume (*Sequoia sempervirens*), die vorrangig in Kalifornien und Oregon wachsen (siehe Kapitel 3). Der Rekordhalter ist der *Hyperion*, der sich 115,55 m (2007) über den Boden erhebt. Dagegen steht der mächtigste Baum, der Riesenmammutbaum (*Sequoiadendron giganteum*), im Sequoia-Nationalpark. Der als *General Sherman* bezeichnete Baum hat einen maximalen Umfang von 34,9 Metern und ein geschätztes Gewicht von 6000 Tonnen. Der *General-Sherman*-Baum enthält ausreichend Holz, um damit mehr als 100 Einfamilienhäuser zu bauen. Und tatsächlich wurden die riesigsten Sequoias Ende des 19. Jahrhunderts als Bauholz gefällt. Die wenigen verbliebenen Jungbäume sind heute in Nationalparks geschützt.

Das Holz von Nadelbäumen wird als **Weichholz** bezeichnet, da es sich leicht schneiden und vernageln lässt. Viele Arten von Nadelholzgewächsen, wie beispielsweise die Douglasie (*Pseudotsuga menziesii*), sind wesentliche Quellen für Bauholz. Anatomisch betrachtet hat Weichholz keine Fasern und dünnere Zellwände als das Holz der meisten Bäume von Bedecktsamern, das üblicherweise als Hartholz bezeichnet wird. Die Leitzellen im Xylem von Nadelholzgewächsen be-

22 NACKTSAMER (GYMNOSPERMAE)

BIOTECHNOLOGIE

■ Züchterische und gentechnische Verbesserung von Bäumen

Aufgrund der Tatsache, dass die Waldbestände weltweit abnehmen und ein immer größerer Holzbedarf besteht, lohnt sich die Entwicklung von Bäumen mit hochwertigerem Holz aus ökonomischen Gründen. Wissenschaftler untersuchen gegenwärtig eine Vielzahl von Methoden dafür, darunter die traditionelle Züchtung und die Gentechnik.

Ein Hauptziel war, die Resistenz von Bäumen gegenüber Krankheiten und Insekten zu erhöhen. Bäume mit einer Resistenz gegenüber einer bestimmten Krankheit können ausgewählt und bei Züchtungsexperimenten eingesetzt werden, um nützliche Gene auf größere Populationen zu übertragen. Da Bäume nur langsam reifen, konzentrierten sich die ersten Versuche in der Biotechnologie, Bäume zu veredeln, auf Methoden der Klonierung durch Stecklinge. Wenn man einen besonders wertvollen Baum findet, ist die effizienteste Art, seine besonderen Eigenschaften zu nutzen, das Anfertigen vieler genetisch identischer Kopien des Baumes, die dann genutzt werden, um neue Wälder aufzuforsten. Auch die Gentechnik kann eine Rolle spielen, wenn beispielsweise Gene, die Resistenz gegenüber einer Krankheit verleihen könnten, in die für diese Krankheit anfällige Art eingebracht werden. Eine weitere Herangehensweise wurde benutzt, um Hemlocktannen (*Tsuga*-Arten), wunderschöne und wichtige Waldnadelbäume im Osten der Vereinigten Staaten und Kanadas, zu schützen. In Teilen New Englands sind die Hemlocktannen die dominierende Art in den Wäldern mit einem Primärbestand, der mehr als 400 Jahre alt ist. Jedoch werden die Bäume durch die Adelgidae *(Adelges tsugae)* bedroht (siehe Foto unten). Dabei handelt es sich um ein der Blattlaus ähnelndes Insekt, das in den 1920er-Jahren aus Japan eingeschleppt wurde. Die Insekten saugen den Phloemsaft aus jungen Zweigen, was den Baum schließlich tötet. Etwa die Hälfte des Baumbestandes in den Vereinigten Staaten ist gegenwärtig infiziert, wodurch die Bäume in vielen Regionen bereits vollständig vernichtet wurden. Wissenschaftler experimentieren nun mit dem Einsatz eines japanischen Käfers, des links abgebildeten *Pseudoscymnus tsugae*, als biologisches Bekämpfungsmittel, der sich von den Adelgidae ernährt.

Inzwischen werden sowohl die traditionellen Züchtungsmethoden als auch die Gentechnik benutzt, um die Qualität von Holzprodukten zu erhöhen. Ein Beispiel für den Einsatz der Gentechnik ist der Versuch, den Ligningehalt des Holzes zu verringern, um die Papierherstellung zu verbessern. Lignin, welches das Holz verstärkt und härtet, ist bei der Papierherstellung unerwünscht, da es von den Cellulosefasern durch eine gewässerbelastende chemische Behandlung entfernt werden muss. Die Einführung zweier Gene, welche die Lignin-Biosynthese verändern, hat zu gentechnisch veränderten Pappelbäumen geführt, die nur halb so viel Lignin wie üblich enthalten und 30 Prozent mehr Cellulose. Hemlocktannen und andere Nadelholzgewächse, beispielsweise die Weißfichte, sind ebenfalls wichtige Quellen für Holzschliff, so dass Sorten mit reduziertem Ligningehalt wünschenswert wären. Jedoch befürchten Umweltschützer, dass die genetische Veränderung auf andere Bäume übergehen, die Härte des Holzes verringern und dadurch direkte Auswirkungen auf einheimische Bäume haben könnte. Außerdem weisen sie darauf hin, dass alternative Quellen für Fasern zur Papierherstellung, beispielsweise Kenaf (siehe Kapitel 5), kein Lignin enthalten. Kurzum, die Forstwissenschaftler müssen die möglichen ökologischen Auswirkungen der Gentechnik gründlich abwägen.

---

stehen, wie die fast aller Nacktsamer, ausschließlich aus Tracheiden. Nadelholzgewächse produzieren Harz, das in Harzkanälen durch die Pflanze fließt und ihr dabei hilft, sich vor Angriffen zu schützen. Doch viele Nadelholzgewächse bleiben gegenüber Krankheitserregern und Pflanzenfressern anfällig (siehe den Kasten *Biotechnologie* oben).

Nadelholzgewächse sind oft dominante Arten in größeren Höhen und in Regionen, in denen die Winter lang und kalt und häufig durch trockenen Wind gekennzeichnet sind, wie es im Norden der Vereinigten Staaten und in Ländern in höheren Breiten, wie beispielsweise Kanada und Russland, der Fall ist. In diesen Regionen haben Nadelholzgewächse gegenüber Blütenpflanzen etliche Selektionsvorteile wegen ihrer Toleranz gegenüber tiefen Temperaturen und trockenen Winden. Da ihnen beispielsweise Gefäßelemente fehlen, sind sie nicht für eine dauernde Störung des Wasserflus-

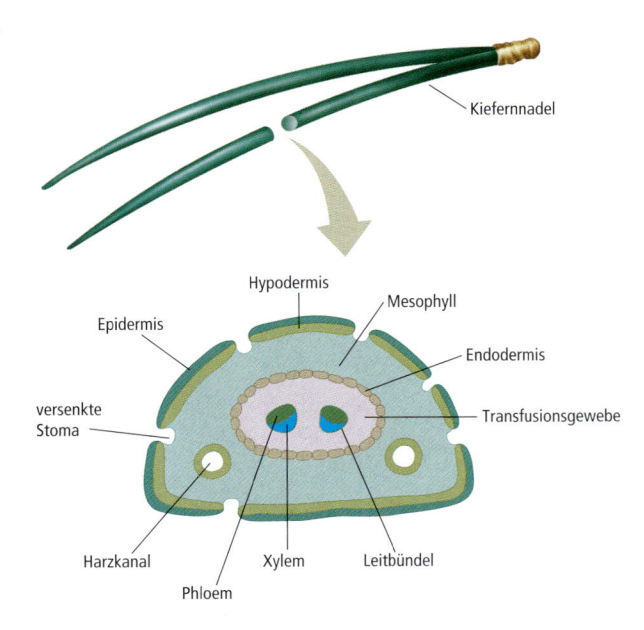

Abbildung 22.6: Anpassungen einer Kiefernnadel an Trockenheit. Die versenkten Stomata, die dicke Epidermis, die Hypodermis, die Endodermis, die das Leitbündel umgibt, und das Transfusionsgewebe der Kiefernnadel sind Anpassungen, die den Wasserverlust verhindern.

Die Blätter von Nadelholzgewächsen sind einfach und nicht zusammengesetzt, und sie werden einzeln an Langtrieben oder in Clustern an Kurztrieben getragen. Die Blätter an den Spitzen großer Nadelhölzer sind oft kürzer und im Querschnitt runder als ihre weiter unten wachsenden Gegenstücke. Die Blätter von Nadelhölzern können bis zu 50 Jahre Photosynthese betreiben, bevor sie auf den Waldboden fallen. Kiefernbäume und die meisten anderen Nadelhölzer behalten einzelne Blätter mindestens zwei bis fünf Jahre, was den visuellen Eindruck hinterlässt, als wären die Blätter immergrün. Jedoch werden alte Blätter nach und nach abgeworfen, während jedes Jahr neue Blätter an den Spitzen der Zweige erscheinen. Einige Nadelholzgewächse sind laubabwerfend, wie beispielsweise die Lärche (*Larix*), die Echte Sumpfzypresse (*Taxodium distichum*) und der Urweltmammutbaum (*Metasequoia glyptostroboides*, ▶ Abbildung 22.7).

Die Sporophylle von Nadelholzgewächsen treten als Zapfen auf, wobei es sich um spiralig angeordnete Triebe handelt, die aus modifizierten Blättern und Zweigen zusammengesetzt sind. Pollenzapfen sind gewöhnlich einige Zentimeter lang und haben papierähnliche Sporophylle. Samenzapfen sind typischerweise holzig und können bis zu 60 Zentimeter lang werden. Jedoch produzieren einige Nadelholzgewächse Samen tragende Strukturen, die eher an fleischige Beeren erinnern als an Zapfen. Zum Beispiel bedecken bei Wacholder und Zypressen fleischige Samenschuppen die Samen (▶ Abbildung 22.8). Die miteinander verschmolzenen Samenschuppen bei Wacholder nehmen in Abhängigkeit von der Art verschiedene Farben an. Bei der Eibe umgibt ein fleischiger Samenmantel, als **Arillus** (lateinisch „Traubensame") bezeichnet, jede Samenanlage teilweise (▶ Abbildung 22.9a). Die Samen der Steineiben (*Podocarpus*), einer Gruppe von Nadelholzgewächsen, die auf der südlichen Halbkugel beheimatet sind, haben eine vollständig bedeckte Samenanlage, die sich auf einer großen fruchtähnlichen Struktur befindet (▶ Abbildung 22.9b). Jedoch handelt es sich bei allen Strukturen von Nacktsamern, die wie Früchte aussehen, in Wirklichkeit um Samen mit Ummantelungen, die aus Integumenten hervorgegangen sind. Im Gegensatz dazu bilden sich echte Früchte aus Fruchtknoten, die es nur bei Blütenpflanzen gibt.

Obwohl man die meisten Nadelholzgewächse in den kühleren Regionen der nördlichen Halbkugel findet, sind Mitglieder der Familie der *Araucariaceae* auf der südlichen Halbkugel beheimatet. Die Gattung *Arau-*

ses durch Einfrieren anfällig. Außerdem sind die Blätter von Nadelholzgewächsen im Vergleich zu den bei Blütenpflanzen üblichen breiteren Blattspreiten eher schmal und typischerweise nadelähnlich. Schmalere Blätter setzen der Luft einen geringeren Widerstand entgegen, wodurch sie weniger empfänglich für Zerstörungen durch Frost oder durch trockenen Wind sind. Die Stomata liegen vertieft und geben deshalb Wasser nicht so schnell ab (▶ Abbildung 22.6). Unter der Epidermis befindet sich außerdem ein Bereich, die **Hypodermis**, mit dickwandigen Zellen, die den Wasserverlust verhindern. Die Epidermis selbst besitzt, wie bei den meisten Blütenpflanzen auch, eine wachshaltige Außenschicht, die **Cuticula**.

Es gibt einige anatomische Merkmale von Koniferennadeln, durch die sie effizient Wasser zum Photosynthese betreibenden Mesophyll leiten. Wie in Abbildung 22.6 schematisch dargestellt ist, sind Gefäßbündel von einer Endodermis umgeben. Die Endodermis verhindert Wasserverlust, indem sie den Wasser- und Mineralstofftransport durch die Zellmembranen leitet. Zwischen den einzelnen Gefäßbündeln und der Endodermis transportiert ein Bereich aus Transfusionsgewebe Flüssigkeiten effizient und weit gehend verlustfrei vom Xylem in das Mesophyll (siehe Abbildung 22.6).

22 NACKTSAMER (GYMNOSPERMAE)

Abbildung 22.7: *Metasequoia*, ein laubabwerfendes Nadelholzgewächs. Den Urweltmammutbaum (*Metasequoia glyptostroboides*) hielt man für ausgestorben, bis ein lebendes Exemplar im Jahr 1941 in einer unzugänglichen Bergregion in China entdeckt wurde. Im Jahr 1948 entdeckte eine Expedition rund 10.000 lebende Bäume in einem abgeschiedenen chinesischen Wald. Die Bäume, die mindestens 45 Meter hoch wachsen können, sind Überbleibsel riesiger *Metasequoia*-Wälder, die vor 15 bis 100 Millionen Jahren lebten. *Metasequoia* war einst der am häufigsten vorkommende Nacktsamer in den nordamerikanischen Wäldern.

(a) Samenzapfen eines Gemeinen Wacholders.

(b) Samenzapfen einer Zypresse

Abbildung 22.8: Samenzapfen bei Wacholder und Zypresse. Bei den Samenzapfen einiger Nadelholzgewächse, wie beispielsweise bei Wacholder und Zypresse, bedecken fleischige Schuppen den Samen vollständig, wodurch der Zapfen fast wie eine Beere aussieht.

22.2 Die heute lebenden Nacktsamer

(a)

(b)

Abbildung 22.9: Fleischige Samenmäntel bei Eibe und Steineibe. Bei Nadelholzgewächsen, wie beispielsweise der Eibe und der Steineibe *Podocarpus*, ist die Samenanlage von einer fleischigen becherähnlichen Struktur umgeben anstatt von Zapfenschuppen. (a) Bei der Eibe ist der Mantel rot und wird als Arillus bezeichnet. (b) Bei der Weißen Steineibe sitzen die Samenanlagen auf einer fleischigen, pinkfarbenen Struktur, die Vögel bevorzugen, welche die Samen verbreiten.

caria ist stark in den wärmeren Regionen Südamerikas, Südasiens und Australiens vertreten, wo sie als eine wichtige Holzquelle für den Bau und als Brennstoff dient. Die meisten *Araucaria*-Arten sind zweihäusig. Einige von ihnen, insbesondere die Norfolk-Tanne (*Araucaria heterophylla*), wurden auch weltweit kultiviert. Nach seiner Heimat, den Norfolkinseln in der Nähe Neuseelands, benannt, ist der Baum eine bekannte Zimmer- und Gewächshauspflanze. Im Freiland wächst er jedoch nur in Parks und Plantagen in subtropischen Regionen zu ihrer vollen Höhe heran (▶ Abbildung 22.10). Während kultivierte Pflanzen selten über einen Meter hoch werden, können Bäume am Wildstandort Höhen von bis zu 50 Metern erreichen. Eine weitere häufig kultivierte Art ist der Affenschwanzbaum (*Araucaria araucana*), der kurze, sehr spitze Blätter besitzt, welche die Zweige umgeben und bei jungen Bäumen auch den Stamm bedecken (▶ Abbildung 22.11).

Während des Mesozoikums waren riesige Wälder aus Bäumen der Familie der *Araucariaceae* weit verbreitet. Die Mitglieder dieser Familie sind seitdem aus vielen ihrer alten Lebensräume durch Blütenpflanzen verdrängt worden, und einige Arten werden nun durch menschliche Aktivitäten bedroht. Doch gibt es gute Neuigkeiten in Bezug darauf, dass etliche Jungpflanzen einer zuvor als ausgestorben betrachteten Art, die nun den Namen Wollemi-Kiefer (*Wollemia nobilis*) trägt,

Abbildung 22.10: Norfolk-Tanne (*Araucaria heterophylla*). Während sie in den Vereinigten Staaten eine verbreitete, in Kübeln kultivierte Zimmerpflanze ist, wächst die Norfolk-Tanne auf der südlichen Halbkugel als wichtiger Forstbaum.

Abbildung 22.11: Affenschwanzbaum (*Araucaria araucana*). Scharfe, spitze Blätter umgeben den Stamm. Dieser Baum befindet sich im Conguillo Nationalpark in Chile.

kürzlich in Australien entdeckt wurden (siehe den Kasten *Die wunderbare Welt der Pflanzen* auf Seite 565).

Der Stamm *Cycadophyta*

Die Palmfarne bilden die zweitgrößte Gruppe der Nacktsamer, wobei die lebenden Palmfarne aus 11 Gattungen mit 140 Arten bestehen. Mit ihren farn- oder palmenähnlichen Blättern werden Palmfarne oft irrtümlich für Farne oder blühende Palmen gehalten und nicht als Verwandte der Nadelholzgewächse erkannt. Wie Nadelholzgewächse und andere Nacktsamer haben Palmfarne Zapfen, doch sind ihre Zapfen im Allgemeinen größer als die von Nadelholzgewächsen, mitunter erreichen sie Längen von einigen Metern (▶ Abbildung 22.12). Anders als die meisten Arten von Nadelholzgewächsen, die Pollen- und Samenzapfen auf demselben Baum ausbilden, sind alle Palmfarne zweihäusig. Pollenzapfen und Samenzapfen sind beide groß, wobei die Samenzapfen vieler Arten oft durch Käfer bestäubt werden. Dies ist ein Beispiel für Insektenbestäubung, ein bei Blütenpflanzen weitverbreitetes Merkmal. Anders als die unbegeißelten Spermatien der meisten Nacktsamer sind die Spermatozoiden der Palmfarne begeißelt und schwimmen die kurzen Entfernungen zur Eizelle, wobei sie den Pollenschlauch aufreißen, damit es zur Befruchtung kommt. Die größten Palmfarne sind 15 Meter hoch, doch viele haben kurze Stämme. Die Stämme sind mit spiralig angeordneten, schuppigen Blattbasen bedeckt. Die lebenden Arten sind ein Überbleibsel einer viel größeren Vielfalt aus den Zeiten des Mesozoikums (vor 245 bis 65 Millionen Jahren), das manchmal nicht nur als das Zeitalter der Dinosaurier, sondern auch als das der Palmfarne bezeichnet wird.

Der Stamm *Ginkgophyta*

Die einzige überlebende Art aus dem Stamm der Ginkgophyta ist der Fächerblattbaum (*Ginkgo biloba*), über den Sie in der Einführung zu diesem Kapitel bereits gelesen haben. Er kann bis zu 30 Meter groß werden und wird auch als Frauenhaarbaum bezeichnet, weil seine fächerförmigen Blätter (▶ Abbildung 22.13a) mit zwei Lappen denen des Frauenhaarfarns ähneln. Die Blätter an Jungpflanzen oder Langtrieben sind tief gelappt, während die Mehrzahl der Blätter an Kurztrieben sitzt und kaum gelappt ist. Die lebenden Ginkgos scheinen sich nicht von den Ginkgofossilien zu unterscheiden, die 150 Millionen Jahre alt sind. Ginkgos wären vermutlich bereits ausgestorben, wenn sie nicht in chinesischen Klöstern über Jahrhunderte oder gar Jahrtausende lang angepflanzt worden wären. Wie bei den Palmfarnen keimt das Pollenkorn, und mehrfach begeißelte Spermatozoiden schwimmen zur Eizelle. Aus Megagametophyten entstehen fleischige Samen, die wie kleine Pflaumen aussehen. Die so genannten

22.2 Die heute lebenden Nacktsamer

DIE WUNDERBARE WELT DER PFLANZEN
■ Die Wollemi-Kiefer: Ein lebendes Fossil

Die Wollemi-Kiefer (*Wollemia nobilis*) ist ein stattliches Nadelholzgewächs, das als ausgewachsener Baum einen Stammdurchmesser von mehr als einem Meter haben kann. Der bis vor Kurzem nur von 150 Millionen Jahren alten Fossilien her bekannte Baum wurde nun in Australien als lebendes Exemplar entdeckt. Im Jahr 1994 befand sich David Noble, ein Nationalpark-Ranger, auf einer Buschwanderung im Wollemi National Park nordwestlich von Sydney, als er in einer geschützten Schlucht einen Hain aus 40 Bäumen sah, die er nicht kannte. Schließlich fand man drei kleine Gruppen von Jungpflanzen, die auf einem dem Regen exponierten Felsvorsprung wuchsen.

Das Wort *wollemi* stammt aus der Sprache der Ureinwohner und bedeutet „schau dich um". Die Wollemi-Kiefer ist mit der Norfolk-Tanne verwandt und stellt eine dritte Gattung in der Familie der *Araucariaceae* dar. Diese Kiefer wurde nun in Baumschulen aus Samen gezogen, und es laufen große Bemühungen, die existierenden kleinen Populationen zu erhalten. Einige der Bäume könnten 1000 Jahre alt sein. Der Fund dieser Population aus lebenden Bäumen unterstreicht die Bedeutung der Nationalparks und der Wildnisregionen auf der ganzen Welt, um die biologische Vielfalt zu erhalten. Mittlerweile können auch Exemplare in Botanischen Gärten bei uns, wie zum Beispiel in Frankfurt, besichtigt werden.

(a)

(b)

Abbildung 22.12: Palmfarne bilden ansehnliche Pollen- und Samenzapfen. (a) Palmfarnbäume *Lepidozamia hopei* in North Queensland, Australien. (b) Ein Samenzapfen eines Palmfarns.

22 NACKTSAMER (*GYMNOSPERMAE*)

(a) Ginkgoblätter.

(b) Pollenzapfen an einem männlichen Ginkgobaum.

(c) Fleischige Ginkgosamen an einem weiblichen Exemplar.

Abbildung 22.13: *Ginkgo biloba.*

Früchte unterscheiden sich anatomisch stark von den Früchten bei Bedecktsamern, weil es sich bei ihrem Fleisch um einen Samenmantel handelt und es nicht aus einem Fruchtknoten hervorgegangen ist.

Wie Palmfarne und Gnetophyten ist *Ginkgo* zweihäusig. Die Bäume werden gerne zur Landschaftsgestaltung benutzt – allerdings nur die Pollen ausbildenden Bäume, weil *Ginkgo*samen eine Säure enthalten, die wie ranzige Butter riecht. In Asien werden dagegen auch die weiblichen Bäume gepflanzt, weil die Samen in der asiatischen Küche beliebt sind. Um essbare Samen herzustellen, werden die äußeren beiden Schichten des Integuments abgeschält, was das steinartige innere Integument oder den Kern zum Vorschein bringt, der geröstet und dann aufgeknackt wird. Der Embryo und der Megagametophyt werden gegessen.

Der Stamm *Gnetophyta*

Zu den Mitgliedern des Stammes *Gnetophyta*, als Gnetophyten bezeichnet, gehören 70 Arten, die in drei Gattungen unterteilt werden: *Ephedra*, *Gnetum* und *Welwitschia*. Mit Ausnahme weniger Arten von *Ephedra* sind die Gnetophyten zweihäusig. Im Hinblick auf ihre äußere Erscheinung unterscheiden sich die drei Gattungen sehr stark. Sie werden jedoch gemeinsam klassifiziert, weil die molekularen Belege darauf hindeuten und sie mehr Merkmale haben, die an Bedecktsamer erinnern als andere Nacktsamer. Ein solches Merkmal ist das Vorhandensein von Gefäßelementen (Tracheen) neben Tracheiden. Alle anderen Nacktsamer haben lediglich Tracheiden. Außerdem ähneln *Welwitschia* und *Gnetum* Blütenpflanzen insofern, als sie keine Archegonien besitzen. Einige Arten von *Ephedra* und *Gnetum* sind, abgesehen von den Bedecktsamern, die einzigen Pflanzen, die eine Form der doppelten Befruchtung durchlaufen. Jedoch führt der Prozess bei ihnen zu zusätzlichen Embryonen anstatt zu dem bei Bedecktsamern gebildeten Endosperm. Dieser Unterschied könnte darauf hindeuten, dass sich die doppelte Befruchtung bei Bedecktsamern auf einem eigenen evolutionären Weg entwickelte.

Die mehr als 30 Arten von *Ephedra* (Meerträubel) findet man in Wüsten und anderen trockenen Regionen, darunter viele Regionen im Westen der Vereinigten Staaten und Europas (▶ Abbildung 22.14). Es könnte

22.2 Die heute lebenden Nacktsamer

Abbildung 22.14: *Ephedra* ist eine der drei rezenten Gattungen aus dem Stamm der *Gnetophyta*. (a) Eine männliche *Ephedra*-Pflanze. (b) Die Samenzapfen einer weiblichen *Ephedra*-Pflanze.

so scheinen, als wären Ephedrasträucher lediglich aus kurzen grünen Zweigen zusammengesetzt, doch in Wirklichkeit haben sie winzige Blätter, die sich an den Knoten bilden und bald darauf braun werden.

Die Gattung *Gnetum* umfasst mehr als 30 Arten vorrangig afrikanischer und asiatischer Tropenpflanzen, bei denen es sich um Lianen, Sträucher oder Bäume handeln kann (▶ Abbildung 22.15). Ihre breiten, ledernen Blätter erinnern an die einiger Blütenpflanzen.

Die Gattung *Welwitschia* beinhaltet nur eine einzige Art, *Welwitschia mirabilis*, die in den trockenen, an der Küste gelegenen Wüsten im Südwesten Afrikas beheimatet ist (▶ Abbildung 22.16). Da die Niederschlagsmenge in dieser Region jährlich unter 2,4 Zentimeter liegt, kann *Welwitschia* nur durch ihre extreme Trockentoleranz und durch Wasseraufnahme aus den häufig auftretenden Küstennebeln überleben. *Welwitschia* hat eine sehr ungewöhnliche äußere Erscheinung mit einer möhrenförmigen Sprossachse, die einen Durchmesser von bis zu einem Meter haben kann und bis zu drei Meter in den Boden hineinwächst. Oberirdisch bildet die Sprossachse zwei bandförmige Blätter, die bis zu sechs Meter lang sein können. Die Blätter besitzen an ihrer Basis ein Meristem und wachsen während der gesamten Lebensdauer der Pflanze, wobei sie sich aber allmählich aufspalten und zerreißen. Dadurch macht die Pflanze einen heruntergekommenen Eindruck, selbst wenn sie vollkommen gesund ist.

Abbildung 22.15: *Gnetum* **mit Samen.** Die Samenmäntel von Gnetumsamen sind fleischig, was sie wie eine Frucht erscheinen lässt. Die Blätter ähneln denen einiger Blütenpflanzen.

22 NACKTSAMER (GYMNOSPERMAE)

(a) Pollenzapfen von *Welwitschia mirabilis*.

(b) Samenzapfen von *Welwitschia mirabilis*.

Abbildung 22.16: *Welwitschia mirabilis* ist eine der drei rezenten Gattungen im Stamm *Gnetophyta*.

WIEDERHOLUNGSFRAGEN

1. Beschreiben Sie die allgemeinen Merkmale von Nadelholzgewächsen.

2. Was sind einige charakteristische Merkmale von Palmfarnen?

3. Beschreiben Sie die charakteristischen Merkmale von *Ginkgo biloba*.

4. Warum werden die Gnetophyten als ein Stamm klassifiziert, obwohl sie so verschieden sind?

ZUSAMMENFASSUNG

22.1 Ein Überblick über die Nacktsamer

Selektionsvorteile von Samenpflanzen

Samen statten Nacktsamer mit signifikanten Selektionsvorteilen für das Leben auf dem trockenen Land aus. Außerdem ermöglichen es Samen dem Embryo, trockene oder kalte Jahreszeiten zu überleben. Das Integument schützt den Embryo vor Austrocknung. Der Pollenschlauch liefert Spermatien direkt zur Eizelle und erübrigt den Bedarf an freiem Wasser zur sexuellen Fortpflanzung.

Die Evolution der Nacktsamer

Progymnospermen entstanden Mitte des Devons aus dem Stamm der *Trimerophytophyta*. Die beiden Hauptgruppen von Progymnospermen bildeten Holz, das denen von Nadelholzgewächsen ähnelte. Sie hatten jedoch Sporen anstelle von Samen. Während des Karbons entstanden aus den Progymnospermen Samenfarne, eine Gruppe taxonomisch unterschiedlicher Pflanzen, aus denen sich die Palmfarne entwickelten. Aus den Progymnospermen könnten sich auch die einfachen, unabhängigen Linien der Nacktsamer entwickelt haben, die als *Cordaitales* und *Voltziales* bekannt sind. Diese Pflanzen lebten während der Zeitalter Karbon und Perm. Aus ihnen könnten die Nadelholzgewächse, die Gnetophyten und Ginkgo entstanden sein.

Die Entwicklung abhängiger Gametophyten

Samenpflanzen sind heterospor, wobei sich die Gametophyten endosporisch entwickeln. Die Gametophyten sind vom Sporophyten abhängig und sind gegenüber dem Gametophyten bei samenlosen Pflanzen in ihrer Größe reduziert.

Der Generationswechsel bei Nacktsamern

Mikrosporangien und Megasporangien treten in getrennten Pollen- und Samenzapfen auf. Zwei Mikrosporangien sitzen auf der Unterseite jedes Mikrosporophylls. Auf der Oberfläche jeder Samenschuppe gibt es zwei Samenanlagen. Jede Samenanlage enthält ein Megasporangium (Nucellus), in dem sich der Megagametophyt entwickelt. Nach der Befruchtung der Eizelle wird die Samenanlage zu einem Samen, der aus einem Embryo, einem Nährgewebe (früherer Megagametophyt) und einer Samenhülle besteht. Der keimende Samen entwickelt sich zum unabhängigen Sporophyten.

22.2 Die Arten von lebenden Nacktsamern

Der Stamm *Coniferophyta*

Die rezenten Nadelholzgewächse umfassen 550 Arten, die am weitesten in den kühleren Klimaten der nördlichen Halbkugel verbreitet sind. Zu ihnen gehören die höchsten und größten lebenden Bäume. Die Nadeln der Nadelholzgewächse können jedes Jahr abgeworfen werden oder immergrün sein und bis zu 50 Jahre lang aktiv Photosynthese betreiben. Sie haben eine Reihe von Anpassungen, die das Überleben in kalten, windigen Lebensräumen erleichtern.

Der Stamm *Cycadophyta*

Die 140 Arten der Palmfarne sind Überbleibsel der viel zahlreicheren Arten, die im Mesozoikum existierten. Ihre Zapfen sind in der Regel größer als die von Nadelholzgewächsen und ihre Stämme sind mit schuppigen Blättern bedeckt.

Der Stamm *Ginkgophyta*

Ginkgo ist ein laubabwerfender Baum mit charakteristischen fächerförmigen Blättern, die in chinesischen Klöstern über Jahrtausende überlebten, nachdem sie in der Wildnis ausgestorben waren. Die Bäume gedeihen auch in belasteten städtischen Lebensräumen gut.

Der Stamm *Gnetophyta*

Die 70 Arten von Gnetophyten umfassen drei Gattungen. Die Mitglieder der Gattung *Ephedra* erinnern an Sträucher, die aus kurzen, grünen Zweigen zusammengesetzt sind. Sie sind in vielen Wüstenregionen im Westen der Vereinigten Staaten und Europas verbreitet. Die Gattung *Gnetum* umfasst tropische Pflanzen, die man vorwiegend in Afrika und Asien findet. Ihre breiten, ledernen Blätter ähneln denen einiger Blütenpflanzen. *Welwitschia*, in den trockenen, küstennahen Wüsten im Südwesten Afrikas beheimatet, bildet ein einziges Paar langer, bandförmiger Blätter.

Verständnisfragen

1. Erklären Sie, inwiefern Samen und Pollenschläuche Vorteile bei der Anpassung an das Leben an Land lieferten.

2. Warum haben die meisten Samenpflanzen unbegeißelte Spermatien?

3. Erklären Sie den Unterschied zwischen exosporischer und endosporischer Entwicklung.

4. Beschreiben Sie in allgemeinen Worten, was man über die Evolution von Nacktsamern weiß. Erläutern Sie, in welcher Hinsicht dieses Wissen unvollständig ist.

5. Zeichnen Sie einen sehr einfachen, allgemeinen Lebenszyklus, in dem der Generationswechsel bei Nacktsamern dargestellt ist.

6. Beschreiben Sie die Bildung von Spermatien und Eizellen bei einer Kiefer. Wie findet die Befruchtung statt?

7. In welcher Hinsicht ist der Generationswechsel einer Kiefer für die Lebenszyklen der meisten Nacktsamer repräsentativ? Worin unterscheidet sich die Fortpflanzung einiger Nacktsamer von der einer Kiefer?

8. Beschreiben Sie einige Varianten bei der Zapfenstruktur unter den Nadelholzgewächsen.

9. Wie würden Sie jemandem einen Palmfarn beschreiben, der noch nie einen gesehen hat?

10. Wofür nutzen Menschen den Ginkgobaum *Ginkgo biloba*?

11. In welcher Hinsicht werden die Gnetophyten als die Nacktsamer betrachtet, die mit den Bedecktsamern am engsten verwandt sind?

12. Beschreiben Sie jemandem *Ephedra* und *Welwitschia*, der bisher keine der beiden Pflanzen gesehen hat.

Diskussionsfragen

1. Gehen Sie von Ihrem Wissen über Pflanzen aus. Warum haben Nacktsamer Ihrer Ansicht nach immer noch einen Selektionsvorteil gegenüber den meisten anderen Pflanzen, wenn es um kühle, windige, gebirgige Regionen geht?

2. Stellen Sie die Vorteile und Nachteile von exosporischer und endosporischer Entwicklung gegenüber.

3. Das alljährliche Bilden von Blättern erfordert einen großen Energieaufwand. Erklären Sie, weshalb nicht alle Pflanzen ihre Blätter mindestens einige Wachstumsperioden behalten, wie es bei Nadelholzgewächsen der Fall ist.

4. Menschen, die in kalten, windigen Regionen leben, wird empfohlen, ihre Pflanzen auch im Winter zu gießen, wenn sie nicht wachsen und nicht einmal Blätter haben. Warum empfiehlt man dies?

5. Bei vielen Fichten hängen die Samenzapfen herab, bei vielen Tannen zeigen sie dagegen nach oben. Worin könnte der Selektionsvorteil der jeweiligen Positionierung liegen?

6. Fertigen Sie eine beschriftete Skizze an, in der eine Samenanlage im Längsschnitt dargestellt ist. Woraus hat sich jedes Element der Samenanlage entwickelt, die Sie gezeichnet haben?

Zur Evolution

Die Bildung von getrennten männlichen und weiblichen Gametophyten, die bei heterosporen Pflanzen unvermeidlich ist, kann auch bei isosporen Pflanzen vorkommen. Welche Hinweise legen die Vermutung nahe, dass sich der Habitus eines Samens aus heterosporen Vorfahren entwickelt hat anstatt aus isosporen? Können Sie sich Gründe vorstellen, weshalb die Heterosporie gegenüber der Isosporie verteilhaft sein könnte, was sowohl die Pollen- als auch die Samenbildung betrifft?

Weiterführendes

Weitere Informationen zu diesem Buchkapitel finden Sie auf der Companion Website unter http://www.pearson-studium.de.

Bosch, Christof. Die sterbenden Wälder. Fakten, Ursachen, Gegenmaßnahmen. München: Verlag C. H. Beck, 1983. *Ein immer noch aktuelles Buch, das die Fakten zusammenträgt, die zur Zerstörung des Ökosystems Wald führen, und deutlich macht, dass häufig eine falsche Bewirtschaftung Ursache für viele Phänomene des Waldsterbens ist.*

Lanner, Ronald M. Made for Each Other: A Symbiosis of Birds and Pines. Oxford: Oxford University Press, 1996. *Lanner ist Professor für Waldressourcen an der Utah State University. Er interessierte sich dafür, wie sich die Weißstämmige Kiefer fortpflanzt. Die großen Kiefernzapfen sind geschlossen, sie geben ihre Samen nicht frei und die Samen sind flügellos. Dennoch ist die Kiefer über große Gebiete verbreitet. Ein unterhaltsames und gut geschriebenes Buch.*

Bedecktsamer (*Angiospermae*)

23

23.1	Sexuelle Fortpflanzung bei Blütenpflanzen	575
23.2	Die Evolution von Blüten und Früchten	580
23.3	Die Diversität der Bedecktsamer	591
Zusammenfassung		596
Verständnisfragen		597
Diskussionsfragen		598
Zur Evolution		598
Weiterführendes		599

ÜBERBLICK

23 BEDECKTSAMER (ANGIOSPERMAE)

> Mehr als 90 Prozent der existierenden Pflanzenarten sind Blütenpflanzen, und diese zeigen eine erstaunliche Vielfalt. Lassen Sie uns vier verschiedene Gattungen der Bedecktsamer betrachten: Petunien, Sonnenblumen, Mais und eine außergewöhnliche Gattung von Sukkulenten.

Petunien wie zum Beispiel die Art *Petunia axillaris* sind eine bekannte Pflanzengruppe mit vielen farbenfrohen Varianten, die jeden Sommer Gärten und Balkonen ein markantes Aussehen verleihen. Die Blüten ziehen Insekten an, die sich von deren Nektar ernähren und dabei den Pollen von einer Blüte zur nächsten tragen. Sonnenblumen (Helianthus annuum) sind ebenfalls allgemein bekannt. Nur wenige Menschen wissen allerdings, dass eine Sonnenblume keine einzelne Blüte ist, sondern aus vielen kleinen Blüten zusammengesetzt ist. Das Zentrum des „Blütenkorbes" besteht aus Röhrenblüten. Den äußeren Ring bilden so genannte Zungenblüten, wie im Bild links zu sehen. Bei großen Sonnenblumenarten trägt jeder Blütenkorb viele Früchte, die Sonnenblumenkerne genannt werden. Obwohl der Blütenstand einer Sonnenblume wesentlich komplexer ist als eine Petunienblüte, wirkt sie genau wie diese, wenn es darum geht, Bestäuber anzulocken.

Ein drittes Beispiel für die Vielfalt von Blüten ist der Mais (Zea mays). Viele Menschen sehen Mais nicht als eine Blütenpflanze an, aber dennoch gehört auch er dazu. Die Rispen an der Spitze der Pflanze tragen viele kleine männliche Blüten. Die weiblichen Blüten reifen zu Früchten, den Maiskörnern. Der Wind trägt den Pollen von den Staubbeuteln, die sich an der Spitze der Pflanze befinden, auf die langen, fädigen Narben der Ähren (siehe Foto rechts).

Ein viertes Beispiel für die Vielfalt der Blüten ist *Ceropegia haygarthii* (links im Bild), ein Vertreter einer Gattung von Sukkulenten, die in Afrika beheimatet ist. Diese Art besitzt raffinierte Behälter, in denen Insekten vorübergehend gefangen gehalten werden, die sich von dem Nektar ernähren. Viele Arten haben speziell geformte Narben, die den Pollen vom Mund eines Insekts entfernen. Gleichzeitig produzieren die Narben klebrige Substanzen, durch die der Pollen der eigenen Blüten an dem Insekt haften bleibt. All diese Prozesse unterstützen die Übertragung der Pollen zwischen den Blüten bzw. zwischen Pflanzen. Warum gibt es so viele unterschiedliche Typen von Blütenpflanzen und so viele einzigartig geformte Blüten? Im Lauf ihrer Evolution haben sich die Blütenpflanzen erfolgreich an viele unterschiedliche Lebensräume angepasst, indem sich Allele, welche die Überlebenswahrscheinlichkeit erhöhen, infolge zufälliger Mutationen und natürlicher Auslese akkumuliert haben. Blütenpflanzen sind in den meisten Lebensräumen erfolgreicher in Bezug auf das Erzeugen von Nachkommen als andere Pflanzen. Jede Generation stellt ein Versuchslabor für die Evolution dar. Züchter produzieren mithilfe künstlicher Zuchtwahl neue Varietäten mit verbesserten Eigenschaften, zum Beispiel Blüten, die besonders schön sind oder länger halten, Nutzpflanzen mit verbessertem Geschmack, mit Krankheitsresistenzen und höheren Erträgen. Beispielsweise wurden in jüngster Zeit Experimente mit der Ackerschmalwand (Arabidopsis thaliana) durchgeführt, die zum Ziel hatten, mehr Kronblätter zu produzieren (siehe die beiden Fotos rechts). Dabei wurden wertvolle Erkenntnisse über das Wachstum von Blüten gewonnen, die im Garten- und Landschaftsbau hilfreich sein können.

In Kapitel 6 hatten wir die allgemeinen Strukturen und Varianten von Blüten und Früchten behandelt. In diesem Kapitel wollen wir uns zunächst genauer mit dem Lebenszyklus und der Bestäubung von Blütenpflanzen befassen. Danach untersuchen wir die Evolution und Klassifikation der Bedecktsamer, bevor wir schließlich einige der mehr als 450 Pflanzenfamilien als Beispiele der Diversität bezüglich ihrer Strukturen und der Anpassung an unterschiedliche Lebensräume betrachten.

23.1 Sexuelle Fortpflanzung bei Blütenpflanzen

Wie bei allen Pflanzen beinhaltet der sexuelle Lebenszyklus von Blütenpflanzen den Generationswechsel zwischen Sporophyten und Gametophyten. Bei den Moosen sind die Gametophyten (mit auf ihnen wachsenden, abhängigen Sporophyten) dominant. Bei den Gefäßsporenpflanzen sind Sporophyten und Gametophyten typischerweise separate Pflanzen, wobei der Sporophyt größer ist und immer Photosynthese betreibt. Bei Nacktsamern und Bedecktsamern sind die Sporophyten größer, betreiben Photosynthese und sind dominant. Spezialisierte Fortpflanzungsstrukturen, die sich aus modifizierten Blättern entwickelt haben, sind zu einer gemeinsamen Anordnung gruppiert. Die Gametophyten entwickeln sich endosporisch innerhalb von Mikrosporen und Megasporen, und der Megagametophyt wird schließlich zu einem Teil eines Samens. Im Unterschied zu den Nacktsamern befinden sich die Samenanlagen der Blütenpflanzen innerhalb von Fruchtknoten, die sich zu Früchten entwickeln.

Generationswechsel der Bedecktsamer

Der bei den Nacktsamern vorliegende Generationswechsel ist bei den Bedecktsamern noch weiter modifiziert, und die Gametophyten sind in ihrer Größe und Zellzahl noch weiter reduziert. Bei den Nacktsamern bestehen die unreifen Mikrogametophyten (die Pollenkörner), wenn sie von den Mikrosporangien abgeworfen werden, aus vier Zellen. Bei den Bedecktsamern bestehen sie nur aus zwei oder drei Zellen, wenn sie von den Staubbeuteln freigegeben werden. Bei Nacktsamern hat der reife Mikrogametophyt sechs Zellen, davon zwei Spermazellen. Dagegen hat er bei den Bedecktsamern nur drei Zellen, davon ebenfalls zwei Spermazellen. Der Megagametophyt ist in viel stärkerem Maße reduziert. Bei Nacktsamern besteht er aus mehreren hundert bis mehreren tausend Zellen und umfasst oft ein Archegonium wie bei der Kiefer. Bei Bedecktsamern hat er meist acht Zellkerne und sieben Zellen, und es gibt kein Archegonium. Bei manchen Arten besteht er aus lediglich vier Zellen. Da die Gametophyten der Bedecktsamer, besonders der Megagametophyt, kleiner sind als die der Nacktsamer, wird für ihre Herstellung entsprechend weniger Energie aufgewendet, was ein Selektionsvorteil sein kann.

Bei den meisten bedecktsamigen Arten kommen männliche und weibliche Gametophyten nicht nur auf der gleichen Pflanze vor, sondern sogar auf der gleichen Struktur: einer zwittrigen Blüte. Zwittrige Blüten haben sowohl Staubblätter (welche die Mikrogametophyten produzieren) als auch Fruchtblätter (welche die Megagametophyten produzieren). Arten mit getrenntgeschlechtlichen Blüten, denen entweder Staubblätter oder Fruchtblätter fehlen, sind oft einhäusig, d. h. jede Pflanze besitzt sowohl männliche als auch weibliche Blüten. Einige bedecktsamige Arten sind jedoch zweihäusig, d. h. weibliche und männliche Blüten befinden sich auf separaten Pflanzen. Im Gegensatz dazu kommen männliche und weibliche Gametophyten bei Nacktsamern immer auf separaten Strukturen vor, nämlich den Pollenzapfen (männliche Zapfen) und Fruchtzapfen (weibliche Zapfen), wobei sich bei den meisten Arten beide Zapfentypen auf der gleichen Pflanze befinden.

▶ Abbildung 23.1 zeigt einen Lebenszyklus eines typischen Bedecktsamers mit zwittrigen Blüten. Wie bei allen pflanzlichen Lebenszyklen sind die wichtigsten Phasen der Fortpflanzung die Meiose und die Befruchtung. Wachstum durch Meiose kommt während des gesamten Lebenszyklus vor. Rechts oben im Bild sehen Sie, wie ein Staubblatt ein Pollenkorn (oder einen Mikrogametophyten) produziert. Jedes Staubblatt besitzt einen Staubbeutel, von denen jeder vier Mikrosporangien (auch Pollensäcke genannt) enthält. Jeder Mikrosporophyt innerhalb der Mikrosporangien durchläuft die Meiose und produziert dabei vier haploide Mikrosporen. Die Mikrosporen entwickeln sich dann zu unreifen Pollenkörnern, die jeweils aus einer Röhren-

23 BEDECKTSAMER (ANGIOSPERMAE)

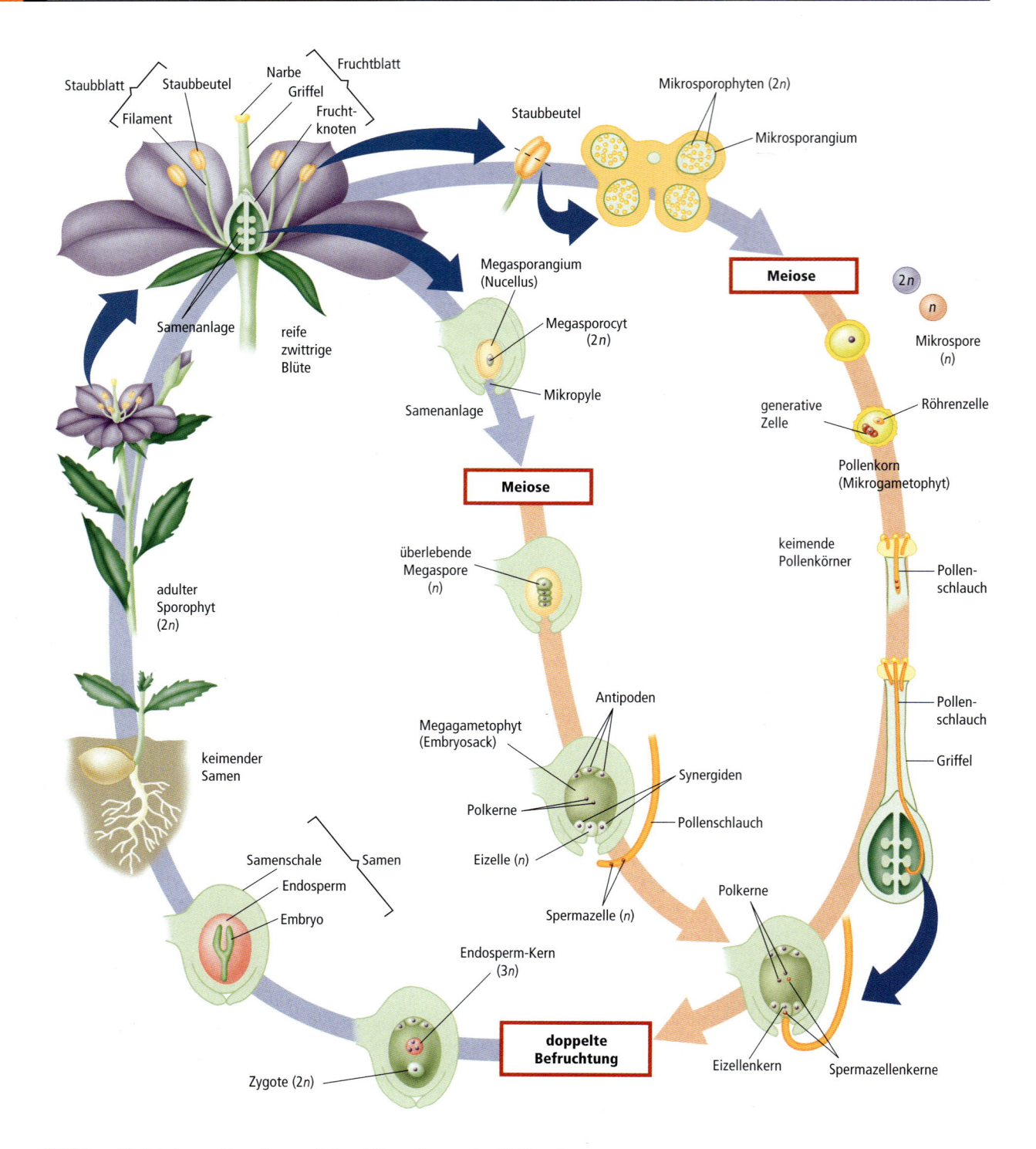

Abbildung 23.1: Lebenszyklus einer typischen Blütenpflanze. Die Abbildung konzentriert sich auf die allgemeine Blüten- und Samenstruktur und zeigt nicht die Struktur der Frucht, die den Samen umgibt.

zelle bestehen. Diese produziert den Pollenschlauch und eine generative Zelle, die ihrerseits zwei Spermazellen produziert. Bevor sie vom Staubbeutel freigegeben werden, bilden die Pollenkörner eine äußere Schutzwand, die als **Exine** bezeichnet wird, und eine innere Wand, die **Intine**. Die äußere Wand besteht aus einem widerstandsfähigen Polymer, **Sporopollenin**, das in allen Pflanzensporen vorkommt. Sie hat für jede bedecktsamige Art ein charakteristisches Muster. Deshalb können Forscher durch eine Analyse der Pollenkörner herausfinden, welche Pflanzenart eine bestimmte Allergie auslöst; ebenso ist es möglich, anhand von archäologischen Überresten festzustellen, welche Pflanzen an diesem Ort vorkamen. Die abschließende Entwicklung des reifen Pollenkorns umfasst das Wachsen des Pollenschlauchs, das einsetzt, nachdem das Pollenkorn auf einer empfänglichen Narbe abgelegt wurde.

Sehen wir uns nun die Entwicklung des Megagametophyten an, d. h. die Phasen, die in der Mitte von Abbildung 23.1 dargestellt sind. Bei einer Blütenpflanze befinden sich die Megasporangien innerhalb des Fruchtknotens, der eine oder mehrere Samenanlagen enthält. Jede Samenanlage besteht aus einem Megasporangium (auch Nucellus genannt), das von einem oder zwei Integumenten umgeben ist. Die Integumente treffen sich an der Mikropyle, der Öffnung, durch die der Pollenschlauch eintritt. In jedem Megasporangium durchläuft eine Megasporocyte (Megasporenmutterzelle) die Meiose und bildet vier haploide Megasporen. Drei der Megasporen zerfallen in der Regel, während die am weitesten von der Mikropyle entfernte überlebt und zu einem Megagametophyten heranwächst. Bei etwa zwei Dritteln aller bedecktsamigen Arten produziert der sich entwickelnde Megagametophyt acht Zellkerne. An jedem Ende versammeln sich vier Zellkerne, und dann wandert ein Zellkern von jedem Ende zur Mitte. Diese beiden Zellkerne werden **Polkerne** genannt. Die an den Enden verbliebenen Kerne bilden Zellen. Eine große zentrale Zelle enthält die beiden Polkerne. Die mittlere Zelle an den Enden der Mikropyle ist die Eizelle, flankiert von zwei kurzlebigen Zellen, die als **Synergiden** bezeichnet werden und eine Funktion bei der Befruchtung haben. Die drei Zellen am entgegengesetzten Ende werden als Antipoden bezeichnet und haben keine bekannte Funktion. Der reife Megagametophyt, der aus sieben Zellen und acht Kernen besteht, wird auch Embryosack genannt, da sich der Embryo nach der Befruchtung in diesem entwickelt.

Bei den meisten bedecktsamigen Arten ist der Megagametophyt vor der Bestäubung bereits voll entwickelt. Die Narbe einer typischen Blüte kann von einer Vielzahl von Pflanzen der gleichen oder von anderen Arten bestäubt werden. Jedoch sorgen verschiedene Proteine und andere Moleküle dafür, dass nur Pollen von den „richtigen" Pflanzen keimen. Die Oberfläche der Narbe enthält Kalziumionen, die für das Keimen der Pollen notwendig sind, sowie Hormone, die das Wachstum des Pollenschlauchs stimulieren. Nachdem das Pollenkorn mit der Narbe in Kontakt gekommen ist, verlängert sich die Schlauchzelle und produziert einen Pollenschlauch, der typischerweise über einen Zeitraum von einigen Stunden bis einigen Tagen wächst. Bei den Nacktsamern dagegen dauert dieser Prozess mehr als ein Jahr. Der Schlauch wächst durch so genanntes **Transmissionsgewebe** in den Griffel und in eine der Synergiden hinein. Diese produziert Substanzen, die den wachsenden Pollenschlauch anziehen. Die beiden nicht begeißelten Spermazellen wandern durch den Pollenschlauch und in die Synergiden hinein.

Als Nächstes findet eine einzigartige Form der doppelten Befruchtung statt. Eine Spermazelle bewegt sich weg von der Synergide und befruchtet die angrenzende Eizelle, wodurch eine Zygote entsteht, die sich zu einem Embryo entwickelt. Die zweite Spermazelle verschmilzt mit den beiden Polkernen in der Mitte des Embryosacks zu einem triploiden Endospermkern. Der triploide Kern teilt sich durch Mitose. Es entsteht ein Endosperm, der den sich entwickelnden Embryo ernährt. Bei manchen Arten verläuft die Entwicklung des Endosperms so, dass der Cytokinese eine Phase der Zellteilungen vorausgeht. Bei anderen Arten erfolgen Kern- und Zellteilungen simultan. Bei einigen wenigen Bedecktsamern teilen sich Megasporangienzellen und produzieren ein diploides Nährgewebe, das als **Perisperm** bezeichnet wird. In jedem Fall wird bei Zweikeimblättrigen das entstehende Gewebe vom Embryo verdaut und absorbiert, während dieser innerhalb des Embryosacks an Größe zunimmt. Bei Einkeimblättrigen wird das Endosperm während der Bildung des Embryos nicht genutzt, sondern dient als Nahrungsquelle für den Keimling. Getreidekörner sind wegen ihres großen Anteils an stärkehaltigem Endosperm ein wichtiges Nahrungsmittel.

Nur bei den Bedecktsamern gibt es eine Form der doppelten Befruchtung, bei der sowohl ein Embryo als auch ein Endosperm entsteht. Ein anderer Typ der doppelten Befruchtung tritt bei den beiden Gattungen der Nacktsamer auf, die den Bedecktsamern am ähnlichsten sind: *Ephedra* und *Gnetum*. Bei diesen Nacktsamern erzeugt die zweite Befruchtung zusätzliche Embryonen anstelle des Endosperms.

Selbstbestäubung und Fremdbestäubung bei Bedecktsamern

Manche bedecktsamigen Arten sind vor allem oder ausschließlich auf Selbstbestäubung angewiesen, d. h. eine Blüte wird von ihrem eigenen Pollen oder von Pollen einer anderen Blüte der gleichen Pflanze bestäubt. Da selbstbestäubende Pflanzen für ihre Reproduktion weder Bestäuber noch weitere Pflanzen ihrer Art benötigen, können sie sich in Gebieten fortpflanzen, die von der Hauptpopulation isoliert sind. Dies kann dazu führen, dass sich eine Art sehr viel schneller ausbreitet. Nachteile der Selbstbestäubung liegen in der reduzierten genetischen Variabilität und der Gefahr, dass einige der Samen wegen der Paarung schädlicher rezessiver Allele nicht lebensfähig sind.

Viele bedecktsamige Arten sind vor allem oder ausschließlich auf Fremdbestäubung angewiesen, d. h. auf die Übertragung von Pollen von einer Pflanze auf eine andere. Fremdbestäubung reduziert die Möglichkeit, dass schädliche rezessive Allele als Paar im gleichen Organismus landen. Der wichtigste Vorteil der Fremdbestäubung ist die genetische Diversität, die aus dem Mischen von Genotypen mit unterschiedlichen Allelen während der Befruchtung resultiert. Durch Fremdbestäubung erhöht sich die Anzahl der genetischen Kombinationen in einer Population und somit die Wahrscheinlichkeit, dass Pflanzen sich erfolgreich an Veränderungen der Umwelt anpassen können. Außerdem entstehen durch Fremdbestäubung Hybriden, deren Vitalität gegenüber der der Elternpflanzen verbessert ist. Beispielsweise kann man durch Kreuzung reinerbiger Maissorten Nachkommen erhalten, die größer und stärker sind und höhere Erträge liefern (Hybridwüchsigkeit).

Es gibt mehrere Mechanismen der Fremdbestäubung. Sie unterscheiden sich durch die Tatsache, ob die Arten zwittrige oder getrenntgeschlechtliche Blüten haben. Bei zweihäusigen Arten wie Weiden und Dattelpalmen ist die Fremdbestäubung zwingend erforderlich, da sich männliche und weibliche Blüten auf separaten Pflanzen befinden. Selbst eine einhäusige Art kann auf Fremdbestäubung angewiesen sein, wenn sich männliche und weibliche Blüten der Pflanze zu unterschiedlichen Zeitpunkten der Wachstumsperiode entwickeln. Beispiele hierfür sind Gurke, Mais, Ahorn und Eiche. Sogar viele Arten mit zwittrigen Blüten wie der Apfel und die meisten Süßkirschen sind auf Fremdbestäubung angewiesen, entweder weil sich männliche und weibliche Gametophyten zu unterschiedlichen Zeiten entwickeln oder weil die Pflanzen den eigenen Pollen nicht annehmen. Letzteres wird als Selbstinkompatibilität bezeichnet und ist der häufigste Grund, warum Fremdbestäubung notwendig ist.

Einige Bedecktsamer verlassen sich allein auf Wind oder Wasser, um die Pollen zu übertragen, entweder in Form von Selbstbestäubung oder als Fremdbestäubung. Windbestäuber haben meist kleine, unscheinbare Blüten, die keinen Nektar besitzen und nicht duften. Die Staubgefäße ragen nach außen, so dass der Pollen leicht vom Wind fortgetragen werden kann. Viele Gräser und manche Eichenarten sind Beispiele für die Abhängigkeit der Bestäubung vom Wind. Einer der Kritikpunkte gegen genetisch veränderte Nutzpflanzen, besonders solche, die mithilfe des Windes bestäubt werden, bezieht sich darauf, dass modifizierte Gene mit den Pollen leicht aus der Anbaukultur entweichen können (siehe den Kasten *Biotechnologie* auf Seite 579). Bei den meisten aquatischen Pflanzen erfolgt die Bestäubung über Wasser und wird durch den Wind oder Insekten ermöglicht. Bei manchen Arten treibt der Pollen auf der Wasseroberfläche. Andere Arten, wie zum Beispiel das Seegras (Arten der Gattung *Zostera*), haben Mechanismen entwickelt, die ihnen die Bestäubung unter Wasser erlauben. Die Pollenkörner von *Zostera* sind lang und fadenförmig, was die Wahrscheinlichkeit erhöht, eine empfängliche Narbe zu berühren.

Die meisten bedecktsamigen Arten sind auf Bestäuber wie Insekten, Vögel und Fledermäuse angewiesen. Diese Interaktion mit Bestäubern ist bereits früh in der Evolution der Bedecktsamer entstanden und wir können uns vorstellen, wie diese begonnen haben könnte. Infolge zufälliger Mutationen haben Pflanzen in der Nähe der Mikrosporangien leuchtend gefärbte Blätter entwickelt. Diese zogen Insekten an, die gelegentlich Pollenkörner aufnahmen und zu anderen Pflanzen trugen. Schließlich entstanden durch zufällige Mutationen farbenfrohe Blüten, die manchmal süßen oder nährstoffhaltigen Nektar produzierten, der Tiere wie Insekten anzog. Indem sie sich von dem Nektar ernährten, trugen diese Tiere Pollen von einer Pflanze zur anderen und wurden so zu Bestäubern. Pflanzen mit leuchtenderen Farben oder süßerem, reichhaltigerem Nektar wurden häufiger von Insekten und anderen Bestäubern besucht. Dementsprechend war Pollen, der die Allele für solche Merkmale enthielt, häufiger an Bestäubungen beteiligt, wodurch sich die Häufigkeit dieser Allele innerhalb der Population erhöhte.

Wir werden wahrscheinlich nie ganz genau wissen, wie die Interaktion zwischen Pflanze und Bestäuber tatsächlich begann. Nachdem sie jedoch einmal angefangen hatte, führte jede Mutation, welche die Häufigkeit des Besuchs von Insekten erhöhte, zu einem Selektionsvorteil. Manche bedecktsamigen Arten haben sich auf Bestäubung durch einen ganz bestimmten Bestäubertyp spezialisiert, zum Beispiel auf Bienen, oder sogar auf

BIOTECHNOLOGIE
■ **Superunkräuter**

Der Pollen einer bestimmten Pflanze kann auf die Narben vieler weiterer Pflanzen übertragen werden. Wissenschaftler sorgen sich, dass Pollen transgener Nutzpflanzen, die Gene für Herbizidresistenzen enthalten, diese Resistenzen auf die wilden Verwandten übertragen könnten, die gewöhnlich in der Nähe von Kulturen gentechnisch veränderter Pflanzen wachsen. Solche Sorgen sind durchaus berechtigt, weil manche Pflanzen sehr leicht mit verwandten Wildarten hybridisieren. Forscher haben bereits nachgewiesen, dass Gene allmählich von Nutzpflanzen auf wilde Verwandte übergehen, die schließlich zu herbizidresistenten „Superunkräutern" werden könnten.

Ein verwandtes Problem besteht darin, dass Nutzpflanzen Unkräuter werden können. Raps zum Beispiel ist eine häufig angebaute Nutzpflanze, aus der Speiseöl hergestellt wird. Herbizidresistenter Raps wird jedoch für einen Landwirt, der eine andere Nutzpflanze kultiviert, zu einem Unkraut.

Die Entstehung herbizidresistenter Superunkräuter ist nur eines von mehreren Problemen, welche die Kultivierung transgener Pflanzen mit sich bringen kann. Auch Trockentoleranz, Krankheits- und Schädlingsresistenz, Frosttoleranz und sogar gesteigerte Erträge können auf Unkräuter übergehen.

Die Entstehung von Superunkräutern kann vermieden werden, wenn Unkräuter sowohl im Feld als auch im Umkreis manuell anstatt durch Herbizide beseitigt werden. Die Wahrscheinlichkeit, dass Superunkräuter auf einem Feld überhand nehmen, kann auch dadurch minimiert werden, dass der Typ des verwendeten Herbizids jedes Jahr oder alle zwei Jahre geändert wird, so dass sich die herbizidresistenten Unkräuter nicht durchsetzen können. Fruchtfolgen reduzieren ebenfalls die Chancen, dass herbizidresistente Unkräuter entstehen.

---

nur eine Art. Andere Bedecktsamer können durch mehr als eine Bestäuberart oder sogar durch unterschiedliche Typen von Bestäubern bestäubt werden. Die Bestäuber sind mittlerweile bezüglich ihrer Ernährung auf die Pflanzenarten angewiesen, die sie bestäuben. Mit der Zeit verstärkte die natürliche Auslese solche Beziehungen mit gegenseitigem Nutzen, da der Fortpflanzungserfolg sowohl der Pflanzen- als auch der Tierart von dieser Interaktion abhängig geworden war. Solche Entwicklungen sind Beispiele für die **Koevolution** unterschiedlicher Arten, in deren Verlauf Anpassungen der einen Art selektive Auswirkungen auf Anpassungen der anderen Art haben.

Insekten, Vögel und Fledermäuse sind oft in eine Koevolution mit Pflanzen involviert. Von Vögeln bestäubte Blüten produzieren große Mengen an Nektar und sind in der Regel groß, duftend und oftmals rot, eine Farbe, welche die meisten Insekten nicht wahrnehmen können. Beispiele hierfür sind Kakteen, Bananen, viele Orchideen und der Weihnachtsstern. Fledermäuse bevorzugen große, robuste, nektarreiche Blüten, die in der Nacht blühen und einen weit geöffneten Blütenkelch haben. Beispiele hierfür sind tropische Arten wie Mango und Banane sowie Wüstenpflanzen wie Agave oder Saguaro-Kaktus (▶ Abbildung 23.2a). Bienen und Schmetterlinge bestäuben bevorzugt Blüten mit leuchtenden Farben, die oftmals blaue oder gelbe Kronblätter und verschiedene Blütenzeichnungen aufweisen. Beispiele sind Fingerhut, Luzerne und Klee. Fliegen bestäuben meist Blüten mit strengem, fauligem Geruch wie die Rafflesien oder Stapelien. Solche Blüten werden manchmal als „Aasblumen" bezeichnet. Sie umfassen auch Arten aus der Familie der Schwalbenwurzgewächse (*Asclepiadaceae*) sowie einige Orchideen, Gänseblümchen und Lilien (▶ Abbildung 23.2b). Käfer bestäuben typischerweise große Blüten mit starkem, oftmals würzigem, heftigem oder fauligem Geruch. Beispiele sind Magnolien und einige Mohnarten. Ameisen bestäuben am liebsten Pflanzen, die zuckerhaltige Sekrete absondern, wie zum Beispiel Kakteen, Vergissmeinnicht oder sogar Bäume (▶ Abbildung 23.2c). Motten werden gewöhnlich von Blüten angezogen, die sich am späten Abend oder in der Nacht öffnen und lange Kronröhren mit schweren, süßen Düften haben. Beispiele sind Tabak, Nachtkerze und viele Wüstenpflanzen.

Die Bestäubung durch Tiere ist eine effizientere Methode zur Übertragung des Pollens auf die Narbe als die Windbestäubung, da die Bestäuber den Pollen gezielt von einer Pflanze zur anderen tragen. Im Gegensatz dazu ist die Verbreitung durch den Wind in der Regel zufällig. Der Wind ist in seiner Intensität unvorhersagbar und meist stark gerichtet, was das Ausmaß und die Richtung der Bestäubung einschränkt. Aus diesem Grund funktioniert sie am ehesten in dichten Populationen. Bestäuber legen im Lauf ihrer täglichen Akti-

23 BEDECKTSAMER (ANGIOSPERMAE)

(a) Eine Fledermaus bestäubt einen Saguaro-Kaktus.

(b) Eine Schwebfliege bestäubt ein Gänseblümchen.

(c) Eine Ameise bestäubt eine Vergissmeinnichtblüte.

Abbildung 23.2: Bestäuber tragen Pollen von einer Pflanze zur anderen. Bei der Koevolution von Blüten und Bestäubern (meist Insekten) haben sich Gestalt, Geruch, Farbe und Nährwert von Blüten in Verbindung mit spezifischen Bestäubern entwickelt.

WIEDERHOLUNGSFRAGEN

1. Wie werden bei Blütenpflanzen Sperma- und Eizellen produziert und zusammengebracht? Vergleichen Sie dies mit dem entsprechenden Vorgang bei Nacktsamern.

2. Ist Fremdbestäubung effizienter als Selbstbestäubung?

3. Erläutern Sie, welche Rolle die Koevolution bei der Fortpflanzung von Bedecktsamern spielt.

Die Evolution von Blüten und Früchten 23.2

Der Stamm *Anthophyta* (Blütenpflanzen) umfasst schätzungsweise 250.000 benannte lebende Arten, was sehr viel ist im Vergleich zu den nur etwa 760 nacktsamigen Arten, 12.000 Arten der Gefäßsporenpflanzen und etwa 15.000 Arten von Moosen. Wenn wir jedoch 200 Millionen Jahre in die Vergangenheit zurückreisen könnten, würden wir eine üppige Vegetation ohne eine einzige Blütenpflanze vorfinden. Fossilien belegen, dass es Blütenpflanzen erst seit etwa 130 bis 145 Millionen Jahren gibt, doch seitdem haben sie sich aufgrund verschiedener Merkmale, die ihnen in vielen Lebensräumen Selektionsvorteile gegenüber anderen Pflanzen verschaffen, sehr schnell ausgebreitet.

Die Selektionsvorteile der Blütenpflanzen

Wie die Nacktsamer besitzen Bedecktsamer Samen und Pollenschläuche, die ihnen das Überleben und die Fortpflanzung an Land ermöglichen. Samenschalen schützen den sich entwickelnden Embryo vor dem Austrocknen, während Pollenschläuche die Befruchtung ohne Wasser ermöglichen, das für begeißelte Spermazellen notwendig ist. Die Eizellen der Bedecktsamer, bzw. später die Samen, sind jedoch noch durch weitere Faktoren geschützt. Wie Sie sich erinnern werden, ist der Begriff *Angiosperme* aus den griechischen Wörtern *angion* („Behälter") und *sperma* („Samen") abgeleitet. Der Name beschreibt eines der neuen Merkmale der Blütenpflanzen. Während die Samen der Nacktsamer auf der Oberfläche modifizierter Blätter exponiert liegen, sind die Samen der Blütenpflanzen in einem Behäl-

vitäten beträchtliche Strecken zurück und ermöglichen auf diese Weise die Verbreitung des Pollens in Gebieten, die durch den Wind nicht zu erreichen wären. Bei Pflanzen mit zwittrigen Blüten kann ein Bestäuber oft gleichzeitig Pollen abliefern und aufnehmen.

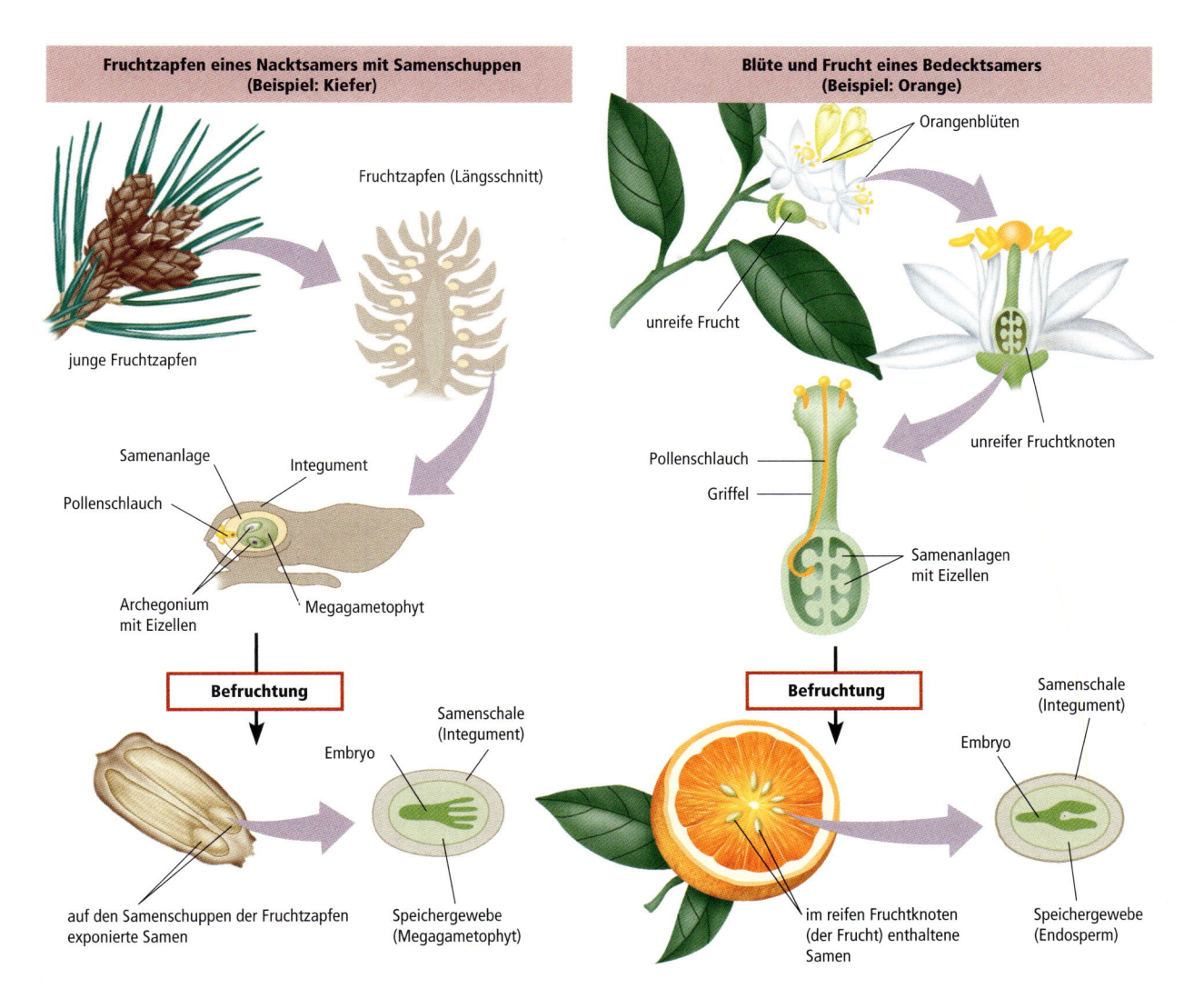

Abbildung 23.3: Vergleich des Ursprungs und der Lage des Samens bei Nacktsamern und Bedecktsamern.

ter eingeschlossen, der als **Fruchtknoten** bezeichnet wird. Dieser befindet sich am Grund eines modifizierten Blattes, dem **Fruchtblatt** (▶ Abbildung 23.3). Eine Frucht ist in der Regel ein reifer Fruchtknoten. Darum schützt nicht allein die Samenschale die Embryonen der Bedecktsamer vor Austrocknung, Krankheiten und Pflanzenfressern, sondern zusätzlich das den Embryo umgebende Gewebe der Frucht. Allerdings sind nicht alle Wissenschaftler der Auffassung, dass der Schutz des Embryos der wichtigste Selektionsvorteil ist, den Fruchtknoten mit sich bringen. Beispielsweise hat der Paläobotaniker David Dilcher von der Universität Florida vorgeschlagen, dass der Schutz der Eizellen innerhalb der unreifen Fruchtknoten entstanden sein könnte, um eine Selbstbestäubung in zwittrigen Blüten zu vermeiden.

Außer der Schutzfunktion der Fruchtknoten haben Bedecktsamer auch noch andere Selektionsvorteile. Einige Merkmale wie Tracheen und Laubblätter ermöglichen die effiziente Nutzung von Wasser. Tracheen erlauben eine effizientere Leitung von Wasser als Tracheiden. Das Abwerfen der Laubblätter, das nur bei einigen wenigen Nacktsamern auftritt, kommt bei sehr vielen Arten der Blütenpflanzen vor und stellt eine Möglichkeit dar, trockene oder kalte Perioden zu überleben. Blüten sind ein Vorteil bei der Verteilung des Pollens. Während Nacktsamer nur durch den Wind oder Käfer bestäubt werden, ziehen Bedecktsamer durch leuchtende Farben, auffallende Formen und Düfte eine Vielzahl anderer Bestäuber an. Diese ermöglichen eine Fremdbestäubung, wodurch Inzucht vermieden oder zumindest reduziert wird und weit voneinander ent-

BEDECKTSAMER (ANGIOSPERMAE)

ferne Pflanzenpopulationen ihre Gene austauschen und rekombinieren können. Die doppelte Befruchtung führt zur Entwicklung des Endosperms, das den Embryo ernährt. Früchte tragen oft zur Verbreitung der Samen bei, indem sie Tiere anlocken, welche die Früchte fressen und, nachdem diese das Verdauungssystem durchlaufen haben, die Samen ausscheiden (siehe Abbildung 6.13). Einige Früchte wie die der Klette (*Arctium lappa* und *Xanthium*-Arten) haben Widerhaken, mit deren Hilfe sie am Fell von Tieren hängen bleiben, was ebenfalls der Verbreitung der Samen dient. Schon allein die Existenz von Samen gestattet es, dass Pflanzen Perioden überleben können, die für ihr Wachstum ungeeignet sind.

Die Evolution der Blüten

Bei den Gefäßpflanzen haben sich die meisten sporenproduzierenden Strukturen in Form von modifizierten Blättern entwickelt, die als **Sporophylle** bezeichnet werden. Sporophylle tauchten erstmals in Gefäßsporenpflanzen auf. Bei den heutigen Gefäßsporenpflanzen erscheinen Sporangien typischerweise auf der Oberfläche des Sporophylls. Bei den Nacktsamern haben sich die Sporangien innerhalb der Sporophylle und von modifizierten Zweigen (als Schuppen organisiert zu Zapfen) entwickelt. Bei den Bedecktsamern verlief die Entwicklung der Sporangien bezüglich ihrer Struktur und Organisation anders als bei den übrigen Gefäßpflanzen. Mikrosporangien-enthaltende Sporophylle entwickelten sich zu Staubblättern, Sporophylle mit Megasporangien dagegen zu Fruchtblättern. Kelch- und Kronblätter entwickelten sich als infertile modifizierte Blätter, die mit den Sporophyllen gruppiert sind.

Den Blüten der Bedecktsamer kann je nach Art einer oder mehrere der modifizierten Blatttypen (Kelchblätter, Kronblätter, Staubblätter und Fruchtblätter) fehlen. Alle Blüten besitzen jedoch mindestens einen Typ von Sporophyllen – Staubblätter oder Fruchtblätter. Im Gegensatz zu den unbegrenzt wachsenden belaubten Sprossen, die langlebig sind und fortwährend Blätter produzieren, sind alle Blüten Sprosse mit determiniertem Wachstum, die zum Zweck der Fortpflanzung modifiziert sind. Das heißt: Wenn eine Blüte die Reife erreicht, hört sie auf zu wachsen und produziert Samen. Während sich jede befruchtete Samenanlage innerhalb des Fruchtknotens eines Fruchtblatts zu einem Samen entwickelt, werden Staubblätter, Kelchblätter und Kronblätter in der Regel abgeworfen. Jeder Fruchtknoten – oft mit anderen Fruchtknoten und manchmal mit anderen Blütenteilen verschmolzen – entwickelt sich zu einer Frucht, die den oder die Samen einschließt.

Aus dem Studium von Fossilien haben Paläobotaniker Hypothesen über die Evolution von Staubblättern, Fruchtblättern, Kelchblättern und Kronblättern als modifizierte Blätter abgeleitet. Im Folgenden werden die wichtigsten Trends bei der Evolution der Bedecktsamer aufgelistet:

- Staubblätter und Fruchtblätter werden weniger blattähnlich. Die Fruchtblätter sind häufig zu einem Gynözeum verwachsen. ▶ Abbildung 23.4a illustriert eine Hypothese für die evolutionäre Entwicklung der Staubblätter von Mikrosporangien, die sich auf der Oberfläche eines flachen Sporophylls befinden, zu einem Teil eines Staubbeutels. ▶ Abbildung 23.4b zeigt einen möglichen Evolutionsverlauf von Fruchtblättern. Die Megasporangien befinden sich ursprünglich auf einer Sporophylloberfläche und werden im Verlauf der Evolution in einem Fruchtknoten eines Fruchtblattes eingeschlossen.
- Kelch- und Kronblätter evolvieren ausgehend von sehr ähnlichen oder sogar identischen Strukturen zu Strukturen mit unterschiedlichem Aussehen.
- Die Anzahl der Blütenbestandteile wird fixiert und oft reduziert. Bei vielen wichtigen Gruppen der Blütenpflanzen ist zum Beispiel die Anzahl der Staubblätter auf vier, fünf oder ein Vielfaches von drei reduziert.
- Die Anordnung der Blütenbestandteile evolviert von Spiralen (ähnlich wie bei Zapfen) zu Wirteln. Ein Wirtel besteht aus drei oder mehr Teilen, die am gleichen Knoten ansetzen. Die Anzahl der Wirtel wird von vier auf drei, zwei oder eins reduziert.
- In mehreren unterschiedlichen Evolutionslinien entstehen aus radiärsymmetrischen Blüten bilateralsymmetrische Blüten (siehe Abbildung 6.8).

Als Nächstes wollen wir uns mit den allgemeinen Merkmalen der wichtigsten Typen der Bedecktsamer befassen. Dabei werden Sie feststellen, dass primitive oder angestammte Merkmale in einigen Arten auch heute noch vorhanden sind.

Der Ursprung der Bedecktsamer im Mesozoikum

Im vorhergehenden Kapitel haben Sie gelernt, dass die frühesten Fossilien von Samenpflanzen etwa 365

23.2 Die Evolution von Blüten und Früchten

(a) Evolution der Staubblätter

Blattadern — auf der Blattoberfläche exponiertes Mikrosporangium — in die Antheren eingeschlossene Mikrosporangien

(b) Evolution der Fruchtblätter

auf der Blattoberfläche exponiertes Megasporangium — Trichome dienen als narbenähnliche Oberfläche. — in den Fruchtknoten des Fruchtblattes eingeschlossene Samenanlagen — Narbe

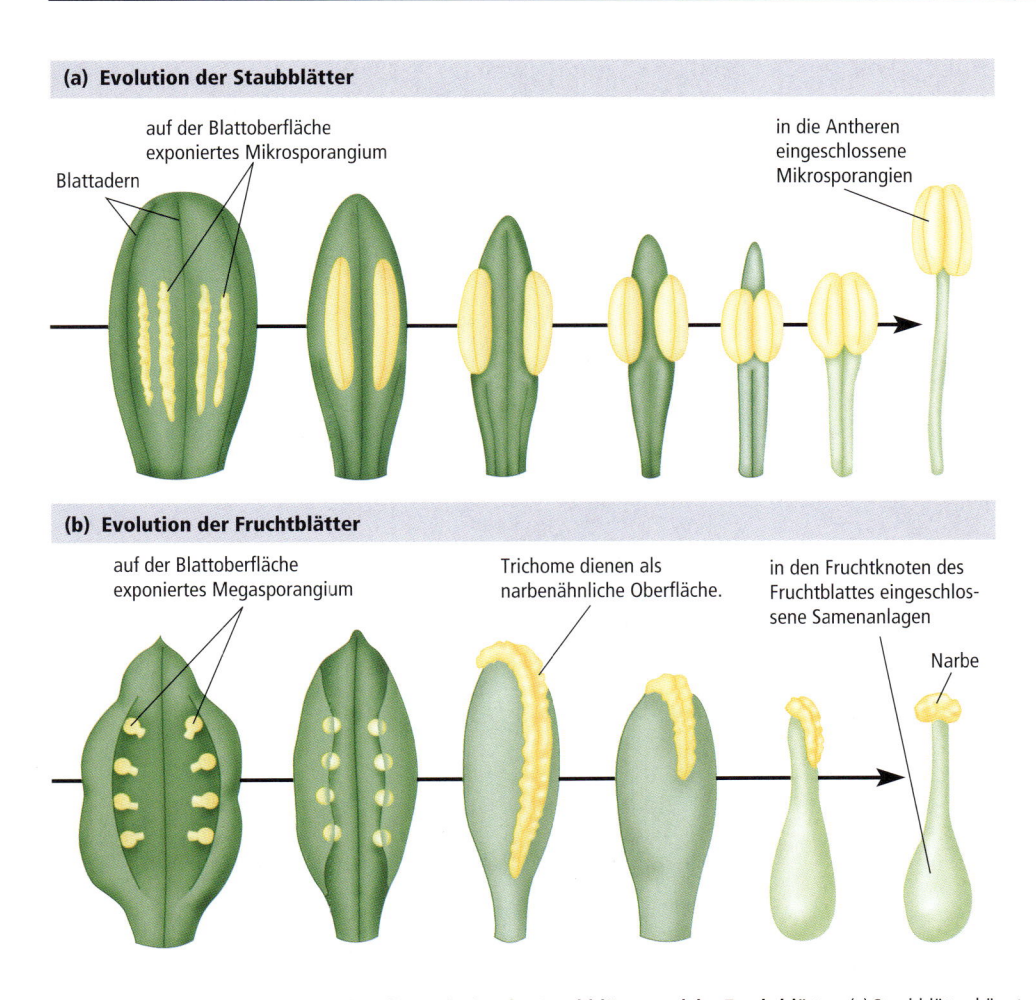

Abbildung 23.4: Eine Hypothese über die Evolution der Staubblätter und der Fruchtblätter. (a) Staubblätter könnten sich entwickelt haben, indem exponierte Mikrosporangien umschlossen wurden und der untere Teil des Blattes schmaler wurde und sich zu einem Filament entwickelte. (b) Fruchtblätter könnten sich entwickelt haben, indem sich Blätter nach innen gefaltet und das Megasporangium eingeschlossen haben. Die Narbe des Fruchtblattes könnte das Ergebnis der Reduktion einer größeren Narbenoberfläche sein.

Millionen Jahre alt sind und somit aus dem späten Devon stammen. Bedecktsamer traten erstmals vor ca. 142 Millionen Jahren, also in der frühen Kreidezeit auf (▶ Abbildung 23.5). Einige Merkmale der Bedecktsamer erscheinen allerdings schon in den Fossilien, die bis zu 200 Millionen Jahre alt sind, und RNA- und DNA-Daten sprechen dafür, dass die Linie, aus der die Blütenpflanzen entstanden sind, sich vor mindestens 280 Millionen Jahren von den anderen Samenpflanzen separiert hat. Dieser molekulare Hinweis wird durch chemische Analysen von Gesteinsschichten gestützt, die das Vorhandensein der organischen Verbindung Oleanan in 290 bis 235 Millionen Jahre alten Ablagerungen belegen. Oleanan wirkt abstoßend auf Insekten und wird von Blütenpflanzen, nicht aber von Nacktsamern produziert.

Die stammesgeschichtliche Verwandtschaft zwischen Bedecktsamern und Nacktsamern bleibt unklar.

Die am engsten mit den Bedecktsamern verwandten Gruppen der Nacktsamer sind die Bennettitales und die Gnetophyten (siehe Abbildung 22.2). Die *Bennettitales*, eine ausgestorbene Gruppe von palmfarnähnlichen Pflanzen, haben Fortpflanzungsstrukturen, die in gewisser Weise den Blüten ähneln. Ihre äußeren Deckblätter, die an Kelch- oder Kronblätter erinnern, sind neben den Sporophyllen oder an der Spitze der Sporophylle nach oben gerichtet. Die Gnetophyten mit den Gattungen *Ephedra*, *Gnetum* und *Welwitschia* haben mehrere Merkmale mit den Blütenpflanzen gemeinsam. Dazu gehören das Vorhandensein von tracheenähnlichen Strukturen im Xylem, das Nichtvorhandensein von Archegonien (bei *Gnetum* und *Welwitschia*) und Ähnlichkeiten zwischen ihren Strobili und den Blütenständen mancher primitiver Blütenpflanzen.

Die Fossilienfunde von Blüten sind nicht besonders aufschlussreich, was den Verlauf der Evolution

23 BEDECKTSAMER (ANGIOSPERMAE)

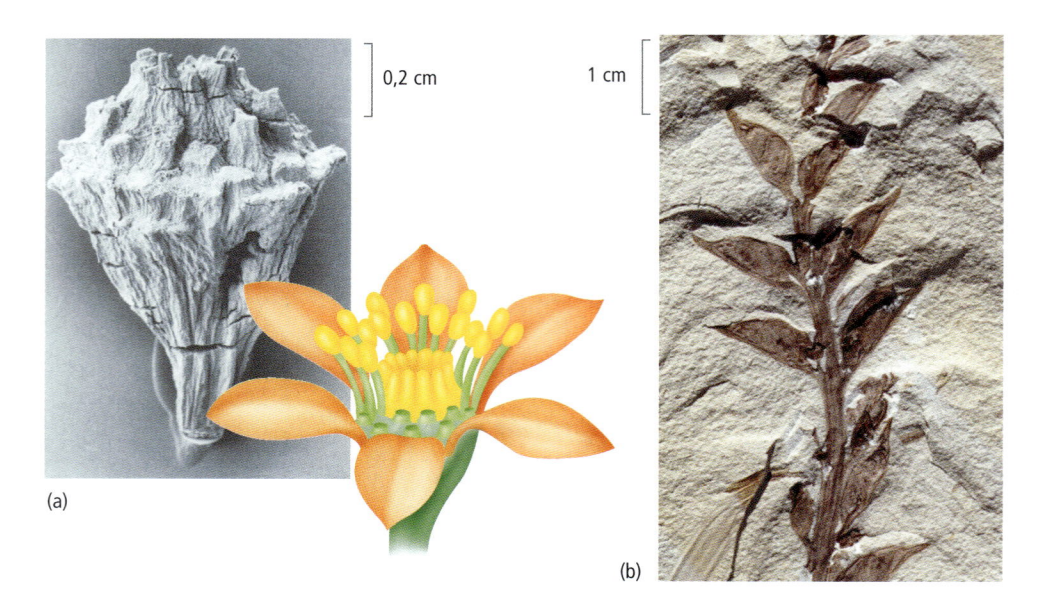

Abbildung 23.5: Fossile Blüten. (a) Diese REM-Aufnahme zeigt eine Wasserlilie aus der frühen Kreidezeit (Fossilienfundort Portugal), also aus der Zeit vor etwa 130 Millionen Jahren; rechts unten eine künstlerische Rekonstruktion der Blüte. (b) Mit einem Alter von 142 Millionen Jahren ist diese in China gefundene fossile Blütenpflanze der Gattung *Archaefructus* die älteste überhaupt. Beachten Sie die blattähnlichen Fruchtkapseln.

der Bedecktsamer betrifft. Kritische Phasen in der Evolution der Bedecktsamer sind in den Fossilien nicht adäquat repräsentiert. Die heute lebenden Arten von Blütenpflanzen sind so zahlreich und vielfältig, dass ihre Einordnung in eine phylogenetische Klassifikation eine Herausforderung darstellt. Systematiker haben herausgefunden, dass die Klassifikationen früherer Taxonomen im Allgemeinen korrekt sind, jedoch durch Konvergenzen gelegentlich signifikante Fehler eingeführt wurden, besonders was die Klassifikation der frühen Evolution der Stämme betrifft.

Eines der Merkmale, die bei der Verfolgung der Evolution der Bedecktsamer herangezogen werden, ist die Struktur der Pollenkörner. Wie die Nacktsamer und alle Einkeimblättrigen haben die meisten primitiven Bedecktsamer Pollenkörner mit nur einer Keimpore. Sie werden deshalb als monoporat bezeichnet (▶ Abbildung 23.6a). Im Gegensatz dazu besitzen die Pollenkörner der Dreifurchenpollen-Zweikeimblättrigen – die überwiegende Mehrheit der Bedecktsamer – drei Keimöffnungen, was die Bestäubung erleichtert, da es drei Wege für den Pollenschlauch gibt (▶ Abbildung 23.6b). Wenn die Öffnungen spaltförmig sind, werden die Pollen als colpat bezeichnet, also entweder monocolpat (einfurchig) oder tricolpat (dreifurchig).

Der eigentliche Durchbruch bei der Klassifikation der Bedecktsamer kam mit der Verwendung molekularer Daten (Kapitel 16). Die aus der Sequenzierung

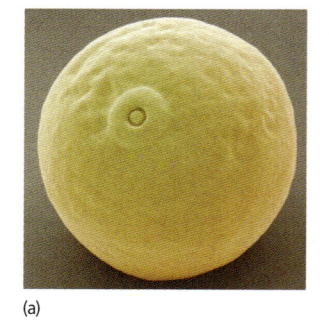

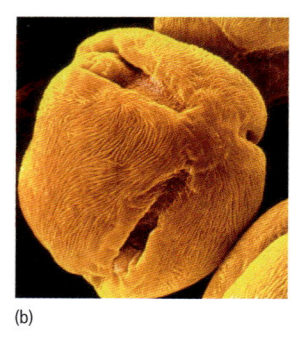

Abbildung 23.6: Die Keimöffnungen der Pollenkörner sind ein Merkmal, das eine wichtige Rolle bei der Zurückverfolgung der Evolution der Bedecktsamer spielt. (a) Pollenkörner mit nur einer Keimöffnung sind charakteristisch für Nacktsamer, primitive Bedecktsamer und Einkeimblättrige. (b) Pollenkörner mit drei Keimöffnungen sind charakteristisch für Dreifurchenpollen-Zweikeimblättrige, eine Pflanzengruppe, zu der die meisten lebenden Blütenpflanzen gehören.

von DNA und RNA erhaltenen Daten stützen die Hypothese, dass die Bennettitales, die Gnetophyten und die Bedecktsamer eng miteinander verwandte Vorfahren haben. Allerdings ist die Natur dieser Vorfahren noch Gegenstand aktueller Forschung.

Traditionell wurde der Stamm Anthophyta im Wesentlichen in zwei Klassen unterteilt: Einkeimblättrige oder *Monocotyledonae* (Arten, deren Embryonen nur ein Keimblatt besitzen) und Zweikeimblättrige oder *Dicotyledonae* (Arten, deren Embryonen zwei Keimblätter besitzen). Diese Einteilung bleibt für eine grobe Un-

23.2 Die Evolution von Blüten und Früchten

Abbildung 23.7: Übersicht über die Bedecktsamer. (a) Dieses Diagramm, das auf der Analyse von Nucleotidsequenzen basiert, spiegelt die möglichen evolutionären Beziehungen zwischen den wichtigsten Gruppen der Bedecktsamer wider. Über 97 % der bedecktsamigen Arten sind entweder Einkeimblättrige oder Dreifurchenpollen-Zweikeimblättrige. (b) Ein Vergleich der wichtigsten Gruppen der Bedecktsamer.

	Primitive Bedecktsamer	Magnolienähnliche	Einkeimblättrige	Dreifurchenpollen-Zweikeimblättrige
	(etwa 0,5% der bedecktsamigen Arten) Beispiele: *Amborella*, Seerosengewächse	(etwa 2,5% der bedecktsamigen Arten) Beispiele: Lorbeergewächse, Magnoliengewächse, Pfeffergewächse	(etwa 28% der bedecktsamigen Arten) Beispiele: Süßgräser, Palmen, Orchideen, Lilien	(etwa 69% der bedecktsamigen Arten) Beispiele: Rosen, Wein, Eiche, Apfel, Erbse
Blüten	meist spiralig angeordnet; oft zahlreiche Blütenorgane; Fruchtblätter verklebt durch Sekrete; Narbe erstreckt sich oft entlang des Fruchtblatts; Fruchtblätter röhrenförmig; Staubbeutel und Filamente schwach differenziert	meist spiralig angeordnet; wenige bis viele Blütenorgane; Fruchtblätter durch Zellen verwachsen; Narbe erstreckt sich manchmal entlang des Fruchtblatts; gefaltete Fruchtblätter; Staubbeutel und Filamente schwach differenziert	Anordnung meist in Wirteln; Blütenorgane meist in Vielfachen von drei; Fruchtblätter durch Zellen verwachsen; Narbe auf die Spitze des Fruchtblatts reduziert; gefaltete Fruchtblätter; Staubbeutel und Filamente oft gut differenziert	Anordnung meist in Wirteln; Blütenorgane meist in Vielfachen von vier oder fünf; Fruchtblätter durch Zellen verwachsen; Narbe auf die Spitze des Fruchtblatts reduziert; gefaltete Fruchtblätter; Staubbeutel und Filamente gut differenziert
Pollen (siehe Abbildung 23.6)	eine Öffnung	eine Öffnung	eine Öffnung	drei Öffnungen
Samen (siehe Abbildung 3.11)	zwei Keimblätter	zwei Keimblätter	ein Keimblatt	zwei Keimblätter
Blattnervatur (siehe Abbildung 4.19)	meist netzartig	meist netzartig	meist parallel	meist netzartig
Leitbündel in Sprossen (siehe Abbildung 4.10)	meist ringförmig	meist ringförmig	zerstreute Anordnung	meist ringförmig
Wurzelsystem (siehe Abbildung 4.1)	meist Pfahlwurzel	meist Pfahlwurzel	meist sprossbürtig	meist Pfahlwurzel

terscheidung der Typen von Bedecktsamern weiterhin hilfreich. Neuere molekulare Untersuchungen haben jedoch ergeben, dass die Zweikeimblättrigen nicht monophyletisch sind, sondern mehrere verschiedene Evolutionslinien repräsentieren. Die große Mehrheit der Zweikeimblättrigen gehört zu den Dreifurchenpollen-Zweikeimblättrigen. Molekulare Vergleiche zeigen, dass die anderen Gruppen der Zweikeimblättrigen (Einfurchenpollen-Zweikeimblättrige) – primitive Bedecktsamer, Magnolienähnliche und *Ceratophyllaceae* – eng mit den frühesten Bedecktsamern verwandt sind, wobei sie sowohl mit den Einkeimblättrigen als auch mit den Dreifurchenpollen-Zweikeimblättrigen einige Gemeinsamkeiten aufweisen. ▶ Abbildung 23.7b fasst die wichtigsten Eigenschaften der vier Hauptgruppen zusammen: primitive Bedecktsamer, Magnolienähnliche, Einkeimblättrige und Dreifurchenpollen-Zweikeimblättrige.

Zu den primitiven Bedecktsamern gehören verschiedene Familien von Kräutern und holzigen Sträuchern. Obwohl sie nicht monophyletisch sind, werden sie als Gruppe der ursprünglichsten Blütenpflanzen zusammengefasst. Die meisten dieser Pflanzen sind ausgestorben. Die überlebenden Arten dieser Gruppe machen nur etwa 0,5 Prozent der heute lebenden bedecktsamigen Arten aus. Man nimmt an, dass zu den ausgestorbenen Vorfahren der primitiven Bedecktsamer auch die ersten Bedecktsamer überhaupt gehörten, aus denen alle späteren entstanden sind. Heute lebende primitive Bedecktsamer kommen vor allem in den Tropen vor. Ihre Blüten werden von Insekten bestäubt, sie sind zwittrig und radiärsymmetrisch, die Blütenbestandteile einschließlich Kelch- und Kronblättern (die sich nicht stark voneinander unterscheiden) sind spiralig angeordnet. Diese Pflanzen teilen drei Merkmale, die als ursprüngliche Merkmale der Bedecktsamer angesehen werden. Erstens haben ihre Pollenkörner nur eine Öffnung. Zweitens bilden ihre Fruchtblätter eine Röhre, deren Ränder mit Sekreten abgedichtet sind, während die Fruchtblätter bei den meisten anderen Bedecktsamern in der Mitte fächerförmig längs gefaltet sind, wobei die Ränder durch eine zusammenhängende Schicht von Epidermiszellen miteinander verwachsen sind. Drittens zieht sich die Narbe zum Fruchtblatt hinunter, wo sich die Ränder treffen, während sie bei den meisten anderen Bedecktsamern auf den oberen Bereich des Fruchtblatts beschränkt ist. Außer in den Strukturen der Pollen und Fruchtblätter unterscheiden sich die verschiedenen Gruppen der primitiven Bedecktsamer von den meisten anderen Bedecktsamern durch das Nichtvorhandensein von Tracheen, oder ihre Tracheen erinnern an Tracheiden.

Zu den heute lebenden primitiven Bedecktsamern gehören Vertreter der Ordnungen *Amborellales*, *Nymphaeales* und *Austrobaileyales*. Der einzige lebende Vertreter der Ordnung *Amborellales* ist *Amborella trichopoda* (▶ Abbildung 23.8a), ein Strauch, der nur auf der südpazifischen Insel Neukaledonien vorkommt. Molekulare Untersuchungen haben gezeigt, dass *Amborella* zu einer Evolutionslinie gehört, die vor den anderen primitiven Bedecktsamern auftauchte, was sie zu einem Nachfahren der ursprünglichsten Bedecktsamer macht. Neben anderen primitiven Merkmalen

(a) *Amborella trichopoda* ist diejenige lebende Pflanze, die am engsten mit den frühesten Bedecktsamern verwandt ist.

(b) *Nymphaea*, ein Vertreter der Familie der Seerosengewächse, besitzt zahlreiche Staubblätter, was ein Merkmal primitiver Bedecktsamer ist.

Abbildung 23.8: Primitive Bedecktsamer. Sechs Familien lebender primitiver Bedecktsamer sind eng verwandt mit den frühesten Blütenpflanzen.

besitzt *Amborella* Pollen mit nur einer, schwach ausgebildeten Keimöffnung und hat keine Tracheen. Die Ordnung *Nymphaeales* umfasst die Familie der Seerosengewächse (*Nymphaeaceae*). Die Blattstruktur von Seerosen wurde durch konvergente Evolution in aquatischen Lebensräumen modifiziert, doch die Blütenstruktur ähnelt der der meisten anderen primitiven Bedecktsamer: Die Blüten haben zahlreiche Staubblätter und gleichfalls röhrenförmige Fruchtblätter, deren Ränder durch Sekrete verklebt sind (▶ Abbildung 23.8b). Die Ordnung *Austrobaileyales* umfasst mehrere Fami-

23.2 Die Evolution von Blüten und Früchten

(a) *Michelia figo* aus der Familie der Magnoliengewächse ist ein Beispiel für einen holzigen Vertreter der Magnolienähnlichen. Diese in China beheimatete Pflanze ist wegen des starken Blütenduftes nach Bananen auch als Bananenstrauch oder Portwein-Magnolie bekannt.

(b) *Piper nigrum* (Schwarzer Pfeffer) aus der Gattung Pfeffer (Piper) ist ein Beispiel für einen krautigen Vertreter der Magnolienähnlichen.

Abbildung 23.9: **Die Magnolienähnlichen** umfassen 20 Familien von Zweikeimblättrigen und machen etwa 2,5 % aller heute lebenden bedecktsamigen Arten aus. Sie bilden eine monophyletische Gruppe, die nach den primitiven Bedecktsamern auftauchte.

lien tropischer Sträucher und Kräuter. Eine Gruppe von Forschern aus China und den USA hat unlängst Fossilien einer Familie von ausgestorbenen primitiven Bedecktsamern, *Archaefructaceae*, entdeckt, die möglicherweise eine vierte Ordnung darstellen (siehe Abbildung 23.5b).

Die Magnolienähnlichen sind eine monophyletische Gruppe von etwa 20 Pflanzenfamilien. Im Unterschied zu den primitiven Bedecktsamern haben sie Fruchtblätter, die durch Zellen verwachsen sind, und nicht die primitiveren röhrenartigen, durch Sekrete verschlossenen Fruchtblätter. Doch auch die Magnolienähnlichen haben ursprüngliche Merkmale, zum Beispiel die spiralig angeordneten Blütenbestandteile, häufig zahlreiche Staubblätter mit schwach differenzierten Filamenten und Staubbeuteln, viele Fruchtblätter und Pollenkörner mit nur einer Öffnung. Magnolienähnliche produzieren ätherische Öle, die für den Duft von Muskatnüssen und Lorbeerblättern verantwortlich sind. Ätherische Öle kommen auch bei Einkeimblättrigen vor, aber nur selten bei Zweikeimblättrigen. Die Magnolienähnlichen entwickelten sich vermutlich vor etwa 130 Millionen Jahren aus einem gemeinsamen Vorfahren mit den primitiven Bedecktsamern. Unter den heute lebenden Arten gibt es sowohl holzige als auch krautige Pflanzen. Beispiele für holzige Magnolienähnliche sind Sträucher und kleine Bäume, wie die Familie der Lorbeergewächse (*Lauraceae*) und der Magnoliengewächse (*Magnoliaceae*; ▶ Abbildung 23.9a). Zu den krautigen Magnolienähnlichen gehört die Familie der Pfeffergewächse (*Piperaceae*; ▶ Abbildung 23.9b). Insgesamt machen die Magnolienähnlichen etwa 2,5 Prozent aller lebenden bedecktsamigen Arten aus.

Einige Forscher haben vorgeschlagen, dass die Blütenpflanzen als Stamm *Magnoliophyta* anstatt *Anthophyta* genannt werden sollten. Dieser Vorschlag leitet sich aus der Sichtweise ab, dass die Magnolienähnlichen basal für alle anderen Bedecktsamer sind. Die Magnolienähnlichen haben zwar primitive Pollen und Tracheenstrukturen, doch zeigen molekulare Analysen, dass sie in der Evolution der Bedecktsamer nicht basal waren. Wie in Abbildung 23.7a dargestellt, teilen die Magnolienähnlichen einen gemeinsamen Vorfahren mit den Einkeimblättrigen, den *Ceratophyllaceae*, und den Dreifurchenpollen-Zweikeimblättrigen. Dieser Vorfahre wird jedoch nicht mit den basalen Bedecktsamern geteilt.

Wie die primitiven Bedecktsamer und die Magnolienähnlichen haben die Einkeimblättrigen Pollen mit nur einer Öffnung. Im Unterschied zu allen anderen Bedecktsamern haben die Einkeimblättrigen jedoch Embryonen mit nur einem Keimblatt und typischerweise Blätter mit paralleler anstatt netzartiger Nervatur. Die Leitbündel sind in den Stängeln zerstreut angeordnet, das Wurzelsystem ist faserig und die Blütenbestandteile treten in Vielfachen von drei auf. Die Einkeimblättrigen gingen wie die Magnolienähnlichen vor 125 bis 130 Millionen Jahren aus den gemeinsamen Vorfahren mit den Dreifurchenpollen-Zweikeimblättrigen hervor, die vermutlich auch die Vorfahren der *Ceratophyllaceae* waren. Etwa 28 Prozent aller lebenden bedecktsamigen Arten sind Einkeimblättrige.

Die einzigen lebenden Vertreter der *Ceratophyllaceae* sind die Arten der Gattung *Ceratophyllum*. Diese aquatischen Pflanzen sind reduziert und vereinfacht, um an ein Leben unter Wasser angepasst zu sein. Sie haben keine Wurzeln, und die kleinen Blätter haben keine Stomata, der Gasaustausch geschieht allein durch Diffusion. Die Ergebnisse von molekularen Analysen sprechen nicht dafür, dass diese Pflanzen eng verwandt mit den anderen Gruppen der Bedecktsamer sind.

Die überwiegende Mehrheit der Bedecktsamer hat Embryonen mit zwei Keimblättern. Deren größte Gruppe, die Dreifurchenpollen-Zweikeimblättrigen (oder Eudicotyledonen), macht etwa 69 Prozent aller lebenden bedecktsamigen Arten aus. Als einzige Bedecktsamer haben sie Pollenkörner mit drei Öffnungen. Im Unterschied zu den übrigen Bedecktsamern mit Ausnahme der *Ceratophyllaceae* besitzen die Dreifurchenpollen-Zweikeimblättrigen durchweg Staubblätter mit gut ausgebildeten Filamenten und Staubbeuteln. Die meisten Dreifurchenpollen-Zweikeimblättrigen produzieren keine ätherischen Öle. Ihre Blütenorgane kommen oft in Vielfachen von vier oder fünf vor. Die Dreifurchenpollen-Zweikeimblättrigen sind aus einem gemeinsamen Vorfahren mit den Einkeimblättrigen, den Magnolienähnlichem und den Ceratophyllaceae hervorgegangen. Dieser Vorfahre lebte vor 125 bis 130 Millionen Jahren.

Auf der Basis von anatomischen, entwicklungsbiologischen und molekularen Kriterien werden die mehr als 150.000 Arten der Dreifurchenpollen-Zweikeimblättrigen in der heutigen Systematik in zwei grundlegende Gruppen unterteilt: basale Eudicotyledonen und Eudicotyledonen im engeren Sinn. Basale Eudicotyledonen – sie werden so genannt, weil sie die ersten Eudicotyledonen waren – enthalten etwa ein Dutzend Familien in den Ordnungen *Ranunculales* und *Proteales*. Die meisten Familien der Dreifurchenpollen-Zweikeimblättrigen gehören zu den Eudicotyledonen im engeren Sinn. Sie werden heute in drei Gruppen unterteilt: Nelkenähnliche, Rosenähnliche und Asternähnliche. Die Nelkenähnlichen (zwei Ordnungen) sind eine eigene Klade (monophyletische Gruppe), die auf Merkmalen von Samenschale, Tracheen, Pollen und anderen strukturellen Merkmalen basiert. Zu den Rosenähnlichen gehören viele Gruppen, die Knöllchen mit stickstofffixierenden Bakterien bilden. Beispiele sind Wein, Geranien und Veilchen. Molekulare Daten lassen vermuten, dass die Rosenähnlichen nicht monophyletisch sind und eher in mehrere Gruppen aufgeteilt werden sollten. Zu den Asternähnlichen gehören Pflanzen mit nur einem Integument und einem dünnwandigen Megasporangium. Häufig kommen bei ihnen als Iridoide bezeichnete chemische Verbindungen vor. Beispiele sind Tee, Prunkwinde und Sonnenblumen. Molekularen Befunden zufolge sind die Asternähnlichen vermutlich monophyletisch. Das Kategorisieren der großen Anzahl der Eudicotyledonen im engeren Sinn in diese Gruppen ist ein nützliches Hilfsmittel, um die mehr als 450 Familien zu unterscheiden. In den nächsten Jahren könnte die Anzahl der Gruppen steigen, wenn die Taxonomie der Rosenähnlichen neu geregelt wird.

Ausbreitung der Bedecktsamer in der Kreidezeit

Die Kreidezeit begann vor 144 Millionen und endete vor 65 Millionen Jahren. In den Fossilien kamen Bedecktsamer bis vor etwa 95 Millionen Jahren nur selten vor, breiteten sich dann aber in den letzten 30 Millionen Jahren der Kreidezeit, einer evolutionär kurzen Zeitspanne, recht schnell aus. Evolutionär betrachtet sind der Ursprung und die Ausbreitung der Bedecktsamer also ein relativ plötzliches Ereignis. Darwin selbst bezeichnete diese Entwicklung als ein „abscheuliches Geheimnis". Wir wissen nicht genau, wo die ersten Bedecktsamer herkamen oder warum diese ersten Bedecktsamer an viele Lebensräume besser angepasst waren als Nacktsamer oder samenlose Pflanzen. Aber wir wissen, dass die Anzahl der nacktsamigen Arten zu sin-

23.2 Die Evolution von Blüten und Früchten

EVOLUTION
Die Ursprünge der Kulturformen von Mais, Weizen und Reis

Mais (*Zea mays*, Unterart *mays*) stammt ursprünglich aus Mexiko oder Zentralamerika. Die Domestikation von Mais erfolgte über selektive Züchtung von Teosinte (*Zea mays*, Unterart *parviglumis*), einem eng verwandten Wildgras aus dem südlichen Mexiko. Die hier abgebildete Teosinte bildet zwei Reihen von Früchten oder Körnern, wobei jedes Korn von einer verholzten Fruchtwand umgeben ist. Wegen dieser Schale ist es schwierig, die Körner zu Mehl zu mahlen wie beim Mais. Die Schlüsselereignisse bei der Domestikation von Mais sind nicht genau bekannt. Von Bedeutung war jedoch mit Sicherheit die Entdeckung von Teosinte-Mutanten, die reduzierte oder keine Fruchtschalen sowie mehr Körner besaßen.

Der Weizen hat seinen Ursprung in Syrien, Jordanien, der Türkei und im Süden Russlands. Durum-Weizen (unten) ist eine natürliche Hybride zweier Grasarten. Brotweizen trägt zusätzlich Gene einer dritten Grasart. Um 5000 v. Chr. wurde Brotweizen in Indien, China und im Norden Europas kultiviert. Brotweizen wurde ursprünglich in den gleichen Regionen kultiviert wie Durum-Weizen, aus dem Nudeln hergestellt werden.

Reis (*Oryza sativa*, unten rechts) existiert in drei Varietäten, was zeigt, dass die Arten mindestens an drei Standorten kultiviert wurden, wahrscheinlich irgendwo in Asien. Aus der Varietät *indica*, die im Süden Chinas, in Indien und Südostasien angebaut wird, ist vermutlich die Varietät *japonica* hervorgegangen, die in Nordchina, Japan und Korea angebaut wird. Es könnte auch sein, dass die beiden Varietäten separat aus ähnlichen primitiven Reisvorfahren entstanden sind. Eine dritte Varietät, *Oryza sativa* var. *javonica* wird in Indonesien angebaut. *Oryza glaberrima*, eine andere Reisart, wird in einigen Regionen Afrikas kultiviert. Da Reis in vielen Gegenden seit Jahrtausenden einer gerichteten Züchtung unterliegt, ist es selbst mithilfe molekularer Daten nicht möglich, das Geheimnis seines Ursprungs zu lüften. Viele Amerikaner und Europäer kennen nur eine oder zwei Sorten Reis, doch auf einem typischen Reismarkt in Asien werden vielleicht 50 verschiedene Sorten mit jeweils einzigartigem Geschmack und unterschiedlichen Kocheigenschaften angeboten.

---

ken begann und heute nur noch etwa 760 Arten existieren. Die so genannte primäre adaptive Radiation ähnelt der raschen Ausbreitung der Nacktsamer als die ersten erfolgreichen Samenpflanzen.

Als die Bedecktsamer vor rund 130 Millionen Jahren erstmals auftraten, waren die großen südlichen Kontinente – Afrika, Südamerika, Indien, Antarktika und Australien – in dem Superkontinent Gondwana vereint (siehe Abbildung 15.28b). Der nördliche Superkontinent Laurasia – Nordamerika, Europa und Asien – war mit Gondwana am nördlichen Ende von Afrika sowie durch Zentralamerika verbunden. Die Klimazonen reichten von extrem tropisch (entlang des Äquators) bis zu stark arid und kalt in den Regionen nördlich und südlich des Äquators. Die Verbindungen zwischen den Kontinenten ermöglichten es den wichtigsten Familien der Bedecktsamer, sich auf einer ganzen Reihe von Kontinenten auszubreiten. Als die Superkontinente während der Kreidezeit auseinanderbrachen, beeinflussten die unterschiedlichen klimatischen Bedingungen auf den einzelnen Kontinenten die Evolution der gewaltigen Diversität der Bedecktsamer.

Das Ergebnis der primären Radiation der Bedecktsamer wird sichtbar, wenn man die ursprüngliche geografische Verteilung bestimmter Nutzpflanzen betrachtet. Weizen, Kartoffeln, Erdbeeren und andere Nutzpflanzen werden heute überall auf der Welt kultiviert. Jede dieser Nutzpflanzen trat jedoch während der primären adaptiven Radiation der Bedecktsamer in einer ganz bestimmten geografischen Region auf. Die Landwirtschaft entstand irgendwann vor zwischen 5000 und 12.000 Jahren, als die Menschen in den verschiedenen Siedlungsgebieten damit begannen, Pflanzen zu kultivieren, anstatt wie bisher lediglich zu sammeln. Beispielsweise begann die Kultivierung von Weizen und Gerste vor etwa 11.000 Jahren im so genannten Fruchtbaren Halbmond, einem Gebiet, das die heutige Türkei, den Irak, Teile Irans, Syrien, Jordanien, Israel und Teile Ägyptens umfasst und sich allmählich nach Westen und Norden in Richtung Europa ausbreitete. Erst später entwickelte sich die Landwirtschaft in China, Indien, Südamerika und Afrika. Mit der Kultivierung von Pflanzen zum Zweck der Ernährung begann der Mensch einen Prozess der künstlichen Zuchtwahl, bei

23 BEDECKTSAMER (ANGIOSPERMAE)

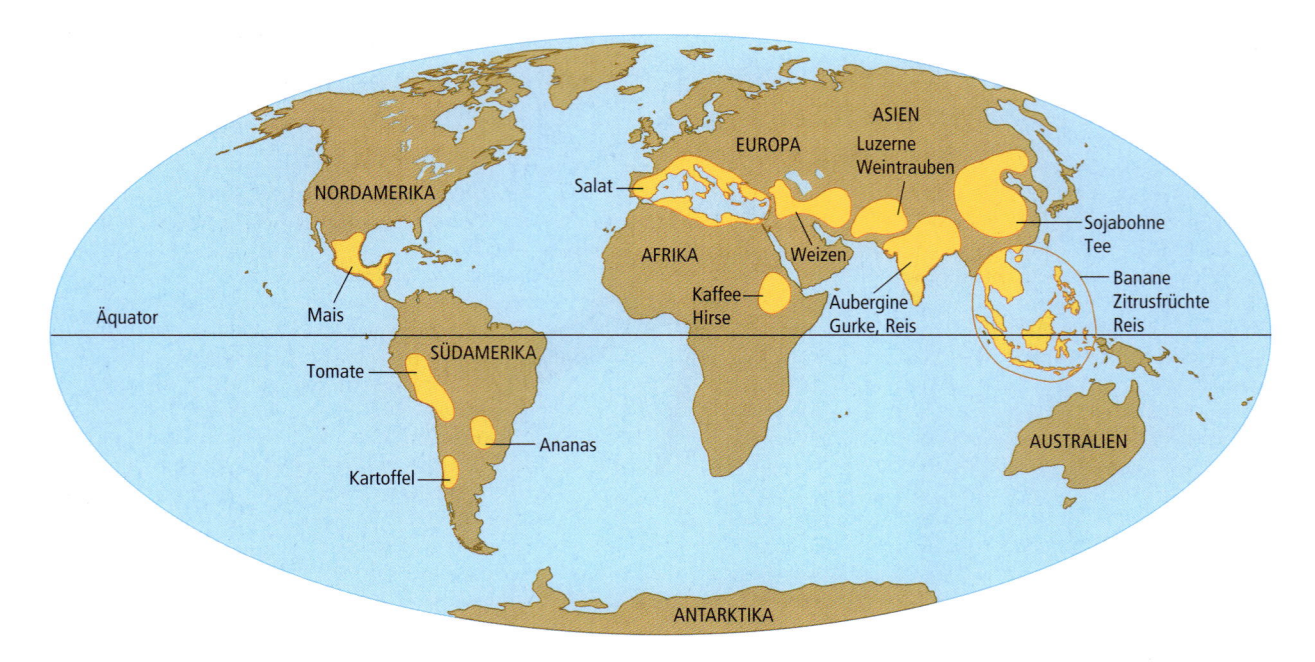

Abbildung 23.10: Wawilow-Zentren der Nutzpflanzendiversität. Diese Karte zeigt die möglichen Zentren der Diversität und des Ursprungs von verschiedenen Nutzpflanzen, wie sie der russische Pflanzengenetiker N.I. Wawilow beschrieben hat. Die für jedes der Zentren ausgewählten Nutzpflanzen sind Beispiele dafür, dass die Verteilung der Pflanzenarten über den Erdball nicht gleichmäßig war. Wawilows Forschungen bildeten die Grundlage für die anhaltenden Bemühungen, die Diversität der Nutzpflanzen aufrechtzuerhalten.

dem Samen, Keimlinge oder Teile der besten Pflanzen für die nächste Aussaat zurückgelegt wurden. Dieser Prozess löste eine vom Menschen getriebene Migration von Bedecktsamern aus, da die Samen von Handelskarawanen, Forschern und Immigranten über große Entfernungen mitgeführt wurden.

1916 führte der russische Botaniker Nikolai Iwanowitsch Wawilow die Arbeit früherer Botaniker weiter, indem er versuchte herauszufinden, in welchen geografischen Gebieten bestimmte Nutzpflanzen erstmals kultiviert wurden. Er suchte nach den Regionen, in denen wilde Verwandte der Kulturpflanzen vorkamen, und schlug ursprünglich acht große Zentren (so genannte Genzentren) vor, die sich durch eine große Vielfalt der Wildformen späterer Kulturpflanzen auszeichneten (▶ Abbildung 23.10). Später erweiterte Wawilow seinen ursprünglichen Vorschlag um weitere Genzentren und postulierte, dass eine Region mit der größten genetischen Vielfalt einer Art auch deren Ursprungsgebiet sein müsse. Einige heutige Wissenschaftler widersprechen dieser Schlussfolgerung mit dem Argument, dass „Zentren des Ursprungs" einfach dort seien, wo die meisten genetischen Rekombinationen aufgetreten sind. Außerdem ist es dadurch, dass Nutzpflanzen heute überall auf der Welt kultiviert werden, schwieriger geworden, den Ursprung einer bestimmten kultivierten Art zu lokalisieren. Obwohl die Debatte über die Lokalisierung und die Anzahl der Genzentren weiter anhält, bleiben die Forschungen von Wawilow sowie ähnliche Untersuchungen wertvoll für die Bemühungen, die Diversität von Nutzpflanzen zu bewahren. Die drei weltweit bedeutendsten Kulturpflanzen sind Reis, Weizen und Mais. Der Kasten *Evolution* auf Seite 589 gibt einen Überblick über deren Ursprünge.

WIEDERHOLUNGSFRAGEN

1. Erläutern Sie, welche Vorteile die Merkmale der Bedecktsamer für deren Überleben bieten.

2. Nennen Sie die wichtigsten Trends bei der Evolution von Blütenstrukturen.

3. Stellen Sie die vier Hauptgruppen der Bedecktsamer gegenüber: basale Bedecktsamer, Magnolienähnliche, Einkeimblättrige und Dreifurchenpollen-Zweikeimblättrige.

4. Sind der Ursprung und die Verbreitung der Bedecktsamer ein Mysterium?

Die Diversität der Bedecktsamer 23.3

Die Bedecktsamer sind eine sehr erfolgreiche monophyletische Pflanzengruppe. Die Tatsache, dass eine so große Gruppe monophyletisch ist, ist ein Indiz für den Erfolg des strukturellen und reproduktiven Anpassungsvermögens, das den Stamm Antophyta auszeichnet. Die beiden größten Gruppen der Blütenpflanzen, die aus historischen Gründen als Abteilungen oder Klassen bezeichnet werden, sind die Einkeimblättrigen und die Dreifurchenpollen-Zweikeimblättrigen. Wie bereits erwähnt, deuten neuere molekulare Daten jedoch darauf hin, dass der Stamm mindestens aus vier Hauptgruppen besteht: basalen Bedecktsamern, Magnolienähnlichen, Einkeimblättrigen und Dreifurchenpollen-Zweikeimblättrigen. Die Dreifurchenpollen-Zweikeimblättrigen als größte Gruppe sind weiter in die primitiven Eudicotyledonen und Eudicotyledonen im engeren Sinne unterteilt. Oberhalb der Klassifikationsebenen Familie und Ordnung gibt es keine allgemeine Einigkeit über die Begriffe, die für die verschiedenen Gruppen verwendet werden sollten. Die meisten Systematiker versuchen einfach, Kladen zu identifizieren, ohne sich festzulegen, ob es sich bei den Gruppen um Abteilungen, Klassen oder Unterklassen handelt.

Die bedecktsamigen Arten werden in viele Familien unterteilt, die jeweils eine Reihe von charakteristischen Merkmalen haben und in einer Reihe von spezifischen Habitaten zu finden sind. Besonders vielfältig sind die Bedecktsamer bezüglich der Anatomie von Blüten und Früchten, der Größe und Gestalt des Sporophyten und des Grades der konvergenten Anpassung an verschiedene Lebensräume. Wie wir in Kapitel 16 festgestellt hatten, können Ähnlichkeiten zwischen Pflanzen auch das Ergebnis konvergenter Evolution sein und müssen nicht auf einen gemeinsamen Vorfahren hindeuten. Sequenzanalysen sind ein wichtiges Hilfsmittel bei der Aufdeckung phylogenetischer Beziehungen.

Die Familien des Stammes *Anthophyta*: Blütenstrukturen

Die mehr als 250.000 Arten von Blütenpflanzen verteilen sich auf mehr als 13.000 Gattungen, die wiederum in 450 Familien unterteilt sind. Familien werden in der Regel nach der Struktur der Blüten, Früchte, Blätter und Sprosse klassifiziert. Biochemische Merkmale wie das Vorhandensein oder Nichtvorhandensein bestimmter sekundärer Pflanzenstoffe sind ebenfalls wichtig bei der Klassifikation. In der Praxis spielt die Struktur von Blüten oft eine maßgebliche Rolle bei der Zuordnung einer Art zu einer Gattung, einer Gattung zu einer Familie und einer Familie zu einer Ordnung. Vertreter einer bestimmten Familie teilen gewöhnlich einige Merkmale, die mit diesen Strukturen in Zusammenhang stehen, auch wenn andere Merkmale durch konvergente Evolution modifiziert worden sind.

Systematiker, die auf bestimmte Familien spezialisiert sind, wissen, wie sie die Vertreter der Familie erkennen können, unabhängig davon, ob Merkmale vorhanden sind, die mit dem bloßen Auge zu erkennen sind oder nicht. Um eine Pflanze zu identifizieren, verwenden Systematiker drei Typen von Daten: (1) beobachtbare strukturelle und biochemische Merkmale; (2) Merkmale, die man nur mithilfe eines Mikroskops oder anderer Analysegeräte erkennen kann; (3) molekulare Daten, die man nur mithilfe von DNA- bzw. RNA-Sequenziermaschinen und Computern zur Auswertung der Daten erhält.

Zwei Familien unterscheiden sich immer durch eine Gruppe von Merkmalen, nicht nur durch ein einziges. Dennoch können spezifische Merkmale oft diagnostisch für eine Familie sein, wie zum Beispiel die quadratischen Stängelquerschnitte und die aromatischen Blätter vieler Pflanzen der Familie der Lippenblütler (*Lamiaceae*). Diagnostische Merkmale sind starke Indikatoren dafür, dass eine Art ein Vertreter einer bestimmten Familie ist, wobei dies jedoch nicht notwendigerweise ein Beweis ist. Beispielsweise ist eine aromatische Pflanze mit quadratischem Stängelquerschnitt mit großer Wahrscheinlichkeit eine Minze, doch manche Minzearten haben keine quadratischen Stängel oder keine aromatischen Blätter. Zudem können auch Pflanzen aus anderen Familien eines dieser Merkmale oder sogar beide haben. In den letzten Jahren haben Sequenzanalysen von RNA und DNA wertvolle Informationen über die Beziehungen innerhalb und zwischen Familien geliefert.

Die Familie der Nachtschattengewächse (*Solanaceae*) ist ein Beispiel dafür, dass die Vertreter einer Familie durch eine Gruppe von Merkmalen anstatt durch ein ganz bestimmtes identifiziert werden. Die Blütenorgane der Nachtschattengewächse kommen typischerweise in Vielfachen von fünf vor, die Kronblätter sind verwachsen, ihre Früchte sind Beeren oder

23 BEDECKTSAMER (ANGIOSPERMAE)

> ### DIE WUNDERBARE WELT DER PFLANZEN
> ■ Eine unlängst entdeckte Orchidee
>
> Im Mai 2002 kaufte ein durch Peru reisender Gärtnereibesitzer aus Virginia an einem Straßenstand für 6,50 Dollar eine Orchidee, die er noch nie zuvor gesehen hatte. Die pink- und lilafarbene Blüte maß 15 cm im Durchmesser und saß auf einem 30 cm hohen Stängel. Es stellte sich heraus, dass es sich um eine der Wissenschaft bislang unbekannte Orchideenart handelte. Nachdem er die Bedeutung seines Fundes bemerkte hatte, kehrte er drei Tage später zurück, um noch mehr Exemplare zu kaufen. Er musste jedoch feststellen, dass der gesamte Hang, auf dem die Pflanze wuchs – der einzige bekannte Standort der Art überhaupt –, bereits vollständig von Sammlern geplündert war, um die Pflanzen auf dem Markt zu verkaufen. Die zuvor unklassifizierte Pflanze wurde als ein Vertreter der Gattung *Phragmipedium* identifiziert und nach dem Familiennamen des Gärtnereibesitzers *Phragmipedium kovachii* genannt. Wegen ihrer außergewöhnlichen Größe und einzigartigen Farbe hätte die Orchidee Millionen von Dollar einbringen können, vorausgesetzt, es wäre gelungen, sie erfolgreich zu kultivieren. Doch es war dem Gärtnereibesitzer nicht vergönnt, Kapital aus seiner Entdeckung zu schlagen, denn indem er die Pflanze von Peru nach Florida brachte, hatte er unabsichtlich die Konvention über den internationalen Handel mit gefährdeten Arten verletzt.

Kapseln, die Blüten haben oberständige Fruchtknoten, die Stängel sind rund und die Blätter sind wechselständig oder spiralig angeordnet (▶ Abbildung 23.11). Vertreter der Nachtschattengewächse riechen oft unangenehm, wenn die Blätter zerrieben werden. Trotz der Tatsache, dass die meisten Vertreter der Familie kein leicht zu beobachtendes Merkmal teilen, sind sie für jeden zu erkennen, der mit der Gruppe vertraut ist.

Bei manchen Familien sind diagnostische Merkmale ungewöhnlicher und deshalb leichter zu erkennen, wie zum Beispiel die quadratischen Stängel und die aromatischen Blätter vieler Vertreter der Lippenblütler (*Lamiaceae*). Diese haben in der Regel bilateralsymmetrische (irreguläre) Blüten, die Blütenorgane treten in Vielfachen von zwei oder vier auf, die Kronblätter sind zu zwei Lippen verwachsen, die Fruchtknoten sind oberständig, die Klausenfrüchte enthalten vier Nüsschen, die Stängel haben einen quadratischen Querschnitt und die Blätter sind kreuzgegenständig. Viele Arten der Lippenblütler produzieren charakteristische „minzige" Düfte, wenn die Blätter zerdrückt werden. Die Merkmalskombination aus quadratischen Stängeln, gegenständigen Blättern und bilateralsymmetrischen Blüten ist leicht zu erkennen, wird in vielen Bestimmungsbüchern benutzt und ist oft diagnostisch für die Familie (▶ Abbildung 23.12).

Beispiele für die Diversität von Blüten und Früchten

Die Familien der Blütenpflanzen werden durch Gruppen von Merkmalen unterschieden. Eine bestimmte Art einer Familie besitzt typischerweise viele, aber nicht alle dieser Merkmale. Wir werden uns hier hauptsächlich auf die Blütenstruktur als dem am häufigsten benutzten diagnostischen Merkmal zur Identifizierung von Pflanzenfamilien konzentrieren. In Kapitel 6 können Sie die Beschreibungen und Bilder verschiedener Blüten und Fruchtstrukturen nachschlagen. Die folgenden Beispiele umfassen einige der größten Familien der Bedecktsamer und sollen die gewaltige Vielfalt innerhalb dieser Pflanzenabteilung widerspiegeln.

Die Familie der Süßgräser (*Poaceae*, früher *Gramineae*) enthält etwa 10.000 einkeimblättrige Arten, da-

Abbildung 23.11: *Physalis*, **die Blasenkirsche, ist ein Vertreter der Nachtschattengewächse.** Die verwachsene Blütenkrone dieser *Physalis angulata* gleicht einem Fünfeck, was typisch für diese Familie ist.

23.3 Die Diversität der Bedecktsamer

Abbildung 23.12: Salbei (*Salvia*), ein Vertreter der Lippenblütler (*Lamiaceae*). Die Blüten dieser Salbeiart, *Salvia guaranitica*, haben die für die Lippenblütler typische Form. Sie sind gewöhnlich bilateralsymmetrisch und sitzen im oberen Bereich der Stängel, die in der Regel einen quadratischen Querschnitt und kreuzgegenständige Blätter haben.

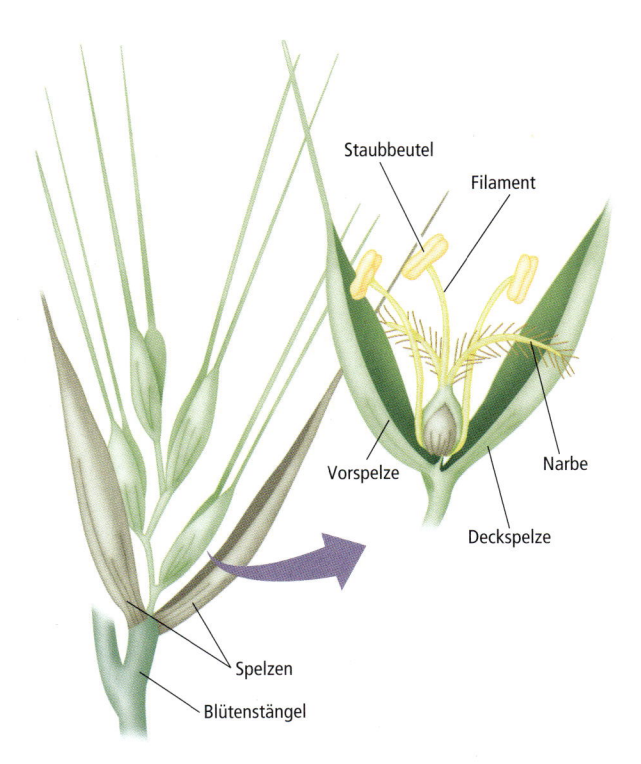

Abbildung 23.13: Zur Familie der Süßgräser (*Poaceae*) gehören fast alle Getreidearten. Die Blüten dieser Pflanzenfamilie sind typischerweise zwittrig und eingehüllt in Deckblätter, die als Spelzen bezeichnet werden und auseinanderweichen, während sich der Blütenstand entwickelt. Zusätzlich ist jede Blüte von zwei weiteren Deckblättern umhüllt, der Vorspelze (Palea) und der Deckspelze (Lemma). Wenn diese sich öffnen, geben sie drei Staubblätter und gewöhnlich zwei fedrige Narben frei.

runter sämtliche Getreidearten, weshalb sie für die menschliche Ernährung die wichtigste Pflanzenfamilie ist. Wie viele primitive Bedecktsamer werden die meisten Süßgräser durch den Wind bestäubt. Die meisten Arten haben dünne, relativ kurze Stängel, doch es gibt auch einige Arten wie den tropischen Bambus, bei denen die Stängel recht dick und hoch sind. Die Blüten der Süßgräser sind unscheinbar; bei manchen Arten sind sie zwittrig, bei anderen getrenntgeschlechtlich. Wie Sie in der Kapiteleinführung gelesen haben, ist Mais ein Süßgras mit getrenntgeschlechtlichen Blüten. Die meisten Arten der Süßgräser haben allerdings zwittrige Blüten (▶ Abbildung 23.13). Die Staubbeutel hängen an langen, dünnen Filamenten, so dass die Pollen leicht vom Wind erfasst werden können. Die Pollenkörner selbst sind dünnwandig und trocken und können daher vom Wind weit getragen werden. Die Frucht ist eine Karyopse mit nur einem Samen – ein Korn mit einem einzigen, stark ausgeprägten Keimblatt, das als Scutellum bezeichnet wird (von lateinisch *scutella*, „kleines Schild").

Die Familie der Orchideen (*Orchidaceae*) besteht aus Einkeimblättrigen, welche die größte Pflanzenfamilie bilden. Orchideen sind krautige Pflanzen, die vor allem in den Tropen vorkommen. Viele von ihnen sind Epiphyten. Schätzungen der Artenzahl schwanken zwischen 20.000 und 38.000, weil die Experten oft unterschiedliche Meinungen vertreten, ob eine Varietät oder eine eigene Art vorliegt, und auch, weil in den Regenwäldern viele noch unbekannte Arten existieren (siehe den Kasten *Die wunderbare Welt der Pflanzen* auf Seite 592). Die meisten Orchideenblüten sind bilateralsymmetrisch und besitzen von jedem Blütenorgan nur drei oder weniger Exemplare. Kronblätter gibt es beispielsweise typischerweise drei, Staubblätter nur ein oder zwei. Die Kronblätter sind groß und auffällig, wobei meist zwei laterale Kronblätter ein zentrales, flaschenförmiges Kronblatt mit einer großen Lippe flan-

23 BEDECKTSAMER (ANGIOSPERMAE)

(a) Eine typische Orchidee, der Frauenschuh *Paphiopedilum fairrieanum*.

(b) Ein Korbblütler hat einen komplexen Blütenkopf, der aus kleinen, gelben, röhrenförmigen Zungenblüten zusammengesetzt ist. Dieser Blütenkopf ist von größeren, strahlenförmigen Scheibenblüten umgeben.

(c) Die Platterbse oder Wicke, *Lathyrus odoratus*, ist ein Hülsenfrüchtler mit bilateralsymmetrischen Schmetterlingsblüten.

(d) Bei diesen Zucchiniblüten (*Cucurbita pepo*) ist die weibliche Blüte größer als die männliche, was für die Kürbisgewächse (*Cucurbitaceae*) typisch ist.

(e) Männliche und weibliche Kätzchen von *Salix discolor*.

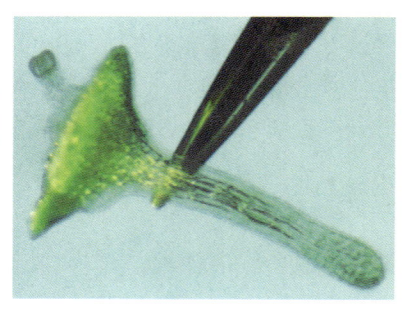

(f) Die Wasserlinsenart *Wolffia microscopica* ist die kleinste Blütenpflanze. Die Blätter haben einen Durchmesser von weniger als 1 mm. Die Staubbeutel ragen nur etwa einen halben Millimeter hervor.

Abbildung 23.14: Beispiele für die Diversität der Blütenstruktur von Bedecktsamern.

kieren, das Bestäuber anlockt (▶ Abbildung 23.14a). Die paarigen Staubbeutel lösen sich häufig von der Pflanze und werden als Pollinien bezeichnet. Die Frucht ist eine Kapsel und enthält Samen, die kein Endosperm besitzen. Die Embryonen sind verglichen mit denen anderer Pflanzen sehr klein und die Samen werden verstreut, wenn die Embryonen noch nicht ausgereift sind. Orchideensamen brauchen in der Regel einen Pilz als Partner, um zu keimen und die Entwicklung des Keimlings zu initiieren.

Die Familie der Korbblütler (*Asteraceae*, früher *Compositae*) ist die größte Familie der Dreifurchenpollen-Zweikeimblättrigen und mit mehr als 23.000 Arten von Kräutern, Sträuchern und Bäumen die zweitgrößte Familie im Reich der Pflanzen. Die Arten sind weltweit verbreitet, besonders aber in gemäßigten Regionen. Die Blüten bilden komplexe, radiärsymmetrische Köpfe. Aus der Entfernung scheint es sich um eine einzelne Blüte zu handeln, doch tatsächlich sind es Blütenstände, die aus vielen individuellen Blüten zusammengesetzt sind. Ein Beispiel ist die Sonnenblume, auf die bereits in der Kapiteleinführung eingegangen wurde. Gänseblümchen sind weitere bekannte Vertreter der Familie (▶ Abbildung 23.14b). Die Blütenstände der verschiedenen Arten dieser Familie ziehen Fliegen, Schmetterlinge und Bienen an. Die Kelchblätter der Einzelblüten sind bei vielen Arten stark modifiziert (Pappus) und bilden Borsten oder Haare, die flaumig oder mit Widerhaken besetzt sein können und bei der Verbreitung der Samen helfen wie im Fall des Löwenzahns. Die dünnwandige, trockene Frucht ist eine Achäne mit einem einzigen Samen, der an nur einer Stelle mit der Fruchtwand verwachsen ist.

Die Familie der Schmetterlingsblütler bzw. Hülsenfrüchtler (*Fabaceae* oder Leguminosen) ist die drittgrößte Familie im Reich der Pflanzen. Sie enthält mehr als 18.860 Arten von Dreifurchenpollen-Zweikeimblättrigen und umfasst Kräuter, Sträucher, Bäume und Kletterpflanzen, die weltweit vorkommen. Die meisten Arten haben bilateralsymmetrische Blüten mit nur einem Fruchtblatt, während die anderen Blütenorgane in Vielfachen von fünf vorkommen (▶ Abbildung 23.14c). Die Früchte sind oftmals Hülsen, zum Beispiel bei Erbsen oder Bohnen. Die Samen haben oft nur wenig oder kein Endosperm, stattdessen besitzen die Embryonen oft fleischige Keimblätter, die große Mengen von Nährstoffen speichern. Die Blätter sind wechselständig und zusammengesetzt gefiedert. Manche Hülsenfrüchtler zeigen „Schlafbewegungen", d. h. sie heben die Blätter am Morgen und senken sie am Abend. Viele Arten gehen Symbiosen mit Stickstoff fixierenden Bakterien ein, die in Wurzelknöllchen leben. Auf diese Weise erhöhen sie die Bodenfruchtbarkeit und sind deshalb außerordentlich wichtig für die Landwirtschaft.

Zur Familie der Kürbisgewächse (*Cucurbitaceae*) gehören mehr als 800 Arten von krautigen und rankenden Gewächsen, zu denen so bekannte Arten wie Kürbis, Gurke und Melone gehören. Bei den meisten Arten sind die Blüten getrenntgeschlechtlich und radiärsymmetrisch, wobei die Blütenorgane in Vielfachen von fünf vorkommen. Die getrenntgeschlechtlichen Arten produzieren in der Regel ihre männlichen und weiblichen Blüten zu unterschiedlichen Zeiten während der Wachstumsperiode, weshalb sie auf Fremdbestäubung angewiesen sind (▶ Abbildung 23.14d). Die Frucht ist eine Beere, die viele Samen enthält. Die Sprosse sind oft fünfkantig mit gewundenen Ranken.

Die Familie der Weidengewächse (*Salicaceae*) ist eine Gruppe der Dreifurchenpollen-Zweikeimblättrigen, die vor allem aus Bäumen und Sträuchern besteht. Vertreter sind zum Beispiel Weiden, Pappeln und Espen. Die verschiedenen Arten werden vom Wind oder von Insekten bestäubt. Die Blüten sind meist in länglichen, getrenntgeschlechtlichen Blütenständen („Kätzchen") angeordnet (▶ Abbildung 23.14e). Manche Arten produzieren duftenden Nektar, während andere duftende Knospen haben. Die Blütenorgane treten in Vielfachen von drei bis acht auf. Die Früchte – Kapseln, Beeren oder Steinfrüchte – geben viele winzige Samen frei, die wenig oder kein Endosperm enthalten. Bei einigen bekannten Arten wie der Weide haben die Samen baumwollähnliche Haare, die bei der Verbreitung durch den Wind nützlich sind.

Die Familie der Wasserlinsengewächse (*Lemnaceae*) enthält die kleinsten Blütenpflanzen überhaupt (▶ Abbildung 23.14f). Bei manchen Arten, wie bei *Wolfia microscopica*, ist die ganze Pflanze weniger als 1 mm groß. Die Vertreter der Wasserlinsen besitzen nicht den typischen primären Pflanzenkörper aus Spross, Blättern und Wurzel. Stattdessen besteht die Pflanze aus einer oder mehreren ovalen, blattartigen Strukturen, die eine Art reduzierten Spross darstellen. Einige Arten haben keine Wurzeln. Wasserlinsen dienen vielen in Seen und Teichen lebenden Tieren als Nahrung. Wenn die vegetative Vermehrung dieser Pflanzen außer Kontrolle gerät, können sie zu einer Plage werden. Manche Systematiker kategorisieren die Wasserlinsen als eine Unterfamilie innerhalb einer größeren Familie von Einkeimblättrigen, den Aronstabgewächsen (*Araceae*). Zu dieser Familie gehören auch Pflanzen wie Taro und Philodendron. Diese Differenz ist ein Beispiel für unterschiedliche Ansätze in der Systematik. Wie wir in Kapitel 16 diskutiert haben, favorisieren „Spalter" eine größere Anzahl von taxonomischen Gruppen und „Vereiniger" weniger Gruppen. Wie auch bei anderen Pflanzengruppen ist die Klassifikation der Bedecktsamer ein permanentes Bemühen, das nicht ohne Debatten bleibt.

WIEDERHOLUNGSFRAGEN

1. Kann man einen Vertreter einer Pflanzenfamilie typischerweise anhand eindeutiger Merkmale identifizieren? Erläutern Sie Ihre Antwort.

2. Wählen Sie zwei der beschriebenen Familien aus. Erklären Sie für jede von diesen, wie jemand, der mit der Familie nicht vertraut ist, feststellen kann, ob eine bestimmte Pflanze ein Vertreter dieser Familie ist.

23 BEDECKTSAMER (ANGIOSPERMAE)

ZUSAMMENFASSUNG

Blütenpflanzen (*Angiospermae*) bilden den Stamm *Anthophyta* und sind mit über 250.000 Arten die am weitesten verbreiteten Pflanzen. Sie sind die letzte große Pflanzengruppe, die entstanden ist, und traten erstmals vor 130 bis 145 Millionen Jahren auf.

23.1 Sexuelle Fortpflanzung bei Blütenpflanzen

Generationswechsel der Bedecktsamer

Bei den Bedecktsamern ist die Anzahl der Zellen von Gametophyten gegenüber den Gametophyten der Nacktsamer reduziert. Die Pollenkörner entwickeln sich innerhalb von Staubbeuteln aus Sporen, die durch meiotische Teilungen der Mikrosporophyten gebildet werden. Die Megagametophyten entwickeln sich in Samenanlagen. Durch Meiose der Megasporen-Mutterzelle entstehen vier Megasporen. Eine davon überlebt und produziert einen Megagametophyten. Ein Pollenschlauch überträgt zwei Spermazellen, was zur doppelten Befruchtung führt. Eine Spermazelle vereinigt sich mit der Eizelle zu einer Zygote; die zweite Spermazelle bildet zusammen mit den beiden Polkernen das Endosperm. Jede Samenanlage, welche die doppelte Befruchtung durchläuft, entwickelt sich potenziell zu einem Samen.

Selbstbestäubung und Fremdbestäubung bei Bedecktsamern

Während bei manchen Arten Windbestäubung üblich ist, sind andere von Bestäubern abhängig, die durch die Blütenfarben, Düfte, Nektar und Pollen angelockt werden. Indem sich die Bestäuber von einer Pflanze zur anderen weiterbewegen, ermöglichen sie die Fremdbestäubung. Die Beziehungen zwischen Pflanze und Bestäuber sind Beispiele für Koevolution.

23.2 Die Evolution von Blüten und Früchten

Die Selektionsvorteile der Blütenpflanzen

Der Erfolg der Blütenpflanzen hat zum Teil mit Anpassungen zu tun, die das Austrocknen verhindern: die Entwicklung von Tracheen und Laubblättern, die in vielen Fällen abgeworfen werden. Das Einschließen der Samen in einer Frucht schützt diese vor dem Austrocknen. Häufig locken die Blüten der Bedecktsamer Bestäuber an, was die Fremdbestäubung erleichtert. Viele Früchte ziehen Tiere an, die bei der Verbreitung der Samen helfen.

Die Evolution der Blüten

Die Blüte ist ein determinierter modifizierter Spross, der Sporophylle trägt. Mikrosporangien befinden sich in den Staubbeuteln der Fruchtblätter. Megasporangien entwickeln sich in den Fruchtknoten der Fruchtblätter. Zu den evolutionären Trends gehören folgende Charakteristika: Staub- und Fruchtblätter entwickelten sich zu weniger blattähnlichen Strukturen, Kelch- und Kronblätter entwickelten sich auseinander, Blütenorgane wurden reduziert und fixiert, sie sind nicht mehr in Spiralen, sondern in Wirteln angeordnet und viele Arten sind nicht mehr radiär-, sondern bilateralsymmetrisch.

Der Ursprung der Bedecktsamer im Mesozoikum

Die ersten Bedecktsamer (primitive Bedecktsamer) traten vor etwa 142 Millionen Jahren auf. Später entstanden weitere Gruppen von Bedecktsamern: Magnolienähnliche, Einkeimblättrige, Ceratophyllaceae und Dreifurchenpollen-Zweikeimblättrige. Alle diese Gruppen sind durch lebende Arten vertreten, wobei die Einkeimblättrigen etwa 28 Prozent und die Dreifurchenpollen-Zweikeimblättrigen rund 69 Prozent aller heute existierenden Bedecktsamer ausmachen.

Ausbreitung der Bedecktsamer in der Kreidezeit

In der späten Kreidezeit breiteten sich die Bedecktsamer durch adaptive Radiation über die ganze Welt aus.

Seit dem Beginn der Landwirtschaft vor rund 10.000 Jahren hat eine durch den Menschen induzierte Migration von Bedecktsamern, die als Nutzpflanzen verwendet werden, stattgefunden.

23.3 Die Diversität der Bedecktsamer

Die Familien des Stammes *Anthophyta*: Blütenstrukturen

Die Strukturen von Früchten und Blüten werden häufig zur Klassifikation genutzt, seltener Sprosse und Blätter. Jede Familie hat eine Vielzahl von Merkmalen, mit deren Hilfe ihre Vertreter unterschieden werden. Bei einigen Familien können ein oder mehrere Merkmale für die Klassifikation verwendet werden. Bei anderen sind weniger leicht zu beobachtende Merkmale diagnostisch.

Beispiele für die Diversität von Blüten und Früchten

Die Vertreter der Familie der Süßgräser (*Poaceae*) sind windbestäubte Einkeimblättrige. Zu ihnen gehören fast alle Getreidearten. Orchideen (*Orchidaceae*) – die größte Familie – sind Einkeimblättrige mit großen, auffälligen Kronblättern, die Bestäuber anziehen. Die Korbblütler (*Asteraceae*) sind die größte Familie der Dreifurchenpollen-Zweikeimblättrigen und besitzen typischerweise Blüten in großen zusammengesetzten Köpfen. Die Hülsenfrüchtler bzw. Schmetterlingsblütler (*Fabaceae* oder Leguminosen) sind die drittgrößte Familie. Die Kürbisgewächse (*Cucurbitaceae*), zu denen Kürbisse und Melonen gehören, haben meist getrenntgeschlechtliche Blüten. Die Blüten der Weidengewächse (*Salicaceae*) sind gewöhnlich in Kätzchen angeordnet. Zu den *Lemnaceae* gehören die Wasserlinsen, darunter auch die kleinsten existierenden Blütenpflanzen.

ZUSAMMENFASSUNG

Verständnisfragen

1. Vergleichen Sie den Generationswechsel der Bedecktsamer mit dem der Nacktsamer.
2. Warum sind die Begriffe Bestäubung und Befruchtung nicht synonym?
3. Was ist an der „doppelten Befruchtung" doppelt und inwiefern ist dieser Prozess bei den Bedecktsamern einzigartig?
4. Erläutern Sie, inwiefern die Koevolution von Blütenpflanzen und Bestäubern auf beiderseitigen Vorteilen beruhte.
5. Vergleichen Sie die Selektionsvorteile von Bedecktsamern mit denen der Nacktsamer.
6. Wo befinden sich die Sporangien bei den Bedecktsamern und wo bei den Nacktsamern?
7. Was bedeutet es, wenn man sagt, dass Blüten aus modifizierten Blättern bestehen?
8. Grenzen Sie primitive Bedecktsamer, Magnolienähnliche, Einkeimblättrige und Dreifurchenpollen-Zweikeimblättrige voneinander ab.
9. Kann die Evolution von Blüten als ein Trend in Richtung wachsender Komplexität bezeichnet werden?
10. Welche Faktoren haben die Verbreitung der Bedecktsamer begünstigt?
11. Viele Nutzpflanzen werden heute überall auf der Welt kultiviert. Warum versuchen viele Forscher, den Ursprung der verschiedenen Nutzpflanzen zu finden?
12. Illustrieren Sie mithilfe der unterschiedlichen Blütenstrukturen die Idee, dass die Form der Funktion entspricht.

BEDECKTSAMER (ANGIOSPERMAE)

Diskussionsfragen

1. Warum haben windbestäubte Pflanzen Ihrer Meinung nach keine farbenprächtigen Blüten?

2. Diskutieren Sie die Vor- und Nachteile von Selbst- und Fremdbestäubung.

3. Welche Bedeutung hat die Entdeckung primitiver Blütenpflanzen wie *Amborella*?

4. Warum haben sich „lebende Fossilien" wie *Amborella* wenig gegenüber ihren fossilen Vorfahren verändert? Sind überlebende primitive Bedecktsamer wie *Amborella* die Vorfahren anderer Bedecktsamer? Begründen Sie Ihre Antwort.

5. Welche Veränderungen an den vorherrschenden Pflanzentypen erwarten Sie für den Fall, dass sich die Erdatmosphäre weiterhin erwärmt?

6. Was meinen Sie, warum Darwin den Ursprung und die Ausbreitung der Bedecktsamer als ein „abscheuliches Geheimnis" bezeichnet hat?

7. Kann die Verbreitung der Nutzpflanzen durch den Menschen als eine zweite adaptive Radiation der Bedecktsamer bezeichnet werden? Begründen Sie Ihre Antwort.

8. Warum wird die präzise Klassifikation von Blütenpflanzen häufig durch Konvergenzen erschwert?

9. Einige Forscher glauben, dass die Klassifikation in der Zukunft allein auf der Basis molekularer Daten durchgeführt werden wird. Würden Sie sich dieser Meinung anschließen? Begründen Sie Ihre Meinung.

10. Wie in diesem Kapitel beschrieben wurde, tritt bei etwa zwei Dritteln aller bedecktsamigen Arten ein Megagametophyt mit acht Kernen und sieben Zellen auf. Die Vertreter des verbleibenden Drittels, zum Beispiel die Arten der Gattung *Oenothera* (Nachtkerzen), produzieren einen Megagametophyten mit vier Zellen, die jeweils einen Zellkern haben. Eine dieser Zellen ist eine Eizelle, zwei sind Synergiden und eine vierte ist die Polzelle. Zeichnen Sie eine Reihe von Diagrammen, um die Entwicklung des Megagametophyten in *Oenothera* und seine nachfolgende Befruchtung zu zeigen. Wodurch unterscheidet sich das Endosperm in diesem Beispiel von den Samen der „Zweidrittelmehrheit"?

Zur Evolution

Biologen haben darüber spekuliert, ob das Auftreten kleinerer pflanzenfressender, in Herden ziehender Saurier in der Kreidezeit möglicherweise die Umwandlung von ehemals bewaldeten Gebieten in Grassteppen zur Folge hatte. In welcher Weise könnte dies zu der gut dokumentierten adaptiven Radiation der Blütenpflanzen auf Kosten der Nacktsamer beigetragen haben, die in dieser Periode stattgefunden hat?

Weiterführendes

Weitere Informationen zu diesem Buchkapitel finden Sie auf der Companion Website unter http://www.pearson-studium.de.

Baumgardt, John P. How to Identify Plant Families: A Practical Guide for Horticulturists and Plant Lovers. Portland, OR: Timber Press, 1982. *Die Erläuterungen zur Blütenstruktur, Blütendiagramme und Blütenformeln befähigen den Leser, Blumen der richtigen Familie zuzuordnen.*

Bernhardt, Peter und John Myers. The Roses's Kiss: A Natural History of Flowers. Chicago: University of Chicago Press, 1999. *Der Leser lernt, Blumen wie ein Botaniker oder Gärtner zu betrachten.*

Düll, Ruprecht und Herfried Kutzelnigg. Taschenlexikon der Pflanzen Deutschlands. Wiebelsheim: Quelle & Meyer Verlag GmbH & Co., 6. Auflage, 2005. *Dieses Buch im Rucksackformat ist ein gut strukturierter Begleiter für botanisch-ökologische Exkursionen.*

Kremer, Bruno P. Steinbachs großer Pflanzenführer. Stuttgart: Eugen Ulmer KG, 2005. *In der Reihe der Steinbachs Naturführer erschien dieses attraktive und kompakte Werk zur Bestimmung von 850 Wildblumen-, Strauch- und Baumarten einschließlich der wichtigsten Ziergehölze. Es enthält 1350 Farbfotos und 1000 farbige Zeichnungen sowie die Beschreibungen von Strukturen und Lebensraum.*

Lüder, Rita. Grundkurs Pflanzenbestimmung. Wiebelsheim: Quelle & Meyer Verlag GmbH & Co., 2. Auflage, 2005. *Hier wird eine reich bebilderte, kompakte Praxisanleitung zur Bestimmung von Pflanzen gegeben, die sowohl für Anfänger als auch für Fortgeschrittene sehr hilfreich ist.*

Perry, Frances (Herausgeber). Simon and Schuster's Guide to Plants and Flowers. New York: Simon and Schuster, 1976. *Jede Pflanze wird mit ihrem Ursprungsgebiet, ihrer Blütezeit, Bodenanforderungen, Wasser- und Lichtbedarf beschrieben.*

Schultes, Richard E. und Siri V. Reis. Ethnobotany: Evolution of a Discipline. Portland, OR: Timber Press, 1995. *Erklärt die Evolution der Ethnobotanik und die Bedeutung der Pflanzen für zukünftige Generationen.*

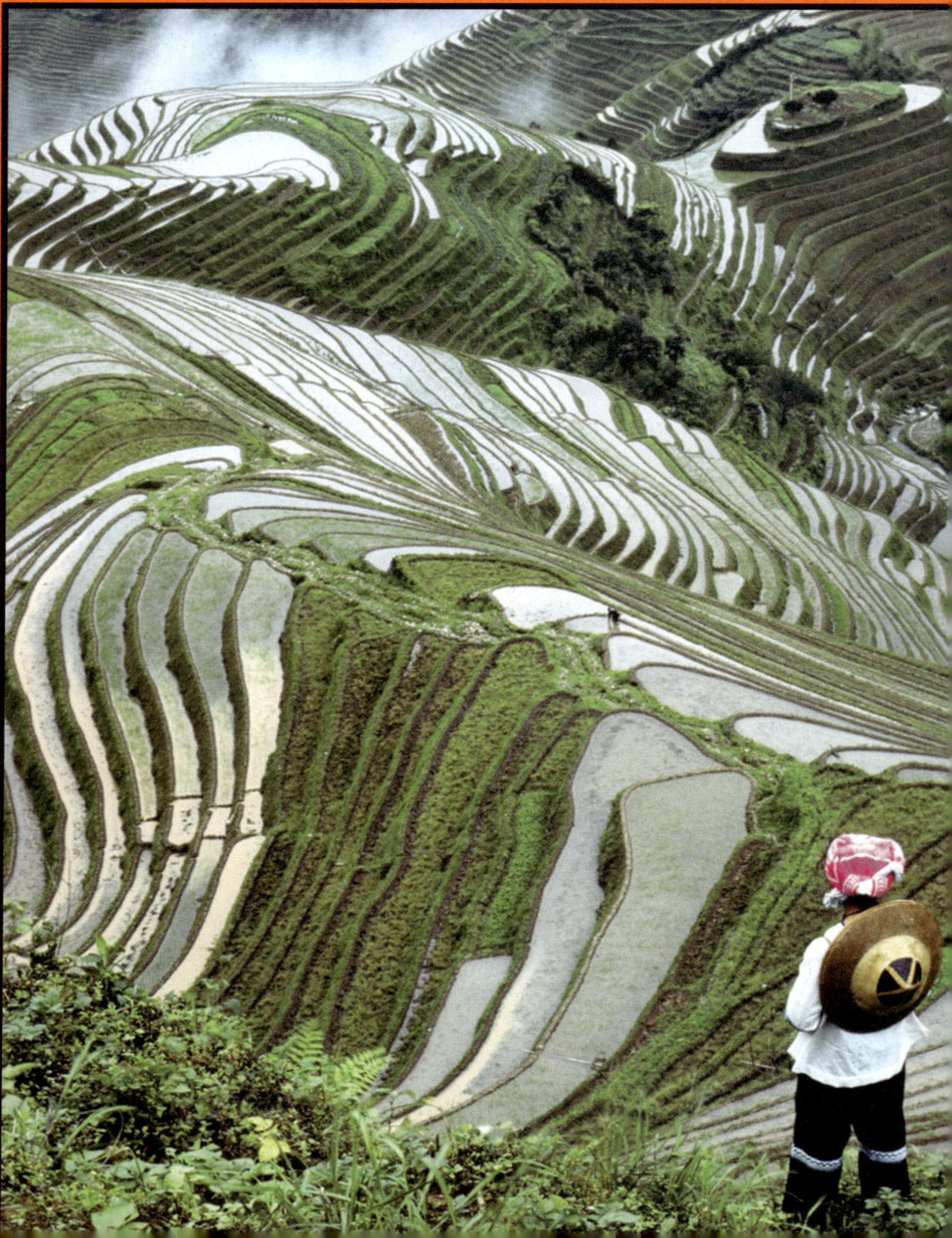

TEIL V

Ökologie

24	Biogeografie	603
25	Ökosysteme	625

Biogeografie

24.1	Abiotische Faktoren in der Ökologie	605
24.2	Ökosysteme	611
	Zusammenfassung	621
	Verständnisfragen	622
	Diskussionsfragen	623
	Zur Evolution	623
	Weiterführendes	624

24 BIOGEOGRAFIE

„ Wüsten sind faszinierende Lebensräume. Für die dort lebenden Organismen ist Wasserknappheit die dominierende physikalische Beschränkung. Wüstenpflanzen haben eine bemerkenswerte Vielfalt von Anpassungen hervorgebracht, die sie befähigen, mit dieser Beschränkung fertig zu werden. Viele Pflanzen können aufgrund ihrer Tonnenform oder mithilfe sukkulenter Blätter Wasser speichern. Manche bilden nur während der Regenzeit Blätter. Andere, wie die in Südafrika heimischen Lebenden Steine (Lithops-Arten, rechts abgebildet), sind fast vollständig im Boden versteckt. Manche Wüstenpflanzen öffnen ihre Stomata nur in der Nacht, um Kohlendioxid aufzunehmen und es in organische Säuren einzubauen, aus denen sie bei Tag wieder CO_2 für die Photosynthese freisetzen.

Wie die Pflanzen aller Lebensräume interagieren auch Wüstenpflanzen mit anderen Organismen. Eine der offensichtlichsten Interaktionen ist die mit Fraßfeinden. Viele Wüstenpflanzen, wie die unten abgebildete Fouquieria splendens, schützen ihre Sprosse und Blätter vor Fraßfeinden, indem sie Dornen oder Stacheln ausbilden oder indem sie giftige oder faulig schmeckende Verbindungen speichern. Manche Pflanzen produzieren wohlschmeckende Früchte, die Tiere anlocken, welche die Früchte fressen und anschließend die Samen verbreiten. Die Dornen mancher Kakteen dienen ebenfalls der Verbreitung, denn mit ihrer Hilfe werden Teile des Kaktus an vorüberkommende Tiere angehängt. Wenn sich das Tier säubert, fallen die Kakteenteile auf den Boden und wachsen dort zu einer neuen Pflanze heran. Viele anatomische, reproduktive und chemische Merkmale haben einen Wert für das Überleben. Bei manchen Pflanzenmerkmalen wie den Dornen ist es offensichtlich, worin dieser Wert besteht. Bei anderen müssen Wissenschaftler die Pflanze und ihre Interaktionen mit der Umwelt sorgfältig studieren, bevor sie eine Hypothese aufstellen können, was den Wert für das Überleben ausmacht. Beispielsweise konnte man in der Tatsache, dass die Stomata vieler Wüstenpflanzen tagsüber geschlossen bleiben, keinen Sinn erkennen, bis der Crassulaceen-Säurestoffwechsel (Kapitel 8) entdeckt wurde. Ebenso rätselhaft war das Vorkommen von Gefäßsporenpflanzen in der Wüste, denn immerhin benötigen diese für die Befruchtung Wasser. Erst als man feststellte, dass diese Pflanzen bei Wassermangel dormant werden und nach einem Regenguss schnell wieder aufleben, war eine Erklärung gefunden. Eine dieser Pflanzen ist Selaginella lepidophylla, ein Moosfarn, das in den Wüsten des Südwestens der USA vorkommt. Bei Trockenheit ist Selaginella braun und sieht aus wie abgestorben, doch innerhalb von Stunden nach einem Regen wird die Pflanze grün, beginnt mit der Photosynthese und vollendet ihren sexuellen Fortpflanzungszyklus. Dieses Verhalten ist der Grund für den Trivialnamen der Pflanze: Rose von Jericho oder Auferstehungspflanze.

Wüsten sind nur einer der zahlreichen Lebensräume auf der Erde, in denen Organismen überleben, sich fortpflanzen und mit ihrer Umgebung interagieren. Die wissenschaftliche Untersuchung der Wechselwirkungen zwischen Organismen und ihrer Umgebung ist Gegenstand dieses sowie des nächsten Kapitels. „

Abiotische Faktoren in der Ökologie 24.1

Ein Querschnitt durch die Erde zeigt, dass die Erde eine riesige Kugel ist, deren festes Zentrum von einem flüssigen Kern, einem dicken, felsigen Mantel und einer dünnen Kruste umgeben ist. Leben existiert nur am äußersten Rand der Kruste – in den Ozeanen, die drei Viertel der Kruste bedecken, in den Sedimenten unter den Ozeanen sowie auf den Kontinenten in und unmittelbar über der sehr dünnen Oberflächenschicht der mit Erde bedeckten Kruste, dem **Boden**. Die **Ökologie** beschäftigt sich mit dem Studium dieser belebten Umwelt und der in ihr lebenden Organismen. Das Wort Ökologie ist aus zwei griechischen Wörtern abgeleitet: *oikos*, was so viel bedeutet wie „Haushalt", und *logos*, „Lehre". Im wörtlichen Sinne ist die Ökologie also die Lehre von den Haushalten der Organismen. Sie umfasst die Erforschung der lebenden und nichtlebenden Komponenten der Umwelt sowie der Wechselwirkungen zwischen ihnen.

Die Ökologie ist ein umfangreiches und komplexes Teilgebiet der Biologie. Beispielsweise kann ein Ökologe, der sich für Eichen interessiert, individuelle Bäume oder Populationen betrachten, und er muss auch berücksichtigen, wie Eichen mit den verschiedenen Komponenten ihrer Umwelt interagieren. Andere Pflanzen konkurrieren mit den Eichen um Licht, Mineralien aus dem Boden und Wasser. Tiere ernähren sich von den Bäumen und versorgen gleichzeitig den Boden mit Nährstoffen, die schließlich wieder den Bäumen zugute kommen. Viren, Bakterien und Pilze können die Bäume infizieren und Krankheiten verursachen. Temperatur, Feuchtigkeit, jahreszeitlich bedingte Schwankungen der Lichtintensität und Störungen wie Brände beeinflussen das Wachstum und den Fortpflanzungserfolg der Bäume. Menschen können die Szenerie betreten und die Landschaft verändern. Von der Methodik her ist die Ökologie eine Wissenschaft mit vielen Variablen.

Abiotische Faktoren

Soweit wir wissen, ist die Erde der einzige Planet unseres Sonnensystems, dessen physikalische Gegebenheiten Leben zulassen. Wenn der Abstand der Erde zur Sonne größer oder kleiner wäre, dann wäre es für die meisten heute lebenden Arten zu warm oder zu kalt. Wäre die Erde nicht von einer Atmosphäre umgeben, die Sauerstoff enthält, könnten die meisten terrestrischen Organismen nicht überleben. Die als **abiotische Faktoren** bezeichneten physikalischen Komponenten eines Lebensraums stellen für die Organismen gleichermaßen Herausforderungen wie Chancen dar.

Temperatur

Manche Tiere, insbesondere Vögel und Säugetiere, sind in der Lage, ihre Körpertemperatur mithilfe ihres Stoffwechsels oder Verhaltens auf einem Niveau zu halten, das über oder unter der Umgebungstemperatur liegt. Die meisten Lebewesen jedoch, darunter auch die Pflanzen, haben eine Temperatur, die in etwa der Umgebungstemperatur entspricht. Deshalb ist der Temperaturbereich, in dem die meisten Organismen überleben können, sehr schmal. Zwar gedeihen einige Prokaryoten in heißen Quellen bei 60° bis 80°C, doch diese Organismen sind Ausnahmen und nicht die Regel. Einige wenige Pflanzen können ihren normalen Stoffwechsel aufrechterhalten, wenn die Temperatur unter 0°C liegt, also unterhalb des Gefrierpunkts von Wasser, oder über 45°C, der Temperatur, bei der die meisten Proteine denaturieren. Pflanzen können ihre Temperatur bis zu einem gewissen Grad mithilfe von anatomischen Strukturen wie Blatthaaren regulieren, oder auch durch mechanische Umjustierungen wie der Änderung des Blattwinkels. Ihre Temperatur ist jedoch im Wesentlichen durch die Umgebungstemperatur bestimmt.

Die Erdatmosphäre bindet Wärme. Mit zunehmender Höhe wird die Atmosphäre dünner und die Temperatur fällt. Oberhalb einer bestimmten Höhe ist die mittlere Temperatur zu niedrig für das Wachstum von Bäumen. Diese Höhe wird als **Baumgrenze** bezeichnet (▶ Abbildung 24.1). Im Norden Colorados liegt die Baumgrenze beispielsweise bei 3500 m, in anderen Regionen kann sie jedoch höher oder niedriger sein. So liegt die Baumgrenze in den Alpen zwischen 1900 und 2400 m. Wie Sie im Folgenden sehen werden, hängt die Lage der Baumgrenze von mehreren Faktoren ab, unter anderem vom Breitengrad.

Wasser

Die meisten Lebewesen bestehen zu mehr als 60 Prozent aus Wasser, und die chemischen Reaktionen, die das Leben aufrechterhalten, laufen in wässriger Lösung ab. Eine der größten Hürden, denen frühe Lebensformen bei der Eroberung des trockenen Landes gegenüberstanden, war das Problem der Austrocknung. Die

Abbildung 24.1: Die Baumgrenze. Oberhalb der Baumgrenze, wie hier in den Österreichischen Alpen, ist die mittlere Temperatur zu niedrig, als dass Bäume gedeihen könnten.

ersten terrestrischen Pflanzen benötigten Wasser, damit ihre begeißelten Spermazellen die Eizellen befruchten konnten und damit die Embryonen nicht austrocknen. Pollenschläuche befähigten die Samenpflanzen, ohne Wasser als Medium für die Bewegung begeißelter Spermazellen auszukommen, und Samen gestatteten es den Embryonen dieser Pflanzen, sich auf dem trockenen Land anzusiedeln. Pflanzen besitzen noch viele weitere anatomische und physiologische Modifikationen, die ihnen dabei helfen, eine Austrocknung zu vermeiden. Bei den Gefäßpflanzen zum Beispiel wird durch das Xylem Wasser von den Wurzeln bis zu den Blattspitzen durch die Pflanze transportiert und regulierbare Stomata kontrollieren den Wasserverlust. In Überflutungsgebieten kann es leicht zu Sauerstoffmangel im Wurzelbereich kommen, was nur von speziell angepassten Pflanzen toleriert wird.

Sonnenlicht

Das Licht der Sonne wird für die Photosynthese benötigt. In einem dichten Wald gelangen weniger als 5 Prozent des für die Photosynthese nutzbaren Lichts bis zum Waldboden. Deshalb können dort nur Pflanzen gedeihen, die mit wenig Licht auskommen. In klarem Wasser absorbiert jeder Meter der Wassersäule 45 Prozent des Rotanteils und 2 Prozent des Blauanteils des Lichts. Deshalb ist die Photosynthese im Wasser auf die Zone dicht unter der Oberfläche beschränkt, und die Photosynthesepigmente, die blaues Licht absorbieren, haben mit zunehmender Tiefe eine größere relative Effizienz. An Land müssen sich Organismen vor der mutagenen Wirkung der ultravioletten Strahlung schützen, ebenso vor der übermäßigen Wärme, die durch Infrarotstrahlung entsteht. Diese beiden Formen der Sonnenstrahlung liegen an entgegengesetzten Enden des sichtbaren Spektrums.

Wind

Wind kann ein erheblicher Stressfaktor für Pflanzen und Tiere sein. Er kann zur Austrocknung führen, weil sich die Verdunstungsrate erhöht, und er beschleunigt den Wärmeverlust von Organismen, die wärmer sind als ihre Umgebung. Der Wind setzt auch strukturelle Grenzen für die Größe und die Gestalt von Organismen. Der Einfluss des Windes auf terrestrische Organismen ist vergleichbar mit dem Einfluss der Gezeiten und der Strömungen auf Lebewesen, die im Ozean oder in großen Seen leben.

Boden

Der Boden enthält anorganische Ionen, die von den Wurzeln der Pflanzen aufgenommen und durch das Xylem transportiert werden. Beispielsweise werden die Stickstoff-enthaltenden Ionen Ammonium (NH_4^+) und Nitrat (NO_3^-) in großen Mengen von Pflanzen genutzt, um Aminosäuren, Nucleotide, Photosynthesepigmente und andere organische Moleküle zu synthetisieren. Die Versorgung der Pflanzen mit Mineralstoffen wurde in Kapitel 10 detailliert behandelt. Manche Böden enthalten zu geringe Mengen der benötigten Ionen. Dies kann besonders bei landwirtschaftlich genutzten Böden, deren Ionengehalt durch Anbau von Nutzpflanzen reduziert wurde, zu einem Problem werden. Oft werden dem Boden Düngemittel zugesetzt, um den Ionenverlust auszugleichen. Weitere bedeutende Bodenprobleme sind starker Salzgehalt, Übersäuerung und Alkalität. Weltweit sind mindestens 25 Prozent der landwirtschaftlich genutzten Böden zu salzhaltig und weitere 25 Prozent zu sauer für die meisten Pflanzen. Einige Pflanzen jedoch haben sich an diese „Problemböden" angepasst. Der Salzbusch (*Atriplex*, ▶ Abbildung 24.2) sondert beispielsweise über Drüsen auf der Oberfläche seiner Blätter überschüssiges Salz ab.

Störungen

Störungen sind Kräfte oder Ereignisse, die Veränderungen in einem Lebensraum bewirken. Viele abiotische Störungen hängen mit dem Wetter zusammen. So können zum Beispiel Stürme und Überschwemmungen die Vegetation vernichten. In einigen Lebensräumen sind Brände eine normale, periodisch wiederkehrende Stö-

Abbildung 24.2: Diese Salzmelde (*Atriplex*) gehört zu den salztoleranten Pflanzen.

rung. Die Vegetation regeneriert sich rasch wieder von selbst, wobei die Nährstoffe genutzt werden, die dem Boden durch den Brand wiedergegeben wurden. Durch die Aktivität von Vulkanen können ganze Lebensräume zerstört werden. Die schwerwiegendsten Zerstörungen werden allerdings oft durch Aktivitäten des Menschen ausgelöst, so zum Beispiel durch Abholzung, Bergbau, Landwirtschaft und die Urbanisierung. Die geschädigten Flächen werden oft von Unkräutern erobert (siehe den Kasten *Die wunderbare Welt der Pflanzen* auf Seite 608).

Die Jahreszeiten

In Kapitel 15 wurde ausgeführt, dass die Rotationsachse der Erde um 23,5° gegen die Ebene der Erdumlaufbahn um die Sonne geneigt ist und dass diese Neigung der Grund für die Jahreszeiten ist. Vom 21. März bis zum 23. September ist die nördliche Hemisphäre zur Sonne geneigt und es herrscht dort Frühling bzw. Sommer. Die südliche Hemisphäre dagegen neigt sich weg von der Sonne und es ist dort demzufolge Herbst bzw. Winter. In dieser Hälfte des Jahres sind auf der nördlichen Hemisphäre die Tage länger als die Nächte, während sie auf der südlichen Hemisphäre kürzer sind als die Nächte. Von September bis März verhält es sich umgekehrt.

Aufgrund der Neigung der Erdachse ist das Ausmaß der jahreszeitlichen Änderungen der Tageslänge abhängig vom Breitengrad. In den Tropen, d. h. in der Region zwischen dem nördlichen Wendekreis (23,5° nördliche Breite) und dem südlichen Wendekreis (23,5° südliche Breite) ist die Variation der Tageslänge im Jahresverlauf am geringsten. Mit wachsender Entfernung vom Äquator nimmt der Unterschied der Tageslängen von Sommer- und Wintertagen zu. Nördlich des nördlichen Polarkreises (66,5° nördliche Breite) und südlich des südlichen Polarkreises (66,5° südliche Breite) scheint während der längsten Sommertage 24 Stunden lang die Sonne, während es an den kürzesten Tagen des Winters den ganzen Tag über dunkel bleibt. Die Zeit, während der die Sonne nicht untergeht, wird Polartag genannt, und die Zeit, während der es dunkel bleibt, Polarnacht. Die Dauer eines Polartags bzw. einer Polarnacht reicht von einem Tag an den Polarkreisen bis zu sechs Monaten an den Polen. Organismen, die in diesen Regionen leben, haben anatomische und physiologische Anpassungen entwickelt, die es ihnen gestatten, derart große Variationen der Tageslänge im Jahresverlauf zu tolerieren.

Die Tropen erhalten das ganze Jahr über das direkteste Sonnenlicht und weisen daher die höchste mittlere Temperatur auf. Nördlich und südlich der Tropen nimmt die mittlere Temperatur ab, weil die Sonnenstrahlen die Erde unter einem flacheren Winkel treffen und sich auf eine größere Fläche verteilen. Dieser Zusammenhang zwischen Breitengrad und mittlerer Temperatur schlägt sich in der Verbreitung von Pflanzen nieder, und zwar sowohl bei Wild- als auch bei Kulturpflanzen. Beispielsweise gedeihen Zitrus, Agaven oder Granatapfel nur im mediterranen Klima ohne Frost in den Wintermonaten, während diese Pflanzen im gemäßigten Klima nur in Kübeln in Wintergärten kultiviert werden können. In größerer Entfernung von den Tropen bringen niedrigere Temperaturen kürzere Wachstumsperioden und eine kürzere Gesamtdauer der Photosynthese mit sich. Dies könnte ein Teil der Erklärung sein, warum die Anzahl der Arten im Allgemeinen mit wachsender Entfernung vom Äquator sinkt.

Da die mittlere jährliche Temperatur mit dem Breitengrad fällt, verschiebt sich die Baumgrenze mit wachsender Entfernung vom Äquator gewöhnlich weiter nach unten. In der Sierra Madre (Zentralmexiko, 19° nördlicher Breite) liegt sie beispielsweise bei etwa 4700 m, in der Sierra Nevada (Kalifornien, 38° nördlicher Breite) bei etwa 3000 m und im Küstengebirge in

24 BIOGEOGRAFIE

DIE WUNDERBARE WELT DER PFLANZEN
■ Unkräuter

Die Kleinblütige Königskerze (*Verbascum thapsus*) gehört zu den von Linné beschriebenen Pflanzen. Ursprünglich in Europa beheimatet, wurde sie im 18. Jahrhundert von Siedlern nach Nordamerika gebracht, die sie als Heilkraut und als Fischgift verwendeten. (Die Samen wurden auf das Wasser gestreut, um die Fische zu betäuben und dann zu fangen.) Im ersten Jahr ihres Wachstums entwickelt die Königskerze eine Rosette aus weichen behaarten Blättern. In ihrem zweiten oder dritten Jahr bildet sie einen Stängel aus, der 1,5 bis 3 m hoch wird und viele gelbe Blüten trägt. In den Blüten bilden sich pro Pflanze bis zu 150.000 Samen. An sonnigen Standorten breitet sich die Königskerze schnell aus und ist dabei durchsetzungsfähiger als viele einheimische nordamerikanische Pflanzen. Viele Menschen betrachten die Königskerze deshalb als ein schädliches Unkraut.

Für die meisten von uns sind Unkräuter einfach Pflanzen, die an Stellen wachsen, wo wir sie nicht haben wollen. Beispiele hierfür sind Löwenzahnpflanzen auf städtischen Rasenflächen oder Quecken und Giersch im Garten. Viele Unkräuter haben sich gut an die in einem bestimmten Gebiet herrschenden Bedingungen angepasst und wachsen daher hervorragend, ohne dass irgendeine spezielle Pflege notwendig wäre. Im Gegensatz dazu sind Pflanzen, die wir für unsere Ernährung oder wegen ihrer schönen Blüten kultivieren, oft nicht so gut angepasst. Um zu überleben, sind viele dieser Pflanzen auf Bewässerung, Dünger oder Pestizide angewiesen. Unkräuter dringen oft auf gestörte Flächen vor und werden dort schnell zu den vorherrschenden Pflanzen. Insbesondere geschieht dies auch dann, wenn sie vor der Schädigung der Flächen dort so gut wie nicht vorhanden waren. Beispielsweise hinterlassen Überweidung, Tagebau und Wanderfeldbau in der Regel Flächen, die auf Dauer durch Unkräuter verändert werden.

Unkräuter können in einem Gebiet heimisch sein oder exotisch wie die Königskerze in Nordamerika. Viele exotische Pflanzen gedeihen deshalb, weil sie von den lokalen Pflanzenfressern nicht attackiert werden und von Krankheiten verschont bleiben. Ökologen schätzen, dass etwa eine von 1000 exotischen Pflanzen, die in ein neues Gebiet gebracht werden, erfolgreich genug ist, um sich zu einem Unkraut zu entwickeln. Man bezeichnet solche Eindringlinge in die heimische Vegetation auch als Neophyten. Dazu zählen in Europa der Riesen-Bärenklau (*Heracleum mantegazzianum*) und das Drüsige Springkraut (*Impatiens glandulifera*).

Im Allgemeinen wachsen Unkräuter in einer Vielzahl von Lebensräumen gut. Sie zeichnen sich meist durch eine hohe Fortpflanzungsrate, schnelles Wachstum und eine kurze Lebenszeit aus. Ein interessantes und zu ihrem Erfolg beitragendes Merkmal von Unkräutern ist, dass viele ihrer Samen nicht schon im Jahr nach ihrer Bildung keimen. Eine in Nebraska durchgeführte Studie zeigte, dass Samen in unbelasteten Böden bis zu 40 Jahre überleben können, bevor sie keimen.

Die wissenschaftliche Erforschung der Unkräuter befasst sich u. a. damit, wie diese unter Kontrolle gebracht werden können, zum Beispiel durch den Einsatz von Herbiziden, oder was zu tun ist, wenn Unkräuter gegen Herbizide resistent geworden sind. Forscher interessieren sich auch für die Merkmale, die Unkräuter so erfolgreich machen. Molekularbiologen haben damit begonnen, Gene zu identifizieren, die den Unkräutern ihre Invasionskraft verleihen und ihr schnelles Wachstum ermöglichen.

Süd-Alaska (60° nördlicher Breite) bei etwa 1200 m. In der Arktis gibt es überhaupt keine Bäume, so dass die Baumgrenze effektiv auf Meereshöhe liegt.

Das Zirkulationssystem der Erdatmosphäre

Aufgrund der Erwärmung der Erdatmosphäre durch die Sonne zirkuliert die Luft in sechs großen Gürteln oder Zellen, die parallel zum Äquator verlaufen. Drei dieser Zellen liegen über der nördlichen und drei über der südlichen Hemisphäre (▶ Abbildung 24.3). Die Lage der Zellen verschiebt sich mit den Jahreszeiten etwas von Nord nach Süd. Beachten Sie, dass in jeder der Zellen Höhenströmungen und bodennahe Strömungen zusammenspielen.

Um zu verstehen, wie diese Zellen entstehen, betrachten wir zunächst jene beiden, die dem Äquator am nächsten liegen. In der Nähe des Äquators erwärmt die intensive Sonneneinstrahlung die Luft, so dass diese aufsteigt. Die aufsteigende Luft hinterlässt an der Oberfläche ein Tiefdruckgebiet mit leichten Winden. Seeleute nennen dieses Gebiet den Kalmengürtel. Die in der Nähe des Äquators aufsteigende Luft kühlt sich ab, der in der Luft enthaltene Wasserdampf kondensiert und fällt als Regen zur Erde, was die üppigen Regenwälder der Äquatorregion ermöglicht. In einer Höhe von etwa 16 Kilometern teilt sich die aufsteigende Luftmasse. Die beiden Teile bewegen sich hin zu den Polen, kühlen sich ab und werden mit zunehmender Entfernung vom Äquator dichter. Bei etwa 30° nördlicher und süd-

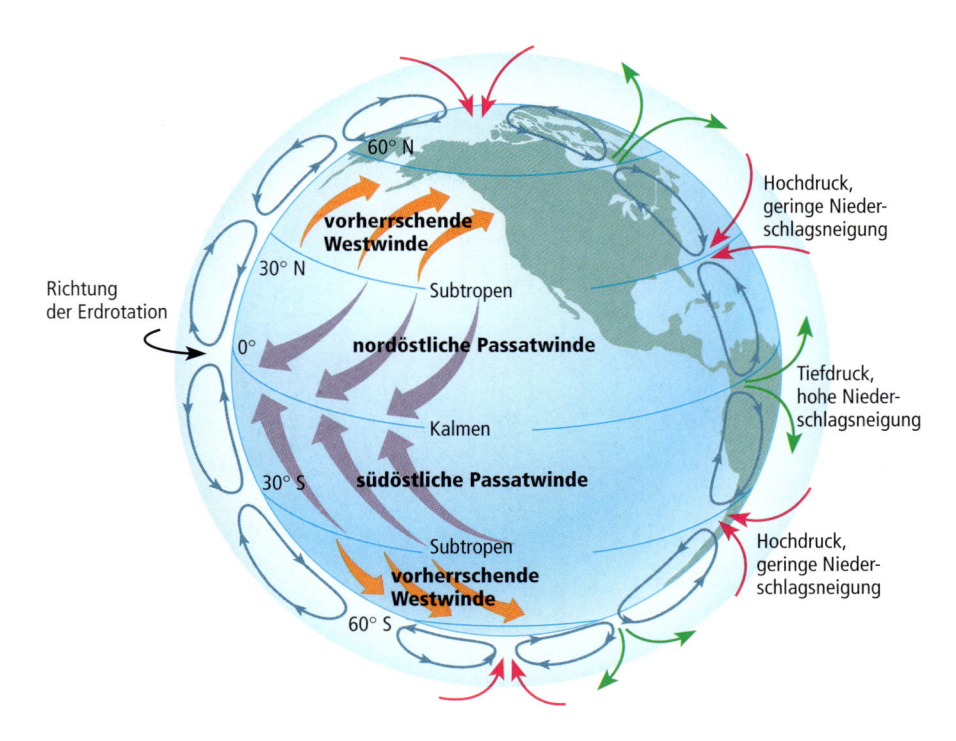

Abbildung 24.3: Globale Luftzirkulations- und Niederschlagsmuster. Über die Erde verteilen sich sechs Zirkulationszellen mit den entsprechenden Luftströmungen. Am Äquator und bei etwa 60° nördlicher und südlicher Breite steigt Luft auf und es entstehen Tiefdruckgebiete mit hoher Niederschlagsneigung. An den Polen und bei etwa 30° nördlicher und südlicher Breite fällt die Luft nach unten und es entstehen Hochdruckgebiete mit geringer Niederschlagsneigung. Infolge der Erdrotation werden die in Richtung Äquator wehenden Oberflächenwinde nach Westen abgelenkt und die in Richtung der Pole wehenden Oberflächenwinde nach Osten.

licher Breite ist die bodenferne Luft dicht genug, dass sie zu sinken beginnt. Beim Sinken erwärmt sie sich und erzeugt zwei Hochdruckgebiete, die als subtropische Hochs bezeichnet werden. In diesen Regionen gibt es nur wenig Niederschlag, weil die sinkende Luft nicht mit Feuchtigkeit gesättigt ist. Aus diesem Grund befinden sich viele der großen Wüstengebiete der Erde nahe bei 30° nördlicher oder südlicher Breite. An der Oberfläche strömt ein Teil der sinkenden Luft zurück zu der Tiefdruckregion in der Nähe des Äquators, womit die Zirkulation der Luft in den beiden betrachteten Zellen geschlossen ist. Die bodennahen Luftströmungen in Richtung Äquator werden Passatwinde genannt (siehe den Kasten *Biodiversitätsforschung* auf Seite 610).

Ein Teil der sinkenden Luft in den subtropischen Hochs strömt in Richtung der Pole anstatt zum Äquator. Bei etwa 60° nördlicher und südlicher Breite trifft die polwärts strömende Luft auf kalte Luft, die von den Polen kommt. Hier verschmelzen die beiden Luftmassen und steigen auf, wodurch eine weitere Tiefdruckzone entsteht. Die aufsteigende Luft kühlt sich ab und gibt Wasser in Form von Niederschlägen frei. Hierdurch entstehen ideale Bedingungen für die Wälder der gemäßigten Zonen, die einst große Teile von Nordamerika und Europa bedeckt haben. In großer Höhe teilt sich die aufsteigende Luft. Ein Teil bewegt sich in Richtung Äquator und schließt die Zellen, die zwischen 30° und 60° liegen. Der Rest strömt zu den Polen und schließt die Zellen zwischen 60° und den Polen. Wie in den Gebieten bei 30° nördlicher und südlicher Breite herrscht in den Polarregionen an der Oberfläche hoher Luftdruck und geringe Niederschlagsneigung.

Der Einfluss von Erdrotation und Topografie auf Wind und Niederschläge

Während die Sonnenenergie verantwortlich für die Entstehung der Winde ist, beeinflusst die Rotation der Erde um ihre eigene Achse die Windrichtung. Die Erde rotiert von West nach Ost: Wenn Sie vom All aus direkt zum Nordpol blicken würden, hätten Sie den Eindruck, dass sich die Erde entgegen dem Uhrzeigersinn dreht. Die Rotationsgeschwindigkeit eines bestimmten Punkts auf der Erdoberfläche hängt von dessen Breitengrad ab. Sie beträgt am Äquator 465 m/s, bei 30° nördlicher oder südlicher Breite 405 m/s, bei 60° nur noch 203 m/s und an den Polen 0 m/s. Da der Äquator schneller rotiert als die Pole, werden in Richtung des Äquators

BIOGEOGRAFIE

BIODIVERSITÄTSFORSCHUNG
■ El Niño und La Niña

Ungefähr alle fünf Jahre erreicht zur Weihnachtszeit eine ungewöhnlich warme Meeresströmung die Küste Ecuadors und Perus. Aufgrund des zeitlichen Zusammentreffens mit dem Weihnachtsfest wurde das Phänomen El Niño (span. „das (Christ-)Kind") genannt. El Niño ist Teil eines komplexen ozeanografisch-atmosphärischen Phänomens, des ENSO-Phänomens (von **E**l **N**iño / **S**outhern **O**scillation), das von einer Änderung der Passatwinde ausgelöst wird.

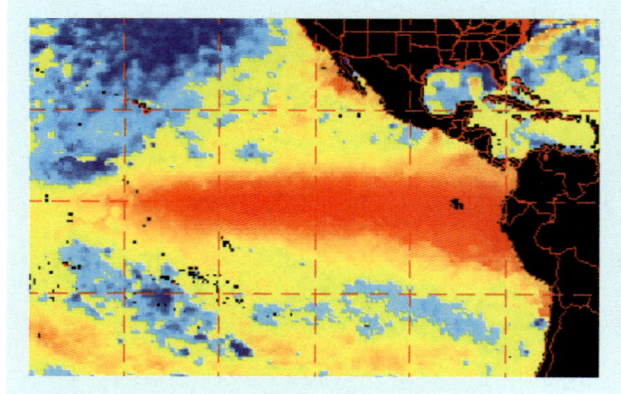

Normalerweise wehen die Passatwinde im südlichen Pazifik von Ost nach West und treiben warmes Oberflächenwasser in den westlichen Pazifik, wo das Wasser bis zu einem halben Meter höher sein kann also im östlichen Pazifik. Das warme Wasser verringert den atmosphärischen Druck im westlichen Pazifik, wodurch die Luft nach oben steigt. Die Folge sind starke Niederschläge in Südostasien und Nordaustralien. Im östlichen Pazifik wird das nach Westen strömende warme Oberflächenwasser durch kaltes, nährstoffreiches Wasser ersetzt, das aus der Tiefe des Ozeans nach oben steigt. Hoher atmosphärischer Druck und geringe Niederschlagsneigung sind typisch für dieses Gebiet.

Während eines El Niños dagegen sind die Passatwinde abgeschwächt oder haben sogar ihre Richtung geändert. Warmes Wasser fließt zurück in den östlichen Pazifik, während im westlichen Pazifik kaltes Wasser aufsteigt. Im Ergebnis kehren sich die für den östlichen und westlichen Pazifik typischen klimatischen Bedingungen um: Im östlichen Pazifik bildet sich ein Tiefdruckgebiet, das schwere Niederschläge über Südamerika bringt, während Südostasien und Australien von einem Hochdruckgebiet und Trockenheit beherrscht werden. Überall auf der Welt sind weitere klimatische Auswirkungen zu spüren. Beispielsweise beschert El Niño dem südlichen Alaska, Westkanada und dem angrenzenden nördlichsten Teil der USA ungewöhnlich warme Winter, während es am Golf von Mexiko und im Südosten der USA kälter und feuchter ist als normal.

Wenn ein El Niño (linkes Bild) endet, kehren die Passatwinde wieder zu ihrem normalen Verhalten zurück, wodurch im östlichen Pazifik ein Kaltwassergebiet entsteht, das größer ist als üblich. In dem Gebiet herrscht wieder ein hoher atmosphärischer Druck und die Niederschlagsneigung in Südamerika sinkt. Der resultierende klimatische Umkehreffekt wird als La Niña (rechtes Bild) bezeichnet.

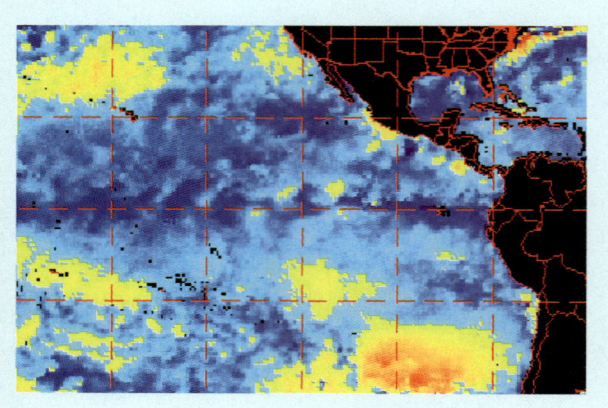

Ein oder zwei Mal pro Jahrhundert treten außergewöhnlich starke El Niños auf. Das letzte solche Ereignis war im Winter 1982/83 und verursachte weltweit Schäden von mehr als acht Milliarden Dollar. Die Schäden entstanden durch Hochwasser, Brände und Stürme, die Gebäude und Straßen zerstörten, Viehherden töteten und Äcker verwüsteten.

Schwere El Niños haben auch Auswirkungen auf wild lebende Populationen von Lebewesen. Wenn sich das Wasser im östlichen Pazifik erwärmt, verlassen viele Fische das Gebiet, um nach kälterem Wasser zu suchen. Andere Tiere, wie die Pelzrobben, die sich von den Fischen ernähren, müssen auf der Suche nach Nahrung weiter schwimmen und tiefer tauchen. Während des El Niños von 1982/83 führte der Fischmangel zu einer um 50 Prozent erhöhten Sterblichkeit in den Robbenkolonien. Der Salzgehalt des Großen Salzsees in Utah war aufgrund der verstärkten Niederschläge nur noch halb so groß. Der See erlebte eine Invasion durch ein räuberisches Insekt (*Trichocorixa verticalis*), das etwa 90 Prozent einer Population Salzwasserkrabben auffraß. Da sich die Salzwasserkrabben von Algen ernähren, verursachte deren Dezimierung eine Algenblüte, die den See trübte.

Menschen neigen dazu, ihre Entscheidungen bezüglich Landwirtschaft und Gartenbau an den Erfahrungen aus durchschnittlichen oder guten Jahren auszurichten. Biodiversitätsforscher, die von Entscheidungsträgern bei Fragen zur Landnutzung und bei Sanierungsprojekten zu Rate gezogen werden, müssen sich bei ihren Empfehlungen der extremen klimatischen Auswirkungen von El Niño und La Niña bewusst sein.

wehende Winde nach Westen abgelenkt (siehe Abbildung 24.3). Die Passatwinde wehen daher auf der nördlichen Hemisphäre von Nordost nach Südwest und auf der südlichen Hemisphäre von Südost nach Nordwest. Winde, die wie die Oberflächenwinde in den Zellen zwischen 30° und 60° in Richtung der Pole wehen, werden dagegen nach Osten abgelenkt. Da Winde nach der Richtung benannt werden, aus der sie kommen, nennt man diese Winde gewöhnlich vorherrschende Westwinde.

Die topografischen Gegebenheiten der Erde, insbesondere die Gebirge, modifizieren die Grundmuster der Luftzirkulation und der Niederschlagsverteilung. In Kapitel 15 haben Sie gelernt, dass die Ostflanken der Bergketten im Westen Nordamerikas häufig im Regenschatten liegen, weil die von West nach Ost über den Kontinent ziehenden Luftmassen – die vorherrschenden Westwinde – an den Westflanken abregnen. In der im Westen des Kaskadengebirges liegenden Stadt Eugene (Oregon) fallen beispielsweise 118 cm Niederschlag pro Jahr, in Bend (ebenfalls Oregon), das auf dem gleichen Breitengrad, aber im Osten des Kaskadengebirges liegt, dagegen nur 30,5 cm. Bend liegt in einem ausgedehnten Regenschatten, der den Osten Washingtons und Oregons sowie große Teile von Nevada, Utah und Arizona überdeckt.

WIEDERHOLUNGSFRAGEN

1. Nennen Sie die abiotischen Faktoren, die den lebenden Organismen Beschränkungen auferlegen.

2. Warum findet der größte Teil der unter Wasser ablaufenden Photosynthese in der Nähe der Wasseroberfläche statt?

3. Welche Gebiete der Erde erhalten über das gesamte Jahr hinweg das direkteste Sonnenlicht?

4. Warum befinden sich viele der großen Wüsten der Erde bei 30° nördlicher und 30° südlicher Breite?

5. Beschreiben Sie die Auswirkungen der Erdrotation auf Winde, die in Richtung Äquator wehen, sowie auf Winde, die in Richtung der Pole wehen.

Ökosysteme 24.2

Im ersten Teil dieses Kapitels hatten wir Ökologie als die Lehre von den Wechselwirkungen der Organismen (biotische Faktoren) miteinander und mit den nichtlebenden (abiotischen) Komponenten ihrer Umgebung definiert. Ein **Ökosystem** besteht aus allen Organismen und allen abiotischen Faktoren eines gegebenen Lebensraums. Die biotischen und abiotischen Komponenten eines Ökosystems haben charakteristische Merkmale. In Wüsten herrschen beispielsweise oftmals Wasserknappheit und hohe Temperaturen. Die Pflanzen und Tiere der Wüsten haben strukturelle Anpassungen entwickelt, mit denen sie den Wasserverlust minimieren.

Ökosysteme können groß oder klein sein. So kann etwa ein verrottender Baumstamm als Ökosystem aufgefasst werden, ebenso aber auch der Wald, der diesen Baumstamm enthält. Viele Ökologen reservieren allerdings den Begriff Ökosystem für größere Einheiten. Das größte Ökosystem ist die Biosphäre, die Gesamtheit aller Ökosysteme der Erde.

Biogeografische Regionen und Biome

Große geografische Gebiete, die durch eine bestimmte Kombination von Lebewesen gekennzeichnet sind, werden als **biogeografische Regionen** bezeichnet. Wie ▶ Abbildung 24.4 zeigt, korrespondieren die biogeografischen Regionen in etwa mit den Kontinenten. Da sich die Kontinente vor Millionen von Jahren voneinander getrennt haben, hat sich auf jedem Kontinent auch in Ökosystemen mit ähnlichen abiotischen Faktoren eine einzigartige Flora und Fauna entwickelt. Beispielsweise leben in zwei Wüsten, die auf verschiedenen Kontinenten liegen, unterschiedliche Pflanzen- und Tierarten, auch wenn die mittlere Temperatur und die jährliche Niederschlagsmenge gleich sind.

Die Grundtypen terrestrischer und aquatischer Ökosysteme, die große geografische Regionen umfassen, werden als **Biome** bezeichnet. Im Gegensatz zu den biogeografischen Regionen, die im Wesentlichen auf einen Kontinent beschränkt sind, sind terrestrische Biome über die Kontinente der Erde verteilt, und einige kommen sogar auf jedem Kontinent vor (▶ Abbildung 24.5). Terrestrische Biome werden hauptsächlich anhand ihrer Vegetationsformen definiert. In Savannen zum Beispiel gibt es ausgedehnte Graslandschaften, in denen nur gelegentlich hohe Bäume stehen. In den tropischen Regenwäldern leben sehr viele Arten von Pflanzen in verschiedenen horizontalen Schichten. (Diese und andere terrestrische Biome werden im nächsten Abschnitt detaillierter behandelt.) Jedes terrestrische Biom besitzt ein bestimmtes Muster abiotischer Faktoren, zu denen unter anderem Temperatur und Niederschlagsmenge gehören. Diese können in einem Klimadiagramm dargestellt werden (▶ Abbildung 24.6). Sie bestimmen zusammen mit der evolutionären Vergan-

24 BIOGEOGRAFIE

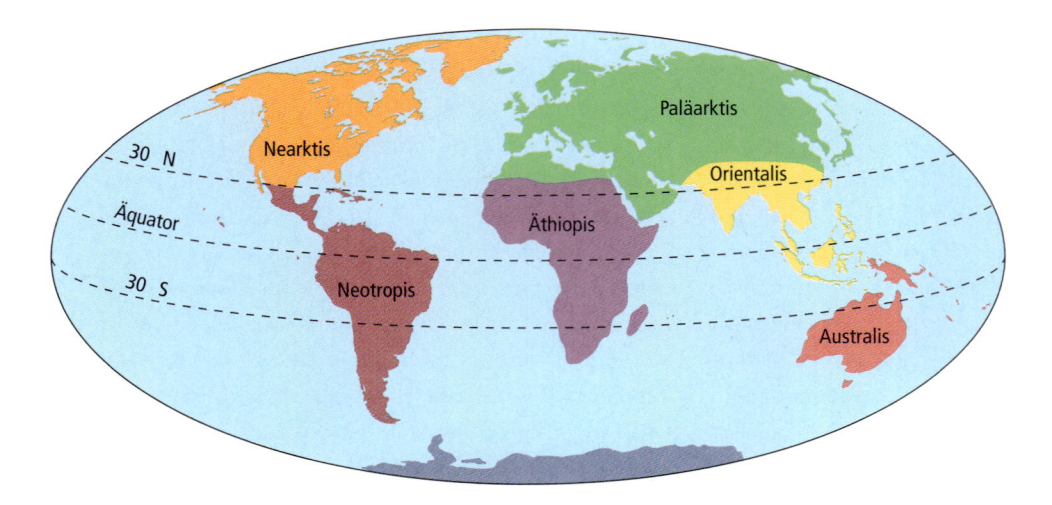

Abbildung 24.4: Die biogeografischen Regionen. Der terrestrische Teil der Biosphäre besteht aus sechs großen Regionen, die jeweils durch eine einzigartige Zusammensetzung der dort lebenden Organismen gekennzeichnet sind.

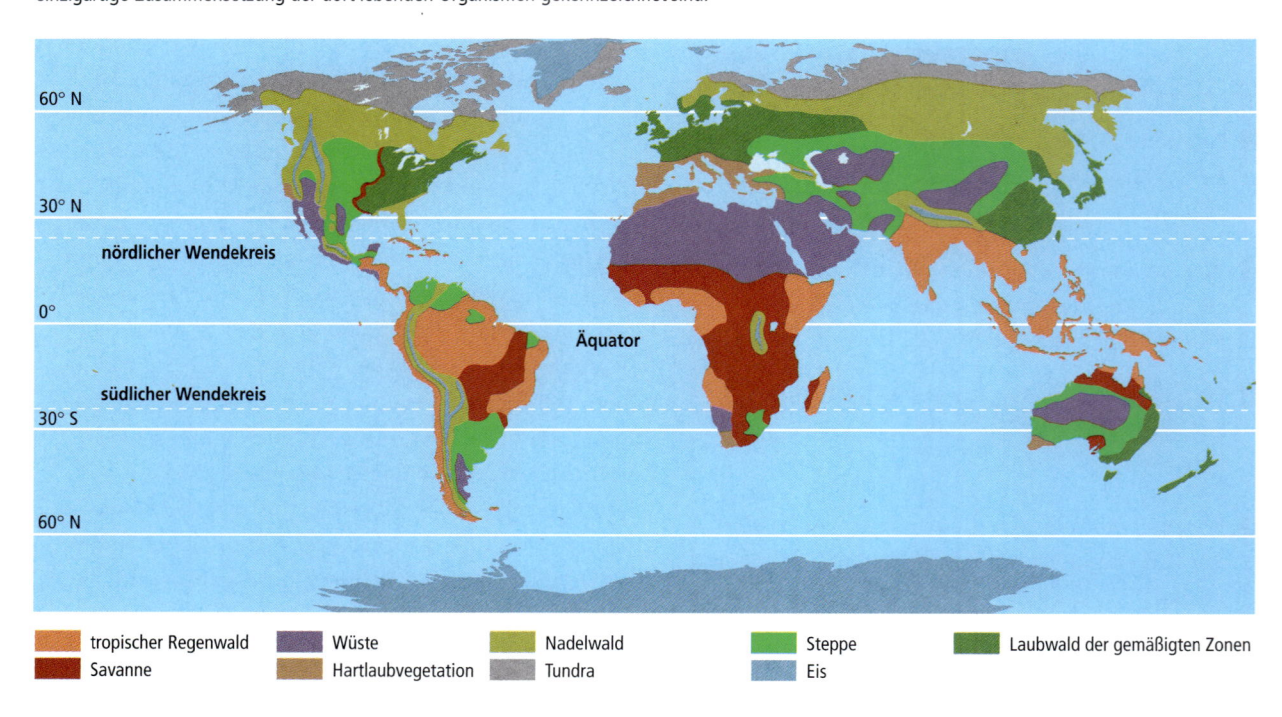

- tropischer Regenwald
- Wüste
- Nadelwald
- Steppe
- Laubwald der gemäßigten Zonen
- Savanne
- Hartlaubvegetation
- Tundra
- Eis

Abbildung 24.5: Terrestrische Biome. Die tatsächlichen Grenzen zwischen den Biomen sind im Allgemeinen weniger scharf, als es auf dieser Karte dargestellt ist. In vielen Biomen wurde die ursprüngliche, für das Biom charakteristische Vegetation durch menschliche Aktivitäten verändert.

genheit einer Region, welche Typen von Pflanzen und anderen Organismen in einem bestimmten Biom leben.

Ebenso wie eine taxonomische Klassifikation die Basis für das Studium der verschiedenen Gruppen von Organismen liefert, ist ein grundsätzliches Verständnis der Biome hilfreich für die allgemeine Klassifikation der Ökosysteme. In Kapitel 25 betrachten wir einige der Interaktionen zwischen den verschiedenen Organismen sowie zwischen Organismen und den abiotischen Faktoren ihres Lebensraums. Ähnliche Interaktionen gibt es in unterschiedlicher Form in allen Biomen. Aus diesem Grund konzentrieren sich viele Ökologen heute weniger auf die Beschreibung von Biomen als vielmehr auf die Aufklärung der Prozesse, die in allen Biomen auftreten.

Terrestrische Biome

Ökologen haben mehrere verschiedene Systeme zur Klassifikation terrestrischer Biome entwickelt. Das

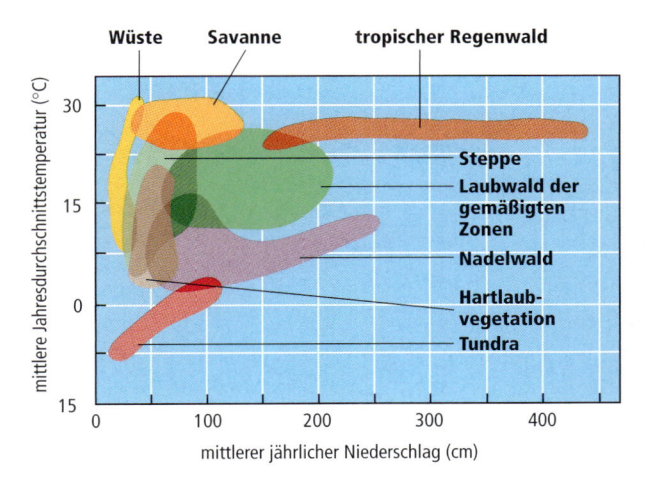

Abbildung 24.6: Ein Klimadiagramm für terrestrische Biome. Mittlere Temperatur und Niederschlagsmenge sind zwei Faktoren eines Bioms, die es von anderen Biomen unterscheiden.

Abbildung 24.7: Tropischer Regenwald. Durch das dichte Blätterdach dieses tropischen Regenwaldes auf Borneo dringt nur wenig Licht.

in diesem Buch verwendete umfasst relativ wenige Biome. Andere Systeme spalten die unten beschriebenen Biome weiter auf, wobei die geografische Lage oder die spezifischen enthaltenen Pflanzentypen als Basis genommen werden.

Tropische Wälder

Zu den tropischen Wäldern gehören Trockenwälder, die in Gebieten mit geringer jährlicher Niederschlagsmenge liegen, Sommerregenwälder, die einer alljährlichen Trockenzeit von mehreren Monaten ausgesetzt sind, sowie Regenwälder (▶ Abbildung 24.7), in denen jährlich typischerweise 200 bis 400 cm Regen fallen. Alle tropischen Regenwälder liegen zwischen 30° nördlicher und 30° südlicher Breite. Die drei größten tropischen Regenwälder der Erde liegen im Amazonasgebiet (Südamerika), in Südasien zwischen Indien und Neuguinea und in Zentral- und Westafrika. Wie die meisten Biome weisen die tropischen Regenwälder eine große Vielfalt auf und es lassen sich viele verschiedene Typen unterscheiden.

In der Regel wird die Vegetation eines tropischen Regenwaldes in verschiedene horizontale Schichten unterteilt. Die höchste Schicht, auch emergente Schicht genannt, besteht aus wenigen sehr hohen Bäumen, von denen einige eine Höhe von 40 bis 60 m erreichen. Unterhalb davon befindet sich das dichte Kronendach, das von den Zweigen und Blättern der weniger hohen Bäume gebildet wird. Sträucher und kleine Bäume bilden das Unterholz, das von der Kronenschicht beschattet wird. Die unterste Schicht, der Waldboden, wird von Keimlingen dominiert.

Die interessanteste Eigenschaft der tropischen Regenwälder ist die von ihnen unterstützte biologische Diversität. Die Hälfte aller bekannten Pflanzen- und Tierarten ist hier vertreten. Eine Fläche von nur 10 Quadratkilometern kann 1500 Arten von Blütenpflanzen und 750 Baumarten enthalten. Wie in diesem Buch bereits mehrfach erwähnt wurde, werden möglicherweise die meisten ungeschützten tropischen Regenwälder in der ersten Hälfte dieses Jahrhunderts aufgrund menschlicher Aktivitäten verschwinden.

Savannen

Savannen kommen überall auf der Welt vor, die bekanntesten befinden sich jedoch in Afrika (▶ Abbildung 24.8). Gemeinsam ist ihnen, dass sie sich über

Abbildung 24.8: Savanne. Die vorherrschenden Pflanzen in dieser Savanne in Kenia sind Gräser und einzeln stehende Bäume.

Abbildung 24.9: Steppe. Diese Hochgrasprärie im Maxwell-Wildschutzgebiet (Kansas) ist ein Überbleibsel der Steppen, die einst riesige Flächen im Landesinneren Nordamerikas bedeckten.

Abbildung 24.10: Wüste. Der Saguaro-Nationalpark in Arizona wurde nach dem Saguoro-Kaktus benannt, der überall im Nationalpark häufig vorkommt. Der Nationalpark ist Teil der Sonora-Wüste.

flaches Land erstrecken, dass die jährliche Niederschlagsmenge zwischen 50 und 200 cm liegt und dass Gräser der vorherrschende Pflanzentyp sind. Gelegentlich wachsen in den Savannen auch hohe Bäume und Sträucher, besonders in Regionen, in denen Grundwasser verfügbar ist. Saisonale Brände geben dem Boden Nährstoffe zurück, ein Prozess, der in Savannen besonders wichtig ist, da hier der Nährstoffgehalt der Böden allgemein sehr niedrig ist.

Steppen

Wie die Savannen liegen Steppen typischerweise in flachen oder sanft hügeligen Regionen und auch hier sind Gräser die wichtigste Komponente der Vegetation (▶ Abbildung 24.9). Der Hauptunterschied zwischen Steppen und Savannen besteht in der Niederschlagsmenge, die sie erhalten: In Steppen fallen jährlich nur 25 bis 80 cm Regen. Die Regenmenge ist der entscheidende Faktor, der die Masse des in einer Steppe produzierten Pflanzenmaterials bestimmt. Wie Sie in Kapitel 15 gelernt haben, liegt das Bildungsgewebe von Gräsern an oder unterhalb der Bodenoberfläche. Dadurch sind die sich teilenden Zellen, aus denen die Blätter der Gräser entstehen, einigermaßen davor geschützt, von grasenden Tieren gefressen zu werden.

Die verschiedenen Steppen der Erde variieren ein wenig bezüglich der jährlichen Niederschlagsmenge und der vorherrschenden Pflanzenarten. Sie besitzen regionale Namen wie Prärie und Plains in Nordamerika, Pampas in Südamerika und Veld in Afrika. Einst bedeckten die Steppen der verschiedenen Typen 42 Prozent der Erdoberfläche. Heute sind es nur noch etwa 12 Prozent, da große Teile früherer Steppen in landwirtschaftliche Nutzflächen umgewandelt worden sind.

Wüsten

Wüsten erhalten zwischen 0 und 25 cm Regen pro Jahr (▶ Abbildung 24.10). Sie bedecken etwa ein Viertel der Landfläche der Erde und, wie Sie bereits weiter vorn gelesen haben, befinden sich alle um den 30. nördlichen bzw. südlichen Breitengrad. Wüsten können sowohl heiß als auch kalt sein. In den meisten Wüsten gibt es sehr große Temperaturunterschiede innerhalb eines Tages. Da die Verdunstungsrate mit der Temperatur steigt, sind heiße Wüsten für Pflanzen wie Tiere ein besonders extremer Lebensraum.

In Nordamerika gibt es vier Wüstenregionen: die Chihuahua-Wüste in Nord- bzw. Zentralmexiko, im Süden New Mexicos und im Westen von Texas; die Sonara-Wüste im Nordwesten Mexikos, im Südosten von Kalifornien und im Südwesten von Arizona; die Mojave-Wüste im Südosten Kaliforniens, im Westen Arizonas und im Süden Nevadas sowie das Große Becken, das einen großen Teil der Fläche zwischen der Sierra Nevada und dem Kaskadengebirge im Westen und den Rocky Mountains im Osten bedeckt. In den heißen nordamerikanischen Wüsten – Chihuahua, Sonora und Mojave – blühen die Pflanzen sowohl nach den winterlichen, vom Pazifik heranziehenden Regenfällen als auch nach den Sommerregen, die vom Golf von Mexiko kommen. Da der Regen jedoch ungewiss ist, blühen die Pflanzen in manchen Jahren überhaupt nicht.

24.2 Ökosysteme

Abbildung 24.11: Hartlaubvegetation. Kleinblättrige Sträucher bestimmen die Vegetation des Chaparral wie hier im Los-Padres-Nationalpark in Kalifornien.

Abbildung 24.12: Laubwald der gemäßigten Zonen. Die Pflanzen dieser Wälder durchleben vier verschiedene Jahreszeiten. Die meisten von ihnen ändern im Herbst die Laubfarbe.

Hartlaubvegetation

Die Niederschlagsmenge im Bereich der Hartlaubvegetation (▶ Abbildung 24.11) ist vergleichbar mit der von Steppen. Der Chaparral von Kalifornien und die Macchie im Mittelmeergebiet sind typisch für die Strauchlandschaften, die in Gebieten mit mediterranem Klima vorzufinden sind. Das mediterrane Klima ist gekennzeichnet durch heiße, trockene Sommer und kalte, feuchte Winter. Es ist typisch für Gebiete zwischen dem 32. und 40. Grad nördlicher oder südlicher Breite. In Chaparral und Macchie wachsen Pflanzen, die als sklerophyll (von griech. *skleros*, „hart", und *phyll*, „Blatt") bezeichnet werden und kleine Blätter mit einer dicken, wachsartigen Cuticula ausbilden (Hartlaubgewächse).

Laubwälder der gemäßigten Zonen

In den Laubwäldern der gemäßigten Zonen – zwischen dem nördlichen Wendekreis und dem nördlichen Polarkreis sowie zwischen dem südlichen Wendekreis und dem südlichen Polarkreis – gibt es in der Regel vier verschiedene Jahreszeiten (▶ Abbildung 24.12). Diese im Allgemeinen von zweikeimblättrigen Blütenpflanzen dominierten Wälder kommen in Nordamerika, Europa und Asien vor. Die europäischen Wälder sind zum größten Teil verschwunden. Der größte noch existierende gemäßigte Laubwald der USA befindet sich in den Appalachen und dehnt sich von Pennsylvania bis Alabama aus. Außer in den tropischen Regenwäldern gibt es nirgendwo sonst so viele verschiedene Arten holziger und krautiger Pflanzen wie dort. Zu den in den gemäßigten Laubwäldern häufigen Arten gehören die Eiche (*Quercus*), der Ahorn (*Acer*), die Linde (*Tilia*) und die Buche (*Fagus*).

Gemäßigte Laubwälder existieren auch an Ufern von Flüssen und Seen innerhalb anderer Biome, zum Beispiel in Wüsten. Die Wälder der Flussauen (Auenwälder) spielen in Wüsten eine wichtige Rolle bei der Aufrechterhaltung der Artenvielfalt von Tieren und Pflanzen. Der Rio Grande zum Beispiel, der die Grenze zwischen Texas und Mexiko bildet, fließt durch die Chihuahua-Wüste. Die Auenwälder an den Ufern dieses Flusses dienen als Rückzugsgebiete für Stand- und Zugvögel. Mehr als 450 Vogelarten kommen in diesem Gebiet vor – mehr als irgendwo sonst in den USA.

Nadelwälder

Auf der Erde gibt es verschiedene Typen von Nadelwäldern (▶ Abbildung 24.13). In den gemäßigten Regenwäldern im Nordwesten der USA dominieren Koniferen wie die Westamerikanische Hemlocktanne (*Tsuga heterophylla*), die Purpur-Tanne (*Abies amabilis*), die Douglasie (*Pseudotsuga menziesii*) und der Küstenmammutbaum (*Sequoia sempervirens*). Altbestände der gemäßigten Regenwälder sind extrem komplexe Ökosysteme, die sich über Jahrhunderte entwickelt haben. Da der jährliche Niederschlag von 250 cm oder mehr das Wachstum sehr großer Bäume begünstigt, wurden diese Bestände von der Holzwirtschaft intensiv genutzt und existieren heute außerhalb von Nationalparks und Naturschutzgebieten nur noch an wenigen Orten. Der Wald, aus dem die Bäume entfernt wurden, kann wieder mit einer neuen Generation von Bäumen aufgeforstet werden, doch wenn dem Boden nicht die Blätter und Rinden der alten Bäume – und damit die entzogenen Nährstoffe – zurückgegeben werden, wird diese zweite Generation wesentlich langsamer wach-

Abbildung 24.13: Nadelwälder. Hohe Koniferen wie Fichten, Tannen und Zirben sind typisch für den Gebirgsnadelwald in den Alpen.

sen als die erste. Wenn Waldbrände die beim Holzeinschlag zurückgelassenen Holzreste vernichten, kann es außerdem sein, dass die Wiederaufforstung erfolglos bleibt, weil dadurch die Mikroflora und Mikrofauna des Bodens zerstört werden. Die meisten Holzwirtschaftsunternehmen sind nicht bereit, die 200 oder mehr Jahre zu warten, die notwendig wären, damit sich alles so regeneriert, wie es im ursprünglichen Wald war.

Der Nadelwald der nördlichen Hemisphäre, auch borealer Nadelwald oder Taiga genannt, ist das größte geschlossene Biom der Erde. Es bedeckt etwa 11 Prozent der Erdoberfläche. In Nordamerika bedeckt der boreale Nadelwald den größten Teil Alaskas und Kanadas sowie Teile von Neuengland. Die vorherrschenden Arten des borealen Nadelwalds sind blühende Sträucher und Kräuter sowie einige wenige Koniferenarten. In Nordeuropa und Sibirien sind dies die Gemeine Fichte (*Picea abies*) und die Gemeine Kiefer (*Pinus sylvestris*). An der Nordgrenze der borealen Nadelwälder sind die Bäume wegen des geringen Nährstoffgehalts und des Permafrostbodens kleinwüchsig. Die Sommer der borealen Nadelwaldzone sind kurz, kühl und feucht, die Winter lang, sehr kalt, trocken und windig. Brände sind wichtige wiederkehrende Ereignisse, wobei es Jahrzehnte oder sogar Jahrhunderte dauert, bis sich die Vegetation regeneriert. In jüngster Vergangenheit wurden die borealen Nadelwälder wegen ihrer Bäume und Bodenschätze intensiv durch den Menschen ausgebeutet. Wegen der anhaltend schwierigen, rauen Umweltbedingungen erholt sich der boreale Nadelwald nur sehr langsam vom Holzeinschlag und anderen menschlichen Eingriffen. Nicht selten wird er einfach durch Tundra ersetzt (siehe unten).

Gebirgsnadelwälder befinden sich in größeren Höhenlagen. Koniferen tolerieren die dortigen kalten, oft schneereichen Winter viel besser als Laubbäume. Diese Wälder erscheinen auf den ersten Blick sehr homogen, doch bei genauer Betrachtung lassen sie sich anhand der Höhenlage, der Niederschlagsmenge und der vorherrschenden Baumarten in verschiedene Zonen unterteilen. In den Alpen kommen in der montanen Stufe neben Fichten und Kiefern auch Tannen (*Abies alba*) und Zirben (*Pinus cembra*) vor. Nahe der Baumgrenze wachsende Bäume sind klein und ihre Gestalt ist vom Wind geprägt („Krummholz", „Krüppelwuchs"), wie oft bei den Latschenkiefern (*Pinus mugo*) zu beobachten ist. Auf den kälteren, dem Wetter ausgesetzten Westflanken der Gebirge liegen diese Zonen niedriger als auf den wärmeren und trockneren Ostflanken.

Im Südosten der USA bestehen die Nadelwälder oft aus Weihrauchkiefern (*Pinus taeda*), Sumpfkiefern (*Pinus palustris*) und *Pinus elliottii*. Diese Wälder entwickeln sich auf nährstoffarmen, sandigen Böden und werden schließlich durch Laubwälder ersetzt. Unter natürlichen Bedingungen stellen Brände sicher, dass Nadelwälder ein regelmäßig wiederkehrendes Charakteristikum der Landschaft sind.

Einige selten vorkommende Nadelwälder bestehen aus laubabwerfenden Koniferen wie der Lärche. Solche Lärchenwälder nehmen in Eurasien große Flächen ein und sind durch die laubwerfenden Larix-Arten wie die flachwurzelnde *Larix dahurica* gekennzeichnet. Die Echte Sumpfzypresse (*Taxodium distichum*) ist eine laubwerfende Konifere, deren Verbreitungsgebiet im Süden der USA liegt.

Tundren

Arktische Tundren (▶ Abbildung 24.14) sind baumlose, kalte Ebenen, die in den nördlichsten Regionen Nordamerikas, Europas und Asiens vorkommen. Sie bedecken etwa 20 Prozent der Landfläche der Erde. Der wichtigste abiotische Faktor, der das Pflanzenwachstum in der arktischen Tundra reguliert, ist die Temperatur.

24.2 Ökosysteme

Abbildung 24.14: Tundra. Moose und Sträucher sind die vorherrschenden Pflanzentypen in der Tundra. Die hier abgebildete arktische Tundra befindet sich im Denali-Nationalpark in Alaska.

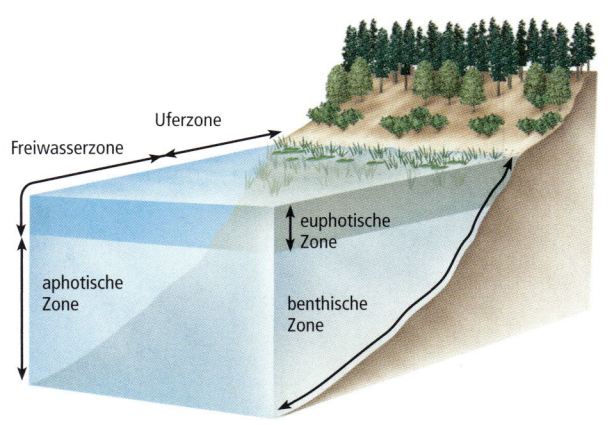

Abbildung 24.15: Die Zonen des Ökosystems See. Die Abgrenzung zwischen euphotischer und aphotischer Zone basiert auf der Lichtdurchdringung der Wasserschicht. Die Unterscheidung zwischen Uferzone und Freiwasserzone basiert auf dem Abstand zum Ufer. Der benthische Bereich umfasst die gesamte Bodenregion des Sees.

Dicht unter der Bodenoberfläche herrscht Permafrost und an der Oberfläche liegt die Temperatur selbst im Sommer, der weniger als zwei Monate dauert, oft nur wenige Stunden am Tag über dem Gefrierpunkt. Vorherrschende Pflanzen sind Moose und einige wenige Blütenpflanzen und Sträucher. Die Pflanzen der Tundra speichern bis zu 94 Prozent ihrer Biomasse unter der Erdoberfläche in Wurzeln oder Rhizomen. Nördlich des 75. Breitengrades liegt die mittlere jährliche Niederschlagsmenge bei weniger als 25 cm. Der wenige Niederschlag bleibt in den Oberflächenschichten des Bodens über der Permafrostschicht, und wegen der niedrigen Temperaturen verdunstet das Wasser nur langsam. Aus diesem Grund gibt es in Tundren viele Seen, Sümpfe und Flächen mit feuchtem Boden, die durch kleine Erhebungen unterbrochen werden, auf denen sehr trockene und wüstenähnliche Bedingungen herrschen.

Alpine Tundren befinden sich oberhalb der Baumgrenze in Gebirgen. Abgesehen davon, dass es in ihnen keinen Permafrost gibt, ähneln sie den arktischen Tundren. Außerdem ist die Wachstumsperiode etwas länger und die Wintertemperaturen liegen etwas höher.

Aquatische Biome

Aquatische Biome bedecken etwa drei Viertel der Erdoberfläche. Sie umfassen verschiedene Süßwasserbiome, Ozeane sowie Biome, die im Übergangsgebiet zwischen Süß- und Salzwasser liegen (Brackwasser).

Seen und Teiche

Seen sind Vertiefungen, die mit Wasser gefüllt sind. Die meisten sind natürlichen Ursprungs; einige jedoch wurden von Menschen geschaffen. Als Biom besitzen sie scharf definierte Grenzen. Ein See wird gewöhnlich anhand der Lichtdurchdringung und des Abstands vom Ufer in verschiedene Zonen unterteilt (▶ Abbildung 24.15). Die euphotische Zone besteht aus dem oberen Teil eines Sees und ist dadurch gekennzeichnet, dass ausreichend Licht für die Photosynthese zur Verfügung steht. Unterhalb davon befindet sich die aphotische Zone, in die nur sehr wenig oder kein Licht vordringt. Die euphotische Zone wird weiter unterteilt in die Uferzone und die Freiwasserzone. Die Uferzone besteht aus Flachwasser in der Nähe des Ufers, wo wurzelnde und schwimmende Pflanzen wachsen, während die Freiwasserzone der weiter vom Ufer entfernte Teil des Sees ist. Die Pflanzen, planktischen Algen und Bakterien eines Sees bilden die Grundlage für ein komplexes Ökosystem, das sich über alle Zonen des Sees erstreckt. Die Überreste von Organismen, die in den oberen Schichten des Sees sterben, sinken letztlich auf das Substrat am Grunde des Sees, ein Gebiet, das als die benthische Zone des Sees bezeichnet wird.

Flache, nährstoffreiche Seen (▶ Abbildung 24.16a) werden **eutroph** (von griech. *eutrophos*, „gut genährt") genannt. Diese Seen werden im Sommer wegen der Algenblüte (siehe Kapitel 18) oft dunkelgrün. Wenn die Algen absterben, werden sie am Grunde des Sees von den Bakterien konsumiert. Durch den massiven Anstieg der Bakterienaktivität kann sich der Sauerstoffgehalt des Sees so weit verringern, dass aerobe Organismen nicht mehr unterhalb einer bestimmten Tiefe leben

Abbildung 24.16: Eutrophe und oligotrophe Seen. (a) Ein flacher, eutropher See in Oxford, England. (b) Ein oligotropher See im Glacier-Nationalpark, Montana.

können. Aus diesem Grund kommt es in eutrophen Seen in manchen Sommern zu Fischsterben. Das Gegenstück zu den eutrophen Seen bilden **oligotrophe** Seen (griech. „wenig Nahrung"), die tief und nährstoffarm sind (▶ Abbildung 24.16). Das Wasser ist klar und enthält weniger Organismen als in eutrophen Seen, wobei jedoch die Anzahl der verschiedenen Arten in beiden Seetypen ähnlich groß ist.

Die Dichte des Wassers ist abhängig von der Temperatur. Wenn sich Wasser abkühlt, werden die Wasserstoffbrücken zwischen den Wassermolekülen stabiler und die Dichte steigt. Bei 4°C erreicht Wasser seine maximale Dichte. Bei Temperaturen unterhalb von 4°C wird die Dichte wieder geringer. Bei 0°C wird flüssiges Wasser fest und es entsteht Eis. Dass die Dichte von Eis geringer ist als die von flüssigem Wasser ist der Grund dafür, dass Eis schwimmt.

Die Änderung der Dichte von Wasser mit der Temperatur führt dazu, dass das Wasser in den Süßwasserseen der gemäßigten Zonen im Verlauf der Jahreszeiten durchmischt wird. Im Sommer absorbiert das oberflächennahe Wasser eines Sees Wärme. Dies resultiert in einem stabilen Sommermuster der Wärmeverteilung (Sommerstagnation): Wärmeres, weniger dichtes Wasser befindet sich oben und kälteres, dichteres Wasser unten. Wenn es im Herbst kälter wird, kühlen sich die oberen Schichten des Sees allmählich ab und werden schließlich kälter und dichter als die unteren Schichten. Die oberen Schichten beginnen nach unten zu sinken, während die unteren Schichten nach oben steigen, ein Phänomen, das als Umwälzung bezeichnet wird. Im Winter, wenn die Oberfläche des Sees mit Eis bedeckt ist, bildet sich ein anderes stabiles Muster aus. Dabei reicht die Wassertemperatur von 0°C unmittelbar unter der Oberfläche bis 4°C am Boden. Weil sich das Eis an der Oberfläche des Wassers und nicht irgendwo in der Mitte bildet, können Tiere, Pflanzen und Mikroorganismen den Winter in einem See überleben. Im Frühjahr schmilzt das Eis, das Oberflächenwasser erwärmt sich auf 4°C und sinkt, so dass es zu einer zweiten Umwälzung kommt. Durch die im Herbst und Frühjahr stattfindenden Umwälzungen werden die Nährstoffe des Sees durchmischt.

Süßwasserfeuchtgebiete

Zu den verschiedenen Typen von Feuchtgebieten gehören überflutete Auen, die von Gräsern und krautigen Pflanzen dominiert werden, Marschen, in denen vor allem Kräuter und Schilfrohr (hohlstängelige Gräser) wachsen, Sümpfe, in denen holzige Pflanzen dominieren, sowie Moore, in denen neben Torfmoosen, die ein saures Milieu schaffen, säuretolerante Sträucher wachsen. Die Böden von Feuchtgebieten können permanent oder periodisch mit Wasser gesättigt sein. Feuchtgebiete sind sehr variable und komplexe Ökosysteme und wegen der vielen Variablen, die sie beeinflussen, noch nicht sehr gut erforscht. Historisch haben die Menschen Feuchtgebiete als Flächen betrachtet, die es zu entwässern gilt. Während der letzten beiden Jahrhunderte gingen durch Drainagemaßnahmen viele von Feuchtgebieten bedeckte Flächen verloren. Da sich Moskitos im Wasser entwickeln, ist die von Moskitos übertragene Malaria selten geworden. In den letzten Jahren ist jedoch der Wert von Feuchtgebieten deutlicher geworden. Feuchtgebiete speichern große Mengen von Wasser und sind wichtige Puffer bei Hochwasser. Außerdem spielen sie eine entscheidende Rolle bei der Filtration und Reinigung des Wassers und stellen ein wichtiges Habitat für viele wild lebende Tierarten dar.

Abbildung 24.17: Gezeitenzone. Im Gezeitenbereich an den felsigen Küsten Skandinaviens wachsen fest verankerte Algen.

Flüsse und Ströme

Flüsse und Ströme sind Ökosysteme mit Fließwasser. Die Länge des Wasserwegs und die Fließgeschwindigkeit sind zwei wichtige Variablen, die darüber bestimmen, welche Typen von Organismen in den Fließgewässern leben. Weitere Faktoren sind das in der Region herrschende Klima und periodische Störungen wie Austrocknen und Hochwasser.

Zu den menschlichen Einflüssen auf Flüsse und Ströme gehören Verschmutzung, Verschlammung und Maßnahmen zur Flussregulierung. Die Ursachen für die Verschmutzung von Flüssen sind vielfältig. Schlamm besteht aus feinen Bodenpartikeln, die in Suspension bleiben oder sich allmählich absetzen. Verschlammung entsteht durch Abholzung, Bergbau oder andere Aktivitäten, die den Boden belasten. Regulatorische Maßnahmen sind zum Beispiel die Entnahme von Wasser zum Zweck der Bewässerung oder die Errichtung von Talsperren und Staudämmen. Talsperren haben einerseits ökonomischen Nutzen, denn sie dienen der Versorgung mit Elektroenergie, der Bereitstellung von Wasser für die Bewässerung und dem Hochwasserschutz. Auf der anderen Seite jedoch sind sie eine signifikante Belastung für die Umwelt. In Reservoiren, die sich stromaufwärts von Talsperren bilden, sammeln sich Schlamm und Nährstoffe, so dass sie häufig eutroph werden. In tropischen Gebieten können diese Reservoires zu zusätzlichen Orten werden, an denen sich Organismen ansiedeln, die Krankheiten wie Malaria und Schistosomiasis übertragen. Unterhalb von Talsperren ist der Nährstoffgehalt niedrig und die Fließgeschwindigkeit ist reduziert.

Ozeane

Ozeane sind riesige Salzwasserbiome von immenser physikalischer und biologischer Komplexität. Wie Sie in Kapitel 18 gelernt haben, enthalten Ozeane viele Arten von planktischen Algen und Bakterien, die für die Hälfte der weltweit betriebenen Photosynthese verantwortlich sind. Die meisten dieser mikroskopischen Organismen werden von heterotrophem Plankton, dem so genannten Zooplankton, gefressen. Eine Stufe höher in der Nahrungskette steht das Nekton, d. h. Tiere wie Fische und Wale, die sich sowohl von Phytoplankton als auch von Zooplankton ernähren und sich unabhängig von Ozeanströmungen fortbewegen können.

Ozeane werden ähnlich wie Seen in verschiedene Zonen unterteilt. Am nächsten zur Küste liegt die Gezeitenzone (▶ Abbildung 24.17), die den Bereich zwischen Hoch- und Niedrigwasser umfasst. Die Gezeitenzone ist also eine Zeitlang von Wasser bedeckt und die restliche Zeit über der Luft ausgesetzt. Gezeitenzonen sind durch starken Wellengang während des Steigens und Fallens des Wasserspiegels gekennzeichnet, was an den meisten Orten insgesamt vier Mal am Tag abläuft. In manchen Gezeitenzonen besteht der Boden aus Sand, in anderen ist er steinig. Im letztgenannten Fall liefern Gezeitenzonen einen geeigneten Untergrund, an dem Braunalgen, Grünalgen und Rotalgen, marine Wirbellose sowie verschiedene Gräser und andere aquatische Bedecktsamer festwachsen können.

An die Gezeitenzone schließen sich die über den Kontinentalschelfen liegende neritische Zone (Flachwasserzone) und die pelagische Zone (Tiefwasserzone) an. Die ozeanische Zone beginnt an der Schelfkante und

Abbildung 24.18: Salzmarsch. In Salzmarschen wie der hier gezeigten auf der Insel Juist (Nordseeküste) dominiert der Queller (*Salicornia europaea*).

erreicht sehr große Tiefen. Darauf folgt die benthische Zone des Meeresbodens. In den gemäßigten Regionen gibt es im flachen, wärmeren Wasser der neritischen Zone mehr Phytoplankton.

Flussmündungen und Salzmarschen

Eine Flussmündung ist ein teilweise von Festland umschlossenes Küstengebiet, in dem sich das Süßwasser eines Flusses mit dem Salzwasser des Ozeans mischt. Bei Hochwasser kann sich das Salzwasser bis weit in den Fluss hinein ausbreiten. Bei Niedrigwasser drückt das Süßwasser weit ins Meer hinaus. Flüsse lagern große Mengen von Nährstoffen an ihren Mündungen ab. Diese Nährstoffe sorgen für einen großen Pflanzen- und Tierreichtum. Zu den verbreiteten und wichtigen Pflanzenarten in Flussmündungen gehören einige wenige Blütenpflanzen, insbesondere das Echte Seegras (*Zostera marina*).

Salzmarschen entstehen auf Schwemmland, das die Flussmündungen umgibt, sowie um Sandbänke und Inseln. Das Wasser in Salzmarschen ist oft brackig und der Salzgehalt ändert sich mit den Gezeiten. Verbreitet finden sich in Salzmarschen mäandrierende Wasserläufe und Salzpfannen, in denen sich infolge Verdunstung der Salzgehalt erhöht. In Salzmarschen gedeihen verschiedene Blütenpflanzen, zum Beispiel Mangrovenbäume, und salztolerante Gräser der Gattungen *Spartina* und *Distichlis*. Im nordeuropäischen Raum ist der Queller (*Salicornia europaea*) eine wichtige Charakterpflanze der Salzflur (▶ Abbildung 24.18). Diese Pflanzen sind von großem Interesse für gentechnische Ansätze, die versuchen, die Salztoleranz in Nutzpflanzen einzubringen.

Salzmarschen werden außerdem von Algen und mikroskopischen Saprobionten, hauptsächlich Bakterien, bevölkert. Diese Organismen dienen als Basis von Nahrungsketten, die sowohl aquatische Wirbellose als auch viele Arten von Wirbeltieren (aquatische und terrestrische) umfassen. Nahrungsketten in Salzmarschen sind komplex und noch nicht sehr gut erforscht.

WIEDERHOLUNGSFRAGEN

1. Was versteht man unter dem Begriff Biosphäre?
2. Beschreiben Sie eine mediterrane Macchie.
3. Was ist ein Auenwald?
4. Was ist ein borealer Nadelwald?
5. Stellen Sie eutrophe und oligotrophe Seen einander gegenüber.

ZUSAMMENFASSUNG

24.1 Abiotische Faktoren in der Ökologie

Abiotische Faktoren

Die meisten Organismen haben eine Körpertemperatur, die in der Nähe der Umgebungstemperatur liegt, und bestehen zu mehr als 60 Prozent aus Wasser. Photosynthese-betreibende Organismen stehen vor der Herausforderung, ausreichend viel Sonnenlicht zu absorbieren und dabei gleichzeitig den schädigenden Einflüssen der Sonnenstrahlung zu entgehen. Bei terrestrischen Organismen erhöht der Wind die Verdunstungsrate sowie die Rate des Wärmeverlusts. Der Boden enthält anorganische Ionen, die von den Wurzeln der Pflanzen aufgenommen werden. Störungen sind Kräfte oder Ereignisse, die Änderungen der Umweltbedingungen bewirken. Hierzu zählen zum Beispiel Stürme, Überschwemmungen, Brände und zahlreiche menschliche Aktivitäten.

Die Jahreszeiten

Von Mitte März bis Mitte September ist die nördliche Hemisphäre zur Sonne geneigt und durchläuft die Jahreszeiten Frühling und Sommer. In der übrigen Zeit des Jahres neigt sich die nördliche Hemisphäre weg von der Sonne und es herrscht Herbst bzw. Winter. Die jahreszeitlich bedingten Änderungen der Tageslänge sind an den Polen am größten und in den Tropen am kleinsten. Das Jahresmittel der Temperatur ist an den Polen am niedrigsten und in den Tropen am höchsten.

Das Zirkulationssystem der Erdatmosphäre

In der Nähe des Äquators steigt Luft auf und der atmosphärische Druck ist niedrig. Um den 30. Grad nördlicher und südlicher Breite sinkt die in großer Höhe befindliche Luft nach unten und der atmosphärische Druck ist hoch. Um den 60. Grad nördlicher bzw. südlicher Breite befinden sich zwei weitere Regionen mit niedrigem Druck, während an den Polen zwei weitere Regionen mit hohem Druck liegen. Die Luft zirkuliert in sechs Zellen zwischen den Tiefdruckregionen, wo es reichlich Niederschläge gibt, und den Hochdruckregionen, wo die Niederschlagsmenge gering ist.

Der Einfluss von Erdrotation und Topografie auf Wind und Niederschläge

Da der Äquator schneller rotiert als die Pole, werden die in Richtung Äquator wehenden Winde nach Westen abgelenkt und die in Richtung der Pole wehenden Winde nach Osten. Gebirgsketten beeinflussen die Luftzirkulation und die Niederschlagsmenge. Im Westen Nordamerikas erhalten die westlichen Flanken der Gebirge gewöhnlich mehr Niederschlag als die östlichen.

24.2 Ökosysteme

Ein Ökosystem besteht aus sämtlichen Organismen und abiotischen Faktoren eines gegebenen Lebensraums. Ökosysteme können groß oder klein sein. Das größte Ökosystem ist die Biosphäre.

Biogeografische Regionen und Biome

Biogeografische Regionen sind große geografische Gebiete, die durch eine einzigartige Zusammensetzung von Organismen charakterisiert sind. Biome sind Grundtypen von terrestrischen und aquatischen Ökosystemen, die große Gebiete umfassen. Terrestrische Biome werden hauptsächlich anhand ihrer Vegetation definiert.

Terrestrische Biome

Zu den terrestrischen Biomen gehören tropische Wälder, Savannen, Steppen, Wüsten, Hartlaubwälder, gemäßigte Laubwälder, Nadelwälder und Tundren. Die tropischen Regenwälder werden gewöhnlich in verschiedene horizontale Schichten der Vegetation unterteilt und sind die Heimat der Hälfte aller bekannten Pflanzen- und Tierarten. Sowohl in Savannen als auch in Steppen sind Gräser die wichtigste Form der Vegetation, wobei in Savannen gelegentlich auch einzelne Bäume und Sträucher vorkommen. Im Mittel regnet es in Steppen weniger als in Savannen. Wüsten erhalten extrem geringe jährliche Niederschlagsmengen; sie können heiß oder kalt sein und weisen oft sehr große Temperaturunterschiede innerhalb eines Tages auf. Der Hartlaubwald ist charakterisiert durch heiße, trockene Sommer und kalte, feuchte Winter. In den Laubwäldern der gemäßigten Zonen gibt es vier ausgeprägte Jahreszeiten; vorherrschende Pflanzen sind zweikeimblättrige Blütenpflanzen wie Eiche, Buche und Ahorn. In Nadelwäldern gibt es reichlich Niederschlag und oft sehr hohe Bäume. Der boreale Nadelwald (auch Taiga genannt) enthält einige wenige Arten von Koniferen sowie blühende Sträucher und Kräuter. Tundren sind baumlose, kalte Ebenen, die im hohen Norden der nördlichen Hemisphäre sowie oberhalb der Baumgrenze in Gebirgen vorkommen.

Aquatische Biome

Zu den aquatischen Biomen gehören Seen und Teiche, Süßwasserfeuchtgebiete, Flüsse und Ströme, Ozeane, Flussmündungen und Salzmarschen. Seen werden anhand der Lichtdurchdringung und des Abstands vom Ufer in verschiedene Zonen unterteilt. Eutrophe Seen sind flach und nährstoffreich; oligotrophe Seen sind tief und nährstoffarm. In den Süßwasserseen der gemäßigten Zonen findet jeweils im Herbst und Frühjahr eine Umwälzung statt, bei der das Oberflächenwasser und das Tiefenwasser durchmischt werden. Zu den Süßwasserfeuchtgebieten gehören überflutete Wiesen, Marschen, Sümpfe und Moore. Die Böden dieser Gebiete sind periodisch oder dauerhaft von Wasser bedeckt oder mit Wasser gesättigt. Ströme und Flüsse sind Fließgewässer; ihre Länge und die Fließgeschwindigkeit des Wassers bestimmen, welche Typen von Organismen in ihnen leben können. Ozeane sind riesige Salzwasserbiome, die ähnlich wie Seen in verschiedene Zonen unterteilt werden. Flussmündungen sind teilweise von Land umschlossene Küstengebiete, in denen sich Süßwasser und Salzwasser vermischen. Wegen ihres Nährstoffreichtums bieten sie vielen Pflanzen und Tieren eine Lebensgrundlage. Salzmarschen entstehen an Flussmündungen sowie um Sandbänke und Inseln. In ihnen wachsen Mangrovenbäume, salztolerante Gräser und verschiedene Mikroorganismen, die die Basis für komplexe Nahrungsketten sind.

ZUSAMMENFASSUNG

Verständnisfragen

1. In welcher Zeit des Jahres neigt sich die nördliche Hemisphäre von der Sonne weg? Wann sind auf der südlichen Hemisphäre die Tage kürzer als die Nächte?

2. Bei welchen Breitengraden befinden sich die meisten Gebiete, in denen starke Niederschläge fallen? Warum?

3. Erläutern Sie, wie sich die Rotation der Erde auf die Passatwinde auswirkt.

4. Was versteht man unter Regenschatten? Wo befinden sich die meisten Regenschattengebiete?

5. Was ist der Unterschied zwischen einem Ökosystem und einem Biom?

6. Beschreiben Sie die horizontalen Schichten in einem tropischen Regenwald.

7. Warum ist der von Steppen bedeckte Anteil der Erdoberfläche gestiegen?

8. In welchen Regionen gibt es gemäßigte Laubwälder?

9. Was versteht man unter *Krummholz* und wo kommt es vor?

10. Nennen Sie die Charakteristika von arktischen und alpinen Tundren.

11. Bei welcher Temperatur ist die Dichte von Wasser am größten?

12. Was geschieht bei der Umwälzung eines Sees und wann treten Umwälzungen auf?

13. Warum ist die Malaria in den USA und Europa in den letzten beiden Jahrhunderten zu einer seltenen Krankheit geworden?

14. Wodurch sind die Lebensbedingungen an einer Flussmündung charakterisiert?

Diskussionsfragen

1. Angenommen, Sie leben in einem Gebiet, in dem wenig Regen fällt. Wie könnten Sie feststellen, ob dieser Klimafaktor auf den Breitengrad zurückzuführen ist oder darauf, dass das Gebiet im Regenschatten liegt?

2. Stellen Sie sich vor, Sie werden Ende Juni an einem unbekannten, wilden, ursprünglichen Ort ausgesetzt. Wie könnten Sie anhand abiotischer Faktoren und der vorhandenen Vegetation bestimmen, auf welchem Breitengrad Sie sich ungefähr befinden und ob Sie auf der nördlichen oder südlichen Hemisphäre sind?

3. Glauben Sie, dass sachkundige Ökologen in der Lage wären, erfolgreich neue, künstliche Biome zu errichten, wo Pflanzen von den verschiedensten Plätzen der Welt in einem bestimmten geografischen Gebiet zusammenleben?

4. Was ist das kleinste Ihnen bekannte Ökosystem?

5. Betrachten Sie eine Steppe, die viele Jahre lang von einer Viehherde überweidet wurde. Durch die intensive Nutzung des Grundwassers hat sich der Grundwasserspiegel abgesenkt. Ist es wahrscheinlich, dass sich die Steppe in ein anderes Biom verwandelt?

6. Durch das Entwässern von Feuchtgebieten verschwinden die Habitate vieler Pflanzen und Tiere, was u. a. Moskitos betrifft. Wie kann man von Moskitos übertragene Krankheiten in den Griff bekommen, ohne Habitate zu zerstören?

7. Fertigen Sie Profilzeichnungen eines Sees an, die zeigen, wie sich die Wasserschichtung eines Sees im Lauf eines Jahres verändert.

Zur Evolution

Welchem einzigartigen Selektionsdruck sind Organismen ausgesetzt, die in Flussmündungen und Salzmarschen leben? Wie können sich Pflanzen an diese Bedingungen anpassen?

Weiterführendes

Weitere Informationen zu diesem Buchkapitel finden Sie auf der Companion Website unter http://www.pearson-studium.de.

Abbey, Edward. Desert Solitaire. New York: Ballantine Books, 1991. *In diesem faszinierenden Klassiker berichtet Abbey über seine Zeit als Parkranger im Arches-Nationalpark in Utah. Das Buch ist wie alle Bücher von Abbey sehr lesenswert.*

Brower, Kenneth. The Winemakers's Marsh: Four Seasons in a Restored Wetland. San Francisco: Sierra Club Books, 2001. *Brower erzählt die Geschichte des Winzers Sam Sebastiani, der 30 Hektar Wiese zu einem Feuchtgebiet renaturiert hat, in dem heute 156 Vogelarten leben.*

Burroughs, John und Richard Fleck (Hg.). Deep Woods. Syracuse: Syracuse University Press, 1998. *John Burroughs hat das Naturessay in der amerikanischen Literatur popularisiert. Er schrieb zwischen 1871 und 1912, besichtigte mit Präsident Theodore Roosevelt Yellowstone und wanderte durch den Grand Canyon.*

Leopold, Aldo. A Sand County Almanac. New York: Ballantine Books, 1990. *Dieses erstmals 1949 veröffentlichte Buch sollte jeder gelesen haben, der sich für Naturbeschreibungen interessiert. Es hat viele Schriftsteller und Aktivisten der Ökologiebewegung beeinflusst. Leopold schrieb das Buch, während er in einer Sommerhütte am Wisconsin River lebte.*

Muir, John. My First Summer in the Sierra. East Rutherford, NJ: Penguin, 1997. *Dieses Buch wurde erstmals 1911 veröffentlicht und beinhaltet die Beobachtungen John Muirs, die er 1869 als Schafhirte in der Sierra Nevada anstellte. Er war zu dieser Zeit ein junger schottischer Emigrant und wurde später einer der berühmtesten Naturforscher und Naturschützer der USA. Das Buch wurde 1990 im Rahmen einer Reihe mit Klassikern zur Naturforschung bei Penguin neu aufgelegt. Die Reihe besteht aus insgesamt acht interessanten Büchern über Naturforscher, die in bestimmten Biomen gelebt und gearbeitet haben.*

Reisigel, Herbert und Richard Keller. Alpenpflanzen im Lebensraum. Alpine Schutt- und Felsvegetation. Stuttgart. Gustav Fischer Verlag, 1987. *Diese natürlichen Lebensräume in unseren Hochgebirgen stellen sehr eindrucksvolle Beispiele für das Zusammenwirken von geografischen und ökologischen Faktoren dar, die sich in einem sehr sensiblen Gleichgewicht befinden.*

Reisigel, Herbert und Richard Keller. Lebensraum Bergwald. Alpenpflanzen in Bergwald, Baumgrenze und Zwergstrauchheide. Stuttgart: Gustav Fischer Verlag, 1989. *Hier werden sehr anschaulich vegetationsökologische Informationen zu diesem Vegetationsbereich gegeben.*

Schulze, Ernst-Detlef, Erwin Beck und Klaus Müller-Hohenstein. Pflanzenökologie. Heidelberg: Spektrum Akademischer Verlag, 2002. *In diesem modernen Lehrbuch wird das gesamte Spektrum beginnend mit der molekularen Ökophysiologie über Ökosysteme bis hin zu globalen Aspekten der Pflanzenökologie abgedeckt.*

Terborgh, John. Lebensraum Regenwald: Zentrum biologischer Vielfalt. Heidelberg: Spektrum Akademischer Verlag, 1993. *Hier wird vor allem auf die Wechselbeziehungen zwischen Pflanzen und Tieren eingegangen, welche die Vielfalt dieses so sehr gefährdeten Lebensraums aufrechterhalten.*

Urania Pflanzenreich: Band „Vegetation" aus der großen farbigen Enzyklopädie. Leipzig: Urania-Verlag, 1995. *Hier werden mit zahlreichen Fotos die vielen Faktoren beschrieben und anschaulich gemacht, die für das Pflanzenkleid unseres Planeten und seine zahlreichen Ausprägungen verantwortlich sind.*

Ökosysteme

25.1 Populationen ... 626
25.2 Interaktionen zwischen Organismen in Ökosystemen ... 631
25.3 Gesellschaften und Ökosysteme ... 635
25.4 Biodiversität und Artenschutz ... 645
Zusammenfassung ... 651
Verständnisfragen ... 653
Diskussionsfragen ... 654
Zur Evolution ... 654
Weiterführendes ... 655

Populationen 25.1

Anstatt die Biosphäre als Ganzes zu untersuchen, konzentrieren sich Ökologen oft auf kleinere Ökosysteme. In jedem terrestrischen Ökosystem gibt es eine bestimmte Gruppe vorherrschender Pflanzenarten, zugehörige Arten von Tieren und anderen Organismen sowie charakteristische abiotische Faktoren. Wie Sie in Kapitel 24 gelernt haben, bestimmt die geografische Lage eines Ökosystems dessen abiotische Faktoren, so zum Beispiel die Temperatur, die Richtung und Intensität der vorherrschenden Winde sowie die Länge der Jahreszeiten. Die biotischen Komponenten eines Ökosystems interagieren auf vielfältige Weise miteinander sowie mit den abiotischen Faktoren.

Die biotischen Komponenten eines Ökosystems bestehen aus Populationen von Organismen. Eine **Population** ist eine Gruppe sich untereinander kreuzender, im gleichen Gebiet lebender Organismen der gleichen Art. In einem Ökosystem kann es viele Populationen einer Art oder auch nur eine einzige geben. Wenn eine Population von anderen Populationen reproduktiv isoliert ist, kann sie als eine eigene Art eingestuft werden oder zumindest als auf dem Weg zur Artbildung befindlich (siehe Kapitel 15). Populationen der gleichen Art können außerdem in mehr als einem einzigen Ökosystem vorkommen.

Definition von Individuen, Populationen und Pflanzenarten

Die meisten Tiere, Bakterien und einzelligen Algen leben als Individuen und werden bei der Untersuchung von Populationen als unabhängige Einheiten betrachtet. Parameter von Populationen wie die Altersverteilung, Populationsdichte, zeitliche Verteilung, Geburts- und Sterberaten sowie die Populationsgröße sind für solche Organismen leicht zu bestimmen, und die Ergebnisse lassen sich sofort mithilfe von Standardverfahren der Statistik analysieren.

Pflanzenpopulationen sind jedoch komplexer, und die Pflanzenökologie ist ein noch junges und in der Entwicklung befindliches Gebiet. Während manche Pflanzen offensichtlich als Individuen angesehen werden können, sind andere Teil eines kollektiven Organismus. Viele Pflanzen vermehren sich vegetativ, indem sie Ausläufer bilden. Der größte Organismus der Welt könnte ein Klon miteinander verbundener und genetisch identischer Espen im Westen Nordamerikas sein. Ein in der Nähe der Wasatch Mountains in Utah entdeckter Klon hat sich über 80 Hektar ausgebreitet. Sollte man diesen Klon als eine oder mehrere Pflanzen auffassen? Wenn man sich auf den Standpunkt stellt, dass es sich um eine einzige Pflanze handelt, wie sollte man dann ihr Alter definieren? Bezüglich der meisten physiologischen Aspekte verhält sich jeder Baum als Individuum. Selbst bei einer Pflanze, die nicht zu einem Klon gehört, können Teile absterben, während andere weiterleben. Da das Wachstum der Pflanzen an den Apikalmeristemen erfolgt, ist in gewissem Sinne jedes Meristem potenziell eine individuelle Pflanze.

Bei Samenpflanzen kann die Bildung eines Samens zu einem neuen Individuum führen, aber nur, wenn der Samen keimt. Viele Faktoren haben Einfluss darauf, wie viele Samen eine Pflanze pro Jahr produziert, und es ist oft schwierig, die Samenproduktion von Pflanzen unter natürlichen Bedingungen zu schätzen. Außerdem können unterschiedliche Windverhältnisse oder die Anwesenheit von Tieren einen erheblichen Einfluss auf die Anzahl der zur Keimung kommenden Samen haben. Einige Samen werden dormant und keimen erst nach mehreren Jahren oder überhaupt nicht.

Auch die Definition einer Population oder einer Art ist bei Pflanzen schwierig (siehe Kapitel 15). Pflanzen können sich viel leichter als Tiere über Artgrenzen oder sogar Gattungsgrenzen hinweg kreuzen. Beispielsweise ist Weizen ($2n = 42$) wild aus einer Kombination der Genome von drei Arten (jeweils $2n = 14$) durch zwei separate Kreuzungen zwischen weit entfernten Arten entstanden (siehe Kapitel 14). Einige Evolutionsbiologen interpretieren die Fähigkeit von Pflanzen, sich relativ leicht zu kreuzen, dahingehend, dass die Artbildung bei Pflanzen weniger komplex ist als bei Tieren.

Verteilungsmuster von Pflanzen

Wie bei anderen Organismen kann die räumliche Verteilung von Pflanzen drei grundlegende Muster aufweisen: zufällig, gleichmäßig oder in Clustern (▶ Abbildung 25.1). Zufällige Verteilungen treten häufig bei Pflanzen auf, deren Samen leicht sind und durch den Wind verbreitet werden, beispielsweise beim Löwenzahn. Das Zufallsmuster ist auch dort vorherrschend, wo die Voraussetzungen für gutes Wachstum selbst zufällig sind. Ein gut gemähter Rasen ist ein Beispiel für eine gleichmäßige oder homogene Verteilung. Auch Kiefernwälder zeigen manchmal dieses

dern. Andere Pflanzen erreichen eine gleichmäßige Verteilung, indem sie chemische Verbindungen produzieren, die in einem bestimmten Radius um sie herum die Keimung hemmen. Diese als **Allelopathie** bezeichnete Hemmung reduziert die Konkurrenz um Wasser und Bodennährstoffe. Mögliche Ursachen für eine Verteilung in Clustern sind die vegetative Vermehrung oder kürzere Distanzen, über die schwerere Samen verbreitet werden. Aus dem Verteilungsmuster einer bestimmten Pflanzenpopulation lassen sich also wichtige Informationen über die Lebensweise und die Vorgeschichte einer Pflanze ableiten.

Verteilungsmuster sind in starkem Maße vom angelegten Größenmaßstab abhängig. So ist es möglich, dass eine Pflanze auf kleiner Skala gleichmäßig verteilt ist, auf mittlerer Skala jedoch zufällig und auf großer Skala in Clustern. Beispielsweise bilden Erdbeerpflanzen Ausläufer, wodurch auf kleiner Skala eine gleichmäßige Anordnung von Erdbeerpflanzen entsteht. Auf mittlerer Skala kann die Verteilung zufällig sein. Auf großer Skala können die Erdbeerpflanzen in Clustern gruppiert sein, die dort auftreten, wo die Bodenbedingungen und die Lichtintensität für die Art optimal sind.

Populationen des Kreosotbuschs (*Larrea tridentata*) ändern ihr Verteilungsmuster im Verlauf der Zeit. Da nur bestimmte Stellen für die Keimung der Samen geeignet sind, wachsen Kreosotbüsche am Anfang ihres Lebens in Clustern. Innerhalb eines Clusters konkurrieren die einzelnen Pflanzen um Ressourcen, was zu einer zufälligen Verteilung führt. Schließlich konkurrieren die Wurzelsysteme der größeren Pflanzen miteinander, so dass sich eine gleichmäßige Verteilung ausbildet. Eine detaillierte Untersuchung von Kreosotbüschen, die Donald Phillips und James MacMahon von der Utah State University vorgenommen haben, hat gezeigt, dass sich die Wurzelsysteme der Pflanzen kaum überlappen und dass sie nicht kreisförmig sind. Dies lässt darauf schließen, dass es zwischen benachbarten Pflanzen Konkurrenz gibt.

Die Altersstruktur von Pflanzenpopulationen

Zwischen den verschiedenen Pflanzenarten gibt es große Unterschiede, was ihre Lebensdauer betrifft. Viele Pflanzen leben nur eine Vegetationsperiode lang, andere dagegen Tausende von Jahren. Zwischen diesen Extremen liegen Pflanzen wie die Zweijährigen, die in ihrem ersten Jahr vegetativ bleiben und erst in ihrem

Abbildung 25.1: Verteilungsmuster von Pflanzen. (a) Die Laubbäume in diesem Wald wachsen in einem zufälligen Verteilungsmuster. (b) In diesem Kiefernwald sind die Bäume gleichmäßig verteilt. (c) Bärengras (*Xerophyllum tenax*) wächst in Clustern.

Verteilungsmuster, weil die hohen Bäume die Keimlinge beschatten und sie dadurch am Wachsen hin-

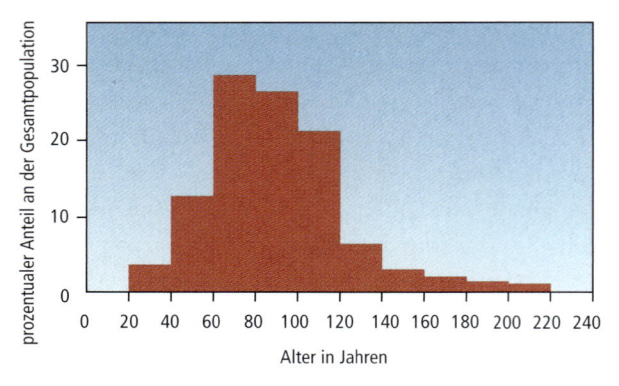

Abbildung 25.2: Diagramm einer Altersverteilung. Die durch dieses Diagramm repräsentierte Eichenpopulation besteht hauptsächlich aus Individuen mittleren Alters. In den letzten 20 Jahren sind keine neuen Bäume zur Population hinzugekommen.

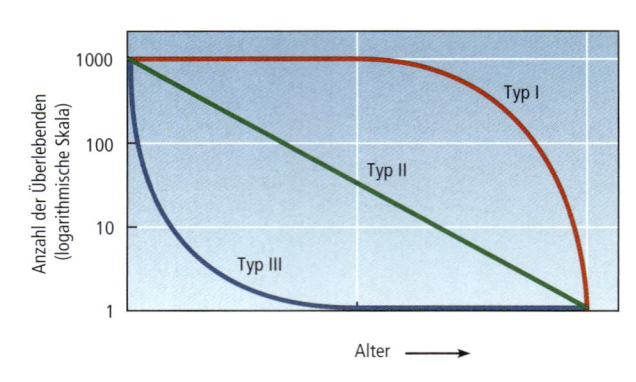

Abbildung 25.3: Überlebenskurven. Steil abfallende Kurvenabschnitte repräsentieren einen starken Rückgang der Anzahl der Überlebenden (d. h. die Sterberate ist hoch). Flache Kurvenabschnitte repräsentieren Phasen, in denen die Anzahl der Überlebenden relativ konstant bleibt (d. h. die Sterberate ist niedrig).

zweiten Jahr Blüten bilden. Eine grafische Darstellung der Altersverteilung zeigt die relative Häufigkeit von Individuen eines bestimmten Alters in einer Population (▶ Abbildung 25.2). Solche Diagramme offenbaren nicht nur das häufigste innerhalb einer Population auftretende Alter, sondern auch, in welchem Alter die Sterberate am höchsten ist.

Überlebenskurven zeigen, wie die Sterberate einer Population mit dem Alter korreliert (▶ Abbildung 25.3). Es werden drei grundlegende Typen von Überlebenskurven unterschieden. In einer Population mit einer Überlebenskurve vom Typ I ist die Sterberate für junge und mittelalte Individuen sehr gering und wächst für alte Individuen stark an. In Populationen mit einer Überlebenskurve vom Typ II ist die Sterberate für jedes Alter gleich. Eine Überlebenskurve vom Typ III bedeutet, dass die Sterberate für junge Individuen sehr groß ist und in mittlerem und hohem Alter sehr gering.

Bei Pflanzen ist die erhöhte Sterberate unter alten Individuen (Typ-I-Kurve) leicht zu erklären, da sich Verschleißerscheinungen in alten Pflanzen akkumulieren.

Außerdem gibt es im Rahmen der natürlichen Auslese keinen Mechanismus, der das Überleben von Pflanzen favorisiert, die ihr reproduktives Alter überschritten haben. Dagegen erscheint eine erhöhte Sterberate bei Keimlingen und Jungpflanzen (Typ-III-Kurve) auf den ersten Blick merkwürdig. Die natürliche Auslese sollte Anpassungen favorisieren, welche die Überlebenschancen von jungen Pflanzen verbessern, da diese bald ihr reproduktives Alter erreichen. Unter jungen Pflanzen gibt es jedoch eine große Variabilität der Genotypen, die der natürlichen Auslese unterworfen sind. Außerdem sind Pflanzen bei der Keimung, während der Keimling wächst sowie bei der Etablierung der adulten Pflanze leichter angreifbar durch Fraßfeinde und ungünstige Wachstumsbedingungen wie mageren Boden oder Beschattung durch andere Pflanzen. Auch kann es sein, dass eine junge Pflanze mit ihrem oberflächlichen Wurzelsystem nicht genug Wasser und Nährstoffe erreicht.

Wachstum bei beschränkten Ressourcen

Die Demografie befasst sich mit Änderungen von Populationsgrößen im Verlauf der Zeit. Häufig werden Populationswachstumsmodelle anhand von Bakterien und anderen einzelligen Lebewesen entwickelt, weil diese leicht im Labor untersucht werden können, wo man die Variablen des Modells gut steuern kann. Außerdem entstehen nach der Zellteilung eines Einzellers sofort neue Individuen, so dass keine komplexen Entwicklungsphasen zu beachten sind. Bei Pflanzen, besonders im Feldversuch, müssen bei demografischen Untersu-

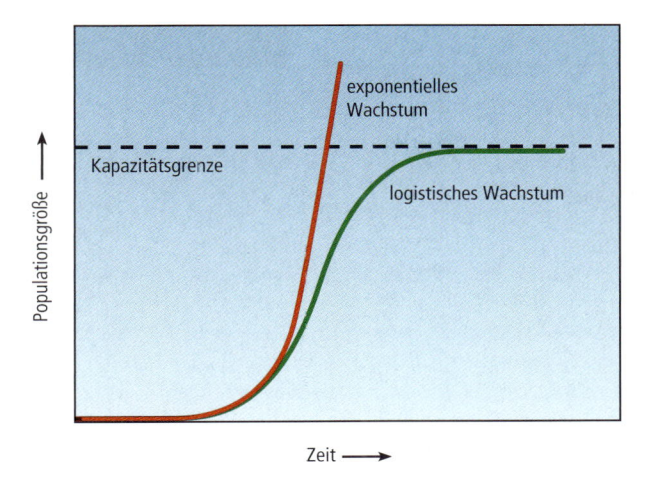

Abbildung 25.4: **Exponentielles und logistisches Wachstum von Populationen.** Populationen wachsen exponentiell, wenn die Ressourcen nicht beschränkt sind. In Lebensräumen mit beschränkten Ressourcen ist das Wachstum logistisch, d. h. es verlangsamt sich, wenn sich die Populationsgröße der Kapazitätsgrenze des Lebensraums nähert.

chungen immer viele Variablen berücksichtigt werden. Beispielsweise wächst eine Population von Küstenkiefern (*Pinus contorta*) mit der Anzahl der produzierten Samen und der Anzahl der durch die Hitze von Waldbränden freigesetzten Samen, aber auch mit dem Umfang der Sonneneinstrahlung, dem Angebot an Bodennährstoffen und der Niederschlagsmenge. Krankheitserreger, Fraßfeinde und jahreszeitabhängige Variablen spielen ebenfalls eine Rolle.

Jede Population nimmt an Größe zu, wenn ihre Reproduktionsrate – d. h. die Rate, mit der neue Individuen durch Fortpflanzung zur Population hinzukommen – die Sterberate überschreitet. In einer hypothetischen idealen Umgebung mit unbeschränkten Ressourcen wachsen Populationen sehr schnell und zeigen ein so genanntes **exponentielles Wachstum** (▶ Abbildung 25.4). Die Wachstumsrate einer Population nimmt unter diesen Bedingungen den maximalen Wert, bezeichnet mit r_{max}, an, zu dem die Art physiologisch in der Lage ist.

In realen Lebensräumen sind die Ressourcen jedoch beschränkt. Wenn Populationen zu wachsen beginnen, wird der für jedes Individuum zur Verfügung stehende Anteil an den Ressourcen kleiner und kleiner, was zu einer Verlangsamung des Populationswachstums führt. Dieser Typ des Wachstums wird als **logistisch** oder **dichteabhängig** bezeichnet (siehe Abbildung 25.4). Im Fall der Küstenkiefern verlangsamt sich das Populationswachstum, weil die ausgewachsenen Bäume den Keimlingen die Sonne nehmen und die Keimlinge dieser Art sich im Schatten nur schlecht entwickeln. Das Licht wird zu einer beschränkten Ressource und die wachsende Populationsdichte reduziert die Wachstumsrate der Population. An einem bestimmten Punkt erreicht die Population eine maximale Größe, die mit den zur Verfügung stehenden Umweltressourcen gerade noch verträglich ist, und das Wachstum der Population kommt zum Erliegen. Diese Größe wird als **Kapazitätsgrenze** des Lebensraums bezeichnet und durch das Symbol K dargestellt. Bei Erreichen der Kapazitätsgrenze oszilliert die Größe mancher Populationen um diesen Wert. Oft sind mehrere Arten an diesen Oszillationen beteiligt.

Der Einfluss von Reproduktionsmustern auf das Wachstum von Pflanzenpopulationen

Die natürliche Auslese favorisiert je nach Umweltbedingungen und Populationsgröße verschiedene Reproduktionsmuster. In einer Umwelt, in der die Individuen nur einem geringen Konkurrenzdruck ausgesetzt sind und die Populationsgröße weit unterhalb der Kapazitätsgrenze liegt, favorisiert die Auslese Merkmale, die zu einer schnellen Vermehrung führen (d. h. r_{max} ist groß). Solche Merkmale sind u. a. das schnelle Erreichen der Fortpflanzungsfähigkeit und die Produktion vieler Nachkommen. Die Sporophyten der Farne produzieren beispielsweise Millionen von Sporen, von denen nur einige wenige überleben und Gametophyten produzieren. Die Selektion von Merkmalen, welche die Reproduktionsrate einer Population in einer nicht übervölkerten Umgebung maximieren, wird als **r-Selektion** bezeichnet. Zu den weiteren Merkmalen einer durch r-Selektion geprägten Population gehören eine kurze Lebensdauer und oftmals eine hohe Sterberate.

In Populationen, deren Größe nahe der Kapazitätsgrenze liegt, favorisiert die natürliche Auslese Merkmale, die Individuen befähigen, erfolgreich um Ressourcen zu konkurrieren und diese effizient zu nutzen. Die unter solchen Bedingungen erfolgende Auslese wird als **K-Selektion** oder dichteabhängige Selektion bezeichnet. Durch K-Selektion geprägte Populationen produzieren nur wenige Nachkommen und haben Anpassungen entwickelt, welche die Wahrscheinlichkeit erhöhen, dass jeder Nachkomme überlebt. Beispielsweise produzieren Kokospalmen nur wenige Samen pro Jahr. Die Früchte, die jeweils einen die-

25 ÖKOSYSTEME

Tabelle 25.1
Merkmale von *r*-selektierten und *K*-selektierten Populationen

Merkmal	*r*-selektierte Population	*K*-selektierte Population
Reifezeit	kurz	lang
erste Fortpflanzung	früh	spät
Anzahl der Nachkommen je Fortpflanzung	viele	wenige
Anzahl der Fortpflanzungen	manchmal nur eine	oft mehrere
Größe der Nachkommen oder Samen	klein	groß
Sterberate	oft hoch	meist niedrig
Lebensdauer	kurz	lang

ser Samen tragen, enthalten ein großes Endosperm, das sowohl den Embryo als auch den Keimling ernährt. In ▶ Tabelle 25.1 sind die Charakteristika von Populationen mit *r*-Selektion bzw. *K*-Selektion gegenübergestellt.

Pflanzen unterscheiden sich auch darin, wie oft sie sich reproduzieren und in welchem Alter sie damit beginnen. Viele Pflanzen reproduzieren sich von ihrem ersten Lebensjahr an jedes Jahr. Andere, zum Beispiel viele Bäume, reproduzieren sich ebenfalls jedes Jahr, aber erst, nachdem sie einige Jahre alt sind. So blüht Ginkgo mit etwa 40 Jahren zum ersten Mal. Wieder andere reproduzieren sich nur ein einziges Mal in ihrem viele Jahre dauernden Leben und sterben nach einem Reproduktionszyklus ab, wie man das bei Agaven kennt, deren Blattrosette nach der Bildung des riesigen Blütenstandes abstirbt.

Anzahl und Größe der von Pflanzen produzierten Samen können je nach Umweltbedingungen variieren. Pflanzen, die isolierte Lebensräume besiedeln, produzieren große Mengen vom Wind verbreiteter Samen, von denen die meisten nicht überleben. Pflanzen in stabilen Lebensräumen mit guten Wachstumsbedingungen produzieren im Allgemeinen größere Samen mit höherer Überlebenswahrscheinlichkeit. Bei wüstenbewohnenden Astern beispielsweise werden die äußeren Samen in der Nähe der Elternpflanze verteilt, während die inneren Samen, die häufig einen Pappus besitzen, vom Wind weit weggetragen werden. Samen, die in der Nähe der Elternpflanze landen, bleiben gewöhnlich dormant, während die weit entfernten rasch keimen. Der Fremde Ehrenpreis (*Veronica peregrina*) bildet in feuchter Umgebung eine geringe Anzahl schwerer Samen (▶ Abbildung 25.5). Wenn die Umgebung trockener ist und der Ehrenpreis mit Gräsern um Platz zum Wachsen konkurrieren muss, wächst er schneller und bildet leichtere Samen, die weiter weg von der Elternpflanze getragen werden.

Abbildung 25.5: Fremder Ehrenpreis (*Veronica peregrina*). Diese Art produziert niedrige Pflanzen mit schweren Samen und hohe Pflanzen mit leichten Samen. Beide Varianten werden zufällig gebildet, doch in einem spezifischen Lebensraum kann eine Variante vor der anderen bevorzugt werden.

Es ist wichtig sich klarzumachen, dass Pflanzen nicht „spüren", dass sie leichtere Samen produzieren müssen, die für die Keimung geeignete Standorte erreichen können. Bestehende Pflanzenpopulationen besitzen ganz einfach Merkmale der Samenproduktion und -verbreitung, die über viele Generationen hinweg von der natürlichen Auslese favorisiert wurden. Alternative Merkmale, die sich als weniger erfolgreich erwiesen haben, sind in der Population nicht vertreten.

Wie Sie wissen, produzieren einige Bedecktsamer Blüten, die Fortpflanzungsorgane beider Geschlechter enthalten; andere dagegen produzieren separate männliche und weibliche Blüten, die auf dem gleichen Individuum oder auf verschiedenen Pflanzen sitzen können. Es gibt mindestens eine Blütenpflanze, ein Aronstabgewächs, „Jack-in-the-pulpit" (*Arisaema triphyllum*) in den Wäldern im Nordosten der Vereinigten Staaten, die ihr Geschlecht in Abhängigkeit von ihrer Größe ändern kann. Da *A. triphyllum* nicht verholzend ist, kann ihre Größe in Abhängigkeit von den Wachstumsbedingungen von Jahr zu Jahr schwanken. Kleine Pflanzen sind männlich und große weiblich. Der Zusammenhang zwischen Größe und Geschlecht ist eine Anpassung: Es ist mehr Energie erforderlich, um Samen und Früchte zu bilden, als für die Produktion von Pollen, und größere Pflanzen haben mehr Energiereserven.

Tiere haben ausgefeilte physiologische und Verhaltensmerkmale entwickelt, die ihnen bei der Auswahl des Geschlechtspartners helfen. Pflanzen sind natürlich in der Regel im Erdboden verwurzelt, und die männlichen Gameten, die sich aus den Pollenkörnern entwickeln, werden indirekt von einer Pflanze zur anderen übertragen. Die Narbe einer Blüte kann Pollen von sehr vielen Individuen empfangen, von denen einige zu anderen Arten gehören können. Wie Sie in Kapitel 15 gelernt haben, ist durch die chemische Umgebung der Narbe festgelegt, welche Pollenkörner keimen und welche nicht. Oftmals besitzen Pflanzen Polleninkompatibilitätsgene, die bestimmte Pollen am Keimen hindern.

Viele Pflanzen, u. a. auch die meisten Koniferen, werden vom Wind bestäubt. Manche Koniferen geben ihren Pollen nur dann frei, wenn die weiblichen Zapfen der gleichen Art empfänglich sind. Viele Blütenpflanzen sind von Insekten, Vögeln oder Fledermäusen abhängig, die den Pollen von einem Individuum zum nächsten übertragen. Eine bestimmte Pflanzenart und ihr Bestäuber sind oft sehr fein auf einander abgestimmt. Es gibt sogar Pflanzenarten, wie der in Kapitel 5 erwähnte „Baum der Reisenden" (*Ravenala madagascariensis*), die nur von einer einzigen Tierart bestäubt werden. Beziehungen dieser Art sind insofern riskant, als das Überleben der Pflanzenart von dem des Bestäubers abhängt. Sie bieten jedoch den Vorteil, dass die Blüten viel Aufmerksamkeit von der bestäubenden Art und viel weniger Pollen fremder Arten erhalten, so dass ein höherer Anteil der auf die Narbe gelangenden Pollen tatsächlich keimen kann.

WIEDERHOLUNGSFRAGEN

1. Warum ist es schwieriger, die Größe einer Population von Espen zu schätzen als die einer Population von Rehwild?
2. Stellen Sie Lebenskurven vom Typ I und vom Typ III gegenüber.
3. Was versteht man unter der *Kapazitätsgrenze*?
4. Was ist der prinzipielle Unterschied zwischen *r*-Selektion und *K*-Selektion?

25.2 Interaktionen zwischen Organismen in Ökosystemen

Pflanzen sind keine Eremiten. Sie leben mit anderen Organismen zusammen und interagieren mit ihnen auf vielfältige Weise. Die Überlebenschancen einer Pflanze werden von diesen, durch die Evolution geformten Interaktionen beeinflusst. Beispielsweise produzieren viele Pflanzen Alkaloide und andere chemische Verbindungen, die bitter schmecken oder für Fraßfeinde giftig sind. Oft sind diese Verbindungen in Trichomen oder Blatthaaren enthalten, die der erste Teil einer Pflanze sind, der von einem Pflanzenfresser konsumiert wird. Einige pflanzenfressende Insekten haben eine Resistenz gegen diese Verbindungen entwickelt, während andere die sie produzierenden Pflanzen meiden. In beiden Fällen haben zufällige Mutationen letztlich dazu geführt, dass Individuen, die diese Mutationen besitzen, eine erhöhte Fitness haben.

Kommensalismus und Mutualismus

Pflanzen und andere Organismen interagieren mitunter auf eine Art und Weise miteinander, die für eine oder

DIE WUNDERBARE WELT DER PFLANZEN
■ Ameisenpflanzen

Mutualismus tritt zwischen vielen Arten von Ameisen und Pflanzen auf. Die entsprechenden Pflanzen werden als Myrmekophyten bezeichnet (von griech. *myrmeko*, „Ameise", und *phyton*, „Pflanze"). Myrmekophyten liefern Ameisen Nahrung oder einen Platz zum Wohnen, während die Ameisen die Pflanzen vor Herbivoren und konkurrierenden Pflanzen schützen.

Zu den Myrmekophyten zählen bestimmte zentral- und südamerikanische Akazienarten (siehe Foto oben). Sie besitzen große, hohle Dornen an den Blattansätzen, die von Stechameisen bevölkert sind. Die Bäume produzieren Nektar und proteinhaltige Fraßkörperchen, die von Ameisen konsumiert werden. Die Ameisen halten Fraßfeinde von den Bäumen fern und entfernen Abfall, Pilze und andere Pflanzen, die in der Nähe wachsen und der Akazie das Licht nehmen könnten. Die von den Ameisen geleisteten Dienste sind wesentlich für das Überleben der Akazie. Wenn die den Baum bevölkernden Ameisen vernichtet werden, dann stirbt der Baum.

Pflanzen der Gattung *Myrmecodia* (unten abgebildet) beherbergen Ameisen im Hypokotyl, dem untersten Teil der Sprossachse, das anschwillt, wenn die Ameisen darin Tunnel und Höhlen bauen. Bei manchen Arten sind die Höhlen so groß, dass darin Eidechsen oder Frösche leben können. Ihre Exkremente lagern die Ameisen in speziellen Höhlen ab. Die Wände dieser Höhlen sind mit winzigen Erhebungen übersät, welche die in den Exkrementen enthaltenen Nährstoffe absorbieren. Viele Myrmekophyten leben als Epiphyten, anstatt im Boden zu wurzeln. Daher würden sie ohne die Ameisen nicht ausreichend Stickstoff erhalten. Die Ameisen schützen die Pflanzen vor Fraßfeinden und spielen manchmal eine sehr aktive Rolle beim Töten oder Vertreiben von Insektenlarven.

---

beide Arten vorteilhaft ist. **Kommensalismus** ist eine Interaktion zwischen zwei Arten, von der die eine Art profitiert, während die andere unberührt bleibt. Ein Beispiel für diese Form des Zusammenlebens von Arten ist ein Epiphyt, der auf der Krone eines Baumes im tropischen Regenwald lebt. Der Epiphyt profitiert in starkem Maße von dem Baum, auf dem er lebt, doch der Baum hat davon weder einen Vorteil noch schadet es ihm (es sei denn, der Epiphyt wächst so sehr, dass unter seinem Gewicht Äste abbrechen). Ein weiteres Beispiel für Kommensalismus ist der Saguaro-Kaktus (*Cereus gigantea*), dessen Keimlinge gewöhnlich im Schatten von „Pflegerpflanzen" zu finden sind, wo die Temperatur niedriger und der Boden feuchter ist.

Mutualismus ist eine Form des Zusammenlebens zweier Arten, bei der beide Arten voneinander profitieren (siehe Kapitel 4). Blütenpflanzen leben oft in mutualistischer Beziehung mit ihren tierischen Bestäubern. Der Bestäuber erhält Nektar und Pollen für seine Ernährung, und die Pflanze lässt ihren Pollen durch den Bestäuber verbreiten, wodurch Fremdbestäubung möglich wird. Zwei andere wichtige mutualistische Beziehungen, an denen Pflanzen teilhaben, laufen im Boden ab. Stickstoff fixierende Bakterien infizieren die Wurzeln mancher Pflanzen und beliefern so die Pflanzen mit Ammonium, einem wichtigen Nährelement (siehe Kapitel 10). Mykorrhizen, die Vergesellschaftung eines Pilzes mit den Wurzeln einer Pflanze, verbessern die Fähigkeit einer Pflanze, Wasser und Mineralien zu absorbieren (siehe Kapitel 19). In beiden genannten Fällen profitiert der Partner, der keine Photosynthese betreibt, indem er einen Teil der von der Pflanze produzierten organischen Verbindungen erhält (siehe den Kasten *Die wunderbare Welt der Pflanzen* oben).

Abbildung 25.6: Parasitäre Pflanzen. (a) Der Vollparasit Teufelszwirn (*Cuscuta campestris*), auf einer Wirtspflanze wachsend. (b) Eine Mistel (*Viscum album*) auf einer Kiefer. Dieser Halbparasit benutzt die Wirtspflanze lediglich zur Wasser- und Nährsalzversorgung.

Ausbeuterische Formen des Zusammenlebens

Ausbeutung liegt vor, wenn bei der Interaktion zweier Arten die eine geschädigt wird und die andere profitiert oder weniger Schaden davonträgt. Formen der Ausbeutung sind Prädation, Herbivorie und Parasitismus. Bei der **Prädation** ernährt sich einer der Organismen (der Räuber) von dem anderen, wobei dieser oft getötet wird. Wie alle anderen Organismen sind Pflanzen Angriffen von Krankheitserregern (Pilze, Bakterien, Protisten) ausgesetzt, die in der Regel räuberischer Natur sind. Spezielle Pflanzenkrankheiten wurden in den Kapiteln 17 und 19 diskutiert.

Herbivorie bedeutet, dass sich ein Tier von einer Pflanze ernährt, diese aber oftmals nicht tötet. Pflanzenfresser können Generalisten sein, die eine Vielzahl verschiedener Pflanzen fressen, oder Spezialisten, die sich auf einen bestimmten Pflanzentyp beschränken. In Kapitel 15 haben Sie gelernt, dass Pflanzen wie Gräser als Strategie gegen Pflanzenfresser Sprossapikalmeristeme entwickelt haben, die sich sehr weit unten an der Pflanze befinden. An dieser Stelle entgeht das Meristem gewöhnlich dem Gefressenwerden und kann eine photosynthetisch aktive Pflanze regenerieren, wenn die oberen Teile der Pflanze gefressen wurden. Alle Pflanzen reagieren auf den Verlust von Apikalmeristemen, indem sie Seitensprosse bilden, welche die Pflanze buschiger machen. Manche Pflanzen besitzen außerdem Stacheln oder Dornen, durch die sie viele Pflanzenfresser abwehren.

Im Normalfall können Pflanzenfresser und die von ihnen gefressenen Pflanzen trotz der negativen Folgen für die Pflanzen koexistieren. Typischerweise stehen die Anzahl der Pflanzenfresser und die Anzahl der Pflanzen miteinander in Beziehung. So hängt die Algenbiomasse eines Flusses mit der Anzahl der Köcherfliegen zusammen. Wenn man Köcherfliegen an einem Fluss aussetzt, ist sehr bald ein dramatischer Rückgang der Algenbiomasse zu verzeichnen, was wiederum zum Sinken der Anzahl der Köcherfliegen führt.

Parasitismus ist eine Beziehung, bei der sich ein Organismus von einem anderen ernährt, der noch am Leben ist. Parasitismus durch Pflanzen ist relativ selten. Von den schätzungsweise 250.000 bedecktsamigen Arten leben etwa 3000 teilweise oder vollständig parasitär von anderen Pflanzen. Vollparasiten haben gewöhnlich kein Chlorophyll und betreiben keine Photosynthese. Sie erhalten Kohlenhydrate von ihren Wirtspflanzen und leben als Vollparasiten oder Vollschmarotzer. Parasitäre Arten wie der Teufelszwirn oder Kleeseide (*Cuscuta*) bilden spezielle, als Haustorien bezeichnete Strukturen, die in das Leitgewebe der Wirtspflanze hineinwachsen (▶ Abbildung 25.6). Andere Parasiten wie *Monotropa uniflora* absorbieren mithilfe von Mykorrhizen Kohlenhydrate aus den Wurzeln anderer Pflanzen. Misteln (Viscum-Arten und andere Gattungen) sind Halbparasiten, die lediglich das Xylem ihrer Wirtspflanze mittels Haustorien anzapfen, um Wasser und Nährsalze aufzunehmen.

Intraspezifische und interspezifische Konkurrenz

Pflanzen, die im gleichen Gebiet wachsen, konkurrieren miteinander um Licht, Wasser und Bodennährstoffe. **Intraspezifische Konkurrenz** – d. h. Konkurrenz zwischen Individuen derselben Art – kommt wahrschein-

ÖKOSYSTEME

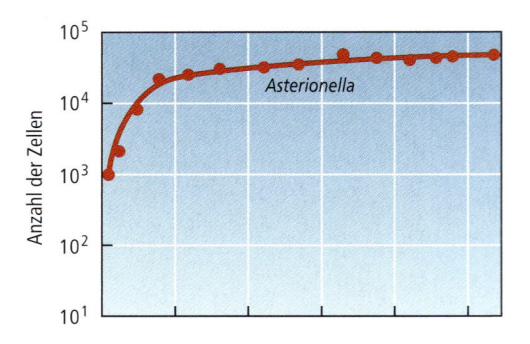

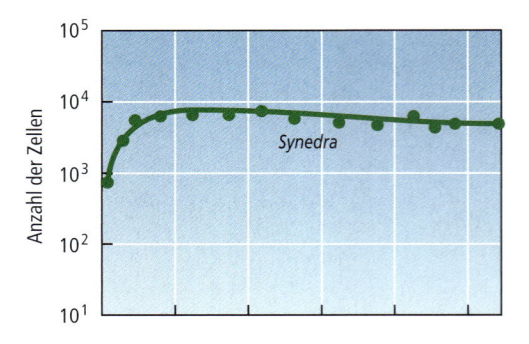

Wenn *Asterionella formosa* und *Synedra ulna* in zwei separaten Gefäßen wachsen, in denen eine begrenzte Menge Siliziumdioxid enthalten ist, dann erreicht jede Art ein stabiles Populationsniveau.

Wenn die beiden Arten im gleichen Gefäß miteinander konkurrieren, gedeiht *Synedra*, während *Asterionella* ausstirbt.

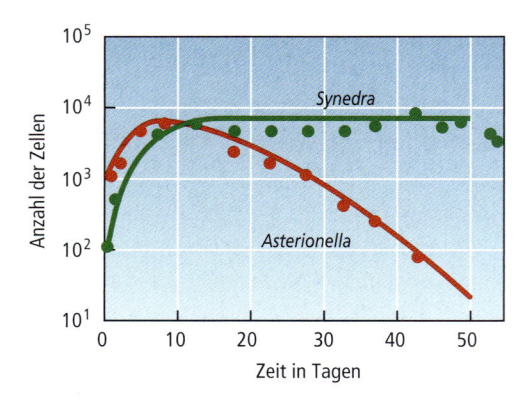

Abbildung 25.7: Das Konkurrenzausschlussprinzip für zwei Arten von Kieselalgen.

sche, einzellige Algen, die ihre Zellwände aus Siliziumdioxid bauen, das in dem sie umgebenden Wasser enthalten ist. Wenn man beide Arten in einem Gefäß mit einer begrenzten Menge Siliziumdioxid hält, wird nur eine der beiden Arten überleben.

Es gibt viele Fälle, in denen zwei oder mehr Arten innerhalb eines Gebiets scheinbar die gleichen Ressourcen nutzen, was eine Verletzung des Konkurrenzausschlussprinzips wäre. Bei genauerer Betrachtung zeigt sich jedoch immer, dass sich die Arten hinsichtlich ihrer Ressourcennutzung leicht unterscheiden. Beispielsweise haben der Knöterich *Polygonum pensylvanicum*, das Malvengewächs *Abutilon theophrasti* und die Kolbenhirse *Setaria faberii* gemeinsam, dass sie nicht mehr bewirtschafteten Prärieboden besiedeln. Eine genaue Untersuchung ihrer Wurzelstrukturen zeigt, dass jede Art Wasser und mineralische Nährstoffe aus einer anderen Bodentiefe bezieht.

Die Konkurrenz um Nährstoffe könnte ein in zahlreichen Experimenten gefundenes Ergebnis erklären, wonach die Anzahl der Arten in einem Ökosystem sinkt, wenn das Angebot an Nährstoffen steigt. Bei einer Studie in einem Regenwald in Ghana variierte die Anzahl der Pflanzenarten pro Hektar von 2000 bis 100, je nachdem, ob die Bodenfruchtbarkeit niedrig oder hoch war. In einer an der Rothamsted Experimental Station in England durchgeführten Studie wurde ein Stück Grasland betrachtet, das zwischen 1856 und 1949 gedüngt worden war. Während dieser Zeit ging die Anzahl der Pflanzenarten von 49 auf 3 zurück. Durch Forschungen konnte außerdem gezeigt werden, dass ein hoher Nährstoffgehalt zwar zu einer geringen Anzahl von Arten führt, dass jedoch die Produktivi-

lich am häufigsten in der Keimlingsphase vor. Sie führt zur so genannten Selbstausdünnung. Es kann sein, dass Hunderte oder Tausende von Keimlingen auf einer Fläche keimen, die später von einer einzigen Pflanze besetzt wird. Wenn die Keimlinge wachsen, dann überleben nur die kräftigsten unter ihnen und die anderen sterben ab. In Wäldern kann die Konkurrenz über Jahre hinweg andauern, da auch große Bäume um Ressourcen konkurrieren. Bedenkt man, dass große Bäume Hunderte von Jahren leben können, kommt man zu dem Schluss, dass Bäume ihr Territorium besser verteidigen als Tiere.

Interspezifische Konkurrenz – d. h. Konkurrenz zwischen Individuen verschiedener Arten – kann zur Eliminierung einer der beiden Arten oder zur Koexistenz beider Arten führen. Nach dem **Konkurrenzausschlussprinzip** wird von zwei Arten, die im gleichen Gebiet um exakt die gleichen Ressourcen konkurrieren, letztendlich eine eliminiert. ▶ Abbildung 25.7 illustriert dieses Prinzip für zwei Arten von Kieselalgen. Wie Sie in Kapitel 18 lesen konnten, sind Kieselalgen aquati-

tät dieser Arten hoch ist. Der Anstieg der Produktivität ist verständlich, schwieriger zu erklären ist dagegen der Rückgang der Diversität. Eine gängige Hypothese besagt, dass die Konkurrenz von Pflanzen bei ausreichend vorhandenen Nährstoffen im Wesentlichen durch ihre Fähigkeit entschieden wird, das zur Verfügung stehende Licht zu nutzen. Die effizienteste Art wird dominant.

Manchmal führt Konkurrenz dazu, dass eine oder beide der konkurrierenden Arten ihre Ressourcennutzung oder ihre Toleranz gegenüber bestimmten abiotischen Faktoren verändern. Beispielsweise haben der Wilde Rettich (*Raphanus raphanistrum*) und der Ackerspark (*Spergula arvensis*) etwa den gleichen Bereich des optimalen Boden-pH-Werts, wenn sie getrennt voneinander wachsen. Wenn beide jedoch in Konkurrenz gebracht werden, wächst der Ackerspark am besten, wenn der pH-Wert am unteren Ende dieser Spanne liegt. Diese Änderung minimiert die Konkurrenz zwischen den beiden Arten. Dies bedeutet, dass hier das physiologische Optimum verschieden vom ökologischen Optimum ist.

WIEDERHOLUNGSFRAGEN

1 Ist die Interaktion zwischen pollenproduzierenden Blüten und ihren Bestäubern ein Beispiel für Kommensalismus oder Mutualismus? Begründen Sie Ihre Antwort.

2 Wie gelangen Teufelszwirn und Misteln an Kohlenhydrate?

3 Was besagt das Konkurrenzausschlussprinzip?

Gesellschaften und Ökosysteme 25.3

Eine **Gesellschaft** ist eine Gruppe von Arten, die ein bestimmtes Gebiet besiedeln. Gesellschaften bestehen also aus den biotischen Komponenten eines Ökosystems. Wie Sie in Kapitel 24 gelernt haben, können Ökosysteme klein sein – zum Beispiel ein Teich oder auch nur ein einzelner Felsen – oder die Größe der gesamten Biosphäre haben. Größere Ökosysteme umfassen in der Regel eine Reihe verschiedener Gesellschaften. Die Ökologie von Gesellschaften befasst sich mit den Interaktionen zwischen den einzelnen Vertretern einer Gesellschaft. Sie untersucht, auf welche Weise diese Interaktionen die in der Gesellschaft vertretenen Arten, ihre Häufigkeit und Diversität bestimmen.

Zusammensetzung der Arten innerhalb einer Gesellschaft

Oft wird eine Gesellschaft durch eine oder mehrere **dominante Arten** charakterisiert, d. h. jene Arten, welche die meisten Individuen, die größte Biomasse oder andere Indikatoren für ihre Wichtigkeit innerhalb der Gesellschaft besitzen. In den Bergwäldern von Colorado zum Beispiel ist in bestimmten Höhenlagen die Ponderosakiefer eine dominante Art.

Die meisten Gesellschaften besitzen außerdem eine **Schlüsselart**, d. h. eine Art, die einen starken Einfluss auf die Struktur der Gesellschaft hat, auch wenn sie selbst nicht besonders zahlreich vertreten ist (siehe den Kasten *Biodiversitätsforschung* auf Seite 636). Wenn eine Schlüsselart aus einer Gesellschaft entfernt wird, kann es zu gravierenden Änderungen kommen. In der Gesellschaft der Ponderosakiefern können Gräser als Schlüsselarten betrachtet werden. Das Entfernen der Gräser würde die Populationen kleiner und großer Pflanzenfresser reduzieren, wodurch wiederum das Nahrungsangebot für Fleischfresser schrumpfen würde.

Pflanzengesellschaften haben zudem eine sie definierende physische Struktur, die oft in erster Linie durch den Typ und die Höhe der Pflanzen festgelegt ist. Die Schichtung ist ein Charakteristikum vieler Waldgesellschaften (siehe Kapitel 24). Zur untersten Schicht eines Waldes gehören Gräser und kurzlebige Kräuter. Ausdauernde Sträucher bilden eine zweite Schicht, vor allem bei guter Lichtdurchdringung. Junge Bäume, mittlere Bäume und ausgewachsene Bäume bilden weitere, höher gelegene Schichten. In manchen Wäldern tragen die Bäume mehrere Schichten von Epiphyten, deren Anzahl von der zur Verfügung stehenden Licht- und Niederschlagsmenge abhängt. Oft definieren die Bäume auch die Schichten, die von Tieren okkupiert werden. Beispielsweise fand Robert McArthur 1950 in einer berühmten Studie, die auf Mount Desert Island (Maine, USA) durchgeführt wurde, dass verschiedene Arten von Singvögeln jeweils in einer anderen Schicht eines Fichtenwalds nach Insekten jagen.

Auch flächige Muster sind in Gesellschaften verbreitet. Wenn Sie über ein Feld laufen, dann werden

BIODIVERSITÄTSFORSCHUNG
Feigen im Wald

Die 2000 Arten von Bäumen, Kletterpflanzen und Sträuchern der Gattung *Ficus* sind gemeinhin als Feigen bekannt. Besonders zahlreich sind Feigen in den tropischen Regenwäldern, wo auf wenigen Quadratmetern mehrere Arten zu finden sind. In vielen Gesellschaften tropischer Regenwälder sind Feigen eine Schlüsselart. Mit ihnen würde ein wichtiger Nahrungslieferant verschwinden und andere Pflanzenarten könnten in den Wäldern größere Dominanz erlangen.

Feigen sind an einer Reihe von interessanten mutualistischen Beziehungen beteiligt, welche die Bestäubung und die Verbreitung der Samen fördern. Eine Feigenfrucht entsteht aus einem nach innen gestülpten becherförmigen Blütenstand (auch Syconium genannt), der winzige männliche und weibliche Blüten enthält. Die Blüten werden von weiblichen Wespen befruchtet, die vom Duft der Feigen angelockt werden. Die Wespen quetschen sich durch eine Öffnung im Syconium, wobei sie oft ihre Flügel und Antennen verlieren. Innerhalb des Syconiums legen sie in einigen Blüten ihre Eier ab. Diese Blüten entwickeln sich zu Wucherungen (Gallen), die den aus den Eiern schlüpfenden jungen Wespen Nahrung liefern. Der Wespennachwuchs vervollständigt seine Entwicklung und paart sich innerhalb des Syconiums. Die männlichen Wespen sterben kurz nach der Paarung, doch die weiblichen Individuen verlassen das Syconium, wobei sie Pollen mit sich führen, der zur nächsten Feige übertragen wird.

Die erbsen- bis apfelgroßen Früchte der Feige werden von vielen Tieren des Regenwaldes gefressen, so zum Beispiel von Fischen, Vögeln, Affen, Schweinen, Rehwild, Nagetieren und Fledermäusen. Da Fledermäuse oft große Reviere haben, die sie nach Nahrung absuchen und in denen sie die Feigensamen verbreiten, helfen sie bei der Expansion tropischer Regenwälder.

Die hier abgebildete Würgefeige (*Ficus leprieurii*) hat eine Überlebensstrategie entwickelt, welche die Pflanze befähigt, erfolgreich um Licht zu konkurrieren, das für das Pflanzenwachstum im tropischen Regenwald ein limitierender Faktor ist. Die Samen der Feige werden in Tierexkrementen hoch in den Zweigen von Bäumen ablegt. Nach dem Keimen wächst die Pflanze als Epiphyt, wobei sie Nährstoffe aus Blattabfällen und anderen Ablagerungen auf den Zweigen bezieht. Sie bildet zahlreiche dünne Wurzeln aus, die sich um den Stamm des Wirts schlingen. Wenn sie den Boden erreichen, erhalten die Wurzeln zusätzliche Nährstoffe, woraufhin die Wurzeln dicker werden und die Sprossapikalmeristeme schneller zu wachsen beginnen. Nun beginnt die Feige, mit dem Wirt um Licht und Bodennährstoffe zu konkurrieren. Gleichzeitig verhindern die dicken Wurzeln der Feige, dass der Stamm des Wirts an Umfang zunimmt. Auf diese Weise wird der Wirt von der Feige regelrecht erwürgt. Schließlich stirbt der Wirt und die Feige nimmt seinen Platz ein. Sehr alte Würgefeigen stehen auf ausgehöhlten Geflechten von Wurzeln.

Ihnen Flecken begegnen, wo jeweils andere Typen von Pflanzen wachsen. In einem Wald, dessen Kronendach Lücken aufweist, können sich kleiner wüchsige Pflanzen etablieren. Periodische Waldbrände und andere Störungen führen zumindest vorübergehend zu starken Veränderungen der Flächenmuster.

Die Anforderungen und Lebensgewohnheiten individueller Pflanzen können die Struktur einer Gesellschaft beeinflussen. Weiter vorn in diesem Kapitel war bereits von den Kreosotbüschen die Rede, die als Keimlinge in Clustern wachsen und als adulte Pflanzen eine gleichmäßige Verteilung aufweisen. Einzelne Kreosotbüsche vermehren sich manchmal vegetativ im Umkreis der Pflanze. Mit der Zeit kann durch diese Fortpflanzungsmethode ein Ring genetisch identischer Büsche entstehen. Wenn Sie einem solchen Ring in der Wüste begegnen würden, wo der Kreosotbusch normalerweise vorkommt, würden Sie dies als eine Anomalie in der ansonsten gleichmäßigen Verteilung der Pflanze interpretieren. Die vegetative Vermehrung kann das Muster zwar erklären, doch die Frage für den Ökologen bleibt: Warum bilden manche Pflanzen Ringe und die meisten anderen nicht? Möglicherweise führt der Mechanismus der Samenverteilung zu einem Ring von Tochterpflanzen um die Elternpflanze herum, oder aber ein abiotischer Faktor wie die Bodenfeuchtigkeit oder die Bodenfruchtbarkeit ist im Bereich des Rings verändert. Beispielsweise kann das Voranschreiten des Myzels von Basidienpilzen die Bodenfruchtbarkeit am Rand des Myzels verändern, so dass sich dort ein als Hexenring bezeichneter Ring aus Pilzen bildet (siehe Kapitel 19).

Auch die Charakteristika von Populationen beeinflussen die Struktur einer Gesellschaft. Betrachten wir noch einmal die Küstenkiefer. Die reifen Zapfen geben ihre Samen frei, wenn sie bei einem Brand erhitzt werden. Das Feuer schafft außerdem Platz, damit die Samen keimen und die Keimlinge, die direktes Sonnenlicht benötigen, erfolgreich wachsen können. Ein Wald aus ausgewachsenen Küstenkiefern verursacht tiefen Schatten, was verhindert, dass neue Keimlinge dieser Art sich erfolgreich entwickeln können. Ein solcher Wald kann viele Jahre lang fortbestehen, oder aber es wachsen Keimlinge schattentoleranter Pflanzen heran und überschatten irgendwann die Küstenkiefern, die dann zugrunde gehen. Außerdem können durch Brände, Stürme oder Krankheiten Lücken im Wald entstehen. In einigen dieser Lücken können Keimlinge von Küstenkiefern dominieren, andere werden vielleicht von Zitterpappeln (*Populus tremuloides*) okkupiert, die ebenfalls direktes Sonnenlicht benötigen. Ökologen interessieren sich dafür, warum manche Lücken mit Kiefern und andere mit Pappeln gefüllt werden. Eine Hypothese könnte sein, dass nur solche Lücken mit Kiefern gefüllt werden, die durch Brände entstanden sind. Möglicherweise spielen auch andere abiotische Faktoren wie der Typ und die Tiefe des Bodens sowie die Wasserverfügbarkeit eine Rolle.

Die grundlegenden Determinanten einer Gesellschaftsstruktur sind die abiotischen Faktoren. Beispielsweise fällt in tropischen Regenwäldern verglichen mit den Laubwäldern der gemäßigten Zone wesentlich mehr Regen, das Sonnenlicht ist intensiver und der Boden ist ärmer an Nährstoffen. All diese Faktoren spielen eine Rolle für die Struktur des Kronendachs und für die Diversität der in einem Wald lebenden Arten. Das Kronendach eines Laubwaldes im östlichen Nordamerika ändert sich mit den Jahreszeiten und besitzt zwei grundlegende Schichten: hohe Bäume wie den Tulpenbaum (*Liriodendron tulipifera*) und das Unterholz mit Bäumen wie zum Beispiel Hartriegel (*Cornus* spp.) und hohen Sträuchern. Im Gegensatz dazu ist das Kronendach eines tropischen Regenwaldes über das Jahr hinweg relativ konstant, zudem komplexer und besteht aus mehr Schichten. Außerdem gibt es in einem tropischen Regenwald wesentlich mehr Arten von Bäumen, anderen Pflanzen sowie Tieren.

Mikrolebensräume

Es überrascht nicht, dass man innerhalb eines Ökosystems eine ganze Reihe verschiedener Gesellschaften findet. Beispielsweise gibt es in einer Wüste ausgedehnte Trockengebiete und hin und wieder Oasen, also feuchte Gebiete, wo sich der Grundwasserspiegel nahe der Erdoberfläche befindet. Entlang eines Flusses, der durch die Wüste fließt, kommen Pflanzen und Tiere vor, selbst wenn der Fluss nur gelegentlich Wasser führt. Weitere Beispiele sind einzelne Felsformationen in Steppen, auf denen eine Vegetation mit größerer Trockentoleranz vorkommt, und Gruppen von Bäumen oder Sträuchern in einer Klamm, wo es mehr Wasser gibt. In diesen Fällen handelt es sich um Mikrohabitate.

In Ökosystemen gibt es auch ausgedehnte Gebiete, in denen die physische Umwelt sehr homogen erscheint. Lange Zeit hatten Ökologen große Schwierigkeiten zu erklären, warum diese Lebensräume so vielen Arten Platz bieten können, wie sie es offensichtlich tun. Manche Abschnitte eines scheinbar homogenen tropischen Regenwaldes enthalten beispielsweise mehr als 250 verschiedene Baumarten pro Hektar. Wie können so viele Arten in Anbetracht der Konkurrenz um begrenzte Ressourcen in einem scheinbar homogenen Lebensraum koexistieren? Die Antwort ist, dass scheinbar homogene Lebensräume oft viel komplexer sind, als es scheint. Infolgedessen sind Arten, die auf den ersten Blick in direkter Konkurrenz miteinander stehen, in Wirklichkeit oft keine Konkurrenten. Verschiedene Forschungsansätze liefern Belege für diese Erklärung.

Beispielsweise wurden Ozeane und Seen ursprünglich als homogene Lebensräume betrachtet, in denen Nährstoffe gleichmäßig verteilt sind. Tatsächlich jedoch bewirken Unterschiede in den Winden, Strömungen und Temperaturen, dass das Nährstoffangebot in unterschiedlichen Teilen des Ozeans oder Sees beträchtlich variiert. Diese Konzentrationsunterschiede haben Auswirkungen auf die Verteilung von Süßwasser-Kieselalgen (*Asterionella* und *Cytolotella*) im See. *Asterionella* dominiert dort, wo die Siliziumdioxidkonzentration hoch ist, und *Cytolotella* bei niedrigen Konzentrationen. Daher kann ein See wie der Pyramid Lake mehrere Lebensräume bieten, die sich auf der Basis eines einzigen Nährstoffes definieren.

Terrestrische Lebensräume sind noch komplexer, besonders was die Verteilung von Bodennährstoffen und Niederschlägen betrifft. Diese Komplexität erzeugt eine Vielfalt von Mikrolebensräumen, in denen jeweils bestimmte Arten Konkurrenzvorteile haben. Beispielsweise bevorzugen zwei Arten der Labkräuter (*Galium*) ganz unterschiedliche Bodentypen: *G. sylvestre* wächst am besten auf alkalischem Boden und *G. saxatile* auf saurem Boden. In manchen Gegenden kommen beide Bodentypen abwechselnd vor.

Wenn wir über die Schwankungen von Temperatur, Nährstoffangebot, pH-Wert und anderen abiotischen Faktoren reden, dann sprechen wir von unterschiedlichen ökologischen Nischen. Formal wurde der Begriff der **ökologischen Nische** 1959 von G. E. Hutchinson

ÖKOSYSTEME

definiert. Nach dieser Definition versteht man hierunter die Gesamtheit aller physikalischen und biologischen Variablen wie Temperatur, Niederschlagsmenge, Bodentyp und das Ausmaß der jahreszeitlichen Schwankungen. Die ökologische Nische der Küstenkiefer ist beispielsweise durch volles Sonnenlicht, relativ niedrige Temperaturen und gut drainierten, steinigen Boden charakterisiert. Man könnte noch weitere Faktoren hinzunehmen, um die ökologische Nische dieser Baumart umfassend zu definieren, beispielsweise die optimalen Werte bestimmter Nährstoffe. Zu einer ökologischen Nische gehört außerdem das **Habitat** eines Lebewesens, d. h. der Ort, an dem es lebt. Moose leben in feuchten, schattigen Habitaten, während Sonnenblumen sonnige, trockene Habitate bevorzugen.

Ökologische Nischen werden auf der Basis spezieller biotischer und abiotischer Merkmale unterschieden. Jedes Merkmal kann man sich als einen Punkt auf einer Achse eines Koordinatensystems vorstellen. Eine Achse eines solchen Koordinatensystems könnte beispielsweise die Niederschlagsmenge repräsentieren und eine zweite die Stickstoffkonzentration. Die ökologische Nische einer jeden Art entspricht einem eindeutigen Punkt in diesem Koordinatensystem. In Anbetracht der großen Anzahl von biotischen und abiotischen Faktoren in einem Ökosystem überrascht es nicht, dass es auch in scheinbar homogenen Lebensräumen viele verschiedene ökologische Nischen gibt. Dies ist vermutlich der Grund für die erstaunlich hohe Zahl unterschiedlicher Arten, die in vielen Ökosystemen zu finden sind. Oft genügt bereits ein Unterschied in einem einzigen Schlüsselfaktor, beispielsweise der Siliziumdioxidkonzentration im Falle der Kieselalgen oder des pH-Werts im Fall des Labkrauts, um zwei ansonsten sehr ähnliche Arten in zwei verschiedene ökologische Nischen zu verlagern.

Entstehung von Mikrolebensräumen durch Störungen

Die Anzahl der Arten nimmt im Allgemeinen mit zunehmender Höhe über dem Meeresspiegel sowie mit zunehmender Entfernung vom Äquator ab (siehe Kapitel 24). Dies scheint zu implizieren, dass warme Klimazonen mit geringen jahreszeitlichen Schwankungen die Diversität der Arten fördern. Andererseits wächst in einem gegebenen Gebiet die Anzahl der Arten, wenn es moderate Störungen gibt. Dies liegt vermutlich daran, dass die Störungen neue Mikrolebensräume schaffen, die zusätzliche Arten aufnehmen können. Ein gutes Beispiel hierfür liefern Kolonien von Präriehunden (▶ Abbildung 25.8). In Gebieten, die von diesen Kolonien „gestört" wurden, gibt es kahle Flecken, Dreckhügel und Flächen, auf denen die Tiere bestimmte Pflanzen weggefressen haben. Jede dieser Flächen beherbergt eine andere Pflanzengesellschaft, unter anderem die Gräser, die auf benachbarten ungestörten Flächen vorkommen, Stauden und Sträucher.

Die ökologische Sukzession

In vielen Ökosystemen durchlaufen die in ihnen lebenden Gesellschaften graduelle Änderungen. Diese Änderungen werden als **ökologische Sukzession** bezeichnet. Oft folgt die ökologische Sukzession einer Störung, die Arten aus einem Ökosystem eliminiert oder neue Lebensräume schafft, die von Organismen besiedelt werden können. Ökologen unterscheiden zwischen primärer und sekundärer Sukzession.

Primäre Sukzession beschreibt die Veränderungen in Gesellschaften im Verlauf der Zeit in Gebieten, die anfangs nahezu frei von jeglichem Leben sind und wo sich noch kein Erdboden gebildet hat. Beispielsweise hinterlässt ein zurückgehender Gletscher Moränen (lange Rinnen mit Geröllablagerungen), in denen es abgesehen von Bakterien keine Lebewesen gibt. Primäre Sukzession kann auch nach Vulkanausbrüchen auftreten, wenn Lava oder anderes ausgeworfenes Material neue Inseln im Ozean bildet oder Landflächen überdeckt (siehe den Kasten *Evolution* auf Seite 641).

Die primäre Sukzession beginnt oft mit Flechten (Kapitel 19) und Moosen (Kapitel 20), die erfolgreich auf blankem Fels existieren können. Flechten sondern saure Substanzen ab, die das Gestein auflösen. Wasser sickert in kleine Ritzen und dehnt sich aus, wenn es gefriert, wodurch das Gestein weiter aufgebrochen wird. Es entstehen kleine Risse, die Moosen eine Lebensgrundlage bieten, die sich je nachdem, ob Wasser zur Verfügung steht, ausdehnen und zusammenziehen. Durch diese Prozesse entstehen nach und nach kleine Vertiefungen mit Erde, wo die Samen kleiner Kräuter und Sträucher keimen können. Schließlich entstehen größere Flächen mit Humus, auf denen Bäume wachsen können. Durch die Wurzeln von Bäumen wird das Gestein oft weiter auseinandergebrochen. In vielen Fällen folgt die Sukzession nicht exakt diesem Muster. Da die primäre Sukzession auf unterschiedlichen Substraten beginnen kann – zum Beispiel auf expo-

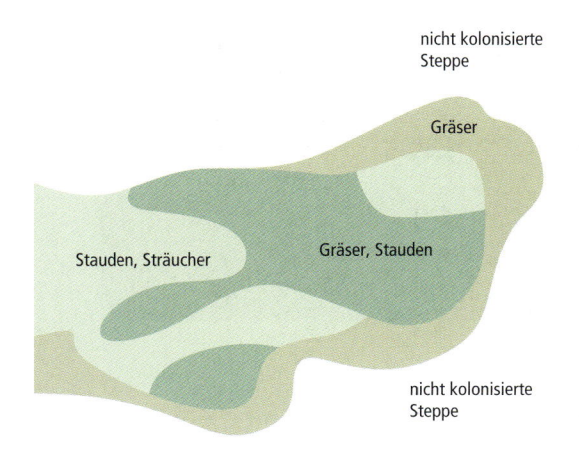

Abbildung 25.8: Auswirkung einer moderaten Störung auf die Diversität der Arten. Präriehundkolonien schädigen Steppen und erzeugen neue Mikrolebensräume, in denen Stauden und Sträucher, aber auch Gräser wachsen können.

nierten Steinen, Schlick, Sandbänken, in Moränen oder auf Lava –, kann die Aufeinanderfolge der Organismen selbst im gleichen Ökosystem unterschiedlich sein. In jedem Fall führt die primäre Sukzession jedoch letztlich zur Etablierung einer **Klimaxgesellschaft**, die relativ stabil bleibt, sofern sie nicht durch eine weitere Störung aus dem Gleichgewicht gebracht wird. Die Etablierung einer Klimaxgesellschaft durch primäre Sukzession kann Hunderte oder sogar Tausende von Jahren dauern.

Die Glacier Bay in Alaska stellt ein besonderes Beispiel für die primäre Sukzession dar (▶ Abbildung 25.9). Als Kapitän George Vancouver 1794 das Gebiet bereiste, gab es dort keine Bucht, sondern einen dicken Eisschild, der im Ozean auslief. 1879 fand John Muir offenes Wasser in der Glacier Bay vor und schätzte, dass die Gletscher seit Vancouvers Besuch um 30 bis 40 Kilometer zurückgegangen sein mussten. Das frei liegende Land zwischen der Bucht und dem Gletscher war mit Pflanzen bedeckt, doch es gab keine Bäume. Seit Muirs Besuch im 19. Jahrhundert haben Wissenschaftler den weiteren Rückgang der Gletscher und das Voranschreiten der primären Sukzession in der Region dokumentiert. Ihre Untersuchungen haben ergeben, dass die Sukzession am Rande der Bucht in mehreren Phasen abläuft:

- Bei ihrem Rückzug hinterlassen die Gletscher eine Vielzahl von Mikrolebensräumen, in denen während der ersten 20 Jahre viele kleine Pioniergesellschaften leben. Typische Pflanzen sind Schachtelhalme (*Equisetum variegatum*), Weidenröschen (*Epilobium latifolium*), Weiden (*Salix*), Pappeln (*Populus balsamifera*), Silberwurz (*Dryas drummondi*) und Sitkafichten (*Picea sitchensis*).
- Nach etwa 30 Jahren bildet sich eine sekundäre Gesellschaft, deren wichtigste Pflanzen niedrige Sträucher der Gattung *Dryas* sind, zu der auch der Silberwurz gehört. Auch andere Pflanzen aus der Pioniergesellschaft sind in den durch die Sträucher gebildeten Matten zu finden.
- Nach etwa 40 Jahren dominieren höhere Sträucher, insbesondere Erlen (*Alnus*). Pappel (*Populus*) und Fichte (*Picea*) sind ebenfalls wichtige Mitglieder der Gesellschaft.
- Nach etwa 75 Jahren dominiert eine Waldgesellschaft, die hauptsächlich aus *Picea* und zwei Arten der Hemlocktanne (*Tsuga*) zusammengesetzt ist. Das Unterholz besteht aus Moosen, Kräutern und Keimlingen anderer Bäume. Diese Arten werden irgendwann zwischen 100 und 200 Jahre nach dem Rückzug des Gletschers eine Klimaxgesellschaft bilden. Tief gelegene Flächen in der Umgebung folgen einem anderen Pfad der Sukzession und enden schließlich in einer Klimaxgesellschaft, die als Sumpfland bezeichnet wird und aus Überflutungsmooren und Wiesen besteht.
- Zwischen 250 und 1 500 Jahre nach dem Rückzug des Gletschers steigt die Anzahl der Arten allmählich an. Diesen Anstieg, der charakteristisch ist für die primäre Sukzession, kann man in der Glacier Bay beobachten, wenn man eine Reihe von Stellen entlang der Bucht untersucht.

Die verschiedenen Modelle zur Erklärung der primären Sukzession unterscheiden sich hinsichtlich der Frage,

25 ÖKOSYSTEME

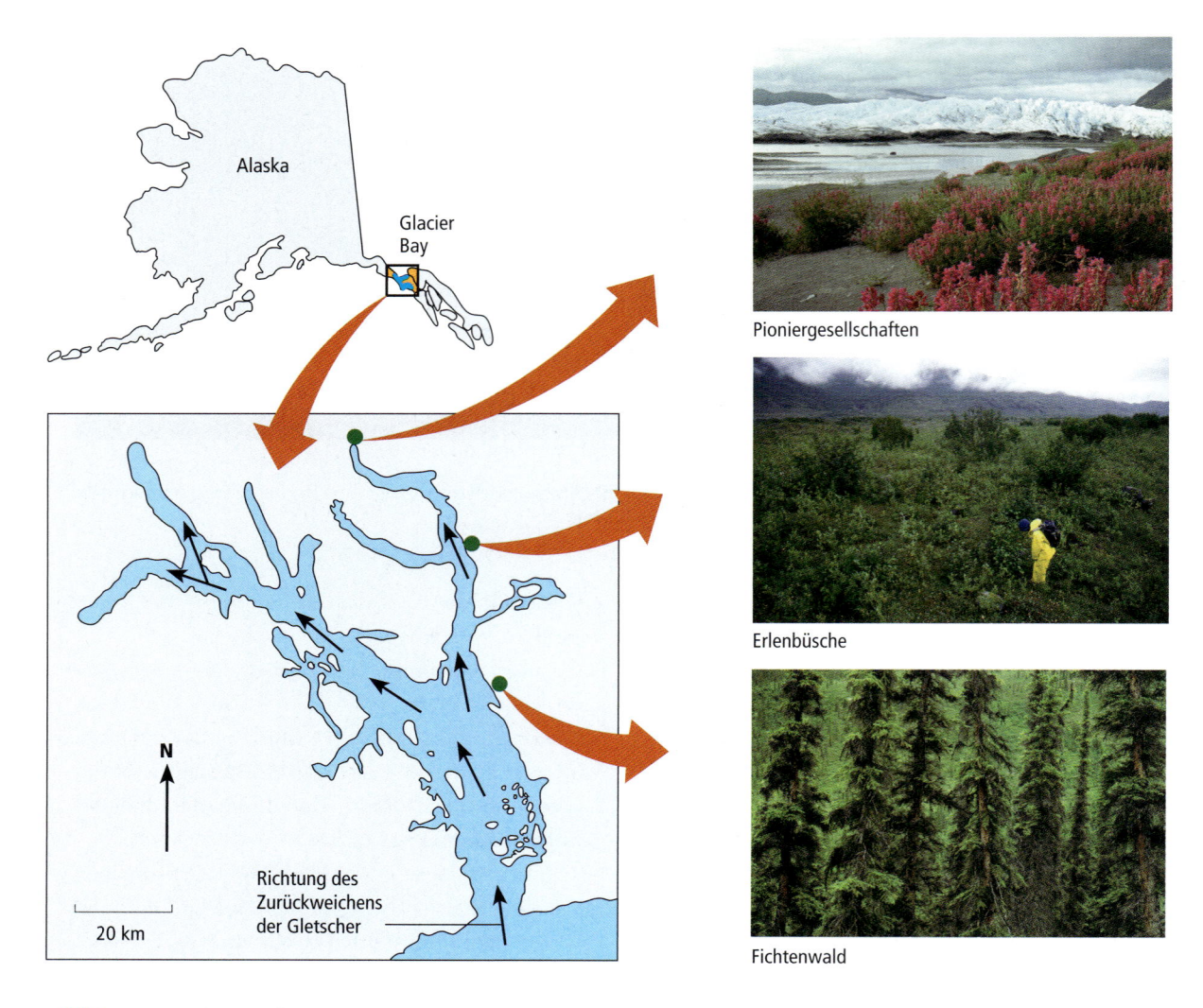

Abbildung 25.9: Primäre Sukzession in der Glacier Bay (Alaska). Die zurückgehenden Gletscher hinterlassen Moränen, auf denen eine Sukzession von Pflanzengesellschaften stattfindet. Etwa 40 Jahre nach der Entstehung einer Moräne dominieren Erlen und andere Sträucher. Nach weiteren 35 Jahren hat sich ein Fichtenwald etabliert.

ob früh im Verlauf der Sukzession auftretende Arten den Weg für spätere Arten bereiten oder ob sie deren Etablierung hemmen. Die von Forschern gesammelten Belege lassen beide Möglichkeiten offen. Die im Lauf der Sukzession vorkommenden Pflanzen repräsentieren diejenigen Arten, die für die Wiederbesiedlung zur Verfügung standen. In jeder Phase der Sukzession konkurrieren die Arten, die vorhanden sind und daher geeignet sind, die Region zu dominieren.

Sekundäre Sukzession findet dort statt, wo eine Gesellschaft aufgrund einer Störung eliminiert wurde, der Boden aber intakt geblieben ist. Wenn beispielsweise ein Feld abgeerntet und anschließend brach liegengelassen wurde oder ein Wald abgeholzt und nicht wieder aufgeforstet wurde, dann wird das Land mit der Zeit von einer Reihe von Pflanzen- und Tiergesellschaften besiedelt. Oft findet eine sekundäre Sukzession nach menschlichen Aktivitäten statt, doch sie kann auch nach dem Ausbruch einer Krankheit, einem Sturm, einem Brand oder einer Überflutung stattfinden, wenn eine solche Störung die Zusammensetzung einer Gesellschaft verändert.

Die sekundäre Sukzession erfolgt im Allgemeinen schneller als die primäre Sukzession. Als Beispiel betrachten wir die Änderung der Artenzusammensetzung der Laubwälder im Osten der USA, die durch Esskastanienrindenkrebs verursacht wurde. Im 18. Jahrhundert bestanden die Wälder von Maine bis Mississippi zu 25 Prozent aus der Amerikanischen Esskastanie (*Castanea dentata*). Um 1900 wurde der Pilz *Cryphonectrica parasitica*, der den Esskastanienrindenkrebs verursacht, in die USA eingeschleppt, und

EVOLUTION

Primäre Sukzession nach einem Vulkanausbruch

Der 18. Mai 1980 begann ruhig im Südwesten des Bundesstaates Washington. Plötzlich, um 8:32, setzte ein Erdbeben der Stärke 5,1 ein, und Sekunden später rutschte die gesamte Nordflanke des Mount St. Helens ab. Der Himmel war voller Wolken aus Rauch und Asche. Der durch den Bergsturz ausgelöste Vulkanausbruch riss die Spitze des Berges weg und verwüstete mehr als 500 km² gesunden Nadelwald. An dessen Stelle entstand eine öde Fläche aus Schutt und Asche.

Die Rückkehr von Leben am Mount St. Helens erfolgte schnell, weil aus umliegenden Gebieten Samen angeweht wurden und innerhalb des zerstörten Gebiets einzelne Flecken der Vegetation überlebt hatten. Die ersten Pflanzen, die sich ansiedelten, waren Pionierarten, Pflanzen, die schnell wachsen, sich vermehren und sich verbreiten. Eine dieser Pionierarten, das Weidenröschen (*Epilobium*), ist gut an das Leben in verwüsteten, sonnigen Gebieten angepasst. Zu den nächsten Etappen der Sukzession am Mount St. Helens gehört die Etablierung von anderen einjährigen Pflanzen, mehrjährigen Kräutern und Gräsern, Sträuchern, Kiefern und anderen Weichholzbäumen, sowie schließlich von Hartholzbäumen. Einige dieser Pflanzen haben sich bereits angesiedelt, doch der gesamte Prozess wird vermutlich Hunderte von Jahren dauern.

innerhalb von 30 Jahren waren alle adulten Esskastanienbäume aus den nordamerikanischen Wäldern verschwunden. In den gleichen Wäldern dominieren heute je nach Region Hickory, Eiche, Ahorn und Kirsche.

Bei Untersuchungen der sekundären Sukzession auf aufgegebenen Feldern im Piedmont Plateau (North-Carolina) wurden folgende Phasen identifiziert:

- Im ersten Jahr kolonisieren Fingerhirse (*Digitaria sanguinalis*) und Berufkraut (*Erigeron canadense*) die Felder.
- Im zweiten Jahr dominieren entweder Astern (*Aster pilosus*) oder Beifußblättriges Traubenkraut (*Ambrosia artemisiifolia*), wobei letztere Pflanze einen sehr allergenen Pollen besitzt.
- Um das vierte bis fünfte Jahr etabliert sich Bartgras (*Andropogon virginicus*) als vorherrschende Pflanze; außerdem gibt es vereinzelt Sträucher und kleine Bäume.
- Nach etwa 15 Jahren ist ein Fichtenwald die auffälligste botanische Komponente. Fichtensamen benötigen volles Sonnenlicht. Deshalb besteht das Unterholz aus Eichen (*Quercus*) und Hickory (*Carya*), die im Schatten gut gedeihen.
- Nach etwa 150 Jahren sind Eichen und Hickorybäume die wichtigsten Baumarten. Sie werden die Klimaxgesellschaft dominieren, die sich schließlich herausbildet.

Jede Sukzession bewegt sich auf einen Endzustand zu, der durch den Standort der Gesellschaft bestimmt wird. Während des Voranschreitens der Sukzession sind bestimmte Phänomene zu beobachten, die allen Ökosystemen gemeinsam sind. Die Gesamtbiomasse der Gesellschaft wächst. In manchen Klimaxgesellschaften wie den tropischen Regenwäldern ist ein beträchtlicher Anteil der zur Verfügung stehenden mineralischen Ressourcen in lebenden Pflanzen und abgestorbenem Pflanzenmaterial gebunden. Die Freisetzung der Nährstoffe aus dem Abfall ist eine existenzielle Voraussetzung für den Fortbestand der Gesellschaft. Auch die in der Vegetation zu findenden Muster ändern sich. Beispielsweise haben Bäume in frühen Sukzessionsphasen zahlreiche kleine, zufällig orientierte Blätter und sind mehrschichtig, d. h. die Blätter hängen sowohl oben als auch unten an neuen Zweigen, und manche Blätter beschatten andere. Espen, Erlen und einige Fichten sind Beispiele hierfür. Bäume in Klimaxgesellschaften haben weniger und größere Blätter und sind einschichtig, d. h. die Blätter hängen nur an den Spitzen neuer Zweige, wo sie nicht von anderen beschattet werden.

Trophische Stufen

Die Organismen eines Ökosystems werden in Primärproduzenten und Konsumenten unterteilt. Autotro-

25 ÖKOSYSTEME

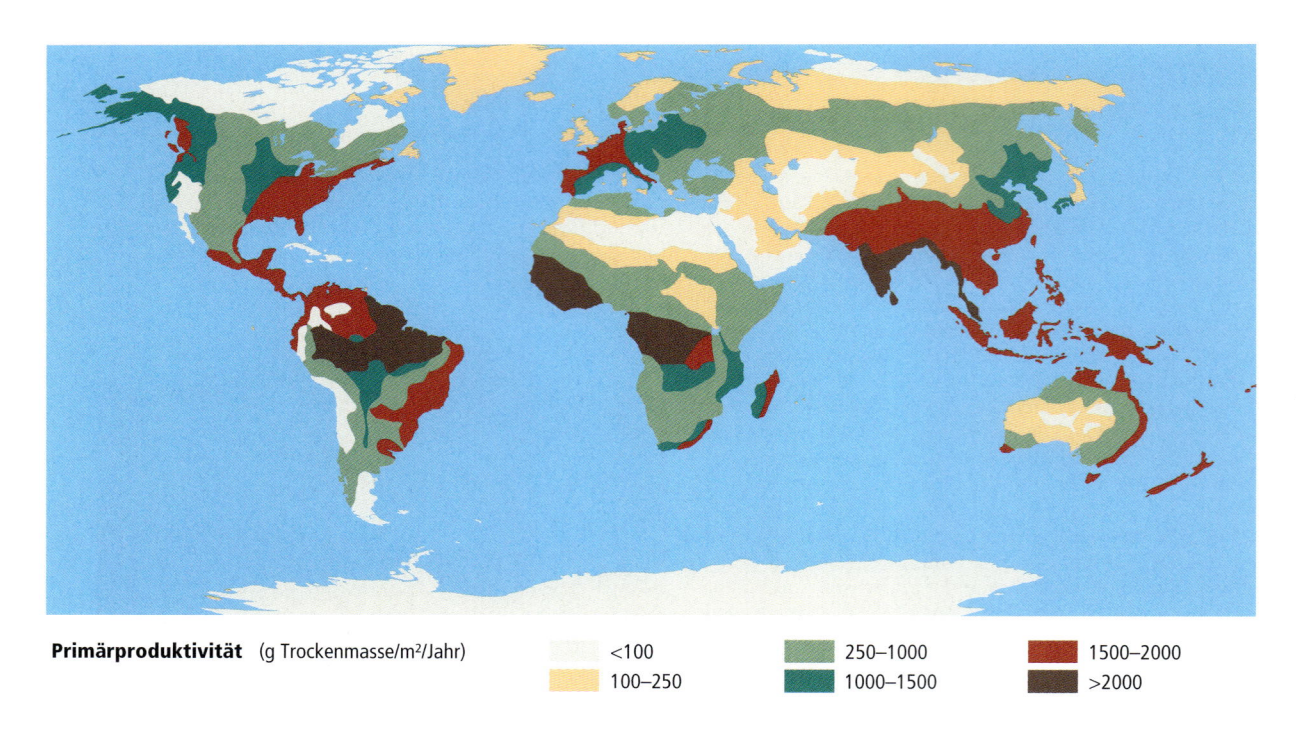

Primärproduktivität (g Trockenmasse/m²/Jahr)   <100   250–1000   1500–2000
   100–250   1000–1500   >2000

Abbildung 25.10: Primärproduktivität eines terrestrischen Ökosystems. Am höchsten ist die Primärproduktivität in tropischen und gemäßigten Regionen.

phe Organismen, zu denen insbesondere die Photosynthese betreibenden Organismen (Pflanzen, Algen und einige Prokaryoten) gehören, sind Primärproduzenten für organische Stoffe und gespeicherte Energie. Tiere, Pilze, heterotrophe Prokaryoten und Protisten sind Konsumenten von organischen Stoffen.

Ökologen bewerten die primäre Produktivität eines Ökosystems, indem sie das Trockengewicht von Pflanzen und anderen Photosynthese betreibenden Organismen messen, das pro Quadratmeter und Jahr produziert wird. ▶ Abbildung 25.10 zeigt deutlich, dass tropische Regenwälder und gemäßigte Wälder die produktivsten terrestrischen Ökosysteme sind, vor allem weil die Produktivität sowohl mit der Niederschlagsmenge als auch mit der Temperatur steigt (bewirtschaftete Felder können die Produktivität tropischer Regenwälder erreichen oder überschreiten, aber nur, wenn erhebliche Mengen an Dünger und Wasser eingebracht werden). Das Nährstoffangebot beeinflusst die Produktivität ebenfalls. Der Effekt hoher Temperaturen und Nährstoffmengen ist in aquatischen Ökosystemen besonders auffällig, wo diese Bedingungen Algenblüten hervorrufen (siehe Kapitel 18). Auch die in einem Ökosysteme lebenden Tiere beeinflussen dessen primäre Produktivität. Eine in den Steppen der Serengeti durchgeführte Studie hat beispielsweise ergeben, dass die Produktivität bei moderater Beweidung am höchsten war und bei sehr hoher oder sehr niedriger Weideintensität zurückging.

Wie Sie in Kapitel 9 gelernt haben, kann man die in einem Organismus enthaltene chemische Energie bestimmen, indem man diesen in einem Kalorimeter verbrennt und die freigesetzte Energie misst. Im Mittel wandeln Pflanzen und andere Primärproduzenten nur etwa 1 Prozent des sie erreichenden sichtbaren Lichts in chemische Energie um. Mit anderen Worten speichern Primärproduzenten von einer Million Joule (SI-Einheit der Energie), die sie in Form von Sonnenenergie erreichen, etwa 10.000 Joule. Konsumenten wandeln etwa 10 Prozent der von ihnen konsumierten chemischen Energie in Biomasse um. D. h. von 10.000 Joule, die in Pflanzenmaterial enthalten sind und in eine Nahrungskette eingehen, speichert ein Primärkonsument (ein Pflanzenfresser) etwa 1000 Joule in Form von Biomasse, ein Sekundärkonsument (ein Fleischfresser, der einen Pflanzenfresser frisst) speichert etwa 100 Joule und ein Tertiärkonsument (ein Fleischfresser, der einen anderen Fleischfresser frisst) speichert etwa 10 Joule. Diese Beziehungen können in einer Produktivitätspyramide dargestellt werden (▶ Abbildung 25.11). Jede Stufe der Pyramide – Primärproduzent, Primärkonsument usw. – wird als **trophische Stufe** bezeichnet.

25.3 Gesellschaften und Ökosysteme

Tertiärkonsumenten
10 J

Sekundärkonsumenten
100 J

Primärkonsumenten
1000 J

Primärproduzenten
10.000 J

Sonnenlicht 1.000.000 J

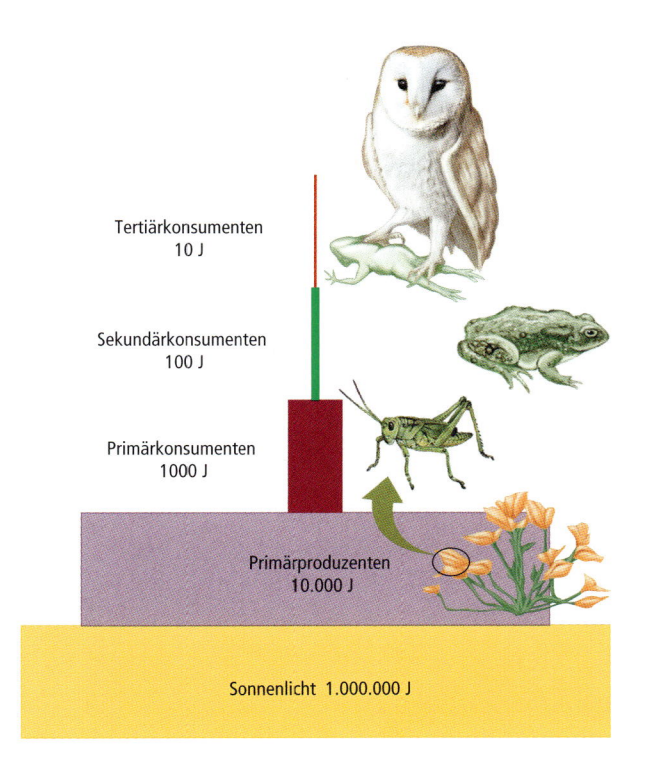

Abbildung 25.11: Eine Produktivitätspyramide. Primärproduzenten wandeln etwa 1 % der sie erreichenden Sonnenenergie in Biomasse um. Jede höhere trophische Stufe gibt an die nächsthöhere etwa 10 % der Energie weiter, die sie verbraucht hat.

Produktivitätspyramiden zeigen, dass Landwirtschaft effizienter ist und mehr Menschen ernähren kann, wenn die Menschen Pflanzenprodukte wie Reis anstatt tierische Produkte wie Rindfleisch essen. Natürlich hängen solche Effizienzbetrachtungen davon ab, was verzehrt wird. Reiskörner sind fast vollständig durch den Menschen verwertbar, weshalb etwa zehn Mal so viele Menschen je landwirtschaftlich genutztem Hektar ernährt werden können, wenn darauf Reis anstatt Rindfleisch produziert wird. Viel Pflanzenmaterial enthält jedoch große Mengen Cellulose, die für Menschen unverdaulich ist. Wenn Brokkoli oder Spinat auf dem Speiseplan stehen, liegt die Effizienz einer vegetarischen Ernährung wesentlich niedriger.

Kreisläufe in Ökosystemen

Wenn Pflanzen wachsen, nehmen sie Wasser und Minerale aus dem Boden sowie Kohlendioxid (CO_2) aus der Atmosphäre auf. Die in diesen Verbindungen enthaltenen chemischen Elemente werden in Pflanzenstrukturen eingebaut und gelangen von dort in die Strukturen von Primär-, Sekundär- und Tertiärkonsumenten.

Wenn einer dieser Organismen stirbt, wird er von Pilzen und Bakterien zersetzt, so dass Wasser und Minerale letztendlich in den Boden und CO_2 in die Atmosphäre zurückgelangen. Damit zirkulieren Wasser, Kohlenstoff und Minerale fortwährend zwischen Organismen und unbelebten Komponenten des Ökosystems. Diese Abläufe werden als Kreisläufe dargestellt.

Wasser gelangt durch Verdunstung aus den Ozeanen und anderen Gewässern sowie durch Transpiration in die Atmosphäre. In Form von Niederschlägen gelangt es wieder zurück in die Ozeane oder auf die Landmassen und schließt den **Wasserkreislauf** (▶ Abbildung 25.12). Ein Teil der auf das Land fallenden Niederschläge wird von den Flüssen in die Ozeane getragen, ein weiterer Teil dringt in den Boden, wo er an Bodenpartikel gebunden wird. Das im Boden versickernde Wasser füllt außerdem das in Hohlräumen der Erdrinde befindliche Grundwasser auf, das ebenfalls zurück in die Ozeane fließt. Dieser Weg des Wassers kann allerdings Tausende von Jahren dauern. Große Mengen von Grundwasser werden für die Nutzung durch den Menschen an die Oberfläche gepumpt.

Im Rahmen des **Kohlenstoffkreislaufs** wird der im CO_2 enthaltene Kohlenstoff von Pflanzen, Algen und bestimmten Prokaryoten während der Photosynthese in organische Verbindungen eingebaut (▶ Abbildung 25.13). Durch Zellatmung von Produzenten, Konsumenten und Destruenten sowie durch Verbrennung von Holz und fossilen Brennstoffen gelangt Kohlenstoff in Form von CO_2 zurück in die Atmosphäre. Terrestrische Produzenten erhalten CO_2 direkt aus der Atmosphäre, zu der es einen geringen Anteil (0,04 Prozent) beiträgt. Aquatische Produzenten nutzen gelöstes CO_2, das im Gleichgewicht mit gelösten Bicarbonat-Ionen (HCO_3^-) und atmosphärischem CO_2 steht. Mehr als 90 Prozent des Kohlenstoffs der Erde befindet sich am Grund der Ozeane, gebunden in Sedimenten aus Kalziumcarbonat ($CaCO_3$), die aus den Schalen mariner Lebewesen gebildet werden.

Minerale, die Stickstoff und Phosphor enthalten, existieren als gelöste Ionen in Ozeanen, Seen und Flüssen sowie gebunden in Bodenpartikeln. Gasförmiger Stickstoff (N_2) macht mit 78 Prozent den größten Anteil an der Erdatmosphäre aus. Mehr als 99,9 Prozent des auf der Erde vorhandenen Stickstoffs befinden sich in der Atmosphäre. ▶ Abbildung 25.14 illustriert die fünf Schritte des **Stickstoffkreislaufs**. **(1)** Bei der *Stickstofffixierung* wird das N_2-Gas der Atmosphäre von Bakterien, die sich im Boden und in den Wurzelknöllchen

25 ÖKOSYSTEME

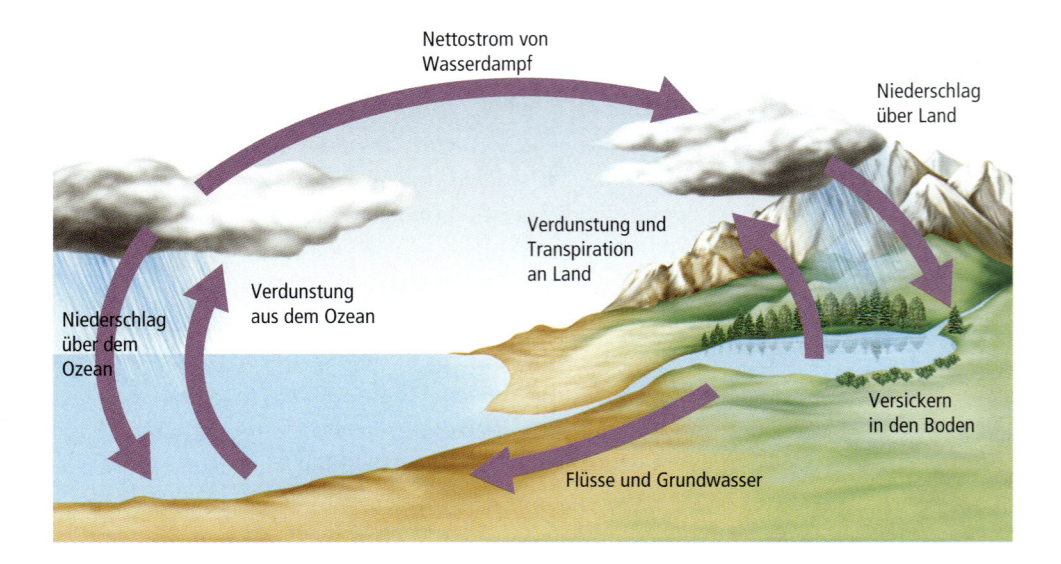

Abbildung 25.12: Der Wasserkreislauf. Über den Ozeanen übersteigt die verdunstete Wassermenge die Niederschlagsmenge, über den Landflächen ist es umgekehrt.

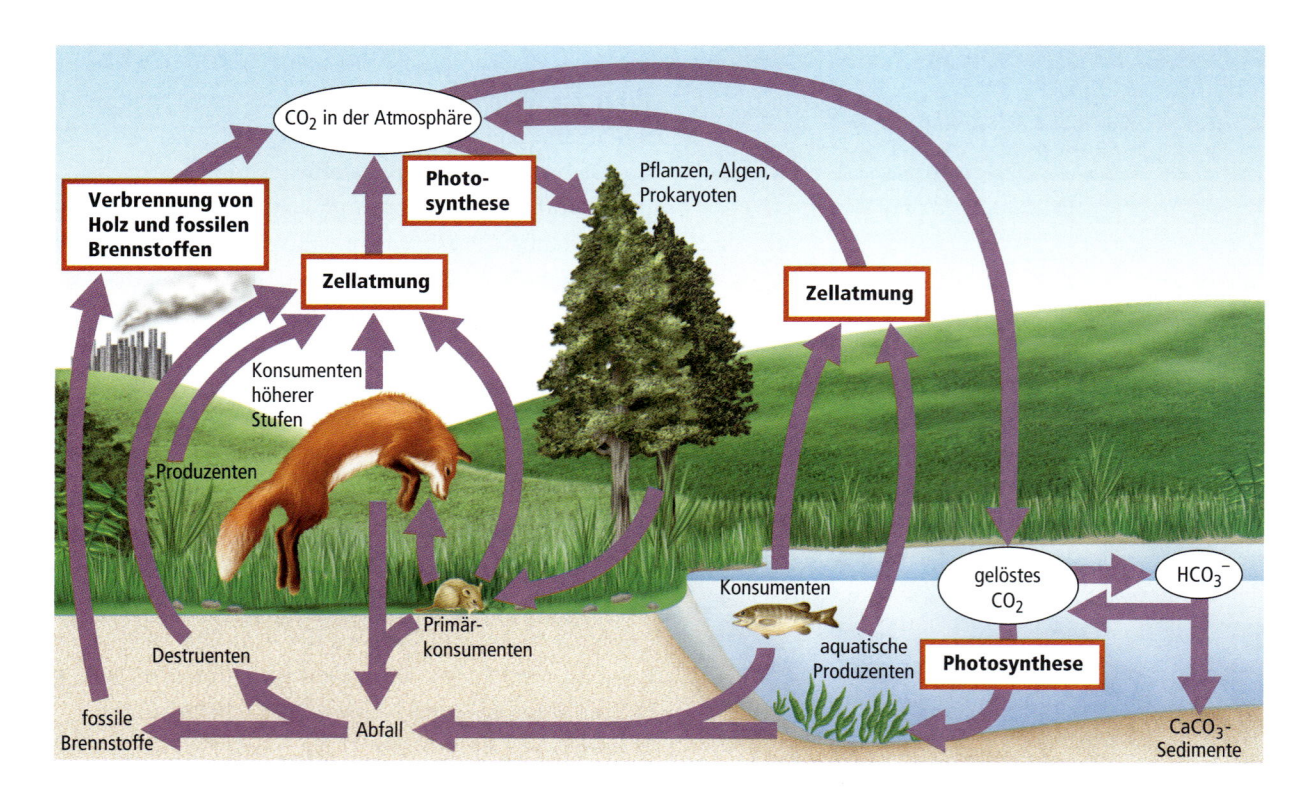

Abbildung 25.13: Der Kohlenstoffkreislauf. Photosynthese und Zellatmung sind die Haupttriebkräfte für die Zirkulation von Kohlenstoff in Ökosystemen. Die beiden Prozesse haben eine ausgeglichene Bilanz, doch die Verbrennung von Holz und fossilen Brennstoffen bewirkt einen stetigen Anstieg der Konzentration von CO_2 in der Atmosphäre.

der Hülsenfrüchtler befinden, in Ammoniak umgewandelt. Dies ist der einzige Schritt des Stickstoffkreislaufs, in dem molekularer Stickstoff in organische Verbindungen gelangt. Ammoniak reagiert im Boden mit Wasser, wobei Ammonium (NH_4^+) entsteht. **(2)** Bei der *Ammonifikation* gelangt durch Destruenten, welche die Überreste toter Organismen abbauen, auch NH_4^+ in den Boden. **(3)** Bei der *Nitrifikation* wandeln Bodenbakterien NH_4^+ in Nitrit (NO_2^-) und Nitrat (NO_3^-) um. **(4)** Bei der *Assimilation* nehmen Pflanzen NH_4^+ und NO_3^- aus

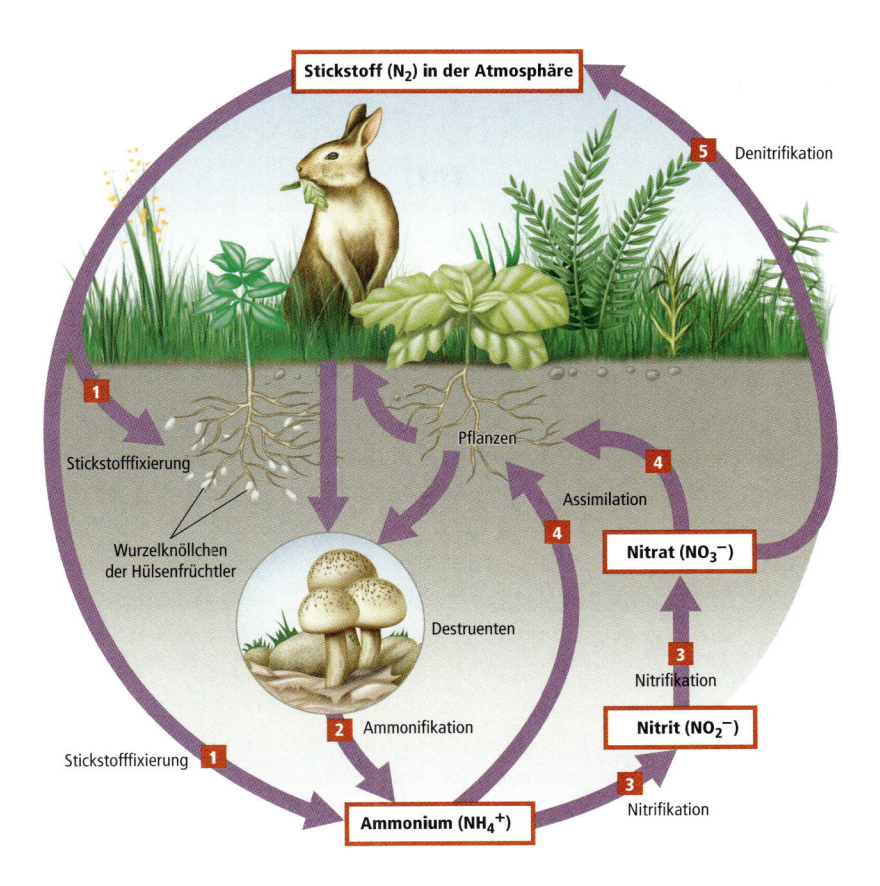

Abbildung 25.14: Der Stickstoffkreislauf. Verschiedene Typen von Bodenbakterien sind wesentliche Komponenten der Schritte 1, 2, 3 und 5, die im Text erklärt werden. Für Schritt 2 spielen außerdem Pilze eine wichtige Rolle.

dem Boden auf und bauen den Stickstoff in Aminosäuren, Nucleotide und andere organische Verbindungen ein, die über die Nahrungskette zu den Konsumenten gelangen. **(5)** Bei der *Denitrifikation* wandeln Bodenbakterien NO_3^- in N_2 um, das anschließend wieder an die Atmosphäre abgegeben wird, und der Kreislauf beginnt von Neuem.

WIEDERHOLUNGSFRAGEN

1. Was ist der Unterschied zwischen einer dominanten Art und einer Schlüsselart?
2. Beschreiben Sie die typischen Vorgänge bei der primären Sukzession.
3. Nennen Sie einige repräsentative Beispiele für Primärproduzenten und Primärkonsumenten.
4. Welcher prozentuale Anteil der Energie wird typischerweise von einer trophischen Stufe auf die nächsthöhere überführt?

Biodiversität und Artenschutz 25.4

Das Wissen von Pflanzenbiologen, das dabei hilft, genug Nahrung für die Weltbevölkerung zu produzieren, ist ein wichtiger Aspekt bei der Wechselwirkung des Menschen mit der Biosphäre. Mitte des letzten Jahrhunderts gab es einen als **grüne Revolution** bezeichneten Versuch, die Welternährung mithilfe traditioneller Methoden der Pflanzenzucht sicherzustellen. Dabei wurden besonders ertragreiche Sorten der weltweit wichtigsten Getreidearten – Weizen, Mais und Reis – gezüchtet. Zu den herausgezüchteten Merkmalen dieser Sorten gehört, dass ein größerer Anteil der durch die Photosynthese umgewandelten Energie in die Füchte und weniger in die Blätter geht. Damit sie maximale Erträge liefern, ist allerdings ein hoher Einsatz an Dünger, Pestiziden und Wasser notwendig – die Produktion hat also ihren Preis. Die Forschung zur Erzeugung der ertragreichen Sorten der grünen Revolution erfolgte im Wesentlichen in internationalen Landwirtschaftszentren unter Führung der CGIAR (*Consultative Group on Interna-*

tional Agricultural Research). Die Züchtung von Weizen und Mais wurde am CIMMYT (*Centro Internacional de Mejoramiento de Maíz y Trigo*) in Mexiko vorangetrieben, während Reis am IRRI (*International Rice Research Institute*) auf den Philippinen entwickelt wurde. Durch die im Rahmen der grünen Revolution gezüchteten Sorten konnten viele Länder ihre Nahrungsmittelproduktion erheblich steigern, so dass diese mit dem raschen Bevölkerungswachstum Schritt halten konnte. Mexiko zum Beispiel entwickelte sich zwischen 1944 und 1964 von einem Weizen importierenden Land zu einem Weizenexporteur, und das trotz seines hohen Bevölkerungswachstums.

Die Zukunft der Welternährung unter dem Gesichtspunkt des Bevölkerungswachstums

Wird es mithilfe der Biotechnologie gelingen, einen ähnlichen Ertragsanstieg zu erreichen, der dabei helfen kann, existierende und zukünftige Nahrungsengpässe zu beseitigen? Die meisten Experten nehmen an, dass der Ertrag pro Pflanze nicht wesentlich steigen wird. Aber durch die Einführung neuer Sorten, die krankheitsresistent sind oder tolerant gegen Trockenheit, zu hohen Salz- oder Säuregehalt des Bodens, wird die Gesamtproduktion innerhalb der nächsten beiden Jahrzehnte zunehmen (siehe Kapitel 14). Durch Nutzpflanzen mit diesen Merkmalen würde es mehr landwirtschaftlich nutzbare Flächen geben als heute. Allerdings lehnen einige Länder, unter ihnen die meisten europäischen, gentechnisch veränderte Pflanzen trotz ihrer hohen Erträge und ihres verbesserten Nährwerts ab. Gentechnisch veränderte Pflanzen müssen angemessen getestet werden, und die Öffentlichkeit muss über deren Vorteile und potenzielle Gefahren aufgeklärt werden. Die Situation ähnelt ein wenig derjenigen, die zu beobachten war, als die ersten Impfstoffe zur Eindämmung gefährlicher Krankheiten eingeführt wurden. Impfstoffe haben ebenfalls gute und schlechte Eigenschaften, doch ohne Zweifel haben sie viele Leben gerettet und Leid verhindert.

Neben der Entwicklung gentechnisch veränderter Nutzpflanzen gibt es noch weitere Methoden, die zur Deckung des steigenden Nahrungsmittelbedarfs beitragen können. Eine davon ist die Erhöhung der genetischen Vielfalt von Nutzpflanzen. In der modernen Landwirtschaft werden oft nur sehr wenige Sorten einer bestimmten Nutzpflanze kultiviert, nämlich jene, die besonders wertvolle Merkmale haben und gut auf Düngung, Bewässerung und Pestizide ansprechen. Diese Reduzierung der genetischen Vielfalt macht einen großen Teil der Nutzpflanzen anfällig gegen Angriffe durch ein einziges, gut angepasstes Pathogen oder einen einzigen Pflanzenfresser. In den Jahren 1846/47 wurde beispielsweise fast die gesamte Kartoffelernte Nordeuropas durch den Pilz *Phytophora infestans* innerhalb von nur wenigen Wochen vernichtet. Besonders verheerend waren die Auswirkungen in Irland, da die Ernährung der dortigen Bevölkerung sehr stark auf der Kartoffel basierte. Eine Million Iren verhungerten und ebenso viele wanderten aus, vor allem in die USA. 1970 wurde mehr als die Hälfte der Maisernte der USA durch den Pilz *Cochliobolus heterostrophus* zerstört. Die Maisbauern hatten nur wenige Sorten Mais verwendet, von denen zudem viele genetisch eng verwandt waren. Dies hatte zur Folge, dass viele Pflanzen für die Pilzinfektion empfänglich waren, nachdem durch Mutation eine neue Variante des Pilzes entstanden war.

Bauern haben festgestellt, dass es Vorteile bringen kann, wenn sie in ihre kultivierten Ökosysteme mehr Komplexität bringen und von Monokulturen wieder Abstand nehmen. Beim **Mehrfruchtanbau** werden verschiedene Nutzpflanzen gleichzeitig oder nacheinander angebaut. Eine Variante des Mehrfruchtanbaus ist der **Fruchtfolgeanbau**, bei dem in aufeinanderfolgenden Jahren unterschiedliche Nutzpflanzen angebaut werden. Manchmal wird zum Beispiel Weizen abwechselnd mit einer stickstofffixierenden Hülsenfrucht wie Klee oder Luzerne angebaut. Bei einer anderen Variante des Mehrfruchtanbaus, der **Mischkultur**, wird das Feld mit abwechselnden Reihen aus unterschiedlichen Nutzpflanzen bestellt. Beispielsweise können Reihen aus Obstbäumen sich mit mehreren Reihen Bohnen und Kartoffeln abwechseln oder Reihen aus Sojabohnen mit Reihen aus Gerste und Mais (▶ Abbildung 25.15). Durch Mischkultur ist es möglich, das ganze Jahr über verschiedene Früchte zu ernten, wenn diese zu unterschiedlichen Zeiten reif werden. Bei einer gut durchdachten Mischkultur können sogar die Vorteile ausgenutzt werden, die sich durch die Mechanisierung von Anbau, Pflege und Ernte erzielen lassen.

Indem sie ein kleineres Angriffsziel bietet, verlangsamt die Mischkultur die Ausbreitung von Pathogenen und Pflanzenschädlingen, die von großen, mit nur einer Art bepflanzten Feldern angezogen werden. Manchmal werden neben Nutzpflanzen auch bestimmte Pflanzenarten angebaut, die Pflanzenschädlinge vertreiben oder

BIODIVERSITÄTSFORSCHUNG
■ Landrassen und Samenbanken

Landrassen sind lokale Pflanzenpopulationen, die über Hunderte oder sogar Tausende von Jahren von Bauern gezüchtet wurden. Diese Populationen können über eine ganze geografische Region verteilt sein oder auch nur in einem bestimmten Tal oder Gebirge vorkommen. Jede Landrasse besitzt aufgrund der Zuchtwahl bestimmte Allele, die für gutes Gedeihen und eine erfolgreiche Reproduktion im jeweiligen Verbreitungsgebiet vorteilhaft sind. Oft verleihen die Allele Widerstandsfähigkeit gegen bestimmte Krankheiten oder Fraßfeinde. Die genetische Konstitution einer Landrasse kann auch eine Anpassung an lokale Klimaverhältnisse oder regionale Geschmacksvorlieben beinhalten. Seit die moderne Landwirtschaft sich in Richtung Monokulturen bewegt (Anbau nur einer oder weniger Pflanzensorten auf ausgedehnten Flächen), sind Landrassen vernachlässigt worden, und viele von ihnen sind mittlerweile ausgestorben.

Die Erhaltung von Landrassen ist eine wichtige Funktion von Samenbanken. In Samenbanken werden die Samen vieler natürlicher und für die Landwirtschaft gezüchteter Pflanzensorten aufbewahrt. Samen, die in unterschiedlichen geografischen Gebieten von der gleichen Pflanzenart entnommen wurden, können sich als genetisch verschieden erweisen, und Samenbanken können vermeiden helfen, dass bestimmte Gene verloren gehen. Besonders wichtig ist die Bewahrung der genetischen Vielfalt lokaler Pflanzenpopulationen im Fall von Nutzpflanzen. Für gefährdete Arten ist die Aufbewahrung ihrer Samen in einer Samenbank eine Art Versicherung gegen das Aussterben.

Die Nationale Samenbank der USA (*National Seed Storage Laboratory*, siehe Bild rechts) befindet sich in Ford Collins, Colorado. In dieser Einrichtung sind 1,5 Millionen Samenproben von Pflanzen aus der ganzen Welt bei −18 °C trocken gelagert oder bei −196 °C in flüssigem Stickstoff aufbewahrt. Jede Probe bleibt 20 bis 50 Jahre entwicklungsfähig und wird in regelmäßigen Abständen getestet und ersetzt. Im Jahr 2000 wurde in Großbritannien die *Millennium Seed Bank* eröffnet, die heute die größte Samenbank der Welt ist und vor allem dazu dienen soll, gefährdete Arten zu retten. Bis 2010 sollen hier die Samen von 24.000 Arten gesammelt werden. Überall auf der Welt gibt es viele kleinere Samenbanken, welche die Samen von lokal bedeutenden Pflanzen aufbewahren. So wurde im Jahr 2005 in Osnabrück die „Loki-Schmidt-Genbank für Wildpflanzen" eingerichtet, wo alle Wildpflanzen Norddeutschlands gelagert werden sollen.

Besonders wichtig ist es, Samenbanken in Phasen politischer Instabilität zu schützen. Während des Afghanistankriegs 2002 wurde die afghanische Samenbank von Plünderern überfallen. Sie hatten es auf die Plastik- und Glascontainer abgesehen, in denen die Samen aufbewahrt wurden. Die Samen selbst warfen sie einfach auf dem Boden.

Abbildung 25.15: Mischkultur. Auf diesem Feld in Kuba werden Bananen in Kombination mit Kohl und anderen Nutzpflanzen angebaut.

auch auf sich ziehen. Studentenblumen (*Tagetes* spp.) zum Beispiel produzieren flüchtige Verbindungen, die viele Insekten abstoßen. Petersilie (*Petroselinum* spp.) dagegen zieht Schmetterlinge und Motten an, deren Larven die Petersilie fressen und andere Pflanzen unbeeinträchtigt lassen. Beispiele für den Mehrfruchtanbau in kleinem Rahmen sind in den meisten Schrebergärten zu finden.

Die Verwendung von schädlingsresistenten Sorten und der Mehrfruchtanbau sind zwei Aspekte der **integrierten Produktion** (IP), einer Form der Landwirtschaft, die sich einer Reihe von Methoden bedient, mit denen Nutzpflanzen vor Fressfeinden und Krankheiten geschützt werden. IP-Spezialisten versuchen, diejenigen Nutzpflanzen herauszufinden, die für spezifische Agrarregionen am besten geeignet sind. Außerdem arbeiten sie daran, die landwirtschaftlichen Praktiken zu modifizieren, die der Ausbreitung von Schädlingen Vorschub leisten. Ein IP-Ansatz zur Eindämmung der

Maisfäule könnte darin bestehen, den Mais auf benachbarten Feldern zu jeweils unterschiedlichen Zeitpunkten zu pflanzen, so dass nicht die gesamte Ernte durch eine Insektenbrut angegriffen werden kann, die zu einer bestimmten Zeit schlüpft. Zur IP gehört auch der Einsatz von Nützlingen wie zum Beispiel Wespen, die ihre Eier in Raupen ablegen, oder Marienkäfer, die Blattläuse fressen.

Oben in diesem Kapitel haben wir angemerkt, dass in einem Ökosystem 10 Prozent der Energie einer trophischen Stufe an die nächsthöhere trophische Stufe überführt werden. Dies bedeutet, dass Menschen etwa 10 Prozent der in Pflanzen enthaltenen Energie aufnehmen, wenn sie Pflanzen essen, aber nur etwa 1 Prozent der pflanzlichen Energie, wenn sie Fleisch essen. Demzufolge kann eine Population von Menschen, die sich vorwiegend von Pflanzen ernähren, von weniger landwirtschaftlicher Nutzfläche leben als eine Population von Menschen, die Fleisch essen. Daher ist der Verzehr von Pflanzen anstatt von Fleisch – eine Ernährung „weiter unten in der Nahrungskette" – eine effektive Methode, mit der sich erreichen lässt, dass mehr Menschen von einem gegebenen Stück Land satt werden.

Die Organisation der Nahrungsmittelproduktion auf lokaler Ebene kann die Versorgung mit Nahrung ebenso stark verbessern wie ein Anstieg der Nahrungsmittelproduktion selbst. Durch die lokale Erzeugung entfallen die Kosten und der Energieaufwand für lange Transportwege und andere Zwischenschritte auf dem Weg vom Feld zum Markt. Hausgärten und regionale Bauernmärkte sind offensichtliche Beispiele für eine lokale Produktion. Erzeugerkooperativen versetzen die Produzenten in die Lage, den lokalen Bedarf an Nahrungsmitteln zu befriedigen und gleichzeitig den besten Preis für Produktionsüberschüsse zu erzielen. Seit der Mensch Landwirtschaft betreibt, haben Bauern Sorten von Nutzpflanzen gezüchtet (so genannte Landrassen), die unter den lokalen Bedingungen besonders gut gedeihen (siehe den Kasten *Biodiversitätsforschung* auf Seite 647).

Das Aussterben von Arten

Nach Schätzungen werden 15 bis 20 Prozent aller Pflanzenarten innerhalb der nächsten 25 Jahre aussterben. Fast 1000 Baumarten sind gefährdet. Am höchsten ist die Aussterberate in den tropischen Regenwäldern, in denen die meisten Arten pro Flächeneinheit leben. Tropische Regenwälder werden wegen der Nachfrage nach Holzprodukten, und um landwirtschaftliche Nutzflächen zu schaffen, schnell zerstört.

Biologen haben 25 über den Erdball verteilte Hotspots identifiziert, in denen die Biodiversität besonders hoch ist und das Verschwinden von Arten besonders schnell voranschreitet. Sämtliche dieser Gebiete sind entweder tropische Regenwälder oder trockenes Buschland. Obwohl die Hotspots der Biodiversität nur 6 Prozent der Landfläche der Erde ausmachen, enthalten sie 33 Prozent aller Pflanzen- und Wirbeltierarten. Viele von ihnen sind zudem dicht durch den Menschen besiedelt oder weisen ein hohes Niveau von menschlichen Aktivitäten auf. Hotspots der Biodiversität sind Gebiete, in denen Bemühungen um den Naturschutz die größte Wirkung für die Erhaltung von Arten hätte.

Einer dieser Hotspots ist Madagaskar (Hotspot 9 in ▶ Abbildung 25.16). Die meisten dort lebenden Tierarten und 81 Prozent der Pflanzenarten von Madagaskar sind endemisch, d. h. sie leben nirgendwo sonst auf der Erde. Gegenwärtig ist die Insel zu 90 Prozent abgeholzt – mit drastischen Folgen für die Umwelt und die dort lebenden Menschen. Das Ökosystem der Insel wird sich nie wieder von diesem Eingriff erholen, zum einen wegen des Ausmaßes und der Intensität der Habitatzerstörung und zum anderen wegen der großen Bevölkerungsdichte der Insel.

Im Jahr 2000 hat ein Team von Wissenschaftlern aus acht Ländern die fünf wichtigsten Kräfte identifiziert, die für das Sinken der globalen Biodiversität verantwortlich sind:

- Veränderungen der Landnutzung, besonders Abholzung und Umwandlung natürlicher Ökosysteme in landwirtschaftliche Nutzflächen
- Veränderungen von Klimafaktoren einschließlich Niederschlag und Temperatur
- Stickstoffeintrag ins Wasser, hauptsächlich durch Kunstdünger, Fäkalien und Autoabgase
- Einführung exotischer Arten (Neophyten; siehe Kasten *Die wunderbare Welt der Pflanzen* auf Seite 649)
- Anstieg der Kohlendioxidkonzentration in der Atmosphäre

Es ist unübersehbar, dass in den nächsten Jahrzehnten viele Arten aussterben werden, wenn nicht drastische Maßnahmen ergriffen werden. Noch sehr viel mehr Arten könnten ihre kritische Populationsgrößen erreichen, unterhalb derer die Wahrscheinlichkeit des Aussterbens beträchtlich wächst. Um den Einfluss der Menschheit auf den Planeten zunächst zu stabilisieren

25.4 Biodiversität und Artenschutz

DIE WUNDERBARE WELT DER PFLANZEN
Kudzu

Pueraria montana oder Kudzu ist eine invasive exotische Pflanze, die in den USA bis in den Norden von Pennsylvania drei Millionen Hektar Land bedeckt. Die mehrjährige, teilweise verholzende Kletterpflanze aus der Familie der Hülsenfrüchtler stammt ursprünglich aus Japan. Sie wurde 1876 in die USA eingeführt, als sie auf der Ausstellung anlässlich des 100. Jahrestages der Unabhängigkeitserklärung in Philadelphia im japanischen Pavillon gezeigt wurde. Während der Großen Depression in den 1930er-Jahren wurde Kudzu im Süden der USA angebaut, um die anhaltende Bodenerosion zu reduzieren. Auch ihr Anbau als Futterpflanze wurde gefördert, da sie wegen ihrer Vergesellschaftung mit stickstofffixierenden Bakterien die Bodenfruchtbarkeit erhält.

In den USA ist Kudzu keinen Schädlingen oder Krankheiten ausgesetzt. Bei optimalen Bedingungen wächst die Pflanze sehr schnell, nämlich bis zu 30 cm pro Tag. Ihre fleischigen Speicherwurzeln können bis zu 180 kg wiegen. Die Pflanze blüht im Spätsommer und produziert braune, flache, behaarte Samenhülsen, die jeweils drei bis zehn harte Samen enthalten. Im Süden der USA gedeiht Kudzu gut auf belasteten Böden, an Waldrändern und entlang der Straßenränder. Die Pflanze tötet Bäume und andere Pflanzen, indem sie sie durch ihr Gewicht erdrückt oder das zur Photosynthese notwendige Licht abblockt. In vielen Gebieten hat sie Felder und Gebäude vollständig überwuchert (siehe beispielsweise die Überwucherung einer Hütte im Bild unten links). 1972 erklärte das Landwirtschaftsministerium der USA Kudzu zu einem Unkraut.

Die Kosten für den Versuch, Kudzu zumindest unter Kontrolle zu halten, sind hoch. Allein die Versorgungsunternehmen wenden jährlich mehr als zwei Millionen Dollar auf, um der exotischen Landplage Herr zu werden. Herbizide können die Pflanze zwar abtöten, doch dazu müssen sie alle vier bis zehn Jahre angewendet werden. Ein bestimmtes Herbizid regt die Pflanze sogar zu noch schnellerem Wachstum an! Als Alternative zu Herbiziden wurden verschiedene Wege der biologischen Wachstumskontrolle untersucht. In Asien wurden verschiedene Insekten entdeckt, die bei der Bekämpfung von Kudzu hilfreich sein könnten, darunter ein sich von Blättern ernährender Käfer, eine Art der Pflanzenwespen, die sich ausschließlich von Kudzu ernährt, sowie zwei Arten von Rüsselkäfern, die sich nur von Kletterpflanzen ernähren. Außerdem wurde mindestens ein pathogener Pilz identifiziert, der Kudzu infiziert.

Die Geschichte von Kudzu in den USA ist ein hervorragendes Beispiel für die Probleme, die auftreten können, wenn eine Art in ein neues Gebiet eingeführt wird und man zulässt, dass sie sich dort etabliert. Sie illustriert zudem die immensen Schwierigkeiten, die mit der Bekämpfung exotischer Arten verbunden sein können, wenn diese erst einmal Fuß gefasst haben. In anderen Ländern gibt es ähnliche Fälle, so die Opuntien, die in Australien überhand nahmen, und der Riesenknöterich (*Reynoutria japonica*), der sich seit 1970 in Europa an Bahndämmen und auf Waldlichtungen explosionsartig ausbreitet (im Bild unten rechts). Ähnlich schnell und raumgreifend hat sich *Impatiens glandulifera*, das Drüsige Springkraut, ausgebreitet.

---

und dann sogar zu reduzieren, bedarf es einer ganzen Reihe von Änderungen. Eine der wichtigsten ist, dass fossile Brennstoffe und Holz durch alternative Energiequellen ersetzt werden. Bis zum Jahr 2003 haben wir bereits die Hälfte der derzeit bekannten Erdölreserven aufgebraucht. Nach gegenwärtigen Schätzungen werden die verbliebenen Reserven bis zum Jahr 2050 zu 90 Prozent erschöpft sein. Wenn das Öl knapp wird, dann wird vermutlich der Verbrauch anderer fossiler Brennstoffe wie Ölschiefer, Kohle und Torf zunehmen, was die Umwelt noch stärker belasten wird. Um an diese Brennstoffe heranzukommen, werden Ökosysteme in großem Umfang zerstört werden, und der gestiegene Verbrauch von minderwertiger Kohle wird die Luftverschmutzung verstärken.

Es wird notwendig sein, alternative Energiequellen schneller und in technologisch ausgereifterer Form zu entwickeln, um das schwindende Angebot an fossilen Brennstoffen zu ersetzen. Wind, der Turbinen antreibt, und Wasser, das durch Dämme aufgestaut ist oder sich

25 ÖKOSYSTEME

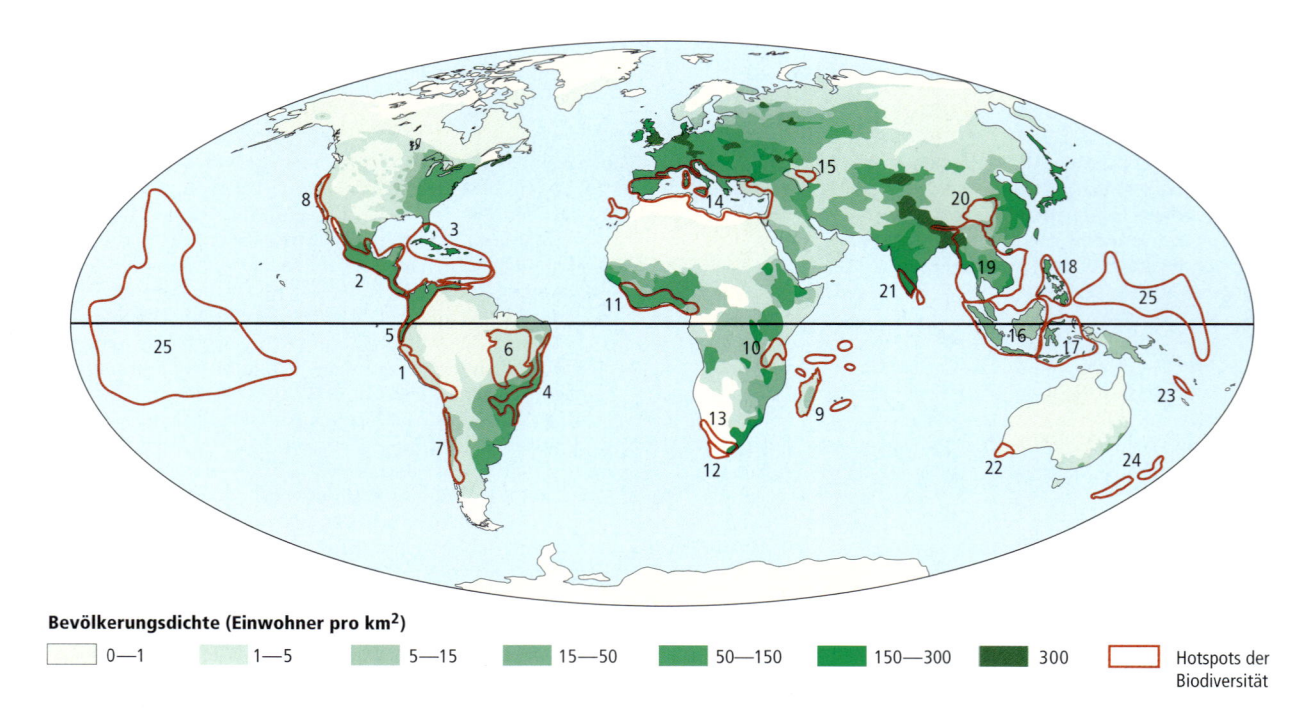

Bevölkerungsdichte (Einwohner pro km²)
0—1 1—5 5—15 15—50 50—150 150—300 300 Hotspots der Biodiversität

Abbildung 25.16: Hotspots der Biodiversität. Einige der Flecken mit besonders hoher Artenvielfalt liegen in Gebieten, die durch den Menschen dicht besiedelt sind.

aufgrund der Gezeiten bewegt, können zur Elektrizitätserzeugung genutzt werden. Sonnenenergie ist im Überfluss vorhanden. Da Pflanzen die Sonnenenergie bei der Photosynthese einfangen und in Biomasse umwandeln, können auch sie als Energiequelle genutzt werden. Nahezu jedes Pflanzenmaterial kann verbrannt werden, um Wärme zu erzeugen, oder durch Hefe fermentiert werden, um Ethanol herzustellen (Kapitel 9), das bereits heute im Winter als umweltschonende Benzinbeimischung verwendet wird. Pflanzen sind daher als nachwachsende Rohstoffe von immenser Bedeutung. Andere Photosynsthese betreibende Organismen wie zum Beispiel einzellige Grünalgen werden als potenzielle Quellen von Wasserstoff untersucht, ein Brennstoff, der die Luft nicht verschmutzt, weil bei seiner Verbrennung nur Wasser entsteht (Kapitel 18).

Geschützte Gebiete, die viel größer sind als die heute existierenden, müssten der Erhaltung der primären Ökosysteme der Erde gewidmet werden. Besonders wichtig sind solche Gebiete in den tropischen Regenwäldern, wo die Pflanzenvielfalt am größten ist. Die existierende biologische Diversität muss erhalten werden, sowohl in der Natur als auch in der Landwirtschaft.

Die Reduzierung der gegenwärtigen Raten, mit denen Arten aussterben und Ökosysteme fragmentiert und zerstört werden, ist ein Ziel ohne klar definierten Endpunkt. Dies liegt zum Teil daran, dass wir nicht genau vorhersagen können, welche Auswirkungen bestimmte abiotische Faktoren wie die Konzentrationen von Treibhausgasen haben. Außerdem gibt es keinen allgemeinen Konsens darüber, welcher Grad an Umweltverschmutzung und Ökosystemzerstörung angesichts der verfügbaren Ressourcen und zu erwartenden weltweiten Folgen noch vertretbar ist.

WIEDERHOLUNGSFRAGEN

1 Was zeichnet Pflanzensorten aus, die im Zuge der grünen Revolution gezüchtet wurden?

2 Was versteht man unter integrierter Produktion?

3 Was ist mit der Empfehlung gemeint, sich „weiter unten in der Nahrungskette" zu ernähren?

ZUSAMMENFASSUNG

25.1 Populationen

Eine Population ist eine Gruppe untereinander kreuzungsfähiger, im gleichen Gebiet lebender Organismen der gleichen Art. In einem Ökosystem kann es eine oder auch viele Populationen einer bestimmten Art geben.

Definition von Individuen, Populationen und Pflanzenarten

Die Untersuchung von Pflanzenpopulationen ist aus verschiedenen Gründen kompliziert. Viele Pflanzen sind Teil eines kollektiven Organismus, der durch vegetative Vermehrung gebildet wurde. Die Samenproduktion und die Keimung der Samen sind unter natürlichen Bedingungen großen Schwankungen unterworfen. Die Fähigkeit von Pflanzen, sich mit verschiedenen Partnern zu kreuzen, macht es schwierig, bei Pflanzen zu definieren, wann es sich um Populationen handelt und was eine Art ist.

Verteilungsmuster von Pflanzen

Pflanzen, die leichte, vom Wind verbreitete Samen produzieren, sind oft zufällig verteilt. Pflanzen, die benachbarten Keimlingen das Licht nehmen oder in ihrem Umkreis das Keimen von Samen verhindern, sind oft gleichmäßig verteilt. In Clustern wachsende Pflanzen sind oft das Resultat vegetativer Vermehrung oder der Verbreitung von schwereren Samen im nahen Umkreis. Ein und dieselbe Pflanzenart kann auf kleiner, mittlerer und großer Skala unterschiedliche Verteilungsmuster haben, ebenso in unterschiedlichen Phasen ihres Lebens.

Die Altersstruktur von Pflanzenpopulationen

Ein Diagramm der Altersverteilung zeigt die relative Anzahl der Individuen unterschiedlichen Alters in einer Population. Überlebenskurven zeigen, in welcher Weise die Sterberate in einer Population mit dem Alter korreliert.

Wachstum bei beschränkten Ressourcen

In einem idealen Lebensraum mit unbegrenzten Ressourcen wachsen Populationen exponentiell. Bei beschränkten Ressourcen zeigen Populationen logistisches (oder dichteabhängiges) Wachstum. An einem bestimmten Punkt ihres Wachstums erreichen Populationen eine maximale Größe, die als Kapazitätsgrenze (Symbol K) bezeichnet wird.

Der Einfluss von Reproduktionsmustern auf das Wachstum von Pflanzenpopulationen

Die Selektion von Merkmalen, welche die Reproduktionsrate in einem nicht übervölkerten Lebensraum maximieren, wird als r-Selektion bezeichnet. Die Selektion von Merkmalen, die Individuen befähigen, erfolgreich um Ressourcen zu konkurrieren und diese Ressourcen effizient zu nutzen, wird K-Selektion genannt. Pflanzen unterscheiden sich hinsichtlich der Häufigkeit ihrer Reproduktion, des Alters, in dem sie mit der Reproduktion beginnen, sowie der Anzahl und Größe ihrer Samen (bei Samenpflanzen) bzw. darin, ob sie separate männliche und weibliche Blüten haben (bei Bedecktsamern).

25.2 Interaktionen zwischen Organismen in Ökosystemen

Kommensalismus und Mutualismus

Kommensalismus ist eine Form des Zusammenlebens zweier Arten, bei der eine der beiden profitiert und die andere unberührt bleibt. Mutualismus ist eine Form des Zusammenlebens, bei der beide Arten profitieren.

Ausbeuterische Formen des Zusammenlebens

Prädation bedeutet, dass sich ein Organismus von einem anderen ernährt und diesen dabei tötet. Herbivoren ernähren sich von Pflanzen, töten diese aber gewöhnlich nicht. Parasiten ernähren sich von anderen Organismen, ohne diese dabei zu töten.

Intraspezifische und interspezifische Konkurrenz

Intraspezifische Konkurrenz zwischen Pflanzen führt zur Selbstausdünnung, während interspezifische Konkurrenz zur Eliminierung einer Art oder zur Koexistenz beider Arten führen kann. Nach dem Konkurrenzausschlussprinzip wird eine von zwei Arten, die im gleichen Gebiet leben und um exakt die gleichen Ressourcen konkurrieren, in diesem Gebiet letztlich eliminiert.

25.3 Gesellschaften und Ökosysteme

Eine Gesellschaft ist eine Gruppe von Arten, die in einem gegebenen Gebiet (Habitat) leben.

Zusammensetzung der Arten innerhalb einer Gesellschaft

Die dominanten Arten einer Gesellschaft sind die in Bezug auf einen bestimmten Indikator (z. B. Biomasse oder die Anzahl der Individuen) bedeutendsten. Schlüsselarten haben einen großen Einfluss auf die Struktur einer Gesellschaft. In vielen Waldgesellschaften sind die Pflanzentypen vertikal geschichtet. Brände und andere Störungen können die horizontale Verteilung von Pflanzen verändern.

Mikrolebensräume

Viele Lebensräume, die homogen erscheinen, sind in Wirklichkeit ziemlich komplex. Hieraus folgt, dass Arten, die scheinbar in direkter Konkurrenz zueinander stehen, in Wirklichkeit unterschiedliche ökologische Nischen besetzen und hierdurch eine direkte Konkurrenz vermeiden. Unter einer ökologischen Nische versteht man die Gesamtheit aller physikalischen und biologischen Variablen, die den Erfolg einer Art bestimmen.

Entstehung von Mikrolebensräumen durch Störungen

Innerhalb eines gegebenen Gebiets erhöhen moderate Störungen die Anzahl der Arten, vermutlich, weil sie neue Mikrolebensräume schaffen, die zusätzliche Arten aufnehmen können.

Die ökologische Sukzession

Primäre Sukzession tritt in solchen Gebieten auf, die anfangs fast völlig frei von Leben sind und in denen sich noch kein Boden gebildet hat. Sie beginnt oft mit Flechten und Moosen, die sich auf nacktem Fels etablieren können. Sekundäre Sukzession findet in Gebieten statt, wo eine Gesellschaft durch eine Störung eliminiert wurde, zum Beispiel durch Abholzung, den Ausbruch einer Krankheit oder einen Sturm, wobei aber der Boden intakt geblieben ist. Beide Typen der Sukzession führen schließlich zu einer Klimaxgesellschaft.

Trophische Stufen

Pflanzen und andere Primärproduzenten wandeln ungefähr 1 Prozent des sie erreichenden Lichts in chemische Energie um. Konsumenten wandeln etwa 10 Prozent der von ihnen verbrauchten chemischen Energie in Biomasse um.

Kreisläufe in Ökosystemen

Wasser gelangt durch Verdampfung aus den Ozeanen und anderen Gewässern sowie durch Transpiration in die Atmosphäre und fällt als Niederschlag zurück. In CO_2 enthaltener Kohlenstoff wird im Verlauf der von Produzenten durchgeführten Photosynthese in organische Verbindungen eingebaut und gelangt durch Zellatmung sowie die Verbrennung von Holz und fossilen Brennstoffen in Form von CO_2 wieder in die Atmosphäre. Zum Stickstoffkreislauf gehören fünf Schritte: (1) Stickstofffixierung, die Umwandlung von atmosphärischem Stickstoff in Ammonium; (2) Ammonifikation, die Freisetzung von Ammonium durch Destruenten; (3) Nitrifikation, die Umwandlung von Ammoniak in Nitrit und Nitrat; (4) Assimilation, die Aufnahme von Ammoniak und Nitrat durch Pflanzen; und (5) Denitrifikation, die Umwandlung von Nitrat in gasförmigen Stickstoff.

25.4 Biodiversität und Artenschutz

Die Zukunft der Welternährung unter dem Gesichtspunkt des Bevölkerungswachstums

Im Zuge der grünen Revolution der 1940er- bis 1960er-Jahre wurden besonders ertragreiche Sorten von Weizen, Mais und Reis entwickelt, welche die Länder in die Lage versetzt haben, ihre Nahrungsmittelproduktion so zu erhöhen, dass sie mit dem Bevölkerungswachstum Schritt halten konnte. Zukünftige Ertragssteigerungen werden wahrscheinlich auf gentechnisch veränderten Pflanzen basieren, die widerstandsfähiger gegen Krankheitserreger und Schädlinge sind und Bodenbelastungen besser tolerieren. Von großer Bedeutung sind außerdem eine größere genetische Vielfalt von Nutzpflanzen, der Mehrfruchtanbau, die integrierte Produktion und die Organisation der Nahrungsmittelproduktion auf lokaler Ebene.

Das Aussterben von Arten

Die Verbrennung fossiler Brennstoffe hat zur globalen Erwärmung aufgrund des Treibhauseffekts und zum sauren Regen beigetragen. Die Einführung exotischer Arten hat in den betroffenen Gebieten signifikante Umweltschäden verursacht, aber auch wirtschaftliche Schäden, die zum Teil auf verminderte landwirtschaftliche Erträge zurückzuführen sind. Die Fragmentierung natürlicher Habitate durch Landwirtschaft und Forstwirtschaft hat zur Veränderungen in der Struktur von Gesellschaften geführt. Eine erhöhte Aussterberate, die besonders in den tropischen Regenwäldern zu verzeichnen ist, führt zu einem Rückgang der globalen Biodiversität. Fossile Brennstoffe und Holz müssen durch alternative Energiequellen ersetzt werden, Luft- und Wasserverschmutzung müssen reduziert werden, größere Flächen müssen einen Schutzstatus erhalten, der Holzeinschlag muss einem strengen Plan im Sinne der Nachhaltigkeit folgen, die landwirtschaftliche Produktion muss durch Intensivierungsmaßen wie Mehrfruchtanbau, integrierte Produktion und Gentechnik gesteigert werden, die Menschen müssen über die Folgen der Zerstörung von Ökosystemen aufgeklärt werden.

ZUSAMMENFASSUNG

Verständnisfragen

1. Was ist eine Population?
2. Nennen Sie Beispiele für Pflanzen, die zufällig, gleichmäßig bzw. in Clustern verteilt sind.
3. Was ist Allelopathie?
4. Was sagt eine Überlebenskurve aus?
5. Wie unterscheidet sich exponentielles Wachstum einer Population von logistischem Wachstum?
6. Auf welche Weise kann es nach der Bestäubung zur Partnerwahl kommen?
7. Was ist der Unterschied zwischen Kommensalismus und Mutualismus? Illustrieren Sie Ihre Antwort durch Beispiele.
8. Beschreiben Sie die verschiedenen Typen für ausbeuterische Formen des Zusammenlebens, die zwischen Organismen auftreten können.
9. In welchem Verhältnis steht die Bodenfruchtbarkeit zur Artenvielfalt?
10. Was ist eine Gesellschaft?
11. Was ist die dominante Art und was die Schlüsselart in einer Gesellschaft von Ponderosakiefern?
12. Wie ist es möglich, dass in scheinbar homogenen Lebensräumen, wie zum Beispiel in bestimmten Regenwäldern, sehr viele Arten leben?
13. Was ist eine ökologische Nische?
14. Wie beeinflussen moderate Störungen die Artenvielfalt?
15. Stellen Sie die Unterschiede zwischen primärer und sekundärer Sukzession dar.
16. Was zeichnet primäre, sekundäre und tertiäre Konsumenten aus?
17. Erläutern Sie die Aussage, dass die Energie von einer trophischen Stufe auf die nächsthöhere mit einer mittleren Effizienz von 10 Prozent weitergegeben wird.
18. Beschreiben Sie den Stickstoffkreislauf in einem typischen terrestrischen Ökosystem.
19. Auf welche Weise kann der Mehrfruchtanbau die Nahrungsmittelproduktion verbessern?
20. Nennen Sie einige Beispiele für biologische Kontrollagenten.
21. Warum zählt Madagaskar zu den Hotspots der Biodiversität?

Diskussionsfragen

1. Manche Forscher sind der Meinung, dass die Ökologie die komplexeste aller Biowissenschaften ist, da sie es mit der größten Anzahl von Variablen zu tun hat. Würden Sie sich dieser Meinung anschließen oder nicht? Warum?

2. Wenn auf einem Berghang 10.000 Espenbäume wachsen, die zu 100 Klonen gehören, gibt es dann 10.000 Espenpflanzen oder 100?

3. Angenommen, jemand behauptet, dass der Mensch ursprünglich eine K-selektierte Art war und später zu einer r-selektierten Art wurde. Ist an dieser Aussage etwas dran?

4. Ein Bär frisst in einem Wald wildwachsende Himbeeren. Um welchen Typ von Interaktion handelt es sich hierbei? Welcher Typ von Interaktion liegt vor, wenn eine Familie die Himbeeren erntet und sie mit nach Hause nimmt, um Marmelade daraus herzustellen?

5. Ist eine Oase ein Ökosystem oder eine Gesellschaft?

6. Stellen Sie sich vor, Sie spazieren von einem gut gepflegten Gemüsegarten zu einer etwas mit Unkraut durchsetzten Rasenfläche und dann weiter zu einem unbebauten Grundstück. Diskutieren Sie, welchen verschiedenen Gesellschaften Sie auf Ihrem Spaziergang begegnen können.

7. Versuchen Sie alle Bedingungen und Merkmale Ihrer persönlichen ökologischen Nische zu beschreiben. Denken Sie dabei auch an andere Faktoren als an Nahrung, Wasser und Unterkunft.

8. Angenommen, Sie entdecken auf einem unbebauten Grundstück Grasflächen, verschiedene Flecken mit Wildkräutern, kleine Sträucher, die sich durchsetzen, kleine Tümpel und verschiedene Flecken, auf denen Kakteen wachsen. Was passiert auf dem Grundstück?

9. Betrachten Sie Abbildung 25.7, die Daten von Tilmans Forschungen über den Konkurrenzausschluss zweier Kieselalgenarten zeigt. Zwei Aspekte von Tilmans Arbeit, die in dieser Abbildung nicht gezeigt werden, sind folgende: (1) Beide Kieselalgenarten verringern mit der Zeit die Siliziumdioxidkonzentration im Wasser. (2) Als Folge dieses Prozesses liegt die Kapazitätsgrenze von *Synedra*, wenn diese zusammen mit *Asterionella* kultiviert wird, niedriger, als wenn sie allein kultiviert wird. Fertigen Sie eine modifizierte Version dieser Diagramme an, in der die beiden genannten Phänomene dieses Experiments berücksichtigt werden.

10. Viele der in den Industrieländern verkauften Produkte werden in Entwicklungsländern hergestellt, wo die Löhne niedriger sind. Gleichzeitig werden dort oft Nutzpflanzen angebaut, die für den Export bestimmt sind, anstatt Produkte für den lokalen Markt. Was sind die Folgen dieser Wirtschaftsmethode?

Zur Evolution

Was sind mögliche Vor- und Nachteile der Strategien von Generalisten und Spezialisten unter den Pflanzenfressern? Welche Pflanzenmerkmale werden am wahrscheinlichsten selektiert, wenn sich im Lauf der Zeit der Spezialistenmodus unter den Pflanzenfressern immer mehr durchsetzt? Was ist Ihrer Meinung nach in der heutigen Zeit die stärkere Triebkraft für evolutionäre Veränderungen von Pflanzen: die natürliche Auslese oder die künstliche Auslese durch menschliche Aktivitäten?

Weiterführendes

Weitere Informationen zu diesem Buchkapitel finden Sie auf der Companion Website unter http://www.pearson-studium.de.

Begon, Michael, Martin Mortimer und David J. Thompson. *Populationsökologie.* Heidelberg: Spektrum Akademischer Verlag, 1997. *Anhand von vielen Beispielen wird sehr detailliert dargestellt, wie sich Populationsgrößen dynamisch verändern und welche Faktoren sie bestimmen. Es wird auf die vielfältigen Wechselwirkungen in ökologischen Systemen eingegangen.*

Brücher, Heinz. Die sieben Säulen der Welternährung. Frankfurt am Main: Kramer, 1982.

Davis, Wade. One River: Explorations and Discoveries in the Amazon Rain Forest. Riverside: Simon and Schuster, 1996. *Davis ist ein Ethnobotaniker, der sich für Drogen und andere medizinische Wirkstoffe aus Pflanzen interessiert. Außerdem ist er ein guter Geschichtenerzähler, und in seinem Buch findet sich viel von der Geschichte, dem Reiz und der Pracht des tropischen Regenwaldes wieder.*

Engel, Fritz-Martin. Die Pflanzenwelt der Alpen. München: Süddeutscher Verlag GmbH, 1983. *Am Beispiel der Alpenflora werden die Lebensbedingungen unserer Alpenpflanzen und ihr Kampf ums Dasein sehr anschaulich und ausführlich dargestellt. Der Band enthält viele Fotos und Zeichnungen, welche die komplexen Zusammenhänge deutlich machen.*

Gore, Albert (Al). Eine unbequeme Wahrheit. Dokumentarfilm, 2006. *Ein Film, den man sich ansehen sollte!*

Heertsgaard, Mark. Earth Odyssey: Around the World in Search of Our Environmental Future. New York: Broadway Books, 1999. *Heertsgaard ist um die Welt gereist, hat Menschen über ihre Umwelt befragt, Ökosysteme studiert und analysiert. Er präsentiert eine faszinierende Mischung aus persönlichen Berichten, Horrorgeschichten und Hoffnung für die Zukunft.*

Kratochwil, Anselm, Jürgen Rochlitz, Hans Immler, Charlotte Schönbeck und Klaus Nagorni. Zukunft der Erde. Nachhaltige Entwicklung als Überlebensprogramm. Band 2. Dimensionen der ökologischen Krise. Karlsruhe: Evangelische Akademie Baden, 1996. *Dieser Band der Schriftenreihe der „Herrenalber Protokolle" stellt eindringlich die Gefahren und Chancen dar, die für die Menschheit von grundlegender Bedeutung sind. Um die Natur und deren Nutzung vereinbaren zu können, müssen die komplexen Zusammenhänge von Ökologie und Ökonomie Berücksichtigung finden.*

Mooney, Pat Roy. Saat-Multis und Welthunger. Wie die Konzerne die Nahrungsschätze der Welt plündern. Reinbek bei Hamburg: Rowohlt Taschenbuchverlag GmbH, 1985. *Ein sehr kritisches Buch, das aufrüttelt.*

National Park Service. Glacier Bay: A Guide to Glacier Bay National Park and Preserve, Alaska. Washington DC: U.S Government Printing Office, 1983. *Dieser Führer enthält interessante Informationen zur Geschichte des Parks.*

Primack, Richard B. Essentials of Conservation Biology, Third Edition. New York: Sinauer Associates, 2002. *Dieser exzellente Einführungstext verbindet Theorie und Grundlagenforschung mit zahlreichen Beispielen.*

Weddell, Bertie J. Conserving Living Natural Resources: In the Context of a Changing World. London: Cambridge University Press, 2002. *Dieses Buch ist eine Einführung in das Management biologischer Ressoucen.*

Wilson, E.O. The Future of Life. New York: Knopf, 2002. *Der Naturforscher und Pulitzer-Preisträger Wilson verbindet düstere Warnungen mit interessanten Geschichten. Er erläutert, in welcher Beziehung das Überleben bestimmter Arten zur Ökonomie steht.*

Anhang

A	Grundlagen der Chemie	658
B	Glossar	665
C	Index	685

ANHANG A: Grundlagen der Chemie

Materie

Der Begriff der **Materie** umfasst alles, was Raum einnimmt und Masse besitzt – dieses Buch, die Nahrung, die wir essen, das Wasser, in dem wir baden, und den Sauerstoff, den wir atmen. Das Studium der Chemie ist in erster Linie das Studium der reinen Substanzen, als **chemische Elemente** bezeichnet, die im Universum einzeln oder in verschiedenen Verbindungen vorkommen, sowie die Untersuchung dessen, wie diese Elemente miteinander reagieren und ihre Beschaffenheit ändern.

Bis heute sind 112 verschiedene Elemente entdeckt worden, von denen etwa 88 auf der Erde natürlicherweise vorkommen, während die übrigen im Labor erzeugt wurden. Von diesen natürlichen Elementen kommen nur einige in reiner Form vor, beispielsweise Wasserstoff, Sauerstoff, Kohlenstoff, Stickstoff, Gold, Silber und Kupfer, während die anderen nur chemisch gebunden vorkommen.

Atome

Der kleinste Teil eines chemischen Elements, der existieren kann und noch immer seine einzigartige Zusammensetzung bewahrt, wird als ein **Atom** (von griechisch *atomos*, „unteilbar") bezeichnet. Ein Atom besteht aus einem **Kern** und einer Hülle; es setzt sich aus drei Arten subatomarer Teilchen zusammen, die sich hinsichtlich ihrer Masse, ihrer elektrischen Ladung und ihrer Position innerhalb des Atoms unterscheiden. Elektrisch positiv geladene **Protonen** und elektrisch neutrale **Neutronen** befinden sich beide innerhalb des Kerns. Elektrisch negativ geladene **Elektronen** bilden eine Elektronenwolke um den Kern, die Atomhülle (▶ Abbildung A.1).

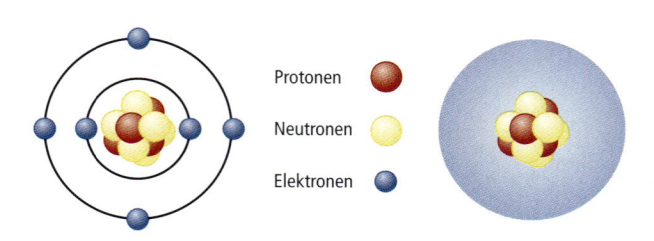

Abbildung A.1: Zwei häufig verwendete Modelle des Kohlenstoffatoms (C).

In jedem Atom entspricht die Zahl der Protonen jeweils der Zahl der Elektronen. Die Zahl der Protonen eines Elements wird als **Ordnungszahl** oder **Kernladungszahl** bezeichnet. Die Summe aus der Protonenzahl und der Neutronenzahl eines Atoms wird als **Massenzahl** oder **Nucleonenzahl** bezeichnet. Die atomaren Strukturen einiger Elemente, die in Pflanzen am häufigsten vorkommen, sowie der Bestandteile von Kochsalz als Beispiel sind in ▶ Tabelle A.1 beschrieben.

Isotope

Atome, die dieselbe Anzahl von Protonen, aber unterschiedlich viele Neutronen besitzen, werden als **Isotope** eines Elements bezeichnet. Alle Isotope eines Elements haben dieselbe **Ordnungszahl**, was auch bedeutet, dass sie dieselbe Anzahl von Elektronen besitzen, die um ihren Kern kreisen. Da alle Isotope eines Elements dieselbe Zahl von Protonen und Elektronen besitzen, haben sie darüber hinaus auch dieselben chemischen und physikalischen Eigenschaften, obgleich es einige Abweichungen gibt. Diese Abweichungen gehen auf die unterschiedliche Zahl von Neutronen zurück. Während also beispielsweise alle Atome des Elements Wasserstoff ein Proton haben – weshalb es sich um Wasserstoff und kein anderes Element handelt –, kann die Zahl der Neutronen von einem Wasserstoffatom zum anderen variieren, was die Massenzahl des Atoms ändert. Das Isotop (^{2}H), als Deuterium (D) bezeichnet, besitzt beispielsweise ein Neutron, was seine Masse gegenüber der des gewöhnlichen Wasserstoffs nahezu verdoppelt (D ist also 1,988 Mal schwerer als H). Tritium (^{3}H) ist noch schwerer. Die unterschiedliche Neutronenzahl führt dazu, dass die Masse dieser Isotope größer wird.

Elektronenkonfigurationen und Energieniveaus

Der größte Teil der Masse eines Atoms ist in seinem Kern konzentriert, wo sich die Protonen und Neutronen befinden. Jedoch nimmt der Atomkern nur einen sehr kleinen Volumenanteil eines Atoms ein. Der übrige Teil ist nahezu leer, wenn man von den sich kontinuierlich bewegenden, negativ geladenen Elektronen absieht (siehe Abbildung A.1). Diese konstante Bewegung deutet darauf hin, dass die Elektronen eine gewisse Energie tragen, obwohl sie nicht alle dasselbe Energieniveau besetzen. Elektronen mit gleicher Energie besetzen einzelne Energieniveaus, die als **Schalen** bezeichnet werden (▶ Abbildung A.2). Das Fassungsvermögen jeder Schale ist unterschiedlich, wobei die Schale, die sich dem Kern am nächsten befindet, die beiden Elektronen mit der niedrigsten Energie enthält. Die Elektronen in der äußersten Schale besitzen die größte Energie. Die Energieniveaus werden nacheinander gefüllt, also das erste vor dem zweiten, das zweite vor dem dritten, das dritte vor dem vierten usw. Das erste (niedrigste) Energieniveau kann höchstens zwei Elektronen aufnehmen. Das zweite Energieniveau kann bis zu acht Elektronen aufnehmen, das dritte kann bis zu 18 aufnehmen und das vierte bis zu 32 (▶ Tabelle A.2). Wenn ein Niveau gefüllt ist, sind hinzukommende Elektronen gezwungen, das nächsthöhere Niveau zu besetzen. Die Elektronen, die sich dem Kern am nächsten befinden, werden mit ihrer negativen Ladung am stärksten von den positiv geladenen Protonen im Kern angezogen. Die weiter entfernten Elektronen werden schwächer von den positiven Ladungen der Protonen im Kern angezogen, da die inneren

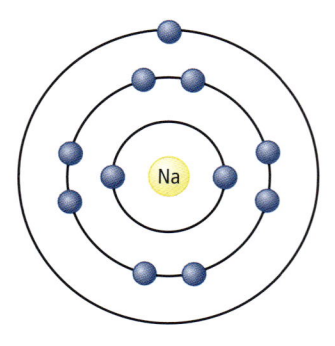

Abbildung A.2: Besetzung der Elektronenschalen bei einem Natriumatom (Na).

Anhang A: Grundlagen der Chemie

Tabelle A.1

Atomare Struktur einiger chemischer Elemente

Element	Symbol	Protonenzahl*	Neutronenzahl	Elektronenzahl	Massenzahl
Wasserstoff	H	1	0	1	1
Kohlenstoff	C	6	6	6	12
Stickstoff	N	7	7	7	14
Sauerstoff	O	8	8	8	16
Natrium	Na	11	12	11	23
Magnesium	Mg	12	12	12	24
Phosphor	P	15	16	15	31
Schwefel	S	16	16	16	32
Chlor	Cl	17	18	17	35
Kalium	K	19	20	19	39
Kalzium	Ca	20	20	20	40
Eisen	Fe	26	30	26	56

* Ordnungszahl

Tabelle A.2

Elektronenkonfiguration einiger chemischer Elemente

Element	Symbol	Ordnungszahl	Zahl der Elektronen in der Schale*			
			1	2	3	4
Wasserstoff	H	1	1			
Kohlenstoff	C	6	2	4		
Stickstoff	N	7	2	5		
Sauerstoff	O	8	2	6		
Natrium	Na	11	2	8	1	
Magnesium	Mg	12	2	8	2	
Phosphor	P	15	2	8	5	
Schwefel	S	16	2	8	6	
Chlor	Cl	17	2	8	7	
Kalium	K	19	2	8	8	1
Kalzium	Ca	20	2	8	8	2
Eisen**	Fe	26	2	8	16	

*   Denken Sie daran, dass Ordnungszahl und Gesamtzahl der Elektronen bei jedem Atom gleich sind.
** Eisen ist das einzige Element in dieser Liste, dessen äußerste Schale vollständig gefüllt ist.

Elektronen einen Teil dieser positiven Ladung abschirmen. Da die äußersten Elektronen aber auch die größte Energie besitzen, ist es wahrscheinlicher, dass diese Elektronen chemisch mit anderen Atomen wechselwirken.

Moleküle und Verbindungen

Ein Molekül besteht aus einer Menge von Atomen, die aneinander gebunden sind. Einige Elemente existieren in molekularer Form; beispielsweise besteht jedes Sauerstoffmolekül aus zwei Atomen. Dasselbe gilt für Wasserstoff. Wenn sich zwei Wasserstoffatome verbinden, erhalten wir ein Wasserstoffmolekül oder H_2. Diese chemische Reaktion – also der Prozess der chemischen Veränderung – kann folgendermaßen ausgedrückt werden

$$H + H \rightarrow H_2$$

Der **Reaktant**, Wasserstoff, wird durch sein Symbol H auf der linken Seite beschrieben, darauf folgt ein Reaktionspfeil und das **Reaktionsprodukt**, H_2, auf der rechten Seite. Chemische Reaktionen werden detaillierter auf Seite 663 diskutiert.

Wenn sich zwei oder mehrere Atome *unterschiedlicher* Elemente zusammenschließen, spricht man von einer **Verbindung**. Zum Beispiel besteht ein Wassermolekül, H_2O, aus zwei Wasserstoffatomen und einem Sauerstoffatom. Diese chemische Reaktion kann folgendermaßen ausgedrückt werden

$$2H + O \rightarrow H_2O$$
beziehungsweise
$$2H_2 + O_2 \rightarrow 2H_2O \text{ (Knallgas-Reaktion)}$$

Die Bezeichnung 2H auf der linken Seite kennzeichnet zwei einzelne Atome, während H_2O auf der rechten Seite besagt, dass sich zwei Wasserstoffatome mit einem Sauerstoffatom zu einem Wassermolekül verbunden haben. Da viele Elemente nicht als Atom, sondern nur als Molekül vorkommen, muss es in der Gleichung auch lauten: $2H_2 + O_2$. In den Mitochondrien lebender Zellen kommt es zur Reaktion

$$O_2 + 4e^- + 4H^+ \rightarrow 2\,H_2O$$

die der Energiegewinnung der Zellen, also der Bildung von ATP-Molekülen dient.

Organische vs. anorganische Verbindungen

Alle chemischen Verbindungen fallen in eine von zwei Klassen von Verbindungen. **Organische Verbindungen** enthalten Kohlenstoff. Zu dieser Klasse gehören zum Beispiel Kohlenhydrate, Lipide, Proteine und Nucleinsäuren. Diese Verbindungen wurden ursprünglich als *organisch* bezeichnet, weil man früher annahm, dass sie nur durch lebende Organismen gebildet werden könnten; eine Annahme, die sich inzwischen als falsch herausgestellt hat.

Mit Ausnahme des Gases Kohlendioxid (CO_2) und Carbonaten, zu denen Kalk gehört und die als Kohlenstoffverbindungen behandelt werden, fehlt **anorganischen Verbindungen** Kohlenstoff. Es handelt sich dabei gewöhnlich um kleinere Moleküle, wie Wasser, Ammoniak, Schwefelwasserstoff, Sauerstoff sowie viele Säuren und Basen.

Chemische Bindungen

Wenn sich Atome mit anderen Atomen verbinden, bildet sich eine Energiebeziehung oder chemische Bindung. Es gibt drei Arten chemischer Bindungen, die wir hier diskutieren und die in Lebewesen von besonderer Bedeutung sind. Dies sind ioni-

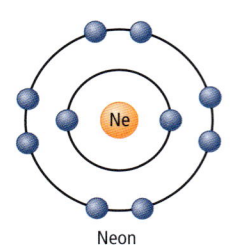

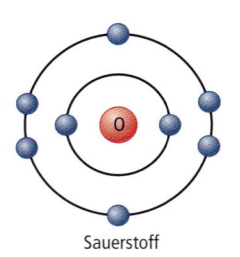

Abbildung A.3: Zwei Modelle, die Elektronenkonfigurationen von chemisch inaktiven (links) und chemisch reaktiven (rechts) Atomen illustrieren. Um seine Valenzschale zu füllen, muss sich Sauerstoff mit einem anderen Atom verbinden.

sche Bindungen, kovalente Atombindungen und Wasserstoffbrückenbindungen. Die einzigen Elektronen, die an einer Bindung beteiligt sind, gehören zur äußersten Schale eines Atoms, der **Valenzschale**. Die Elektronen darin bezeichnet man als **Valenzelektronen**. Es ist das Elektron in dieser Schale, das festlegt, wie ein Atom chemisch reagiert. Ziel eines Atoms ist es, durch eine chemische Bindung acht Valenzelektronen zu besitzen oder Elektronen so mit einem anderen Atom zu teilen, dass seine Valenzschale gefüllt ist. Dies bezeichnet man als die „Acht-Elektronen-Regel" oder die „Oktettregel". Falls die Valenzschale bereits gefüllt ist, wird ein Element als reaktionsträge oder chemisch inaktiv bezeichnet (wie bei den Edelgasen); falls die Valenzschale nicht gefüllt ist, ist das Element chemisch aktiv, so dass es mit anderen Atomen wechselwirkt, um seine Valenzschale zu füllen, indem es Elektronen aufnimmt, abgibt oder teilt (▶ Abbildung A.3). Man könnte sagen, dass Atome so miteinander wechselwirken, dass sie ihre Valenzschalen füllen können. Dies bringt auch das Streben nach einem niedrigeren Energieniveau zum Ausdruck.

Arten chemischer Bindungen

Ionische Bindung. Eine Möglichkeit, eine Valenzschale zu füllen, besteht darin, ein oder zwei Elektronen von einem Atom zu einem anderen zu übertragen. Dabei spricht man auch von einer Redoxreaktion. Der Gewinn oder der Verlust von Elektronen führt zu geladenen Atomen, die als **Ionen** bezeichnet werden. Wenn ein Atom ein Elektron abgibt, wird es zu einem positiv geladenen Ion. Wenn ein Atom ein Elektron aufnimmt, wird es zu einem negativ geladenen Ion. Ionen mit einer positiven Ladung werden als **Kationen** bezeichnet, während solche mit negativer Ladung als **Anionen** bezeichnet werden. Natriumionen (Na^+) und Chlorionen (Cl^-) sind zwei häufig vorkommende Ionen mit entgegengesetzten Ladungen, so dass sie einander anziehen (▶ Abbildung A.4). Das Ergebnis einer Verbindung dieser beiden Ionen ist Natriumchlorid (NaCl), das uns als Kochsalz aus dem Alltag bekannt ist. Die gegenseitige Anziehung zwischen zwei derartigen Ionen wird als **ionische Bindung** bezeichnet.

Kovalente Bindung. Wenn ein oder mehrere Elektronenpaare von Atomen geteilt werden, entstehen **kovalente Bindungen**. Die äußeren Valenzschalen der Atome werden auf diese Weise gefüllt und gewinnen Stabilität. Eine **kovalente Einfachbindung** entsteht, wenn zwei oder mehrere Atome ein Elektronenpaar gemeinsam nutzen. Zum Beispiel wird durch eine einfache kovalente Bindung zwischen zwei Wasserstoffatomen, die jeweils ein Elektron besitzen, ein Wasserstoffmolekül gebildet (▶ Abbildung A.5a). Eine **kovalente Doppelbindung** entsteht, wenn zwei oder mehrere Atome zwei Elektronenpaare teilen (▶ Abbildung A.5b). Wie Sie aus dem vorangegangenen Ab-

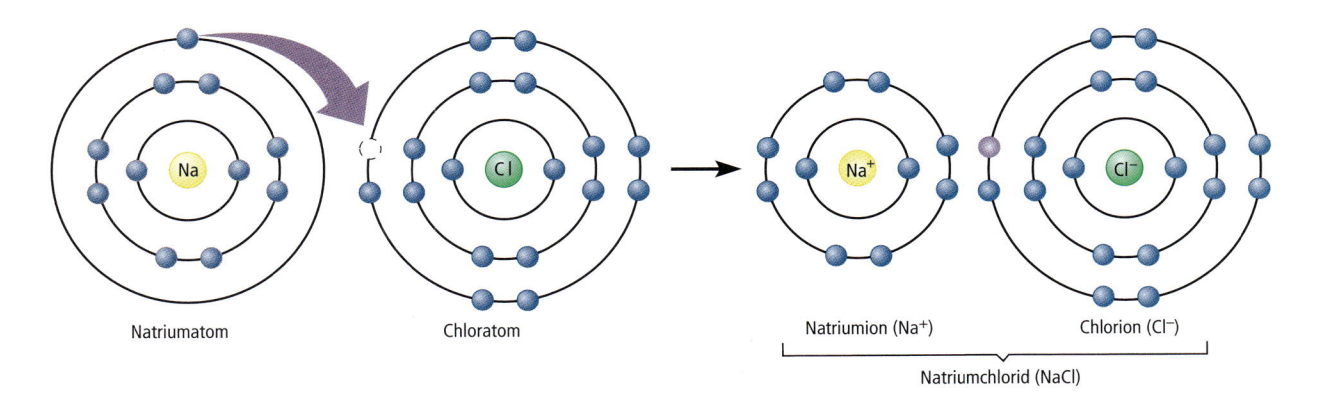

Abbildung A.4: Die Bildung einer ionischen Bindung. Sowohl das Natriumatom als auch das Chloratom haben unvollständig gefüllte Valenzschalen. Wenn das Natriumatom ein Elektron mit dem Chloratom teilt, gewinnen beide als Ionen Stabilität.

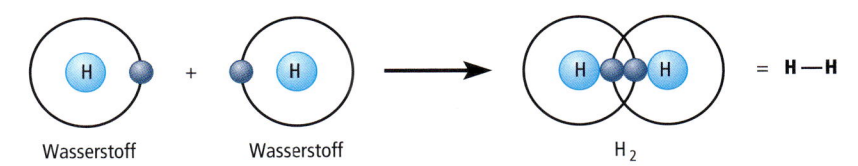

(a) Die Bildung einer kovalenten Einfachbindung; zwei Wasserstoffatome nutzen ein Elektronenpaar gemeinsam.

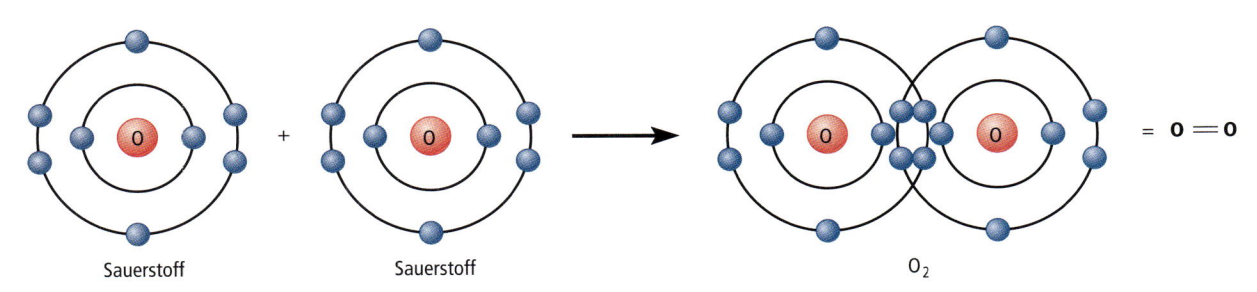

(b) Die Bildung einer kovalenten Doppelbindung; zwei Sauerstoffatome nutzen zwei Elektronenpaare gemeinsam.

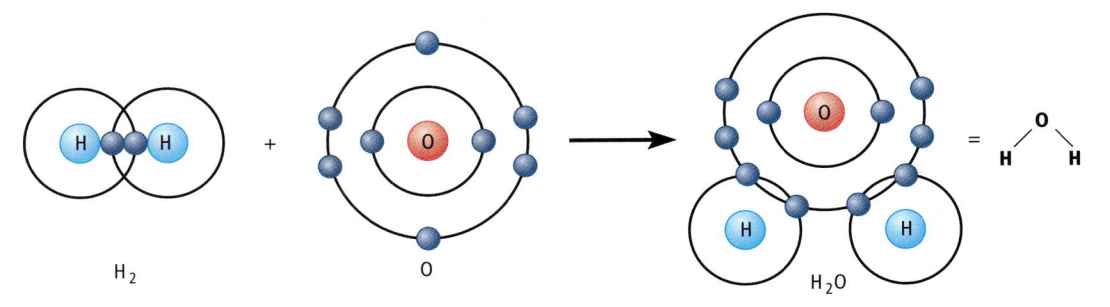

(c) Die Bildung einer kovalenten Einzelbindung zwischen zwei verschiedenen Elementen, wodurch eine Verbindung entsteht.

Abbildung A.5: Die Bildung kovalenter Bindungen.

schnitt über chemische Verbindungen wissen, wird eine Verbindung gebildet, wenn zwei oder mehrere Atome eines Elements zwei oder mehrere Elektronenpaare eines *anderen* Elements gemeinsam nutzen. Die Zahl der Bindungen wird durch die Zahl der gemeinsam genutzten Elektronenpaare bestimmt. Bei einem Wassermolekül (H_2O), bei dem es sich um eine Verbindung handelt, besteht jede kovalente Einfachbindung bei-

spielsweise aus jeweils zwei Elektronen, von denen jeweils ein Elektron vom Sauerstoffatom und das andere von einem Wasserstoffatom stammt (▶ Abbildung A.5c).

Elektronegativität und Bindungspolarität. In Abbildung A.5a und b werden die Elektronen *gleichermaßen* gemeinsam genutzt, da beide Atomkerne die Elektronen der kovalenten Bin-

ANHANG

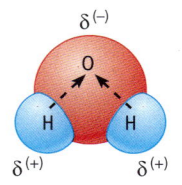

Abbildung A.6: Ein Wassermolekül.

dung gleich stark an sich binden (Elektronegativität). angezogen werden. Mit anderen Worten: Jedes Atom besitzt dieselbe **Elektronegativität**, die als die relative Fähigkeit eines gebundenen Atoms in einem Molekül definiert ist, gemeinsam genutzte Elektronen durch die positive Ladung seines Kerns anzuziehen. Diese Fähigkeit hängt vom Verhältnis zwischen Atomradius und Kernladungszahl, also von der Ladungsdichte ab. Je größer die Elektronegativität eines Atoms ist, umso größer ist auch seine Fähigkeit, Elektronen anzuziehen. Kovalente Bindungen zwischen zwei oder mehreren Atomen desselben Elements werden als **unpolar** bezeichnet.

Im Gegensatz dazu können die Elektronenpaare in einer Verbindung ungleich genutzt werden, weil eines der Atome das Elektronenpaar stärker anzieht als das andere. Wasser (H_2O) ist ein gutes Beispiel für eine solche Verbindung (siehe Abbildung A.5c).

Das Wassermolekül wird von zwei Wasserstoffatomen gebildet, die jeweils eine kovalente Verbindung zu einem einzelnen Sauerstoffatom eingehen. Jedes Wasserstoffatom nutzt jeweils ein Elektronenpaar mit dem Sauerstoffatom gemeinsam. Doch in diesem Fall besitzt Sauerstoff eine größere Elektronegativität als Wasserstoff, weshalb es das Elektronenpaar anzieht und einen größeren Anteil am gemeinsam genutzten Elektronenpaar gewinnt (▶ Abbildung A.6). Die Bindung wird polarisiert, da die Ladung innerhalb der Bindung ungleich verteilt wird. Daher wird in diesem Fall von einer **polaren Atombindung** gesprochen. Da die gemeinsam genutzten Elektronen also stärker an das Atom mit größerer Elektronegativität herangezogen werden, besitzt ein Wassermolekül einen teilweise negativen Pol an O und einen teilweise positiven Pol am H. Man spricht auch von negativen und positiven Teilladungen $\delta^{(-)}$ und $\delta^{(+)}$.

Wasserstoffbrückenbindungen. Eine **Wasserstoffbrückenbindung** wird durch Wechselwirkung des Wasserstoffatoms mit positiver Teilladung mit den nichtbindenen Elektronenpaaren eines anderen, elektronegativen Atoms, wie beispielsweise Sauerstoff, Stickstoff und Fluor, gebildet. Die Wasserstoffbrückenbindung, die durch Punkte gekennzeichnet wird, um sie von einer „echten" kovalenten Verbindung zu unterscheiden, ist zwischen Wassermolekülen üblich (▶ Abbildung A.7).

Wasserstoffbrückenbindungen sind auch wichtig, wenn es darum geht, die Struktur von Makromolekülen, wie beispielsweise Proteinen, Nucleinsäuren (darunter die DNA) und Kohlenhydraten, aufrechtzuerhalten. Makromoleküle werden in den Kapiteln 2 und 7 behandelt.

Wasser, Säuren, Basen und der pH-Wert

Wasser trägt zu mehr als 70–80 Prozent zur Masse der meisten Pflanzen bei. Seine Kohäsionskraft, seine hohe Verdampfungswärme und seine Vielseitigkeit als Lösungsmittel sind ein Ergebnis seiner chemischen Struktur, die sich auf Wasserstoffbrückenbindungen stützt. Abbildung A.7 können wir

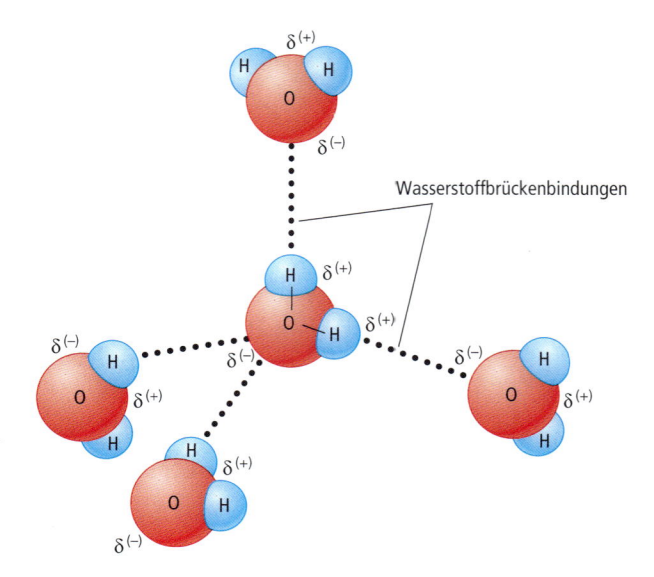

Abbildung A.7: Wasserstoffbrückenbindung. Wasserstoffbrückenbindungen zwischen Wassermolekülen sind polar, weil sich die teilweise positiv geladenen Wasserstoffatome an die stark negativ geladenen Sauerstoffatome binden.

entnehmen, dass die Sauerstoffatome die Wasserstoffatome benachbarter Wassermoleküle anziehen. Einzelne Wasserstoffbrückenbindungen sind schwach und werden daher in Bruchteilen von Sekunden gebildet und neu gebildet; doch die Kohäsionskraft der Bindungen, die sich aus der starken Anziehungskraft der Sauerstoffatome für die Wasserstoffatome ergibt, hält viele hundert Wassermoleküle zusammen. Für die Pflanzen bedeutet dies, dass Wasser entgegen der Schwerkraft von ihren Wurzeln zu ihren Blättern transportiert werden kann, wo das Wasser durch die Transpiration als Wasserdampf an die Umgebung abgegeben wird.

Die Polarität eines Wassermoleküls ist für seine vielfältigen Einsatzmöglichkeiten als Lösungsmittel verantwortlich. Als Lösungsmittel in allen Zellen löst Wasser eine Vielzahl von Stoffen, die zum Leben notwendig sind. Die Wassermoleküle bleiben in den wässrigen Lösungen der meisten Organismen intakt; jedoch „brechen" einige Wassermoleküle in Protonen (H^+) und Hydroxidionen (OH^-) auseinander. Wasserstoffionen, die lediglich aus dem Wasserstoffkern bestehen, entsprechen einem einzelnen Proton. Daher spricht man bei H^+-Ionen auch von Protonen. Damit die chemischen Prozesse des Stoffwechsels sowie alle zellulären Funktionen kontrolliert ablaufen können, ist es wesentlich, dass die richtige Balance zwischen H^+-Ionen und OH^--Ionen besteht.

Säuren und Basen

Eine chemische Verbindung, welche die relative Anzahl von Protonen (H^+) in Lösungen *erhöht*, wird als **Säure** bezeichnet, mitunter spricht man auch von einem **Protonendonator**. Wird eine ionische Substanz in Wasser gelöst, kann sie die relative Anzahl von H^+- und OH^--Ionen so ändern, dass die H^+-Konzentration nicht mehr genauso groß wie die OH^--Konzentration ist. Wenn beispielsweise Chlorwasserstoff (HCl) in Wasser gelöst wird, dann dissoziiert es zu H^+- und Cl^--Ionen. Infolgedessen wird die H^+-Konzentration größer sein als die OH^--Konzentration. In diesem Fall ist eine Lösung sauer.

Eine chemische Verbindung, welche die Zahl der H^+-Ionen im Wasser *verringert*, wird als **Base** bezeichnet, mitunter spricht man auch von einem **Protonenakzeptor**. Auch hier kann die relative Zahl der H^+-Ionen und OH^--Ionen verändert werden, wenn eine ionische Substanz in Wasser gelöst wird. Wenn Natriumhydroxid in Wasser gelöst wird, dissoziiert es zu Na^+- und OH^--Ionen, so dass die OH^--Konzentration diejenige von H^+ übersteigt. In diesem Fall ist eine Lösung basisch (oder alkalisch).

pH-Wert

Die Stärke der sauren beziehungsweise basischen Wirkung einer Lösung wird durch den pH-Wert (von lateinisch *potentia hydrogenii*, „Wirksamkeit des Wasserstoffs") ausgedrückt, der sich nach der Zahl der Wasserstoffionen in Lösung richtet (▶ Abbildung A.8). Die Konzentrationen (in Mol/l) der Wasserstoffionen und die zugehörige Konzentration der Hydroxidionen sind für jeden ganzzahligen pH-Wert angegeben. Bei einem pH-Wert von 7 sind die Konzentrationen von H^+-Ionen und OH^--Ionen gleich groß und die Lösung ist neutral. Eine Lösung mit einem pH-Wert unter 7 ist sauer, während eine Lösung mit einem pH-Wert über 7 basisch ist. Vergegenwärtigen Sie sich, dass jeder ganzzahlige Schritt in pH-Einheiten eine zehnfache Veränderung in der Konzentration der H^+-Ionen in der Lösung beschreibt, da der ph-Wert dem dekadischen Logarithmus der Protonenkonzentration ($-\log[H^+]$) entspricht.

Chemische Reaktionen

Eine chemische Reaktion ist ein Prozess der chemischen Veränderung der Materie, wenn sich Atome zu Molekülen verbinden. Reaktionen laufen in der unbelebten Natur, im Labor und in biologischen Systemen ab. Die Zahl und die Anordnung der subatomaren Teilchen eines Atoms bestimmen seine chemischen Eigenschaften und sein Verhalten. Atome werden bei chemischen Reaktionen weder erzeugt noch zerstört; vielmehr ordnen sie durch Herstellen und Aufbrechen von Bindungen die Materie einfach neu (siehe Seite 660). Wir können uns davon überzeugen, indem wir eine Reaktion in einem Behälter beobachten, dessen Masse sich währenddessen nicht ändert. Diese Erhaltung der Masse wird als **Massenerhaltungsgesetz** bezeichnet. Chemische Gleichungen werden dazu benutzt, sowohl die qualitativen Veränderungen während einer Reaktion als auch die quantitative Richtigkeit dieses Gesetzes auszudrücken. Betrachten wir beispielsweise die Gleichung

$$2Na + 2H_2O \rightarrow 2\,NaOH + H_2$$

in der auf jeder Seite des Reaktionspfeils vier Wasserstoffatome, zwei Natriumatome und zwei Sauerstoffatome stehen. Bei den meisten chemischen Reaktionen gibt es erkennbare Muster, und dies ist eines der häufigsten (wie werden hier nur drei diskutieren). Dies ist ein Beispiel für eine **Austauschreaktion**, in der Bindungen sowohl gebrochen als auch aufgebaut werden. Hier reagieren Natrium und Wasser zu Natriumhydroxid und Wasserstoff.

Ein zweites Reaktionsmuster tritt auf, wenn zwei oder mehrere Moleküle zu einem größeren, komplexeren Molekül reagieren. Dieser Reaktionstyp geht immer mit einem Aufbau von Verbindungen einher, wie beispielsweise die Verbindung von Wasserstoff und Sauerstoff zu Wasser, was folgendermaßen ausgedrückt werden kann

$$2H_2 + O_2 \rightarrow 2\,H_2O$$

Eine dritte, weitverbreitete Reaktion tritt auf, wenn Bindungen aufgebrochen werden, wenn also in Abbaureaktionen ein Molekül in kleinere Moleküle, Atome oder Ionen zerlegt wird. Bei der Zellatmung wird beispielsweise ein Kohlenhydrat (Glucose) in Körperzellen oxidiert, wodurch Kohlendioxid und Wasser entstehen sowie Energie frei wird. Dies kann folgendermaßen ausgedrückt werden

$$C_6H_{12}O_6 + 6O_2 \rightarrow 6CO_2 + 6H_2O + Energie$$

Enzymkatalyse

Die Summe der chemischen Reaktionen, die in den Zellen eines lebenden Organismus, wie beispielsweise einer Pflanzen, ablaufen, wird als **Stoffwechsel** oder **Metabolismus** bezeichnet. Enzyme, bei denen es sich um Proteinmoleküle handelt, beschleunigen chemische Reaktionen gleichsam wie Katalysatoren, indem sie transiente Verbindungen mit den Reaktionspartnern eingehen. Das Produkt eines Reaktionsschrittes wird dann bei der nächsten Reaktion zum Substrat. Daher sind chemische Reaktionen innerhalb von Zellen aneinander gekoppelt, wodurch ein **Stoffwechselweg** entsteht. Es gibt verschiedene Stoffwechselwege, die jeweils verschiedenen Zellfunktionen dienen. Es gibt drei häufig vorkommende Arten von Stoffwechselwegen. Die drei Arten von Stoffwechselwegen, die wir hier diskutieren wollen, sind **linear**, **verzweigt** (in einer ansonsten linearen Weise) und **zyklisch**. Bei Letzte-

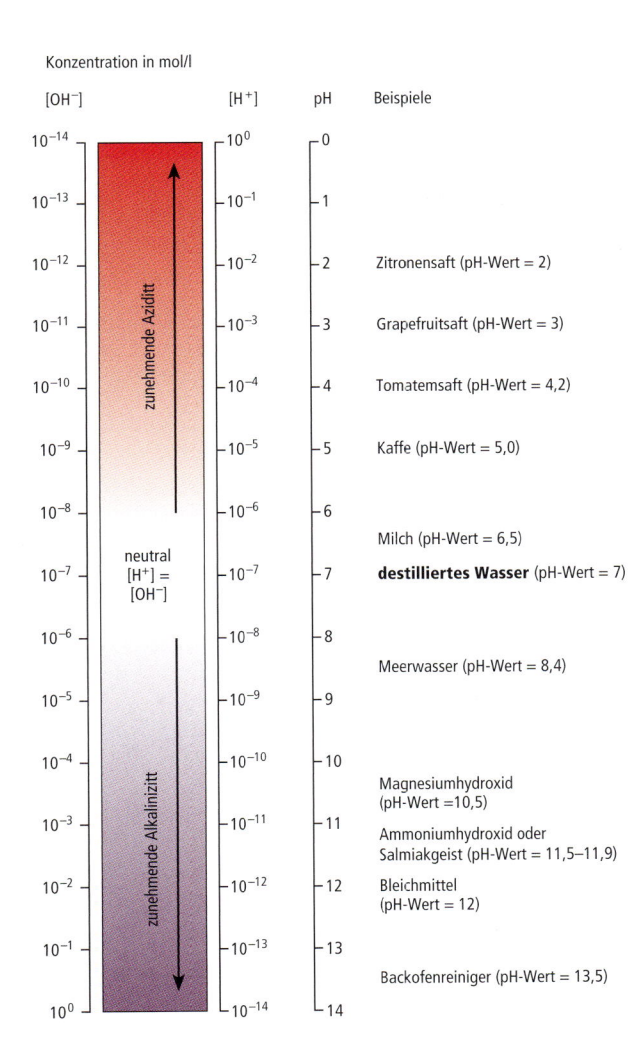

Konzentration in mol/l			
[OH⁻]	[H⁺]	pH	Beispiele
10^{-14}	10^0	0	
10^{-13}	10^{-1}	1	
10^{-12}	10^{-2}	2	Zitronensaft (pH-Wert = 2)
10^{-11}	10^{-3}	3	Grapefruitsaft (pH-Wert = 3)
10^{-10}	10^{-4}	4	Tomatensaft (pH-Wert = 4,2)
10^{-9}	10^{-5}	5	Kaffe (pH-Wert = 5,0)
10^{-8}	10^{-6}	6	
10^{-7}	10^{-7}	7	Milch (pH-Wert = 6,5) / **destilliertes Wasser** (pH-Wert = 7)
10^{-6}	10^{-8}	8	
10^{-5}	10^{-9}	9	Meerwasser (pH-Wert = 8,4)
10^{-4}	10^{-10}	10	
10^{-3}	10^{-11}	11	Magnesiumhydroxid (pH-Wert =10,5) / Ammoniumhydroxid oder Salmiakgeist (pH-Wert = 11,5–11,9)
10^{-2}	10^{-12}	12	Bleichmittel (pH-Wert = 12)
10^{-1}	10^{-13}	13	
10^0	10^{-14}	14	Backofenreiniger (pH-Wert = 13,5)

Abbildung A.8: pH-Skala.

ANHANG

(a) Linearer Weg.

Reaktant → Substrat → Substrat → Reaktionsprodukt

(b) Verzweigter Weg.

Reaktant → Substrat → Substrat →→ Reaktionsprodukte

(c) Zyklischer Weg.

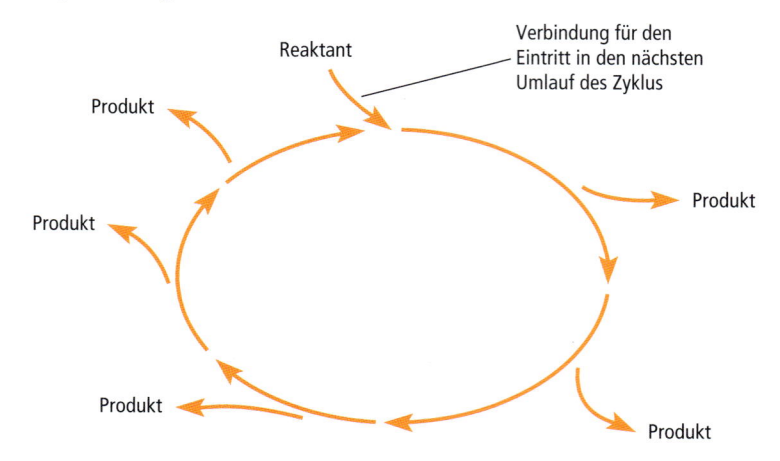

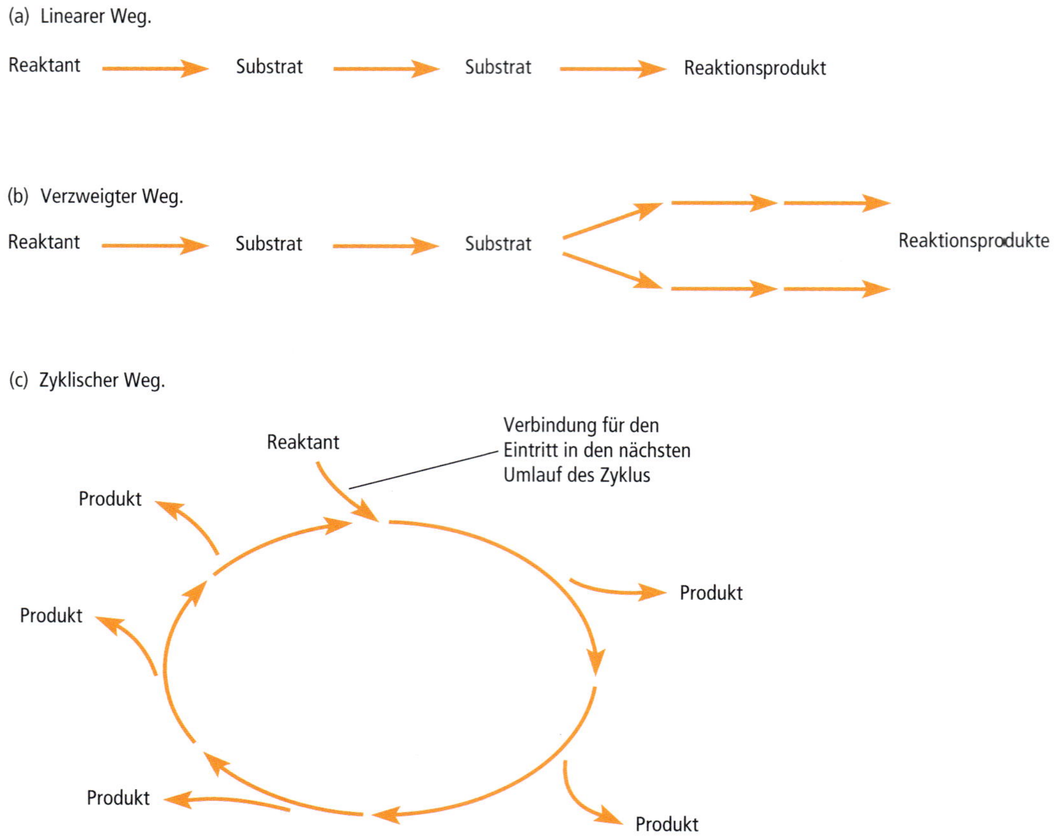

Reaktant — Verbindung für den Eintritt in den nächsten Umlauf des Zyklus

Produkt, Produkt, Produkt, Produkt, Produkt

Abbildung A.9: Modelle dreier Stoffwechselwege.

rem wird die Ausgangsverbindung laufend regeneriert (▶ Abbildung A.9). Bei einem verzweigten Weg kann ein Reaktionsprodukt der Reaktanten auf zwei verschiedenen Wegen weiter reagieren. Bei einem zyklischen Weg kann der Zyklus mit einfachen Molekülen beginnen und größere hervorbringen, zum Beispiel der Calvin-Zyklus. Er kann aber auch mit großen Molekülen beginnen, die in kleinere zerlegt werden, wie im Zitronensäurezyklus. Derartige zyklische Wege, auf denen Redox-Reaktionen stattfinden, werden in Kapitel 7 behandelt.

Chemisches Gleichgewicht und Fließgleichgewicht

Bei vielen Reaktionen können die Reaktionsprodukte wiederum miteinander reagieren und sich in die Reaktanten zurückverwandeln. Mit anderen Worten: Die Reaktion läuft sowohl vorwärts als auch rückwärts ab, das bedeutet, sie ist reversibel. Ein Beispiel dafür ist

$$2SO_2 + O_2 \rightleftarrows 2SO_3$$

Schließlich wird die Reaktionsgeschwindigkeit der Rückreaktion genauso groß wie die Reaktionsgeschwindigkeit der Hinreaktion (▶ Abbildung A.10a). Dann hat die Reaktion den Zustand des so genannten **chemischen Gleichgewichts** erreicht. Im Gleichgewicht ändert sich das *Verhältnis* der Gleichgewichtskonzentrationen von Reaktanten und Reaktionsprodukten nicht. Enzyme beschleunigen eine Reaktion lediglich; sie bewirken aber keine Verschiebung des chemischen Gleichgewichts. Jede chemische Reaktion ist theoretisch reversibel, wenn die Konzentrationen von Reaktanten und Reaktionsprodukten entsprechend beeinflusst werden. Durch Weiterreaktion eines Produktes (z.B. von Pyrophosphat, das durch eine Pyrophosphatase hydrolytisch zu anorganischem Phosphat gespalten wird) oder durch Entweichen eines Produktes wie CO_2 in den Gasraum kann sogar eine endergone Reaktion erfolgreich ablaufen.

In lebenden biologischen Systemen befinden sich alle Reaktionen in einem **Fließgleichgewicht** (engl. *steady state*), da es sich im Unterschied zu einem chemischen Gleichgewicht um offene Systeme handelt. Diese sind durch dauerndes Zufließen von Reaktanten und Abfließen von Produkten charakterisiert (▶ Abbildung A.10b). Wird ein Schritt in einem Fließgleichgewicht durch Vergiften eines Enzyms gestoppt, stellt sich das chemische Gleichgewicht ein, was für den Organismus den Tod bedeutet.

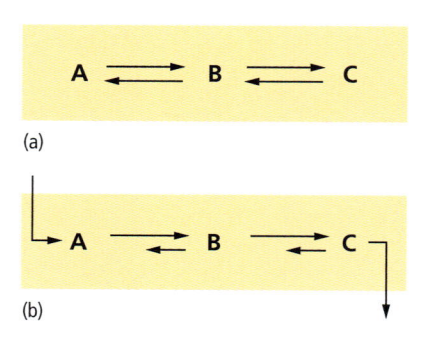

(a) A ⇌ B ⇌ C

(b) → A ⇌ B ⇌ C →

Abbildung A.10: Gleichgewichtsreaktionen in (a) geschlossenen und (b) offenen Systemen.

ANHANG B: Glossar

Abkömmling Eine Tochterzelle, die das *Meristem* verlässt und mit Längenwachstum und *Differenzierung* beginnt. Ihre Schwesterzelle bleibt eine *embryonale Zelle*.

Abschlussgewebe Die äußere Schutzhülle einer Pflanze; besteht aus *Parenchymzellen*. Siehe auch *Epidermis* und *Periderm*.

Abscisinsäure Ein *Phytohormon*, das durch Absenkung des Turgors in den *Schließzellen* das Schließen der *Stomata* bewirkt. Außerdem bewirkt es die Dormanz in Samen und Knospen.

Abscissionszone (von lat. *abscissio*, „Abriss", „Abtrennung"): Der Bereich des Blattstiels, in dem sich das Blatt einer *laubabwerfenden* Pflanze von der Pflanze löst.

Absorptionsspektrum Maß für die Fähigkeit eines Pigments, verschiedene Wellenlängen des Lichts zu absorbieren.

Achäne Eine Schließfrucht ähnlich einer kleinen Nuss mit einem harten, dünnen *Perikarp* und einem einzelnen Samen; bildet sich aus einem einzelnen *Fruchtblatt*. Achänen werden beispielsweise von Sonnenblumen gebildet.

Achselknospe Eine Knospe, die sich in der Blattachsel bildet, d. h. dort, wo der *Blattstiel* mit der *Sprossachse* verbunden ist. Aus einer Achselknospe wächst ein neuer *Spross*.

adaptive Radiation Eine rasch ablaufende Form der Evolution. Sie tritt auf, wenn eine Art ein zuvor nicht besetztes Territorium (zum Beispiel eine Insel) erobert oder ein bereits besiedeltes Territorium, das aber noch viele ökologische Nischen bietet. Siehe auch *unterbrochenes Gleichgewicht*.

Adhäsion Die Anziehungen zwischen den Molekülen verschiedener Stoffe; siehe auch *Kohäsion*.

Adventivwurzeln Wurzeln, die sich an unüblichen Stellen bilden, beispielsweise an der Sprossachse.

aerob Bezeichnung für eine Folge von Reaktionen, bei der Sauerstoff verbraucht wird. Siehe auch *anaerob*.

Akklimatisierung Die Vorbereitungen einer Pflanze auf veränderte Klimabedingungen.

Aktin Ein Strukturprotein, das im Cytoskelett als Polymer vorkommt und eine Rolle bei der Bewegung und bei der Änderung der Zellform spielt.

aktinomorphe Blüte (von griech. *aktis*, „Strahl"): Eine strahlenförmige oder *reguläre Blüte*.

aktiver Transport Ein Energie (im Allgemeinen in Form von ATP) verbrauchender Prozess, bei dem kleine Moleküle infolge eines Konzentrationsgradienten durch eine Membran transportiert werden; verwendet eines oder mehrere Transportproteine. Siehe auch *erleichterte Diffusion*.

aktives Zentrum Eine spezifisch geformte Region innerhalb eines *Enzyms* (E), an die ein *Substrat* bindet, wodurch ein *Enzym-Substrat-Komplex* entsteht.

Aktivierungsenergie Die Anfangsenergie, die notwendig ist, um eine chemische Reaktion in Gang zu setzen.

Algenblüte Die explosionsartige Ausbreitung einer Algenpopulation, wenn die Bedingungen für eine asexuelle Fortpflanzung optimal sind; bei Dinoflagellaten auch als „Rote Tide" bezeichnet.

Alkaloide Zyklische Kohlenwasserstoffverbindungen, die in mindestens einem Ring Stickstoff enthalten und starke physiologische Wirkungen auf Tiere aufweisen.

Allel Eine der möglichen Varianten eines *Gens*, die eine Merkmalsausprägung codiert. Eine *diploide* Zelle besitzt von jedem Elternteil ein Allel.

Allelopathie Die chemische Hemmung, die ein Individuum oder eine Gruppe von Pflanzen auf andere Pflanzen ausübt.

allopatrisch Bezeichnung für Populationen, die nichtüberlappende Gebiete besiedeln. Siehe auch *sympatrisch*.

Allopolyploidie Eine Form der *Polyploidie*, die bei Kreuzung zweier verschiedener Arten mit spontaner Chromosomenverdopplung vorliegt.

anaerob Bezeichnung für eine Folge von Reaktionen, bei der kein Sauerstoff verbraucht wird. Siehe auch *aerob*.

Anagenese Die Transformation einer Art zu einer anderen; auch als *phyletische Evolution* bezeichnet. Siehe auch *Kladogenese*.

Analogie Eine strukturelle oder funktionale Ähnlichkeit zwischen zwei Arten, die evolutionär nicht eng miteinander verwandt sind. Siehe auch *Homologie*.

Anaphase Die dritte Phase der *Mitose*. Während der Anaphase trennen sich die *Schwesterchromatiden*, so dass nun jedes Chromatid als separates Chromosom vorliegt.

Anaphase I Eine Phase der *Meiose*. Während der Anaphase I trennen sich die *homologen Chromosomen* und bewegen sich zu entgegengesetzten Polen der sich teilenden Zelle. Die ursprüngliche Chromosomenzahl wird halbiert. Die Mendel'sche Segregation beginnt während der Anaphase I.

Andrözeum (griech., „Haus des Mannes"): Zusammenfassende Bezeichnung für die *Staubblätter* einer Blüte; siehe auch *Gynözeum*.

Aneuploidie Ein Zustand, bei dem in einer Zelle zu wenige oder zu viele Kopien eines bestimmten *Chromosoms* vorliegen. Siehe auch *Nondisjunction*.

Angiospermae (zu griech. *angion*, „Behälter" und *sperma*, „Samen"): Siehe *Bedecktsamer*.

Annulus Eine Reihe von Zellen mit verdickten Zellwänden, die die *Sporangien* von Farnen umgeben; dient der Verbreitung der Sporen.

Antherenkultur Eine Form der *Gewebekultur*, bei der die Staubbeutel (Antheren) von Blüten auf ein Medium gelegt werden, das bewirkt, dass sich die Pollen ohne Befruchtung zu haploiden Pflanzen entwickeln.

Antheridiophore Eine Struktur, die die männlichen *Gametophyten* des Lebermooses *Marchantia* trägt; besitzt einen flachen, scheibenähnlichen Kopf, in den die *Antheridien* eingebettet sind.

Antheridium Ein männliches *Gametangium* eines *Bryophyten*, Farns oder einer anderen samenlosen Pflanze; enthält ein durch Mitose produziertes *Spermatozoid*.

Anticodon Ein Triplett aus *Nucleotiden* auf der mittleren Schleife eines *tRNA*-Moleküls; es ist komplementär zu einem Codon der *mRNA*. Siehe auch *Translation*.

antikline Teilung Die Teilung von Zellen senkrecht zu einer Oberfläche. Siehe auch *perikline Teilung*.

Apex (Plural *Apices*): Die Spitze einer Wurzel oder eines Sprosses.

Apfelfrucht Ein äußerlich der Beere ähnelnder Typ der *Scheinfrucht*. Der Balg der saftigen Frucht bildet sich aus einem vergrößerten *Blütenboden*; Beispiele sind Apfel und Birne.

Apikaldominanz Die Unterdrückung des Wachstums der *Achselknospen* durch das Phytohormon *Auxin*.

Apikalmeristem Ein *Meristem* an der Spitze eines Sprosses oder einer Wurzel; der Ort des *primären Wachstums*. Siehe auch *primärer Pflanzenkörper*.

apomiktisch Bezeichnung für einen Samen, der asexuell entstanden ist.

apoplastischer Transport Die Bewegung von Molekülen innerhalb der Zellwände; siehe auch *symplastischer Transport*.

Äquatorialebene Eine gedachte Ebene, die sich während der *Metaphase* über den gesamten Durchmesser des Zellkerns erstreckt und wo sich die Chromosomen anordnen.

Aquifer Ein unterirdischer Grundwasserspeicher, der sich in oder unter dem untersten *Bodenhorizont* befindet.

Archegoniophore Eine bei dem Lebermoos *Marchantia* vorkommende schirmförmige Struktur, von deren Kopf die weiblichen Gametophoren herunterhängen. Siehe auch *Antheridiophore* und *Calyptra*.

Archegonium Das flaschenförmige weibliche *Gametangium* eines *Bryophyten* oder einer anderen samenlosen Pflanze; enthält ein Ei, das durch Mitose entstanden ist. Archegonien kommen auch bei einigen Nacktsamern vor.

Art Eine taxonomische Gruppe unterhalb der *Gattung*. Jede Art wird durch ein *Binom* bezeichnet, das aus einem Namen für die Gattung und einem *spezifischen Epitheton* besteht.

Ascogonium Das Oogonium oder weibliche Gametangium bei Schlauchpilzen.

Ascokarp (oder **Ascoma**): Der Fruchtkörper von Ascomyceten.

Ascus (Plural: Asci): Eine schlauchähnliche Struktur, die die in einem *Askokarp* gebildeten Ascosporen enthält.

asexuelle Fortpflanzung Der Prozess, bei dem ein einzelner Elter Nachkommen erzeugt, die mit ihm selbst genetisch identisch sind. Siehe auch *sexuelle Fortpflanzung*.

Atmung Ein aerober Prozess, bei dem aus der Nahrung Energie extrahiert wird. *Glycolyse*-Reaktionen finden im *Cytosol* statt. Die Reaktionen des *Krebs-Zyklus* und oxidative Phosphorylierung finden in den *Mitochondrien* statt. Siehe auch *Fermentation*.

ATP (Adenosintriphosphat) Organisches Molekül, das die Hauptenergiequelle für Zellen darstellt. In *Mitochondrien* wird der Wasserstoff aus Zucker auf Sauerstoff übertragen, um dessen chemische Energie in ATP umzuwandeln. Die *Lichtreaktionen* der Photosynthese erzeugen ATP, das im *Calvin-Zyklus* verwendet wird.

ATP-Synthase Ein Enzym, das die durch *Chemiosmose* gewonnene Energie verwendet, um ein anorganisches Phosphat (P_i) mit ADP zu verknüpfen, wodurch ATP gebildet wird. Dieser Prozess wird auch *Photophosphorylierung* genannt.

Auenwald Vegetationsform entlang von Flüssen und Bächen.

Außengruppe Eine Art oder eine Gruppe von Arten, die eng mit einer *Innengruppe* verwandt sind, jedoch nicht so eng wie die Vertreter der Innengruppe untereinander.

äußere Rinde Besteht aus totem Gewebe einschließlich des toten sekundären *Phloems* und allen Schichten des *Periderms* außerhalb der jüngsten Schicht des *Korkkambiums*.

autotroph („sich selbst ernährend"): Bezeichnung für einen Organismus, der sich durch Photosynthese selbst ernähren kann. Siehe auch *heterotroph*.

Auxin Das erste *Phytohormon*, das entdeckt wurde; wird produziert in den *Apikalmeristemen*, unterdrückt das Wachstum der *Achselknospen*, stimuliert das Wachstum von Pflanzenzellen. Chemisch ist Auxin eine Indol-3-Essigsäure. Siehe auch *Apikaldominanz*.

Balgfrucht Eine *Streufrucht*, die aus einzelnen, verwachsenen *Fruchtblättern* entsteht und sich entlang der Verwachsungsnaht öffnet, um ihre Samen freizugeben. Beispiele sind Hahnenfuß, Akelei und Magnolien.

Basidien Große, keulenförmige Zellen, die sich an den Enden der dikaryotischen Hyphen innerhalb eines *Basidiokarps* bilden. Innerhalb der *Basidien* erfolgt die Verschmelzung der Kerne und die Meiose.

Basidiokarp (oder **Basidioma**): Der oberirdische Teil eines Pilzes, der aus den dikaryotischen Hyphen besteht und Basidien produziert.

Basidiospore Eine haploide Spore, die beim Keimen neue haploide *Myzelien* produziert.

Bedecktsamer (von griech. *angion*, „Behälter" und *sperma*, „Samen"): Blütenpflanzen, deren Samen in Fruchtknoten eingeschlossen sind. Wenn die Fruchtknoten reifen, entwickeln sich die Früchte. Siehe auch *Gymnospermae*.

Beere Eine echte, saftige Frucht, die aus einem oder mehreren *Fruchtblättern* entstehen kann; Beispiele sind Tomaten, Weintrauben, Kürbis und Bananen.

Befruchtung Die Verschmelzung zweier *Gameten* zu einer *Zygote*.

begrenztes Wachstum Ein bei vielen Organismen und Geweben anzutreffendes Wachstumsmuster, wonach das Wachstum nur für eine beschränkte Zeit erfolgt; typisch für Tiere und Blütenmeristeme. Siehe auch *unbegrenztes Wachstum*.

Bestäubung Der Prozess der Übertragung des Pollens vom männlichen Teil einer Pflanze zum weiblichen Teil einer Pflanze; führt nicht zwangsläufig zur Befruchtung.

Binom Der zweiteilige Name einer Art; bestehend aus der Bezeichnung für die Gattung und dem *spezifischen Epitheton*.

Biodiversitätsforschung Ein neues Forschungsgebiet, das sich mit der Evolution der Biodiversität und ihren Funktionen in Ökosystemen beschäftigt sowie Strategien zur Erhaltung der Biodiversität entwirft.

Biogeografie Untersucht, wo bestimmte Arten vorkommen und wann sie eine bestimmte Region besiedelt haben.

biogeografische Region Pflanzenreiche, die sich im Laufe der Evolution mit der *Kontinentaldrift* entwickelt haben.

Biom Einer von mehreren Grundtypen terrestrischer und aquatischer Ökosysteme, die große geografische Regionen umfassen. Beispiele sind Wald, Savanne, Steppe und Wüste. Jedes Biom ist charakterisiert durch bestimmte Vegetationstypen.

Bioremediation Der Einsatz von *Prokaryoten* oder Pflanzen zur Beseitigung von Ölverschmutzungen und zur Entgiftung von Böden, die mit Pestiziden und anderen toxischen Stoffen belastet sind.

Biosphäre Die dünne Schicht aus Luft, Land und Wasser auf der Erdoberfläche, die von lebenden Organismen besiedelt ist.

Blatt Das wesentliche Organ von Pflanzen zum Betreiben der Photosynthese.

Blattader Ein Leitbündel innerhalb eines *Blattstiels* oder einer *Blattspreite*.

Blattdornen Ein zugespitztes Blatt oder Nebenblatt. Siehe auch *Stacheln* und *Sprossdornen*.

Blatthöcker Eine Wulst an der Seite eines Sprossapikalmeristems, die während der Entwicklung eines Blattes erscheint und sich zu einem Blattprimordium entwickelt.

Blattlücke Der Bereich in einer *Siphorostele*, in dem das Leitgewebe von der Stele zum Blatt abzweigt.

Blattprimordium (Plural *Primordien*): Entwickelt sich aus einer kleinen Verdickung an der Seite eines Sprossapikalmeristems; später entwickelt sich hieraus ein Blatt.

Blattspur Ein kleines Leitbündel an einem Blattknoten, das das Hauptleitsystem der Sprossachse verlässt und durch einen *Blattstiel* zu einem Blattprimordium führt.

Blattstiel Dünne, sprossähnliche Struktur, die ein Blatt an einer als *Knoten* bezeichneten Stelle mit einem Spross verbindet.

Blütenboden Eine Verdickung an der Spitze eines *Blütenstängels*, an der die einzelnen Blütenteile ansetzen.

Blütenkelch Eine Gruppe von *Kelchblättern*, die eine Blütenknospe umschließen. Siehe auch *Blütenkrone* und *Perianth*.

Blütenkrone Die Gesamtheit der Blütenblätter einer Blüte; siehe auch *Perianth*.

Blütenstand Eine Gruppe von Blüten, die auf eine bestimmte Weise auf einem *Blütenstängel* angeordnet sind.

Blütenstängel Eine Sprossachse, an deren Ende sich eine Blüte oder ein Blütenstand befindet. Siehe auch *Blütenboden*.

Bodenhorizont Eine horizontale Schicht im Bodenprofil. Dabei werden die einzelnen Schichten von oben nach unten in alphabetischer Reihenfolge mit Buchstaben bezeichnet. Siehe auch *Oberboden*.

Bodenlösung Die Kombination von Wasser, gelösten Mineralionen und gelöstem O_2; Quelle von Makronährelementen und Spurenelementen für Pflanzen.

borealer Nadelwald (auch Taiga): Der Nadelwald der nördlichen Hemisphäre; das größte geschlossene Biom der Erde.

Botanik Die Wissenschaft von den Pflanzen.

Boten-RNA (mRNA) Übernimmt die Weiterleitung der in der *DNA* enthaltenen genetischen Information vom Zellkern ins Cytoplasma; wird durch *Transkription* hergestellt.

Brassinosteroid Ein pflanzliches Steroidhormon, das ähnlich wirkt wie *Auxine*.

Brettwurzeln Aufgefächerte Wurzeln, die vom Stamm eines Baums ausgehen; bieten besseren Halt in flachgründigen Böden.

Bryologe Ein Wissenschaftler, der *Bryophyten* erforscht: Hierzu gehören Lebermoose, Hornmoose und Laubmoose.

Bryophyta (von griech. *bryon*, „Moos" und *phyton*, „Pflanze"): Eine Abteilung kleinwüchsiger, blütenloser Pflanzen, die sich vor 450 bis 700 Millionen Jahren aus algenähnlichen Vorläufern entwickelt hat.

Bulben Unterirdische, Assimilate speichernde Sprossachsen, die ähnlich geformt sind wie *Zwiebeln*, jedoch hauptsächlich aus Sprossgewebe anstatt aus dicken Blättern bestehen.

Bündelscheidenzellen Zellen, die die Leitbündel von Blütenpflanzen umgeben. Bei C_4-*Pflanzen* sind sie groß, betreiben Photosynthese und sind der Ort, an dem die Reaktionen des *Calvin-Zyklus* stattfinden.

C_3-Pflanzen Pflanzen, die zur *Kohlenstofffixierung* ausschließlich den Calvin-Zyklus betreiben. Solche Pflanzen stellen als erstes organisches Produkt der Kohlenstofffixierung ein C_3-Produkt her und kehren an heißen, trockenen Tagen zur *Photorespiration* zurück. Reis, Weizen und Sojabohnen sind typische C_3-Pflanzen. Siehe auch C_4-*Pflanzen* und *Crassulaceen-Säurestoffwechsel*.

C_4-Pflanzen Pflanzen, die an heißes, trockenes Klima angepasst sind. Unter solchen Bedingungen steht den Chloroplasten nur begrenzt CO_2 zur Verfügung, da die Stomata teilweise verschlossen sind. In spezialisierten Mesophyllzellen fügt ein Enzym ein CO_2-Molekül zu einer C_3-Verbindung hinzu, wodurch ein C_4-Produkt gebildet wird. Dieses Produkt wird an *Bündelscheidenzellen* übergeben, wo die Reaktionen des *Calvin-Zyklus* stattfinden. Häufig vorkommende C_4-Pflanzen sind Zuckerrohr und Mais.

C_4-Weg Eine Erweiterung des *Calvin-Zyklus*, die von C_4-*Pflanzen* in warmen, trockenen Regionen angewendet wird; baut CO_2 in C_4-Verbindungen ein, die dann verwendet werden, um die CO_2-Konzentration in den *Bündelscheidenzellen* für den Calvin-Zyklus zu erhöhen. Siehe auch C_3-*Pflanzen* und *Crassulaceen-Säurestoffwechsel*.

Callose Ein Kohlenhydrat aus Glucoseeinheiten, das in verletzten Siebröhrengliedern auf die Siebplatte aufgelagert wird.

Calvin-Zyklus Reaktionen der photosynthetischen CO_2-Assimilation, die unter Verwendung des in den *Lichtreaktionen* entstandenen ATP und NADPH sowie dem aus der Luft enthaltenen CO_2 Triosephosphate aufbauen. Sie finden im *Stroma* der Chloroplasten statt. Für ein Triosephosphat-Molekül sind 3 CO_2, 9 ATP und 6 NADPH erforderlich. Siehe auch *Rubisco*.

Calyptra Eine dünne, schleierartige Struktur, die sich aus dem *Archegonium* bestimmter Lebermoose und Laubmoose entwickelt und teilweise die Haube oder das Sporangium bedeckt; auch Wurzelhaube.

Calyx Der Kelch einer Blüte.

CAM-Pflanzen Pflanzen (meist tropische), die den *Crassulaceen-Säurestoffwechsel* für die *Kohlenstofffixierung* bei Nacht verwenden. Kohlenstofffixierung und die Reaktionen des *Calvin-Zyklus* laufen in den gleichen Zellen, aber zu unterschiedlichen Zeiten ab. Typische CAM-Pflanzen sind Sukkulenten aus der Familie Crassulaceae, viele Kakteen und Ananas. Diese Pflanzen schließen tagsüber ihre Stomata und öffnen sie bei Nacht. Siehe auch C_3-*Pflanzen* und C_4-*Pflanzen*.

Cauloid Ein sprossachsenähnlicher, oft hohler Stiel; Teil des *Thallus* einer Braunalge.

Cellulose Der Hauptbestandteil der Zellwände; bestehend aus Ketten von Glucosemolekülen.

Centromer Ein eingeschnürter Chromosomenbereich, der *Chromatiden* verbindet. Siehe auch *Prophase*.

Centrosom Ein Mikrotubuli-Organisationszentrum; von Bedeutung für die *Prophase* des *Zellzyklus*.

Chemiosmose Ein Prozess, bei dem ein während der Photosynthese oder Atmung über eine Membran aufgebauter Protonengradient zur Synthese von ATP genutzt wird. Siehe auch *ATP-Synthase* und *Photophosphorylierung*.

chemoautotroph Bezeichnung für autotrophe Organismen (hauptsächlich Bakterien), die keine Photosynthese betreiben, sondern Kohlenstoff aus CO_2 und Energie aus anorganischen Chemikalien erhalten.

chemoheterotroph Bezeichnung für einen Organismus, der sowohl Energie als auch Kohlenstoff aus organischen Verbindungen anderer Organismen erhält.

Chitin Ein Stickstoff enthaltendes Kohlenhydrat, das in seiner Struktur der Cellulose ähnelt; Hauptbestandteil der Zellwände von Pilzen und des Exoskeletts von Arthropoden, zum Beispiel Insekten.

Chlorenchymzelle Eine spezialisierte *Parenchymzelle*, die Photosynthese betreibt.

Chlorophyll a Blaugrünes, für die Photosynthese wichtiges *Pigment*, das unmittelbar an den *Lichtreaktionen* beteiligt ist; absorbiert Licht aus dem blauvioletten und dem roten Bereich des Spektrums. Siehe auch *Chlorophyll b*.

Chlorophyll b Gelbgrünes, für die Photosynthese wichtiges *Pigment*, das als *Hilfspigment* fungiert, indem es Lichtenergie zu *Chlorophyll-a*-Molekülen überträgt. Chlorophyll b unterscheidet sich in seiner Struktur nur in wenigen Molekülen von Chlorophyll a.

Chloroplast (von griech. *chloros*, „grünlich gelb"): Ein Organell, das grüne Chlorophyllpigmente enthält. Siehe auch *Granum*, *Stroma* und *Thylakoid*.

Chromatiden Schwesterstränge der DNA, die während der *S-Phase* des *Zellzyklus* entstehen. Sie hängen an einer schmalen Region, die als *Centromer* bezeichnet wird, zusammen.

Chromoplast (von griech. *chroma*, „Farbe"): Ein *Plastid*, das Pigmente enthält; verantwortlich für das Gelb, Orange oder Rot vieler Blätter, Blüten und Früchte. Siehe auch *Leukoplast*.

Chromosom (zu griech. *chroma*, „Farbe" und *soma*, „Körper"): Eine komplexe, fadenförmige Struktur, die aus DNA besteht und sich in einem Zellkern befindet. Jedes Chromosom besteht aus einer Vielzahl von *Genen*, d. h. aus DNA-Abschnitten, deren Nucleotidsequenzen den Code für den Aufbau der Proteine enthalten.

Chromosomenmutation Eine Mutation, bei der mehr als ein einziges *Nucleotid* involviert ist; es kann sich um eine Deletion, Duplikation, Inversion oder Translokation handeln.

circadiane Rhythmen (von lat. *circa*, „etwa" und *dies*, „Tag"): Ein biologischer Kreislauf von etwa 24 Stunden Phasenlänge.

Cisternae Abgeflachte, miteinander verbundene Membranvesikel, welche die Oberfläche des *endoplasmatischen Retikulums* bilden.

Codon Ein Triplett von *Nucleotiden* in einer *DNA*-Sequenz, die entweder eine Aminosäure oder ein „Start"- oder „Stopp"-Signal codiert. Siehe auch *Exon* und *Intron*.

coenocytisch Bezeichnung für die Lebensform bestimmter Gelbgrünalgen und anderer *Protisten*, die aus einem einzigen Cytoplasmabereich mit vielen Kernen besteht, wobei die einzelnen Kerne nicht durch innere Wände voneinander separiert sind.

Corolla Die *Blütenkrone*.

Cortex Das zwischen dem Abschlussgewebe und dem Leitgewebe gebildete Gewebe. Wird auch als *Rinde* bezeichnet.

Cotyledon Siehe *Keimblatt*.

Crassulaceen-Säurestoffwechsel Eine Erweiterung des C_4-Weges, bei der *CAM-Pflanzen* in der Nacht über den C_4-Weg CO_2 aufnehmen und dann die Reaktionen des *Calvin-Zyklus* durchführen, um tagsüber Zucker herzustellen. Die beiden Prozesse laufen in den gleichen Zellen, aber zu unterschiedlichen Zeiten ab. CAM ist verbreitet bei sukkulenten Wüstenpflanzen, die dadurch tagsüber Wasser konservieren und *Photorespiration* vermeiden können.

Crista (Plural *Cristae*): Die Einstülpungen eines Teils der inneren Mitochondrienmembranen. Siehe auch *Matrix*.

Crossing-over Der Austausch von Chromosomensegmenten infolge Überlappung der Chromatiden während der Interphase vor *Prophase I* der *Meiose*.

Cuticula Eine Schicht außerhalb der Zellwand, die aus Wachs und einer fetthaltigen Substanz, dem Cutin, besteht. Die Cuticula trägt dazu bei, den Wasserverlust niedrig zu halten.

Cytokinese („Zellbewegung"): Die während des *Zellzyklus* auftretende Separation des *Cytoplasmas* und der neuen Zellkerne in *Tochterzellen*.

Cytokinin Ein in den Wurzeln synthetisiertes *Phytohormon*, das die Teilung und die Differenzierung der Zellen steuert; wirkt der *Apikaldominanz* entgegen und verzögert die Blattalterung.

Cytoplasma (zu griech. *cyto*, „Zelle" und *plasma*, „geformter Stoff"): Die gesamte Substanz innerhalb der *Zellmembran* mit Ausnahme des *Zellkerns*.

cytoplasmatische Vererbung Form der Vererbung, für die kleine Chromosomen innerhalb von Mitochondrien und Chloroplasten verantwortlich sind; auch als mütterliche Vererbung bezeichnet, weil das *Cytoplasma* mit diesen Organellen in den *Eizellen*, nicht aber in den *Spermazellen* enthalten ist.

Cytoskelett („Zellskelett"): Gebildet aus fadenförmigen Proteinen: *Mikrotubuli*, *Mikrofilamente* und *Intermediärfilamenten*. Siehe auch *Cytosol*.

Cytosol Der flüssige Teil des *Cytoplasmas*.

Deduktion Das Schließen vom Allgemeinen auf das Besondere. Siehe auch *Induktion*.

Denaturierung Die Zerstörung der *Tertiärstruktur* eines *Proteins*.

Dendrochronologie (von griech. *dendron*, „Baum" und *chronos*, „Zeit"): Die Lehre von der Altersbestimmung mithilfe von Baumringen und Klimainterpretation.

Desmotubulus Die Verbindung des endoplasmatischen Retikulums zwischen den Zellen; befindet sich im *Plasmodesma*.

Diaspore (von griech. *diaspeiro*, „ich werfe herum"): Verbreitungseinheit zur Vermehrung; kann Samen, Frucht oder vegetativer Pflanzenteil sein, aus dem eine neue Pflanze entsteht.

Dictyosom (von griech. *diktyon*, „werfen"): Ein Stapel flacher, membranumhüllter Säcke, die dazu dienen, die von den Zellen ausgeschütteten molekularen Bestandteile zu modifizieren; die *Golgi-Stapel* einer Pflanzenzelle.

Differenzierung Die Entwicklung einer nicht spezialisierten in eine spezialisierte Zelle.

Diffusion Die Tendenz von Molekülen, sich spontan in dem zur Verfügung stehenden Raum auszubreiten. Die Bewegung erfolgt ausgehend von einem Bereich mit hoher Konzentration des Stoffes hin zu Bereichen mit niedrigerer Konzentration.

Dihybridkreuzung Eine Kreuzung reinerbiger Pflanzen, die sich hinsichtlich der Ausprägungen zweier *Merkmale* unterscheiden. Wenn die betrachteten Merkmale beispielsweise Wuchshöhe und Samenform sind, ist eine mögliche Dihybridkreuzung eine Kreuzung zwischen einer hohen Pflanze mit glatten Samen und einer niedrigen Pflanze mit schrumpeligen Samen. Siehe auch *Monohybridkreuzung*.

dikaryotisch (zu griech., „zwei Kerne"): Bezeichnung für ein *Myzel*, das durch *Plasmogamie* gebildet wird; enthält pro Zelle zwei verschiedene *haploide* Kerne. Siehe auch *heterokaryotisch*.

diploid (von griech. *diplous*, „doppelt"): Bezeichnung für eine Zelle mit zwei Chromosomensätzen; Symbol $2n$. Siehe auch *haploid* und *polyploid*.

Disaccharid Ein Molekül, das durch Verbindung zweier Monosaccharidmoleküle entsteht.

diversifizierende Auslese Die Spaltung einer Population in zwei Teile, indem Individuen mit gegensätzlichen Extremen eines phänotypischen Bereichs favorisiert werden; gleichzeitig wird die Häufigkeit von Individuen mit mittleren Phänotypen reduziert. Siehe auch *gerichtete Auslese* und *stabilisierende Auslese*.

DNA (Desoxyribonucleinsäure) Ein Molekül in der Form einer *Doppelhelix*, das die codierte genetische Information für einen Organismus enthält. Es ist aus Nucleotiden zusammengesetzt, von denen jedes aus einer Phosphatgruppe, einem Zuckermolekül (Desoxyribose) und einer von vier möglichen Basen besteht. Siehe auch *RNA*.

DNA-Ligase Ein Enzym, das an DNA-Fragmente bindet und dabei die DNA-Stränge verknüpft; wird auch zur Herstellung *rekombinanter DNA* verwendet.

Domäne Die allgemeinste, also höchste taxonomische Kategorie der Lebewesen. Die Domäne Eukarya enthält beispielsweise alle eukaryotischen Lebewesen.

dominante Arten Innerhalb einer Gesellschaft diejenigen Arten, die die meisten Individuen, die größte Biomasse oder andere Indikatoren für ihre besondere Bedeutung besitzen. Siehe auch *Schlüsselarten*.

dominante Merkmalsausprägung Die sichtbare *Merkmalsausprägung* in der ersten Filialgeneration einer Mendelschen Kreuzung.

Doppelhelix Geometrische Grundstruktur von *DNA*-Molekülen, bei der sich zwei Ketten aus *Nucleotiden* umeinander winden; sie sind durch Wasserstoffbrücken zwischen den Basen miteinander verbunden.

doppelte Befruchtung Ein Charakteristikum von Blütenpflanzen: ein Spermakern verschmilzt mit einer Eizelle und einer mit dem sekundären Embryosackkern.

Druckpotenzial Der Druck einer Zellwand auf den Protoplasten. Siehe auch *osmotisches Potenzial* und *Wasserpotenzial*.

Druckstrom-Hypothese Ein Mechanismus für den Transport im Phloem; erstmals vorgeschlagen 1927 von Ernst Münch.

echte Frucht Eine Frucht, die sich aus einem *Fruchtblatt* oder aus mehreren miteinander verschmolzenen Fruchtblättern entwickelt.

einfaches Blatt Ein Blatt mit einer einzigen, ungeteilten Blattspreite; der Blattrand kann glatt, gezahnt oder gelappt sein. Siehe auch *zusammengesetztes Blatt*.

einfaches Gewebe Ein Gewebe, das nur aus einem Zelltyp besteht. Siehe auch *komplexes Gewebe*.

einhäusig Bezeichnung für eine Pflanze, bei der sich männliche und weibliche *Gametophyten* in verschiedenen Blüten der gleichen Pflanze befinden; Beispiele sind Kürbis und Mais. Siehe auch *zweihäusig* und *Selbstbestäubung*.

einjährig Bezeichnung für eine Pflanze, die ihren Lebenszyklus im Laufe einer einzigen Wachstumsperiode vollendet und dann abstirbt. Siehe auch *zweijährig* und *mehrjährig*.

einkeimblättrige Pflanzen Blütenpflanzen mit einem *Keimblatt*; Beispiele sind Orchideen, Lilien, Palmen, Zwiebeln und Süßgräser. Gegensatz: *zweikeimblättrige Pflanzen*.

Eizelle Eine weibliche Fortpflanzungszelle.

Ektomykorrhiza Eine *symbiotische Beziehung* zwischen Wurzeln und Pilzen, bei der die Pilze nicht in Pflanzenwurzeln eindringen. Siehe dagegen *Endomykorrhiza*.

Elateren Langgestreckte Zellen in den Sporangien von Lebermoosen und Schachtelhalmen. Elateren absorbieren Wasser, was dazu führt, dass sie sich verdrillen und biegen und so zur Verteilung der Sporen beitragen.

Elektronenmikroskop Entwickelt 1939, fokussiert Elektronen (anstatt sichtbares Licht) mithilfe von Magnetlinsen (anstelle von Glaslinsen). Siehe auch *Lichtmikroskop*, *Rasterelektronenmikroskop* und *Transmissionselektronenmikroskop*.

Elektronentransportkette Eine Kette von Elektronenüberträgern (wie *NADH*, *NADPH*, *FADH$_2$* und *Cytochrom*), die Elektronen während der *Photosynthese* und auch während der *Atmung* über eine Reihe von *Oxidations-Reduktionsreaktionen* transportieren.

Elektroporation Eine Methode zur Einführung von *DNA* in eine Pflanzenzelle, die mit einem kurzen elektrischen Impuls arbeitet.

Embryo Der Keimling, der bei der Samenreifung aus der *Zygote* heranwächst.

embryonale Zelle Eine *meristematische Zelle*, die für weitere Zellteilungen im Meristem verbleibt.

Enation (lat. *enatus*, „aus etwas entspringen"): Ein kleiner, schuppenartiger Auswuchs von grünem Gewebe bei bestimmten Farnen (Psilophyten).

endergon Bezeichnung für eine chemische Reaktion, die einen Nettoaufwand an freier Energie erfordert. Siehe auch *exergon*.

Endocytose Ein Prozess, bei dem Pflanzenzellen große Moleküle aufnehmen. Siehe auch *Exocytose*.

Endodermis Die Zellschicht um die *Stele*, die den Stoffaustausch zwischen primärer Rinde und Leitgewebe reguliert. Siehe auch *Perizykel*.

Endokarp Die innere Schicht des *Perikarps*.

Endomykorrhiza Eine *symbiotische* Beziehung, bei der Pilzhyphen Pflanzenwurzeln durchdringen und verzweigte Strukturen bilden, die in die Zellen eindringen, um Nährstoffe zu erhalten. Siehe auch *Ektomykorrhiza*.

endoplasmatisches Retikulum (lat. „im Plasma" und „kleines Netzwerk"): Ein Netzwerk miteinander verbundener Membranen innerhalb des *Cytoplasmas*. Das ER wird aus der *Kernhülle* gebildet und setzt sich aus dieser fort. Es ist der Ort der Synthese von *Proteinen*, *Lipiden* und anderen Molekülen. Siehe auch *raues ER* und *glattes ER*.

Endosperm Bei Blütenpflanzen das den Embryo umgebende Speichergewebe; dient dazu, den sich entwickelnden Embryo mit Nahrung zu versorgen, und entsteht bei der *doppelten Befruchtung*.

endosporisch Bezeichnung für die Entwicklung des Gametophyten bei Moosfarnen; findet vor allem innerhalb der Sporenwand statt.

Endosymbiontentheorie Eine Theorie, nach der Zellen mit Zellorganellen dadurch entstanden sind, dass prokaryotische Zellen andere Zellen in sich aufnahmen.

Energie Die Fähigkeit, Arbeit zu verrichten. Siehe auch *erster Hauptsatz der Thermodynamik*, *kinetische Energie*, *potenzielle Energie* und *zweiter Hauptsatz der Thermodynamik*.

Energiekopplung Die Kombination einer *exergonen* mit einer *endergonen* Reaktion, die zu einer spontan ablaufenden Gesamtreaktion führt.

Entropie Maß für die Unordnung in einem Materiestück.

Enzym Ein *Protein*, das die Regulierung chemischer Reaktionen innerhalb der Zelle unterstützt.

Enzym-Substrat-Komplex (ES) Siehe *aktives Zentrum*.

Epicotyl Ein über dem *Keimblatt* liegender Teil einer embryonischen Sprossachse, der sich aus der *Plumula* entwickelt. Siehe auch *Hypocotyl*.

Epidermis Die einzellige Schicht des *Abschlussgewebes*, das im ersten Jahr des Wachstums einer Pflanze sowie in allen späteren neuen Geweben gebildet wird. Siehe auch *Periderm*.

Epiphyt (von griech. *epi-*, „auf" und *phyton*, „Pflanze"): Eine Pflanze, die auf einer anderen Pflanze wächst, ohne dieser Nährstoffe zu entziehen, sondern um dort Halt zu finden.

Epistase Die Beeinflussung und Veränderung eines *Gens* durch ein anderes.

erleichterte Diffusion Ein passiver Prozess, bei dem wasserlösliche Moleküle von Transportmolekülen dabei unterstützt werden, durch eine *Plasmamembran* zu diffundieren. Siehe auch *aktiver Transport*.

Ernährung Zusammenfassende Bezeichnung für die Prozesse, durch die ein Organismus Nahrung aufnimmt und diese verwertet.

erste Filialgeneration (F$_1$-Generation) (von lat. *filius*, „Sohn"): Die Nachkommenschaft einer *Monohybridkreuzung*. Siehe auch *zweite Filialgeneration*.

erste Reifeteilung Die erste der beiden Phasen der Zellteilung eines Gameten. Die resultierenden Zellen besitzen die halbe

Chromosomenzahl der ursprünglichen Zelle. Siehe auch *homologe Chromosomen*, *Prophase I*, *Metaphase I*, *Anaphase I*, *Telophase I*, *diploid* und *haploid*.

erster Hauptsatz der Thermodynamik Die Aussage, dass *Energie* niemals erzeugt oder vernichtet, sondern nur in andere Energieformen umgewandelt werden kann.

essenzielle Aminosäuren Aminosäuren, die der menschliche Körper nicht selbst herstellen kann; müssen mit der Nahrung aufgenommen werden.

Ethylen Ein Gas, das wie ein *Phytohormon* wirkt, indem es Antworten auf mechanische Beanspruchungen sowie Alterungsprozesse wie die Fruchtreife und den Blattfall bewirkt.

Eukaryoten (lat. „echter Kern"): Organismen, deren Zellen einen Zellkern enthalten. Zu den Eukaryoten zählen Pflanzen, Tiere, Pilze und Algen; siehe dagegen *Prokaryoten*.

Eustele Die Anordnung der *Leitbündel* in einem Zylinder um das Mark; häufig bei den Sprossachsen der meisten Nacktsamer und Zweikeimblättrigen. Siehe auch *Siphonostele*.

eutroph (griech. „wohlgenährt"): Bezeichnung für einen flachen, nährstoffreichen See, siehe auch *oligotroph*.

Evolution Die Änderung der Häufigkeit eines Allels innerhalb einer Population im Verlaufe der Zeit.

exergon Bezeichnung für eine chemische Reaktion, die mit einer Nettofreisetzung von freier Energie verbunden ist. Siehe auch *endergon*.

Exocytose Ein Prozess, bei dem große Moleküle und aus mehreren Molekülen bestehende Komponenten die Pflanzenzellen durch Fusion von durch eine Membran begrenzten Vesikeln mit der Plasmamembran verlassen. Siehe auch *Endocytose*.

Exokarp Die äußere Schicht (oft die Haut) der Fruchtwand, auch *Perikarp*.

Exon Ein Abschnitt auf einem *Gen*, der ein *Protein* codiert. Siehe auch *Intron*.

exosporisch Bezeichnung für die Entwicklung des Gametophyten bei den meisten samenlosen Gefäßpflanzen und Bryophyten; findet außerhalb der Sporenwand statt.

Familie Taxonomische Gruppe oberhalb der Gattung und unterhalb der Ordnung. Die Namen der meisten Pflanzenfamilien enden auf -*aceae*, beispielsweise Solanaceae.

Farnwedel Bei Farnen die Makrophylle des Sporophyten; der Ort der Sporenbildung.

Faser Eine langgestreckte *Sklerenchymzelle* mit dicken sekundären Zellwänden, die mit *Lignin* verstärkt sind; häufig in Baumstämmen. Siehe auch *isodiametrische Zelle*.

Faserwurzelsystem Ein Typ des Wurzelsystems, das bei Gefäßsporenpflanzen und Gräsern häufig auftritt; charakterisiert durch eine Vielzahl etwa gleich großer, dünner und kurzer Wurzeln. Siehe auch *Pfahlwurzelsystem* und *Adventivwurzel*.

Fermentation Ein *anaerober* Weg zur Oxidation von Zucker, der innerhalb des *Cytosols* stattfindet. Die Fermentation folgt auf die Glycolyse und lässt aus Pyruvat Ethanol oder Lactat entstehen.

Fiederblatt Die kleinen Blättchen, die zu einem *zusammengesetzten Blatt* gehören.

Flechten Eine Lebensgemeinschaft zwischen einem Pilz und einer Photosynthese betreibenden Alge oder einem Cyanobakterium.

Flimmerhärchen Kurzes, externes Fortbewegungsorgan einer Zelle, das aus *Mikrotubuli* besteht. Siehe auch *Geißel*.

Florigen Eine hypothetische Substanz, die bei Pflanzen die Blüte fördert; möglicherweise eine Mischung von Phytohormonen, die in Reaktion auf länger werdende Tage in den Blättern produziert und zu den vegetativen Sprossapikalmeristemen transportiert werden, woraufhin diese sich in Blütenmeristeme umwandeln.

Flügelfrucht Eine *Schließfrucht*, die der *Achäne* ähnelt, jedoch zusätzlich ein hartes, flaches und langgestrecktes *Perikarp* besitzt, das um den einzelnen Samen Flügel bildet. Beispiele sind die Früchte von Eschen und Ulmen.

Flüssig-Mosaik-Modell Die Struktur von Zellmembranen besteht aus einer Doppelschicht von Phospholipidmolekülen. Diese langen Moleküle haben einen hydrophilen und einen hydrophoben Teil. Der hydrophile Teil grenzt an die innere und äußere Membranoberfläche. Proteine lagern sich an beide Membranseiten an oder gehen durch diese hindurch.

Fremdbestäubung Die Bestäubung einer Blüte mit den Pollen einer anderen Blüte; kommt bei *einhäusigen* und *zweihäusigen* Arten vor; häufig auch bei *zwittrigen* Blüten, da hierdurch die genetische Variabilität der Nachkommenschaft erhöht wird.

Fruchtblatt Der den Fruchtknoten enthaltende, weibliche Teil der Blüte. Die Gesamtheit der Fruchtblätter wird als *Gynözeum* bezeichnet. Siehe auch *Fruchtknoten*, *Stempel*, *Narbe* und *Griffel*.

Fruchtknoten Eine Struktur am unteren Ende eines *Fruchtblattes*; enthält eine oder mehrere *Samenanlagen* und schwillt nach der Befruchtung zu einem Teil oder der gesamten Frucht an.

fusiforme Initiale (lat. „an beiden Enden spitz zulaufend"): Eine *Initiale*, die innerhalb der *Leitbündel* auftritt und neue *Xylem*- und *Phloemzellen* produziert.

G_1-Phase („erste Lücke", engl. *first gap*): Der relativ lange erste Abschnitt der *Interphase* des *Zellzyklus*, in dem die Zelle wächst, sich entwickelt und als ein spezieller Zelltyp fungiert.

G_2-Phase („zweite Lücke", engl. *second gap*): Ein Abschnitt der *Interphase* des *Zellzyklus*, während der die Zelle ihre normale Funktionsweise fortsetzt und sich auf die Zellteilung vorbereitet.

Galle Eine Wucherung in einem Pflanzengewebe, die durch eine Infektion hervorgerufen wird; beispielsweise durch das Bodenbakterium *Agrobacterium tumefaciens*. Auch Insekten, die ihre Eier in der Pflanze ablegen, können Gallen verursachen.

Gamet (von griech. *gamein*, „heiraten"): Eine haploide *Sperma*- oder *Eizelle*; siehe auch *Embryo* und *Zygote*.

Gametangium Ein einzellige oder mehrzellige Struktur, die Gameten produziert. Siehe auch *Antheridium* und *Oogonium*.

Gametophor Eine Struktur, die durch die Protonemen eines Bryophyten gebildet wird; trägt entweder beblätterte oder flache *Gametangien*.

Gametophyt („Gameten produzierende Pflanze"): Eine der beiden mehrzelligen Lebensformen einer Pflanze. Ein Gametophyt besteht aus *haploiden* Zellen. Siehe auch *Generationswechsel* und *Sporophyt*.

Gattung Taxonomische Gruppe oberhalb der Art und unterhalb der Familie. Die Gartenerbse, *Pisum sativum*, gehört beispielsweise zur Gattung *Pisum*. Gattungsnamen werden groß und kursiv geschrieben.

Gefäß Eine durchgängige, wasserleitende Röhre aus mehreren *Gefäßelementen*.

Gefäßelement Weitlumige, tote Zelle ohne Querwände zur Wasserleitung im Xylem von Blütenpflanzen; transportiert Wasser und Mineralstoffe schneller als *Tracheiden*.

Gefäßpflanzen Pflanzen mit hochorganisierten, effizienten Zellen, die ein System aus Röhren bilden, in dem Wasser und

Nährstoffe durch die Pflanze transportiert werden. Siehe auch *Leitgewebe*.

Gefäßsporenpflanzen Die einfachsten Gefäßpflanzen. Sie entstanden vor etwa 450 bis 700 Millionen Jahren; wichtige Vertreter sind die Farne.

gegenständig Eine Blattanordnung mit zwei Blättern je Knoten.

Geißel Ein langer, der Fortbewegung dienender Zellfortsatz; eukaryotische Flagellen bestehen aus Mikrotubuli. Siehe auch *Flimmerhärchen*.

gekoppelte Gene Auf dem gleichen *Chromosom* liegende *Gene*, die während der Meiose als Einheit segregieren.

Geleitzelle Eine Zelle, die neben einem *Siebröhrenglied* liegt und im Unterschied zu diesem einen Zellkern besitzt. Sie versorgt das Siebröhrenglied mit Proteinen.

Gelelektrophorese Eine Prozedur, die DNA-Fragmente oder Proteine nach ihrer Größe sortiert. Dabei wandern die Moleküle unter dem Einfluss eines elektrischen Feldes durch ein Gel.

gemeinsames abgeleitetes Merkmal Eine *Homologie*, die ausschließlich in einer bestimmten Gruppe vorkommt.

gemeinsames primitives Merkmal Eine *Homologie*, die nicht ausschließlich bei den untersuchten Organismen auftritt.

Gemeinschaft Eine Gruppe von Arten, die in einem bestimmten Areal leben; die biotischen Komponenten eines Ökosystems.

Gemmae (Singular *Gemma*, lat. „Knospe"): Ein Brutkörper, der bei Lebermoosen und Laubmoosen vorkommt; ein kleiner mehrzelliger Körper, der zu einem neuen *Gametophyten* heranwächst, nachdem er sich von seiner Mutterpflanze abgelöst hat.

Gen Eine spezifische DNA-Sequenz, die für ein Protein codiert.

Genbank Eine Kollektion von DNA-Klonen, die *Plasmide* mit unterschiedlichen Abschnitten fremder *rekombinanter DNA* enthält.

gene trapping Die Verwendung spezialisierter, so genannte Reportergene enthaltender *Transposons* zur gezielten Deaktivierung von *Genen*, die die Entwicklung beeinflussen.

Generationswechsel Das mit der sexuellen Fortpflanzung von Pflanzen verbundene abwechselnde Auftreten von *Sporophyten* und *Gametophyten*.

genetische Drift Das in kleinen Populationen auftretende Phänomen, dass sich die Häufigkeit aller *Allele* über Generationen zufällig ändern kann.

Genfluss Der Übergang von Allelen von einer Population zu einer anderen als Ergebnis von Fremdbestäubung oder einer anderen Form der Kreuzung.

Gen-Klonierung Die Herstellung sehr vieler Kopien *rekombinanter DNA*.

Genom Die gesamte *DNA* eines Organismus; alle Gene und Chromosomen, die notwendig sind, damit sich ein Organismus entwickeln kann. Das Genom der Gartenerbse zum Beispiel besteht aus 14 Chromosomen (7 Typen).

Genomik Die Wissenschaft von der Bestimmung der *Nucleotidsequenzen* ganzer *Genome*. Siehe auch *Proteomik*.

Genotyp Die Gesamtheit der *Allele* eines Organismus (z. B. PP, pp oder Pp); siehe auch *Phänotyp*.

Gentechnik Das Übertragen und Modifizieren von Genen mit dem Ziel, Pflanzen mit bestimmten gewünschten Eigenschaften herzustellen.

gerichtete Auslese Die Verschiebung des mittleren oder typischen *Phänotyps* in einer Population in eine bestimmte Richtung, indem Individuen mit einem extremen Phänotyp favorisiert werden. Siehe auch *diversifizierende Auslese* und *stabilisierende Auslese*.

Gesetz der unabhängigen Neukombination Das zweite der Mendelschen Vererbungsgesetze; es besagt, dass jedes Paar von *Allelen* während der Meiose unabhängig von den anderen Allelpaaren segregiert.

getrenntgeschlechtliche Blüte Besitzt entweder *Staubblätter* oder *Fruchtblätter*, aber niemals beides.

Gewebe Eine Gruppe von Zellen mit einer gemeinsamen Funktion; siehe auch *einfaches Gewebe* und *komplexes Gewebe*.

Gewebekultur Eine Methode, mit der ganze Pflanzen, Pflanzenorgane oder Pflanzengewebe in einem künstlichen Medium, das Nährstoffe und Hormone enthält, aus Zellen herangezogen werden. Siehe auch *Antherenkultur*, *Kallus* und *Meristemkultur*.

Gewebesystem Eine funktionale Einheit einfacher und komplexer Gewebe. Siehe auch *Abschlussgewebesystem*, *Grundgewebesystem* und *Leitgewebesystem*.

Gibberellin Ein Vertreter einer Gruppe von *Phytohormonen*, die die Zellstreckung und die Keimung der Samen beeinflussen.

glattes endoplasmatisches Retikulum Eine röhrenartige Membran, die aus der äußeren Kernhülle abgeleitet ist. Sie bildet *Lipide* und modifiziert die Struktur bestimmter *Kohlenhydrate*.

Gleichgewicht Eine zufällige, gleichmäßige Verteilung von Stoffen oder Organismen.

Glycolyse (von griech. *glyco*, „süß", „zuckrig" und *lysis*, „aufspalten"): Eine Kette aus zehn *anaeroben* enzymatischen Reaktionen, die im *Cytosol* stattfinden und in deren Verlauf ein Zuckermolekül mit sechs Kohlenstoffatomen in zwei Pyruvatmoleküle aufgespalten wird und zwei ATP-Moleküle entstehen; die ersten Schritte der *Respiration*. Bei der Glycolyse entsteht ATP durch *Substratkettenphosphorylierung*. Auf die Glycolyse folgen in Abhängigkeit davon, ob Sauerstoff vorhanden ist oder nicht, die Reaktionen des *Krebs-Zyklus* oder die *Fermentation*.

Glyoxisom Ein Typ von *Microbodies*, dessen Enzyme die Umwandlung gespeicherter Fette in Zucker unterstützen; von besonderer Bedeutung bei der Keimung von fetthaltigen Samen.

Golgi-Apparat oder Golgi-Komplex Die Gesamtheit der *Dictyosomen* einer Zelle. Der Golgi-Apparat hilft bei der Modifikation und dem Transfer von Stoffen, die durch die Zellmembran aus der Zelle abgesondert werden sollen. Außerdem dient der Golgi-Apparat der Weiterverarbeitung von Produkten des *rauen endoplasmatischen Retikulums* und der Herstellung bestimmter Nichtcellulose-Polysaccharide.

Grana (Singular *Granum*): Stapel von *Thylakoiden* in den *Chloroplasten*. Siehe auch *Stroma*.

Gravitropismus Wachstum in Richtung oder entgegen der Schwerkraft.

Griffel Der mittlere Abschnitt eines *Fruchtblattes*, der die *Narbe* mit dem *Fruchtknoten* verbindet.

Grundgewebesystem Ein Gewebesystem, das aus allen Geweben außer dem *Leitgewebesystem* und dem *Abschlussgewebesystem* besteht. Seine Zellen betreiben *Photosynthese* und speichern Assimilate.

Grundmeristem Ein Teil des *Apikalmeristems* von Wurzeln und *Sprossen*, in dem das *Grundgewebesystem* gebildet wird.

Guttation Ein Prozess, bei dem Wasser durch den Wurzeldruck in eine Sprossachse gedrückt wird, so dass es schließlich die Blätter in spezialisierten Epidermisbereichen, den *Hydathoden*, als Tropfen verlassen kann.

Gymnospermae (von griech. *gymnos*, „nackt", und *sperma*, „Samen"): Nacktsamer, Blütenpflanzen, deren Samen offen auf Fruchtblättern liegen, häufig in Zapfen angeordnet. Siehe auch *Angiospermae*.

Gynözeum (griech., „Haus der Frau"): Die Gesamtheit der *Fruchtblätter* einer Blüte.

Habitat Der Lebensraum, den eine Pflanze besiedelt. Moose beispielsweise leben in feuchten, schattigen Habitaten, während Sonnenblumen sonnige und trockene Habitate bevorzugen.

Haftorgan Der wurzelähnliche Teil des *Thallus* einer Braunalge, der diesen an einem Substrat verankert.

halbunterständiger Fruchtknoten Die Blütenteile setzen in halber Höhe des Fruchtknotens an. Siehe auch *oberständiger Fruchtknoten* und *unterständiger Fruchtknoten*.

Halbwertszeit Die Zeitspanne, in der die Hälfte einer Probe radioaktiven Isotops zerfällt.

haploid (von griech. *haplous*, „einzeln"): Bezeichnung für eine Zelle mit nur einem Chromosomensatz; Symbol *n*. Siehe auch *diploid* und *polyploid*.

Hartholz Faserhaltiges, robustes Holz; oft von zweikeimblättrigen Bäumen wie Hickory, Ahorn und Eiche stammend.

Haustorien (Singular *Haustorium*): Parasitäre Wurzeln, die die Sprossachsen und Wurzeln anderer Pflanzen durchdringen, um Wasser, Mineralstoffe und organische Moleküle zu erhalten.

Heliotropismus Die Eigenschaft von Blüten oder Blättern, im Laufe des Tages der Sonne zu folgen (positiv) bzw. die Sonne zu meiden (negativ).

Hemicellulose Ein Bestandteil der Zellwand, der der Cellulose ähnelt, aber eine geringere strukturelle Ordnung aufweist; außer Glucose sind auch andere Zuckerreste beteiligt.

heterokaryotisch (zu griech. „verschiedene Kerne"): Siehe *dikaryotisch*.

heteromorph Bezeichnung für einen Generationswechsel, bei dem Sporophyten und Gametophyten sehr unterschiedlich ausgebildet sind.

Heterosporie Die Herstellung zweier Typen von Sporen, Megasporen und Mikrosporen. Siehe auch *Isosporie*.

heterotroph („sich von anderen ernährend": Bezeichnung für einen Organismus, der sich von anderen Organismen ernährt. Siehe auch *autotroph*.

heterozygot Bezeichnung für eine Pflanze, die zwei verschiedene *Allele* eines bestimmten *Gens* besitzt; Gegensatz: *homozygot*.

Hilfspigment Ein *Pigmentmolekül*, das ein anderes Molekül unterstützt, oft bei der Übertragung von Lichtenergie in den Antennen der Photosysteme. Beispielsweise leiten *Chlorophyll b* und Karotinoide bei der Photosynthese Lichtenergie an *Chlorophyll a*.

Hochblatt Ein modifiziertes Blatt am Grund einer Blüte.

Holz Sekundäres *Xylem*.

homologe Chromosomen Ein Paar von Chromosomen, das aus der Befruchtung einer *Eizelle* durch eine *Spermazelle* entsteht. Homologe Chromosomen besitzen Gene für die gleichen *Merkmale*.

Homologie Eine Ähnlichkeit zwischen zwei Pflanzen, die durch die Ererbung eines Merkmals von einem gemeinsamen Vorfahren erworben sein kann. Siehe auch *Analogie*.

homöotische Gene Ein *Gen*, das den Körperbauplan eines Organismus steuert, indem es während dessen Entwicklung die Bildung bestimmter Organe an den richtigen Stellen anweist.

homozygot Bezeichnung für eine Pflanze, die zwei Kopien des gleichen *Allels* eines bestimmten *Gens* besitzt; Gegensatz: *heterozygot*.

Hormon (griech., „aufwachen"): Eine in Mehrzellern vorkommende organische Verbindung, die die Entwicklung oder das Wachstum der Zielzellen auslöst. Wichtige Pflanzenhormone sind zum Beispiel *Auxin*, *Ethylen* und *Giberillin*.

Hülsenfrucht Eine *Streufrucht*, ähnlich der *Balgfrucht*. Sie entsteht aus einem Fruchtblatt mit zwei Verwachsungsnähten, an denen sich die reife Frucht in zwei Hälften teilt. Beispiele sind Bohnen, Erdnüsse und Erbsen.

Hydathoden Drüsengewebe, das aktiv oder passiv Wasser in flüssiger Form abgeben kann. Siehe auch *Guttation*.

Hydroiden Wasserleitende Zellen, die in vielen Moosen vorkommen. Hydroiden erinnern an *Tracheiden*, doch anders als diese besitzen sie keine sekundären Zellverstärkungen. Siehe auch *Leptoiden*.

Hydrokultur Anzucht von Pflanzen in wässrigen Medien. Dabei werden die mineralischen Nährstoffe, die normalerweise im Boden enthalten sind, einer wässrigen Lösung beigemischt, in die die Wurzeln eintauchen.

Hydrolyse Die Aufspaltung eines langen Moleküls in zwei kürzere durch Anlagerung der Bestandteile von Wasser. Dabei wird an eines der Spaltprodukte ein H^+ und an das andere ein OH^- gehängt.

hydrophil („wasserliebend"): Eine Substanz, die in Wasser löslich ist, beispielsweise die meisten einfachen Zucker.

hydrophob („wassermeidend"): Eine Substanz, die in Wasser unlöslich ist, beispielsweise ein Lipid.

Hydrotropismus Wachstum zum Wasser hin oder von ihm weg.

hypertonisch (von griech. *hyper*, „über"): Bezeichnung für eine Lösung, die eine höhere Konzentration von gelösten Teilchen aufweist als eine andere.

Hyphen (Singular *Hyphe*): Lange Filamente aus Zellen, aus denen Pilze bestehen.

Hypocotyl Ein unter dem *Keimblatt* und über der *Keimwurzel* liegender Teil der embryonischen Sprossachse. Siehe auch *Epicotyl*.

Hypothese Eine vorläufige Antwort auf eine Frage, durch die versucht wird, Daten in eine Ursache-Wirkung-Beziehung zu bringen; eine fundierte und überprüfbare Vermutung. Siehe auch *Theorie*.

hypotonisch (von griech. *hypo*, „unter"): Bezeichnung für eine Lösung, die eine niedrigere Konzentration an gelösten Teilchen aufweist als eine andere.

Induced-Fit Die Bindung eines *Substrats* an ein *Enzym*, die die Form des *aktiven Zentrums* verändert.

Induktion Das Ableiten allgemeiner Schlussfolgerungen aus spezifischen Beobachtungen. Siehe auch *Deduktion*.

Indusien Schirmartige Strukturen bei Farnen, die die auf den Farnblättern befindlichen *Sori* bedecken.

Infloreszenz Der *Blütenstand*, bestehend aus mehreren Einzelblüten.

Initiale Meristematische Zelle. Siehe auch *Strahleninitiale*, *fusiforme Initiale*.

Innengruppe Eine Gruppe von Organismen, die bei der Aufstellung eines *Kladogramms* untersucht werden. Siehe auch *Außengruppe*.

innere Rinde Gewebe bestehend aus lebendem sekundärem *Phloem*, totem Phloem zwischen dem *Kambium* und der gerade aktiven, innersten Schicht des *Korkkambiums* und der übrigen *primären Rinde*.

Interkalarmeristeme An den *Internodien* vorkommender Bereich sich teilender Zellen, die der Sprossachse über ihre gesamte Länge ein schnelles Wachstum ermöglichen. Kommt häufig bei Gräsern vor.

Intermediärfilament Ein Bestandteil des *Cytoskeletts*, dicker als *Mikrofilamente* und dünner als *Mikrotubuli*; gebildet aus Proteinketten. Intermediärfilamente tragen dazu bei, den Kern an seiner permanenten Position innerhalb der Zelle zu halten, und steuern die Form des Kerns.

Internodium Abschnitt der Sprossachse zwischen zwei Blattansatzstellen (*Knoten*).

Interphase Ein langer Abschnitt während eines *Zellzyklus*, in dem die Zellen sich auf die Teilung vorbereiten. Siehe G_1-Phase, G_2-Phase und S-Phase.

Intron Ein Abschnitt auf einem *Gen*, der die codierenden Abschnitte separiert. Introns sind also nichtcodierende Abschnitte von Genen. Siehe auch *Exon*.

irreguläre Blüte Eine spiegelsymmetrische Blüte, auch als *zygomorph* bezeichnet.

isodiametrische Zelle Eine kubische oder kugelförmige Zelle; zum Beispiel *Sklerenchymzellen* in Nussschalen und Fruchtkernen.

Isogameten Männliche und weibliche *Gameten* bei Algen, die von ihrer Form her identisch sind.

isomorphe Generationen Eine für manche Algen typische Lebensform, bei der Sporophyten und Gametophyten nahezu identisch aussehen.

isospor Bezeichnung für eine Art, die nur einen Typ von Sporen produziert, was auf viele samenlose Gefäßpflanzen wie beispielsweise Bryophyten zutrifft. Siehe auch *heterospor*.

Isosporie Die Produktion von Sporen einer Größe, was in Abhängigkeit von der Art zu separaten männlichen und weiblichen Gametophyten oder zu bisexuellen Gametophyten führen kann.

isotonisch (von griech. *isos*, „gleich"): Bezeichnung für zwei Lösungen mit gleicher Konzentration an gelösten Teilchen. Siehe auch *hypotonisch*, *hypertonisch* und *Osmose*.

K-Selektion Form der natürlichen Auslese, die auftritt, wenn die Größe einer Population nahe an der *Kapazitätsgrenze* liegt; auch als dichteabhängige Selektion bezeichnet. Dabei werden Merkmale favorisiert, die die zugehörigen Individuen in die Lage versetzen, erfolgreich um Ressourcen zu konkurrieren und diese effizient zu verwerten. Beispiele für solche Merkmale sind eine lange Lebensdauer und eine niedrige Sterberate. Siehe auch *r-Selektion*.

Kallus Ein Komplex undifferenzierter Zellen, der stimuliert werden kann, um in einem Kulturmedium unter dem Einfluss von Hormonen in Gewebe und Organe einer vollständigen Pflanze zu differenzieren.

Kambium (von lat. *cambire*, „austauschen"): Ein *laterales Bildungsgewebe* (Meristem), das *Xylem* und *Phloem* produziert. Siehe auch *Korkkambium*.

Kapazitätsgrenze Die maximale Größe einer *Population*, die mit den zur Verfügung stehenden Umweltressourcen verträglich ist.

Kapsel Eine *Streufrucht*, die sich je nach Art auf unterschiedliche Weise öffnen kann. Kapseln entwickeln sich aus mindestens zwei *Fruchtblättern*. Beispiele sind Mohn, Lilien und Orchideen.

Karyogamie Die Verschmelzung von Kernen; bei Pilzen erfolgt die Karyogamie oft erst lange nach der Verschmelzung des Cytoplasmas (siehe *Plasmogamie*).

Karyopse Eine der *Achäne* ähnelnde *Schließfrucht* mit einem harten *Perikarp*, das mit der Samenschale verwachsen ist; auch als Getreidefrucht bezeichnet.

Katalysator Eine Substanz, die die Rate einer chemischen Reaktion erhöht, ohne selbst durch die Reaktion verändert zu werden. Enzyme agieren als Katalysatoren in lebenden Systemen. Siehe auch *aktives Zentrum*, *Enzym-Substrat-Komplex*, *Induced-Fit* und *Substrat*.

Kationenaustausch Ein Prozess, bei dem die von den Wurzeln abgesonderten Wasserstoffionen an Bodenpartikel gebundene Kationen ersetzen.

Keimblatt Das erste *Blatt* oder die ersten beiden Blätter eines Keimlings; speichert Nahrung für die Keimung des Samens und kann verdickt oder fleischig sein.

Keimung Der Prozess des Herauswachsens einer Pflanze aus einem Samen oder einer Spore. Er beginnt damit, dass die Keimwurzel die Samenschale durchstößt. Im weiteren Sinne ist die Keimung der Beginn des aktiven Wachstums einer Spore oder eines Samens.

Keimwurzel (von lat. *radix*, „Wurzel"): Die *Wurzel* eines sich entwickelnden Pflanzenembryos.

Kelchblatt Ein steriles modifiziertes Blatt, das sich außen am *Blütenboden* bildet und die Blütenknospe schützt, bevor diese sich öffnet. Die Gesamtheit der Kelchblätter einer Blüte wird als Kelch oder *Calyx* bezeichnet.

Kernholz Ältere, nicht mehr leitende Bereiche des *Xylems* in der Mitte eines Baumstamms oder einer Wurzel. Siehe auch *Splintholz*.

Kernhülle Zwei Membranen, die den Kern umgeben. Über Poren in der Kernhülle wird der Transport von Substanzen in den Zellkern und heraus gesteuert.

kinetische Energie Eine Form der Energie, die mit Bewegung verbunden ist.

Kinetochor Eine komplexe Proteinstruktur, die von jedem *Chromatid* an seinem *Centromer* gebildet wird; von Bedeutung für die Zellteilung.

Klade Ein Ast in einem *Kladogramm*, der aus einem Vorfahren und allen seinen Nachkommen besteht, die alle ein oder mehrere *Merkmale* teilen, durch die sie als evolutionärer Zweig eindeutig sind. Siehe auch *monophyletisch*.

Kladistik (von griech. *klados*, „Zweig", „Ast"): Eine Methode zur Klassifizierung von Organismen, die auf der zeitlichen Reihenfolge basiert, nach der *Homologien* vererbt wurden.

Kladogenese Die Evolution einer Art zu zwei Arten; auch als disruptive Evolution bezeichnet. Siehe auch *Anagenese*.

Kladogramm Ein baumähnliches Verzweigungsdiagramm, das evolutionäre Verwandtschaftsbeziehungen darstellt. Siehe auch *phylogenetischer Baum*.

Klasse Taxonomische Gruppe, die sich in der Systematik oberhalb der *Ordnung* und unterhalb des *Stamms* befindet.

klebrige Enden Kurze, einsträngige Nucleotidsequenzen, die sich nach der Behandlung mit einem *Restriktionsenzym* an den Enden eines *DNA*-Moleküls befinden. Diese Fragmente binden sich sehr bereitwillig an andere DNA-Fragmente, die von dem gleichen Enzym hergestellt wurden.

Klimaxgesellschaft Eine Gesellschaft, die relativ stabil bleibt, sofern sie nicht durch eine signifikante Störung aus dem Gleichgewicht gebracht wird.

Klon Die genetisch identischen Nachkommen eines einzelnen Elters, die durch asexuelle (vegetative) Vermehrung entstehen.

Knollen Verdickte unterirdische Sprossachsen; bestehen hauptsächlich aus mit Stärke gefüllten *Parenchymzellen*, die sich an den Spitzen von *Stolonen* und *Rhizomen* bilden.

Knoten Eine Stelle an einer Sprossachse, an der ein Blatt ansetzt. Siehe auch *Achselknospe* und *Internodium*.

Koenzym Ein *Kofaktor*, der eine organische Verbindung ist, zum Beispiel ein Vitamin oder NADH.

Koevolution Bezeichnung für die sich gegenseitig beeinflussenden Entwicklungspfade verschiedener Arten, wie z. B. von Pflanzen und ihren Bestäubern. Koevolution bedeutet, dass Anpassungen einer Art selektiven Einfluss auf die Anpassung anderer Arten nimmt.

Kofaktor Ein kleines Molekül (kein Protein), das sich an ein *Enzym* oder *Substrat* bindet und eine chemische Reaktion unterstützt. Siehe auch *Koenzym*.

Kohäsion Die Anziehung zwischen identischen Molekülen. Die Kohäsion zwischen Wassermolekülen bewirkt, dass Wasser in einer Kapillarröhre steigt. Siehe auch *Adhäsion*.

Kohäsionstheorie Eine Erklärung für den Transport im *Xylem*; beruht auf *Zugspannung*, *Kohäsion* und *Adhäsion* in einer Wassersäule sowie der *Transpiration* durch die Stomata.

Kohlenhydrat Ein *Makromolekül*, das aus Kohlenstoff, Wasserstoff und Sauerstoff in Einheiten von CH_2O zusammengesetzt ist. Zucker sind Kohlenhydrate, die Energie liefern und speichern, und dienen als Bausteine für größere Kohlenhydrate wie Cellulose, dem Hauptbestandteil von pflanzlichen Zellwänden, oder Stärke, dem Stoff, in dem Pflanzen ihre Energie speichern.

Kohlenstofffixierung Ein Prozess, bei dem der im CO_2 enthaltene Kohlenstoff in ein organisches Molekül mit drei oder vier Kohlenstoffatomen eingebaut ("fixiert") wird.

Kollenchymzelle (von griech. *colla*, "Leim"): Eine lebende, langgestreckte Zelle, die der Pflanze Halt gibt, wobei diese gleichzeitig flexibel bleibt. Siehe auch *Parenchymzelle* und *Sklerenchymzelle*.

Kommensalismus Eine Interaktion zwischen zwei Arten, die für eine von beiden vorteilhaft ist, während die andere unberührt bleibt. Ein Beispiel ist ein *Epiphyt*, der auf der Krone eines Baumes im tropischen Regenwald lebt.

komplexes Gewebe Eine Gruppe von Zellen verschiedener Zelltypen. Siehe auch *einfaches Gewebe*.

Kondensationsreaktion Eine chemische Reaktion, die *Monomere* unter Austritt von Wasser zu einem *Polymer* verbindet.

Konidium Eine asexuelle Spore von Schlauchpilzen und einigen Ständerpilzen. Siehe auch *Ascogonium*.

Konkurrenzausschlussprinzip Ein Grundprinzip der Dynamik von Ökosystemen, wonach von zwei Arten, die im gleichen Gebiet leben und um exakt die gleichen Ressourcen konkurrieren, letztendlich eine eliminiert wird.

Kontinentaldrift Gemäß der *Plattentektonik* die langsame Bewegung von ozeanischen Platten und Kontinentalplatten.

kontraktile Wurzel Eine Wurzel, die sich verkürzen kann, um die Pflanze tiefer in den Boden zu ziehen.

Kontrollelement Ein nichtcodierender *DNA*-Abschnitt, an den *Transkriptionsfaktoren* binden können und der die Expression eines oder mehrerer Gene steuert.

konvergente Evolution Das Zusammenlaufen unterschiedlicher evolutionärer Wege, das bei Pflanzen, die nicht eng miteinander verwandt sind, zu einer Ähnlichkeit bezüglich eines *Merkmals* führt. Ein Beispiel sind Sukkulenten.

Kork Gewebe, das sich an der Außenseite des Korkkambiums bildet und im reifen Zustand aus toten Zellen besteht; auch als *Phellem* bezeichnet (nach griech. *phellos*, "Kork").

Korkkambium Sekundäres Wachstum oder Gewebe, das neues Abschlussgewebe produziert; auch als *Phellogen* bezeichnet (nach griech. *phellos*, "Kork" und *genos*, "Geburt"). Siehe auch *Kambium*.

Korpus Schichten von Sprossinitialen in einem Sprossapex, die unter der *Tunika* liegen; in etwa äquivalent mit der *zentralen Mutterzone*, den inneren Teilen der *peripheren Zone* und der *Markzone*.

krautig Bezeichnung für nicht verholzende Pflanzen, die nur ein geringes oder kein *sekundäres Wachstum* zeigen.

Krebs-Zyklus Eine Kette aus acht enzymatischen Reaktionen der *Zellatmung*, bei der ATP durch *Substratkettenphosphorylierung* erzeugt wird, indem Pyruvat zu CO_2 oxidiert wird. Außerdem entstehen NADH und $FADH_2$. Der Krebs-Zyklus folgt auf die *Glycolyse* und geht der *oxidativen Phosphorylierung* voran. Er findet in den Mitochondrien statt. Der Krebs-Zyklus wird gestoppt, wenn Sauerstoff fehlt und deshalb keine oxidative Phosphorylierung stattfindet.

Kreuzung weit entfernter Arten tritt in der Natur gelegentlich auf und ergibt fertile Nachkommen, wenn es zur spontanen Chromosomenverdopplung kommt. Ein Beispiel ist der Weizen, der durch zwei oder drei solcher Ereignisse zwischen Arten aus unterschiedlichen Gattungen entstanden ist.

Kronblatt Die farbigen, aber sterilen modifizierten Blätter einer Blüte. Kronblätter bilden sich innerhalb des Kelches auf dem *Blütenboden*. Die Gesamtheit der Kronblätter einer Blüte wird als *Blütenkrone* oder Corolla bezeichnet.

Kurztagpflanze Eine Pflanze, die blüht, wenn die Tage kürzer als eine kritische Länge sind. Korrekter wäre zu sagen, dass Kurztagpflanzen blühen, wenn die Nächte eine kritische Länge überschreiten. Siehe auch *Langtagpflanze*.

Langtagpflanze Eine Pflanze, die nur dann blüht, wenn die Tageslänge über einer kritischen Länge liegt. Korrekter wäre zu sagen, dass Langtagpflanzen blühen, wenn die Länge der Nächte eine kritische Länge unterschreitet. Siehe auch *Kurztagpflanze*.

Lateralmeristem Eine zylindrische, leicht konische Schicht meristematischer Zellen, auch *Kambium* genannt, die für das Dickenwachstum von Sprossen und Wurzeln holziger Pflanzen verantwortlich ist. Siehe auch *sekundäres Wachstum*.

laubabwerfend Bezeichnung für Pflanzen, die ihre Blätter in einer bestimmten Jahreszeit verlieren. Siehe auch *Abscissionszone*.

Lebenszyklus Eine Folge von Zuständen, beginnend mit den Adulten einer Generation bis zu den Adulten der nächsten Generation.

Leitbündel Bestehen aus Strängen von Leitgewebe, das aus *Xylem* und *Phloem* zusammengesetzt ist; in allen *Gefäßpflanzen*.

Leitgewebe Zu einem Röhrensystem verbundene Pflanzenzellen, durch die bei einer Gefäßpflanze Wasser, Nährsalze und Assimilate transportiert werden.

Leitgewebesystem Ein durchgängiges Gewebesystem, das Wasser, Mineralien und Assimilate leitet; besteht aus *Xylem* und *Phloem*.

Lentizellen Schmale Öffnungen in der dünnen Korkschicht der *äußeren Rinde* von Sprossen und Wurzeln, die den Gasaustausch ermöglichen.

Leptoiden Nährstoffe leitende Zellen, die in vielen Moosen vorkommen; sie ähneln den Siebzellen der samenlosen Gefäßpflanzen. Siehe auch *Hydroiden*.

Leukoplast (von griech. *leukos*, "weiß"): Ein *Plastid*, der keine Pigmente besitzt.

Lichtmikroskop Mithilfe von Glaslinsen wird der Weg des sichtbaren Lichts abgelenkt. Man erhält ein vergrößertes Bild, das bis zu 1 000 Mal so groß ist wie das Original. Siehe auch *Rasterelektronenmikroskop (REM)* und *Transmissionselektronenmikroskop (TEM)*.

Lichtreaktionen Chemische Reaktionen innerhalb der Photosynthese, die in den *Thylakoidmembranen* der *Chloroplasten* ablaufen. Sie benutzen Lichtenergie und H_2O, um chemische Energie in Form von ATP und NADPH zu erzeugen; als Nebenprodukt entsteht O_2. Siehe auch *Calvin-Zyklus* und *Chlorophyll a*.

Lignin Ein in Gefäßpflanzen vorkommendes starres Molekül, bestehend aus Aromaten, das die Zellwände verstärkt; nach Cellulose das am häufigsten vorkommende Polymer bei Pflanzen.

Lipid (von griech. *lipos*, „fett"): Ein wasserunlöslicher Kohlenwasserstoff und ein *Makromolekül*, speichert Energie (einfache Fette) oder dient als Baustein für Membranen (Phospholipide). Siehe auch *glattes endoplasmatisches Retikulum (glattes ER)*.

Luftwurzeln Modifizierte Adventivwurzeln, die der Sprossachse entspringen und der Pflanze zusätzlichen Halt geben; kommen gewöhnlich bei *Epiphyten* wie Orchideen sowie als Stützwurzeln bei Mais vor.

lysogener Zyklus Ein Reproduktionszyklus bei Viren, bei dem Virengene, die Kapsidproteine codieren, nicht transkribiert werden und keine neuen Viren produziert werden. Kommt vor, wenn für die Wirtszellen wenig Nahrung zur Verfügung steht. Die Viren-DNA wird in die DNA der Wirtszelle integriert.

lytischer Zyklus Ein Reproduktionszyklus bei Viren, bei dem sehr schnell neue virale Bestandteile entstehen. Die Wirtszelle zerplatzt schließlich und neue Viren werden freigesetzt, die weitere Zellen infizieren.

Makromolekül Ein großes Molekül, das aus kleineren Molekülen zusammengesetzt ist, zum Beispiel *Kohlenhydrate*, *Lipide*, *Nucleinsäuren* und *Proteine*.

Makronährelement Ein essenzielles chemisches Element wie zum Beispiel Stickstoff (N) oder Phosphor (P), das in großen Mengen für die Bildung des Pflanzenkörpers und für physiologische Prozesse verwendet wird. Siehe auch *Spurenelement*.

Makrophyll Ein Blatt mit einem stark verzweigten Leitsystem; der häufigste Blatttyp bei modernen Pflanzen einschließlich Farnen, Nacktsamern und Bedecktsamern.

Mark Grundgewebe, das innerhalb des Leitgewebezylinders gebildet wird.

Markzone Ein Bereich des Sprossapikalmeristems, der sich unterhalb der *zentralen Mutterzone* und der *peripheren Zone* befindet; Ursprung der Zellen, die denjenigen Teil des Grundmeristems bilden, aus dem sich das Mark entwickelt.

Maserung Die Anordnung der Leitelemente des *Xylems*; kann geradlinig, spiralförmig oder marmoriert sein.

Matrix Die innere Mitochondrienmembran und der von ihr umschlossene Raum. Siehe auch *Crista*.

Matrixpotenzial Eine Kraft, die Wassermoleküle an Makromoleküle bindet.

Megagametophyt Ein weiblicher Gametophyt, der von einer Megaspore produziert wird.

Megasporangium Ein Sporangium, das Megasporen produziert.

Megaspore Eine Spore, die einen weiblichen *Gametophyten* produziert. Siehe auch *Mikrospore*.

Megasporenmutterzellen Diploide Zellen, aus denen durch meiotische Teilung haploide Megasporen entstehen.

Megasporophyll Ein Sporophyll mit Megasporangien.

mehrjährig Eine Pflanze, die mehrere Jahre lang wächst; kann holzig oder krautig sein.

Meiose Eine Form der Zellteilung, die nur bei der sexuellen Fortpflanzung vorkommt. Bei der Meiose entstehen Tochterzellen mit der Hälfte der ursprünglichen Anzahl an *Chromosomen*.

Meristem (von griech. *meristos*, „geteilt"): Ein Bereich *meristematischer Zellen*, die durch Zellteilung neue Zellen bilden. Siehe auch *Apikalmeristem* und *embryonale Zelle*.

meristematische Zelle Ein nicht ausdifferenzierter Zelltyp, der sich unbegrenzt teilen und neue Zellen bilden kann.

Meristemkultur Eine Form der *Gewebekultur*, bei der die obersten Millimeter eines Vegetationskegels auf einem Nährboden kultiviert werden, der die *Achselknospen* anregt, sich zu vollständigen Pflanzen zu entwickeln; auch als Sprossspitzenkultur bezeichnet.

Merkmal Eine ererbte Eigenschaft, die beobachtbar oder messbar ist und mindestens zwei unterscheidbare *Merkmalsausprägungen* besitzt. Beispiele für Merkmalsausprägungen sind die Wuchshöhe mit den Merkmalsausprägungen hoch und niedrig, die Blütenfarbe mit den Merkmalsausprägungen rot und weiß und die Samenform mit den Merkmalsausprägungen glatt und schrumpelig. Merkmale werden durch Gene gesteuert und Merkmalsausprägungen durch *Allele* spezifischer Gene.

Merkmalsausprägung Eine von mehreren Varianten, in denen ein bestimmtes *Merkmal* auftritt. Bei Erbsen kann beispielsweise das Merkmal Samenfarbe die Ausprägungen grün und gelb annehmen. Siehe auch *Allel*.

Mesokarp Der mittlere Teil des *Perikarps*.

Mesophyll (von griech. *mesos*, „Mitte" und *phyllon*, „Blatt"): Chlorenchymzellen des Grundgewebes; befindet sich zwischen der oberen und unteren Epidermisschicht, sind in einem Blatt der Ort der Photosynthese. Siehe auch *Palisadenparenchym* und *Schwammparenchym*.

Metaphase Die zweite Phase der *Mitose*. Die Chromosomen ordnen sich während der Metaphase in der Äquatorialebene im Zentrum der Zelle an.

Metaphase I Die zweite Phase der *Meiose*; ähnelt der Metaphase der *Mitose* mit dem Unterschied, dass sich anstatt einzelner Chromosomen *Tetraden homologer Chromosomen* in der *Äquatorialebene* anordnen.

Microbody Ein kleines, membranumhülltes kugelförmiges Organell von etwa 1 μm Durchmesser, das Enzyme enthält. Siehe auch *Glyoxisom* und *Peroxisom*.

Mikrofibrillen Eine zylindrische Struktur, die aus vielen langen, nebeneinander angeordneten Cellulosemolekülen besteht.

Mikrofilament Ein langes Filament im *Cytoskelett*, das Zellen oder Zellbestandteile transportiert und die Zellform mitbestimmt. Mikrofilamente bestehen aus langen Ketten des globulären Proteins *Aktin*. Sie sind dünner als *Mikrotubuli*. Siehe auch *Plasmaströmung*.

Mikrogametophyt Ein männlicher Gametophyt, der von einer Mikrospore produziert wurde.

Mikrophyll Ein kleines Blatt mit einem einzelnen Leitstrang; charakteristisch für moderne Lycophyten.

Mikropyle (von griech. „pyle", „Tor"): Die Öffnung zwischen den Integumenten einer Samenanlage. Durch diese Öffnung kann der Pollenschlauch eindringen.

Mikrosporangium Ein Sporangium, das durch meiotische Teilung *Mikrosporen* bildet.

Mikrospore Einer der beiden Typen von Sporen; bildet einen männlichen *Gametophyten*. Siehe auch *Megaspore*.

Mikrosporenmutterzellen Enthalten in den *Mikrosporangien*; teilen sich meiotisch, wodurch *Mikrosporen* entstehen.

Mikrosporophyll Ein Sporophyll mit Mikrosporangien; charakteristisch für Moosfarne.

Mikrotubulus Ein langes, röhrenförmiges Filament innerhalb des *Cytoskeletts*, das Zellbestandteile wie Moleküle, Organellen und Chromosomen von einem Ort zum anderen transportiert. Siehe auch *Flimmerhärchen*, *Geißel* und *Tubulin*.

Mitochondrion (Plural *Mitochondrien*): Ein membranumhülltes Organell, in dem Zucker oxidiert wird, um dessen chemische Energie in *ATP (Adenosintriphosphat)* umzuwandeln. Die in den Mitochondrien enthaltene DNA codiert Proteine, die von ihren Ribosomen hergestellt werden. Siehe auch *Crista* und *Matrix*.

Mitose oder **M-Phase** Eine Phase des *Zellzyklus*, in der sich Zellen teilen; bestehend aus *Prophase*, *Metaphase*, *Anaphase* und *Telophase*. Die Mitose ist gewöhnlich die kürzeste Phase des Zellzyklus und nimmt etwa 10 Prozent der gesamten für die Zellteilung benötigten Zeit in Anspruch.

Mittellamelle (von lat. *lamina*, „dünne Platte"): Eine dünne Schicht zwischen den *primären Zellwänden* benachbarter Zellen; besteht hauptsächlich aus *Pektinen*.

mixotroph Bezeichnung für einen Organismus, der sowohl organische Moleküle durch *Photosynthese* produzieren (Autotrophie) als auch organische Moleküle aufnehmen (*Heterotrophie*) kann.

Mizellen Kristalline Strukturen, die mithilfe von Proteinen wie *Pektin* und *Hemicellulose* zu *Mikrofibrillen* organisiert sind.

molekulare Uhr Ein Marker, beispielsweise Cytochrom *c* oder das Gen dafür, anhand dessen die evolutionäre Entfernung zwischen zwei Arten geschätzt werden kann. Registriert wird die allmähliche Akkumulation in Aminosäuren oder Nucleinsäuren, von Unterschieden an den Proteinen und Genen verschiedener Arten.

Monohybridkreuzung Eine Züchtung, bei der Eltern mit unterschiedlichen Merkmalsausprägungen eines speziellen Merkmals gekreuzt werden. Wenn beispielsweise das betrachtete Merkmal die Wuchshöhe ist, wird eine reinerbige hohe Pflanze mit einer reinerbigen niedrigen Pflanze gekreuzt. Siehe auch *Dihybridkreuzung* und *erste Filialgeneration*.

Monomere Einfache Bausteinmoleküle, aus denen *Polymere* zusammengesetzt sind.

monophyletisch Die Eigenschaft einer *Klade*, ein „separater Stamm" von Organismen zu sein, die sich aus einem gemeinsamen Vorfahren entwickelt haben.

Monosaccharid Die kleinste Einheit eines *Kohlenhydrats*; ein einfaches Zuckermolekül, dessen Summenformel gewöhnlich ein Vielfaches von CH_2O ist.

Motorproteine Verwenden in Verbindung mit *Mikrotubuli* und *Mikrofilamenten* Energie aus ATP, um Zellstrukturen zu bewegen.

mRNA Siehe *Boten-RNA*.

Mucigel Ein schleimiges Polysaccharid, das den Weg der Wurzel durch das Erdreich „schmiert". Siehe auch *Calyptra*.

Mutation Eine Änderung der Nucleotidreihenfolge oder der Struktur der *DNA*. Siehe auch *Chromosomenmutation*, *Rastermutation* und *Punktmutation*.

Mutterkorn Eine Krankheit von Getreide wie Weizen und Gerste, die durch den Schlauchpilz *Claviceps purpurea* verursacht wird. Der Verzehr von Produkten, die aus befallenen Körnern hergestellt wurden, ruft beim Menschen Symptome wie Halluzinationen, Krämpfe und Zuckungen hervor.

Mykologie (von griech. *mykes*, „Pilz"): Die Wissenschaft von den Pilzen.

Mykorrhiza (von griech. *mykes*, „Pilz" und *rhiza*, „Wurzel"): Symbiotische Beziehungen zwischen Wurzeln von Gefäßpflanzen und Pilzen. Siehe auch *Ektomykorrhiza* und *Endomykorrhiza*.

Myzel Bei einem Pilz die verwobene Masse, die aus allen *Hyphen* eines bestimmten Typs besteht.

Nacktsamer Blütenlose Samenpflanzen, die erstmals vor rund 365 Millionen Jahren auftraten. Die bekanntesten modernen Vertreter sind die Koniferen. Siehe auch *Bedecktsamer*.

NADH, NADPH und FADH$_2$ Drei komplexe organische Moleküle, die Elektronen und Protonen als Teil einer *Elektronentransportkette* aufnehmen und abgeben können. Sie transportieren Elektronen zwischen enzymatischen Reaktionen innerhalb der Zelle.

Nahrungskette Eine Abfolge von Nahrungstransporten von einem Lebewesen zu einem anderen. Jede Nahrungskette beginnt mit einem *Primärproduzenten*.

Narbe Eine Struktur an der Spitze eines *Fruchtblattes* mit einer klebrigen Oberfläche zur Aufnahme der *Pollen*.

Nebenblatt Einer von zwei blattartigen Flügeln am Grund einer *Petiole* am Knoten eines Blattes.

Netznervatur Ein bei den meisten Zweikeimblättrigen und Farnen vorkommendes Muster von Blattadern, bei dem diese ein sich verzweigendes Netzwerk bilden. Siehe auch *Parallelnervatur*.

Nondisjunction Das Unvermögen von Schwesterchromatiden oder homologen Chromosomen, sich während der Mitose oder Meiose zu trennen; die häufigste Ursache für *Aneuploidie*.

Nucellus (lat., „kleine Nuss"): Bei Samenpflanzen ein *Megasporangium* innerhalb der Samenanlage, in dem sich der Megagametophyt oder Embryosack entwickelt.

Nucleinsäure Ein großes Molekül, das aus Nucleotiden zusammengesetzt ist. Beispiele sind DNA und RNA, die die genetische Information einer Zelle enthalten. Siehe auch *DNA (Desoxyribonucleinsäure)* und *RNA (Ribonucleinsäure)*.

Nucleinsäuresonde Ein kurzes Stück RNA oder einsträngiger DNA, das komplementär zu einer DNA-Sequenz ist, die untersucht werden soll.

Nucleolus (Plural *Nucleoli*): Ein oder zwei runde Strukturen in einem diploiden Zellkern, die zu den Genen in den Chromosomen gehören, die für die Synthese der ribosomalen RNA verantwortlich sind. In den Nucleoli werden Untereinheiten synthetisiert, die dann im Cytoplasma zu Ribosomen zusammengesetzt werden.

Nucleotide Die Bausteine von *Nucleinsäuren*. Ein Nucleotid besteht aus drei Teilen: einer Base, einem Zucker und einem Phosphatrest.

Nussfrucht Eine *Schließfrucht* mit einem sehr harten *Perikarp* (Schale); entwickelt sich aus miteinander verwachsenen *Fruchtblättern*. Beispiele sind Eicheln und Haselnüsse.

Oberboden Der oberste *Bodenhorizont*; enthält kleinste Bodenpartikel, in Zersetzung befindliche organische Stoffe und zahlreiche Organismen.

oberständiger Fruchtknoten Die Blütenteile sitzen unterhalb des Fruchtknotens am *Blütenboden*. Siehe auch *unterständiger Fruchtknoten* und *halbunterständiger Fruchtknoten*.

Ökologie (von griech. *oikos*, „Haushalt" und *logos*, „Lehre"): Die Wissenschaft vom Lebensraum der Erde und den auf ihr lebenden Organismen.

ökologische Nische Die Gesamtheit aller physikalischen und ökologischen Variablen, die einen Einfluss auf den Erfolg eines Lebewesens haben. Die ökologische Nische einer Pflanze wird unter anderem von der Temperatur, der Niederschlagsmenge, dem Bodentyp und dem Ausmaß der jahreszeitlichen Schwankungen bestimmt.

ökologische Sukzession Eine graduelle Änderung der Gesellschaften, die in einem *Ökosystem* leben.

Ökosystem Die Gesamtheit der miteinander in Wechselbeziehung stehenden Organismen sowie die nichtlebenden Komponenten eines Lebensraums.

oligotroph (griech., „wenig Nährstoffe"): Bezeichnung für einen tiefen, nährstoffarmen See, siehe auch *eutroph*.

Oogonium Ein weibliches *Gametangium* bei manchen Algen- und Pilzarten, das aus einer Zelle besteht, welche ein oder mehrere Eizellen enthält.

Operculum Der Deckel des Sporangiums bei Moosen; fällt ab, nachdem eine Zellschicht an seinem Grund ausgetrocknet ist und die Sporen freigibt.

Ordnung Taxonomische Gruppe oberhalb der *Familie* und unterhalb der *Klasse*. Die Namen enden oft auf *-ales*, z. B. *Solanales*.

Organ Eine Kombination aus verschiedenen Gewebetypen, die zusammen bestimmte Funktionen erfüllen. Siehe auch *Blatt*, *Wurzel* und *Sprossachse*.

Organellen Separate, von einer oder zwei Membranen umschlossene Zellstrukturen. Zu den Organellen gehören Chloroplasten, Mitochondrien, Microbodies und Dictyosomen. Siehe auch *Chloroplast*, *endoplasmatisches Retikulum*, *Endosymbiontentheorie*.

Osmose (von griech. *osmos*, „Stoß"): Der Transport von Wasser oder einem anderen Lösungsmittel durch eine halbdurchlässige Membran.

osmotisches Potenzial Ein Maß für die Tendenz des Wassers, sich durch die Membran zu bewegen, aufgrund unterschiedlicher Konzentrationen gelöster Teilchen.

Oxidation Die Abgabe von einem oder mehreren Elektronen.

oxidative Phosphorylierung Reaktionen der Zellatmung, die *ATP* mithilfe der Energie aus NADH anstatt der Lichtenergie herstellen; findet in den inneren Membranen der Mitochondrien statt und verwendet Moleküle der Elektronentransportkette. Oxidative Phosphorylierung produziert etwa 34 ATP-Moleküle je Glucosemolekül. Der finale Elektronenakzeptor ist Sauerstoff, wobei O_2 in H_2O umgewandelt wird. Vergleiche *Photophosphorylierung* und *Substratkettenphosphorylierung*; siehe auch *Krebs-Zyklus*.

Paläobotaniker Ein Wissenschaftler, der Fossilien untersucht, um die Stammesgeschichte des Reiches der Pflanzen zu entschlüsseln.

Palisadenparenchym (von lat. *palus*, „Pfahl"): Langgestreckte, aufgerichtete Mesophyllzellen unterhalb der Epidermis; enthält den größten Teil der Chloroplasten eines Blattes.

Panzerbeere Ein der Beere ähnelnder Fruchttyp mit einer dicken Rinde; Beispiele sind Wassermelonen, Kürbisse und Honigmelonen.

Parallelnervatur Ein bei den meisten Einkeimblättrigen und Nacktsamern vorkommendes Muster von Blattadern, bei dem die Adern parallel zueinander und zu den Blatträndern verlaufen; auch als Streifennervatur bezeichnet. Siehe auch *Netznervatur*.

Parasit Ein Organismus, der sich von einem lebenden Wirt ernährt. Siehe auch *Saprobier*.

Parenchymzelle (von griech. *parenchein*, „von außen herein"): Bei den meisten Pflanzen der häufigste und am wenigsten spezialisierte Zelltyp. Siehe auch *Chlorenchymzelle*, *Kollenchymzelle* und *Sklerenchymzelle*.

Parsimonie Ein Prinzip bei der Aufstellung von *Kladogrammen*, wonach das einfachste Kladogramm, das sich aus einer gegebenen Menge von Daten konstruieren lässt, vermutlich das korrekte ist.

Pektin Eine geleeartige Substanz, die häufig im interzellulären Raum vorkommt; außerdem von Bedeutung für die Bildung von *Mizellen* in den Zellwänden.

Pellicula Eine Stützstruktur unterhalb der *Plasmamembran* von Euglenoidae; besteht aus spiralig umlaufenden Bändern aus Proteinen, die über *Mikrotubuli* mit dem *endoplasmatischen Retikulum* verbunden sind.

Perianth Die Gesamtheit der sterilen modifizierten Blätter einer Blüte; bestehend aus *Blütenkelch* und *Blütenkrone*.

Periderm (griech., *die umgebende Haut*): Ein schützendes Gewebe, das bei Pflanzen, die länger als eine Wachstumsperiode leben, die *Epidermis* von Sprossen und Wurzeln ersetzt; häufig bei holzigen Pflanzen. Besteht aus Produkten des Korkkambiums einschließlich Kork (Phellem) und Phelloderm.

Perikarp Die Wand eines *Fruchtknotens*. Siehe auch *Endokarp*, *Exokarp* und *Mesokarp*.

perikline Teilung Die Teilung von Zellen parallel zu einer Oberfläche. Siehe auch *antikline Teilung*.

periphere Zone Ein Bereich des Sprossapikalmeristems, der einen dreidimensionalen Ring um die *zentrale Mutterzone* bildet; besteht aus Zellen, die sich häufig teilen, um zu Blattprimordien und Teilen der Sprossachse zu werden. Siehe auch *Markzone*.

Peristom (zu griech. *peran*, „hindurchtreten", und *stoma*, „Mund"): Ein oder mehrere Ringe aus „Zähnen" um die exponierte Öffnung eines Sporangiums; dient bei einigen Moosen der Verteilung der Sporen.

Perizykel Eine die *Stele* unmittelbar umgebende Zellschicht, aus der die *Seitenwurzeln* entstehen. Siehe auch *Endodermis*.

Peroxisom Ein Typ von *Microbodies*, der bei Oxidationen Wasserstoffperoxid erzeugt und abbaut; beteiligt an der Photorespiration.

Petalen (von lat. *petalum*, „sich ausbreiten"): Die *Kronblätter* einer Blüte.

Pfahlwurzelsystem Ein bei Zweikeimblättrigen und Nacktsamern häufig anzutreffender Typ des Wurzelsystems, das sich durch eine große Hauptwurzel auszeichnet. Siehe auch *Faserwurzelsystem* und *Seitenwurzel*.

Pflanzenbiotechnologie Befasst sich mit der Entwicklung verbesserter Pflanzen und Pflanzenprodukte mithilfe verschiedener wissenschaftlicher Methoden wie der Gentechnik und Gewebekulturen.

Phänotyp Das physische Erscheinungsbild eines Organismus. Siehe auch *Genotyp*.

Phellem Siehe *Kork*.

Phelloderm (von griech. *phellos*, „Kork" und *derma*, „Haut"): Eine dünne Schicht lebender *Parenchymzellen*, die vom *Korkkambium* nach innen abgegeben wird.

Phellogen Siehe *Korkkambium*.

Phenole Aromatische Kohlenwasserstoffe, die keinen Stickstoff enthalten. Beispiele sind Lignine, Flavonoide und allelopathisch wirksame Substanzen.

Phloem Ein Gewebe, das Zucker und andere organische Nährstoffe von den Blättern zu den übrigen Teilen der Pflanze leitet. Siehe auch *Saft* und *Xylem*.

Phosphorylierung Der Transfer einer Phosphatgruppe von einem Molekül einer Substanz auf eine andere Substanz. Beispiele sind die Bildung eines Glucose-6-Phosphats aus Glucose und ATP im ersten Schritt der *Glycolyse* sowie die Bildung von ATP aus ADP und anorganischem Phosphat. Siehe auch *oxidative Phosphorylierung* und *Substratkettenphosphorylierung*.

photoautotroph Bezeichnung für Organismen, die ihre Energie durch Photosynthese erhalten; Pflanzen, Algen und Photosynthese betreibende Bakterien.

photoheterotroph Bezeichnung für einen Organismus, der seine Energie aus dem Licht und seinen Kohlenstoff aus organischen Verbindungen erhält.

Photon Ein Paket elektromagnetischer Energie. Die Energie eines Photons ist abhängig von der Wellenlänge.

Photoperiodismus Die Reaktion einer Pflanze auf die relative Länge von Tag und Nacht. Siehe auch *tagneutrale Pflanze*, *Langtagpflanze* und *Kurztagpflanze*.

Photophosphorylierung Der Prozess der Bildung von *ATP* aus *ADP* mithilfe von *ATP-Synthase* und Lichtenergie.

Photorespiration Ein Prozess, der bei C_3-Pflanzen bei warmem trockenen Wetter häufig auftritt, wenn die Stomata sich schließen, um Wasserverlust zu vermeiden. Bei der Photorespiration wird CO_2 gebildet, aber nicht fixiert. Es wird Licht verwendet und Sauerstoff verbraucht, aber kein ATP gebildet. Die C_4-Photosynthese und der *Crassulaceen-Säurestoffwechsel* sind Anpassungen in einigen Pflanzenarten, die die Photorespiration minimieren.

Photosynthese Der Prozess, bei dem Pflanzen aus Sonnenenergie ihre eigene Nahrung produzieren. Dabei werden Kohlendioxid und Wasser in Zucker umgewandelt, die chemische Energie speichern. Siehe auch *Calvin-Zyklus*.

Photosystem Licht erntende Einheit, die aus einem *Reaktionszentrum* und *Hilfspigmenten* besteht; absorbiert Lichtenergie; kommt in der *Thylakoidmembran* vor.

Phototropismus Das Wachstum zum Licht hin oder weg vom Licht.

Phragmoplast Ein Zylinder, der aus Mikrotubuli besteht, die aus der Kernspindel stammen und sich zwischen den Tochterkernen ausrichten. Diese Struktur bildet die *Zellplatte* bei der Zellteilung.

Phylloide Flache Strukturen am *Thallus* einer Braunalge, die den Großteil der Photosynthese betreibenden Fläche darstellen.

Phyllotaxis (griech. „Blattordnung"): Das grundlegende Muster, nach dem die Blätter einer Pflanze angeordnet sind. Siehe *wechselständig*, *gegenständig* und *wirtelig*.

phylogenetischer Baum Ein Verzweigungsdiagramm, das die evolutionären Beziehungen in Abhängigkeit von der Zeit darstellt.

Phylogenie Die Stammesgeschichte verwandter Arten.

Phytochrom Ein Photorezeptor, der Licht absorbiert und Entwicklungsreaktionen auslöst.

Phytoplankton Die Gesamtheit mikroskopisch kleiner, Photosynthese betreibender Organismen, die nahe der Oberfläche von Ozeanen und Seen treiben.

Pigment Ein lichtabsorbierendes Molekül; beispielsweise *Chlorophyll*.

Plasmalemma Siehe *Plasmamembran*.

Plasmamembran (von lat. *membrane*, „Haut"): Die flexible Schutzhülle, die jede Zelle umgibt; auch *Zellmembran* oder *Plasmalemma* (von griech. *lemma*, „Hülle") genannt. Steuert den Transport von Wasser, Gasen und Molekülen in die Zelle hinein und aus der Zelle heraus.

Plasmaströmung Die kreisförmige Bewegung der Bestandteile einer Zelle um die Zentralvakuole; verursacht durch die *Mikrofilamente*.

Plasmid Ein selbstreplizierendes, ringförmiges *DNA*-Molekül, das in Bakterien vorkommt.

Plasmodesma (Plural *Plasmodesmen*; von griech. *desma*, „Band"): Ein Kanal zwischen benachbarten Zellen, der den Stofftransport zwischen ihnen ermöglicht; enthält gewöhnlich einen verbindenden *Desmotubulus* aus *endoplasmatischem Retikulum*.

Plasmogamie Die Verschmelzung des Cytoplasmas; bei Pilzen ist die Plasmogamie oft zeitlich stark separiert von der *Karyogamie*, der Verschmelzung der Kerne.

Plasmolyse Die mit Ablösung von der *Zellwand* verbundene Schrumpfung der *Protoplasten*; verursacht durch einen Nettofluss von Wasser aus der Zelle heraus.

Plastid Sammelbezeichnung für pflanzliche Organellen, die an der Herstellung oder Speicherung von Assimilaten oder Pigmenten beteiligt sind. Siehe auch *Chloroplast*, *Chromoplast* und *Leukoplast*.

Plattentektonik Eine vereinheitlichende Theorie der modernen Geologie, die auf Arbeiten des Geologen Alfred Wegener aus dem Jahre 1912 zurückgeht; siehe auch *Kontinentaldrift*.

Pleiotropie Ein Vererbungsmuster, bei dem ein einzelnes Gen mehr als ein *Merkmal* steuert. Siehe auch *polygene Vererbung*.

Plumula (lat.): Ein embryonischer *Spross*. Siehe auch *Epicotyl*.

Pneumatophoren Versorgen Pflanzen in sumpfigen Gebieten mit Sauerstoff, auch als Atemwurzeln bezeichnet; häufig bei Mangroven und Sumpfzypressen.

polares Molekül Ein Molekül mit ungleicher Verteilung von positiv und negativ geladenen Regionen. Ein typisches polares Molekül ist das Wassermolekül.

Pollen Zusammenfassende Bezeichnung für *Pollenkörner*.

Pollenkorn Ein männlicher *Gametophyt*, der aus einer Spore entsteht, die sich im Pollensack eines Staubbeutels befindet.

Polyembryonie Die Entstehung von mehr als einem Embryo aufgrund des Vorhandenseins mehrerer Pollenschläuche; charakteristisch für einige Nacktsamer.

polygene Vererbung Ein Vererbungsmuster, bei dem ein *Merkmal* durch mehr als ein *Gen* gesteuert wird. Die *Phänotypen* zeigen bei diesem Vererbungsmuster oft ein kontinuierliches Spektrum von Werten. Siehe auch *Pleiotropie*.

Polymer Ein *Makromolekül*, das aus sich wiederholenden Einheiten, den so genannten *Monomeren*, besteht.

Polymerasekettenreaktion (PCR) Eine Methode zum Klonieren von *DNA*-Fragmenten mithilfe von Enzymen, die ohne Verwendung von *Plasmiden* oder Bakterien auskommt.

Polypeptid Ein aus Aminosäuren bestehendes Polymer; ein großes Polypeptid ist ein *Protein*.

polyploid Bezeichnung für eine Zelle, die mehr als die doppelte Chromosomenzahl besitzt; siehe auch *haploid*.

Polysaccharid Ein Polymer, das aus Hunderten oder Tausenden von *Monosacchariden* besteht; speichert gewöhnlich Energie oder gibt strukturellen Halt. Beispiele für Polysaccharide sind Stärke und Cellulose.

Population Eine Gruppe von Individuen der gleichen Art, die den gleichen Lebensraum teilen und eine Fortpflanzungsgemeinschaft bilden.

Populationsgenetik Die Untersuchung des Verhaltens von *Genen* innerhalb einer Population.

potenzielle Energie Die gespeicherte Energie, die ein Körper aufgrund seiner Lage oder seiner chemischen Zusammensetzung besitzt.

primäre Metaboliten Wesentliche biochemische Komponenten des Metabolismus in jeder Pflanzenzelle: *Kohlenhydrate*, *Proteine*, *Nucleinsäuren* und *Lipide*.

primäre Sukzession Die Gesamtheit der Veränderungen im Verlauf der Zeit in Gebieten, die anfangs nahezu frei von jeglichem Leben sind und in denen sich noch kein Erdboden gebildet hat. Siehe auch *sekundäre Sukzession*.

primäre Zellwand Eine hauptsächlich aus Cellulose bestehende Struktur, die wachsende Zellen bildet, damit sie nicht infolge der Aufnahme von Wasser platzen. Siehe auch *sekundäre Zellwand*.

primärer Pflanzenkörper Der Pflanzenkörper, der durch Spross- und Wurzelapikalmeristeme gebildet wird.

primäres Meristem Ein Bereich der Zellteilung, in dem die Gewebe des primären Pflanzenkörpers produziert werden. Siehe auch *Grundmeristem*, *Prokambium* und *Protoderm*.

primäres Wachstum Das Längenwachstum von Wurzeln und Sprossen, verursacht durch die *Meristeme* an den Spitzen (Apices, Singular *Apex*) der Wurzeln und Sprosse.

Primärproduzenten Organismen, die ihre Nahrung selbst herstellen; hierzu gehören Pflanzen und andere Photosynthese betreibende Organismen.

Primärstruktur Die Abfolge der Aminosäuren in einem *Protein*.

Prokambium Apikalmeristeme von Wurzeln und Sprossen, die *Xylem* und *Phloem* bilden.

Prokaryoten (lat., „vor dem Kern"): Organismen, deren Zellen keinen abgegrenzten Zellkern besitzen; hierzu gehören die Bakterien. Siehe dagegen *Eukaryot*.

Promotor Eine Sequenz aus einigen Dutzend *Nucleotidpaaren*, die an einem Ende eines *Gens* lokalisiert sind; in diesem Bereich bindet die RNA-Polymerase während der *Transkription* an die DNA.

Prophase Die erste Phase der *Mitose*. Während der Prophase werden die Chromosomen verkürzt, wobei sie so dick werden, dass sie unter einem Lichtmikroskop sichtbar sind. Kernhülle und Nucleolus sind verschwunden.

Prophase I Die erste und komplexeste Phase der *Meiose*. Sie verläuft ähnlich wie die *Prophase* der *Mitose* mit dem Unterschied, dass *homologe Chromosomen* Paare bilden. Siehe *Synapsis* und *Tetrade*.

Protein (von griech. *proteios*, „den ersten Platz einnehmen"): Ein *Makromolekül*, das aus einer oder mehreren Aminosäureketten besteht. Die Proteine eines Organismus bestimmen dessen physische Merkmale, dienen als strukturelle Grundbausteine und katalysieren chemische Reaktionen (siehe *Enzyme*). Proteine werden durch *Gene* codiert.

Proteinkinase Ein Enzym, das andere Proteine phosphoryliert, wenn es innerhalb einer *Signaltransduktionskette* durch einen *sekundären Botenstoff* aktiviert wird.

Proteomik Die Wissenschaft von der Sequenzierung aller Proteine eines Organismus sowie der Erklärung ihrer Funktionen.

Protobionten Zellähnliche Strukturen von unterschiedlichem Organisationsgrad, die in Gemischen aus organischen Verbindungen unter bestimmten Umständen spontan durch Aggregation entstehen.

Protoderm *Apikalmeristeme* von Wurzel und Spross, aus denen die Epidermis einer Pflanze entsteht.

Protonema (Plural *Protonemen*; von lat. *proto*, „der Erste", und griech. *nema*, „Faden"): Eine typischerweise fadenähnliche Struktur, die von einer keimenden Spore gebildet wird; ist vor allem bei Moosen zu beobachten; bildet Knospen, die sich zu *Gametophoren* entwickeln.

Protoplast Eine Pflanzenzelle, deren Zellwand entfernt wurde.

Protostele (von griech. *proto*, „vor"): Der einfachste, am frühesten entstandene Typ der *Stele*, bestehend aus einem kompakten Zentralzylinder, in dem Xylem und Phloem enthalten sind.

Punktmutation Die Änderung eines *Nucleotids* der *DNA*; auch als *SNP* (engl. *single nucleotide polymorphism*) bezeichnet. Es kann sich um eine Substitution, eine Insertion oder eine Deletion handeln.

Pyrenoid Eine proteinreiche Struktur in den Chloroplasten vieler Algen; enthält das Enzym *Rubisco*.

Quartärstruktur Die räumliche Anordnung von mehr als einer *Polypeptidkette* innerhalb eines *Proteins*.

quirlständig oder **wirtelig** Eine Blattanordnung mit drei oder mehr Blättern je Knoten.

***r*-Selektion** Form der natürlichen Auslese, die in Populationen auftritt, deren Größe weit unterhalb der *Kapazitätsgrenze* liegt. Dabei werden Merkmale favorisiert, die die Reproduktionsrate maximieren. Beispiele für solche Merkmale sind eine kurze Lebensdauer und eine hohe Todesrate. Siehe auch *K-Selektion*.

Radicula Siehe *Keimwurzel*.

Ranke Eine schlanke, gewundene Struktur, mit deren Hilfe eine Kletterpflanze an einem stützenden Objekt Halt findet. Bei Ranken kann es sich um modifizierte Blätter oder modifizierte Sprossachsen handeln. Siehe auch *Thigmonastie*.

Rasterelektronenmikroskop (REM) Bei einem REM lässt man Elektronen an einer Probe abprallen, um daraus die Oberflächenstruktur abzuleiten. Es erreicht eine maximale Vergrößerung um das 20 000-Fache. Siehe auch *Lichtmikroskop* und *Transmissionselektronenmikroskop*.

Rastermutation Bestimmte Arten der *Punktmutation* (Insertionen und Deletionen), die das Leseraster der *Codons* innerhalb der *DNA* verschieben.

raues endoplasmatisches Retikulum Ein Netzwerk aus Membranen, das mit der äußeren Kernhülle in Verbindung steht und mit Proteinsynthese betreibenden *Ribosomen* besetzt ist. Das raue endoplasmatische Retikulum produziert sekretorische Proteine (Hormone) und Membranbestandteile.

Reaktant Ein Teilnehmer einer chemischen Reaktion.

Reaktionsholz Holz, das sich in schrägen Stämmen oder Ästen infolge von Druck (Druckholz) bzw. Zug (Zugholz) bildet.

Reaktionszentrum Das dort gebundene *Chlorophyll-a*-Molekül gibt bei Anregung durch Licht ein Elektron an einen Elektronenakzeptor ab, um es an weitere Akzeptoren weiterzureichen (*Elektronentransportkette*). Siehe auch *Photosystem*.

Redoxreaktion Eine Folge gekoppelter *Oxidations*- und *Reduktionsreaktionen*.

reguläre Blüte Eine radialsymmetrische Blüte; auch als *aktinomorph* bezeichnet.

Reich Eine taxonomische Gruppe; sie liegt über dem *Stamm* und unter der *Domäne*. Ein Beispiel ist das Reich Plantae.

Reifezone Derjenige Bereich einer Wurzel, wo die Zellen beginnen, sich in strukturell und funktional unterschiedliche Zelltypen zu differenzieren. In diesem Bereich bilden einige Rhizodermiszellen *Wurzelhaare*.

rekombinante DNA DNA, die durch die gentechnische Kombination von DNA aus verschiedenen Quellen entsteht.

REM Siehe *Rasterelektronenmikroskop*.

Restriktionsenzym Ein Bakterienenzym, das die Bindungen zwischen einzelnen Nucleotiden der DNA aufbricht. Restriktionsenzyme werden in der Gentechnik zur DNA-Fragmentierung eingesetzt.

Restriktionsfragmentlängen-Polymorphismen (RFLP) Vergleich von DNA-Abschnitten, die mithilfe von Restriktionsenzymen hergestellt wurden.

rezessive Merkmalsausprägung Eine überdeckte *Merkmalsausprägung* bei *heterozygoten* Individuen; sie wird erst bei *homozygoten* Nachkommen sichtbar.

Rhachis Eine Verlängerung des *Blattstiels*, durch die die Fiederblätter eines zusammengesetzten Blattes miteinander verbunden sind.

Rhizoid Eine schlanke, verzweigte, röhrenartige Zelle oder ein Filament aus Zellen, die Bryophyten im Boden verankern. Rhizoide kommen auch bei Pilzen vor, wo sie in den Nährboden hineinwachsen und die Pilze verankern.

Rhizom Ein horizontal wachsender, unterirdischer Spross. Siehe auch *Stolon*.

Ribosom Eine im *Cytoplasma* lokalisierte Struktur, die die Synthese von *Proteinen* katalysiert, wobei es die in der *Boten-RNA (mRNA)* enthaltene genetische Information nutzt.

Rinde Alle Gewebe außerhalb des Kambiums; der Teil eines *Sprosses* oder einer *Wurzel*, der das Holz umgibt. Siehe auch *innere Rinde*, *äußere Rinde* und *Cortex*.

Ringeln Das Entfernen der Rinde innerhalb eines vollständigen Rings um den Baum. Durch Ringeln wird der Transport entlang des *Phloems* abgeschnitten, so dass der Baum abstirbt.

RNA (Ribonucleinsäure) Ein einzelnes helikales Molekül ähnlich der DNA mit dem Unterschied, dass es den Zucker Ribose enthält. Die RNA spielt eine wichtige Rolle bei der Steuerung der Synthese von *Proteinen*. Siehe auch *Boten-RNA (mRNA)* und *Transfer-RNA (tRNA)*.

Rubisco Die Abkürzung für das Enzym Ribulose-1,5-*bis*phosphat-*carboxylase*/-*oxygenase*, das Kohlenstoff aus CO_2 in einem Prozess, der als *Kohlenstofffixierung* bezeichnet wird, in ein anderes Molekül einbauen kann. Es ist das häufigste Enzym in Chloroplasten. Als Oxygenase ist es auch Teil der *Photorespiration*.

ruhendes Zentrum Der kugelförmige, zentrale Bereich eines Wurzelapikalmeristems, der die Initialen enthält.

Saft Die vom *Xylem* und *Phloem* transportierten Inhalte.

Samen Eine Fortpflanzungsstruktur bestehend aus einem Embryo, einem Nahrungsvorrat (Endosperm) und der Samenschale.

Samenanlage Eine Struktur, die eine *Eizelle* enthält. Nach der Befruchtung entwickelt sich die Samenanlage zu einem *Samen*.

Sammelfrucht Eine Frucht, die sich aus einer Blüte mit vielen separaten *Fruchtblättern* entwickelt; Beispiele sind Brombeeren, Erdbeeren und die Früchte der Magnolie.

Sammelscheinfrucht Eine Frucht, die sich aus den *Fruchtblättern* und anderen Blütemteilen von mehr als einer Blüte eines *Fruchtstandes* entwickelt; Beispiele sind Ananas und Feigen.

Sand Mit Durchmessern von 0,02 bis 2 mm die größten Bodenpartikel. Siehe auch *Tonminerale*, *Schluff* und *Bodenhorizont*.

Saprobier Ein Organismus, der sich von totem organischen Material ernährt. Siehe auch *Parasit*.

Scheinfrucht Eine Frucht, bei der sich neben dem Fruchtknoten noch andere Blütenteile zu Fruchtfleisch entwickeln; zum Beispiel der Apfel.

Schießen Das schnelle Wachstum eines Blütenstängels aus einer Rosette; verursacht durch *Gibberellin*.

Schließfrucht Eine Trockenfrucht, die im reifen Zustand geschlossen bleibt. Zu den Schließfrüchten gehören *Achänen*, *Flügelfrüchte*, *Karyopsen*, *Nussfrüchte* und *Spaltfrüchte*.

Schließzelle Eine von jeweils zwei spezialisierten Epidermiszellen zu beiden Seiten einer Blattpore; die Kombination aus Pore und den beiden Schließzellen ergibt ein *Stoma*.

Schluff Mittelgroße Bodenpartikel; Durchmesser 0,002 bis 0,02 mm. Siehe auch *Tonminerale*, *Sand* und *Bodenhorizont*.

Schlüsselart Eine Art, die einen starken Einfluss auf die Struktur einer Gesellschaft hat, auch wenn sie selbst nicht besonders zahlreich vertreten ist.

Schote Eine *Streufrucht*, die von Arten der Familie der Kreuzblütler gebildet wird; besteht aus zwei *Fruchtblättern*, die sich in zwei Hälften teilen, wobei sich die Samen auf der Scheidewand zwischen den beiden Hälften befinden.

Schwammparenchym Lose angeordnete, Photosynthese betreibende Zellen unmittelbar unter der unteren Epidermis eines Blattes. Zusammen mit dem *Palisadenparenchym* ergibt sich das *Mesophyll*.

Scutellum Das *Keimblatt* eines einkeimblättrigen Embryos, das an der Keimachse sitzt und als Saugorgan Nährstoffe aus dem Endosperm aufnimmt.

Seitenwurzel Eine von einer Hauptwurzel abzweigende Wurzel. Sie entsteht endogen aus dem *Perizykel*.

sekundäre Metaboliten Moleküle, die nicht essenziell für das Wachstum und die Entwicklung einer Pflanze sind. Die Bedeutung von sekundären Metaboliten kann zum Beispiel darin liegen, dass sie der Pflanze strukturellen Halt bieten oder sie vor Krankheiten und Fraßfeinden schützen.

sekundäre Sukzession Die Gesamtheit der Veränderungen, die ablaufen, nachdem eine Gesellschaft infolge einer Störung eliminiert wurde, wobei jedoch der Boden intakt geblieben ist. Ursache für solche Störungen können menschliche Aktivitäten oder natürliche Ereignisse sein.

sekundäre Zellwand Eine im Wesentlichen aus Cellulose und Lignin bestehende dicke Schicht, die von holzigen Pflanzen gebildet wird; liegt zwischen *primärer Zellwand* und *Plasmamembran*.

sekundärer Botenstoff (engl. second messenger): Eine cytoplasmatische Substanz innerhalb einer *Signaltransduktionskette*. Siehe auch *Proteinkinase*.

sekundäres Dickenwachstum Das durch *Lateralmeristeme* verursachte Dickenwachstum; häufig bei Koniferen und Zweikeimblättrigen.

Sekundärstruktur Die lokalen Windungen und Faltungen einer *Polypeptidkette* in einem *Protein*, verbunden durch Wasserstoffbrücken. α-Helices und β-Faltblätter sind Beispiele für sekundäre Proteinstrukturen.

Selbstbestäubung Eine Form der Bestäubung, die möglich ist, wenn sich männliche und weibliche *Gametophyten* auf der gleichen Pflanze oder in der gleichen Blüte befinden. Siehe auch *einhäusig*.

selektiv permeabel Bezeichnung für eine semi-permeable Membran, die aufgrund von Transportproteinen bestimmte Moleküle passieren lässt, andere dagegen nicht.

Sepalen (von lat. *sepalum*, „bedecken"): Die *Kelchblätter*, deren Gesamtheit als *Calyx* bezeichnet wird.

Septen Die inneren Wände, die die *Hyphen* in Zellen unterteilen.

Seta (Plural *Setae*): Bei Bryophyten der kurze Stiel, der ein *Sporangium* trägt.

sexuelle Fortpflanzung Die Befruchtung einer Eizelle durch eine Spermazelle. Der entstehende Nachkomme ist von beiden Eltern verschieden. Die meisten Tiere können sich ausschließlich sexuell fortpflanzen. Bei Pflanzen kommt zusätzlich *asexuelle Fortpflanzung* vor.

Siebplatte Ein Merkmal von *Siebröhrengliedern*; besteht aus Zellwänden mit membranüberzogenen Poren.

Siebröhre Eine mehrzellige Struktur im *Phloem*, die Assimilate von den Blättern zu anderen Pflanzenteilen leitet.

Siebröhrenglieder Lebende Zellen im *Phloem* von Blütenpflanzen, die aneinandergereiht sind und auf diese Weise *Siebröhren* bilden; besitzen als reife Zellen keinen Zellkern. Siehe auch *Callose*, *Geleitzelle* und *Siebzelle*.

Siebzellen Bei Farnen und Koniferen vorkommende einfache assimilatleitende Zellen, die ähnlich funktionieren wie die *Siebröhrenglieder* der Blütenpflanzen.

Signaltransduktionskette Eine Reihe von Ereignissen von der Bindung eines Rezeptors bis zur Änderung der Aktivität einer Zelle; wird ausgelöst durch die Wechselwirkung zwischen einem *Phytohormon* oder Licht und einem Protein auf der Oberfläche einer Zelle. Siehe auch *Proteinkinase* und *sekundärer Botenstoff*.

Silikat (SiO$_4^{-4}$) Das häufigste negativ geladene Ion in der Erdkruste und in Bodenpartikeln.

Siphonostele Ein durchgehender Zentralzylinder, der in den Sprossen von Farnen und Schachtelhalmen einen Markkern umgibt. Siehe auch *Eustele* und *Blattlücke*.

Sklerenchymzelle (von griech. *skleros*, „hart"): Eine abgestorbene, strukturellen Halt gebende Zelle mit *sekundären Zellwänden*, die mit *Lignin* verstärkt ist. Siehe auch *Kollenchymzelle* und *Parenchymzelle*.

SNP (Single Nucleotide Polymorphism) Siehe *Punktmutation*.

Sori (Singular: Sorus): Gruppen von Sporangien, die sich auf der Unterseite von fertilen Farnblättern befinden.

Spaltfrucht Ein Typ der *Schließfrucht*, der bei Pflanzen aus der Familie der Doldenblütler (z. B. Petersilie, Möhre, Dill, Sellerie) vorkommt. Spaltfrüchte haben ein hartes, dünnes *Perikarp*, sind aus zwei oder mehr Fruchtblättern zusammengesetzt und spalten sich in zwei oder mehr Teile auf, die jeweils einen Samen enthalten.

Spaltungsgesetz Das erste der Mendelschen Vererbungsgesetze; es besagt, dass *Allele* während der *Anaphase I* der *Meiose* voneinander getrennt werden und dann bei der Befruchtung zufällig zusammengefügt werden.

Spermazelle Eine männliche fortpflanzungsfähige Zelle. Siehe auch *sexuelle Fortpflanzung*.

spezifisches Epitheton Der zweite Namensbestandteil eines *Binoms*, dem Namen für eine Art. Siehe auch *Gattung*.

S-Phase Der auf die G_1-*Phase* folgende Abschnitt der *Interphase*, in dem sich die Chromosomen replizieren, um zwei miteinander verbundene DNA-Stränge zu bilden, die als *Chromatiden* bezeichnet werden. Siehe auch DNA-Synthese.

Splintholz Die äußeren, jüngsten Ringe des Xylems. Diese sind in der Lage, den *Saft* des Xylems zu transportieren. Siehe auch *Kernholz*.

Sporangiophoren In *Rhizopus stolonifer* und anderen Pilzen eine der aufrecht stehenden *Hyphen*, von denen jede ein *Sporangium* auf ihrer Spitze trägt. Siehe auch *Zygospore*.

Sporangium (Plural *Sporangien*): Eine aus einer oder mehreren Zellen abgeleitete hohle Struktur, die Sporen enthält.

Spore Bei Pflanzen eine fortpflanzungsfähige Zelle, die sich ohne Verschmelzung mit einer anderen fortpflanzungsfähigen Zelle zu einem adulten Organismus entwickeln kann. Siehe auch *asexuelle Fortpflanzung* und *sexuelle Fortpflanzung*.

Sporophyll Ein modifiziertes, Sporen bildendes Blatt; kommt bei Blüten und Zapfen vor sowie bei einigen samenlosen Pflanzen. Siehe auch *Sporangium*.

Sporophyt (griech., „Sporen produzierende Pflanze"): Eine der beiden mehrzelligen Formen einer Pflanze; besteht aus *diploiden* Zellen. Siehe auch *Gametophyt* und *Generationswechsel*.

Spross Eine *Sprossachse* mitsamt ihren *Blättern* sowie den von ihr ausgehenden Fortpflanzungsstrukturen wie den Blüten.

Sprossachse Jeder Teil einer Pflanze, der Blätter oder Fortpflanzungsstrukturen trägt.

Sprossdornen Zugespitzte modifizierte Sprossachsen. Siehe auch *Stacheln* und *Blattdornen*.

Sprossknospe Die *Plumula*.

Sprosssystem Die Gesamtheit aller Sprossachsen, Blätter und Fortpflanzungsstrukturen einer Pflanze; befindet sich gewöhnlich über der Erde.

Spurenelement Ein essenzielles chemisches Element wie Kupfer (Cu) oder Zink (Zn), das in geringen Mengen von einer Pflanze benötigt wird. Siehe auch *Makronährelement*.

stabilisierende Auslese Die Reduzierung der Variabilität einer Population durch Eliminierung von Individuen mit extremen *Phänotypen*. Siehe auch *gerichtete Auslese* und *diversifizierende Auslese*.

Stacheln Ein spitzer Auswuchs aus Zellen der Epidermis oder der primären Rinde. Siehe auch *Blattdornen* und *Sprossdornen*.

Stamm Eine taxonomische Gruppe; sie liegt über der *Klasse* und unter dem *Reich*. Ein Beispiel ist der Stamm Coniferophyta.

Statolithen Spezialisierte, mit Stärkekörnchen gefüllte *Plastiden* in den Wurzelhauben; möglicherweise verantwortlich für den *Gravitropismus*.

Staubbeutel Struktur auf dem *Staubblatt*, die aus zwei Hälften (Theken) mit jeweils zwei Pollensäcken besteht.

Staubblatt Ein männliches, Pollen bildendes Blütenorgan. Die Gesamtheit der Staubblätter einer Blüte wird als *Andrözeum* bezeichnet. Siehe auch *Staubbeutel* und *Fruchtblatt*.

Steinfrucht Eine echte, saftige Frucht, die sich aus Blüten mit *oberständigem Fruchtknoten* und einer einzigen *Samenanlage* entwickelt; Beispiele sind Oliven, Pfirsiche und Mandeln.

Stele (griech. „Säule"): Der Zentralzylinder einer Wurzel oder einer Sprossachse; umgeben von der Rinde (Cortex).

Stempel Ein einzelnes *Fruchtblatt* oder eine Gruppe miteinander verschmolzener Fruchtblätter. Wird als Gesamtheit als *Gynözeum* bezeichnet.

Stickstofffixierung Die Umwandlung von Stickstoffgas in Ammonium durch Bodenbakterien. Siehe auch *Wurzelknöllchen*.

Stoffwechsel Die innerhalb einer Zelle ablaufenden chemischen Reaktionen, die durch viele spezifische Enzyme katalysiert werden.

Stolon Eine horizontale, oberirdische Sprossachse, auch als Ausläufer bezeichnet. Siehe auch *Rhizom*.

Stoma (griech. „Mund", Plural *Stomata*): Eine Pore in einem Blatt, deren Öffnung durch zwei *Schließzellen* reguliert wird; steuert den Austausch von Wasserdampf, CO_2 und O_2.

Strahleninitiale Eine *Initiale*, die zwischen den *Leitbündeln* auftritt; oft kubisch geformt. Sie bilden nach Zellteilung Markparenchym. Siehe auch *fusiforme Initiale*.

Streckungszone Derjenige Bereich einer Wurzel, wo die *Abkömmlinge* aufhören, sich zu teilen, und mit dem Längenwachstum beginnen.

Streufrucht Eine Trockenfrucht, die im reifen Zustand aufplatzt, um ihre Samen zu verteilen. Siehe auch *Kapsel*, *Hülse* und *Schote*.

Stroma Das Fluid, das die *Thylakoide* umgibt; der Ort in den *Chloroplasten*, wo der Calvin-Zyklus abläuft.

Stromatolithen Sedimentgesteine aus den fossilen Überresten von bis zu 3,5 Milliarden Jahre alten *Prokaryoten*. Die oberste Schicht kann lebende Zellen enthalten.

Suberin Eine wasserundurchlässige, fetthaltige Substanz, die die Zellwände des *Korks* imprägniert.

Substrat Ein *Reaktant*, auf den ein *Enzym* einwirkt.

Substratkettenphosphorylierung Die enzymatische Produktion von *ATP* ohne chemiosmotischen Transport von Protonen; findet während der *Glycolyse* statt. Siehe auch *oxidative Phosphorylierung* und *Photophosphorylierung*.

symbiotisch Zu gegenseitigem Vorteil, zum Beispiel die Beziehungen zwischen Pflanzen und anderen Organismen wie Bakterien oder Pilzen. Siehe auch *Mykorrhiza* und *Stickstofffixierung*.

sympatrisch Bezeichnung für Populationen, die in überlappenden Gebieten leben, aber verschiedene Mikrohabitate bevorzugen. Siehe auch *allopatrisch*.

symplastischer Transport Die Bewegung von Substanzen durch das Zellinnere, also innerhalb des Cytoplasmas und über *Plasmodesmen*; siehe auch *apoplastischer Transport*.

Synapsis Die Paarung der *homologen Chromosomen* während der *Prophase I* der *Meiose*. Siehe auch *Tetrade*.

Syntänie Bei Pflanzen unterschiedlicher Gattungen das Vorhandensein vieler Bereiche auf den *Chromosomen*, in denen Gene in der gleichen Reihenfolge auftreten.

Systematik Die moderne wissenschaftliche Untersuchung der evolutionären Beziehungen zwischen den Organismen. Siehe auch *Taxonomie*.

tagneutrale Pflanze Eine Pflanze, die unabhängig von der Tageslänge blüht.

Taxon Eine bestimmte Gruppe von Organismen auf einer beliebigen Ebene des Klassifikationsschemas.

Taxonomie Die Benennung und Klassifizierung von Arten und anderen Kategorien innerhalb eines formalen Klassifikationssystems.

Teilungszone Derjenige Bereich einer Wurzel, der aus dem *Apikalmeristem* und den drei *primären Meristemen* besteht.

Telom (von griech. *telos*, „Ende"): Einer der beiden Äste einer dichotomen Verzweigung. Der Telomtheorie zufolge war das differentielle Wachstum der Telome die Ursache für die Entstehung vieler Pflanzenstrukturen, so zum Beispiel der *Mikrophylle*.

Telophase Die letzte Phase der *Mitose*; die Umkehrung der während der Prophase ablaufenden Prozesse. In jeder Zelle wird wieder eine Kernhülle gebildet, die Chromosomen entwinden sich und der Spindelapparat löst sich auf.

Telophase I Die letzte Phase der *Meiose*, in der die Zelle in ihren prämeiotischen Zustand zurückkehrt, bevor die *zweite Reifeteilung* beginnt.

TEM Siehe *Transmissionselektronenmikroskop*.

Terpenoide Auch als Terpene bezeichnet, eine Gruppe von Kohlenwasserstoffen, die von Pflanzen produziert werden. Terpenoide bestehen aus zwei bis einigen Hundert Isoprenbausteinen mit fünf Kohlenstoffatomen. Terpenoide schützen Pflanzen durch ihren bitteren Geschmack oder weil sie giftig bzw. klebrig sind.

Tertiärstruktur Das gesamte dreidimensionale Faltungsmuster eines Proteins; wird bestimmt durch die Wechselwirkungen zwischen den Aminosäureresten.

Testkreuzung Eine Methode zur Bestimmung des *Genotyps* einer Pflanze mit *dominantem* Phänotyp. Dabei wird die Pflanze mit dem unbekannten Genotyp mit einer Pflanze gekreuzt, die bezüglich des fraglichen *Merkmals* den *rezessiven* Phänotyp besitzt; auch als Rückkreuzung bezeichnet.

Tetrade Eine aus vier Chromatiden bestehende Struktur, die während der *Prophase I* der *Meiose* durch einen als *Synapsis* bezeichneten Prozess entsteht.

Thallus (von griech. *thallos*, „Spross"; Plural *Thalli*): Der pflanzenähnliche Körper der Braunalgen. Siehe auch *Phylloid*, *Haftorgan* und *Cauloid*.

Thigmonastie (von griech. *thigma*, „berühren"): Durch Berührung stimulierte Bewegung; zum Beispiel bei der Klappfalle der Venusfliegenfalle oder den Blättern der Mimose.

Thylakoid Ein membranumgebener Sack innerhalb eines *Chloroplasten*. Die Umwandlung der Sonnenenergie in chemische Energie geschieht in den Thylakoidmembranen.

Tochterzellen Durch die Teilung einer Zelle entstehende neue Zellen. Siehe auch *Zellzyklus*, *Zellplatte*, *Cytokinese*, *Interphase*, *Mitose* und *Phragmoplast*.

Tonminerale Mit Durchmessern kleiner als 0,002 mm die kleinsten Bodenpartikel. Siehe auch *Sand*, *Schluff* und *Bodenhorizont*.

Tonoplast Die Membran, die die *Vakuole* vom Cytoplasma abgrenzt.

Trachee Eine langgestreckte abgestorbene Zelle mit aufgelösten Querwänden; kommt üblicherweise im *Xylem* von Gefäßpflanzen vor. Siehe auch *Tüpfel*.

Tracheide Langgestreckte abgestorbene Zelle mit verjüngter Spitze und durchbrochenen Querwänden: kleinlumiger als *Tracheen*; im Xylem von Koniferen.

Transfer-RNA (tRNA) Gefaltete RNA-Moleküle, die aus 70 bis 80 *Nucleotiden* bestehen und an der *Translation* der genetischen Information in *Proteinmoleküle* beteiligt sind; enthalten ein *Anticodon* (Bindungsstelle für ein *Codon*) und eine Stelle, an der sich eine Aminosäure anheften kann.

transgener Organismus Ein Organismus, der Gene aus anderen Organismen enthält.

Transkription Der erste Schritt bei der Umsetzung der in einem *Gen* enthaltenen genetischen Information in ein *Protein*. Bei der Transkription wird die *Nucleotidsequenz* eines DNA-Abschnitts kopiert, indem ein Stück *Boten-RNA* synthetisiert wird. Siehe auch *Promotor* und *Translation*.

Transkriptionsfaktor Ein *Protein*, das dabei hilft, RNA-Polymerase an einen *Promotor* zu binden; gewöhnlich stimuliert dies die Transkription, sie kann dadurch aber auch gehemmt werden.

Translation Der zweite Schritt bei der Umsetzung des genetischen Codes in ein Protein. Bei der Translation wird eine *Nucleotidsequenz* der *mRNA* in eine Sequenz von Aminosäuren innerhalb eines Proteins konvertiert. Siehe auch *Transkription* und *Transfer-RNA*.

Transmissionselektronenmikroskop (TEM) Bei diesem Mikroskoptyp lässt man Elektronen eine dünne Gewebeschicht vollständig durchdringen. Mit einem TEM erreicht man eine maximale Vergrößerung auf das 100 000-Fache. Siehe auch *Lichtmikroskop* und *Rasterelektronenmikroskop*.

Transpiration Der Prozess der Wasserabgabe durch die *Spaltöffnungen* in den Blättern, zieht Wasser und gelöste Mineralstoffe aus dem Boden über die Wurzeln in die Blätter.

Transportvesikel Von Membranen umgebene Strukturen, in die Lipide, Proteine und andere vom *endoplasmatischen Retikulum* gebildete Moleküle gepackt werden. Anschließend lösen sich die Transportvesikel vom ER und wandern zum *Golgi-Apparat*.

Transposon Ein Stück *DNA*, das seine Position innerhalb des DNA-Strangs ändern oder eine Kopie von sich selbst erzeugen kann, die sich zu einer anderen Position begibt; erstmals beschrieben von Barbara McClintock in den 1940er-Jahren. Siehe auch *gene trapping*.

transversaler Schnitt Der *Querschnitt*.

Trichom Haarähnliche Fortsätze an den Zellen des Abschlussgewebes; zum Beispiel die langen Haare an Blättern und Baumwollsamen. Auch *Wurzelhaare* sind Trichomen.

triple response Das durch *Ethylen* ausgelöste Reaktionsmuster. Dieses umfasst die Verlangsamung des Streckungswachstums von Sprossachse oder Wurzel, die Verdickung der Sprossachse oder Wurzel und die für das horizontale Wachstum notwendige Krümmung.

Triticale Eine Hybride, die durch Kreuzung von Weizen (*Triticum aestivum*) und Roggen (*Secale cereale*) entstanden ist.

tRNA Siehe *Transfer-RNA*.

Tropismus (von griech. *tropos*, „Wendung"): Eine von einem Reiz verursachte Wachstumsreaktion weg von einem externen Reiz oder auf ihn zu. Siehe auch *Gravitropismus*, *Heliotropismus*, *Hydrotropismus* und *Phototropismus*.

Tubuline Kugelförmige Proteine, aus denen die *Mikrotubuli* bestehen.

Tunika Nach dem *Zellschichtenmodell* des Sprosswachstums die äußere Zellschicht eines Apikalmeristems; äquivalent zum äußeren Teil der *peripheren Zone*.

Tüpfel Eine kleine unverstärkte Region in der sekundären Zellwand einer *Trachee* oder *Tracheide*, die es gestattet, dass Wasser und gelöste Nährsalze von einem Leitelement zum anderen fließen können.

turgeszent Geschwollen oder vergrößert, da prall mit Wasser gefüllt.

Turgordruck Der durch die Wasseraufnahme entwickelte Druck auf die Zellwand.

Typusexemplar Ein identifiziertes Exemplar einer Pflanze, das in einem Herbarium hinterlegt wurde. Anhand eines Typusexemplars kann festgestellt werden, ob ein anderes Exemplar zur gleichen Art gehört oder nicht.

unbegrenztes Wachstum Die Eigenschaft vieler vegetativer Meristeme, während des gesamten Lebens einer Pflanze weiterzuwachsen. Siehe auch *begrenztes Wachstum*.

ungestielt Bezeichnung für ein Blatt, das keine Petiole besitzt, sondern direkt an der Sprossachse ansetzt.

unterbrochenes Gleichgewicht Von Niles Eldredge und Stephen Jay Gould entwickeltes Modell der Evolution, nach dem lange Perioden mit geringen oder keinen evolutionären Veränderungen von kurzen Perioden mit dramatischen Änderungen unterbrochen werden. Siehe auch *adaptive Radiation*.

unterständiger Fruchtknoten Die Blütenteile setzen oberhalb des Fruchtknotens an. Siehe auch *halbunterständiger Fruchtknoten* und *oberständiger Fruchtknoten*.

unvollständige Blüte Eine Blüte, der mindestens ein modifizierter Blatttyp (*Fruchtblatt*, *Kelchblatt*, *Kronblatt*, *Staubblatt*) fehlt.

unvollständige Dominanz Ein Typ der Vererbung, bei dem ein *Merkmal* nicht durch ein *dominantes* und ein *rezessives* Allel gesteuert wird.

Vakuole (von lat. *vacuus*, „leer"): Ein großer, zentraler Raum in ausdifferenzierten Pflanzenzellen, der mit Wasser, anorganischen Molekülen, Proteinen und sekundären Metaboliten gefüllt ist. Außerdem hilft die Vakuole bei der Aufrechterhaltung der Zellform, indem sie durch ihren *Turgor* das Cytoplasma gegen die Zellwand drückt.

Varietät Aufgrund eines sich ändernden Umweltparameters veränderter *Phänotyp*.

Vektor Ein Agens, der ein *Gen* von einem Organismus auf einen anderen überträgt.

Vernalisierung (von lat. *vernus*, „Frühling"): Kältebehandlung mit dem Ziel, das Einsetzen der Blüte zu beschleunigen.

Viroid Ein einfaches Pflanzenpathogen, das aus zirkulären RNA-Strängen mit 250 bis 370 Nucleotiden besteht.

vollständige Blüte Eine Blüte, die alle vier Typen modifizierter Blätter enthält: *Fruchtblätter*, *Kelchblätter*, *Kronblätter* und *Staubblätter*. Es handelt sich dann um eine *zwittrige Blüte*.

Wasserpotenzial Die Summe aus dem *osmotischen Potenzial* einer Zelle und ihrem *Turgordruck*. Anhand des Wasserpotenzials lässt sich vorhersagen, in welche Richtung Wasser zwischen einer Pflanzenzelle und ihrer Umgebung fließen wird. Siehe auch *hypertonisch*, *isotonisch* und *hypotonisch*.

wechselständig Eine Blattanordnung mit einem Blatt je Knoten.

Weichholz Holz, das wenig Fasern und keine Tracheen enthält; typisch für Koniferen.

Wirkungsspektrum Ein Profil, das zeigt, wie effizient die verschiedenen Wellenlängen des Lichts die Photosynthese antreiben; wird ermittelt, indem man intakte Chloroplasten mit Licht verschiedener Wellenlängen bestrahlt und die Rate der Sauerstoffentwicklung misst.

Wurzel Ein Pflanzenorgan, das die Pflanze im Boden verankert und Wasser und Mineralstoffe absorbiert.

Wurzelhaare Aus Rhizodermiszellen hervorgegangene *Trichome* in der Nähe der Wurzelspitze; dienen der Absorption von Wasser und Mineralstoffen.

Wurzelhaube Mehrere Zellschichten, die das Wurzelapikalmeristem schützen, während sich die Wurzel durch das Erdreich schiebt.

Wurzelknöllchen Eine Struktur an einer Wurzel, in der stickstofffixierende Bakterien leben.

Wurzelsystem Die Gesamtheit aller Wurzeln einer Pflanze; befindet sich gewöhnlich unter der Erde.

Xerophyt (von griech. *xeros*, „trocken" und *phyton*, „Pflanze"): Eine Pflanze, die in trockenen Wüstengebieten gedeiht.

Xylem (von griech. *xylon*, „Holz"): Das Gewebe, das Wasser und Mineralstoffe von den Wurzeln zu den übrigen Teilen der Pflanze leitet. Siehe auch *Phloem*, *Saft*, *Tracheen* und *Tracheiden*.

Zellkern Eine von einer Membran begrenzte Struktur, die die DNA einer Zelle enthält.

Zellmembran Siehe *Plasmamembran*.

Zellplatte Zwei *Plasmamembranen* und *Zellwände*, die während der *Mitose* zwischen den Kernen und dem Zentrum des *Phragmoplasten* gebildet werden. Die Zellplatte dehnt sich allmählich aus, bis sie die Zelle in zwei *Tochterzellen* teilt. Siehe auch *Cytokinese*.

Zellschichtmodell Ein Modell für das Wachstum von Sprossen, das die Initialen des Sprossapikalmeristems als aus mehreren Schichten bestehend beschreibt. Siehe auch *Korpus* und *Tunika*.

Zelltheorie Mitte des 19. Jahrhunderts gelangte man zu drei wichtigen Aussagen über die Struktur und Funktionsweise von lebenden Organismen: Alle Organismen bestehen aus einer oder mehreren Zellen, die Zelle ist der Grundbaustein aller Organismen und alle Zellen stammen von bereits existierenden Zellen ab.

Zellzyklus Eine Folge von Ereignissen, die damit beginnt, dass die Zelle als *Tochterzelle* in einer Zellteilung entsteht, und damit endet, dass sich die Zelle selbst wieder teilt. Siehe auch *Meiose* und *Mitose*.

zentrale Mutterzone Ein Bereich des Sprossapikalmeristems, das Zellen enthält, die sich nur selten teilen. Siehe auch *periphere Zone* und *Markzone*.

Zitrusfrucht Ein Fruchttyp, der der Beere ähnelt. Zitrusfrüchte haben jedoch eine ledrige Haut, die stark riechende ätherische Öle produziert.

Zonenmodell Eine Beschreibung des Sprossapikalmeristems als eine in drei Bereiche unterteilte Kuppe. Siehe auch *zentrale Mutterzone*, *periphere Zone* und *Markzone*.

Zuckerquelle (engl. source): Ein Zucker produzierender Teil einer Pflanze; gewöhnlich Blätter und grüne Sprossachsen oder Speicherorgane während der Mobilisierung der Reserven.

Zuckersenke (engl. sink): Ein Zucker verbrauchender oder speichernder Teil einer Pflanze; gewöhnlich Wurzeln, Sprossachsen und Früchte.

Zugspannung Ein negativer Druck auf Wasser oder Lösungen; im Xylem verursacht durch die Transpiration durch die Stomata.

zusammengesetztes Blatt Ein Blatt, bei dem die Blattspreite in *Fiederblätter* unterteilt ist. Siehe auch *einfaches Blatt*, *Rhachis*.

zweihäusig Bezeichnung für eine Pflanze, bei der sich männliche und weibliche Blüten auf verschiedenen Individuen befinden; ein Beispiel ist die Weide. Siehe auch *einhäusig*.

zweijährig Eine typische *krautige* Pflanze, die zwei Wachstumsperioden benötigt, um ihren Lebenszyklus zu vollenden. In der zweiten Wachstumsperiode bildet sie Blüten und Samen. Siehe auch *einjährig* und *mehrjährig*.

zweikeimblättrige Pflanzen Blütenpflanzen mit zwei Keimblättern; Beispiele sind Bohnen, Erbsen, Sonnenblumen, Rosen und Eichen. Siehe auch *einkeimblättrige Pflanzen*.

zweite Filialgeneration (F_2-Generation) Die durch Kreuzung von Individuen der ersten Filialgeneration entstehenden Nachkommen.

zweite Reifeteilung Die zweite der beiden Phasen der Zellteilung in der *Meiose*, in der sich die Schwesterchromatiden einer nunmehr *haploiden* Zelle separieren. Dies führt zur Bildung der *Gameten*.

zweiter Hauptsatz der Thermodynamik Die Aussage, dass jede Umwandlung von *Energie* die *Entropie* (d. h. die in der Materie enthaltene Unordnung) des Universums erhöht.

Zwiebel Ein modifizierter Spross mit dicken, fleischigen Blättern, in denen Stärke gespeichert ist. Siehe auch *Bulben* und *Knollen*.

zwittrige Blüte Eine Blüte, die sowohl *Fruchtblätter* als auch *Staubblätter* enthält.

zygomorph (von griech. *zygon*, „Joch"): Eine *irreguläre* Blüte, typischerweise spiegelsymmetrisch; zum Beispiel bei Löwenmäulchen.

Zygospore Eine von Pilzen wie *Rhizopus stolonifer* produzierte Spore.

Zygote Das Produkt der Verschmelzung eines Spermakerns mit der Eizelle bei der Befruchtung.

ANHANG C: Index

A

A-Horizont 267
ABA 285
Abbaureaktionen 663
Abdrücke 383
abgeleitetes Merkmal 423
abiotische Faktoren, Ökologie 605–611
abiotischer Stress 298
Abkömmling 59
Abschlussgewebesystem 63–65
Abscisinsäure 158, 263, 285
Abscissionszonen 106
Absorptionsspektrum 213
Acetyl-CoA 235, 237
Achänen 165
Achselknospe 75–76
adaptive Radiation 399
Adhäsion 260
Adventivwurzel 85
Aecidiosporen 496
aerob 235
Agar 469
Agaricomycotina 491
Agaricus bisporus 494
Agrobacterium tumefaciens 347, 356
Akklimatisierungen 297
Aktine 42, 183
aktinomorph 156
aktiver Transport 254
aktives Zentrum 198
Aktivierungsenergie 192
akzessorisches Pigment 213
Alcaligenes eutrophas 451
Aleuronschicht 158
Algen 20, 23, 455–477
 – einzellige und Kolonien bildende 460–467
 – koralline 469
 – mehrzellige 467–474
 – Merkmale und Evolution 457–459
 – Photosynthese betreibende 457
Algenblüte 462
Alkaloide 190
Allele 310
Allelopathie 627
Allomyces arbuscula 484
allopatrisch 403
Allopolyploidie 404
All Species Foundation 430
alpine Tundra 617
alternative Energiequellen 649
alternative Oxidase 243
Altersbestimmung 384
Altersverteilung 628
Amborellales 586
Amborella trichopoda 586
Aminosäuren 182
Aminosäuresequenzen 418
Ammonifikation 644
Amylose 180

anaerob 235
Anaerobier
 – fakultative 245
 – obligate 245
Anagenese 398
Analogie 422
Anaphase 49, 148
Anaphase I 149
Andreaeidae 518
Andreaopsida 518
Andrözeum 154
Aneuploidie 339
Aneurophytales 552
Angiospermae 15, 573–599
 – *siehe auch* Bedecktsamer
Animalia 429
Anionen 660
Annulus 542
anorganische Verbindungen 660
Antherenkultur 361
Antheridien 510
Antheridiophoren 515
Antheridium 468
Anthocerophyta 515–517
 – *siehe auch* Hornmoose
Anthocyane 190
Anthophyta 580
Anticodon 335
antikline Teilung 95
Antipoden 577
Antiport 255
Antirrhinum majus 316
Antophyta 591
Apex 74
Apfelfrüchte 165
Apfelsäure 226
aphotische Zone 617
Apikaldominanz 75–76, 282
Apikalmeristem 74–76, 120
Apomixis 159–160
apoplastischer Transport 253
Aquaporine 255
aquatische Biome 617
Äquatorialebene 49
Aquifer 267
Arabidopsis thaliana 316
Araceae 595
Araucaria heterophylla 554
Arbuskeln 93
Arbutus menziesii 124
Archaea 427, 447
 – halophile 447
 – thermophile 447
Archaebakterien 428
Archaefructaceae 587
Archaeopteridales 552
Archegoniophoren 515
Archegonium 510
Arillus 561
Aristoteles 16, 413
arktische Tundra 616
Armillaria 494

Armleuchteralgen 474, 528
Aronstabgewächse 595
Artbildung 431, 626
Arten 420
 – biologische 401–402
 – dominante 635
 – Ursprung 401–405
Artenschutz, und Biodiversität 645–650
artspezifisches Epitheton 415
Arzneimittel, pflanzliche 6, 21
Asci 487
Ascokarp 487
Ascoma 487
Ascomycota 485
Ascosporen 489
Aspartat 225
Aspergillus 489
Assimilation 644
Asteraceae 594
Asternähnliche 588
Atmung 211
Atombindungen 660
 – polare
Atomhülle 658
ATP 39, 43, 194
ATP-Synthase 217, 242
Atropa belladonna 50
Atta 499
Auen 618
Auenwald 615
Augenfleck 457
Ausläufer 100
Auslese, natürliche 156, 394, 396
Außengruppe 424
äußere Blattstruktur 107
Aussterberate 648
Austauschreaktion 663
Austrobaileyales 586
Austrocknung 605
Auswaschung 270
autotroph 12, 233
Auxin-Cytokinin-Verhältnis 283
Auxine 75, 279–282
 – synthetische 282
Azolla 545

B

B-Horizont 267
Bacillus thuringiensis 354
Backen 246
Bacon, Francis 16
Badnaviren 444
bakterielle Pflanzenkrankheiten 449
Bakterien 34, 94, 427
 – denitrifizierende 271
 – gramnegative 447
 – grampositive 447
 – Stickstoff fixierende 271, 449, 632
Bakteriophagen 441
Bakteroide 271

Balgfrüchte 165
Bärlappe 534
Bärlappgewächse 536
basale Eudicotyledonen 588
Base 663
Basenpaarungen, komplementäre 330
Basidien 493
Basidiokarp 493
Basidioma 493
Basidiomycota 490
Basidiosporen 493
Bassham, James 218
Baum, phylogenetischer 422
Baumgrenze 605
Bazillen 446
Bedecktsamer 15, 22, 152–153, 155, 573–599
– Diversität 591–595
– Evolution 582
– primitive 585
– siehe Angiospermae
Beeren 161
Befruchtung 150
– doppelte 155, 577
Begonien 111
Bennettitales 552
Benson, Andrew 218
benthische Zone 617
Berberis 495
Berberitzen 10
Bernstein 136
Bestäuber 578
Bestäubung 152
– durch Tiere 579
Betula albosinensis 124, 131
Betula pendula 124
bevorzugte Paarung 394
Bierherstellung 246
bilateralsymmetrische Blüten 582
Bindung, ionische 660
Binom 415
Biodiversität, und Artenschutz 645–650
Biodiversitätsforschung 22
Biogeografie 384, 603–624
– Regionen 611
biologische Art 401
Biolumineszenz 463
Biome 611
– aquatische 617
– terrestrische 612
Biomembran 44
Bioremediation 451
Biosphäre 3, 611, 626
Biotechnologie 50, 646
– grüne 9, 22
biotischer Stress 298–300
Birke 131
BLAST 373
Blattabscission 108
Blattadern 105–106
Blattanordnung 106
– gegenständig 98
– quirlständig 98
– wechselständig 98
Blattbildung 103
Blattdornen 108

Blattentwicklung 101–103
Blattepidermis 103–104
Blätter 70–71, 75, 94, 101–111, 161
– einfache 106
– Herbstfarben 297
– modifizierte 109
– ungestielte 102–103
– zusammengesetzte 106
Blattfall 285–286, 297
Blattflechten 498
Blattformen 106
Blattfunktionen 108–111
Blatthöcker 102
Blattlücke 97
Blattnervatur 105
Blattprimordium 75, 101
Blattschneiderameisen 499
Blattspreite 102
Blattspuren 105
Blattsteckling 111
Blattstiel 75
Blattstruktur, äußere 107
Blaualgen 449
blaues Licht 288
Blühinduktion 154
blühinduzierende Photoperiode 292
Blumenuhr 294
Blüten 152–157, 578
– aktinomorph 156
– Aufbau 154, 310
– bilateralsymmetrische 582
– Evolution 580–590
– getrenntgeschlechtliche 156
– irregulär 156
– radiärsymmetrische 582
– regulär 156
– unvollständige 155
– vollständige 155
– zwittrige 156, 575
– zygomorph 156
Blütenboden 154
Blütenkrone 154
Blütenorgane 154
Blütenpflanzen 580
– sexuelle Fortpflanzung 575–580
Blütenstände 155, 594
Blütenstängel 154, 161
Blütensymmetrien 156
Bock, Hieronymus 413
Boden 606
– Pflanzenernährung 266–272
Bodenhorizonte 267
Bodenlösung 268
Bodenpartikel 266
Bonsaibäume 122
borealer Nadelwald 616
Botanik
– Teildisziplinen 20, 23
– und wissenschaftliche Methodik 16–21
– Väter der 413
Boten-RNA 333
Botenstoffe, sekundäre 279, 341
Botryococcus 471
Boysen-Jensen, Peter 281
Brachsenkräuter 536
Brandpilze 491, 496

Brassinosteroide 287
Braunalgen 467–469
Brennstoffe, fossile 649
Brettwurzeln 90
Bromatien 500
Brotschimmelpilz, Gemeiner 484
Brutblatt 145
Brutkörper 511
Bryidae 518
Bryologen 507
Bryophyta 14, 150, 507, 517–521
– siehe auch Laubmoose
Bryophyten 505–524
– Generationswechsel 510–511
– ökologische Bedeutung 511–512
– Trockentoleranz 512
– siehe auch Moose
Bryopsida 518
Buffalo-Kürbis 90
Bulben 101

C

C_3-Pflanzen 224
C_4-Pflanzen 223
C_4-Photosynthese 370
C_4-Weg 222
Cadang-Cadang 445
Calamitaceae 540
Callose 68
Calmodulin 341
Calvin, Melvin 218
Calvin-Zyklus 210, 218–226
Calyptra 515
Calyx 154
CAM-Pflanzen 226
Camptosorus rhizophyllus 145
Canabis sativa 153
Cap 334
Carboxylase 219
Carotinoide 213
Carrageen 469
Casparischer Streifen 89
Catharanthus roseus 7, 50
Cauloid 467
Cellulase 500
Cellulose 12, 180
Centrosomen 49
Ceratophyllaceae 585, 588
Ceratophyllum 588
CGIAR 645
Champignon 494
Chaparral 615
Chaperon-Proteine 183
Chara 474, 528
Charales 474
Charophyceae 474, 528
Chemie 658
Chemiosmose 217, 234
chemische Bindung 660
chemische Elemente 658
chemische Energie 192
chemische Reaktionen
– Energie 191–196
– Enzyme 197–201
chemisches Gleichgewicht 664
chemoautotroph 209
Chemosynthese 385

Chemotropismus 295
Chiasma 319
Chinin 7
Chitin 46, 482
Chlamydomonas 470
Chlorella 470
Chlorenchymzellen 59
Chlorophyceen 470
Chlorophyll 212
Chlorophyll *a* 212
Chlorophyll *b* 213
Chlorophyta 469, 528
Chloroplasten 38–39, 52, 210
  – ER 458
C-Horizont 267
Chromatiden 47–49
Chromoplasten 39
Chromosomen 36, 49, 147, 309
  – homologe 147
  – Mutation 338
  – ringförmige 446
Chytridiomycota 483
CIMMYT 646
circadiane Rhythmen 292–294
Cisternae 38
Cladonia rangiferina 499
Claviceps purpurea 489
Cluster 636
Coccidioides immitis 489
Coccolithe 466
Cochliobolus heterostrophus 646
Codons 332
coenocytisch 464
Coenzyme 199
Cofaktoren 199–200
Colchicin 339
Coleochaetales 474
Coleochaete 474
Compositae 594
Coniferophyta 558
Cooksonia 530
Corchorus capsularis 63
Cordaitales 553
Cordyceps subsessilis 490
Corolla 154
Cortex 69
Cotyledon 73
Crassulaceen-Säurestoffwechsel 226
Crista 40
Cronartium ribicola 495
Crossing-over 149, 319
Cryphonectria parasitica 490
Cryptomonaden 465
Cryptophyceen 465–466
Cucurbitaceae 595
Cucurbita foetidissima 90
Cucurbita pepo 153
Curcuma longa 50
Cuticula 103, 108, 263
Cyanobakterien 448
Cycadophyta 564
Cyclosporine 490
Cytokinese 49, 147, 149
Cytokinine 283
Cytoplasma 36
cytoplasmatische Vererbung 320

Cytoskelett 41–42
Cytosol 41

D

Darwin, Charles 17–18, 279
Datierungsmethoden
  – radiometrische 383
  – *siehe auch* Altersbestimmung
Datura stramonium 50
Dauersporen 465
Deduktion 17
Deletion 338
Denaturierung 183
Denitrifikation 645
denitrifizierende Bakterien 271
Dermatophyten 489
Desmotubulus 46
Desoxyribonucleinsäure 186
Deuteromycota 483
Diaspore 166
2,4-Dichlorphenoxyessigsäure 282
dichteabhängiges Wachstum 629
Dickenwachstum
  – sekundäres 77
Dicotyledonae 584
Dictyosomen 38
differenzielle Genexpression 339–343
Differenzierung 59
Differenzierungszone 87
Diffusion 253–254
Digitalis purpurea 50
Dihybridkreuzung 315
Dimethylsulfid 467
Dinoflagellaten 461–463
Dionaea muscipula 84
Dioscorides 413
diözisch 153
diploid 147, 149
diploides Nährgewebe 577
Disaccharide 179–181
disruptive Evolution 398
Disulfidbrückenbindungen 183
diversifizierende Auslese 398
DNA 9, 20, 35, 47–49, 186
  – rekombinante 357
DNA-Doppelhelix 309
DNA-Klonierung 357
DNA-Ligase 331, 357
DNA-Polymerase 330
DNA-Sequenzen 420
Domäne 420, 427
dominante Art 635
dominantes Merkmal 311
Dominanz, unvollständige 317
Doppelbindung, kovalente 660
Doppelhelix 187, 331
doppelte Befruchtung 577
dormant 158
Drehzahnmoos 512
Dreifurchenpollen-Zweikeimblättrige 585
Drosera spec. 110
Drosophila melanogaster 316
Druck-Strom-Hypothese 265
Dungmoos 519

Dunkelreaktionen 218
dunkelrotes Licht 289

E

echte Früchte 161
einfache Blätter 106
einfache Kohlenhydrate 164
Einfurchenpollen-Zweikeimblättrige 585
Ein-Gen-ein-Enzym-Hypothese 332
einhäusig 153
Einkeimblättrige 73, 584
Einzelfrüchte 161
einzellige Algen 460–467
Eizelle 13, 146
Ejektosome 466
Ektomykorrhizen 93
Elatere 515
elektrochemischer Gradient 241
Elektronegativität 661
Elektronen 658
Elektronenakzeptor 241
  – primärer 215
Elektronenmikroskop 31
Elektronentransportkette 216
Elektroporation 360
Elemente, chemische 658
Elongationsphase 335
Embryo 13, 158, 555
Embryogenese 339
embryonale Zellen 59
Embryophyten 526
Embryosack 577
Enationen 535
endergon 192
Endocytose 255
Endodermis 89–90
Endokarp 161
Endomykorrhizen 93
endoplasmatisches Retikulum 37–38, 43, 51
  – Chloroplasten 458
Endosperm 73, 158, 555, 577
endosporisch 554
Endosymbiose 34–35, 457
  – primäre 457
  – sekundäre 459
Endotoxine 449
Energie, chemische Reaktionen 191–196
Energieformen 191–192
Energiegewinnung 235
Energiekopplung 195
Energieniveau 658
Energiequellen 649
Entropie 192
Entwicklung
  – endosporische 554
  – exosporische 554
  – Kambium 126
  – Pflanzen 72–78
  – Steuerung durch Gene 343–348
  – Wurzeln 86–87
Entwicklungsmutanten 345
Enzyme 35, 178, 183, 197–201, 663–664
Enzym-Substrat-Komplex 198

Ephedra 7, 558
Ephedra distachya 50
Ephedrin 7
Epicotyl 73
Epidermis 63
epigäisch 159
epigyn 156
Epiphyten 90
Epistase 320
Epitheton, artspezifisches 415
EPSP-Synthase 364
Equisetum 540
Erdbeerbaum 124
Erde, Rotationsachse 607
Erdkruste 268
Ergotismus 489
Erhaltungsbiologie 8
erleichterte Diffusion 254
Ernährung 233–236
erste Reifeteilung 148
Escherichia coli 9
essenzielle Aminosäuren 185–186
Essigsäure 246
Ethanol 245
Ethylen 285–287
Ethylenrezeptor 286
Eubakterien 428
Eudicotyle 73
Eudicotyledonen 588
Euglena 460
Euglenoida 460–461
Eukalyptusbäume 106
Eukarya 427
Eukaryoten 12, 429
eukaryotisch 33, 51
euphotische Zone 617
eusporangiat 544
Eustele 97
eutroph 617
Evolution 381–410
   – Algen 457–459
   – Bedecktsamer 582
   – Blüten und Früchte 580–590
   – disruptive 398
   – Geschichte 383–391
   – konvergente 422
   – Mechanismen 392–401
   – Nacktsamer 552–554
   – phyletische 398
   – Pilze 481–482
   – samenlose Gefäßpflanzen 526–534
   – und Klassifikation 416–426
Evolutionsgeschichte
   – Hornmoose 516–517
   – Landpflanzen 527–529
exergon 192
Exine 576
Exocytose 255
Exokarp 161
Exon 334
exosporisch 538, 554
Exotoxine 449
Expansine 281
Expedition von Lewis und Clark 430
exponentiellesWachstum 629
externe Reize 277–303

F

F_1-Generation 310
F_2-Generation 311
Fabaceae 595
Fächerblattbaum 564
$FADH_2$ 196
Fahnenblatt 101
Faktoren, abiotische 605
fakultative Anaerobier 245
Familie 420
Farne 15, 22, 535, 540–546
   – *siehe auch* samenlose Gefäßpflanzen
Farnwedel 544
Fasern 62
Faserwurzel 85
Fensterblätter 110
Fermentation 236
Feuchtgebiete 618
flächigeMuster 635
Flachs 63
Flachwasserzone 619
Flaschenhalseffekt 392
Flavonoide 190
Flechten 482, 497–499
   – Krustenflechten 498
   – Laub- oder Blattflechten 498
   – Strauchflechten 498
Fließwasser 619
Flimmerhärchen 41
Florigen 292
Flügelfrüchte 165
Flüsse 619
   – Verschmutzung 619
Flüssig-Mosaik-Modell 44
Flussmündung 620
Fortpflanzung 47–48, 53, 145–147
   – asexuelle 13, 111, 145
   – sexuelle 13, 145
Fortpflanzungsstrukturen 143–144, 575
fossile Brennstoffe 649
Fossilien 383
Freiwasserzone 617
Fremdbestäubung 153, 578, 632
Fruchtblätter 155, 575, 581–582
Früchte 160–168
   – Evolution 580–590
   – klimakterische 286
   – tropische 164
Fruchtfolgeanbau 646
Fruchtknoten 155, 157, 161, 575, 581
   – epigyn 156
   – halbunterständig 156
   – hypogyn 156
   – oberständig 156
   – perigyn 156
   – unterständig 156
Fruchtkörper 493
Fruchtwand 161
Fruchtzapfen 575
Frustula 463
Fuchs, Leonard 413
Fucoxanthin 467
Fünf-Reiche-System 427
Fungi 429, 479–503
   – Jochpilze 484–487
   – Phylogenie 482–483
   – Schlauchpilze 485–490
   – Ständerpilze 490–497
   – Töpfchenpilze 483–484
   – *siehe auch* Pilze

G

G-Protein 341
G_1-Phase 47
G_2-Phase 47
Gabelfarne 534–535
Galle 496
Gametangien 468, 510
Gameten 146
Gametophor 511
Gametophyten 149–151, 467, 510
Gärung 236, 245–247
Gattung 420
Gebirgsnadelwald 616
Gefäß 66
Gefäßelemente 65, 67
Gefäßpflanzen
   – ausgestorbene 529–532
   – Gewebe 62–69
   – Organe 70–72
   – samenlose 526–545
Gefäßsporenpflanzen 15, 22, 152
gegenständig 98
Geißeln 41
gekoppelte Gene 319
Gelbgrünalgen 464–465
Geleitzelle 68
gelöste Stoffe, Aufnahme und Transport 259–266
gemäßigte Zonen
   – Laubwälder 615
   – Regenwald 615
Gemeiner Brotschimmelpilz 484
Gemmae 511
Gemüse 161
Genbank 358
Gendrift 392
Gene 9
   – gekoppelte 319
   – homöotische 348
   – Identifizierung 343–348
Generationen
   – heteromorphe 468
Generationswechsel 147–152, 467
   – Bryophyten 510–511
   – Nacktsamer 555–558
   – samenlose Gefäßpflanzen 532–534
generativeZelle 556
Genetik 20, 305–377
   – nach Mendel 316–322
genetischer Code 331
gene trapping 347
Genexpression
   – differenzielle 339–343
   – Regulation 327–352
Genfluss 393
Genkanonen 360
Gen-Klonierung 357
Genom 371
Genomik 371
Genotyp 311

Gentechnik 9, 11
gentechnischveränderte Pflanzen 646
Gentechnologie 355
Genzentren 590
geografische Isolation 403
gerichteteAuslese 397
geschützte Gebiete 650
Gesellschaften, und Ökosysteme 635–645
Gesellschaftsstruktur 637
Gesetz der unabhängigen Neukombination 315
Getreideschwarzrost 495
getrenntgeschlechtlich 156
Gewebe 62
  – einfaches 62
  – Gefäßpflanzen 62–69
  – komplexes 62
  – primäres 76
Gewebekulturen 360
Gewebesysteme 63, 69
Gezeitenzone 619
GFP 347
Gibberelline 283–285
Ginkgo biloba 50, 558, 564
Ginkgophyta 564–566
Glashaare 512
Gleichgewicht, unterbrochenes 398
Gletscher 639
Gluconeogenese 244
Glycerinaldehyd-3-phosphat 219
Glycokalyx 447
Glycolyse 235
Glyoxisome 40, 245
Glyphosat 364
Gnetophyta 566–567
Gnetum 558
Goldalgen 465
Goldener Reis 9, 367
Golgi-Apparat 37–38, 43, 52, 87
Gonyaulax 461
Gramineae 592
gramnegative Bakterien 447
grampositive Bakterien 447
Grana 38
Grannenkiefer 129
Gravitropismus 294–295
  – negativer 294
  – positiver 294
Grünalgen 469–474
Gründereffekt 392
Grundgewebe 68–69
Grundmeristem 76, 87
Grundwasserleiter *siehe* Aquifer
Grüne Biotechnologie 22
Grüne Revolution 645
Gummi
  – Herstellung 134
Guttation 262
Gymnospermae 15, 549–571
  – *siehe auch* Nacktsamer
Gynözeum 155

H

H⁺-Gradient 234
Haber-Bosch-Verfahren 272

Habitat 638
Habitatzerstörung 648
Hadrom 509
Halbparasiten 633
halbunterständig 156
Halbwertszeit eines Isotops 383
Hallimasch 494
halophile Archaeen 447
Halosaccion 469
Hanf 63, 153
haploid 147, 149
Haptonema 466
Haptophyta 466–467
Hardy-Weinberg-Gleichgewicht 392
Hartlaubvegetation 615
Harz 135
Haustorien 93
Hautfarn 545
Hefe 246
heiße Quellen 440
Helianthus 134
Heliotropismus 295
hellrotes Licht 289
Hemicellulosen 45
Hepatophyta 507, 512–515
  – *siehe auch* Lebermoose
Herbivore 298
Herbivorie 633
herbizidresistente Pflanzensorten 364
Herbstfarben der Blätter 297
heterogene Kern-RNA 333
heteromorph 468
Heterosis 160
Heterosporie 533
heterotroph 12, 209, 233
Heterotrophie 460
heterozygot 311
Hexenring 494
Hibiscus cannabinus 132
Hilfspigment 213
Hochblätter 111
Holz
  – Wachstumsmuster 126–131
  – wirtschaftliche Nutzung 131–138
homologe Chromosomen 147
Homologie 422
Homöobox 348
homöotische Gene 348
homozygot 311
Hooke, Robert 30, 32
horizontale Resistenz 450
Horneophyton lignieri 516
Hornmoose 507, 515–517
  – Evolutionsgeschichte 516–517
  – Lebenszyklus 515–516
  – *siehe auch* Anthocerophyta
Hotspots 648
Huitlacoche 497
Hülsenfrüchte 165
Hülsenfrüchtler 271, 595
Humus 267
Hutpilze 491
Hybridwüchsigkeit 578
Hydroide 509
Hydrokultur 267
Hydrolyse 179
Hydrotropismus 295

Hymenophyllum 545
hypersensitive Reaktion 299, 450
hypertonisch 256
Hyphen 481
Hypocotyl 73
hypogäisch 159
hypogyn 156
Hypokotyl 159
Hypothesen 16
  – Überprüfen von 22
hypotonisch 256

I

Impfstoffe 9
Indol-3-Essigsäure 281
Induced-Fit 199
Induktion 17
Indusium 544
Infloreszenz 155
Ingenhousz, Jan 210
Inhibitoren
  – kompetitive 200
  – nichtkompetitive 200
Initiale 74, 87
Initiation 335
Innengruppe 424
Insertion 338
integrierte Produktion 647
Integument 158
Interkalarmeristem 94
Intermediärfilamente 43, 52
interne Reize 277–303
Internodium 75, 94, 99
Intine 576
intraspezifischeKonkurrenz 633
Intron 334
Ionen 660
ionische Bindung 660
IRRI (International Rice Research Institute) 646
Isoëtales 536
Isolation
  – geografische 403
  – postzygotische 404
  – präzygotische 404
  – reproduktive 401
Isosporie 533
isosporig 533
isotonisch 256
Isotope 658
  – Halbwertszeit 383

J

Jahresringe 128
Jasmonsäure 287
Jochpilze 484–487
Joule 192
Jute 63

K

K-Selektion 629
Kakteen 70
Kalanchoe 145
Kalium-Argon-Methode 384
Kallus 361

Kalmengürtel 608
Kalorien 192
Kalziumionen 341
Kalziumkarbonat 466
Kambium 120
— Entwicklung 126
— Zellteilung 126
Kapazitätsgrenze 629
Kapseln 165
Kapsid 441
Karbonwald 527
Karposporen 469
Karposporophyt 469
Karyogamie 482
Karyopsen 165
Katalysator 198
Kationen 660
Kationenaustausch 270
Kätzchen 595
Keimachse 159
Keimblatt 73, 158–159
Keimling 72–73
Keimlingsknospe 159
Keimung 73, 158–159
— epigäisch 159
— hypogäisch 159
Keimwurzel 73, 85, 158
Kelch 154
Kelchblätter 154, 582
Kenaf 132
Kern 37, 658
— siehe auch Zellkern
Kernholz 128
Kernhülle 36–37
Kernladungszahl 658
Kern-RNA, heterogene 333
Kieselalgen 463–464
Kieselsäure 540
kinetische Energie 191
Klade 424
Kladistik 423
Kladogenese 398
Kladogramm 424
Klasse 420
Klassifikation 77, 411–437, 591
— der Prokaryoten 428
— phylogenetische 416
— und Evolution 416–426
— vor Darwin 413–416
— Zukunft der 430–433
Klassifikationsebenen 591
Klassifikationssystem von Whittaker 427
klebrige Enden siehe sticky ends
Klimadiagramm 611
klimakterische Früchte 286
Klimaxgesellschaft 639
Klone 145, 626
Knöllchenbakterien 271
Knollen 101
Knospenruhe 296–297
Knoten 75, 94, 99
Koevolution 399, 579
Kohäsion 261
Kohäsionskraft 662
Kohäsionstheorie 261

Kohlenhydrate 35
— einfache 164
Kohlenstoffkreislauf 643
Kokken 446
Kokosnuss 163
Kollenchymzellen 60–61
Kolonien bildende Algen 460–467
Kommensalismus 632
Kompasspflanze 106
kompetitive Inhibitoren 200
komplementäre Basenpaarungen 330
Kondensationsreaktion 179
Konidien 485, 493
Konidiophoren 485
Konkurrenz 396
Konkurrenzausschlussprinzip 634
Konsumenten 641
Kontinantaldrift 387
kontraktile Wurzeln 90
Kontrollelemente 340
konvergente Evolution 422
Kopfsalat 158
koralline Algen 469
Korbblütler 594
Kork 136
Korkeiche 136
Korkkambium 123
Korpus 96
kovalente Bindungen 660
krankheitserregende Mikroorganismen 23
Krankheitsresistenz 445
Kranzanatomie 224
Kräuterbücher 413
Krebs-Zyklus 235
Kreidefelsen 466
Kreisläufe 643
Kronblätter 154, 582
Krummholz 616
Krustenflechten 498
Kryptoendolithe 498
Kulturpflanzen 590
Kupferbirke 124
Kürbis 153
Kürbisgewächse 595
Kurztagpflanzen 290

L

Lactobacillus 451
Lactuca biennnis 106
Lactuca sativa 158
Laktat 245
Lamellen 494
Lamiaceae 591–592
Laminaria 468
Landnutzung 648
Landpflanzen
— Evolutionsgeschichte 527–529
Landrassen 648
Landsorten 451
Landwirtschaft 160
Landwirtschaftszentren 645
Langiophyton mackiei 516
Langtagpflanze 291
Lateralmeristem 74, 77, 120
laubabwerfende Pflanzen 106

Laubflechten 498
Laubmoose 507, 517–521
— Hauptklassen 518–519
— siehe auch Bryophyta
Laubwälder der gemäßigten Zonen 615
Lauraceae 587
Lebensdauer, Pflanzen 77–78
Lebensräume, terrestrische 637
Lebenszyklen 143–172
— Hornmoose 515–516
— Lebermoose 513–515
Lebermoose 507, 512–515
— siehe auch Hepatophyta
Le-Gen 321
Leguminosen 595
Lehm 267
Leitbündel 97
— siehe auch Stele
Leitfossilien 384
Leitgewebe 65–68, 97
Lemnaceae 595
Lentizellen 131
Lepidodendron 536
Leptoide 509
Leptom 509
leptosporangiat 544
Lethal Yellowing 450
Leukoplasten 39
Lewis und Clark, Expedition von 430
Licht 606
— blaues 288
— dunkelrotes 289
— hellrotes 289
Lichtmikroskop 31
Lichtreaktionen 210, 212–218, 288–294
Lignine 45, 189
Linné, Carl von 415
Linum usitatissimum 63
Lipide 35, 188–189
Liposomen 360
Lippenblütler 591–592
Lobelia inflata 50
logistisches Wachstum 629
Lorbeergewächse 587
Luftströmungen 609
Luftwurzeln 90
Luftzirkulation 611
Lumen 38
Luziferase 463
Lycophyta 534–540
Lycopodiales 536
lysogener Zyklus 442
lytischer Zyklus 441

M

Macchie 615
MADS-Box 348
Magnoliaceae 587
Magnolienähnliche 585
Magnoliengewächse 587
Mais 153
Maisbeulenbrand 496
Makromolekül 35, 73, 179
Makrophylle 541

Makrosporen 152
Malat 225
Malthus, Thomas 394
Maltose 180
Marchantia 511
Mark 69, 88, 97
Markzone 96
Marschen 618
Marsila 544
Marsileales 544
Massenerhaltungsgesetz 663
Massensterben 391
Massenzahl 658
Materie 658
Matrix 40
Matrixpotenzial 268
McClintock, Barbara 345
Megagametophyt 533, 557
Megasporangium 533, 557
Megasporen 533, 558, 577
Megasporenmutterzelle 558
Megasporophylle 538
Mehrfruchtanbau 646
mehrjährige Pflanzen 78
mehrzellige Algen 467–474
Meiose 147–152
Membranen 43–44, 53
Membranstruktur 44
Membrantransport, molekularer 253–259
Mendel, Gregor 310
Mendel'sche Vererbungsversuche 309–316
Meristeme 59, 73–74, 86
 – primäre 76
Meristemkultur 361
Merkmal 310
 – abgeleitetes 423
 – dominantes 311
Merkmalskategorien 416
Mesokarp 161
Mesophyll 104
Metabolismus 663
Metaboliten, sekundäre 299
Metaphase 49, 148
Metaphase I 149
Methanogene 447
Methyljasmonat 287
Microbodies 40, 52
Migration 393
Mikrofibrillen 45
Mikrofilamente 42, 52
Mikrogametophyten 533
Mikrohabitat 637
Mikroinjektion 360
Mikroorganismen, krankheitserregende 23
Mikrophylle 536
Mikropyle 555, 577
Mikroskopie 31–32, 51
Mikrosporangien 533
Mikrosporen 152
Mikrosporenmutterzelle 555
Mikrosporophylle 538
Mikrotubuli 41–42, 49, 52
Milankovic-Zyklen 389
Miller-Urey-Experiment 385

Mineralstoffe, Pflanzenernährung 266–272
Mischkultur 646
Mitochondrien 39–40, 52
Mitose 47–49, 53, 145, 147, 149–150
Mittellamelle 46
mittlere Temperatur 607
Mixotrophe 460
Mizellen 45
modifizierte Blätter 109
Molekularbiologie 353–377
molekulare Altersdatierung 384
molekulare Daten 418, 431
molekularer Membrantransport 253–259
Moleküle 178
monocolpat 584
Monocotyledonae 584
Monohybridkreuzung 310
Monokultur 646
monophyletisch 424
monoporat 584
Monosaccharide 179–180
monözisch 153
Moore 618
Moose 14, 22, 150, 505–524
 – *siehe auch* Bryophyten
Moosfarne 536
Morchella spp. 489
Motorproteine 43, 52
mRNA 333
Mucigel 87
Muraminsäure 447
Mutationen 76, 157, 337, 393
 – Chromosomen 338
Mutterkorn 489
Mutterzellzone 95
Mutualismus 632
Mutualisten 482
mutualistisch 93
Mykobiont 497
Mykologie 481
Mykorrhizen 93, 482, 632
Myzel 481

N

Nachreifen der Früchte 286
Nachtschattengewächse 591
Nacktsamer 15, 22, 152–153, 549–567
 – Evolution 552–554
 – Generationswechsel 555–558
 – *siehe auch* Gymnospermae
Nadelhölzer 108
Nadelholzgewächse 559
Nadelwald 615
NADH 196
NADPH 196, 215
Nährgewebe 555
 – diploides 577
Nährstoffe 637
Nährstoffgehalt 634
Nahrungskette 3–4
Nahrungsmittelproduktion 648
Naphthalinessigsäure 282
Narbe 155
Nassfäule 450

natürliche Auslese 156, 394, 396
Naturschutz 648
Nebenblätter 102
negativer Gravitropismus 294
Nektar 156
Nekton 619
Nelkenähnliche 588
Neophyten 648
neritische Zone 619
Netto-Kohlenstofffixierung 222
Netznervatur 106
Neukombination, Gesetz der unabhängigen 315
Neutronen 658
nichtkompetitive Inhibitoren 200
nichtzyklische Photophosphorylierung 217
Niederschlagsverteilung 611
Nitrifikation 644
Nondisjunction 339
Norfolk-Tanne 554
Nucellus 555, 577
Nucleinsäuren 35
Nucleinsäuresonde 358
Nucleoli 36
Nucleonenzahl 658
Nucleotid 186
Nucleotidtripletts 332
Nussfrüchte 165
Nutzpflanzen 646
Nymphaeaceae 586

O

Oberboden 267
oberständig 156
obligate Anaerobier 245
Okazaki-Fragmente 331
Ökologie 601–655
 – abiotische Faktoren 605–611
ökologische Nische 637
ökologisches Optimum 635
ökologische Sukzession 638
Ökosysteme 611–620, 625–655
 – Interaktionen von Organismen 631–635
 – Produktivität 642
 – und Gesellschaften 635–645
 – Zerstörung 650
Oktettregel 660
oligotroph 618
Oogonium 468
Operculum 521
Operon 341
Orchidaceae 593
Orchideen 593
Ordnung 420
Ordnungszahl 658
Organe 70
 – Gefäßpflanzen 70–72
Organellen 34
organische Verbindungen 660
Organismen
 – Hauptkategorien 426–430
 – Interaktionen in Ökosystemen 631–635
Osmolyte 298

Osmose 255
osmotisches Potenzial 256
Ovar 155
Oxidase, Alternative 243
Oxidation 193
oxidative Phosphorylierung 234–235
Ozeane 617, 619, 637

P

Paarung, bevorzugte 394
Paarungstypen 470, 485
Palindrome 356
Palisadenparenchym 104
Palmen 99
Palmfarne 558, 564
Pampas 614
Panzerbeeren 163
Papaver somniferum 50
Papiererzeugnisse 21
Paramylon 460
Parasexualität 482
Parasiten 481
Parasitismus 633
Parenchymzellen 59–60
Parsimonie 424
Parthenium argentatum 134
Passatwinde 609
PCR 358
Pektine 45
pelagische Zone 619
Penicillin 490
Penicillinum 490
PEP-Carboxylase 223
Peptidbindungen 183
Peptidoglycan 447
Perianth 154
Periderm 63
Perigon 154
perigyn 156
Perikarp 161
Periplast 466
Perisperm 577
Peristom 521
Perizykel 89
Permafrost 616–617
permeabel 44
Petalen 154
Pfahlwurzel 85
Pfiesteria piscicida 462
Pflanzen
 – als Nahrungsquelle 4, 21
 – als Rohstoff 7
 – Bedeutung 11–15
 – Diversität 14
 – einjährige 78
 – gentechnisch veränderte 646
 – giftresistente 10
 – herbizidresistente 364
 – holzige 77
 – krautige 77
 – laubabwerfende 106
 – Lebensdauer 77–78
 – mehrjährige 78
 – Merkmale 11–12, 22
 – Papiererzeugnisse 21
 – schädlingsresistente 9

 – tagneutrale 291
 – virusfreie 445
 – Wachstum 72–78
 – zweijährige 78
Pflanzenanatomie 20
Pflanzenbiochemie 177–205
Pflanzenbiotechnologie 9
 – Leistungen und Möglichkeiten 362–373
 – Methoden 355–362
Pflanzendiversität 11–15
Pflanzenernährung, Boden und Mineralstoffe 266–272
Pflanzenfresser 631
Pflanzengenetik *siehe* Genetik
Pflanzengesellschaften 635
Pflanzenhormone 279
Pflanzenklassifikation *siehe* Klassifikation
Pflanzenkörper
 – primärer 74, 83–115
Pflanzenkrankheiten
 – bakterielle 449
 – virale 442–445
Pflanzenmorphologie 20
Pflanzenökologie 20, 626
Pflanzenpathogene 298
Pflanzenphysiologie 20
Pflanzenreich 379–599
Pflanzenstruktur 57–81
Pflanzensystematik 20
Pflanzenwelt 1–25
Pflanzenzellen
 – Haupttypen 59–62
 – Struktur 36
Pflanzenzellkulturen, Verwendung 50
Pflanzenzucht 4, 645
pflanzliche Arzneimittel 6, 21
Phaeocystis 466
Phaeophyta 467
Phagen 441
Phänotyp 311
phänotypische Unterschiede 395
Phenole 189
Phloem 65, 67, 72
Phloemsaft 265
Phloemtransport 265
Phosphoglycolat 221
Phospholipide 44
Phosphorylierung 195
 – oxidative 234–235
 – zyklische 217
Photoautotrophie 209, 460
Photobiont 497
photodormant 289
Photomorphogenese 289
Photonen 212
Photooxidation 216
Photoperiode, blühinduzierende 292
Photoperiodismus 290
Photophosphorylierung 217, 234
Photorespiration 221
Photosynthese 3, 21, 35, 38, 59, 70, 73, 103, 207–230, 386
Photosynthese betreibende Algen 457
Photosysteme 214–215
Phototropin 288

Phototropismus 288
Phragmoplast 49
pH-Wert 663
Phycobilin 466
Phycocyanin 466
Phycoerythrin 466
phyletische Evolution 398
Phyllotaxis 97–99
 – Grundmuster 98
phylogenetische Klassifikation 416
phylogenetischer Baum 422
Phylogenie 416, 482–483
physiologisches Optimum 635
Phytoalexine 450
Phytochrom 289
Phytohormone 73
 – Wirkung 279–287
Phytophtora infestans 646
Phytoplankton 460, 620
Pigmente 212
 – akzessorische 213
Pilze 20, 23, 93, 479–503
 – Interaktionen mit anderen Organismen 497–500
 – Merkmale und Evolutionsgeschichte 481–483
 – Vielfalt 483–497
 – *siehe auch* Fungi
Pilzgärten 499
Pinus contorta 558
Pinus longaeva 129
Piper nigrum 8
Pistill 155
plachnum 519
Plains 614
Plantae 429
Plasmaströmung 42–43
Plasmide 356, 446
Plasmodesmen 46, 53, 253
Plasmogamie 482
Plasmolyse 256
Plastiden 38
Plattentektonik 387
Pleiotropie 318
Plumula 73, 159
Pneumatophoren 90
Poaceae 592
Podophyllum peltatum 50
polare Atombindung 658
Polkerne 577
Pollen 152
Polleninkompatibilitätsgene 631
Pollenkorn 555, 575
Pollensack 575
Pollensäcke 155
Pollenschlauch 556, 577
Pollenzapfen 555, 575
Pollinien 594
Poly(A)-Schwanz 334
Polyamine 287
Polyembryonie 558
polygene Vererbung 318
Polymer 179
Polymerasekettenreaktion 358
Polymorphism, Single Nucleotide 337
polyploid 147

Polyploidie 404
Polysaccharide 179, 181
Polytrichum 519–521
Populationen 626–631
Populationsgenetik 392
Populationsgröße 394, 626
positiver Gravitropismus 294
postzygotische Isolation 404
potenzielle Energie 191
Potyviridae 444
Prädation 633
Prärie 614
präzygotische Isolation 404
Priestley, Joseph 210
primäre Metabolite 179
primäre Radiation 589
primärer Elektronenakzeptor 215
primäre Sukzession 638
Primärproduzenten 3, 641
Primer 358
primitive Bedecktsamer 585
primitives Merkmal 423
Prochlorophyten 448
Produkt 198
Produkthemmung 200
Produktivität, eines Ökosystems 642
Progymnospermen 552
Prokambium 76, 87
Prokaryoten 12, 446–447
 – Klassifikation 428
 – und die Pflanzenwelt 446–452
prokaryotisch 33, 51
Prometaphase 49
Promotor 333
Prophase 49, 148
Prophase I 148
Proteales 588
Proteine 35, 42, 182–186
Proteinkinase 341
Proteogenomik 373
Proteomik 371
Prothalliumzellen 556
Protista 429
 – Reich der 457
Protobionten 385
Protoderm 76, 87
Protonema 511
Protonen 658, 662
Protonenakzeptor 663
Protonendonator 662
Protoplast 36
Protostele 88, 97
Prozessierung der RNA 334
Pseudomonas syringae 451
Psilotophyta 534
Psilotum 535
Psychotria ipecacuanha 50
Pteridophyta 152
Pteridospermae 552
Pterophyta 534, 540–546
Pucciniomycotina 491
Punktmutation 337, 395
Punnett-Quadrat 311
Purin 187
Pyknidien 495
Pyrenoide 457, 516
Pyrimidin 187

Q

Quellen 158
 – heiße 440
Quercus suber 136
Querschnitt 88
quirlständig 98

R

r-Selektion 629
Rachis 544
radiärsymmetrische Blüten 582
Radiation
 – adaptive 399
 – primäre 589
Radicula 73, 158
radiometrische Datierungsmethoden 383
Ranken 108
Ranunculales 588
Rasterelektronenmikroskop (REM) 31
Rastermutation 338
Rauwolfia serpentina 50
Reaktant 660
Reaktionen
 – auf Licht 288–294
 – auf Umgebungsreize 294–300
 – chemische 191–201
 – endergone 192–193
 – exergone 192–193
 – hypersensitive 299, 450
Reaktionsholz 130
Reaktionsprodukt 660
Reaktionszentrum 214
Redoxreaktionen 193–194
Reduktion 193
Reduktionsteilung 149
Regenwald
 – gemäßigte Zonen 615
 – tropischer 613
Reiche 420, 426
 – der Pilze 481
 – der Protisten 457
Reifeteilung
 – erste 148
 – zweite 148–149
Reize, interne und externe 277–303
rekombinante DNA 357
Rekombination 395
Release-Faktor 337
REM *siehe* Rasterelektronenmikroskop
Rentierflechte 499
Replikationsgabeln 330
Replikationsprozess 330
Reporter-Gen 347
Reproduktion
 – asexuelle 146
Reproduktionsmuster 629
Reproduktionsrate 629
reproduktive Isolation 401
Resistenz
 – horizontale 450
 – systemisch erworbene 300
 – vertikale 450
Ressourcennutzung 634
Restriktionsenzyme 356
Restriktionskarte 419
rezente samenlose Gefäßpflanzen 534–546
rezessives Merkmal 311
Rhizobium 271
Rhizoide 484, 509
Rhizome 101
Rhizopus stolonifer 484
Rhodophyta 469
Rhodopsin 457
Rhyniophyten 530
Rhythmen, circadiane 292–294
Ribonucleinsäure 186
ribosomale RNA 335
Ribosomen 37, 51, 332
Ribulose-1,5-Bisphosphat 219
Riesenseerose 110
Rinde
 – äußere 124
 – innere 124
 – primäre 97
 – Wachstumsmuster 126–131
 – wirtschaftliche Nutzung 131–138
RNA 35, 186
 – Prozessierung 334
RNA-Polymerase 333
Rosenähnliche 588
Rostpilze 491, 495
Rotalgen 469
Rotationsachse der Erde 607
Rote Tide 462
rRNA 335
Rubisco 185, 219–222
Rückkreuzung 313
Ruhendes Zentrum 87

S

S-Phase 47
Saccharomyces cerevisiae 489
Saft 65
Saftfrüchte 161
Salicaceae 595
Salix 153
Salsola 166
Salvinia 545
Salviniales 544
Salzgehalt 606
Salzmarschen 620
Samen 72, 555, 575
 – Ausbreitung 166–167
 – einkeimblättrige 158
 – Verbreitung 582
Samenanlage 15, 152, 157–158
Samenfarne 552
Samenkeimung 283
samenlose Gefäßpflanzen 525–548
 – Evolution 526–534
 – Generationswechsel 532–534
 – rezente 534–546
Samenpflanzen 152
Samenruhe 285, 289
Samenschale 555, 581
Samenschuppenkomplex 555
Samenstrukturen 157–160
Samenzapfen 555
Samenzelle 146
Sammelfrüchte 161
Saprobier 481

ANHANG

Sarracenia spec. 110
Säure 662
Savanne 613
Saxitoxin 461
Schachtelhalme 534, 540
schädlingsresistente Pflanzen 9
Schalen 658
Scheinfrüchte 165
Schichtung 635
Schießen 292
Schizophyllum commune 493
Schlafbewegungen 293, 595
Schlauchpilze 485
Schlauchzelle 556
Schleppgeißel 464
Schließfrüchte 165
Schließzelle 103
Schlüsselart 635
Schmetterlingsblütler 595
Schoten 165
Schuppenbäume 536
Schwammparenchym 104
Schwann, Theodor 33
SchwarzerPfeffer 8
Schwefelbakterien 448
 – purpurne 448
Schwesterchromatiden 148
Schwimmblätter 110
Scutellum 158
second messenger 279
Seen 617, 637
Segregation 312
Seitenwurzel 85, 89
sekundäre Botenstoffe 279, 341
sekundäre Metaboliten 179, 189–191, 299
sekundäre Sukzession 640
sekundäres Wachstum 117–142
Sekundärstruktur 183
Selaginella lepidophylla 538
Selaginellales 536
Selbstbestäubung 152, 577
Selbstinkompatibilität 578
Selektion 393
 – K- 629
 – r- 629
Selektionsvorteile 580
Sepalen 154
Sequenzierung 431
Sequoiadendron giganteum 559
Sequoia sempervirens 559
Seta 515
sexuelle Fortpflanzung, Blütenpflanzen 575–580
Siebplatten 67
Siebröhrenglieder 67–68
Siebzellen 68
Siegelbäume 536
Sigillaria 536
Signalpeptid 337
Signaltransduktionskette 279, 341
Signaturenlehre 413
Silberschwert-Komplex 431
Siliciumdioxid 540
Silphium laciniatum 106
Single Nucleotide Polymorphism 337
Sinnpflanze 295

Siphonostele 97
Sklerenchymzellen 61–62
SNP 337
Solanaceae 591
somatische Zellen 147
Sommerregenwälder 613
Sommerstagnation 618
Sonnenblumen 134
Sonnentau 110
Sori 544
Spagnopsida 518
Spaltfrüchte 165
Spaltöffnungen 103
Spaltungsgesetz 312
Speicherproteine 183
Spermatien 469
spermatogeneZelle 556
Spermatophyta 152
Spermatozoiden 510
Spermazelle 13
Sphagnidae 518
Sphagnum 518
Sphenophyta 534, 540
Spindelapparat 49
Spirillen 446
Spirulina 451
Spleißen 334
Spliceosom 334
Splicing 334
Splintholz 128
Sporangien 152
Sporangiophoren 484
Sporen 12, 146
Sporophylle 152
Sporophyten 149–151, 467, 510
Sporopollenin 576
Spross 72
Sprossachsen 70, 94–101
 – Anpassungen 99–101
 – Aufgaben 101
 – modifizierte 100
 – primäre Struktur 96
Sprossapikalmeristem 95
 – Gliederung 95
Sprossdornen 108
Sprossknollen 161
Sprossknospe 73
Sprosssystem 72, 75
Spurenelemente 268
stabilisierendeAuslese 397
Stacheln 108
Ständerpilze 490–497
Staphylokokken 10
Stärke 180
Statolithen 294
Staubbeutel 155
Staubblätter 154, 575, 582
Staudämme 619
Steinfrüchte 163
Stele 88
Stempel 155
Steppe 614
Steppenläufer 166
Sterberate 628
Steroide 189
Stickstoffdünger 272

Stickstofffixierung 271, 371, 449, 632, 643
Stickstoffkreislauf 643
sticky ends 357
Stielzelle 556
Stigma 155, 457
Stoffwechsel 35, 663
Stoffwechselwege 200–201, 663
Stolone 101, 484
Stomata 103, 108, 263
Störungen 606, 638
Stoßtheorie 197
Strauchflechten 498
Streptomyceten 451
Streptophyta 509
Stress
 – abiotischer 298
 – biotischer 298–300
Streufrüchte 165
Striga 92–93
Strobenblasenrost 495
Strobili 555
Strobilus 538
Stroma 38, 210
Stromatolithen 386
Ströme 619
Stützwurzeln 90
Stylus 155
Substitution 337
Substrat 198
Substratkettenphosphorylierung 234–235
subtropische Hochs 609
Sukkulente 110
Sümpfe 618
Süßgräser 592
Süßwasserbiome 617
symbiotisch 93
sympatrisch 403
symplastischer Transport 253
Symport 255
Synapsis 149
Synergiden 577
Syntänie 373
synthetische Auxine 282
Systematiker 416
systemisch erworbene Resistenz 300

T

Tabakmosaikvirus 441
Tageslänge 607
tagneutrale Pflanzen 291
Taiga 616
Talsperren 619
Tannine 190
Taxon 421
Taxonomie 415
Tee 6
Teilladungen 662
Teilung
 – antikline 96
 – perikline 96
Teilungszone 87
Teleutosporen 496
Telome 538
Telophase 49, 148

Telophase I 149
TEM *siehe* Transmissionselektronen-
    mikroskop
Temperatur, mittlere 607
Temperaturbereich 605
Tepalen 154
Terminator 333
Terminierungsphase 337
Termiten 500
Terpenoide 190
terrestrische Biome 612
terrestrische Lebensräume 637
Tertiärstruktur 183
Testa 555
Testkreuzung 313
Tetrade 149
Tetrasporen 469
Thallus 467, 497, 509
Theken 155
Theophrastus 413
Theorie 19
Thermodynamik 191
thermophile Archaeen 447
Thigmonastie 108
Thigmotropismus 295
Thiobacillus ferrooxidans 451
Thylakoide 38, 210
Tiefwasserzone 619
Ti-Plasmid 355
Tmesipteris 535
Tochterkerne 147
    – haploide 147
Tochterzellen 47, 59
Tolypocladium inflatum 490
Tonoplaste 41
Töpfchenpilze 483–484
Torfmoose 518
Tortula 512
Totipotenz 361
Tracheen *siehe* Gefäßelemente
Tracheiden 65
Tracheophyten 526
Transfer-RNA 335
Transferzellen 264
transgenerOrganismus 355
Transkription 333
Transkriptionsfaktoren 340
Translation 334
Transmissionselektronenmikroskop
    (TEM) 31
Transmissionsgewebe 577
Transpiration 71, 259
Transport
    – aktiver 254
    – apoplastischer 253
    – symplastischer 253
    – Wasser und gelöste Stoffe
        259–266
Transportprozesse 251–276
Transportvesikel 38
Transposase 347
Transposons 345, 395
Treibhausgase 650
Trichoderma 490
Trichogyne 485
Trichomanes speciosum 545
Trichomen 63

tricolpat 584
Trieb 94
Trihybridkreuzungen 316
Trimerophyten 530
Trimerophytophyta 530
Triosephosphate 219
triploider Endospermkern 577
tRNA 335
Trockenfrüchte 165
Trockenheit 298
Trockentoleranz, Bryophyten 512
Trockenwälder 613
trophische Stufe 642
tropische Früchte 164
tropischer Regenwald 613
tropische Wälder 613
Tuber melanosporum 489
Tubulin 41, 183
Tundra
    – alpine 617
    – arktische 616
Tungro 444
Tunika 96, 544
Tüpfel 65–66
turgeszent 61
Turgordruck 256
Typusexemplar 422

U

Überflutung 606
Überlebenskurve 628
Uferzone 617
Ulva lactuca 472
Ulvophyceen 472
Umgebungsreize, Reaktionen 294–300
Umwälzung 618
Umweltverschmutzung 650
ungestielte Blätter 102–103
unterbrochenes Gleichgewicht 398
unterständig 156
unvollständige Blüten 155
unvollständige Dominanz 317
Uredosporen 496
Ursprung der Arten 401–405
Ursuppe 385
Ustilaginomycotina 491
Ustilago maydis 496

V

Vakuolen 40–41, 52
Valenzelektronen 660
Valenzschale 660
van Leeuwenhoek, Antonie 32
Väter der Botanik 413
Vaucheria 464
Vektor 356
Veld 614
Venusfliegenfalle 84, 296
Verbindungen 660
    – Aufbau von 663
Vererbung
    – cytoplasmatische 320
    – molekulare Grundlagen 307–326
    – polygene 318

Vererbungsversuche, Mendel'sche
    309–316
Vermehrung 145–147
Vernalisierung 285
Verschmutzung von Flüssen 619
Versteinerungen 383
Verteilungsmuster 627
vertikale Resistenz 450
Victoria amazonica 110
virale Pflanzenkrankheiten 442–445
Virchow, Rudolf 33
Viren, und die Pflanzenwelt 441–446
Viridiplantae 459
Viroide 445–446
virusfreie Pflanzen 445
Virushülle 441
Virusinfektion 445
Viruskrankheiten
    – Bekämpfung 445
    – Cadang-Cadang 445
Vollparasiten 633
Vollschmarotzer 633
vollständige Blüten 155
Voltziales 553
Volvox, Kolonien bildend 471
vorherrschendeWestwinde 610

W

Wachstum 13, 47–48, 53, 72–78
    – Pflanzen 72–78
    – primäres 74, 125
    – sekundäres 77, 117–142
Wachstumsmuster, Holz und Rinde
    126–131
Waikaviren 444
Wälder, tropische 613
Wallace-Linie 388
Wanderfarn 145
Wasser 605
    – Aufnahme und Transport
        259–266
Wasserfarne 544
Wasserkreislauf 643
Wasserlinsengewächse 595
Wassermangel 285
Wassermoleküle 662
Wasserpilze 484
Wasserpotenzial 256
Wasserstoffbrückenbindung 183, 662
Wasserverfügbarkeit 637
Wawilow, Nikolai Iwanowitsch 590
wechselständig 98
Weidengewächse 595
Weinherstellung 246
Weißbirke 124
Weizenpflanzen 99
Welternährung 646–648
Welwitschia 558
Went, Fritz 281
Whittaker, Klassifikationssystem von
    427
Wilson, Edward O. 8
Wind 606
Windbestäuber 578
Wirkungsspektrum 213
Wolfia microscopica 595
Wurzelapikalmeristem 86

Wurzelfunktionen 89–93
Wurzelhaare 71, 87–88
Wurzelhaube 87
Wurzelknöllchen 271
Wurzelknollen 161
Wurzeln 71–72, 85–94, 97
– Entwicklung 86–87
– kontraktile 90
Wurzelparasiten 92
Wurzelstruktur, primäre 88–89
Wurzelsymbiosen 93–94
Wurzelsysteme 72, 85–86
Wüste 614

X

Xerophyten 108
Xylem 65, 71, 88, 127

Z

Z-Schema 215
Zapfen 152–157
Zapfenschuppen 551
Zea mays 153
Zellatmung 231–250
Zellen 30
– embryonale 59
– Kern 12, 36–37, 51
– somatische 147
– Überblick 31–35
Zellmembran 34
Zellorganellen 35–41
Zellplatte 49
Zellprodukte 51
Zellschichtmodell 96
Zellspezialisierung 49, 53
Zellstruktur 29–56
Zellteilung 145
– Kambium 126
– und Zellzyklus 46–49
Zelltheorie 32–33, 51
Zellwände 43–46, 53
– primäre 45
– sekundäre 45
Zellzyklus 29–56
– und Zellteilung 46–49
– *siehe auch* Zyklus
Zentrum
– aktives 198
– ruhendes 87
Zimmertanne 554
Zitratsäurezyklus 239
Zitrusfrüchte 163
Zone
– aphotische 617
– benthische 617
– euphotische 617
– neritische 619
– pelagische 619
– periphere 95
Zonenmodell 95
Zooplankton 619
Zoosporen 468
Zooxanthellen 461
Zosterophyllen 530
Zosterophyllophyta 530
Zucker 179
Zuckerabbau 235
Zuckerquelle 263
Zuckersenke 264
Zuggeißel 464
Zugspannung 261
Zugwurzeln 90
zusammengesetzte Blätter 106
zweihäusig 153
zweijährige Pflanzen 78
Zweikeimblättrige 73, 584
zweite Reifeteilung 148–149
Zwiebeln 101
zwittrige Blüten 575
zygomorph 156
Zygospore 470, 485
Zygote 150
zyklische Phosphorylierung 217
Zyklus
– lysogener 442
– lytischer 441
– *siehe auch* Zellzyklus

Bildnachweis

Kapitel 1: Vorspann oben links Jonathan Nourok/PhotoEdit, rechts Benjamin Cummings, unten Gerard Lacz/Peter Arnold, Inc. 1.2 Erich Lessing/Art Resource, NY. 1.3 Walter Bibikow/ Taxi Plants & People. S. 6 oben Eisenhut & Mayer/FoodPix, unten Denis Waugh/Stone. 1.4 oben Gianni Dagli Orti/CORBIS, unten Dorling Kindersley. S. 8 Dorling Kindersley. 1.5 Peter Berger, Institut für Biologie, Freiburg. S. 10 Dorling Kindersley 1.6 Caterina, M. J., Leffler, A., Malmberg, A. B., Martin, W. J., Trafton, J., Petersen-Zeitz, K., Koltzenburg, M., Basbaum, A. I., and Julius, D. (2000) Impaired Nociception and Pain Sensation in Mice lacking the Capsaicin receptor. Science 288: 306–313. 1.9a John Shaw/Tom Stack & Associates. 1.9b Digital Vision. 1.9c Steve Terill/CORBIS. 1.9c klein Robert & Lorri Franz/CORBIS. 1.9d Lindsay Hebberd/CORBIS. 1.10 National Portrait Gallery, London. 1.11a,b Malcolm Wilkins. 1.11 klein Library of Congress. 1.13 Michael Rosenfeld/Stone.

Teil I: Michael Clayton.

Kapitel 2: Vorspann Carolina Biological/Visuals Unlimited. 2.1a Barry Runk/Stan/Grant Heilman Photography. 2.1b Eldon Newcomb. 2.1c David Scharf/Peter Arnold, Inc. S. 32 links Alan Shinn, rechts Hooke, Robert, Micrographica, London, 1665. 2.3 links klein Dennis Strete, Benjamin Cummings. 2.3 links groß Paul Kugrens. 2.3 rechts klein Paul Kugrens. 2.7 oben Dorling Kindersley. 2.7 Mitte Graham Kent. 2.7 unten E. H. Newcomb & W. P. Wergin/Biological Photo Service. 2.8 Daniel S. Friend, Harvard Medical School. 2.9 E. H. Newcomb. S. 48 Dorling Kindersley. 2.16 Ed Reschke/Peter Arnold.

Kapitel 3: Vorspann CORBIS. 3.1a Michael Clayton. 3.1b Ken Wagner/Visuals Unlimited. 3.1c. Brian Capon. 3.2 Graham Kent. 3.3a,b Graham Kent. 3.3 klein Dorling Kindersley. S. 61 links Dorling Kindersley, rechts Jacqui Hurst/CORBIS. 3.5 Michael Clayton. S. 62 links Dorling Kindersley, rechts Library of Congress. 3.6a Graham Kent. 3.6c H. A. Core, W. A. Cote, and A. C. Day, Wood: Structure and Identification, 2nd edition, Syracuse U. Press, 1979. 3.7b,c H. A. Core, W. A. Cote, and A. C. Day, Wood: Structure and Identification, 2nd edition, Syracuse U. Press, 1979. 3.8a,c Graham Kent. 3.9 Buddy Mays/CORBIS. 3.10a Brian Capon. 3.10b Graham Kent. 3.13a Christoph Neinhuis, Technische Universität Dresden. 3.13b Michael Clayton. 3.13c Graham Kent. 3.14 Malcolm Wilkins, University of Glasgow. 3.16b Dorling Kindersley. 3.16c Photographer's Choice.

Kapitel 4: Vorspann Dorling Kindersley. 4.1a Barry Runk/Stan/Grant Heilman Photography. 4.1b Dorling Kindersley. 4.2 Michael Clayton. 4.3a,b Ed Reschke. 4.4 Michael Clayton. 4.6a Dorling Kindersley. 4.6b James Strawser/Grant Heilman Photography. 4.6c Dorling Kindersley. 4.6d Australian Picture Library/CORBIS. 4.6e Ann Hirsch, Botanical Society of America. 4.6f Dorling Kindersley. S. 90 oben Daniel Nickrent, unten Brian Capon. 4.7b Stanley L. Flegler/Visuals Unlimited. 4.7c George Barron. 4.8 oben Ed Reschke, unten Adrian Bell. 4.10c Michael Clayton. 4.10d Carolina Biological/Visuals Unlimited. 4.10e Graham Kent. 4.14 Dorling Kindersley. S. 99 oben Dorling Kindersley, unten Richard A. Cooke/CORBIS. 4.15 Graham Kent. 4.17 Graham Kent. 4.19a J. C. Revy/Phototake. 4.19b CORBIS. 4.19c Rex Butcher/Stone. 4.22a Dorling Kindersley. 4.22c John N. Trager. 4.22d Brian Capon. 4.22e Bryan Bowes. S. 108 links Fritz Polking, Frank Lane Picture Agency/CORBIS, rechts Dorling Kindersley.

Kapitel 5: Vorspann oben AEF/Imagebank, unten David R. Parks/Missouri Botanical Garden. S. 118 Dorling Kindersley. 5.6 Dorling Kindersley. 5.13a Dorling Kindersley. 5.13b Michael Clayton. 05.13c Brian Capon. 5.14 David Muench/CORBIS. 5.15 Dorling Kindersley. 5.16 rechts Graham Kent. 5.17 Paul Chesley/Stone. 5.18 Grant Heilman/Grant Heilman Photography. S. 129 Michael S. Yamashita/CORBIS. 5.19 Graham Kent. 5.20 Landmann-Benali/Liaison. S. 132 links Natalie Fobes/CORBIS, rechts Morbark, Inc. 5.21 Charles O'Rear/CORBIS.

Kapitel 6: Vorspann oben links, oben rechts, unten rechts Dorling Kindersley, Mitte Travis Amos. 6.1a Phil Schermeister/National Geographic Image Collection. 6.1b Jerome Wexler/Photo Researchers, Inc. 6.1c Dorling Kindersley. 6.1d Richard Cummins/CORBIS. 6.1e Dorling Kindersley. S. 156 oben Dorling Kindersley, unten Twain Butler. S. 160 Dorling Kindersley. 6.14a Photo Researchers, Inc. 6.14b Graham Kent. 6.14c Ed Young/CORBIS. 6.14d Dorling Kindersley. 6.15e Martin Harvey, Gallo Images/CORBIS. 6.14f Brigitte Krückl. Mit Genehmigung von Veronika Mayer, Universität Wien.

Teil II: Johnathan Smith, Cordaiy Photo Library Ltd./CORBIS.

Kapitel 7: Vorspann 150 Digital Vision/CORBIS. 7.7c SETOR Image Gallery, University of Ottawa. S. 181 Dorling Kindersley. 7.8 Digital Vision/CORBIS. 7.14b Dorling Kindersley.

Kapitel 8: Vorspann oben Catherine Karnow/CORBIS, unten Richard Hamilton Smith/CORBIS. 8.1 oben Natural World/CORBIS, Mitte, unten Ann Clemens/UTEX Culture Collection of Algae, University of Texas at Austin. S. 204 Christoph Neinhuis, Technische Universität Dresden. 8.9 Lawrence Berkeley National Laboratory. S. 216 Dorling Kindersley. 8.14a David Muench/CORBIS. 8.14b Dave Bartruff/CORBIS.

Kapitel 9: Vorspann Reuters New-Media Inc./CORBIS. S. 231 Neil A. Campbell, Jane B. Reece, Biology, 6th ed., Benjamin Cummings. S. 238 William Banner. 9.10a Mason Morfit/Taxi. 9.10b Stephen J. Kron, University of Chicago.

Kapitel 10: Vorspann ArsNatura. S. 252 Barry L. Runk/Grant Heilman Photography, Inc. 10.6a Graham Kent 10.9 M. H. Zimmerman courtesy of Professor P. B. Tomlinson, Harvard University. S. 261 CORBIS.

Kapitel 11: Vorspann Dorling Kindersley. S. 278 Murray Nabors. 11.4 Fred Jensen, Kearney Agricultural Center. 11.5 Janet Braam, from Cell 60, 9 February 1990. 11.9 Malcolm Wilkins, University of Glasgow. S. 284 M. W. Nabors and A. Lang, "The Growth Physics and Water Relations of Red-Light-Induced Germination in Lettuce Seeds." Planta 101 (1971): 1–25. 11.12 David Muench/CORBIS. 11.13a Malcolm Wilkins. 11.14 Michael Evans, Ohio State University. 11.15 Dorling Kindersley. 11.16a,b David Sieren/Visuals Unlimited. 11.16c K. Esau, Anatomy of Seed Plants, 2nd ed., John Wiley and Sons. 11.17 Richard Kirby, David Spears Ltd/Photo Researchers, Inc. S. 292 Jane Grushow/Grant Heilman Photography, Inc.

Teil III: John S. Heywood.

Kapitel 12: Vorspann Antonio Montanier/Smithsonian Institution. S. 301 Bettmann/CORBIS. S. 311 Wally Eberhart/Visuals Unlimited. 12.11 Dorling Kindersley.

Kapitel 13: S. 337 Julian Schroeder, UCSD. S. 340 Incyte Pharmaceuticals, Inc., Palo Alto, CA. 13.14a Jürgen Berger. 13.14b Leslie Sieburth. 13.15a Bettmann/CORBIS. 13.15b Virigina Walbot, Stanford University. 13.15c Evelyne Cudel-Epperson, MSU. 13.16a P. S. Springer, Gene Trap Tagging of PROLIFERA, an Esential MCM2-3-5-Like Gene in Arabidopsis. Science 268:

877, 12 May 1995. 13.16b Heiko Schoof, Technische Universität München.

Kapitel 14: Vorspann oben Tim McCabe/ARS, USDA, unten Ray Kriner/Grant Heilman Photography. 14.1 Keith V. Wood/Visuals Unlimited. 14.6 Bayer AG. 14.8 R. Manshardt, University of Hawaii. 14.9 Monsanto. S. 361 Maris P. Apse, Gilad S. Aharon, Wayne A. Snedden, Eduardo Blumwald, Salt Tolerance Conferred by Overexpression of a vacuolar Na^+/H^+ Antiport in Arabidposis. Science 1999, 285: 1256–1258. S. 362 Doloressa Gleba, Nikolai V. Borisjuk, Ludmyla G. Borisjuk, Ralf Kneer, Alexander Poulev, Marina Skarzhinskaya, Slavik Dushenkov, Sithes Logendra, Yuri Y. Gelba, and Ilya Raskin, Use of plant roots for phytoremediation and molecular farming, PNAS 96:11, 5973–5977.

Teil IV; Tom Bean/CORBIS.

Kapitel 15: Vorspann Dorling Kindersley. 15.1a Colin Keates/Natural History Museum/Dorling Kindersley. 15.1b George H. H. Huey/CORBIS. 15.3 Roger Garwood & Trish Ainslie/CORBIS. S. 386 links Bettmann/CORBIS, rechts Hulton Archive Photos/Getty. 15.7 Wayne Lawler, Ecoscene/CORBIS. S. 390 Conley McCullin. 15.9 links George Loun/visuals Unlimited, rechts Dorling Kindersley. 15.10 J. N. Clatworthy, J. L. Harper, "The Comparative Biology of Closely Related Species Living in the same Area. V. Inter-and Intraspecific Interference within Cultures of Lemna spp and Salvinia natans." Journal of Experimental Botany 13 (1962): 30. 15.12 J. Antonovics/Visuals Unlimited 15.13 Laura Sivell, Papilio/CORBIS. 15.14 links D. Robert & Lorri Franz/CORBIS, rechts James Randklev/CORBIS. 15.16 Neil A. Campbell, Jane B. Reece, Biology, 6th ed., Benjamin Cummings. 15.17 Graham Day.

Kapitel 16: Vorspann 348 oben links Hal Horwitz/CORBIS, unten links Eric Crichton/CORBIS, rechts Dorling Kindersley. 16.1 links Archivo Iconografico, S. A./CORBIS, rechts Dorling Kindersley. S. 412 links Dorling Kindersley, rechts Pat O'Hara/CORBIS. S. 413 Hunt Institute for Botanical Documentation, Carnegie Mellon University. 16.4 Dept. of Phanerogamic Botany, Swedish Museum of Natural History. 16.5 links Graham Kent 16.5 Mitte Tom McHugh/Photo Researchers, Inc., rechts Anthony Bannister, Gallo Images/CORBIS. 16.7 oben rechts Dorling Kindersley, links PhotoDisc. 16.8 M. I. Walker/Photo Researchers. 16.10 Nikolai Friesen, Universität Osnabrück, Botanischer Garten. 16.11 Gerald Carr.

Kapitel 17: Vorspann Matt Lee. S. 437 oben N. Thomas/Photo Researchers, Inc., unten K. Murti. 17.3a Dennis E. Mayhew, Plant Health and Pest Prevention Services, Sacramento, CA. 17.3b Mike Davis, UC Statewide IPM Project, University of California. 17.4a Arden Sherf, Department of Plant Pathology, Cornell University. 17.4b Dennis E. Mayhew, Plant Health and Pest Prevention Services, Sacramento, CA. 17.5 Karl Maramorosch. 17.6 David M. Phillips/Visuals Unlimited. 17.7 Sue Barns. S. 443 Claire S. Ting, Department of Biology, Williams College. 17.8 Lowell L. Black, Asian Vegetable Research and Development Center. 17.9 Hubert de Franqueville, CIRAD. 17.10 Exxon Corporation.

Kapitel 18: Vorspann Georgette Douwma/Taxi. 18.2 Ann Clemens/UTEX Culture Collection of Algae, University of Texas at Austin. 18.3 J. Woodland Hastings, Hastings Lab, Harvard University. 18.4 Stephen Frink/CORBIS. 18.5a Carleton Ray/Photo Researchers, Inc. 18.5b Frank Borges Llosa. 18.6 Stanley Flegler/Visuals Unlimited. 18.7 Ann Clemens/UTEX Culture Collection of Algae, University of Texas at Austin. 18.8 Carolina Biological/Visuals Unlimited. 18.9 CSIRO Marine Research/Visuals Unlimited. 18.10 Vita Pariente, College Station, Texas. 18.13a Ann Clemens/UTEX Culture Collection of Algae, University of Texas at Austin. 18.13b Brandon D. Cole/CORBIS. 18.13c Douglas P. Wilson, Frank Lane Picture Agency/CORBIS. S. 463 Gerald and Buff Corsi/Visuals Unlimited. 18.14 Ann Clemens/UTEX Culture Collection of Algae, University of Texas at Austin. S. 465 A. Melis et al., "Sustained Photobiological Hydrogen Gas Production upon Reversible Inaction of Oxygen Evolution in the Green Alga Chlamydomonas reinhardtii." Plant Physiology 122 (2000): 131. 18.15 Ann Clemens/UTEX Culture Collection of Algae, University of Texas at Austin. 18.17a T. Mellichamp/Visuals Unlimited. 18.17b John D. Cummingham/Visuals Unlimited.

Kapitel 19: Vorspann Jim Brandenburg/Minden Pictures. 19.1c Mark Moffett/Minden Pictures. 19.2 George Barron. 19.4 Martha J. Powell, Peter Letcher. 19.5 oben Barry Runk/Stan/Grant Heilman Photography, unten Silver Burdett Ginn. 19.7a,b Dorling Kindersley. S. 479 Darlyne A. Murawski/National Geographic Image Collection. 19.9a Viard/Jacana/Photo Researchers, Inc. 19.9b Michael P. Gadomski/Photo Researchers, Inc. 19.10 links David Scharf/Peter Arnold, Inc., rechts Jack M. Bostrack/Visuals Unlimited. S. 483 oben Robert L. Anderson/USDA Forest Service, unten M. F. Brown, H. G. Brotzman. 19.11a Frank Young, Papilio/CORBIS. 19.11b Michael Fogden/DRK Photo. 19.11c Michael P. Gadomski/Photo Researchers, Inc. 19.11d Ed Reschke/Peter Arnold, Inc. 19.11e Michael & Patricia Fogden/CORBIS. 19.11f Dorling Kindersley. 19.13 Rob Simpson/Visuals Unlimited. 19.14a Dorling Kindersley. 19.14b Matt Meadows/SPL/Photo Researchers, Inc. 19.15a Natural Resources Canada, Canadian Forest Service. 19.15b Holt Studios/Photo Researchers, Inc. 19.16 Brad Mogen/Visuals Unlimited. S. 488 Ed Young/CORBIS. 19.17 Stephen Sharnoff. 19.18a,b Mark Moffett/Minden Pictures.

Kapitel 20: Vorspann oben Stephanie Maze/CORBIS, unten Chris Lisle/CORBIS. 20.1a Ken Wagner/Phototake. 20.1b David T. Hanson, Claudia Lipke. 20.1c Fritz Polking, Frank Lane Picture Agency/CORBIS. S. 498 Visuals Unlimited. 20.2 MCCNIES. 20.4 Paul G. Davison, University of North Alabama. 20.5 links A. J. Silverside, Biological Sciences, University of Paisley, rechts Alan Hale. 20.6 The Hidden Forest. 20.7 rechts Wolfgang Amri. 20.9 Lyon Collection, Department of Geology, University of Aberdeen, Scotland. 20.10a Dorling Kindersley. 20.10b Andrew Syred/SPL/Photo Researchers, Inc. 20.11 J. D. Sleath. S. 509 Matthias Görtz. 20.12 The Hidden Forest.

Kapitel 21: Vorspann Peggy Greb/ARS/USDA. 21.1 The Field Museum of Natural History. 21.5 Jeffrey B. Doran, "A new species of Psilophyton from the lower Devonian of northern New Brunswick," Canadian Journal of Botany 58 (1980): 2241–2262. 21.6a Murray Fagg, Australian National Botanic Gardens. 21.6b Sally A. Morgan, Ecoscene/CORBIS. 21.6c Milton Rand/Tom Stack & Associates, Inc. 21.6d Dorling Kindersley. 21.7 Frank Landis, University of Wisconsin-Madison. 21.9a Barry Runk/Stan/Grant Heilman Photography. 21.9b Jane Grushow/Grant Heilman Photography. 21.9c Murray Fagg, Australian National Botanic Gardens. 21.12 Barry Runk/Stan/Grant Heilman Photography. 21.16 Inga Spence/Visuals Unlimited. 21.18 Dorling Kindersley. 21.20 Murray Fagg, Australian National Botanic Gardens. 21.21 Robert Calentine/Visuals Unlimited.

Kapitel 22: Vorspann oben links Doug Sokell/Visuals Unlimited, Mitte rechts Andreas Held, unten links Renate Scheibe, Universität Osnabrück. 22.7 links Eric Crichton/CORBIS, rechts Dorling Kindersley. S. 550 USDA. 22.8 links Gunter Marx Photography/CORBIS, rechts Dorling Kindersley. 22.9a Dorling Kindersley. 22.9b W. John Hayden. 22.10 PhotoDisc. S. 553 AFP/CORBIS. 22.11 links Dorling Kindersley, rechts Gerry Ellis/Minden Pictures. 22.12a Nicole Duplaix/Omni-Photo Communications, Inc. 22.12b Fred Spiegel. 22.13a Dorling Kindersley. 22.13b Barry Runk/Stan/Grant Heilman Photograpy. 22.13c Grant Heilman Photography. 22.14a,b Dennis Woodward. 22.15 MichaelClayton. 22.16a,b Thomas Schoepke.

Kapitel 23 Vorspann oben Dorling Kindersley, Mitte links David Scott, Mitte rechts David Sieren/Visuals Unlimited, unten rechts Peggy Grebb, Agricultural Research Service, USDA. S. 565 Albert Normandin/Masterfile. 23.2 oben Merlin D. Tuttle, Bat Conservation International. 23.2 Mitte Louis Quitt/Photo Researchers, Inc., unten Mark Moffett/Minden Pictures. 23.5a Else Marie Friis, Kaj Raunsgaard Pedersen, Peter R. Crane, "Fossil evidence of water lillies (Nymphaeales) in the Early Cretaceous", Nature 410 (2001), 357–360. 23.5b David Dilcher, Ge Sun. 23.6a Andrew Syred/SPL/Photo Researchers, Inc. 23.6b CNRI/SPL/Photo Researchers, Inc. 23.8a Stephen McCabe. 23.8b Dorling Kindersley. 23.9a Dorling Kindersley. 23.9b Gerald D. Carr. S. 578 Dorling Kindersley. 23.11 Gerald D. Carr. 23.12 Dorling Kindersley. S. 581 John T. Atwood, Stig Dalström, Ricardo Fernandez, "Phragmipedium kovachii, A New species from Peru", Selbyana, The Journal of the Marie Selby Botanical Gardens, Supplement 2002, 1–4. 23.14a Dorling Kindersley. 23.14b Tim Fitzharris/Minden Pictures. 23.14c Alan und Linda Detrick/Grant Heilman Photography. 23.14d,e Gerald D. Carr. 23.14f Wayne P. Armstrong.

Teil V: Keren Su/Stone.

Kapitel 24: Vorspann oben Dorling Kindersley, unten Frans Lanting/Minden Pictures. 24.1 Renate Scheibe, Universität Osnabrück. 24.2 George H. H. Huey/CORBIS. S. 594 Dorling Kindersley. S. 596 NOAA. 24.7 Frans Lanting/Minden Pictures. 24.8 Wolfgang Kaehler/CORBIS. 24.9 Philip Gould/CORBIS. 24.10 Joe McDonald/CORBIS. 24.11 Charles Mauzy/CORBIS. 24.12 Renate Scheibe, Universität Osnabrück. 24.13 Renate Scheibe, Universität Osnabrück. 24.14 Darrell Gulin/CORBIS. 24.16a Nick Hawkes, Ecoscene/CORBIS. 24.16b Michael T. Sedam/CORBIS. 24.17 Renate Scheibe, Universität Osnabrück. 24.18 Hermann Bothe, Universität Köln.

Kapitel 25: 25.1a James Randklev/CORBIS. 25.1b Charles Mauzy/CORBIS. 25.1c Carr Clifton/Minden Pictures. 25.2 Kent Foster/Photo Researchers, Inc. 25.5 links Dan Tenaglia, rechts Shawn Askew. 25.6a Christoph Neinhuis, Technische Universität Dresden. 25.6b Christoph Neinhuis, Technische Universität Dresden. S. 619 links Michael und Patricia Fogden/CORBIS, rechts Christian Puff. S. 622 Fritz Polking/Visuals Unlimited. 25.7 Tilman et al., "Competition and Nutrient Kinetics Along a Temperature Gradient: An Experimental Test of a Mechanistic Approach to Niche Theory", Limnology and Oceanography 27 (1981): 1025–1027. 25.8 Steve Harper/Grant Heilman Photography. 25.9 oben Charles Mauzy/CORBIS, Mitte Tom Bean/DRK Photo, unten Tom Bean/CORBIS. S. 626 Layne Kennedy/CORBIS. 25.15 Mark Edwards/Peter Arnold. 25.16 Cincotta et al., "Human Population in the Biodiversity Hotspots", Nature 404 (2000): 990. S. 633 Scott Bauer, ARS/USDA. S. 635 links Jack Anthony, rechts Hansjörg Groenert, Universität Koblenz-Landau.

... aktuelles Fachwissen rund um die Uhr – zum Probelesen, Downloaden oder auch auf Papier.

www.InformIT.de

InformIT.de, Partner von **Pearson Studium**, ist unsere Antwort auf alle Fragen der IT-Branche.

In Zusammenarbeit mit den Top-Autoren von Pearson Studium, absoluten Spezialisten ihres Fachgebiets, bieten wir Ihnen ständig hochinteressante, brandaktuelle Informationen und kompetente Lösungen zu nahezu allen IT-Themen.

wenn Sie mehr wissen wollen ...   **www.InformIT.de**